有机化学基础

（第三版）

主　编　李　瑛　张　骥
主　审　蓝仲薇

科学出版社
北　京

内 容 简 介

本书为国家级一流本科课程配套教材，是在2008年出版的《有机化学基础》（第二版）基础上修订而成的，为适应新时代的要求和特点，对知识点顺序进行了调整，使其更加符合学习逻辑，更易理解和掌握。全书仍根据官能团对有机化合物进行分类讲解，共17章，包括绪论，烷烃，立体化学基础，烯烃和环烷烃，炔烃和二烯烃，芳香烃，卤代烃，醇、酚、醚，醛、酮、醌，羧酸及其衍生物，含氮化合物，测定有机化合物结构的物理方法，芳香杂环化合物，周环反应，糖类，氨基酸、蛋白质和核酸，脂类化合物。同时在适当的位置介绍了立体化学、结构测定和周环反应，是对各类有机化合物性质介绍的合理和必要的补充。

本书可作为高等学校本科化学及相关专业（如化工、药学、医学、生物、材料等）的"有机化学"课程教材，也可以作为研究生入学考试和科研工作者的基础参考用书。

图书在版编目(CIP)数据

有机化学基础/李瑛，张骥主编. —3版. —北京：科学出版社，2020.5

ISBN 978-7-03-064996-6

Ⅰ. ①有… Ⅱ. ①李… ②张… Ⅲ. ①有机化学 Ⅳ. ①O62

中国版本图书馆CIP数据核字(2020)第074620号

责任编辑：赵晓霞 孙 曼 侯晓敏/责任校对：杨 赛
责任印制：赵 博/封面设计：迷底书装

科学出版社 出版
北京东黄城根北街16号
邮政编码：100717
http://www.sciencep.com
天津市新科印刷有限公司印刷
科学出版社发行 各地新华书店经销
*
1989年 8 月第 一 版 四川大学出版社
2008年 7 月第 二 版 海洋出版社
2020年 5 月第 三 版 开本：787×1092 1/16
2024年12月第八次印刷 印张：35 3/4
字数：886 000

定价：98.00元

(如有印装质量问题，我社负责调换)

第三版前言

《有机化学基础》自 1989 年出版至今的 30 余年中，一直作为四川大学化学学院的本科生教材。教材编写富有鲜明特点，受到广大学生的好评，为培养有机化学人才起到了重要的作用。

第二版于 2008 年出版，迄今已 10 余年，为适应新时代的教育要求和时代特点，编者决定再次进行改编。第三版为国家级一流本科课程配套教材，在保留前两版特色的基础上，从学生理解角度出发，对内容组织和介绍方式进行了较大幅度的修订，具体包括以下方面：

（1）增加了“学习提示”专栏。对重要的、较难理解或易混淆的知识点使用更通俗的语言进一步讲解，有利于学生理解和掌握，也是对教材正文的重要补充。

（2）对所有的图和化学结构式均进行了重绘。化合物结构尽量用键线式表示，格式统一、规范，反应机理中的电子转移表达更清晰。

（3）增强了知识的逻辑性。对知识点顺序进行了调整优化，对第二版知识点较多且杂乱之处进行了系统化调整，使其更加符合阅读习惯，更易关联理解；对表述不够清楚的地方进行了清晰化表达。

（4）增强了专用名词的规范性。化合物的命名参考了最新的《有机化合物命名原则 2017》（中国化学会）；人名则采用了标准中译名（首次出现时附外文原名）。

（5）增强了可检索性。增加了知识点的交叉引用，便于查阅书中其他位置的相关内容；在书末增加了实用的附录，便于知识的快速查找。

（6）为适应有机化学的快速发展，对知识进行了适当的更替。增加了一些新的重要基础知识，如石墨烯、不对称催化、烯烃的复分解反应等，同时去除了较为陈旧且不太准确的知识点。尤其在蛋白质和核酸等章节中，对相对陈旧的知识进行了更新。

此外，本书全面修订了第二版中的疏漏之处。全书由张骥编写，李瑛校对和定稿，蓝仲薇审稿。本书的再版得到了四川大学化学学院的大力支持，在此表示衷心的感谢。

由于编者水平所限，书中的疏漏在所难免，恳请读者提出宝贵意见，将在重印或再版时进行改进，使本书越来越好。

编　者

2019 年 12 月于四川大学

第二版前言

《有机化学基础》一书，自 1989 年出版以来，一直作为四川大学化学学院化学和应用化学专业本科生教材，同时也作为报考化学学院研究生入学考试的参考用书。

再版修改在理念上，坚持科学的教育观，加强基础，重视应用；坚持循序渐进的认识论，构建以结构机理为中心，以性能讨论为重点的格局。在内容的处理上，进行了认真筛选和必要的补充，对近代反映有机化学的发展的新成果、新观念予以引进介绍，在考虑信息量的同时，力求做到少而精。

为便于学生自学和培养学生分析、提出和解决问题的能力，本书不仅在每章后编写了习题，而且在书末附有对习题的思维途径或参考答案。

本书保持了第一版的体系和内容，修改重点放在以下几个方面：

（1）在版面允许的条件下，尽可能全面规范地表达化学量；

（2）进一步准确表述基本概念、基本原理，以及涉及的各有关专业名词术语；

（3）补充和修正图表标注，使之更加准确完整；

（4）在编排顺序上，前后章节做了一些调整；

（5）编写了一些扩展性知识及一些著名化学家的传记，供学生阅读，以培养学生对事业的热爱和开拓创新精神。

本书在第一版基础上作出的修改，力求与时代同步，但由于作者水平所限、时间仓促、错误或不足之处在所难免，请鉴谅。本书的再版参与教师有蓝仲薇、李瑛、陈华、肖友发、吴凯群、张骥。在本书的修订过程中，得到了四川大学的大力支持，在此表示衷心的感谢。

编　者

2008 年 4 月

第一版序

《有机化学基础》一书，是在四川大学化学系总结有机化学课程历年教学经验，并吸取国内外同类书籍的优点编写成册的。编者本着对课程与学科的目的和要求的理解，根据鼓励教师编写不同风格和特点教材的精神，应教学、科研、生产战线同事的要求，将历年使用的讲义与讲稿，进行精心的删改与整理付诸出版，以便于交流并就正于同行，这是值得欢迎的。当前国内外有机化学教科书名目繁多，且大多各有其优点。但本书无论在基本内容的选材上，在深度与广度的要求上，还是在章节顺序的安排上，均有其特色。

现代有机化学已经具有相对健全的理论基础。有机分子的结构早已脱离“电子对”或机械模型的阶段，进入以量子力学为基础的电子层结构图景的时代。对于有机反应的认识，已不再满足于由反应物经中间物到产物的简单过程，而逐渐有可能深入了解各基元反应的过渡态。本书力求在近代结构理论的基础上，以叙述的方式使学者认识各种反应机制，为学者建立一种从历程来理解反应的思想，即所谓 Mechanistic thinking，以便更好地找出貌似千差万别的反应的共同特征。这样，既可减轻学者的记忆负担，又可增强他们学习的兴趣与动力。在这一点上，我认为本书是成功的。

本书特别注意在起始章节就直接引入各种现代理论，以便学者尽早熟谙各种概念作为理解反应历程的基础。

此外，本书对波谱及周环反应等均作了较为深入的介绍。对共振论及芳香过渡态理论的概念与原理，也作了较为深入的阐述。本书在后面的章节，对生命过程中的有关反应与化合物，作了一定深度的介绍。鉴于化学科学，特别是有机化学同生物科学的结合日益紧密，适当加强这方面的内容是必要的。近代有机化学所涉及的材料特别丰富，要作出适当的取舍是颇为困惑的问题。在篇幅与学时有限的情况下，编者作出了恰当的取舍。摒弃了一些相对过时的内容，而保持一些必要内容的深度与广度，做到深入浅出，我想这会便于学者建立概念、总结规律。

总之，本书作为基础化学教科书，在编著方式上具有独特的风格。我相信它将起到和其他同类书籍相辅相成的效果，既可为学习有机化学的学生提供一本精练的教科书，也可为科技人员起参考书的功用。

赵华明

一九八八年于四川大学

目　录

第1章 绪 论

1.1 有机化学和有机化合物

有机化学是化学的一个分支，是研究碳氢化合物及其衍生物的化学。早期，人们根据来源将化学物质进行分类，将来自动、植物体的物质称为有机化合物（有生机的物质），将来自矿物体的物质称为无机化合物（无生机的物质），并认为有机化合物只能由一种神秘的“生命力”来创造。1828年，德国化学家魏勒（Wöhler）用典型的无机化合物氰酸铵成功合成了尿素，但“有机化合物可以人工合成”仍未得到承认，直到19世纪中叶，尿酸、油脂等有机化合物先后被合成出来，才彻底打破了“生命力论”，有机化学从此进入了合成的时代，成为研究有机化合物的结构、性质和合成方法的一门科学，而化学科学也得以飞速发展。

“有机”和“无机”的名称虽然沿用了下来，但已失去其本来含义。有机化合物和无机化合物之间可以相互转换，它们之间并无严格的分界线，而在组成和性质上却有不同之处。与无机化合物相比，从性质上看，绝大多数有机化合物具有易燃烧、高温时易分解、沸点和熔点较低、难溶于水、反应速率慢、副反应多等特点。这种性质上的差异与其结构组成的差异紧密相关。

从组成上看，无机化合物几乎涉及周期表上的全部元素，而有机化合物，除了碳、氢是主要元素外，常见的只有氧、氮、卤素、硫、磷等少数元素。但由这几种元素组成的有机化合物的数目却非常庞大，目前已有近亿种，并一直在迅速增加。有机化合物的结构可以非常复杂，分子中所含的原子数目可多达数百以上。例如，维生素B_{12}的分子式是$C_{63}H_{88}CoN_{14}O_{14}P$。这样众多的原子，它们以什么顺序、什么方式连接，其中的一些原子是否构成了特定的基团，它们能否被合成、如何合成，以及它们表现出的物理和化学特性是什么，所有这些问题构成了有机化学的丰富内容和有机化学的特殊任务。

有机化学和其他化学分支虽有其各自研究的内容，但随着科学的发展，它们之间表现出越来越不可分割的联系，它们是相互渗透而又彼此促进的。在此情况下，产生了各种交叉学科，如金属有机化学、物理有机化学、生物有机化学等。因此，无论今后从事化学的哪一个分支工作，都必须具备有机化学的基础知识。

1.2 有机化合物的结构

1.2.1 经典结构学说

1857～1861年，德国化学家凯库勒（Kekulé）、英国化学家库珀（Couper）及俄国化学家布特列罗夫（Butlerov）等先后提出并逐渐巩固了关于有机化合物的经典结构理论，其基本内容可以归纳为以下几点：

（1）分子中，原子间不是杂乱无序地堆积，而是严格按照一定顺序、一定方式，以一定的作用力连接。

（2）有机化合物中，碳原子是四价。碳原子不仅可以和其他原子连接成键，也可互相连接成键。不仅可以形成单键，也可形成双键或三键，并由此连接成链或环。例如：

$$\begin{array}{c}Cl\\|\\H-C-H\\|\\H\end{array}\qquad\begin{array}{c}H\quad H\\|\quad\ |\\H-C-C-H\\|\quad\ |\\H\quad H\end{array}\qquad\begin{array}{c}H\qquad\quad H\\ \backslash\qquad /\\C=C\\ /\qquad \backslash\\H\qquad\quad H\end{array}\qquad H-C\equiv C-H$$

（环戊烷构造式：五个碳原子连接成环，每个碳原子各连两个 H）

以上表示分子中原子的种类、数目及相互连接顺序的结构示意图称为构造式。式中短线代表共价键。

（3）组成分子的各原子之间是相互联系、相互影响的，各原子或原子团的化学性质也随其在不同分子中所受的影响和作用不同而改变。直接相连的原子间的相互作用是主要的和强烈的，非直接相连的原子之间也有较弱的相互作用。

（4）物质的性质不仅取决于其组成，而且取决于其结构。例如，乙醇和甲醚虽然分子式均为 C_2H_6O，但在常温下乙醇是液体，甲醚是气体，它们是不同的物质。

有机化学中，分子式相同，结构不同，从而具有不同性质的现象是普遍存在的，这种现象称为同分异构现象。由于原子间连接顺序不同产生的同分异构体称为构造异构体。同分异构体的存在是导致有机化合物数目巨大的主要原因。

1.2.2　结构理论的发展

随着科学实践和生产的发展，结构理论也在以下几个方面得到了相应的发展。

1874 年，荷兰化学家范托夫（van't Hoff）和法国化学家勒贝尔（Le Bel）首次提出了碳原子的立体概念。他们根据大量事实证明与碳原子相连接的四个原子或原子团不处于同一平面上，而是处在以碳为中心的四面体的四个顶点，从而建立了分子的立体构型。有机分子中，原子在空间上的特定排列方式称为构型。图 1.1 是碳原子的四面体模型。

为了易于了解分子的立体形象，常借助于各种模型，最常见的是球棍模型，如图 1.2(a) 所示。用各色小球代表各种原子，棍代表价键，四根长度相等的短棍正好指向以碳原子为中心的正四面体的四个顶点。通过球棍模型可以清晰地看出分子的几何对称性。比例模型[图 1.2(b)]则能更精确地表示分子中各原子间的立体关系。

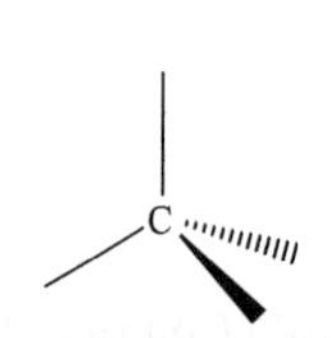

图 1.1　碳原子的四面体模型

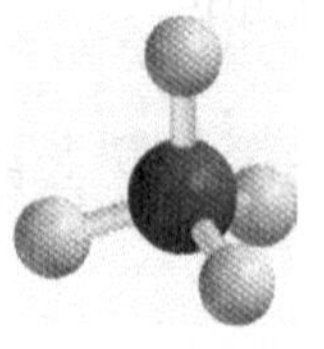

(a) 球棍模型

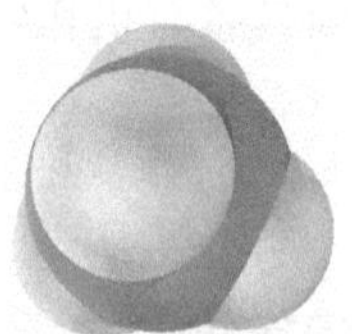

(b) 原子堆积比例模型

图 1.2　甲烷的模型

构型式的书写常用不同的透视式，如具有实/虚楔形键的伞形式、锯架式，更为简便的书写方式是这种立体形象的平面投影式。

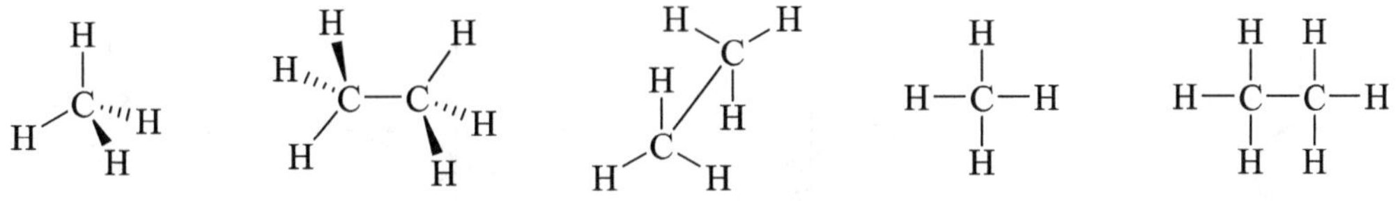

伞形式　　锯架式　　平面投影式

分子的立体概念建立后，随着结构理论的进一步发展，分子中原子间相互作用的实质逐步得到揭示。20 世纪 20 年代提出了电子效应，之后又提出和发展了空间效应，从而揭示了分子各基团间的相互作用及其对有机分子反应性能的影响。50 年代，根据原子或原子团围绕键轴旋转所导致的不同空间排布，形象地提出了构象概念，并从构象的观点讨论分子的稳定性及构象与反应性能的关系。60 年代发展起来的溶剂理论，进一步揭示出溶剂对反应速率和反应机理的影响。

结构理论的迅速发展不断地揭示有机化合物结构和反应性能的依赖关系。现代物理方法对结构的测定正推动着结构理论的进一步发展。因此，可以认为有机化学目前和今后的任务是：应用现代技术和量子化学理论探讨结构和性能的关系，以及各种因素对有机反应进程和速率的影响，推动有机化学在理论上和实践中的发展。

1.3　化　学　键

分子中相邻原子间存在的主要和强烈的相互作用力称为化学键。离子键、金属键和共价键是化学键的三大类型。

1.3.1　原子轨道与电子构型

核外电子的运动与宏观物体的运动有本质区别。电子与光一样，既具有微粒性，也具有波动性。对于这种波粒二象性，需要用描述微观粒子运动的规律，即量子力学的方法来研究。按照量子力学原则，不可能把一个电子的能量和它的位置同时准确地测定出来，因此不可能绘出一个电子绕核运动的精确轨道。奥地利著名科学家薛定谔（Schrödinger）用量子力学方法得出了根据能量来描述一个电子运动的波动方程式。通过薛定谔方程的解可得到描述原子中电子运动状态的波函数 Φ，每一个波函数都对应于电子的一个确定能值。根据波函数就能找到核外运动着的电子出现在空间的一个最大可能的区域，即原子轨道。对于多电子原子，在一定状态下，每一个单电子都有自己的原子轨道和确定的能量值。不同原子轨道的形状和大小也不相同，如 s 轨道是球形，p 轨道是哑铃形，p 轨道有三个：p_x、p_y、p_z，其能量相等，对称轴互相垂直，如图 1.3 所示。

图中的“+”、“−”号是波相符号，它表示在该坐标区域的波函数 Φ 是正值或负值。波函数的平方（Φ^2）代表电子在核外空间某点（x, y, z）处出现的概率密度。如果把一个电子看成一团带负电荷的“云”，则“云层”厚的区域表明电子出现的概率大，“云层”薄的区域表明电子出现的概率小。电子云的形状与原子轨道的形状相似，s 电子云是球形对称的，p 电子云是哑铃形对称的，p 电子云集中在原子核两边的哑铃形区域内，存在正负号，两瓣中间原子核所在处电子云密度为零。

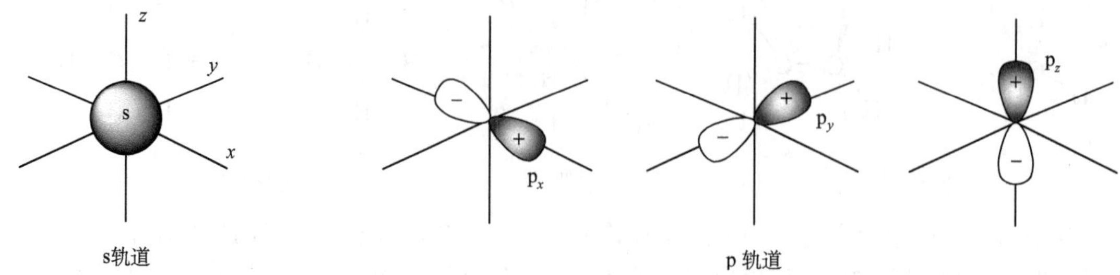

图 1.3　原子轨道

原子核外的电子是按一定规律排布的，遵循以下原则：

（1）泡利（Pauli）不相容原理：每一个原子轨道中不能容纳两个完全相同的电子，最多只能容纳两个自旋相反的电子，即配对电子。

（2）能量最低原理：电子尽可能占据能量最低的轨道。离核越近的轨道受核的静电引力越大，能量越低，因此 $E_{1s} < E_{2s}$。在第二壳层中有 2s 和 2p 轨道，其形状和能量都不相同，$E_{2s} < E_{2p}$，所以电子在遵守泡利不相容原理的前提下，首先填满 1s 轨道，然后进入 2s 轨道，再进入 2p 轨道。

（3）洪德（Hund）规则：在能量相同的简并轨道中电子尽可能分占不同轨道，且自旋平行。

表 1.1 列出了第一、二周期元素原子核外的电子排布情况。

表 1.1　第一、二周期元素原子核外的电子排布及电子构型

元素	电子排布					电子构型
	1s	2s	2p			
H	↑					$(1s)^1$
He	↑↓					$(1s)^2$
Li	↑↓	↑				$(1s)^2(2s)^1$
Be	↑↓	↑↓				$(1s)^2(2s)^2$
B	↑↓	↑↓	↑			$(1s)^2(2s)^2(2p)^1$
C	↑↓	↑↓	↑	↑		$(1s)^2(2s)^2(2p)^2$
N	↑↓	↑↓	↑	↑	↑	$(1s)^2(2s)^2(2p)^3$
O	↑↓	↑↓	↑↓	↑	↑	$(1s)^2(2s)^2(2p)^4$
F	↑↓	↑↓	↑↓	↑↓	↑	$(1s)^2(2s)^2(2p)^5$
Ne	↑↓	↑↓	↑↓	↑↓	↑↓	$(1s)^2(2s)^2(2p)^6$

1.3.2　离子键和共价键

早在 1916 年就提出了两种化学键，即科瑟尔（Kossel）提出的离子键和路易斯（Lewis）提出的共价键。前者是由电子转移形成的，后者则是由电子共享而形成的。原子之间以什么键相连，通常是由原子的最外层电子数目和性质决定的。元素周期表中各元素的原子都有失去、接受或共享电子而形成稳定的惰性气体电子构型的趋势。越靠近左边的元素，其原子越易丢失电子；越靠近右边的元素，其原子则越易接受电子。例如，Na $[(1s)^2(2s)^2(2p)^6(3s)^1]$原子容易失去一个电子，形成 Na^+；Cl $[(1s)^2(2s)^2(2p)^6(3s)^2(3p)^5]$原子则容易接受一个电子形成 Cl^-，Na^+和 Cl^-均具有稳定的外层电子构型。因此，氯化钠是以离子键相结合，所形成的化合物称为离子型化合物。

处于第二周期ⅣA 族的碳原子是组成有机化合物的基本原子。碳原子外层有 4 个电子，要达到稳定的电子构型，需要得到 4 个电子或丢失 4 个电子，但这都是很困难的。因此，当碳原子与其他原子结合时，一般采取共享电子对来达到稳定的外层 8 电子构型。例如：

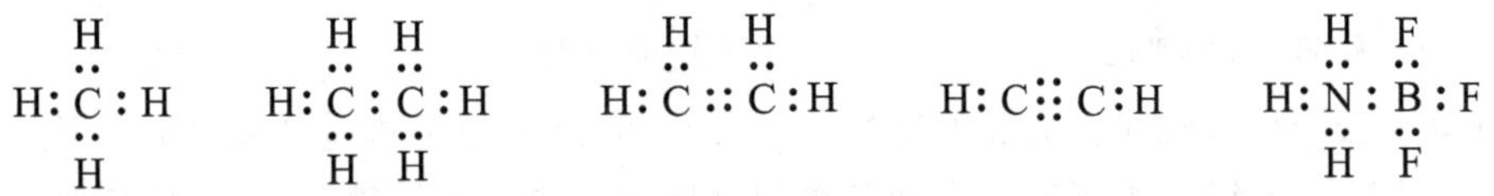

$$
\begin{array}{ccc} & H & \\ & \because & \\ H: & C & :H \\ & \because & \\ & H & \end{array}
\qquad
\begin{array}{cccc} & H & H & \\ & \because & \because & \\ H: & C: & C & :H \\ & \because & \because & \\ & H & H & \end{array}
\qquad
\begin{array}{cccc} & H & H & \\ & \because & \because & \\ H: & C:: & C & :H \end{array}
\qquad
H:C\vdots\vdots C:H
\qquad
\begin{array}{cccc} & H & F & \\ & \because & \because & \\ H: & N: & B & :F \\ & \because & \because & \\ & H & F & \end{array}
$$

所以价键实为电子现象。成键电子对为两个原子所共有，这样形成的键称为共价键。有机化合物大多是共价型化合物，上述有机化合物的表示方法称为路易斯结构式。两个原子间共用一对电子形成单键，共用两对电子形成双键，共用三对电子则形成三键。在实际应用中更多地是将路易斯结构式简化为用一根短线代替一对成键电子。有时共享的键电子对是由成键原子的单独一方提供。例如，三氟化硼和氨的络合物中，氮与硼之间共享的一对电子是由氮原子单独提供的，这样形成的共价键称为配位共价键（一种特殊的共价键），常用“→”符号表示。箭头指向的原子是电子接受体，提供电子的原子称为给予体。也可用“+”和“–”号加注于给出电子和接受电子的原子上。显然，配位共价键型化合物的极性比一般共价键型化合物更强。

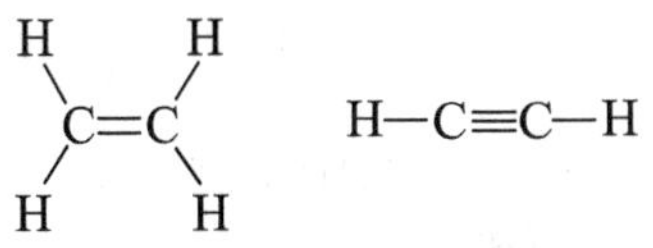

$$
\begin{array}{ccc} H & & H \\ & C{=}C & \\ H & & H \end{array}
\qquad
H{-}C{\equiv}C{-}H
\qquad
\begin{array}{ccccc} & H & & F & \\ & | & & | & \\ H{-} & N & \rightarrow & B & {-}F \\ & | & & | & \\ & H & & F & \end{array}
\qquad
\begin{array}{ccccc} & H & & F & \\ & | & & | & \\ H{-} & N & {-} & B & {-}F \\ & | & & | & \\ & H & & F & \end{array}
$$

简化的路易斯结构式 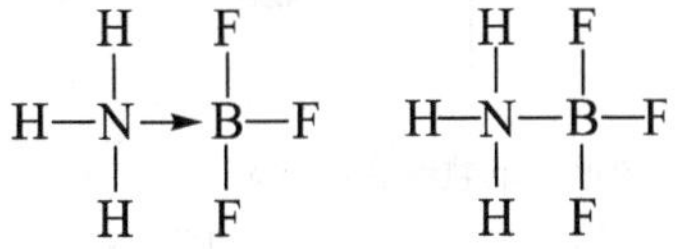　　　　配位共价键

金属键是由金属的自由电子和金属原子/离子组成的晶格之间的相互作用力。由于电子的自由运动，金属键没有固定的方向。

1.3.3　共价键的本质

随着量子力学的发展，人们对共价键的本质也有了新的探讨和认识。处理共价键的近似方法中，常用的有两种方法：价键法和分子轨道法。这两种方法后来发展成为阐明共价键本质的两种理论。

1.3.3.1　价键法

1. 现代共价键理论　σ 键和 π 键

价键法认为共价键的形成是原子轨道发生交叠或电子配对的结果。两个原子如果都存在未成对电子，原子彼此接近时，自旋相反的电子就能够配对成键。此时两个原子轨道发生交叠，键轨道占据了大体上等于原来的两个原子轨道的空间区域，成键电子对处于两个原子核之间，同时被两个核吸引，使分子的总能量比孤立原子（电子只被一个核吸引）的能量更低。因此，电子配对形成共价键时要放出能量，使体系稳定。形成一个键所放出的能量（或破坏此键所吸收的能量）称为该键的解离能。成键时原子轨道交叠越大，键越强。但当两个原子核间距离缩小到一定程度时，核间排斥力增大，因此两个成键原子处于吸引力与排斥力达到平衡时的位置，此时体系能量最低，形成稳定的共价键。两个氢原子的 1s 轨道相互交叠形成 H—H 键，生成氢分子；两个氟原子的 2p 轨道交叠形成 F—F 键，生成氟分子。

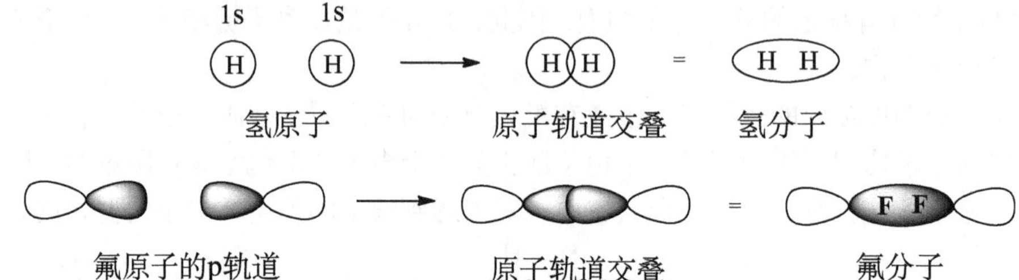

成键电子云围绕键轴对称分布的键称为 σ 键，它是由原子轨道“头碰头”形成，H—H 键和 F—F 键都是 σ 键。原子轨道之间交叠程度越大，放出能量越多，共价键越强，因此共价键具有方向性，即原子轨道必须采用合适的方向接近才能达到最大重叠。通常情况下，除了 s 轨道间的交叠，σ 键的形成均是原子轨道采用“沿轴接近”的方向交叠形成（如上图中氟分子的形成）。再如，氟和氢结合形成氟化氢时，氢的 1s 轨道同样沿氟的 $2p_x$ 轨道对称轴方向具有最大重叠，如图 1.4 所示。

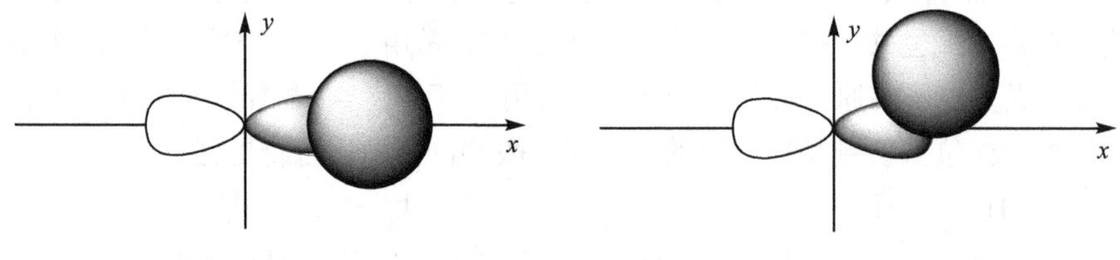

图 1.4　共价键的方向性

除了“头碰头”的 σ 键，原子轨道还能以另一种方式重叠，即“肩并肩”的形式。如图 1.5 所示，两个原子的 p 轨道可以互相平行重叠。在这种情况下，原子轨道的交叠区域并不绕键轴对称，而是分布在键轴的上下区域，此时形成的共价键称为 π 键。除了 p 轨道之间，满足对称性条件的 p-d 轨道、d-d 轨道间也可以形成 π 键。

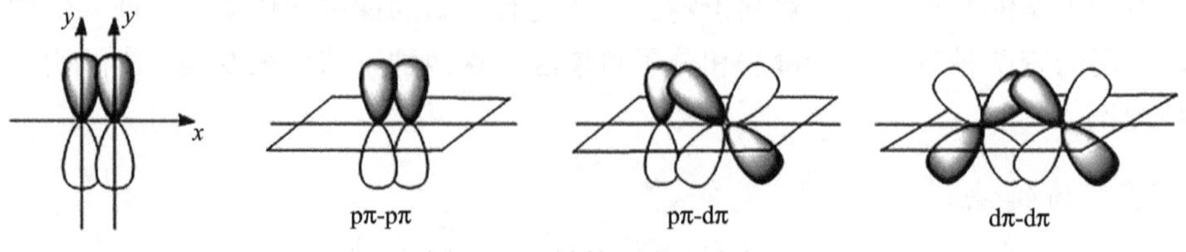

图 1.5　π 键的形成及种类

学习提示：π 键“肩并肩”的轨道重叠方式，导致其和 σ 键相比，轨道重叠程度较小，键能较低。另外，π 电子云不在两核之间，因此受核的束缚也较弱，导致其电子云更容易极化变形，从而发生化学反应。这就是含有 π 键的不饱和烃比饱和烷烃化学性质更活泼的原因。

如果一个电子已经配对，它就不能再与第二个电子配对，此即为共价键的饱和性。例如，氧原子 $[(2s)^2(2p_x)^2(2p_y)^1(2p_z)^1]$外层有两个未配对电子，如果氧原子与氢原子结合，它只能和两个氢原子配对，形成具有两个共价键的水分子 H—O—H。分子中各原子的价数就等于该原子成键前的未成对电子数。

2. 杂化轨道理论

杂化轨道是价键法用于多原子分子时所提出的一种概念。例如，碳原子的电子结构为$(1s)^2(2s)^2(2p_x)^1(2p_y)^1$，按价键法理论，基态碳原子只有两个未配对电子，似乎应为二价，而事实上碳是四价。为了解决这些矛盾，在大量实验证明的基础上，提出了杂化轨道理论。该理论认为能量相近的原子轨道可以重新组合，即杂化，从而形成能量相等的杂化轨道。例如，一个 s 轨道与一个 p 轨道杂化后，形成如图 1.6 所示的两个能量相等的 sp 杂化轨道。轨道之间尽可能保持远离，因此两个 sp 杂化轨道之间的夹角为 180°，其对称轴是一条直线。单个 sp 杂化轨道的形状表明电子云更集中在一个方向，一头大一头小，这种形状更有利于与其他原子轨道交叠。杂化轨道比未杂化前的 s 或 p 轨道的成键能力和方向性都更强，所以杂化不仅是可能的，而且是成键的需要。杂化后成键，可使体系能量降低，分子更稳定。

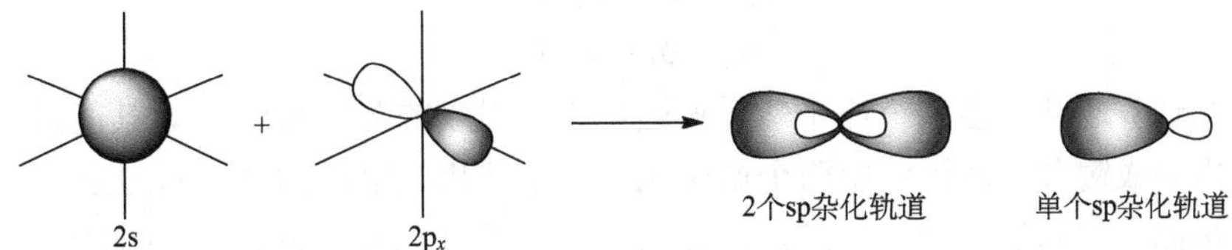

图 1.6　sp 杂化轨道

碳原子成键时，首先将 1 个 2s 电子激发到 2p 轨道上，然后杂化。激发所需要的能量可从构成共价键放出的能量中得到补偿。这样成键数增多，体系也更加稳定。碳原子的基态、激发态和 sp^3 杂化态的轨道能级图如下：

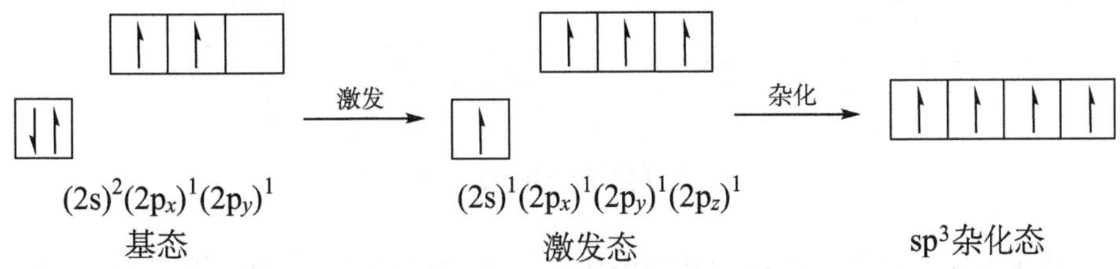

碳原子用一个 2s 轨道与三个 2p 轨道杂化，形成四个 sp^3 杂化轨道，其轨道对称轴分别指向四面体的四个顶点，形成 109.5° 的夹角。一个 2s 轨道与两个 2p 轨道杂化，则形成具有平面三角形结构的三个 sp^2 杂化轨道，其轨道对称轴间夹角为 120°（图 1.7）。在烷烃分子中，碳原子按 sp^3 杂化，烯烃和炔烃分子中，双键碳和三键碳分别按 sp^2 和 sp 杂化。

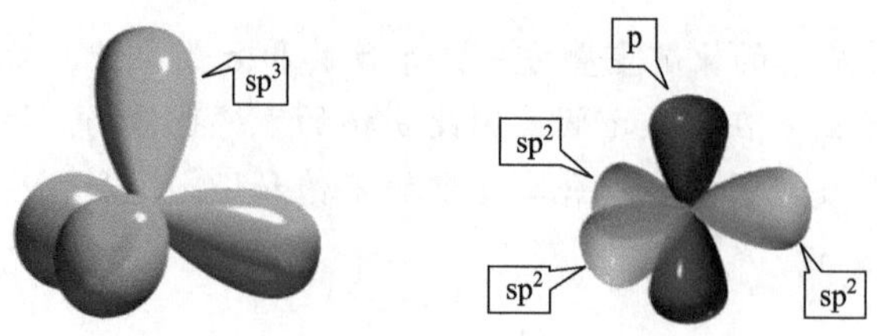

图 1.7 碳原子的 sp^3 和 sp^2 杂化轨道（后者还包括一个没有参与杂化的 p 轨道）

学习提示：碳原子采用何种方式杂化，可以根据其连接的共价键类型来判断。如果连有 4 个 σ 键，则为 sp^3 杂化；如果连有 3 个 σ 键 1 个 π 键，则为 sp^2 杂化；如果连有 2 个 σ 键 2 个 π 键，则为 sp 杂化。

1.3.3.2 分子轨道法

约在 20 世纪 30 年代提出的分子轨道理论认为，形成化学键的电子是在整个分子中运动的，分子中每一个电子的运动状态可用分子轨道波函数 ψ 来描述，ψ^2 即为分子轨道中电子云的概率密度。求解分子轨道一般是用近似方法，常用的方法是通过原子轨道波函数的线性组合，用变分法近似求得。例如，由两个原子轨道波函数 ϕ_1 和 ϕ_2，可以线性组合形成两个分子轨道波函数 ψ_1 和 ψ_2，其能量分别为 E_1 和 E_2。

$$\psi_1 = \phi_1 + \phi_2\ (E_1)$$
$$\psi_2 = \phi_1 - \phi_2\ (E_2)$$

量子力学计算表明，由两个原子轨道波函数相加组成的分子轨道 ψ_1，其能量比原子轨道的能量低，称为成键分子轨道；由两个原子轨道波函数相减组成的分子轨道 ψ_2，其能量比原子轨道的能量高，称为反键分子轨道。在 ψ_1 中，两个原子轨道以相同波相交叠，使核间电子云密度最大；在 ψ_2 中，两个原子轨道以相反波相交叠，犹如波峰与波谷相遇，核间存在一个电子云密度为零的节面。图 1.8 表示分子轨道 ψ_1 和 ψ_2 中的电子云密度分布。

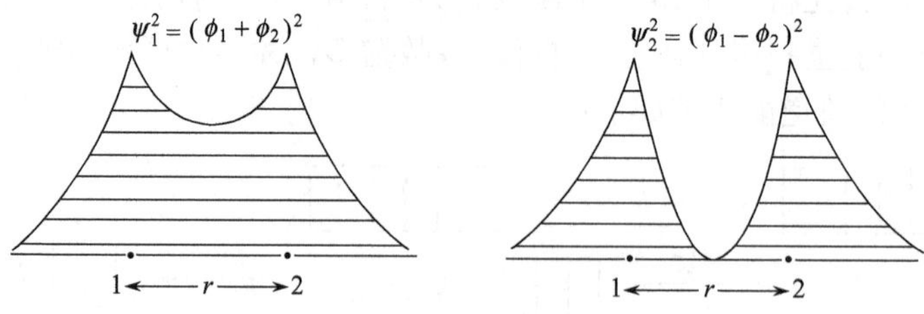

图 1.8 分子轨道的电子云密度分布

分别由两个 s 原子轨道线性组合和由两个 p 原子轨道沿其对称轴方向线性组合，形成的分子轨道如下图所示。其成键分子轨道和反键分子轨道的电子云密度分布都是对键轴呈圆柱形对称，前者称为 σ 轨道，后者称为 σ^*轨道，所形成的键即为 σ 键。

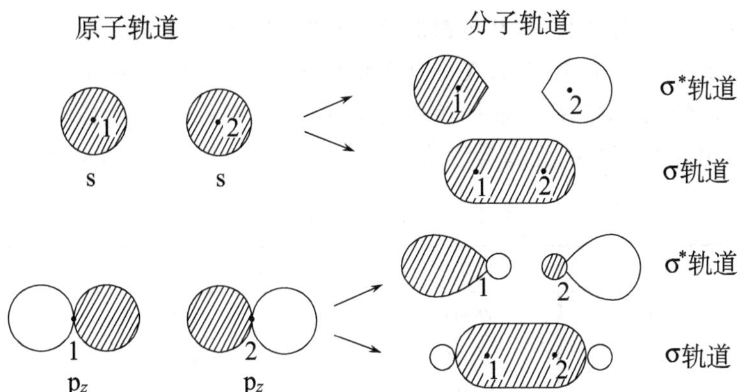

两个平行的p原子轨道也可按侧面交叠的方式线性组合，形成π分子轨道，如下图所示。π分子轨道的特征是电子云分布在通过键轴的平面的上方和下方，在该平面上电子云密度为零，这个平面称为节面。成键轨道用π表示，反键轨道用π^*表示，此时所形成的键即为π键。

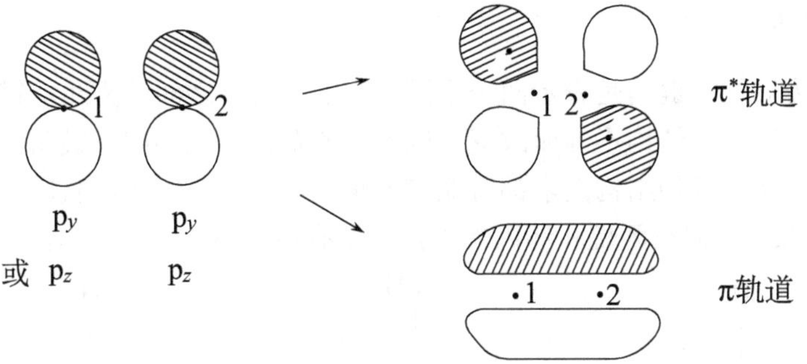

分子中电子填入分子轨道的方式也像原子中电子填入原子轨道一样，依次从低能级到高能级填入，每个分子轨道最多可以容纳两个自旋方向相反的电子。当两个电子从原子轨道进入成键分子轨道时就形成化学键，从而使体系能量降低。分子轨道法是从分子整体出发研究分子中每个电子的运动状态，它要求组成分子轨道的原子轨道必须具备以下几个条件：

（1）对称性匹配：这也是首要条件，只有对称性相同的原子轨道才能组成分子轨道。例如，一个$2p_y$轨道和一个2s轨道，如以x轴为键轴，前者沿键轴对C_2（二重旋转轴）是反对称的，后者则是对称的。因此，$2p_y$轨道和2s轨道沿x轴不能组成分子轨道。

（2）能量相同或相近：原子轨道能量越接近，线性组合形成分子轨道越有效。

（3）轨道最大交叠：在原子轨道交叠最大的方向上，交叠越多，形成的键越强。

价键法和分子轨道法都是用近似方法从不同观点探讨分子的结构。分子轨道法的物理含义较为明确，能够更本质地解释其他理论无法解释的一些问题，因此更受到重视。

1.3.4 共价键的键参数

键长、键角、键能、键的极性等是共价键的基本属性，表征这些属性的物理量统称为键参数。键参数不同必然导致分子化学性质的差异。

1.3.4.1 键长

以共价键相结合的两个原子核之间的平衡距离称为键长，以埃（Å, 1 Å=10^{-10} m）为单位。

不同的共价键的键长不同。同一种共价键的键长在饱和化合物中改变不大，如在各种饱和化合物中，C—C 键的键长约为 1.54 Å，C—H 键的键长约为 1.09 Å。原子轨道的杂化状态对键长有显著影响，如 C—H 键的键长在甲烷中为 1.091 Å，在乙烯中为 1.07 Å，在乙炔中则为 1.056 Å。键长可用 X 射线衍射光谱等近代物理方法测定。表 1.2 是常见共价键的键长。

表 1.2　常见共价键的键长

共价键	键长/Å	共价键	键长/Å	共价键	键长/Å
H—C	1.09	C—O	1.43	C═C	1.35
H—N	1.00	C—F	1.38	C═N	1.30
H—O	0.96	C—Cl	1.76	C═O	1.22
C—C	1.54	C—Br	1.94	C≡C	1.20
C—N	1.47	C—I	2.14	C≡N	1.16

1.3.4.2　键角

共价键具有方向性。键角是表示两个不同方向的共价键之间的夹角。键角大小直接影响分子的构型。键角随分子结构不同而改变。碳原子的杂化情况不同，键角也不一样。分子的几何形状、空间干扰、各种结构因素都可能使键角偏离正常。例如，碳原子的 sp^3 杂化轨道的正常夹角是 109.5°，但在丙烷和环丙烷中，键角有所偏离。

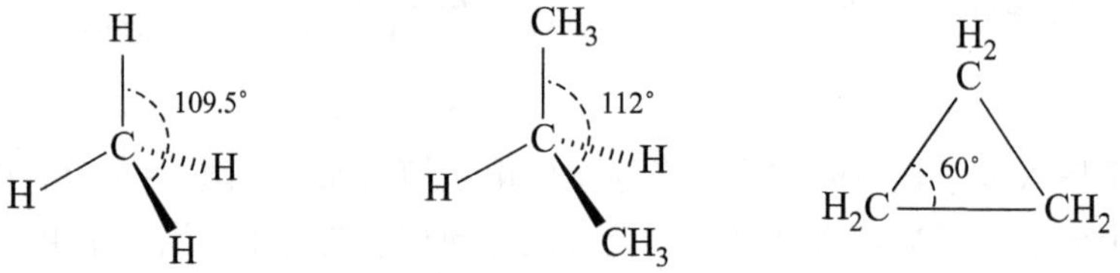

H, C, H, H, H, 109.5°
CH_3, C, H, H, CH_3, 112°
H_2C, H_2C, CH_2, 60°

通常情况下，键角接近杂化轨道的正常夹角，有利于分子的稳定。键角偏离正常夹角程度越大，产生的角张力也越大，从而使内能增大，分子更加不稳定。例如，环丙烷的化学性质较为活泼，容易开环，这与其角张力大有直接关系。

1.3.4.3　键能

共价键形成时放出的（或断裂时吸收的）能量称为该键的键能（用 E 表示）。在一个大气压和 25℃时，使 1 mol 以共价键结合的双原子分子（气态）解离成原子（气态）所需要的能量即为此双原子分子的键能。多原子分子中共价键的键能通常是指分子中同一类共价键的平均键解离能。根据键能大小可衡量共价键的牢固程度。键能的数据可由热化学数据求得。例如：

$$H_2 \longrightarrow 2\,H \qquad \Delta H = +435.56\ \text{kJ/mol}$$

ΔH 表示反应中焓（一种热力学函数）的变化。ΔH 的值即反应热，它与反应前后各化合物的键能的总和有关。

$$\Delta H = \text{反应物分子中键能总和} - \text{产物分子中键能总和}$$

ΔH 为正值表示反应吸热，为负值表示反应放热。因此，在一个反应中根据反应前后键能的变化，可粗略判断该反应是吸热还是放热过程。例如：

$$CH_4 \longrightarrow 4H + C\,(气) \qquad \Delta H = +1660.3\ \text{kJ/mol}$$

破坏甲烷的四个 C—H 键形成气态原子是一个吸热反应，ΔH 为正值。此时，ΔH 值是四个 C—H 键键能的总和，每一个 C—H 键的键能应为+1660.3/4 kJ/mol。实验测得，断裂甲烷中每一个 C—H 键所需要的能量（称为该键的解离能，用 D 表示）并不相等。断裂第一个 C—H 键，D = 434.7 kJ/mol；断裂第二个及第三个 C—H 键，D = 443.1 kJ/mol；断裂第四个 C—H 键，D = 338.6 kJ/mol。可见，解离能并不等于键能。键能是表示几个 C—H 键的解离能的平均值。只有在双原子分子中，键能才等于解离能。例如，使氢分子变为氢原子的反应热 ΔH = 434.7 kJ/mol 就是 H—H 键的解离能，也是 H—H 键的键能。此时 $E = D$ = 434.7 kJ/mol。常见共价键的键能见表 1.3。

表 1.3　常见共价键的键能（kJ/mol）

共价键	键能	共价键	键能	共价键	键能	共价键	键能
O—H	464.0	C—N	305.1	C—I	217.4	C≡N	890.3
N—H	388.7	C—S	271.7	Cl—Cl	242.4	C═O	735.7（醛）
S—H	346.9	O—O	146.3	Br—Br	192.7		748.2（酮）
C—H	413.8	N—N	163.0	I—I	150.9		
H—H	434.7	C—F	484.9	C═C	610.3		
C—C	346.9	C—Cl	338.6	C≡C	836		
C—O	359.5	C—Br	284.2	C═N	614.5		

在室温下，分子热运动的能量（为 62.7～83.6 kJ/mol）比一般共价键的键能小得多。所以，室温下共价键是稳定的。

1.3.4.4　共价键的极性

两个电负性不同的原子形成共价键时，电子云在两个原子间呈非对称分布，在电负性大的原子周围，电子云密度要大些，从而使共价键产生极性，这种共价键称为极性键。极性大小可用键的偶极矩（键矩）来衡量。偶极矩（μ）的概念在 1912 年由德拜（Debye）提出，其值等于电荷值乘以正、负电荷中心间的距离，国际单位 C • m，也常用德拜（deb, 1 deb=3.33564×10^{-30} C • m）。

$$\mu = q \times d \qquad \overset{+q}{A}\underset{d}{\text{———}}\overset{-q}{B}$$

偶极矩是有方向性的，用⟼表示，箭头所指是从带正电荷的原子指向带负电荷的原子。成键的两个原子电负性差异越大，键的极性越强。有机化合物中常见元素的电负性的大小顺序是：F > O > Cl > N > Br > C > H，其电负性分别为：3.98、3.44、3.16、3.04、2.96、2.55、2.20。键的极性导致了分子的极性，并直接影响分子的物理化学性质，甚至能决定发生在该键上的反应类型。

共价键的偶极矩是根据许多分子的偶极矩计算出来的平均值，常见共价键的偶极矩见表 1.4。

表 1.4　常见共价键的偶极矩（deb）

共价键 + −	偶极矩	共价键 + −	偶极矩	共价键 + −	偶极矩
H—C	0.4	C—Cl	2.3	C—N	1.2
H—N	1.3	C—Br	2.2	C—O	1.5
H—O	1.5	C—I	2.0	C═O	2.3

多原子分子的偶极矩等于各键偶极矩的向量和，含有极性键的分子不一定是极性分子。下图标明了几个分子中键的极性及整个分子的偶极矩和方向。分子的偶极矩越大，极性越大，分子间的偶极-偶极相互作用也就越强，常会导致化合物的沸点升高。而氢键作为一种很强的偶极-偶极相互作用，在对沸点的影响方面表现得更为明显。

H—F　μ=1.75 deb　　CCl_4　μ=0 deb　　CH_3Cl　μ=1.86 deb　　H_2O　μ=1.84 deb　　NH_3　μ=1.46 deb

1.4　有机化合物的分类及有机反应

1.4.1　有机化合物的分类

对有机化合物进行合理分类，有助于将数量庞杂的化合物系统化，并有利于总结规律，便于系统学习和研究。可以按以下方式进行分类。

1.4.1.1　按碳骨架分类

1. 开链化合物

碳原子连接成链状而不成环，称为开链化合物。由于碳链具有亲脂性，也称为脂肪族化合物。例如：

```
   H  H  H               H  H  H  H  H
   |  |  |               |  |  |  |  |
H—C—C—C—H            H—C—C—C—C—C—H
   |  |  |               |  |  |  |  |
   H  H  H               H  H  H  H  H
    丙烷                    戊烷
```

有机化合物的结构式除了上述简化路易斯结构式以外，常常还可简写为下面的缩写式和键线式。例如：

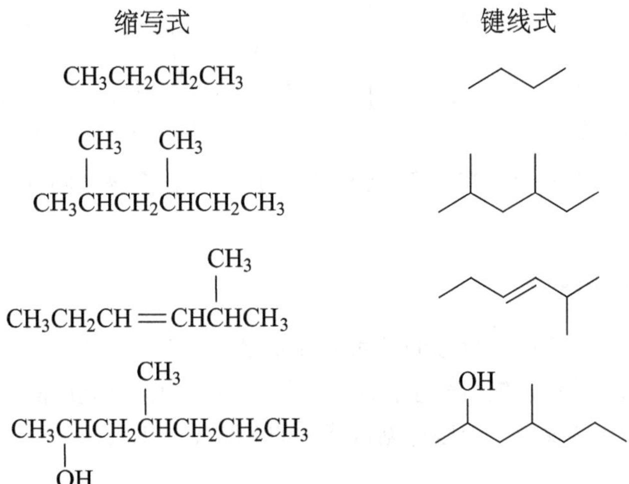

缩写式省略了一些单键键线，而更加简单明了的键线式已经成为主流的结构表达方式。在键线式中，碳原子和连在其上的氢原子被完全省略，每条线段的末端即代表一个碳原子，碳原子上氢原子的个数可通过共价键的饱和性简单判断；其他原子及连在非碳原子上的氢原子则需标出；另外，键角尽量符合实际结构，对于开链碳链，则一般采用锯齿形骨架。例如：

O　NH_2

正戊烷　异戊烷　新戊烷　1-丁烯　乙醚　丙胺　丙酮

2. 碳环化合物

不同的环状结构往往具有截然不同的物理化学性质，碳环化合物可据此分为以下几种。

1）脂环化合物

性质和脂肪族化合物类似，结构上可以看作是由开链化合物的简单关环而成。例如：

环已烷　环戊烷　环已烯

2）芳环化合物

此类物质具有芳香性，也称为芳香族化合物，其化学性质和脂环化合物有很大差异。最常见的芳环结构是苯。

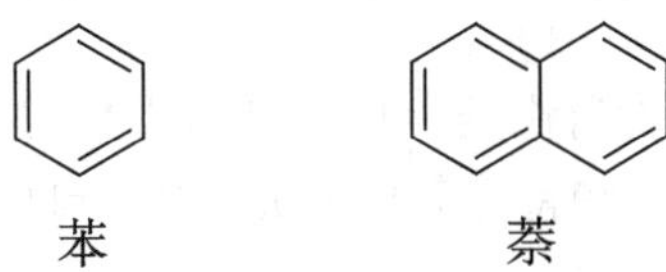

苯　萘

3. 杂环化合物

这类化合物也具有环状结构，但参与成环的原子包括碳以外的其他原子（杂原子），如氧、氮、硫等，它们也可根据其结构性质分为脂肪族杂环化合物和芳香族杂环化合物。例如：

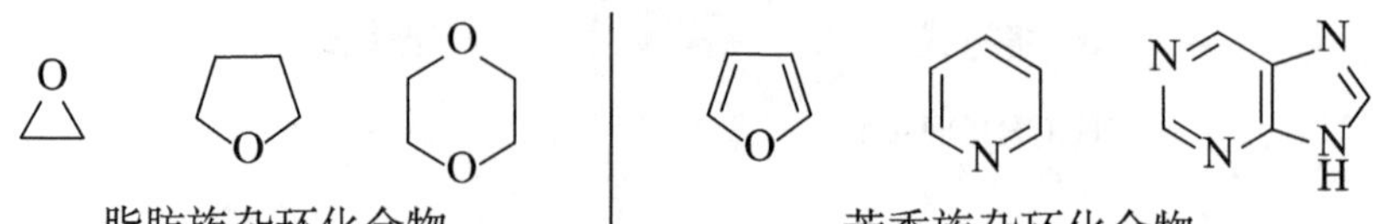

脂肪族杂环化合物　　　　芳香族杂环化合物

芳香族杂环化合物本书后面有专章讨论，脂肪族杂环化合物则归到相应的脂肪族化合物中一起讨论。

1.4.1.2　按官能团分类

在有机化学的学习过程中，更多的是通过官能团对有机化合物进行分类。所谓官能团，是分子中结构特殊的、往往决定着分子性质的基团。具有相同官能团的化合物常具有类似的性质，可发生相似的化学反应。一些常见官能团的名称见表 1.5。

表 1.5　一些常见官能团的名称

化合物类别	官能团		化合物类别	官能团	
烯	$\rangle C{=}C\langle$	双键	羧酸	—COOH	羧基
炔	—C≡C—	三键	胺	$—NH_2$	氨基
醇或酚	—OH	羟基	硫醇或硫酚	—SH	巯基
醛或酮	$\rangle C{=}O$	羰基	磺酸	$—SO_3H$	磺酸基

1.4.2　有机反应及类型

有机反应是从某一种或几种有机化合物通过化学变化得到另外的有机化合物的过程。有机燃料的燃烧和用油脂制备肥皂是人们最早实践的有机反应，而现代有机化学则起源于魏勒在 1828 年对尿素的合成。常见的有机反应类型包括取代反应、加成反应、消除反应、氧化还原反应、周环反应、重排反应等。由于有机化合物由共价键构成，因此有机反应必然涉及共价键的重新组合，即旧键的断裂和新键的生成，其本质是电子的转移过程，这个详细过程称为反应机理（或反应历程），对机理的研究是有机化学的重点内容。

根据共价键的断裂方式，可以将有机反应分为两大类，即自由基反应和离子型反应。

1.4.2.1　自由基反应

自由基反应也称为游离基反应，发生这类反应时，共价键发生均裂，即两个原子各得到成键电子对中的一个电子。键的断裂过程可用下式表示，一般用鱼钩箭头表示单电子的转移。

$$A:B \longrightarrow A\cdot + \cdot B$$

共价键均裂形成的中间体称为自由基。自由基极不稳定，只能瞬时存在，它会进攻其他基团以重新形成稳定的共价键。一些特殊条件如光、热、自由基引发剂可加速共价键的均裂，引发自由基反应。

1.4.2.2　离子型反应

发生离子型反应时，共价键发生异裂，即一个原子得到成键电子对的两个电子，从而形成负离子，另一个原子则形成正离子。键的断裂过程可用下式表示，一般用完整箭头表示成对电子的转移。

$$A : B \longrightarrow A^+ + :B^-$$

可以推断，A—B 键的极性越强，成键电子对就越偏向某个原子，共价键越容易发生异裂。因此，一些极性较大的键如 C—O 键、C—Br 键等通常发生离子型反应，而极性相对较小的 C—C 键、C—H 键等则较易发生自由基反应。π 键由于不如 σ 键稳定，容易极化，也易发生离子型反应。共价键异裂形成的正、负离子同样极不稳定，会和带有异号电荷的原子或原子团重新结合成键。

有机反应中的主反应物可称为底物。对于离子型反应，底物上带有正电的部位容易接受一些带负电的试剂（如负离子、带孤对电子的路易斯碱等）的进攻，这些试剂称为亲核试剂，这时发生的反应即为亲核反应；与之相反，亲电试剂（如正离子）往往进攻底物上带有负电荷的位置，发生亲电反应。无论是亲核还是亲电的离子型反应，涉及的都是异号电荷间的相互作用。

学习提示： 我们将在不同的章节学习四大类离子型反应，按顺序分别为：亲电取代反应、亲电加成反应、亲核取代反应、亲核加成反应。无论是亲电还是亲核，其本质都是异号电荷间的相互进攻引起的。因此，把握底物各个部位及试剂的大致电性，对于判断反应机理非常重要。

第2章 烷 烃

分子中只含碳和氢两种原子的化合物统称为烃。烃是有机化合物的母体，各类有机化合物都可看作是烃的衍生物。

烃按分子中含有的碳碳键类型可以分为饱和烃和不饱和烃。饱和烃中所有的共价键均为σ单键；不饱和烃中则含有π键（如碳碳双键、三键）。烷烃为饱和烃，分子中所有的碳原子均采取 sp^3 杂化。例如：

2.1 烷烃的同系列、同分异构和命名

2.1.1 同系列

烷烃中，最简单的成员是甲烷（CH_4），其次是乙烷（C_2H_6）、丙烷（C_3H_8）、丁烷（C_4H_9）、……，以此类推，可得到烷烃分子的通式 C_nH_{2n+2}。这种具有同一通式、彼此相差一个或多个 CH_2 的结构相似的化合物所组成的一个系列，称为同系列。一个同系列中各化合物互称为同系物。相邻同系物差的 CH_2 称为系差。

同系物的结构和性质较为相似。运用同系列概念，可使庞杂的有机化合物系统化。只需研究同系列中少数有代表性的化合物，就可推测其他成员的一般性质和结构，因而根据同系列可预测新的同系物。

2.1.2 同分异构

同分异构现象在烷烃系列中普遍存在。含四个碳原子以上的烷烃都有异构体，碳原子数越多，异构体越多。

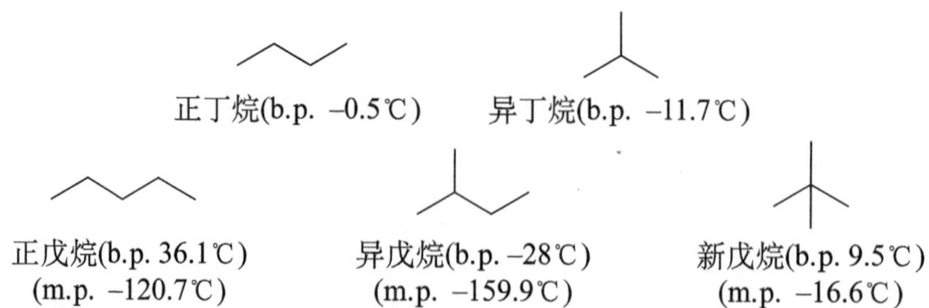

这种具有同一分子式，但原子间连接方式或连接顺序不同而形成的异构体，称为构造异

构体。用数学方法可推导出不同碳原子数烷烃可能的构造异构体数目，如 C_6H_{14} 有 5 个构造异构体，$C_{10}H_{22}$ 有 75 个构造异构体。

图 2.1 是甲烷的四面体构型。烷烃分子中所有的碳原子都是 sp^3 杂化，正常键角为 109°28′（109.5°）。因此，具有多个碳原子的直链烷烃的主碳链实际上是锯齿形的，图 2.2 是正戊烷的锯齿形碳链。X 射线衍射研究证明，高级烷烃在晶体中的碳链排列也都是呈锯齿形的。

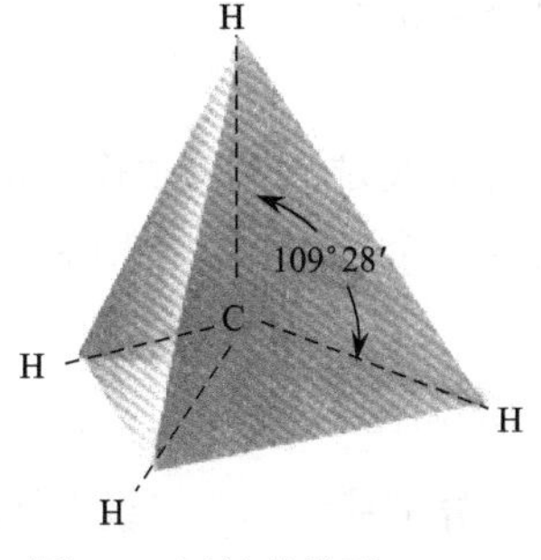

图 2.1　甲烷的构型

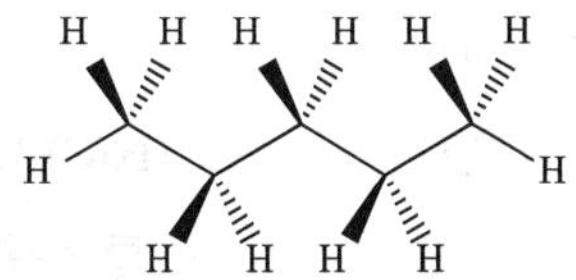

图 2.2　正戊烷的锯齿形碳链

根据各碳原子的相对位置，可以对碳原子及连接在碳原子上的其他原子或基团进行分类。有的碳原子只与一个其他碳原子相连，则可称该碳原子为伯碳原子（一级碳原子，或 1°C）。以此类推，与两个碳相连的碳原子称为仲碳原子（二级碳原子，或 2°C），与三个碳相连的碳原子称为叔碳原子（三级碳原子，或 3°C），与四个碳相连的碳原子称为季碳原子（四级碳原子，或 4°C）。与一级、二级、三级碳原子相连接的氢原子则分别称为一级、二级和三级氢原子，显然，根据共价键的饱和性，没有四级氢原子。下图标示出了异戊烷分子中各级碳原子（及氢原子）的位置。

2.1.3　烷烃的命名

2.1.3.1　普通命名法

对于比较简单的烷烃，通常采用较简短的命名法，即普通命名法。用烷字代表饱和烃类的化合物。碳原子从 1～10 用天干：甲、乙、丙、丁、戊、己、庚、辛、壬、癸表示，10 以上用中文数字十一、十二、……表示。例如：

CH_3CH_3	$H_3C\text{-}(CH_2)_6\text{-}CH_3$	$H_3C\text{-}(CH_2)_9\text{-}CH_3$
乙烷	辛烷	十一烷

同时可用正、异、新等字表示各异构体。“异”通常指“$(CH_3)_2CHCH_2$—”型的结构；“新”则通常表示含季碳的结构，如异戊烷和新戊烷。但对于结构更复杂的化合物，很难用普通命名法表示，而必须采用更加严谨准确的系统命名法。

2.1.3.2　系统命名法

为了解决复杂化合物命名中的困难，并求得名称的统一，1892 年在日内瓦国际化学会上拟定了统一名称，之后由国际纯粹与应用化学联合会（International Union of Pure and Applied Chemistry, IUPAC）修定而成为通用的系统命名法，又称为 IUPAC 命名法。我国根据 IUPAC 命名原则，结合我国文字特点制订了系统命名法，其要点如下。

1. 选择主链

选择最长碳链作为主链，按主链上的碳原子数目称为某烷，并以它作为母体。把主链以外的部分作为取代基，此处均为烷基。烷基是烷烃去掉一个氢而成，常用 R 表示。简单烷基可以用普通命名法命名。

$H_3C—$	$C_2H_5—$	$(H_3C)_2HC—$	$(H_3C)_2HCH_2C—$	$(H_3C)_3C—$
甲基	乙基	异丙基	异丁基	三级丁基或叔丁基

在有多条碳链碳原子数相同的情况下，选择取代基最多的碳链为主链。

2. 编号

从主链一端向另一端依次对每一个碳原子编号，编号方向以保证取代基所在碳原子位次尽量低为原则。同时，取代基按英文字母优先顺序排列（旧的命名法常按基团由小到大的优先顺序排列）。

乙基：ethyl
甲基：methyl

3. 命名

把取代基的位置和名称写在母体名称前面，数字和名称之间用一短线隔开；将相同取代基合并，标明其位置和数目，并按基团优先顺序排列。

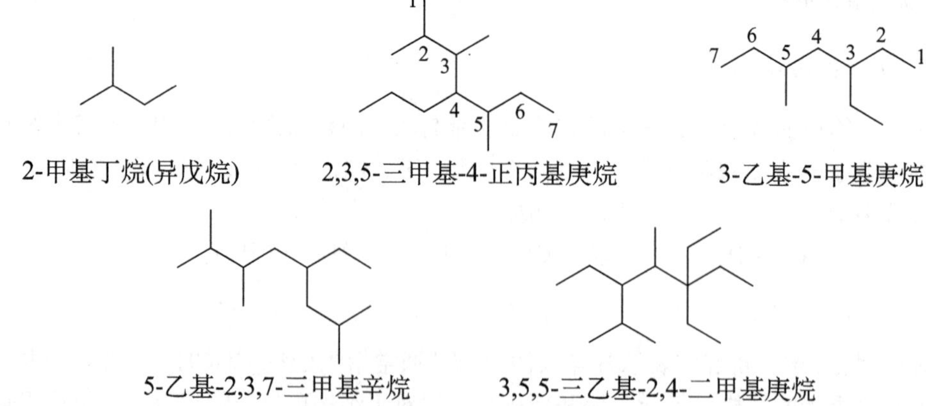

2-甲基丁烷(异戊烷)　　2,3,5-三甲基-4-正丙基庚烷　　3-乙基-5-甲基庚烷

5-乙基-2,3,7-三甲基辛烷　　3,5,5-三乙基-2,4-二甲基庚烷

当取代基较复杂时，也可以采用系统命名法来命名取代基，即从取代基上与主链相连的第一个碳原子以 1 开始编号，但要注意主链和支链编号的区别。

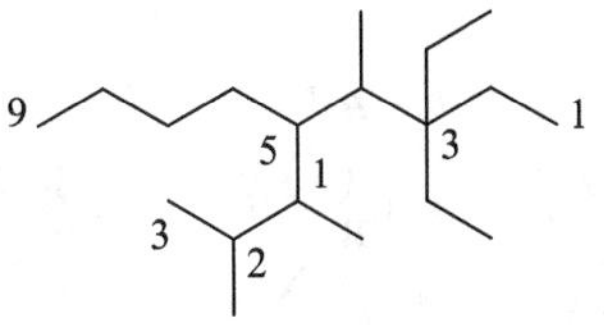

3, 3-二乙基-4-甲基-5-(1, 2-二甲基丙基)壬烷

系统命名法的最大优点是准确，根据化合物的结构式可以写出其名称，反之由名称可以写出唯一结构式。但对于一些实践中常用同时结构较为复杂的化合物，用系统命名法又显得不太方便，此时往往采用约定俗成的习惯命名。例如，石油化工中经常涉及的 2, 2, 4-三甲基戊烷又称异辛烷。

2.2　烷烃的构象

烷烃分子中所有的共价键均为 σ 单键，σ 电子云绕键轴对称分布，因此 C—C 键是可以旋转的。直到 1956 年以后，人们才逐渐认识到单键的旋转并非完全自由，旋转后产生的不同形状的分子具有不同的内能。例如，乙烷 $CH_3—CH_3$ 沿 C—C 键旋转后，可以得到两种典型的不同空间原子排布，代表这两种空间结构的各种透视式如图 2.3 所示。

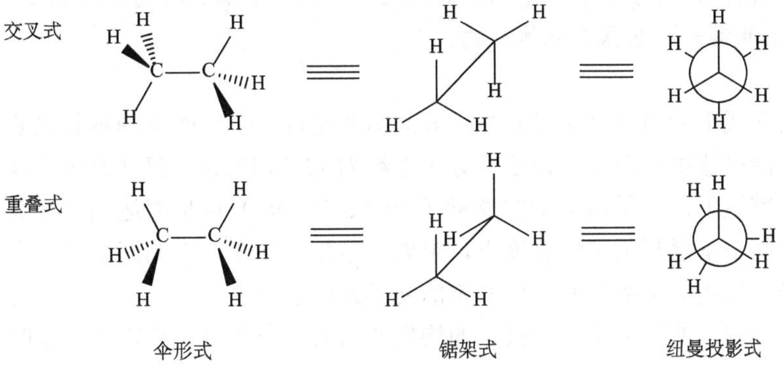

图 2.3　乙烷的构象

这种由单键旋转所引起的原子或原子团在空间的不同排布，称为构象。图 2.3 上排是交叉式构象，下排是重叠式构象，它们互为构象异构体。表示构象最方便的结构式是纽曼(Newman)投影式。在该投影式中，投影前面的碳原子用一个点表示，投影后面的碳原子用一个圈表示。氢原子之间的距离不同，它们在空间的相互作用也不同，因而使分子具有不同能量。显然，在重叠式构象中，相邻两个碳上的氢原子距离更近，其空间位阻效应使重叠式构象的分子具有更高的内能从而较不稳定。另外，较新的研究认为 C—H 键 σ 电子的超共轭效应亦使交叉式构象更加稳定。可以预料，沿 C—C 键旋转的角度不同，会有无数对应不同能量的构象，其能量变化如图 2.4 所示。

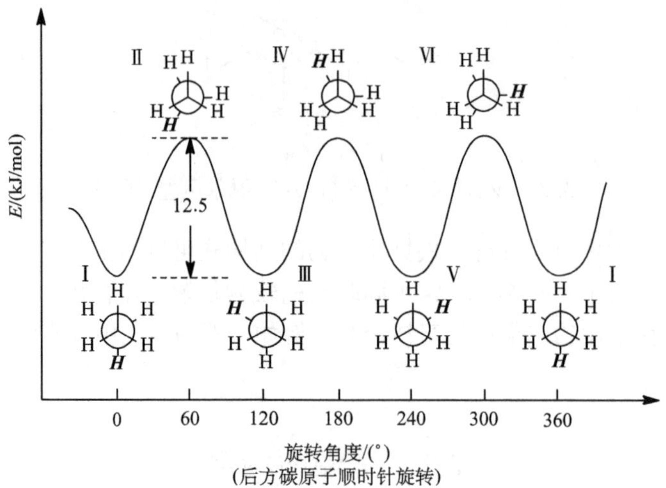

图 2.4　乙烷各种构象的能量关系图

学习提示： 注意构象异构和之前构造异构的区别。构造异构是由原子连接方式或连接顺序不同引起的，而构象异构属于立体异构。在所有形式的立体异构体中，原子的连接方式和连接顺序均相同，只是各原子在空间的相对位置不同。后面将学习到的构型异构（包括顺反异构、对映异构等）也属于立体异构。

从一个交叉式Ⅰ到另一个交叉式Ⅲ，其间需要越过一个高能量的重叠式Ⅱ，这个能量障碍称为能垒。能垒值虽然不高，在乙烷分子中约为 12.5 kJ/mol，但这表明碳碳单键旋转并非完全自由。在室温下，分子热运动的能量（～83.6 kJ/mol）也足够达到这个能垒值。因此，构象异构体之间在室温甚至更低温度下，也能迅速相互转变，它们同处于一个平衡体系中，不能分离出来。在构象平衡体系中以稳定的交叉式构象为主。

旋转碳碳单键，使分子从一个稳定的构象变为另一个相对不稳定的构象时，需要吸收能量，从而使相对不稳定的构象产生了一种张力，随时都有回复到稳定态的倾向。这种张力称为扭转张力。使键发生扭转所需要的能量称为扭转能。凡是两个以四面体构型相连接的碳，它们的键都倾向于成为交叉式，与交叉式的任何偏差都会产生扭转张力。

含碳数较多的烷烃分子，构象更为复杂。例如，丁烷分子中，沿 C2—C3 键旋转，使得两个大基团（甲基）的相对位置发生改变，可以形成四个典型构象。

(1)	(2)	(3)	(4)
φ=0°	φ=60°	φ=120°	φ=180°

其中(1)为全重叠式，(2)为斜交叉式（或邻位交叉式），(3)为部分重叠式，(4)为反交叉式（或对位交叉式）。图 2.5 表明了丁烷各构象异构体间的能量关系，横坐标是两个甲基间的角

度(φ)，纵坐标表示内能。

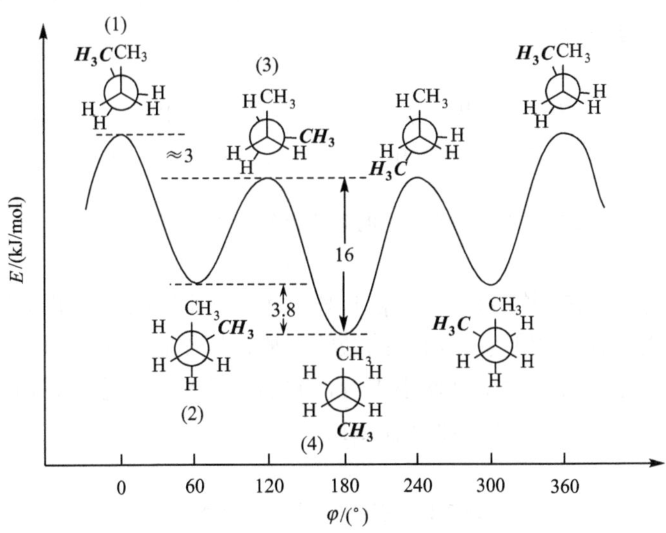

图 2.5 丁烷分子构象变化的能量曲线

对于交叉式构象(2)和(4)来说，(2)中两个相邻较大基团（甲基）之间的范德华斥力不能忽略，所以(2)的能量比(4)略高。各构象的稳定性顺序是反交叉式 > 斜交叉式 > 部分重叠式 > 全重叠式，但其能量差都较小，以致在室温下彼此迅速转化，形成以稳定构象为主的构象异构体的平衡混合物，不能分离。

其他脂肪族化合物的构象与乙烷或正丁烷的构象相似。

2.3 烷烃的物理性质

物质的颜色、形状、沸点（b.p.）、熔点（m.p.）、相对密度（d）、折射率（n）和溶解度等都属于物理性质。烷烃的物理常数随相对分子质量增加而呈现一定规律。室温下，C_1～C_4 的烷烃是气体，C_5～C_{16} 的烷烃是液体，C_{17} 以上的烷烃是固体。其沸点和熔点都是随碳数增加而升高，但碳数越大，升高值越小，因为同系列的系差 CH_2 是一个固定增值（14），它对相对分子质量小的烷烃比对相对分子质量大的烷烃的相对影响更大。

液体的沸点与分子间作用力（即范德华力）有关。分子间作用力越大，沸点越高。对于非极性的烷烃分子，其分子间作用力主要是色散力。色散力是由分子的瞬时偶极矩产生的分子间的吸引力，它与分子中原子的数目和大小成正比。因此，直链烷烃的沸点随相对分子质量的增加而有规律地升高。支链烷烃中，支链的阻碍使分子间不能靠得很近，相互作用力减小，所以对于含有相同碳原子数的烷烃，支链越多，沸点越低。例如，正、异、新三种戊烷的沸点依次降低。

烷烃的熔点也随相对分子质量的增加而升高。与沸点相比，熔点的高低还表现出：分子越对称，熔点越高。例如，三种戊烷异构体中，新戊烷的熔点最高。在相邻烷烃同系物中，偶数碳的熔点增值比奇数碳的增值更大，呈锯齿形上升。这是由于在直链烷烃中具有偶数碳原子的分子比具有奇数碳原子的分子更对称，含奇数碳的碳链中两端甲基处于同一边，而含偶数碳的碳链中两端甲基处于相反位置（图 2.6），从而使后者比前者分子间排列更对称、更紧密，因此可能具有更高的熔点。

$$H_3C-CH_2-CH_2-CH_2-CH_3 \qquad H_3C-CH_2-CH_2-CH_3$$

图 2.6　含奇数碳原子的碳链和含偶数碳原子的碳链

烷烃是非极性分子，偶极矩为零，不溶于水，而溶于非极性的有机溶剂，如乙醚、丙酮、苯等。烷烃的溶解度遵从“相似者相溶”的经验规律，即结构相似或分子的极性大小相近的化合物之间可彼此互溶。烷烃的密度均小于 1，并随碳数增加而增大，但其增量小，最后趋近于最大值 0.8。烷烃的一些物理常数见表 2.1。

表 2.1　烷烃的一些物理常数

烷烃	沸点/℃	熔点/℃	相对密度 d_4^{20}	烷烃	沸点/℃	熔点/℃	相对密度 d_4^{20}
甲烷	−161.7	−182.5	0.4240	正十三烷	235.4	−5.5	0.7564
乙烷	−88.6	−183.3	0.5462	正十四烷	253.7	5.9	0.7628
丙烷	−42.1	−187.7	0.5824	正十五烷	270.6	10.0	0.7685
正丁烷	−0.5	−138.3	0.5787	正二十烷	343.0	36.8	0.7886
正戊烷	36.1	−129.8	0.6264	正三十烷	449.7	65.8	0.8097
正己烷	68.7	−95.3	0.6603	异丁烷	−11.7	−159.4	0.5572
正庚烷	98.4	−90.6	0.6837	异戊烷	29.9	−159.9	0.6196
正辛烷	125.7	−56.8	0.7026	新戊烷	9.4	−16.8	0.5904
正壬烷	150.8	−53.5	0.7177	2-甲基戊烷	60.3	−153.6	0.6532
正癸烷	174.0	−29.7	0.7299	3-甲基戊烷	63.3	−118.0	0.6644
正十一烷	195.8	−25.6	0.7402	2, 2-二甲基丁烷	49.7	−100.0	0.6492
正十二烷	216.3	−9.6	0.7487	2, 3-二甲基丁烷	58.0	−128.4	0.6616

2.4　烷烃的化学反应

C—C 键和 C—H 键不仅键能大，而且极性小，所以烷烃是一类很不活泼的有机化合物，特别是直链烷烃，其稳定性更大。在室温下，它们与强酸（如 H_2SO_4、HNO_3）、强碱（如 NaOH）、强氧化剂（如 $K_2Cr_2O_7$、$KMnO_4$）及强还原剂（如 Zn + HCl，Na + CH_3CH_2OH）等都不发生反应或反应很慢，所以常把烷烃当作惰性溶剂、润滑剂或药物基质使用。当然，“稳定”是相对的，随着条件的改变，烷烃也能发生一些化学反应。

2.4.1 卤代反应及其反应机理

在光照、加热或催化剂存在下，烷烃都可以与氯反应生成氯代烃，并放出大量的热。

$$CH_4 + Cl_2 \xrightarrow[\text{或在120℃}]{h\nu} CH_3Cl + HCl \qquad \Delta H = -104.5\ \text{kJ/mol}$$

$$CH_3Cl + Cl_2 \xrightarrow{h\nu} CH_2Cl_2 + HCl$$

有机分子中的原子或原子团被其他原子或原子团取代的反应称为取代反应。烷烃的卤代反应即烷烃中的氢原子被卤素原子所取代的反应。在一定条件下，烷烃的卤代反应可以连续进行直到全部氢原子都被取代。但控制条件可以使反应只生成一取代或二取代物。

高级烷烃的反应产物更复杂，不仅有多卤代产物，还有取代位置不同和断链后的取代产物。

2.4.1.1 卤代反应机理

如第 1 章所述，烷烃分子含有的都是非极性或弱极性的 C—C 或 C—H σ 键，因此烷烃的取代反应按自由基反应机理进行。在加热或光照条件下，氯分子首先吸收 242.4 kJ/mol 的能量，使共价键均裂产生氯自由基。氯自由基立即夺取烷烃分子中的氢，生成甲基自由基，而甲基自由基则诱导另一分子氯发生均裂，得到产物和氯自由基。

（1）链引发：

$$Cl_2 \xrightarrow{h\nu} 2\,Cl\cdot$$

（2）链传递：

$$CH_4 + Cl\cdot \longrightarrow CH_3\cdot + HCl$$

$$Cl_2 + CH_3\cdot \longrightarrow CH_3Cl + Cl\cdot$$

反应可以循环往复进行，直到反应完全。当自由基增多时，自由基之间结合的机会增大。

（3）链终止：

$$2\,Cl\cdot \longrightarrow Cl_2$$

$$CH_3\cdot + Cl\cdot \longrightarrow CH_3Cl$$

$$CH_3\cdot + CH_3\cdot \longrightarrow CH_3CH_3$$

反应一经引发，就一环接一环地像锁链一样进行下去，直到所有自由基彼此结合或与杂质碰撞而失去活性为止，故称这种反应为连锁反应或链反应。链引发、链传递、链终止是链反应的三个阶段。

按自由基机理进行的反应，有以下一些特点：

（1）反应通常在气相或非极性溶剂中进行。起始有一段诱导期，自由基一经引发就立即反应，并按链反应的三个步骤进行，直到反应完成。

（2）自由基很活泼，遇到氧或其他能与自由基相结合的杂质都会使反应减慢或停止。能使自由基反应减慢或停止的试剂称为抑制剂。例如：

$$2\,R\cdot + O_2 \longrightarrow R—O—O—R$$

$$R\cdot + M\cdot \longrightarrow R—M$$

（3）除光照或加热常用来使共价键均裂产生自由基外，某些试剂，如过氧化物或四乙酸铅等，分子中含有容易均裂形成自由基的键，这类化合物也能使反应在较低温度下按自由基机理进行。能够引发产生自由基的试剂称为引发剂。

2.4.1.2　卤代反应的活性和选择性

有机反应中的各种反应物，甚至同一反应物中的不同反应位点，都存在相对活性问题，而活性的差异带来了有机反应的选择性。反应活性与反应速率密切相关，而决定反应速率最重要的因素是能量因素。一个强的放热反应通常是快速反应，而吸热反应一般进行较慢。几乎所有反应，特别是涉及价键断裂的反应都必须经过一个不稳定的高能量过渡态（transition state，TS）。过渡态和反应物之间的位能差称为活化能，用 $E_{活化}$表示，如图 2.7 所示。过渡态是反应途径中的能量最高点，而活化能值则是从反应物到产物所必须越过的最低能垒值。活化能大小是了解化学反应活性的关键。显然，吸热反应（产物的位能大于反应物的位能）的活化能值大于反应的 ΔH 值。

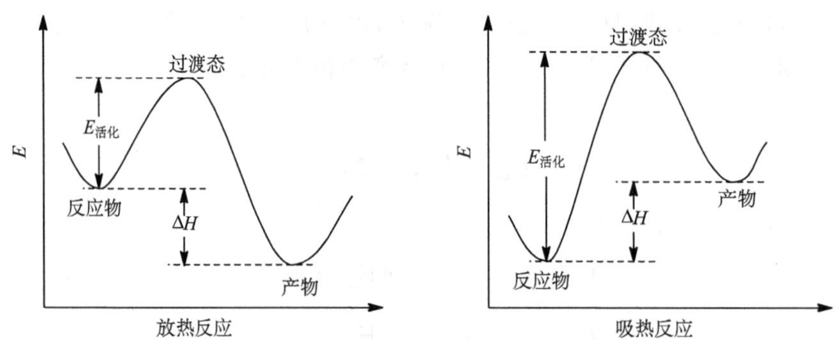

图 2.7　反应进程中的位能变化

对于分步进行的反应，每一步都有其过渡态，两个过渡态之间的能量最低点对应反应的中间产物，如图 2.8 所示的甲烷氯代反应。活化能最大的步骤是最慢的一步反应，此步反应成为决定整个反应速率的关键控制步骤（又称速率控制步骤，rate determining step，简写为 r.d.s.）。

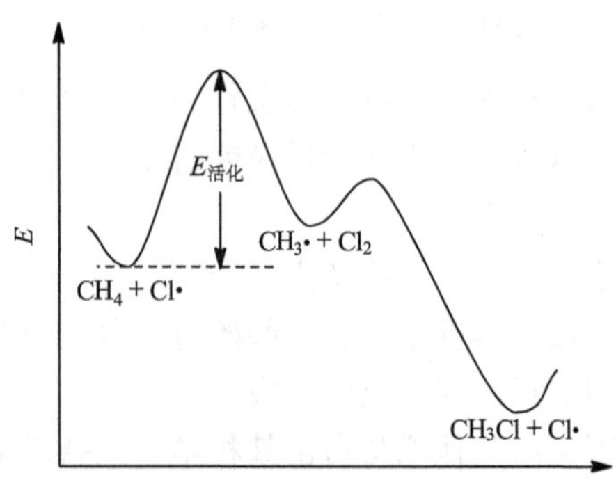

图 2.8　甲烷氯代反应的能量变化

每一种反应物均有其相对活性，烷烃卤代反应的相对活性则随反应物卤素的活性和烷烃的结构不同而改变。

1. 卤素的活性

实验表明，氟与烷烃在光照下的反应相当剧烈，是一个难以控制的破坏性反应，结果导致 C—C 键断裂，生成碳和氟化氢。相反，碘与烷烃不发生反应；溴与烷烃虽然可以反应，但比氯慢得多，即卤素的活性顺序为：氟 > 氯 > 溴 > 碘。

甲烷氯化反应的能量变化如图 2.8 所示。反应的速率控制步骤是卤素原子从甲烷夺取氢原子，经过渡态(Ⅰ)形成甲基自由基中间体。这一反应的 ΔH 值随卤素不同而异。

$$CH_4 + X\cdot \xrightarrow{r.d.s} CH_3\cdot \xrightarrow{X_2} CH_3X + X\cdot$$

$$CH_4 + X\cdot \longrightarrow \left[\overset{\delta\cdot}{X}\cdots H \cdots \overset{\delta\cdot}{C}H_3 \right] \longrightarrow CH_3\cdot + HX$$

(Ⅰ)

X	F	Cl	Br	I
ΔH/(kJ/mol)	−133.8	+4.2	+66.9	+137.9

ΔH 值表明：氟原子发生剧烈的放热反应，碘原子发生剧烈的吸热反应，因此可以预料它们的反应是从易到难。

实验测得，略吸热的氯原子与甲烷的反应，其活化能约为 16.7 kJ/mol。溴原子与甲烷的反应是吸热反应，$E_{活化} > \Delta H$，其活化能不低于 66.9 kJ/mol，实验测得约为 75.2 kJ/mol。这说明溴化比氯化反应更慢。碘原子与甲烷的反应，活化能将大于 137.9 kJ/mol，以致反应不能进行。

2. 烷烃结构的影响

大多数的烷烃分子中，氢原子都不止一种，此时会涉及哪个位置的氢原子更易被取代的问题。分子不同的位置活性不同而导致的反应选择性称为区域选择性。例如，丙烷分子中存在两种氢原子，因此可能得到两种产物：

$$CH_3CH_2CH_3 \xrightarrow[Cl_2]{300℃} CH_3CH_2CH_2Cl + CH_3CHClCH_3$$

1-氯丙烷　2-氯丙烷

烷烃中，三级氢原子最易发生卤代反应，而甲烷氢最难，其活性顺序为

$$3°H > 2°H > 1°H > CH_3—H$$

由于 C—H 键的断裂是卤代反应的速率控制步骤，因此 C—H 键均裂的难易与反应速率直接相关。各级氢解离的难易顺序为 3°H > 2°H > 1°H > CH_3—H，这个顺序可由下列反应热大小顺序体现。ΔH 值越高，表示键的断裂越难，反应越难进行。

CH_3—H：$CH_3—H \longrightarrow CH_3\cdot + H\cdot$　　$\Delta H = 434.7$ kJ/mol

1°C—H：$CH_3CH_2—H \longrightarrow CH_3CH_2\cdot + H\cdot$　　$\Delta H = 409.6$ kJ/mol

2°C—H：$(CH_3)_2CH—H \longrightarrow (CH_3)_2CH\cdot + H\cdot$　　$\Delta H = 397.1$ kJ/mol

3°C—H：$(CH_3)_3C—H \longrightarrow (CH_3)_3C\cdot + H\cdot$　　$\Delta H = 380.4$ kJ/mol

越高级的 C—H 键越容易断裂，这是由于越高级的自由基越稳定，越容易形成。

自由基稳定性：$(CH_3)_3C\cdot > (CH_3)_2CH\cdot > CH_3CH_2\cdot > CH_3\cdot$

3°自由基　2°自由基　1°自由基

1°H、2°H、3°H 发生氯代反应的活性比约为 1∶3.7∶5.1，但上述丙烷与氯的反应，产物 1-氯丙烷和 2-氯丙烷的比例并非约 1∶3.7，而是约 1∶1.3，这是由于还需考虑不同种类氢原子的个数。产物比例为活性比例和氢原子个数比例的乘积。对于丙烷的溴代反应，1-溴丙烷和 2-溴丙烷产物的比例大约可达 1∶32，这说明溴代反应虽然活性更低，但区域选择性远大于氯代反应。

学习提示：活性和选择性是有机反应永恒的主题。高活性和高选择性往往不能同时满足，因此开发兼具高活性和高选择性的有机反应是有机合成方法学的重要任务。要对有机反应的活性和选择性进行改进，需要先对反应机理有深刻的认识。

2.4.2　烷烃的硝化和磺化

烷烃与硝酸、四氧化二氮等在高温下发生气相反应，烃分子中的氢被硝基($-NO_2$)取代生成硝基烷，这个反应称为硝化。高温下与硫酸的反应称为磺化，产物是磺酸（烷基直接与磺酸基$-SO_3H$ 相连）。

$$\underset{\text{乙磺酸}}{CH_3CH_2-SO_3H} \xleftarrow{H_2SO_4,\ 400℃} CH_3CH_3 \xrightarrow{HNO_3,\ 400\sim500℃} \underset{\text{硝基乙烷}}{CH_3CH_2NO_2} + H_2O$$

反应机理与烷烃的卤代相似，按自由基机理反应。例如，烷烃的硝化可通过下列自由基历程进行。

$$R-H \xrightarrow{\triangle} R\cdot + H\cdot \quad \text{或} \quad R-R' \xrightarrow{\triangle} R\cdot + R'\cdot$$

$$R\cdot + HO-NO_2 \longrightarrow RNO_2 + \cdot OH$$

$$R-H + \cdot OH \longrightarrow R\cdot + H_2O$$

长链烷烃硝化时，总是发生 C—C 键断裂，生成小分子的硝基烷。在以上条件下，各类氢被硝基取代的难易次序同样是 3°H > 2°H > 1°H，但仍得到各类氢被取代的硝基化合物的混合物，如丙烷硝化：

$$\text{丙烷} \xrightarrow{HNO_3,\ 400℃} \underset{(25\%)}{CH_3CH_2CH_2NO_2} + \underset{(40\%)}{(CH_3)_2CHNO_2} + \underset{(10\%)}{CH_3CH_2NO_2} + \underset{(25\%)}{CH_3NO_2}$$

高级烷烃与硫酰氯(SO_2Cl_2)在光照下反应生成烷基磺酰氯，称为氯磺化反应。十二烷基磺酰氯经水解、中和即得到市售洗涤剂的主要成分：十二烷基硫酸钠。

$$SO_2Cl_2 \xrightarrow{h\nu} SO_2 + 2\,Cl\cdot$$

$$C_{12}H_{26} + Cl\cdot \longrightarrow C_{12}H_{25}\cdot + HCl$$

$$C_{12}H_{25}\cdot + SO_2Cl_2 \longrightarrow Cl\cdot + C_{12}H_{25}SO_2Cl$$

$$C_{12}H_{25}SO_2Cl \xrightarrow[2)NaOH]{1)H_2O} C_{12}H_{25}SO_2ONa$$

2.4.3　氧化反应

有机化学中氧化还原的概念与无机化学中的概念相同，即原子或离子失去电子称为氧化，得到电子称为还原，并用表示化合物中各原子化合状态的氧化数来定义它。单质原子的氧化数为零。在化合物中如果原子的电子失去了或偏离了，该原子就具有正氧化数。反之，原子得到了电子或成键电子对更偏近于它，则该原子具有负的氧化数。以共价键相连的原子，没有电子得失，只有电子对的偏离。例如：

	H—H	Br—Br	O═O	N—N	H—F	H_2O	NH_3
各原子的氧化数：	0　0	0　0	0　0	0　0	+1　−1	O: −2	N: −3

碳原子与一个氢相连，氧化数为−1；通过单键与一个氧相连，氧化数为+1。例如：

	$H_3C—CH_3$	$H_2C═CH_2$	HC≡CH	$H_3C—OH$	HCHO	HCOOH
碳的氧化数：	−3	−2	−1	−2	0	+2

使氧化数发生改变的反应都可以看作是氧化或还原反应。例如：

$$Zn \longrightarrow Zn^{2+} + 2e^- \qquad \text{氧化反应}$$

氧化数　0　　+2

$$Br + e^- \longrightarrow Br^- \qquad \text{还原反应}$$

氧化数　0　　−1

有机化合物所含的元素种类不多，其氧化还原反应常常简化为：分子中加入了氧或去掉了氢都称为氧化；加入了氢或去掉了氧都称为还原。

烷烃在一般情况下即使使用强氧化剂也不被氧化。但是，烷烃极易燃烧，燃烧时会发生彻底氧化，生成二氧化碳（此时碳的氧化数为+4）。

$$C_nH_{2n+2} + \frac{3n+1}{2}O_2 \xrightarrow{\text{燃烧}} nCO_2 + (n+1)H_2O + \text{热量}$$

烷烃燃烧反应的重要性不在于它的产物，而在于它所提供的热能。生活上、工业上所用的天然气、汽油、柴油等都是利用了烷烃的燃烧反应产生热能。例如：

$$CH_4\,(\text{气}) + 2\,O_2\,(\text{气}) \longrightarrow CO_2\,(\text{气}) + 2\,H_2O\,(\text{气}) \qquad \Delta H = -810.9\ \text{kJ/mol}$$

甲烷不完全燃烧生成炭黑，它是工业上不可缺少的填料或润色剂。

$$CH_4 + O_2 \xrightarrow{\text{不完全燃烧}} 2\,H_2O + C$$

在高温或催化剂存在下，用空气小心氧化烷烃，可生成各种含氧衍生物。

$$CO + 2H_2 \xleftarrow{1/2\ O_2} CH_4 \xrightarrow[10MPa,\ 360℃]{O_2} CH_3OH$$

$$CO + H_2 \xleftarrow[Ni,\ 725℃]{H_2O} CH_4 \xrightarrow[V_2O_5,\ 400\sim500℃]{O_2} HCHO + H_2O$$

甲烷氧化产生的一氧化碳和氢称为合成气，工业上用作合成氨、尿素和甲醇等的原料。

氧化反应也按自由基机理进行，但反应很复杂，有很多氧化的中间体。控制烷烃氧化以生成基本化工原料是具有生产意义的重要课题。

2.4.4　裂化反应

在高温和隔绝空气下发生的分解反应称为裂化或热裂。烷烃一般在 400～1000℃裂化，甲烷裂化温度最高。

$$CH_4 \xrightarrow{1000\sim1200℃} C + H_2$$

$$H_3C—CH_3 \xrightarrow{600℃} H_2C{=}CH_2 + H_2$$

$$CH_3CH_2CH_2CH_3 \xrightarrow{<600℃} CH_4 + CH_3CH{=}CH_2\ (主要产物)$$

$$或\quad H_3C—CH_3 + H_2C{=}CH_2$$

$$或\quad CH_3CH_2CH{=}CH_2 + H_2$$

在有催化剂存在下，裂化可以在较低温度下进行。高级烷烃（C_{12} 以上）的 C—C 键比 C—H 键更易断裂，小碎片成为烷烃，长碎片成为烯烃。加压下更利于碳链从中间断裂。烷烃的裂化也按自由基机理进行。

2.5　烷烃的来源和制备

烷烃在自然界中极为丰富。例如，甲烷是天然气、石油气和沼气的主要成分。石油则主要是各种烷烃的混合物，石油中含 C_1～C_{50} 的链烷烃及一些环烷烃，有些地区的石油中含有芳香烃。但是从石油中分离出某一纯净烷烃是困难的，因此发展了烷烃的合成方法。

1. 烯、炔加氢

含有双键、三键的不饱和烃在过渡金属催化剂存在下与氢气发生还原加成反应，可制得烷烃，称为催化氢化。

$$R_2C{=}CR_2\ (烯烃) + H_2 \xrightarrow{Pt(或Pd,\ Ni)} R_2CH—CHR_2$$

$$R—C{\equiv}C—R\ (炔烃) + H_2 \xrightarrow{Pt(或Pd,\ Ni)} RCH_2CH_2R$$

2. 伍茨反应

卤代烃和金属钠反应可制得烷烃，称为伍茨（Wurtz）反应（可见 7.4.1.3 节）。用这个反应制备对称的高级烷烃（R = R′）的产率较高。两个烷基不同时（R ≠ R′），则可能得到混合产物。

$$RX + R'X + 2Na \longrightarrow \begin{matrix} R—R \\ R—R' \\ R'—R' \end{matrix} + 2NaX$$

$$X = Cl, Br, I$$

也可以用金属锂代替金属钠制备烷烃，此反应称为科里-豪斯（Corey-House）反应。

$$RX \xrightarrow{Li} RLi \xrightarrow{CuX} R_2CuLi \xrightarrow{R'X} R—R'$$

3. 烷基卤化镁水解

卤代烃与金属反应得到的金属有机化合物通常比较活泼，遇水则会夺去水的质子形成烷烃。除了烷基卤化镁（格氏试剂），烷基钠、烷基锂等遇水也极易反应。

$$RX \xrightarrow{Mg, 醚} RMgX \xrightarrow{H_2O} RH + Mg(OH)X$$

4. 科尔贝（Kolbe）反应

高浓度羧酸钠盐（或钾盐）在中性或弱酸性溶液中电解，用铂电极在较高的分解电压和较低温度下，通过在电极上产生的自由基反应制得烷烃。例如：

$$2CH_3COONa + 2H_2O \longrightarrow \underset{阳极}{C_2H_6 + 2CO_2} + \underset{阴极}{2NaOH + H_2}$$

此法制得的烷烃碳原子数为原脂肪酸分子中烃基碳数的两倍。电解池中，羧酸阴离子移向阳极，失去一个电子生成自由基，并立即失去二氧化碳形成烷基自由基，再偶联成烃。

$$CH_3\overset{\overset{O}{\|}}{C}O^- \xrightarrow{e^-} \left[CH_3\overset{\overset{O}{\|}}{C}O\cdot\right] \xrightarrow{-CO_2} \cdot CH_3$$

$$2\cdot CH_3 \longrightarrow C_2H_6$$

例如：

$$2CH_3(CH_2)_{16}COOH \xrightarrow[95\%]{电解} CH_3(CH_2)_{32}CH_3 + 2CO_2$$

随反应条件不同，生成的烷基自由基可能与未反应的羧酸和水反应生成不同的副产物。

习　　题

2.1　写出庚烷中主链为五个碳原子的异构体的构造式，并用系统命名法命名。

2.2　用系统命名法命名下列化合物。

(1) $(CH_3)_3CCHCH_2CH(CH_3)_2$，其中 CH 上连有 CH_2CH_3　　(2) $(CH_3)_3CCH_2CH(CH_3)_2$

(3)　　(4)

2.3　指出下列名称是否有错，错在哪里？写出正确名称及各化合物的构造式。

(1) 3-甲基丁烷　　(2) 3-乙基戊烷

(3) 1, 1, 3-三甲基丁烷　　(4) 2, 2, 4, 4-四甲基辛烷

(5) 2-乙基丙烷　　(6) 3-异丙基-2-甲基戊烷

2.4　写出 1, 2-二氯乙烷和 1, 2-二溴乙烷的较稳定和最稳定的构象式，并比较二者的最稳定构象在各自的构象平衡体系中，哪一个含量更多，为什么？

2.5　下列结构式中哪些是同一结构的相同构象？哪些是不同构象？哪些互为构造异构体？

(1)

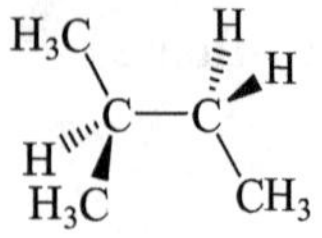

(2)

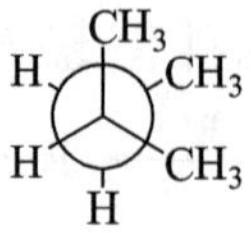

(3) 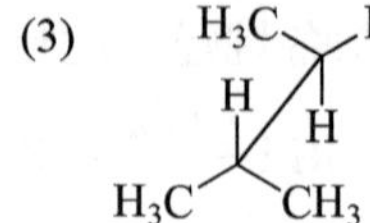

(4) 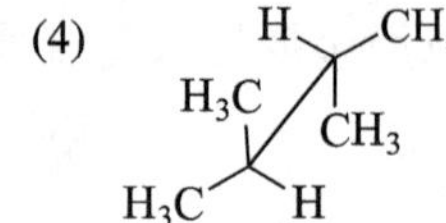

(5)

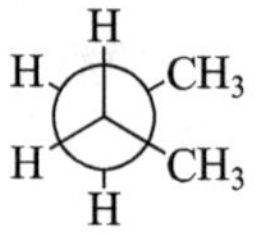

(6)

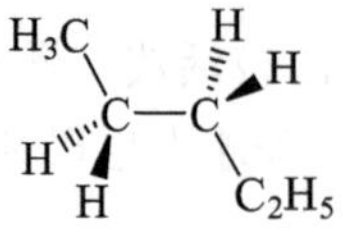

(7) 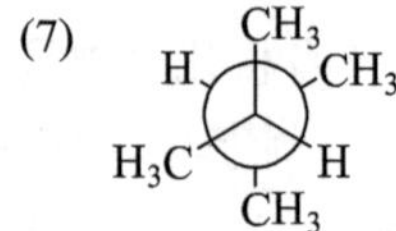

(8) 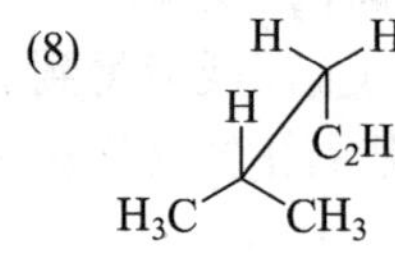

2.6　三种戊烷异构体 A、B、C 分别在 300℃下氯化，A 能给出三种不同的一氯戊烷，B 只能给出一种一氯戊烷，而 C 能给出四种一氯戊烷，A、B、C 的结构式各是什么？

2.7　根据键能计算下列两组不同途径的氯代反应每步的 ΔH 值，并比较两组氯代反应的难易。

(1) $CH_4 + Cl\cdot \longrightarrow CH_3\cdot + HCl$

$Cl_2 + CH_3\cdot \longrightarrow CH_3Cl + Cl\cdot$

(2) $CH_4 + Cl\cdot \longrightarrow CH_3Cl + H\cdot$

$Cl_2 + H\cdot \longrightarrow HCl + Cl\cdot$

第 3 章　立体化学基础

有机化学中的同分异构现象包括两大类：一类是构造异构，如碳链异构、位置异构和官能团异构等，它们是由于分子中原子间的连接方式或连接顺序不同而产生的。另一类是立体异构，在不同的立体异构体分子中，原子间的连接方式和连接顺序相同，但空间排布方式不同。

第 2 章中我们接触到的构象异构是立体异构的一种，它是由于单键旋转而产生的分子的不同空间排布。构象异构体之间由于能量壁垒小，室温下可以彼此转变，不能分离提纯。本章所要讨论的是具有特定空间排列的构型不同的立体异构体，即构型异构。与构象异构体不同，构型异构体之间能量壁垒较大，单个异构体能够得以分离而独立存在。其中，彼此对映、互为镜像但不能重合的两种立体异构体，称为对映异构体；而彼此不具有镜像关系的立体异构体，称为非对映异构体，它们都具有光学活性。顺反异构体是靠双键（或环）的转动受阻而存在的另一类构型异构体，通常它们不像对映/非对映异构体那样具有光学行为。不具有光学行为的立体异构不在本章讨论的范围内。

立体化学是研究分子结构中原子空间排布的化学学科分支。它既研究立体异构的产生、存在、构型表达、命名等结构问题，也研究与立体异构有关的物理化学性质和反应的立体化学机理。

3.1　平面偏振光与物质的旋光性

构型不同的立体异构体之间表现出的一个极为重要的性质差别是对平面偏振光的作用不同。本章讲述的主要是具有光学活性的化合物。

3.1.1　偏振光和光活性物质

光是电磁现象，它由两个相互垂直的振荡场组成：振荡电场和振荡磁场。它们的振动方向彼此垂直并垂直于光传播的方向，如图 3.1 所示。图 3.2(a)表示一束向我们眼睛射来的普通光线，双箭头表示光的可能振动方向，振动方向与光传播方向所构成的平面称为振动平面。因此，每个双箭头都代表着一个振动平面。图 3.2(c)是一束只在一个方向上振动，仅有一个

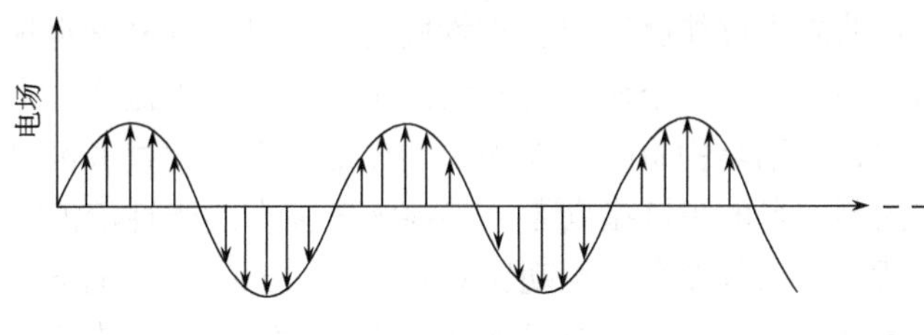

图 3.1　光波

振动平面的光，称为偏振光。将一束普通光线通过一个由方解石特制的棱镜[称为尼科尔棱镜，图 3.2(b)]，则一部分光线被棱镜阻挡不能通过，这种棱镜只允许与棱镜的晶轴平行方向振动的光线通过，从而得到平面偏振光。

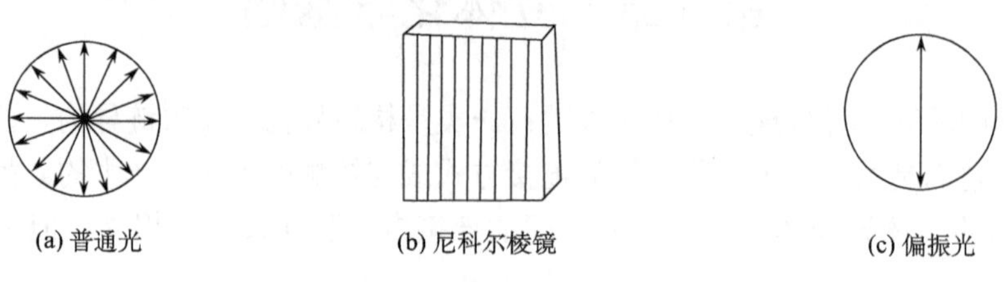

图 3.2　普通光和平面偏振光示意图

如果在光通路上放两个棱镜，当两个棱镜的晶轴平行时，从第一个棱镜出来的偏振光将全部通过第二个棱镜，此时，在光通路上可以看到光亮。但是，当两个棱镜的晶轴相差一定角度或者彼此垂直时，则由第一个棱镜出来的偏振光将不能完全通过或者完全不通过第二个棱镜，此时在光通路上变暗，如图 3.3（a）所示。

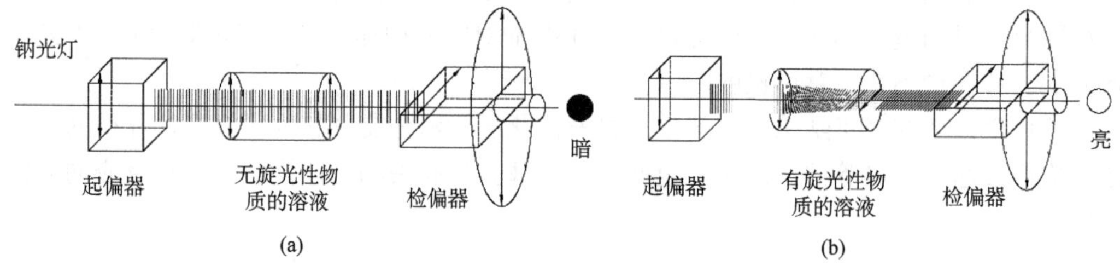

图 3.3　平面偏振光偏振平面的旋转与检测

如果在两个彼此平行的棱镜之间放入待测定的物质，结果发现，有些物质如水、乙醇、丙酮等使光通路上光亮度不变；另一些物质如乳酸、葡萄糖等则使光亮度变暗。我们将后一类物质称为旋光性物质或光活性物质，它能使偏振光的偏振平面发生旋转。从第一个棱镜出来的偏振光被光活性物质旋转一定角度后就不能全部通过第二个棱镜，致使光通路上光亮度变暗。此时，只有将第二个棱镜在相应的方向上旋转一个相应的角度才能在光通路上重新见到原来的光亮度[图 3.3(b)]。因此，第二个棱镜起着检查光活性物质的旋光性大小和旋光方向的作用。

3.1.2　旋光度的测定和比旋光度

根据以上原理制作的旋光仪能够测定各类物质的旋光度，旋光度定量表示光活性物质旋转偏振光方向的能力。图 3.4 是一个简单旋光仪的主要部件。当盛液管未盛液体或盛有无旋光性液体，如水、乙醇、丙酮等物质时，在光源的光照射下，观察者可以见到最大光亮度，此时与检偏器相连接的刻度盘的指针指向零。当盛液管盛有旋光性溶液时，观察者看到的光亮度变暗。旋转检偏器并带动刻度盘，至观察者重见最大光亮度，记下刻度盘的指针所指度数，即为该物质的旋光度。从面对光源的方向看，如果偏振光向右旋转，用“+”号表示；反之则用“–”号表示。用 α 表示物质的旋光度，其大小显然与待测物质的量（光通过的物质的多少）有关，通过的物质越多，旋光度越大。所以 α 不仅与测定溶液的浓度成正比，也与测定溶液的厚度（盛液管长度）成正比。

$$\alpha = [\alpha]\cdot L\cdot c$$

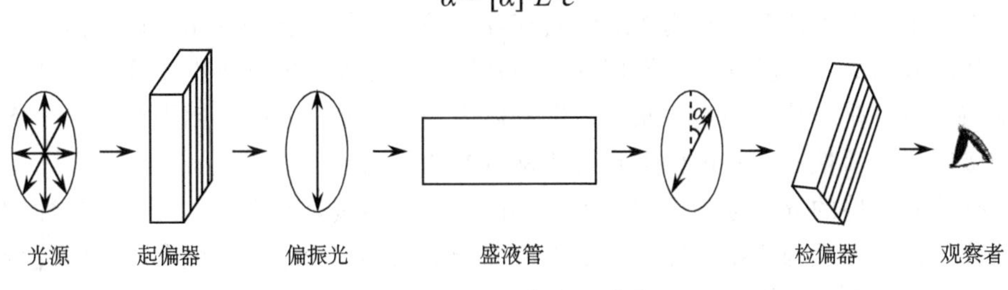

图 3.4　旋光仪的原理

比例常数[α]称为比旋光度，它是单位长度和单位浓度下的旋光度。长度 L 以 dm 为单位（通常盛液管的长度为 1 dm），浓度 c 以 g/mL 为单位。若测定物质是纯液体，则用该纯液体的密度 d 表示浓度。

$$纯液体[\alpha] = \frac{\alpha}{L\cdot d}$$

旋光度还受测定时的温度、波长和溶剂的影响，但没有一个简单的比例关系，所以一般注明测定时的温度、波长及溶剂。一种物质的旋光方向和旋光能力的大小，可用标明波长和温度的比旋光度 $\left[\alpha\right]_{\lambda}^{t}$ 表示，由于其单位复杂，可略去不写。例如，右旋酒石酸在浓度为 5%的乙醇中，20℃下，用钠光 D 线（$\lambda = 589.3$ nm）测得其比旋光度为+3.79。

$$\left[\alpha\right]_{\mathrm{D}}^{20} = +3.79（乙醇，5\%）$$

对于乳酸分子的两个立体异构体，(–)-乳酸（m.p. 26℃，$\left[\alpha\right]_{\mathrm{D}}^{20} = -3.8$）可从糖发酵过程中制得；(+)-乳酸（m.p. 26℃，$\left[\alpha\right]_{\mathrm{D}}^{20} = +3.8$）可从肌肉运动时产生的乳酸中制得。

比旋光度和物质的其他物理常数如熔点、沸点等一样，是旋光性物质的特征常数。在一定条件下，每种旋光性物质都有它自己确定的比旋光度，由此可鉴别各种不同的旋光性物质。也可以根据比旋光度的公式，通过测定物质的旋光度来计算该物质的浓度和含量。

3.2　手性分子和对映异构现象

3.2.1　对映异构现象的发现

物质的光活性是由法国物理学家毕奥（Jean-Baptiste Biot）在 1815 年发现的。为了弄清楚什么因素引起的旋光性，19 世纪以来研究者做了很多研究，其中比较突出的是 1848 年化学家巴斯德（Louis Pasteur）的工作。他在进行结晶学方面的研究中，注意到无旋光性的酒石酸钠铵晶体是由两种不同的晶体混合而成的，这两种晶体互为镜像，彼此不能叠合。于是，他用放大镜和镊子把这两种晶体分开并分别溶于水中，发现它们都具有旋光性，而且两种溶液的比旋光度数值相等，但方向相反。此外，这两种溶液的其他物理性质和一般化学反应都是相同的。由于旋光性是在溶液中观察到的，巴斯德推断这不是晶体的特性，而是分子的特性。

3.2.2　手性分子和手性碳原子

根据巴斯德的发现，对映异构体之间具有互为镜像不能叠合的关系，这类似于人的左手和右手之间的外形关系。因此，人们把物体与其镜像不能叠合的这种性质称为手性。我们现在已经知道，手性是自然界的基本属性，生物体内的蛋白质、核酸、糖类等大分子均由手性小分子连接组成，手性在生命过程中起着非常重要的作用。

通常把具有手性的分子称为手性分子，手性分子必然具有旋光性，具有旋光性的分子一定是手性分子，二者互为充要条件。一个手性分子必然存在两个互为镜像、不能叠合的对映异构体，手性也是对映异构体存在的充要条件。

什么结构的分子会具有手性呢？下面是一个简单的模型：一个 sp^3 杂化的碳原子如果连接了四个不同的原子或基团（即 C_{abcd} 型化合物），这四个不同的基团处于以碳原子为中心的四面体的四个顶点，这种立体形象必然存在两种不同的空间排列，从而得到两种互为镜像关系的构型。如下面(1)和(2)两种化合物，它们互为镜像，但将(2)沿着垂直轴旋转 180°得到(3)后，可以发现此时(1)和(3)的 a、C、b 可以重合，但 c 和 d 的位置刚好相反。因此，(1)和(2)/(3)是不能完全叠合的，这样的分子就具有了手性，化合物(1)和(2)互为对映异构体。与四个不同的原子或基团连接的碳原子，称为手性碳原子，可用*号标记，如下图所示。

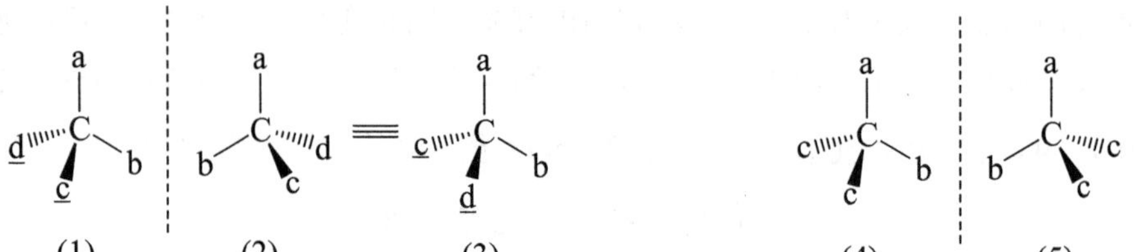

(1)　(2)　(3)　(4)　(5)

具有手性碳原子的分子：

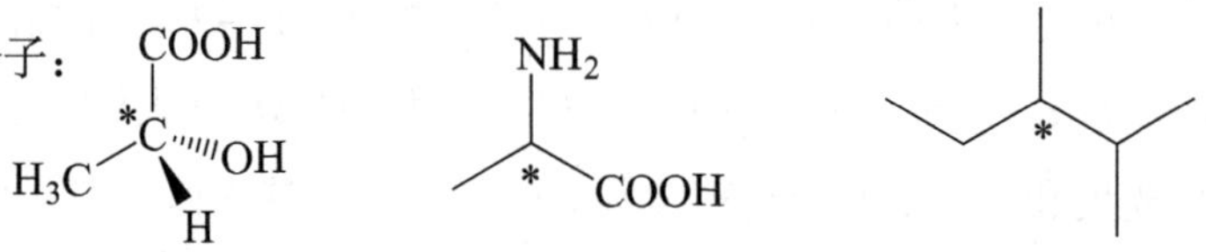

乳酸　丙氨酸　2,3-二甲基戊烷

可以想象，如果碳原子上所连接的 4 个基团中至少有 2 个相同，那么这样的分子和其镜像是可以完全重合的，这样的碳原子就不是手性碳原子。如上图结构(4)和(5)实际上是同一个分子。

对于一些结构简单的分子，我们也可以通过其分子结构的对称性来简单判断其是否具有手性。具有对称面和对称中心的分子都可以和其镜像完全重合，因此都不是手性分子。

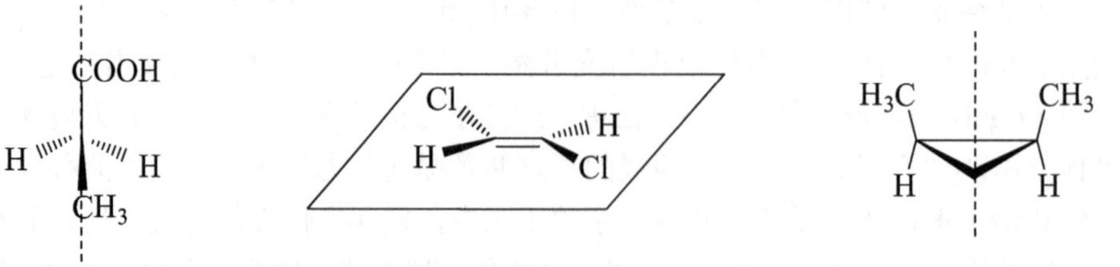

具有对称面的分子

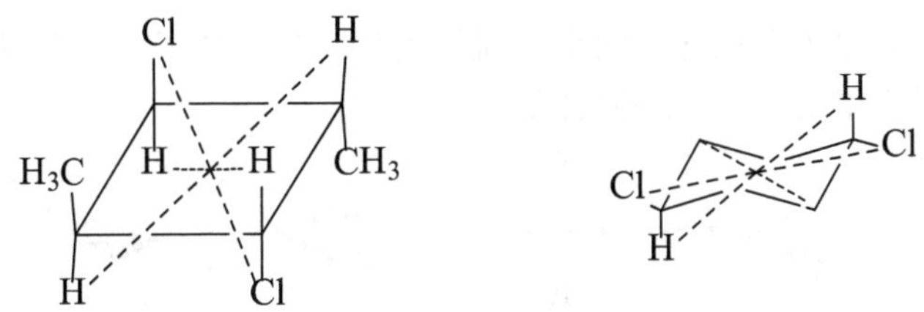

具有对称中心的分子

3.2.3　其他类型的手性分子

互为镜像但不能叠合的两个手性分子互为对映异构体。手性分子中必然具有手性因素，前面提到的手性碳原子即为手性因素之一。除了手性碳原子，还有一些其他因素也可以使分子具有手性。

3.2.3.1　含碳以外的手性原子的分子

除碳以外，其他很多原子如 S、P、N、As、B、Pt 等与不同基团相连，也能形成手性中心，因而能够拆分为对映异构体，常见的是含手性氮原子的化合物。例如，下列季铵盐可以分离得到单一对映异构体。

但对于具有三个不同取代基的叔胺类化合物，由于其镜像体之间转换速度很快（见 11.2.1 节胺的结构），迄今没有拆分出这类化合物的对映异构体。

与不同烷基或芳基相连的膦化合物中磷原子也是一个手性中心（可以把孤对电子想象成一个基团），∠CPC≈109°，它们的镜像体之间转换速度比胺慢得多，所以能够分离得到对映异构体。

具有不同取代基的锍离子也能形成手性中心，室温下能够分离得到对映异构体：

3.2.3.2　含手性轴的分子

有机化合物中，大多数旋光性物质都是含手性原子的化合物，即具有手性中心的化合物。但也有一些旋光性物质不含手性原子，而具有其他手性因素，如丙二烯型和螺环型的分子。

当丙二烯或螺环两端碳原子上均连有两个不同基团时，整个分子不具有对称性，分子与其镜像不能叠合，从而形成了具有手性轴的分子。

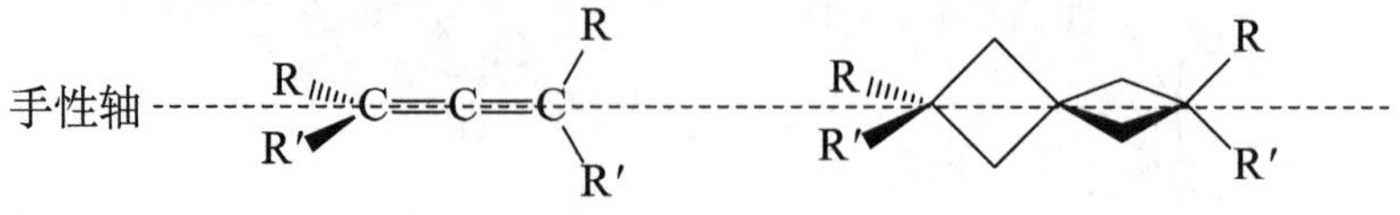

手性轴

丙二烯型化合物　　螺环型化合物

可以通过下图来分析丙二烯型化合物的轴手性是如何产生的。化合物(1)和(2)互为镜像，那它们是否可以完全重合可作为判断其是否具有手性的标准。将(1)分子沿轴整体内转 90°可以得到结构(3)，(3)和(1)是同一个分子。比较(2)和(3)可以发现，分子的左边结构相同，但右边两个基团方向是相反的。而另外一个重要的因素是：丙二烯型或螺环型分子由于其结构特点，两端是不能沿轴不同步旋转的，因此无法将(3)部分旋转为(2)，二者不能相互转化，是不同的分子。很明显，如果某一端的两个取代基相同，这样的轴手性便不存在了。

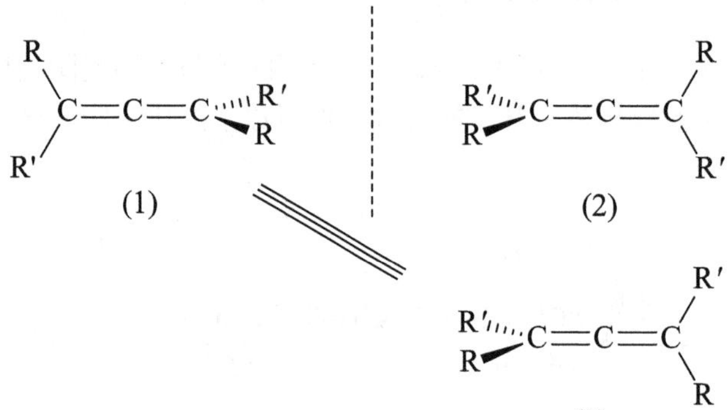

(1)　(2)　(3)

因此，轴手性的根源在于分子两端不能沿轴不同步旋转。这样的概念可以扩展到联苯型分子。联苯分子中，两个苯环中间的连接单键是可以自由旋转的。但当连接键两边的邻位都存在体积较大的基团时（下图右），由于空间位阻，单键旋转受阻，分子两端便像丙二烯型化合物一样不能沿轴不同步旋转。此时如果两边苯环邻位的两个基团均不同，分子便具有了轴手性。容易想象，苯环上的基团（下图中 Y）体积越大，连接键的旋转越受阻，越容易分离得到对映异构体；随着 Y 体积的减小，单键旋转变得容易，化合物的手性就越发不明显。通常，室温下单键旋转的能垒在 83.6 kJ/mol 以上时，就能够分离得到旋光异构体。

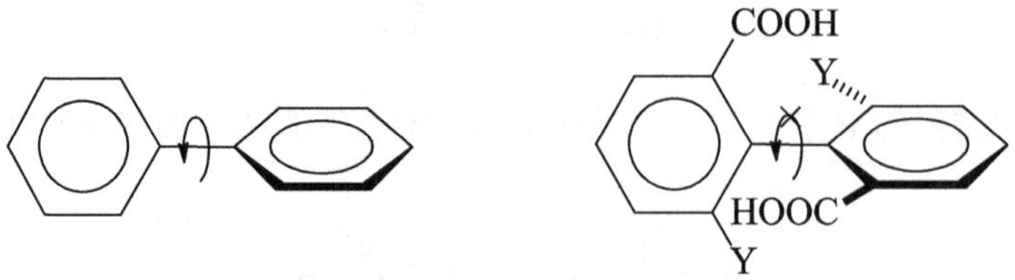

联苯型分子

学习提示： 轴手性的条件之一“两端碳原子上均连有两个不同基团”是指同一侧的两个基团必须不同，但左右两侧的基团可以相同。对于联苯型分子，则是每个苯环上的两个基团必须不同，不同苯环上的基团可以相同。

3.2.3.3　含手性面的分子

有些分子是通过一个平面来体现其手性的，这个平面称为手性面。例如，对苯二酚与长链二醇生成的环醚在一定条件下具有手性。如下图所示，这类化合物也称为“柄型”化合物。当满足两个条件时，这样的化合物也可以具有手性：①苯环在“柄”的两端取代基不对称；②“柄”的长度限制了苯环的旋转（翻面）。通过氧原子的与苯环垂直的平面（即“柄”所在的将苯环一分为二的平面）称为手性面。例如，化合物(2)中的苯环无论是否可以自由转动均没有手性；但有取代基的化合物(3)在“柄”较短时（n 相对较小），苯环不能自由转动，因此具有手性，存在互为镜像但不能叠合的两个对映异构体。

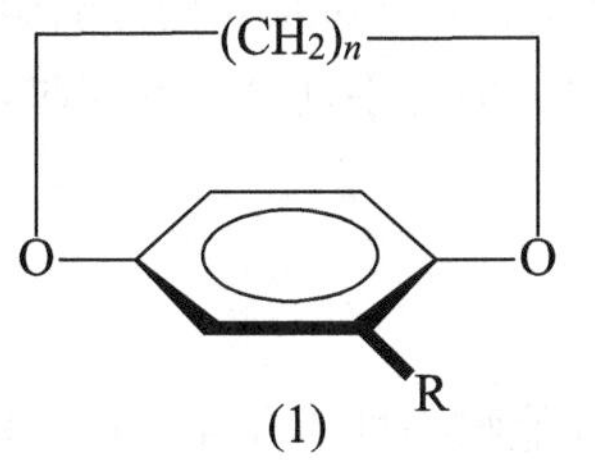

(1)

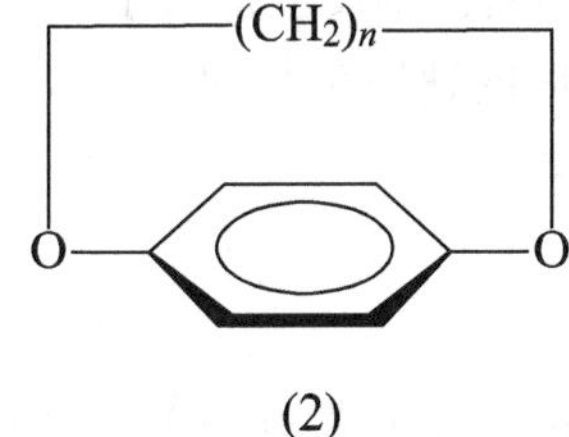

(2)

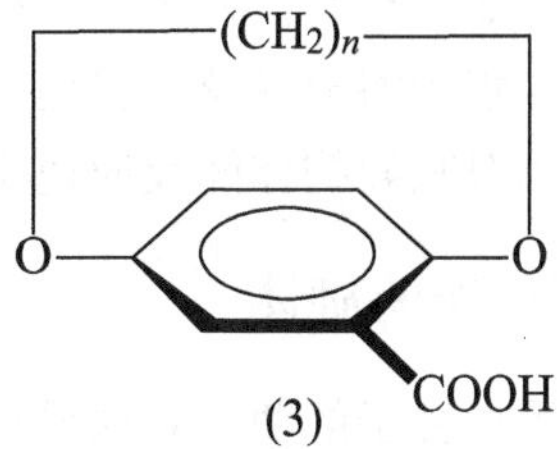

(3)

环状苯二酚醚型分子

3.2.4　手性和旋光性

不仅物体与其镜像不能叠合的性质称为手性，对映异构体间所表现出来的其他有差别的物理、化学性质也都称为手性。光活性是手性分子最为突出的一种手性，因此“手性分子”又称为“光活性分子”。但是，考虑到“光活性”并不是手性分子的唯一特性，因此使用“手性”这个名词更为恰当。手性分子只有在手性环境中表现手性，在非手性环境中则不表现手性。这种情况可以用一个简单例子说明，一个方形手套（非手性环境）对于左、右手都同等适用，无任何差别（不表现手性）。但使用左、右形手套（手性环境），则左手只能套左形手套不能套右形手套；反之亦然。具有左、右螺纹的螺丝钉，当旋进木板（非手性环境）中时，都能旋进去，不表现手性，但当旋进螺帽（手性环境）中时，则表现出手性差别，左螺钉只能旋进左螺帽，右螺钉只能旋进右螺帽。所以，手性分子的手性只在手性环境中表现出来。

偏振光是由螺旋前进的左圆偏振光（左螺旋形）和右圆偏振光（右螺旋形）叠加而成，左、右圆偏振光是互不能叠合的镜像体。图 3.5 是左圆偏振光。当光通过物质的分子时，分子中的电子受光电场作用发生极化振动，影响光前进速度。如果分子是对称的，两种圆偏振光从左边和从右边接近分子时，受到对称的、相同的影响，因而以相同速度前进，叠加后的偏振平面不变，表明物质无旋光性。但当偏振光通过一个手性分子时，右圆偏振光从右边接近分子，左圆偏振光从左边接近分子，由于分子结构不对称，两种圆偏振光受到不同基团的不同极化度的影响而产生前进速度的差异。光在介质中的前进速度可用折射率 n 来计算，光线穿过真空的速度与穿过透明物质的速度之比称为该物质的折射率（实际测定时以空气为相对标准）。

$$n_{物} = V_{真空}/V_{物质}$$

当左圆偏振光的折射率大于右圆偏振光时，表明左圆偏振光的前进速度小于右圆偏振光，此时叠加后的偏振光的偏振平面向右偏转，能使偏振平面向右偏转的物质称为右旋物质，如图 3.6 所示。所以，旋光性是手性分子在具有手性的偏振光作用下所表现出的一种手性。

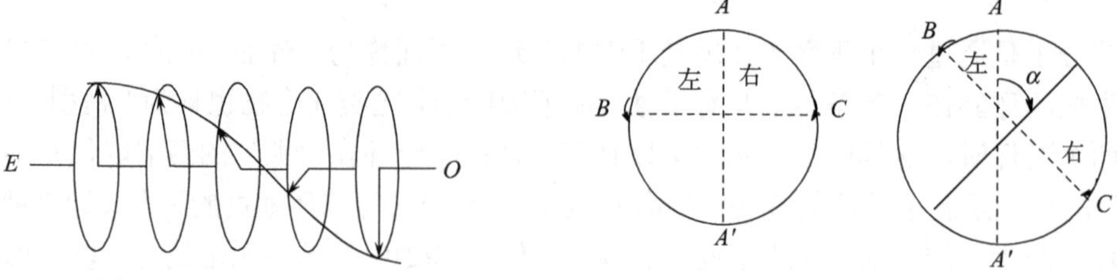

图 3.5　左圆偏振光

图 3.6　两种圆偏振光重叠所产生的平面偏振光

加热、溶解于水及与非手性试剂的化学反应都属于非手性环境，所以对映异构体的熔点、沸点、水中溶解度及与普通试剂反应的速率都相同，不表现手性；但与手性试剂反应时，则表现出对映异构体间反应速率的差异。

3.2.5　外消旋体

手性分子的两个对映异构体之间除了旋光方向不同以外，其他物理性质和非手性环境下的化学性质都是相同的。但在手性条件下，如手性试剂、手性溶剂或催化剂的存在下，则表现出反应速率的差异。包括酶在内的生物体内起各种作用的蛋白质都具有很高的手性。因此，对于许多和蛋白质发生相互作用的化合物，其对映异构体间的生理作用存在很大的差异。

对于一对对映异构体，其比旋光度数值相等而方向相反，一对对映异构体混合物的旋光度即为两个异构体旋光度的加权和。因此，如果二者等量混合，旋光性恰好抵消，形成的混合物溶液的旋光度则为 0。这种等量混合的对映异构体称为外消旋体，通常用符号“±”表示。

外消旋体由于是混合物，其和单一的左旋或右旋异构体相比，除旋光性不同外，其他物理性质也有差异。例如，外消旋乳酸的熔点为 18℃，而单一左、右旋乳酸的熔点都是 53℃。结晶的外消旋体随着结晶方式的不同，其熔点变化也不一样。化学性质上，外消旋体和相应的左、右旋异构体基本相同；但在生理作用方面，由于生物体内的手性环境，外消旋体发挥其左、右旋异构体各自相应的效能。例如，由左旋氯霉素及其右旋异构体组成的外消旋体（合霉素），其抗菌能力仅为左旋异构体（氯霉素）的一半，因为右旋异构体无抗菌能力，所以使用合霉素的用量要比氯霉素用量多一倍。再如，左旋的依托唑啉具有利尿作用，而右旋的异构体却有抑制利尿作用，二者不能同时使用。20 世纪中期发生的“沙利度胺”畸形儿悲剧是因为这种手性药物分子其中的一种异构体可以起到缓解怀孕反应的镇静剂作用，而另一种异构体则具有强烈的致畸作用，由于没有使用单一异构体而使用了外消旋体作为药物，从而导致了这一悲剧的发生。目前，所有的手性药物上市前均需要对其所有可能存在的构型异构体进行充分评价后，才能被批准使用。

3.3　构型的表达式和命名

3.3.1　构型表达式

表达构型的书写式称为构型式。楔形键常用来表示共价键在纸面外的延伸方向，使手性碳原子周围的基团排布更为直观。实线楔形键表示伸向纸面外，而虚线楔形键则表示伸向纸面内，如下面乳酸分子的构型式：

COOH | COOH
HO''''C—H (H₃C) | H—C''''OH (CH₃)

另外，费歇尔（Fischer）投影式也是一种广泛使用的简便构型表达式。在此平面投影式中，横、竖线交点在纸面上，代表手性碳原子。横线代表伸向纸面外，竖线代表伸向纸面内。由于这样的规定，费歇尔投影式只能在平面上平行移动，或者在纸平面上旋转 180°（不改变左右在前、上下在后的原则），而不能离开纸面翻转，也不能作 90° 旋转。例如，下面的化合物(1)和(2)并非同一种化合物，而是互为对映异构体。

(1) COOH, HO—H, CH_3　(2) COOH, H—OH, CH_3　即　(1) COOH, HO—H, CH_3　(2) COOH, H—OH, CH_3

在费歇尔投影式中，与手性中心相连的任意两个基团如果调换位置，则发生构型翻转，成为其对映异构体；若再调换一次位置，构型再反转一次，变回到原来构型。例如：

(1) COOH, HO—H, CH_3 | (2) COOH, H—OH, CH_3 ≡ (2) COOH, HO—CH_3, H —调换一次位置→ (1) COOH, H_3C—OH, H ≡ (1) COOH, HO—H, CH_3

(1) —调换一次位置→ (2)

只需使用一个球棍模型，就能够检验出以上事实是正确的。仅含一个手性中心的分子，无论怎样掉换位置，只可能得到两个互为对映关系的旋光异构体。书写费歇尔投影式时，习惯上将含碳基团放在上下位置，其他基团放在左右位置。但必须指出，这种表达式并没有考虑分子的稳定构象，只识别了不同构型的分子中原子或基团在空间的排布特点。

3.3.2　*R*/*S* 命名法

构型的命名是立体化学研究中的一个重要环节，它使构型得到口语上的区别，可以给出一个比构型式更简便的名称。目前，最广泛使用的命名方法是 *R*/*S* 命名法，它是由著名化学家因戈尔德（Ingold）等建议使用的，目前已成为 IUPAC 的通用名称。

3.3.2.1　命名规则

R/*S* 构型命名分为两步：

第一步，遵循“序位规则”(sequence rule)——按取代基与手性中心直接相连的原子序数大小次序排列的规则，把与手性中心相连接的四个原子或基团按顺序由大到小排列。

第二步，将序位最低的基团放在离眼睛最远的位置观察分子。此时，另外三个基团按从大到小的顺序，顺时针旋转称为 *R* 构型（拉丁文 rectus 的字首，“右”）；逆时针旋转则称为 *S* 构型（拉丁文 sinister 的字首，“左”）。例如，手性分子$^*C_{abcd}$，设序位顺序为 a > b > c > d。命名时，将 d 放在离眼睛最远的位置，a→b→c 的方向如果是逆时针，命名为 *S* 构型；顺时针则命名为 *R* 构型。

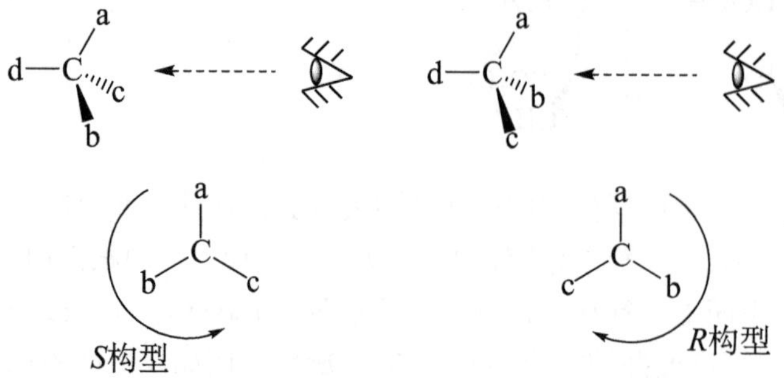

*S*构型　*R*构型

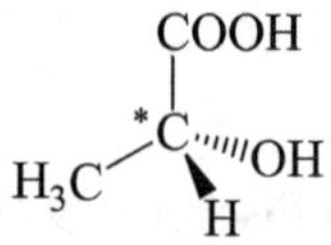

R-乳酸 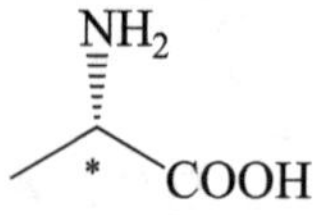　*S*-丙氨酸

3.3.2.2　序位规则

R/*S* 命名的关键是要按“序位规则”找准顺序，具体的“序位规则”如下：

（1）将直接与手性中心相连的四个原子按原子序数高低排列。

（2）存在两个同位素时，则高质量同位素排在前面。

（3）如果与手性碳直接相连的原子相同，则按共价键连接顺序依次比较下一个甚至再下一个原子，优先比较原子序数大的原子，直到比出差异。例如，以下化合物中与中心手性碳原子相连的四个基团的序位顺序（a > b > c > d）：

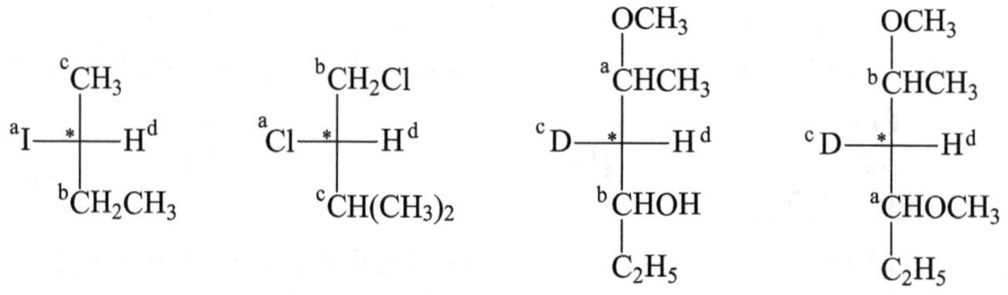

（4）双键和三键可以看作是通过两根或三根单键连接相同原子。例如：

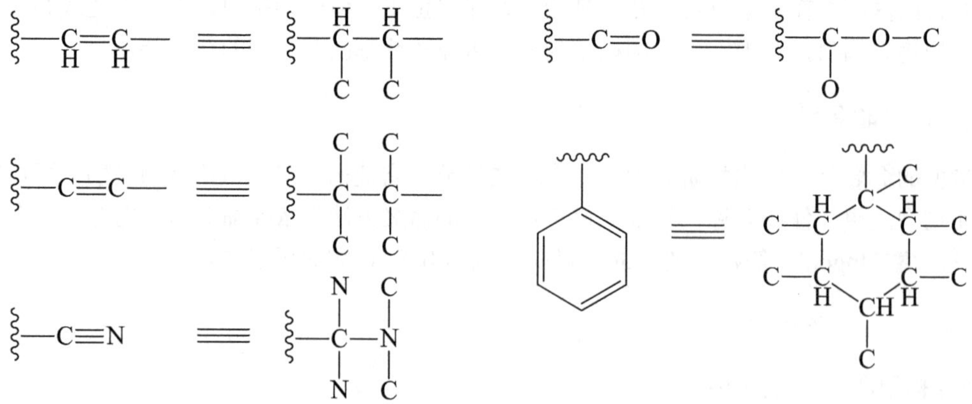

下面是几个含多重键化合物的例子：

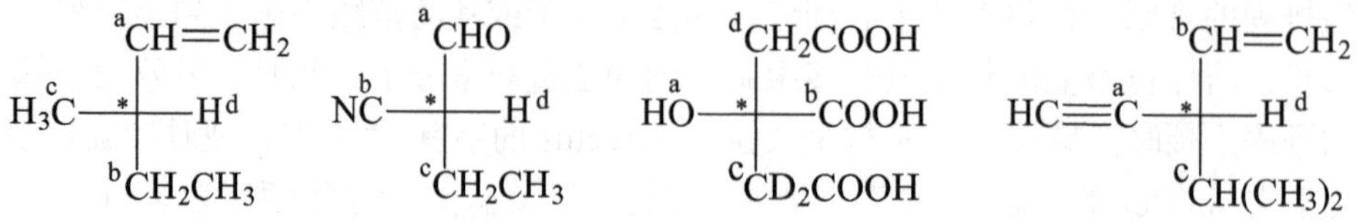

以上序位规则同样适用于第 4 章烯烃顺反异构体的 Z/E 命名（见 4.2 节）。

3.3.2.3　费歇尔投影式的 R/S 命名

很多情况下，构型式以费歇尔投影式表示，如果将其按横键向外竖键向内的规定先转化为楔形键构型式再来读取构型会很麻烦。因此，有必要通过简便方法直接从费歇尔投影式上读取其构型。其步骤如下：

首先，同样按照上述序位规则将手性碳原子周围的 4 个基团排序。然后，按从大到小的顺序依次读取最大的 3 个基团（a→b→c），读出是顺时针还是逆时针排列。最后，看最小基团（d），如果 d 位于竖键上，则按刚刚读取的情况命名，如顺时针即为 R 构型；但如果 d 位于横键上，则将刚刚读取的情况颠倒再命名，如顺时针即为 S 构型。因此，此方法也称为“横反竖同”法。以下是上面列举的其中几个费歇尔投影式例子直接读取的最终构型。

竖上	横（左—右）	竖下	构型
c CH_3	a I—C*—H d	b CH_2CH_3	R构型
OCH_3 / a $CHCH_3$	c D—C*—H d	b CHOH / C_2H_5	S构型
d CH_2COOH	a HO—C*—COOH b	c CD_2COOH	R构型
b $CH{=}CH_2$	a HC≡C—C*—H d	c $CH(CH_3)_2$	S构型

一个旋光性化合物的全名，必须注明构型、旋光方向（如果是已知的）及化合物的名称，如“S-(–)-甘油醛”。对映异构体等量混合形成的外消旋体可命名为 RS 型，如“RS-(±)-甘油醛”。

学习提示：在上述命名中需要注意的是：人为规定的 R/S 构型（包括后面提到的 D/L 构型）和手性化合物固有的旋光方向（+或–）间没有对应关系，无法从构型推测其旋光方向。目前的研究还没有找到手性化合物空间结构和其旋光方向间的普遍关系。

3.3.2.4　具有手性轴的分子的 R/S 命名

如果说含手性中心的分子是四面体形，含手性轴的分子则是一个伸长的四面体。前者要求四个取代基完全不同，后者只要求手性轴上每一端所连接的两个基团彼此不同就具有手性。如下图所示，(1)是具有手性中心的 R 型分子，(2)和(3)都是具有手性轴的分子。

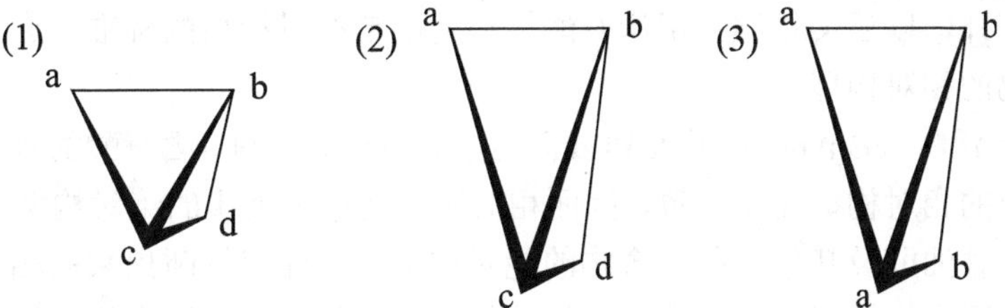

R/S 命名法用于具有手性轴的分子时，需要补充一条规则：“近基团”的序位高于“远基团”，从手性轴的一端开始确定序位，这一端的两个基团就是“近基团”，另一端的基团就是

“远基团”。例如，在分子(2)中，若上端 a、b 作近基团，下端 c、d 就是远基团。其序位次序为 a > b > c > d。将 d 放在离眼睛最远的位置，得到 a→b→c 为顺时针旋转，因此(2)是 *R* 构型。从手性轴的任何一端开始确定序位，得到完全一致的结论。例如，分子(2)中，若将 c、d 一端作近基团，a、b 作远基团，则序位顺序变为 c > d > a > b。将 b 放在离眼睛最远的位置，c→d→a 也是顺时针旋转，仍然是 *R* 构型。同理，结构(3)也是 *R* 型分子。此命名方法在联苯型和丙二烯型分子构型命名中的应用实例如下，两个分子均和左侧结构类似，均为 *S* 构型。

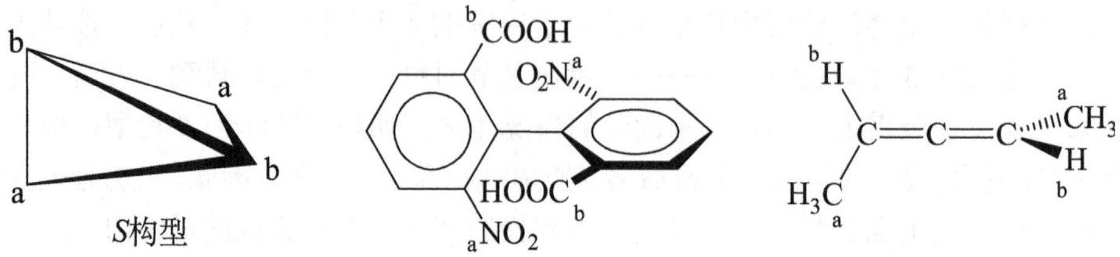

*S*构型

3.3.3　D/L 命名法

这是在更早期提出并使用至今的一种命名方法。在 20 世纪初期，人们还无法测定有机化合物的绝对构型，只能以人为选定的一种构型作为标准来推定其他化合物的相对构型。最初以甘油醛作标准，人为规定右旋甘油醛是费歇尔投影式中羟基在右边的构型，称为 D 型；左旋甘油醛则是羟基在左边的构型，称为 L 型。

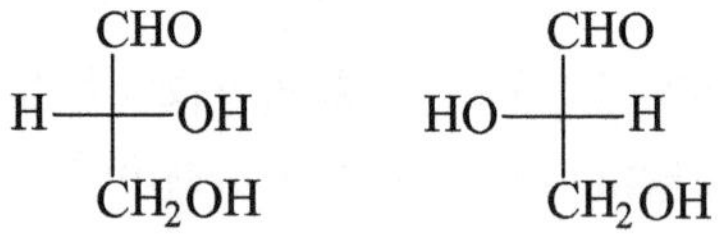

D-(+)-甘油醛　　L-(−)-甘油醛

再用化学方法将其他化合物的构型与甘油醛的构型相联系，从而得到其他化合物的相对构型。方法是通过不断裂与手性中心相连接的键的一系列反应，把一个旋光性化合物转变为另一个旋光性化合物。例如：

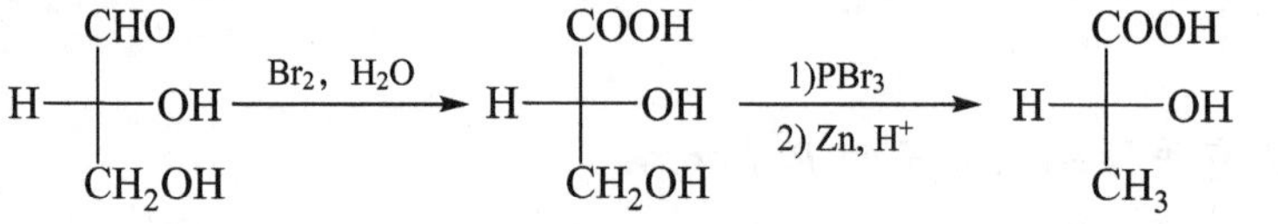

Br_2，H_2O　　1) PBr_3　2) Zn, H^+

D-(+)-甘油醛　　D-(−)-甘油酸　　D-(−)-乳酸

由于反应中与手性中心相连接的键均未断裂，因此反应前后化合物的构型式保持不变（D 型）。但产物的旋光方向是通过旋光仪测定得到的，它与构型名称没有直接联系。

除了甘油醛外，以后又相继采用酒石酸等作为确定相对构型的标准，通过更多的反应测得了很多化合物的相对构型。

1949 年，比沃特（Bijvoet）用 X 射线衍射法首次测得了(+)-酒石酸的真实构型，发现它刚好和人为规定的相对构型完全一致，因而相对构型就成了真实的绝对构型。紧接着用 X 射线衍射法测定了甘油醛及其他一些化合物的绝对构型，也证明推断出来的相对构型就是它们的绝对构型。实际上，了解两个化合物之间的相对构型往往比知道它们的绝对构型更有意义和更使人们感兴趣。

与 R/S 命名法相比较，D/L 命名法更繁杂，要借助化学反应才能建立构型关系。另外，R/S 名称比 D/L 名称更明确，并与构型式直接联系，所以现今普遍使用 R/S 命名法。但 D/L 命名法能够揭示两个化合物之间的构型关系，这正是 R/S 命名法的不足之处，在含多个手性碳原子的碳水化合物中，使用 D/L 命名法更为方便适用。

3.4　含多个手性碳原子的化合物

随着分子中手性中心的增多，其空间的不同排列方式也增多，因而旋光异构体数目增加。理论上来讲，具有 n 个手性碳原子的化合物应该有 2^n 种旋光异构体。

3.4.1　非对映异构体

以 2-氯-3-碘丁烷为例，分子中存在两个手性碳原子，其可能的空间排列有以下四种：

Ⅰ　Ⅱ　Ⅲ　Ⅳ

(2*S*, 3*R*)-2-氯-3-碘丁烷　(2*R*, 3*S*)-2-氯-3-碘丁烷　(2*R*, 3*R*)-2-氯-3-碘丁烷　(2*S*, 3*S*)-2-氯-3-碘丁烷

四个构型中，Ⅰ和Ⅱ、Ⅲ和Ⅳ是互为镜像的两对对映异构体。等量的Ⅰ和Ⅱ混合或等量的Ⅲ和Ⅳ混合，都可以得到外消旋体。而Ⅰ与Ⅲ、Ⅰ与Ⅳ、Ⅱ与Ⅲ、Ⅱ与Ⅳ之间既不成镜像，也不能叠合，它们互为非对映异构体。当分子中有两个以上的手性中心存在时，就存在非对映异构体。

学习提示：区分对映异构体和非对映异构体的方法很简单：对于一对对映异构体，其所有相对应的手性原子的构型“均相反”；对于一对非对映异构体，其所有相对应的手性原子的构型“有的相反有的相同”。

与对映异构体不同的是，非对映异构体并非互为镜像，其分子中原子或原子团之间相对位置是不同的，这导致非对映异构体之间的物理、化学性质有所差异。即使与同一试剂反应时，反应速率也可能不同；而物理性质如熔点、沸点、在同一溶剂中的溶解度、密度、折射率及比旋光度等也均不相同；它们的旋光方向可能相同也可能相反，没有规律。利用非对映异构体之间物理性质的差别可以较为容易地分离、提纯两个非对映异构体。

用 R/S 命名法命名非对映异构体时，必须写出每个手性碳原子的 R 或 S 构型。对于含两个不完全相同的手性碳原子的化合物，常使用“苏型”和“赤型”来表达两个非对映异构体。

这是从具有两个手性中心的四碳糖——赤藓糖和苏阿糖的名称得来的。

$$\begin{array}{c} CHO \\ H-\!\!\!+\!\!\!-OH \\ H-\!\!\!+\!\!\!-OH \\ CH_2OH \\ \text{D-赤藓糖} \end{array} \quad \text{和} \quad \begin{array}{c} CHO \\ HO-\!\!\!+\!\!\!-H \\ H-\!\!\!+\!\!\!-OH \\ CH_2OH \\ \text{D-苏阿糖} \end{array}$$

出于习惯，赤型和苏型的名称被广泛套用于其他具有 2 个手性中心的简单二官能团链状非糖化合物。在费歇尔投影式中，相同基团在同一侧的称为赤型，在不同侧的称为苏型。例如：

$$\begin{array}{c} CH_3 \\ H-\!\!\!+\!\!\!-Br \\ H-\!\!\!+\!\!\!-OH \\ CH_3 \\ \text{赤型} \end{array} \quad \begin{array}{c} CH_3 \\ H-\!\!\!+\!\!\!-Br \\ HO-\!\!\!+\!\!\!-H \\ CH_3 \\ \text{苏型} \end{array} \qquad \begin{array}{c} C_6H_5 \\ H-\!\!\!+\!\!\!-OH \\ H-\!\!\!+\!\!\!-Br \\ CH_3 \\ \text{赤型} \end{array} \quad \begin{array}{c} C_6H_5 \\ HO-\!\!\!+\!\!\!-H \\ H-\!\!\!+\!\!\!-Br \\ CH_3 \\ \text{苏型} \end{array}$$

3-溴丁-2-醇　　　　2-溴-1-苯基丙-1-醇

赤型和苏型各有其对映异构体。

3.4.2 内消旋体

以酒石酸（2,3-二羟基丁二酸）为例，其可能的立体异构体有如下几种：

$$\text{I}\ \begin{array}{c} COOH \\ H-\!\!\!+\!\!\!-OH \\ HO-\!\!\!+\!\!\!-H \\ COOH \\ (2R,3R) \end{array} \quad \text{II}\ \begin{array}{c} COOH \\ HO-\!\!\!+\!\!\!-H \\ H-\!\!\!+\!\!\!-OH \\ COOH \\ (2S,3S) \end{array} \quad \text{III}\ \begin{array}{c} COOH \\ H-\!\!\!+\!\!\!-OH \\ H-\!\!\!+\!\!\!-OH \\ COOH \\ (2R,3S) \end{array} \quad \text{IV}\ \begin{array}{c} COOH \\ HO-\!\!\!+\!\!\!-H \\ HO-\!\!\!+\!\!\!-H \\ COOH \\ (2S,3R) \end{array}$$

与 3.4.1 节中化合物不同的是，酒石酸分子中的两个手性碳原子的手性环境是完全相同的。以上结构中，Ⅰ和Ⅱ是互为镜像、不能叠合的对映异构体；Ⅲ和Ⅳ虽为镜像，但实际是同一个化合物。Ⅰ和Ⅱ是手性分子，具有旋光性。而Ⅲ或Ⅳ中可以看到中间的平面是分子的对称面，因此它们并不是手性分子，没有旋光性。也就是说，Ⅲ或Ⅳ的分子内存在手性环境完全相同而构型相反的手性碳原子，其旋光性在分子内部互相抵消，这种具有手性原子而整体没有手性的分子，称为内消旋体（用 *meso*-表示）。

内消旋体的无旋光性与外消旋体的无旋光性不同，前者是纯净物，而后者是混合物，可以通过拆分成为两个对映异构体。因此，含两个相同手性碳原子的化合物，只可能有三个不同的立体异构体。其中两个互为对映异构体，另一个是内消旋体。

同样，Ⅰ和Ⅲ（Ⅳ）、Ⅱ和Ⅲ（Ⅳ)互为非对映异构体，它们的物理化学性质存在差别。

手性分子中，只要存在手性环境完全相同的手性碳原子，都可能存在内消旋体而使分子的旋光异构体数目少于理论上的 2^n 个。

学习提示： 上述化合物Ⅰ和Ⅱ看上去似乎存在对称中心，但实际上并没有。因为费歇尔投影式的横键都是向外、竖键都是向内的，因此两个 OH（或两个 H、两个 COOH）并不相对于中心对称。

2, 3, 4-三羟基戊二酸分子中 C2 和 C4 是手性碳原子，而 C3 的手性依赖于 C2 和 C4 的构型。如下式：

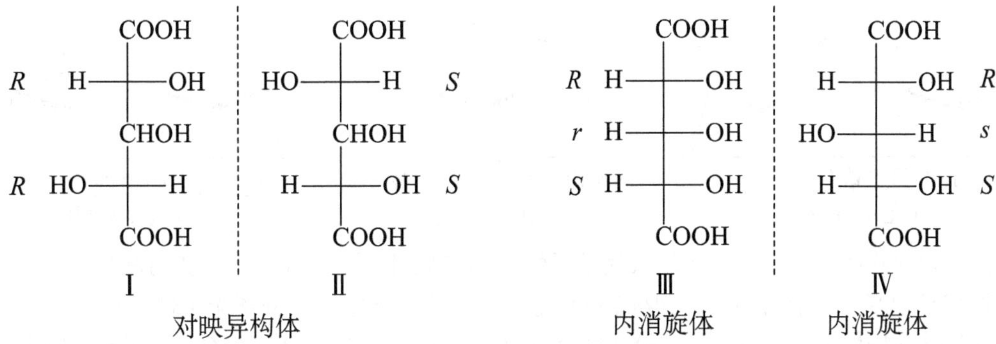

在Ⅰ和Ⅱ中，C2 和 C4 的手性环境虽然相同，但构型也相同，不能抵消，因此Ⅰ和Ⅱ都是手性分子，具有旋光性。此时 C3 并不是手性碳原子。在Ⅲ和Ⅳ中，C2 和 C4 的手性环境相同，构型相反，互相抵消，整个分子也具有对称面，因此Ⅲ和Ⅳ是内消旋体，没有旋光性。但此时 C3 连接着两个不同构型的基团（一个是 *R* 构型，一个是 *S* 构型），因此 C3 也是不对称碳原子，这种不对称碳原子称为假不对称碳原子，常用小写字母 *r*、*s* 表示假不对称碳原子的两个相反构型（习惯按 *R* 构型 ＞*S* 构型的顺序）。

3.4.3　环状化合物的立体异构

环状化合物中，对映异构体和顺反异构体是同时存在的，可根据顺反异构体命名为顺式或反式；也可用 *R*/*S* 命名法命名。

对于同二取代环，如下列环丙烷-1, 2-二甲酸，顺式化合物存在对称面，无手性，但有两个手性碳原子，是内消旋体；反式化合物有手性，存在两种对映异构体。

顺-环丙烷-1, 2-二甲酸
(1*R*, 2*S*)-环丙烷-1, 2-二甲酸
(内消旋体)

反-环丙烷-1, 2-二甲酸
(1*R*, 2*R*)　　(1*S*, 2*S*)
(对映异构体)

对于同二取代五元环，无论是 1, 2-二取代还是 1, 3-二取代，均与上面 1, 2-同二取代的三元环情况类似。对于同二取代四元环，由于偶数环系的对称性不同，其 1, 3-二取代物无论是顺式还是反式均无手性碳原子，化合物没有手性；但其 1, 2-二取代物情况和三元环类似，即顺式为内消旋体，反式存在对映异构。

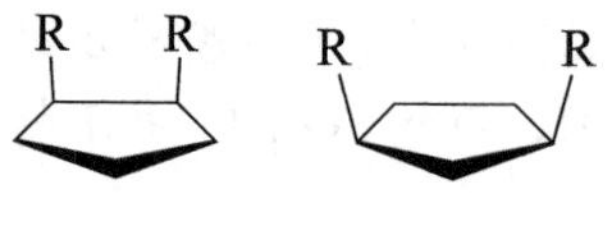

(1, 2-) (1, 3-)
顺式同二取代环戊烷
（内消旋体）

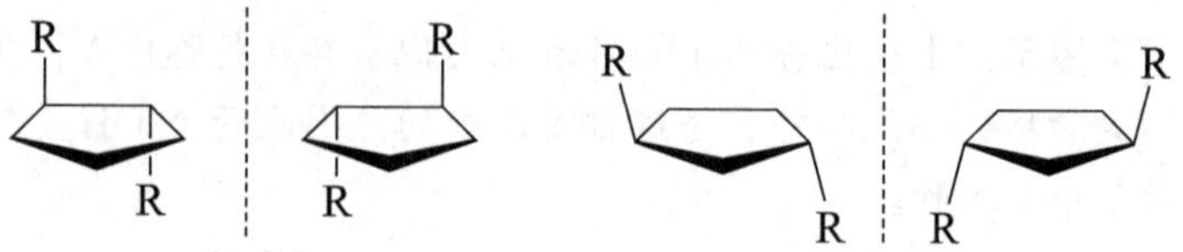

(1, 2-) (1, 3-)
反式同二取代环戊烷
（存在对映异构）

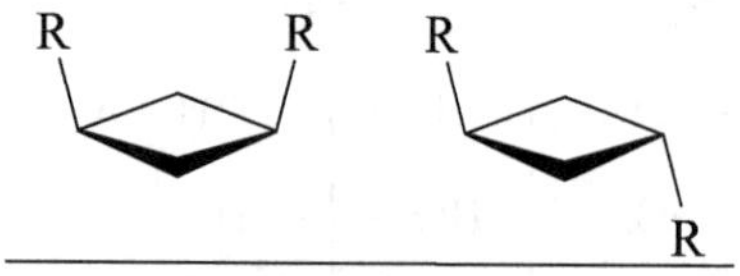

1, 3-同二取代环丁烷
（无手性碳）

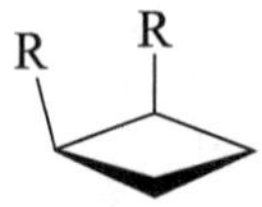

顺式1, 2-同二取代环丁烷
（内消旋体）

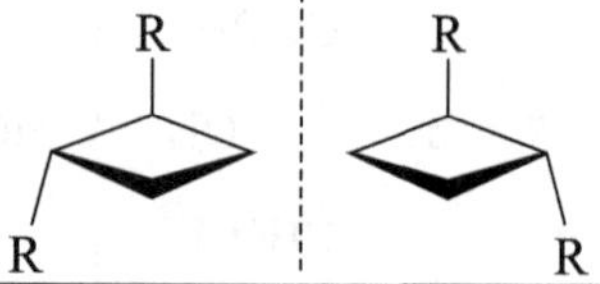

反式1, 2-同二取代环丁烷
（存在对映异构）

同理，顺式的 1, 2-、1, 3-同二取代环己烷为内消旋体，而反式结构存在对映异构体；1, 4-同二取代环己烷则类似 1, 3-同二取代环丁烷，没有手性碳原子，分子无手性。

环状化合物旋光异构体数目一般也按 2^n 计算。例如，薄荷醇分子中有三个手性碳原子，共有 $2^3 = 8$ 个旋光异构体。但当分子中存在手性环境相同的手性碳原子时，就会有内消旋体存在，如上述同二取代环的旋光异构体数目少于 2^n。另外，如果手性碳原子处于双环桥头，由于桥环不能任意翻转，即使两个桥头碳原子都具有手性，也只存在互为对映异构的 2 种旋光异构体。

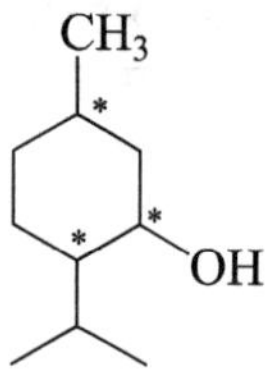

薄荷醇 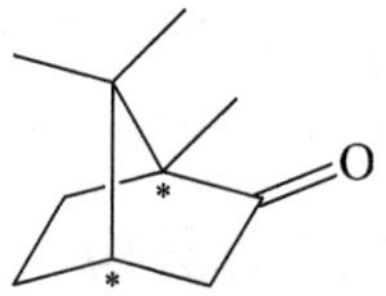　　樟脑

3.5　手性化合物的获取途径

如前所述，组成外消旋体的两个对映异构体在手性环境，尤其是生命体系环境中的性质常存在明显差异。目前，手性药物的应用越来越广泛，但发挥作用的往往只是单一构型的化合物，其对映异构体（或非对映异构体）没有活性甚至具有显著的毒副作用。因此，如何获得单一构型的手性化合物具有非常重要的意义。获取手性化合物的方法包括手性源合成、外消旋体的拆分、不对称合成等。其中，手性源合成是从本身就具有手性的原料出发得到手性产物，如 *S*-丙氨酸的酯化反应：

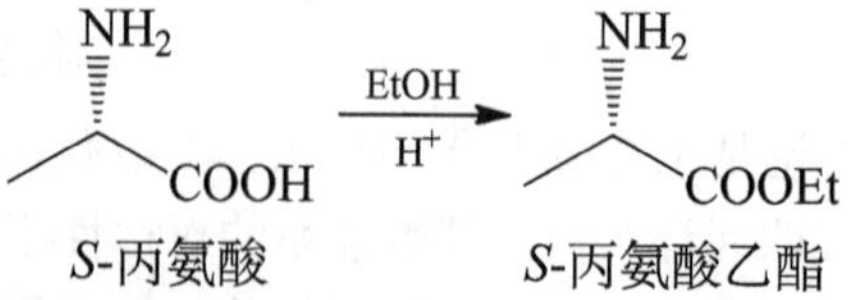

$$\text{S-丙氨酸} \xrightarrow[H^+]{EtOH} \text{S-丙氨酸乙酯}$$

S-丙氨酸　　*S*-丙氨酸乙酯

反应一般不涉及和手性中心相连的键的断裂，因此手性得以保持。但这种方法需要的手性原料有限；另外，此方法从本质上讲并没有“诱导”出手性。与之不同的是，外消旋体的拆分和不对称合成则可以实现手性从无到有的过程，因此具有更为重要的意义。

3.5.1　外消旋体的拆分

当一个化学反应涉及的原料、溶剂、试剂等均为非手性分子时，得到的产物也不具有旋光性。如果产物具有一个手性中心，则通常得到外消旋体。例如，正丁烷氯代得到的 2-氯丁烷产物，就是 *R* 构型和 *S* 构型各占一半的外消旋体混合物。外消旋体只有通过一定的手段进行拆分后才能获得光活性物质，其中最常用的是形成非对映异构体的化学拆分方法。按照这种方法，两个旋光异构体都能回收得到。但是在有些方法中，如生物方法，则是通过破坏另一种异构体从而保留需要的异构体。

3.5.1.1　形成非对映异构体

一对对映异构体由于物理化学性质基本相同，很难通过普通的物理化学方法分离。但非对映异构体之间，一般存在较为明显的物理化学性质差异。因此，如果可以将对映异构体转化为非对映异构体，则可以实现二者的分离。在实践中，一般采用一种光学纯的试剂与外消旋体反应，即可得到一对非对映异构体，再根据非对映异构体的物理性质差别，使它们得以分离。例如，一对外消旋的有机酸，可用一种光活性的碱与其反应。

Ⓡ Ⓢ —[R] 碱 (光活性)→ [R]—Ⓡ, [R]—Ⓢ —拆分→ [R]—Ⓡ → Ⓡ; [R]—Ⓢ → Ⓢ

酸 (对映异构体)　盐 (非对映异构体)

形成一对非对映异构体的盐后，常利用它们在某些溶剂中溶解度的不同而用分步结晶法分开。分离后，再分别用酸处理而回收得到原来的 *R* 型酸和 *S* 型酸。用于拆分的有机碱大多是易得的具有光活性的天然碱，如番木鳖碱、马钱子碱和奎宁。

同样，对于一对外消旋的碱，也可用光活性的酸与其反应，形成非对映异构体的盐后得以分离。常用的光活性有机酸包括酒石酸、樟脑磺酸等。

酸碱反应拆分法对于含有酸性（如羧基）或碱性（如氨基）基团的外消旋体是完全可行的。如果分子中不包含这类基团，可以设法通过化学反应引入，然后再用该法进行拆分。例如，一个外消旋体的醇与丁二酸酐反应可在分子中引入羧基，并得到一对对映异构体。

$$(\pm)\text{-}RCH_2OH + \text{丁二酸酐} \longrightarrow \begin{cases} (+)\ RH_2CO-\overset{O}{\overset{\|}{C}}-CH_2CH_2\overset{O}{\overset{\|}{C}}-OH \\ (-)\ RH_2CO-\overset{O}{\overset{\|}{C}}-CH_2CH_2\overset{O}{\overset{\|}{C}}-OH \end{cases}$$

待分离对映异构体(醇)　对映异构体(酸)

$$\xrightarrow{(+)\text{-}R_3N} \begin{cases} (+)\text{-酸-}(+)\text{-碱盐} \\ (-)\text{-酸-}(+)\text{-碱盐} \end{cases} \xrightarrow{\text{分离}} \xrightarrow{\text{水解}} \text{得到两个已分离的对映异构体醇}$$

非对映异构体(盐)

对于分子中存在酸碱基团以外的其他官能团的对映异构体，只要这些基团能够与旋光性试剂（共价）结合，就能形成非对映异构体得以分开，如醇可转化为非对映异构的酯，醛可转化为非对映异构的腙。另外，手性冠醚通过非对映异构络合物的形成，可用于对映异构的烷基铵或芳基铵混合物的分离。在这种情况下，利用一个非对映异构体比另一个非对映异构体可能更快形成的事实，往往使分离更为简化。

分步结晶法虽然是最普通的分离非对映异构体的方法，但它的过程较长，且只限于固体产物，因此促使人们寻求其他方法。在这方面，气相色谱法和制备液相色谱法显得更加高效：将外消旋混合物通过含有手性物质的色谱柱，对映异构体可以不同速率沿柱流动，利用“差别吸收”实现更为直接的分离。

3.5.1.2 机械分离和诱导晶种分离法

前面提到的巴斯德使用镊子分离两种酒石酸钠铵晶体，就是一种机械分离法。这种方法的应用显然是有限的，因为按不同对映异构体分别结晶形成外消旋混合物的物质并不多。工业上分离外消旋固体常采用晶种结晶法：在外消旋体的饱和溶液中加入少量事先取得的光学纯晶体作为晶种，然后加热溶解，冷却后与加入的晶种构型相同的对映异构体会首先析出，析出量是加入晶种量的 2 倍以上。剩余的溶液中再加入外消旋体，加热溶解后冷却，另一个对映异构体又沉淀析出，如此反复进行。通过这种方法只需第一次加入一种光活性体，就可以使外消旋体全部分离。

工业上，从合成所得到的外消旋合霉素中提取左旋霉素（氯霉素）就是采用这种方法。分离后剩余的右旋霉素设法通过“外消旋化”转变为外消旋体，再拆分得到氯霉素。

3.5.1.3 生物方法

生物体中大多数酶都是具有光活性的，所以用酶催化的反应中，酶对于对映异构体之间的作用差别很大，可以高选择性地和某一种对映异构体反应，从而剩下另一种对映异构体。例如，乳酸脱氢酶很容易与(+)-乳酸反应，而对于(–)-乳酸则几乎不起任何作用。因此，一对外消旋的乳酸，可以通过乳酸脱氢酶的催化反应，使(+)-乳酸反应生成丙酮酸，从而可简单分离得到未反应的(–)-乳酸。这种分离方法很简单，如果能找到合适的生物酶，这种方法可以实现高效拆分。但同时此法要消耗掉一个对映异构体，所以应用也较为有限。

(±)- OH / COOH —乳酸脱氢酶, –2H→ O / COOH + (–)- OH / COOH

乳酸(外消旋体)　　丙酮酸

3.5.2 不对称合成

一些有机反应，如各种加成反应，可能会产生新的手性中心。例如，非手性丙酮酸进行还原加氢可得到含有一个手性碳原子的乳酸。在没有任何手性因素的条件下，该反应只能得到一对外消旋体。但通过不对称合成，则可以选择性地得到某一种构型的主要产物。

O ‖ COOH —[H]→ (±)- OH COOH

3.5.2.1　底物诱导的不对称合成

当丙酮酸与一个光活性物质成酯后，再还原，就能得到两个生成速率不同，从而产量不等的非对映异构体。非对映异构体经分离后水解，可分别得到产量不等的左旋体和右旋体乳酸。这是由于引入手性薄荷醇后，其结构的不对称性使羰基平面两边的反应活性产生了差异，因而得到某一种构型占多数的产物。

丙酮酸 + (−)-薄荷醇 → (−)-薄荷醇丙酮酸酯 —Al(Hg)→ (−)-薄荷醇-(−)-乳酸酯(多量, $A\%$)
(−)-薄荷醇-(+)-乳酸酯(少量, $B\%$)

分离非对映异构体；KOH

(−)-乳酸(多量, $A\%$)
(+)-乳酸(少量, $B\%$)

可以用“对映体过量”（enantiomeric excess, e. e.）来衡量不对称合成反应的选择性，e. e. 值表示了一个对映异构体的产量超过另一个对映异构体的程度，可通过下式计算：

$$\text{e.e.}=\frac{A\%-B\%}{A\%+B\%}\times 100\%$$

“$A\%$”、“$B\%$”分别代表较多的和较少的对映异构体产物的产率。如果二者产量相同，则 e.e.值为 0，反应没有立体选择性；如果 e.e. > 0，那么这样的反应称为立体选择性反应；如果只得到某一种构型的产物，那 e.e. = 100%，反应则称为立体专一性反应。

显然，上述反应的立体选择性是通过引入手性的薄荷醇产生的，而薄荷醇的用量和丙酮酸是等当量的关系。也就是说，这样的不对称合成需要化学剂量（>1 当量）的手性辅助试剂参与，然后利用分子中已存在的不对称因素的诱导作用，“指导”产生新的手性中心。因此，这类反应对试剂手性的依赖性是比较大的。

3.5.2.2　不对称催化

如前所述，底物诱导的不对称合成需要化学当量的手性试剂参与才能发生。如果能采用催化的手段，赋予手性试剂循环催化能力，则可以用较少的手性催化剂诱导出大量的手性产物，这就是不对称催化的概念。例如，药物 *S*-萘普生的合成：

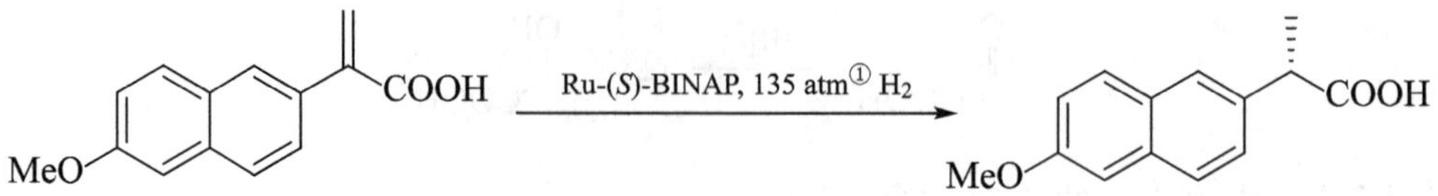

Ru-(*S*)-BINAP, 135 atm① H_2

S-萘普生

(*S*)-BINAP:

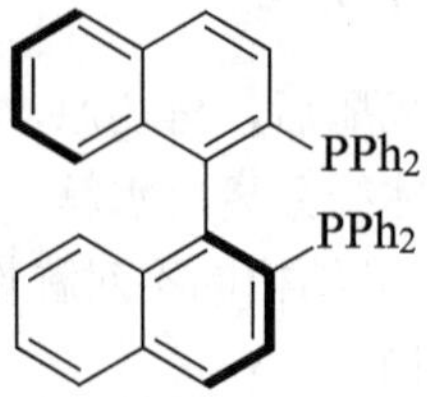

日本化学家野依良治（R. Noyori）用过渡金属钌和具有手性轴的双膦配体(*S*)-BINAP 形成的金属配合物作为手性催化剂，仅使用不到反应底物千分之一的量就可催化底物高产率氢化为 *S*-萘普生，e.e.值高达 99%以上。由于使用少量手性催化剂即可得到大量手性产物，不对称催化的过程也被称为“手性放大”的过程，是目前获取手性化合物最重要的方法。

学习提示：我们即将学习的有机反应中，有很多立体选择性甚至立体专一性的反应，如亲电加成、亲核取代、亲核加成等。它们所表现出来的立体化学特点，可以为推断反应机理提供重要信息。

习　题

3.1　下列化合物中，哪些互为构造异构体？哪些存在对映异构体？

(1) $(CH_3)_2CHCH_2OH$　(2) $(CH_3)_2CHOCH_3$　(3) $CH_3CH_2CH(OH)CH_3$

(4) 　(5) 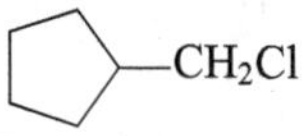　(6)

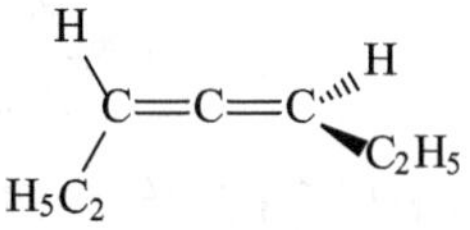

(7) 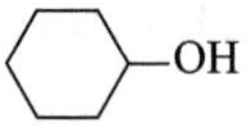　(8) 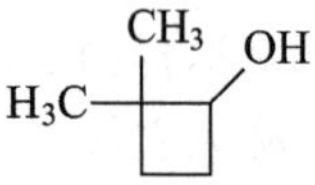　(9)

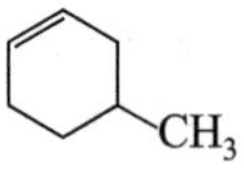

3.2　画出(2*S*, 3*R*)-3-氯丁-2-醇及(2*R*, 3*R*)-2, 3-二羟基丁烷的费歇尔投影式，并用苏式或赤式命名。

3.3　将 0.96 g 2-溴辛烷溶于 10 mL 醚中的溶液盛于一个 5 cm 长的管中，测得其旋光度为–1.80°，计算其比旋光度。

3.4　如何能够判断你所观察到的旋光度是+40°而不是+220°、–140°或–320°？

3.5　指出下列各化合物的构型名称。

(1) 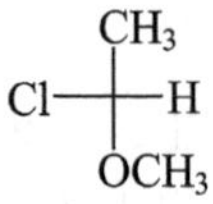　(2) 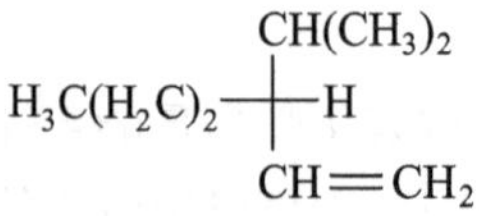　(3)

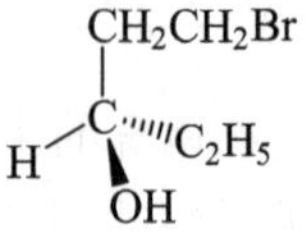

(4) 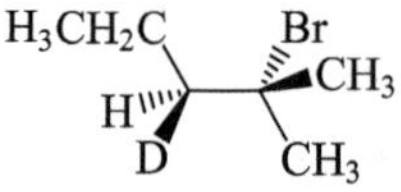　(5) 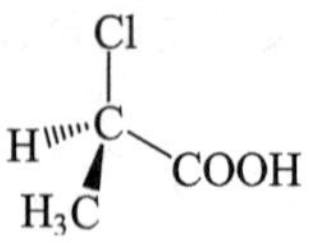　(6)

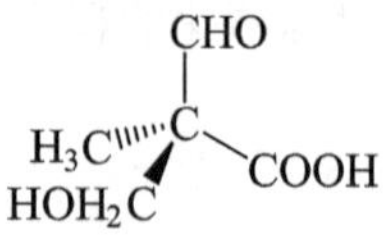

① 1 atm=1.01325×10^5 Pa。

(7) 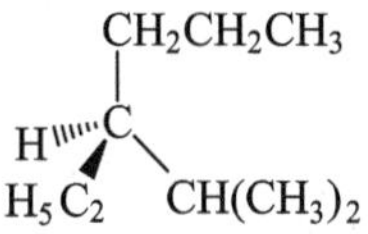 (8) 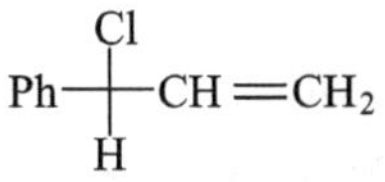 (9)

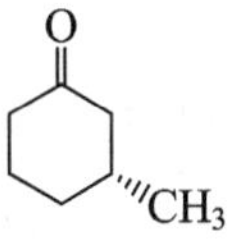

(10) 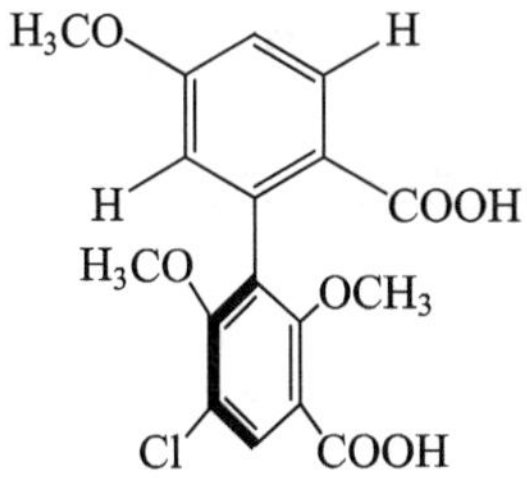 (11)

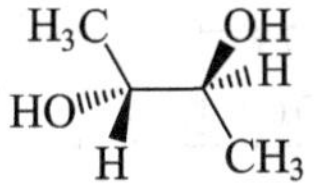

3.6　指出下列各化合物中所存在的对称元素（假定环是平面形），并指明有无手性。

(1) 顺-1, 2-二甲基环丁烷　　(2) 反-1, 2-二甲基环丁烷

(3) 顺-1, 3-二甲基环丁烷　　(4) 反-1, 3-二甲基环丁烷

3.7　指出丙二烯系分子的末端碳原子和中间碳原子的杂化态各是什么。

3.8　用费歇尔投影式画出下列化合物的 *R* 构型。

(1) 2-氯戊烷　　(2) $CH_3CH(OH)COOH$

(3) $CH_2{=}CHCH(OH)CH_2CH_3$　　(4) CH_3CHDOH

(5) 2, 3-二甲基己烷　　(6) 3-甲基己烷

3.9　用 *Z*/*E* 名称及 *R*/*S* 名称（如果有）命名下列含双键化合物的构型。

(1) 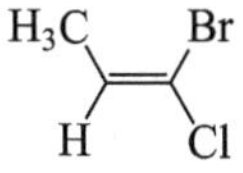 (2) 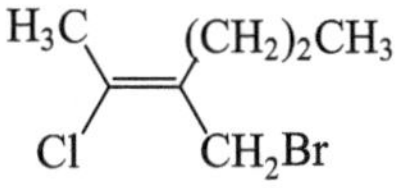 (3)

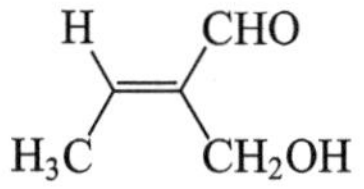

(4) 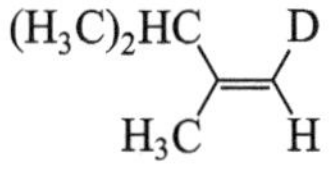 (5) 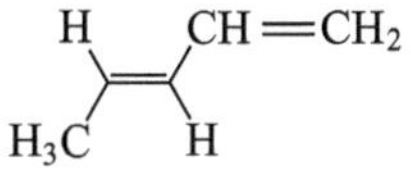 (6)

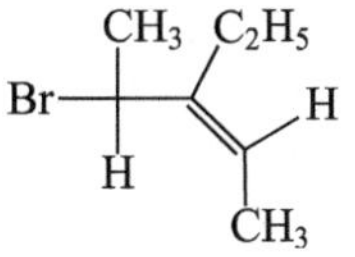

3.10　用“高”“适中”“低”“很低”等术语，估计下列每一对转变所需活化能的相对大小。

(1)

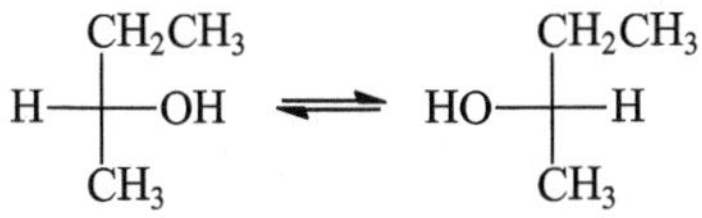

(2)

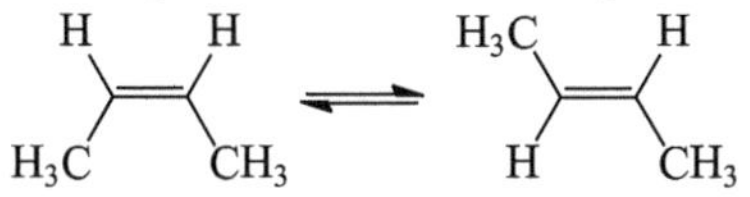

(3)

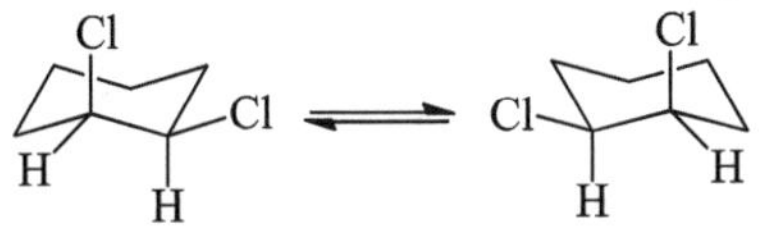

(4)

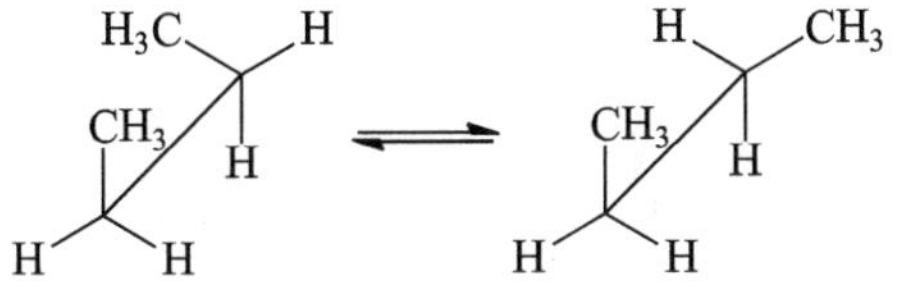

3.11　确定下列每个化合物可能的立体异构体总数。

(1) [structure: cyclobutane bearing CH_3, CH_2CH_2OH, CH_3 and $C(=CH_2)CH_3$]　(2) [structure: HO–cyclohexane with CH_3, OH, $=C=CHCOCH_3$, CH_3, CH_3]　(3) [structure: bicyclic ketone]

3.12　完成下列反应，用 *R*/*S* 命名法命名产物，并指出可能存在的外消旋体或内消旋体。

(1) $H_3C—C≡C—CH_3 \xrightarrow{H_2,Pd/BaSO_4,\text{喹啉}} \text{I} \xrightarrow{Br_2} \text{II}$

(2) $H_3C—C≡C—CH_3 \xrightarrow{Na/\text{液氨}} \text{I} \xrightarrow{Br_2} \text{II}$

(3) $(H_3C)(Ph)C=C(CH_3)(H) \xrightarrow{1)B_2H_6;2)\ H_2O_2/OH^-}$

(4) $(H_3C)(H_5C_2)C=C(H)(CH_3) \xrightarrow[2)NaBD_4]{1)\ Hg(OAc)_2,\ CH_3OH}$

(5) [norbornene] $\xrightarrow[H_2O,\ NaOH]{KMnO_4}$

第 4 章　烯烃和环烷烃

4.1　烯烃的结构和异构现象

烯烃是不饱和烃，分子中存在碳碳双键，含氢比例比烷烃少。根据所含双键的数目，可以把烯烃分为单烯烃、二烯烃和多烯烃。单烯烃中最简单的成员是乙烯（C_2H_4），所有单烯烃可以组成一个烯烃同系列，通式为 C_nH_{2n}，系差是 CH_2。

可以用“不饱和度”（Ω）来判断分子中不饱和键和环的存在及数量。有机分子的不饱和度即为其加氢转变为饱和开链化合物所需的氢分子数。要变为开链饱和化合物，双键、三键和环分别需要加成 1 分子、2 分子、1 分子氢，因此 Ω 可以表示为“双键的数目 + 三键的数目×2 + 环的数目”。也可以通过化合物的分子式来计算不饱和度：$\Omega = 1 + n_C - 1/2(n_H - n_N)$，其中，$n_C$、$n_H$、$n_N$ 分别表示碳原子（或其他四价原子）、一价原子（包括氢和卤素）和氮原子（包括其他三价原子）的个数。

4.1.1　不饱和键

杂化轨道理论认为，烯烃分子中，形成双键的碳原子是 sp^2 杂化，每个碳原子形成三个处于同一平面、键角互为 120°的 sp^2 杂化轨道。例如，乙烯分子中，两个碳原子各用一个 sp^2 杂化轨道头碰头交叠形成一根 σ 键，剩余四个 sp^2 杂化轨道分别与四个氢原子的 s 轨道交叠形成四根碳氢 σ 键。每个碳原子上还有一个未参与杂化的 p 轨道，其垂直于 sp^2 杂化轨道所在的平面，每个 p 轨道中有一个未参与杂化的 2p 电子。两个 p 轨道在平面两侧“肩并肩”交叠形成 π 键，如图 4.1 所示。

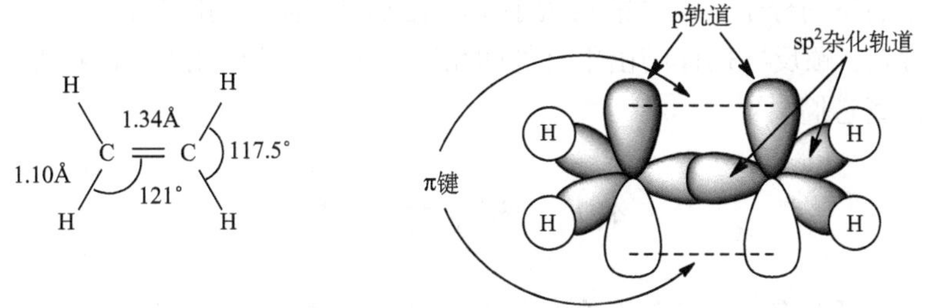

图 4.1　乙烯分子的形状和 π 电子云分布

π 电子云对称分布在烯烃平面的两侧。键参数表明碳碳双键的键长（1.34 Å）比碳碳单键的键长（1.54 Å）短，说明要形成“肩并肩”的 π 键，原子核需要靠得更近才能使 p 轨道有效交叠；碳碳双键的键能（610 kJ/mol）比单键键能（347 kJ/mol）的两倍低了很多，说明 π 键弱于 σ 键。这可以从两种共价键的重叠方式予以解释：σ 键“头碰头”的轨道重叠程度大，且发生在两核之间，电子云受核约束大，因此较为稳定；相反，π 键“肩并肩”的轨道重叠程度较小，且发生在键轴两侧，电子云受核约束小，容易被极化，较不稳定。事实上烯烃的大多数化学反应的确都是 π 键电子的变化导致的。

学习提示： σ 键和 π 键除了以上差异，还存在以下不同之处：①σ 键可以单独存在，而 π 键只能和 σ 键共存，不能单独存在；②σ 键“头碰头”形成的电子云是绕键轴对称的，因此可以绕键轴自由旋转，但 π 键的电子云位于键轴上下两侧，因此不能绕键轴自由旋转（旋转会使两个 p 轨道不再平行从而无法“肩并肩”交叠形成 π 键）。

由于双键两端的碳原子都采用 sp^2 杂化，其键角均倾向于 120°，但会随着所连接基团的体积不同有微小差异。例如，乙烯分子中，氢原子体积小，两个 C—H 键之间的夹角稍小于 120°。

4.1.2　烯烃的顺反异构

烯烃的异构现象比烷烃复杂，其同时具有构造异构和立体异构。构造异构除了碳链异构以外，还有由双键位置不同而引起的位置异构。此外，由于 π 键的存在，双键不能自由旋转。因此，当两个双键碳上均连有不同取代基时，不同基团在双键两侧所处的空间相对位置不同会产生立体异构，称为顺反异构体。如果任一双键碳上连接的两个原子或基团相同，则不存在顺反异构现象。

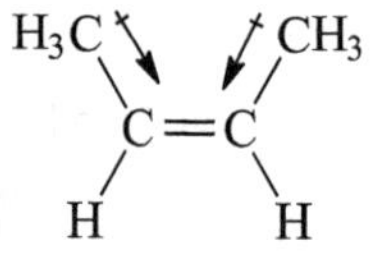

H_3C　CH_3 / C=C / H　H　　H_3C　H / C=C / H　CH_3　　H　H / H_3C　H　　H　CH_3 / H_3C　CH_3

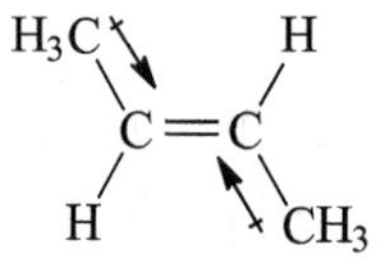

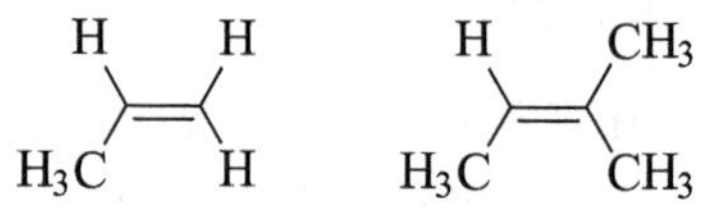

顺-丁-2-烯　　反-丁-2-烯　　不存在顺反异构

b.p.:　3.7℃　　0.9℃

μ:　0.33 deb　　0 deb

常温下，顺反异构体不能彼此互变。这是因为由一种构型变为另一种构型，必须经过 π 键的断裂，而常温下的分子热运动能量远小于断裂 π 键所需要的能量，所以顺反异构体在常温下能够稳定存在。顺反异构体间由于官能团相同，其化学性质相似，但物理性质差别较大，并可借此差异分离它们。

4.2　烯烃的命名

简单烯烃用普通命名法，与烷烃命名一样，将烷字改为烯字。例如：

$CH_2=CH_2$

乙烯　　丙烯 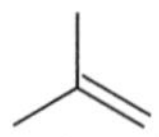　　异丁烯

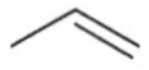

也可以把简单烯烃看作乙烯衍生物来命名。例如：

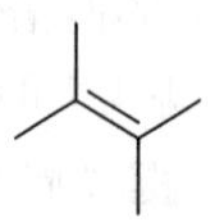

四甲基乙烯 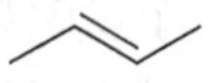　　对称二甲基乙烯 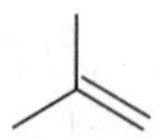　　不对称二甲基乙烯

更复杂的烯烃必须使用系统命名法：

（1）选择含双键的最长碳链作为主链，根据主链碳原子数称为某烯（最新的命名原则建议仍采用最长碳链为主链，但涉及较复杂的取代基命名，见下例）。

（2）从距双键最近的一端起给主链编号，用双键两个碳原子中位次更小的数字表示双键位置，放在“烯”字之前，格式为“某-x-烯”。

（3）其他命名原则，如取代基位置、顺序等都与烷烃相似。例如：

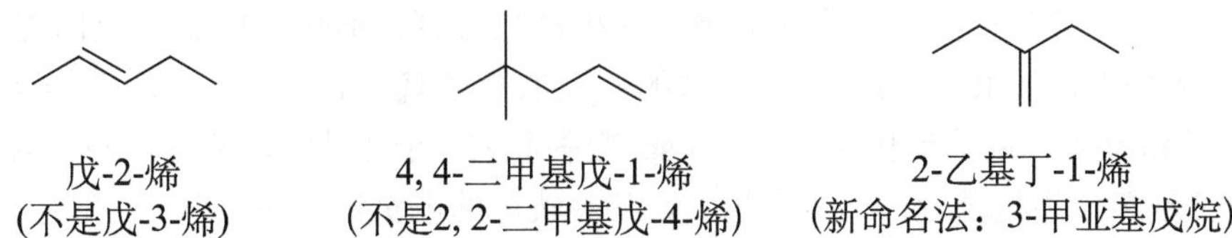

戊-2-烯　(不是戊-3-烯)　　4, 4-二甲基戊-1-烯　(不是2, 2-二甲基戊-4-烯)　　2-乙基丁-1-烯　(新命名法：3-甲亚基戊烷)

从烯烃分子中去掉一个氢后，得到烯基。烯基编号总是从连接处碳原子开始。

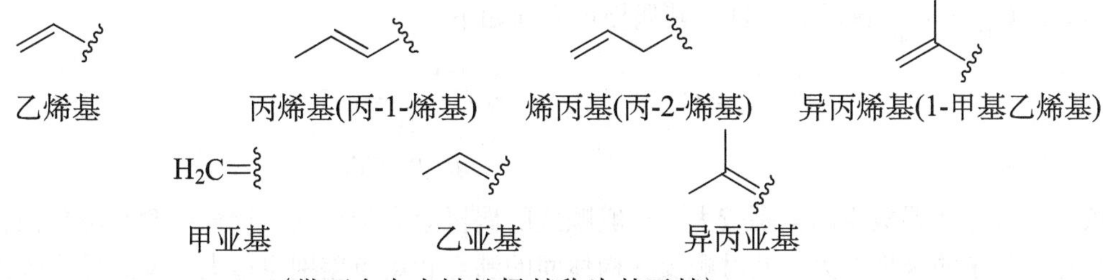

乙烯基　　丙烯基(丙-1-烯基)　　烯丙基(丙-2-烯基)　　异丙烯基(1-甲基乙烯基)

甲亚基　　乙亚基　　异丙亚基

(带两个自由键的烃基称为某亚基)

对于顺反异构体，简单的烯烃可以用顺（拉丁文 *cis*）和反（拉丁文 *trans*）表示。相同基团处于双键同一侧的称为顺式，处于不同侧的称为反式，如顺-丁-2-烯和反-丁-2-烯。

当烯烃结构较复杂时，往往难以用简单的顺、反名称表达，此时常根据 IUPAC 命名法，使用字母 *Z* 和 *E* 命名顺反异构体。当两个双键碳上序位较高的基团处于双键的同侧时，称为 *Z* 型（德文 zusammen，同）；若处于双键的异侧，则称为 *E* 型（德文 entgegen，相反）。例如：

H_3C　CH_3 / C=C / H　H　　　H　CH_3 / C=C / H_3C　H　　　序位：CH_3 > H

(*Z*)-丁-2-烯　顺-丁-2-烯　　　(*E*)-丁-2-烯　反-丁-2-烯

Z、*E* 命名判断序位高低的规则和 *R*/*S* 构型命名相同（见 3.3.2.2 小节）。需要注意的是，顺、反命名和 *Z*、*E* 命名是两种不同的命名方法，并非 *Z* 型就一定是顺式。例如：

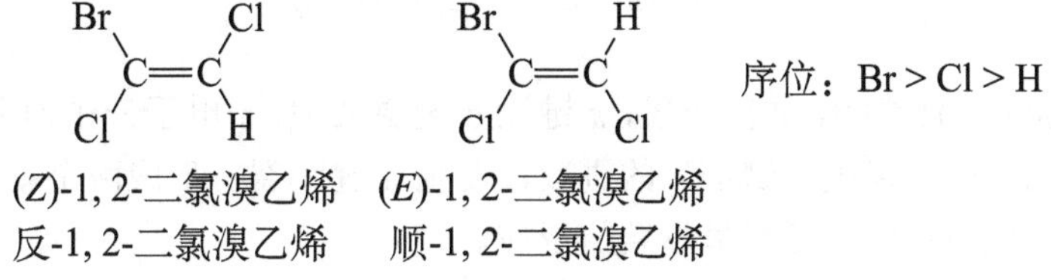

序位：Br > Cl > H

(*Z*)-1, 2-二氯溴乙烯　反-1, 2-二氯溴乙烯　　(*E*)-1, 2-二氯溴乙烯　顺-1, 2-二氯溴乙烯

4.3　烯烃的物理性质

与烷烃相似，烯烃的沸点和熔点都随碳原子数的增加而有规律地升高。C_2～C_4的烯烃是气体，C_5～C_{15}的烯烃是液体，高级烯烃是固体。烯烃都比水轻，不溶于水，而溶于大多数有机溶剂，如苯、乙醚、石油醚、四氯化碳等。

总的来说，烃类分子由于只含碳和氢，其极性均较低。但烯烃的偶极矩比烷烃大，在烷基取代的烯烃中，如 R—CH═CH_2 类型的一元取代乙烯，它们具有“C—C═C”键型，其中 C—C 单键是由不同的杂化轨道 sp^3 与 sp^2 交叠而成。杂化轨道的成分不同，电负性也不一样，s 成分越多，离核越近，电负性越大。各类轨道的电负性次序如下：

$$s > sp > sp^2 > sp^3 > p$$

因此，C_{sp^3}—C_{sp^2} 键具有极性，其偶极矩方向如下：

$$\overset{\longmapsto}{C—C}═C \qquad H_3\overset{\longmapsto}{C—C}═CH_2$$

H

μ=0.35 deb

顺反异构体间偶极矩的差别较大，一般顺式的偶极矩大于反式。烯烃中含有电负性较大的元素时，分子的极性增大，此时顺反异构体间的沸点和熔点差别也增大。反式异构体由于偶极矩更小，分子间相互作用较小，因此沸点比顺式低；但由于反式异构体的分子对称性更高，晶体中分子间排列更紧密，其熔点往往比顺式高。

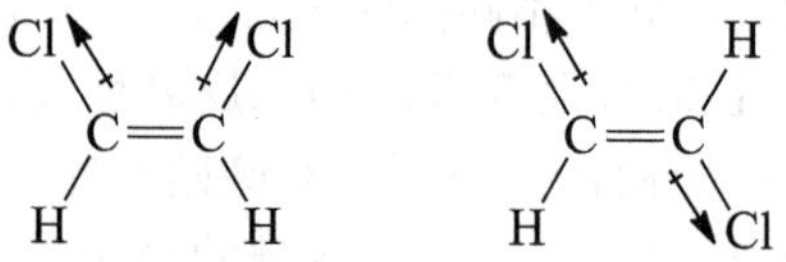

Cl(H)C═C(H)Cl（顺）	Cl(H)C═C(H)Cl（反）
μ=1.85 deb	μ=0 deb
b.p. 60℃	b.p. 48℃
m.p. –80℃	m.p. –50℃

折射率也是一个常用来鉴别有机化合物的物理常数。它是物质在光学方面表现出来的特性，折射率大小反映了分子中电子在光影响下发生变形振动的难易程度。烯烃分子中 π 电子比烷烃中的 σ 电子更易极化，因而烯烃的折射率比烷烃大一些。但有机化合物的折射率一般都为 1.3～1.7。

4.4　烯烃的化学反应

C═C 键是烯烃的官能团，如前所述，π 键比 σ 键更活泼，π 电子云作为富含电子的结构，容易受缺电子试剂（即“亲电”试剂）的进攻，发生 π 键断裂，形成两个新的 σ 键，这种反应称为加成反应，加成反应是烯烃最重要的反应。

4.4.1　与氢气的加成——催化氢化

烯烃在催化剂存在下可以和氢气发生加成反应，每个双键的氢化热约为 125.4 kJ/mol。

$$\gt C{=}C\lt \; + \; H_2 \xrightarrow{\text{催化剂}} -\overset{\displaystyle H}{\underset{|}{\overset{|}{C}}}-\overset{\displaystyle H}{\underset{|}{\overset{|}{C}}}- \quad \Delta H \approx -125.4\ \mathrm{kJ/mol}$$

烯烃加氢虽然是一个放热反应，但反应活化能很高，难以进行。使用催化剂（如 Pt、Pd、Ni、Rh 等过渡金属）可降低活化能，使反应变得容易。如图 4.2 所示，有催化剂时其活化能（ΔE_c^*）比无催化剂时的活化能（ΔE^*）更低。催化剂的功能仅仅是降低活化能而加速反应，它并不改变反应热。实验测得各类烯烃催化加氢的氢化热为–108.7～–137.9 kJ/mol，放热反应表明烯烃的内能高于烷烃。一般顺式烯烃的氢化热大于其反式烯烃异构体，说明反式烯烃更加稳定。

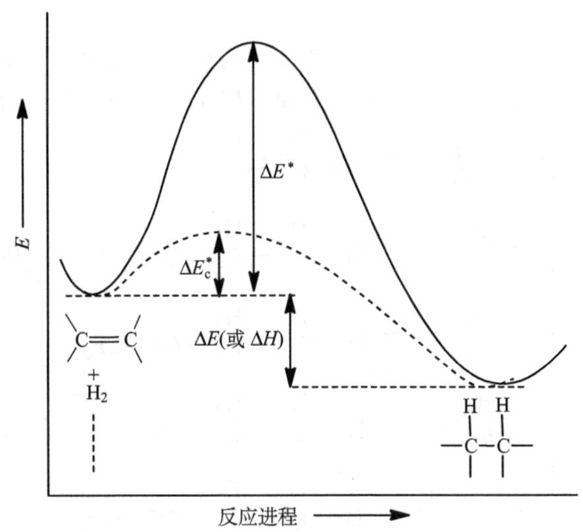

图 4.2　烯烃氢化的催化效应

铂、钯、镍、铑等催化剂都不溶于氢化反应的溶剂，称为异相催化剂。实验室中常用的有氧化铂和拉尼镍等，前者在反应器中被氢还原成极细的铂粉，称为铂黑，它可以在 0.1～0.4 MPa、0～100℃下使用；后者是铝镍（1∶1）合金经氢氧化钠溶液处理，溶去铝后制成，在较高的压力和温度（200～300℃）下使用。

催化氢化的机理较为复杂，大致可以认为是被吸附在催化剂表面上的氢和烯烃按自由基机理进行反应，如图 4.3 所示。

$$H_2 \rightleftharpoons \overset{H}{|}\ \ \overset{H}{|} \xrightleftharpoons{C_2H_4} \overset{H}{|}\ \overset{H}{|}\ \ H_2C{=}CH_2 \longrightarrow H-\overset{H_2}{C}-\overset{H_2}{C}-H$$

图 4.3　烯烃的催化加氢

催化氢化多数是顺式加成，即两个氢原子加在双键的同一侧。如果反应形成的碳碳单键不能自由旋转（如环上的情况），则可以分离产物的不同立体异构体。

$$\text{1,2-二甲基环己烯} \xrightarrow[\text{0.1 MPa, 乙酸}]{H_2,\ Pt} \text{顺-1,2-二甲基环己烷 (86\%)} + \text{反-1,2-二甲基环己烷 (14\%)}$$

双键碳上的取代基越少，烯烃越容易被催化剂表面所吸附，氢化越快。不同取代的双键氢化速度为：乙烯 > 一取代乙烯 > 二取代乙烯 > 三取代乙烯 > 四取代乙烯。因此，在含不同取代基的烯烃混合物中有可能进行选择性氢化。催化加氢的反应可以定量进行，反应既可用于烷烃合成，又可用于烯烃分析，即可根据所吸收的氢气体积计算双键数目。

4.4.2 与酸的加成

与和氢气的加成不同，烯烃其他的一些加成反应通常是通过亲电试剂的进攻进行的，称为亲电加成反应。Brönsted 酸（能给出质子的酸）都能与烯烃发生亲电加成反应。例如：

$$H_2C{=}CH_2 \xrightarrow[X=Cl,Br,I]{HX} H{-}CH_2{-}CH_2{-}X \quad \text{卤代乙烷}$$

$$H_2C{=}CH_2 \xrightarrow{H_2SO_4} H{-}CH_2{-}CH_2{-}OSO_3H \quad \text{硫酸氢乙酯}$$

$$H_2C{=}CH_2 \xrightarrow{CF_3COOH} H{-}CH_2{-}CH_2{-}OCOCF_3 \quad \text{三氟乙酸乙酯}$$

$$H_2C{=}CH_2 \xrightarrow[\text{稀}H_2SO_4]{H_3O^+} H{-}CH_2{-}CH_2{-}OH \quad \text{乙醇}$$

$$H_2C{=}CH_2 \xrightarrow[H^+]{CH_3COOH} H{-}CH_2{-}CH_2{-}OCOCH_3 \quad \text{乙酸乙酯}$$

这些反应大多是工业上重要的制备反应，特别是由烯烃制醇，活泼烯烃可以在酸（稀硫酸或磷酸）催化下直接水解制醇。不活泼烯烃则可通过先生成硫酸烷基酯，然后加热水解而制醇。

4.4.2.1 反应机理

烯烃与酸的加成反应分两步进行。第一步，作为亲电试剂的正离子（此处为 H^+）进攻 π 键，经过 π 络合物分离成一个带正电荷的 σ 络合物，这是整个反应过程中最慢的一步，所以它是反应的速率控制步骤；第二步，由生成的碳正离子中间体与溶液中存在的亲核试剂（如负离子、带有孤对电子的化合物等）很快结合而完成反应。

$$>C{=}C< \overset{H^+}{\rightleftharpoons} \underset{\pi\text{络合物}}{>C\overset{X^+}{=}C<} \xrightarrow[\text{r.d.s.}]{\text{慢}} \underset{\sigma\text{络合物}}{>\overset{X}{C}{-}\overset{+}{C}<} \xrightarrow[\text{快}]{Y^-} \underset{\text{产物}}{>\overset{X}{C}{-}\overset{Y}{C}<}$$

烯烃与卤化氢（HX）反应的能量变化如图 4.4 所示。反应途径中有两个能量的最高点，存在两个过渡态，表明反应分两步进行，中间体碳正离子处于能量低谷。两步反应的活化能 ΔE_1^* 和 ΔE_2^* 相差较大，$\Delta E_1^* \gg \Delta E_2^*$，因此反应的第一步是最慢的一步。

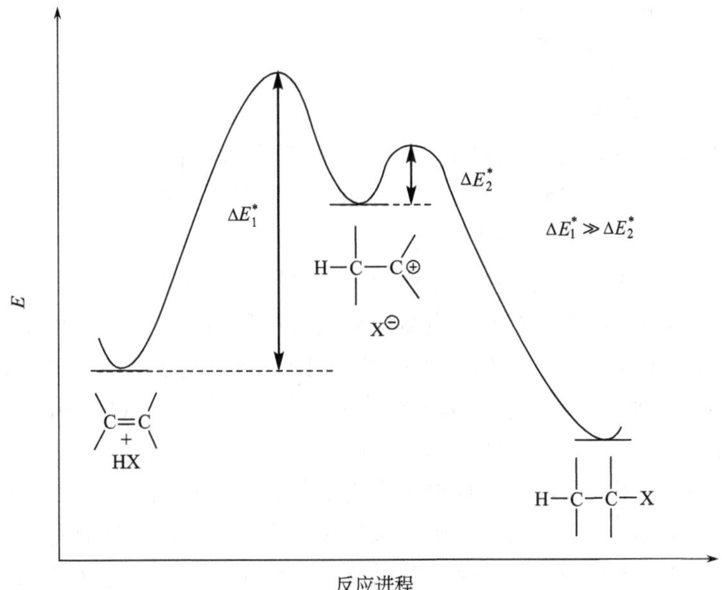

图 4.4　HX 对烯烃加成的能量图

一些证据可以说明该反应是分步反应，如混杂加成产物的生成。如果反应液中同时存在两种或两种以上的亲核试剂，能够生成混杂加成产物。例如，Cl^-和氧原子都可以作为亲核试剂与第一步形成的乙基碳正离子结合得到不同产物。

$$CH_2{=}CH_2 + HCl + CH_3OH \longrightarrow CH_3CH_2Cl + CH_3CH_2OCH_3$$

其中，第二个产物是经过如下过程得到的：

$$CH_2{=}CH_2 + H^+ \xrightarrow[\text{慢}]{} H_3C{-}CH_2^+ \xrightarrow[\text{快}]{CH_3\ddot{O}H} CH_3CH_2\overset{+}{O}(H)CH_3 \xrightarrow[\text{快}]{-H^+} CH_3CH_2OCH_3$$

学习提示：对于离子型反应，亲电试剂和亲核试剂是必不可少的。顾名思义，亲电试剂一般指缺电子的路易斯酸，包括正离子、外层电子不到 8 电子结构的分子（如 BH_3）等，它们自身缺电，因此“亲电”；与之相反，亲核试剂则指富电子的路易斯碱，包括负离子、孤对电子（如 NH_3 分子中的 N 原子）、π 电子对等。在离子型有机反应中，我们一般把主反应物称为底物，比较简单的试剂称为亲电/亲核试剂，试剂类型决定反应类型。如上述反应中，烯烃是底物，H^+是亲电试剂，反应则是亲电加成反应。

4.4.2.2　反应的区域选择性　诱导效应

双键两端不对称的烯烃与氢卤酸反应时，可能生成两种产物。例如，丙烯的反应如下：

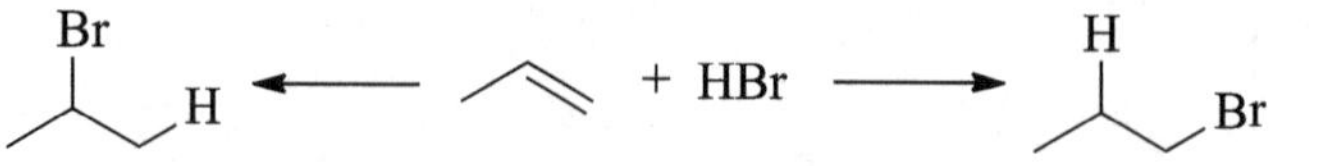

主要产物　　　　次要产物

实验结果表明，产物以 2-溴丙烷为主。俄国化学家马尔科夫尼科夫（Markovnikov）首先注意到这一点，并指出氢卤酸中氢原子优先加到含氢较多的双键碳原子上，卤素加到含氢较少的双键碳原子上。这个规则被称为马氏规则。

电子效应能够用于解释马氏规则。由于原子或基团电负性不同，分子中电子云分布发生变化，从而使分子的不同位置具有不同电荷性质的作用称为电子效应。电子效应决定了分子的哪些位置会带有一定程度的正/负电荷及其程度，因此根据电子效应可以判断分子什么位置更易接受亲电/亲核试剂的进攻。电子效应主要分为诱导效应（inductive effect, I）和共轭效应（conjugative effect, C），它们分别影响分子中的 σ 键电子和 π 键电子。

碳原子上连接的基团的吸电子或斥电子作用沿着 σ 键影响到碳链上其他碳原子上电子云密度的效应称为诱导效应。诱导效应可用箭头表示，箭头所指的方向就是电子移动的方向。在比较各种原子或原子团的诱导效应时，常以氢原子为标准，一个原子或原子团吸引电子的能力若比氢原子强，就具有吸电诱导效应，用–I 表示；若吸引电子的能力比氢原子小，就具有排电诱导效应，用+I 表示。例如：

$CH_3 \rightarrow CH_2 \rightarrow Cl$　　　　$CH_3 \rightarrow CH{=}CH_2$

(Cl 具有 –I 效应)　　　　(CH_3 具有 +I 效应)

一般来讲，含有电负性较大的杂原子（如 O、N、卤素等）的基团具有吸电诱导效应，烷基则一般具有排电诱导效应。诱导效应可以沿链传递，但由于 σ 键稳定，σ 电子的可极化性小，诱导效应随着链的增长迅速减弱，一般三根 σ 键之后就可以忽略。

对于丙烯分子，由于双键上的 π 电子容易极化，甲基的+I 作用使双键上的 π 电子向远离甲基的方向移动，致使电荷分布不均匀（可用 δ^+和 δ^-表示），含氢较多（远离甲基）的双键碳上电子云密度更大。因此，质子作为亲电试剂首先与带有 δ^-的碳原子结合，生成的中间体碳正离子再与溶液中的负离子结合。

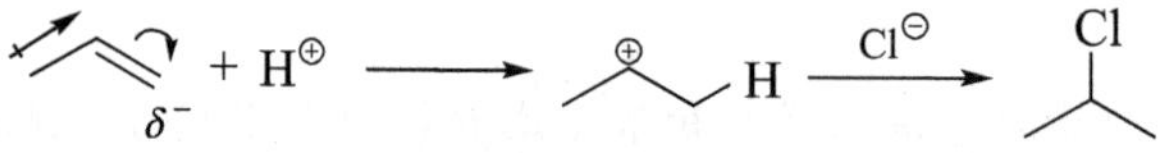

对于不对称烯烃，双键碳原子上的取代烷基越多，则+I 效应越强，π 电子则会向远离该碳原子的方向移动。因此，取代较少（即含 H 较多）的双键碳原子会带有 δ^-，从而和 H^+结合，符合马氏规则。

诱导效应也可以从另一个角度，即碳正离子的稳定性来解释马氏规则。碳正离子是缺电子的，可以通过烷基的排电诱导效应得到稳定，碳正离子上连接的烷基越多，即越高级的碳正离子越稳定（$3°C^+ > 2°C^+ > 1°C^+$）。各级碳正离子的稳定性次序如下：

$$> H_3C-\overset{\oplus}{C}H_2 > \overset{\oplus}{C}H_3$$

有机反应的中间体越稳定，活化能一般越低，反应也越容易进行。在烯烃的亲电加成中，中间体碳正离子越稳定，则反应越容易进行。因此，H^+加到含 H 较多（取代较少）的碳原子上，可以得到更高级、更稳定的碳正离子。例如：

(i)

(ii)马氏规则

能量变化图 4.5 表明，碳正离子（ii）（$2°C^+$）比（i）（$1°C^+$）更稳定，形成（ii）所需要的活化能更低。可见，在反应中最先、最快生成的碳正离子是最稳定的碳正离子，得到的产物以符合马氏规则的为主。

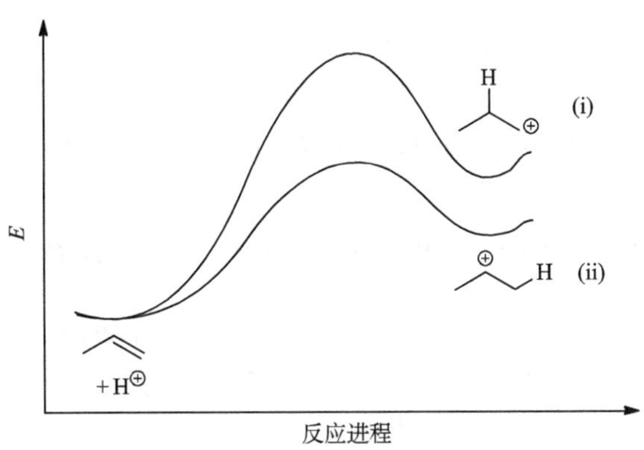

图 4.5　丙烯质子化的能量变化图

马氏规则也有特例。例如，对于三氟甲基取代的乙烯（3, 3, 3-三氟丙烯），其与 HCl 加成的主要产物是(1)，即氢加到了含 H 少的碳原子上。

$$F_3C \leftarrow \overset{\delta^-}{HC}=\overset{\delta^+}{CH_2} \xrightarrow{HCl} F_3C\text{—}CH_2CH_2Cl\ (1) + F_3C\text{—}CHCl\text{—}CH_3\ (2)$$

从表面上看，该反应是反马氏规则的，但实际上也能用诱导效应对碳正离子中间体稳定性的影响来解释。三氟甲基具有很强的–I 效应，碳正离子越靠近这样的强吸电基越不稳定：

稳定性：$F_3C\text{—}CH_2\overset{\oplus}{C}H_2 > F_3C\text{—}\overset{\oplus}{C}H\text{—}CH_3$

可见，通过分析电子效应而不是生硬套用马氏规则，才能更为准确地判断和解释不对称烯烃加成反应的区域选择性。

学习提示：电子效应（包括第 5 章将提到的共轭效应）是有机化学最为重要的概念，它贯穿于这门课程学习的始终。只有了解了电子效应，才能对有机化合物的性质有更深刻的认识，才能对有机反应的过程和机理进行合理的预测、分析和理解。

4.4.2.3　反应的活性

烯烃与 HX 的反应速率既与烯烃结构有关，也与 HX 性质有关。HX 的酸性越强，越易形成亲电试剂 H^+，反应活性也越强。例如，卤化氢的反应活性顺序为：HI > HBr > HCl > HF。

由于 HCl 活性不太强，工业上由乙烯加成制备氯乙烷时，经常还需要使用无水三氯化铝作催化剂。酸性更弱的 Brönsted 酸（如乙酸、水、醇等）和烯烃的加成反应则需要强酸催化才能进行。

对于烯烃底物，由于是亲电加成反应，烯烃双键上电荷密度越大，反应越容易进行。通过诱导效应可知，如果双键碳原子上连接的烷基越多，则+I 效应越大，反应越容易进行，即取代越多的烯烃越容易反应；相反，如果双键碳上连有吸电基，如卤素，则烯烃的活性降低。

亲电加成反应活性：

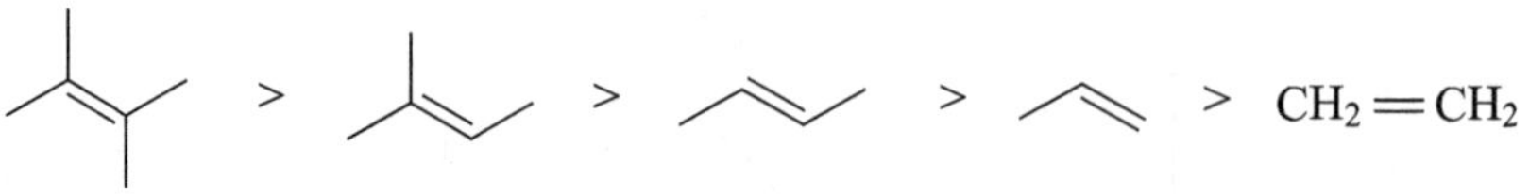

$$> \quad > \quad > \quad > \quad CH_2=CH_2$$

对比不同烯烃和硫酸的加成反应，可以发现取代越多的烯烃所需硫酸的浓度越低，表示其越易发生亲电加成。

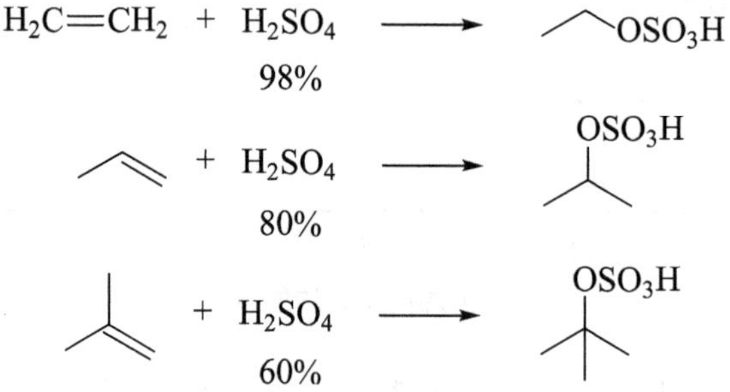

$$H_2C=CH_2 + H_2SO_4 \xrightarrow{} \ \ OSO_3H$$
98%

$$+ \ H_2SO_4 \longrightarrow \quad OSO_3H$$
80%

$$+ \ H_2SO_4 \longrightarrow \quad OSO_3H$$
60%

4.4.2.4 碳正离子的重排

重排是指反应中特定的取代基或原子从分子中的一处迁移到另一处的变化。例如，3, 3-二甲基丁-1-烯和 HCl 的亲电加成反应：

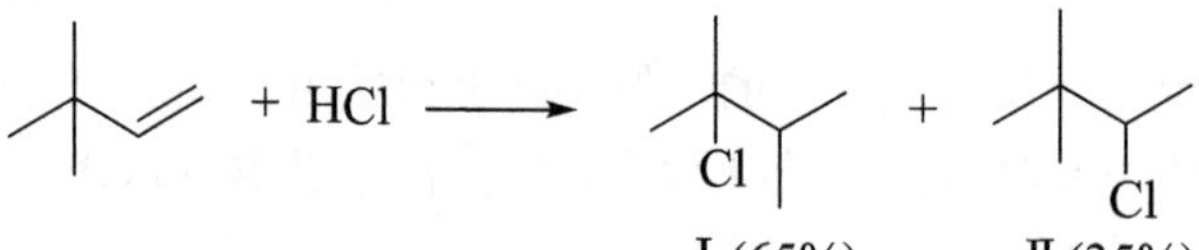

$$+ \ HCl \longrightarrow \quad Cl \quad + \quad Cl$$
Ⅰ(65%)　Ⅱ(35%)

其主要产物Ⅰ并不是一个“正常”的产物，这是由于反应形成的碳正离子中间体发生了如下重排：相邻碳原子上的甲基带着一对 σ 键电子迁移到了碳正离子所在的碳原子上，而正电荷转移到了甲基离开的碳原子上：

$$\oplus \longrightarrow \oplus$$

这种由正离子引起的邻位基团或氢带着一对键电子的迁移，称为亲核重排。基团在两个相邻的原子间发生迁移的重排又称为 1,2-重排[也称为瓦格纳–米尔文（Wagner- Meerwein）重排]。大多数亲核重排都是 1, 2-重排，经过碳正离子中间体的反应都可能伴随重排的发生。发生重排是因为通过重排可以生成更为稳定的结构，如上述重排可以得到更稳定的三级碳正离子。

同样，重排也可以作为判断该反应是分步进行的证据，因为如果没有第一步碳正离子的形成，就没有重排的发生。

4.4.3　与卤素或次卤酸的加成

烯烃与卤素或次卤酸可以顺利地发生加成反应。因此，烯烃可以使 Br_2 的四氯化碳溶液褪色，可以用来鉴别烯烃。

$$H_2C{=}CH_2 \xrightarrow{X_2,\ CCl_4} X{-}CH_2{-}CH_2{-}X$$

$$H_2C{=}CH_2 \xrightarrow{HOX,\ H_2O} HO{-}CH_2{-}CH_2{-}X$$

乙烯与不同卤素加成的反应热如下：

	F	Cl	Br	I
ΔH/(kJ/mol)	–555.9	–171.3	–112.9	–12.5

因此，卤素的反应活性顺序为 $F_2 > Cl_2 > Br_2 > I_2$。氟的反应太剧烈，以致破坏碳链。碘的反应虽然放热，但活化能高，一般与烯烃不发生离子型的加成反应。例如，使用 ICl（或 IBr）试剂，不仅使 ΔH 的负值增大，而且碘正离子亲电试剂易于形成，反应变得容易。

4.4.3.1　反应机理

烯烃与卤素或次卤酸的加成同样是亲电加成反应，亲电试剂是卤素正离子。或者说是烯烃双键的富电性诱导卤素/次卤酸中的 σ 键发生了异裂。大量事实说明卤素加成的中间体是环状正离子。在 σ 络合物中，卤素原子利用外层电子与邻位碳正离子络合，形成更稳定的、正电荷得到分散的环状正离子，称为卤鎓离子。卤鎓离子的稳定性随卤素原子体积增大而增大（Cl < Br < I）。

:X: δ+　Y δ−　+ Y⁻

卤鎓离子　(X = Cl, Br, I)
(Y = X 或 OH)

由于正电荷不再集中在一个碳原子上，因而减少了反应中的重排现象。反应第二步，亲核试剂只能从卤鎓离子环的背面进攻，从而形成反式加成产物。

Y⁻　Y= X 或 OH

在次卤酸与不对称烯烃加成的情况下，由于分子拥挤因素不是主要的，负离子进攻卤鎓离子时，并非进攻位阻较小的碳原子，而仍然是进攻最能容纳正电荷的（更高级的）碳原子，得到的产物以服从马氏规则的为主。例如：

+ HOCl　Cl　H　H₃C　H　H　⊖OH　OH　Cl

与和卤化氢的反应类似，烯烃与卤素的反应在其他亲核成分的存在下也可以形成混杂加成产物，证明反应是分步进行的。

$$H_2C{=}CH_2 + Br_2 \xrightarrow{H_2O} BrCH_2CH_2Br + BrCH_2CH_2OH$$

$$H_2C{=}CH_2 + Br_2 \xrightarrow{H_2O,\ Cl^-} BrCH_2CH_2Br + BrCH_2CH_2OH + BrCH_2CH_2Cl$$

$$H_2C{=}CH_2 + Br_2 \xrightarrow{CH_3OH} BrCH_2CH_2Br + BrCH_2CH_2OCH_3$$

4.4.3.2　反应的立体选择性

立体结构影响分子的化学性质。在化学反应中，键的断裂、形成，试剂进攻方向，基团离去方向都有立体化学问题。了解这些立体化学关系，对于化学反应机理、反应速率和外界条件影响的研究具有重要意义。

一个化学反应有产生几种立体异构体的可能时，如果产物是以其中某一种立体异构体为主（占优势），这个反应就是立体选择性反应。如果只生成一种立体异构体产物（即选择性100%）时，反应可以称为立体专一性反应。显然，立体选择性反应包括立体专一性反应。清楚一个反应的立体选择性，对于反应机理的研究是很有用处的。

从卤鎓离子机理可以看出烯烃和卤素的加成是一个反式加成的反应，而且该反应具有立体专一性。

(反式-1,2-二溴环己烷两对映体) $\xleftarrow{Br_2,\ CCl_4}$ 环己烯 $\xrightarrow{HOCl,\ H_2O}$ (反式-2-氯环己醇两对映体)

对于丁-2-烯和溴的加成，顺-丁-2-烯会得到一对外消旋体，而反-丁-2-烯则得到内消旋体。

顺-丁-2-烯 $\xrightarrow{Br_2}$ 外消旋体

反-丁-2-烯 $\xrightarrow{Br_2}$ 内消旋体

这也是因为第一步形成的正离子中间体并非开放的碳正离子，而是环状的溴鎓离子。因此，第二步 Br^-的进攻只能从溴鎓离子的背面进行。卤鎓离子最初是为了合理解释立体化学现象而提出的，1967 年被制备出来，并为现代物理方法所证实。所以，可以说卤素对烯烃的加成机理是在立体化学的帮助下确定的。

顺-丁-2-烯 $\xrightarrow{Br^+}$ 溴鎓离子 $\xrightarrow{Br^-}$ 外消旋-2,3-二溴丁烷

外消旋-2,3-二溴丁烷

4.4.4 其他亲电加成反应

4.4.4.1 溶剂汞化-去汞化反应

烯烃容易与汞盐（如乙酸汞）加成，汞原子作为亲电试剂和 H^+类似，会加成到含氢较多的双键碳上。生成的有机汞化合物进一步用硼氢化钠还原，可使 C—Hg 键转变为 C—H 键，因此整个过程称为汞化-去汞化（或汞化-硼氢化）反应。反应的最终产物从结构上看相当于底物对水进行了马氏加成。

$$CH_3CH{=}CH_2 + Hg(OAc)_2 \xrightarrow{H_2O} CH_3CH(OH)CH_2HgOAc \xrightarrow{NaBH_4} CH_3CH(OH)CH_3$$

由于该反应主要得到反式加成产物，且不发生重排，推断反应可能是经过类似卤鎓离子的环状正汞离子中间体进行的，水作为亲核试剂从背后进攻。

$$R_2C{=}CR_2 + Hg(OAc)_2 \xrightarrow{-AcO^{\ominus}} [\text{环状正汞离子 }(HgOAc)^{\oplus}] \xrightarrow[H_2O]{-H^+} -\overset{|}{\underset{OH}{C}}-\overset{HgOAc}{C}-$$

该反应不仅适用于多种烯烃，而且随溶剂不同，产物也不同。例如：

$$CH_3CH_2C(CH_3){=}CH_2 \xrightarrow[(1)]{Hg(OAc)_2,\ H_2O} \xrightarrow[(2)]{NaBH_4} CH_3CH_2C(OH)(CH_3)_2 + Hg + HOAc$$

醇(90%)

$$\rangle C{=}C\langle + Hg(OAc)_2 \xrightarrow[(1)]{CH_3OH} -\underset{OCH_3}{C}-\overset{HgOAc}{C}- \xrightarrow[(2)]{NaBH_4} -\underset{OCH_3}{C}-\overset{H}{C}-$$

醚

$$\rangle C{=}C\langle + Hg(OAc)_2 \xrightarrow[(1)]{CH_3COOH} \xrightarrow[(2)]{NaBH_4} -\overset{H}{C}-\underset{OCOCH_3}{C}-$$

乙酸酯

除了乙酸汞，其他汞盐如高氯酸汞[$Hg(ClO_4)_2$]等也可使用。醇作溶剂时，特别是用体积较大的醇，如仲醇或叔醇的情况下，常用酸性更强的三氟乙酸汞[$Hg(CF_3COO)_2$]以得到高产率的醚。

溶剂汞化-去汞化反应与酸催化下和水的加成反应相比，适应性更为广泛，反应迅速，反应条件更加温和、方便，产率也较高。第一步得到的有机汞化合物无需分离，可直接用 $NaBH_4$ 还原，汞可以回收。

4.4.4.2 硼氢化反应

烯烃和硼烷加成生成三烷基硼，这个反应称为硼氢化反应。

$$6\ R\text{-}CH{=}CH_2 + B_2H_6 \longrightarrow 2\ (RCH_2CH_2)_3B$$

乙硼烷是一种很容易制备的能自燃的气体，其结构比较特殊，分子中具有氢桥。

$$4BF_3 + 3\ NaBH_4 \xrightarrow{醚} 2\ B_2H_6 + 3\ NaBF_4 \quad (B_2H_6:\ H_2B(\mu\text{-}H)_2BH_2)$$

乙硼烷与烯烃的加成反应，可以简单地解释为是通过下列平衡产生的不稳定的甲硼烷引起的。

$$B_2H_6 \xrightleftharpoons{醚} 2\,BH_3\,(与醚成溶剂化物)$$

由于甲硼烷的硼原子外层只有 6 个电子，因此是一种缺电子的路易斯酸，硼原子是该反应的亲电试剂。它加成到双键上的区域选择性和 H^+相同，即都加成到含氢较多的碳原子上，而氢则加到含氢较少的碳原子上，得到反马氏规则的产物。另外，硼氢化反应中硼原子和氢原子是协同（同时）加成到双键上的，因此具有高度的立体选择性，是一步完成的顺式加成反应。

$$R\text{-}CH{=}CH_2^{\delta^-} + \overset{\delta^+}{BH_3} \longrightarrow [\text{四元环过渡态}] \longrightarrow RCH_2CH_2BH_2 \longrightarrow \longrightarrow (RCH_2CH_2)_3B$$

学习提示：硼氢化反应看上去是“反马氏加成”，但实际上它和之前介绍的亲电加成反应是一致的，即亲电试剂加成到负电性更强的碳原子（含氢更多的碳原子）上。只是此处的亲电试剂并非 H^+，而是硼原子。

只有在烯烃的取代基体积很大时，造成空间阻碍，才能分离得到一烷基硼或二烷基硼。烷基硼是一种很重要的化学中间体，下面是它的两个重要反应，可以分别得到烷烃和醇，分别称为硼氢化-还原反应和硼氢化-氧化反应。

$$(RCH_2CH_2)_3B + 3\ CH_3COOH \xrightarrow{\triangle} 3\ RCH_2CH_3\,(烷烃) + (CH_3COO)_3B \quad 硼氢化\text{-}还原反应$$

$$(RCH_2CH_2)_3B\,(烷基硼) + 3\ H_2O_2 + NaOH \longrightarrow 3\ RCH_2CH_2OH\,(醇) + NaB(OH)_4 \quad 硼氢化\text{-}氧化反应$$

烷基硼与羧酸的硼氢化-还原反应，是经过如下六元环状过渡态机理进行的：

$$(RCH_2CH_2)_3B + R'COOH \longrightarrow [\text{六元环过渡态}] \longrightarrow (RCH_2CH_2)_2B\text{-}O\text{-}C(=O)R' + RCH_2CH_3$$

硼氢化-还原反应生成的产物相当于烯烃与氢气发生了顺式加成。如果将硼烷或羧酸其中一个组分的氢进行氘代，可以发现硼烷的氢（氘）加到了含氢少的碳原子上。

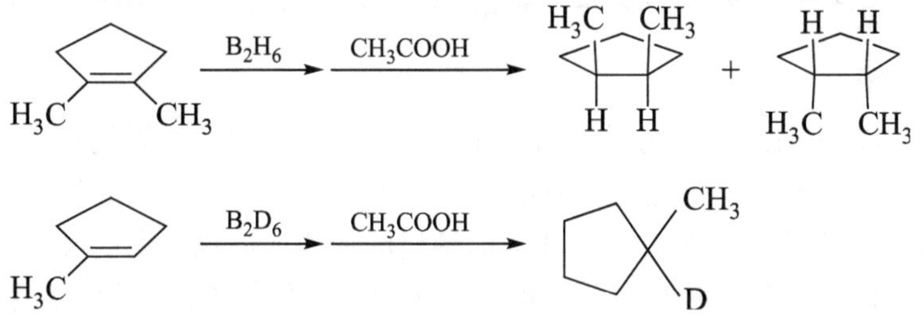

$$\text{1,2-二甲基环戊烯} \xrightarrow{B_2H_6} \xrightarrow{CH_3COOH} \text{顺-1,2-二甲基环戊烷（两种投影）}$$

$$\text{1-甲基环戊烯} \xrightarrow{B_2D_6} \xrightarrow{CH_3COOH} \text{1-甲基-1-氘代环戊烷}$$

烷基硼在碱性条件下，被过氧化氢氧化成醇的硼氢化-氧化反应机理如下：

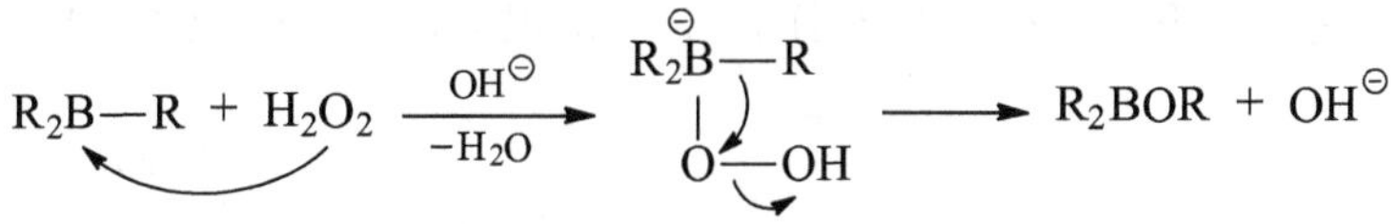

$$R_2B—R + H_2O_2 \xrightarrow[-H_2O]{OH^{\ominus}} R_2\overset{\ominus}{B}(—R)—O—OH \longrightarrow R_2BOR + OH^{\ominus}$$

这一过程重复两次即得到硼酸酯[$B(OR)_3$]，经水解生成醇和硼酸。

$$B(OR)_3 + 3\,H_2O \longrightarrow 3\,ROH + B(OH)_3$$

硼氢化-氧化反应生成的产物相当于烯烃与水发生了反马氏和顺式加成，没有重排。这些特点使硼氢化-氧化反应在有机合成上得到广泛应用。例如：

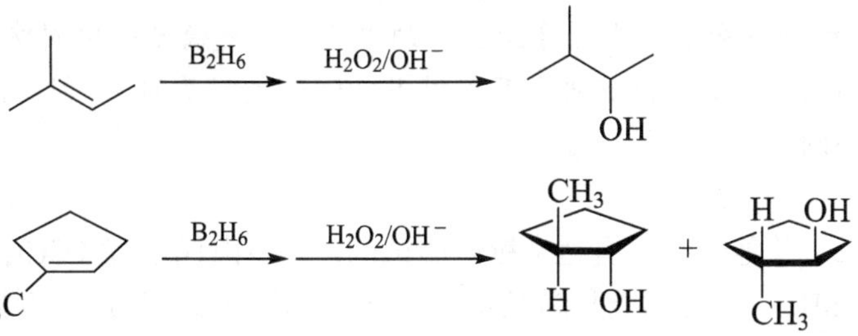

$$\xrightarrow{B_2H_6} \xrightarrow{H_2O_2/OH^-} \text{OH}$$

$$\text{1-甲基环戊烯} \xrightarrow{B_2H_6} \xrightarrow{H_2O_2/OH^-} \text{反-2-甲基环戊醇（两种对映体）}$$

4.4.5　烯烃的自由基反应

在适合自由基形成的条件下，烯烃也可以发生各种自由基反应，包括加成反应和卤代反应。

4.4.5.1　自由基加成

在光照或过氧化物存在下，不对称烯烃与溴化氢加成是一个反马氏规则的加成。例如：

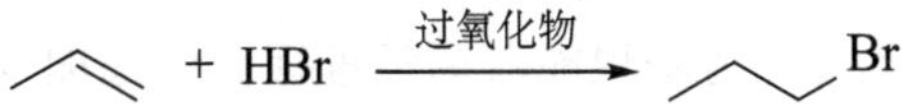

$$CH_2=CHCH_3 + HBr \xrightarrow{\text{过氧化物}} CH_3CH_2CH_2Br$$

大量实验结果证实了以上反应是自由基机理。有机过氧化物含有过氧键（—O—O—），其键能仅为 146.3 kJ/mol，它是一个很好的自由基引发剂。该反应的机理如下：

链引发　$R—O—O—R \xrightarrow{\triangle} 2\,RO\cdot$　(1)　ΔH=146.3 kJ/mol

$RO\cdot + HBr \longrightarrow ROH + Br\cdot$　(2)　ΔH = −96.1kJ/mol

链传递 $R\text{-}CH{=}CH_2 + Br\cdot \longrightarrow R\text{-}\dot{C}H\text{-}CH_2Br$ (3) $\Delta H = -20.9$ kJ/mol

$R\text{-}\dot{C}H\text{-}CH_2Br + HBr \longrightarrow R\text{-}CH_2\text{-}CH_2Br + Br\cdot$ (4) $\Delta H = -46.0$ kJ/mol

链终止 略

由过氧化物的存在引起的反马氏规则的加成取向作用，称为过氧化物效应。除了过氧化物以外，光照、加热及其他能产生自由基的试剂，都能使 HBr 与烯烃的加成按自由基机理进行。但实验证明，过氧化物对于 HCl、HI 等对烯烃的加成取向均无影响（不产生过氧化物效应）。原因可能是 HCl 或 HI 的反应过程中的某一步所需活化能太高，从而阻碍了自由基反应。对于 HCl，由于 H—Cl 键比 H—Br 键强得多，以致第二步 H—Cl 键断裂成为吸热反应而难以形成 Cl 自由基，使反应不能进行；对于 HI，C—I 键很弱，以致碘原子对烯烃的加成不易进行。

溴原子与烯烃加成生成的自由基中间体是 $R\text{-}\dot{C}H\text{-}CH_2Br$，而不是 $R\text{-}CHBr\text{-}\dot{C}H_2$，前者比后者稳定，表明碳碳双键的自由基加成反应是以生成较稳定的自由基中间体为主。

学习提示：有机反应普遍是以生成较稳定的中间体为主。碳正离子和碳自由基分别是烯烃与 HBr 发生亲电加成和自由基加成的中间体，它们都是越高级越稳定。因此，先和烯烃作用的试剂都加成到含 H 更多的碳原子上，得到更高级、更稳定的中间体。在亲电加成中，先和烯烃作用的试剂是 H^+；而在自由基加成中，这个试剂是 Br·。因此，这两种反应产生了不同的区域选择性。

除溴化氢以外，其他一些具有适当键能的试剂，如多卤代甲烷（CCl_4、$BrCCl_3$、$CHCl_3$）、硫化氢、硫醇（RSH）、醛等都能与烯烃发生类似的自由基加成反应。例如：

$$R\text{-}CH{=}CH_2 + CHBr_3 \xrightarrow{\text{过氧化物}} R\text{-}CH_2\text{-}CH_2\text{-}CBr_3$$

$$R\text{-}CH{=}CH_2 + CBrCl_3 \xrightarrow{\text{过氧化物}} R\text{-}CHBr\text{-}CH_2\text{-}CCl_3$$

$$R\text{-}CH{=}CH_2 + R'CHO \xrightarrow{\text{过氧化物}} R\text{-}CH_2\text{-}CH_2\text{-}COR'$$

反应机理和与 HBr 的自由基加成类似。例如，上述反应进攻烯烃的自由基分别是$\cdot CBr_3$、$\cdot CCl_3$和$\cdot COR'$。此外，芳基也能对烯烃进行自由基加成。

4.4.5.2 烯烃 α-H 的卤代

双键邻位碳原子上的氢（即烯丙基位的氢）称为 α-H，受双键的影响，α-H 能发生高温卤代。

低温 / CCl_4溶液 → 离子型加成；Cl_2（或Br_2）；高温(500～600℃) / 气相 → 游离基型取代

高温下产生的卤素自由基，虽然有可能按下面两个途径与烯烃反应：

加成 / 取代；X_2；+ X·

但实际上，高温下只发生 α-H 的卤代而不发生加成。原因是自由基 不如 稳定（后者是 p-π 共轭，可详见 5.5.4.1 小节）。在高温下，反应平衡会倾向于更稳定的中间体和产物。

实验中常常希望在低温下也能实现 α-H 的卤代，此时可以用溴化试剂：*N*-溴代丁二酰亚胺（NBS）。它是一种使烯烃 α-H 溴化的良好试剂，其作用是与反应中存在的微量酸和水汽作用，提供恒定的、低浓度的溴。

N—Br + HBr ⇌ N—H + Br_2

(NBS)

4.4.6 烯烃的氧化

由于 π 键的存在，烯烃比烷烃更易被氧化。氧化剂不同，反应产物也不同。

4.4.6.1 高锰酸钾氧化

高锰酸钾在酸性溶液中的氧化能力比在中性或碱性溶液中强。对于有机化合物的氧化，常常使用中性或碱性高锰酸钾溶液。

$$MnO_4^- + 8H^+ + 5e^- \longrightarrow Mn^{2+} + 4H_2O$$

$$MnO_4^- + 2H_2O + 3e^- \longrightarrow MnO_2\downarrow + 4OH^-$$

室温下，稀 $KMnO_4$ 水溶液与烯烃发生顺式加成，生成顺式邻二醇。

$$-\overset{|}{C}=\overset{|}{C}- \xrightarrow[H_2O]{\text{稀、冷}KMnO_4} -\underset{OH}{\overset{|}{C}}-\underset{OH}{\overset{|}{C}}- + MnO_2\downarrow$$

反应是经过环状高锰酸酯中间体完成的。

稀、冷$KMnO_4$ / H_2O → OH, OH　30%~33%

Mn, O, O, O, O ⊖

四氧化锇（OsO_4）具有与 MnO_4^- 相同的电子构型，因此 OsO_4 也能与烯烃发生类似的反应，生成的酯用 H_2S 或 $NaHSO_3$ 分解得到顺式邻二醇。更方便的是用 H_2O_2 与催化量的 OsO_4 一起与烯烃反应，H_2O_2 将生成的酯分解成邻二醇。虽然四氧化锇毒性大，价格较昂贵，但由于产量高、易分离，常用于小量实验。

CH_3 CH_3 + OsO_4 ⟶ H_3C H_3C O O Os O O $\xrightarrow[\text{或 } NaHSO_3]{H_2S}$ CH_3 OH OH CH_3 (58%)

使用高锰酸钾时，在温度较高或浓度较大或在酸性条件下都会导致邻二醇进一步氧化断链，二取代、一取代、无取代的双键一侧氧化分别得到酮、羧酸、二氧化碳。由高锰酸钾氧化断链的反应产物可推断原烯烃的结构，也可根据是否放出气体推断烃分子结构中是否存在端基烯。

$\xrightarrow[H^+]{KMnO_4}$ COOH + CH_3COOH

$\xrightarrow[OH^-, \triangle]{KMnO_4}$ O COOH

4.4.6.2　过氧酸氧化

烯烃与过氧酸反应生成环氧化合物。

R + R′ O OOH ⟶ R O + R′COOH

反应按亲电加成机理，得到顺式加成的环氧化合物。烯烃上的排电基和过氧酸上的吸电基都可以加速反应。

R O O H O ⟶ O + HO R O

含氧三元环不稳定，在酸性或碱性条件下均易开环。例如，用酸处理可得到反式邻二醇的外消旋体。

+ RCO_3H ⟶ O $\xrightarrow{H_3O^+}$ H O^+ H_2O $\xrightarrow{-H^+}$ OH OH (±)

4.4.6.3　臭氧化反应

烯烃与臭氧生成臭氧化物的反应称为臭氧化反应。

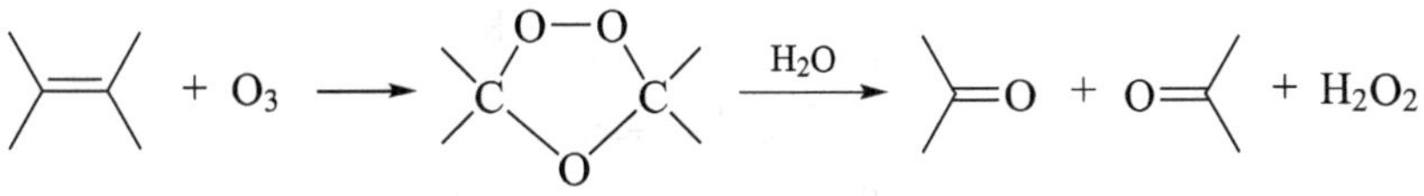

$$\text{>C=C<} + O_3 \longrightarrow \text{臭氧化物} \xrightarrow{H_2O} \text{>C=O} + \text{O=C<} + H_2O_2$$

臭氧化物

臭氧的电子分布如下：

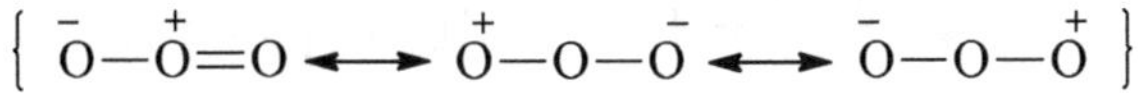

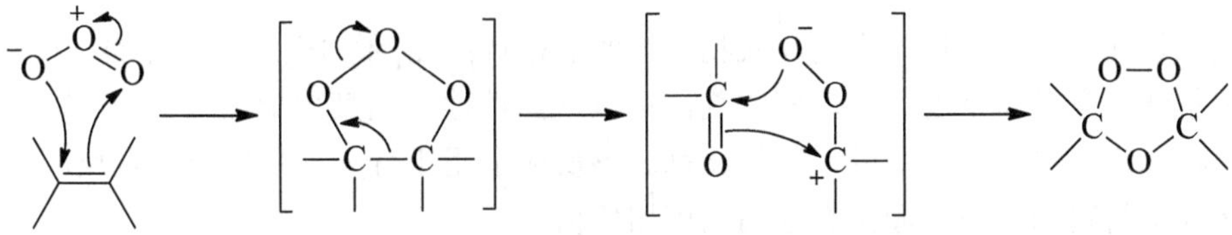

$$\left\{ \overset{-}{O}-\overset{+}{O}=O \longleftrightarrow \overset{+}{O}-O-\overset{-}{O} \longleftrightarrow \overset{-}{O}-O-\overset{+}{O} \right\}$$

臭氧化物水解后产生的 H_2O_2 可能使生成的醛进一步氧化成酸，一般是加入锌粉或锌加盐酸（有时用 $Pd+CaCO_3+H_2$）等，以分解过氧化氢而得到醛和酮。烯烃经臭氧氧化后水解的产物称为臭氧分解产物。

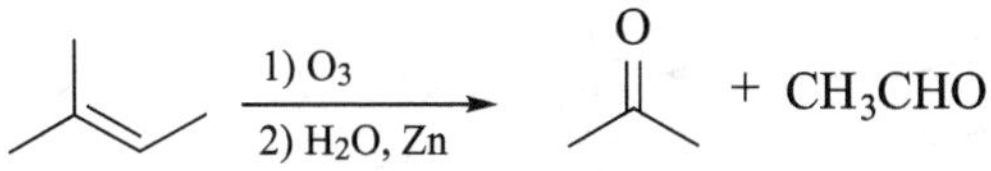

$$\xrightarrow[2)\ H_2O,\ Zn]{1)\ O_3} \text{(丙酮)} + CH_3CHO$$

这个反应常用来确定烯烃中双键的位置和碳链结构，只需要测定所生成的醛或酮的结构，就能够推测原烯烃的结构。例如，测得一种烯烃的臭氧分解产物是丁醛和甲醛各一分子，由此推断原烯烃是戊-1-烯。

臭氧化物在氢化铝锂或硼氢化钠等还原剂存在下还原成醇。

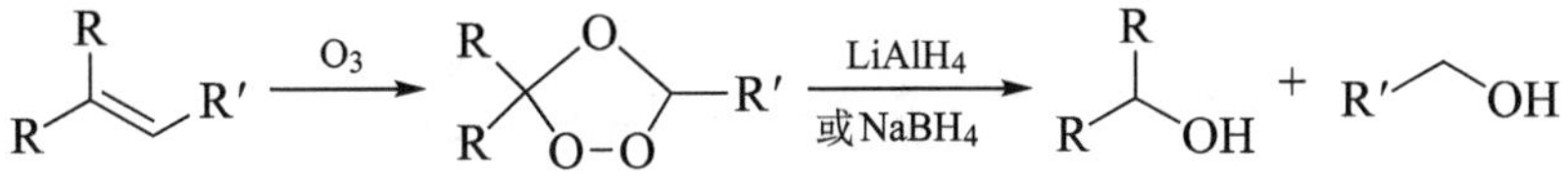

$$R_2C=CHR' \xrightarrow{O_3} \text{臭氧化物} \xrightarrow[\text{或}NaBH_4]{LiAlH_4} R_2CHOH + R'CH_2OH$$

4.4.6.4　催化氧化

随着石油化工的发展，工业上常利用简单烯烃在催化剂存在下的空气氧化来制备一些重要的化工原料。例如：

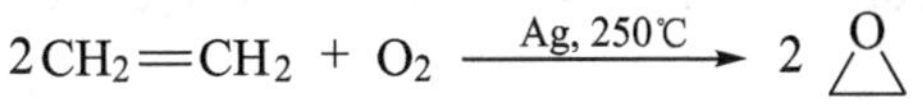

$$2CH_2=CH_2 + O_2 \xrightarrow{Ag,\ 250℃} 2\ \text{(环氧乙烷)}$$ 环氧乙烷

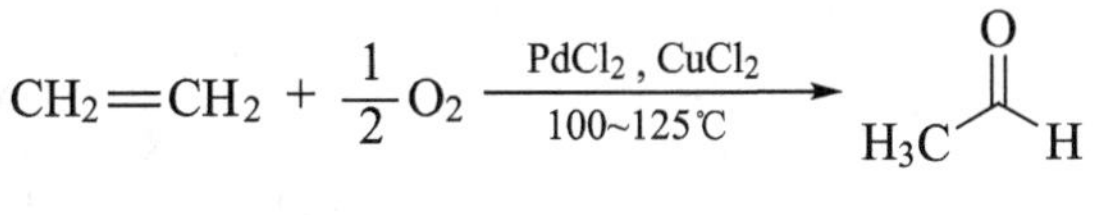

$$CH_2=CH_2 + \frac{1}{2}O_2 \xrightarrow[100\sim125℃]{PdCl_2,\ CuCl_2} H_3C-CHO$$ 乙醛

$$CH_2=CHCH_3 + \frac{1}{2}O_2 + NH_3 \xrightarrow[\triangle]{\text{催化剂}} CH_2=CHCN$$ 丙烯腈

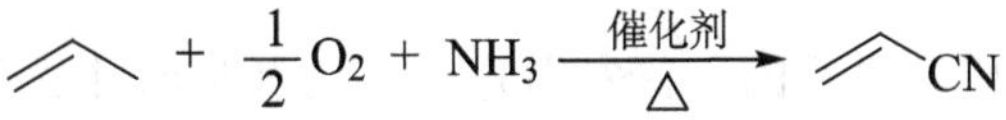

4.4.7　烯烃的复分解反应

烯烃的复分解反应是指由金属烯烃络合物（也称为金属卡宾）催化的碳碳双键或三键之间的碳链骨架重排反应。通过该反应，可以实现两分子不同烯烃间的基团互换。例如：

$$R^1CH{=}CHR^2 + R^3CH{=}CHR^4 \xrightleftharpoons{\text{催化剂}} R^1CH{=}CHR^3 + R^2CH{=}CHR^4$$

$$H_2C{=}CH{-}CH_3 + H_2C{=}CH{-}CH_3 \xrightleftharpoons{\text{Mo催化剂}} H_2C{=}CH_2 + H_3C{-}CH{=}CH{-}CH_3$$

该反应是通过金属烯烃络合物和底物烯烃间的循环[2+2]环加成反应进行的。反应可逆，通过控制条件、开发新型过渡金属催化剂，可以选择性地得到某种烯烃为主的产物。除了钼以外，钌和钨络合物也是常用的反应催化剂。该反应适用于分子内反应及聚合反应，在天然产物及高分子材料的合成方面具有很高的应用价值。

$$\xrightarrow{\text{Ru催化剂}} \quad + \; H_2C{=}CH_2$$

4.4.8　聚合反应

使许多小分子通过特定的顺序连接在一起成为大分子的过程称为聚合。烯烃可以发生自身加成聚合。例如：

$$n\,CH_2{=}CH{-}R \longrightarrow {+}\!\left[CH_2{-}\underset{}{\overset{R}{\overset{|}{C}}}H\right]\!{+}_n$$

形成的产物称为聚合物，参与聚合的烯烃分子称为单体。根据条件不同，反应可以是离子型聚合，也可以是自由基型聚合。例如，乙烯与氧在加热和压力下聚合，得到相对分子质量为2000～40000的聚乙烯。

$$\underset{(\text{自由基})}{Rad\cdot} + R_2C{=}CR_2 \longrightarrow RadR_2C{-}\dot{C}R_2 \xrightarrow{R_2C{=}CR_2} RadR_2C{-}\overset{R_2}{C}{-}\overset{R_2}{C}{-}\dot{C}R_2$$

$$\xrightarrow{R_2C{=}CR_2} Rad{+}\!\left(\overset{R_2}{C}-\overset{R_2}{C}\right)_{\!n}\!\overset{R_2}{C}{-}\dot{C}R_2$$

该聚合反应是按自由基机理进行的。首先由光、热或引发剂引发产生少量自由基，然后进行链反应。反应中少量氧的存在可以使有机化合物氧化形成少量过氧化物，以此作为引发剂。最后，通过自由基之间的相互结合而终止链反应，得到不同聚合度的聚乙烯，其相对分子质量大小取决于所用的压力、温度等条件。在烷基铝-四氯化钛络合催化剂[也被称为齐格勒-纳塔催化剂（Ziegler-Natta catalyst）]作用下，乙烯可在低压下、在溶剂中聚合。

$$n\,CH_2{=}CH_2 \xrightarrow[0.1\sim1\ MPa,\ 60\sim75℃]{TiCl_4,Al(C_2H_5)_3} \left[CH_2CH_2\right]_n$$

低压聚乙烯
相对分子质量：10000~3000000

丙烯在相同催化剂下聚合得到聚丙烯。它们都是很好的塑料和电绝缘材料。

烯烃也可以通过离子型机理聚合。一般是在催化剂，如路易斯酸、路易斯碱存在下进行。例如，在三氟化硼的水溶液中，异丁烯可以聚合形成聚异丁烯。

$$BF_3 + H_2O \rightleftharpoons H^+(BF_3\cdot OH)^-$$

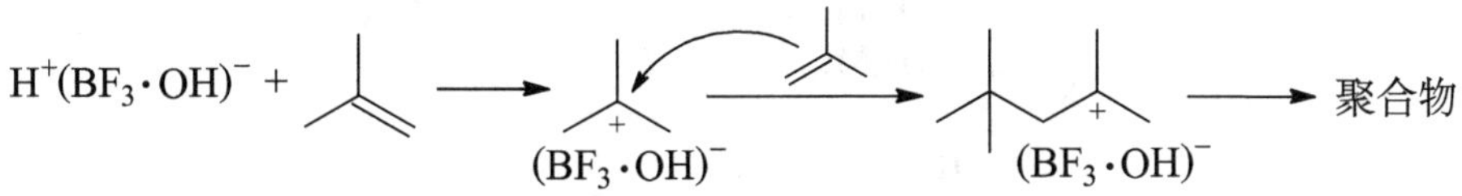

$H^+(BF_3\cdot OH)^-$ + 异丁烯 ⟶ 叔丁基碳正离子 $(BF_3\cdot OH)^-$ ⟶(异丁烯) $(BF_3\cdot OH)^-$ ⟶ 聚合物

在硫酸存在下，两分子异丁烯加成，生成二聚物。

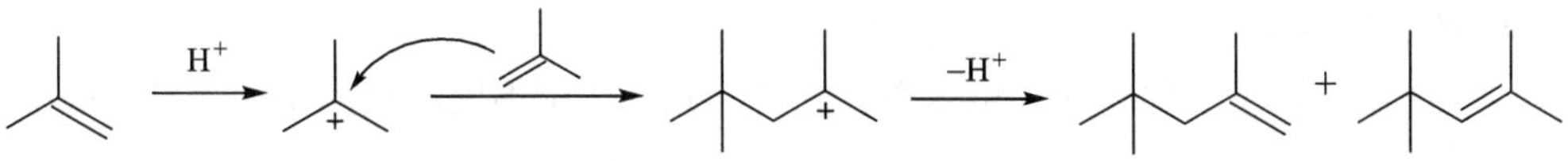

异丁烯 $\xrightarrow{H^+}$ 叔丁基碳正离子 ⟶(异丁烯) 碳正离子 $\xrightarrow{-H^+}$ 烯烃 + 烯烃

4.5　烯烃的来源和制备

石油中烯烃含量很少，因此不能直接从石油中分离得到烯烃。但可以将石油进行裂解产生烯烃。烷烃高温裂解得到的烯烃如乙烯、丙烯、丁烯是工业用品的主要来源。目前，这些烯烃的生产状况及其产量已成为衡量一个国家化学工业水平的标准。

在实验室可通过以下方法制备烯烃。

1. 卤代烃的消除反应

卤代烃在碱性条件下消除一分子 HX 可得到烯烃：

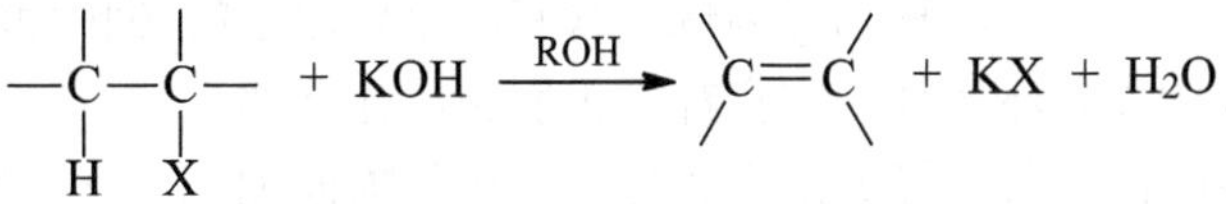

$$-\underset{H}{\overset{|}{C}}-\underset{X}{\overset{|}{C}}- + KOH \xrightarrow{ROH} >C{=}C< + KX + H_2O$$

在两侧均可消除的情况下，一般以得到更为稳定的取代更多的烯烃为主，称为札依采夫（Saytzeff）规则。

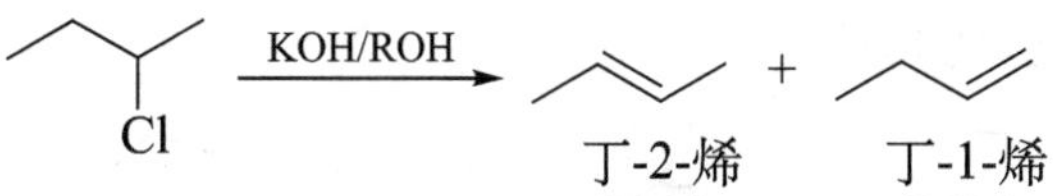

2-氯丁烷(Cl) $\xrightarrow{KOH/ROH}$ 丁-2-烯 (80%) + 丁-1-烯 (20%)

一些特殊的情况下，也可以得到取代更少的烯烃产物。常用的方法是使用大体积的碱。

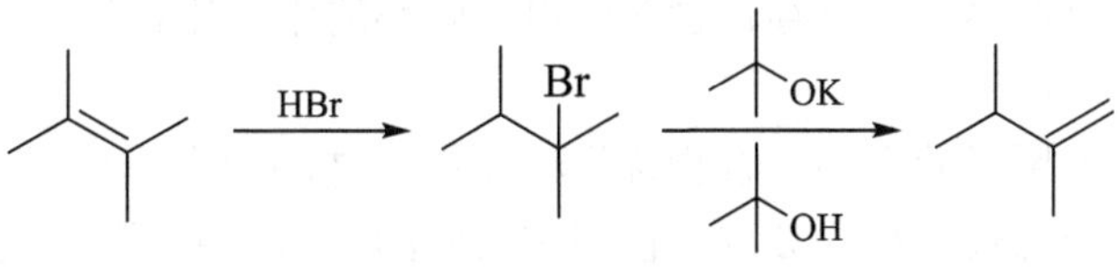

$\xrightarrow{HBr}$ (Br) $\xrightarrow[\text{t-BuOH}]{\text{t-BuOK}}$

2. 醇的消除反应

醇在酸性条件下消除一分子水也可得到烯烃，反应也遵循札依采夫规则。

$$\begin{matrix} | & | \\ -C & -C- \\ | & | \\ H & OH \end{matrix} \xrightarrow{H^+} \gt C{=}C\lt \; + \; H_2O$$

$$CH_3CH_2CH_2CH(OH)CH_3 \xrightarrow[95℃]{65\%\ H_2SO_4} CH_3CH_2CH{=}CHCH_3$$

3. 邻二卤代物的消除反应

邻二卤代物在金属锌或镁的存在下消除一分子的卤素可以得到烯烃。

$$\begin{matrix} | & | \\ -C & -C- \\ | & | \\ X & X \end{matrix} + \underset{(或Mg)}{Zn} \longrightarrow \gt C{=}C\lt \; + \; ZnX_2$$

$$CH_3CHBrCH_2Br \xrightarrow{Zn} CH_3CH{=}CH_2$$

4. 炔烃催化加氢

炔烃在控制条件下的部分加成可以得到烯烃。通过选用不同的反应条件，可以选择性地得到顺式或反式烯烃。

$$\underset{\text{(R, H / H, R')}}{\text{RCH}{=}\text{CHR'}} \xleftarrow[\text{反式加氢}]{Na/NH_3} R{-}C{\equiv}C{-}R' \xrightarrow[\text{顺式加氢}]{H_2/Pd,\ BaSO_4,\ \text{喹啉}} \underset{\text{(R, R' / H, H)}}{\text{RCH}{=}\text{CHR'}}$$

4.6　环烷烃的分类、命名和异构现象

环烷烃指分子内具有碳环状结构的烷烃类化合物。由于需要去掉两个氢原子才能成环，每个环的存在会使分子的不饱和度增加 1。在环烷烃中，所有的碳原子和烷烃一样，均为 sp^3 杂化。单环烷烃的通式与烯烃通式相同，为 C_nH_{2n}。

最简单的环烷烃为三元环，称为环丙烷。含有四个碳原子的环称为环丁烷，以此类推。环上存在双键的化合物称为环烯烃，它们都属于脂肪族化合物。

环烷烃或环烯烃的命名与烷烃或烯烃相似，在母体前面加上“环”字即可。环烷烃按环的大小可分为小环（三元、四元环）、常见环（五元、六元环）和中大环（七元环及以上），其中小环由于环张力较大，不太稳定；常见环具有相当稳定的结构，因此在自然界大量存在；中大环的性质则和开链化合物类似。

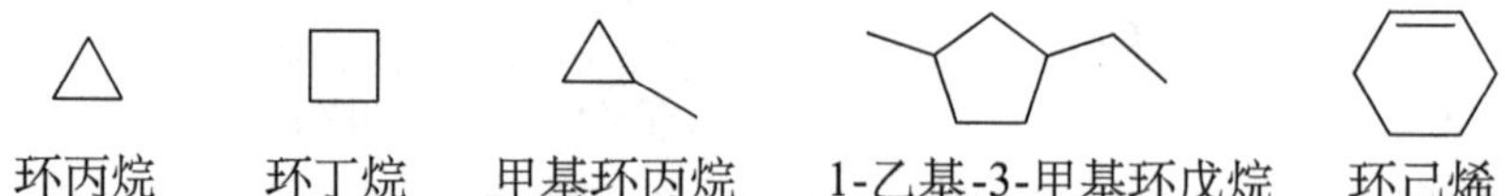

环丙烷　　环丁烷　　甲基环丙烷　　1-乙基-3-甲基环戊烷　　环己烯

除了单环结构，自然界还广泛存在含两个以上碳环的脂环化合物，它们统称为多环化合物，包括桥环烃和螺环烃等。

共用两个及以上碳原子的多环化合物称为桥环化合物，可用二环、三环等名称作为词头，根据环骨架中碳原子的总数目称为某烷。在环字后面的方括号中用阿拉伯数字按由大到小的次序依次注明桥上的碳原子数目。环的编号是从桥头碳原子开始，沿最长路径到另一个桥头，再沿次长路径绕回，最短的桥最后编号，且从编号低的桥头端依次编号。例如：

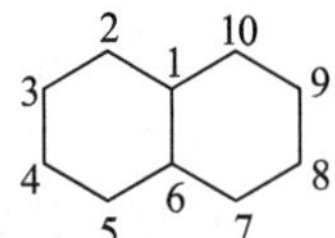
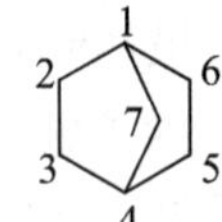

二环[4.4.0]癸烷 (十氢萘)　　二环[2.2.1]庚烷　　7,7-二氰基二环[4.1.0]庚烷

只共用一个碳原子的双环烃称为螺环烃。螺环化合物的编号是从位于小环上和螺碳原子相邻的碳原子开始，先绕小环后绕大环并在方括号内标明除去螺碳原子以外两边环上的碳原子数目，碳数少的在前，碳数多的在后。例如：

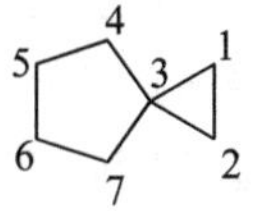
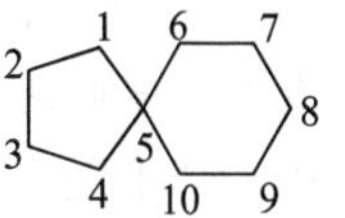

螺[2.4]庚烷　　螺[4.5]癸烷

如果环上有取代基，同样须使取代基的位次尽量低。

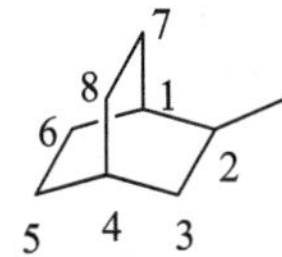
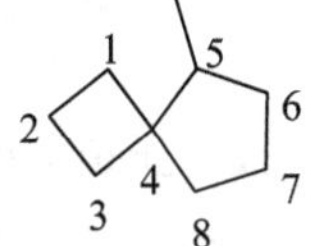

2-甲基二环[2.2.2]辛烷　　5-甲基螺[3.4]辛烷

环烷烃的异构现象，除了环大小、取代基的位置和数目等不同而产生的各种构造异构外，环的存在和 C═C 键一样限制了单键的旋转，使环上不同取代基在空间有不同排列，相同基团处于环平面的同一侧称为顺式，处于不同侧称为反式。例如：

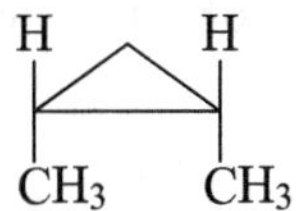

顺-1, 2-二甲基环丙烷　　反-1, 2-二甲基环丙烷

在更复杂取代的环状化合物的顺反异构体的命名中，取代发生在环上两个以上的不同位置时，它们的相对构型可用编号最小的一个取代基作为参照比较的基团，并用词头 r (reference)表示。其他取代基相对于参照取代基处于同一侧为顺式，处于不同侧为反式。

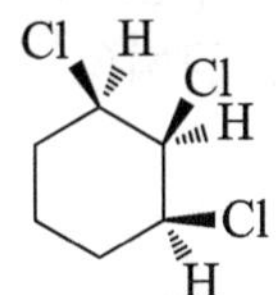

r-1, 顺-2, 顺-3-三氯环已烷　　顺-3, 顺-5-二甲基-r-l-环已醇

4.7　环烷烃的构象

4.7.1　环张力

有机化学发展初期所积累的一些经验都表明：碳链成环时总是形成常见的五元、六元环，

并认为其他小环和中大环是不存在的。后来虽然制备出了少数小环，但其也表现出与五元、六元环不同的化学性质，即不稳定、易开环。为了解释这些现象，1885 年拜耳（A. von Baeyer）提出了张力学说。根据碳原子的正四面体模型，正常键角应该是 109.5°。假定成环后所有碳原子都在同一平面上，其结果必定使键角偏离正常。环的大小不同，偏离程度也不一样。例如，三元环的键角是 60°，因此每根键要向内屈挠 (109.5°–60°)/2 = 24.7°，以此类推，四元环每根键向内屈挠 9.7°，五元环为 0.75°，六元环则向外屈挠 (120°–109.5°)/2 = 5.2°。键的屈挠意味着分子中存在着张力，这种张力称为角张力，又称为拜耳张力（显然，角张力与前面提到的扭转张力不同）。由于角张力的存在，小环都不稳定，因此易开环形成没有角张力的开链结构。另外，当时也把大环难以合成归因于键向外屈挠所产生的角张力，但现在我们知道并非如此，大环的碳骨架不会在一个平面上，而是会通过各碳碳键的旋转而使每个碳原子都尽量保持正常键角。

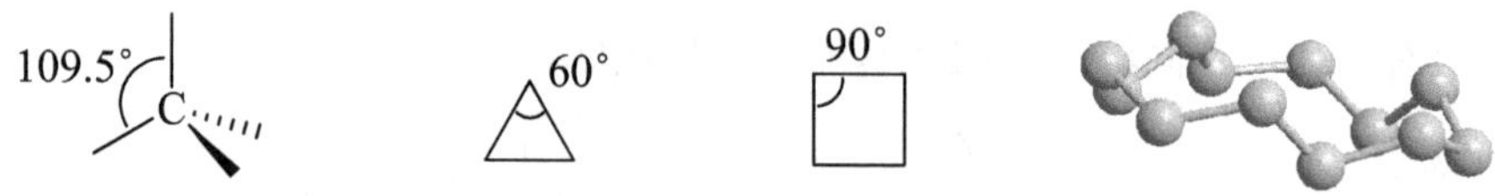

正常键角(sp^3C)　被“压迫”的键角，产生角张力　环十二烷的碳骨架

之后，通过燃烧热测定实验，进一步知道了分子的稳定性。各环烷烃分子燃烧时，分子的燃烧热和分子中平均每个 CH_2 的燃烧热数值如下：

	环丙烷	环丁烷	环戊烷	环己烷	环庚烷	环辛烷
分子的燃烧热/(kJ/mol):	2089.2	2741.7	3316.8	3948.0	4632.3	5305.3
每个 CH_2 的平均燃烧热/(kJ/mol):	696.4	685.4	663.4	658.0	661.8	663.2

由于环烷烃燃烧都生成 CO_2 和水，燃烧热值越大，表明分子的内能越高，环越不稳定。因此可以看出，三元、四元环不稳定，这与拜耳的预言一致。按拜耳的张力学说，除了五元环，其他更大的环分子中也存在键的屈挠，因此也应该不稳定，但它们的燃烧热却表现出与五元环甚至开链烷烃相近。事实证明，拜耳张力理论在解释环丙烷或环丁烷的不稳定性上是很成功的，现已得到普遍认可，但这个理论的其他部分已被证明是建立在错误假设上的，其错误在于每个环的键角是以环都呈平面这个假设为根据的。因此，拜耳张力学说是不完善的。要进一步了解环状化合物的结构和性质，应该首先了解它们的构象。

4.7.2　常见环烷烃的构象

实际上，除了三元环，其他所有环烷烃的环上碳原子都不位于同一个平面，而是尽量扭转为最接近正常键角的构象。另外，除了角张力，还存在影响构象形成的其他因素，如扭转张力和空间范德华张力。

4.7.2.1　环己烷及其衍生物的构象

1890 年，萨赫斯（H. Sachse）根据碳原子的四面体模型，提出了非平面张力环学说，认为成环后碳原子也可以保持正常键角，并提出了环己烷的椅式和船式两种典型的立体形象（图

4.6)，但这一直未得到重视。将近 30 年后，莫尔（E. Mohr）用 X 射线晶体学技术测定金刚石结构时，发现所得结构中的基础结构单元正是萨赫斯预测过的椅式结构，这才使得萨赫斯的结构构想重新进入研究焦点中。

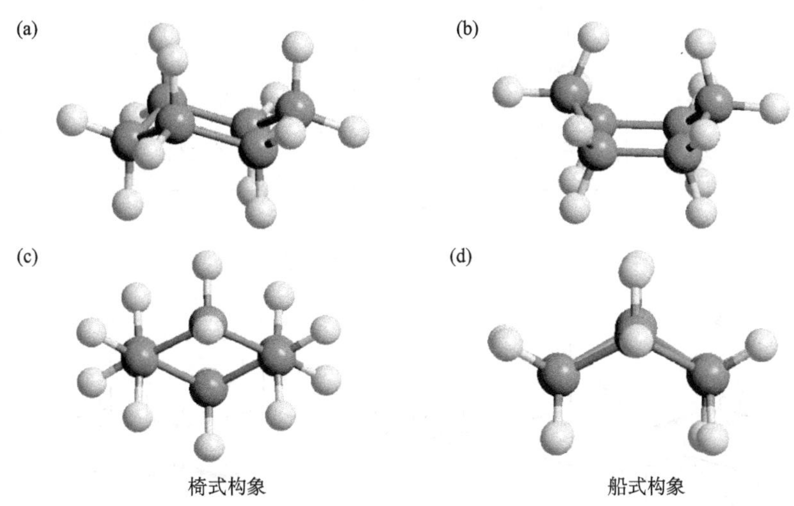

图 4.6　环己烷的构象

椅式环己烷中的碳原子，3 个在上，3 个在下[图 4.6（a）]。每个碳原子都能保持四面体的正常键角，不存在角张力；相邻两个碳原子的构象都是交叉型的，这可以从其纽曼投影式中表明[图 4.6（c）]，因此也不存在扭转张力。椅式环己烷分子中的 12 个氢原子可以分为两类：一类是 6 个 C—H 键与分子的对称轴平行，称为直立键或 a 键，其中 3 个向上，3 个向下；另一类是 6 个 C—H 键与直立键构成近于 109.5°的夹角，称为平伏键或 e 键，同样，平伏键中 3 个略向上，3 个略向下。所有向上的氢原子（包括 3 个位于直立键上的氢原子和 3 个位于平伏键上的氢原子）处于环的一边，向下的氢原子处于环的另一边。

船式环己烷中，每个碳原子也能保持四面体的正常键角[图 4.6（b）]，不存在角张力。但从纽曼投影式可以看出，相邻碳原子中有两对处于全重叠式位置[图 4.6（d）]，因此存在扭转张力。另外，“船头”的两个氢原子[图 4.6（b）最上方的两个氢原子]相隔仅 1.83 Å，这比它们的范德华半径总和（2.5 Å）小得多，因此也存在空间范德华张力。综合以上因素可知，船式环己烷的能量比椅式更高（约高 29.3 kJ/mol）。

环己烷的椅式和船式可以在不破坏环的情况下通过各个 C—C 键的转动而互相转变。由一个椅式通过 C—C 键的转动也可以变为另一个椅式。椅式和船式是环己烷的两个典型构象，由椅式经 C—C 键的扭转到船式，中间要经过一个最高能量的半椅式构象(46.0 kJ/mol)和一个能量低于船式的扭船式构象 (23.0 kJ/mol)，如图 4.7 所示。

从环己烷的一个椅式变为另一个椅式，其间所需要越过的最大能垒值为 46.0 kJ/mol，即使在室温下，也是完全可以达到的。所以一个椅式和另一个椅式以及和扭船式构象之间存在着构象平衡，各构象不能分离，但平衡时以椅式为主（99%以上）。

环己烷两个椅式构象的互变也会伴随着平伏键和直立键的互变，即 e 键变成 a 键和 a 键变为 e 键。但向上的键（如下图中带*号的键）始终向上，不会改变上下方向。

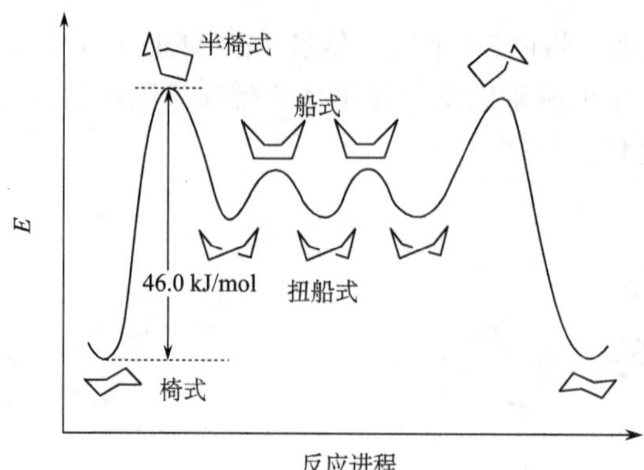

图 4.7　环己烷各种构象的能量关系

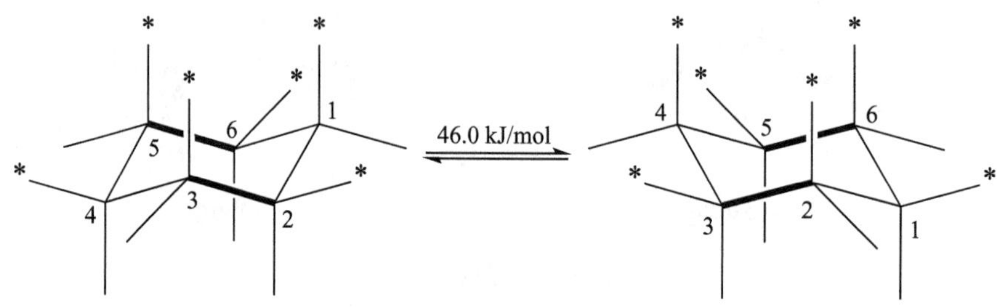

与氢原子相同，环己烷环上的取代基也可以处于平伏键或直立键上。当取代基位于直立键上时，它与 3, 5 位直立键上的氢原子由于距离较近，产生空间范德华张力，这种作用也称为 1, 3-干扰，会导致构象更加不稳定。但当取代基位于平伏键上时，便不存在这种空间张力。所以，在构象的平衡互变体系中，体积越大的取代基越倾向位于平伏键。例如，室温下测得甲基环己烷中甲基占平伏位的构象占 93%，而叔丁基环己烷中叔丁基占平伏位的构象近于 100%。

1,3-干扰　　93%　　100%

根据许多实验事实，可总结出以下构象规则：

（1）优先采用椅式构象。

（2）多取代环己烷的最稳定构象是平伏键取代最多的构象。

（3）环上有不同取代基时，大取代基优先位于平伏键上。

但在书写最稳定构象时，各取代基间的顺反关系及手性碳原子（如果有）的绝对构型是固定的，不能随意更改。例如，下面化合物的优势构象应该为

两个环己烷稠合形成的桥环称为十氢萘。每个环上相当于有两个取代基，如果两个取代基位于一个方向，称为顺式十氢萘，此时两个取代基必然一个位于平伏键一个位于直立键；

如果两个取代基方向不同，称为反式十氢萘，此时两个取代基可以都位于平伏键。因此，反式十氢萘更加稳定。需注意的是，二者并非构象异构体，而是构型异构体。

十氢萘　　顺式十氢萘　　反式十氢萘

构象异构体虽然不能分离，但可以根据其优势构象的规则来分析一个化合物所表现出来的物理化学性质，这种方法称为构象分析。一个环状化合物分子比链状化合物分子更容易保持一定的立体形状，所以构象分析对于环状化合物显得更为重要。

4.7.2.2　其他环烷烃的构象

1. 环丙烷

由三个碳原子组成的环只可能在同一平面上。相邻碳原子之间都是重叠式，存在扭转张力。其键角严重偏离正常键角，存在很大的角张力。实际上环丙烷中的碳碳键迫于角张力变成了弯曲状（图 4.8），这样会使轨道的重叠程度降低，键变弱。三元环上单键的弯曲程度是缓解角张力和保证轨道重叠性二因素协调的结果，这样可以使分子的能量达到最适合的程度。弯曲键结构已得到 X 射线衍射法研究的证实。总的来说，这种键不仅弱，而且易于被酸攻击，所以三元环与酸的反应比相应的开链烯烃还快。

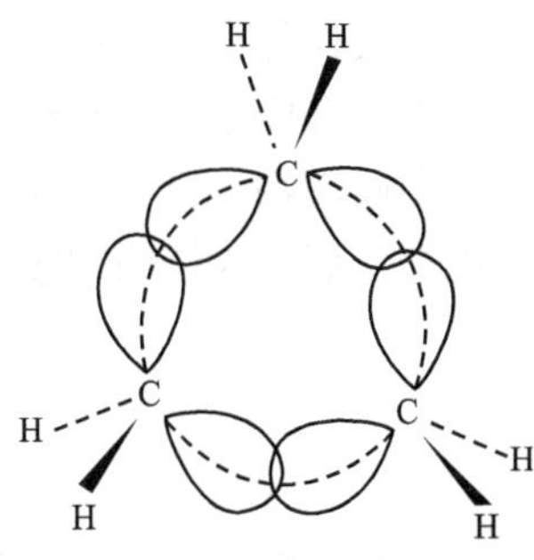

图 4.8　环丙烷的轨道示意图

2. 环丁烷和环戊烷

与三元环相比，四元环和五元环上的碳原子可以处于不同平面从而形成一个折叠环。环丁烷的折叠形与平面形相比，可能键角还会小一些（～88°）；但是，虽然角张力增大了，其扭转张力却可以减小（此时碳碳之间不再是全重叠式）。因此，环丁烷采取了协调角张力和扭转张力的折叠环构象，如图 4.9(a)所示。

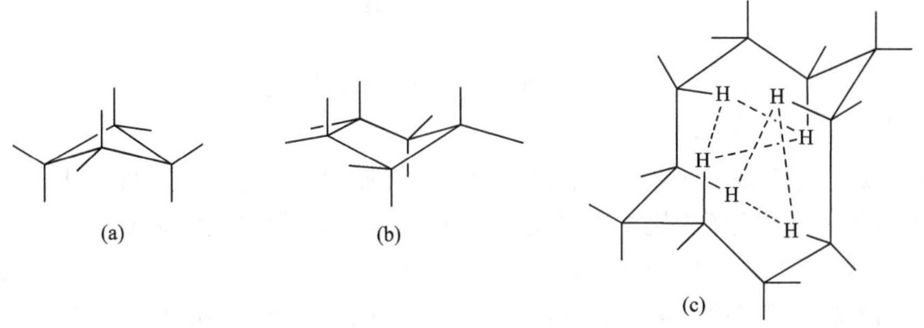

图 4.9　环丁烷、环戊烷、环癸烷的构象示意图

环戊烷的平面形虽然角张力小，但此时所有氢都为重叠式，为了减小扭转张力，也采取折叠构象，如图 4.9(b)所示。

3. 中环

比环己烷大的环，虽然也可以采取非平面结构来减小角张力，但中环化合物（八元环至十二元环）往往存在环内氢，易产生拥挤。例如，环癸烷有六个氢原子处于环内，产生很大的范德华张力，所以中环化合物是采取协调范德华张力、扭转张力和角张力的最适宜构象，图 4.9(c)是环癸烷的一个可能构象。

中环化合物的构象是复杂的，正是中环的拥挤使其难以合成，目前最难合成的就是九元环至十二元环。

学习提示： 总结——键角偏离正常键角带来角张力；纽曼投影式中较不稳定的重叠式带来扭转张力；而空间范德华张力则一般来自于原子或基团之间的空间拥挤。

当环再增大时，拥挤现象可以得到解除，基本上可以采取无张力环的构象，最理想的是形成两头封起来的平行长链。但是，为什么大环仍然是难以合成的呢？一个化合物难以合成并不仅仅如拜耳所说：意味着它不稳定。实际上，闭合成环要求链两端彼此接近到足以成键。环越大，合成它的链越长。此时，链两端接近的机会越小，结果更容易发生链与链之间接近形成不同产物。目前已克服了这方面的困难。例如，在极稀的溶液中反应可以减少链间接近的机会，而增大链两端接近的机会，从而合成了很多大环化合物。

4.8　环烷烃的性质

与直链烷烃相比，环烷烃分子间排列更为紧密，其沸点和熔点都相对更高，相对密度也比相应的链状烃大。

与烷烃类似，环烷烃在光照或加热条件下，也能发生自由基卤代反应。

$$\triangle + Cl_2 \xrightarrow{h\nu} \text{(环丙基)}-Cl + HCl$$

$$\square + Br_2 \xrightarrow{h\nu} \text{(环丁基)}-Br + HBr$$

$$\text{(环戊烷)} + Br_2 \xrightarrow{300℃} \text{(环戊基)}-Br + HBr$$

小环不稳定，特别是三元环往往表现出类似于烯烃的不饱和性质，易于开环进行类似加成反应的化学变化。取代环丙烷发生催化氢化开环时，常以得到支链更多的产物为主。而与卤素或酸发生类似亲电加成的开环时，开环位置一般位于取代最多和取代最少的碳原子间，加成符合马氏规则。这是因为取代最少的位置位阻最低，易与试剂结合；而取代最多的位置有利于形成最高级和最稳定的碳正离子或碳自由基。

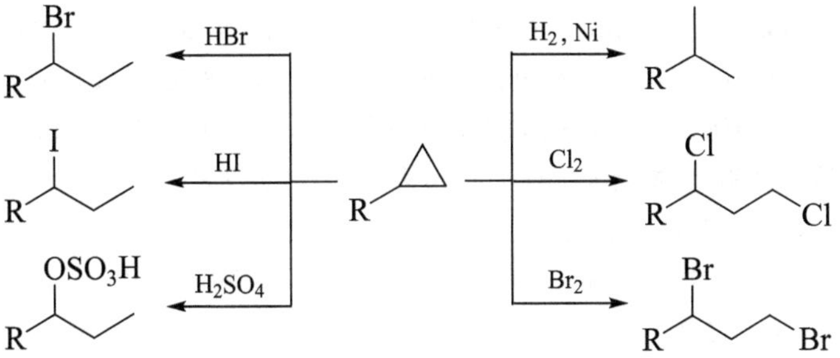

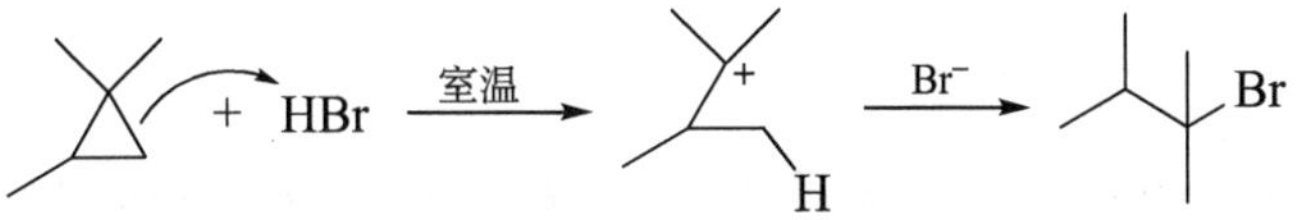

环丙烷与卤素的加成不及丙烯快，但环丙烷与酸加成比丙烯更容易。此外，环丙烷对氧化剂较稳定，它不能使高锰酸钾褪色，不与臭氧反应，故常借高锰酸钾来区分环丙烷和丙烯。

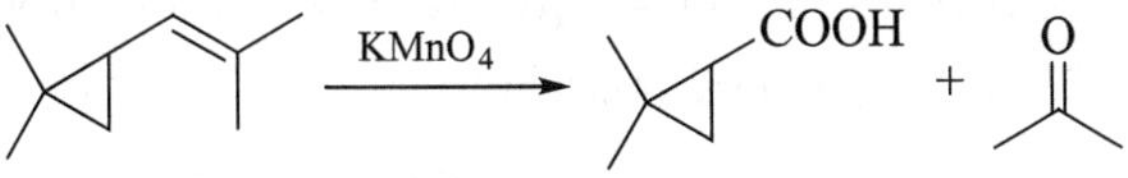

相比之下，环丁烷开环比环丙烷难些，如环丁烷氢化开环的条件比环丙烷更强烈。乙烯在 40℃下可以发生催化氢化，环丙烷在 120℃、环丁烷在 180℃才氢化开环。五元、六元环烷烃即使在相当强烈的条件下也不开环，而是发生像开链烷烃一样的取代反应。

习　题

4.1 指出下列名称是否有错，错在哪里？写出每个化合物的结构式。

(1) 3, 4-二甲基-顺-戊-2-烯　(2) (*E*)-3-乙基-戊-3-烯

(3) 2-甲基环戊烯　(4) (*E*)-3-乙基-己-2-烯

(5) 反-丁-1-烯　(6) (*Z*)-2-溴-戊-2-烯

(7) 2, 3-二甲基环戊烷

4.2 己烯有 13 种异构体（不包括立体异构），其中有 3 种在臭氧分解时只产生含 C_3（三个碳）的产物（即不产生含 C_1、C_2、C_4、C_5 的产物），写出这三种异构体及其反应方程式。

4.3 计算丙烯与硫酸加成反应前后每个碳原子的氧化数，并计算反应前后氧化数的总变化。

4.4 排列以下烯烃与氢卤酸反应的速率次序。

(1) (a) $R_2C{=}CH_2$　(b) $RCH{=}CH_2$　(c) $CH_2{=}CH_2$

(2) (a) HF　(b) HCl　(c) HBr　(d) HI

4.5 如何实现由 2-甲基-丁-1-烯转变为下列产物？写出反应方程式。

(1) 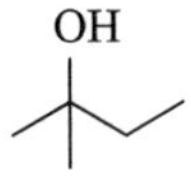　(2)

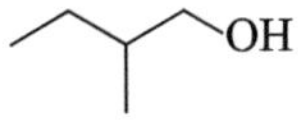

4.6 写出下列反应的机理。

(1) 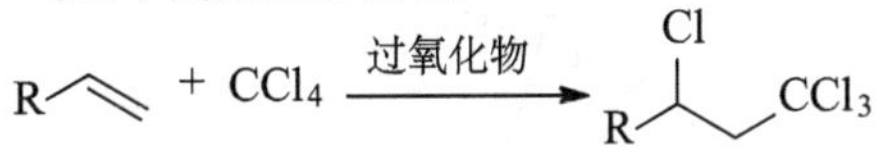 $R\text{-}CH{=}CH_2 + CCl_4 \xrightarrow{\text{过氧化物}} RCHClCH_2CCl_3$

(2) $R\text{-}CH{=}CH_2 + HSCH_2COOH \xrightarrow[\triangle]{\text{过氧化物}} RCH_2CH_2SCH_2COOH$

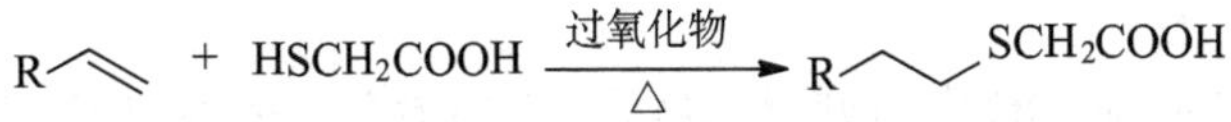

4.7 从能量上说明氯化氢和碘化氢一般不与烯烃发生自由基型反应[注：有关共价键的键能 (kJ/mol)：

π 键 = 260.4，C—Cl = 338.6，C—I = 213.2，C—H = 412.6，H—Cl = 431.4，H—I = 298.5]。

4.8　三种 C_5H_{10} 的异构体 A、B、C。A 和 B 能使溴的四氯化碳溶液褪色，C 不能；A 和 C 与臭氧及稀高锰酸钾溶液均难反应；B 能迅速与臭氧在二氯甲烷溶液中反应，生成的臭氧化物在碱性过氧化氢作用下分解得到丙酮和一个水溶性的羧酸。推测 A、B、C 的结构，写出各步反应。

4.9　用简单化学方法区分下列各对化合物。

(1) 戊烷和戊-1-烯　(2) 戊-2-烯和乙基环丙烷　(3) 乙基环丙烷和戊烷

4.10　写出下列反应的产物及必要构型。

(1)

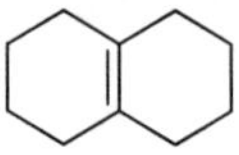

(a) 与 Br_2/CCl_4 反应　(b) 与 O_3 反应后用 H_2O/Zn 分解　(c) 与 OsO_4 反应后用 $NaHSO_3$ 分解

(2) 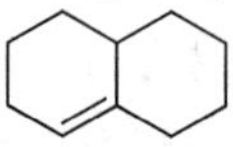　[注：产物均为两个异构体]

(a) 与 HCl 反应　(b) 与 H_3O^+反应　(c) 与 B_2H_6/醚溶液反应后用 $H_2O_2/NaOH$ 氧化

4.11　通过下列四个反应推测(1)、(2)、(3)、(4)的结构。

(1) 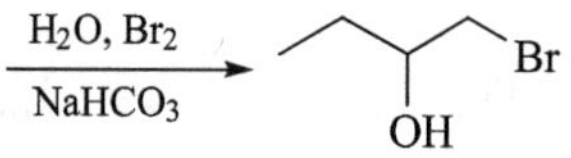 $\xrightarrow[NaHCO_3]{H_2O, Br_2}$ Br OH

(2) 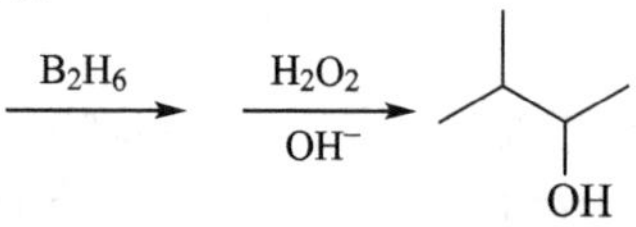 $\xrightarrow{B_2H_6}$ $\xrightarrow[OH^-]{H_2O_2}$ OH

(3) 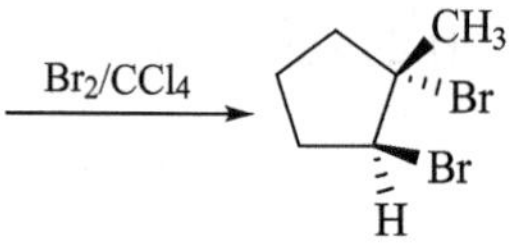 $\xrightarrow{Br_2/CCl_4}$ CH_3 Br Br H

(4) $\xrightarrow{OsO_4}$ $\xrightarrow{NaHSO_3}$ OH H OH H

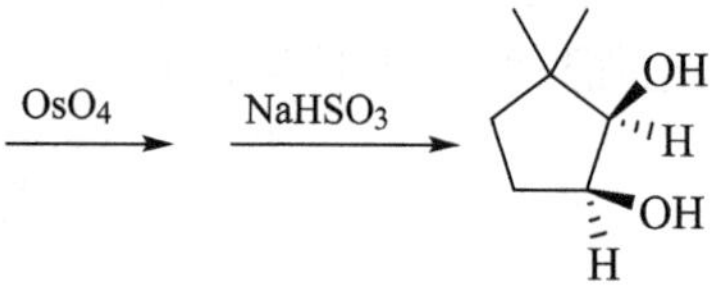

4.12　根据下列臭氧分解产物推测各烯烃的结构。

(1)  O 和 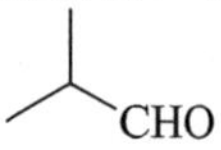 CHO　(2) 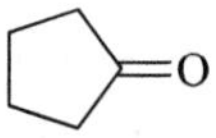 O 和 CHO

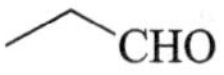

(3) 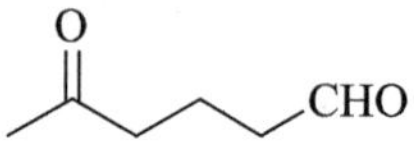 O CHO　(4)  O 和 O H H

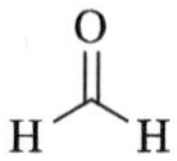

4.13　指出由 1-甲基环己烯转变为下列每个化合物所需的试剂和条件。

(1) 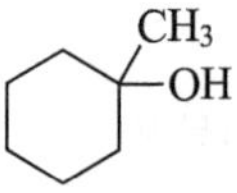 CH_3 OH　(2) 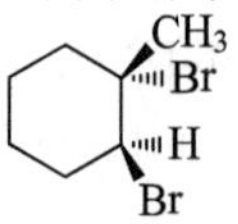 CH_3 Br H Br　(3) CH_3 OH OH H

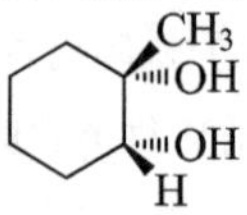

(4) 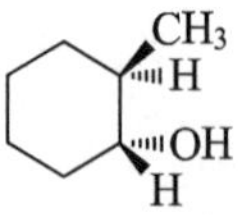 CH_3 H OH H　(5) 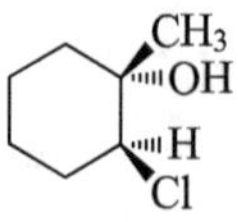 CH_3 OH H Cl　(6) 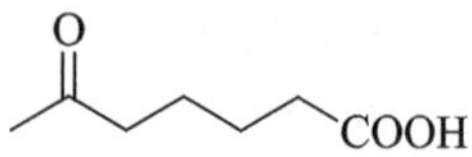 O COOH

(7) 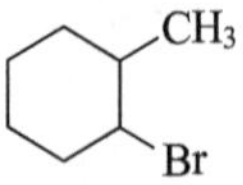 CH_3 Br

4.14　使用$(BD_3)_2$ 或 CH_3COOD 作为 D 的来源，与相应的烯烃合成下列化合物。

(1) 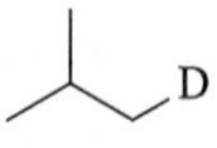 D　(2) 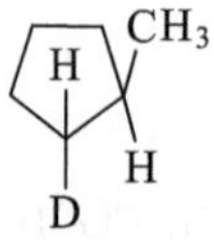 H CH_3 H D　(3) H CH_3 D D

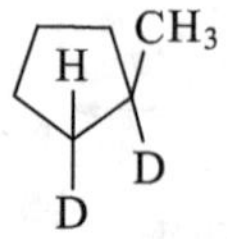

4.15　从月桂油中分离得到的香叶烯($C_{10}H_{16}$)能使溴的四氯化碳溶液褪色，能与三分子氢加成，其臭氧分解产物是 $CH_3COCH_3 + OHCCH_2CH_2COCHO + 2\ HCHO$，推测其可能结构。

第 5 章　炔烃和二烯烃

5.1　炔烃的结构、异构现象和命名

炔烃也是不饱和烃，其分子中含氢比例比烯烃更少，分子中含有 C≡C 键，称为碳碳三键或炔键。单炔烃的分子通式是 C_nH_{2n-2}，一个炔键的不饱和度为 2。

X 射线衍射分析表明：三键的几何形状是直线形。杂化轨道理论认为三键碳原子是 sp 杂化，形成两个 sp 杂化轨道，夹角为 180°。两个三键碳原子各通过一个 sp 杂化轨道“头碰头”交叠形成一根 σ 键，碳原子的另一个 sp 杂化轨道则和另外的原子形成 σ 键。每个碳原子未参与杂化的两个 p 轨道与 sp 杂化轨道互相垂直，两个碳原子的 p 轨道两两“肩并肩”交叠形成两个互相垂直的 π 键，如图 5.1 所示。所以 C≡C 键由一根 σ 键和两根 π 键组成，由于 π 键处于 σ 键轴的上下和前后，它们彼此交叠，使 π 电子云形成了以 σ 键为对称轴的圆柱体形状。

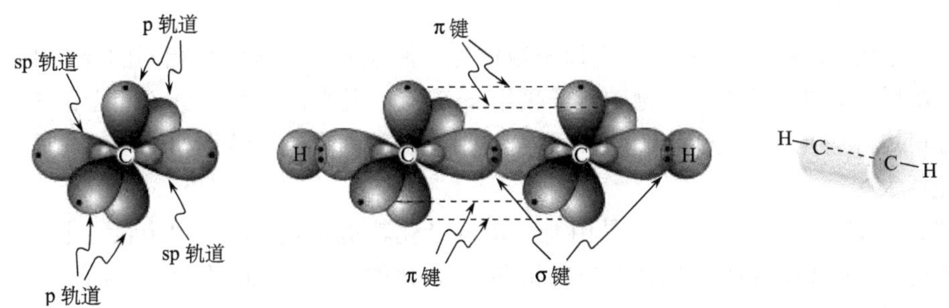

图 5.1　乙炔的 π 键和 π 电子云分布

学习提示：三键的“直线形”或者 π 电子云的“圆柱体形状”并不表示碳碳三键就能绕键轴自由旋转。三键也是包含 π 键的，其性质决定了三键和双键一样，都不能自由旋转。

由于需要形成两根 π 键，C≡C 键需要碳原子更加靠近，因此三键的键长（1.20 Å）比双键（1.34 Å）短。另外，多一根 π 键也使三键的键能（836 kJ/mol）比双键（610 kJ/mol）更高。

三键碳原子由于只与一个烃基（或氢）以直线形连接，无顺反异构体；但和双键一样，三键存在位置异构。因此，对于相同碳原子数的烃类，炔烃的异构体一般比烷烃多，比烯烃少。

炔烃的命名与烯烃相似，将烯字换为炔字即可。简单炔烃可以用普通命名法，也可以按乙炔衍生物来命名。例如：

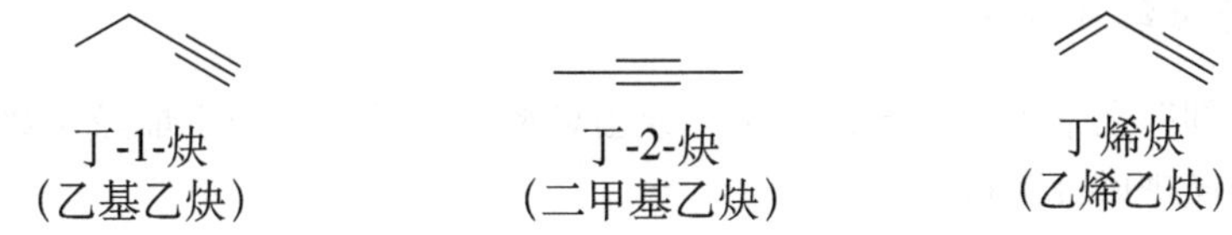

丁-1-炔（乙基乙炔）　　丁-2-炔（二甲基乙炔）　　丁烯炔（乙烯乙炔）

复杂的炔烃需用系统命名法命名，其命名原则与烯烃相同。例如：

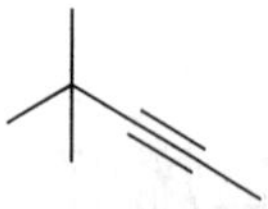

4, 4-二甲基戊-2-炔 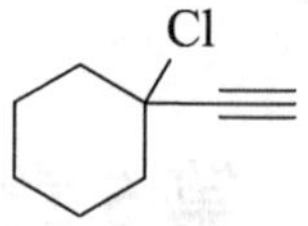　　1-氯-1-乙炔基环己烷

若分子中同时含三键和双键，则选择既含双键又含三键的最长碳链，按表示烯和炔两个数字的数值和最小的原则进行编号，命名为烯炔。例如：

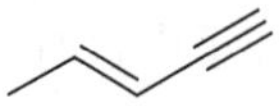

戊-3-烯-1-炔（不是戊-2-烯-4-炔） 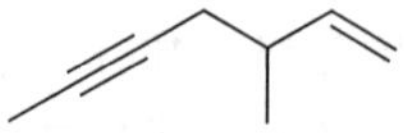　　3-甲基庚-1-烯-5-炔

当双键和三键处于键两端的相同位置、编号可以选择时，则给双键以最低编号。例如：

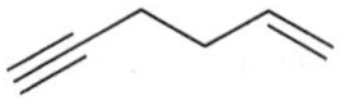

己-1-烯-5-炔

5.2　炔烃的物理性质

C_1～C_3 的低级炔烃为气体，随碳原子数增加，沸点升高。碳骨架相同的炔烃中，1 位炔烃（末端炔烃）的沸点更低。三键碳原子采用 sp 杂化，其直线形使得分子间无论在液态还是固态时都可以靠得更近，分子间作用力更大，因而表现为沸点、熔点和密度都比同碳数的烷烃或烯烃更大。

与碳碳三键相邻的 C—C 单键是由 sp^3 和 sp 杂化轨道交叠而成。由于轨道电负性不同，这根键表现出了一定的极性，极性的方向指向 sp 杂化的碳原子。同样，烯烃也有类似的性质，如以下分子的偶极矩：

$CH_3CH_2C\equiv CH$	$CH_3CH_2CH=CH_2$	$CH_3C\equiv CCH_3$
$\mu = 0.80$ deb	$\mu = 0.30$ deb	$\mu = 0$ deb

只含碳、氢两种元素的炔烃分子，其极性是很弱的。炔烃在水中的溶解度很小，但比烷烃和烯烃稍微大一些。炔烃易溶于四氯化碳、乙醚、烷烃等极性小的溶剂中。

5.3　炔烃的化学反应

三键是炔烃的官能团，由三键引起的反应与烯烃双键的反应类似，主要是加成反应。但与烯烃对比，炔烃和相同试剂的反应往往具有不同的反应活性。

5.3.1　加成反应

5.3.1.1　与氢的还原加成

炔烃在催化剂存在下可以被催化氢化，经由烯烃得到烷烃。由于烯烃比炔烃更易反应，因此中间产物烯烃难以分离得到。

$$R-C\equiv C-R' + 2H_2 \xrightarrow{Pt或Pd或Ni} R-\overset{H_2}{C}-\overset{H_2}{C}-R'$$

但如果分子中存在共轭的双键和三键，控制氢气用量，可以选择性地先还原三键，得到相对更稳定的共轭二烯。

己-2-烯-4-炔 $\xrightarrow[Pt]{1当量H_2}$ (2*Z*,4*E*)-己-2,4-二烯

和烯烃一样，炔烃催化氢化也是以顺式加成为主。因此，如果控制条件得到烯烃，将以顺式烯烃产物为主。一种常用的方法是将钯沉淀在 $BaSO_4$ 上，并加入喹啉作为抑制剂，这种催化剂称为林德拉（Lindlar）催化剂，这种方法是一种很有用的合成顺式烯烃的方法。

$$C_2H_5-C\equiv C-C_2H_5 \xrightarrow[喹啉]{H_2,Pd/BaSO_4} (C_2H_5)HC=CH(C_2H_5)$$

(*Z*)-己-3-烯

除催化氢化以外，炔烃还可以在液氨中用金属钠还原氢化。该反应为均相反应，机理与催化氢化不同，主要产物为更稳定的反式烯烃。

$$H_3C-C\equiv C-CH_3 + 2Na + 2NH_3 \xrightarrow{液氨} (H_3C)HC=CH(CH_3) + 2NaNH_2$$

$$\xrightarrow[85\%]{Na/NH_3}$$

因此，催化氢化和液氨钠（Na/液 NH_3）的还原氢化，可分别用于合成不同构型的烯烃。炔烃与钠的反应是由钠和氨分别提供电子和质子进行的，其机理如下：

$$\xrightarrow{Na} (-Na^+) \quad [\ \ ]^- \xrightarrow{NH_3} (-NH_2^-) \quad \xrightarrow{Na} (-Na^+) \quad [\ \ ]^- \xrightarrow{NH_3} (-NH_2^-)$$

5.3.1.2　亲电加成反应

炔烃同样能与卤素、氢卤酸等进行亲电加成反应，但活性比烯烃低。从不饱和碳原子的结构看，sp 杂化碳原子的电负性比 sp^2 杂化碳原子大，因此三键的电子云受碳原子的吸引力更强，更难给出电子与亲电试剂结合，导致反应活性更低。

炔烃的亲电加成也是分步进行的。从碳正离子稳定性的角度看，烯基碳正离子中间体不如烷基碳正离子中间体稳定，这也是炔烃亲电加成比烯烃更慢的原因。

$$RC\equiv CH + Y^+ \longrightarrow R\overset{+}{C}=CHY$$

$$RHC=CH_2 + Y^+ \longrightarrow RH\overset{+}{C}-CH_2Y$$

1. 与卤素加成

炔烃与卤素完全加成生成 1, 1, 2, 2-四卤代烷。第一步生成的二卤代烯由于卤素的强吸电性，导致双键上电子云密度降低，其继续加成的活性比炔烃低。因此，控制条件可以使反应停留在第一步，生成的二卤代烯一般具有反式构型。

$$-C\equiv C- \xrightarrow[(X=Cl,\ Br)]{X_2} -CX=CX- \xrightarrow{X_2} -CX_2-CX_2-$$

$$H_3C-C\equiv CH + Cl_2 \xrightarrow{60\sim70℃} (E)\text{-}CH_3CCl=CHCl + CH_3CCl_2CHCl_2$$

(20%)　(63%)

(*E*)-1,2-二氯丙烯　1,1,2,2-四氯丙烷

在双键和三键共存的分子中，由于双键的亲电加成比三键快得多，控制卤素用量可以只加成双键。例如：

$$CH_2=CHCH_2C\equiv CH \xrightarrow{1\ 当量Br_2} BrCH_2CHBrCH_2C\equiv CH$$

2. 与氢卤酸加成

炔烃与卤化氢的加成同样符合马氏规则。加一分子卤化氢生成卤代烯（卤代烯的制备方法之一）；加两分子卤化氢则生成偕二取代的卤代烷（取代在同一碳上，称为偕取代）。

$$R-C\equiv CH \xrightarrow{HX} RCX=CH_2 \xrightarrow{HX} RCX_2CH_3$$

碘化氢、溴化氢的加成较易，氯化氢的加成则一般需要催化剂方可进行。如果用浸有氯化汞的木炭作催化剂，乙炔与氯化氢进行气相反应可生成氯乙烯。

在过氧化物存在下，溴化氢与炔烃的加成也具有过氧化物效应。

$$CH_3CH_2CH_2CH_2C\equiv CH + HBr \xrightarrow{无过氧化物} CH_3CH_2CH_2CH_2CBr=CH_2 + CH_3CH_2CH_2CH_2CBr_2CH_3$$

$$CH_3CH_2CH_2CH_2C\equiv CH + HBr \xrightarrow{过氧化物} CH_3CH_2CH_2CH_2CH=CHBr + CH_3CH_2CH_2CH_2CHBrCH_2Br$$

注意，过氧化物存在下炔烃与两分子的 HBr 加成并非以生成偕二溴代物为主，这是由自由基中间体的稳定性决定的。

3. 与水加成

和烯烃一样，炔烃与水的加成也需要酸的催化。在硫酸/硫酸汞存在下，炔烃容易与水加成，反应符合马氏规则。

$$R-C\equiv CH + H_2O \xrightarrow{稀H_2SO_4,\ HgSO_4} \left[RC(OH)=CH_2\right] \xrightleftharpoons{酮\text{-}烯醇互变} RCOCH_3$$

羟基直接与双键碳相连的化合物称为烯醇，通常情况下烯醇很不稳定，容易异构化为羰基化合物，称为酮-烯醇互变。炔烃与水的加成机理可能是通过汞盐对三键的亲电进攻引起：

$$HC\equiv CH + Hg^{2+} \longrightarrow HC=CH\cdots Hg^{2+} \xrightarrow[-H^+]{H_2O} HC(Hg^+)=CH-OH \xrightarrow[-Hg^{2+}]{H_3O^+} CH_2=CHOH \longrightarrow CH_3CHO$$

对于二元取代炔烃 R—C≡C—R′，当 R 和 R′都是一级取代基时，与水加成后通常得到混合酮（$RCOCH_2R'$和 RCH_2COR'）。若 R 为一级取代基，R′为二级或三级取代基，则水会加成到离高级取代基（R′）更近的碳原子上。

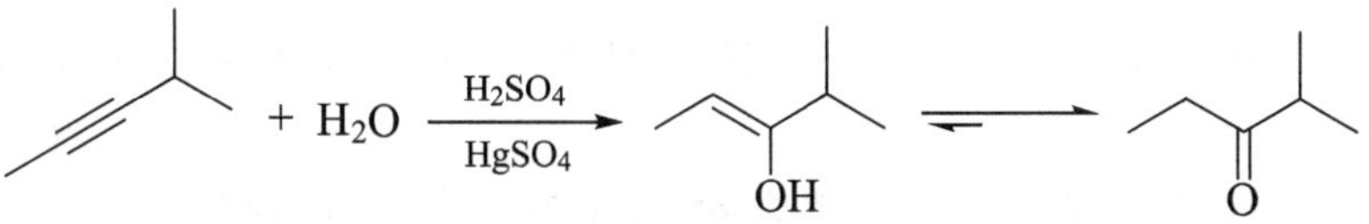

$$+ H_2O \xrightarrow[HgSO_4]{H_2SO_4}$$

炔烃也可以通过硼氢化-氧化反应使三键通过反马氏加成加一分子水。因此，对于末端炔烃来说，硼氢化-氧化的产物是醛。而通过硫酸汞/硫酸存在下的水化，末端炔烃会得到甲基酮。

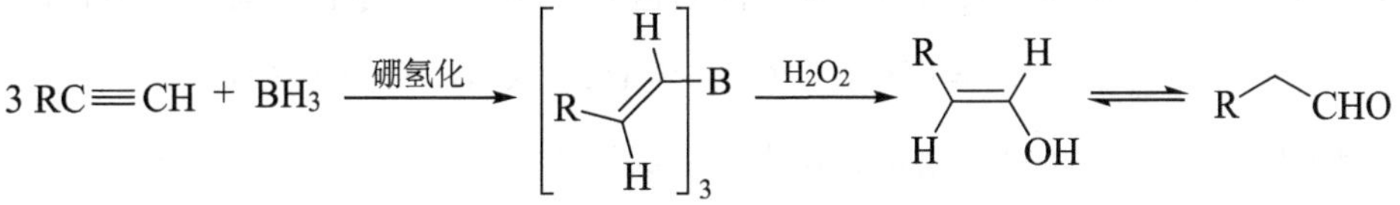

$$3\,RC{\equiv}CH + BH_3 \xrightarrow{\text{硼氢化}} [\,]_3 \xrightarrow{H_2O_2} \rightleftharpoons R\diagup\!\!\diagdown CHO$$

硼氢化反应是顺式加成，这通过硼氢化-还原反应的产物（顺式烯烃）可以看出。

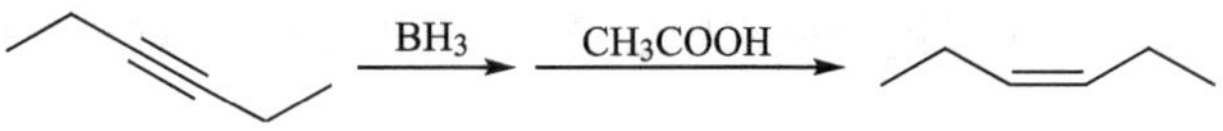

$$\xrightarrow{BH_3}\xrightarrow{CH_3COOH}$$

5.3.1.3　亲核加成反应

炔烃比烯烃更难发生亲电加成反应，但反之，炔烃却可能发生亲核加成反应。多种亲核试剂均可以对三键进行加成，普通烯烃则不能发生。

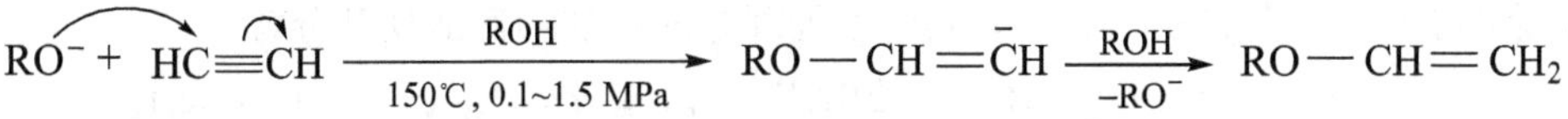

$$RO^- + HC{\equiv}CH \xrightarrow[150℃,\ 0.1\sim1.5\ MPa]{ROH} RO-CH{=}\bar{C}H \xrightarrow[-RO^-]{ROH} RO-CH{=}CH_2$$

生成的产物烯醇醚在酸性条件下能水解成相应的醛和醇（见醚的反应）。RS^-及 CH_3COO^-也可作为亲核试剂与炔烃加成：

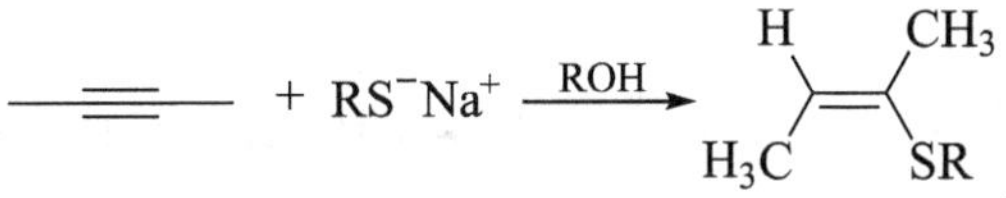

$$+ RS^-Na^+ \xrightarrow{ROH}$$

$$HC{\equiv}CH + CH_3COOH \xrightarrow[150\sim180℃,\ 0.1\sim1.5\ MPa]{\text{碱}} H_3C-\overset{O}{\overset{\|}{C}}-O-\underset{H}{C}{=}CH_2$$

在催化剂（如氯化亚铜）存在下，乙炔可以和氢氰酸加成生成丙烯腈。

$$HC{\equiv}CH + HCN \xrightarrow{Cu_2Cl_2/HCl} H_2C{=}CH-CN$$

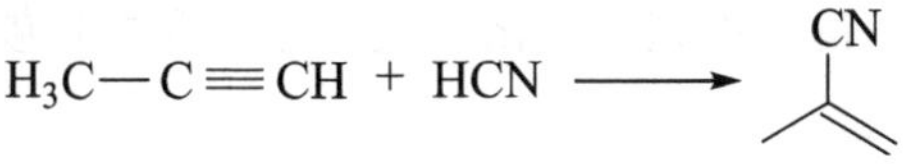

$$H_3C-C{\equiv}CH + HCN \longrightarrow$$

5.3.2　末端炔烃的酸性和炔化物的生成

末端炔烃或乙炔分子中都含炔氢（与三键碳相连的氢）。炔氢具有 Brönsted 酸性，虽然很弱，但比氨的酸性强，根据强酸置换弱酸的原则，末端炔烃能与氨基钠（$NaNH_2$）反应生成炔化钠和氨。需要注意的是，氨基钠和液氨钠（Na/液 NH_3）是不同的试剂，前者是一个强碱，后者则是一个还原剂。

$$RC\equiv CH + NaNH_2 \rightleftharpoons RC\equiv C^-Na^+ + NH_3$$

任何一个具有酸性解离平衡常数 K_a 的酸，根据 pK_a 值（$pK_a = -\lg K_a$）可以衡量其酸性大小，pK_a 越小酸性越强。下列化合物作为酸的酸性次序如下：

酸性：H—OH > H—C≡CH > H—NH₂ > H—CH═CH₂ > H—CH₂CH₃

$$\text{酸性：} H—OH > H—C\equiv CH > H—NH_2 > H—CH=CH_2 > H—CH_2CH_3$$

$$pK_a:\quad 14^* \qquad \sim 25 \qquad \sim 36 \qquad \sim 44 \qquad \sim 49$$

* 对于水的 pK_a 值，本书采用了更加符合热力学和实验结果实际的 14，而不是常用的 15.7。但请注意，不宜将该值与其他稀溶质的 pK_a 值进行精确比较。

Brönsted 酸的酸性越强，其共轭碱的碱性则越弱，因此上述酸的共轭碱的碱性次序为

$$\bar{O}H < :\bar{C}\equiv CH < :\bar{N}H_2 < H\ddot{\bar{C}}=CH_2 < :\bar{C}H_2CH_3$$

由于水的酸性比乙炔更强，炔基钠遇水则生成炔烃。

$$HC\equiv CNa + H_2O \rightleftharpoons HC\equiv CH + NaOH$$

炔基负离子（$RC\equiv C^-$）不仅能夺取水中的氢，也能作为亲核试剂与卤代烃发生亲核取代反应，生成更高级的炔烃。

$$R—C\equiv C^- + R'—X \longrightarrow R—C\equiv C—R' + X^-$$

末端炔烃或乙炔与某些重金属离子（如 Ag^+、Cu^+）反应，生成不溶于水的金属炔化物。该反应迅速、灵敏，常用于乙炔或末端炔型化合物的定性检验。但这些重金属炔化物在干燥状态下受热或振动，都易引起爆炸。实验室处理方法是加稀硝酸使其分解。

$$RC\equiv CH + Ag(NH_3)_2^+ \xrightarrow{NH_4OH} RC\equiv C—Ag\downarrow + NH_3 + NH_4^+$$

$$CuC\equiv CCu\downarrow \xleftarrow{Cu(NH_3)_2OH} HC\equiv CH \xrightarrow{Ag(NH_3)_2OH} AgC\equiv CAg\downarrow$$

乙炔亚铜(红色)　　　　乙炔银(白色)

$$CH_3CH_2C\equiv C—Ag \xrightarrow{\text{稀}HNO_3} CH_3CH_2C\equiv C—H + Ag^+$$

炔氢不能发生像烷氢那样的自由基卤代，但由于炔氢具有酸性，它可以被次卤酸中的卤正离子置换，生成卤代炔烃。

$$RC\equiv CH + HO—Br \longrightarrow RC\equiv CBr + H_2O$$

5.3.3　炔烃的氧化

炔烃的三键也可以被臭氧或高锰酸钾完全氧化，反应通常都得到羧酸。由所得到的羧酸结构可推知原炔烃三键的位置。

$$R'C\equiv CR'' + O_3 \longrightarrow R'—\underset{O—O}{\overset{O}{C—C}}—R'' \xrightarrow{H_2O} R'—\underset{\|}{\overset{}{C}}—\underset{\|}{C}—R'' \ (\text{C=O, C=O}) \longrightarrow R'COOH + R''COOH$$

$$RC\equiv CH + O_3 \longrightarrow \xrightarrow{H_2O} RCOOH + CO_2$$

$$H_3CC\equiv CCH_3 \xrightarrow[100℃]{KMnO_4} 2CH_3COOH$$

用高锰酸钾氧化时，控制反应条件，可使氧化停留在生成二酮的一步。

$$H_3C(H_2C)_7C \equiv C(CH_2)_7COOH \xrightarrow[pH=7.5,\ 25^\circ C]{KMnO_4} H_3C(H_2C)_7\overset{O}{\overset{\|}{C}}-\overset{O}{\overset{\|}{C}}(CH_2)_7COOH$$

炔烃的三键更难给出电子，因此氧化也比烯烃慢。在双键、三键共存的分子中，选择适当氧化剂，可以保留三键。

$$R'C \equiv C(CH_2)_nCH = CHR \xrightarrow[CH_3COOH]{CrO_3} R'C \equiv C(CH_2)_nCOOH + RCOOH$$

5.3.4　炔烃的聚合和偶联反应

高温下，三分子乙炔可以聚合生成苯。产率虽然较低，但为苯的结构研究提供了线索。

$$3HC \equiv CH \xrightarrow{\sim 700^\circ C} C_6H_6$$

使用某些过渡金属催化剂，聚合可以在较低温度下进行，产率也较高。

$$HC \equiv CH \xrightarrow[\text{醚}]{Ni(CN)_2,\ (C_6H_5)_3P} C_6H_6 + C_8H_8$$

环辛四烯(少量)

$$HC \equiv CH \xrightarrow[80\sim120^\circ C,\ 1.5\ MPa]{Ni(CN)_2,\ THF} C_8H_8 + C_6H_6$$

$$3\ C_2H_5C \equiv CC_2H_5 \xrightarrow{[Co(CO)_4]_2,\ Hg} C_6(C_2H_5)_6$$

在催化剂 Cu_2Cl_2-NH_4Cl 存在下，两分子乙炔可以聚合形成二聚体。

$$2\ HC \equiv CH \xrightarrow[H_2O]{Cu_2Cl_2\text{-}NH_4Cl} HC \equiv C-CH = CH_2$$

与此有关的反应是末端炔烃在亚铜盐溶液中，在氧气流下的氧化偶联反应，称为格拉泽（Glaser）反应。

$$2\ H_3C-C \equiv CH + \frac{1}{2}O_2 \xrightarrow{Cu_2Cl_2,\ NH_3,\ CH_3OH} H_3C-C \equiv C-C \equiv C-CH_3$$

$$CH_3CH(OH)C \equiv CH \xrightarrow{Cu_2Cl_2\text{-}NH_4Cl} CH_3CH(OH)C \equiv C-C \equiv CCH(OH)CH_3$$

辛-3,5-二炔-2, 7-二醇 (90%)

若用 $HC \equiv C(CH_2)_nC \equiv CH$ 型的末端二炔烃，通过偶联反应可以得到大环化合物。

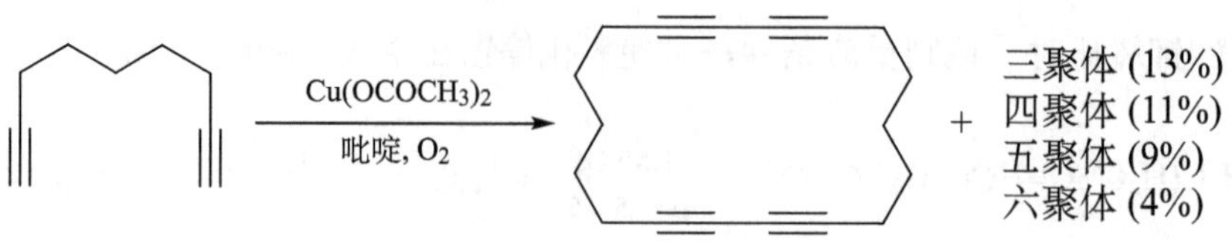

$$\xrightarrow[\text{吡啶}, O_2]{Cu(OCOCH_3)_2}$$ + 三聚体 (13%) 四聚体 (11%) 五聚体 (9%) 六聚体 (4%)

环十八碳-1, 3, 10, 12-四炔
(二聚体, 10%)

学习提示：注意上述聚合反应和偶联反应的区别。聚合反应中并未丢失任何原子；而偶联反应中，每一处偶联都丢失了两个氢原子，因此称为氧化偶联。

5.4 炔烃的制备

炔烃一般可通过消除反应制备，而通过金属炔化物和卤代烃的亲核取代反应可以制备更长的炔烃。

1. 二卤代烷的消除反应

邻二卤代烷或偕二卤代烷在热氢氧化钠（钾）或氨基钠等碱的作用下，脱两分子卤化氢生成炔烃。

$$RCHXCH_2X\ (\text{或}RCH_2CHX_2) \xrightarrow[\text{或}KOH/\text{醇}, \triangle]{NaNH_2} RC{\equiv}CH + 2HX$$

在这些强碱性条件下生成的炔烃容易产生异构化：氢氧化钾的热溶液使末端炔烃的三键移向链中，而氨基钠则会使三键移向末端，这是由于末端炔烃可以和氨基钠形成更加稳定的炔基钠盐。

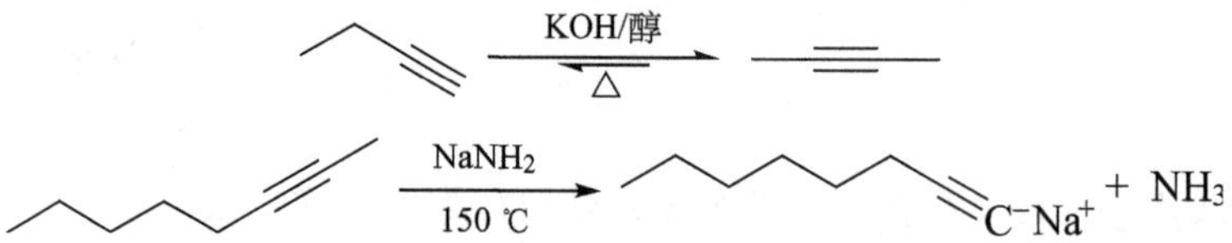

$$\xrightleftharpoons[\triangle]{KOH/\text{醇}}$$

$$\xrightarrow[150\ ℃]{NaNH_2} \quad C^-Na^+ + NH_3$$

在无法形成炔烃的条件下，邻二卤代烃的消除反应只能生成共轭二烯烃。

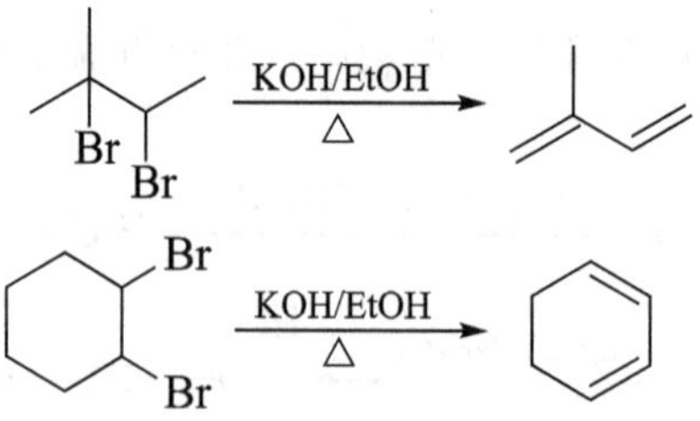

Br Br $\xrightarrow[\triangle]{KOH/EtOH}$

Br Br $\xrightarrow[\triangle]{KOH/EtOH}$

2. 四卤代烷消除卤素

该反应即炔烃和卤素加成的逆反应，反应使用的金属试剂与邻二卤代烷脱卤成烯类似。

$$\mathrm{RCX_2CX_2R'} \xrightarrow{Zn} \mathrm{R{-}C{\equiv}C{-}R'} + \mathrm{ZnX_2}$$

3. 金属炔化物与卤代烃反应

该反应属于亲核取代反应，炔基负离子作为亲核试剂，可以取代卤代烃中的卤素，生成碳链增长的炔烃。若使用乙炔二钠，还可引入两个烷基。

$$\mathrm{RC{\equiv}CNa} + \mathrm{R'X} \longrightarrow \mathrm{RC{\equiv}CR'} + \mathrm{NaX}$$

$$\mathrm{HC{\equiv}CH} + \mathrm{NaNH_2} \xrightarrow[-33℃]{液NH_3} \mathrm{HC{\equiv}C^-Na^+} \xrightarrow{n\text{-}C_4H_9Br} \mathrm{CH_3CH_2CH_2CH_2C{\equiv}CH}\ \ 89\%$$

通过炔镁化合物与活泼卤代烃反应，也能制得长链炔烃。

$$\mathrm{RC{\equiv}CMgX} + \mathrm{R'X} \longrightarrow \mathrm{RC{\equiv}CR'} + \mathrm{MgX_2}$$

卤代烯或卤代芳烃很难发生亲核取代反应。近年来发展的新型钯催化剂可以使末端炔烃直接和这类卤代烃进行高效偶联。

$$\mathrm{C_6H_5{-}X} + \mathrm{HC{\equiv}CR} \xrightarrow[\mathrm{CuI,\ Et_3N}]{[Pd]} \mathrm{C_6H_5{-}C{\equiv}C{-}R}$$

$$\mathrm{R''R'''C{=}CR'X} + \mathrm{HC{\equiv}CR} \xrightarrow[\mathrm{CuI,\ Et_2NH}]{[Pd]} \mathrm{R''R'''C{=}CR'{-}C{\equiv}C{-}R}$$

4. 乙炔的工业制备

乙炔是工业上最重要的炔烃，它可由碳化钙水解制得。此法的缺点主要是碳化钙的制备需要大量能耗，副产物也较多。

$$煤 \xrightarrow[(隔绝空气)]{1000\sim2000℃} 焦炭$$

$$石灰石 \longrightarrow \mathrm{CaO}$$

$$焦炭 + \mathrm{CaO} \xrightarrow[电炉]{2000℃} \mathrm{CaC_2} \xrightarrow{2H_2O} \mathrm{HC{\equiv}CH} + \mathrm{Ca(OH)_2}$$

目前，以天然气和石油制乙炔已成为重要方法：

$$6\,\mathrm{CH_4} + \mathrm{O_2} \xrightarrow{\sim1500℃} 2\,\mathrm{C_2H_2} + 10\,\mathrm{H_2} + 2\,\mathrm{CO}$$

此法的关键是高温和骤冷。利用燃烧一部分天然气以提供高温，使产物迅速离开反应区，以减少乙炔分解，产率可达 25%～30%。

乙炔是一种很不稳定的化合物，100℃以上就能分解成碳和氢，即使常温下也会缓慢分解。乙炔对振动很敏感，在热或电火花引发下，都能发生猛烈爆炸。但乙炔的丙酮溶液是稳定的，因此一般将乙炔以 1～1.2 MPa 的压力压入盛满丙酮浸透的多孔物质的钢瓶中，以便运输和存放。

5.5　共轭二烯烃的结构、共轭效应

二烯烃分子中含两个双键，根据双键相对位置的不同，可将二烯烃分为三类：

(1) 累积二烯烃，如 $CH_2{=}C{=}CH_2$（丙二烯），两个双键与同一个碳相连。

(2) 共轭二烯烃，如（1, 3-丁二烯），两个双键之间只间隔一个单键。

(3) 孤立二烯烃，如，两个双键之间被两个及以上单键相隔。

两个双键的相对位置非常重要，因为其对二烯烃的物理化学性质有很大的影响。累积二烯烃为数不多不普遍；孤立二烯烃由于两个双键之间相隔较远，彼此影响不大，其性质和反应与单烯烃相似；共轭二烯烃由于共轭体系的存在，具有独特的性质，本节将对其进行着重讨论。

自然界中，共轭二烯烃主要以多聚体的形式存在，在天然橡胶和许多天然产物中都含有异戊二烯的结构单元。

二烯烃或多烯烃的顺反异构现象和命名原则与单烯烃相似，选择含二烯或多烯的最长碳链作为主链。例如：

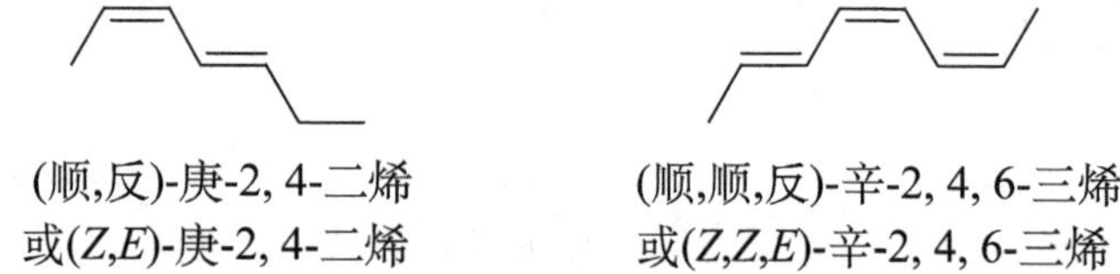

(顺,反)-庚-2, 4-二烯　　(顺,顺,反)-辛-2, 4, 6-三烯

或(*Z*,*E*)-庚-2, 4-二烯　　或(*Z*,*Z*,*E*)-辛-2, 4, 6-三烯

沿碳碳单键旋转，可以得到双键在空间不同排列的两个构象。例如，1, 3-丁二烯的两个构象如下：

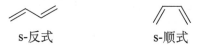

s-反式　　s-顺式

在此，s 表示单键（single bond），以区别于由双键引起的顺反异构体。

5.5.1　结构特点

共轭二烯烃结构的一个典型特点是键长平均化。例如，丁-1, 3-二烯分子中的碳碳键键长如下：

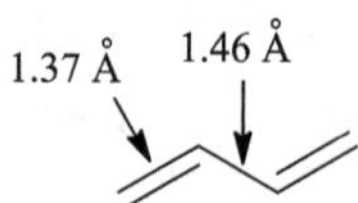

其双键键长比普通烯烃双键的键长（1.34 Å）略长，同时其单键键长却比普通 C—C 键（1.54 Å）略短。单、双键键长的差距缩短，有平均化趋势。

除此之外，共轭二烯烃还表现得比孤立二烯烃更稳定，这可以通过其氢化热数据看出。孤立二烯烃的氢化热约为普通单烯烃的两倍，但共轭二烯烃明显更低。

$$R\text{–}CH{=}CH\text{–}R' \xrightarrow{H_2} R\text{–}CH_2CH_2\text{–}R' \qquad \Delta H = -125.5\ \text{kJ/mol}$$

$$CH_2{=}CHCH_2CH{=}CH_2 \xrightarrow{2H_2} CH_3CH_2CH_2CH_2CH_3 \qquad \Delta H = -254.1\ \text{kJ/mol}$$

$$CH_3CH{=}CHCH{=}CH_2 \xrightarrow{2H_2} CH_3CH_2CH_2CH_2CH_3 \qquad \Delta H = -223.1\ \text{kJ/mol}$$

另外，共轭二烯烃还表现出分子折射率增大的特点，这说明其双键上的 π 电子比孤立二烯烃中的 π 电子活动范围更大，更容易受到极化。

5.5.2　共振论

从共轭二烯烃的以上结构特点可以看出，其分子内的双键及双键之间的单键似乎和传统的碳碳双键、单键并不相同。因此，通过传统的价键理论表示出的经典结构式并不能代表分子的真实结构。除了丁-1, 3-二烯，在用经典结构式表示苯、硝酸根负离子、一氧化碳等分子的结构式时也会出现相同的问题。于是，共振论作为价键法的一种直观的引申而被提出来。共振论认为分子的真实结构是由可能写出的两个或多个经典结构式共振得到的一个杂化体。例如，丁-1, 3-二烯可能是以下多个结构的共振杂化体，其中每一种经典的共振结构式又称为极限式，各极限式之间可用双向箭头表示共振。

$$H_2\overset{+}{C}-\underset{-}{\overset{H}{C}}-\underset{H}{C}{=}CH_2 \longleftrightarrow H_2\overset{-}{C}-\underset{+}{\overset{H}{C}}-\underset{H}{C}{=}CH_2$$

$$H_2\overset{+}{C}-\underset{H}{C}{=}\underset{H}{C}-\overset{-}{C}H_2 \longleftrightarrow H_2C{=}\underset{H}{C}-\underset{H}{C}{=}CH_2 \longleftrightarrow H_2\overset{-}{C}-\underset{H}{C}{=}\underset{H}{C}-\overset{+}{C}H_2$$

$$H_2C{=}\underset{H}{C}-\underset{+}{\overset{H}{C}}-\overset{-}{C}H_2 \longleftrightarrow H_2C{=}\underset{H}{C}-\underset{-}{\overset{H}{C}}-\overset{+}{C}H_2$$

再如，硝酸根负离子的极限式：

$$NO_3^- \equiv \left\{ \overset{O}{\overset{\|}{\overset{+}{N}}}(O^-)(O^-) \longleftrightarrow \overset{O^-}{\overset{|}{\overset{+}{N}}}({=}O)(O^-) \longleftrightarrow \overset{O^-}{\overset{|}{\overset{+}{N}}}(O^-)({=}O) \right\}$$

注意，双箭头符号“$\longleftrightarrow$”不能与表示平衡的“$\rightleftharpoons$”符号混淆。从一个极限式到另一个极限式，只涉及电子对（而非单电子）的转移，原子的排列顺序是不变的。

丁-1, 3-二烯存在的众多极限式表示其真实结构并不是其中任何一种极限式，而是这些极限式的杂化体。每个极限式对其真实结构均有贡献，越稳定的极限式贡献越大。丁-1, 3-二烯的极限式中，显然 $CH_2{=}CH{-}CH{=}CH_2$ 最为稳定。因此，其真实结构虽然并非如该极限式所描述，但最接近这一结构。

在能量上等价的极限式，其共振效应最强，所导致的共振杂化体的稳定性最大。例如，苯的两个极限式在结构上和能量上都是等价的，而丁-1, 3-二烯并不存在这样的两个稳定极限式，这也可以解释苯分子的特殊稳定性。

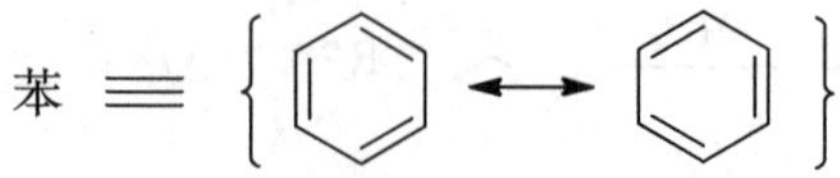

苯 ≡ { 凯库勒式 ⟷ 凯库勒式 }

可通过以下原则判断极限式的稳定性：

（1）电荷越分散越稳定，即原子带有的电荷越多越不稳定。

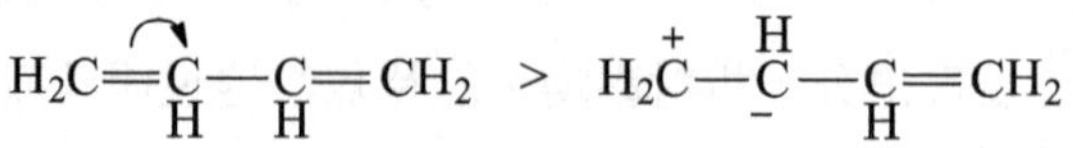

$$H_2C{=}\underset{H}{C}{-}\underset{H}{C}{=}CH_2 \; > \; H_2\overset{+}{C}{-}\overset{H}{\underset{-}{C}}{-}\underset{H}{C}{=}CH_2$$

（2）越具有完整的价电子层（即外层 8 电子结构）越稳定。例如，下面甲醇正离子的共振式，后者碳原子外层只有 6 个电子。

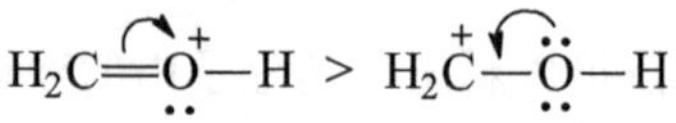

$$H_2C{=}\overset{+}{\ddot{O}}{-}H \; > \; H_2\overset{+}{C}{-}\ddot{O}{-}H$$

（3）共价键数目越多越稳定。形成共价键会释放能量，从而使体系稳定。

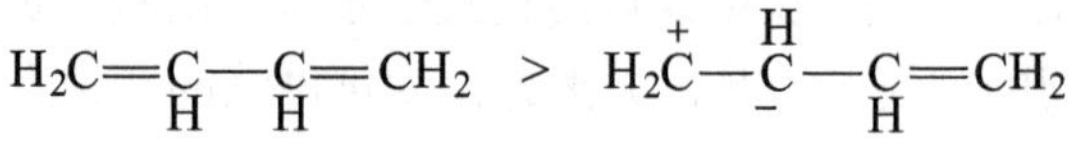

$$H_2C{=}\underset{H}{C}{-}\underset{H}{C}{=}CH_2 \; > \; H_2\overset{+}{C}{-}\overset{H}{\underset{-}{C}}{-}\underset{H}{C}{=}CH_2$$

（4）异号电荷相隔越近越稳定。

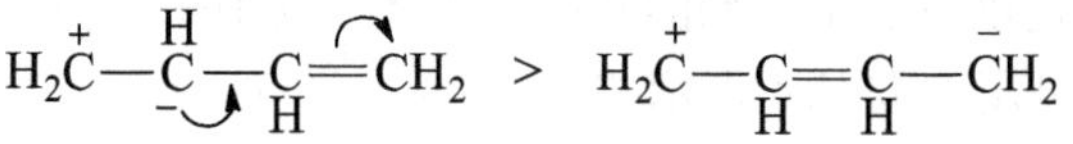

$$H_2\overset{+}{C}{-}\overset{H}{\underset{-}{C}}{-}\underset{H}{C}{=}CH_2 \; > \; H_2\overset{+}{C}{-}\underset{H}{C}{=}\underset{H}{C}{-}\overset{-}{C}H_2$$

（5）负电荷在电负性更大的原子上更稳定。

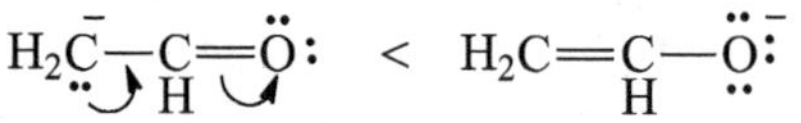

$$H_2\overset{-}{\ddot{C}}{-}\underset{H}{C}{=}\ddot{O}: \; < \; H_2C{=}\underset{H}{C}{-}\ddot{O}:^{-}$$

共振论是一个定性的理论，它与经典的结构理论相似。虽然在许多场合下共振论与事实相符合，但在某些方面也可能得到与事实相矛盾的结论。

共振论的方法和一些规则，是针对经典结构式已经意识到的不能解决的问题而从经典结构式引申出来的，并加入了一些规定。例如，参与共振的极限式数目就具有较大的任意性。另外，写出的各极限式也并非真实存在，而是假想的价键结构式。因此，共振论并非是完全科学的理论，但其仍然在许多著作中得到使用。一般认为，共振论的极大价值在于它能够用较简单的经典结构式来表达复杂的分子，其“共振”涉及的电子转移实际上就包含了电子“离域化”等概念。我们不应该忽视共振论的价值，但也应该了解其由于缺乏健全的理论基础而带来的局限性。

5.5.3　丁-1, 3-二烯结构的分子轨道理论

从丁-1, 3-二烯的各极限式可以看出，一些较不稳定的极限式的C2与C3之间是双键结构，而 C1 与 C2 之间及 C3 与 C4 之间则是单键结构。这些极限式对其真实结构的贡献使丁-1, 3-二烯的单键带上了部分双键的性质，键长变短，同时双键变长，导致键长平均化。

用分子轨道理论可以更加科学地解释共轭二烯烃的键长平均化。丁-1, 3-二烯分子中全部碳原子和氢原子都处于同一平面内，碳原子之间以 sp^2 杂化轨道相互交叠，并与氢原子的 1s 轨道交叠，形成三根 C—C σ 键和六根 C—H σ 键，键间夹角近于 120°。在每个碳原子上还剩下一个 p 电子，按照分子轨道理论，能量相等、彼此平行的 p 原子轨道可线性组合形成 π 分子轨道。

$$\psi_m = C_{m1}\phi_1 + C_{m2}\phi_2 + C_{m3}\phi_3 + C_{m4}\phi_4 \quad (m=1, 2, 3, 4)$$

由丁-1, 3-二烯的四个 p 轨道侧面交叠形成四个 π 分子轨道。量子力学计算表明，四个 π 分子轨道的能量从 ψ_1 到 ψ_4 依次升高，其电子构型如图 5.2 所示。

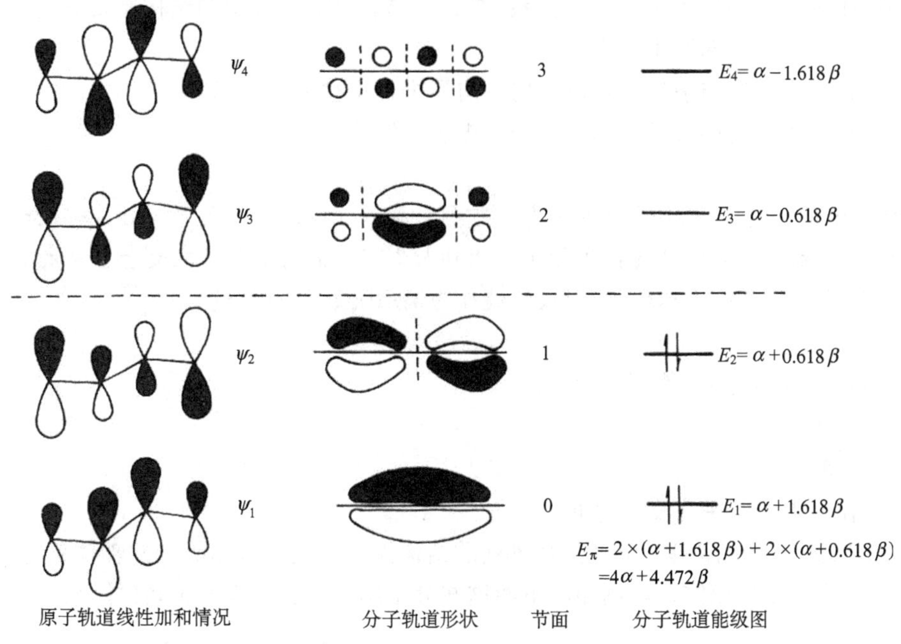

图 5.2　1, 3-丁二烯的 π 分子轨道

π 分子轨道 ψ_1、ψ_2 的能量比原子轨道能量低，称为成键轨道（π 轨道）。ψ_3 和 ψ_4 的能量比原子轨道能量高，称为反键轨道（π^*轨道）。成键轨道中，ψ_2 在 C2 与 C3 间存在一个节面（相位符号相反的交接面），在节面处电子云密度为零。显然，节面越多轨道能量越高，ψ_1 的节面数为零，ψ_2、ψ_3、ψ_4 的节面数分别为 1、2、3。由于每个分子轨道可以容纳两个电子，四个 π 电子可以全部成对地填入两个能量较低的成键轨道中，形成包括四个碳原子的四电子 π 体系。而丁-1, 3-二烯分子中 π 电子云的分布则实际上是 ψ_1、ψ_2 分子轨道（π 电子填入的轨道）中 π 电子云分布的叠加。

因此，在丁-1, 3-二烯分子中，π 电子不是局限于某两个碳原子之间，而是分布在包括四个碳原子的分子轨道中，这种分子轨道称为离域轨道，形成的键称为离域键（或称为大 π 键）。用单一的经典结构式把这种离域键表示出来是较困难的，因此可以用共振结构式和共振杂化体更为准确地表示。

用 X 射线衍射法同样可以测得丁-1, 3-二烯的 C2 与 C3 之间并不是一个简单的单键，它比普通单键的键长略短，具有部分双键性质。但因其双键性太弱，丁-1, 3-二烯分子的 C2—C3 键仍然可以自由旋转，所得到的两个构象异构体 s-反式和 s-顺式的能量相差很小，室温下不能分离，在构象异构的平衡中以 s-反式为主。

5.5.4　共轭效应

5.5.4.1　共轭体系

能够形成离域键的体系称为共轭体系。要能形成离域键，分子的结构需要满足以下条件：

（1）形成共轭体系的原子共平面；

（2）有若干个未参与杂化、可以“肩并肩”平行重叠的 p 轨道。

（3）有一定数量的供成键用的 p 电子，电子离域化。

学习提示： π 键是两个 p 轨道“肩并肩”重叠形成。可以想象，如果存在相邻的两个以上的 p 轨道也相互平行，那么 π 键实际上被“延长”了，π 电子也将在大于 2 个的 p 轨道中运动，这就是 π 电子的“离域”。形成的键即为离域 π 键（大 π 键）。

共轭体系一般具有以下特点：

（1）键长平均化。

（2）性质较稳定。

（3）极化后电子云密度交替分布。

丁-1, 3-二烯分子中双键、单键交替排列的结构体系就是一种常见的共轭体系，它由多个 π 键构成，称为 π-π 共轭体系。例如，下面这些分子结构中都含有 π-π 共轭体系。

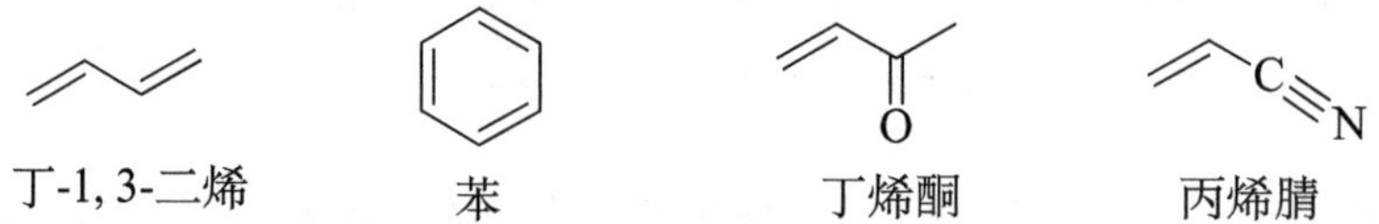

除了 π 键与 π 键之间，单个的 p 轨道与 π 键之间也可以发生共轭，称为 p-π 共轭体系。其中最重要和最常见的是烯丙基和苄基型正/负碳离子或碳自由基。

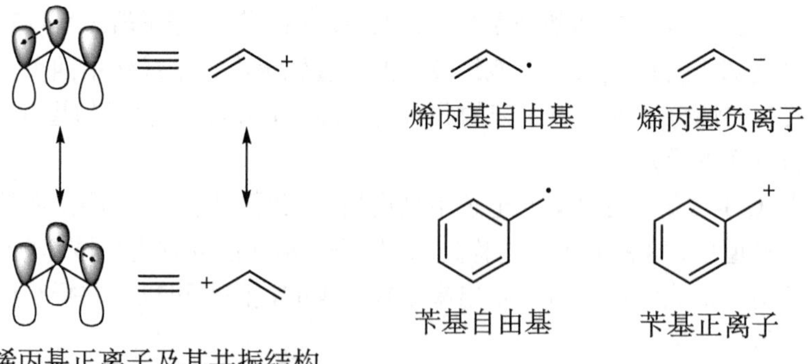

学习提示： 烯丙基或苄基碳正离子看上去是一级碳正离子，但由于其存在 p-π 共轭，实际上比三级碳正离子更稳定，这在判断反应的机理及区域选择性时尤为重要。

和 π 键相邻的带有孤对电子的杂原子（如氧、氮、卤素等）也可以和 π 键发生 p-π 共轭。在这种情况下，杂原子采用 sp^3 杂化，其 sp^3 杂化轨道不可能和形成 π 键的 p 轨道完全平行。

但由于共轭会导致体系稳定，其 sp^3 杂化轨道会尽量偏向于和 p 轨道平行，形成“不完全”的 p-π 共轭。由于每个 sp^3 杂化轨道中有两个电子，因此这样的共轭体系中的电子离域会增大 π 键上的电子云密度。

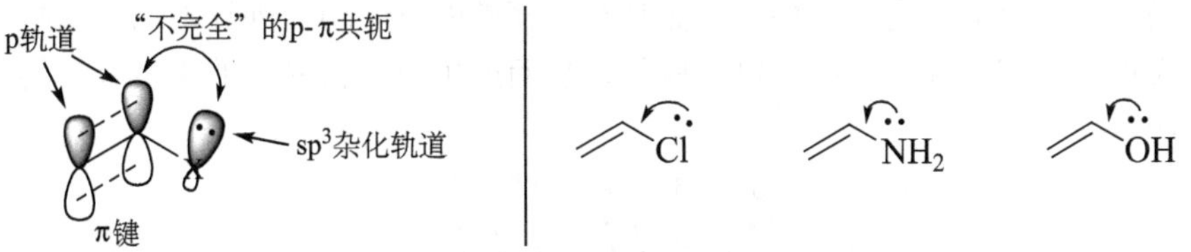

另外，p 轨道和 p 轨道之间也可能发生轨道重叠从而引起其中电子的离域化。例如，碳正离子的旁边如果有带孤对电子的 O 或 N 原子，则可以通过孤对电子的离域使电荷分散从而得到稳定化。

$$-\overset{+}{C}-\ddot{O}- \longleftrightarrow -C=\overset{+}{O}-$$

5.5.4.2　共轭效应

1. 概念

当共轭体系内原子的电负性不同或受到外电场（或试剂）的影响时，键的极化通过离域 p 电子的运动，沿着共轭链传递，这种分子内原子间的相互影响称为共轭效应（conjugative effect），用 C 表示。和诱导效应（I）影响 σ 电子、随链的增长而迅速减弱不同的是，共轭效应是通过对共轭体系 p 电子的影响来实现的电子效应，由于 p 电子更容易极化，共轭效应会贯穿于整个共轭体系，一般不随共轭链的增长而减弱。但是，一旦共轭体系中止，共轭效应也就中止。

学习提示：完全的共轭效应需要完全平行的 p 轨道。因此，在原子链上一旦出现了一个 sp^3 杂化的原子，由于其 sp^3 轨道不可能和旁边的 p 轨道完全平行，共轭体系中止。可以简单地通过单键来判断：如果出现连续的两个单键，则共轭体系中止（这里只考虑了“完全的”平行，没有考虑如“不完全”p-π 共轭或超共轭等情况）。

共轭体系中，电子转移的方向取决于共轭体系的组成原子或基团的性质，通常用弧形箭头表示 π 电子的转移方向。共轭体系中的原子或基团（一般指通过单键连接的基团，如下面的—CHO 和—Cl），如果可以通过吸电子作用改变离域 p 电子的分布，称为吸电共轭（–C）基团，其产生的电子效应为吸电共轭效应；反之则是排电共轭（+C）基团，产生排电共轭效应。共轭效应会引起共轭链上电子云密度的交替分布。

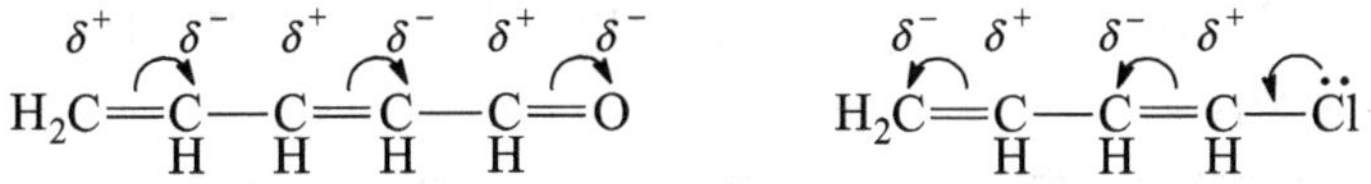

$$\overset{\delta^+}{H_2C}=\overset{\delta^-}{CH}-\overset{\delta^+}{CH}=\overset{\delta^-}{CH}-\overset{\delta^+}{CH}=\overset{\delta^-}{O}$$

—CHO是–C基团

$$\overset{\delta^-}{H_2C}=\overset{\delta^+}{CH}-\overset{\delta^-}{CH}=\overset{\delta^+}{CH}-\ddot{Cl}$$

—Cl是+C基团

一般来讲，基团中第一个原子上如果有孤对电子，由于其为 2 个电子参与共轭，则是+C 基团，如卤素、—OH、—OR、—NH_2、—NR_2 等；如果第一个原子上没有孤对电子，而整个基团中又含有电负性较大的杂原子，则为–C 基团，如—CHO、—NO_2、—CN、—COOH、—N^+R_3 等。烷基的共轭效应不明显，一般具有很弱的排电共轭效应。

以上由分子中固有的基团引起的共轭效应称为静态共轭效应，它引起的分子中电荷的不均匀分布是分子固有的、内在的性质。而具有共轭链的分子由于外界电场的影响（如带有电荷试剂的靠近）引起共轭体系中 p 电子极化，从而产生电子云密度的交替分布的现象称为动态共轭效应。

$$\overset{\delta^+}{H_2C}{=}\overset{\delta^-}{\underset{H}{C}}-\overset{\delta^+}{\underset{H}{C}}{=}\overset{\delta^-}{\underset{H}{C}}-\overset{\delta^+}{\underset{H}{C}}{=}\overset{\delta^-}{CH_2} \qquad H^+$$

2. 影响共轭效应的因素

同一周期的不同元素的原子所组成的各种不饱和取代基团（—C═Z 型），其所产生的–C 效应随 Z 的电负性增大而增大。例如：

$$-C:\quad R\!\left(\underset{H}{C}{=}\underset{H}{C}\right)_n\underset{H}{C}{=}O \;>\; R\!\left(\underset{H}{C}{=}\underset{H}{C}\right)_n\underset{H}{C}{=}NH$$

对于同一杂原子所构成的不饱和取代基团而言，其所带的正电荷越多，–C 效应越大。例如：

$$-C:\quad R\!\left(\underset{H}{C}{=}\underset{H}{C}\right)_n\underset{H}{C}{=}\overset{+}{N}R_2 \;>\; R\!\left(\underset{H}{C}{=}\underset{H}{C}\right)_n\underset{H}{C}{=}NR$$

同族元素中，随着原子序数升高，虽然其电负性减弱，但–C 效应却增强。例如：

$$-C:\quad R\!\left(\underset{H}{C}{=}\underset{H}{C}\right)_n\underset{H}{C}{=}S \;>\; R\!\left(\underset{H}{C}{=}\underset{H}{C}\right)_n\underset{H}{C}{=}O$$

这是由于吸电共轭极化开始于碳原子与杂原子之间的 π 键的分裂。分裂越容易，极化程度越大。分裂的难易取决于此 π 键的牢固程度。氧和碳是同一周期的元素，它们都用 2p 轨道构成 π 键，由于轨道的大小和能量相近，所以形成的 π 键牢固，不易分裂。但硫是第三周期的元素，C═S 键是由 C_{2p} 和 S_{3p} 轨道交叠构成的 π 键，轨道的大小和能量相差较远，交叠不十分有效，所以 C═S 键易极化形成 C^+—S^-，从而带来更强的–C 效应。

类似地，对于带有孤对电子的+C 基团，同一族的基团的+C 效应随着原子序数的升高而减弱。如下所示，因为 F 的 p 轨道能量和大小与 C 的最为接近，发生交叠的可能性和程度更大。

$$+C:\quad R\!\left(\underset{H}{C}{=}\underset{H}{C}\right)_n\ddot{F} \;>\; R\!\left(\underset{H}{C}{=}\underset{H}{C}\right)_n\ddot{Cl} \;>\; R\!\left(\underset{H}{C}{=}\underset{H}{C}\right)_n\ddot{Br} \;>\; R\!\left(\underset{H}{C}{=}\underset{H}{C}\right)_n\ddot{I}$$

而对于同一周期的原子，电负性越大，+C 效应越弱。

$$+C:\quad R\!\left(\underset{H}{C}{=}\underset{H}{C}\right)_n\ddot{N}R_2 \;>\; R\!\left(\underset{H}{C}{=}\underset{H}{C}\right)_n\ddot{O}R \;>\; R\!\left(\underset{H}{C}{=}\underset{H}{C}\right)_n\ddot{F}$$

3. 共轭效应和诱导效应

分子中，原子间的相互影响既可以通过共轭效应，也可以通过诱导效应。两种电子效应可以共存于同一分子中。例如：

$H_2C{=}CH \rightarrow \ddot{Cl}$　　　$H_3C \rightarrow CH_2 \rightarrow \ddot{Cl}$

有 p-π 共轭　　　无 p-π 共轭

$\mu = 1.44$ deb　　　$\mu = 2.05$ deb

在氯乙烯分子中，氯原子的+C 效应与其–I 效应方向相反，抵消了一部分–I 效应，因而偶极矩比氯乙烷更小。通过上述分子的偶极矩可以看出，卤素由于其较高的电负性，其–I 效应一般是大于+C 效应的。我们也可以说，其“总电子效应”是吸电的。

对于其他带有孤对电子的杂原子取代基，如氨基、取代氨基、羟基、烷氧基、烷硫基等，它们同样同时具有–I 和+C 效应，但它们的–I 效应一般小于+C 效应，因此这些取代基如果连接在共轭体系上，其总电子效应是排电的。

当然，共轭效应和诱导效应的方向可以不同，也可以相同。具有–C 效应的取代基一般也具有–I 效应，因此它们连接在共轭体系上时往往具有较强的吸电性。

例如，下面三种连接在苯环共轭体系上的取代基，Cl 使苯环上的电子云密度降低；甲氧基使苯环上的电子云密度增加；而硝基则使苯环上的电子云密度显著降低。

Cl　　　OCH_3　　　NO_2

–I > +C　　　–I < +C　　　–I, –C

5.5.4.3　超共轭效应

实验发现，当 C—H 键与 C═C 键或 p 轨道相邻时，C—H 键的 σ 键电子与 π 轨道或 p 轨道之间可以发生相互作用，使体系变得稳定，这种涉及 σ 电子的离域化作用称为超共轭效应。对超共轭效应可作如下理解：因为氢原子的体积很小，对 σ 键电子的约束力极小，使得 C—H 键的 σ 电子表现出类似孤对电子的行为，当它与 π 键相邻时，就出现离域化作用，如图 5.3 所示。

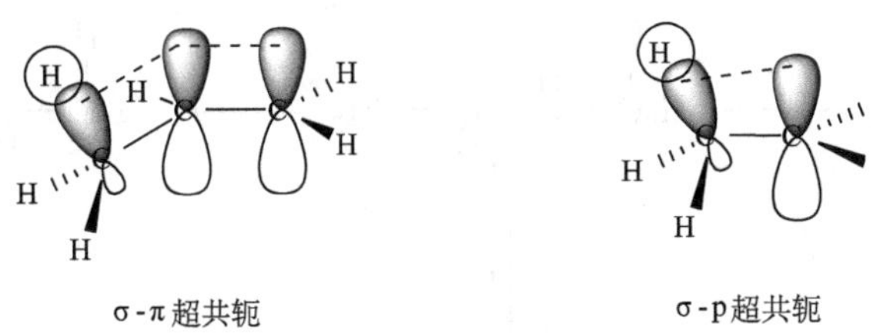

图 5.3　超共轭效应

超共轭效应与 π-π 或 p-π 共轭效应相比要微弱得多，但仍能对分子的稳定性做出贡献。与 π 键相邻的 C—H 键越多，超共轭效应越大，体系就越稳定。例如，从下列烯烃的氢化热可以看出，取代越多的烯烃，由于其 σ-π 超共轭效应越大，分子也越稳定（氢化热越低）。

$H_2C{=}CH_2$

	无超共轭	2个C—H键超共轭	12个C—H键超共轭
氢化热：	137.1 kJ/mol	126.7 kJ/mol	111.2 kJ/mol

通过 σ-p 超共轭效应也可以解释为什么越高级的碳正离子和自由基越稳定。

稳定性：$(CH_3)_3C^+ > (CH_3)_2\overset{+}{C}H > CH_3\overset{+}{C}H_2 > \overset{+}{C}H_3$

$(CH_3)_3C\cdot > (CH_3)_2\dot{C}H > CH_3\dot{C}H_2 > \dot{C}H_3$

5.6　共轭二烯烃的化学反应

5.6.1　亲电加成反应

5.6.1.1　1, 2-加成和 1, 4-加成

二烯烃可以加成一分子试剂，也可以加成两分子试剂。共轭二烯烃比单烯烃更容易发生加成反应。加成一分子试剂时，不仅有 1, 2-加成产物，而且有 1, 4-加成产物。

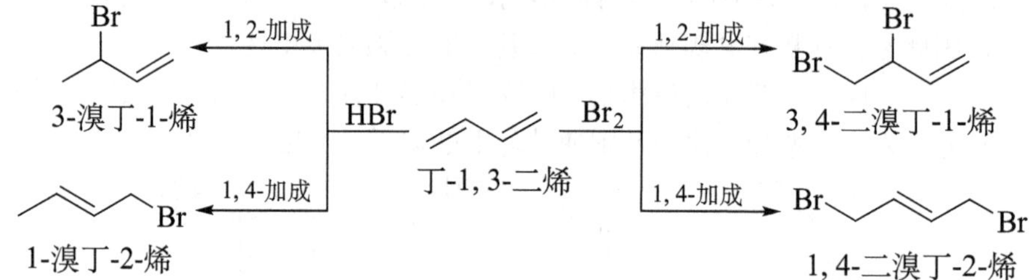

不对称烯烃的加成同样遵从马氏规则。与一分子试剂加成时，通常 1, 2-加成产物和 1, 4-加成产物都有，但其比例多少则与反应条件、试剂性质等因素有关。反应温度对两种产物的比例有明显影响，一般情况下，1, 4-加成是主要的，并随温度升高而增多。

1, 4-加成又称为共轭加成，在共轭烯烃中，发生共轭加成是一个普遍现象，它是由共轭体系的结构本质决定的。其机理如下，丁-1, 3-二烯首先与质子加成形成的碳正离子 Ⅰ 正好是具有 p-π 共轭的烯丙基型碳正离子的结构，因此可以发生共振成为碳正离子 Ⅱ。中间体碳正离子的正电荷由于离域化作用得到分散，使碳正离子稳定。因此，共轭二烯烃的加成比单烯烃更容易。

$$H_2C{=}CH{-}CH{=}CH_2 \xrightarrow{H^+} \underset{\text{I}}{H_2C(H){-}\overset{+}{C}H{-}CH{=}CH_2} \longleftrightarrow \underset{\text{II}}{H_2C(H){-}CH{=}CH{-}\overset{+}{C}H_2}$$

Ⅰ $\xrightarrow{Br^-}$ 1, 2-加成 Ⅲ（3-溴丁-1-烯）；Ⅱ $\xrightarrow{Br^-}$ Ⅳ（1-溴丁-2-烯）1, 4-加成

反应的第二步，溴负离子分别和中间体 Ⅰ 和 Ⅱ 结合，分别得到 1, 2-和 1, 4-加成产物Ⅲ和Ⅳ。产物的比例与反应条件紧密相关。例如，丁-1, 3-二烯与溴化氢加成时，40℃下得到 80%的 1-溴丁-2-烯（1, 4-加成产物）；但在–80℃下得到 80%的 3-溴丁-1-烯（1, 2-加成产物）。如果长时间加热，产物最终都转变为具有一定比例的、以 1, 4-加成产物占优势的平衡混合物。

分别比较碳正离子中间体和产物的稳定性，可以发现：碳正离子 Ⅰ 比 Ⅱ 更稳定，这是因为 Ⅰ 是更高级的碳正离子；而产物Ⅲ却不如Ⅳ稳定，这是因为Ⅳ是取代更多的烯烃。因此，1, 2-加成的中间体更容易形成，但 1, 4-加成的产物更稳定。以下的能量变化图（图 5.4）可以

说明这一点。1, 2-加成更容易进行（左边活化能更低），但 1, 4-加成产物更稳定（右边产物能量更低）。

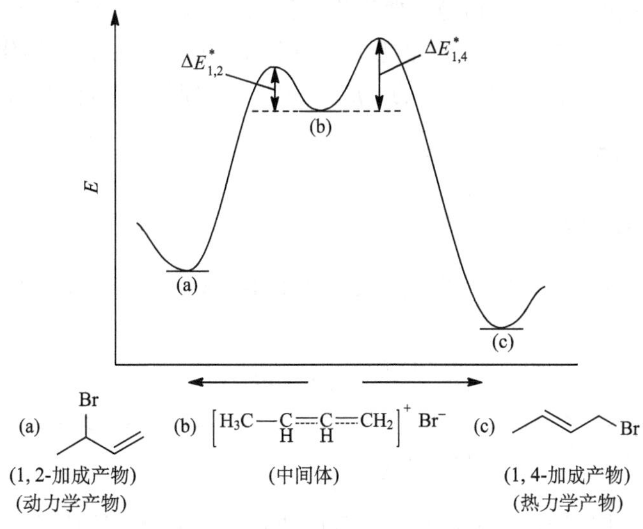

图 5.4　丁-1, 3-二烯与溴化氢加成反应的能量变化图

学习提示：为什么在比较中间体Ⅰ和Ⅱ的稳定性时，比较的是碳正离子而不是双键烯的稳定性呢？这是因为正离子是比中性 π 键不稳定得多的因素，因此这种因素的稳定化作用对整个分子的稳定化贡献更大。可以试想一下：一个人越口渴（越不稳定），那么一瓶水的解渴作用（稳定化作用）就越大。

5.6.1.2　速率和平衡　动力学产物和热力学产物

从反应的能量变化图可以看出，1, 2-加成的活化能更低，但其逆反应的活化能也更低。因此，在反应条件（如温度）达到一定程度之后，1, 2-加成的逆反应也比 1, 4-加成的逆反应容易进行，此时反应产物将以最稳定的产物（最难发生逆反应的产物），即 1, 4-加成产物为主。

以上事实表明了在有机化学中的一个重要概念：速率和平衡。有机反应的速率一般较慢，很少进行到平衡状态。因此，在通常讨论竞争反应的相对活性时，只需要从反应速率的角度来说明产物的组成和判断竞争反应的取向，而不需要考虑反应的可逆性，以及一个产物生成后再转变为另一个产物的问题。但是在有机反应中也有不少是比较容易达到平衡的，如芳烃的烷基化反应、磺化反应及上述共轭二烯烃的加成反应等。在研究这些反应按什么方向进行时，必须考虑平衡和速率两个因素。

一种反应物有可能向多种产物方向转变时，反应未达到平衡前，利用反应速率大小来控制产物，这称为速率控制或动力学控制。如果让平衡达到利用产物的稳定性来控制产物，称为平衡控制或热力学控制。一般来讲，在反应进行程度较低，如温度较低、反应时间较短时，反应以速率控制为主，此时生成的主要产物称为动力学产物，如上述 1, 2-加成产物；在反应较为彻底，如温度较高、时间较长或达到平衡时，反应以平衡控制为主，此时生成的主要产物称为热力学产物，如上述 1, 4-加成产物（图 5.4）。

由以上讨论可得到两点结论：第一，只有在肯定一个产物生成后不再转变为另一个产物的情况下，才能说最快生成的产物是主要产物。第二，较稳定的产物往往不是最快生成的产物。对于经历碳正离子或自由基中间体的反应，往往是中间体越稳定，活化能越低，产物越易形成。但某些可逆反应，如共轭二烯烃的加成，稳定产物却是活化能较高、较难生成的产物。

5.6.2 其他加成反应

5.6.2.1 和氢的加成

共轭二烯烃加一分子氢同样可以得到 1, 2-和 1, 4-加成的混合产物，但容易进一步氢化生成烷烃。

H_2　1, 2-加成　1, 4-加成　H_2

液氨、钠不仅能使炔烃还原成烯烃，也可以使共轭二烯烃还原成单烯烃，得到 1, 4-加成产物。例如：

Na/液NH_3

5.6.2.2 自由基加成反应

共轭二烯烃与单烯烃一样也能发生自由基加成反应。例如，与多卤甲烷加成，同样可生成 1, 2-加成和 1, 4-加成的混合产物。

$+ BrCCl_3 \xrightarrow{ROOR}$ Cl_3C–CH₂–CH(Br)–CH=CH₂ + Cl_3C–CH₂–CH=CH–CH₂–Br

1, 2-加成产物　　1, 4-加成产物

反应按自由基机理进行，中间体是烯丙基型的碳自由基，与烯丙基型碳正离子一样，可通过 p-π 共轭形成 1, 4-加成的中间体。由于中间体的离域稳定化作用，共轭二烯烃发生自由基加成反应的活性比单烯烃高。

$$BrCCl_3 + RO\cdot \longrightarrow \cdot CCl_3 + ROBr$$

$\cdot CCl_3$　Cl_3C　⟷　Cl_3C

$BrCCl_3$　$BrCCl_3$

Br　Cl_3C　Cl_3C　Br

1, 2-加成产物　　1, 4-加成产物

5.6.3　第尔斯-阿尔德反应

在光或热作用下，共轭二烯烃可与含有多重键的化合物发生相互加成的反应，形成六元环状化合物，该反应也称双烯合成反应，或第尔斯-阿尔德（Diels-Alder, D-A）反应。这是一类[4+2]环加成反应（可详见 14.4.2.2 小节），在合成上非常有用。反应物中共轭二烯或具有类似结构的化合物称为双烯组分，与二烯反应的组分称为亲双烯组分，含双键和三键的化合物都可以作为亲双烯组分。亲双烯组分被加成，同时双烯组分被 1, 4-加成。

若双烯组分的不饱和键上连有—CHO、—COR、—CO_2R、—CN、—NO_2 等吸电基，反应更容易发生。例如，用顺丁烯二酸酐（马来酸酐）作为亲双烯组分，只需在 100℃下就能以高产率得到产物。产物是一个固体，这个具有明显现象的反应可用于共轭二烯烃的鉴别。

苯, 100℃, 5 h
90%

共轭二烯（双烯组分）　马来酸酐（亲双烯组分）　D-A反应产物

若用乙烯作亲双烯组分，则要求在更高的温度和压力下进行。

CH_2=CH_2　200℃　高压

共轭二烯烃自身也可以作为亲双烯组分，因此共轭二烯烃可以发生自身的 D-A 反应。

150℃

2　加热　即

相互加成时两根新键是同时形成的，因此这是一个立体专一的反应。亲双烯组分若具有顺反异构，在形成环状产物后其顺反立体构型会得到保持。

$COOCH_3$　$COOCH_3$
$COOCH_3$　$COOCH_3$
顺-　顺-

H_3COOC　$COOCH_3$
$COOCH_3$　$COOCH_3$　(±)
反-　反-

5.6.4 聚合反应

在一定的催化剂作用下，共轭二烯烃也可以发生自由基加成聚合反应。

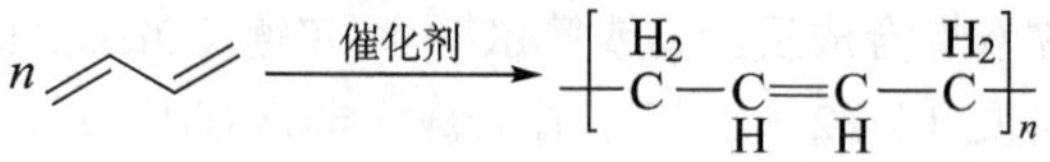

$$n\ \text{CH}_2{=}\text{CH}{-}\text{CH}{=}\text{CH}_2 \xrightarrow{\text{催化剂}} \left[\!-\overset{\text{H}_2}{\text{C}}-\underset{\text{H}}{\text{C}}{=}\underset{\text{H}}{\text{C}}-\overset{\text{H}_2}{\text{C}}-\!\right]_n$$

这个反应是合成橡胶的基础。天然橡胶的结构与这些合成的聚二烯烃的结构极为相似，天然橡胶是异戊二烯的顺-1, 4-聚合物。

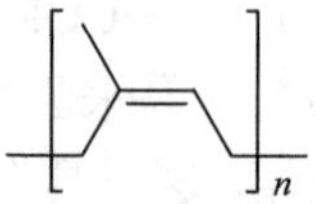

天然橡胶

在金属钠催化下，丁-1, 3-二烯加成聚合得到丁钠橡胶，这是最早制得的合成橡胶。其中有1, 2-加聚物，有1, 4-加聚物，而且顺式和反式产物都有，其性能远不如天然橡胶。

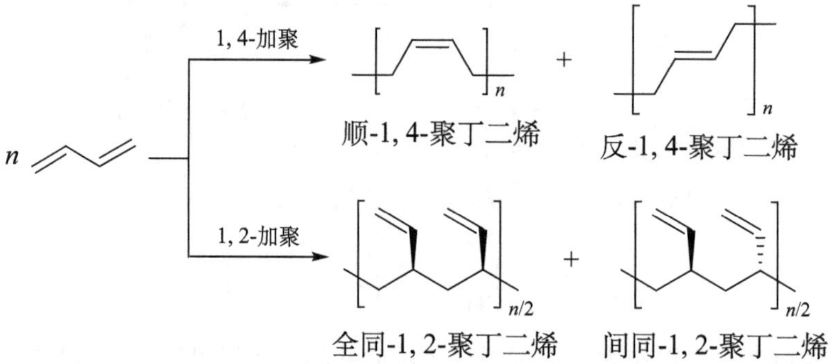

1, 4-加聚：顺-1, 4-聚丁二烯 + 反-1, 4-聚丁二烯

1, 2-加聚：全同-1, 2-聚丁二烯 + 间同-1, 2-聚丁二烯

近年，在合成橡胶方面已开发出很多优良的催化剂。例如，第 4 章提到的齐格勒-纳塔催化剂可以催化制备性能优良的合成橡胶。如今，和天然橡胶相比，合成橡胶无论是在成本上，还是在性能上均体现出了优越性。目前，世界上使用的橡胶大多数为合成橡胶。

习　题

5.1 用系统命名法命名下列化合物。

(1) 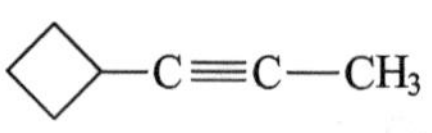 环丁基$-\text{C}{\equiv}\text{C}-\text{CH}_3$　(2) 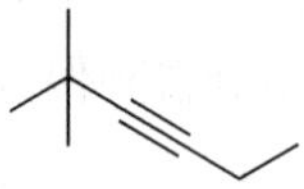　(3)

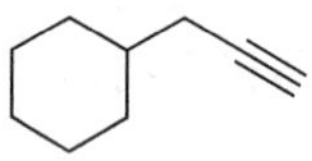

(4) 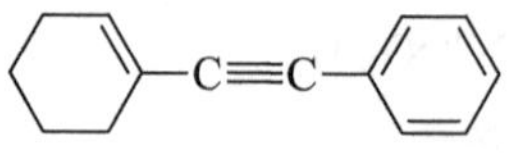 环己烯基$-\text{C}{\equiv}\text{C}-$苯基　(5) $\text{H}_3\text{C}-\text{C}(\text{CH}_3)_2-\text{CH}_2\text{C}{\equiv}\text{CH}$　(6)

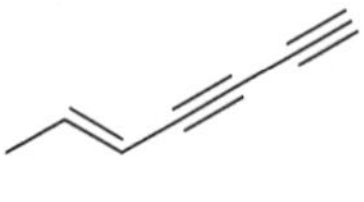

5.2 排列二碳烃乙烷、乙烯、乙炔在下列性质上的大小次序。

(1) C—H 键和 C—C 键的键长　(2) C—H 键和 C—C 键的键能　(3) 酸性

5.3 完成下列反应（写主要产物）。

(1) $\text{H}_2\text{C}{=}\underset{\text{H}}{\text{C}}-\underset{\text{H}}{\text{C}}{=}\text{CH}_2 + \text{HCl} \longrightarrow ?$

(2) 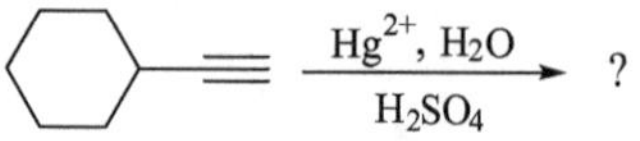 环己基$-\text{C}{\equiv}\text{CH} \xrightarrow[\text{H}_2\text{SO}_4]{\text{Hg}^{2+},\ \text{H}_2\text{O}} ?$

(3) $BrCH_2CH_2Br \xrightarrow{?} C_2H_2$

(4) 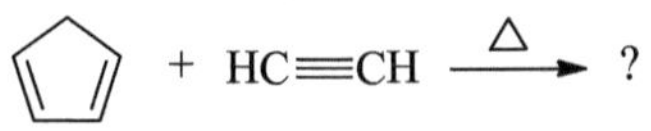 环戊二烯 + $HC\equiv CH \xrightarrow{\triangle}$?

(5)  丁-1-炔 $\xrightarrow{NaNH_2}$ A $\xrightarrow{CH_3CH_2Br}$ B

(6) 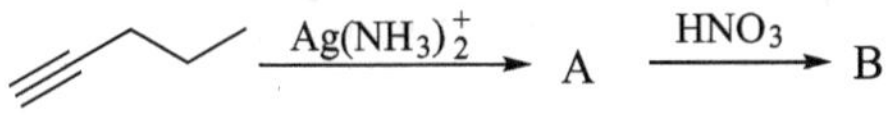 戊-1-炔 $\xrightarrow{Ag(NH_3)_2^+}$ A $\xrightarrow{HNO_3}$ B

(7) $H_3CC\equiv CH \xrightarrow{BH_3}$ A $\xrightarrow{CH_3COOH}$ B

(8) 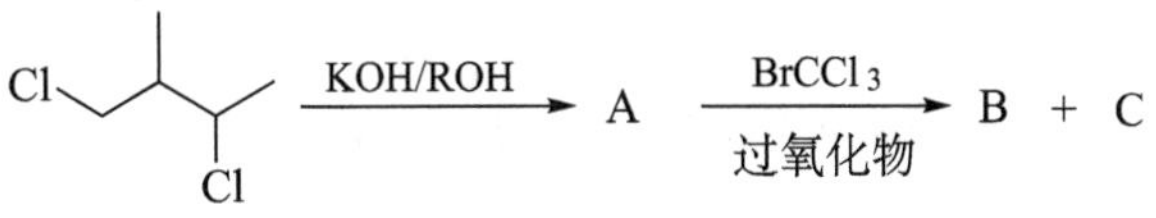 1,3-二氯-2-甲基丁烷（Cl 键线式） $\xrightarrow{KOH/ROH}$ A $\xrightarrow[\text{过氧化物}]{BrCCl_3}$ B + C

(9) $H_3CC\equiv CH \xrightarrow{BH_3} \xrightarrow[H_2O_2]{NaOH}$?

(10) 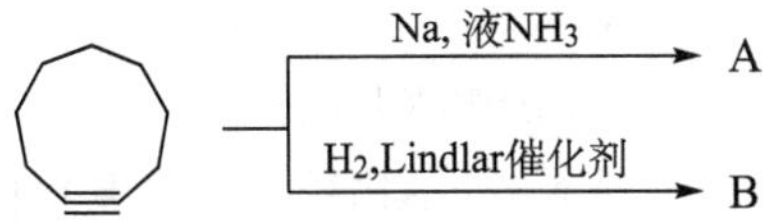 环辛炔 $\xrightarrow{Na,\ 液NH_3}$ A；$\xrightarrow{H_2,Lindlar催化剂}$ B

5.4 实验测得乙炔的燃烧热为 1254.0 kJ/mol（得到气体产物），试根据键能数据计算乙炔三键的键能。［键能(kJ/mol): O═O(498.3)，O—H (462.3)，C—H (412.6)，CO_2 中 C═O (802.6) ］

5.5 完成下列转变。

(1)  戊-1-烯 ⟹ 戊-1-炔

(2) 反-二苯乙烯 ⟶ ⟶ 顺-二苯乙烯

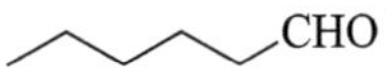

(3)  $HC\equiv CH$ ⟹ 丁-1-醇（键线式，OH）

(4) 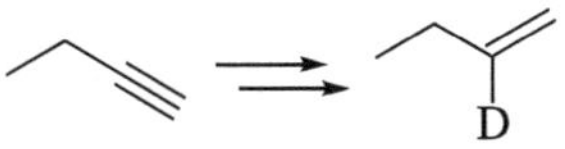 丁-1-炔 ⟹ 2-氘代丁-1-烯（键线式，D）

5.6 用己-1-炔或己-3-炔选择适当异构体作原料，转变得到下列各化合物。

(1) 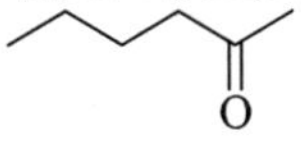 己-2-酮（键线式，O）　(2) 己醛（键线式，CHO）　(3) 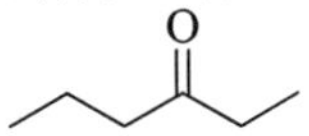 己-3-酮（键线式，O）

(4)  顺-己-3-烯（键线式）　(5)  反-己-3-烯（键线式）

5.7 由丁-2-炔转变成下列各化合物。

(1) 2, 3-二溴丁烷　(2) 2, 2-二溴丁烷　(3) 2, 2, 3, 3-四溴丁烷

5.8 用简单化学方法鉴别下列各化合物。

(1) 丁-1-炔和丁-2-炔　(2) 丁-1-炔和丁-1-烯　(3) 丁-2-炔和甲基环丙烷

5.9 室温下丁-1, 3-二烯在乙酸溶液中与氯化氢反应，得到 22%的 1-氯丁-2-烯和 78%的 3-氯丁-1-烯，但在三氯化铁存在下，或延长反应时间，则以上混合物变为 75%的 1-氯丁-2-烯和 25%的 3-氯丁-1-烯，请解释。

5.10 辛-1-烯在四氯化碳溶液中，加入少量过氧化苯甲酰[$(C_6H_5COO)_2$]与 *N*-溴代丁二酰亚胺(NBS)，反应得到 17%的 3-溴辛-1-烯、44%的反-1-溴辛-2-烯和 39%的顺-1-溴辛-2-烯，用反应说明这些产物的生成（注：过氧化苯甲酰是一种常用的自由基引发剂，它易均裂产生自由基）。

$$C_6H_5\overset{O}{\overset{\|}{C}}-O-O-\overset{O}{\overset{\|}{C}}C_6H_5 \xrightarrow{\triangle} C_6H_5\overset{O}{\overset{\|}{C}}\cdot \longrightarrow C_6H_5\cdot + CO_2$$

5.11　下列哪些反应适宜于制备顺-2,3-二氘代丁-2-烯？

(1) $H_3CC\equiv CCH_3 \xrightarrow[\text{Pd或Ni}]{HD}$　　(2) $H_3CC\equiv CCH_3 \xrightarrow[Pd(BaSO_4)]{D_2}$

(3) $H_3CC\equiv CCH_3 \xrightarrow[2)CH_2COOD]{1)\ B_2D_6}$　　(4) $H_3CC\equiv CCH_3 \xrightarrow[2)CH_3COOD]{1)B_2H_6}$

(5) $H_3CC\equiv CCH_3 \xrightarrow[2)CH_3COOH]{1)\ B_2D_6}$

5.12　以下反应：

$$CH_2=CHCH_2Br + HBr \longrightarrow BrCH_2CH_2CH_2Br + CH_3CHBrCH_2Br$$

1, 3-二溴丙烷　　1, 2-二溴丙烷

在过氧化物存在下，以 1, 3-二溴丙烷为主要产物；无过氧化物存在时，以 1, 2-二溴丙烷为主要产物。若烯丙基溴没有充分纯化，带有微量空气，则得到两种产物的混合物，请解释。

5.13　写出由丁-1, 3-二烯在过氧化物存在下与氯仿 ($CHCl_3$)反应的产物及反应机理。

5.14　三种异构体 A、B、C(C_4H_6)表现出如下的化学性质：在钯催化下氢化都吸收氢，B 和 C 吸收的氢为 A 的两倍；A、B、C 都能与氯化氢反应，加入少量氯化汞，B 和 C 的反应更容易，并消耗两分子氯化氢；B 和 C 与硫酸汞、硫酸溶液反应生成酮(C_4H_8O)，B 与 $Ag(NH_3)_2^+$ 反应生成灰色沉淀，此沉淀加热时发生爆炸。写出 A、B、C 的结构式和各步反应。

第 6 章 芳 香 烃

芳香族化合物最初是从香树脂、香料油等天然产物中得到的，因具有芳香气味而得名。芳香族化合物都含有芳环结构，其中苯是最常见的芳环。苯的分子式为 C_6H_6，不饱和度为 4，其同系物的通式为 C_nH_{2n-6}。从组成上看，它们是高度不饱和的，但却表现出与烯、炔等不饱和烃显著的性质差异，如易取代、难加成及芳环的特殊稳定性等。这是芳香族化合物的通性，常称为芳香性。

6.1 苯 的 结 构

芳香性的本质是由其芳环结构决定的，芳环都属于环状共轭体系。

6.1.1 苯的经典结构式——凯库勒式

人们很早就知道，单取代苯只有一种异构体，而同二取代苯则有三种异构体。因此，推断苯分子中六个碳原子是对称排列的。1865 年，凯库勒（Kekulé）提出了苯的环状构造式（下左），即六个碳原子排列在六元环的六个顶角上，每个碳上都连接一个氢原子，这个结构式能很好地说明取代苯的异构体数目。

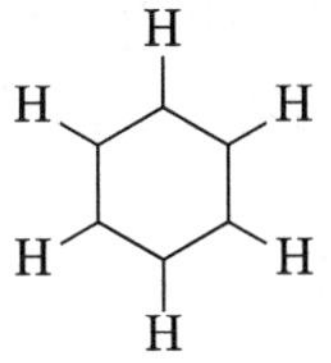

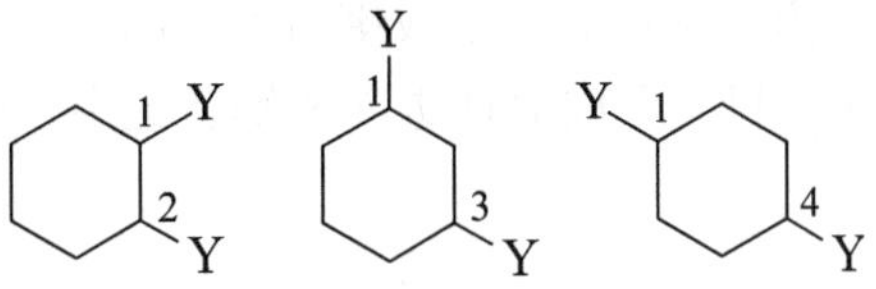

三种二取代异构体

但这种结构式没有表明碳原子的第四个价键如何安排。为了处理好碳原子的第四个价键，并考虑到苯的加成反应虽然困难，但仍可以进行，凯库勒进一步提出，苯具有环己三烯的结构：

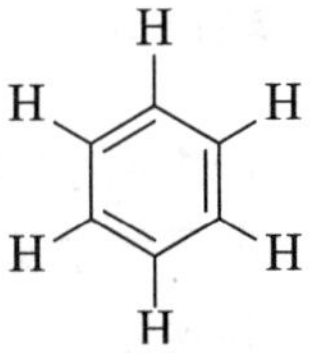

然而由单、双键相间组成的环己三烯，其双键和单键的键长是不相等的，因此按此结构来看，苯的邻位同二取代物应该有两种异构体，但实际上却只有一种。为此，凯库勒又假定，在苯分子中的双键并没有固定，而是不停地来回转动。苯是两种环己三烯结构的平衡混合物。

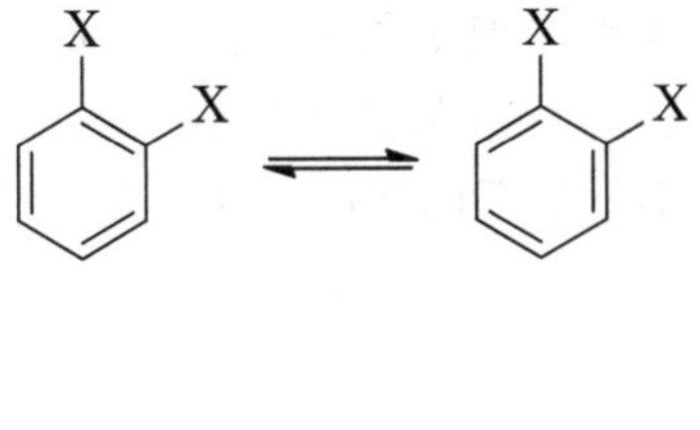

这种结构虽然处理了碳原子的第四个价键问题，也照顾了苯的邻二取代物只有一种的事实。但环己三烯有三个双键，应该很容易发生类似烯烃的加成反应，这与苯环实际上异常稳定的化学行为是相矛盾的。因此，凯库勒结构式在当时曾激起一阵反对的风暴，直到 20 世纪 30 年代，随着理论物理及物理方法的发展，人们对苯的真实结构才逐渐有了准确和清晰的认知。

6.1.2　苯结构的近代概念

X 射线衍射分析表明：与环己烷的折叠形结构不同，苯具有平面正六边形的碳架结构，碳碳键的键长都是 1.397Å，键角都是 120°。这种结构说明苯分子中六个碳原子彼此以 sp^2 杂化轨道“头碰头”交叠形成六个 C—C σ 键，并以 sp^2 轨道与氢原子的 1s 轨道交叠形成六个 C—H σ 键，从而使六个碳原子和六个氢原子都处于同一平面内。每个碳原子上剩下的一个 p 轨道都与环平面垂直，它们彼此平行并“肩并肩”地交叠形成如下图所示的 π 键。可以看出，此时的 π 键并不局限在两个碳原子之间，而是跨越了 6 个碳原子，π 电子可以离域在 6 个 p 轨道重叠形成的“大 π 键”上。

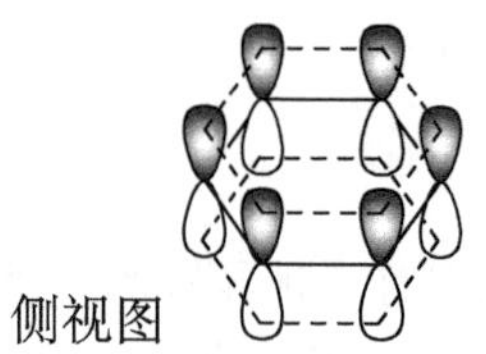

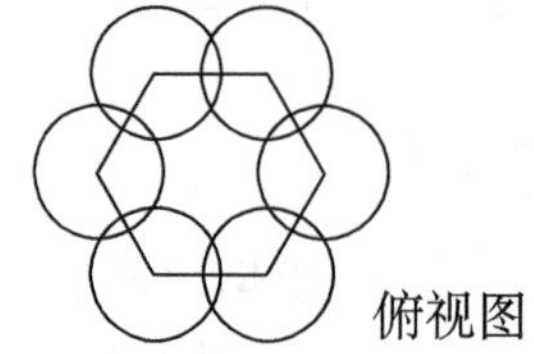

苯环碳原子“肩并肩”重叠的p轨道

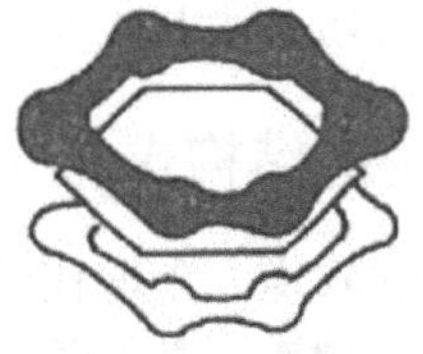

苯分子的 π 电子云分布

量子力学计算表明：6 个 p 轨道线性组合形成 6 个 π 分子轨道。其中，ψ_1、ψ_2、ψ_3 轨道的能量比原子轨道能量更低，是成键轨道；ψ_4、ψ_5、ψ_6 的能量比原子轨道能量高，是反键轨道。六个 p 电子可以全部成对地进入成键轨道中，形成一个稳定的结构体系，如图 6.1 所示。

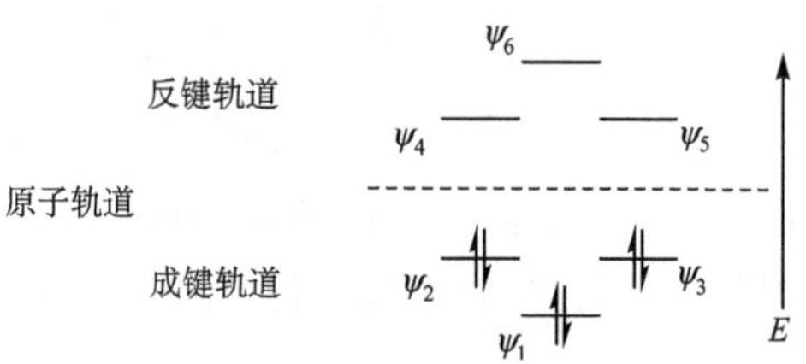

图 6.1　苯的 π 分子轨道能级

从 1, 3-环己二烯到苯，分子结构发生了根本的变化，苯分子中的 π 电子离域化程度很高，它是一个无头无尾的连续共轭体系。这种电子体系及分子的高度对称性，使苯环具有特殊的稳定性。因此，苯环难以发生破坏该稳定共轭体系的加成反应，而容易发生保持苯环结构的取代反应。

苯分子的稳定性也表现在它的氢化热上。如下所示，环己烯、环己-1, 3-二烯和苯完全氢化均生成环己烷，所放出的热量分别为 119.5 kJ/mol、231.6 kJ/mol 和 208.2 kJ/mol。以环己烯的氢化热计算，环己-1, 3-二烯由于两个双键共轭，其氢化时放出的热量比计算值（2×119.5 = 239.0 kJ/mol）低，这是可以理解的。但苯氢化时放出的热量则比按三烯结构计算的数值（3×119.5 = 358.5 kJ/mol）低了很多，甚至比环己-1, 3-二烯氢化时放出的热量还少。这显然不是用三烯的结构能够解释的，这说明苯环的共轭体系和环己-1, 3-二烯还不尽相同，有其特殊之处，即“环状闭合”和“高度对称”的离域大π键。

反应	氢化热/(kJ/mol) 理论值	实测值
$+ H_2 \xrightarrow{Ni}$	119.5	119.5
$+ H_2 \xrightarrow{Ni}$	239.0	231.6
$+ H_2 \xrightarrow{Ni}$	358.5	208.2

通过共振论也可以解释苯分子的对称性，即苯环结构采用了如下所示的共振结构。苯环存在能量上等价的两个共振结构式（Ⅰ和Ⅱ），共振效应强，对共振杂化体Ⅲ的稳定性大。因此也可以用Ⅲ来表示苯环，它形象地表示出了苯环对称的大π键结构。但对于取代苯环或稠环芳香体系，它们的苯环各个部分并不完全对称，此时使用这种表达式就不太恰当，容易误解。所以，至今在许多文献中仍然使用六边形形似共轭三烯的凯库勒结构式，但要记住这个结构式的局限性和与实际结构的差别。

Ⅰ ⟷ Ⅱ　　　Ⅲ

苯分子的共振结构式　　　苯的共振杂化体

6.2 芳烃的分类、命名和物理性质

芳烃是只含碳、氢两种元素的芳香族化合物，它们大多数含有苯环，根据芳烃分子中苯环的数目和连接方式，可以把芳烃分为两大类：

（1）单环芳烃，如：

苯　　甲苯（CH_3）　　二甲苯（CH_3，CH_3）　　苯乙烯

（2）多环芳烃，如多苯代脂烃、联苯类芳烃及稠环芳烃。

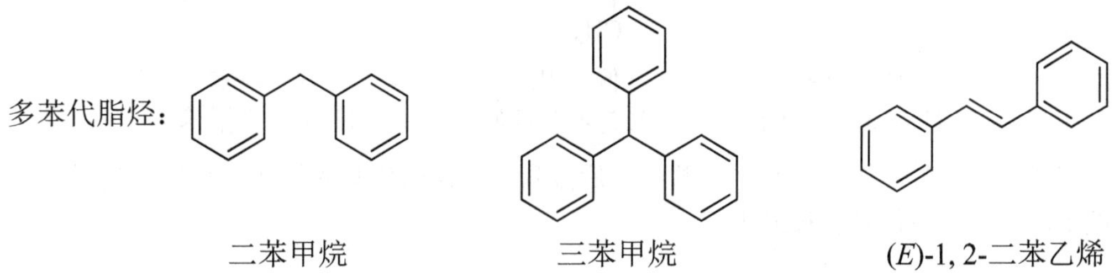

二苯甲烷　　三苯甲烷　　(*E*)-1, 2-二苯乙烯

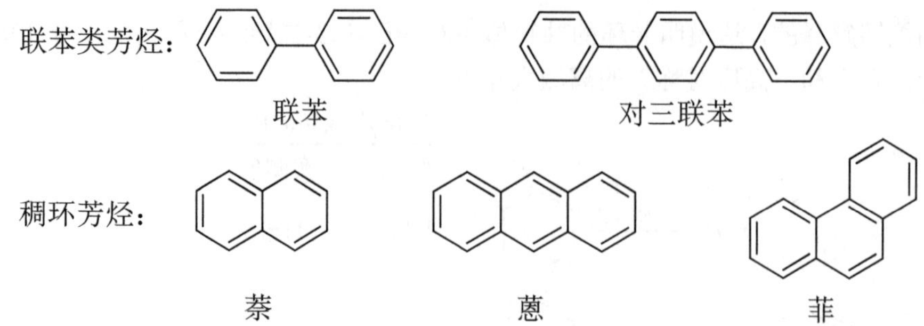

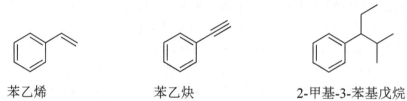

许多苯衍生物的名称只需在苯字之前冠以取代基的名称即可。例如，硝基苯、溴苯、叔丁基苯。而氨基(—NH_2)、羟基(—OH)、醛基(—CHO)、氰基(—CN)、羧基(—COOH)、磺酸基(—SO_3H)等基团则一般放在苯字后面作为官能团，分别称为苯胺、苯酚、苯甲醛、苯甲腈、苯甲酸、苯磺酸等。当烷基比较复杂或侧链有不饱和键时，也可以将苯环作为取代基。例如：

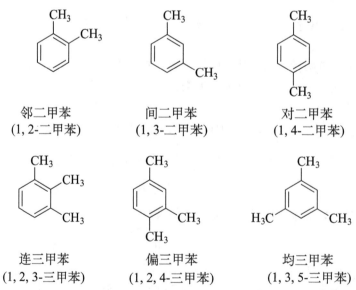

苯乙烯　　苯乙炔　　2-甲基-3-苯基戊烷

苯分子中去掉一个氢后，剩下的基团称为苯基，常用符号 Ph 表示；Ar 则泛指芳基；苯甲基（$PhCH_2$—）常称为苄基，可用 Bn 表示。

苯的二元或三元取代衍生物，可用邻 (*ortho*-)、间 (*meta*-)、对 (*para*-)或用希腊字头的第一个字母 *o*-、*m*-、*p*-来区别。简单三元取代苯常用连 (1, 2, 3-)、偏 (1, 2, 4-)、均 (1, 3, 5-)来区分。例如：

邻二甲苯 (1, 2-二甲苯)　　间二甲苯 (1, 3-二甲苯)　　对二甲苯 (1, 4-二甲苯)

连三甲苯 (1, 2, 3-三甲苯)　　偏三甲苯 (1, 2, 4-三甲苯)　　均三甲苯 (1, 3, 5-三甲苯)

取代基较多时，按英文名字母顺序先后排列，并使取代基的位次尽量低。如果取代基均为烷基，一般考虑位号总和最小。

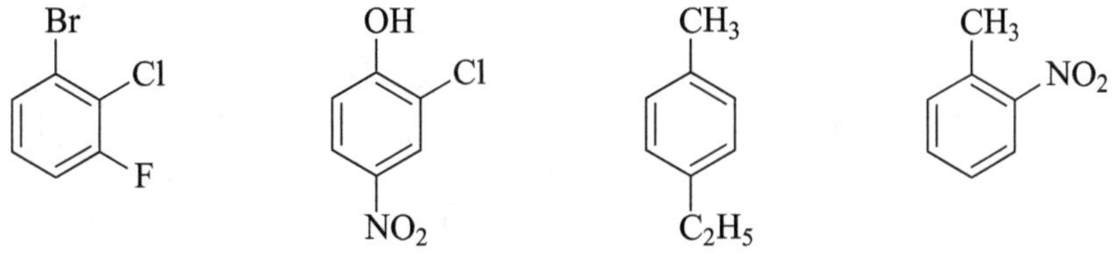

1-溴-2-氯-3-氟苯　2-氯-4-硝基苯酚　对乙基甲苯　邻硝基甲苯

苯环上有两个或多个不同类型取代基时，按以下优先顺序确定母体：COOH（羧酸）、SO_3H（磺酸）、COOCOR（酸酐）、COOR（酯）、COX（酰卤）、$CONH_2$（酰胺）、CN（腈）、CHO（醛）、COR（酮）、OH（酚）、NH_2（胺）、OR（醚）；而 R（烃基）、X（卤素）、NO_2（硝基）一般只作为取代基。

苯系芳烃大多是不溶于水、比水轻的液体；但它们的密度和折射率都比链烃、环烷烃和环烯烃高，沸点随相对分子质量升高而升高；熔点既与相对分子质量有关，也与结构有关，结构对称的异构体，如对位异构体，具有较高的熔点；苯及其同系物大多具有愉快的芳香味，但其蒸气有毒，通过呼吸道摄入后会影响中枢神经，损害造血器官，有的稠环芳烃甚至是高度致癌物。

6.3　苯环的亲电取代反应

与烯烃、炔烃类似，苯环的 π 键也是富电子的结构，也可以接受亲电试剂的进攻从而发生离子型反应。但为了保持苯环结构特殊的稳定性，苯环易发生亲电取代反应，而难以发生亲电加成。苯环亲电取代反应的通式如下：

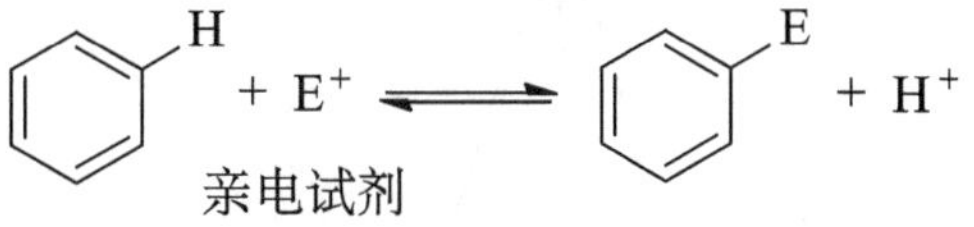

$$C_6H_5\text{—}H + E^+ \rightleftharpoons C_6H_5\text{—}E + H^+$$

亲电试剂

6.3.1　亲电取代反应的机理　同位素效应

推测芳环上的亲电取代反应有三种可能的机理：①两步反应，C—H 键断裂先于新键的形成；②两步反应，新键形成先于 C—H 键的断裂；③一步反应，C—H 键的断裂和新键生成协同进行。

第一种情况不太可能，因为苯环的 C—H 键不仅是非极性键，而且键强度大（解离能为 468.2 kJ/mol），难以首先断裂。事实上，在烷烃光照卤代的条件下，苯也不会发生卤代。

苯环上亲电取代反应机理可以用同位素效应得到确证。同一元素的不同同位素，由于质量不同，虽然发生相同的反应，但反应速率不同，这种由同位素的差别而造成反应速率（或平衡位置）上的差别称为同位素效应。氢的三种同位素 H（氕）、D（氘）、T（氚）与其他元素的同位素相比，在相对原子质量上具有最大的比例差，因此氢的同位素效应最明显、最易测量。加之氢原子在有机化学中的特殊地位，对氢同位素效应的研究具有重要意义。

如下列苯或氘代苯的硝化反应所示，在涉及 C—H(D)键断裂的两个反应中，氘同位素效应可以用两个反应的速率常数比 k_H/k_D 来衡量。氢同位素的相对原子质量越大，与碳原子形成的键越难以断裂，因此反应速率越慢。室温下，氘的同位素效应 k_H/k_D 值为 5～8，而氚的同位素效应 k_H/k_T 值约为 k_H/k_D 值的 2 倍。

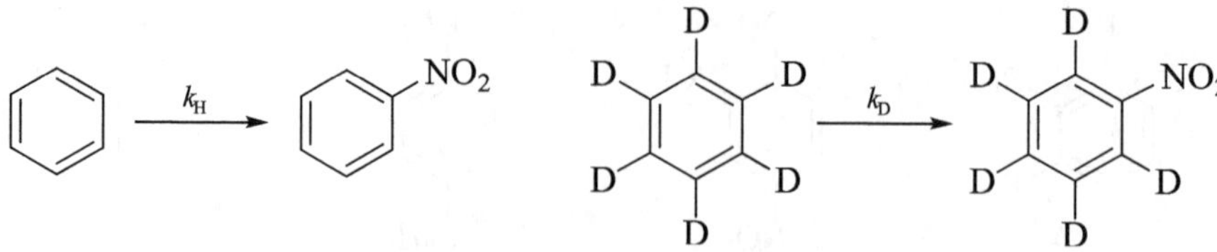

因此，对于一个涉及 C—H 键断裂的有机反应，如果将底物的 H 换成 D 后，反应速率下降为原来的 1/8～1/5，则可以证明 C—H 键断裂是反应的速率控制步骤；反之，如果没有同位素效应，则说明 C—H 键断裂很快，不是反应的速率控制步骤。实验证明，氘代苯或氚代苯发生硝化反应的速率和苯基本相同。这说明在苯环的亲电取代反应中，C—H 键的断裂不包括在速率控制步骤中，因而可以提出苯取代的两步机理：第一步，新键形成，此时苯的共轭体系受到破坏，可以预料这是最慢的决定反应速率的一步；第二步，很快失去 H^+，C—H 键断裂，恢复环状共轭体系和芳香性。

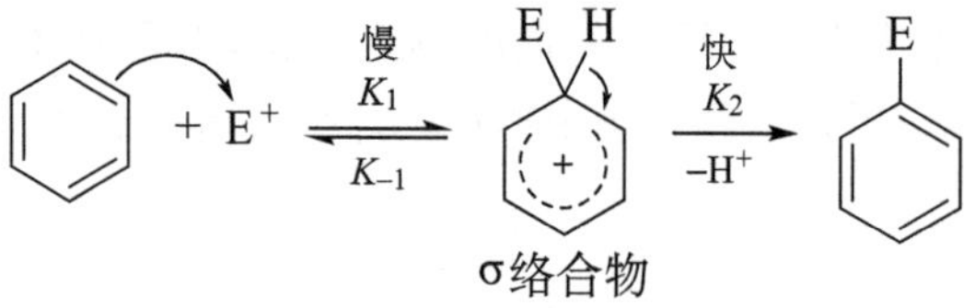

图 6.2 表明了苯进行亲电取代反应的能量变化。亲电试剂和苯环靠近先形成 π 络合物，之后新键形成，苯环共轭结构被破坏，生成 σ 络合物。显然生成 π 络合物比生成 σ 络合物的活化能更低，$\Delta E_1 < \Delta E_2$，生成 σ 络合物是反应的速率控制步骤。

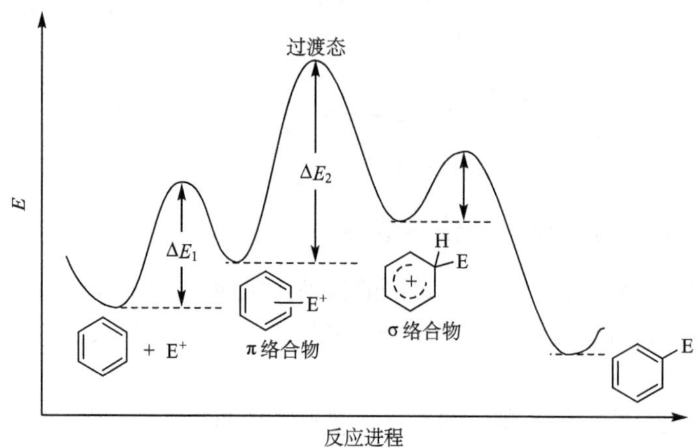

图 6.2　苯进行亲电取代反应的能量变化图

σ 络合物脱去质子，即得到产物；如果脱去 E^+，则逆转为反应物，二者均可使苯环恢复芳香性。一般情况下，从 σ 络合物逆转为原料比生成产物所需的活化能更高（图 6.2），因此反应正向进行，如苯的卤代、硝化等，其 $K_2 \gg K_{-1}$，是不可逆反应。但苯的磺化和傅-克烷化反应，其 $K_2 \approx K_{-1}$，是可逆反应。后者意味着在适当条件下平衡可能达到。例如，磺化反应能够生成不同异构体时，随条件不同，可生成热力学控制或动力学控制的产物。

6.3.2　卤代、硝化和磺化反应

苯环上氢原子可被卤素、硝基、磺酸基等取代，生成各种苯的衍生物。

$$\text{苯磺酸 } C_6H_5SO_3H \xleftarrow{H_2SO_4} C_6H_6 \xrightarrow{Br_2,\ FeBr_3} C_6H_5Br \text{ 溴苯}$$

$$C_6H_6 \xrightarrow[H_2SO_4]{HNO_3} C_6H_5NO_2 \text{ 硝基苯}$$

6.3.2.1 卤代反应

在卤代反应中，不同卤素所表现出的相对活性，与卤素对烯烃亲电加成的相对活性一致。

$$F_2 \gg Cl_2 > Br_2 \gg I_2$$

由于苯更加稳定，接受亲电进攻的活性比烯烃更小，所以反应通常需要路易斯酸，如 FeX_3、AlX_3 (X = Cl、Br)作为催化剂，促进卤素共价键异裂产生正卤离子，从而作为亲电试剂进攻苯环。

$$X_2 + FeX_3 \rightleftharpoons \overset{\delta^+}{X}\text{--}\overset{\delta^-}{X}\text{--}FeX_3 \rightleftharpoons X^+ + [FeX_4]^-$$

在类似条件下，碘一般不反应，而氟与苯反应时不用催化剂也很剧烈，难以控制，因此氟苯和碘苯是用其他方法制得的。例如，用碘和氧化汞一起与苯反应可制得碘苯。

$$C_6H_6 + I_2 + HgO \rightleftharpoons [C_6H_6I]^+ + [IHgO]^- \longrightarrow C_6H_5I + Hg(OH)I$$

在路易斯酸（如 $ZnCl_2$）催化下，氯化碘与苯反应也能生成碘苯。

6.3.2.2 硝化反应

用浓硝酸和浓硫酸（1∶2）的混合物处理芳烃，很容易使苯发生硝化。在这个反应中，亲电试剂是硝鎓离子（NO_2^+）。硝酰卤也可以在路易斯酸的存在下异裂为硝鎓离子，从而对苯环发生硝化反应。

$$HNO_3 + 2\,H_2SO_4 \rightleftharpoons NO_2^+ + H_3O^+ + 2\,HSO_4^-$$

硝鎓离子的盐，如四氟硼酸盐（$NO_2^+BF_4^-$）可以分离得到，并表现为一个强的硝化试剂。此外，乙酰硝酸酯、硝酰卤也可作为硝化试剂。

$$C_6H_5CH_2CH_3 + \underset{\text{乙酰硝酸酯}}{CH_3C(=O){-}O{-}NO_2} \xrightarrow[CH_3CN]{H^+} o\text{-}O_2NC_6H_4CH_2CH_3 + p\text{-}O_2NC_6H_4CH_2CH_3$$

$$C_6H_6 + \underset{\text{硝酰卤}}{NO_2X} \xrightarrow{TiCl_4} C_6H_5NO_2 + HX\ (X=F, Cl, Br)$$

6.3.2.3 磺化反应

对于磺化反应，三氧化硫是活泼的亲电试剂。使用发烟硫酸实现磺化，不仅可以在室温下磺化，而且比用浓硫酸磺化更快。

$$2H_2SO_4 \rightleftharpoons H_3O^+ + HSO_4^- + SO_3$$

$$\text{苯} + \text{浓}\ H_2SO_4 \underset{}{\overset{\triangle}{\rightleftharpoons}} \text{苯磺酸}(C_6H_5SO_3H) + H_2O$$

如前所述，磺化是可逆反应，在100～200℃，苯与73%的硫酸可达到反应平衡。此时如果需要得到磺酸，可将生成的水蒸出以破坏平衡，或者用含三氧化硫的硫酸使平衡正向移动。例如，工业上是把加热至170℃的苯蒸气通入浓硫酸中，使一部分苯磺化，另一部分苯把生成的水带走。反过来，若将产物苯磺酸与稀硫酸一起加热，或在磺化反应混合物中通入水蒸气，都可以使磺酸基脱下。因此，可以利用这一点将磺酸基作为有机合成的“保护基团”，即利用其来占据芳环上的一个位置，使其他基团引入指定的另一位置，然后再除去磺酸基。例如，以甲苯制备邻氯甲苯，如果直接氯代会得到对氯甲苯为主的产物。此时可先利用磺化反应让磺酸基占据对位，再氯代使氯进入邻位，最后加热水解除去磺酸基即可。

$$\text{甲苯(Me)} \xrightarrow[\triangle]{H_2SO_4} \text{对甲苯磺酸}(Me, SO_3H) \xrightarrow{Cl_2/FeCl_3} \text{2-氯-4-磺酸基甲苯}(Me, Cl, SO_3H) \xrightarrow[150℃]{H_3O^+,} \text{邻氯甲苯}(Me, Cl)$$

用氯磺酸（$ClSO_3H$）代替硫酸与苯反应，可生成苯磺酰氯。

$$\text{苯} + 2\,ClSO_3H \xrightarrow[77\%]{20\sim25℃} C_6H_5SO_2Cl + H_2SO_4 + HCl$$

苯磺酰氯

6.3.3 傅-克烷化和酰化反应

通过傅-克（Friedel-Crafts）烷化和酰化反应，可在苯环上引入烷基或酰基。在这类反应中，亲电试剂是碳正离子。

6.3.3.1 傅-克烷化反应

在催化剂存在下，卤代烷RX与苯反应，得到烷基苯产物。

$$RX + AlX_3 \rightleftharpoons \overset{\delta^+}{R}\cdots\cdots\overset{\delta^-}{X}\cdots\cdots AlX_3 \rightleftharpoons R^+ + [AlX_4]^-$$

亲电试剂

$$\text{苯} + RCl \xrightarrow{AlCl_3} C_6H_5R + HCl$$

傅-克烷化反应的催化剂是路易斯酸或质子酸。路易斯酸的活性次序为 $AlCl_3 > BF_3 > SbCl_6 > FeCl_3 > SnCl_4 > ZnCl_2$。而常用质子酸的活性顺序为 $HF > H_2SO_4 > H_3PO_4$。

活性强的反应物可用活性更小的催化剂，傅-克烷化反应最常使用的催化剂是三氯化铝。除此之外，也可用其他酸作催化剂，特别是BF_3、HF和H_3PO_4。理论上，只要能形成碳正离子，就可以用于该反应。因此，烷化剂除了用卤代烷以外，也可用烯烃和醇等。例如：

H$_3$PO$_4$ 或HF + BF$_3$

BF$_3$ C$_6$H$_6$, 0℃

67%　33%, 重排产物

碳正离子和苯的反应并不容易进行，而碳正离子又有重排为更稳定结构的趋势，因此傅-克烷化反应常得到重排产物。

AlCl$_3$　~30%　~70%

AlCl$_3$　100%

因此，想要用正烷基卤（如上述 1-氯丙烷）通过傅-克烷化反应制备正烷基苯是不太可能的。但用环丙烷可以顺利地将正丙基引入芳环。

AlCl$_3$　65%

用多卤代烷进行傅-克烷化反应，可得到含两个以上芳环的化合物。

3 + CHCl$_3$ AlCl$_3$

傅-克烷化反应虽然是在芳环中引入侧链的重要方法，但由于有易生成多烷基苯（烷基苯比苯更易发生该反应）、易发生重排等局限性，其应用受到一定限制。此外，活性比苯差的芳基化合物，如卤苯、硝基苯、酰基苯等难以发生此反应。含有—NH$_2$、—NHR 或—NR$_2$ 等基团的芳环也不发生傅-克烷化反应，部分原因是作为催化剂的路易斯酸与具有路易斯碱性的氮原子结合后，催化剂失活，同时，芳环也因氮原子与酸结合而被钝化。

傅-克烷化反应是可逆反应，当使用 1 当量以上的强路易斯酸催化剂，如 AlCl$_3$-HCl 或 BF$_3$-HF 时，反应可达到平衡。如果烷基导入的位置可以选择，可生成不同的位置异构体时，在不同条件下能够得到速率控制和平衡控制的产物。速率控制的动力学产物是邻、对位取代的产物；而平衡控制的热力学产物是间位取代产物。

CH_3 + ⁄⁄ $\xrightarrow[CH_3CN]{AlCl_3}$ CH_3 *i*-Pr + CH_3 *i*-Pr + CH_3 *i*-Pr

(速率控制产物) 63%　12%　25%

CH_3 + ⁄⁄ $\xrightarrow[\triangle]{AlCl_3\text{-}HCl}$ CH_3 *i*-Pr (平衡控制产物)

6.3.3.2　傅-克酰化反应

傅-克酰化反应是在与烷化相同的条件下进行的，芳烃与酰氯或酸酐反应，在环上顺利地引入一个酰基。

CH_3COOH + (O) $\xleftarrow[AlCl_3]{\text{酸酐 } (CH_3CO)_2O}$ $\xrightarrow[AlCl_3]{\text{酰氯 } RCOCl}$ (O) R + HCl

二硫化碳、硝基苯或四氯化碳都可作为酰化反应的溶剂。反应机理与烷化类似，进攻芳环的亲电试剂，可以是酰基正离子或是酰化剂与催化剂形成的络合物。

R(O)Cl + $AlCl_3$ ⇌ R(O)$^+$ + $[AlCl_4]^-$ （或 R(O)$^+$ $[AlCl_4]^-$）

酰化试剂的羰基氧原子作为路易斯碱可以和路易斯酸催化剂结合，从而使催化剂失活，因此傅-克酰化反应需要使用较多的催化剂。若使用酰氯作为酰化试剂，需要催化剂的用量略大于酰氯，使少量过量的三氯化铝再起催化作用使反应进行；若使用酸酐作为酰化试剂，由于酸酐的两个羰基氧原子都可以结合催化剂，需要2当量以上的催化剂才能使反应顺利进行。所以酰化反应的催化剂用量比烷化更多。另外，酰基使芳环钝化，引入一个酰基后，反应即停止，不会生成多元取代物。

傅-克酰化反应没有烷化反应那么多的局限性，是制备芳香酮的重要方法之一。并且酰化后的羰基可用锌汞齐在浓盐酸存在下还原成亚甲基，这是制备直链烷基苯的有效方法。该还原反应也称为克莱门森（Clemmensen）还原（可见9.5.3.2小节）。

$\xrightarrow[AlCl_3]{\text{Cl (O)}}$ (O) $\xrightarrow{Zn\text{-}Hg/HCl}$

由于五元、六元环较稳定易形成，一些结构合适的芳香羧酸也可以通过分子内的傅-克酰化反应得到环状酮。

聚磷酸 (PPA)

6.3.4 苯环上的其他亲电取代反应

6.3.4.1 氯甲基化反应

苯与甲醛和氯化氢在无水氯化锌存在下反应，可在苯环上引入氯甲基，该反应称为氯甲基化反应。

$ZnCl_2$ 60℃ HCl

苄(基)氯 79%

进攻芳环的亲电试剂是甲醛与路易斯酸（LA）生成的碳正离子中间体。形成的醇和氯化氢进一步反应得到氯甲基化产物。

亲电试剂

–LA HCl + H_2O

6.3.4.2 加特曼-科赫反应

用一氧化碳和氯化氢在路易斯酸催化下，可在烷基苯环的邻、对位引入甲酰基，称为加特曼-科赫（Gattermann-Koch）反应。

+ CO + HCl $\xrightarrow[46\%\sim51\%]{AlCl_3}$

这是傅-克酰化反应的一个应用，该反应是按如下机理进行的：CO 和 HCl 先生成甲酰氯，随后和苯环发生傅-克酰化反应得到甲酰基苯，即苯甲醛。

$$CO + HCl \longrightarrow HCOCl \xrightarrow[Ar-H]{AlCl_3} HCOAr$$

CO/HCl 混合气可由氯磺酸与甲酸反应制得。

$$ClSO_3H + HCOOH \longrightarrow HCl + CO + H_2SO_4$$

一般条件下，苯自身不发生此反应，但在 Cu_2Cl_2 或 $TiCl_4$ 催化下，也可制得苯甲醛，此时氯化亚铜与一氧化碳络合，使其反应活性增高。

$$C_6H_6 + CO + HCl \xrightarrow[\text{醚或硝基苯}]{Cu_2Cl_2\text{-}AlCl_3} C_6H_5CHO$$

环上具有强吸电基的芳香族化合物不发生此反应，而环上存在给电基（如—OH、—OR、—NR_2 等）的芳环进行反应时也往往得不到芳醛。因为此时被活化的苯环可能进一步与醛反应，生成多环化合物。

6.3.4.3　维尔斯迈尔反应

活泼芳环（如芳胺、酚及酚醚等）与 *N*,*N*-二甲基甲酰胺（DMF）在三氯氧磷存在下可反应生成苯甲醛，称为维尔斯迈尔（Vilsmeier）反应。

$$C_6H_5N(CH_3)_2 + HCON(CH_3)_2 \xrightarrow{POCl_3} p\text{-}(CH_3)_2NC_6H_4CHO$$

其反应历程如下：

$$Me_2NCH{=}O + \overset{\delta^+}{P}(=O)Cl_3 \longrightarrow Me_2N\overset{+}{C}H{-}O{-}PCl_3{-}O^- \longrightarrow Me_2N\overset{+}{C}H{-}O{-}P(=O)Cl_2 + Cl^-$$

$$\longrightarrow \underset{\text{亲电试剂}}{Me_2N\overset{+}{C}H{-}Cl} + {}^-O{-}P(=O)Cl_2$$

$$\xrightarrow[-H^+]{R{-}C_6H_5} R{-}C_6H_4{-}CH(Cl)NMe_2 \xrightarrow[\text{水解}]{H_2O} R{-}C_6H_4{-}CHO$$

除亲电取代反应外，苯环上也能发生亲核取代反应及自由基反应，将在之后的有关章节中介绍。

6.3.5　取代基对亲电取代反应的影响　定位效应

苯发生硝化反应时，在 50℃下即可进行。但生成的硝基苯如果要进一步硝化，则需要在更强烈的条件下才能进行，且主要产物是间二硝基苯。

$$C_6H_5NO_2 + HNO_3 \xrightarrow[95\sim100℃]{H_2SO_4} \underset{6.4\%}{o\text{-}C_6H_4(NO_2)_2} + \underset{93\%}{m\text{-}C_6H_4(NO_2)_2} + \underset{0.3\%}{p\text{-}C_6H_4(NO_2)_2}$$

与之相比，甲苯的硝化则比苯快得多，且得到的产物以邻位和对位为主。

$$C_6H_5CH_3 + HNO_3 \xrightarrow[30℃]{H_2SO_4} \text{邻-}CH_3C_6H_4NO_2\ (62\%) + \text{间-}CH_3C_6H_4NO_2\ (5\%) + \text{对-}CH_3C_6H_4NO_2\ (33\%)$$

以上例子说明，苯环上的取代基对苯环进一步发生亲电取代反应有两方面的影响：①对苯环活性的影响，取代基可能钝化苯环，也可能活化苯环；②反应的区域选择性，取代基可能使亲电试剂优先进入间位，也可能使其优先进入邻位、对位。

6.3.5.1　取代基对苯环亲电取代活性的影响

对于苯的亲电取代反应，容易理解的是，苯环上的电子云密度越大，越易接受亲电试剂的进攻，反应越容易进行。因此，可以推出，苯环上取代基的排电子能力越强，则亲电取代反应的活性越强；反之，如果取代基的吸电子能力越强，则反应活性越低。

苯环是一个共轭体系，因此在判断取代基的电子效应对苯环反应活性的影响时，需考虑取代基的总电子效应，即诱导效应和共轭效应的结合。这样可以将取代基分为四类：

第Ⅰ类取代基同时具有+I 和+C 效应：这类取代基一般是烷基，它们的诱导和共轭效应都较弱，因此总电子效应为弱排电，对苯环的亲电取代反应有较弱的活化作用。除了烷基，一些带负电荷的基团如氧负离子（如苯酚的钠盐）等，它们的+I 和+C 效应都很强，属于强活化基团。

第Ⅱ类取代基具有–I 和+C 效应，且–I < +C：这类取代基主要包括卤素以外的、和苯环直接相连的原子含有孤对电子的取代基，如—NR_2、—NHR、—NH_2、—OH、—OR 等，它们的总电子效应是排电的，是较强的活化基团。

第Ⅲ类取代基具有–I 和+C 效应，且–I > +C：这类取代基主要是卤素，它们的总电子效应是吸电的，是钝化基团。

第Ⅳ类取代基同时具有–I 和–C 效应：具有–C 效应的取代基一般都具有–I 效应，如—NO_2、—CF_3、—CN、—SO_3H、—CHO、—COOH 等，它们是较强的钝化基团。另外，带有正电荷的基团（如—N^+R_3）具有更强的吸电性，当然是更强的钝化基团。

这四类取代基可归纳如图 6.3 所示。

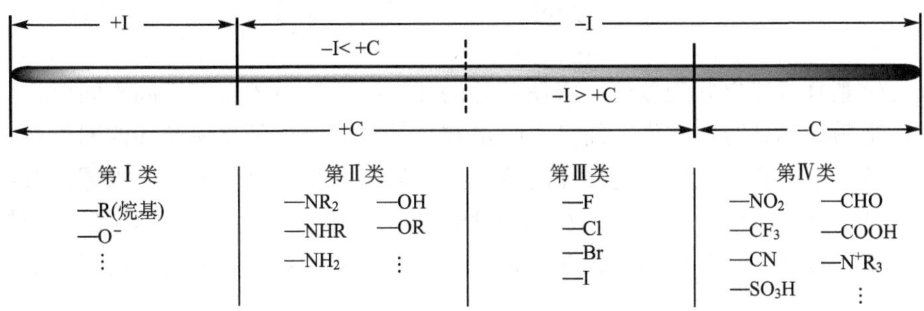

图 6.3　苯环上取代基的电子效应

各种单取代苯，由于取代基的总电子效应不同而具有不同的偶极矩，见表 6.1。其中，排电偶极矩越大，则表示对苯环亲电取代反应的活化能力越强；反之则钝化能力越强。

表 6.1　一元取代苯的偶极矩（20～25℃，苯中）

取代基	总电子效应	偶极矩/deb	取代基	总电子效应	偶极矩/deb
—OH	排电	1.6	—Br	吸电	1.5
—NMe_2	排电	1.6	—Cl	吸电	1.6
—NH_2	排电	1.5	—COOMe	吸电	1.9
—OCH_3	排电	1.2	—CHO	吸电	2.8
—H	—	0.0	—COMe	吸电	2.9
—COOH	吸电	1.0	—CN	吸电	3.9
—I	吸电	1.3	—NO_2	吸电	4.0

学习提示：“活化”和“钝化”是相对的概念，是基于反应类型和机理而言的。对于苯环上的吸电子基团，它们是苯环亲电取代反应的“钝化基”，但如果是亲核取代反应，它们就成了“活化基”，反之亦然。判断一个基团的诱导效应，可参见 4.4.2.2 小节；共轭效应可参见 5.5.4.2 小节。

6.3.5.2　定位效应

1. 共轭效应对定位的影响

苯环上的取代基除了对苯环继续发生亲电取代反应的活性有影响之外，还起到了给下一个基团指示位置的作用。原有的取代基可称为定位基，由此产生的苯环上亲电取代反应的区域选择性称为定位效应。与对苯环整体的活化和钝化不同，定位效应是由苯环不同位置电子云密度的不均匀性所决定的，这种不均匀性来自定位基对苯环的共轭效应所产生的电子云密度交替分布。这种交替分布可通过苯环的极限式表示：

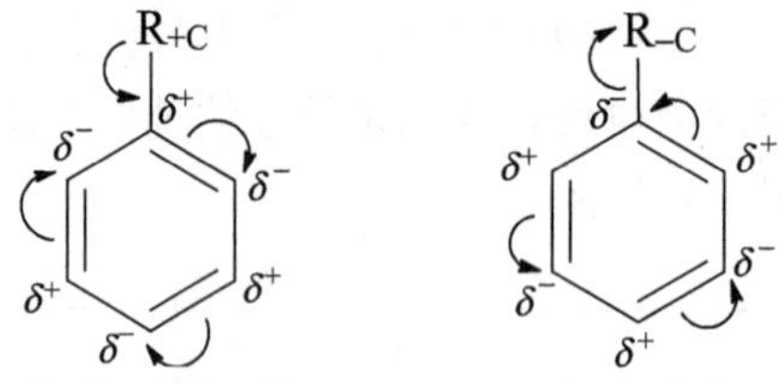

如果定位基具有排电共轭效应，将使苯环的邻位、对位电子云密度高于间位，导致下一步亲电取代更易在邻、对位发生；而具有吸电共轭效应的定位基将使苯环的间位电子云密度高于邻、对位，下一步亲电取代更易在间位发生。以上两种定位基分别称为邻、对位定位基和间位定位基。可以看出，具有+C 效应的基团是邻、对位定位基；而具有–C 效应的基团则是间位定位基。6.3.5.1 小节中第Ⅰ、Ⅱ、Ⅲ类基团都是邻、对位定位基，第Ⅳ类基团则是间位定位基。

因此，所有的活化基团都是邻、对位定位基；而所有的间位定位基都是钝化基团。卤素比较特殊，它们是邻、对位定位基，但同时又是钝化基团。

可以通过比较亲电取代反应能量变化图来观测取代基的定位效应和活化/钝化能力。例如，甲苯的亲电取代反应能量图（图 6.4）表明其反应活性高于苯（过渡态能量更低），因此甲基（第Ⅰ类取代基）是活化基团。而其邻、对位取代又比间位取代更容易，因此甲基又是邻、对位定位基。对于硝基苯（图 6.5），其亲电取代活性低于苯，因此硝基（第Ⅳ类取代基）是钝化基团。而其间位反应比在邻、对位活化能更低，因此是间位定位基。

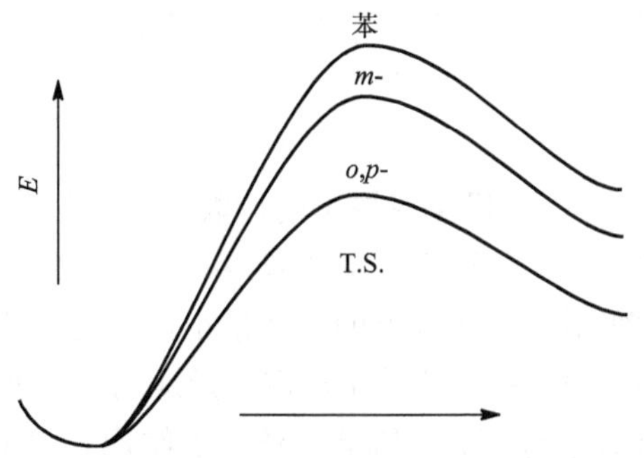

图 6.4 甲苯与苯比较进行亲电取代反应的能量变化图

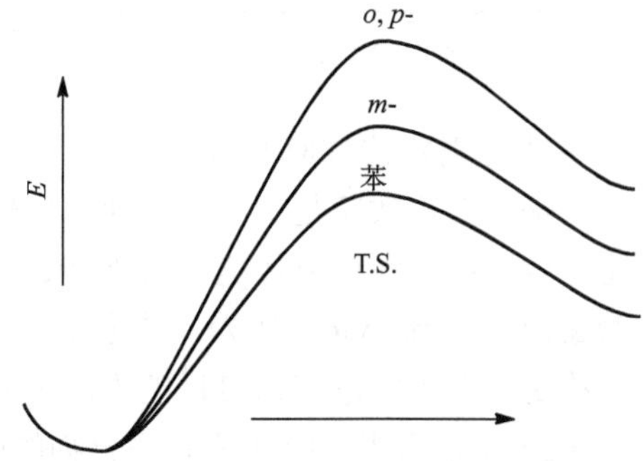

图 6.5 硝基苯与苯比较进行亲电取代反应的能量变化图

对于第Ⅱ类取代基，烷氧基（或羟基、氨基）取代的苯环发生亲电取代反应的能量变化图如图 6.6 所示，其生成邻、对位取代产物的活化能比苯低很多，但间位取代的活化能却略高于苯。因此，这类取代基仍然是邻、对位定位基和活化基团。但从卤素（第Ⅲ类基团）取代苯的反应能量图（图 6.7）可以看出，无论生成什么位置取代的产物，活化能都比苯的反应高，因此卤素是钝化基团。但邻、对位反应的活化能低于间位反应，因此卤素是邻、对位定位基。

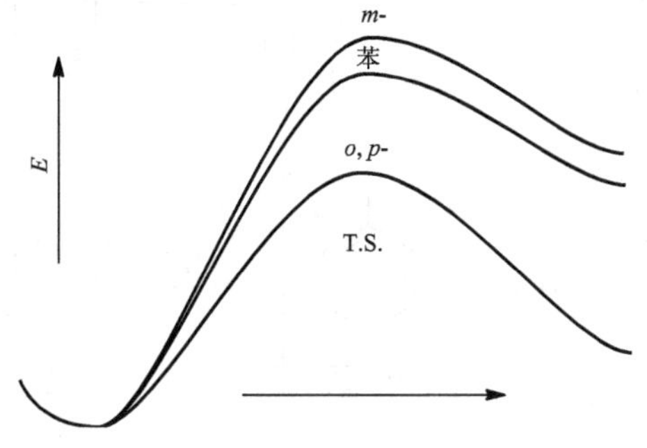

图 6.6 酚醚（及苯酚、苯胺）与苯比较进行亲电取代反应的能量变化图

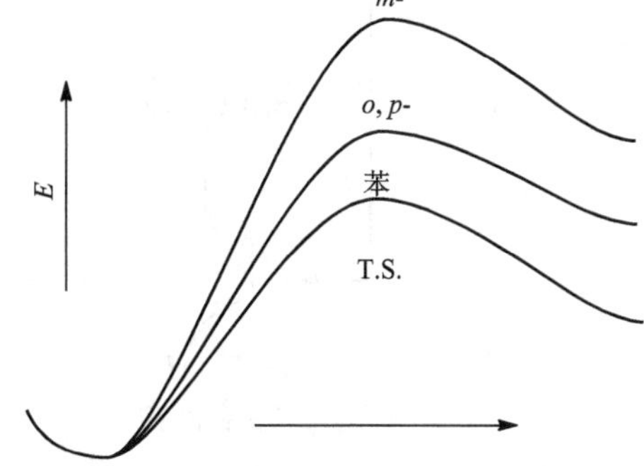

图 6.7 卤苯与苯比较进行亲电取代反应的能量变化图

综上所述，我们可以对这四类基团的电子效应和对苯环亲电取代反应的影响做一个总结，见表 6.2。

表 6.2 几类取代基的电子效应和对苯环亲电取代反应的影响

取代基类型	诱导效应	共轭效应	活化能力	定位效应
第Ⅰ类	+I	+C	活化	邻、对位
第Ⅱ类	–I	+C	活化	邻、对位
第Ⅲ类	–I	+C	钝化	邻、对位
第Ⅳ类	–I	–C	钝化	间位

注：取代基实例如图 6.3 所示。

2. 共振论对定位效应的解释

取代基的定位效应是一个反应速率问题，若邻、对位取代速率快于间位取代，就显示邻、对位定位效应；若间位取代速率快于邻、对位取代，就显示间位定位效应。

哈蒙德（Hammond）认为，若分子在能量上改变小，在结构上的改变也小。因此，过渡态的结构更类似于能量较为接近的中间体（称为哈蒙德假说）。从苯亲电取代反应的能量变化图（图 6.2）可以看出，中间体 σ 络合物的能量最接近于过渡态，因此过渡态的结构近似于 σ 络合物的结构。可根据 σ 络合物的稳定性来预测苯进行亲电取代反应时过渡态能量的高低。σ 络合物越稳定（能量低），表明过渡态能量低，反应活化能低，反应则更容易进行。以甲基（第Ⅰ类取代基）为例，其邻、间、对位取代反应的 σ 络合物结构如下。

+ E^+ → [σ 络合物极限式] $\xrightarrow{-H^+}$

σ_o络合物

σ_m络合物

σ_p络合物

由于 p-π 共轭，邻、间、对位取代形成的 σ 络合物（分别称为 σ_o 络合物、σ_m 络合物、σ_p 络合物）都可以写出三种极限式。从其结构可以发现，σ_o 络合物和 σ_p 络合物的极限式中存在一个较稳定的三级碳正离子结构（下划线标记），而 σ_m 络合物的极限式中则不存在更稳定的三级碳正离子。因此，σ_o 络合物和 σ_p 络合物中间体更稳定，其反应活化能更低，反应更快。所以甲基是邻、对位定位基。

用同样的方式可以写出硝基（第Ⅳ类取代基）苯进行亲电取代反应时生成的各异构体的 σ 络合物极限式（将甲基换为硝基即可）。此时，刚才甲基情况下更稳定的三级碳正离子变成了更不稳定的极限式，这是因为吸电基直接和缺电的碳正离子相连是很不稳定的结构。因此在这种情况下，σ_m络合物中间体反而更稳定，更容易生成，硝基则是间位定位基。

对于第Ⅱ、Ⅲ类取代基，它们的情况稍有不同，以甲氧基为例，其σ_m络合物和上述相同，但σ_o络合物和σ_p络合物由于杂原子孤对电子和碳正离子之间的 p-p 共轭作用，可形成另外一种极限式。也就是说，取代基的+C 效应可以直达碳正离子。这使得共轭体系延长，电荷更加分散，进而体系更稳定，因此它们都是邻、对位定位基。另外，在其σ_m络合物中，取代基的+C 效应不能达到碳正离子，只能体现出其–I 效应，致使σ_m络合物比无取代时更加不稳定。这也是出现如图 6.6 所示间位取代比苯环更难的原因。

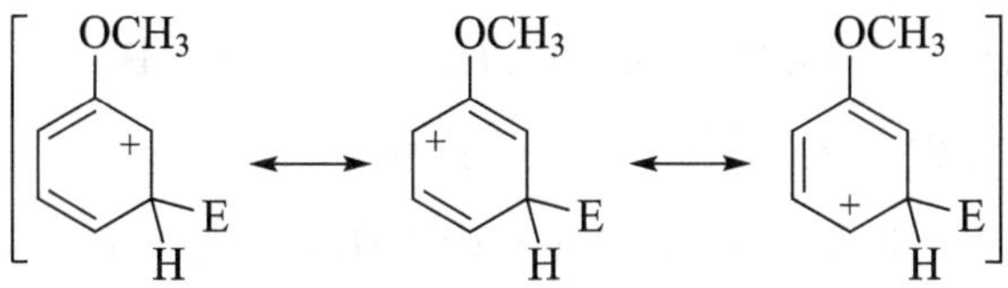

σ_m络合物

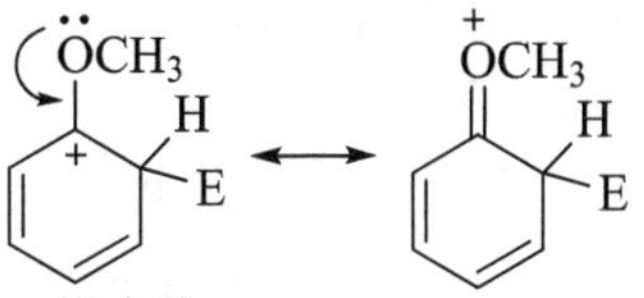

σ_o络合物

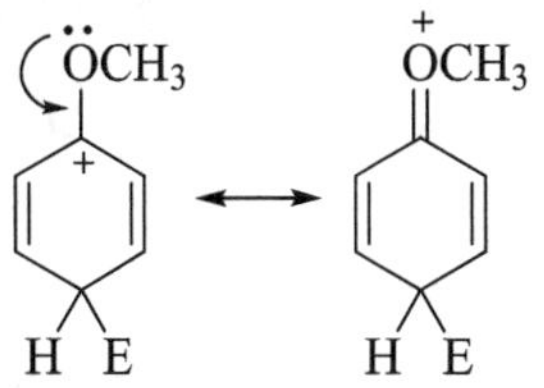

σ_p络合物

3. 其他因素对定位的影响

在邻、对位定位基的情况下，第二基团进入邻位或对位的相对比例与反应类型、实验条件（如温度、试剂、溶剂等）都有关。空间效应也是影响邻、对位异构体比例的一个很重要的因素，空间位阻会使邻位异构体少于对位异构体。例如，苯同系物的硝化，所得各异构体的比例随取代基体积不同而改变。

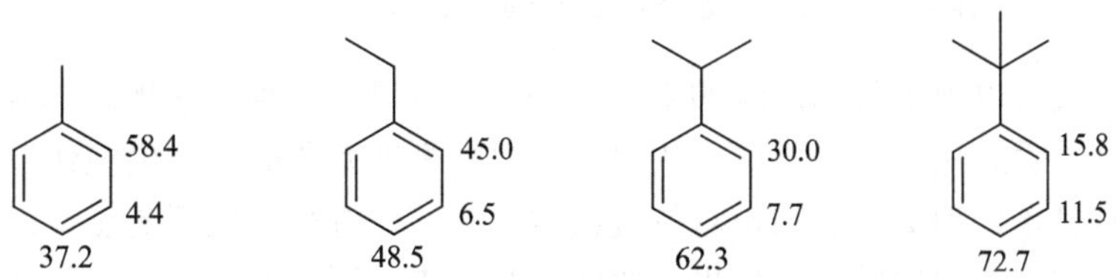

另外，一些电子效应较为特殊的基团也会有特殊的定位效应。例如，不同卤素取代的苯环发生亲电取代反应时，虽然氟苯中氟原子的体积最小，但其邻位取代产物却是最少的。这是因为其–I 作用很强，而邻位离氟原子最近，电子云密度显著降低，导致难以反应。

6.3.5.3 二取代苯的定位效应

定位效应用于二取代苯的情况要复杂些，但也可预测其主要产物。如果原有两个取代基定位方向一致，则第三基团进入共同支配的位置。例如：

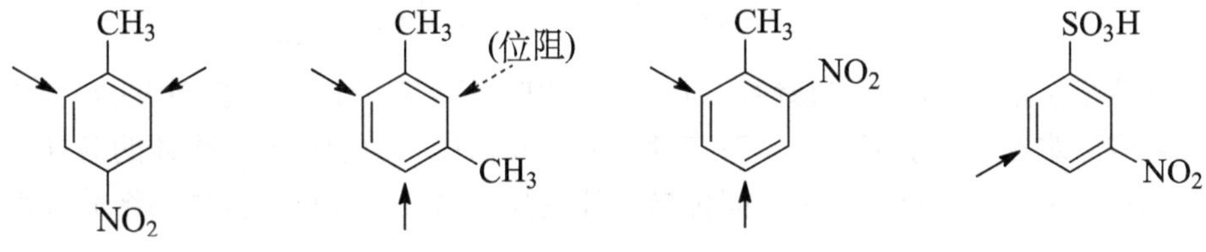

(位阻)

假如原有两个取代基的定位方向不一致，且一个是邻、对位定位基，一个是间位定位基，则由邻、对位定位基决定第三基团的位置。例如：

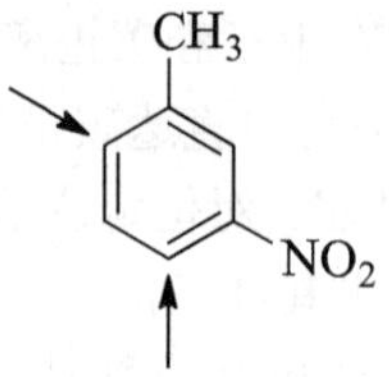

假如原有两个取代基的定位方向不一致，且均属于同一类定位基时，则由定位能力强的基团决定主要产物的位置；若二者定位能力相近，则选择性较弱。

邻、对位定位基的定位能力大致按以下次序排列：

$$—O^{-} > —NH_2 > —NR_2 > —OH > —OCH_3/—NHCOCH_3 > —X > —CH_3$$

间位定位基的定位能力大致和吸电性大小一致，按以下次序排列：

$$—N^{+}(CH_3)_3 > —NO_2 > —CN > —SO_3H > —CHO > —COCH_3 > —COOH$$

例如：

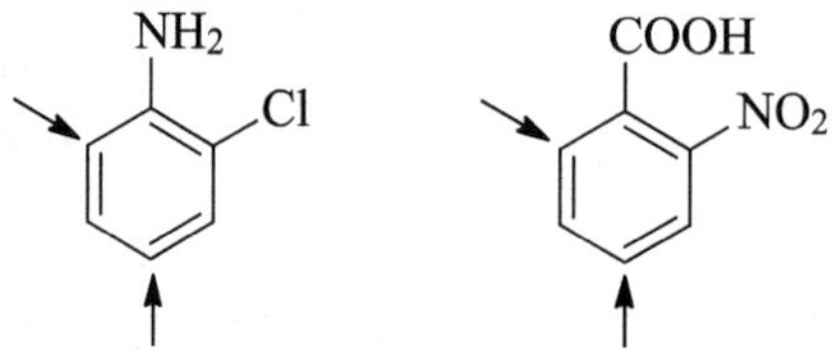

苯环上如果已经存在两个钝化基，第三基团的进入是很困难的，特别是定位效应不一致时，通常得到混合产物。

6.3.5.4 定位规律在合成上的应用及异构体分离

定位规律不仅可以用于预测反应的主要产物，而且可以按照这些规律来合理设计反应步骤，为合成各种芳香族化合物提供可行的路线，以提高产率和简化分离纯化过程。例如，从苯出发合成硝基氯苯，硝基和氯的相对位置决定了应该先进行硝化还是氯代：如果合成邻或对硝基氯苯，应该先氯代后硝化；如果合成间硝基氯苯，则应该先硝化后氯代。

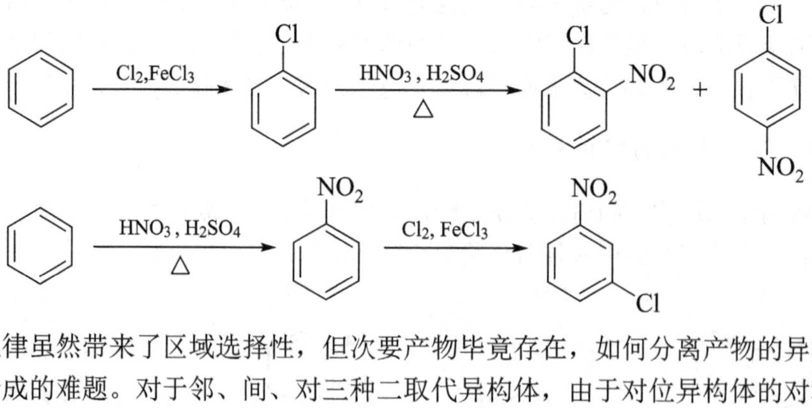

定位规律虽然带来了区域选择性，但次要产物毕竟存在，如何分离产物的异构体混合物也是有机合成的难题。对于邻、间、对三种二取代异构体，由于对位异构体的对称性更好，分子间排列更紧密，其熔点常比邻、间位异构体更高。另外，几种异构体的结晶难易程度也

不一样，对于固体产物常用分步结晶法分离。表 6.3 和表 6.4 分别列出了常见二取代苯的熔点和沸点。

表 6.3　二取代苯的熔点（℃）

取代基		邻	间	对
—Br	—Br	7	−7	87
—Cl	—Cl	−17	−26	53
—Br	—Cl	−12	−22	68
—Me	—Br	−26	−40	29
—Me	—NO_2	−10	16	55
—Br	—NO_2	43	56	127
—Cl	—NO_2	35	46	84
—Br	—COOH	150	155	255
—Cl	—COOH	142	158	243
—Br	—OH	6	33	66

表 6.4　二取代苯的沸点（℃）

取代基		邻	间	对
—Br	—Br	225	218	219
—Cl	—Cl	181	173	174
—Br	—Cl	204	196	196
—Me	—Br	182	184	184
—Me	—Cl	159	162	162
—Br	—NO_2	258	265	256
—Cl	—NO_2	246	236	242
—Me	—NO_2	220	233	238
—NO_2	—NO_2	319	291	299
—NO_2	—OMe	277	258	274

如果反应以邻、对位异构体为主要产物，二者沸点常常很接近，液体产物用一般分馏法难以分开。但当邻位异构体能够形成分子内的氢键时，则可使其沸点降低，能用分馏法或水蒸气蒸馏法与对位异构体分离。例如：

	邻硝基苯酚	对硝基苯酚
	m.p. 45℃, b.p. 217℃	m.p. 114℃, b.p. 295℃
溶解度(g/100g 水)：	0.2	1.7
	(能随水蒸气蒸馏)	(不能随水蒸气蒸馏)

这是因为分子内氢键的形成能减弱分子间氢键或分子与水分子间的氢键作用，所以邻位异构体分子间作用力降低，导致熔点、沸点降低；另外，邻位异构体在水中的溶解度也因此降低，导致很多情况下邻位异构体可以随水蒸气蒸馏，而对位异构体不能，从而实现分离。

6.4　芳香烃的其他化学反应

6.4.1　烷基苯侧链的反应

6.4.1.1　卤代反应

苯环碳氢键的解离能较高，在苯环上不会发生像烷烃那样的自由基氯代反应。但苯环侧链的 α-氢（与苯环直接相连的碳原子称为 α-碳原子，上面的氢原子为 α-氢，即苄基氢）却很活泼（解离能为 355.3 kJ/mol），在较高温度或光照下，能够顺利地进行侧链卤代。

$$C_6H_5CH_3 \xrightarrow{Cl_2} C_6H_5CH_2Cl \xrightarrow{Cl_2} C_6H_5CHCl_2 \xrightarrow{Cl_2} C_6H_5CCl_3$$

控制卤素用量，得到一氯代物、二氯代物和三氯代物。这些化合物是合成醇、醛、羧酸的重要中间体。

与烷烃类似，芳烃侧链卤代也是按自由基机理进行。苄基氢原子易被卤代，是因为中间体苄基自由基具有 p-π 共轭的稳定结构。这和烯丙基自由基类似。

$$C_6H_5CH_3 + Cl\cdot \longrightarrow C_6H_5\dot{C}H_2 + HCl \quad \Delta H = -75.2\ kJ/mol$$

各类不同氢原子卤代的活性次序如下：苄基型氢、烯丙基型氢 $> 3° > 2° > 1° > CH_3$、乙烯型氢。

溴的活性比氯更小，因而在反应中选择性强得多。例如：

$$C_6H_5CHBrCH_3 \xleftarrow{Br_2,\ h\nu} C_6H_5CH_2CH_3 \xrightarrow{Cl_2,\ h\nu} C_6H_5CHClCH_3 + C_6H_5CH_2CH_2Cl$$

唯一产物　　56% α-氯代乙苯　　44% β-氯代乙苯

用 *N*-溴化丁二酰亚胺（NBS）也能使芳烃侧链 α-氢发生溴代。

6.4.1.2　侧链氧化

苯环对氧化剂很稳定。用高锰酸钾、重铬酸钾/硫酸、稀硝酸等强氧化剂即使在加热条件下也很难使苯环氧化。但芳烃的侧链容易被氧化，产物是羧酸。

$$C_6H_5CH_3 \xrightarrow[\text{或}Na_2Cr_2O_7,\ H_2SO_4]{KMnO_4,\ H_2O} C_6H_5COOH$$

无论侧链多长，氧化总是发生在 α-碳原子上，且长侧链氧化先于短侧链。只要侧链存在 α-氢，都会被氧化成一个碳原子的羧基。氧化剂过量时，所有侧链均被氧化。氧化剂可用酸性重铬酸钾和稀硝酸等，但经常使用的是高锰酸钾溶液。

$$\text{1-Cl-2-乙基-4-异丁基苯} \xrightarrow{[O]} \text{4-Cl-3-乙基苯甲酸 (COOH, Cl)} \xrightarrow{[O]} \text{4-Cl-间苯二甲酸 (COOH, COOH, Cl)}$$

无 α-氢的侧链不易被氧化，若用强烈的氧化条件，则苯环破坏而保持此侧链。

$$C_6H_5C(CH_3)_3 \xrightarrow{[O]} HOOCC(CH_3)_3$$

苯环的破坏常需要特殊的氧化条件，如用五氧化二钒在高温下可将苯环氧化为马来酸酐。

$$\text{苯} + O_2 \xrightarrow[400\sim500℃]{V_2O_5} \text{马来酸酐}$$

6.4.2　苯的加成反应

与烯烃相比，苯环很难发生加成反应。但由于苯结构的高度不饱和性，其具备发生加成反应的内因，在一定条件下也可以发生。例如，在较高温度并有催化剂（Pt、Ni 等）存在时，苯被催化氢化生成环己烷。

$$\text{苯} + 3H_2 \xrightarrow{Pt,\ 180\sim250℃} \text{环己烷}$$

碱金属（如钠、锂）在液氨和醇的混合液中，可使苯部分加氢，得到 1, 4-环己二烯类化合物，称为伯奇（Birch）还原。

$$\text{苯} \xrightarrow[\text{液}NH_3\text{-}EtOH]{Na} \text{1,4-环己二烯}$$

碱金属在液氨中产生溶剂化的电子，其具有很强的还原作用，使苯生成负离子自由基。该碳负离子由于存在 p-π 共轭，比普通碳负离子稳定，因此需要酸性比液氨更强的乙醇来提供质子，从而被还原。

$$Na + NH_3(l) \longrightarrow Na^+ + (e^-)NH_3$$

$$\xrightarrow{(e^-)NH_3} \quad \xrightarrow{EtOH} \quad (H\ H) \quad \xrightarrow{(e^-)NH_3} \quad \xrightarrow{EtOH}$$

如果苯环存在烷基侧链，则伯奇还原的主要产物是双键靠近烷基的结构；如果苯环侧链上有和苯环共轭的双键，则先还原此双键。

$$\text{甲苯}(CH_3) \xrightarrow[EtOH]{Na/NH_3} CH_3$$

$$\xrightarrow[EtOH]{Na/NH_3} \quad \xrightarrow[EtOH]{Na/NH_3}$$

光照下苯与氯（或溴）加成可生成六氯（或六溴）环己烷。与氯的加成产物分子式为 $C_6H_6Cl_6$，也称为“六六六”。它是多种立体异构体的混合物，其中 γ 异构体（也称丙体）曾是一种广泛使用的有机杀虫剂。但由于其难以降解，对环境有害，近年已被淘汰。

$$C_6H_6 + 3Cl_2 \xrightarrow[50\sim55℃]{光照} C_6H_6Cl_6$$

6.5　苯系芳烃的来源和制备

过去，芳烃主要从煤焦油中提取，它是一种炼焦副产物。煤在隔绝空气、1000～3000℃加热下，可得到煤气和煤焦油。煤气中含较多的氨和苯，经水吸收氨得氨水，再经重油吸收苯，然后经蒸馏得到苯。剩下的煤气中含甲烷、乙烷及氢气、一氧化碳等。煤焦油则可以按不同的沸点范围分馏以得到各类芳烃产物，见表 6.5。

表 6.5　煤焦油的分馏

馏分	分馏温度/℃	质量分数/%	主要成分
轻油	<180	1～3	苯、甲苯、二甲苯
中油	180～230	10～12	萘、苯酚、甲苯酚、吡啶
杂酚油（重油）	230～270	10～15	萘、甲苯酚、喹啉
蒽油（绿油）	270～360	15～20	蒽、菲
沥青	>360	40～50	沥青、游离碳

从煤中提取煤焦油的产率只有约 3%，1 t 煤通过煤焦油只能得到约 1 kg 苯、2.5 kg 萘及其他的芳香族化合物，这远远不能满足化学工业生产上的需要。随着石油化工的迅速发展，目前芳香族化合物的主要来源已由石油代替了煤焦油。石油馏分中含有多种环状或链状烃，通过关环和脱氢等反应将它们转变为芳烃，这种转变称石油的芳构化。这个过程较为复杂，通常是将低沸点的石油馏分在高温和一定压力下通过催化剂的作用，使烃的分子结构进行重新调整而转变为芳烃，因此也称为重整。用铂作催化剂的重整称为铂重整，也可用其他催化剂如铂-铼或氧化铂等进行催化重整。通过重整得到的产物可含 30%～50%的芳烃，其中有苯、甲苯、乙苯和二甲苯等。

$$\text{正庚烷} \equiv \text{(成环构象)} \xrightarrow{-H_2} \text{甲基环己烷} \xrightarrow[Pt]{-3H_2} \text{甲苯}$$

$$\text{甲基环己烷 (}CH_3\text{)} \xrightarrow[压力]{Mo_2O_3,\ Al_2O_3,\ 560℃} \text{甲苯 (}CH_3\text{)} + 3\,H_2$$

环己烷及其衍生物也可用硫、硒或钯黑等进行脱氢芳构化。

$$\text{环己烷} \xrightarrow[\Delta]{S} \text{苯} + H_2S$$

6.6　稠 环 芳 烃

多苯代脂肪烃、联苯类及稠环芳烃都属于多环芳烃。从用途和重要性看，稠环化合物更为重要。它们是由两个或两个以上的环共用两个邻位的碳原子稠合而成的环系。

6.6.1　萘

6.6.1.1　萘分子的结构和物理性质

萘的分子式为 $C_{10}H_8$，具有与苯类似的平面形。萘分子中每个碳原子都是 sp^2 杂化，全部碳和氢原子都处于同一平面内。每个碳原子上剩下的一个 2p 轨道彼此平行，它们线性组合形成离域化的大 π 键，因此萘也是芳香族化合物。但由于萘分子中各碳原子的相对位置并不完全等同，因此不具有像苯那样高度的对称性，芳香性不如苯，各碳碳键键长也不完全相等。

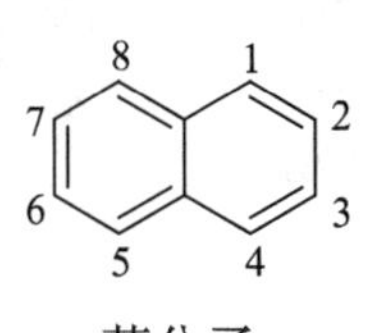

萘分子
1, 4, 5, 8位等同，称为 α 位
2, 3, 6, 7位等同，称为 β 位

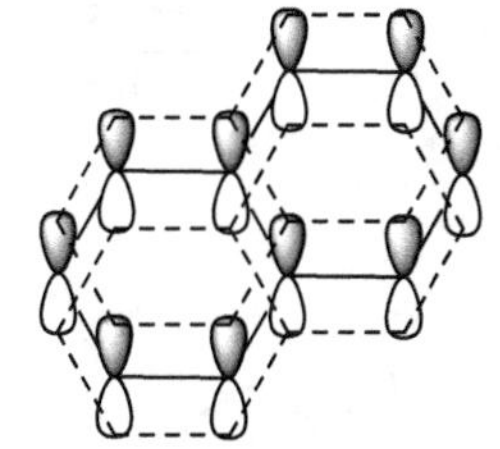

萘分子的共轭大π键

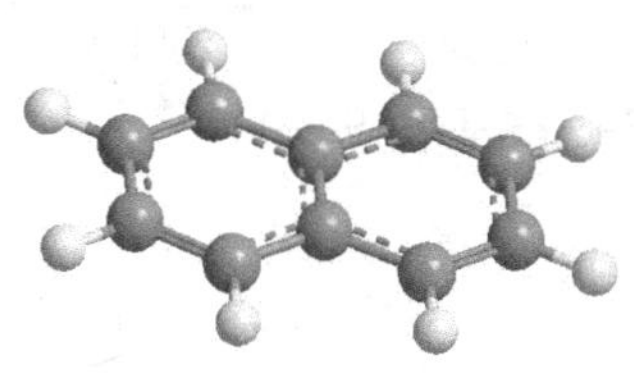

球棍模型

萘是煤焦油中含量最多的物质（～10%），是白色晶体，熔点为 80.6℃，沸点为 218℃，不溶于水，能挥发升华，有特殊气味，可作防蛀剂。

6.6.1.2　萘的化学反应

萘的化学性质与苯类似，但由于其芳香性不如苯，因此化学性质比苯活泼，很多反应均比苯容易进行。

1. 亲电取代反应

萘发生亲电取代反应比苯容易。萘环优先在 α 位发生取代，这可以从中间体 σ 络合物的稳定性来解释。

α 位取代：

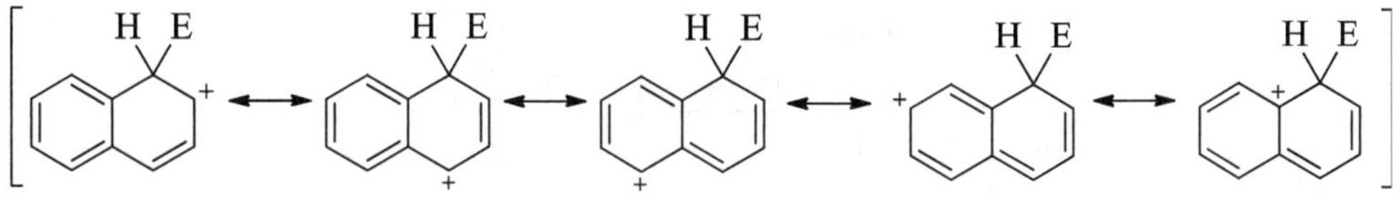

β 位取代：

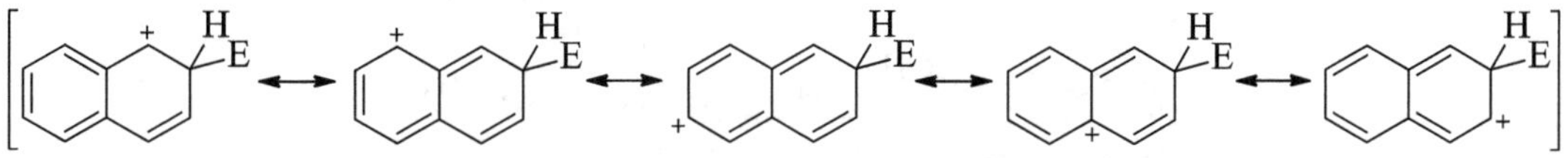

取代在 α 位的 σ 络合物中，有两个极限式保持了苯环的完整体系，而取代在 β 位的 σ 络

合物中，只有一个极限式保持了完整的苯环结构，因此 α 位取代的 σ 络合物中间体更稳定，更易形成。

通常情况下，以 α-取代产物为主。在可逆的磺化或傅-克反应中，温度升高使平衡能够达到时，则以生成空间位阻更小的、更稳定的 β-取代产物为主。

Br_2/CCl_4，72~74℃：1-溴苯 (75%)

CH_3COCl，CS_2，−15℃：1-乙酰基萘 (75%)

CH_3COCl，$C_6H_5NO_2$，25℃：2-乙酰基萘 (90%)

HNO_3，H_2SO_4，室温：1-硝基萘 + 2-硝基萘

浓H_2SO_4，<60℃：(96%)（速率控制）α-萘磺酸 萘-1-磺酸

浓H_2SO_4，>165℃：(85%)（平衡控制）β-萘磺酸 萘-2-磺酸

$AlCl_3$，$C_6H_5NO_2$：(36%) + (4%~7%)　可用结晶法分离

萘环上也能进行二取代，并遵从定位规律。若原取代基为活化基，则取代发生在同环——原基在 1 位，第二取代基进入 4 位，原取代基在 2 位，第二取代基进入 1 位；若原取代基为钝化基，第二取代基进入异环的 5 位或 8 位。

CH_3　CH_3　NO_2　NO_2

OCH_3 —HNO_3→ OCH_3，NO_2

4-硝基-1-甲氧基萘

CH_3 —Br_2→ Br，CH_3

1-溴-2-甲基萘

8-硝基萘-2-磺酸　5-硝基萘-2-磺酸

2. 加成反应

催化氢化或钠/乙醇都能使萘还原。萘加氢也比苯更容易。

H_2/Rh-C 或H_2/Pt 加压，△　十氢萘

H_2/Ni 或 H_2/Pd-C △，加压　1, 2, 3, 4-四氢萘

Na，液NH_3 EtOH 伯奇还原　1, 4-二氢萘

四氢萘在硫或硒的作用下脱氢又生成萘。十氢萘具有椅式环己烷的构象，可见 4.7.2.1 小节。

萘与氯加成也比苯容易，萘与氯反应不受光的作用也能生成四氯化物。

1, 2, 3, 4-四氯代-1, 2, 3, 4-四氢萘

3. 氧化反应

萘的氧化也比苯容易，氧化发生在环上，因此不能用侧链氧化的方法制萘甲酸。氧化生成的邻苯二甲酸酐可作为合成中间体在工业上广泛用于制涤纶、增塑剂、染料等。这是萘的主要用途。

CrO_3 乙酸　40%　1, 4-萘醌，α-萘醌

O_2, V_2O_5 300~400℃　76%　$+ 2\,CO_2 + 2\,H_2O$　邻苯二甲酸酐

当取代萘被氧化时，一般都导致环的破环。由于氧化反应是失电子过程，电子云密度越高的环更易发生氧化。因此，吸电基使异环被氧化，而供电基使同环被氧化。

6.6.1.3　萘环的合成

从苯出发可以合成萘环。例如，由甲苯出发与丁二酸酐发生傅-克酰化反应，然后使羰

基还原，再酰化、还原，最后脱氢芳构化即可得到β-甲基萘。这种扩大芳环稠合范围的合成方法称为哈沃斯（Haworth）合成法。

CH_3　+　O　O　O　$\xrightarrow{AlCl_3}$　O　H_3C　HOOC　$\xrightarrow{Zn(Hg),\ HCl}$　H_3C　HOOC

$\xrightarrow{HF}$　H_3C　O　$\xrightarrow{Zn(Hg),\ HCl}$　H_3C　$\xrightarrow[\text{或Pd, △}]{\text{Se或S, △}}$　H_3C

6.6.2　蒽和菲

蒽和菲都是 3 个苯环通过不同的方式稠合形成的芳烃，蒽分子中苯环排布为直线形，菲分子中苯环呈折线排布。蒽分子中，1、4、5、8 位等同，称为 α 位；2、3、6、7 位等同，称为 β 位；9、10 位称为 γ 位。也就是说，蒽分子中有三种氢原子。而菲分子中则有五种氢原子，其 1、2、3、4、10 位都不相同。

8　9　1　7　2　6　3　5　10　4

蒽

3　4　2　5　1　6　7　10　8　9

菲

蒽和菲也都是平面结构，各碳原子的 2p 轨道垂直于芳环互相交叠形成覆盖整个芳环的大 π 键。但蒽和菲中碳原子的位置更加多样化，对称性还不如萘，因此它们的芳香性比苯和萘都低，也更容易发生化学反应。它们发生亲电取代反应的难易顺序为苯 > 萘 > 菲 > 蒽，因此也可以说，蒽的芳香性在这四种芳环中是最弱的。

蒽和菲实际上已经具有了烯的性质。例如，它们的 9、10 位容易发生亲电加成和氧化反应。

+ Br_2　$\xrightarrow[0℃]{CS_2}$　Br　Br　$\xrightarrow{-HBr}$　Br

9, 10-二溴-9, 10-二氢蒽　　9-溴蒽

+ Br_2　$\longrightarrow$　Br　Br　$\xrightarrow{-HBr}$　Br

9, 10-二溴-9, 10-二氢菲　　9-溴菲

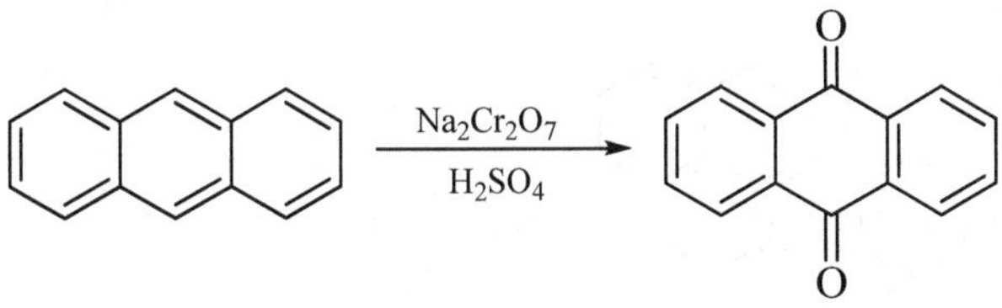

$Na_2Cr_2O_7$ / H_2SO_4

9,10-蒽醌

CrO_3 ; [O] ; COOH ; COOH

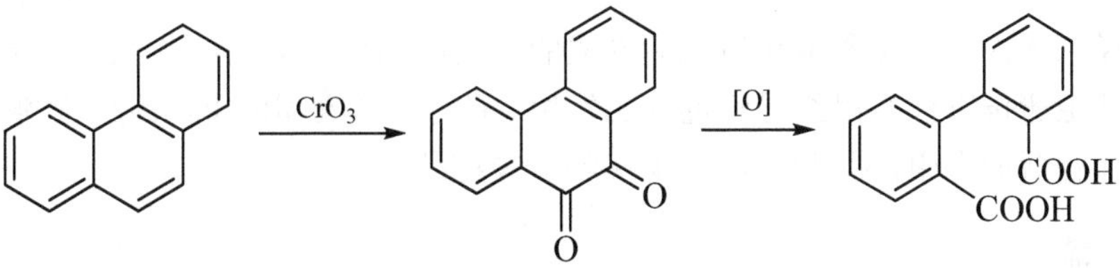

9,10-菲醌

在蒽分子中，中间环还表现出共轭二烯的特性，它不仅与钠、氢等反应生成 9,10-共轭加成物，而且能够与亲双烯组分发生第尔斯-阿尔德反应。

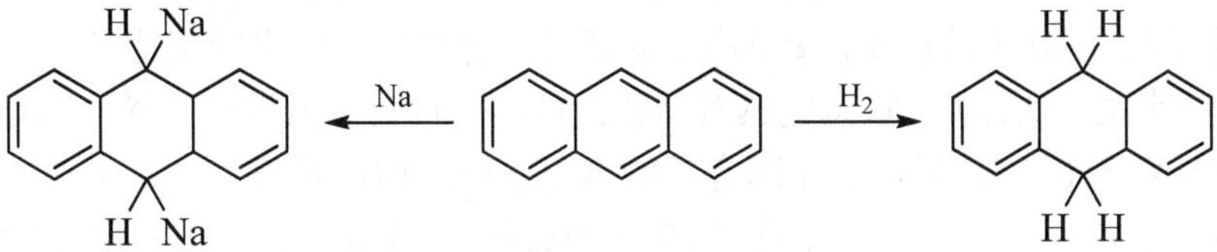

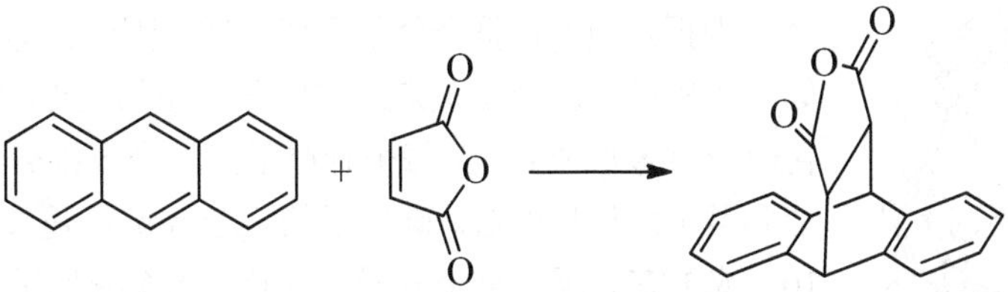

H Na ; Na ; H_2 ; H H ; H Na ; H H

用哈沃斯合成法，以萘环代替苯环可以合成菲。但如果要得到蒽环，需要用苯和邻苯二甲酸酐通过类似方法合成。

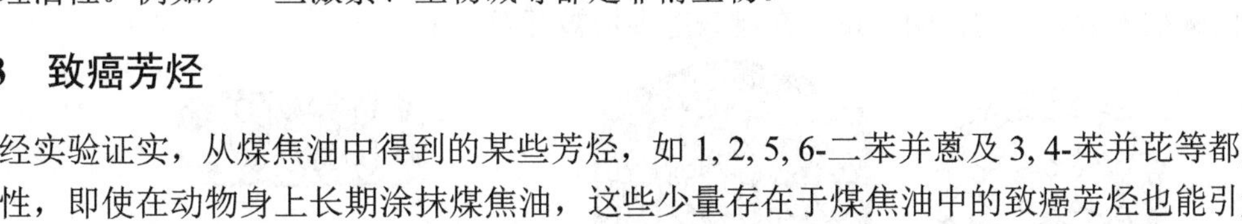

$AlCl_3$; Zn-Hg / HCl ; HF ; Zn-Hg / HCl ; Pd / △

蒽和菲都可以从煤焦油中制取。蒽的衍生物如蒽醌是重要的染料，菲的某些衍生物则具有生理活性。例如，一些激素、生物碱等都是菲衍生物。

6.6.3 致癌芳烃

经实验证实，从煤焦油中得到的某些芳烃，如 1, 2, 5, 6-二苯并蒽及 3, 4-苯并芘等都具有致癌性，即使在动物身上长期涂抹煤焦油，这些少量存在于煤焦油中的致癌芳烃也能引起皮肤生长癌状毒瘤。这类致癌芳烃常常含有 4～6 个苯环，而 1, 2-苯并蒽似乎是致癌芳烃的母体，其 C9 和 C10 取代物都具有很强的致癌作用。

1, 2, 5, 6-二苯并蒽　　3, 4-苯并芘　　甲基苯并苊　　10-甲基-1, 2-苯并蒽

致癌芳烃在体内被氧化酶催化氧化后形成的代谢产物会和 DNA 结合，从而影响 DNA 的正常复制，产生遗传毒性并最终导致癌症的发生。除了煤焦油相关的来源，致癌芳烃也存在于熏制食物和香烟烟雾中，因此应尽量少接触这些物品。

6.6.4　富勒烯

富勒烯（fullerene）是单纯由碳原子结合形成的稳定分子，是碳的同素异形体之一。克罗托（Kroto）、斯莫利（Smalley）和科尔（Curl）等在 1985 年用大功率的激光束轰击石墨使其气化，再用 1 MPa 压力的氦气流将气态碳原子引入真空室，使其迅速冷却形成碳原子簇分子，首次制得了具有 60 个碳原子的富勒烯。克罗托受建筑学家巴克明斯特·富勒（Buckminster Fuller）作品的启发，认为 C_{60} 很可能具有球状结构，并将其命名为富勒烯，这类球状富勒烯也被称为“Bucky ball”。其后，又不断有新的碳原子簇结构被发现。

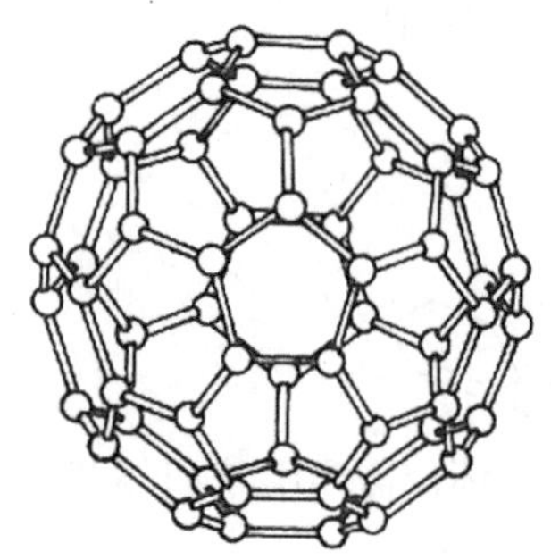

图 6.8　C_{60} 的结构

C_{60} 具有 60 个顶点和 32 个面，其中 12 个面是正五边形，20 个面为正六边形，整个分子形似足球，因此也称为足球烯，其结构如图 6.8 所示。处于顶点的碳原子与相邻顶点的碳原子各用 sp^2 杂化轨道重叠形成 σ 键，每个碳原子的三个 σ 键分别为一个五边形的边和两个六边形的边。碳原子的三个 σ 键不是共平面的，键角约为 108°或 120°，因此整个分子为球状。每个碳原子用剩下的一个 p 轨道互相重叠形成一个含 60 个 π 电子的闭壳层电子结构，因此在近似球形的笼内和笼外都围绕着 π 电子云。分子轨道计算表明：C_{60} 具有较大的离域能。C_{60} 的共振结构数高达 12500 个，按每个碳原子的平均共振能比较，共振稳定性约为苯的两倍。因此，C_{60} 是一个具有芳香性的稳定体系。

虽然 C_{60} 也属于芳环体系，但也可以发生各种化学反应，如亲核加成、氧化、加氢等；富勒烯还可以和金属配位形成金属配合物；另外，还可以发生“开笼”反应得到开孔的富勒烯，并可用来装载一些小分子。

除了 C_{60}，还有一些其他具有代表性的富勒烯结构，如球状的 C_{70}、洋葱状的多层结构及管状的碳纳米管等。它们的用途正在越来越多地被开发出来。

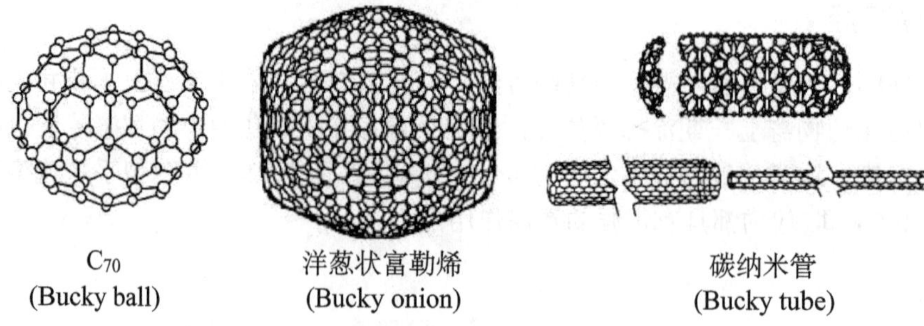

C_{70} (Bucky ball)　　洋葱状富勒烯 (Bucky onion)　　碳纳米管 (Bucky tube)

6.6.5 石墨烯

“石墨烯”（graphene）一词来源于 1962 年，它被描述为是石墨的单层结构，即厚度只有一个原子大小的由苯环连续稠合的二维结构，它也是碳的同素异形体之一。石墨烯具有很多不寻常的性质。例如，它是已发现的强度最大的材料，也是很好的导热和导电体，还具有特殊的磁性。虽然其概念较早就被提出来，但直到 2004 年才真正得到分离和表征。

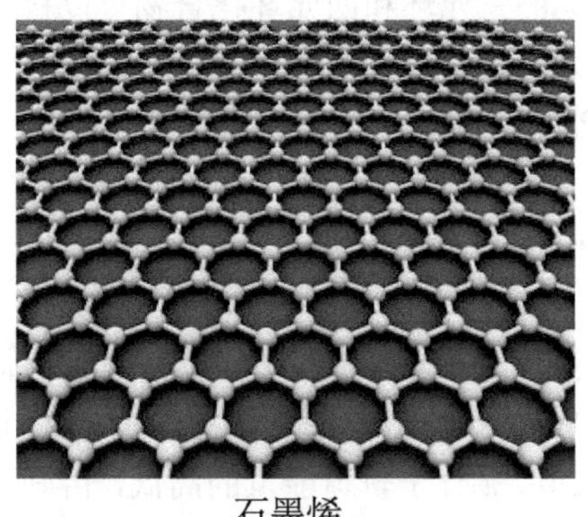

石墨烯

COOH HOOC OH COOH OH HOOC O OH HO COOH COOH OH O

氧化石墨烯

作为单层碳结构，石墨烯是碳的同素异形体中唯一的每个碳原子都可以在两个方向发生化学反应的结构。其中间碳原子和边缘碳原子具有不同的反应活性。石墨烯最常见的反应是通过氧化形成氧化石墨烯，氧化过程中可以在石墨烯层上产生环氧键、羟基或羧基。氧化石墨烯在光学材料、水净化、涂层材料等方面有着越来越重要的应用。

6.7 非苯芳香体系 休克尔规则

6.7.1 休克尔规则

我们知道苯环具有类似环己三烯的结构，那么是否所有具有环状多烯经典结构式的化合物都具有芳香性？早在 100 多年以前，凯库勒提出苯的经典结构式时，就认为单、双键交替排列的环状多烯体系是导致芳香性的原因，并预料可能存在除苯以外的其他具有芳香性的环状共轭多烯——非苯芳烃。其中环丁二烯和环辛四烯是预料中最有可能存在的非苯芳烃。但直到 20 世纪初才从乙炔四聚体中获得较大量的环辛四烯，之后又在超低温下获得了环丁二烯，从而有可能对它们的性质和结构作进一步的了解和研究。

$$4\,HC\equiv CH \xrightarrow[80\sim100^\circ C]{Ni(CN)_2} \text{环辛四烯} \qquad 2\,HC\equiv CH \longrightarrow \text{环丁二烯}$$

环辛四烯 环丁二烯

环辛四烯和环丁二烯难以合成，表明它们不像所预料的具有和苯一样的稳定性。后来很快就发现它们是相当活泼的。环丁二烯比开链的 1, 3-丁二烯还要活泼，而环辛四烯与开链的 1, 3, 5, 7-辛四烯的活泼性差不多。

X 射线衍射分析进一步表明：环辛四烯分子不是平面形，而是澡盆形，其碳碳键键长是 1.34 Å 和 1.48 Å，交替出现，近于丙烯分子中的两类键长。

1.50Å　1.33Å　　1.34Å　1.48Å

可见环辛四烯分子中的各原子不存在共平面性，π 电子的离域化大大降低，从而表现出单、双键交替的键长。但环丁二烯分子显然具有平面性，为什么也不表现出芳香性？唯一可能的解释是四元环的角张力大。然而，这个解释并不是很充分。因为合成的四碳环化合物也有不少是能够稳定存在的。例如，下面两个角张力很大的三元环和四元环化合物可以稳定存在。因此，环丁二烯的不稳定性不能完全归因于角张力。

O　R　R　　Ph　CH_2　Ph　CH_2

R = 烷基或苯基

分子轨道理论提出后，1931 年休克尔用分子轨道法计算了单环多烯的 π 电子能级。他假定这些单环多烯分子中所有原子都在同一平面内，每个 sp^2 杂化的碳原子都有一个 2p 轨道，由 n 个彼此平行的 2p 轨道线性组合形成 n 个 π 分子轨道。π 分子轨道能量的高低，恰好可以用一个顶角向下的圆内接正多边形的顶点来表示，图 6.9 是分子式为 C_nH_n 的单环共轭多烯的分子轨道能级图。

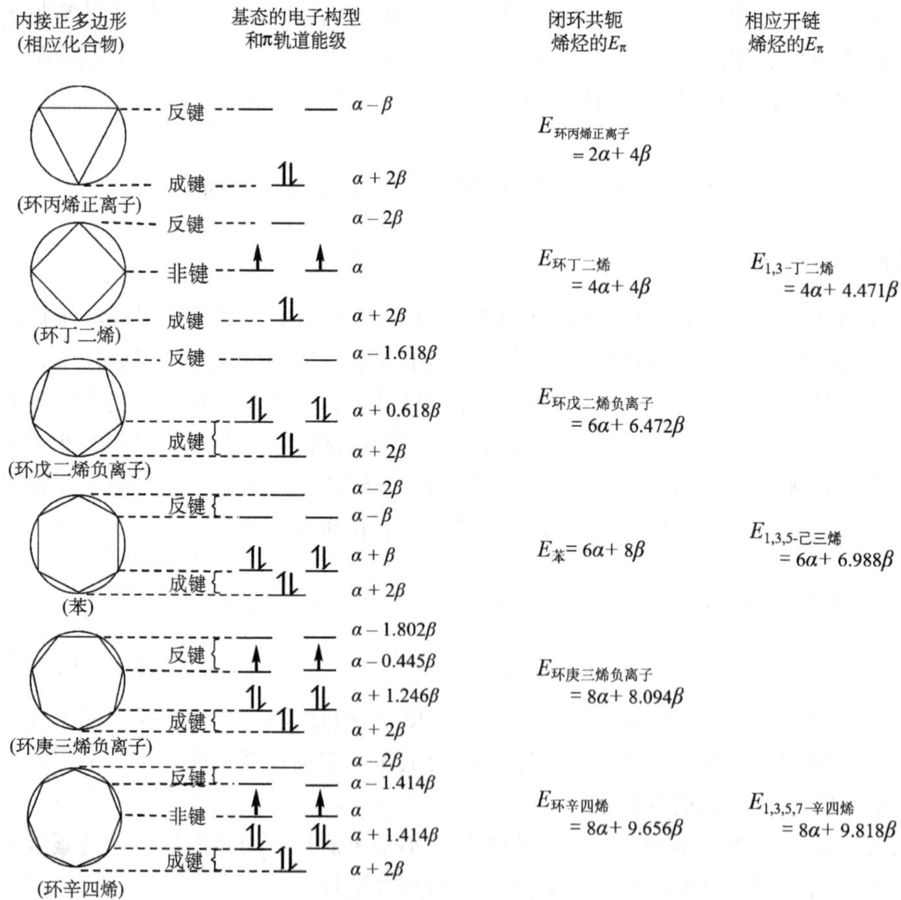

图 6.9　单环多烯或离子的 π 分子轨道能级和基态电子结构

多边形中每一个顶角的位置就相应于一个 π 轨道的能级，圆心的位置相应于原子轨道的能级。处于圆心下方的分子轨道能量更低，称为成键轨道；圆心上方的分子轨道是能量更高的反键轨道；能级与原子轨道能级平行的分子轨道，称为非键分子轨道。可以发现，成键轨道（或成键轨道 +2 个非键轨道）的数目都是奇数，即 $2n+1$ ($n \geqslant 0$)个。

苯分子中，6 个 p 电子恰好成对地占满三个成键轨道，形成环状闭合的离域化键。而环丙烯基、环戊二烯基、环庚三烯基分子中都具有奇数个 p 电子，孤电子的存在使它们具有单基（自由基）性质。但如果将环丙烯基变为环丙烯正离子（2 个 p 电子），或将环戊二烯基变为环戊二烯负离子（6 个 p 电子），或将环庚三烯基变为环庚三烯正离子（6 个 p 电子），此时这些正、负离子所具有的 p 电子都刚好能成对地占满成键轨道，而这些结构都具有芳香性。环丁二烯和环辛四烯分子中都有两个未成对电子处于简并的非键轨道上，这种具有双基结构的分子比其相应的无环不饱和体系的稳定性还小，称它们具有反芳香性。但若将环辛四烯与金属钾反应，得到的环辛四烯二价负离子是平面正八边形，是一个稳定的具有芳香性的体系，此时 10 个 p 电子恰好成对地占满成键轨道和非键轨道。

由此可以看出：当环状共轭多烯分子中的 p 电子刚好成对占满成键轨道（或成键轨道+非键轨道）时，分子具有芳香性。而刚才已经提到，成键轨道（或成键轨道+非键轨道）的数目都是奇数（$2n+1$），因此当 p 电子数目为 $4n+2$ 时，体系具有芳香性；而 p 电子数目为 $4n$ 时，体系是反芳香性的。这个规则称为休克尔(Hückel)规则，也称为 $4n+2$ 规则。根据该规则，以下分子和离子都具有 $4n+2$ 个 p 电子，它们都具有芳香性。

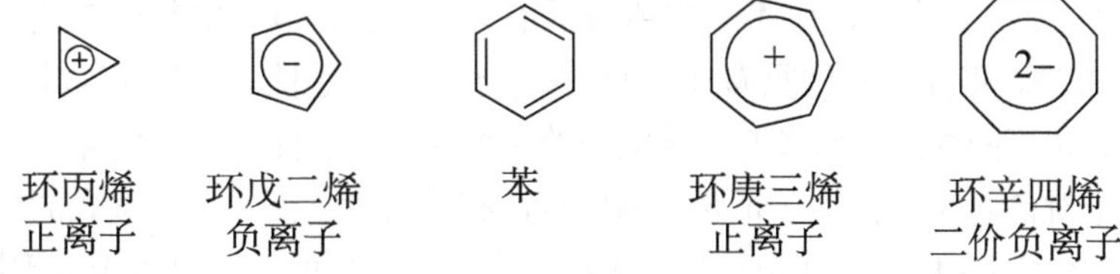

所有不含苯环，但具有一定程度芳香性的烃，统称为非苯芳烃。

6.7.2　典型的非苯芳烃

环丙烯正离子是在 1957 年以后合成的，它们的某些盐已经制得，并测得其碳碳键键长是 1.40 Å，接近于苯分子中的碳碳键键长，离域化作用使正电荷得到分散而稳定。

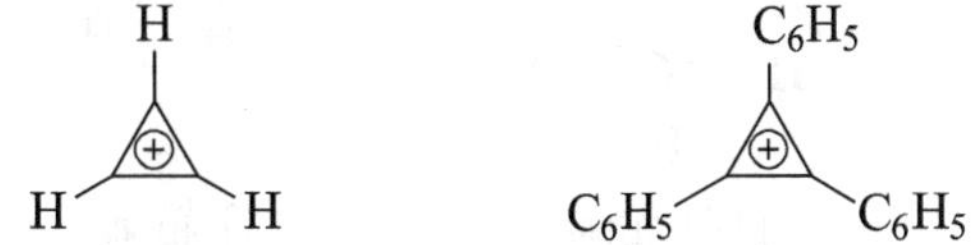

环戊二烯负离子和环庚三烯正离子也已由下列反应制得。

这些负离子或正离子都能通过电子离域化得到稳定。用核磁共振波谱测定环戊二烯负离子中 5 个氢是等同的。一种非常重要的、表现环戊二烯负离子芳香性的化合物是二环戊二烯铁（又称为二茂铁），它是由 Fe^{2+}和两个环戊二烯负离子络合而成。其结构式如下，具有类似夹心面包的结构，实验证明它是具有芳香性的，环上也能发生亲电取代反应。

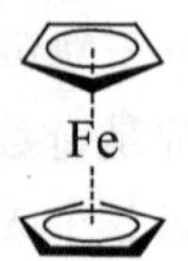

环庚三烯正离子称为䓬鎓离子，䓬盐于 1891 年合成，但它的稳定性直到 1954 年才通过休克尔规则得到说明，并通过实验确认了它具有芳香性。具有类似结构的䓬酚酮和䓬酮分子中也同样存在着离域化的大 π 键。

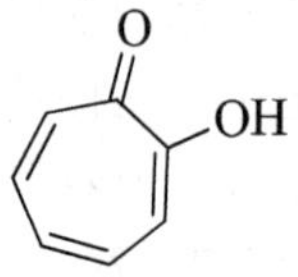

䓬酚酮　　䓬酮

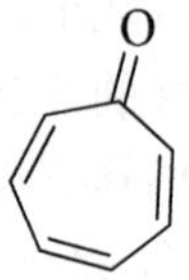

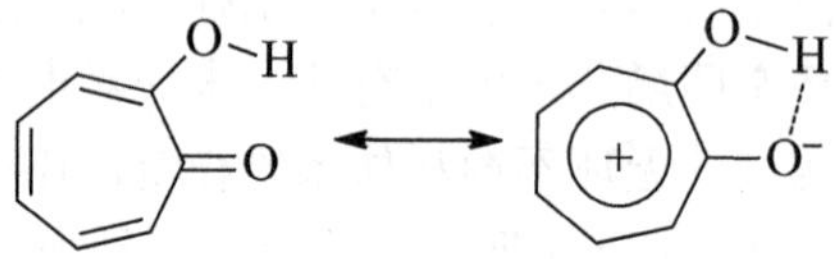

䓬酚酮的芳香性也表现在它的羰基的性质很不显著，而环上容易发生亲电取代反应。

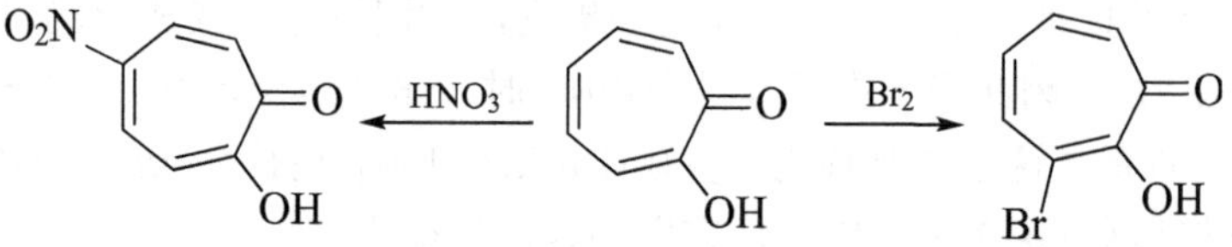

大环共轭多烯又称为轮烯，但不一定所有具有 4*n*+2 个 p 电子的轮烯都有芳香性。例如，[18]-轮烯具有芳香性，但[14]-轮烯只有在–60℃以下才具有芳香性。这是因为其四个环内氢很拥挤，破坏了分子的共平面性，从而降低了 π 电子的离域化作用。[10]-轮烯的环内空间则更小，两个环内氢的直接干扰破坏了环的共平面性，因此也没有芳香性。而一个全顺式的环癸五烯（全顺式-[10]-轮烯）结构，因为角张力（144°）的存在，不可能共平面，所以也无芳香性。

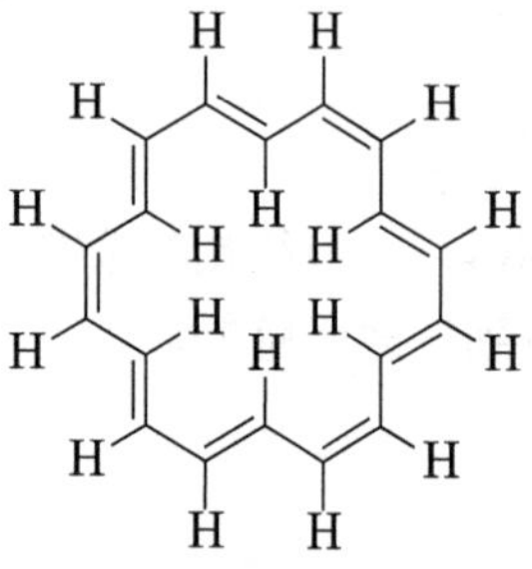

[18]-轮烯 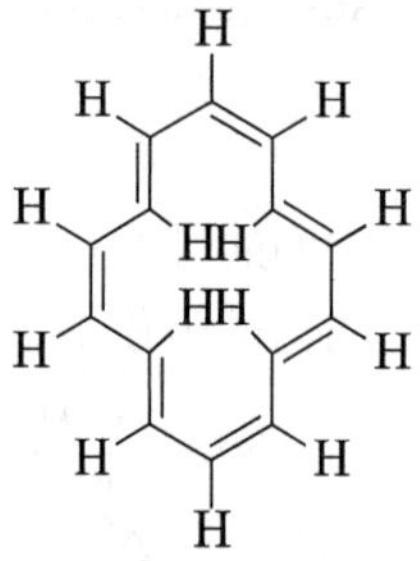　　[14]-轮烯 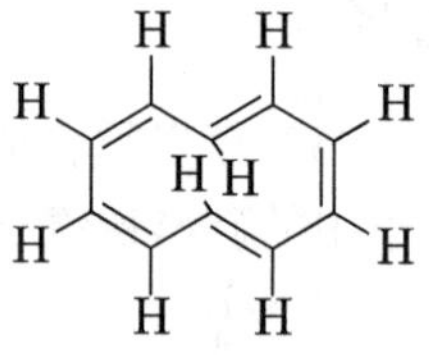　　[10]-轮烯 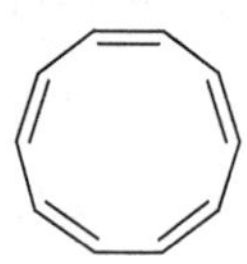　　全顺式-[10]-轮烯

但在[10]-轮烯环上如果有一个跨环的键或跨环桥存在，则可以避免环内氢的空间位阻，成为具有芳香性的平面共轭体系。例如，薁、萘及 1, 6-亚甲基环癸五烯等都具有芳香性。

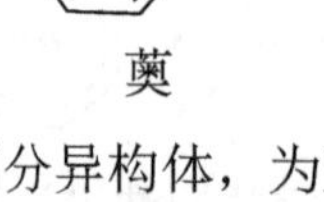

薁 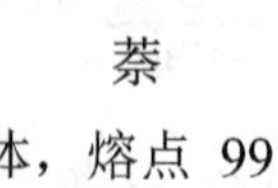　　萘 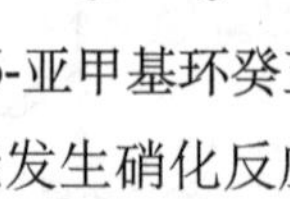　　1, 6-亚甲基环癸五烯

薁是萘的同分异构体，为蓝色固体，熔点 99℃，它能发生硝化反应和傅–克反应。薁的偶极矩是 1.08 deb，可看作是由 C_5H_5 和 C_7H_7 两个芳环稠合而成，基态时可用分离的正、负

离子式表示：

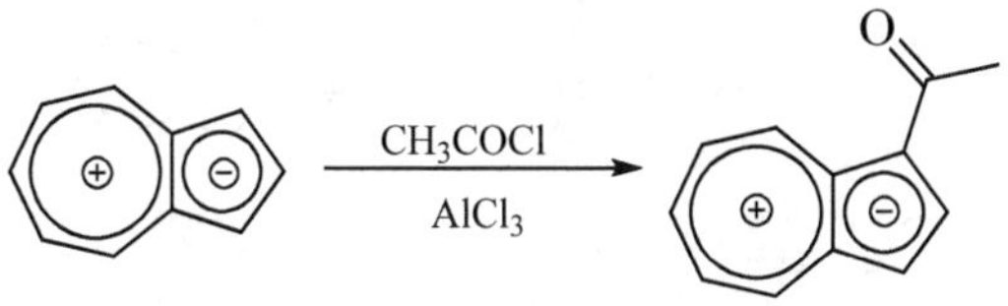

$$\xrightarrow[AlCl_3]{CH_3COCl}$$

薁的一些同系物存在于香料油中。在较高温度下，薁可以异构化为更稳定的萘。

习 题

6.1 命名下列各化合物。

(1) 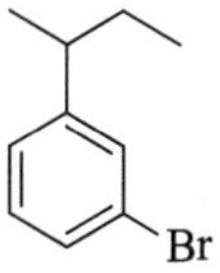 Br (2) 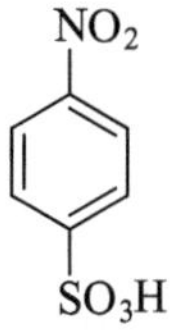 NO_2, SO_3H (3) 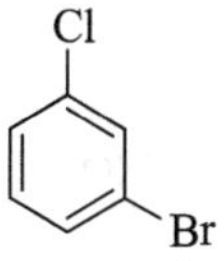 Cl, Br (4)  I, Br

(5) 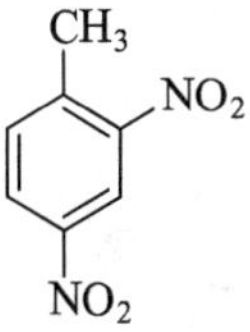 CH_3, NO_2, NO_2 (6) 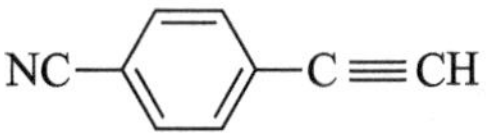 NC—C≡CH (7) 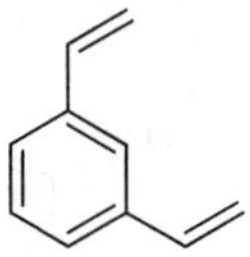 (8) 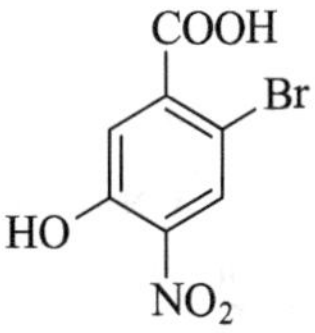 COOH, Br, HO, NO_2

(9) 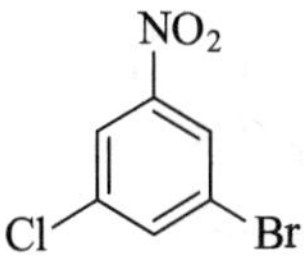 NO_2, Cl, Br (10) 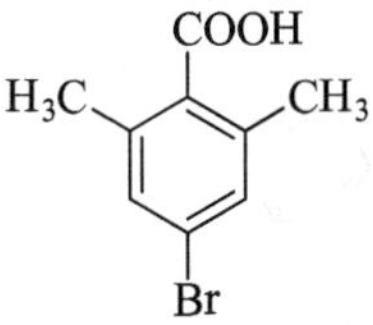 COOH, H_3C, CH_3, Br

6.2 对二甲苯的二氯代异构体有几种？写出它们的结构式。

6.3 用 SO_3 的共振式解释它的亲电性，并写出对二甲苯磺化的反应机理。

6.4 写出下列反应的主要产物，若不反应，用 N.R. (no reaction)表示。

(1) 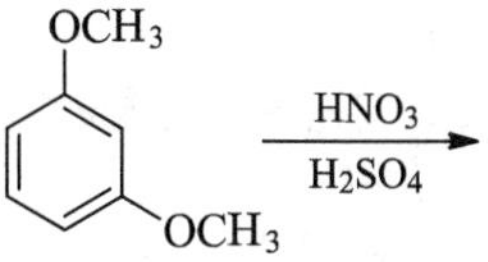 OCH_3, OCH_3 $\xrightarrow[H_2SO_4]{HNO_3}$ (2) + Cl $\xrightarrow{AlCl_3}$

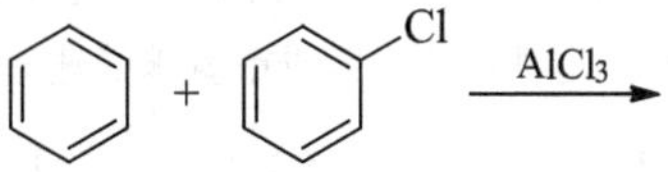

(3) $\xrightarrow{冷KMnO_4}$ A; $\xrightarrow{热KMnO_4}$ B (4) CCl_3 + Cl_2 $\xrightarrow{FeCl_3}$

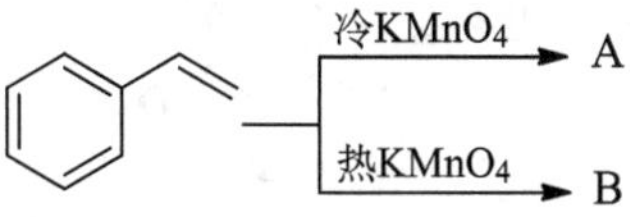

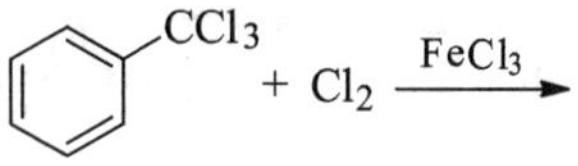

(5) 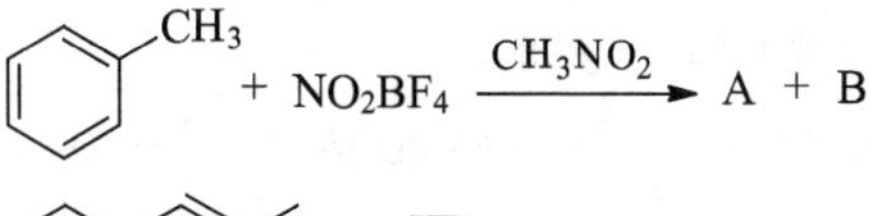 CH_3 + NO_2BF_4 $\xrightarrow{CH_3NO_2}$ A + B

(6) 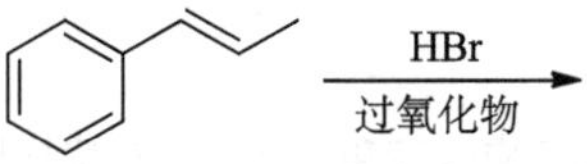 $\xrightarrow[过氧化物]{HBr}$ (7) 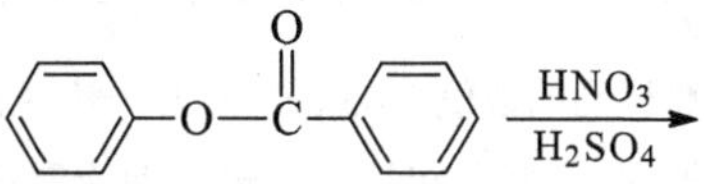 —O—C(=O)— $\xrightarrow[H_2SO_4]{HNO_3}$

(8) 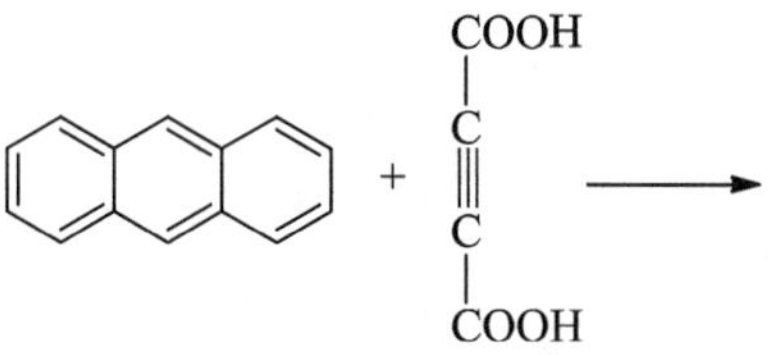 + COOH—C≡C—COOH ⟶ (9) 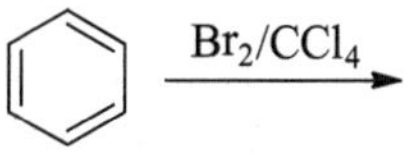 $\xrightarrow{Br_2/CCl_4}$

6.5　下列化合物哪些具有芳香性？

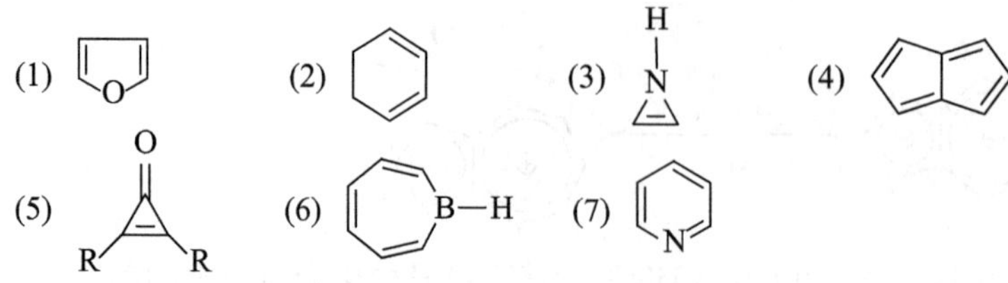

6.6　用箭头表示下列化合物一硝化时硝基进入的主要位置。

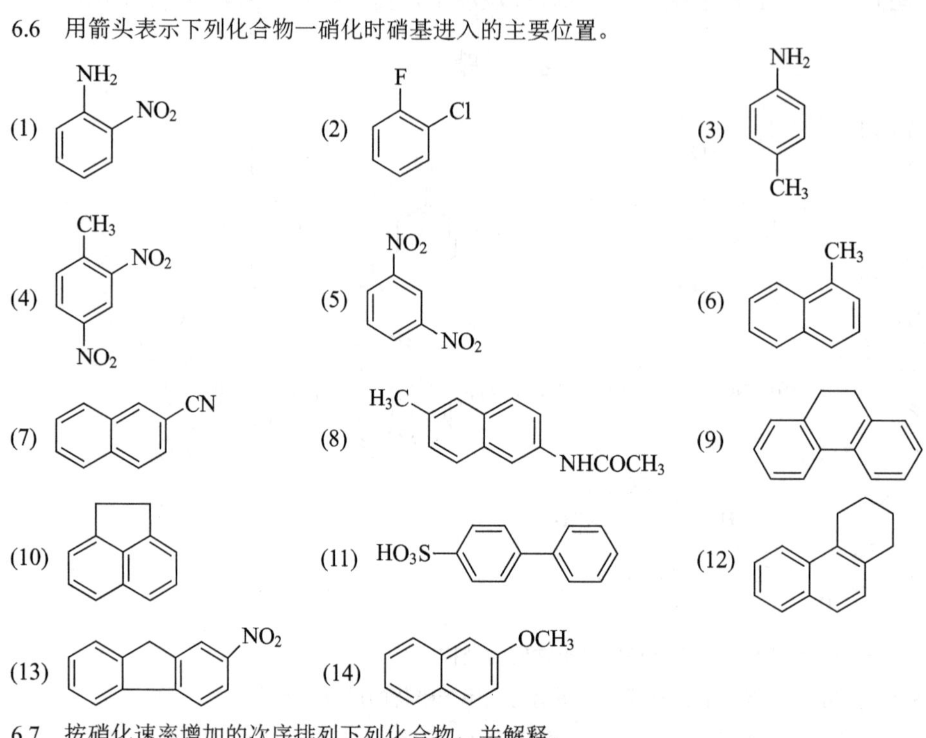

6.7　按硝化速率增加的次序排列下列化合物，并解释。

(1) C_6H_6　(2) $C_6H_5CH_3$　(3) C_6D_6　(4) $C_6H_5NO_2$　(5) C_6H_5Cl

6.8　用 D_2SO_4/D_2O 处理苯时，形成重氢苯的速率比苯磺化的速率快得多，写出重氢交换反应机理。

$$C_6H_6 + D_2SO_4 \rightleftharpoons C_6H_5D + HDSO_4 \xrightarrow{\text{重复}} C_6D_6$$

6.9　写出二茂铁在三氟化硼存在下，与乙酸酐反应的产物和反应机理。

6.10　F—C_6H_4—NO_2（气相）的偶极矩为 2.87 deb，比 F—C_6H_5 (1.63 deb)和 C_6H_5—NO_2 (4.28 deb)的偶极矩数值和计算得到的数值 2.65 deb 更大，解释存在差异的原因。

6.11　下列化合物中，哪些可以通过苯的两次取代反应制得？写出反应步骤和分离邻、对位异构体的方法。

(1) 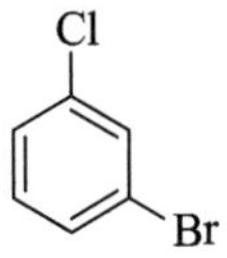 间溴氯苯（Cl、Br 间位） (2) 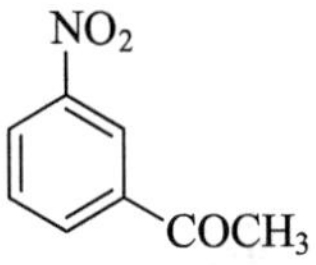 间硝基苯乙酮（NO_2、$COCH_3$ 间位） (3) 对硝基氯苯（Cl、NO_2 对位） (4) 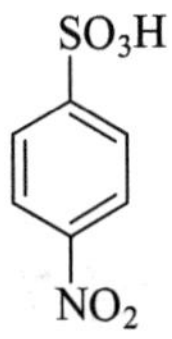 对硝基苯磺酸（SO_3H、NO_2 对位） (5) 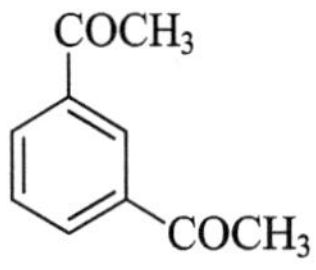 间二乙酰基苯（两个 $COCH_3$ 间位）

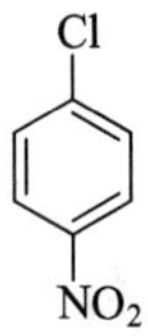

6.12 试进行下列合成。

(1) 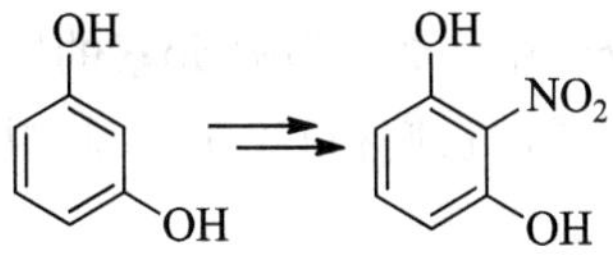 间苯二酚（1,3-二羟基苯）⟶ 2-硝基-1,3-苯二酚（两个 OH 之间的位置上为 NO_2）

(2) 以 4 个碳以下的有机化合物为原料合成苯乙酮。

第7章　卤　代　烃

烃类分子中只含有 C、H 两种元素，但大多数的有机分子中还含有其他元素的原子（常称为“杂原子”）。最常见的杂原子包括卤素、氧族及氮族原子，它们和 C、H 一起组成了种类繁多的有机化合物。

烃分子中氢原子被卤素取代后的产物称为卤代烃。含卤有机化合物在自然界极少存在，但它们往往具有独特的性质和作用。很多含卤化合物都具有抗菌作用，如氯霉素、金霉素及含溴超过 70%（质量分数）的海生抗菌素等。

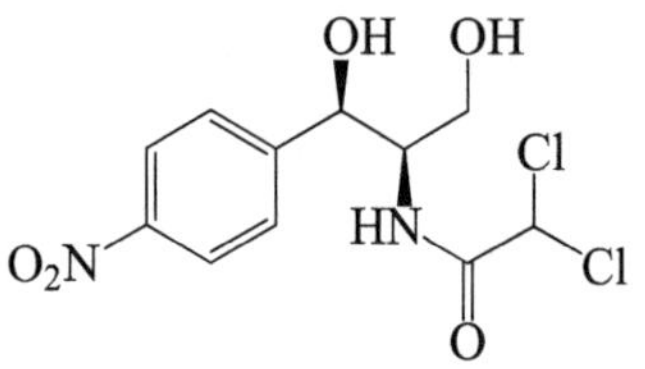

氯霉素 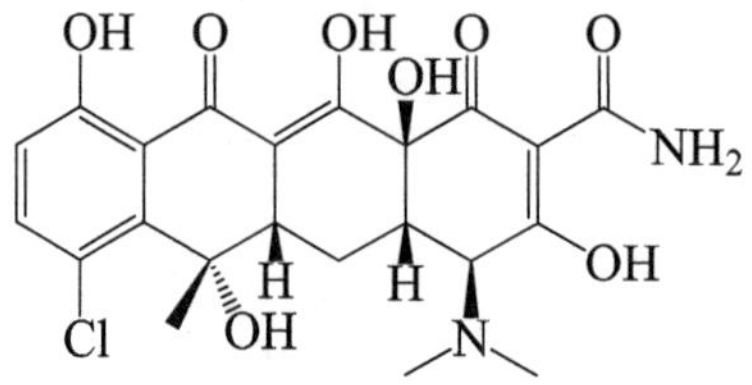　　金霉素 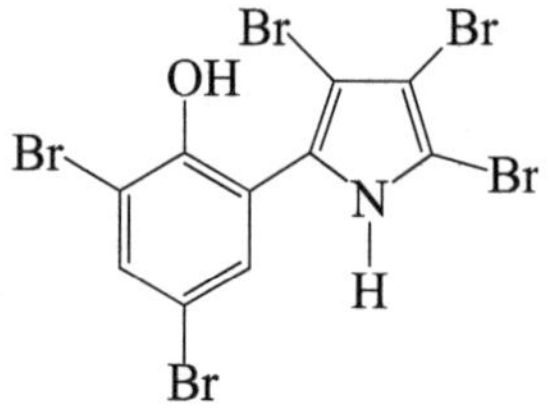　　海生抗菌素

一些多卤代物，如 DDT、氯丹（又名 1068）和六六六等是强力杀虫剂。然而，几乎所有含卤有机化合物都具有毒性，即使吸入低浓度，长时间也会造成肝中毒。

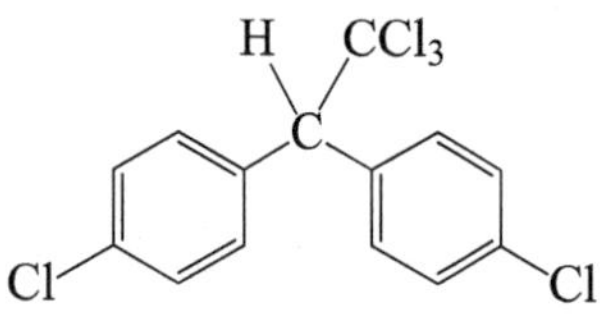

DDT 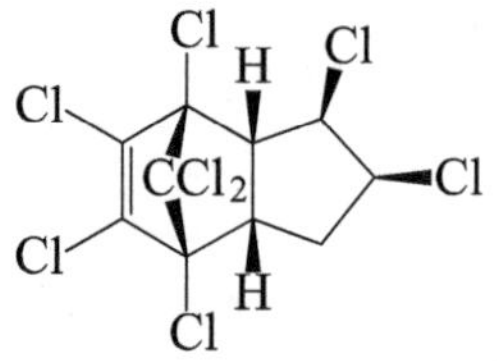　　氯丹(顺式) 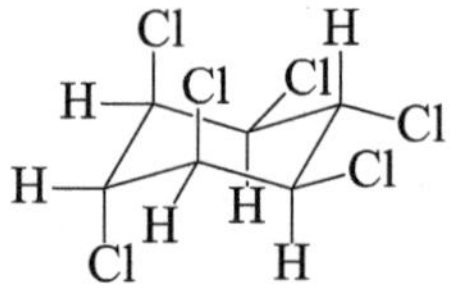　　六六六(γ-)

含有 1～2 个碳原子的多卤代烃如 CH_2Cl_2、$CHCl_3$、CCl_4、CF_2Cl_2、$CFCl_3$、CF_4 等被广泛用作溶剂、麻醉剂、灭火剂、冷冻剂和防腐剂等。很多含卤有机化合物是重要的反应中间体，由于在有机合成中的重要性而被广泛地研究和合成。

7.1　卤代烃的结构、分类、命名和物理性质

在卤代烃中，卤素原子和碳原子一样均采用 sp^3 杂化，它们通过 sp^3 杂化轨道“头碰头”形成 C—X 单键。在卤素原子的四个 sp^3 杂化轨道中，与碳原子成键的轨道 p 成分较多；其他三个轨道各自容纳一对孤对电子，轨道的 s 成分相对较多。

一般卤代烷中 C—X 键的键长如下：

C—F	C—Cl	C—Br	C—I
139 pm	176 pm	194 pm	214 pm

可以看出，C—F 键的键长小于 C—C 键（154 pm），氟原子小于碳原子，因此氟原子可

以在碳链上大量取代而不会产生明显的空间位阻。例如，聚四氟乙烯具有如下的结构。在这样的化合物中，氟原子像“鞘”一样保护着中间的碳链，使之不易断裂，因此这类化合物通常具有高度的稳定性。对于氯、溴、碘原子，因为其原子较大，不能形成排列如此紧密的全卤代化合物。

$$\cdots\underset{F}{\overset{F}{C}}-\underset{F}{\overset{F}{C}}-\underset{F}{\overset{F}{C}}-\underset{F}{\overset{F}{C}}-\underset{F}{\overset{F}{C}}-\underset{F}{\overset{F}{C}}\cdots \equiv -\underset{F}{\overset{F}{C}}\left[-\underset{F}{\overset{F}{C}}-\underset{F}{\overset{F}{C}}-\right]_n\underset{F}{\overset{F}{C}}-$$

卤代烃根据分子中含卤原子数目的多少，可分为一卤代烃和多卤代烃。按烃基类型不同又可分为饱和卤代烃、不饱和卤代烃和卤代芳烃。

饱和一卤代烃的通式为 $C_nH_{2n+1}X$，由于碳链和卤素位置的不同，可形成各种构造异构体。例如，一氯丁烷 C_4H_9Cl 存在 4 种构造异构体，正丁烷、异丁烷分别有 2 种一氯代物。

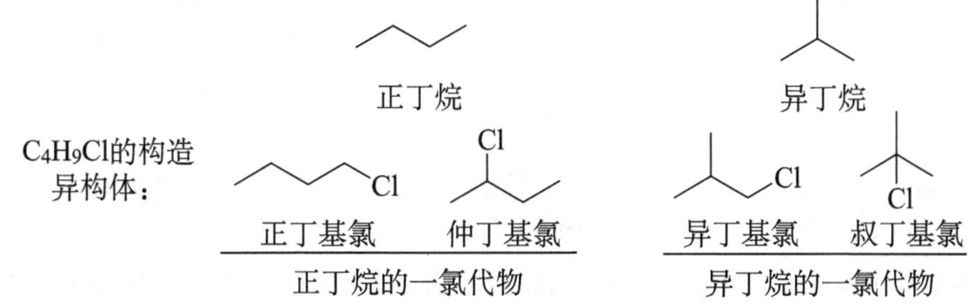

根据与卤素直接相连的碳原子（称为 α-碳原子）种类，可将卤代烃分为一级卤代烃、二级卤代烃和三级卤代烃，即伯、仲、叔卤代烃，可分别用 1°、2°、3°来表示。

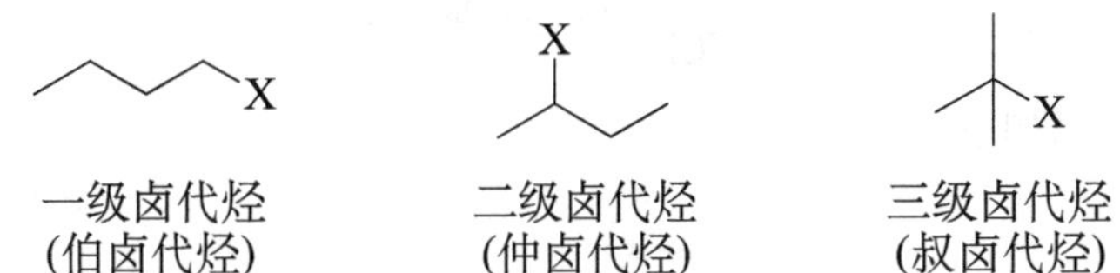

在卤代烯烃或卤代芳烃中，根据卤原子和双键（芳环）的相对位置不同，可分为三类：

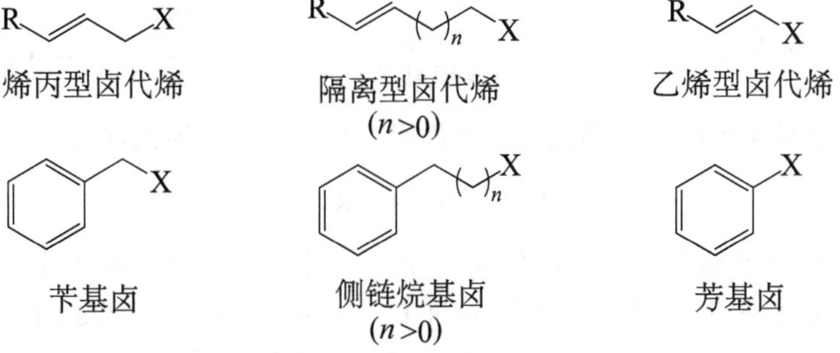

学习提示：与卤素相连的烃基种类对于卤代烃各种化学反应的活性有着明显的影响。例如，烯丙基/苄基卤易发生亲核取代反应，而乙烯型/芳基卤难以发生；又如，一级、二级和三级卤代烃在发生亲核取代反应或消除反应时的活性差别很大。掌握了反应的机理，便不难理解以上差别。

简单一卤代烃的命名，根据相应的烃基结构，使用普通命名法命名。

氯乙烷（乙基氯）　溴代异丙烷（异丙基溴）　碘代叔丁烷（叔丁基碘）　氯乙烯（乙烯基氯）

较复杂的卤代烃一般都用系统命名法，将卤素当作取代基，在某烃的名称前面标上卤原子的位置、数目、名称。对于不饱和卤代烃，编号一般由距双键最近的一端开始(使双键位次最小)。例如：

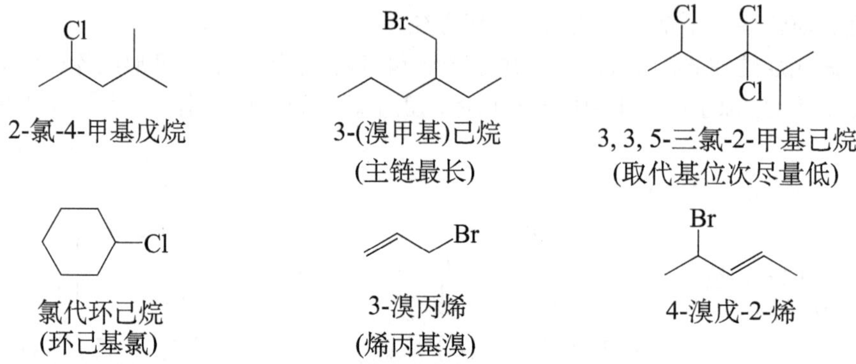

2-氯-4-甲基戊烷　3-(溴甲基)己烷(主链最长)　3, 3, 5-三氯-2-甲基己烷(取代基位次尽量低)

氯代环己烷(环己基氯)　3-溴丙烯(烯丙基溴)　4-溴戊-2-烯

几种卤素同时存在于一个分子中时，可按原子大小 F、Cl、Br、I 次序命名。有时也按 IUPAC 命名法，以字母顺序 Br、Cl、F、I 的次序命名，例如：

1-溴-1-氯乙烯

芳香族卤化物命名如下：

溴苯　苄氯(氯甲基苯)　2-氯-1, 4-二甲苯

纯净卤代烃都是无色的，但碘代烷在光作用下易分解产生游离碘而变为棕红色。

$$2RI \xrightarrow{光} R-R + I_2$$

室温下，含 1～3 个碳原子的一氟代烷、含 1～2 个碳原子的一氯代烷及一溴甲烷等是气体，其余大多数卤代烷都是液体或固体。极性 C—X 键的存在使卤代烃的分子间作用力比同碳数的烷烃大得多，因此沸点也高得多，并且随卤素相对原子质量的增加而升高，如图 7.1 所示。同一种卤代烷的各异构体中，直链异构体沸点最高，随着支链增多，沸点降低。

一氟代烷和一氯代烷的密度比水低，而其他卤代烃密度均大于 1。和烃类一样，卤代烃不溶于水，而易溶于醇、醚、烃等典型的有机溶剂。卤代烃的折射率由氟代烃到碘代烃逐渐增加，折射率与可极化性有关，可极化性越大，折射率也越大。

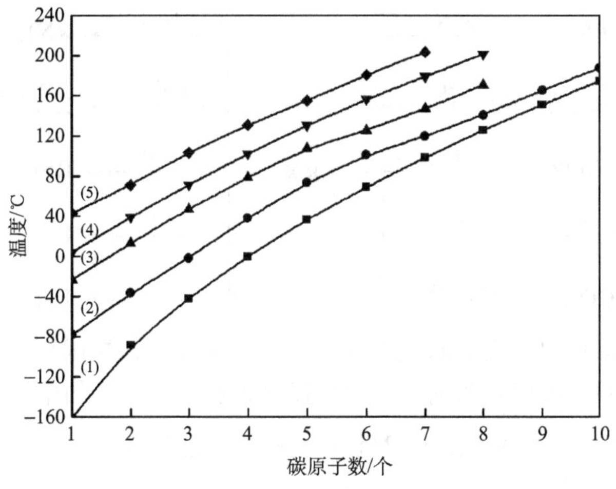

图 7.1　一卤代烷的沸点

(1) 直链烷烃；(2) 1-氟代烷；(3) 1-氯代烷；(4) 1-溴代烷；(5) 1-碘代烷

7.2　卤代烃的亲核取代反应

由于卤素原子的电负性很强，在卤代烃中，C—X 键是一个极性共价键。卤代甲烷的偶极矩如下。随着卤素电负性增强，C—X 键的极性也增大。

CH_3Cl	CH_3Br	CH_3I
$\leftarrow\!\!\!+\!\!\!\rightarrow$	$\leftarrow\!\!\!+\!\!\!\rightarrow$	$\leftarrow\!\!\!+\!\!\!\rightarrow$
1.94 deb	1.79 deb	1.64 deb

卤原子的吸电性使与其相连的 α-碳原子带上了一定程度的正电荷（δ^+），成为吸引亲核试剂进攻的位点，亲核取代反应因此而发生。

7.2.1　亲核取代反应概述

取代反应是卤代烃的主要反应，带部分正电荷的碳容易受亲核试剂进攻，使卤素带着一对电子离去。从广义的酸碱概念看，卤素负离子是一个很弱的碱，它可以被很多比它更强的碱置换从而完成亲核取代反应。

卤代烃与氢氧化钠或氢氧化钾水溶液一起加热时，卤原子被羟基取代生成醇；与氰化钠/钾的醇溶液反应，则生成相应的腈。氰基的引入使碳链上增加了一个碳原子，合成上常将此作为增长碳链的一种方法。

$$ROH + X^- \xleftarrow{OH^-/H_2O} RX \xrightarrow{CN^-/\text{醇}} RCN + X^-$$

利用亲核取代反应可将卤代烃变成各种类型的化合物。例如：

(硫氰化物) RSCN $\xleftarrow{^-SCN}$ RX $\xrightarrow{NH_3}$ RNH_2 (胺)

(炔) $RC\equiv CR'$ $\xleftarrow{^-C\equiv CR'}$ RX $\xrightarrow{:NEt_3}$ $R\overset{+}{N}Et_3X^-$ (季铵盐)

(醚) ROR′ $\xleftarrow{R'O^-}$ RX $\xrightarrow{^-SH}$ RSH (硫醇)

(硝酸酯) $RONO_2$ $\xleftarrow{NO_3^-}$ RX $\xrightarrow{I^-}$ RI (碘代烷)

(乙酸酯) CH_3COOR $\xleftarrow{CH_3COO^-}$ RX $\xrightarrow{^-N_3}$ RN_3 (叠氮化合物)

这类亲核取代反应可用下面的通式表示。其中 Nu 代表亲核试剂，L 称为离去基团，它们都含有未共用电子对，可以是负离子，也可以是带有孤对电子的中性分子。

$$R{-}L + :Nu \longrightarrow R{-}Nu + :L$$

7.2.2　亲核取代反应的机理及其影响因素

亲核取代反应属于离子型反应。因戈尔德（Ingold）等化学家系统地研究了亲核取代反应的动力学、立体化学及底物的结构、试剂、溶剂等因素对反应速率的影响，证明绝大多数是按照下面两种机理进行，分别称为 S_N2 和 S_N1 反应。其中 S 和 N 分别表示 substitution（取代反应）和 nucleophilic（亲核的），数字 2 和 1 分别代表双分子反应和单分子反应。

7.2.2.1　S_N2 和 S_N1 反应

S_N2 反应即双分子亲核取代反应。在 S_N2 反应中，亲核试剂对 α-碳原子的进攻和离去基团的离去是同时发生的，即反应一步进行。反应的速率同时受底物和亲核试剂的影响，因此是双分子反应。例如，NaOH 和溴甲烷的反应：

$$OH^- + H_3C{-}Br \rightleftharpoons \left[\overset{\delta^-}{HO}\cdots CH_3 \cdots \overset{\delta^-}{Br} \right] \longrightarrow HO{-}CH_3 + Br^-$$

过渡态

从反应的能量变化图（图 7.2）可以看出反应只存在一个能垒，能量的最高点即为反应的过渡态。在 S_N2 反应中，试剂自离去基团背面进攻。过渡态时，中心碳原子（即 α-碳原子）由 sp^3 杂化变为 sp^2 杂化，此时由三个 sp^2 杂化轨道形成的三个 σ 键与中心碳一起处于同一个平面内，键角约为 120°。离去基团和进攻基团分别与中心碳原子的 2p 轨道部分成键，并位于一根直线上，如图 7.3 所示。形成过渡态的速率就是整个反应的速率，它既与底物 RX 有关，也与试剂有关，动力学上为二级反应。

$$反应速率 = k\,[RX]\,[Nu:]$$

与 S_N2 反应不同的是，单分子亲核取代反应 S_N1 是两步反应。第一步，离去基团带着一对电子离去，形成碳正离子中间体。这一步涉及共价键的断裂，形成不稳定的中间体，因此反应较慢，是整个反应的速率控制步骤；第二步，碳正离子和亲核试剂很快结合，形成产物。例如，叔丁基溴的水解：

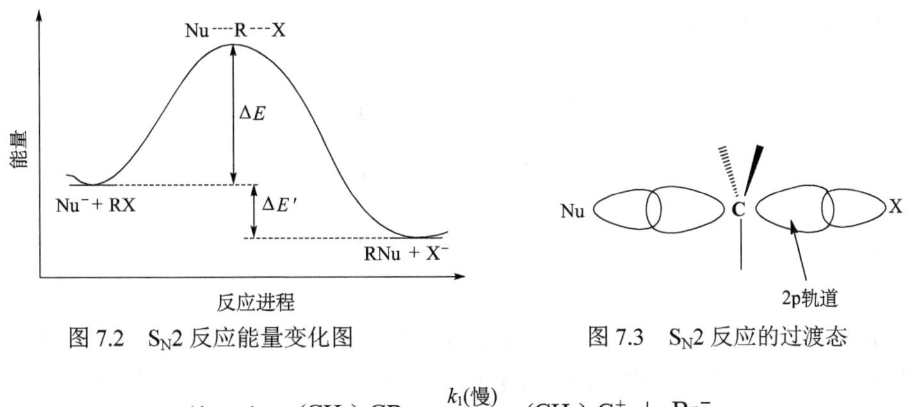

图 7.2　S_N2 反应能量变化图　　　　图 7.3　S_N2 反应的过渡态

$$\text{第一步}\quad (CH_3)_3CBr \underset{k_{-1}}{\overset{k_1(\text{慢})}{\rightleftharpoons}} (CH_3)_3C^+ + Br^-$$

$$\text{第二步}\quad (CH_3)_3C^+ + OH^- \xrightarrow{k_2(\text{快})} (CH_3)_3COH$$

S_N1 反应的能量变化如图 7.4 所示。可以看出反应存在两个能垒，是两步反应，两个过渡态之间的能量最低点是反应中间体，即碳正离子。

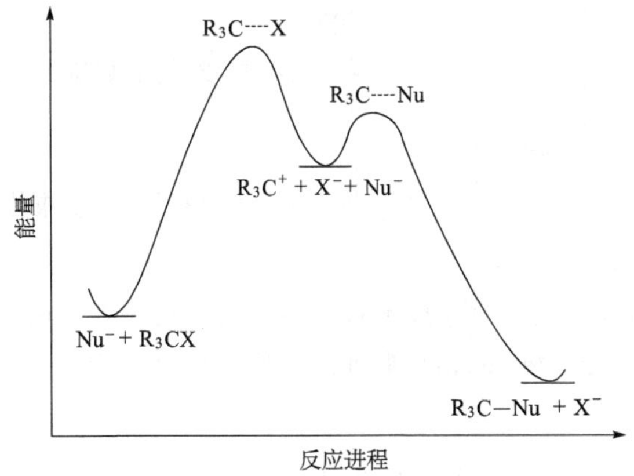

图 7.4　S_N1 反应能量变化图

S_N1 反应的第一步是可逆反应，但通常情况下碳正离子变为产物所需要的活化能比回到反应物所需的活化能更低，因此主要生成产物。碳正离子相当活泼，当试剂的亲核性较强时，几乎全部立即变为产物，即 $k_2 \gg k_{-1}$。速率控制步骤（第一步）只涉及底物卤代烃，因此 S_N1 在反应动力学上表现出一级反应的特征。

$$\text{反应速率} = k_1[RX]$$

如果在 S_N2 反应中使用大量、过量的亲核试剂，则其在反应过程中浓度变化很小，可视为一个常数。此时反应速率也只与底物浓度有关，S_N2 也随之表现为一级动力学特征。因此，不能仅根据反应是一级反应这一点就断定它是 S_N1 反应。

实际上，很多 S_N1 反应都是在溶剂的帮助下发生异裂而形成碳正离子的。有些溶剂，特别是质子溶剂，如水、醇、酸可作为亲核试剂与底物反应，形成溶剂化离子而后分解为产物。例如，卤代烃在水或醇中反应，分别生成醇或醚；在水-醇混合溶剂中反应，则生成醇和醚的混合物。这种反应称为溶剂解反应。虽然有溶剂参与使底物发生异裂，但由于溶剂大大过量，它仍表现为一级动力学反应。

R—L + Sol-ÖH —r.d.s.→ [R—O^+(H)—Sol] + :L^-

质子溶剂　　溶剂化离子

↓ $-H^+$

R—Ö—Sol

由于 S_N1 反应会形成碳正离子中间体，它将有可能发生碳正离子的标志性变化——重排。在可能的情况下，一级或二级碳正离子容易重排为更稳定的三级碳正离子，从而得到重排后的取代或消除产物。对于一步协同进行的 S_N2 反应，则无重排发生。因此，在得不到其他信息时，重排可作为 S_N1 反应的标志。

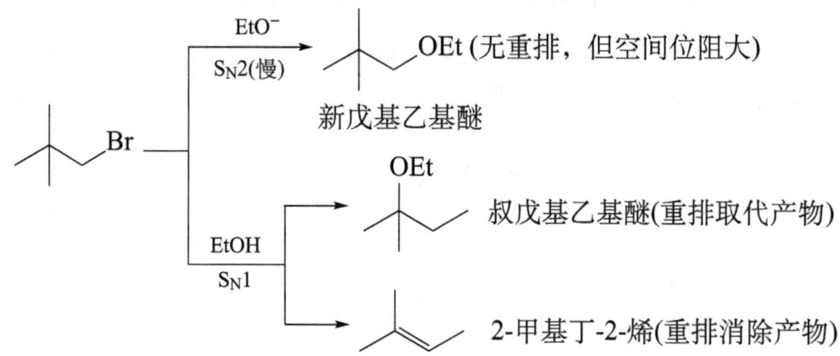

学习提示：此处的重排和烯烃与质子酸加成形成的碳正离子发生的重排属于同一种变化，即瓦格纳-米尔文（Wagner-Meerwein）重排，参见 4.4.2.4 小节。

7.2.2.2　影响亲核取代反应速率的因素

在亲核取代反应中，除了反应物的浓度外，底物的结构、亲核试剂的亲核性、离去基团的性质、溶剂极性等都对反应所采用的机理和反应速率有影响。权衡一个亲核取代反应是按 S_N2 还是 S_N1 机理进行，需要从两种机理的不同点来考虑，即 S_N1 反应是离去基团先离去，形成碳正离子；而 S_N2 反应则是亲核试剂先和底物结合，离去基团再离去。因此，如果底物容易形成碳正离子，或形成的碳正离子相对稳定，而亲核试剂的亲核性不强，则容易发生 S_N1 反应；反之，如果亲核试剂的亲核性强，而底物不易形成碳正离子，则按 S_N2 反应。

1. 底物烃基的结构

烃基结构可通过电子效应和空间效应两种因素来影响亲核取代反应。

从电子效应来看，我们已经知道，越高级的碳正离子越稳定，因此越高级的卤代烃越容易发生 S_N1 反应。烯丙基、苄基型的碳正离子由于 p-π 共轭，更加稳定。因此，不同底物 RX 的 S_N1 反应活性具有如下次序：

$$\text{烯丙基卤/苄基卤} > 3° > 2° > 1° > CH_3X$$

例如：

$$RBr + H_2O \xrightarrow[S_N1]{\text{甲酸}} ROH + HBr$$

R:	$(CH_3)_3C—$	$(CH_3)_2CH—$	$CH_3CH_2—$	$CH_3—$
S_N1反应的相对速率:	10^8	45	1.7	1.0

由于离去基团离去时中心碳原子（α-碳原子）从 sp^3 杂化变为 sp^2 杂化，空间拥挤程度得到缓解。因此，反应前中心碳原子越拥挤（即越高级的碳原子），离去基团将越容易离去而形成碳正离子。其对 S_N1 反应的影响与电子效应一致。

在 S_N2 反应中，离去基团还没有脱离之前，亲核试剂就已从背面进攻，反应不形成碳正离子。因此，空间效应此时发挥主要作用：越高级的卤代烃，α-碳原子上烷基越多，空间阻碍越大，使进攻试剂难以接近，比反应物更为拥挤的过渡态也难以形成。在 S_N2 反应中，RX 的活性次序是

$$CH_3X > 1° > 2° > 3°$$

除了 α-碳原子上的取代基，β-碳原子上的取代基也会对亲核试剂的背面进攻起到阻碍作用。例如，新戊基是 1°烃基，可以预料其较难发生 S_N1 反应。同时由于多个 β-取代基的空间位阻，其 S_N2 反应的过渡态极为拥挤，因此也不易进行。

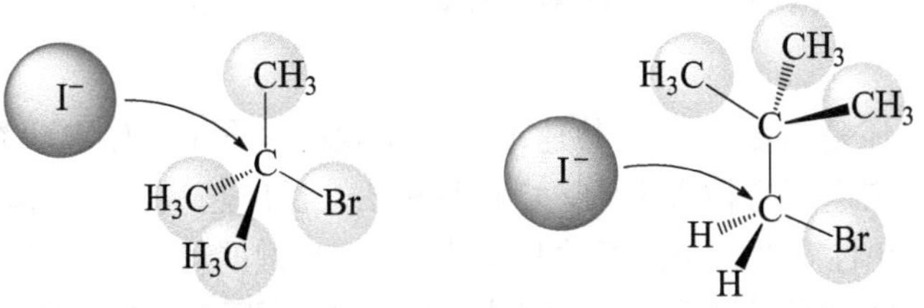

$R = (CH_3)_3C—$　　　　$R = (CH_3)_3CCH_2—$

具有不同 α-取代和不同 β-取代的溴代烷在特定条件下发生 S_N2 反应的活性对比如下，可见烷基越多越拥挤，越难发生 S_N2 反应。

$$RBr + I^- \xrightarrow{S_N2} RI + Br^-$$

α-取代化合物:	$H_3C—Br$	溴乙烷	2-溴丙烷	叔丁基溴
相对反应速率:	30	1	0.02	~0

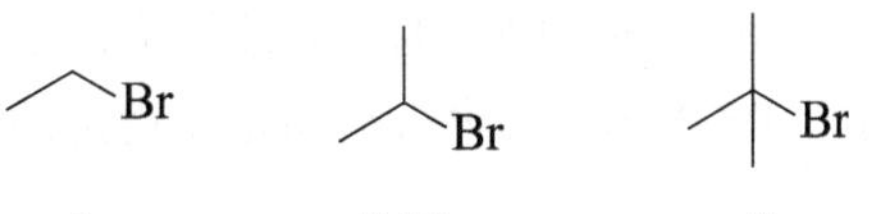

$$RBr + EtO^- \xrightarrow{S_N2} ROEt + Br^-$$

β-取代化合物:	溴乙烷	1-溴丙烷	1-溴-2-甲基丙烷	新戊基溴
相对反应速率:	100	28	3	0.00042

对于苄基卤和烯丙基卤，由于生成的碳正离子可与 π 键产生 p-π 共轭而得到稳定，易发生 S_N1 反应；另外，它们都属于 1°卤代烃，也容易发生 S_N2 反应。所以苄基型和烯丙基型的卤代烃表现得特别活泼，其反应性介于 S_N1 和 S_N2 之间。而二苯甲基卤代烷（2°苄基型）或三苯甲基卤代烷（3°苄基型）则按 S_N1 机理进行反应。

对于卤素直接与双键或芳环相连的卤乙烯或卤苯型化合物，由于卤素和 π 键之间的 p-π 共轭作用，C—X 键具有部分双键性质，键能增大，因而最难发生亲核取代反应。但这并非

绝对，如果苯环的合适位置连有亲核取代的活化基团，则卤苯也可以顺利反应。

$$CH_2{=}CH{-}\ddot{X} \qquad C_6H_5{-}\ddot{X}$$

各类卤代烃的活性次序可用硝酸银的醇溶液检验，根据卤化银沉淀生成的快慢可以判断各类卤代烃的活性。由于 AgX 沉淀极易形成，这个反应中，卤素容易离去，反应总是按 S_N1 机理进行。烯丙基卤、苄基卤、3°卤代烃在室温下就能迅速反应；2°和 1°卤代烃则需加热才能反应（碘代烃除外，易反应）；乙烯基卤和卤苯即使在加热条件下也不发生反应。

$$RX + AgNO_3 \xrightarrow{2\%\text{醇溶液}} RONO_2 + AgX\downarrow$$

用碘化钠的丙酮溶液也能鉴别不同结构的卤代烃。碘负离子的亲核性很强，丙酮又是弱极性溶剂，所以这是一个 S_N2 反应。碘化钠在丙酮（或甲乙酮）中的溶解度比氯化钠、溴化钠大得多，碘置换氯或溴后，生成的氯化钠或溴化钠可从溶液中沉淀析出，根据溶液浑浊的快慢可以判断卤代烃发生 S_N2 反应的活性。

$$R{-}Cl(Br) + NaI \xrightarrow{\text{丙酮}} RI + NaCl(Br)\downarrow$$

R结构对反应速率的影响：1° ＞ 2° ＞ 3°

2. 离去基团

无论是 S_N1 反应还是 S_N2 反应，其速率控制步骤都包含 C—L 键断裂。因此，离去基团 L 的离去难易对反应速率有很大影响，L 越易离去，反应越快。对于卤代烃，C—X 键断裂的难易与键的可极化性有关，随卤素体积增大，C—X 键的可极化性增大，卤原子更易带着一对电子离去。C—I 键最易断裂而发生亲核取代反应，而 C—Br 键断裂也比 C—Cl 键断裂快 25～50 倍。因此，在烃基相同的情况下，卤代烃亲核取代反应的活性顺序为：RI > RBr > RCl。

从另一个角度看，离去基团离去后形成的结构越稳定，越易形成从而发生反应。一般来讲，C—L 断裂后形成的 L^- 具有碱性，其碱性越弱则越稳定，越容易形成。可以通过离去基团的共轭酸 HL 的酸性来判断：HL 酸性越强，则 L^- 的碱性越弱，越容易离去。如果是带有正电荷的底物如 RS^+Me_2，其离去基团是以稳定的中性分子（Me_2S）形式离去，此时反应也容易进行。

除卤素外，硫酸酯、磺酸酯及对甲苯磺酸酯中酸根部分（以下虚框部分）都是好的离去基团。它们离去后形成的负离子可通过共轭离域化作用得到稳定，使其碱性减弱，因此易于离去。

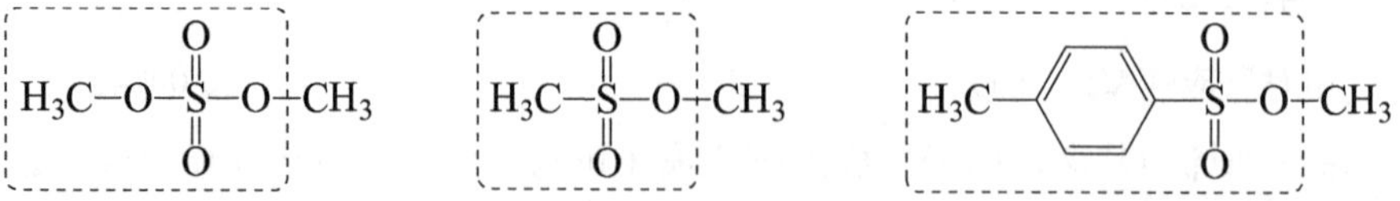

$$H_3C{-}O{-}SO_2{-}O{-}CH_3 \qquad H_3C{-}SO_2{-}O{-}CH_3 \qquad H_3C{-}C_6H_4{-}SO_2{-}O{-}CH_3$$

硫酸二甲酯　　甲磺酸甲酯　　对甲苯磺酸甲酯（简写为$TsOCH_3$）

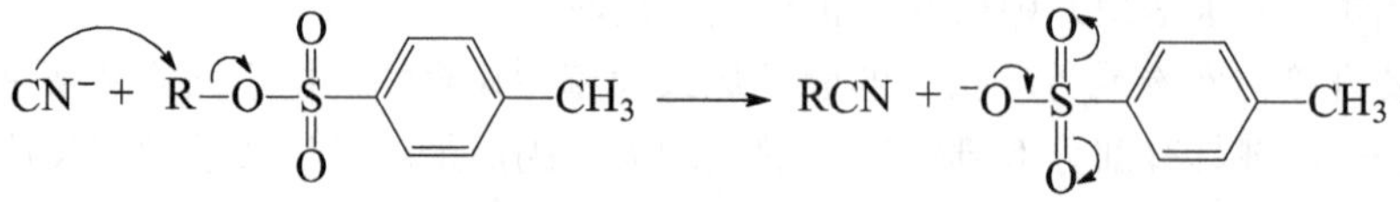

$$CN^- + R{-}O{-}SO_2{-}C_6H_4{-}CH_3 \longrightarrow RCN + {}^-O{-}SO_2{-}C_6H_4{-}CH_3$$

学习提示： 醇由于其离去基团为 OH^-，其碱性较强，不易离去形成，因此醇难以直接发生亲核取代反应。但醇可以通过在酸性条件下形成 RO^+H_2 或将羟基酯化为 ROTs，从而容易发生亲核取代，因为此时离去基团变成了稳定的 H_2O 或 TsO^-。详细内容可见醇的亲核取代反应（8.3.3.1 小节）。

表 7.1 是以溴作标准，比较一些离去基团的离去倾向。离去能力越强，反应速率 k_L 越大。

表 7.1　不同离去基团的相对反应速率

:L	底物	k_L/k_{Br} (平均)	:L	底物	k_L/k_{Br} (平均)
$C_6H_5SO_2O^-$	$ROSO_2C_6H_5$	6	SMe_2	RS^+Me_2	0.5
I^-	RI	3	Cl^-	RCl	0.02
Br^-	RBr	1.0	$^-ONO_2$	$RONO_2$	0.01
H_2O	ROH_2^+	1	F^-	RF	0.0001

如果底物同时可能按 S_N2 或 S_N1 机理反应（如 2°烃基），则 L 的离去倾向性越大，反应越容易按 S_N1 机理进行。

3. 反应溶剂

亲核取代反应是一种离子型反应，无论采取什么机理，底物的异裂都是重要的。溶剂的极性不同，会直接影响异裂进行的难易。这是因为离子可以通过溶剂化作用（溶剂对离子按相反电荷相互取向和吸引的作用）变得稳定，溶剂极性越强，溶剂化作用越大，离子越稳定，越易形成。尤其是当反应中产生了包括氧或氮组成的负离子时，它们与质子溶剂（如水、醇等）通过氢键发生的溶剂化稳定作用是很强的。

对于中性分子的 S_N1 反应：

$$RL \xrightarrow{\text{慢}} [\overset{\delta^+}{R}\text{----}\overset{\delta^-}{L}] \longrightarrow R^+ + L^-$$

从反应物到过渡态，电荷变得明显和集中。此时溶剂对过渡态的稳定化作用更强，有利于过渡态的形成，故溶剂的极性增加可以加速这类 S_N1 反应。例如，3°卤代烷的溶剂解反应速率随溶剂不同呈现明显变化（水的极性大于乙醇）：

$$(CH_3)_3C\text{-}Br + \text{Sol-OH} \xrightarrow{S_N1} (CH_3)_3C\text{-O-Sol} + HBr$$

溶剂Sol-OH:	EtOH	$EtOH/H_2O(4:1)$	$EtOH/H_2O(1:1)$	H_2O
相对反应速率:	1	10	29	1450

对于底物本身就是正离子的 S_N1 反应，从反应物到过渡态，电荷不是更加集中而是变得分散。此时，溶剂对底物的稳定化作用更强，溶剂极性增加将不利于反应。例如，锍盐的溶剂解反应：

$$RL^+ \xrightarrow{\text{慢}} [\overset{\delta^+}{R}\cdots\overset{\delta^+}{L}] \longrightarrow R^+ + L^-$$

$$(CH_3)_3C-\overset{+}{S}(CH_3)_2 + \text{Sol-OH} \xrightarrow{S_N1} (CH_3)_3C-\text{O-Sol} + CH_3SCH_3 + H^+$$

溶剂Sol-OH:	EtOH	EtOH/H_2O(4：1)	H_2O
相对反应速率:	1	0.65	0.32

对于 S_N2 反应：

$$RL + :Nu^- \xrightarrow{\text{慢}} [\overset{\delta^-}{Nu}\cdots R\cdots\overset{\delta^-}{L}] \longrightarrow RNu + :L^-$$

从反应物到过渡态，电荷变得分散，因此极性溶剂不利于 S_N2 反应。以下两种不同底物电荷性质的 S_N2 反应情况也类似。

$$RL^+ + :Nu \xrightarrow{\text{慢}} [\overset{\delta^+}{Nu}\cdots R\cdots\overset{\delta^+}{L}] \longrightarrow R^+Nu + :L$$

电荷分散

$$RL^+ + :Nu^- \xrightarrow{\text{慢}} [\overset{\delta^-}{Nu}\cdots R\cdots\overset{\delta^+}{L}] \longrightarrow RNu + :L$$

电荷减少

因此，在一般情况下，极性溶剂有利于 S_N1 反应，不利于 S_N2 反应。

4. 亲核试剂

1）亲核性和碱性

S_N1 反应中的速率控制步骤并不涉及亲核试剂，因此亲核试剂的强度或浓度对 S_N1 反应影响不大。但在 S_N2 反应中，亲核试剂包含在速率控制步骤中，其强度将直接影响反应速率。亲核试剂提供一对电子与底物的中心碳原子成键，因此试剂给电子能力越强，成键越快。通常把试剂与缺电碳原子结合的能力称为亲核性；而与质子结合的能力称为碱性。亲核性实际上也是由试剂的路易斯碱性引起的，但亲核性和碱性并不完全相同。

对于亲核取代反应，亲核试剂的亲核性越强，反应当然就越容易。对于同周期的元素形成的负离子，其碱性和亲核性是一致的。例如：

碱性和亲核性：　$NH_2^- > OH^- > F^-$，$R_3C^- > R_2N^- > RO^- > F^-$

亲核原子相同时，亲核性和碱性次序也是一致的。例如：

碱性和亲核性：　$RO^- > HO^- > ArO^- > RCOO^- > ROH > H_2O$

大多数情况下，试剂的碱性和亲核性一致，但也有例外，因为亲核性是由两个因素决定的：一是碱性，二是可极化性。试剂的可极化性越大，表明原子核对外层电子的束缚能力越弱，外层电子容易极化变形。在 S_N2 反应中，即使试剂离中心碳原子还较远时，成键过程已经开始，所以可极化性越大的试剂，亲核性越强。

碱性和可极化性这两个因素以谁为主，随不同元素而定。一般来说，处于第三、第四周期的元素可极化性大，因而亲核性更强，第二周期的元素则碱性更强。同周期的元素，由于体积大小差不多，可极化性差不多，此时碱性与亲核性表现一致，都随元素的电负性增大而减小。但同一族的元素，虽然碱性随体积增加而减小（负离子的稳定性随体积增大而增大），但亲核性却随体积增加而增大。例如：

$$碱性：F^- > Cl^- > Br^- > I^-$$

$$亲核性：F^- < Cl^- < Br^- < I^-$$

一般负离子的碱性次序如下，与其共轭酸的酸性顺序相反。

$$I^- < Br^- < Cl^- < \vdots\ F^- < CH_3COO^- < SH^- < CN^- < \vdots\ HO^- < RO^- < \vdots\ NH_2^- < CH_3^-$$

很弱　　　　弱　　　　强　　　　很强

碘离子可极化性强，是一个好的亲核试剂，而由于 C—I 键弱，碘离子又是一个好的离去基团，所以碘代烷既易生成，又易被其他基团取代。反应中常采用较便宜的氯代烷或溴代烷作原料，加入少量 NaI 或 KI 作催化剂，从而实现只用少量 I^- 催化，加快反应速率，这在有机合成上是常用的方法。

2）溶剂及其他因素对亲核性的影响

溶剂不同，对试剂的亲核性是有影响的。例如，在质子溶剂中，试剂的亲核性具有如下次序：

$$RS^- > CN^- > I^- > RNH_2 > RO^- \approx OH^- > N_3^- > Br^- > PhO^- > Cl^- > CH_3COO^- > H_2O > F^-$$

溶剂改变，这个亲核性顺序也可能改变。例如，在弱极性的非质子溶剂丙酮中，I^-、Br^-、Cl^- 三者的反应性表现更为接近；而在更强极性的非质子溶剂如二甲基亚砜中，其活性次序甚至颠倒。可见亲核性并非一个简单的、不变的性质。在质子溶剂中，碱性更强的负离子倾向于与质子溶剂形成更强的氢键，从而被溶剂稳定化，减小其反应活性；而在非质子偶极溶剂中，如下列溶剂：

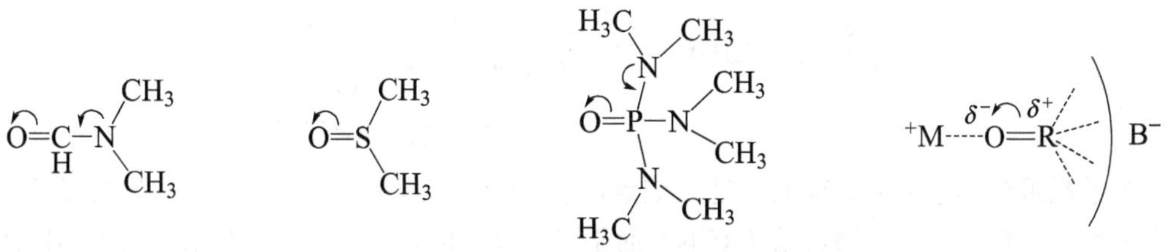

二甲基甲酰胺(DMF)　二甲基亚砜(DMSO)　六甲基磷酰胺(HMPA)

这类溶剂利用其带有 δ^- 的氧原子对试剂的正离子部分进行稳定化，而数个甲基呈伞状将负离子屏蔽在外，这使得负离子充分暴露，无法被溶剂分子的 δ^+ 部分稳定化。在这种情况下，裸露的负离子的亲核性比在质子溶剂中大得多。例如，以下反应在丙酮中比在甲醇中快 500 倍，因为丙酮使负离子近于裸露，而甲醇则使负离子溶剂化。

$$CH_3Br + I^- \longrightarrow CH_3I + Br^-$$

又如，以下反应在 DMF 中比在甲醇中快 1.2×10^6 倍。

$$CH_3I + Cl^- \xrightarrow{25℃} CH_3Cl + I^-$$

如果在反应中加入冠醚，其能够与正离子络合达到裸露负离子的作用，因此同样能使亲核取代反应大大加速（见第 8 章冠醚部分）。虽然使用非质子偶极溶剂或冠醚等对 S_N2 反应更为有利，但从经济上和方便易得角度考虑，质子溶剂目前仍大量使用。

试剂的亲核性除了受溶剂影响外，也受空间因素的影响。例如，烷氧负离子的亲核性次序随烷基体积增大而减小。这是因为体积增大后，空间阻碍使负离子更难从底物的中心碳原子背面接近，所以亲核性减弱。

$$亲核性：CH_3O^- > CH_3CH_2O^- > (CH_3)_2CHO^- > (CH_3)_3CO^-$$

3）双齿亲核试剂

还有一些试剂具有双位点反应性能，即在同一个试剂分子中存在两种亲核原子，此时亲核反应一般发生在亲核性更强的原子上。例如，SO_3^{2-} 中硫和氧都是亲核原子，但硫的亲核性比氧大，而氧的碱性比硫强。一般将亲核性更强的位点称为亲核点，将与质子等正电荷基团结合的位点称为亲（正）电荷点。

H^+，在碱性更强的O上 → $HO—S^+(O^-)—O^-$ ≡ HSO_3^- 酸式亚硫酸根

CH_3I，在亲核性更强的S上 → $^-O—S^{2+}(O^-)(CH_3)—O^-$ ≡ $CH_3SO_3^-$ 甲基磺酸根

在 NO_2^- 中，氮和氧都是亲核原子，由于体积相差不大，其亲核性也差不多。但氧的碱性比氮稍强，因此氧原子是亲电荷点，质子结合在氧上。当 NO_2^- 与 CH_3I 反应时，其可以用氮或者氧原子和甲基结合，此时产物的实际比例依赖于反应条件。

$[^-O—N=O \leftrightarrow O=N—O^-] \xrightarrow{H^+} HO—N=O$ 亚硝酸

$^-O—N=O + CH_3I \longrightarrow H_3CO—N=O$（亚硝酸甲酯）$+ CH_3N^+(O^-)=O$（硝基甲烷）

对于氰根负离子 CN^-，碳原子是亲核点，氮原子是亲电荷点。因此，卤代烷与氰化钠（或氰化钾）反应时，主要产物是腈（RCN）而不是异腈（RNC）。若使用 AgCN，此时由于 AgX 易形成，反应按 S_N1 机理进行，碳正离子作为正电荷优先和亲电荷点结合，使异腈产物增多。

$$RX + NaCN \longrightarrow RCN + NaX$$

$$RX + AgCN \longrightarrow RNC + AgX$$

能够在两个不同部位发生反应的亲核试剂称为“双齿”亲核试剂。除了以上负离子，如 SO_4^{2-}、SCN^-等也都是双齿亲核试剂。

7.2.3 亲核取代反应的立体化学

7.2.3.1 S_N2 反应的立体化学 瓦尔登转化

S_N2 机理表明，亲核试剂是从离去基团的背面进攻。因此，如果取代发生在手性碳原子上，S_N2 反应将伴随构型转化。这个现象在 19 世纪末由瓦尔登（Walden）首先发现，所以又称为瓦尔登转化。

大量立体化学实验证明，S_N2 反应进行时有完全的构型转化。例如，用旋光性的 2-碘辛

烷与放射性同位素碘离子按 S_N2 机理反应：

$$I^{*-} + \underset{(R)}{H\text{'''}C(CH_3)(C_6H_{13})-I} \longrightarrow \left[\overset{\delta^-}{I^*}\cdots C(CH_3)(H)(C_6H_{13})\cdots \overset{\delta^-}{I}\right] \longrightarrow \underset{(S)}{I^*-C(CH_3)(C_6H_{13})\text{'''}H} + I^-$$

从反应式看，每反应一个分子，就发生一次同位素交换（交换速度可由 2-碘辛烷的放射性变化测得）。每交换一个分子就有一个 *R* 构型的分子转变为一个 *S* 构型的分子，产生的 *S* 构型分子再与另一个未反应的 *R* 构型分子组成一对外消旋体，从而发生外消旋化。反应过程中，同时测定同位素交换速度和外消旋化速度，结果证明，外消旋化速度正好为同位素交换速度的两倍。当交换反应进行到一半时，旋光性已全部消失，由此证实 S_N2 反应具有完全的立体化学转化。多数情况下，构型转化伴随着构型标记的转化（如 *R*→*S*），但由于取代后的产物各有不同，构型转化不一定总伴随构型标记转化。因此，不能只根据反应物和产物的构型名称，就断定反应有无构型转化。只有设法生成相同产物后，才能从标记 *R*、*S* 来判断反应过程中有无构型转化。例如：

$$(R)\text{-ROH} \xrightarrow[\text{(A)}]{\text{TsCl}} \text{ROTs}$$

$$\text{ROTs} \xrightarrow[\text{(B)}]{CH_3COO^-} ROCOCH_3$$

$$(S)\text{-ROH} \xrightarrow[\text{(C)}]{(CH_3CO)_2O} \underset{(-)\text{-乙酸酯}}{ROCOCH_3}$$

若与羟基直接相连的碳是手性中心，由(*R*)-醇通过(A)、(B)两步和由(*S*)-醇通过(C)一步，都得到相同构型的左旋乙酸酯，从而可知其中必定有一步发生了构型转化。仔细分析(A)、(B)、(C)三步反应，显然，(A)和(C)都未断裂与手性中心相连的键，无构型转化。因此，构型转化发生在(B)步，由此断定(B)是一个 S_N2 反应。

取代反应中，如果发生了完全的构型转化，那么产物的光学纯度和原料的光学纯度应该相同。例如，已知 100%光学纯的 2-溴辛烷比旋光度是–34.6，100%光学纯的 2-辛醇比旋光度是+9.9。在 NaOH 作用下，由 2-溴辛烷转变为 2-辛醇时，只需要测定反应物和产物的光学纯度是否相同，就能够知道是否发生了完全的构型转化。如果测得反应物的比旋光度是–28.7（光学纯度为 83%），产物的比旋光度是+8.22（光学纯度也是 83%），就可说明此反应是构型完全转化的 S_N2 反应。

$$\underset{\substack{[\alpha]=-34.6\\ 100\%\text{光学纯}}}{H-\overset{C_6H_{13}}{\underset{CH_3}{+}}-Br} \xrightarrow[S_N2]{NaOH} \underset{\substack{[\alpha]=+9.9\\ 100\%\text{光学纯}}}{HO-\overset{C_6H_{13}}{\underset{CH_3}{+}}-H}$$

事实上，S_N2 机理就是在得到这些充分的立体化学证据的基础上确定的。机理和立体化学之间的关系已确定得如此牢固，因此在没有其他证据时，完全的构型转化就可表明发生了 S_N2 反应。

7.2.3.2　S_N1 反应的立体化学　离子对概念

与 S_N2 相比，S_N1 反应的立体化学要复杂得多。理论上，反应中间体碳正离子的中心碳原子为 sp^2 杂化，结构为平面形。亲核试剂下一步可以从平面的两个方向以相同概率进攻中心碳原子，因此会得到外消旋化的产物。

外消旋体

但实验发现并非完全如此。很多 S_N1 反应确实可以得到外消旋化产物，但有的情况下则会得到构型转化和外消旋化的混合物，即构型转化的产物多于构型保持的产物。例如，(–)-2-溴辛烷在低浓度的碱存在下遵循一级动力学条件，得到的主要产物为(+)-2-辛醇。虽然构型转化的产物是主要产物，但该反应并非如 S_N2 一样的完全构型翻转，反应还生成了较少的构型保持的产物(–)-2-辛醇，这说明产物中有部分发生了外消旋化。

$$(-)\text{-2-溴辛烷} \xrightarrow{OH^-,\ H_2O} (+)\text{-2-辛醇} + (-)\text{-2-辛醇}$$

主要产物　　次要产物

实际上，一些化合物的亲核取代反应，其动力学和立体化学特征介于 S_N1 和 S_N2 之间，因此近年来倾向于用离子对概念来说明亲核取代反应的机理。温斯坦（Winstein）从某些溶剂分解作用的研究中提出了离子对的概念，并认为在 S_N1 反应中，至少某些产物不是通过碳正离子，而是通过离子对生成的，S_N1 反应的反应物按下列方式解离：

$$RX \underset{\text{内返}}{\rightleftharpoons} \underset{(1)}{R^+X^-} \rightleftharpoons \underset{(2)}{R^+\|X^-} \rightleftharpoons \underset{(3)}{R^+ + X^-}$$

（(2)→RX：外返）

整个过程是可逆的。(1)称为紧密离子对，其逆过程即离子重新结合，称为内返。(2)为溶剂分隔离子对，其逆过程称为外返。(3)为自由离子（离子周围被溶剂分子所包围）。S_N1 反应时，亲核试剂可以从(1)、(2)、(3)的任何一个阶段进攻离子：进攻紧密离子对(1)时，由于 R 和 X 距离较近，试剂只能从背面进攻，从而得到类似 S_N2 的构型转化产物；进攻溶剂分隔离子对(2)时，可从正、反两面进攻，但由于离去基团尚未完全离去，此时亲核试剂从背面进攻的概率高于另一面，从而得到构型转化和构型保持的产物，而前者更多；进攻自由离子(3)时，则得到外消旋化产物。

以上三种情况以哪一种为主，取决于有机分子的结构、试剂、溶剂的性质。可以预料，反应条件越有利于碳正离子的形成，以自由离子(3)发生反应的概率越大，外消旋化的产物越多。例如，碳正离子越稳定或试剂的浓度越小，都可使外消旋化产物增多；试剂浓度增大，“转型”比例增高。极性溶剂可使反应物离子化能力增强，从而也可以使外消旋体增多。

例如，以下反应主要得到外消旋化的产物。这是因为离去基团离去后可以形成稳定的苄基型碳正离子，因此反应容易按 S_N1 机理进行。

$$\text{Cl}-\overset{\text{Ph}}{\underset{\text{CH}_3}{\text{C}}}-\text{H}\ (S) + H_2O \xrightarrow{80\%\ H_2O + 20\%\text{丙酮}} \text{HO}-\overset{\text{Ph}}{\underset{\text{CH}_3}{\text{C}}}-\text{H}\ (S),49\% + \text{H}-\overset{\text{Ph}}{\underset{\text{CH}_3}{\text{C}}}-\text{OH}\ (R),51\%$$

学习提示：从上述可以看出，S_N1、S_N2 机理只不过是亲核取代反应两种比较极端的情况，真实的亲核取代通常是介于两种机理之间。越接近 S_N1，外消旋化产物越多；越接近 S_N2，构型转化产物越多。而通过 7.2.2.2 小节中的几类因素，我们可以对机理进行大致判断。

7.2.3.3 邻基参与的立体化学

无论是 S_N1 还是 S_N2 反应，从其立体化学性质来看，构型转化的产物总是不会少于构型保持的产物。但以下反应却体现出特殊的性质：(*R*)-2-溴丙酸与浓氢氧化钠溶液作用发生 S_N2 反应，得到构型转化的(*S*)-乳酸；但与稀氢氧化钠溶液作用，并在氧化银存在时，却得到构型保持的产物。

(*R*) $\xrightarrow{\text{浓NaOH}}$ (*S*)

(*R*) $\xrightarrow[\text{Ag}_2\text{O}]{\text{稀NaOH}}$ (*R*)

第二种情况下的反应机理如下所示。该底物在 *β*-碳原子上的氧负离子也是一个亲核试剂，由于空间上的有利位置，它也可以从离去基团的背后向中心碳原子进攻，使离去基团脱离，形成三元环状中间体。之后，亲核试剂 OH^- 再从氧桥的背面进攻，O^- 离去得到产物。整个过程相当于在中心碳原子上发生了两次 S_N2 反应，经过两次构型翻转，反而得到了构型保持的产物。我们称这种与 *α*-碳相邻的碳原子上的亲核基团参与的具有特殊立体化学性质的亲核取代反应为邻基参与作用。

(*R*) Br----Ag⁺ ⟶ [δ^- O … Br----Ag⁺ δ^-] $\xrightarrow{-\text{AgBr}}$ (环氧中间体) + OH^- ⟶ [δ^- O … OH δ^-] ⟶ (*R*)

在浓 NaOH 存在下，由于 OH^-浓度高，碱性和亲核性都更强，此时邻位基团的进攻并不占优势，体现不出邻基参与效应，反应得到常规的 S_N2 构型翻转产物。但如果降低 NaOH 的浓度并使用银离子促进卤素的离去，此时邻位的 O^-由于占据有利位置，将更容易参与到反应中。

邻基参与除了构型保持这一特点外，还表现为反应速率显著增加，这是因为与外部试剂相比，邻基就处在适当的进攻位置，不必等待与反应中心相碰撞的偶然机会，其有效浓度极高，从而大大加速反应。例如，下面两个底物与水作用，主要得到含硫的亲核取代产物。这是因为硫的亲核性远大于氧，能更好地发挥邻基参与作用。

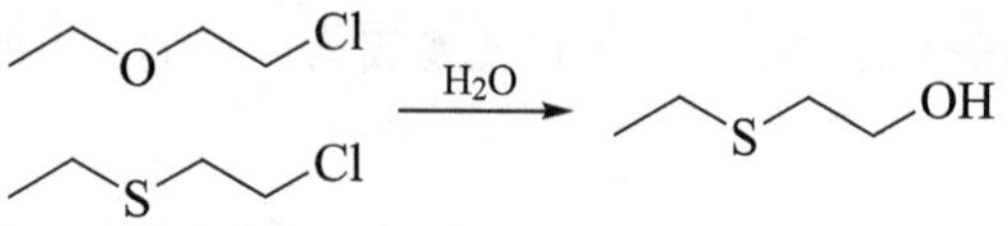

H_2O

一个相邻基团如果能进行邻基参与，它必须具有形成额外键的电子。因此，含氧、硫、氮、卤素的基团位于 β-碳原子上时，其孤对电子都可能发生邻基参与。除了孤对电子，邻位芳基及 π 键上的 π 电子也可发生邻基参与。

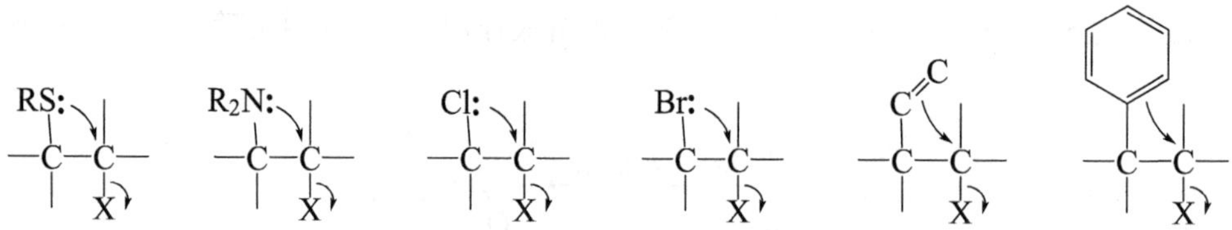

在邻基参与的反应中，环状中间体形成后，亲核试剂实际上有可能从环背面的任一个碳上进攻，导致重排产物的产生。

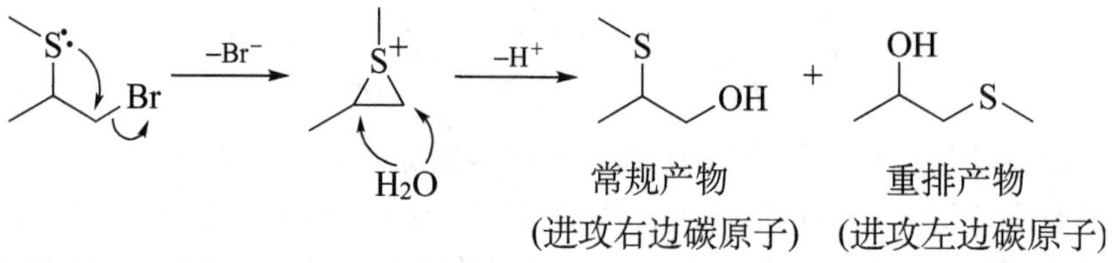

常规产物（进攻右边碳原子）　重排产物（进攻左边碳原子）

7.2.4　芳环上的亲核取代反应

如前所述，卤苯型化合物由于卤素和 π 键之间的 p-π 共轭作用，C—X 键具有部分双键性质，键能增大，因而难以发生亲核取代反应。只有在特殊情况下，如高温、高压或催化剂存在下，卤苯能进行相关反应。例如：

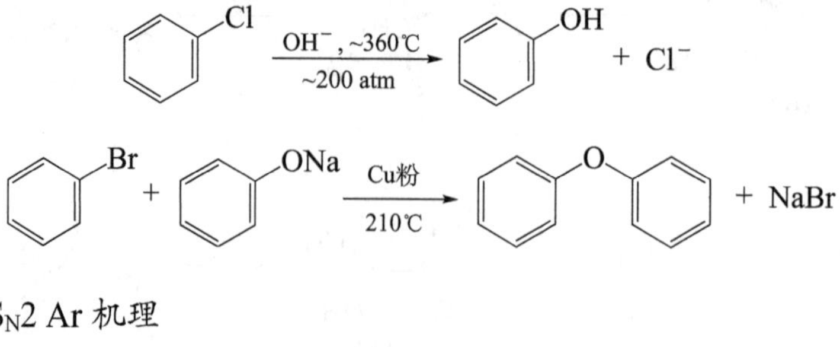

OH^-, ~360℃; ~200 atm

Cu粉; 210℃

7.2.4.1　S_N2 Ar 机理

当卤素的邻、对位有吸电基，如—NO_2、—CN、—$COCH_3$、—CF_3 等基团存在时，其电子效应使邻、对位上电子云密度显著降低，利于亲核取代反应的发生。

$$\text{邻硝基氯苯} \xrightarrow{OH^-,\ 130℃} \text{邻硝基苯酚}$$

$$\text{2,6-二硝基氯苯} \xrightarrow{OH^-,\ 100℃} \text{2,6-二硝基苯酚}$$

$$\text{2,4,6-三硝基氯苯} \xrightarrow{OH^-,\ 35℃} \text{2,4,6-三硝基苯酚}$$

无论是排电还是吸电共轭效应，影响最大的都是邻、对位。因此，位于吸电基邻、对位的卤素更易被亲核取代。

$$\text{3,4-二氯硝基苯} + NaOMe \xrightarrow[\triangle]{MeOH} \text{3-氯-4-甲氧基硝基苯}$$

作为亲核试剂，除 OH^-外，RO^-、SH^-、NH_3、RNH_2、ROH 等都可取代卤素。例如：

$$\text{2,4-二硝基苯胺 (76\%)} \xleftarrow{NH_3} \text{2,4-二硝基氯苯} \xrightarrow[Et_3N,\ r.t.]{\text{正丙醇}} \text{2,4-二硝基苯基正丙基醚 (66\%)}$$

离去基团也不限于卤素，一定条件下，较不易离去的烷氧基等也可能被置换。

$$\text{2,4-二硝基苯乙醚} + PhNH_2 \xrightarrow{180℃} \text{2,4-二硝基二苯胺 (80\%)}$$

学习提示：不难看出，硝基等吸电基在苯环的亲电取代反应中是钝化基团，但在这里却成了“活化基”。这是不同的反应导致的结果。因此，我们在说“某基是活化/钝化基团”前，需要限定是什么反应。另外，硝基在亲电取代反应中是间位定位基，但在亲核取代反应中，会使邻、对位更易发生反应，这是完全自洽的：硝基使邻、对位的电子云密度降低（低于间位），因此亲电取代发生在间位，亲核取代则发生在邻、对位。

从反应机理来看，这一类亲核取代反应是双分子反应，反应速率与底物和试剂的浓度都成正比，但它与饱和碳原子上进行的 S_N2 反应又不完全相同。S_N2 反应中，新键的生成和旧键的断裂是同时进行的，而在芳卤的反应中，亲核试剂先加到芳环上（加成），形成负离子中间体，然后离去基团再离去（消除）得到产物，称为 S_N2 Ar 机理。其中，第一步加成通常是速率控制步骤，这与芳环上亲电取代机理类似。

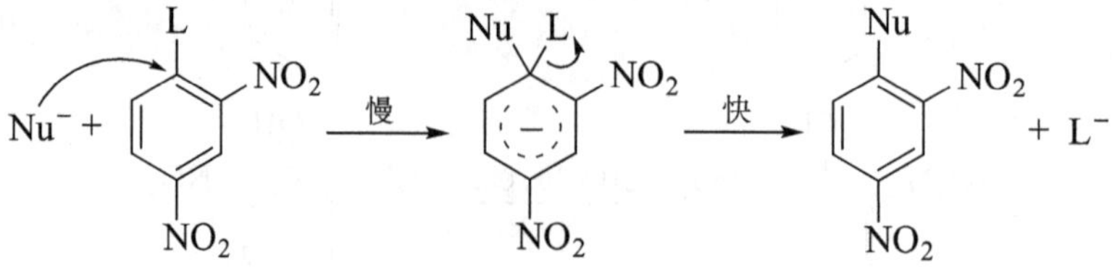

S_N2 Ar 机理的中间体负离子的形成已通过实验证实。邻、对位上的吸电基可使负离子稳定性增加，有助于反应的进行。有些负离子是相当稳定的，能分离得到，如下列络合物是一种深蓝色的盐。这种类型的络合物通常称为迈森海默（Meisenheimer）络合物，其结构已被核磁共振波谱和 X 射线衍射分析证实。

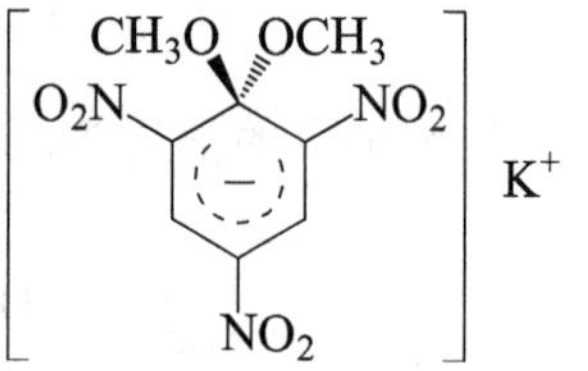

由于离去基团的离去并不包括在 S_N2 Ar 反应的速率控制步骤中，因此离去基团的离去难易度对反应速率无影响或影响甚小。例如，在下面反应中，当离去基团 L 分别为—Cl、—Br、—I、—OTs 时，其反应速率差别并不大。

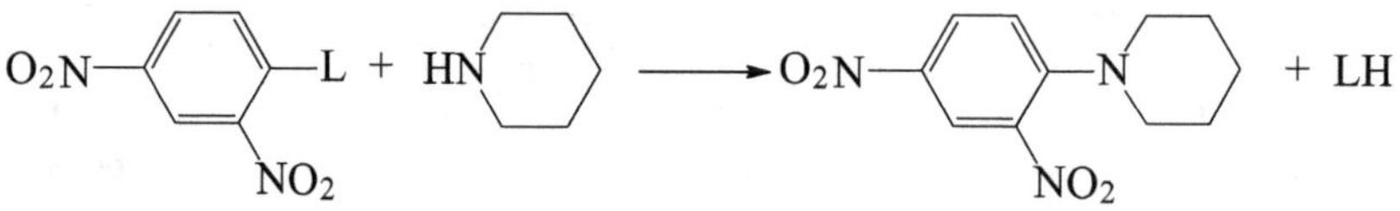

由于氟原子的–I 效应特别强，不仅有利于亲核试剂进攻，而且能使形成的迈森海默络合物稳定性大大增加。因此，氟代芳烃发生亲核取代反应的速率比其他卤代物快得多。卤代芳烃系统取代反应的相对反应速率大小为：F ≫ Cl > Br > I。

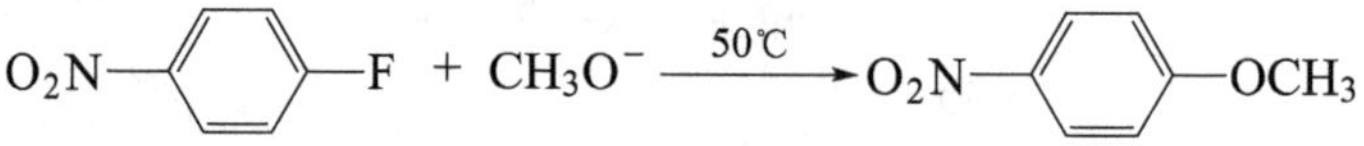

$$O_2N-C_6H_4-F + CH_3O^- \xrightarrow{50℃} O_2N-C_6H_4-OCH_3$$

学习提示：如果将 S_N1 机理理解为“离去基团先下，亲核试剂后上”，那么 S_N2 则是“同时上下”，S_N2 Ar 则是“先上后下”。而芳环的亲电取代也属于“先上后下”，区别在于亲电试剂的进攻形成的是芳基正离子中间体。

7.2.4.2　苯炔机理

在没有强吸电基存在下，卤苯和强碱如氨基钾反应，也可以得到卤素被氨基取代的产物。

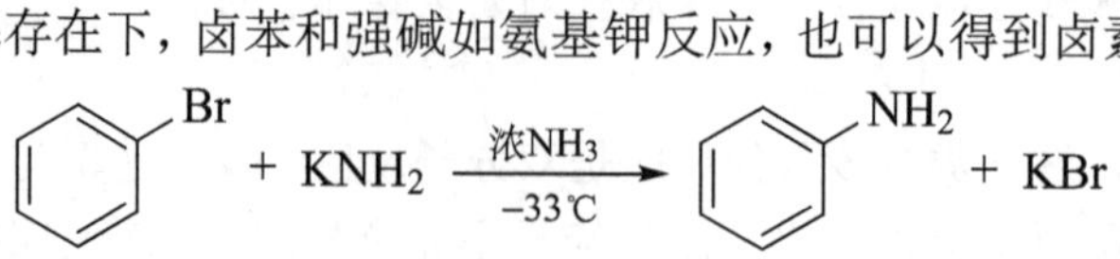

$$C_6H_5Br + KNH_2 \xrightarrow[-33℃]{浓NH_3} C_6H_5NH_2 + KBr$$

但通过以下反应可以发现，氨基并非完全取代在卤素原有的位置，其还能占据与原有位置相邻的位置。

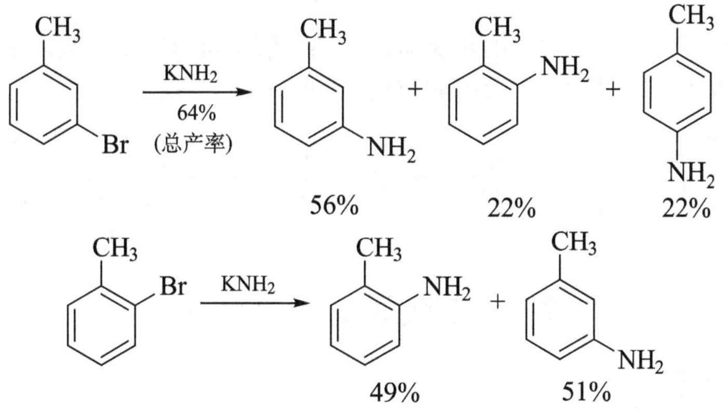

不难想象，这类反应并非按 S_N2 Ar 机理进行，而是有其独特的反应过程。事实上，反应是在强碱作用下通过消除-加成机理进行的，反应中间体是苯炔。

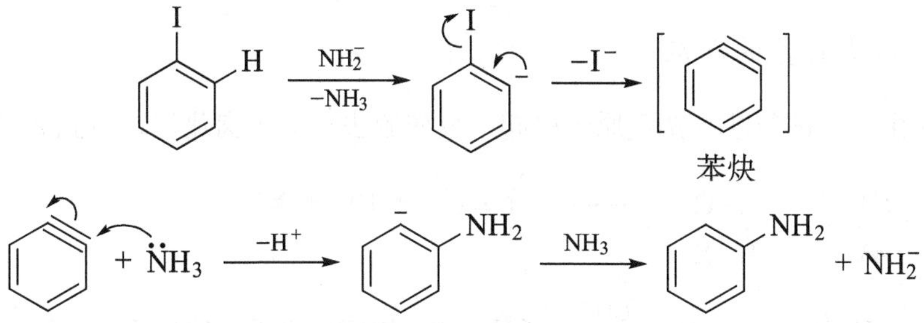

从第二步可以看出，亲核试剂可以进攻炔键两端的碳原子，这即为得到移位产物的原因。该反应的中间体苯炔是比苯少两个氢原子的活泼结构，其具有以下共振极限式：

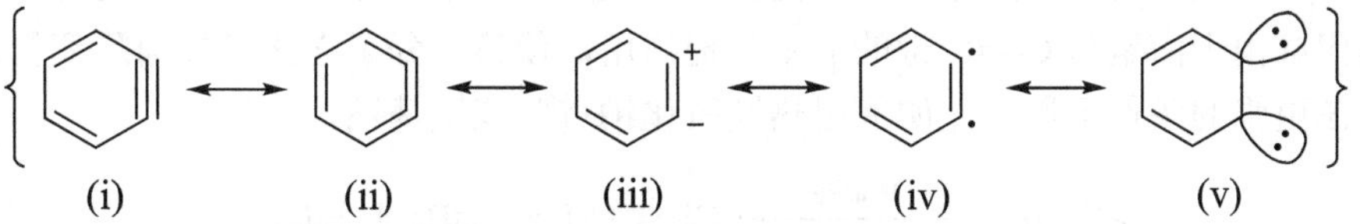

(i)　(ii)　(iii)　(iv)　(v)

经光谱测定，苯炔主要以(i)的形式存在。在环上炔键碳原子显然不可能按 sp 杂化，因为 180°的键角不可能在六元环中存在。实际上苯炔中的碳原子仍为 sp^2 杂化。除了正常苯环的共轭 π 键以外，炔键上的另一条 π 键由与苯环处于同一平面的两个相邻 sp^2 杂化轨道交叠形成。由于两个 sp^2 杂化轨道并不平行，这种交叠显然很微弱，形成的 π 键很弱，而且与苯环的大 π 体系垂直，不发生共轭。所以苯炔很不稳定，不能被分离得到，也只能在低温下观察到它的光谱。

苯炔中间体可以通过一些试剂截获。例如，共轭二烯可以和苯炔发生第尔斯-阿尔德（D-A）反应，通过产物的结构确定，可以证明苯炔的形成。

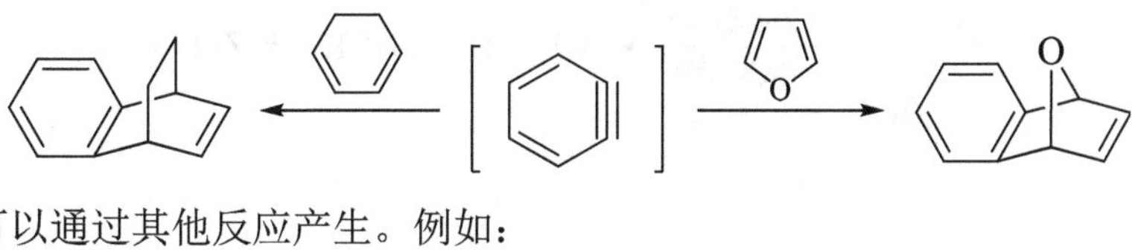

苯炔也可以通过其他反应产生。例如：

$$\text{o-FC}_6\text{H}_4\text{Br} \xrightarrow[-\text{LiBr}]{\text{Li}} \text{o-FC}_6\text{H}_4^-\,\text{Li}^+ \xrightarrow{-\text{LiF}} \text{C}_6\text{H}_4\ (\text{苯炔})$$

用邻氨基苯甲酸经重氮化生成的重氮盐，经热分解也可以产生苯炔。生成的苯炔在不存在亲核试剂的情况下，可以发生二聚得到更稳定的结构。

$$\text{o-}N_2^+\text{C}_6\text{H}_4\text{COO}^- \xrightarrow[\text{ClCH}_2\text{CH}_2\text{Cl}]{\triangle} [\text{苯炔}] \longrightarrow \text{联亚苯}$$

7.3　卤代烃的消除反应

7.3.1　β-消除反应

消除反应是卤代烃的第二类重要反应。消除反应的主要产物是烯烃，由于烯烃的生成还涉及 β-碳原子上共价键（C—H 键）的断裂，因此这类消除也称为 β-消除反应。

7.3.1.1　脱卤化氢的反应

这类反应由碱性试剂进攻 β-氢原子引起，反应脱去一分子卤化氢，得到烯烃产物。

$$:B^- \ (\text{碱}) + -\underset{H}{\overset{|}{C}}-\underset{X}{\overset{|}{C}}- \longrightarrow \ \rangle C=C\langle \ + BH + X^-$$

$$CH_3CH_2CHBrCH_3 \xrightarrow{OH^-} \underset{81\%}{CH_3CH{=}CHCH_3} + \underset{19\%}{CH_3CH_2CH{=}CH_2}$$

邻或偕二卤代烷可消除两分子的卤化氢生成炔烃。通常消除第一分子卤化氢比较容易，生成的卤代烯由于卤素与 C═C 键的 p-π 共轭作用，使第二分子卤化氢的消除变得困难。因此，需要在更强的条件下消除，如使用热氢氧化钠(钾)或氨基钠。

$$CH_2{=}CHBr \xrightarrow[\text{或}NaNH_2]{EtONa/\text{醇}} CH{\equiv}CH + NaBr + EtOH$$

$$CH_3CHBrCH_2Br \xrightarrow[\text{或}NaNH_2]{\text{浓}KOH/\text{醇}} CH_3C{\equiv}CH + 2Br^- + 2H_2O$$

7.3.1.2　从邻二卤代烷中脱卤素的反应

在金属锌或镁作用下，邻二卤代烷消除卤素成烯。碘化物中碘负离子也可使邻二卤代烷脱卤素，碘负离子起着提供电子的作用。

$$CH_3CHBrCHBrCH_3 \xrightarrow[(\text{或}KI/\text{醇})]{Zn(\text{或}Mg)} CH_3CH{=}CHCH_3 + ZnBr_2$$

7.3.2　消除反应的机理及其影响因素

消除反应和亲核取代反应的类似之处在于它们都涉及离去基团的离去，但消除卤化氢成烯的反应还涉及 β-H 被碱夺去。因此，根据卤素和氢的离去顺序，可以把消除反应分为 E1、E2 等类型。其中 E 代表 elimination（消除反应），数字 1 和 2 分别代表单分子反应和双分子反应。

7.3.2.1　E1 和 E2 反应机理

在溶液中卤代烷脱卤化氢的反应与亲核取代反应一样也有两种常见机理。其中 E1 反应类似 S_N1，也是两步反应。第一步和 S_N1 相同，即离去基团（卤素负离子）离去形成碳正离子，这一步是速率控制步骤；然后碱夺取 β-H，这一步较快。E1 反应在动力学上表现为一级反应。

$$\mathrm{-\overset{H}{\underset{|}{\overset{|}{C}}}-\underset{X}{\overset{|}{C}}-} \xrightarrow{\text{慢}} \mathrm{-\overset{H}{\underset{|}{\overset{|}{C}}}-\underset{|}{\overset{|}{C^+}}} + X^-$$

$$B^- + \mathrm{-\overset{H}{\underset{|}{\overset{|}{C}}}-\underset{|}{\overset{|}{C^+}}} \xrightarrow{\text{快}} \mathrm{>C{=}C<} + HB$$

E1 反应速率 $= k\,[RX]$

而在 E2 反应中，卤素离去和碱夺取 β-H 是同时进行的，反应一步完成，同时涉及底物和碱，因此动力学上表现为二级反应。

$$B^- \quad \mathrm{-\overset{H}{\underset{|}{\overset{|}{C}}}-\underset{X}{\overset{|}{C}}-} \xrightarrow{\text{慢}} \left[\mathrm{\overset{^-B--H}{\ }\ -\overset{\vdots}{\underset{|}{C}}\overset{--}{=}\underset{\underset{X}{\vdots}}{\overset{|}{C}}-}\right] \longrightarrow \mathrm{>C{=}C<} + HB + X^-$$

E2 反应速率 $= k\,[RX]\,[B^-]$

E1 反应没有同位素效应（$k_H/k_D \approx 1$），说明其速率控制步骤不涉及 C—H 键的断裂。与之相对的是，E2 反应则具有明显的同位素效应（$k_H/k_D = 2\sim8$）。

除了 E1 和 E2 以外，在特定情况下还有一种消除机理，称为 E1cb。与 E1 相似，E1cb 是两步反应，但先发生的是碱夺取 β-H，中间体为碳负离子（即底物的共轭碱，cb 表示共轭碱）。与 E1 一样，两步反应中，离去基团离去（第二步）较慢，是反应的速率控制步骤。

$$\mathrm{R_2\overset{H}{\overset{|}{C}}-\underset{X}{\underset{|}{C}}R_2} + B^- \underset{k_{-1}}{\overset{k_1(\text{快})}{\rightleftharpoons}} \mathrm{R_2\overset{-}{C}-\underset{X}{\underset{|}{C}}R_2} + HB$$

$$\mathrm{R_2\overset{-}{C}-\underset{X}{\underset{|}{C}}R_2} \xrightarrow{k_2(\text{慢})} \mathrm{R_2C{=}CR_2} + X^-$$

要识别反应是按 E1cb 还是 E2 机理进行，可采用重氢交换法。将溶剂用重氢标记，如果反应按 E1cb 进行，则生成的碳负离子将从溶剂中夺取氘原子得到氘代原料。中断反应，回收原料，通过分析可发现未反应的底物中含有氘。而按 E2 机理进行的反应是单步协同反应，不会发生氢-氘交换，因此不会检测到氘代底物。

$$\text{H}-\overset{|}{\underset{|}{C}}-\overset{|}{\underset{|}{C}}-X \underset{ROH}{\overset{RO^-}{\rightleftharpoons}} -\overset{-}{\underset{|}{C}}-\overset{|}{\underset{|}{C}}-X \underset{RO^-}{\overset{ROD}{\rightleftharpoons}} \text{D}-\overset{|}{\underset{|}{C}}-\overset{|}{\underset{|}{C}}-X$$

由于碳负离子难以形成，因此按 E1cb 机理进行的 β-消除反应只占极少数。普通卤代烷和烷基磺酸酯不发生 E1cb 反应，只有具备 β-H 酸性足够强（如其附近有硝基、羰基、氰基等强吸电子基团存在），以及离去基团吸电性强而又难以离去（如离去基团是—F、—N^+Me_3、—S^+Me_2 等，其强吸电性也会导致 β-H 酸性增强），或者试剂的碱性特别强等因素，才有可能按 E1cb 机理进行。

学习提示：比较几种 β-消除反应的机理，不难看出它们的区别在于离去基团和 β-H 谁先脱离底物。如果离去基团先脱离，为 E1 反应；若 β-H 先脱离，为 E1cb 反应；如果同时脱离，则为 E2 反应。离去基团的易离去性决定了其脱离底物的能力；而 β-H 的酸性或试剂的碱性决定了 β-H 脱离底物的能力。离去基团越易离去，反应越倾向于 E1；β-H 酸性越强或试剂碱性越强，反应越倾向于 E1cb。

7.3.2.2 影响消除反应的因素

由于 E1 反应的第一步和 S_N1 反应相同，因此碳正离子越稳定，反应越易进行，其表现出与 S_N1 反应相同的结构活性关系，即活性顺序为 3° > 2° > 1°卤代烃。由于有碳正离子生成，在结构允许的情况下，E1 反应也伴随重排。

Br —E1→ (重排产物)

E2 反应在过渡态时，双键已经开始形成。由于在双键碳上烷基越多，烯烃越稳定，其过渡态也越易形成。所以 E2 表现出和 E1 相同的结构活性关系，活性顺序也是 3° > 2° > 1°卤代烃。E2 反应没有重排产物的生成。

除了底物结构，其他因素也对消除反应的机理产生影响。E1 与 S_N1 具有相同的决定反应速率的一步，因此凡是有利于 S_N1 反应的因素也有利于 E1 反应。这些因素中特别重要的是溶剂分解作用的条件。例如，卤代烷或对甲苯磺酸酯与水、醇或羧酸等强极性溶剂一起加热，很容易发生单分子反应。

当试剂的碱性不强时，叔卤代烃、苄基型仲卤代烃，甚至一般仲卤代烃都可能按 E1 机理反应。但试剂碱性较强时，叔卤代烃也可能一部分按 E2 机理进行。伯卤代烃和大部分仲卤代烃的消除反应通常按 E2 机理进行，对于 E2 反应，常用于夺取质子的碱是 R_3N、$C_6H_5O^-$、HO^-、RO^-、H_2N^-等。

实际上，大多数离子型消除反应都是按 E2 机理进行的，E1 和 E1cb 可以看作是 E2 的两种极端情况。通过比较其不同机理可以看出，当条件越有利于碳正离子形成时，如高级卤代烃、离去基团易离去、极性溶剂等，则反应历程越倾向于 E1；当条件越有利于 β-H 的脱去时，如使用强碱、β-H 酸性较强、离去基团难离去等，则反应历程越倾向于 E1cb。部分影响消除反应机理的因素如图 7.5 所示。

反应机理：	E1	E2	E1cb
	强	碳正离子稳定性	弱
	强	离去基团离去能力	弱
	弱	试剂碱性	强
	弱	β-H酸性	强

图 7.5　部分影响消除反应机理的因素

7.3.3　消除反应的选择性

7.3.3.1　区域选择性

β-消除反应是一个择向反应，如下面 2-溴-2-甲基丁烷的 E1 消除反应。由于存在两种 β-H，在形成碳正离子后，脱除不同的 β-H 会得到不同的烯烃产物。

Br　H¹　H²　$-H^1$　(Ⅰ)　$-H^2$　(Ⅱ)

我们已经知道，双键上烷基取代越多的烯烃越稳定，且生成这样的烯烃所经历的过渡态能量也越低，因而在产物中所占比例大。因此，β-消除反应常以生成双键上烷基取代更多的烯烃[如上式中烯烃(Ⅰ)]为主，这种选择性称为札依采夫（Saytzeff）规律，取代更多的烯烃产物也被称为札依采夫烯烃。倾向于 E1 机理的消除反应主要生成札依采夫烯烃，如 2°和 3°卤代烷、对甲苯磺酸酯的消除反应，以及仲醇和叔醇的脱水成烯等。

Br　KOH / EtOH　81%　+　19%

如果反应按 E1cb 机理消除，由于反应的第一步是碱性试剂夺取 β-H 生成碳负离子，而烷基是+I 基团，此时 β-碳原子上烷基越多，碳负离子将越不稳定，导致反应越难进行。从另一个角度讲，烷基通过+I 效应使 β-H 的酸性减弱，使其更难被碱夺去。因此，E1cb 反应生成的主要产物是双键上含烃基更少的烯烃。这种以双键上烷基取代更少的烯烃为主要产物的择向规律称为霍夫曼（Hofmann）规律，取代更少的烯烃也称为霍夫曼烯烃。另外，从空间位阻来看，β-碳原子上烷基越多也越不利于碱性试剂进攻。例如，氟代烷由于 F 难离去，同时 F 的强–I 效应使 β-H 酸性增强，其消除倾向于 E1cb 机理，产物以霍夫曼烯烃为主。

$\xrightarrow[MeOH]{MeO^-}$ +

L	札依采夫烯烃	霍夫曼烯烃
F	30%	69%
Cl	67%	33%
Br	72%	28%
I	81%	19%

对于双分子消除反应（E2），其过渡态已经出现双键，在这种情况下，越稳定的烯烃，其过渡态能量越低，越易形成，因此反应的区域选择性也符合札依采夫规律。随着离去基团离去倾向增加，或试剂碱性减弱，或溶剂极性增大，E2 反应的过渡态更倾向于 E1，产物中札依采夫烯烃的含量也相应增加。例如，上述 2-卤代己烷的反应，随着卤素原子从 F 到 I 的变化，反应越来越倾向于 E1，札依采夫烯烃所占比例逐渐增大。

除 F 以外，离去基团为—N^+R_3、—S^+R_2 等强–I 基团时，反应也类似于 E1cb，择向符合霍夫曼规律。

除了电子效应的因素，碱的体积大小也会影响反应的区域选择性。碱的体积越大，由于空间位阻，其夺取 *β*-H 会越难。因此，可以通过使用大体积碱（实验室常用叔丁醇钾）的策略来获得取代较少的霍夫曼烯烃。

Br $\xrightarrow{RO^-}$ +

R	札依采夫烯烃	霍夫曼烯烃
H	81%	19%
Me_3C	48%	52%
Et_3C	34%	65%

7.3.3.2　立体选择性

消除和加成是可逆进行的两个过程。相对于顺式和反式加成，消除反应也会有顺式和反式的消除方式。单分子消除反应（E1）由于通过平面结构的碳正离子中间体进行，因此既能按顺式也能按反式方向消除，反应不具有立体选择性。

在 E2 反应中，形成过渡态时，C—H 键和 C—L 键逐渐断裂，C═C 键逐渐形成，这要求 *β*-消除所涉及的四个原子（H、*α*-C、*β*-C、L）必须处在同一平面内，以便在过渡态时，π 键得以形成。要满足共平面条件，消除反应可通过反式和顺式两种方式进行，如图 7.6 所示。

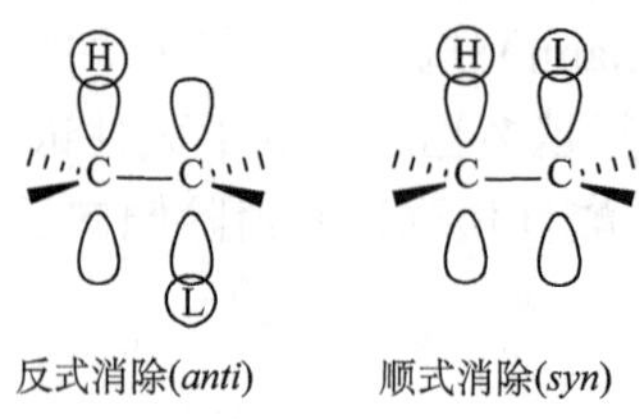

图 7.6　反式消除和顺式消除

从简单开链化合物的三种典型构象（图 7.7）看，显然只有发生消除的两个基团处于对位交叉式和全重叠式才能满足上述共平面条件，前者构成反式消除，后者构成顺式消除。许多例子指出卤代烃的双分子消除是以最稳定的构象，即 β-H 和离去基团处于尽可能远离的构象进行消除，因此 E2 消除以反式消除为主。

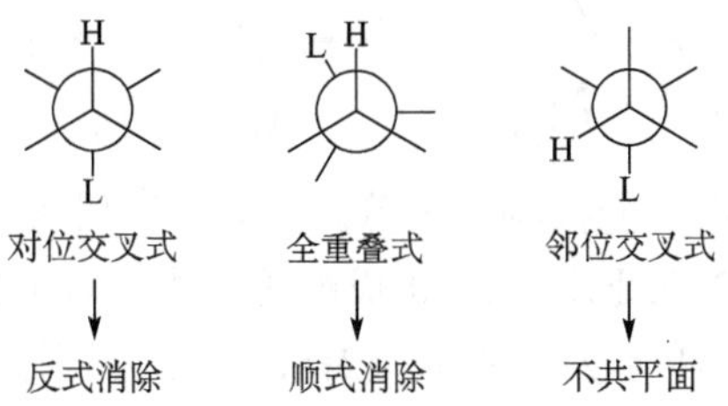

图 7.7　开链化合物的三种构象

在 C—C 键不能自由旋转的不饱和化合物或环状体系中，这种反式消除表现得特别明显。例如，顺式 1, 2-二氯乙烯发生消除反应的速率明显快于反式 1, 2-二氯乙烯，这是由于后者的 Cl 和 H 没有处于反式，只能进行顺式消除。

$$\text{顺式 ClCH=CHCl} \xrightarrow[\text{快}]{OH^-} H—C\equiv C—Cl \xleftarrow[\text{慢}]{OH^-} \text{反式 ClCH=CHCl}$$

对于取代环己烷的消除反应，不仅要求消除的两个基团处于反式，而且要求处于双直立的构象，方能满足共平面条件。例如，下列反应中反应物(3)与(1)相比，(3)的反应速率比(1)快。这是因为在(3)的稳定构象中，Cl 和 H 刚好都位于直立键上，便于共平面消除；而(1)要发生共平面消除，较大的异丙基必须位于直立键，这是不易采取的不稳定构象。另外，化合物(1)中满足反式共平面的 β-H 只有一个，因此消除方向唯一，只得到一种产物；而(3)的消除方向有两个，产物以札依采夫烯烃为主。

双直立键便于反式共平面消除

(1)　不稳定构象　$\xrightarrow[\text{EtOH, 慢}]{\text{EtONa}}$　(2) (100%)

(3)　稳定构象　$\xrightarrow[\text{EtOH, 快}]{\text{EtONa}}$　(4) (75%) + (2) (25%)

邻二卤代烷脱卤成烯的反应与 E2 相似，也表现出反式消除的立体化学。

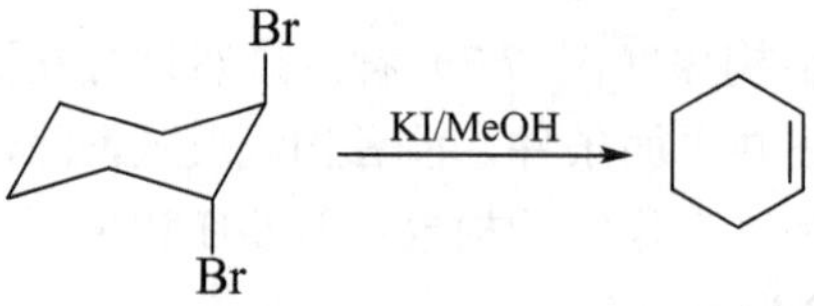

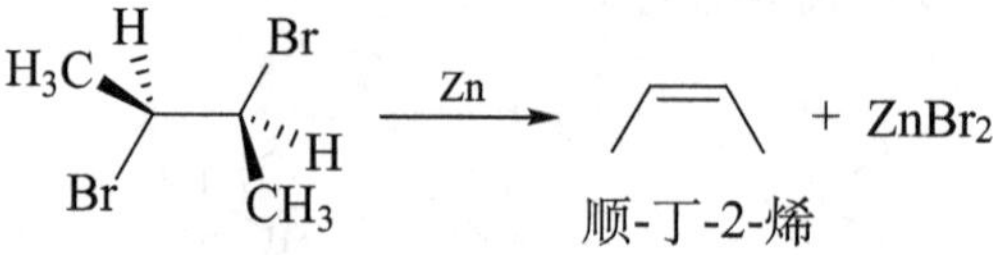

在特殊情况下，E2 反应也可能按顺式消除。例如，下列两个化合物：顺-2,3-二氯降冰片烷(1)和反-2,3-二氯降冰片烷(2)在正戊醇钠/正戊醇溶液中进行 E2 反应，消除 HCl 生成 2-氯降冰片烯(3)，由于(1)中的 Cl 和 H 无法共平面，(2)只能顺式共平面消除，但其反应速率约为(1)的 100 倍。

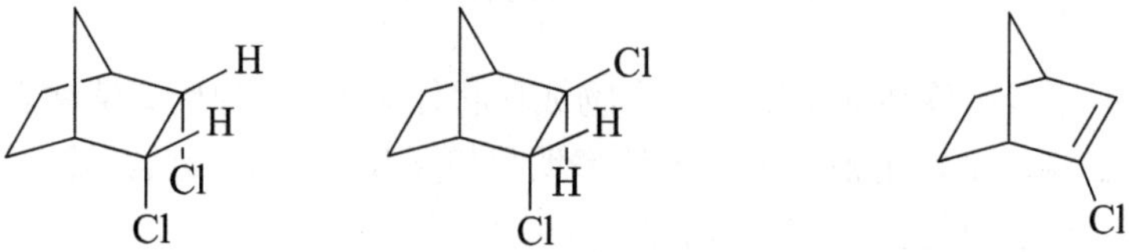

在无环化合物中，也有顺式消除，虽然对于卤代烷少见，但对于其他化合物（如季铵碱或烷基磺酸酯）常有出现。实验证明，无环化合物的消除反应中，顺式消除和反式消除的比例，与底物的结构、离去基团性质、试剂的碱性和体积、溶剂极性等都有关系。

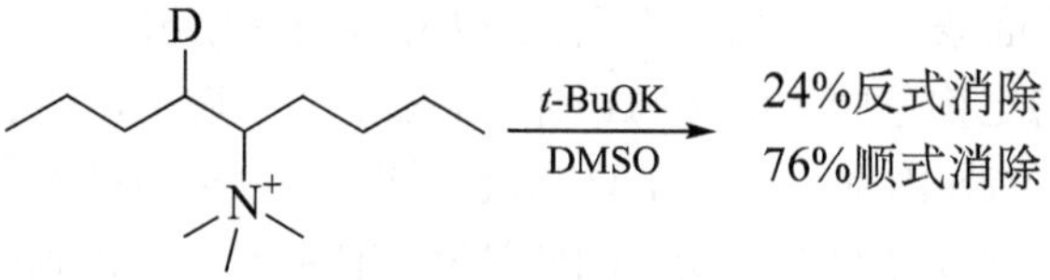

7.3.4　*β*-消除反应和亲核取代反应的竞争

消除反应和亲核取代反应的试剂都是路易斯碱，因此消除和取代是竞争反应，常常相伴发生。但二者毕竟不同，如图 7.8 所示，亲核取代反应中试剂进攻 *α*-碳原子，而消除反应中进攻的是 *β*-氢原子。哪一种反应占优势，与多种因素如底物的结构、试剂的结构和性质、温度、溶剂等有关。

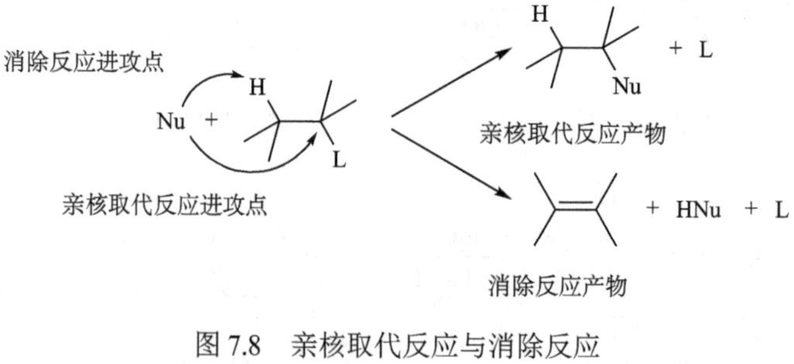

图 7.8　亲核取代反应与消除反应

7.3.4.1　试剂的影响

1. 试剂的碱性/亲核性

试剂的亲核性和碱性并非完全一致。容易想象，试剂的亲核性越强，越易发生亲核取代反应，I^-、Br^-、CN^-、RS^-/RSH 等是常用的强亲核试剂，同时它们的碱性不强，因此与底物通常发生亲核取代反应；碱性越强的试剂，越易发生消除反应。例如，溴乙烷和乙醇钠反应，以亲核取代为主；但若和强碱氨基钠反应，则以消除为主。

$$\text{CH}_3\text{CH}_2\text{Br} + \text{EtONa} \xrightarrow{\text{EtOH}} \text{CH}_3\text{CH}_2\text{OCH}_2\text{CH}_3$$

$$\text{CH}_3\text{CH}_2\text{Br} + \text{NaNH}_2 \longrightarrow \text{H}_2\text{C}{=}\text{CH}_2$$

碱性试剂的浓度增大，也会使消除产物所占比例增大。例如，2-甲基-2-溴丁烷与乙醇钠的反应，醇钠作为碱，其浓度越高，消除产物越多。

2-溴-2-甲基丁烷 $\xrightarrow[\text{EtOH}]{\text{EtONa}}$ 2-乙氧基-2-甲基丁烷 (S_N1) + 2-甲基-2-丁烯 + 2-甲基-1-丁烯 (E)

$[EtO^-]$/(mol/L)	0	0.02	0.08	1.00
取代产物/%	64	54	44	2
消除产物/%	36	46	56	98

试剂的碱性/亲核性的强度也会影响反应按双分子机理或单分子机理进行。如果试剂的碱性/亲核性强，不等离去基团离去即可以和底物作用，此时易发生双分子反应（E2 或 S_N2）；如果试剂的碱性/亲核性较弱，可能会等待离去基团离去形成碳正离子后再与其结合，此时易发生单分子反应（E1 或 S_N1）。

2. 试剂的体积

由于进攻 α-碳原子的位阻比进攻 β-氢原子大得多（图 7.8），因此若试剂的体积较大，将不便进攻 α-碳原子，此时会以消除反应为主。例如，同为 1°卤代烃，采用乙醇钠作试剂时以亲核取代为主，但如果用大体积的叔丁醇钠，反应则以消除为主。

$$\text{CH}_3(\text{CH}_2)_4\text{Br} \xrightarrow[\text{EtOH}]{\text{EtONa}} \underset{(12\%)}{\text{CH}_3(\text{CH}_2)_2\text{CH}{=}\text{CH}_2} + \underset{(88\%)}{\text{CH}_3(\text{CH}_2)_4\text{OCH}_2\text{CH}_3}$$

$$n\text{-C}_{18}\text{H}_{37}\text{Br} \xrightarrow[(\text{CH}_3)_3\text{COH}]{(\text{CH}_3)_3\text{CONa}} \underset{(85\%)}{n\text{-C}_{16}\text{H}_{33}\text{CH}{=}\text{CH}_2} + \underset{(12\%)}{n\text{-C}_{18}\text{H}_{37}\text{OC(CH}_3)_3}$$

7.3.4.2　底物结构的影响

1°卤代烃由于卤素离去后形成的碳正离子不稳定，为了避免碳正离子的形成，一般按双分子反应机理进行。由于 1°卤代烃 α-碳原子位阻不大，因此通常发生 S_N2 反应（试剂碱性特别强或体积很大时也可按 E2 反应）。上面提到，双分子反应需要试剂的碱性/亲核性较强，如果此时使用较弱的试剂，反应就难以发生。例如，正溴丁烷（1°卤代烃）与乙醇（弱亲核试剂）混合，不发生反应。

越高级的卤代烃，其 α-碳原子的取代基越多，亲核试剂进攻 α-碳原子的位阻越大，因此越易发生消除反应。3°卤代烃的亲核取代反应常伴随着大量消除产物的生成。例如，上述 2-甲基-2-溴丁烷的反应，即使没有碱（乙醇钠）的参与，也会有 36%的消除产物。因此，一般不用高级卤代烃通过亲核取代来合成所需产物。例如，和炔基钠制备高级炔烃的反应实际上只限于伯卤代烷。同样，用叔卤代烃和 KOH（或 NaOH）制备叔醇也无实际价值，叔醇制备只需叔卤代烷与水反应或与弱碱性的 Ag_2O/H_2O 反应即可（按 S_N1）。

$$RX + KOH \longrightarrow ROH + KX$$

$$\underset{\text{需1°卤代烃}}{RX} + R'C{\equiv}CNa \longrightarrow RC{\equiv}CR' + NaX$$

同理，β-碳原子上有取代基的 1°卤代烃，α-碳原子的位阻也会增大，也更容易发生消除反应。例如，与 NaOH 的反应，2-甲基-1-溴丙烷的消除产物多于 1-溴丙烷。

因此，结合底物和试剂的结构与性质，可以通过如图 7.9 所示的框图大致判断特定原料发生的主要反应类型。

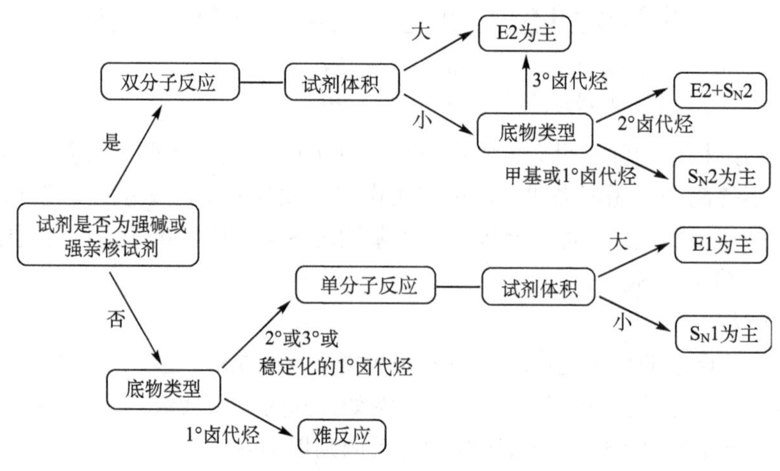

图 7.9　亲核取代与消除反应的预测

此外，反应温度对取代和消除的选择也有影响。消除反应不仅断裂 C—L 键而且断裂 C—H 键，因此所需活化能更高，即$\Delta E_{消除} > \Delta E_{取代}$。因此，提高反应温度将有利于消除反应的进行。

7.3.5　α-消除反应、卡宾

前面讨论的消除反应，都是从相邻碳原子上消除两个原子（或基团）的 β-消除反应。如果从同一个碳原子上消除两个原子（或基团），称为 α-消除反应。

无 β-H 的卤代烷，如 CH_3Cl、CH_2Cl_2、$CHCl_3$、CCl_4 等，当它们在弱碱（如六氢吡啶）存在下发生反应时，发现其相对反应速率为

$$\underset{87}{CH_3Cl} \gg \underset{4}{CH_2Cl_2} \gg \underset{1.0}{CHCl_3} \gg \underset{0.01}{CCl_4}$$

此时，这些卤代烃发生的是亲核取代反应，此相对反应速率符合 S_N2 反应的速率变化顺序，即卤素越多越难离去。这是因为卤素为吸电基，会使碳正离子更加不稳定而难以形成。

当反应在强碱条件下进行时，如在 NaOH 的含水二噁烷溶液中反应时，其相对反应速率为

$$\underset{0.0013}{CH_3Cl} > \underset{0.0002}{CH_2Cl_2} \ll \underset{1.0}{CHCl_3} \gg \underset{0.0007}{CCl_4}$$

反应速率开始也随卤素原子的增多而降低，但到 $CHCl_3$ 时，却表现出了特殊的增加，可以推测此时发生了反应类型的改变。实际上 $CHCl_3$ 发生的是消除反应而非取代。在 $CHCl_3$ 中，三个卤素原子的吸电性使唯一的一个氢原子酸性增强，变得活泼而易于消除。在 H^+ 被碱夺去形成碳负离子后，接下来发生的是卤素负离子的离去，形成 α-消除。

$$H-CCl_3 \xrightleftharpoons{OH^-, -H_2O} {}^-\!:CCl_3 \xrightleftharpoons{-Cl^-,\text{慢}} :CCl_2 + Cl^-$$

如果此反应在 D_2O 存在下进行，发现未反应的 $CHCl_3$ 中有同位素交换产物 $CDCl_3$，因而确证了 α-消除反应的存在。

$$DO^- + H-CCl_3 \rightleftharpoons DOH + \bar{C}Cl_3 \rightleftharpoons HO^- + D-CCl_3$$

$$\bar{C}Cl_3 \rightleftharpoons :CCl_2 + Cl^-$$

该反应生成的只含 6 个价电子的二价碳化合物统称为卡宾（carbene）。

$:CH_2$	$:CCl_2$	$:CF_2$
卡宾	二氯卡宾	二氟卡宾

卡宾又名碳烯，它是一种很不稳定的缺电子活泼中间体，存在的寿命很短，一旦生成就会立即发生重排、二聚、加成等反应。卡宾最重要的反应就是与含 C═C、C≡C 等不饱和键的化合物发生加成反应，形成三元环体系。

顺-2-丁烯 + $:CH_2$ ⟶ 顺-1,2-二甲基环丙烷 80%（加成产物） + 顺-2-戊烯 10% + 2-甲基-2-丁烯 10%（C—H插入产物）

以上反应表明，除了发生加成反应生成三元环外，亚甲基还能插入 C—H 键中，发生插入反应。但由于卡宾对各类 C—H 键的插入并无明显的选择性，因此得到混合产物。

由三氯甲烷在强碱条件下生成的反应性很强的二氯卡宾，可被烯烃截获，生成立体专一的顺式加成的环丙烷衍生物。关于卡宾的结构及其反应的立体专一性，将在周环反应一章介绍（14.4.2.4 小节）。

$$H_5C_2(H)C{=}C(H)CH_3 + CHCl_3 \xrightarrow[t\text{-BuOH}, \triangle]{t\text{-BuOK}} C_2H_5(H)C{-}C(H)CH_3 \text{（}CCl_2\text{ 桥连三元环）}$$

卡宾对炔烃的加成，可以是一分子加成，也可以是两分子加成。

$$H_3C{-}C{\equiv}CH \xrightarrow{:CH_2} \text{（甲基环丙烯）} \xrightarrow{:CH_2} \text{（甲基双环丁烷）}$$

其他无 β-H 的卤代烃在强碱作用下也能发生 α-消除，生成卡宾类化合物。

$$Ph_2C{=}CHBr \xrightarrow{NaNH_2} Ph_2C{=}C: \xrightarrow{\text{重排}} Ph{-}C{\equiv}C{-}Ph$$

$$O_2N{-}C_6H_4{-}CH_2Cl \xrightarrow{OH^-} O_2N{-}C_6H_4{-}\ddot{C}H \xrightarrow{\text{二聚}} O_2N{-}C_6H_4{-}CH{=}CH{-}C_6H_4{-}NO_2$$

卡宾的反应在有机合成和有机反应机理研究中非常重要，目前已逐步形成有机反应的一个分支——碳烯化学。

有些类卡宾或能原位产生卡宾的物质，也能像卡宾一样与烯烃反应生成三元环。例如，有机锌化物 ICH_2ZnI 能直接把一个卡宾单元加成到双键上，而没有插入作用参与竞争，这是一个非常有用的合成三元环的反应。

$$>C{=}C< + ICH_2ZnI \xrightarrow[\triangle]{\text{醚}} \left[{-}\overset{I}{\underset{|}{C}}{-}\overset{CH_2ZnI}{\underset{|}{C}}{-} \right] \longrightarrow {-}C{-}C{-}\text{（}CH_2\text{ 桥连三元环）} + ZnI_2$$

$$CH_3(CH_2)_4CH{=}CH_2 \xrightarrow[\text{醚}, \triangle]{Zn(Cu)/CH_2I_2} \text{正戊基环丙烷 (30\%)}$$

7.4　与金属反应　金属有机化合物

Li、Na、K、Mg、Zn、Cd、Al、Hg 等金属都能与卤代烃反应形成金属有机化合物（金属原子直接与碳相连的一类化合物）。金属的电负性不同，所形成的 C—M 键的极性也不同。例如，碳与钾、钠构成离子性很强的键；与镁、锂构成极性共价键；与汞、硅等则构成极性很弱的共价键。其中，有机镁和有机锂是最重要的一类金属有机化合物。

7.4.1　卤代烃与金属的反应

7.4.1.1　与镁反应生成格氏试剂

$$RX + Mg \xrightarrow{\text{无水乙醚}} RMgX$$

这个反应是由法国著名化学家格利雅（Grignard）发现的，并于 1912 年为此获得诺贝尔化学奖。生成的有机镁化合物称为烷基卤化镁，又称为格氏试剂，它是一个在有机合成中用途很广的试剂。

该反应可能是按如下游离基历程进行。这是在两个不同相间的表面发生的非均相反应，是由卤代烷在金属镁表面进行的游离基反应，随 C—X 键变弱，反应变得容易，因此反应活性为 R—I > R—Br > R—Cl。

$$R{-}X \xrightarrow{Mg} R\cdot + X\cdot$$

$$X\cdot + Mg \longrightarrow XMg\cdot \xrightarrow{RX} RMgX + X\cdot$$

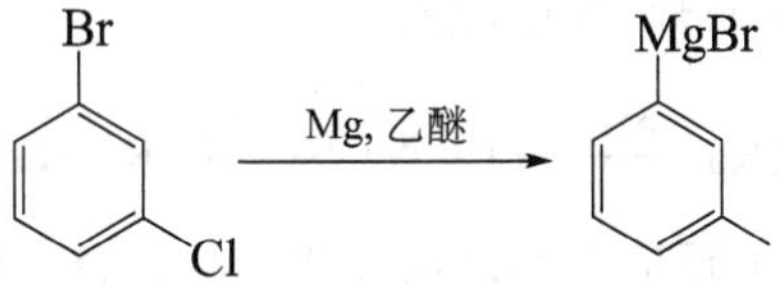

Br … Cl（间氯溴苯） —Mg, 乙醚→ MgBr …（产物）

与卤素相连的烃基不同，反应难易也不同。烯丙基卤、苄基卤反应最容易，必须严格控制低温；而不活泼的卤代烃如乙烯基卤、芳基卤，特别是氯代烃，必须选择适当溶剂或提高温度才能反应。例如，使用四氢呋喃（THF）作溶剂，它比乙醚沸点更高，不仅可使反应温度适当提高，而且由于四氢呋喃中氧原子比开链醚中的氧更显露在外，易于与 RMgX 络合，从而使格氏试剂稳定。

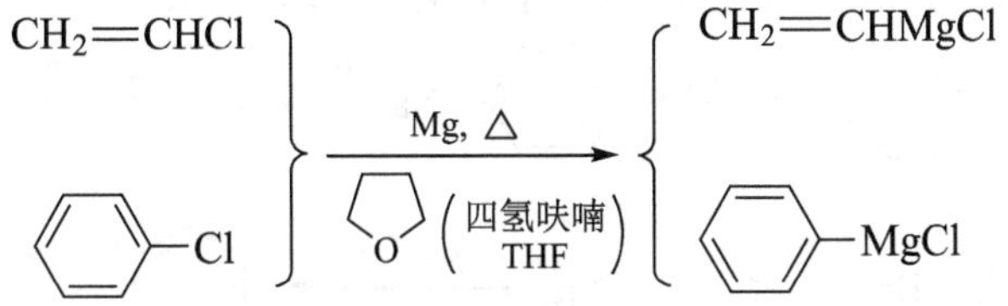

$CH_2{=}CHCl$ / 氯苯（Ph—Cl） —Mg, △；四氢呋喃（THF）→ $CH_2{=}CHMgCl$ / Ph—MgCl

格氏试剂在稀溶液中可以单体形式存在，两分子醚与其络合从而对其稳定化；在浓溶液中，格氏试剂常以二聚体形式存在。

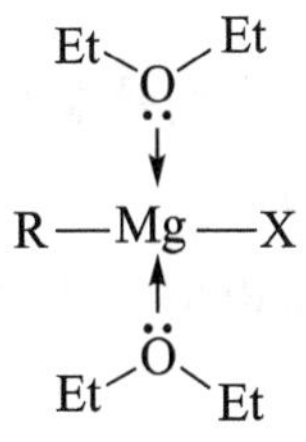

$Et_2\ddot{O} \rightarrow R{-}Mg{-}X \leftarrow \ddot{O}Et_2$

乙醚稳定化的单体

R—Mg(μ-X)₂Mg—R

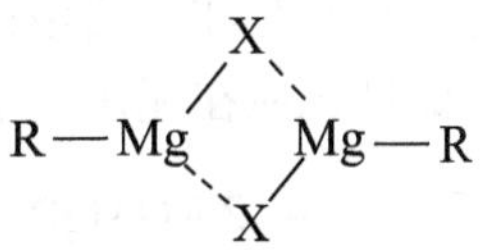

二聚体

7.4.1.2 与锂反应生成有机锂化合物

金属锂比镁更为活泼，与卤代烃反应的温度要求更低。一般用氯代烃或溴代烃与之反应，碘代烃容易与生成的有机锂进一步反应形成碳链更长的烃。

$$RBr(Cl) + 2\,Li \xrightarrow{\text{无水乙醚},\,-10℃} RLi + LiBr(Cl)$$

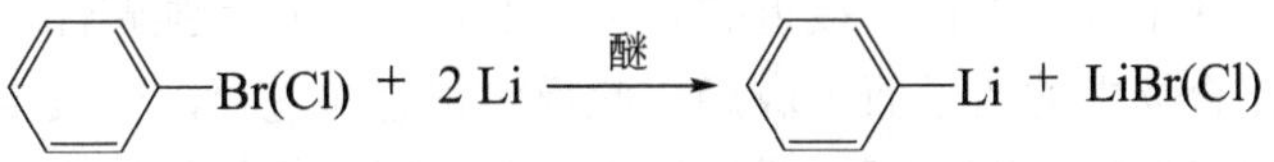

$$C_6H_5{-}Br(Cl) + 2\,Li \xrightarrow{\text{醚}} C_6H_5{-}Li + LiBr(Cl)$$

芳基锂也可通过与烷基锂的交换反应制得，但只有更活泼的芳基溴或碘才能发生。

$$\text{C}_6\text{H}_5\text{—Br(I)} + \text{RLi} \xrightarrow{\text{醚}} \text{C}_6\text{H}_5\text{—Li} + \text{RBr(I)}$$

有机锂试剂的溶解性能比格氏试剂更好，除醚以外，还能溶于苯、烃类等非极性溶剂中。使用醚类溶剂时反应需在更低的温度下，在氮气或氩气保护下进行，否则有机锂有可能与醚类发生反应。

7.4.1.3　与钠（或钾）反应

卤代烃与钠（或钾）生成的有机钠（或钾）化合物为离子型化合物，很不稳定。碳负离子很活泼，会立即与未反应的卤代烃偶联成烃。

$$\text{RX} + 2\text{Na} \xrightarrow{-\text{NaX}} [\text{R}^-\text{Na}^+] \xrightarrow{\text{RX}} \text{R—R} + \text{NaX}$$

这个反应称为伍茨（Wurtz）反应，用以由卤代烷制烷烃，特别是碳数较多的长链烷烃，产率较高。但卤代烃仅限于伯卤代烷，用仲卤代烷和叔卤代烷都伴随较多烯烃消除产物。

若使用两种卤代烷进行反应，将得到自身偶联和交叉偶联的混合产物，不易分离。

$$\text{R}'\text{X} + \text{RX} + \text{Na} \longrightarrow \text{R—R}', \text{R—R}, \text{R}'\text{—R}'$$

如果用一分子芳基卤和一分子烷基卤与金属钠反应，由于芳基钠更易形成，而烷基卤更易发生亲核取代反应，可以得到以烷基苯为主的交叉偶联产物。

$$\text{C}_6\text{H}_5\text{—X} \xrightarrow{\text{Na}} \text{C}_6\text{H}_5\text{—Na} \xrightarrow{\text{RX}} \text{C}_6\text{H}_5\text{—R}$$

$$\text{C}_6\text{H}_5\text{—Br} + \text{CH}_3\text{CH}_2\text{CH}_2\text{CH}_2\text{Br} \xrightarrow[62\%\sim70\%]{\text{Na, 20℃}} \text{C}_6\text{H}_5\text{—CH}_2\text{CH}_2\text{CH}_2\text{CH}_3$$

7.4.2　金属有机化合物及其反应

格氏试剂和有机锂化合物都是非常活泼的物质，将它们暴露于空气中能与 O_2、CO_2、水汽等反应。因此，制备格氏试剂应在无水无氧条件下进行。

$$2\,\text{RMgBr} + \text{O}_2 \longrightarrow 2\,\text{ROMgBr} \xrightarrow{\text{H}_2\text{O}} 2\,\text{ROH} + \text{Mg(OH)Br}$$

$$\text{RMgBr} + \text{CO}_2 \longrightarrow \text{R—}\overset{\text{O}}{\overset{\|}{\text{C}}}\text{—O—MgBr} \xrightarrow{\text{H}_2\text{O}} \text{RCOOH} + \text{Mg(OH)Br}$$

含有 Mg 或 Li 的 C—M 键性质介于离子键和共价键之间，它们是强极性键。金属有机化合物 R—M 中的烷基部分是一个带负电荷的亲核试剂，它可以和正离子反应，或者进攻分子中带正电荷的缺电部分。

7.4.2.1　与活泼氢反应

格氏试剂中的烷基带有负电荷，接近碳负离子的性质，具有强碱性，可以夺取水、醇、酸、氨等含活泼氢化合物中的质子而生成烃。此反应很容易进行，一般定量完成。如果使用甲基溴化镁与含活泼氢的化合物反应，通过测定放出的甲烷气体的体积，可以计算样品中活泼氢的含量。

$$CH_4 + \left\{\begin{array}{l} Mg(OH)X \xleftarrow{H_2O} \\ ROMgX \xleftarrow{ROH} \\ RCOOMgX \xleftarrow{RCOOH} \end{array}\right. CH_3MgX \left\{\begin{array}{l} \xrightarrow{NH_3} NH_2MgX \\ \xrightarrow{RNH_2} RNHMgX \\ \xrightarrow{R_2NH} R_2NMgX \\ \xrightarrow{RC\equiv CH} RC\equiv CMgX \end{array}\right. + CH_4$$

通过格氏试剂使卤代烷变为烷烃，这相当于卤代烷的间接还原法，在多数情况下比直接还原的产率更高。如果使用重氢标记的活泼氢，通过格氏试剂可在分子中引入重氢，这是在碳原子上引入重氢的好方法。例如：

$$\text{(2-甲基-2-丁基)MgBr} + D_2O \longrightarrow \text{(2-甲基-2-丁基)D} + Mg(OD)Br$$

2-氘-2-甲基丁烷

有机锂化合物及其他大多数有机金属化合物同样可以发生这类与活泼氢的反应。金属性质越活泼，与水反应越剧烈。

$$R'OLi + RH \xleftarrow{R'OH} RLi \xrightarrow{H_2O} RH + LiOH$$

7.4.2.2　与金属卤化物反应

金属的还原电位越高，形成的金属有机化合物通常越活泼。可以通过金属交换反应，由较活泼的金属有机化合物制备更加稳定的金属有机化合物。

$$RM + M'X \rightleftharpoons RM' + MX$$

该反应中金属的活泼性比较为 $M > M'$，前者倾向于以 MX 存在，后者倾向于以 RM′存在，平衡有利于 RM′的生成。这是制备多种有机金属化合物的重要方法。

常见金属的还原电位按如下顺序降低，其形成的金属有机化合物从左至右也更加稳定。

$$Li^+ \quad Mg^{2+} \quad Al^{3+} \quad Si^{4+} \quad Zn^{2+} \quad Cd^{2+} \quad H^+ \quad Sn^{4+} \quad Cu^+ \quad Hg^{2+}$$

反应一般使用更活泼的金属有机化合物与更不活泼的金属卤化物来进行，如：

$$RMgCl + SiCl_4 \longrightarrow RSiCl_3 + MgCl_2$$

$$RMgX + AlCl_3 \longrightarrow RAlCl_2 \xrightarrow{RMgX} R_2AlCl \xrightarrow{RMgX} R_3Al$$

$$2\,RMgX + CdCl_2 \xrightarrow{\text{无水乙醚}} R_2Cd + 2\,MgClX$$

有机镉化合物（二烃基镉）是合成酮的重要试剂（将在第 9 章讨论）。此外，二烃基铜锂也是一种很有用的金属有机化合物，可由以下方法制得：

$$2\,RLi + CuI \longrightarrow R_2CuLi + LiI$$

$$CH_3Li + CuI \longrightarrow CH_3Cu \xrightarrow{CH_3Li} (CH_3)_2CuLi$$

二烃基铜锂中的 R 可以是烷基、烯基、烯丙基、芳基等，是一种极好的烃化剂，R 可置换卤代烃或酰卤中的卤原子，从而分别在这些分子中引入烃基。

7.4.2.3　与活泼卤代烃反应

格氏试剂中带有负电荷的烃基可以和卤代烃发生亲核取代反应。烯丙基卤和苄卤都是非常活泼的卤代烃，它们都能与格氏试剂发生偶联而生成碳链增长的烃。因此，在制备烯丙基或苄基型的格氏试剂时，产物和未反应的卤代烃原料很容易偶联得到副产物。此时，需要采用低温下缓慢滴加烯丙基卤或苄卤的制备方法，才能得到相应的格氏试剂。

叔卤代烷也是较活泼的卤代烃，能与格氏试剂发生类似反应，只不过产率比苄卤要低。用叔卤代烷制备格氏试剂时，虽然反应速率是 RI > RBr > RCl，但氯代烷制备格氏试剂的产率却最高。这是因为碘代烷和溴代烷更易与生成的格氏试剂发生亲核取代反应，从而生成偶联副产物。

对于二卤代烷 $Br(CH_2)_nBr$，当 $n > 3$ 时，可正常生成双格氏试剂。例如：

当两个卤素相距较近，如邻二卤代烷（$n = 2$）与活泼金属反应，则不生成格氏试剂，而是发生消除反应形成烯烃。

1, 3-二卤代烷（$n = 3$）在 Zn 或 Mg 存在下，发生类似的消除反应生成环丙烷。

有机锂化合物（如 ArLi）更是一个强亲核性试剂，它能与活泼的卤代烃或烷基磺酸酯发生 S_N2 反应，甚至与简单的伯卤代烃也可顺利反应。

若使用 2°、3°卤代烷，常会伴随消除产物的生成。此时若需要通过亲核取代制备长碳链烃，最有效的方法是使用更不活泼的二烃基铜锂。

$$R_2CuLi + R'X \longrightarrow R—R' + RCu + LiX$$

二烃基铜锂作为烃化剂适用性很广。R′X 中，X 可以是 Cl、Br、I′，而 R′ 可以是烷基、烯基、烯丙基、苄基、芳基等，反应产率高。乙烯型卤代烃与二烃基铜锂反应时，烃基取代卤素后双键可保持原来的几何构型。另外，与格氏试剂和烃基锂等活泼金属有机化合物相比，二烃基铜锂难以和羰基发生亲核加成，因此反应物上的这些基团不会影响该反应，扩展了反应的底物范围。

$$C_6H_5I + (CH_3)_2CuLi \xrightarrow[10\ h,\ 75\%]{乙醚,\ 0\ ℃} C_6H_5CH_3 + CH_3Cu + LiI$$

$$p\text{-}H_3C\text{-}C_6H_4\text{-}Br + (CH_2{=}C(CH_3))_2CuLi \longrightarrow p\text{-}H_3C\text{-}C_6H_4\text{-}C(CH_3){=}CH_2 + CH_2{=}C(CH_3)Cu + LiBr$$

$$CH_3(CH_2)_4Cl + (CH_3(CH_2)_3)_2CuLi \xrightarrow[80\%]{THF} CH_3(CH_2)_7CH_3 + CH_3(CH_2)_3Cu + LiCl$$

$$(Z)\text{-}PhCH{=}CHBr + (C_4H_9)_2CuLi \xrightarrow{71\%} (Z)\text{-}PhCH{=}CHC_4H_9 + C_4H_9Cu + LiBr$$

7.4.2.4　其他反应

金属有机化合物中烃基的亲核性使其也可以和环氧化合物或二氧化碳发生亲核取代或加成，分别得到增长碳链的醇或羧酸。

$$RMgBr + \underset{O}{\triangle} \longrightarrow RCH_2CH_2OMgBr \xrightarrow{H_2O} RCH_2CH_2OH$$

$$RMgX + O{=}C{=}O \longrightarrow R\text{-}C(=O)\text{-}OMgX \xrightarrow{H_3O^+} RCOOH + Mg(OH)X$$

格氏试剂或有机锂化合物能与含羰基的醛、酮、羧酸衍生物等发生亲核加成反应生成相应的醇、酮、酸等产物，成为有机合成中的重要手段，这些反应将在之后的有关章节讨论。

7.5　卤代烃的还原

很多还原剂都可以将卤代烃还原为烃类化合物，常用的还原剂是氢化铝锂。

$$4\ LiH + AlCl_3 \longrightarrow LiAlH_4 + 3\ LiCl$$

$$RX + LiAlH_4 \longrightarrow RH$$

其他试剂，如硼氢化钠（$NaBH_4$）、液氨锂（或钠）、金属/酸，以及催化氢化等方法都能使卤代烃还原成烃。例如：

$$CH_3(CH_2)_{14}CH_2I \xrightarrow[65\%]{Zn/HCl} CH_3(CH_2)_{14}CH_3$$

$$CH_3(CH_2)_{14}CH_2I + H_2 \xrightarrow{Pd/CaCO_3} CH_3(CH_2)_{14}CH_3$$

$$RCH{=}C(Cl)R' \xrightarrow{Na/NH_3} RCH{=}CHR'$$

通过催化加氢使分子中碳原子与杂原子之间的键断裂，生成新的碳氢键的反应称为氢解。卤代烃的氢解比烯、炔的加氢更慢。此外，格氏试剂等金属有机化合物的水解，也可使卤代烃间接还原为烃。

7.6　卤代烃的制备

1. 由醇制备

醇羟基在多种试剂（如卤化氢、三卤化磷、二氯亚砜等）存在下都可以被卤素取代，得到卤代烃。这类反应将在第 8 章详细讨论。

$$ROH + HX \longrightarrow RX + H_2O$$

$$ROH + PX_3 \longrightarrow RX + H_3PO_3$$

$$ROH + SOCl_2 \longrightarrow RCl + SO_2 + HCl$$

2. 烃类的卤代

在之前的章节中已经介绍过烷烃的自由基卤代、烯烃 α 位的自由基卤代，以及芳烃在催化剂存在下的芳环亲电卤代或侧链自由基卤代。这些反应各有其区域选择性，可回顾相关章节。

$$CH_3CH_2CH_3 \xrightarrow[300\ ℃]{Cl_2} CH_3CH_2CH_2Cl\ (48\%) + CH_3CHClCH_3\ (52\%)$$

环己烯 + NBS $\xrightarrow[CCl_4]{\triangle}$ 3-溴环己烯 (85%) + 丁二酰亚胺（NH）

$$C_6H_5CH_3 + Br_2 \xrightarrow{FeBr_3} Br\text{-}C_6H_4\text{-}CH_3\ (p) + CH_3\text{-}C_6H_4\text{-}Br\ (o)$$

$$C_6H_5CH_3 + Br_2 \xrightarrow{h\nu} C_6H_5CH_2Br$$

3. 烯、炔烃与卤素或氢卤酸的加成

卤化氢或卤素对烯烃或炔烃发生亲电加成，可制得一卤代或多卤代烃，可见烯烃、炔烃章节。

$$\text{C(H)-C(X)} \xleftarrow{HX} \text{C=C} \xrightarrow{X_2} \text{C(X)-C(X)}$$

4. 卤代物的卤素置换

前面已介绍过，氯或溴代烷中的卤素可被碘置换。

$$RCl\,(Br) + NaI \xrightarrow{\text{丙酮}} RI + NaCl\,(NaBr)\downarrow$$

这是一个可逆反应，但可通过去掉一种产物而使反应进行完全。在丙酮溶剂中，NaCl 或 NaBr 的溶解度比 NaI 小得多，能从溶液中沉淀析出而使反应正向进行。此法可从较便宜的氯代烃制备贵重的碘代烃。由于 I^- 的亲核性强且溶剂的极性不强，反应一般为 S_N2 过程，卤代烃的反应活性为 1° > 2° > 3°。

7.7　多 卤 代 烃

多卤代烃中最重要的是甲烷的多卤代物，CH_2Cl_2、$CHCl_3$、CCl_4、CCl_2F_2、CBr_2F_2 及聚四氟乙烯等都是最常见而重要的物质。例如，二氯甲烷可由下法制备，二氯甲烷不易燃，不溶于水，主要用作溶剂和提取剂。

$$CH_4 + 2\,HCl + O_2 \xrightarrow[300\text{~}500℃]{\text{催化剂}} CH_2Cl_2 + 2\,H_2O$$

甲烷氯代或四氯化碳还原，都可制得氯仿（三氯甲烷）。

$$CCl_4 \xrightarrow{Fe + H_2} CHCl_3$$

利用甲基酮的卤仿反应也可制得卤仿（CHX_3，见醛、酮性质）。氯仿不仅可作溶剂和医药上的局部麻醉剂，也是重要的合成原料。氯仿在光照下会氧化生成有毒的光气，故一般密闭保存在棕色瓶中。

$$2\,CHCl_3 + O_2 \xrightarrow{\text{日光}} 2\,\underset{\text{光气}}{Cl-\overset{\overset{\displaystyle O}{\|}}{C}-Cl} + 2\,HCl$$

四氯化碳可由甲烷彻底氯代制得，也可通过氯气与二硫化碳在铁催化下的反应得到。

$$CS_2 + Cl_2 \xrightarrow[Fe]{90\text{~}100℃} CCl_4 + S$$

二氟二氯甲烷(CCl_2F_2)可由 CCl_4 与无水 HF 反应或与三氟化锑反应制得。

$$3\,CCl_4 + 2\,SbF_3 \xrightarrow{SbCl_5} 3\,CCl_2F_2 + 2\,SbCl_3$$

$$CCl_4 + HF \longrightarrow CCl_3F + CCl_2F_2 + CClF_3$$

商品代号：F_{11}　　F_{12}　　F_{13}

含有 1～2 个碳原子的含氟多卤代烃常用 F_{xyz} 表示，其中 x 表示碳原子数减 1，y 表示氢原子数加 1，z 代表氟原子的个数。因此，F_{12}（即 F_{012}）指代 CCl_2F_2，以此类推。F_{12} 商品名称为氟利昂（实际上氟利昂常泛指含 1～2 个碳原子的含氟多卤代烷），它的沸点低(–29.8℃)，易压缩为不燃性液体，解压后又立即气化，同时吸收大量热，因此常用作致冷剂。

有机氟化合物具有很多独特的性质。例如，一氟化物不生成格氏试剂，但它很不稳定，常温下也易脱 HF 而生成烯。

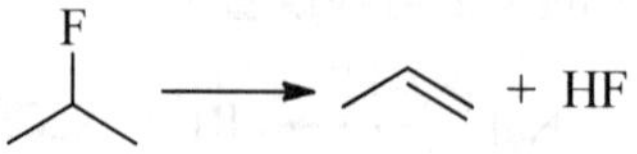

$$(CH_3)_2CHF \longrightarrow CH_3CH{=}CH_2 + HF$$

当同一碳原子上有两个氟原子时，则变得稳定。例如，CF_4、CH_3CHF_2、$CH_3CF_2CH_3$ 等都很稳定。再如，四氟乙烯（$CF_2{=}CF_2$）也是工业上有用的合成塑料的单体，其聚合形成的聚四氟乙烯具有极好的稳定性，抗酸碱、耐高温并可用作润滑材料。

$$CHCl_3 + 2\,HF \xrightarrow{SbCl_5} CHClF_2 + 2\,HCl$$

$$2\,CHClF_2 \xrightarrow{600\sim750\ ℃} F_2C{=}CF_2 + 2\,HCl$$

$$n\,F_2C{=}CF_2 \xrightarrow{催化剂} \left[\!-CF_2-CF_2-\right]_n$$

聚四氟乙烯

习　题

7.1　命名下列各化合物(包括构型名称)。

(1) 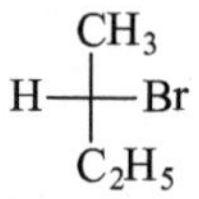 Fischer 投影式：上 CH_3，左 H，右 Br，下 C_2H_5　(2) 环戊烷，Cl、CH_3　(3) 环己烷，CH_3、CH_3、Br、H

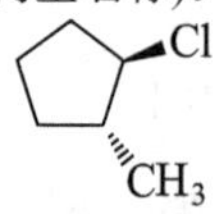

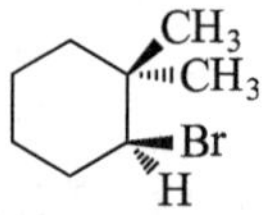

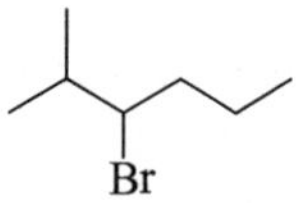

(4) Br（结构式）　(5) Cl（结构式）

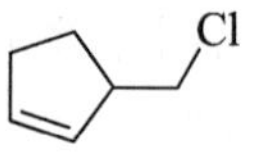

7.2　写出 C_4H_9Br 的所有异构体，并按伯、仲、叔卤代烷分类。

7.3　如果$(CH_3)_3C^+$是一个 Brönsted 酸(即质子酸)，其相应的共轭碱是什么？

7.4　排列下列化合物的次序。

(1) 题 7.2 中各异构体与 NaI/丙酮溶液反应的活性次序；

(2) 根据 NH_3、CH_3COOH、HCl、CH_4、H_2O 的共轭碱的碱性次序排列其酸性次序。

7.5　下列每一个反应的平衡常数是比 1 大还是比 1 小？

(1) $HCl + NaOH \rightleftharpoons NaCl + H_2O$

(2) $CH_3COONa + H_2O \rightleftharpoons CH_3COOH + NaOH$

(3) $CH_3CH_2ONa + H_2O \rightleftharpoons CH_3CH_2OH + NaOH$

(4) $HCN + NaNH_2 \rightleftharpoons NaCN + NH_3$

7.6　写出下列反应的主要产物。

(1) 烯丙基溴 + $NaOCH_3$ $\xrightarrow{CH_3OH}$

(2) 2-溴-3-甲基丁烷 + Ag^+ $\xrightarrow{H_2O,\ C_2H_5OH}$

(3) 环丙基乙基溴 + Mg $\xrightarrow{醚}$ A $\xrightarrow{D_2O}$ B

(4) H_3C—环己烷(Cl, 异丙基) $\xrightarrow{碱}$

(5) Cl—CH₂CH₂CHD—Br + NaCN $\xrightarrow{醇}$

(6) 叔丁基氯 Cl + $NaOC_2H_5$ $\xrightarrow{C_2H_5OH}$

(7) 正丙基 Br + NH_3 ⟶

(8) 1-溴-2-甲基环己烷(Br, CH_3) $\xrightarrow{KOH/醇}$

(9) 苯基—CHBr—CH₂Br $\xrightarrow[2)\ H^+]{1)\ NaNH_2}$

(10) *meso*- 2,3-二溴丁烷(Br, Br) $\xrightarrow{Zn}$

(11) CH_3Br + CH≡CNa ⟶

(12) *t*-Bu—环己烷(Br, CH_3) + C_2H_5ONa $\xrightarrow{C_2H_5OH}$ A + B
取代 消除

7.7 比较下列每种情况下，哪一个化合物更容易反应(或生成)？说明理由。

(1) $(CH_3)_3CCl$ 或 $CH_3(CH_2)_3Cl$ 与 NaI 在丙酮溶液中反应。

(2) $(CH_3)_3CCl$ 或 $CH_3(CH_2)_3Cl$ 与 H_2O 反应。

(3) $(CH_3)_3CCl$ 或 $CH_3(CH_2)_3Cl$ 与 KOH 在乙醇溶液中反应。

(4) $NaOCH_3$ 或 NaI 在甲醇溶液中与$(CH_3)_3CBr$ 反应。

(5) $CH_3CH_2CH_2Cl$ 或$(CH_3CH_2)_2CHCl$ 与 $AgNO_3$ 醇溶液反应。

(6) 顺-$CH_3CBr═CBrCH_3$ 或反-$CH_3CBr═CBrCH_3$ 与金属锌反应。

(7) 双环—Br 或 双环—Br 与 $AgNO_3$ 水溶液反应。

(8) 溴乙烷与 NaSCN 在乙醇-水中反应生成 C_2H_5SCN 或 C_2H_5NCS。

(9) 对甲基苄基氯或对硝基苄基氯在水中加热。

(10) NaSH 或 NaOH 在水溶液中与溴丙烷反应。

7.8 指出下列各反应大致属于何种机理？

(1) 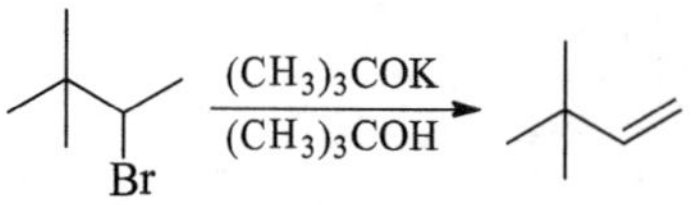 Br $\xrightarrow[(CH_3)_3COH]{(CH_3)_3COK}$

(2) 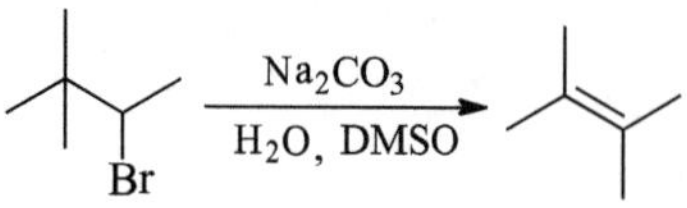 Br $\xrightarrow[H_2O,\ DMSO]{Na_2CO_3}$

(3) Cl Br $\xrightarrow{NaN_3,\ 醇}$ Cl N_3

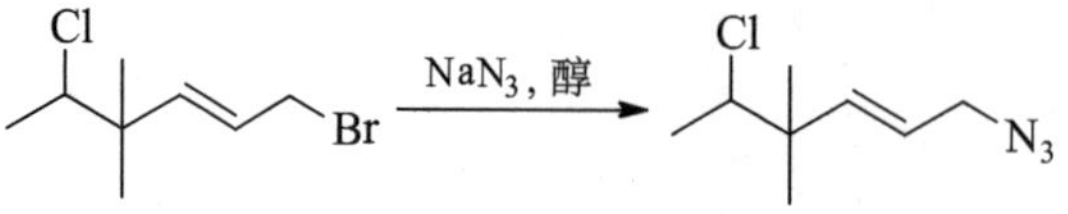

(4) $ICH_2CH_2I + Mg \longrightarrow CH_2{=}CH_2 + MgI_2$

(5) $4\,C_4H_9Br + LiAlH_4 \longrightarrow 4\,C_4H_{10} + LiBr + AlBr_3$

7.9　解释下列反应中的快、慢现象或旋光性现象。

(1) $(CH_3)_3CCH_2Br$ 与 $AgNO_3$ 水溶液反应和与 NaI/丙酮反应都慢。

(2) $CH_3OCHBrCH_3$ 与 H_2O 反应很快。

(3) 在浓 KOH 醇溶液中脱卤化氢，（Br、CH_3 取代的环己烷）比（$CH(CH_3)_2$、Br、CH_3 取代的环己烷）快。

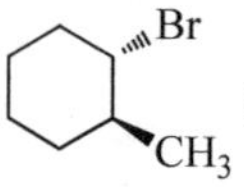

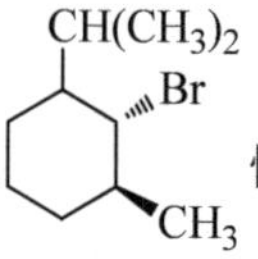

(4) 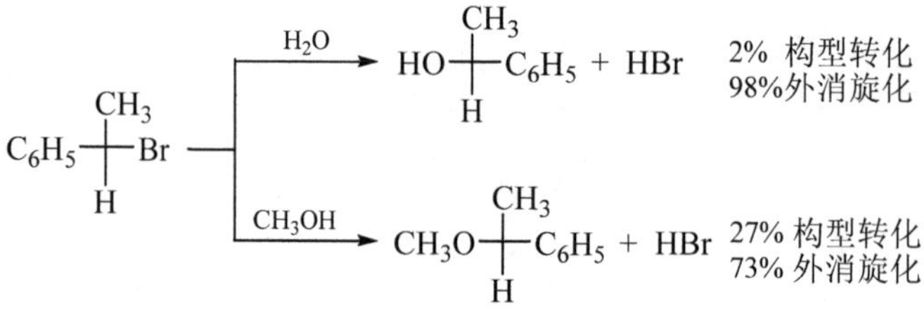 $C_6H_5C(CH_3)(H)Br$ $\xrightarrow{H_2O}$ $HOC(CH_3)(H)C_6H_5 + HBr$　2% 构型转化　98%外消旋化

$\xrightarrow{CH_3OH}$ $CH_3OC(CH_3)(H)C_6H_5 + HBr$　27% 构型转化　73% 外消旋化

7.10　碘化钾能够催化下列氯代烷的水解，为什么？写出其反应。

$$RCH_2Cl + H_2O \xrightarrow{KI,\ NaHCO_3} RCH_2OH + HCl\,(被NaHCO_3中和)$$

7.11　(1) 如何从丙烷出发制备 1-氘代丙烷和 2-氘代丙烷？

(2) 由 1-碘丙烷合成：a. α-溴丙烯；b. 异丙醇；c. 1,3-二氯丙-2-醇。

第 8 章　醇、酚、醚

醇、酚、醚都是烃类的含氧衍生物，碳、氧原子以单键相连。羟基（—OH）是醇和酚的官能团，脂肪烃分子中氢原子被羟基取代后的化合物称为醇，羟基与芳环直接相连的化合物称为酚。醚类化合物是含有—C—O—C—基团（称为醚基）的物质，醚基是醚类化合物的官能团。醇、酚、醚和水的结构式相似，因此也可以把醇、酚、醚看作是水的一烃基或二烃基衍生物。

水　醇　酚　醚

8.1　醇的结构、分类和命名

醇羟基中的氧原子采用不等性 sp^3 杂化，其中两个含单电子的 sp^3 杂化轨道分别与碳原子的杂化轨道和氢原子的 s 轨道形成 σ 单键，另外两个 sp^3 杂化轨道分别容纳一对孤对电子。以甲醇分子为例，其 C—O 键键长为 143 pm，COH 键角为 108.9°。甲醇分子结构如下所示：

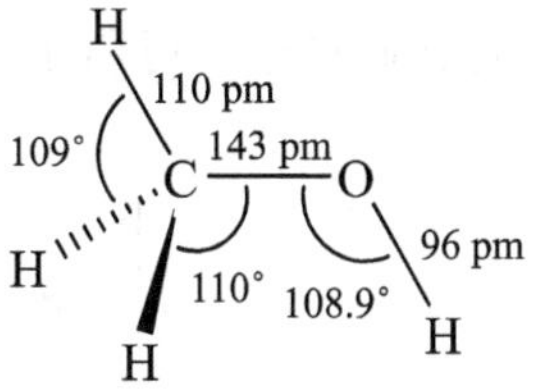

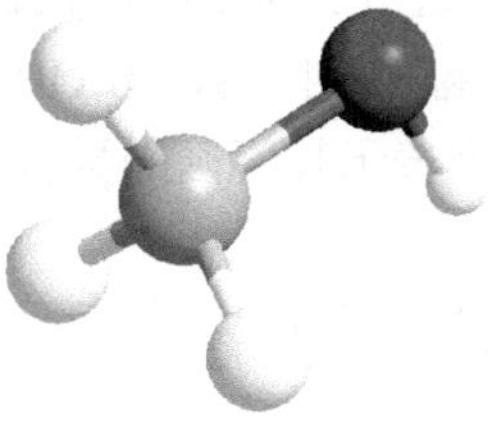

由于氧原子具有较大的电负性，因此 C—O 键为极性共价键。和碳卤键类似，成键的 σ 电子对更加偏向于氧原子，导致与羟基相连的碳原子显示一定程度的正电性（δ^+）。醇是极性分子，低相对分子质量的醇是常用的极性溶剂，其极性略低于水，但大于绝大多数有机溶剂。

根据分子中所含羟基的数目，可将醇分为一元醇、二元醇或多元醇。饱和一元醇的通式为 $C_nH_{2n+1}OH$。羟基连接在几级碳原子上，则称为几级醇，如伯醇（1°醇）、仲醇（2°醇）和叔醇（3°醇）。

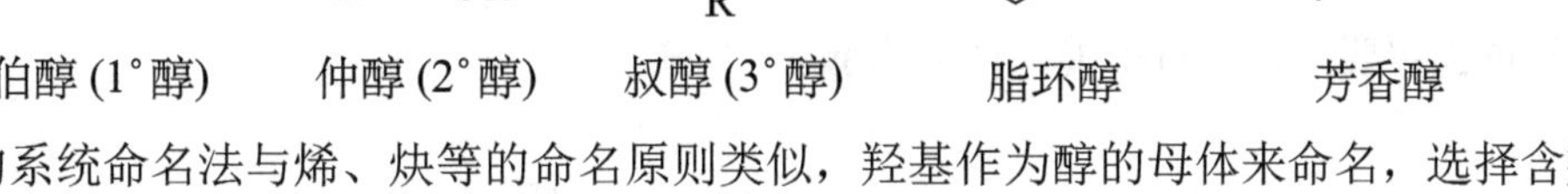

伯醇 (1° 醇)　仲醇 (2° 醇)　叔醇 (3° 醇)　脂环醇　芳香醇

醇的系统命名法与烯、炔等的命名原则类似，羟基作为醇的母体来命名，选择含羟基的最长碳链作主链，编号从离羟基最近的一端开始。

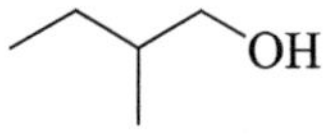

2-甲基丁-1-醇 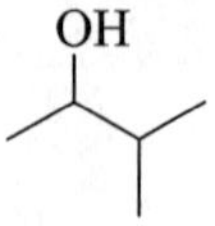　3-甲基丁-2-醇 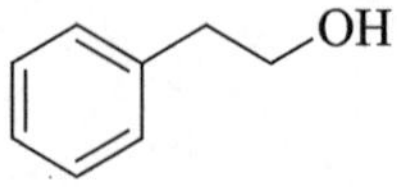　2-苯基乙醇(或苯乙醇)

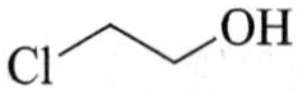

2-氯乙醇 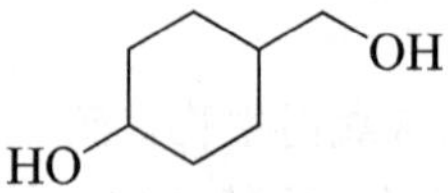　4-羟甲基环己醇

对于烯醇和炔醇，选择既含有羟基又含有多重键的最长碳链作主链，从离羟基最近的一端开始编号。

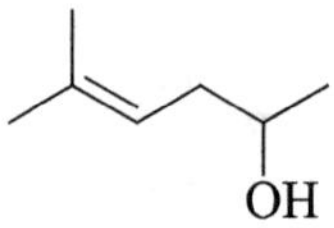

5-甲基己-4-烯-2-醇 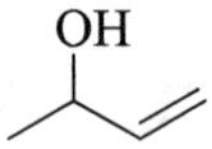　丁-3-烯-2-醇 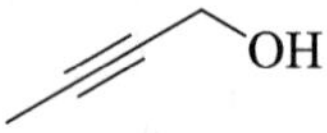　丁-2-炔-1-醇

含两个羟基的醇称为二醇。例如：

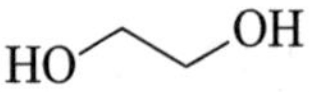

乙-1, 2-二醇 　丙-1, 3-二醇 　顺-环戊-1, 2-二醇

普通命名法一般适用于简单醇，仅在醇字前面加上烃基的名称，此时取代基的位置常用 α、β、γ、δ、ω 等希腊字母标明，与 OH 相连的碳称为 α-碳原子。可用正（*n*-）、异（*i*-）、叔（*t*-）、新（*neo*-）等字表示其不同的异构体。例如：

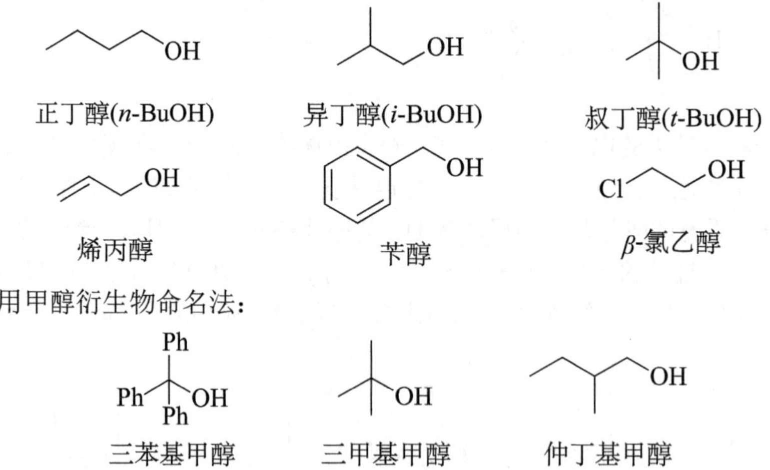

正丁醇(*n*-BuOH)　异丁醇(*i*-BuOH)　叔丁醇(*t*-BuOH)

烯丙醇　苄醇　β-氯乙醇

有时也用甲醇衍生物命名法：

三苯基甲醇　三甲基甲醇　仲丁基甲醇

甲醇过去主要来自木材干馏，俗名木醇。

8.2 醇的物理性质

羟基是极性较大的基团，它使醇的物理性质不同于一般的非极性烃类化合物。与具有一定极性的卤代烃相比，羟基具有活泼氢原子，醇分子间能以氢键缔合，从而产生独特的

物理性质。

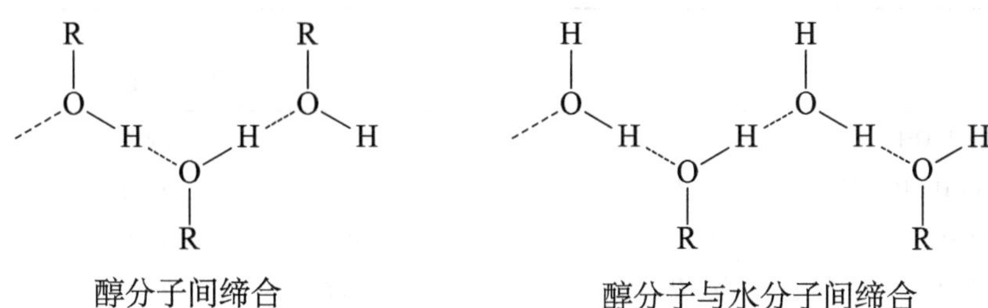

醇在液态时是多分子缔合状态，要使液体气化形成单个气体分子除了要克服液体分子间的一般范德华力，还需要破坏氢键（～25 kJ/mol），这使得醇的沸点比相对分子质量相当的烃类物质高得多，并随碳原子数增多，沸点升高。另外，与烃类似，支化度增加则沸点降低。醇与相应烷烃的沸点差异随碳原子数增多逐渐减小（图 8.1）。这是由于烃基增大后对羟基的氢键缔合有阻碍作用。烃基部分越大，分子中羟基所占的比例越小，醇与烃类的性质越接近。

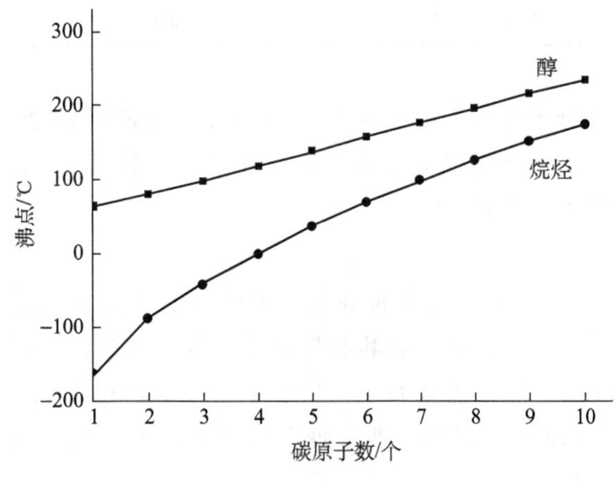

图 8.1　直链伯醇的沸点

醇形成氢键的能力也反映在它的溶解度上：醇与水的羟基间也可通过氢键缔合，使醇在水中的溶解度比烃类大得多。一般 C_4 以下的醇能与水混溶。醇溶于水后，烷基的存在必然会破坏水分子间的氢键，当烷基增大（碳原子数增多）时，所需要占据的空间更大，需要用于破坏水分子间氢键的力也增大。因而，随烷基增大，溶解度降低。对于碳原子数相同的醇，烷基几何形状不同，溶解度也有差异。例如，叔丁醇显然有比正丁醇更为紧密的结构排列，在水中占据的空间更小，溶解度增大。常见醇的物理常数见表 8.1。

表 8.1　常见醇的物理常数

分子式	名称	熔点/℃	沸点/℃	相对密度 (d_4^{20})/(g/mL)	溶解度/(g/100 g 水)
CH_3OH	甲醇	−97	64.7	0.792	∞
CH_3CH_2OH	乙醇	−114	78.3	0.789	∞
$CH_3CH_2CH_2OH$	正丙醇	−126	97.2	0.804	∞
$CH_3CH(OH)CH_3$	异丙醇	−88	82.3	0.786	∞

续表

分子式	名称	熔点/℃	沸点/℃	相对密度 (d_4^{20})/(g/mL)	溶解度/(g/100 g 水)
$CH_3CH_2CH_2CH_2OH$	正丁醇	–90	117.7	0.810	7.9
$CH_3CH(CH_3)CH_2OH$	异丁醇	–108	108.0	0.802	10.0
$CH_3CH_2CH(OH)CH_3$	仲丁醇	–114	99.5	0.808	12.5
$(CH_3)_3COH$	叔丁醇	25	82.5	0.789	∞
$CH_3(CH_2)_3CH_2OH$	正戊醇	–79	137.8	0.817	2.4
$CH_3(CH_2)_4CH_2OH$	正己醇	–52	156.5	0.819	0.6
$CH_2{=}CHCH_2OH$	烯丙醇	–129	96.9	0.855	∞
$C_6H_5CH_2OH$	苄醇	–15	205.7	1.046	4
$HOCH_2CH_2OH$	乙二醇	–13	197.3	1.113	∞
$CH_3CH(OH)CH_2OH$	丙-1, 2-二醇	–59	188.2	1.040	∞
$HOCH_2CH(OH)CH_2OH$	丙三醇（甘油）	18	290.9	1.261	∞

二元醇或多元醇由于分子中羟基数目增多，可形成氢键的部位增多，因此无论是沸点还是水中溶解度都会比相应的一元醇高。工业上常利用乙二醇的沸点高、凝固点低和在水中溶解度大等特点，将乙二醇用作抗冻剂。

学习提示：一些可以和水分子间形成氢键等较强分子间相互作用的基团，如羟基、氨基、铵盐等，可称为“亲水基团”，它们一般具有较强的极性；相反，一些弱极性或非极性基团则为“疏水基团”，如烃基。容易想象的是，分子中亲水基团比例越大，水溶性越好。如果是分子内同时存在亲水和疏水基团的“两亲性”化合物，则容易通过自组装形成有序的超分子结构，如胶束、囊泡等。

饱和一元醇的密度都大于烷烃，但仍小于 1 g/mL，芳香醇密度则大于水。低级醇能与一些无机盐类（如 $MgCl_2$、$CaCl_2$、$CuSO_4$ 等）形成结晶状的分子络合物，称为结晶醇，又称为醇化物，如 $MgCl_2 \cdot 6MeOH$、$CaCl_2 \cdot 4EtOH$、$CaCl_2 \cdot 4MeOH$ 等。结晶醇都不溶于有机溶剂而溶于水，故不能用无水 $CaCl_2$ 干燥低级醇。实际工作中，常利用醇与无机盐形成分子络合物的性质，使醇与其他有机化合物分开，或从反应物中除去少量醇类。例如，工业上常用饱和氯化钙溶液除去乙醚中含有的少量乙醇。

8.3 醇的化学性质

醇的所有特征反应都是由羟基官能团引起的。醇的反应主要涉及两种键的断裂：一是 O—H 键的断裂，即活泼氢的酸性或羟基氧的路易斯碱性/亲核性引起的反应；二是 C—O 键的断裂，涉及羟基的亲核取代和消除反应。

8.3.1　醇的酸性

醇的羟基氢为活泼氢，具有一定的酸性，其酸性强弱常用它在水中的解离平衡常数来衡量。pK_a值越小，酸性越强。

$$ROH + H_2O \xrightleftharpoons{K_a} H_3O^+ + RO^- \qquad pK_a = -\lg K_a$$

醇在重水溶液中可进行重氢交换，证明醇能够发生酸性解离。

$$ROH + D_2O \rightleftharpoons ROD + DOH$$

随着 α-碳原子上烷基增多，醇的酸性减弱（pK_a值增大）。从表 8.2 中可见甲醇的酸性最强，叔醇的酸性相对最弱。其次序为

酸性：　　$CH_3OH > C_2H_5OH > (CH_3)_2CHOH > (CH_3)_3COH$

共轭碱的碱性：$CH_3O^- < C_2H_5O^- < (CH_3)_2CHO^- < (CH_3)_3CO^-$

表 8.2　部分醇或酚和某些其他酸的 pK_a 值

化合物	pK_a	化合物	pK_a	化合物	pK_a
H_2O	14.0	PhOH	10.0	H_2SO_4	–2.0
MeOH	15.5	CH_3COOH	4.8	H_3PO_4	2.1
EtOH	15.9	HOCl	7.5	HF	3.2
t-BuOH	～18.0	HI	–9.5	H_2CO_3	6.4
$ClCH_2CH_2OH$	14.3	HBr	–9.0	H_2S	7.1
CF_3CH_2OH	12.4	HCl	–8.0	H_2O_2	11.6

过去的研究认为是烷基的排电子作用使醇的酸性减弱了，但之后的实验发现：气相中各类醇的相对酸性次序是倒过来的，这个现象无法用烷基的排电子作用解释。关于烷基的电子效应，化学家因戈尔德（Ingold）认为：烷基是随分子中其他基团的需要而起作用，烷基与 π 电子体系相连接或连接在正离子上时表现排电性；在饱和烃类化合物中或连接负离子时则表现出微弱的吸电性。

在气相的醇分子中，烷基通过微弱的吸电效应使醇的酸性增强。而在溶液中，对醇的酸性强弱起着决定性作用的并非烷基的电子效应，而是溶剂对其共轭碱，即烷氧负离子的溶剂化作用的大小。一般而言，醇的酸性都是指在溶液中，此时溶剂对烷氧负离子的溶剂化作用越大，负离子越稳定，碱性越弱，则其共轭酸（醇）的酸性越强。α-碳原子上烷基增多或烷基体积增大都将阻碍溶剂分子对负离子的稳定化作用，导致叔醇氧负离子的碱性较强，而作为共轭酸的叔醇的酸性则较弱。

既然醇可作为质子酸，因此也和水一样，能与活泼金属反应，羟基中的氢被金属置换，生成醇金属化合物 ROM，即醇盐。大多数碱金属（Li、Na、K）、碱土金属（Mg、Ca、Ba）等都能和 C_1～C_8 的醇类反应。醇与钠反应不及水剧烈。醇的酸性越强，反应越快，不同类型的醇的反应速率为：伯醇 > 仲醇 > 叔醇。随着醇相对分子质量增大，反应变得缓慢。

$$ROH + Na \longrightarrow RONa + H_2\uparrow$$

由于水的酸性强于醇，根据强酸置换弱酸的原则，醇钠在水中会转化为醇。此平衡远远偏向于右边，因此醇钠不能通过醇与氢氧化钠反应制得，而是通过醇与金属钠反应制得。

$$RONa + H_2O \rightleftharpoons ROH + NaOH$$

当炔基钠与醇反应时放出乙炔，说明乙炔的酸性比醇更弱。

$$HC{\equiv}CNa + ROH \longrightarrow HC{\equiv}CH + RONa$$

酸性顺序：$H_2O > ROH > HC{\equiv}CH > NH_3 > RH$

碱性顺序：$HO^- < RO^- < HC{\equiv}C^- < NH_2^- < R^-$

金属镁或铝汞齐在较高温度下与无水醇反应，也能生成醇镁或醇铝。

$$2\,EtOH + Mg \longrightarrow Mg(OEt)_2 + H_2\uparrow$$

$$6\,i\text{-}PrOH + 2\,Al \longrightarrow 2\,Al(i\text{-}PrO)_3 + 3\,H_2\uparrow$$

8.3.2　醇氧的碱性与亲核性

醇羟基的氧原子带有两对孤对电子，是一个路易斯碱。氧原子可络合质子生成锌盐，或与路易斯酸络合生成锌盐。

$$R\text{–}\ddot{O}\text{–}H + H^+ \rightleftharpoons R\text{–}\overset{+}{\ddot{O}}H_2 \quad \text{锌盐}$$

$$R\text{–}\ddot{O}\text{–}H + ZnCl_2 \longrightarrow R\text{–}\overset{+}{O}(H)\text{–}\overset{-}{Zn}Cl_2$$

作为路易斯碱的氧原子具有亲核性，可以进攻一些缺电子的基团或阳离子，得到羟基氢被其他基团或金属取代的产物。它们都是合成上的重要反应。

ROH:
- CH_3COCl，酰化 → $CH_3C(=O)OR$
- CH_3SO_2Cl，磺酰化 → $H_3C\text{–}SO_2\text{–}OR$
- CH_3MgBr，成盐 → $ROMgBr + CH_4$
- CH_3Li，成盐 → $ROLi + CH_4$
- 异丁烯，H_2SO_4，醚化 → $(CH_3)_3C\text{–}OR$

与羟基氧相比，成盐后的烷氧基负离子则是更强的亲核试剂，易与卤代烃发生亲核取代反应生成醚类化合物，这是一种重要的制备醚的方法。

$$\underset{\text{醇钠}}{RONa} + \underset{\text{卤代烃}}{C_2H_5Br} \longrightarrow \underset{\text{醚}}{ROC_2H_5} + NaBr$$

醇还可以与各类无机酸和有机酸反应，得到各种酯类化合物。例如，将醇与过量硫酸在0℃时反应，可以分离得到醇与酸之间的脱水物——硫酸氢酯。该反应脱除的一分子水来自醇的活泼氢和酸的羟基。

$$EtOH + H_2SO_4 \longrightarrow \underset{\text{硫酸氢乙酯}}{EtO-SO_2-OH} + H_2O$$

氯原子取代硫酸或磺酸的羟基形成的氯磺酸或磺酰氯具有更好的反应活性：

$$CH_3OH + \underset{\text{氯磺酸}}{ClSO_3H} \longrightarrow \underset{\text{硫酸氢甲酯}}{CH_3O-SO_2-OH} + HCl$$

$$\underset{\substack{\text{对甲苯磺酰氯}\\(TsCl)}}{H_3C-C_6H_4-SO_2Cl} + CH_3OH \longrightarrow \underset{\substack{\text{对甲苯磺酸甲酯}\\(TsOCH_3)}}{H_3C-C_6H_4-SO_2OCH_3} + HCl$$

醇与硝酸或亚硝酸也发生类似反应。特殊的（亚）硝酸酯是缓解心绞痛的速效药物，如三硝酸甘油酯、亚硝酸异戊酯等。

$$EtOH + \underset{\text{硝酸}}{HO-N^+(O^-)(=O)} \xrightarrow{H^+} \underset{\text{硝酸乙酯}}{EtO-N^+(O^-)(=O)} + H_2O$$

$$CH_3OH + \underset{\text{亚硝酸}}{HO-N=O} \xrightarrow{H^+} \underset{\text{亚硝酸甲酯}}{H_3CO-N=O} + H_2O$$

$$\underset{\text{甘油}}{HOCH_2CH(OH)CH_2OH} + 3\,HO-NO_2 \xrightarrow{H_2SO_4} \underset{\text{三硝酸甘油酯}}{O_2N-OCH_2CH(O-NO_2)CH_2O-NO_2} + 3\,H_2O$$

磷酸、有机酸或其酰氯/酸酐同样可以发生这样的反应。

$$3\,CH_3OH + POCl_3 \longrightarrow \underset{\text{磷酸三甲酯}}{O=P(OCH_3)_3} + 3\,HCl$$

$$CH_3OH + CH_3COOH \xrightarrow{H^+} \underset{\text{乙酸甲酯}}{CH_3COOCH_3} + H_2O$$

醇和酸反应的机理，即醇氧作为亲核试剂进攻酸中带正电荷的中心原子，从而发生亲核加成-消除过程，详细内容可见第 10 章。

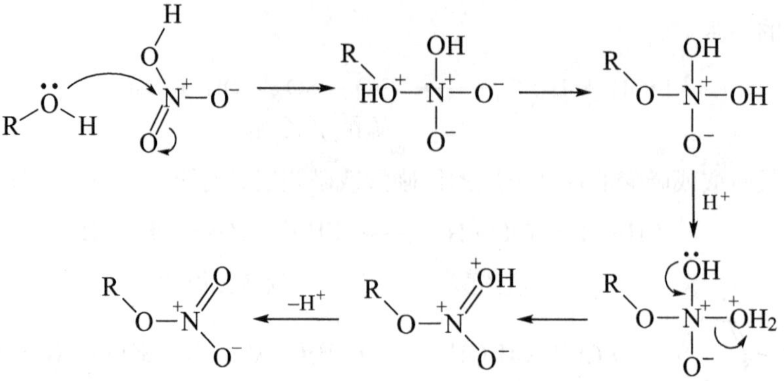

醇氧形成的酯比羟基更易离去，因此比醇更容易发生亲核取代反应，所以醇的各种取代反应可经酯来进行。

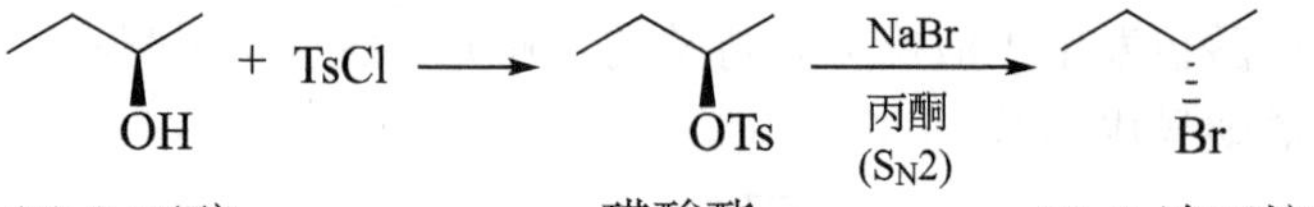

(R)-2-丁醇　磺酸酯　(S)-2-溴丁烷

8.3.3 醇羟基的卤代反应

醇羟基的卤代本质上还是亲核取代反应。由于羟基不易离去，醇难以直接和亲核试剂反应。除了上述经由酯的方法外，还可以通过一些手段将羟基变为更易离去的基团，从而实现卤代。

$$ROH + HX \longrightarrow RX + H_2O \quad (X = Cl, Br, I)$$

$$3\,ROH + PX_3 \longrightarrow 3\,RX + H_3PO_3$$

$$ROH + SOCl_2 \xrightarrow[\triangle]{\text{醚}} RCl + SO_2 + HCl$$

8.3.3.1 与氢卤酸的反应

溴化钠可微溶于乙醇，但溴化钠的乙醇溶液即使回流也不能生成溴乙烷。如果在此溶液中加入一点硫酸，或直接用氢溴酸与乙醇一起加热，醇中的羟基则可以被溴取代生成溴乙烷。反应是通过质子和醇先形成鉾盐而进行的，作为离去基团，H_2O 显然比 OH^-更稳定，因此更易离去。对于大多数伯醇来说，这是一个典型的 S_N2 反应。

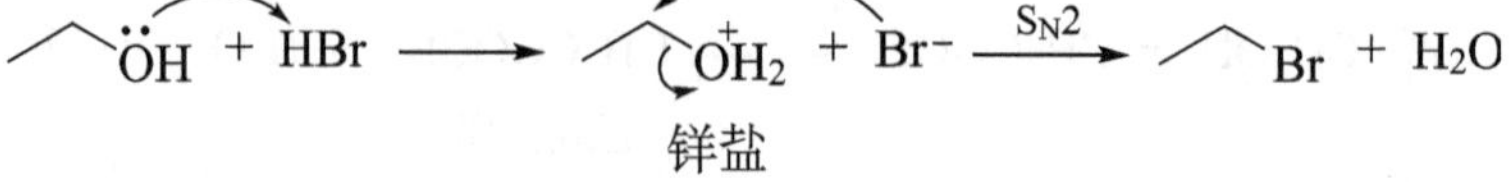

鉾盐

卤化氢的反应活性顺序为：HI > HBr > HCl。一方面是因为 HI 的酸性更强，另一方面，I^-的亲核性也最强。氢碘酸可直接用浓度为 47%的水溶液，氢溴酸则可用浓度为 48%的水溶液，并加硫酸催化反应。对于 HCl 的反应，一般还需要在 $ZnCl_2$（路易斯酸）催化下才能进行。

$$Cl^- + R\text{-}CH_2\text{-}O(H)\cdots ZnCl_2 \xrightarrow[S_N2]{\triangle} RCH_2Cl + [Zn(OH)Cl_2]^- \xrightarrow{H_3O^+} ZnCl_2 + H_2O$$

常使用浓盐酸和 $ZnCl_2$ 的混合液（称为卢卡斯试剂）来检验各类醇。C_6 以下的醇都能溶于卢卡斯试剂（形成锌盐），而生成的氯代烃则不溶，因此呈现浑浊。反应速率不同，浑浊出现的快慢也不同。一般来讲，叔醇立即浑浊，仲醇 5 min 内浑浊，伯醇在室温下 15 min 也无反应。因此，醇的活性顺序一般为：烯丙醇、苄醇 > 叔醇 > 仲醇 > 伯醇。烃基结构不同引起的活性差异与反应机理紧密相关。

大多数伯醇难以形成碳正离子，从而按 S_N2 机理反应。此时当反应中心是手性碳原子时，产物会伴随构型转化。

$$Br^- + CH_3CHD\overset{+}{O}H_2\ (R) \longrightarrow CH_3CHDBr\ (S) + H_2O$$

仲醇或叔醇与 HX 反应常伴随重排产物的生成，说明反应经历了碳正离子的形成，即通过 S_N1 机理进行。这里的重排和之前介绍过的碳正离子重排类似。

$$(CH_3)_2CHCH(OH)CH_3 \xrightarrow{HBr} (CH_3)_2CBrCH_2CH_3$$

$$(CH_3)_2CHCH(OH)CH_3 \xrightarrow{H^+} (CH_3)_2CHCH(\overset{+}{O}H_2)CH_3 \xrightarrow{-H_2O} (CH_3)_2C(H)\overset{+}{C}HCH_3 \longrightarrow (CH_3)_2\overset{+}{C}CH_2CH_3 \xrightarrow{Br^-} (CH_3)_2CBrCH_2CH_3$$

某些伯醇，如新戊醇，由于 β-碳原子上取代基增多，空间位阻大，S_N2 反应速率减慢，此时也会按 S_N1 机理反应，得到重排产物。

$$(CH_3)_3CCH_2\overset{+}{O}H_2 \xrightarrow{-H_2O} (CH_3)_3C\overset{+}{C}H_2 \longrightarrow (CH_3)_2\overset{+}{C}CH_2CH_3 \xrightarrow{Br^-} (CH_3)_2CBrCH_2CH_3$$

在有 3°碳正离子生成的情况下，常伴随消除产物的生成。例如，下列反应实际上主要得到消除产物。

$$\text{(1-甲基环戊基)甲醇} \xrightarrow[-H_2O]{H^+} \text{(1-甲基环戊基)甲基正离子} \longrightarrow \text{1-甲基环己基正离子} \begin{cases} \xrightarrow{Br^-} \text{1-溴-1-甲基环己烷} \\ \xrightarrow{-H^+} \text{1-甲基环己烯（主要产物）} \end{cases}$$

8.3.3.2　与三卤化磷的反应

三卤化磷（PX_3）同样可将醇的羟基转化为更好的离去基团，反应通过亚磷酸酯中间体而被卤代。

$$R\text{—}CH_2\text{—}OH + PX_2\text{—}X \longrightarrow \left[R\text{—}CH_2\text{—}\overset{+}{O}(H)\text{—}PX_2\ \ X^-\right] \longrightarrow R\text{—}CH_2\text{—}X + P(OH)X_2$$

$$P(OH)X_2 \xrightarrow[\text{重复以上过程}]{2R\text{—}CH_2\text{—}OH} 2R\text{—}CH_2\text{—}X + P(OH)_3$$

亚磷酸

反应实际上经历了两次亲核取代。对于第二步卤素的取代，其反应活性与卤素和醇的结构均有关。如果为亲核性较强的I^-或Br^-，则无论是几级醇，反应均可顺利进行，得到卤代烷。

$$3\,ROH + PBr_3\,(PI_3) \longrightarrow 3\,RBr\,(RI) + P(OH)_3$$

但如果使用PCl_3与伯醇反应，由于伯醇难以形成碳正离子而通常按S_N2机理反应，因此需要亲核试剂具有较强的亲核性。此时 Cl^-的亲核性较弱，因此不能发生卤素的亲核取代。Cl^-只能夺取中间体的质子，C—O 键不能断裂，于是得到亚磷酸酯。

$$\left[R\text{—}CH_2\text{—}\overset{+}{O}(H)\text{—}PCl_2\ \ Cl^-\right] \xrightarrow{-HCl} R\text{—}CH_2\text{—}O\text{—}PCl_2 \xrightarrow{2\,R\text{—}CH_2\text{—}OH} (R\text{—}CH_2\text{—}O)_3P$$

伯醇　　　　亚磷酸酯

$$3\,CH_3CH_2CH_2CH_2OH \xrightarrow{PCl_3} (CH_3CH_2CH_2CH_2O)_3P$$

如果是叔醇和PCl_3反应，此时反应按S_N1机理进行，不受试剂亲核性影响，可顺利得到卤代烷产物；如果使用仲醇，仍可能伴随亚磷酸酯产物。

$$(CH_3)_3COH \xrightarrow{PCl_3} (CH_3)_3CCl$$

$$CH_3CH_2CH(CH_3)OH \xrightarrow{PCl_3} CH_3CH_2CH(CH_3)Cl + (CH_3CH_2CH(CH_3)O)_3P$$

8.3.3.3　与氯化亚砜的反应

SOX_2（X=Cl、Br）称为卤化亚砜（或亚硫酰卤），室温下能与大多数伯醇和仲醇反应生成亚硫酸酯（二烷基酯）。如果控制原料醇的用量，可只生成卤代亚硫酸酯（单烷基酯）。

$$ROH + SOX_2 \xrightarrow{-HX} RO\text{—}S(=O)\text{—}X \xrightarrow[-HX]{ROH} RO\text{—}S(=O)\text{—}OR$$

卤代亚硫酸酯　　　　亚硫酸酯

氯代亚硫酸酯受热很容易分解成相应的氯代烷并放出二氧化硫。该反应快速、无副产物。

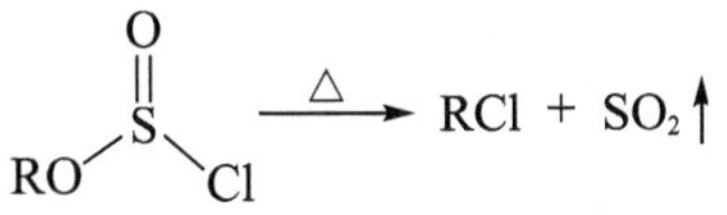

$$ROS(=O)Cl \xrightarrow{\triangle} RCl + SO_2\uparrow$$

如果醇的 α-碳原子具有手性，通过此法卤代后可得到构型保持的产物；另外，该反应有时也会有重排产物生成。根据这些现象，提出反应是通过如下碳正离子中间体的紧密离子对进行的。氯代亚硫酸酯异裂为紧密离子对后，Cl^-作为离去基团（$ClSOO^-$）的一部分向碳正离子正面进攻，发生"内返"，得到构型保持的氯代产物。在分子内进行的这种取代反应称为内取代，以 S_Ni 表示（i 是 internal 的缩写）。

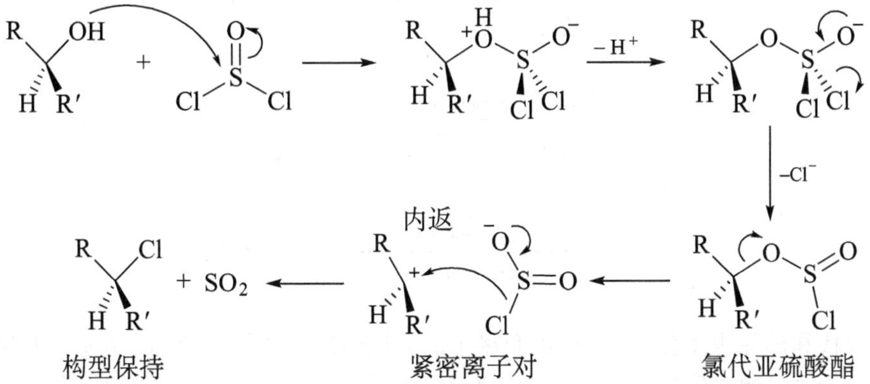

构型保持　紧密离子对　氯代亚硫酸酯

学习提示："内返""外返"均为离子对概念中的术语，详细可见 7.2.3.2 小节。内返发生时，底物离子对距离还很近，尚未分离，因此 Cl^-只能从原来 O 离去的位置进攻碳正离子，而不可能绕到背后进攻。由于 Cl^-来自该分子自身，因此也属于分子内反应。

如果在该反应中加入碱性物质或弱亲核试剂（如吡啶），会得到构型转化的产物。这是因为氯代亚硫酸酯及反应中生成的氯化氢均可与吡啶生成盐，从而使 Cl^-游离。游离后的 Cl^-便从碳氧键的背面向碳原子进攻，从而得到类似 S_N2 构型转化的产物。

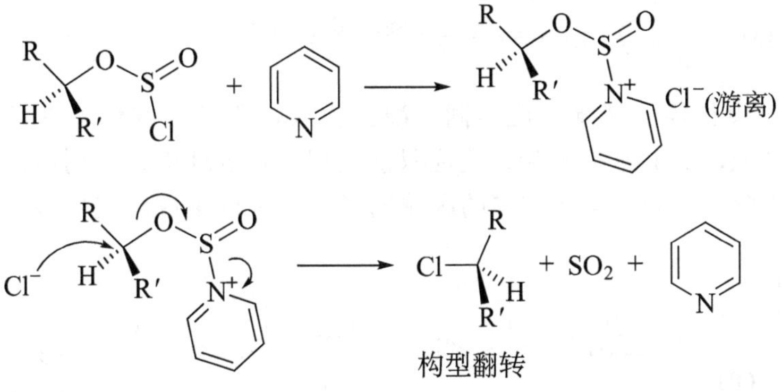

构型翻转

溴化亚砜的稳定性较氯化亚砜差，难以制得，因此该反应主要用于制备氯代烷。

以上讨论的三种试剂 HX、PX_3 及 SOX_2 都可用于由醇制备卤代烃。其中，使用卤化磷可使重排的倾向减到最小（此时，所有伯醇和绝大多数仲醇都按 S_N2 反应）。

8.3.4 脱水反应

8.3.4.1 分子内脱水消除成烯

醇在较高温度（400～800℃）加热时，可发生分子内的 β-消除反应脱水生成烯。使用 H_2SO_4 或 H_3PO_4 催化下进行脱水反应，可使反应温度降低（100～200℃）。将醇蒸气通过作为路易斯酸的 Al_2O_3 催化剂，在 350～400℃下也可脱水成烯。

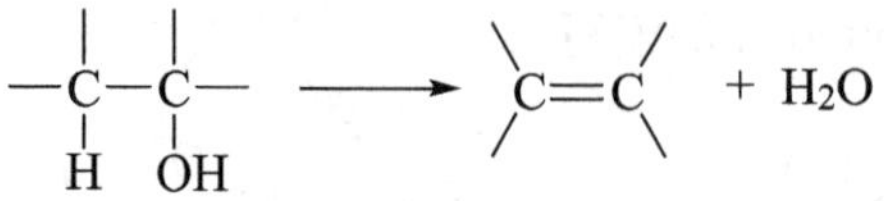

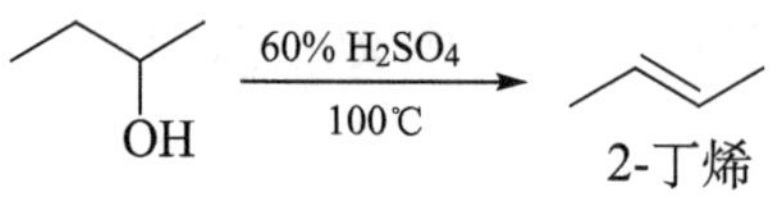

2-丁烯

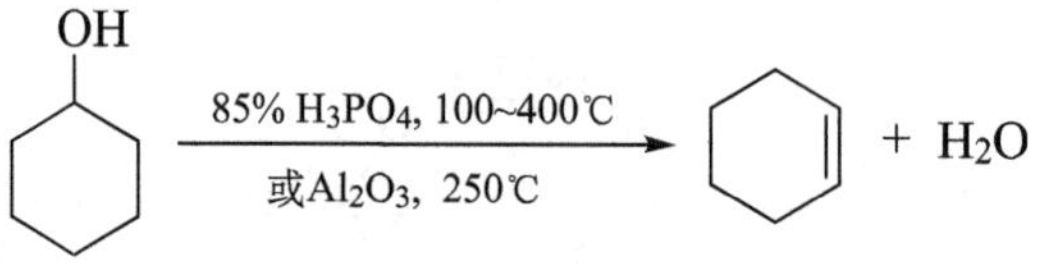

$\xrightarrow[\text{或}Al_2O_3,\ 250℃]{85\%\ H_3PO_4,\ 100\sim400℃}$ + H_2O

醇的取代和消除也是竞争反应。卤负离子的亲核性比硫酸氢根负离子更强，因此醇与 HX 反应以取代为主，醇与硫酸反应则以消除为主。酸催化下的脱水是通过形成锌盐而进行的消除反应。从如下机理可以看出，醇的酸催化分子内脱水消除[(1)～(3)]就是烯烃酸催化与水加成[(1′)～(3′)]的逆过程。

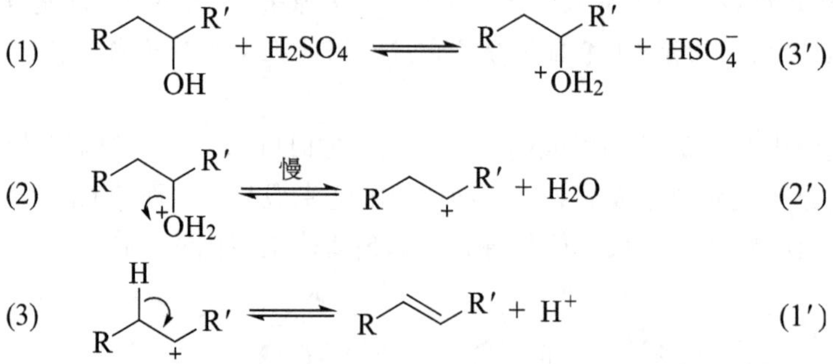

(1) + H_2SO_4 ⇌ + HSO_4^- (3′)

(2) 慢 ⇌ + H_2O (2′)

(3) ⇌ + H^+ (1′)

与碱催化下卤代烃的消除反应不同，醇的脱水消除是酸催化下进行的反应。由于没有碱来夺取 β-H，β-H 难以脱除，反应只能采用 E1 机理进行。同样，越高级的醇越容易发生脱水消除。另外，消除方向的区域选择性也是以生成取代更多的札依采夫烯烃为主。

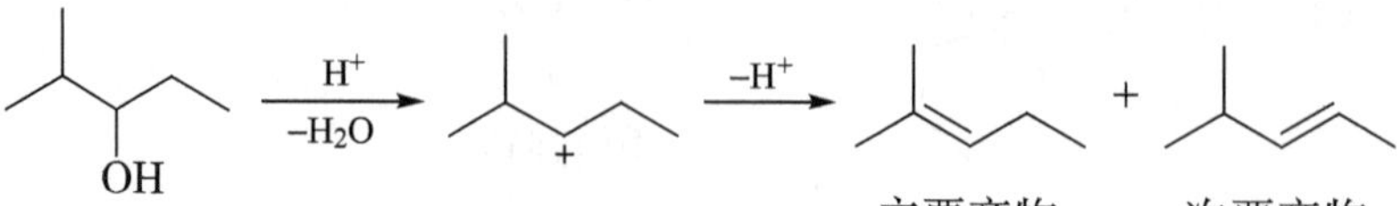

主要产物 次要产物

由于 E1 机理有碳正离子形成，在可能的情况下反应总是会伴随重排产物的生成。

H迁移

CH_3迁移

除了可用 H_2SO_4 或 H_3PO_4 作催化剂外，有时也用痕量碘作催化剂。例如：

I_2(痕量)　−HI　　−HOI

$$HOI + HI \longrightarrow H_2O + I_2$$

此外，醇也可以通过生成酯发生间接脱水成烯。此消除反应与卤代烃的反应类似，通过碱催化进行。

$$R\text{-}CH_2\text{-}CH(R')\text{-}OSO_2CH_3 \xrightarrow{t\text{-BuOK}} R\text{-}CH{=}CH\text{-}R' + CH_3SO_2OK + t\text{-BuOH}$$

8.3.4.2　分子间脱水生成醚

醇和硫酸在稍低的温度下，发生分子间的脱水反应生成醚。这是一个可逆反应，用分水器去除产生的水或蒸出产物醚可使反应正向进行。另外，控制温度可以减少烯烃副产物的生成。

分子间脱水：浓H_2SO_4，140℃；Al_2O_3，240℃

分子内脱水：H_2SO_4, 95%，170℃ → $CH_2{=}CH_2$；Al_2O_3，400℃ → $CH_2{=}CH_2$

这是制备对称醚的一种方法。其机理为一分子的醇羟基对另一分子的质子化醇发生的亲核取代反应。对于伯醇的反应，通常按 S_N2 机理进行。

$$RCH_2OH \xrightarrow{H^+} RCH_2\overset{+}{O}H_2 \xrightarrow{HOCH_2R} RCH_2\overset{+}{O}(H)CH_2R \underset{}{\overset{H_2O}{\rightleftharpoons}} RCH_2OCH_2R + H_3O^+$$

对于仲醇和叔醇，则通常按 S_N1 机理进行。叔醇按 S_N1 机理形成的 3°碳正离子由于空间位阻较大，难以接受另一分子叔醇羟基的进攻，因而更易于发生分子内消除成烯。此外，仲醇成醚的产率也较低，因此该反应主要用于低级伯醇。

由于五元和六元环较易形成，1, 4-二醇或 1, 5-二醇在合适的条件下可发生分子内的脱水成醚反应，得到环醚。

$$HO(CH_2)_4OH \xrightarrow{\text{催化量}H_2SO_4} HO(CH_2)_4\overset{+}{O}H_2 \longrightarrow \text{(环状 }\overset{+}{O}H\text{)} \xrightarrow{-H^+} \text{四氢呋喃}$$

当一个醇为叔醇，另一个醇为伯醇或仲醇时，反应可得到混合醚。这是由于叔醇容易生成碳正离子，而碳正离子更容易和空间位阻较小的醇（伯醇或仲醇）羟基结合。该方法常用于合成三级烃基醚。

$$\text{(CH}_3)_3\text{C-OH} + \text{(CH}_3)_2\text{CH-OH} \xrightarrow[H_2O]{NaHSO_4} (CH_3)_3C\text{-O-}CH(CH_3)_2 \quad (82\%)$$

8.3.5 氧化还原反应

伯醇和仲醇都容易氧化成羰基化合物。

$$RCH_2OH \xrightarrow{[O]} RCHO\ (醛) \xrightarrow{[O]} RCOOH\ (羧酸)$$

$$RCH(OH)R' \xrightarrow{[O]} RCOR'\ (酮)$$

8.3.5.1 锰类氧化剂

高锰酸钾是常用的氧化剂，伯醇与其反应，直接生成羧酸；仲醇与其反应可得到酮，但很难控制，生成的酮常常继续被氧化断键得到羧酸。所以高锰酸钾氧化的选择性较低。

$$CH_3(CH_2)_3CH(C_2H_5)CH_2OH + KMnO_4 \xrightarrow[2)\ H^+]{1) H_2O/OH^-} CH_3(CH_2)_3CH(C_2H_5)COOH\ (74\%) + MnO_2\downarrow$$

$$RCH_2CH(OH)CH_2R' \xrightarrow{KMnO_4} RCH_2COCH_2R' \xrightarrow{KMnO_4} \begin{matrix} RCH_2COOH + R'COOH \\ R'CH_2COOH + RCOOH \end{matrix}\ (混合物)$$

叔醇在碱性条件下难以被高锰酸钾氧化，但使用酸性高锰酸钾则可以发生氧化反应。这是因为叔醇在酸性条件下可以脱水成烯，烯烃进一步被高锰酸钾所氧化。

$$(CH_3)_3COH \xrightarrow{KMnO_4/H^+} [(CH_3)_2C{=}CH_2] \longrightarrow CH_3COCH_3 + CO_2$$

与高锰酸钾不同，新制的二氧化锰则具有较好的选择性，可以顺利地将β,γ-不饱和醇（即烯丙醇）或苄醇氧化成醛或酮，C═C 键不受影响，也不会氧化其他位置的醇。

$$2\ KMnO_4 + 3\ MnSO_4 + 4\ NaOH = 5\ MnO_2\downarrow + K_2SO_4 + 2\ Na_2SO_4 + 2\ H_2O$$

$$CH_2{=}CHCH_2OH \xrightarrow{MnO_2} CH_2{=}CHCHO$$

$$HOCH_2CH_2CH{=}CHCH_2OH \xrightarrow{MnO_2} HOCH_2CH_2CH{=}CHCHO$$

8.3.5.2 六价铬类氧化剂

这类氧化剂是氧化醇最常使用的氧化剂，铬酸可方便地将伯醇和仲醇分别氧化为醛和酮。

$$3\ RCH_2OH + Na_2Cr_2O_7 + 4\ H_2SO_4 \longrightarrow 3\ RCHO + Na_2SO_4 + Cr_2(SO_4)_3 + 7\ H_2O$$

重铬酸和铬酸在溶液中形成动态平衡：

$$2\,HO-\overset{O}{\overset{\|}{\underset{\underset{O}{\|}}{Cr}}}-O^- \rightleftharpoons {}^-O-\overset{O}{\overset{\|}{\underset{\underset{O}{\|}}{Cr}}}-O-\overset{O}{\overset{\|}{\underset{\underset{O}{\|}}{Cr}}}-O^- + H_2O$$

铬酸　　　　重铬酸

稀溶液中以铬酸为主，浓溶液中以重铬酸为主。其对醇的氧化是通过铬酸酯按离子型反应进行的。

$$R_2CHOH + H_2CrO_4 \rightleftharpoons R_2CH\overset{+}{O}H_2 + {}^-O-CrO_2-OH \xrightarrow{-H_2O} R_2C(H)-O-CrO_2-OH \xrightarrow[H_2O:]{-H^+} R_2C{=}O + HCrO_3^-$$

$$3\,H_2CrO_3 + 3\,H_2SO_4 \longrightarrow CrO_3 + Cr_2(SO_4)_3 + 6\,H_2O$$

用重铬酸钾 ($K_2Cr_2O_7$)/硫酸氧化醇时，反应前氧化剂是橙红色，反应后生成的 Cr^{3+}是绿色，颜色变化易于观察。反应通常在丙酮溶液中进行。将铬酸滴加在丙酮溶液中，生成的铬盐可从丙酮溶液中沉淀出来，使反应混合物的后处理工作容易进行。

伯醇氧化生成的醛可被铬酸继续氧化生成羧酸。

$$RCHO + H_2CrO_4 \rightleftharpoons R-C(OH)(H)-O-CrO_2-OH \xrightarrow[H_2O:]{-H^+} RCOOH + HCrO_3^- + H_3O^+$$

因此，如果只想得到醛产物，必须将所生成的醛在未被进一步氧化前从反应液中分离出来。由于醛的沸点比相应的醇沸点更低，一般使反应在低于醇的沸点、高于醛的沸点下进行，这样可使生成的醛立即被蒸馏出来。这个方法适用于低相对分子质量的醇（沸点在 100℃以下），它们生成的醛很容易被蒸出得到。

另外，伯醇用铬酸氧化时，反应产物中常含有酯。适当的条件下，酯甚至可以作为主要产物。例如：

$$CH_3CH_2CH_2CH_2OH + Na_2Cr_2O_7 + H_2SO_4 \xrightarrow[41\%\sim47\%]{<20℃} CH_3(CH_2)_2\overset{O}{\overset{\|}{C}}O(CH_2)_3CH_3$$

酯的形成是由于生成的醛与未作用的醇反应生成半缩醛（见醛、酮的性质），后者再被铬酸氧化。

$$R'CHO + RCH_2OH \rightleftharpoons \underset{\text{半缩醛}}{R'CH(OH)OCH_2R} \xrightarrow[-H_2O]{HCrO_4^-,\ H^+} R'-\overset{OCH_2R}{\overset{|}{\underset{\underset{H}{|}}{C}}}-O-CrO_3H \xrightarrow{-H_2CrO_3} R'COOCH_2R$$

对于仲醇，氧化产物为酮。由于酮对铬酸氧化剂的稳定性比醛高，不会进一步氧化断键，因此常用铬酸氧化仲醇制备酮。

$\xrightarrow[H_2SO_4]{Na_2Cr_2O_7}$ 90%

在铬酸的基础上，人们还发展了各种更加便于操作的六价铬类氧化剂。例如，CrO_3 是铬酸的酸酐，称为铬酐。CrO_3/吡啶络合物称为萨雷特（Sarett）试剂，其二氯甲烷溶液称为柯林斯（Collins）试剂，它们可直接使伯、仲醇氧化为醛、酮，而不会进一步氧化得到羧酸。另外，分子中存在的 C═C 键一般也不受影响，增强了反应的选择性。这是一个在弱碱性条件下的氧化反应，它适用于氧化对酸敏感的底物。

CrO_3 + 2 (吡啶) $\xrightarrow[室温]{CH_2Cl_2}$ 萨雷特试剂

OH $\xrightarrow[CH_2Cl_2, 室温]{萨雷特试剂}$ CHO 95%

OH $\xrightarrow[室温]{柯林斯试剂}$ CHO 81%

CrO_3 的稀硫酸溶液称为琼斯（Jones）试剂，一般以丙酮为溶剂。它可将不饱和仲醇氧化成酮，双键不受影响。但其在氧化伯醇时，得到的醛容易进一步被氧化为羧酸。该反应在酸性条件下进行，适合对碱敏感的底物。

Me HO $\xrightarrow[丙酮, 室温]{CrO_3, 稀H_2SO_4}$ Me O

此外，重铬酸吡啶盐（PDC）和氯铬酸吡啶盐（PCC）也是常用的氧化剂。由于它们易溶于二氯甲烷，可使反应在这类有机溶剂中均相进行。和柯林斯试剂相似，它们也可以方便地将伯、仲醇氧化为醛、酮。

(PDC)　(PCC)

OH H OH $\xrightarrow[CH_2Cl_2]{PCC}$ O H OH 93%

HO O OMe OMe $\xrightarrow[回流, 10\ min]{PDC/CH_2Cl_2,\ AcOH}$ O O OMe OMe 80%

叔醇一般难以被氧化，但如果反应是在酸性条件下，叔醇则可能脱水消除成烯，从而发生烯烃的氧化断键反应，这与酸性高锰酸钾的氧化类似。

8.3.5.3 硝酸氧化

硝酸作为强氧化剂，伯醇和仲醇均会被氧化成羧酸，因此反应的选择性较差。叔醇需用更浓的硝酸进行氧化。

Cl～～OH —71% HNO_3→ Cl～～COOH

环己醇 —50% HNO_3, V_2O_5, △→ 己二酸（COOH, COOH）

8.3.5.4 欧芬脑尔（Oppenauer，沃氏）氧化

对于较为复杂的底物，其分子中除了羟基还可能有各种其他基团。因此，需要氧化剂在氧化羟基的同时，尽量不影响其他基团，即具有较高的选择性。除了上述试剂外，用碱性叔丁醇铝或异丙醇铝作催化剂，可以用丙酮（或甲乙酮、环己酮）将仲醇氧化为酮，而丙酮被还原为异丙醇。

RCH(OH)R′ + 丙酮 ⇌[Al(O-*t*-Bu)$_3$] RC(O)R′ + 异丙醇

(OH) —Al(O-*t*-Bu)$_3$, 丙酮→ (O)

该反应是通过一个环状中间体进行的。首先，底物醇置换出叔丁醇铝中的一个叔丁醇分子，得到的醇铝与丙酮通过六元环状中间体发生氢负离子从底物醇向丙酮的转移，从而底物被脱氢氧化，而丙酮被还原。反应只在底物醇和酮之间发生氢的转移，不涉及分子的其他部分，因此分子中的双键等敏感基团不会受影响。

R(R′)CH—OH + Al(O-*t*-Bu)$_3$ ⇌ R(R′)CH—O—Al(O-*t*-Bu)(O-*t*-Bu) + *t*-BuOH

R(R′)CH—O—Al(O-*t*-Bu)$_2$ + 丙酮 ⇌ [六元环状过渡态：O=C(CH$_3$)$_2$···Al(O-*t*-Bu)$_2$—O—CH(R)(R′)，H 转移] ⇌ (CH$_3$)$_2$CH—OAl(O-*t*-Bu)$_2$ + RC(O)R′

(CH$_3$)$_2$CH—OAl(O-*t*-Bu)$_2$ + *t*-BuOH → 异丙醇(OH) + Al(O-*t*-Bu)$_3$

该反应是可逆的。同样的条件下，如果异丙醇过量，则可能将酮还原为仲醇，称为米尔文-庞多夫（Meerwein-Ponndorf）还原（可见9.5.3.1小节）。

8.3.5.5 费兹纳-莫法特试剂

其他氧化剂如二甲基亚砜（DMSO）在二环己基碳二亚胺（DCC）存在下，也能使伯、

仲醇氧化成羰基化合物。DMSO-DCC 也被称为费兹纳-莫法特（Pfitzner-Moffatt）试剂。

DCC　　DMSO　　二甲硫醚

该反应同样经由环状过渡态实现氢的转移，DMSO 最终被还原为二甲基硫醚，而 DCC 水合成为二环己基尿素（DCU）。在该反应中，DMSO 为氧化剂，而 DCC 充当活化剂的角色。

(DCU)

除了 DCC，其他一些试剂也被用于 DMSO 的活化，如草酰氯（Swern 氧化）、乙酸酐、P_2O_5 等。

若先将醇转变为对甲苯磺酸酯（ROTs），则可直接被 DMSO 氧化成醛或酮，不需活化剂。另外，卤代烷也能发生类似的氧化。

$$\text{RCH}_2\text{OH} \xrightarrow[\text{吡啶}]{\text{TsCl}} \text{RCH}_2\text{OTs} \xrightarrow[\text{NaHCO}_3,\ 150℃]{\text{DMSO}} \text{RCHO} + \text{CH}_3\text{SCH}_3$$

(X= Cl, Br, I, OTs)　　B是碱性试剂

8.3.5.6　催化脱氢

除了直接氧化外，催化脱氢也能使醇转变成羰基化合物。醇蒸气在高温下通过脱氢催化剂，如 Pd、Cu、Cu-Cr、Ag、Ni 或 ZnO 等能顺利进行脱氢反应。例如：

$$CH_3CH_2OH \xrightarrow[\triangle]{Pd} CH_3CHO + H_2$$

$$CH_3CH_2OH \xrightarrow[300℃]{Cu} CH_3CHO + H_2$$

$$\text{CH}_3\text{CH}_2\text{CH}_2\text{CH}_2\text{OH} \xrightarrow[300\sim345℃]{CuCrO_4} \text{CH}_3\text{CH}_2\text{CH}_2\text{CHO}\ (62\%)$$

$$\text{环戊醇-OH} \xrightarrow[250\sim300℃]{CuO} \text{环戊酮}=O\ (92\%)$$

8.3.5.7　醇的还原

醇和醚都是饱和化合物，很难直接被还原。但苄醚和苄醇则能通过催化氢化（氢解）还原为相应的烃。此外，醇通过甲苯磺酸酯也可以被氢化铝锂还原为相应的烃。这些都是将醇还原为烃的很好的方法。

$$PhCH_2OH(或PhCH_2OR) \xrightarrow{H_2/催化剂} PhCH_3 + H_2O\ (或ROH)$$

$$\left.\begin{matrix}RCH_2OH\\ PhCH_2OH\end{matrix}\right\} \xrightarrow{TsCl} \left\{\begin{matrix}RCH_2OTs\\ PhCH_2OTs\end{matrix}\right. \xrightarrow{LiAlH_4} \left\{\begin{matrix}RCH_3\\ PhCH_3\end{matrix}\right.$$

8.3.6　邻二醇的反应

二元醇中，当羟基相对位置较远时，其化学性质与一元醇类似。但对于 1, 2-二醇（邻二醇），其两个羟基相距较近，相互间的影响使其可能具有一些特殊的化学性质。

8.3.6.1　邻二醇的脱水反应——频哪醇重排

邻二叔醇在酸性条件下发生分子内脱水反应，同时伴随碳链的重排。

$$(H_3C)_2C(OH)-C(OH)(CH_3)_2 \underset{H^+}{\overset{-H_2O}{\rightleftharpoons}} (H_3C)_2\overset{+}{C}-C(\ddot{O}H)(CH_3)_2 \rightleftharpoons (H_3C)_3C-C(=\overset{+}{O}H)-CH_3 \overset{-H^+}{\rightleftharpoons} (H_3C)_3C-C(=O)-CH_3$$

频哪醇　　　　频哪酮

2, 3-二甲基丁-2, 3-二醇称为频哪醇（pinacol），是典型的邻二叔醇，其在酸性条件下极易发生上述脱水重排，生成的酮称为频哪酮，该重排反应也称为频哪醇重排。其他邻二醇也发生类似反应。反应可以理解为一个羟基在质子化并脱除形成碳正离子后，其邻位基团发生了 1, 2-重排，形成各原子外层均为八电子结构的更稳定的氧正离子。

该反应涉及一系列的选择性问题。首先，如果邻二醇的不同羟基脱水能产生不同的碳正离子中间体，那么总是以生成更稳定的碳正离子为主。例如下面的邻二醇，由于苄基型碳正离子更加稳定，反应开始是苄基位的羟基发生脱除，然后邻位的 H 进行迁移。

$$Ph_2C(OH)-CH_2OH \xrightarrow[-H_2O]{H^+} \left[Ph_2\overset{+}{C}-CH(H)\ddot{O}H\right] \xrightarrow[-H^+]{H迁移} Ph_2CH-CHO$$

下面的邻二醇则是优先形成更加稳定的 3°碳正离子。

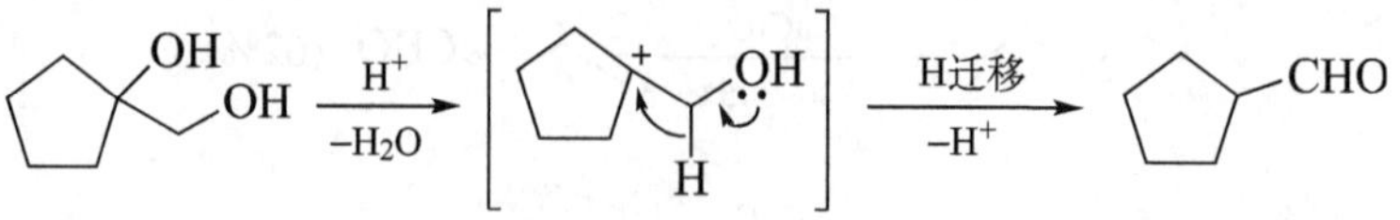

然后，当迁移基团有所选择时，通常是越能稳定碳正离子的基团越易发生迁移。一般芳基比烷基更易迁移，越高级的烷基越容易迁移。

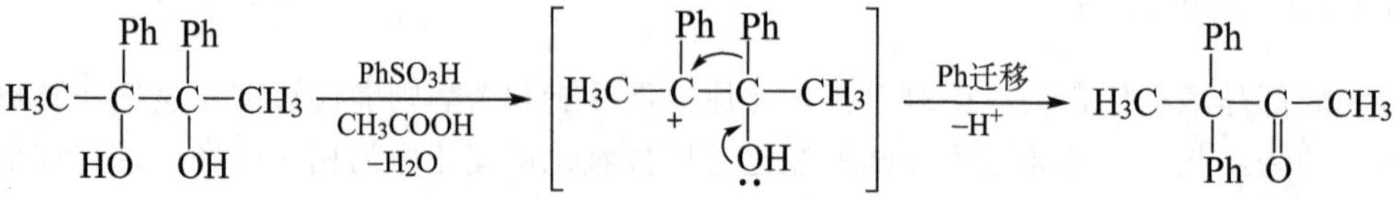

另外，立体化学研究表明迁移基团主要从羟基离去的背面进攻，与离去基团的离去协同进行，迁移所到的原子发生构型转化。因此，当迁移基团本身位于离去羟基的反式位置时，反应速率较快。例如，顺式的 1, 2-二甲基环己-1, 2-二醇中，邻位甲基刚好处于离去羟基的背后，因此重排反应可较快进行；但对于反式 1, 2-二甲基环己-1, 2-二醇，离去羟基的背后没有迁移基团存在，因此反应较慢，发生迁移的是更高级的 2°烷基，导致生成缩环产物。

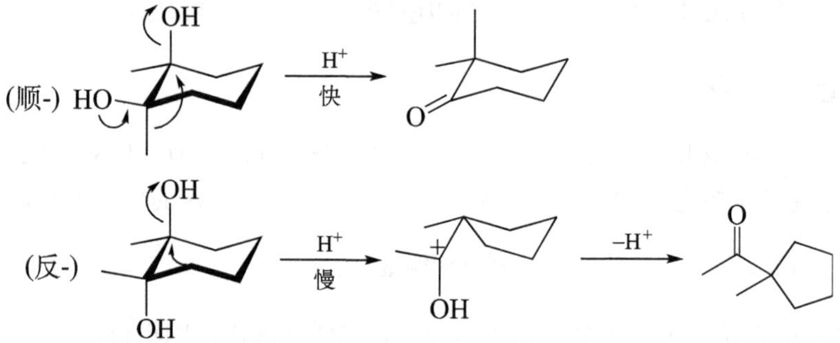

与邻二醇类似的卤代醇、氨基醇和环氧化合物等，也能发生类似的重排反应。

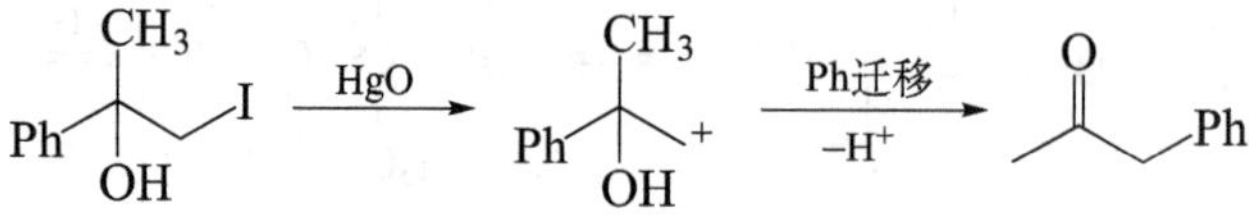

8.3.6.2　邻二醇的氧化

处于相邻位置的羟基很容易被氧化。无论用铬酸或高锰酸钾作氧化剂，都容易使相邻羟基之间的 C—C 键断裂生成羧酸。

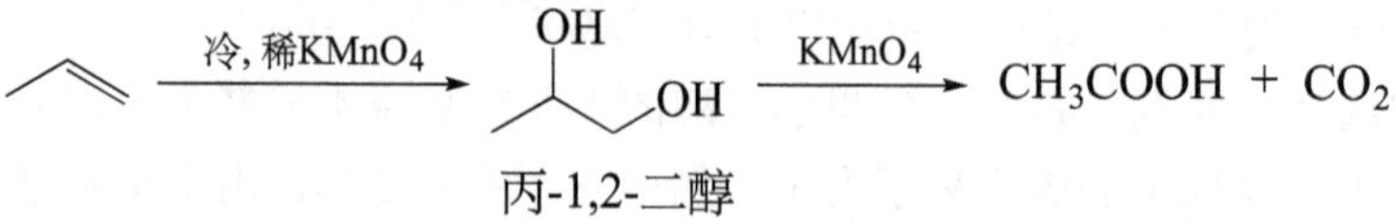

丙-1,2-二醇

如果使用高碘酸(H_5IO_6)在水溶剂中或四乙酸铅在有机溶剂中氧化邻二醇，同样可使相邻羟基之间的 C—C 键断裂，并生成羰基化合物，反应通过环状酯中间体进行。

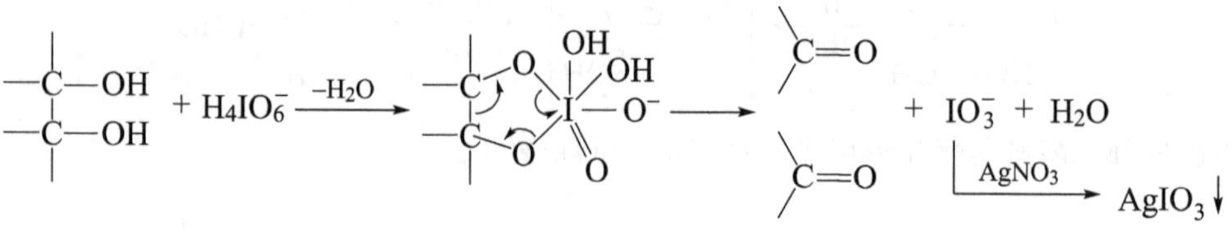

$$\begin{array}{l} -\overset{|}{C}-OH \\ -\underset{|}{C}-OH \end{array} + Pb(OAc)_4 \xrightarrow{-2AcOH} \text{(cyclic Pb(OAc)}_2\text{ ester)} \longrightarrow 2\ {>}C{=}O + Pb(OAc)_2$$

高碘酸还原生成的碘酸（HIO_3）可与硝酸银反应形成碘酸银白色沉淀。因此，可用 $AgNO_3$ 鉴定在高碘酸作氧化剂的情况下是否有氧化反应发生，从而鉴别邻二醇结构是否存在。生成碘酸银沉淀的反应可定量完成，因此可根据反应产生的碘酸银沉淀量推断邻二醇的结构单元数，也可以根据产生的羰基化合物的结构推测底物邻二醇的结构。

$$R-\underset{OH}{CH}-\underset{OH}{CH}-\underset{OH}{CH}-R' + \underset{2\text{当量}}{2\ H_5IO_6} \longrightarrow RCHO + HCOOH + R'CHO$$

$$R-\underset{OH}{CH}-CH_2-\underset{OH}{CH}-R' + H_5IO_6 \longrightarrow \text{不反应}$$

除邻二醇外，具有下列结构单元的化合物与高碘酸作用，也发生类似反应。如果一侧被氧化，通常氧化态增加 1；如果两侧都发生氧化，通常得到羧酸。

$$-\underset{OH}{\overset{|}{C}}-\underset{NHR}{\overset{|}{C}}- \qquad -\underset{OH}{\overset{|}{C}}-\underset{O}{\overset{}{\underset{\|}{C}}}- \qquad -\underset{O}{\underset{\|}{C}}-\underset{O}{\underset{\|}{C}}- \qquad -\underset{OH}{\overset{|}{C}}-\underset{O}{\underset{\|}{C}}-OH$$

例如：

$$R-CH(OH)-C(=O)-R' + H_5IO_6 \longrightarrow RCHO + R'COOH$$

$$R-C(=O)-C(=O)-R' + H_5IO_6 \longrightarrow RCOOH + R'COOH$$

$$HO\overset{3}{C}H_2-\overset{2}{C}H(NH_2)-\overset{1}{C}OOH + 2\ H_5IO_6 \longrightarrow H\overset{3}{C}HO + H\overset{2}{C}OOH + \overset{1}{C}O_2 + NH_3$$

在一般情况下，叔醇不易被重铬酸钠氧化，但邻二叔醇可被氧化断键生成二酮。

$$\text{1,2-二甲基环戊-1,2-二醇 (}CH_3, CH_3, OH, OH\text{)} \xrightarrow{Na_2Cr_2O_7,\ H_5IO_6,\ H_2O} \text{环状铬酸酯 (}CH_3, CH_3, O, O, Cr, O, O\text{)} \xrightarrow{H_2O} \underset{\text{庚-2,6-二酮}}{CH_3CO(CH_2)_3COCH_3}$$

8.4 醇的制备

醇是一类非常有用的有机化合物。其价格便宜，能大量供应，另外还可通过各种反应得到多种类型的化合物。对于一些简单的醇，工业上常通过两种方法制得：①石油裂化所得到的烯烃经酸催化水合作用制备；②由碳水化合物发酵制取。

1. 从烯烃加成制备

烯烃的酸催化水解反应是制备醇的常用方法。工业上生产乙醇就是通过石油化工的核心产品乙烯在硫酸或磷酸的催化下与水加成得到。

$$\mathrm{>C=C<} + H_2O \xrightarrow{H^+} -\underset{OH}{\underset{|}{C}}-\overset{H}{\overset{|}{C}}-$$

汞化-去汞化和硼氢化-氧化反应也可制得各类醇。前者反应以反式加成为主，并遵从马氏规则；而后者是立体专一的顺式加成反应，其结果是氢和羟基加在双键的同侧，无重排，并以反马氏规则加成的产物为主。

$$\xrightarrow[\text{2) } NaBH_4]{\text{1) } Hg(OAc)_2,\ H_2O}$$

$$\xrightarrow[\text{2) } NaBH_4]{\text{1) } Hg(OAc)_2,\ H_2O}$$

$$R\text{-}CH=CH_2 + B_2H_6 \longrightarrow (RCH_2CH_2)_3B \xrightarrow[OH^-]{H_2O_2} R\text{-}CH_2CH_2\text{-}OH$$

$$\xrightarrow[\text{2) } H_2O_2,\ OH^-]{\text{1) } B_2H_6}$$

2. 通过金属有机化合物制备

通过格氏试剂与醛、酮、酯、环氧乙烷等的亲核加成或亲核取代反应，可制得各类醇。

$$\text{C=O} + RMgX \longrightarrow \text{OMgX} \xrightarrow{H_2O} \text{OH} + Mg(OH)X$$

RMgX + 甲醛（HCHO）→ RCH₂OH（伯醇）

RMgX + R′CHO（醛）→ RCH(OH)R′（仲醇）

RMgX + R′COR″（酮）→ RR′R″COH（叔醇）

RMgX + R′COOEt（酯）→ R′R₂COH

RMgX + 环氧乙烷 → RCH₂CH₂OH

$$C_6H_6 + \text{环氧乙烷} \xrightarrow{AlCl_3} C_6H_5CH_2CH_2OH$$

其他金属有机化合物也可以发生类似的反应，但活性和选择性与格氏试剂有所差异。

3. 羰基化合物的还原

含有羰基的化合物，如醛、酮、羧酸及其衍生物等都可以被合适的还原剂还原为醇类化合物，详见相关章节。

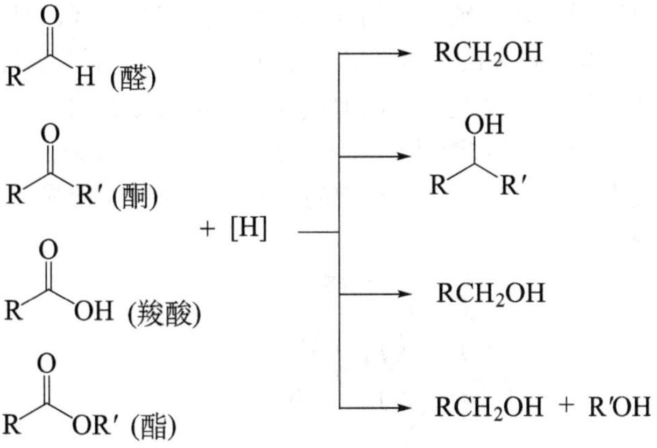

$$\begin{array}{l} RCHO\ (醛) \\ RCOR'\ (酮) \\ RCOOH\ (羧酸) \\ RCOOR'\ (酯) \end{array} + [H] \longrightarrow \begin{array}{l} RCH_2OH \\ RCH(OH)R' \\ RCH_2OH \\ RCH_2OH + R'OH \end{array}$$

4. 由卤代烃制备

卤代烃与稀氢氧化钠溶液通过亲核取代反应可得到醇。但此反应往往伴随消除产物产生，尤其对于高级卤代烃。因此，常用碱性更弱的氢氧化银代替氢氧化钠使卤代烃水解。

$$RX \xrightarrow[H_2O]{Ag_2O} ROH + AgX\downarrow$$

叔卤代烃直接与水反应即可得到叔醇。

$$R_3CX + H_2O \longrightarrow R_3COH + HX$$

卤代烷通过格氏试剂氧化、水解也可制醇。

$$RX \xrightarrow{Mg,\ 醚} RMgX \xrightarrow{O_2} ROMgX \xrightarrow{H_2O} ROH + MgXOH$$

实际上，卤代烷常由廉价的醇制得。所以由卤代烷制备醇并非很好的方法。

8.5　酚的结构及其物理性质

酚是羟基直接和芳环相连的化合物。例如：

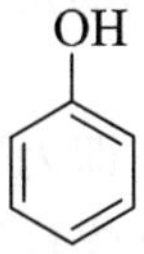

苞酚 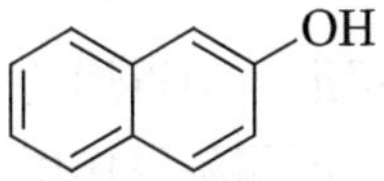　　β-萘酚 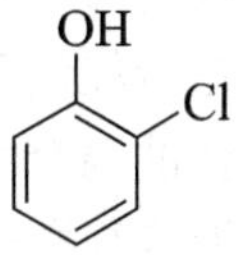　　邻氯苯酚

和醇一样，酚也存在一元酚和多元酚。当芳环上存在命名排序更加优先的基团如羧酸及其衍生物、醛基等时，可将酚羟基作为取代基。

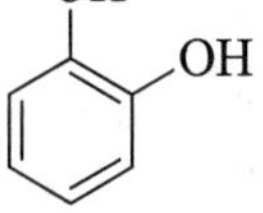

邻苯二酚 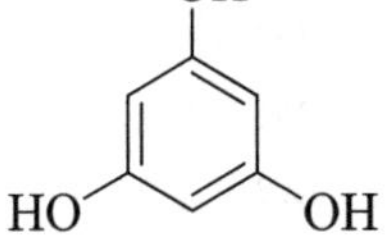　　均苯三酚(苯-1,3,5-三酚)　　邻羟基苯甲酸(水杨酸)

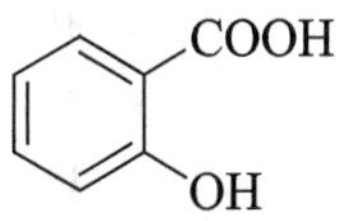

酚氧原子上的孤对电子与芳环间可以形成 p-π 共轭（图 8.2）。由于氧原子采用 sp^3 杂化，其孤对电子所在的杂化轨道和苯环碳原子的 p 轨道不可能完全平行，只能形成“不完全的”共轭。即便如此，这样的电子效应也给酚带来了独特的性质：①由于酚羟基的排电共轭（+C）效应，苯环电子云密度升高，更易发生亲电取代反应（可见 6.3.5.1 小节）；②反过来看，苯环对于羟基具有–C 效应，因此导致羟基氢原子更加裸露，酸性增强；③由于共轭效应，酚的 C—O 单键电子云密度升高，具有了部分双键的性质，导致键能增强，不易断裂，因此酚羟基不会像醇羟基更易被取代。

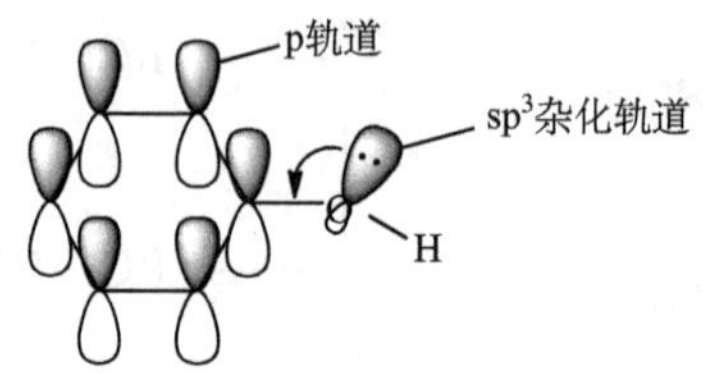

图 8.2　酚羟基对芳环的排电共轭效应

例如，一般情况下酚与 HX 不发生反应。酚与 PX_3 或 PX_5 反应，也难以生成卤代芳烃，而是分别生成苯酚亚磷酸酯和苯酚磷酸酯。另外，酚与酚之间或酚与醇之间同样难以发生脱水成醚的反应。

$$PhOH \xrightarrow{PX_3} (PhO)_3P + 3HX$$

苯酚亚磷酸酯

$$PhOH \xrightarrow{PX_5} PhX + O{=}PX_3 \xrightarrow{3\ PhOH} O{=}P(OPh)_3$$

少量　　　　苯酚磷酸酯

酚的相对分子质量较大，多为固体。分子间易形成氢键，沸点较高。酚与水形成的氢键比醇与水之间的氢键更强。因此，与相对分子质量相当的醇比较，酚在水中溶解度更大。100 g 水中约能溶解 9 g 苯酚，加热时酚甚至可能与水混溶。纯净的酚是无色的，通常由于被空气中的氧气氧化而略带红色至褐色。

甲基苯酚各异构体的混合物统称为甲酚。消毒用的“来苏水”即为甲酚与肥皂液的混合液。酚类化合物的重要特征之一就是有杀菌和防腐作用。例如，从煤焦油中分离出来的苯酚和甲酚混合物称为杂酚油，可用作涂在木材上的防腐剂。常见酚的物理常数见表 8.3。

表 8.3　常见酚的物理常数

名称	熔点/℃	沸点/℃	溶解度(25℃)/(g/100 g 水)	pK_a(25℃)
苯酚	41	182	9.3	9.89
邻甲基苯酚	31	191	2.5	10.29
间甲基苯酚	12	202	2.6	10.09
对甲基苯酚	35	202	2.3	10.26
邻氯苯酚	9	173	2.8	8.48

续表

名称	熔点/℃	沸点/℃	溶解度(25℃)/(g/100 g 水)	pK_a(25℃)
间氯苯酚	33	214	2.6	9.02
对氯苯酚	43	217	2.6	9.38
邻硝基苯酚	45	214	0.2	7.22
间硝基苯酚	96	194(70 mmHg*)	1.4	8.39
对硝基苯酚	114	279	1.7	7.15
2, 4-二硝基苯酚	113	312	0.6	4.09
2, 4, 6-三硝基苯酚	122	—	1.4	0.25

* 1 mmHg=1.33322×10^2 Pa。

8.6　酚的化学性质

前面已提到，酚和醇相比，由于氧原子的排电共轭作用，其具备了一些和醇不同的化学性质，如酸性增强、羟基不易被取代等。当然，由于羟基的活化作用，酚的芳环上易发生亲电取代反应。

8.6.1　酚的酸性、酚氧上的取代反应

8.6.1.1　酚羟基的酸性

与环己醇相比，酚的酸性强得多。各种酚的 pK_a 值见表 8.3。

$$C_6H_5OH + H_2O \rightleftharpoons C_6H_5O^- + H_3O^+ \quad K_a=1.28\times10^{-10}$$

$$C_6H_{11}OH + H_2O \rightleftharpoons C_6H_{11}O^- + H_3O^+ \quad K_a=10^{-18}$$

因此，醇钠不能由醇和氢氧化钠反应制得，但酚钠可由酚和氢氧化钠反应制得。在苯酚钠溶液中通入 CO_2 又能析出苯酚，表明苯酚的酸性弱于碳酸。

$$PhONa + CO_2 + H_2O \longrightarrow PhOH\downarrow + NaHCO_3$$

实践中常用苯酚的这种适中的酸性分离提纯苯酚。例如，从煤焦油或含酚污水中将苯酚溶于碱的水溶液而与其他有机化合物分离，然后再通入 CO_2 使苯酚自水溶液中析出。

8.6.1.2　形成酚醚

由于酚的酸性强于醇，其共轭碱，即酚氧负离子的碱性和亲核性均比醇氧负离子弱。各类氧原子或氧负离子的亲核性大致有以下顺序：

$$RO^- > OH^- > ArO^- > RCOO^- > ROH > H_2O$$

酚氧负离子可以作为亲核试剂发生各种亲核取代反应，得到氧原子上被各种基团取代的酚醚类产物。例如，2, 4-二氯苯氧乙酸的钠盐是一种良好的除草剂，简称 2, 4-D。

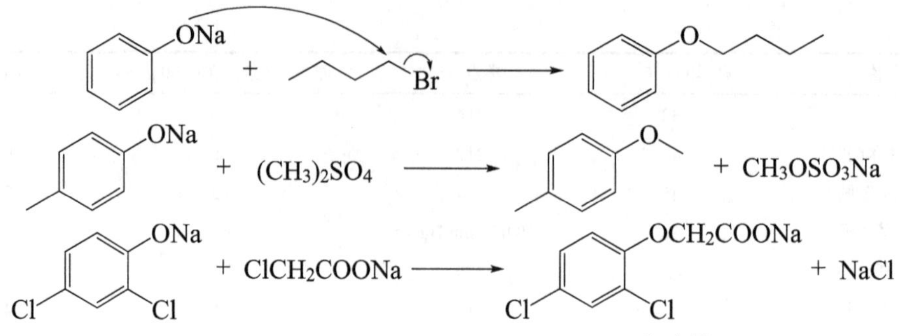

2, 4-D

由于芳卤发生亲核取代反应的活性低得多，酚钠与芳卤的反应需要在高温和催化剂下才能进行。

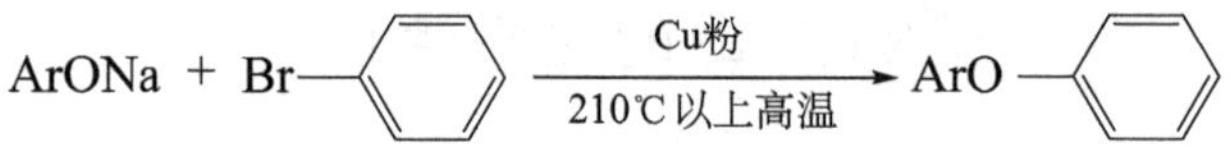

8.6.1.3　形成酚酯——弗莱斯重排

酚氧的亲核性不如醇氧，因此酚和羧酸更难发生酯化反应。从下面两个反应的反应热也可看出。

$$C_2H_5OH + CH_3COOH \rightleftharpoons CH_3COOC_2H_5 + H_2O \qquad \Delta H = -19.3\ \text{kJ/mol}$$

$$C_6H_5OH + CH_3COOH \rightleftharpoons CH_3COOC_6H_5 + H_2O \qquad \Delta H = +6.3\ \text{kJ/mol}$$

酚酯一般是用活性更强的酰化试剂——酰卤或酸酐在酸（如硫酸、磷酸）或碱（如碳酸钾、吡啶）催化下制得。

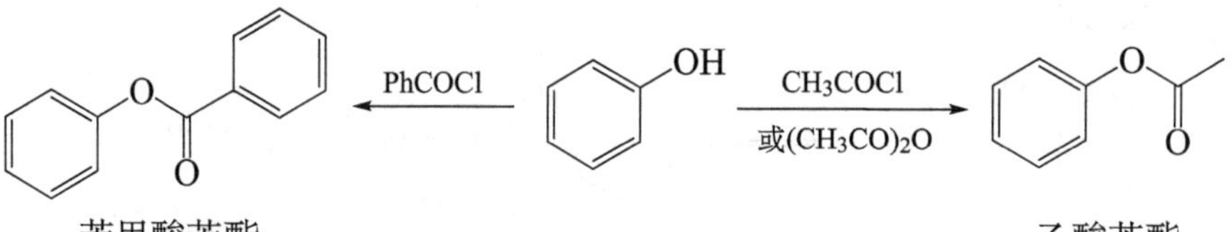

苯甲酸苯酯　　乙酸苯酯

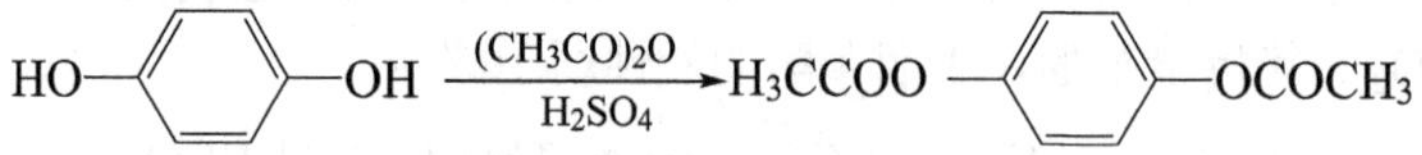

酚酯在 $AlCl_3$ 等路易斯酸催化下加热，可重排生成酚酮。

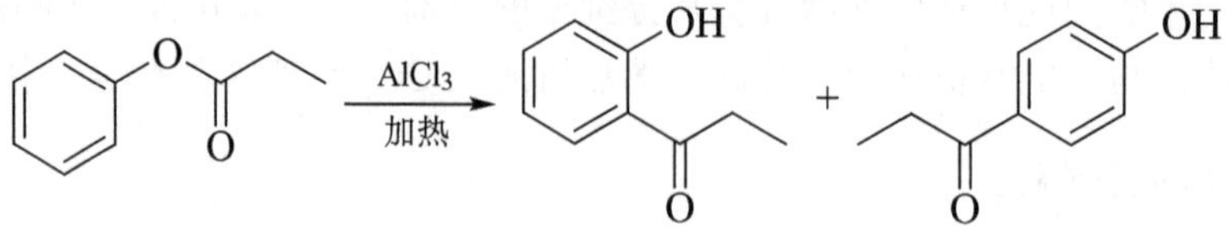

该重排反应称为弗莱斯（Fries）重排，其重排机理还不是很清楚。一般认为会产生酰基正离子（RCO^+），然后类似傅-克反应对苯环发生亲电取代。其中邻位酚酮产物由于可以通过羰基与路易斯酸络合而成为热力学控制的稳定产物。一般低温下反应较易重排生成对位产物（动力学控制），高温下反应较易重排生成邻位产物（热力学控制）。

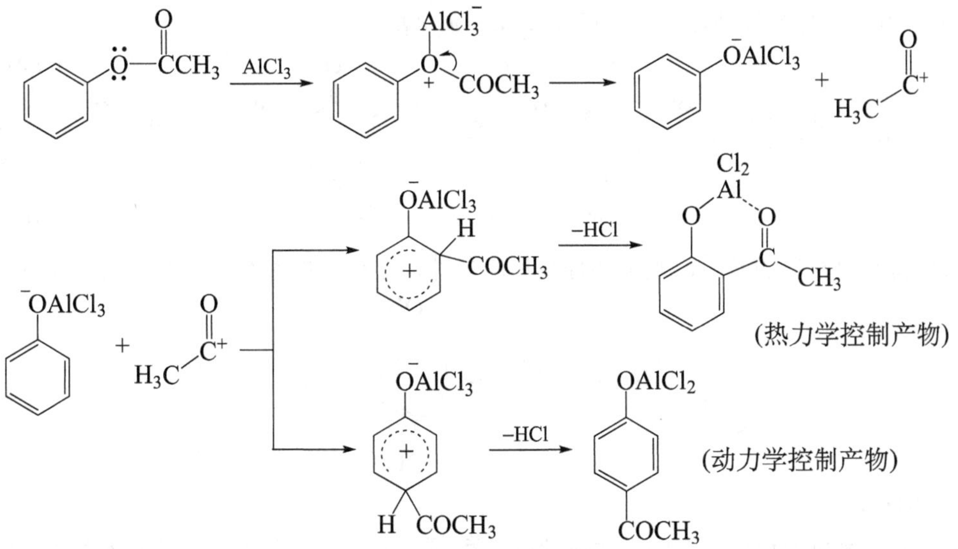

(热力学控制产物)

(动力学控制产物)

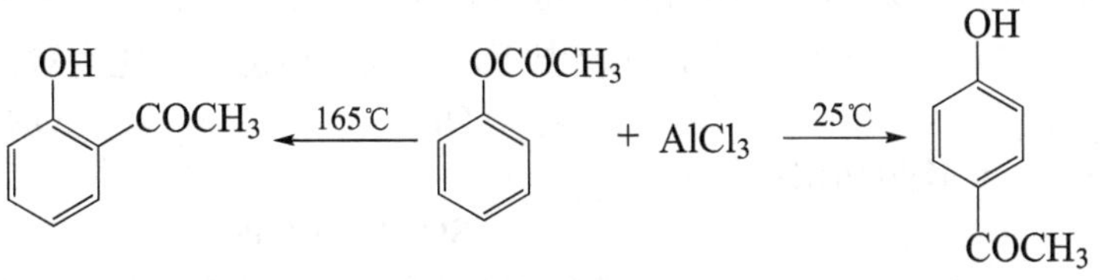

邻羟基苯乙酮　　乙酸苯酯　　对羟基苯乙酮

对于邻位和对位两种产物，由于邻位异构体可以形成分子内的氢键，减弱了分子间（或是与溶剂水分子间）的作用力，其沸点和水溶性都比对位异构体低，因此可用水蒸气蒸馏的方法将它们分离，其中可以形成分子内氢键的邻位异构体一般更容易随水蒸出。除了这类化合物，其他一些可以形成分子内氢键的邻位异构体也可以通过类似方法和对位异构体进行分离。

邻位异构体的分子内氢键：

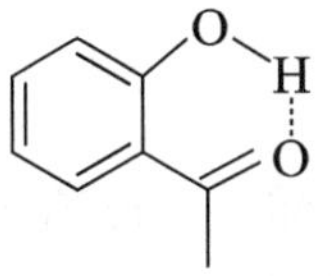

8.6.2　酚环上的反应

由于羟基的排电共轭效应，酚的芳环电子云密度升高，容易发生亲电取代反应。同时，芳环也可以作为亲核试剂和一些缺电子组分发生相应的反应。

8.6.2.1　亲电取代反应

羟基是较强的亲电取代反应活化基和邻、对位定位基，因此酚环上进行的各种亲电取代反应都比苯容易，反应一般发生在酚羟基的邻、对位。

1. 卤代反应

酚极易发生卤代反应，苯酚的溴代比苯快 10^{11} 倍。酚与溴水反应立即生成 2, 4, 6-三溴苯酚白色沉淀，可用于鉴别苯酚。过量的溴还可反应得到 2, 4, 4, 6-四溴-2, 5-环己二烯酮（淡黄色沉淀），其与亚硫酸氢钠反应又生成 2, 4, 6-三溴苯酚。

$$\text{C}_6\text{H}_5\text{OH} + Br_2 \xrightarrow{H_2O,\ 25℃} \text{2,4,6-三溴苯酚} \xrightarrow[H_2O]{Br_2} \text{2,4,4,6-四溴环己-2,5-二烯酮} \xrightarrow{NaHSO_3} \text{2,4,6-三溴苯酚}$$

要想得到单卤代的苯酚，则需要控制反应条件，如在弱极性有机溶剂中或低温下反应。

$$\text{C}_6\text{H}_5\text{OH} + Br_2 \xrightarrow{CCl_4,\ 0℃} \text{对溴苯酚 } 67\% + \text{邻溴苯酚 } 33\%$$

2. 磺化反应

由于磺化是可逆反应，苯酚发生磺化反应可得到邻位动力学产物和对位热力学产物。高温反应时以得到对位的热力学产物为主，在高温下，邻位产物也可转化为对位产物。

$$\text{C}_6\text{H}_5\text{OH} + H_2SO_4(\text{浓}) \longrightarrow \text{邻羟基苯磺酸} + \text{对羟基苯磺酸}$$

25℃下的主要产物（动力学控制产物）　100℃下的主要产物（热力学控制产物）

萘酚与苯酚一样，也容易发生亲电取代反应，α-萘酚磺化时磺酸基优先进入 4 位。

$$\alpha\text{-萘酚} \xrightarrow{H_2SO_4} \text{4-磺酸基-1-萘酚} \xrightarrow{H_2SO_4} \text{2,4-二磺酸基-1-萘酚}$$

3. 硝化反应

苯酚的硝化同样得到邻、对位的产物。邻位产物可以形成分子内氢键，因此可以用水蒸气蒸馏法蒸出。由于硝酸具有强氧化性，而苯酚又容易被氧化，反应会伴随较多的氧化副产物。

$$\text{C}_6\text{H}_5\text{OH} + HNO_3(\text{稀})(20\%) \longrightarrow \text{邻硝基苯酚} + \text{对硝基苯酚} + \text{氧化产物的混合物}$$

邻硝基苯酚：b.p. 216℃，随水蒸气蒸馏　对硝基苯酚：b.p. 270℃，不随水蒸气蒸馏

要制备二硝基或三硝基苯酚，需要更高的温度，此时苯酚更易被氧化，导致产量低。因此，实验室制备多硝基酚时常采用先磺化的方法以降低其活性，然后再进行硝化，如 2, 4, 6-三硝基苯酚（又名苦味酸，常用作染料、炸药）的合成。

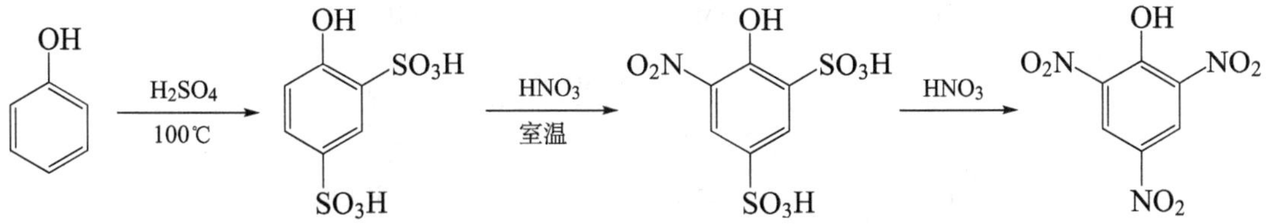

在芳环的亲电取代反应中，常利用磺酸基团降低芳环活性并引入所需基团，或借此将基团引入所需位置。硝基置换磺酸的机理与硝基取代苯环上氢的机理类似。

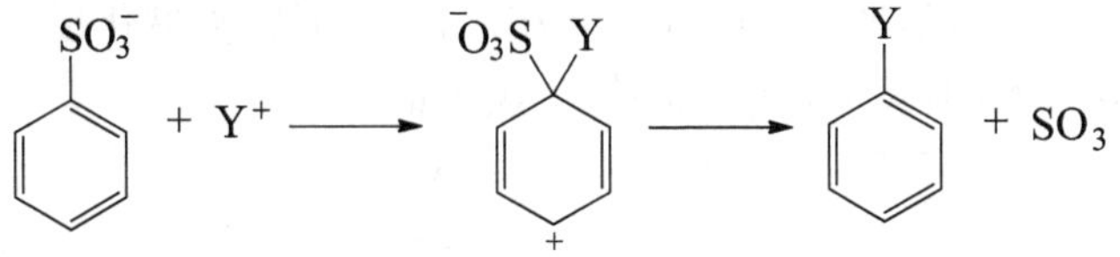

4. 亚硝化反应

羟基对苯环的活化，使亲电性较弱的亚硝基（—NO）也能发生亲电取代反应。反应在低温下进行，以对位取代产物为主，邻位取代产物很少。

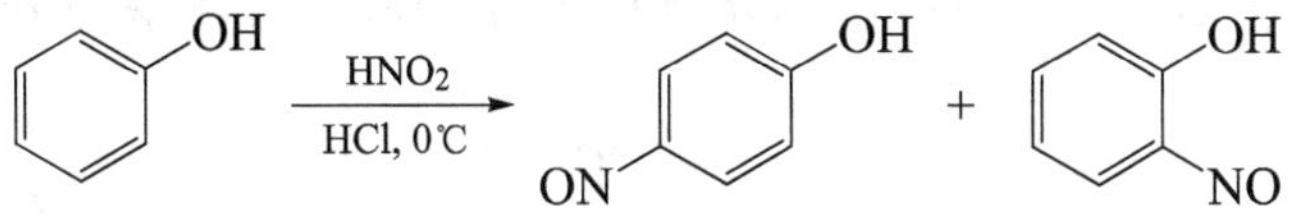

15 : 1

$$HO{-}NO \xrightleftharpoons{H^+} H_2\overset{+}{O}{-}NO \longrightarrow \overset{+}{N}O + H_2O$$

苯酚在碱性溶液中形成的氧负离子具有更强的活化能力，其与亚硝酸酯也可发生亚硝化反应：

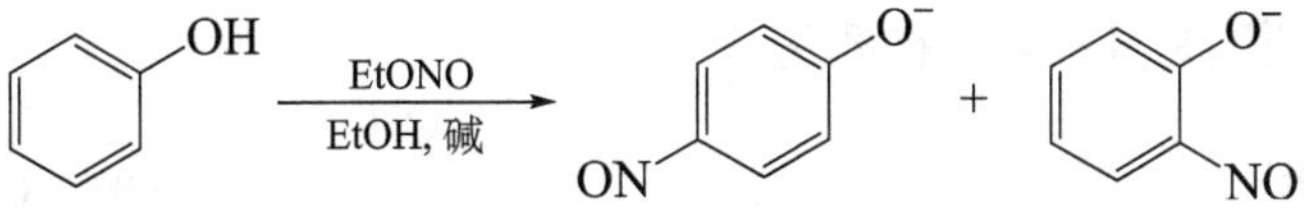

亚硝基苯酚与其对苯醌单肟异构体形成互变平衡。在浓 H_2SO_4 存在下，与苯酚缩合形成绿色的靛酚硫酸氢盐，用水稀释则变为红色，再加 NaOH 又转变为深蓝色。这一系列的颜色变化反应可用来鉴别酚环上存在的亚硝基，并由此鉴别亚硝酸盐。

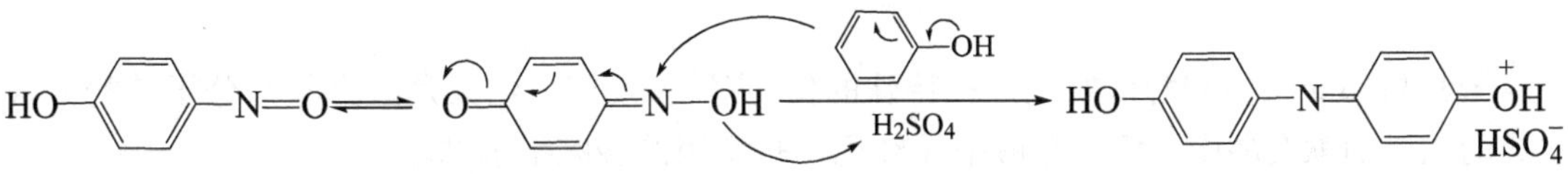

对苯醌单肟　　绿色

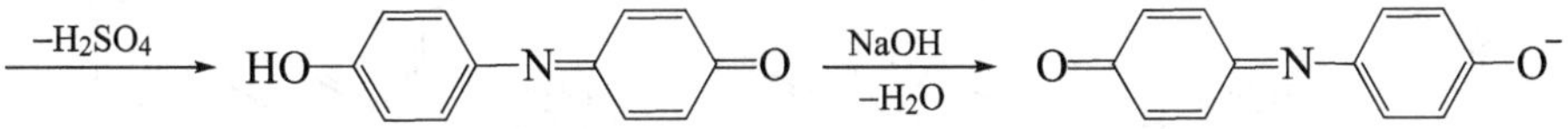

红色　　深蓝色

对亚硝基苯酚可被稀 HNO_3 顺利地氧化为对硝基苯酚。因此，苯酚通过亚硝化-氧化途径可得到不含邻位异构体的对硝基苯酚。另外，亚硝基易被还原成氨基，从而制得对氨基苯酚。其氨基乙酰化生成的产物对乙酰氨基苯酚（医药名：扑热息痛）是一种常用的解热镇痛药，是多种感冒药的主要成分。

还原　CH_3COOH

NO　NH_2　$NHCOCH_3$

对乙酰氨基苯酚

5. 傅-克酰化反应

酚的氧原子可以结合路易斯酸，因此与苯相比，酚的傅-克酰化反应所需要的催化剂较多。例如，酚首先会与 $AlCl_3$ 反应，生成酚氧二氯化铝。

OH + $AlCl_3$ ⟶ $OAlCl_2$ + HCl

将反应物加热到 120～140℃时，才发生酰化反应。邻位异构体因形成分子内氢键，在非极性溶剂中溶解度增大，因此使用非极性溶剂重结晶可使两个异构体分开。

$OAlCl_2$ + Cl（140℃，$AlCl_3$）

56%　34%

若用 BF_3 或聚磷酸（PPA）作催化剂，可直接用羧酸使酚环酰化。但有些酚与羧酸直接酰化的产率较低，原因是羟基容易被酯化。

OH + CH_3COOH ⟶（BF_3或PPA）

95%

苯酚与邻苯二甲酸酐可发生一种特殊的傅-克酰化反应，结果是酸酐与两分子苯酚缩合生成酚酞。酚酞在酸中无色，在碱中显红色，是常用的酸碱指示剂。

H_2SO_4　$-H_2O$　OH^-　COO^-

无色　红色

酚环上也能进行傅-克烷化反应，但产率往往很低，因此应用较少。

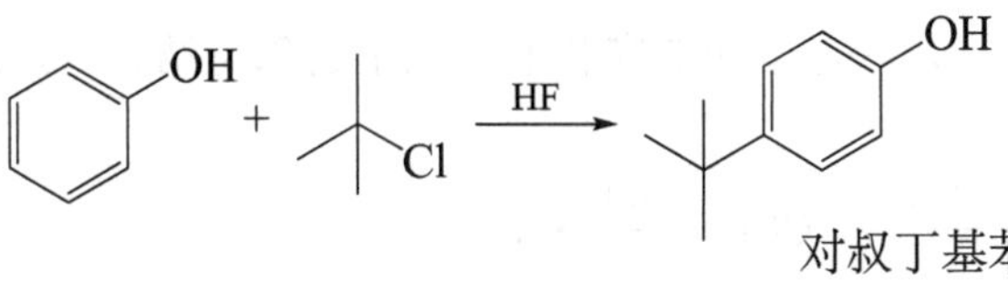

对叔丁基苯酚

8.6.2.2 科尔贝反应——酚酸的合成

酚盐与 CO_2 反应，可生成邻、对位羧酸盐，酸化后得到羟基苯甲酸。

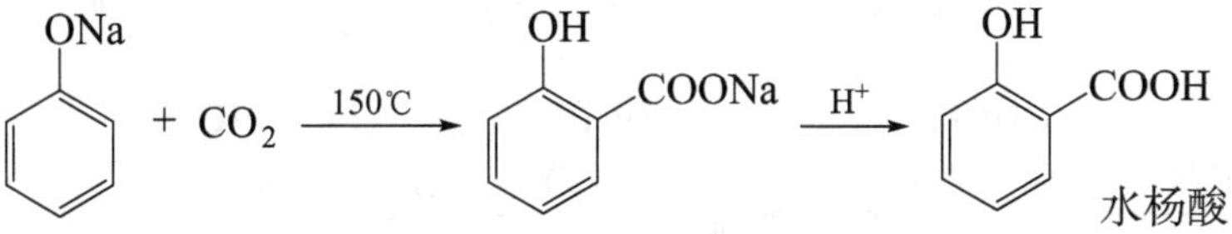

水杨酸

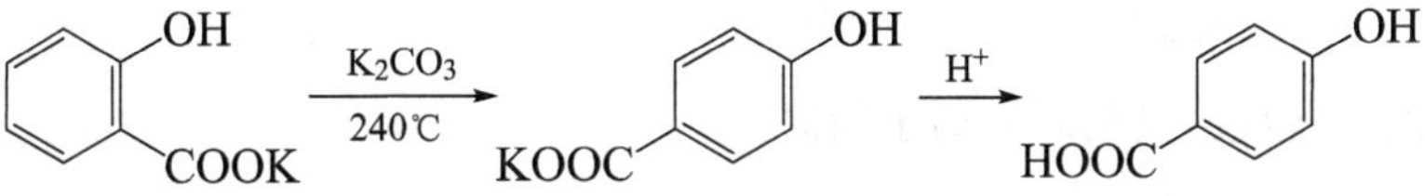

对羟基苯甲酸

该反应称为科尔贝（Kolbe）反应，同样是利用了氧负离子的强排电作用，使芳环邻、对位电子云密度升高，使其可作为亲核试剂进攻二氧化碳的缺电碳原子。这实际上是苯环作为亲核试剂对羰基的亲核加成反应。

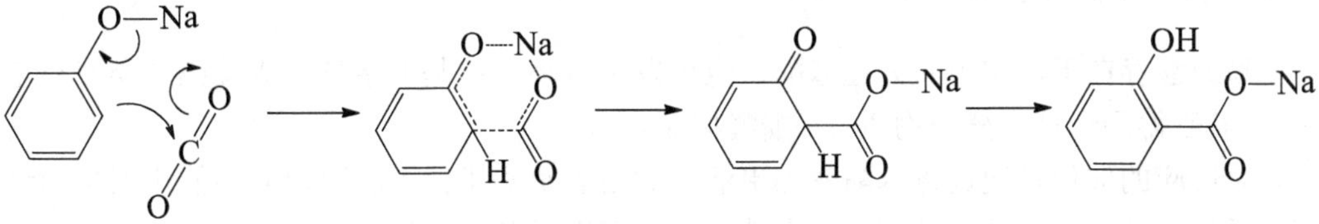

科尔贝反应最重要的应用就是将苯酚转变为水杨酸。水杨酸是染料、香料的重要原料，并可作食品防腐剂，其某些衍生物在医药上占有重要地位。例如，经典的解热镇痛药阿司匹林就是水杨酸的乙酰化衍生物。

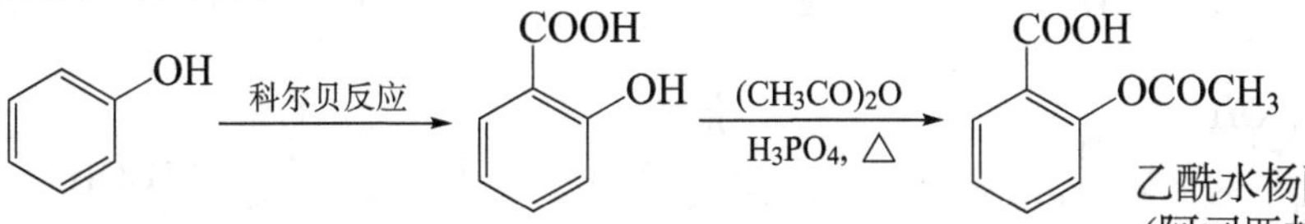

乙酰水杨酸
(阿司匹林)

8.6.2.3 雷默尔-梯曼反应——酚醛的合成

用氯仿（$CHCl_3$）和氢氧化钠水溶液处理苯酚，可在芳环上引入一个醛基，醛基主要进入羟基邻位。该反应称为雷默尔-梯曼（Reimer-Tiemann）反应。

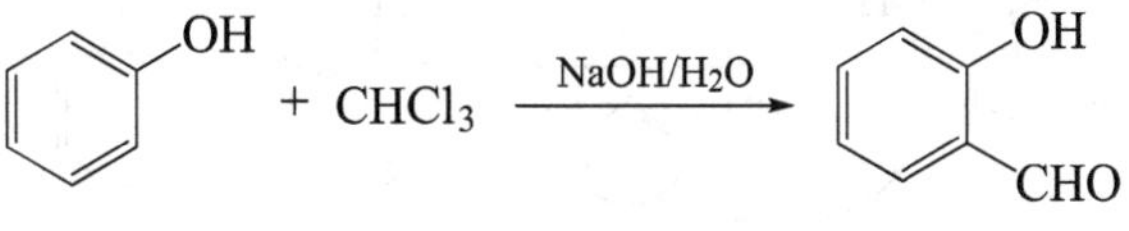

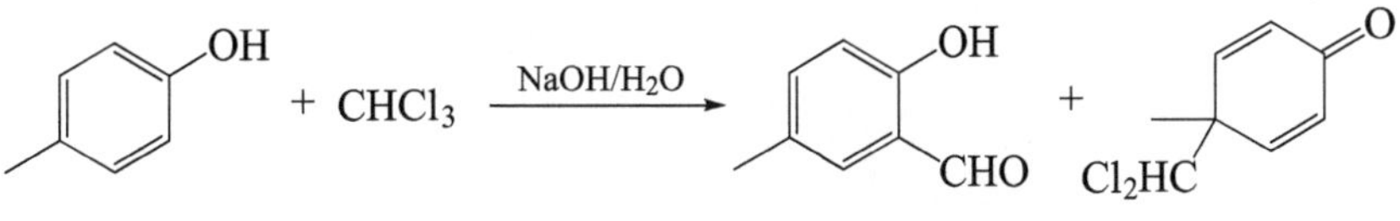

2-羟基-5-甲基苯甲醛

反应通过二氯卡宾进行，缺电子的卡宾和酚富电子的邻位结合，最终形成二氯甲基，水解得到醛。

$$CHCl_3 + OH^- \xrightarrow{-H_2O} CCl_3^- \xrightarrow{-Cl^-} :CCl_2$$

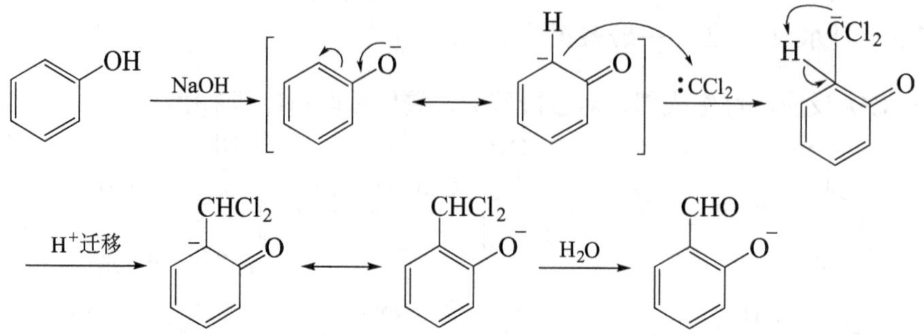

最后一步的水解反应受酚氧负离子的促进。

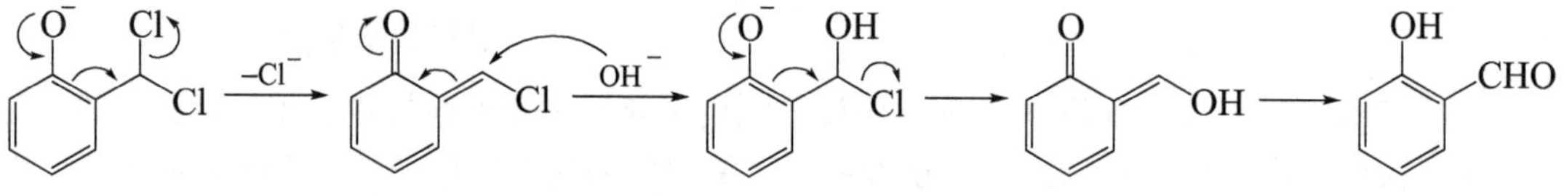

8.6.2.4　苯酚与醛酮的缩合反应

在碱或酸存在下，用甲醛处理苯酚，也可发生芳环对羰基的亲核加成反应（类似科尔贝反应），最后得到一种高分子物质——酚醛树脂。

碱对反应的催化是通过将苯酚变为更活泼的酚氧负离子；而酸对反应的催化则是通过将甲醛质子化，从而增加了羰基碳的缺电性，便于富电子苯环的进攻。

碱催化：

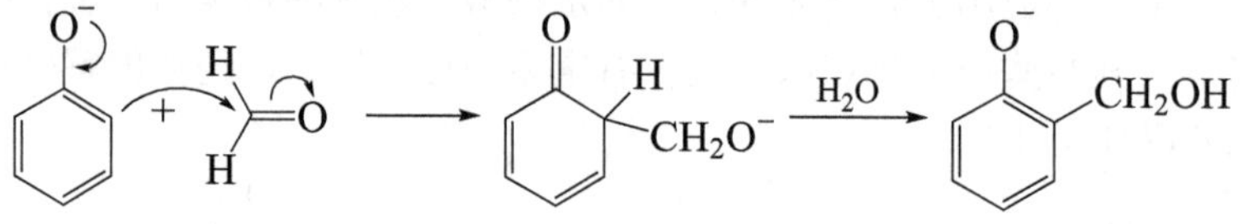

酸催化：

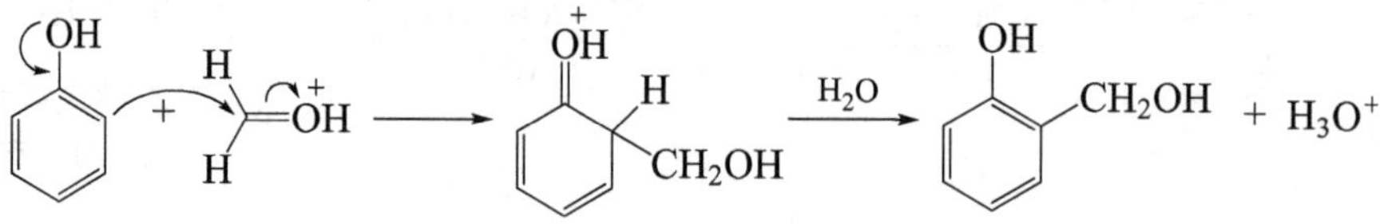

甲醛和苯酚的反应产物可以继续和甲醛（或苯酚）在邻、对位反应，并最终得到交联的缩聚产物。

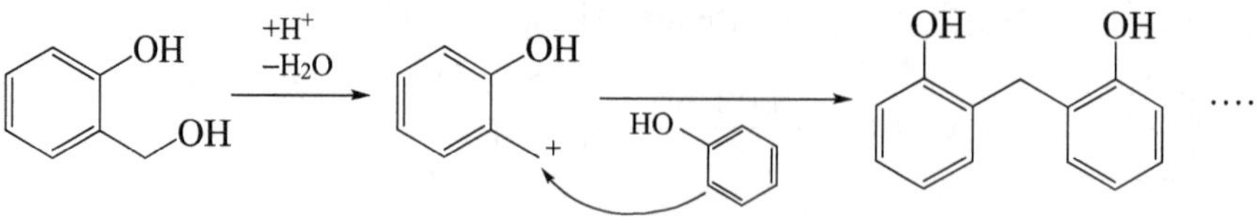

交联酚醛树脂

丙酮与苯酚也可以发生同样的缩合，生成 2,2-二(对羟基苯基)丙烷，又名双酚 A。

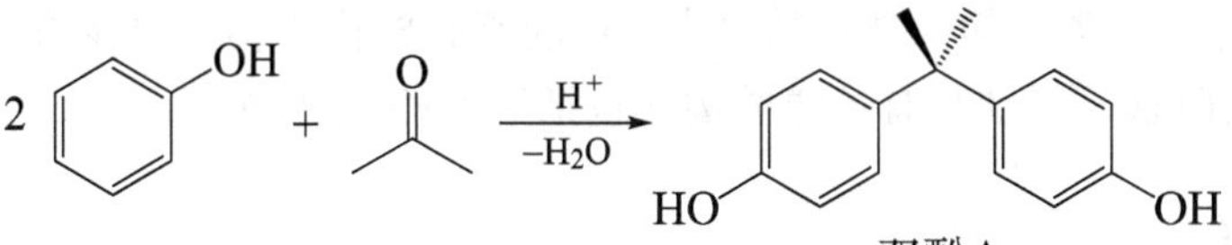

$$2\,C_6H_5OH + CH_3COCH_3 \xrightarrow[-H_2O]{H^+} \text{双酚A}$$

双酚A

双酚 A 在碱性条件下与环氧氯丙烷反应，可生成一种低相对分子质量的聚合物，称为环氧树脂。它是在各种领域都有重要应用的一种材料。

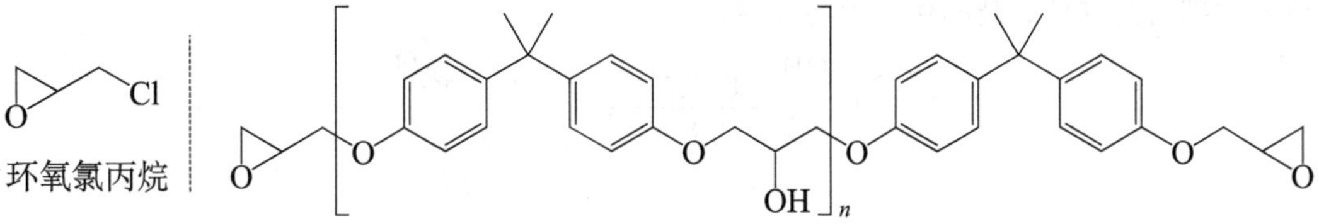

环氧氯丙烷

环氧树脂

8.6.3　酚与三氯化铁的颜色反应

多数苯酚都能与 $FeCl_3$ 产生颜色反应，颜色从绿色到紫色，一般认为反应生成了如下络离子而产生颜色，不同的酚，其络离子的颜色不同。

$$6\,PhOH + FeCl_3 \longrightarrow H_3[Fe(OPh)_6] + 3\,HCl$$

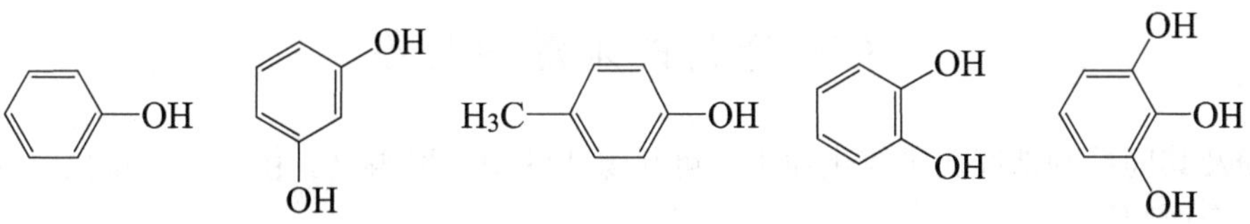

苯酚	间苯二酚	对甲苯酚	邻苯二酚	连苯三酚
蓝色	紫色	蓝色	鲜绿色	蓝色

有些酚能与 $FeCl_3$ 发生氧化还原反应。例如，对苯二酚的一分子氧化产物与另一分子未氧化产物结合产生墨绿色沉淀，α-萘酚则可能发生 4 位的氧化偶联反应得到蓝紫色化合物。

$$2\,\text{HO-C}_6\text{H}_4\text{-OH} + 2\,FeCl_3 \longrightarrow \text{醌氢醌}\downarrow + 2\,FeCl_2 + 2\,HCl$$

墨绿色, m.p.171℃

$$2\,\alpha\text{-萘酚} + 2\,FeCl_3 \longrightarrow \text{4,4'-二羟基-1,1'-联萘}\downarrow + 2\,FeCl_2 + 2\,HCl$$

蓝紫色

实验表明，除了酚类，其他具有烯醇式结构的脂肪族化合物，也能与 $FeCl_3$ 产生颜色反应。因此，可以用 $FeCl_3$ 鉴别具有烯醇结构（包括酚）的化合物。

8.6.4　酚的氧化

酚很容易被氧化，氧化后颜色变深，氧化程度随反应条件不同而异。$KMnO_4$、$K_2Cr_2O_7$ 都可使酚发生氧化生成混合氧化产物，其中主要的氧化产物为醌。臭氧也能使酚氧化成醌。继续氧化则得到碳环破裂的羧酸等混合物。

$$C_6H_5OH \xrightarrow[H_2SO_4]{K_2Cr_2O_7} \text{对苯醌}$$

对苯醌

二元酚更易被氧化，即使弱氧化剂，如 Ag_2O、H_2O_2 等也能使邻或对苯二酚氧化。因此，常用对苯二酚作为抗氧化剂，以保护其他产品不被氧化。

$$\text{邻苯二酚} \xrightarrow[\text{无水乙醚}]{Ag_2O} \text{邻苯醌} + 2\,Ag + H_2O$$

邻苯醌

8.7　苯酚的来源和制备

苯酚及其同系物都存在于煤焦油中，可从煤焦油中提取得到。由于需求量大，大量苯酚通过化学合成制得。

1. 异丙苯法

以苯为基本原料，通过以下三步反应可以制得苯酚，同时还可得到丙酮。其中第一步反应为傅-克烷化反应，使用过量苯可减少多烷基苯的生成。由于第一步生成异丙基苯，该法被称为异丙苯法。

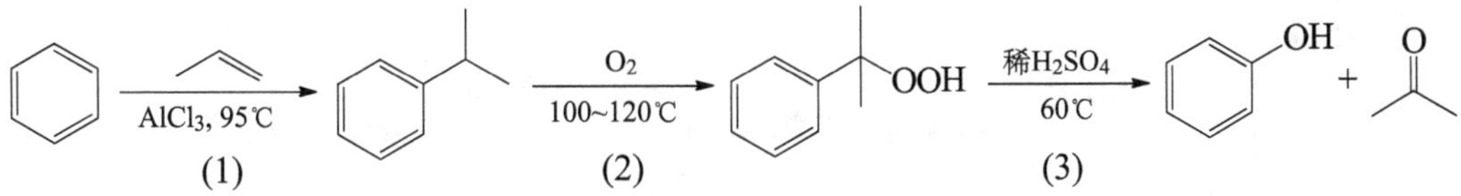

第二步异丙苯被空气氧化形成过氧化物的过程，称为自动氧化。通常把化合物在常温或在 150℃以下被空气氧化而不发生燃烧的过程都称为自动氧化。自动氧化常常受光、热和一些催化剂（如 Cu^{2+}、Fe^{2+}、Mn^{2+}、Cr^{2+}等）所催化，结果 C—H 键变为过氧键（C—O—O—H），形成过氧化物。3°氢原子、醛氢以及与苯基、双键、烷氧基等相邻的 α-氢原子都容易发生自动氧化。氧分子具有二价自由基结构（·O—O·），它既是一个自由基反应的抑制剂，易与自由基结合而减慢或抑制自由基反应，又是一个自由基反应的引发剂，在光、热或金属催化剂或其他杂质存在下，它容易夺取活泼 C—H 键中的氢而引发自由基反应。

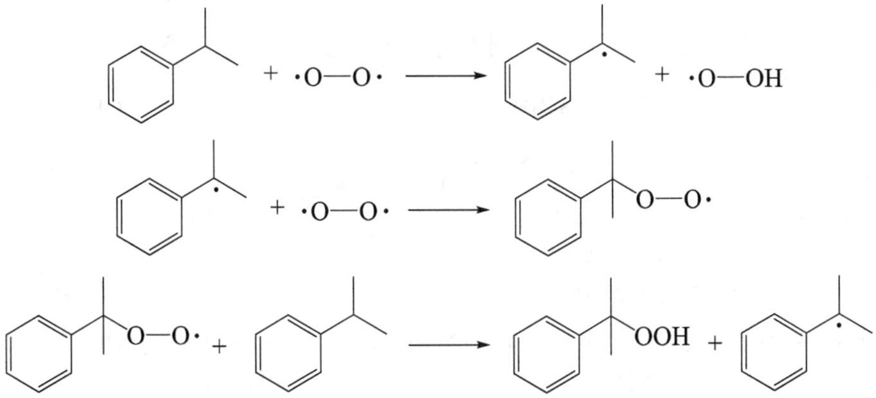

反应的第三步则是在酸存在下的重排反应。苯环带着一对 σ 电子转移到氧原子上，并通过之后的水合、消除得到最终产物苯酚和丙酮。

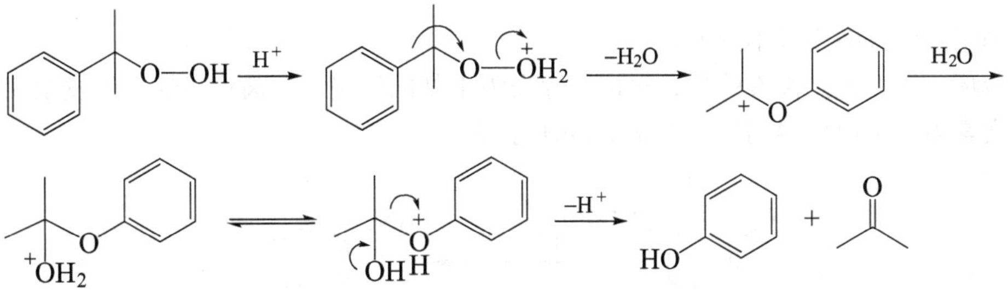

2. 磺化碱熔法

同样从芳烃出发，经过磺化、碱熔过程也可制备苯酚。首先是浓硫酸对芳环进行磺化反应。

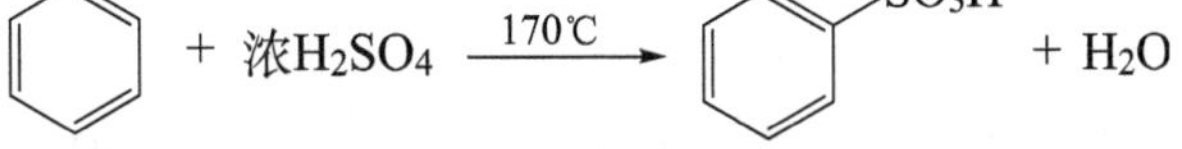

$$\text{C}_6\text{H}_6 + \text{浓}H_2SO_4 \xrightarrow{170℃} C_6H_5SO_3H + H_2O$$

使用过量的苯，使其一部分与硫酸反应，一部分蒸发带走生成的水，可使反应进行完全。生成的苯磺酸用亚硫酸钠中和成为钠盐，再与 NaOH 一起熔化反应可得到酚钠。酚钠简单酸化即可得到苯酚。由于中和与酸化两步的试剂和副产物刚好相反，工业上常把两步的副产物循环使用使其得到充分利用。此法制苯酚，操作比较麻烦，生产不连续化，但对设备要求不高，产率较高。

$$C_6H_5SO_3H + Na_2SO_3 \xrightarrow{\text{中和}} C_6H_5SO_3Na + SO_2 + H_2O$$

$$C_6H_5SO_3Na + NaOH \xrightarrow[\text{熔融}]{320\sim350℃} C_6H_5ONa + Na_2SO_3$$

$$C_6H_5ONa + SO_2 + H_2O \xrightarrow{\text{酸化}} C_6H_5OH + Na_2SO_3$$

另外，磺化碱熔法还可制得一般方法不易得到的苯二酚和β-萘酚。

$$C_6H_6 \xrightarrow[200\sim245℃]{H_2SO_4(SO_3)} m\text{-}C_6H_4(SO_3H)_2 \xrightarrow{\text{中和}} \xrightarrow[\sim300℃]{\text{碱熔}} \xrightarrow{\text{酸化}} m\text{-}C_6H_4(OH)_2$$

$$C_{10}H_8 \xrightarrow{\text{磺化}} C_{10}H_7SO_3H \xrightarrow{\text{中和}} \xrightarrow[\sim300℃]{\text{碱熔}} \xrightarrow[(H_2SO_3)]{\text{酸化}} C_{10}H_7OH$$

60℃　α-萘磺酸　　　　α-萘酚

160℃　β-萘磺酸　　　　β-萘酚

工业上制备纯的α-萘酚，是用α-萘胺在$NaHSO_3$溶液中直接水解制得的。

$$\alpha\text{-}C_{10}H_7NH_2 \xrightarrow[\text{加热}]{\text{稀}NaHSO_3\text{溶液}} \alpha\text{-}C_{10}H_7OH + NH_3$$

3. 卤代芳烃的亲核取代反应

在芳环上（尤其是卤素的邻、对位）存在吸电基的情况下，卤代芳烃可以发生亲核取代反应，卤素被羟基取代得到酚。详见7.2.4.1小节。

$$2,4,6\text{-}(O_2N)_3C_6H_2Cl \xrightarrow{OH^-,\ 35℃} 2,4,6\text{-}(O_2N)_3C_6H_2OH$$

4. 芳香重氮盐的水解

芳香重氮盐在酸性水溶液中加热会迅速分解并放出氮气，同时得到相应的酚。详见11.5.3.1小节。

$$m\text{-}O_2NC_6H_4NH_2 \xrightarrow[H_2O,\ 0\sim5℃]{H_2SO_4/NaNO_2} m\text{-}O_2NC_6H_4\overset{+}{N_2}HSO_4^- \xrightarrow[100℃]{H_2SO_4/H_2O} m\text{-}O_2NC_6H_4OH + N_2\uparrow$$

8.8　醚的分类、命名和物理性质

醚是两个烃基通过氧原子连接起来的化合物，或者可以说是水分子的两个氢原子被烃基取代后的化合物。对于醚分子 R—O—R′来说，当 R = R′ 时，称为简单醚；如果 R ≠ R′，则称为混合醚。

简单开链醚的命名一般采用官能团类别法，即将“醚”字放在基团 R 和 R′的名称之后。对于简单醚，命名为“（二）某（基）醚”；对于混合醚，R 和 R′一般按英文字母顺序排列。例如：

O　　Ph–O–Ph　　O　　Ph–O

乙醚　　二苯醚　　乙基甲基醚　　苯基异丙基醚

复杂一点的醚也可以将烷氧基作为取代基来进行命名。

OCH_3　　O　O

2-甲氧基戊烷　　1, 2-二甲氧基乙烷

除了开链醚，环醚也是一类重要的化合物。五元、六元环的命名多使用相应的芳香杂环名称；也可使用置换命名法，即“氧杂环某烷”。环上有取代基时，氧原子位次优先。“环氧化合物”一般指环氧乙烷这样的三元杂环及其衍生物。

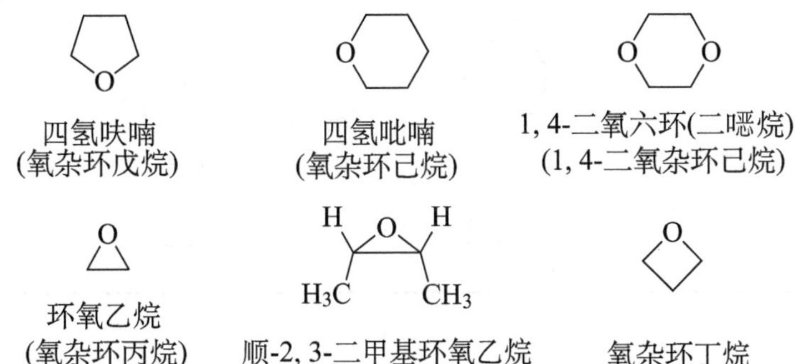

四氢呋喃（氧杂环戊烷）　四氢吡喃（氧杂环己烷）　1, 4-二氧六环(二噁烷)（1, 4-二氧杂环己烷）

环氧乙烷（氧杂环丙烷）　顺-2, 3-二甲基环氧乙烷　氧杂环丁烷

还有一类具有大环多醚结构的化合物，由于结构像王冠，被称为冠醚。它们可以和各种客体小分子或离子络合，是超分子化学领域中一类重要的主体分子。其系统命名一般使用置换命名法，如 1, 4, 7, 10, 13, 16-六氧杂十八烷，但常简称为 18-冠-6，前后的数字分别代表环上的总原子数和氧原子数。

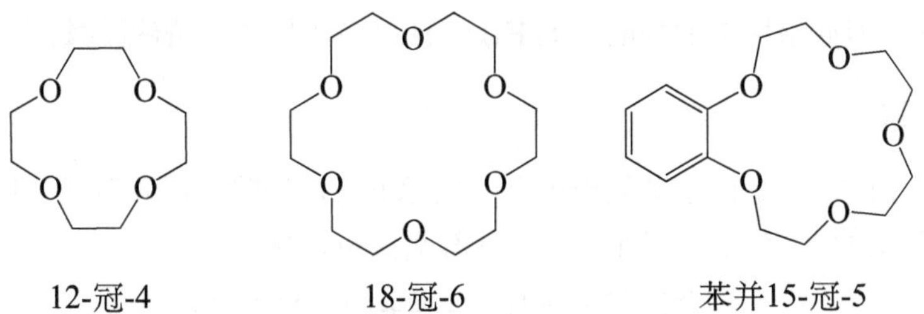

12-冠-4　　18-冠-6　　苯并15-冠-5

醚分子中由于不含羟基，不能形成分子间氢键。因此醚与同碳数的醇或酚比较，沸点低

得多，近于烷烃，密度也较小。但其在水中溶解度则与同碳数的醇相近，高于相应的烷烃，这是因为醚分子中的氧原子仍然可以和水分子形成氢键。

R　　H
O---H—O
R

一些环醚，如四氢呋喃和 1, 4-二氧六环，它们甚至可以与水互溶。这可能是因为氧原子成环后突出在外，更容易和水形成氢键。一些常见醚的物理常数见表 8.4。

表 8.4　常见醚的物理常数

名称	结构	沸点/℃	密度/(g/mL)
甲醚	O	–24.9	0.735(–25℃)
甲乙醚	O	7.4	0.725(0℃)
乙醚	O	34.6	0.713
正丙醚	O	90.5	0.750
异丙醚	O	68.5	0.725
正丁醚	O	141.0	0.769
乙烯醚	O	28.3	—
四氢呋喃	O	65.4	0.889
1, 4-二氧六环	O　O	101.1	1.033
环氧乙烷	O	10.4	0.882
环氧丙烷	H_3C　O	34.0	0.830

8.9　醚的化学性质

醚键的化学性质比羟基稳定，对于大多数试剂都是惰性的（环氧化合物除外），因此它们常被用作有机反应的溶剂。例如，它们对碱、催化氢化及大多数氧化剂/还原剂都很稳定，也不与稀酸反应。但如果用浓的强酸（如 HBr、HI 等）则能引起醚键的断裂。

8.9.1　形成𬭩盐

醚和醇都溶于酸，这是由于其氧原子上的孤对电子作为路易斯碱可以和质子络合生成𬭩盐，从而增强其水溶性。𬭩盐不稳定，用水稀释后又析出醚。

$$\ddot{O} + H^+ \longrightarrow \overset{+}{O}H$$

醚与其他路易斯酸也可以生成络合物。一些性质活泼的路易斯酸（如 BF_3、RMgX 等）常保存在醚溶液中使其稳定。

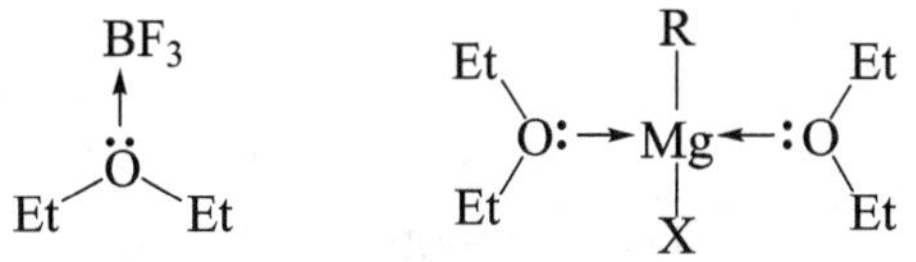

醚与路易斯酸或质子酸形成的盐，由于氧原子上有两个烷基，又称为二级锌盐。醚与 BF_3 形成的二级锌盐再与氟代烷反应，可以形成三级锌盐。

$$R-O-R + BF_3 \longrightarrow R_2O \rightarrow BF_3 \xrightarrow{R'F} R_2O^+R' \cdot BF_4^-$$

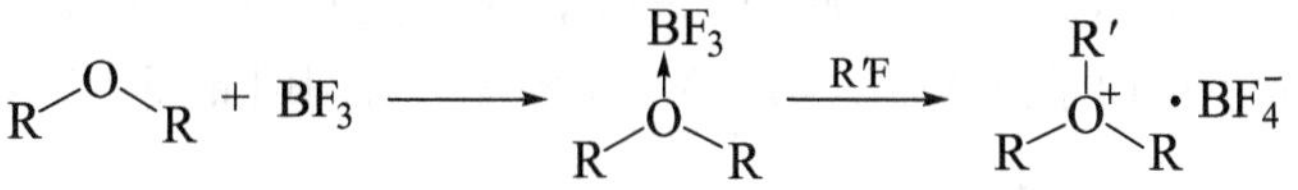

用下列反应也可得到三级锌盐：

$$Et_2O + EtI + AgBF_4 \longrightarrow Et_3O^+BF_4^- + AgI\downarrow$$

三级锌盐不稳定，极易分解出烷基正离子，并与亲核试剂反应，如与醇反应生成醚。因此，三级锌盐是一种很有用的烷基化试剂。

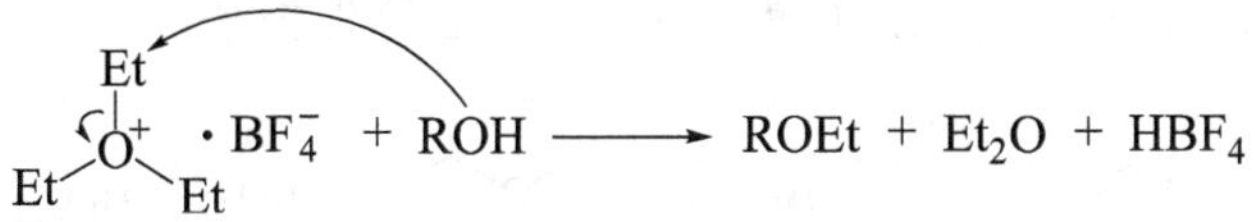

$$Et_3O^+ \cdot BF_4^- + ROH \longrightarrow ROEt + Et_2O + HBF_4$$

8.9.2　醚键的断裂

醚与强酸如 HI、HBr 生成的锌盐，在加热下可发生醚键的断裂。对于低级烷基醚和 HI 的反应，由于 I^- 的亲核性强，反应可按 S_N2 机理进行。在过量 HX 作用下，醇可进一步反应生成卤代烃。当使用 HI 时，由于其酸性和 I^- 的亲核性均较强，在室温下也能使醚键断裂；但如果采用较弱的试剂，如 HCl，则要使用更浓的酸和更高的温度。

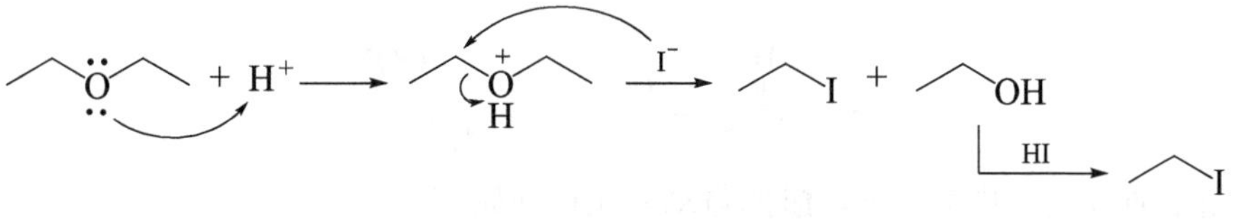

$$CH_3CH_2OCH_2CH_3 + 2\,HI \xrightarrow{\triangle} 2\,CH_3CH_2I + H_2O$$

$$CH_3CH_2OCH_2CH_3 + H^+ \longrightarrow CH_3CH_2O^+(H)CH_2CH_3 \xrightarrow{I^-} CH_3CH_2I + CH_3CH_2OH \xrightarrow{HI} CH_3CH_2I$$

对于甲基或乙基醚，由于产生的 CH_3I 或 C_2H_5I 的沸点较低，当分子的另一部分生成沸点较高的醇时，可以通过蒸馏分离它们。若将 CH_3I 或 C_2H_5I 蒸馏到 $AgNO_3$ 的醇溶液中，会立即生成 AgI 沉淀，称量所得的 AgI 沉淀或按容量法测定，即可确定原分子中 CH_3O—或 C_2H_5O—的含量。这种测定甲氧基或乙氧基的方法称为蔡塞尔（Zeisel）测定法。

由于芳基和氧原子存在 p-π 共轭，C—O 键不易断裂，因此芳基醚的反应一般只生成酚；而二芳基醚即使在浓 HI 作用下，也不会发生醚键断裂的反应。

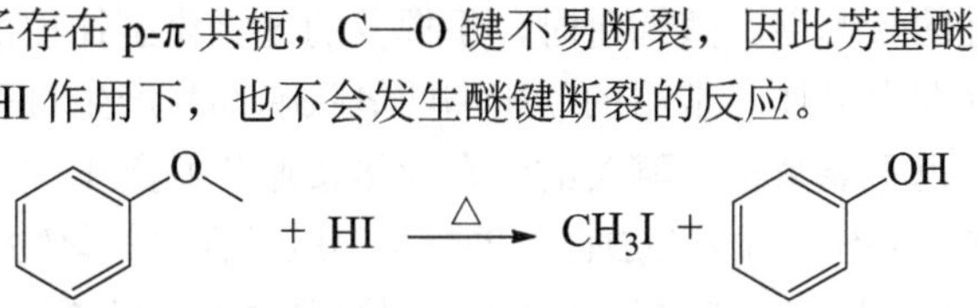

$$C_6H_5OCH_3 + HI \xrightarrow{\triangle} CH_3I + C_6H_5OH$$

对于具有高级烷基的醚，与强酸加热下的反应一般按 S_N1 机理进行。越高级的烷基越易形成碳正离子，因此越易发生 C—O 键的断裂，并与卤素结合形成卤代烃。另外，产物也更复杂，往往以消除产物为主。

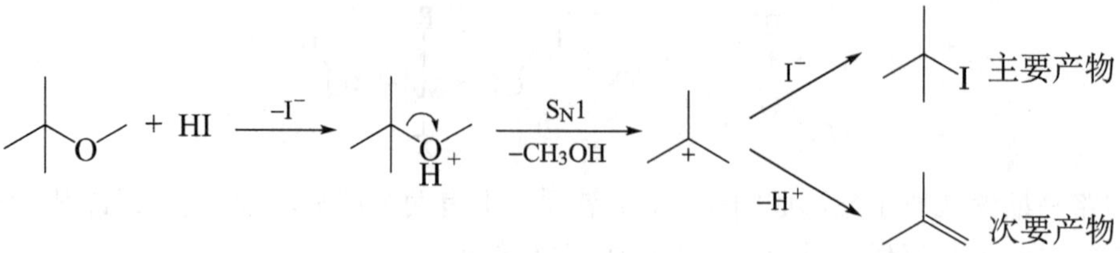

主要产物

次要产物

具有叔丁基的醚与浓 H_2SO_4 一起加热时，由于 HSO_4^- 的亲核性很弱，得到的主要产物是消除产物异丁烯。异丁烯由于沸点低（–7℃），易挥发，可利用此反应制备异丁烯。

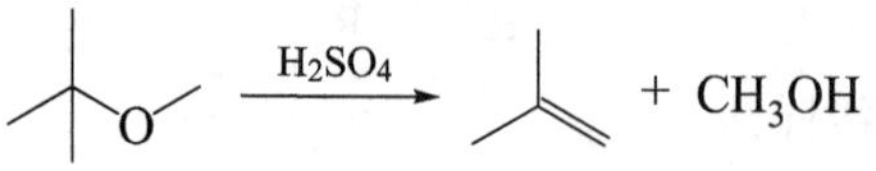

$+ CH_3OH$

另外，在有机合成上，叔丁基常用来保护羟基。首先将醇和异丁烯反应，使其转变为更惰性的醚，待分子的其他部分反应完成之后，再将醚转化回原来的醇。这个过程使用叔丁基醚特别有效，因为产物易于分离。例如，欲使 3-溴丙醇转化为 3-氘代丙醇，一般是通过格氏试剂，此时需要先将羟基保护起来，待重氢引入后再去除保护基。

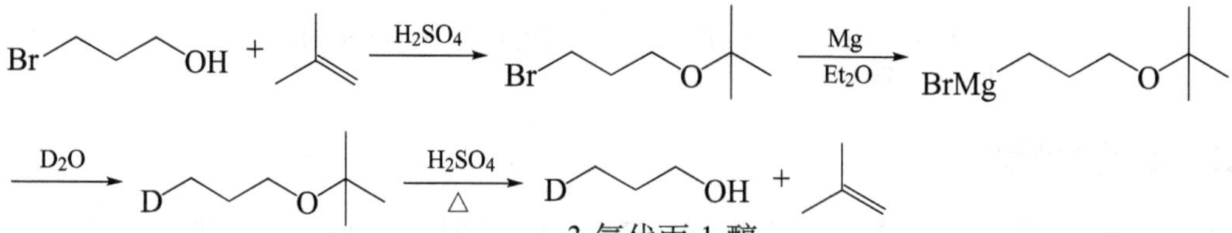

3-氘代丙-1-醇

8.9.3　醚的氧化

醚对氧化剂是惰性的，一般氧化剂如 $KMnO_4$、$K_2Cr_2O_7$ 都不能使醚氧化。但烷基醚在空气中久置，却容易与空气中的氧发生自动氧化生成过氧化物。例如，乙醚可被氧化成氢过氧化乙醚。

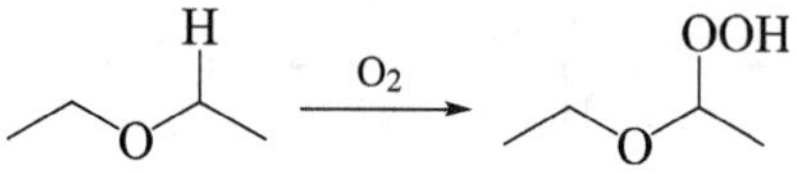

在少量杂质或光、热引发下，醚的自动氧化机理如下：

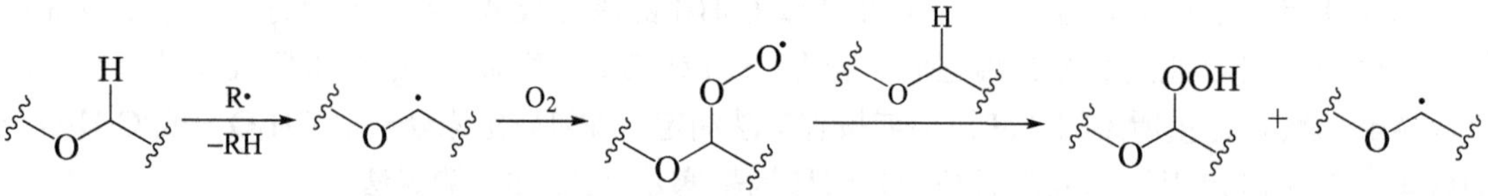

过氧化醚具有较强的易爆性。蒸馏醚时，不挥发的过氧化醚往往浓集残留在容器中，提高温度继续加热，极易发生爆炸。常用的乙醚和四氢呋喃都易产生过氧化物，所以蒸馏醚类溶剂时不能提高温度，也不能蒸干。醚类的保存应尽量避免暴露于空气中，用深色瓶装满，或加少量对苯二酚作抗氧化剂。对于存放已久的醚类，应进行过氧化物检查，方法是加入碘化钾的乙酸溶液，若有过氧化物，则 I^- 被氧化成 I_2，用淀粉试纸可检查出。要除去过氧化物可加

入 $FeSO_4$，使过氧化物还原而分解。Fe^{2+}被氧化为 Fe^{3+}，并可用硫氰化钠来检查生成的 Fe^{3+}。

$$Fe^{3+} \xrightarrow{SCN^-} [Fe(SCN)_6]^{3-} \text{ (红色)}$$

8.9.4　烯醇醚的特征反应

在碱性条件下，醇对炔烃的亲核加成可形成烯醇醚。

$$HC\equiv CH + CH_3CH_2OH \xrightarrow{EtO^-} CH_2=CH-O-CH_2CH_3$$

与其他醚一样，烯醇醚对碱或碱性试剂如格氏试剂等是稳定的；但在酸性条件下，可迅速水解生成醛（酮）和醇。

$$\text{1-甲氧基环己烯}(-OCH_3) + H_2O \xrightarrow{H^+} \text{环己酮}(=O) + CH_3OH$$

其酸水解的机理如下。烯的存在使其与质子结合形成 α-碳正离子，该碳正离子和氧原子的孤对电子存在类似 p-p 共轭的电子离域，因此易于形成。加水后形成半缩醛中间体，其水解得到醛和醇（见醛、酮的性质）。

乙基乙烯基醚 $\overset{H^+}{\rightleftharpoons}$ $CH_3\overset{+}{C}H-O-CH_2CH_3$ $\underset{-H^+}{\overset{H_2O}{\rightleftharpoons}}$ $CH_3CH(OH)-O-CH_2CH_3$（半缩醛） $\overset{H^+}{\rightleftharpoons}$ $CH_3CH(\ddot{O}H)-\overset{+}{O}(H)-CH_2CH_3$

$\rightleftharpoons$ CH_3CH_2OH + $CH_3CH=\overset{+}{O}H$ $\overset{-H^+}{\rightleftharpoons}$ CH_3CHO（乙醛）

酚醚在液氨与醇（乙醇、异丙醇或二级丁醇）及碱金属（Li、Na、K）的混合溶液中，能发生伯奇还原。例如，苯甲醚还原后生成具有烯醇醚结构的 1-甲氧基-1, 4-环己二烯。其在酸性溶液中，进一步水解并异构化为共轭烯酮。

$$\text{苯甲醚} \xrightarrow[EtOH]{Li/液NH_3} \text{1-甲氧基-1,4-环己二烯} \xrightarrow{H_3O^+} \text{3-环己烯酮} \xrightarrow{H^+} \text{2-环己烯酮}$$

学习提示：酚本身可与金属生成盐，因而不能进行伯奇还原。环上带有能被还原的卤素、硝基、羰基等基团的芳环也不进行伯奇还原。烷基苯、芳羧酸、芳酰胺、芳酯、苯胺及其衍生物则可以进行。

8.9.5　环氧化合物的开环反应

具有三元环的环氧化合物由于环张力的存在，很不稳定，容易与多种试剂发生反应而开环。环氧化合物的反应不仅像通常的醚那样受酸所催化，也可以受碱催化开环。

8.9.5.1　酸催化的开环反应

若反应在酸性条件下进行（如酸催化的反应以及与 HX 的反应等），质子首先与氧络合，

然后按 S_N1 或按 S_N2 机理进行。

对于 S_N1 机理，C—O 键先断裂形成更稳定的碳正离子，再与负离子结合。对于不对称取代的环氧化合物，更高级的碳正离子更加稳定，因而使产物中亲核试剂主要连接在含氢较少（取代较多）的碳上，羟基则连接在含氢较多（取代较少）的碳上。

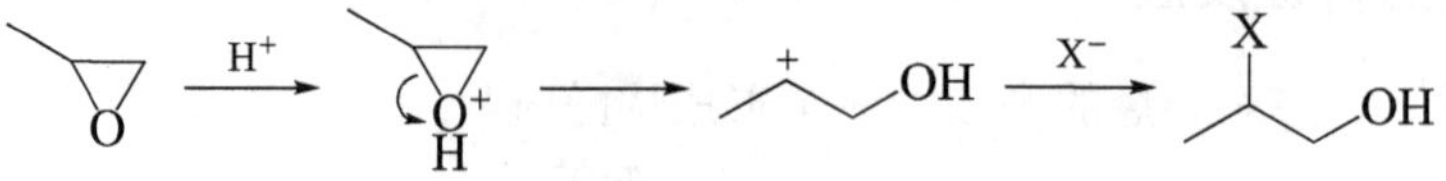

若反应按 S_N2 机理进行，由于环氧化合物易开环，此时反应仍具有较大程度的 S_N1 特征。亲核试剂此时并非优先考虑空间位阻，而是进攻能容纳更多正电荷的碳原子。烷基的+I 效应具有稳定正电荷的作用，因此取代更多的碳原子上具有更多的正电荷。结果是亲核试剂仍然进攻取代更多的碳原子，反应的区域选择性和 S_N1 机理相同。

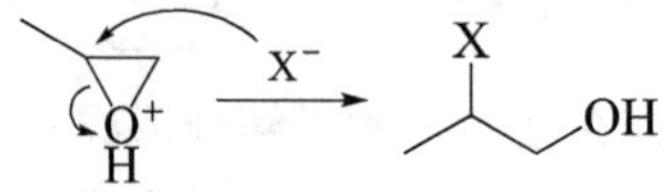

从立体化学看，按 S_N2 机理进行的开环都伴随构型的转化。

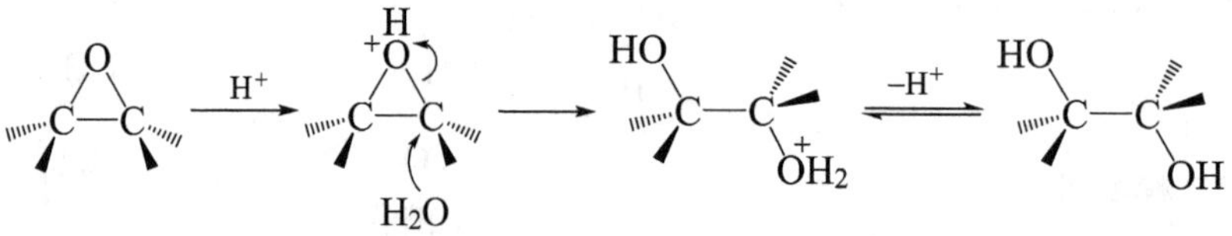

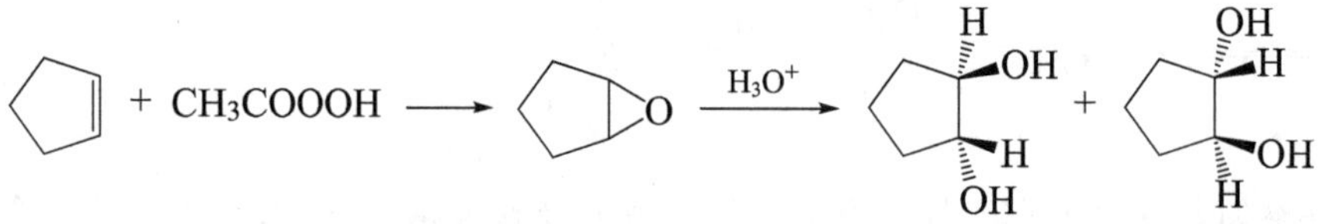

(以反式二醇为主)

对于叔烃基环氧化合物，在酸催化开环的同时，可以发生类似频哪醇重排的反应。

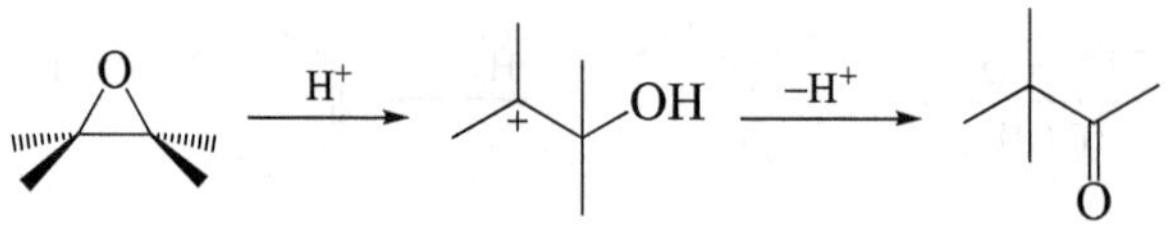

一些酸存在下的环氧化合物开环反应如下：

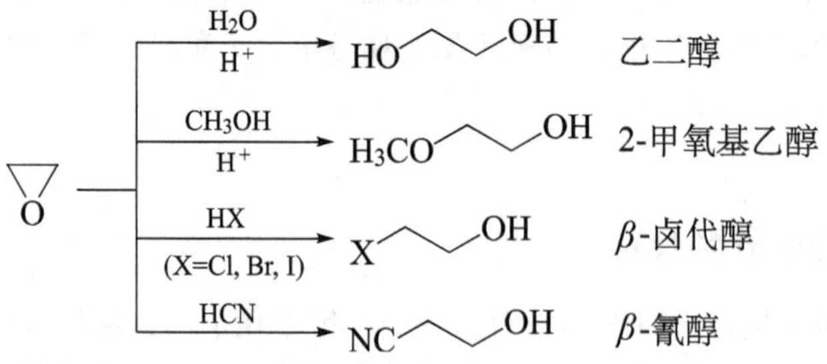

乙二醇

2-甲氧基乙醇

β-卤代醇

β-氰醇

8.9.5.2 碱催化的开环反应

环氧化合物在中性或碱性条件下的反应不可能形成鎓盐，并且作为离去基团的烷氧基（RO—）的离去能力较弱，因此反应总是按 S_N2 机理进行。此时亲核试剂的进攻主要考虑空间因素，即进攻位阻更小、取代更少的碳原子。例如，与金属有机化合物、RONa、NH_3、$LiAlH_4$等的反应都属于碱性条件下的开环反应。

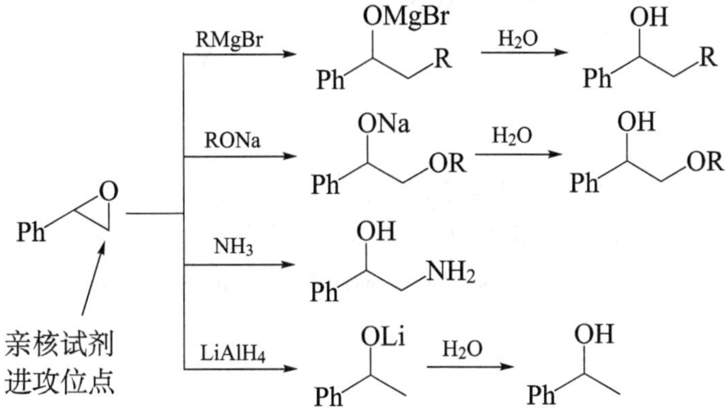

反应中被进攻的碳原子同样伴随构型的转化。

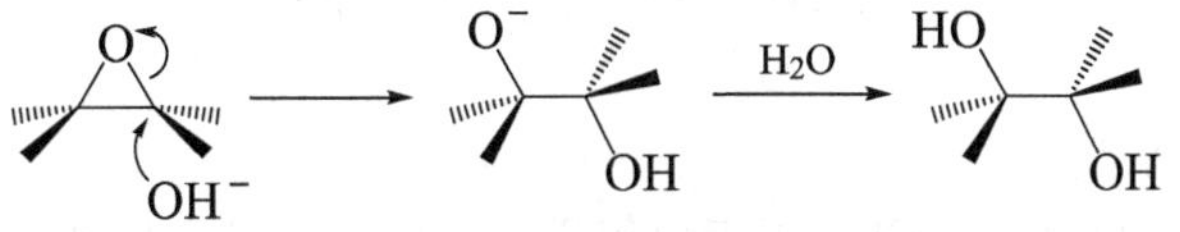

环氧乙烷与碱反应，开环后形成的负离子可继续与环氧乙烷反应，得到多聚醚醇。两分子环氧乙烷缩聚生成二甘醇(一缩二乙二醇)，三分子环氧乙烷缩聚生成三甘醇(二缩三乙二醇)，它们都是有用的高沸点溶剂。

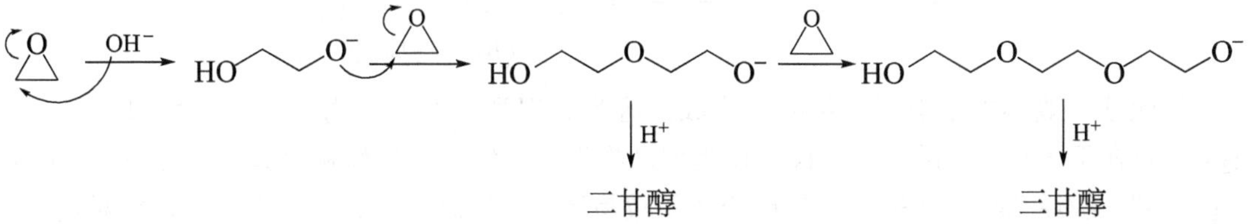

8.9.6　其他环醚的化学性质

其他环醚如氧杂环丁烷（一氧四环）比环氧乙烷更稳定，但四元环也存在较为明显的环张力，因此它仍然比开链醚更活泼，可以发生开环反应。四氢呋喃作为五元环，与开链醚的性质相似，较稳定，不易开环，常作有机反应的溶剂。在强酸性条件下，其也可以发生常规的醚键断裂的反应，得到开环产物。

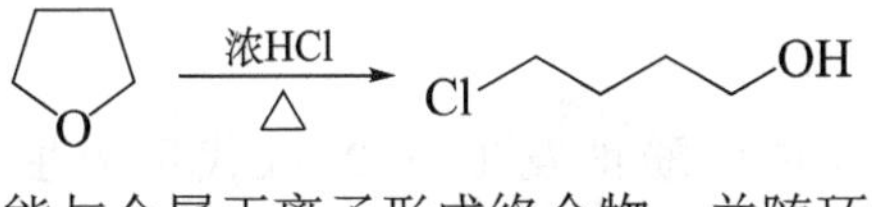

冠醚的重要性质之一是能与金属正离子形成络合物，并随环的大小不同可与体积不同的金属正离子络合。例如，12-冠-4、15-冠-5、18-冠-6 可分别特异性地和 Li^+、Na^+、K^+络合。冠醚与金属离子形成的络合物都有固定的熔点，因此常用于分离金属阳离子的混合物。此外，冠醚通过络合正离子，可有效裸露负离子，从而大大提高负离子的亲核性，加速亲核取代反应，并起到相转移催化剂的作用。例如，固体氰化钾和卤代烷在有机溶剂中很难反应，但加入 18-冠-6 后，反应迅速进行。此时冠醚与无机阳离子形成如下结构的络合物，并将其带入有机溶剂。在有机相中近于裸露的 CN^-亲核性大大加强，易与溴代烷发生 S_N2 反应。

$$RBr + CN^- \xrightarrow[\text{18-冠-6}]{\text{有机溶剂}} RCN + Br^-$$

$[K^+ \cdot 18\text{-冠-6}]\ CN^-$

学习提示： 2016年的诺贝尔化学奖授予三位在“分子机器的设计和合成”领域做出重要贡献的化学家。这是超分子化学领域继1987年后第二次获得诺贝尔化学奖。分子间的非共价相互作用和自组装可以形成多种多样的具有不同功能的有序聚集体，而冠醚则是超分子化学最早研究的主体分子之一。

8.10 醚的制备

1. 醇的分子间脱水反应

一些含伯烷基的简单醚如乙醚、正丁醚可用相应的醇和硫酸脱水制得。

$$2\ ROH \xrightarrow[\triangle]{H_2SO_4} R{-}O{-}R + H_2O$$

$$2Cl{-}CH_2CH_2{-}OH \xrightarrow{H_2SO_4} Cl{-}CH_2CH_2{-}O{-}CH_2CH_2{-}Cl$$

二(β-氯乙基)醚

但此法一般不能用于不对称醚的合成，因为会得到醚的混合物。对于仲醇和叔醇，在 H_2SO_4 存在下一般生成烯烃，醚仅是作为副产物生成。但使用叔醇和伯醇或仲醇按下列反应可以得到三级烃基醚。这是因为3°碳正离子较易形成，同时伯醇或仲醇空间位阻相对较小，可与3°碳正离子结合成混合醚，使反应产生较好的选择性。

$$(CH_3)_3C{-}OH \xrightarrow[-H_2O]{H^+} (CH_3)_3C^+ \underset{-H^+}{\overset{EtOH}{\rightleftharpoons}} (CH_3)_3C{-}O{-}CH_2CH_3$$

乙基叔丁基醚

工业上制乙醚是用氧化铝作催化剂，加热下使乙醇脱水。

$$2\ C_2H_5OH \xrightarrow[300℃]{Al_2O_3} C_2H_5OC_2H_5 + H_2O$$

2. 威廉姆逊醚合成法

由卤代烷或磺酸酯与醇钠或酚钠发生 S_N2 取代反应生成醚的方法称为威廉姆逊（Williamson）醚合成法。此法既可用于制备简单醚，也可用于制备混合醚。

$$\underset{(ArONa)}{RONa} + R'X \xrightarrow{S_N2} \underset{(ArOR')}{ROR'} + NaX$$

$$X = Cl, Br, I, OSO_2R''$$

具有各种结构的醇钠或酚钠均可用于此反应，但卤代烷一般只限于无β-支链的伯卤代烷。若使用仲、叔卤代烷或醇酯，都可能产生较多的消除产物。

OK + CH_3CH_2Br ⟶ + KBr

CH_3OK + OSO_2Ph ⟶ +

二级醇酯 85% 5%

欲制得 t-$BuCH_2OCH_3$，只能使用新戊氧基钠和卤甲烷或苯磺酸甲酯反应，而不能使用新戊基卤代烃。因为 t-$BuCH_2X$ 无论进行 S_N1 或 S_N2 反应，速率都极慢，在碱性条件下主要生成消除产物。

X NaO 可行 O 不可行 ONa X

制备芳基醚时，总是使用酚盐，因为卤代芳烃不活泼。并且常使用硫酸二甲酯代替价格昂贵的卤甲烷，以制备甲基芳基醚。

OH + $H_3C-O-S(=O)_2-O-CH_3$ $\xrightarrow{NaOH/H_2O}$ OCH_3 + $H_3C-O-S(=O)_2-ONa$

硫酸二甲酯

3. 汞化-去汞化反应

烯烃的汞化-去汞化反应可用于制备混合醚。它比威廉姆逊醚合成法更有用，不会发生消除反应。但由于空间阻碍，此法不能用于制备三级烷基醚。烯烃的汞化-去汞化反应可详见 4.4.4.1 小节。

+ ROH + $Hg(OCOCF_3)_2$ ⟶ OR, $HgOCOCF_3$ $\xrightarrow{NaBH_4}$ OR, H

4. 环醚的制备

实验室制备环氧化合物有多种方法，其中一种是在碱性条件下邻卤代醇发生分子内的 S_N2 反应。此反应类似“邻基参与”机理，要求卤素和羟基处于反式，反式邻卤代醇可以由烯烃与次卤酸加成得到。顺式邻卤代醇不能制得环氧乙烷，而是发生卤素的消除反应得到烯醇，并进一步互变为羰基化合物。

HO X $\xrightarrow{OH^-}$ ^-O X $\xrightarrow[S_N2]{-X^-}$ O

$\xrightarrow{HOCl}$ Cl OH $\xrightarrow{OH^-}$ O

工业上是用氯乙醇和熟石灰共热，或乙烯在银存在下，空气氧化以制得环氧乙烷。

$$ClCH_2CH_2OH \xrightarrow{Ca(OH)_2} \text{环氧乙烷} + CaCl_2 + H_2O$$

$$CH_2{=}CH_2 \xrightarrow[Ag,\ 250℃]{O_2} \text{环氧乙烷}$$

二元醇在酸催化下，控制醇的浓度可发生分子内脱水形成环醚。这种方法一般适用于易于形成的五元、六元环醚的制备。

$$HO(CH_2)_4OH \xrightarrow[H_3PO_4或H_2SO_4]{H_3O^+} HO(CH_2)_4\overset{+}{O}H_2 \xrightarrow{-H_2O} \text{质子化四氢呋喃} \underset{}{\overset{-H^+}{\rightleftharpoons}} \text{四氢呋喃}$$

四氢呋喃

$$2\ HOCH_2CH_2OH \xrightarrow{H_3PO_4或H_2SO_4} \text{1,4-二氧六环} + 2\ H_2O$$

制备冠醚的常用方法是通过威廉姆逊醚合成法。例如：

$$ClCH_2CH_2OCH_2CH_2OCH_2CH_2Cl + HOCH_2CH_2OCH_2CH_2OCH_2CH_2OH \xrightarrow[H_2O,\ 四氢呋喃]{KOH} \text{18-冠-6}$$

18-冠-6

$$2\ \text{邻苯二酚} + 2\ ClCH_2CH_2OCH_2CH_2Cl \xrightarrow[-2HCl]{NaOH,\ 丁醇} \text{二苯并-18-冠-6}$$

二苯并-18-冠-6

8.11　硫醇、硫醚和硫酚

硫和氧是同族元素，它们能够形成类似的化合物。硫醇、硫醚和硫酚都可以看作是硫化氢的衍生物。—SH 称为巯基，是硫醇/硫酚的官能团。

CH_3SH	C_6H_5SH	$CH_3CH_2SCH_2CH_3$
甲硫醇	苯硫酚	乙硫醚

8.11.1　物理性质

哺乳动物肠道内的蛋白质分解可产生甲硫醇，在动物臭鼬身上也发现有硫醇和硫醚，洋葱中则含有正丙硫醇。这类化合物大多具有不愉快的气味，一般 9 个碳原子以下的硫醇都有强烈的臭味。每升空气中含 10^{-8} g 乙硫醇就能嗅出其臭味，因此工业上将它作为臭味剂。例如，煤气是无色、无臭但有毒的气体，常常在其中添加极少量的硫醇，这样管道有微量漏气就能察觉。随着硫醇相对分子质量的增加，臭味逐渐减弱。9 个碳原子以上的硫醇基本无臭味，有些甚至还带有令人愉快的气味。动植物体内都含有硫醇，如蛋白质的组分之一半胱氨酸含有巯基。

硫醇与醇相比，物理性质差别较大。硫原子比氧原子体积更大，电负性更低，硫醇的偶极矩比相应的醇低（CH_3OH: $\mu = 1.71$ deb；CH_3SH: $\mu = 1.26$ deb），硫醇分子间的氢键比醇分子间的氢键弱得多。因此，硫醇的沸点和水中溶解度都比相应的醇更低。

	沸点/℃	溶解度/(g/100 g 水)
乙醇	78	混溶
乙硫醇	35	1.5

8.11.2　化学性质

8.11.2.1　酸性与成盐

硫醇的酸性比相应的醇更强，这与 H_2S 的酸性比 H_2O 更强类似。硫醇酸性强于水，因此 RSNa 盐能在水中存在而不完全分解。

酸性：$ROH < H_2O < RSH < ArOH < ArSH < H_2S < H_2CO_3$

pK_a：～16　14　11　10　8.3　7.05　6.3

$$RSH + NaOH \rightleftharpoons RSNa + H_2O$$

硫醇能与碱金属和 NaOH 形成硫醇盐，与重金属如 Pb、Hg、Cu、Ag、Cd 等则容易生成不溶于水的硫醇盐。例如：

$$2\,RSH + HgO \longrightarrow (RS)_2Hg\downarrow + H_2O$$

硫醇汞(白)

$$2\,RSH + Pb(OAc)_2 \longrightarrow (RS)_2Pb\downarrow + 2\,AcOH$$

硫醇铅(黄)

因此，硫醇常作为重金属中毒的解毒药，生成的不溶性盐可从粪便中排出。例如，二巯基丙醇就是临床用的一种汞中毒的解毒剂，它可以将与功能性蛋白质结合并导致其失活的汞夺取并排出体外，使蛋白质恢复活性。

失活的蛋白质　　二巯基丙醇　　可排出体外　　恢复活性

由于硫原子的可极化性比氧强，不带正电荷的硫原子（包括硫醇和硫醚）及硫负离子（如硫醇盐）都具有很强的亲核性。硫醇钠和卤代烃反应不仅能合成硫醚，生成的硫醚还可以进一步与卤代烷反应，形成稳定的锍盐。用于制备锍盐的常用烃化剂有：烯丙基卤、苄基卤、一级卤代烷和 α-卤代乙酸乙酯等。锍盐加热后又得到硫醚。

$$RS^- + R'Br \longrightarrow RSR' + Br^-$$

$$EtSNa + \text{环戊基溴} \xrightarrow{\text{醇}} \text{环戊基乙基硫醚} + NaBr$$

$$(CH_3)_2\ddot{S} + H_3C-I \rightleftharpoons (CH_3)_3S^+\ I^-\ (\text{锍盐}) \xrightarrow{AgOH} (CH_3)_3S^+\ OH^-\ (\text{锍碱}) + AgI\downarrow$$

锍盐和 AgOH 作用可得到含有 OH^-的锍碱。锍碱具有较强的碱性，当β-碳原子上有氢存在时，加热条件下可发生 E2 消除反应，生成烯烃。

$$(C_2H_5)_3S^+\ OH^- \xrightarrow{\triangle} H_2C{=}CH_2 + C_2H_5SC_2H_5 + H_2O$$

8.11.2.2 与不饱和烃的加成

硫醇与烯烃、炔烃都能发生加成反应。例如，在强酸作用下，硫醇极易与烯烃发生亲电加成，生成符合马氏规则的产物。

$$R\ddot{S}H + RCH{=}CH_2 \xrightarrow{H^+} RCH(SR)CH_3$$

硫醇和硫酚都能与炔烃进行亲核加成（不发生亲电加成），生成反式加成产物。

$$EtOC\equiv CH + p\text{-}CH_3C_6H_4\ddot{S}H \xrightarrow{NaOH} EtO\bar{C}{=}CH(SC_6H_4CH_3\text{-}p) \xrightarrow{H_2O} EtOCH{=}CH(SC_6H_4CH_3\text{-}p)$$

含吸电基的烯烃在碱性条件下也与硫醇发生亲核加成反应。

$$CH_2{=}CHCN + EtSH \xrightarrow{\text{碱}} EtSCH_2CH_2CN$$

学习提示： 无论是“亲电”还是“亲核”加成，硫原子都是发挥其亲核性。只是在亲电加成中，先与不饱和烃结合的是亲电试剂（如 H^+）；而在亲核加成中，先与不饱和烃结合的是亲核试剂（S）。

在光照或过氧化物引发下，硫醇或硫酚还可与烯烃或炔烃进行游离基加成反应，得到反马氏规则的加成产物。

$$RSH \xrightarrow[-InH]{In\cdot} RS\cdot \xrightarrow{CH_2=CHR'} RSCH_2\dot{C}HR' \xrightarrow[-RS\cdot]{RSH} RSCH_2CH_2R'$$

$$(CH_3)_2C{=}CH_2 + EtSH \xrightarrow[O_2]{100℃} (CH_3)_2CHCH_2SEt$$

乙基异丁基硫醚(94%)

8.11.2.3　还原反应

硫醇、硫醚中的 C—S 键比醇、醚中的 C—O 键更弱，可极化性更强。因此，硫醇、硫醚容易被催化氢化而还原为烃。一般的醇、醚则不被催化氢化。

$$CH_3CH_2CH_2CH_2SH + H_2 \xrightarrow{Ni} CH_3CH_2CH_2CH_3$$

$$\text{四氢噻吩} + H_2 \xrightarrow{Ni} CH_3CH_2CH_2CH_3$$

8.11.2.4　氧化反应

硫醇的氧化反应与醇相比是完全不同的。醇的氧化是与羟基相连的碳原子氧化态增加，形成 C═O 双键，而硫醇的氧化主要发生在硫原子上。使用温和氧化剂，如碘能使硫醇转变成二硫化物。二硫键很弱，又容易还原为硫醇。例如，二乙基二硫化物在 Li/液 NH_3 作用下又还原成乙硫醇。硫醇-二硫化物之间的氧化-还原体系在生物化学中非常重要，二硫键是很多蛋白质或多肽的三级结构的重要组成部分。

$$2\,RSH \underset{\text{还原}}{\overset{\text{氧化}}{\rightleftharpoons}} R—S—S—R$$

$$2\,C_2H_5SH + I_2 \longrightarrow C_2H_5—S—S—C_2H_5 + 2\,HI$$

(二乙基二硫化物)　$\xrightarrow{Li/液NH_3}$ C_2H_5SH

在更强的氧化条件下，硫醇可以氧化成各种含氧酸，硫醚则可被氧化为砜类化合物。氧化剂可以是 MnO_4^-、HNO_3、H_2O_2 或 RCO_3H 等。

$$RSH \xrightarrow{[O]} R—S—OH \xrightarrow{[O]} R—S(=O)—OH \xrightarrow{[O]} R—S(=O)_2—OH$$

次磺酸　亚磺酸　磺酸

$$R—S—R' \xrightarrow{[O]} R—S(=O)—R' \xrightarrow[\text{更高温度}]{[O]} R—S(=O)_2—R'$$

亚砜　砜

$$H_3C—S—CH_3 \xrightarrow{H_2O_2} H_3C—S(=O)—CH_3 \xrightarrow{RCO_3H} H_3C—SO_2—CH_3$$

二甲基硫醚　二甲基亚砜　二甲基砜

8.11.3　硫醇、硫醚和硫酚的制备

1. 硫醇的制备

巯基负离子是很强的亲核试剂，硫氢化钠和卤代烷发生亲核取代反应可制得硫醇。但此法不宜用于叔卤代烷，因为有与其竞争的消除反应。

$$RX + NaSH \xrightarrow{EtOH} RSH + NaX$$

$$CH_2{=}CHCH_2OH \xrightarrow{Br_2} BrCH_2CH(Br)CH_2OH \xrightarrow{NaSH} HSCH_2CH(SH)CH_2OH$$

由于存在下列平衡，产生的硫醇通过烷硫基负离子还可以与未反应的卤代烷进一步反应，生成硫醚而使产物复杂化。因此，一般加入过量 NaSH，使 RX 尽量反应完全，减少硫醚的产生。

$$HS^- + RSH \rightleftharpoons H_2S + RS^-$$

$$RS^- + RX \longrightarrow RSR + X^-$$

若用硫脲与卤代烷反应，产物水解即得硫醇，并可避免形成硫醚。

$$X{-}R + S{=}C(NH_2)_2 \longrightarrow R{-}S{-}C(NH_2){=}\overset{+}{N}H_2\ X^- \xrightarrow[2)\ H_3O^+]{1)\ NaOH} RSH + H_2NCN$$

硫醇也可通过格氏试剂制备。

$$(CH_3)_3CMgBr + S_8 \longrightarrow (CH_3)_3CSMgBr \xrightarrow{HCl} (CH_3)_3CSH + MgBrCl$$

2. 硫醚的制备

硫醇在碱性条件下与卤代烷反应，可制得对称的或不对称的硫醚。

$$CH_3CH_2SH \xrightarrow[H_2O]{NaOH} CH_3CH_2S^- \xrightarrow{(CH_3)_2CHCH_2Br} CH_3CH_2SCH_2CH(CH_3)_2\ (95\%)$$

乙基异丁基硫醚

芳基卤化物在质子溶剂中一般不与硫醇反应，但在非质子溶剂（如二甲基甲酰胺）中，在较高温度下则能顺利反应。例如：

$$C_6H_5S^- + C_6H_5Br \xrightarrow[120\sim130℃,\ 5\sim10\ h]{DMF} C_6H_5SC_6H_5$$

3. 硫酚的制备

硫酚一般是用苯磺酰氯在强还原剂下制得。

$$C_6H_5SO_2Cl \xrightarrow[0℃]{Zn/H_2SO_4} C_6H_5SH\quad 98\%$$

习　题

8.1　用系统命名法命名下列化合物。

(1) 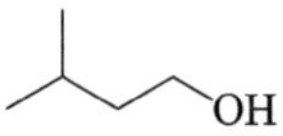　(2) 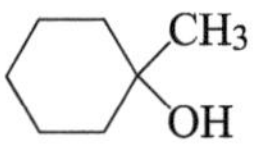　(3) 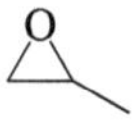　(4)  HO　OH

(5) CH_3SCH_3　(6) 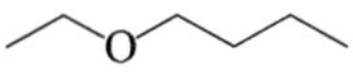　(7) 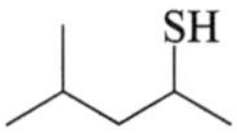 SH　(8) 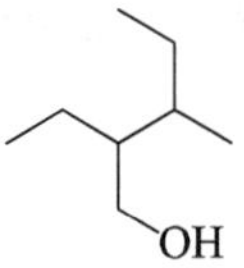 OH

(9) 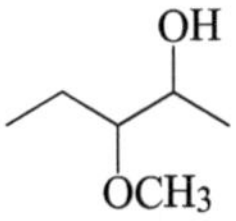 OH OCH_3　(10) 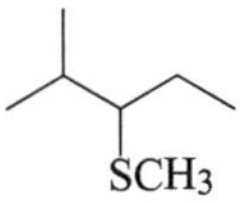 SCH_3　(11) 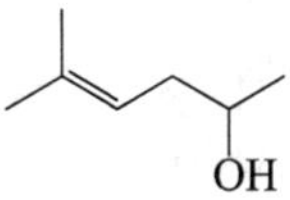 OH　(12) 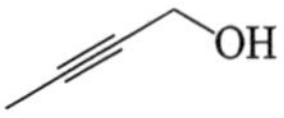 OH

(13) 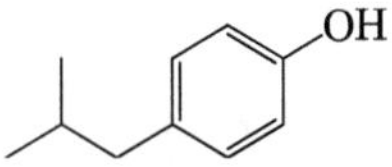 OH

8.2　完成下列反应（写出所需的试剂、主要产物及必要构型）。

(1) 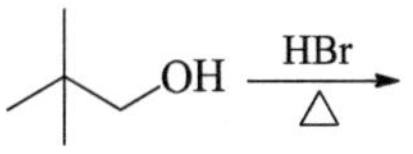 OH $\xrightarrow[\triangle]{HBr}$　(2) 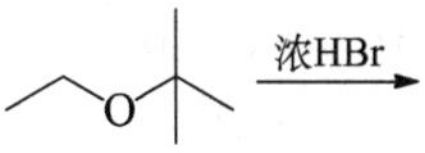 O $\xrightarrow{浓HBr}$

(3) $C_2H_5S^+(CH_3)_2I^- \xrightarrow{\triangle}$　(4) 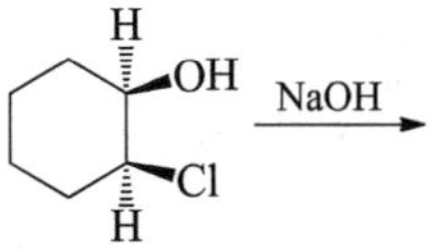 H OH Cl H $\xrightarrow{NaOH}$

(5) 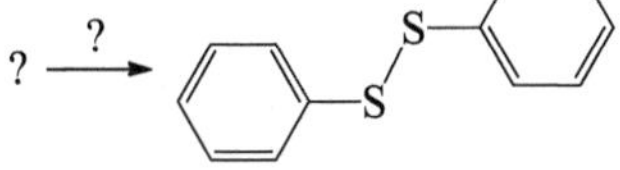 ? $\xrightarrow{?}$ S S　(6) $C_6H_5Br + C_6H_5SNa \xrightarrow[120\sim130℃]{DMF}$

(7) 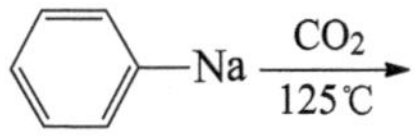 Na $\xrightarrow[125℃]{CO_2}$　(8) 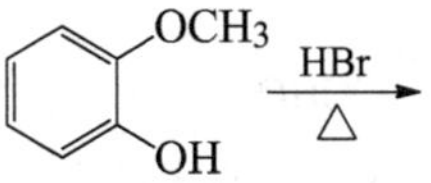 OCH_3 OH $\xrightarrow[\triangle]{HBr}$

(9) 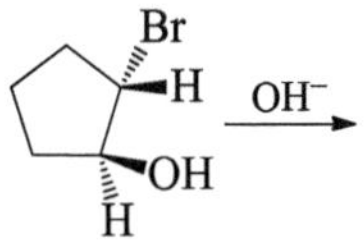 Br H OH H $\xrightarrow{OH^-}$　(10) 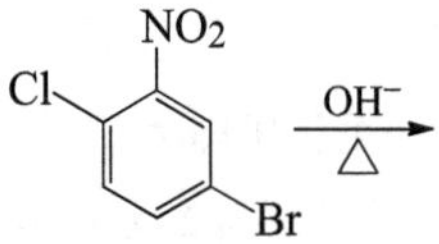 Cl NO_2 Br $\xrightarrow[\triangle]{OH^-}$

(11) 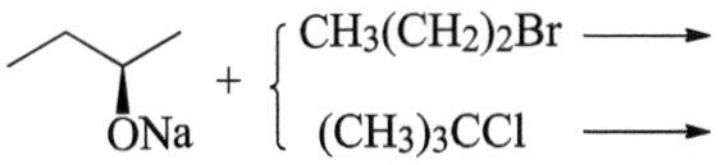 ONa + $\begin{cases} CH_3(CH_2)_2Br \longrightarrow \\ (CH_3)_3CCl \longrightarrow \end{cases}$

(12) 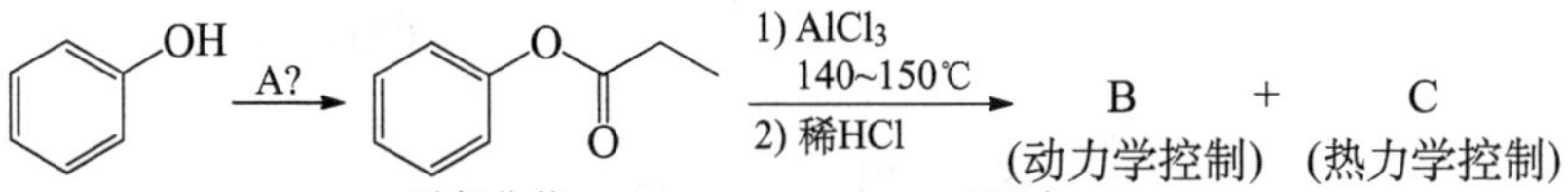 OH $\xrightarrow{A?}$ O O $\xrightarrow[2)\ 稀HCl]{1)\ AlCl_3\ 140\sim150℃}$ B (动力学控制) + C (热力学控制)

(13) $C_2H_5OC_2H_5 + Br_2 \xrightarrow{过氧化物} A \xrightarrow{OH^-} B \xrightarrow{H_3O^+} C$

(14) 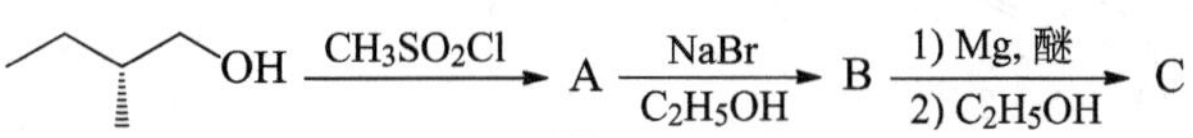 OH $\xrightarrow{CH_3SO_2Cl} A \xrightarrow[C_2H_5OH]{NaBr} B \xrightarrow[2)\ C_2H_5OH]{1)\ Mg,\ 醚} C$

(15) 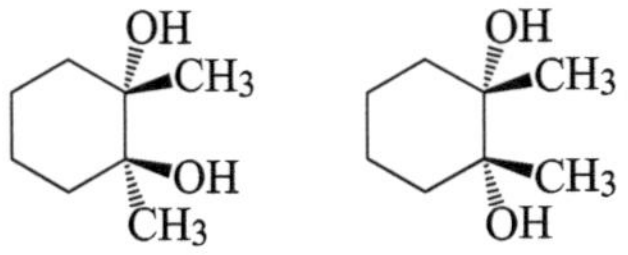 OH CH_3 OH CH_3　OH CH_3 CH_3 OH　(写出两者分别与20% H_2SO_4溶液反应的产物)

(16) 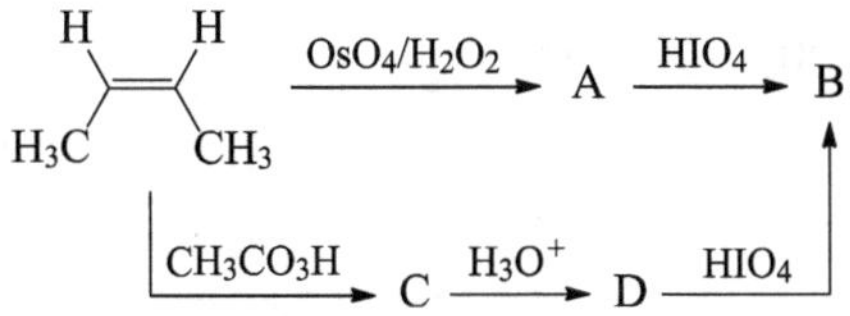 H H H_3C CH_3 $\xrightarrow{OsO_4/H_2O_2} A \xrightarrow{HIO_4} B$

$\xrightarrow{CH_3CO_3H} C \xrightarrow{H_3O^+} D \xrightarrow{HIO_4} B$

8.3　实现下列转变。

(1) 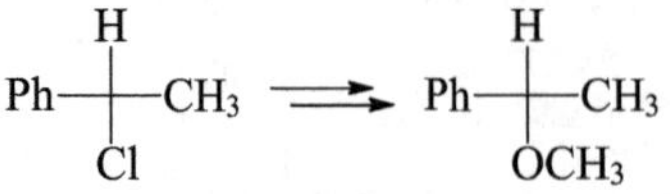 Ph—C(H)(Cl)—CH_3 ⟶ Ph—C(H)(OCH_3)—CH_3

(2)

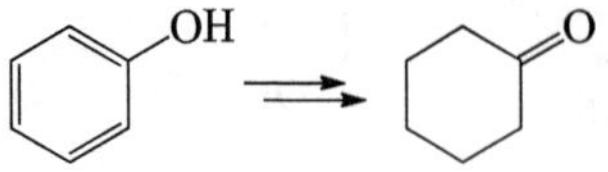

(3) 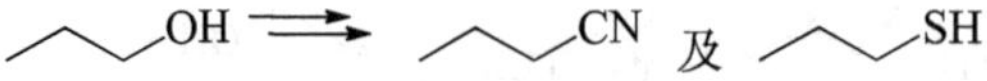 及

(4)

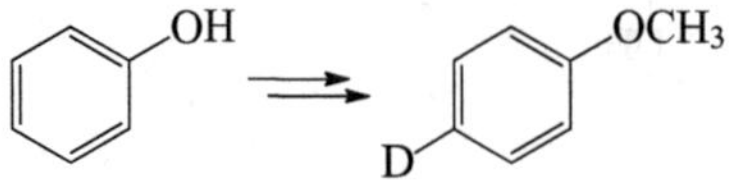

(5)

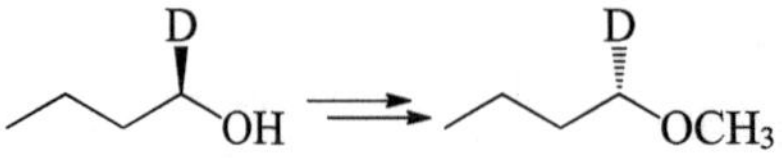

(6)

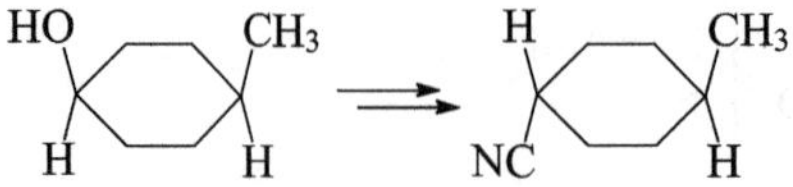

(7)

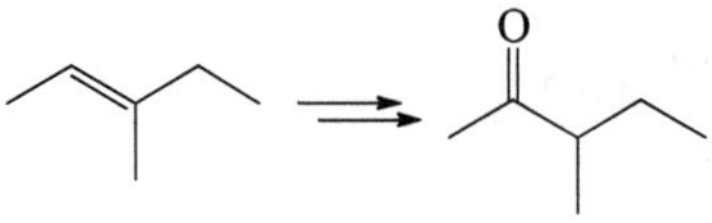

(8)

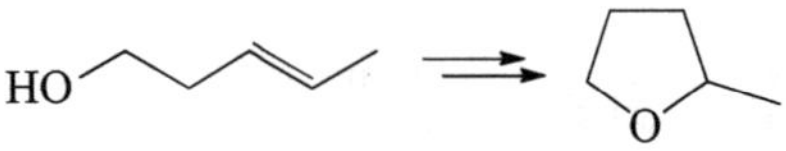

(9)

(10)

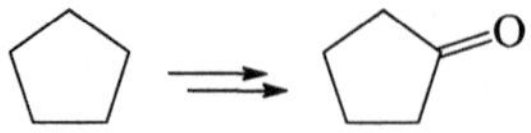

8.4　将下列各组化合物按要求的性质排序。

(1) 下列磺酸酯与NaI/丙酮溶液发生 S_N2 反应的活性。

a. 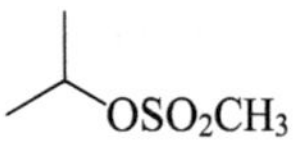 OSO_2CH_3　b. $CH_3OSO_2CH_3$　c. 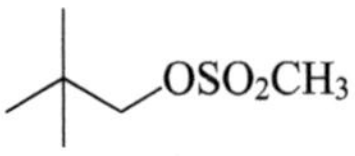 OSO_2CH_3　d. 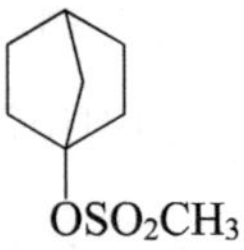 OSO_2CH_3

(2) 酸性。

A. a. 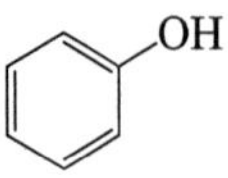　b. 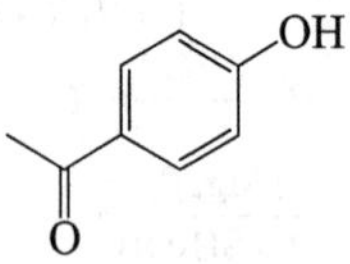　c.

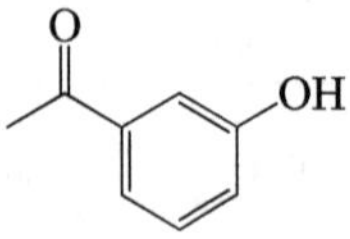

B. a. 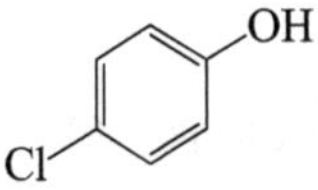　b. 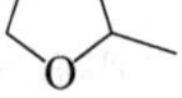　c. H_2O

(3) 碱性。

a. $C_2H_5O^-$　b. $C_2H_5S^-$　c. OH^-

(4) OH^-对下列各物质亲核取代的难易。

a. 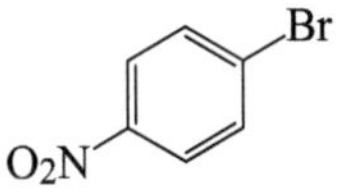 O_2N—C₆H₄—Br (structure)　　b. 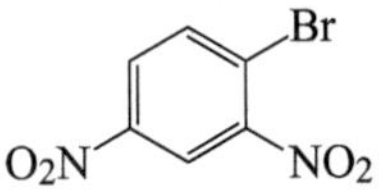 (structure, Br, O_2N, NO_2)　　c. 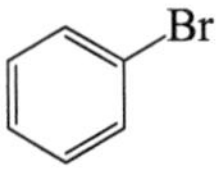 (structure, Br)

(5) 比较丁-1, 2-二醇和丁-1, 4-二醇的沸点和水中溶解度的大小，并说明理由。

(6) 比较下列化合物消除反应（酸催化脱水）的难易。

a. 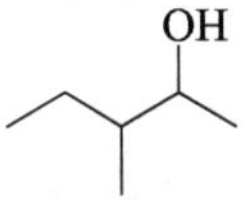 (structure, OH)　　b. 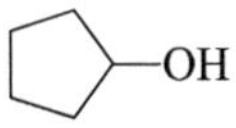 (structure, OH)　　c. 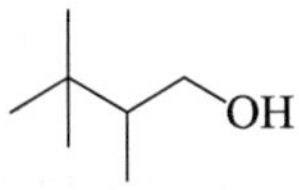 (structure, OH)

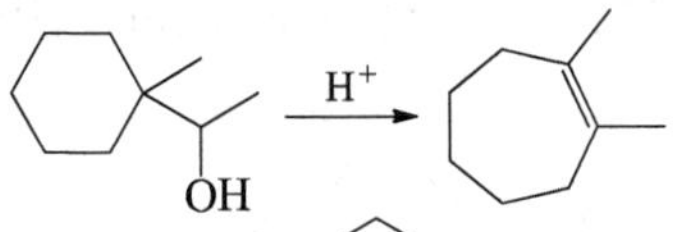

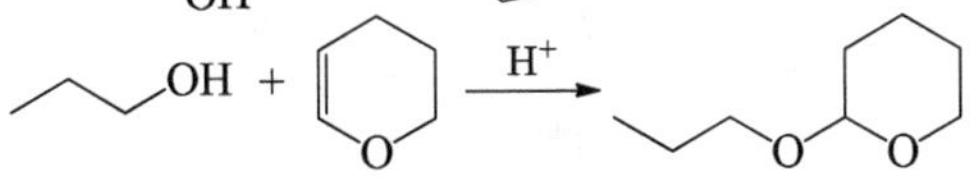

8.5　写出下列反应的机理。

(1) 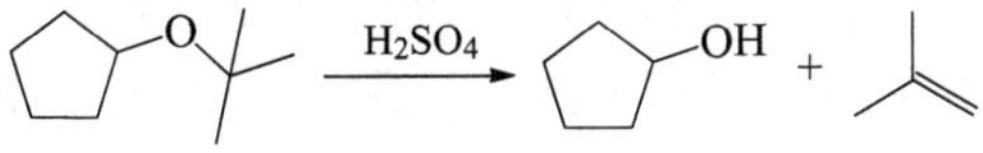 (structure, O) $\xrightarrow{H_2SO_4}$ (structure, OH) + (structure)

(2) (structure, OH) $\xrightarrow{H^+}$ (structure)

(3) (structure, OH) + (structure, O) $\xrightarrow{H^+}$ (structure, O, O)

(4) (structure, I) $\xrightarrow[\text{2) 碱}]{\text{1) (structure, S)}}$ (structure)

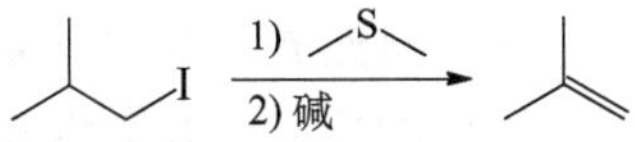

(5) 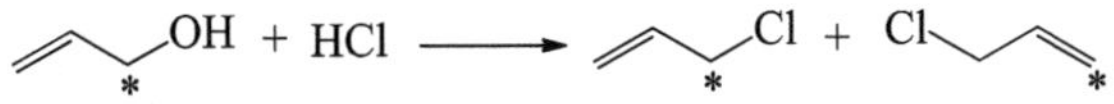 (structure, OH, *) + HCl ⟶ (structure, Cl, *) + Cl(structure, *)

8.6　按下列要求完成相关合成。

(1) 选择丁烯的 4 种异构体用以分别合成分子式为 $C_4H_{10}O$ 的醇的 4 种异构体。

(2) 由丙烯经必要的无机试剂合成甘油（丙三醇）。

(3) 由乙炔合成 (structure, O)。

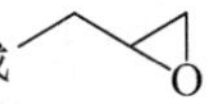

(4) 由间二甲苯合成 2-羟基-3, 5-二甲基苯甲醛。

8.7　用化学方法鉴别下列各组化合物。

(1) 乙醇和乙醚　　(2) 辛烷和辛-1-醇

(3) 2-甲基丙-2-醇和 2-甲基丙-1-醇　　(4) 环己烯和环己醇

8.8　推测化合物的结构。

(1) 一个仲醇的分子式为 $C_6H_{14}O$，经酸催化脱水得到一个烯烃，此烯经臭氧分解，唯一的有机产物是丙酮，推测该仲醇的结构，并写出各步反应。

(2) 分子式为 $C_4H_{10}O$ 的三个异构体 A、B、C 分别呈现下列性质：A 和 B 与 CH_3MgBr 反应都放出一种可燃性气体；B 能与酸性重铬酸盐反应，A、C 不反应。A 和 B 与磷酸加热得到相同产物。C 与一分子 HI 反应，产物之一是异丙醇。推测 A、B、C 的结构，并写出各步反应。

第9章 醛、酮、醌

与羟基不同，氧原子还可通过双键和碳原子相连，形成如 $>C=O$ 的结构，该结构称为羰基。羰基碳原子若与氢原子相连，则形成醛，可简写为RCHO，此时羰基处于链端；如果与两个烃基相连，则形成酮，可简写为RCOR′，此时羰基位于链中。酮分子中的两个烃基可以相同（简单酮），也可以不同（混合酮）。醌是一种特殊的酮，它具有共轭烯酮的结构。

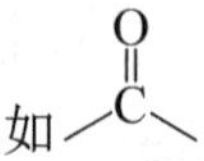

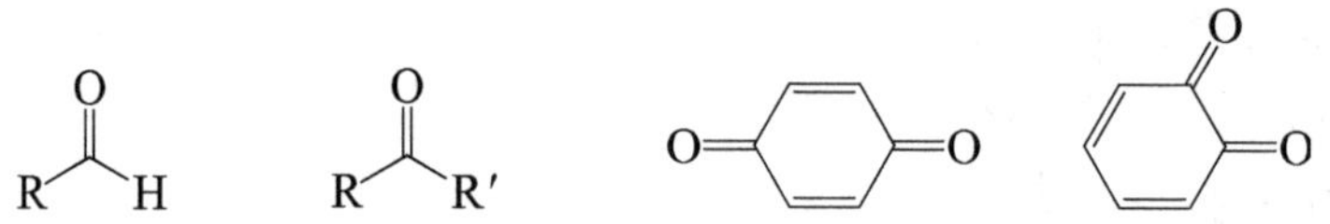

醛　　酮　　醌

羰基是极为常见且重要的官能团之一，羰基化合物广泛存在于自然界。例如，某些调味剂、香料以及一些甾体性激素、药物等，都是羰基化合物。较简单的醛、酮大量地被用作溶剂和合成中间体。

9.1 醛、酮的结构、命名和物理性质

与C═C键类似，形成C═O键的两个原子也都采用 sp^2 杂化。因此，与羰基碳原子相连的化学键处于同一平面内，彼此形成大约120°的键角。碳原子未参与杂化的2p轨道与氧原子的 $2p_z$ 轨道侧面交叠，形成碳氧π键。由于氧的电负性比碳强，所以成键电子对偏向氧原子一侧。而π电子具有较强的可极化性，因此羰基可形成如下的共振杂化体：

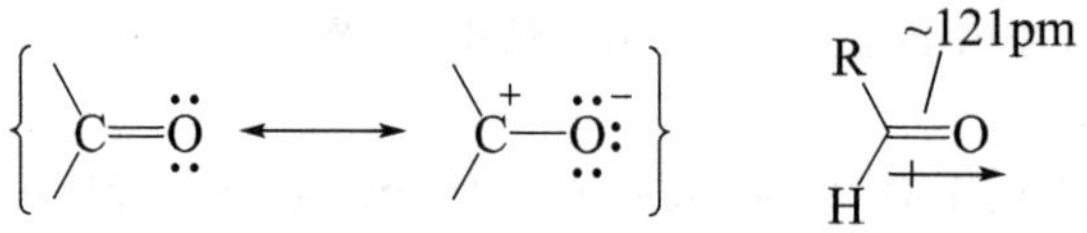

$$\left\{ >C=\ddot{O}: \longleftrightarrow >\overset{+}{C}-\ddot{O}:^{-} \right\}$$

~121pm

醛、酮的命名既可以用系统命名法，也可以用普通命名或俗名。在系统命名法中，由于醛基处于链端，编号总是从醛基碳开始。酮的编号则从离羰基更近的一端开始，即保证羰基位次最低。当分子中存在多个醛、酮结构时，可用“氧亚基（oxo-）”来表示羰基氧原子。

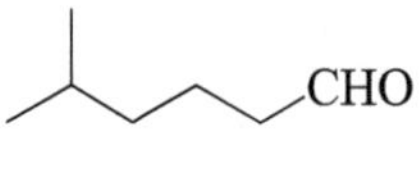

5-甲基己醛 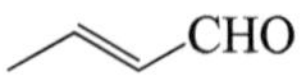　　丁-2-烯醛 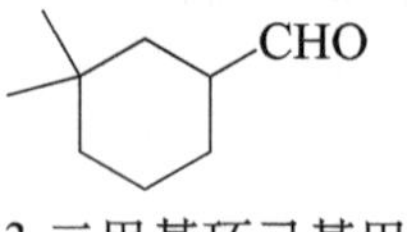　　3, 3-二甲基环己基甲醛

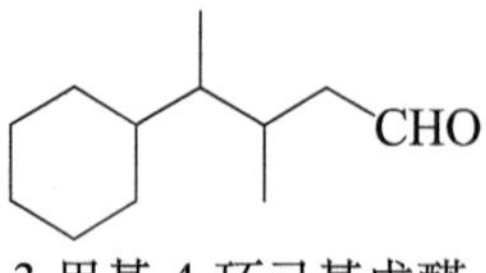

3-甲基-4-环己基戊醛 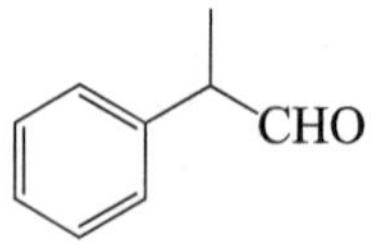　　2-苯丙醛 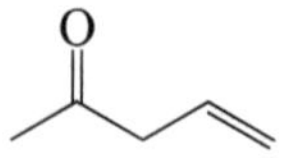　　戊-4-烯-2-酮

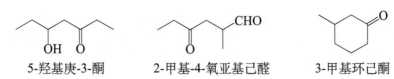

5-羟基庚-3-酮　　2-甲基-4-氧亚基己醛　　3-甲基环己酮

简单醛、酮可用普通命名法，并常用希腊词头 α、β、γ、δ…等标明取代基的位置，与羰基相邻的碳原子称为 α-碳原子。酮则可根据与羰基相连的烃基来命名。例如：

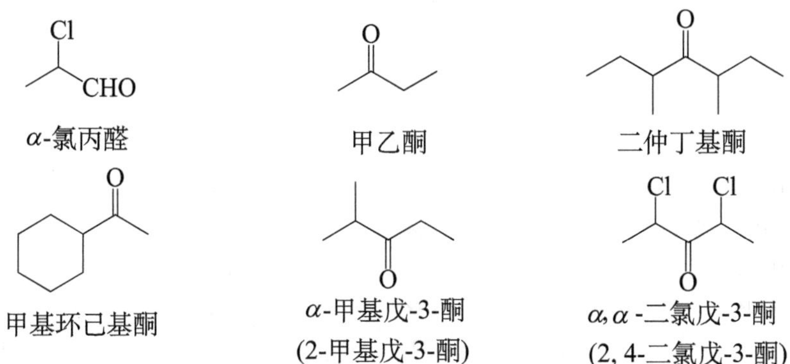

α-氯丙醛　　甲乙酮　　二仲丁基酮

甲基环己基酮　　α-甲基戊-3-酮 (2-甲基戊-3-酮)　　α,α -二氯戊-3-酮 (2, 4-二氯戊-3-酮)

芳香醛、酮命名时，将芳香环看作取代基，不计入主链碳原子数。

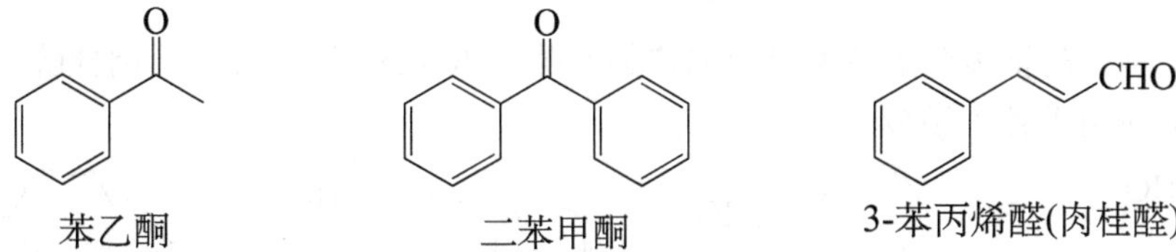

苯乙酮　　二苯甲酮　　3-苯丙烯醛(肉桂醛)

也可把羰基作为取代基，称为“某酰基”，醛基实际上就是“甲酰基”。

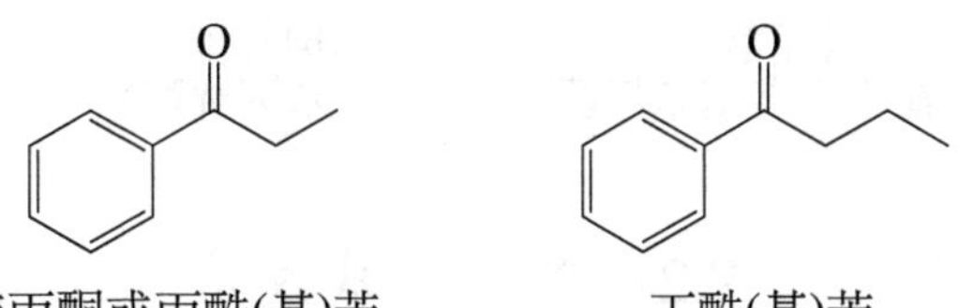

苯丙酮或丙酰(基)苯　　丁酰(基)苯

羰基是一个极性基团，所以醛和酮的沸点比相同相对分子质量的烃类高。然而由于醛或酮分子间不能形成氢键，所以沸点又比相应的醇低。直链醛和甲基正烷基酮的沸点，表现出有规律地随碳原子数增加而升高。

	丁烷	丙醛	丙酮	正丙醇
沸点:	–0.5℃	49℃	56.1℃	97.2℃

羰基化合物在水中的溶解度比相应的烃类大，这是因为羰基氧原子可作为氢键受体与水分子形成氢键，因此低级醛、酮（如甲醛、乙醛、丙酮）都能与水混溶。其他醛、酮在水中的溶解度随相对分子质量增加而减小，高级醛、酮仅微溶或不溶于水，易溶于有机溶剂。

液体醛、酮的密度都小于 1，比水轻。一般醛、酮的物理性质见表 9.1。

表 9.1　一般醛、酮的物理性质

分子式	名称	熔点/℃	沸点/℃	溶解度/(g/100g 水)
HCHO	甲醛	–92	–19	40
CH_3CHO	乙醛	–123	20	∞
CH_3CH_2CHO	丙醛	–81	49	20
$CH_3(CH_2)_2CHO$	丁醛	–97	75	7.6
$CH_3(CH_2)_3CHO$	戊醛	–60	102	微溶
$CH_3(CH_2)_4CHO$	己醛	–56	130	微溶
PhCHO	苯甲醛	–57	178	0.3
$PhCH_2CHO$	苯乙醛	–10	195	0.22
CH_3COCH_3	丙酮	–95	56	∞
$CH_3COCH_2CH_3$	丁酮	–86	80	27.5
$CH_3COCH_2CH_2CH_3$	戊-2-酮	–78	102	6.3
$CH_3CH_2COCH_2CH_3$	戊-3-酮	–39	102	3.5
$PhCOCH_3$	苯乙酮	20	202	0.55
PhCOPh	二苯甲酮	49	305	不溶

自然界中存在的很多芳香醛都具有愉快的香味，如水杨醛、香草醛、肉桂醛、胡椒醛等，它们被广泛地应用于各个领域。

水杨醛
(邻羟基苯甲醛)

香草醛
(3-甲氧基-4-羟基苯甲醛)

肉桂醛
(3-苯丙烯醛)

胡椒醛
(3, 4-亚甲二氧基苯甲醛)

9.2　亲核加成反应

9.2.1　概述

作为不饱和键，碳氧双键可以和碳碳双键一样发生加成反应。羰基碳原子的正电性使其容易接受亲核试剂的进攻，发生 π 键打开的亲核加成反应，这是羰基最典型的特征反应。

亲核加成反应既受碱催化，也受酸催化。若使用碱性试剂，其亲核性可直接进攻羰基碳原子，形成氧负离子中间体，并最终完成反应。大多数的亲核取代反应都采用该机理进行。

$$RR'C^{\delta+}{=}O^{\delta-} \xrightleftharpoons[\text{慢}]{Nu^-} RR'C(O^-)Nu \xrightarrow[\text{快}]{A^+} RR'C(OA)Nu$$

质子酸或路易斯酸同样可促进反应进行，它们通过和作为路易斯碱的羰基氧原子结合，可形成碳正离子中间体，便于与亲核试剂结合。当试剂的亲核性较弱、酸性较强时，羰基的亲核加成反应可按此机理进行。

$$\mathrm{RR'C{=}O + H^+ \rightleftharpoons \left[RR'C{=}\overset{+}{O}H \longleftrightarrow RR'\overset{+}{C}{-}OH\right] \xrightarrow{Nu^-} RR'C(Nu)OH}$$

羰基的亲核加成反应大多是可逆反应。当亲核原子是 O、N、卤素或氰根碳原子时，反应都是可逆的。因此，反应的总结果将依赖于平衡位置（这与烯烃的亲电加成和饱和卤代烃的亲核取代有所不同，后两者多为不可逆反应，反应的总结果依赖于相对反应速率）。

容易想象，对于羰基的亲核加成，羰基碳原子缺电性越强，越容易接受亲核试剂的进攻。因此如果羰基上连有吸电基如—CCl_3、—CF_3 等，将更容易发生该反应。

从空间效应的角度看，羰基加成后，羰基碳原子由原来的 sp^2 杂化转变为 sp^3 杂化，键角变小，空间变拥挤。因此羰基上取代基和亲核试剂的体积都将影响平衡和反应速率。取代基或亲核试剂的体积增大，反应速率和平衡常数都减小。

综合电子效应和空间效应，醛、酮类羰基化合物发生亲核取代反应的活性顺序大致如下：三氟乙醛 > 甲醛 > 一般脂肪醛 > 芳香醛 > 脂肪甲基酮 > 环酮 > 芳香甲基酮 > 二芳基酮。

9.2.2 典型的亲核加成反应

9.2.2.1 与氢氰酸的加成

醛、酮与氢氰酸（HCN）加成，生成的产物称为 α-氰醇。

$$\mathrm{RCHO + HCN \rightleftharpoons RCH(OH)CN \qquad RCOR' + HCN \rightleftharpoons RR'C(OH)CN}$$

HCN 是一个很弱的酸，然而 CN^-具有强的亲核性。这个反应是由 CN^-对羰基碳原子的亲核进攻引起的。

$$\mathrm{RR'C{=}O \underset{CN^-}{\overset{慢}{\rightleftharpoons}} RR'C(O^-)CN \underset{-H_2O}{\overset{H_2O}{\rightleftharpoons}} RR'C(OH)CN + OH^-}$$

如果直接使用 KCN 或 NaCN 作试剂，虽然 CN^-的浓度高，但在此强碱性条件下，逆反应增加，平衡不利于加成产物的生成；向反应体系中加酸理论上可以通过中和反应生成的 OH^-使平衡向右进行，但却会使 CN^-的浓度降低，同样降低反应速率。因此，较强的酸性或碱性均不利于该反应。综合来看，反应最好是在弱酸性溶液中进行，HCN（$pK_a \approx 11$）是一个酸度合适的试剂。但由于 HCN 毒性很强，易挥发，因此常将硫酸或盐酸滴加到 KCN 或 NaCN 水溶液与醛或酮的混合溶液中，生成的 HCN 立即进行反应。例如：

$$\mathrm{HCHO + KCN \xrightarrow{H_2SO_4/H_2O} HOCH_2CN}\ (76\%\sim80\%)$$

醛、酮的结构对反应平衡有显著影响：

醛和脂肪族甲基酮	$K \gg 1$	平衡利于氰醇形成
芳香族甲基酮	$K < 1$	产量低
二芳基酮	$K \ll 1$	反应不能进行

氰醇在有机合成领域是一个有用的中间体，醛、酮通过与 HCN 的加成可得到增加一个碳原子的产物。氰基（—CN）经酸水解可得到羧酸（—COOH），还原则可得到胺（$—CH_2NH_2$）。

α-羟基-α-甲基丁酸

用硫酸和甲醇处理由丙酮制得的氰醇，通过水解、酯化、消除可生成甲基丙烯酸甲酯——制备有机玻璃的单体。

78%　甲基丙烯酸甲酯(90%)

除 HCN 外，很多无机酸也能在某种程度上与羰基加成，但加成产物常不稳定。例如：

C—Cl 键远没有 C—CN 键稳定，α-氯醇不可能分离得到，即使用其他方法制得了 α-氯醇，也会很快分解为相应的醛、酮和 HCl。

9.2.2.2　与亚硫酸氢钠的加成

亚硫酸氢钠的硫原子具有较强的亲核性，其与醛、酮加成可得到产物 α-羟基磺酸钠。这是一种不溶于乙醚、可溶于水，同时不溶于 $NaHSO_3$ 饱和溶液的盐。因此在 $NaHSO_3$ 饱和溶液中，醛可全部转化为加成物沉淀析出。

α-羟基磺酸钠

向产物中加入酸或碱，由于以下平衡的破坏，产物可转变回原来的醛、酮。所以醛、酮和 $NaHSO_3$ 的反应，不仅可用于鉴别醛、酮（加成物有固定的熔点、性状等物理性质），而且可用于分离提纯醛、酮。

$$NaCl + SO_2\uparrow + H_2O$$

$$\text{(R)(R')C(OH)SO}_3\text{Na} \rightleftharpoons \text{RR'C=O} + NaHSO_3$$

$$Na_2SO_3 + CO_2\uparrow + H_2O$$

此外，用 $NaHSO_3$ 加成产物制备氰醇是一个较为理想的反应。这个反应利用了加成物缓慢分解所产生的 $NaHSO_3$，它与 NaCN 反应生成的 HCN 作为对羰基的加成试剂，避免了直接使用高毒性的 HCN。

$$R(R')C(OH)(SO_3Na) \rightleftharpoons RR'C{=}O + NaHSO_3 \xrightarrow{NaCN} RR'C(OH)(CN) + 2Na^+ + SO_3^{2-}$$

醛、酮与 $NaHSO_3$ 的加成同样受空间因素的影响。例如，下列物质与 1 mol $NaHSO_3$ 反应 1 h 后，测定其产率，可以发现产率随羰基上取代基体积增大而减小。

H_3C–CHO 89%　丙酮 56%　丁酮 36%　2-戊酮 23%　3-甲基-2-丁酮 12%

3,3-二甲基-2-丁酮 6%　3-戊酮 2%　环己酮 35%　苯乙酮 1%

环酮成环后空间阻碍减小，因此比开链酮产率更高；而芳香酮则由于苯环与羰基共轭，增加了反应物的稳定性，使反应更难发生。一般醛和脂肪族甲基酮及 8 个碳以下环酮都可以发生反应，其他酮，特别是芳香酮实际上并不发生反应。

9.2.2.3　与水/醇的加成

水/醇的氧原子也可以作为亲核试剂和羰基发生加成反应，但由于其亲核性较弱，一般情况下反应较难进行，平衡偏向于反应物。

1. 与水的反应　水合物的形成

醛、酮与水反应，可得到其水合物——偕二醇。偕二醇不稳定，反应平衡偏向于醛、酮底物。

$$RCHO \xrightleftharpoons{H_2O} RCH(OH)_2 \text{（醛水合物）}$$

虽然反应难以进行，但这个可逆的亲核加成反应的存在已为同位素标记的水、醇所确认。例如，下面的反应，测定知未反应的酮中有 O^{18} 存在，表明反应已经进行，确证存在上面的平衡。

$$RR'C{=}O + H_2O^{18} \rightleftharpoons RR'C(OH)(^{18}OH) \rightleftharpoons RR'C{=}O^{18} + H_2O$$

对于一些特殊的醛、酮，仍能得到其水合物。例如，甲醛易发生亲核加成反应，在水溶液中几乎全部转变为甲醛水合物。

$$H_2C{=}O + H_2O \longrightarrow H_2C(OH)_2$$

但甲醛水合物也不能分离出来，因为分离过程中容易失水。三氯乙醛由于—CCl_3 的吸电性，其羰基也容易发生亲核加成。三氯乙醛和水反应，可得到分离产物，称为水合氯醛（可结晶，熔点为 57℃）。水合茚三酮的形成与其类似。另外，其他一些特殊情况也利于水合物的形成。例如，当羰基碳的角张力较大（如羰基处于三元环上的环丙酮）时，羰基化合物很不稳定，此时形成水合物可有效缓解角张力，因此容易发生反应。

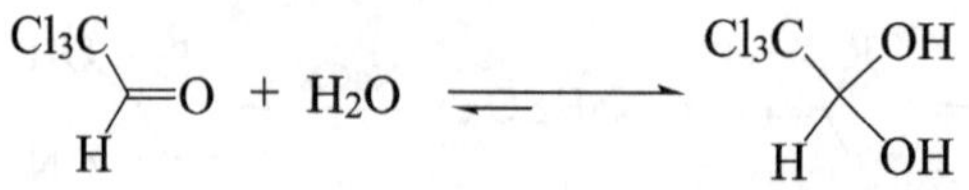

水合氯醛

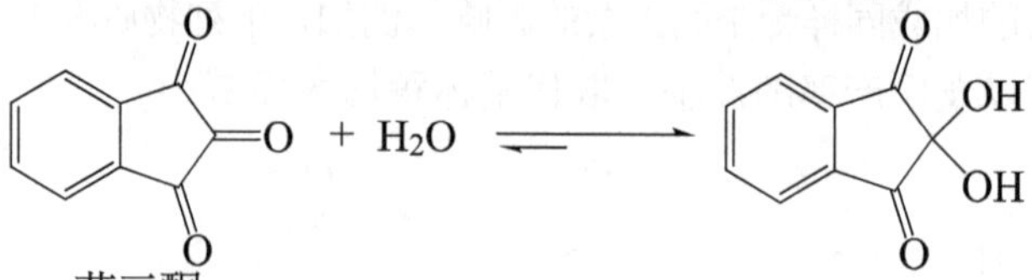

茚三酮

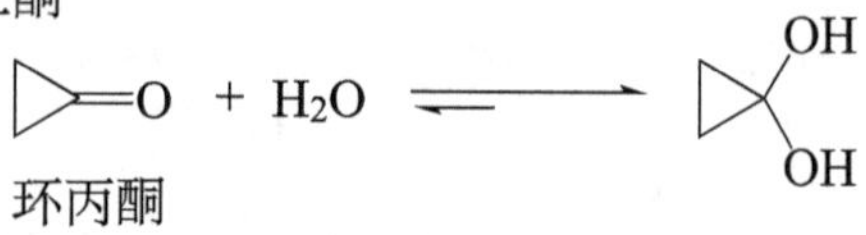

环丙酮

2. 与醇的反应　半缩醛（酮）与缩醛（酮）的形成

与和水的反应类似，醛、酮和 1 当量的醇发生亲核加成，得到的产物称为半缩醛（酮）。

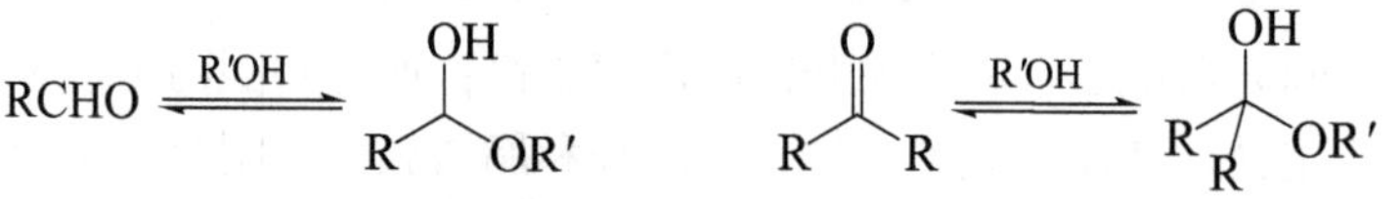

(半缩醛)　(半缩酮)

酸或碱都能催化该反应，但反应一般是在干燥 HCl 气体或无水强酸催化下进行。酸先将羰基活化（质子化），便于氧亲核试剂的进攻。

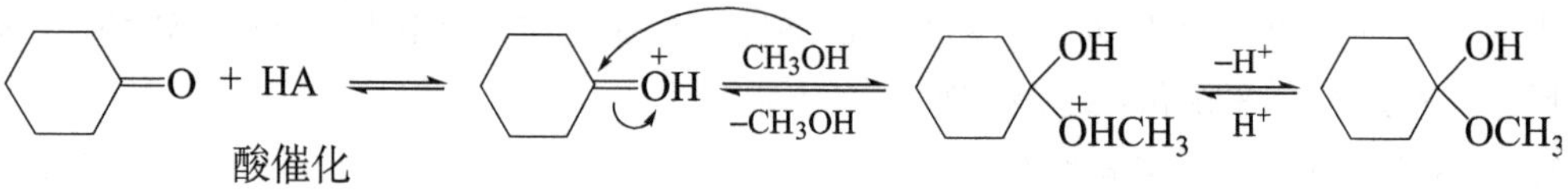

酸催化

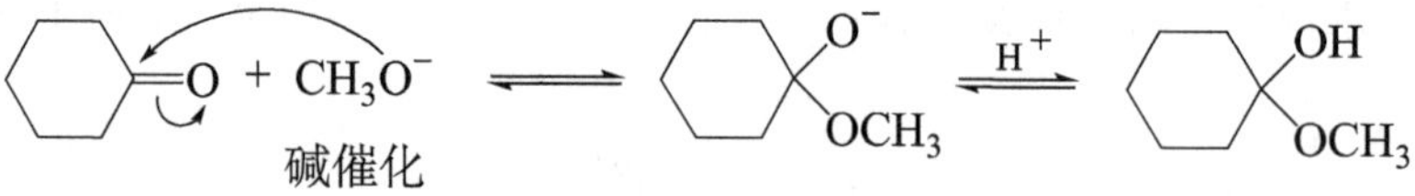

碱催化

同样，半缩醛（酮）也是不稳定的，容易发生逆反应得到原来的醛、酮，一般难以分离得到。上述易生成水合物的醛、酮也易于形成半缩醛（酮）。例如：

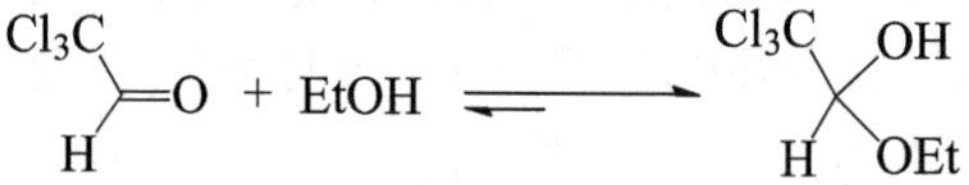

有一类半缩醛（酮）则很稳定，易于形成，即具有五元或六元环的环状半缩醛（酮）。具有 γ-羟基醛或 δ-羟基醛结构的化合物易于发生分子内的亲核加成反应，得到五元或六元环状半缩醛。自然界大多数单糖以五元、六元环的半缩醛（酮）形式存在。

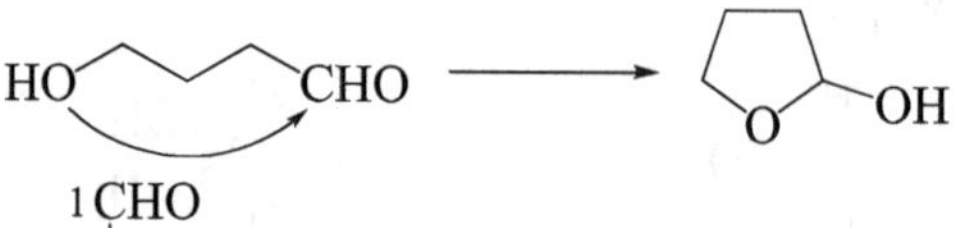

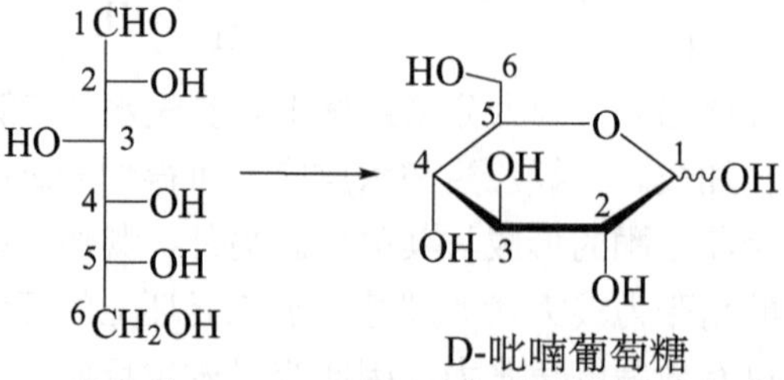

葡萄糖

D-吡喃葡萄糖
(99%以上以环状形式存在)

在酸催化下，半缩醛（酮）再与一分子醇反应可形成缩醛（酮）。

$$R-C(OH)(OR')-H \xrightarrow[R'OH]{HCl} R-C(OR')(OR')-H + H_2O$$

(半缩醛) (缩醛)

形成缩醛的机理包括酸催化半缩醛（酮）消除水分子，然后与醇进行第二次亲核加成。酸催化下醛和醇发生的每一步反应都是平衡可逆的。此时如果醇过量，平衡偏向于产物，生成缩醛；水过量则平衡偏向于反应物，使缩醛水解。

$$R-C(OH)(OR')-H \overset{H^+}{\rightleftharpoons} R-C(\overset{+}{O}H_2)(OR')-H \overset{-H_2O}{\rightleftharpoons} R(H)C=\overset{+}{O}R' \overset{R'OH}{\rightleftharpoons} R-C(\overset{+}{O}HR')(OR')-H \overset{-H^+}{\rightleftharpoons} R-C(OR')(OR')-H$$

为了制得缩醛，通常是将醛溶解在过量的无水醇中，加入少量无水酸（如气体 HCl 或浓硫酸），使平衡有利于缩醛形成。

$$H_3C-CHO + 2\,EtOH \overset{HCl}{\rightleftharpoons} H_3C-CH(OEt)_2 + H_2O$$

乙醛缩二乙醇

由于酮更难发生亲核加成，缩酮的形成更为困难。使用特殊装置设法除去产物中的水，可使平衡移向产物。实验室中常采用分水装置，以达到去水的目的。用原甲酸酯在酸催化下与酮反应，可得到较高产率的缩酮。

$$R_2C=O + HC(OEt)_3 \xrightarrow{H^+} R_2C(OEt)_2 + HCOOEt$$

原甲酸三乙酯

原甲酸酯与格氏试剂反应也可生成缩醛。

$$RMgBr + HC(OEt)_3 \longrightarrow RCH(OEt)_2 + EtOMgBr$$

$$RCH(OEt)_2 \xrightarrow{H_3O^+} RCHO + 2\,EtOH$$

环缩酮很容易形成，将酮和过量 1, 2-二醇（或 1, 3-二醇）混合，加入痕量酸即形成环缩酮。

$$R_2C=O + HO(CH_2)_3OH \overset{H^+}{\rightleftharpoons} \text{2,2-R}_2\text{-1,3-二氧六环} + H_2O$$

$$\text{环己酮} + HOCH_2CH_2OH \rightleftharpoons \text{环己酮乙二醇缩酮}\ (80\%)$$

环缩酮在酸性水溶液中可水解成为原来的酮，因此该反应常用来保护羰基或邻二醇。缩酮的水解比缩醛稍慢。

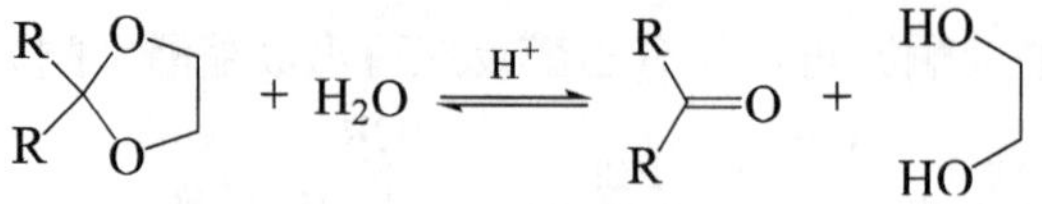

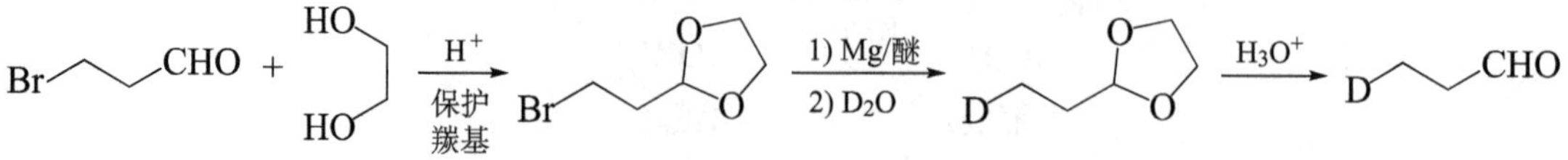

缩醛（酮）具有醚的结构，它们实际上是一种偕二醚。它们比半缩醛（酮）稳定，表现出和醚相似的、比较惰性的性质。例如，缩醛（酮）对碱和氧化剂是稳定的，但久置空气中仍可发生自动氧化形成具有爆炸危险的过氧化物。另外，在酸性条件下也可以水解；在加热条件下还可以消除一分子醇而生成烯醇醚。

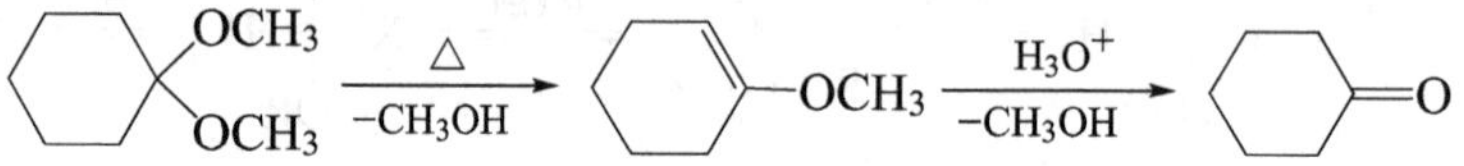

学习提示：水合物、半缩醛（酮）、缩醛（酮）结构较为特殊，可通过以下方法熟悉其结构：同一个碳原子上，如果连有两个羟基，即为羰基的水合物；如果连有一个羟基、一个烷氧基，则为半缩醛（酮）；如果连有两个烷氧基，则为缩醛（酮）。

3. 硫缩醛和硫缩酮

用硫醇代替醇，可使醛（酮）转变为硫缩醛（酮）。

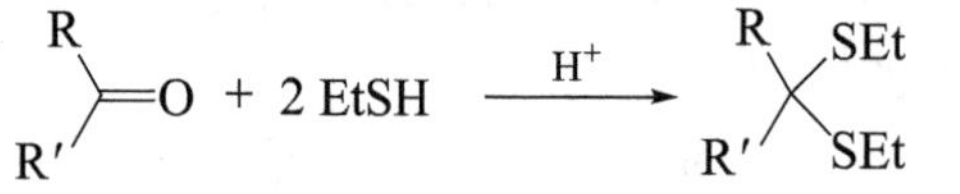

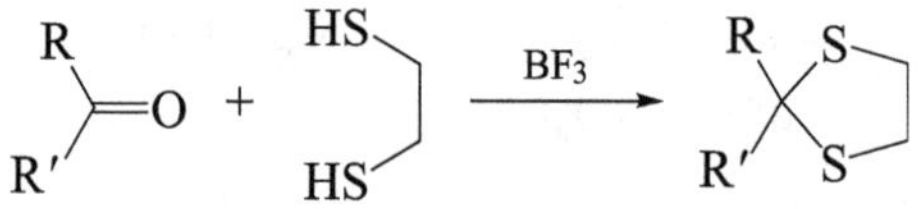

硫原子的亲核能力比氧强得多，因此室温下即可发生反应。硫缩醛（酮）也比缩醛（酮）稳定，在酸性条件下也较难水解，但可用氯化汞的水溶液或在氧化汞存在下水解，因此也可以通过生成硫缩醛（酮）来保护羰基。

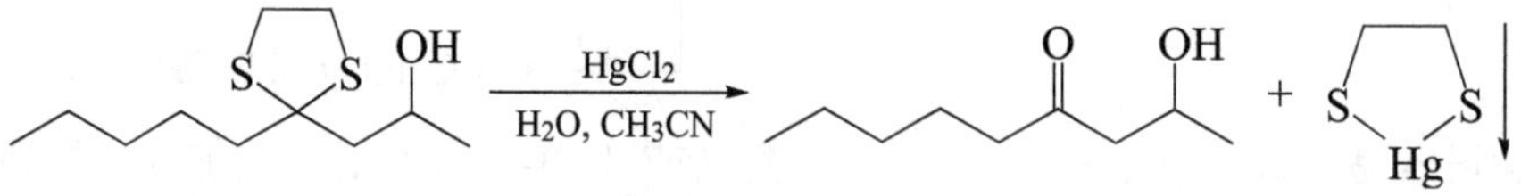

在硫缩醛中，两个硫原子之间的 α-H 是比较活泼的（$pK_a \approx 31$）。在强碱作用下，硫缩醛能脱除质子形成亲核性强的负离子（此负离子被可极化性强的硫所稳定）。负离子再与醛、酮发生亲核加成而后水解，即能合成各种 α-羟基醛、酮。

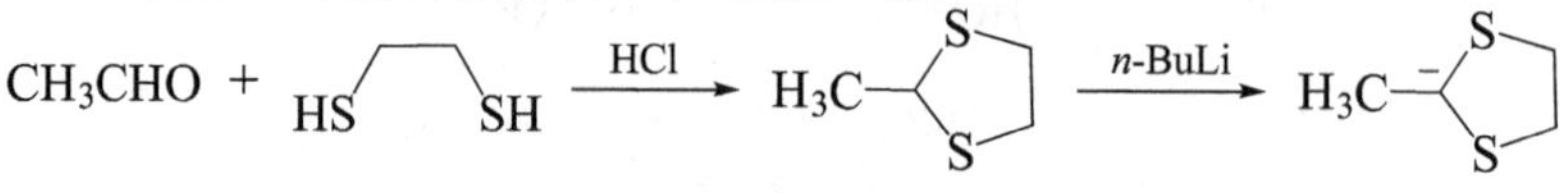

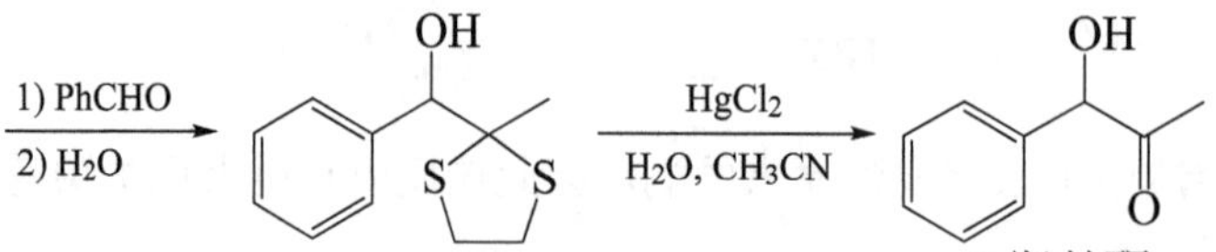

α-羟基酮

类似的负离子与环氧乙烷发生亲核取代的开环反应，水解后得到β-羟基酮。

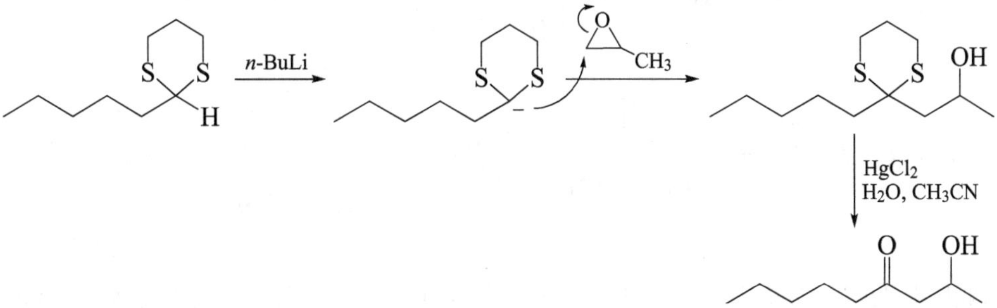

n-BuLi　CH_3　$HgCl_2$　H_2O, CH_3CN

硫缩醛（酮）的另一个重要性质是能被拉尼镍催化氢化还原成烃（具有类似硫醚的特性）。这是有机合成上使羰基还原成亚甲基的重要方法之一。

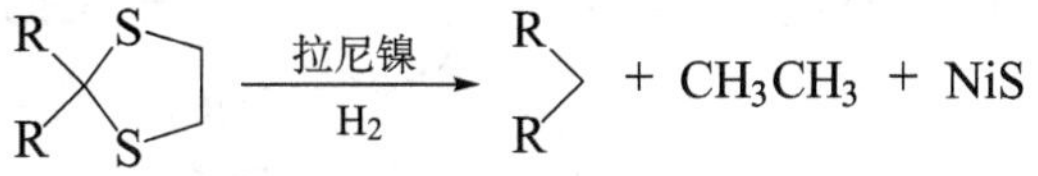

拉尼镍　H_2　$+ CH_3CH_3 + NiS$

9.2.2.4　与氨及氨衍生物的加成

1. 与氨或伯胺的反应　亚胺

醛、酮与氨（NH_3）或伯胺（RNH_2）发生亲核加成得到的α-羟胺很不稳定，立即脱水得到亚胺，醛、酮与伯胺形成的亚胺也称为席夫（Schiff）碱。

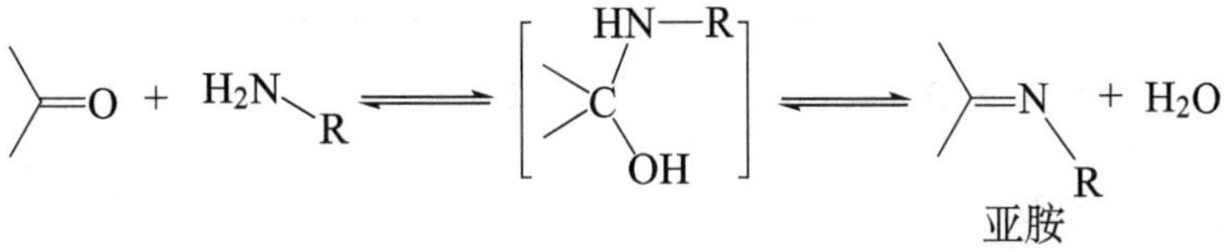

$+ H_2O$

亚胺

亚胺同样不稳定，特别是脂肪族亚胺容易水解成原来的醛、酮。芳香族亚胺由于分子中存在共轭结构，比脂肪族亚胺稳定，可分离制得。

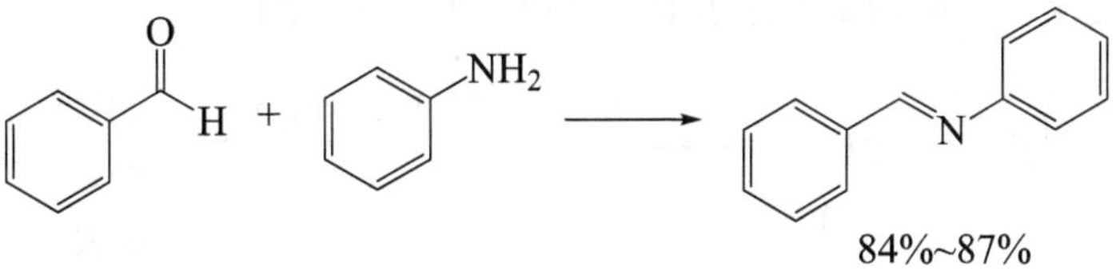

84%~87%

由邻羟基苯甲醛（水杨醛）与1, 2-丙二胺所生成的席夫碱，是一种金属钝化剂，在石油工业上用来与金属络合，以减少油品被金属催化氧化的现象。类似的（手性）双亚胺化合物称为Salen，被广泛用于制备金属配合物催化剂，用于催化各类（不对称）有机反应。

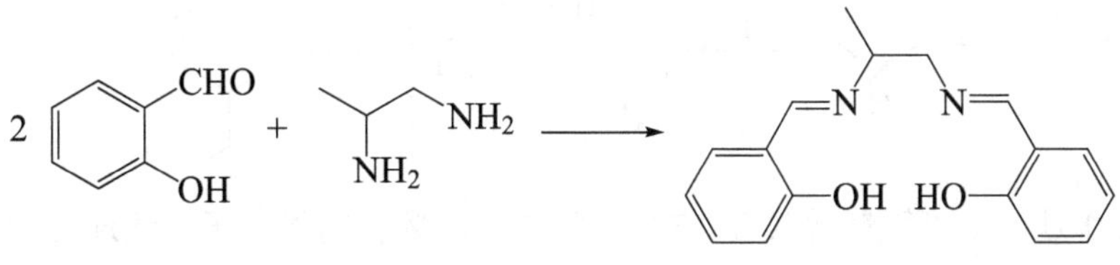

醛、酮与氨反应得到的亚胺更加不稳定，难以制备。但甲醛和氨反应产生的极不稳定的亚胺可以很快聚合，形成笼状的六亚甲基四胺，又名乌洛托品。

$$HCHO + NH_3 \rightleftharpoons [H_2C(OH)NH_2] \xrightleftharpoons{-H_2O} [H_2C{=}NH]$$

$$3\,[H_2C{=}NH] \rightleftharpoons \text{六氢-1,3,5-三嗪} \xrightarrow[NH_3]{3\,HCHO} \text{乌洛托品}$$

乌洛托品

六亚甲基四胺具有金刚烷的骨架，分子内高度对称，熔点高，可用于合成树脂和炸药。

$$\text{六亚甲基四胺} + 3\,HNO_3 \longrightarrow \text{环三次甲基三硝胺} + 3HCHO + NH_3$$

六亚甲基四胺　　环三次甲基三硝胺（旋风炸药）

亚胺虽然不稳定，但可用作合成中间体，生成其他有用的物质。例如，亚胺水解生成醛（酮）和胺；亚胺催化氢化是从醛（酮）制备胺的一个好方法。

$$R_2C{=}O + NH_3 \xleftarrow{H_2O} R_2C{=}NH \xrightarrow{H_2/Ni} R_2CH{-}NH_2$$

$$R_2C{=}O + RNH_2 \xleftarrow{H_2O} R_2C{=}NR \xrightarrow{H_2/Ni} R_2CH{-}NHR$$

2. 与仲胺反应　烯胺

仲胺（R_2NH）和醛、酮加成得到的 α-羟胺中，N 原子上没有 H，因此无法发生与伯胺类似的消除过程得到亚胺。但其容易从邻近的 α-碳原子上脱氢生成烯胺。从平衡中移去生成的水可使反应进行完全。生成的烯胺经水解又得到原来的醛、酮。

$$(CH_3)_2C{=}O + HNR^1R^2 \rightleftharpoons (CH_3)_2C(OH)NR^1R^2 \xrightleftharpoons{-H_2O} CH_2{=}C(CH_3)NR^1R^2$$

烯胺

不对称酮与仲胺反应，以生成双键碳上取代更少的烯胺为主。这是因为取代更多的烯烃平面会更加拥挤，使整个体系更不稳定。

$$\text{2-甲基环己酮} + \text{四氢吡咯} \xrightarrow{H^+} [\text{中间体 (HO, H)}] \longrightarrow \text{1-(6-甲基环己-1-烯基)四氢吡咯} + H_2O$$

烯胺可看作是一个“氮烯醇式”。它与烯醇类似，烯胺的氮原子上还连有 H 时，易发生重排转变为亚胺。

$$>C{=}C{-}N{-}H \rightleftharpoons -\underset{H}{C}{-}C{=}N{-}$$

氮原子上连有 H 的烯胺则是一种比较稳定的化合物。氮原子的孤对电子对 C═C 键的排电共轭作用使 α-碳原子具有亲核能力，可与卤代烃或酰卤反应，在该碳原子上引入烃基或酰基，经过水解，得到 α 位被取代的醛、酮，这是有机合成上极为重要的一个反应。

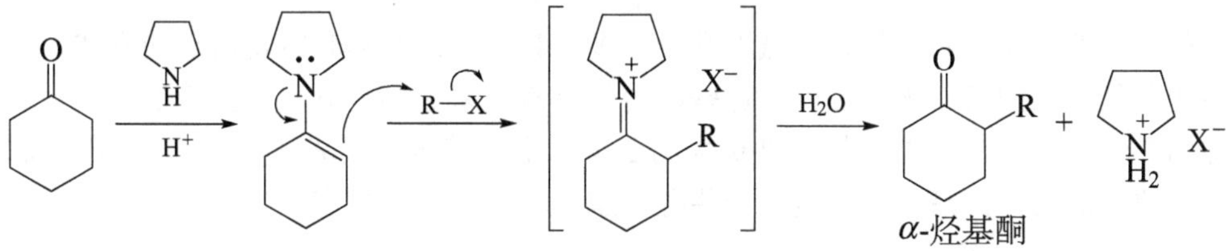

α-烃基酮

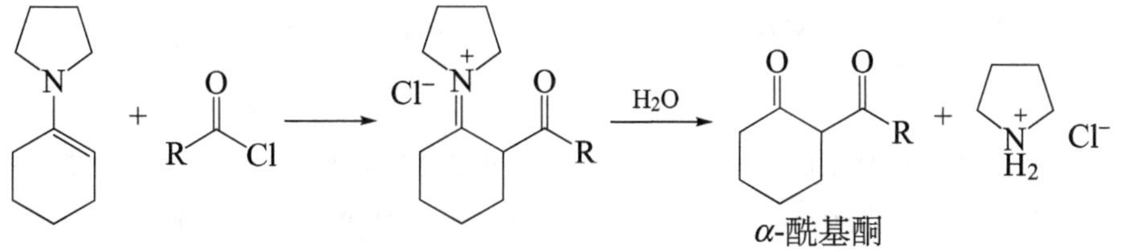

α-酰基酮

3. 与氨衍生物的反应　贝克曼重排

许多带有氨基（—NH_2）的氨衍生物，如羟胺（NH_2OH）、肼（NH_2NH_2，又名联氨）、苯肼（$PhNHNH_2$）、氨基脲（H_2N—$NHCONH_2$）等都能与醛、酮加成。反应与伯胺类似，通过加成-消除得到类似于亚胺的各种产物。

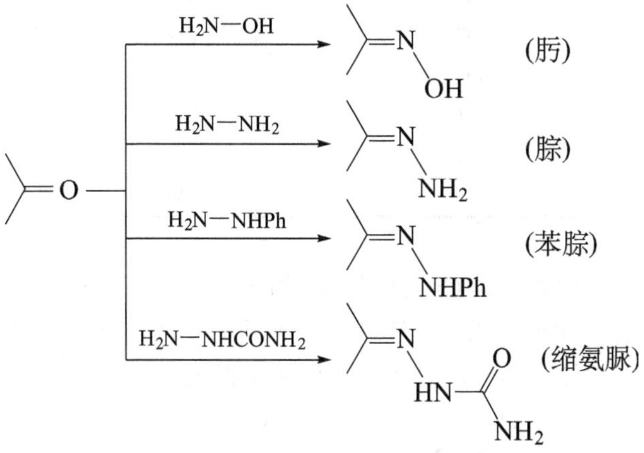

(肟)　(腙)　(苯腙)　(缩氨脲)

这类反应通常是在 pH = 5～6 的弱酸性条件下进行，机理类似于伯胺的加成-消除过程。若反应条件酸性太强（pH 低），则胺会质子化而丧失亲核性；如果碱性太强，又不利于羰基的活化（质子化）。因此 pH 要适中，最好使用缓冲溶液 HOAc/NaOAc。

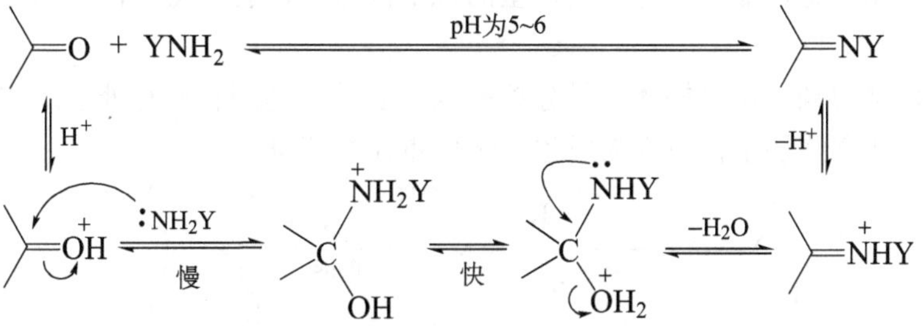

pH为5~6　慢　快　$-H_2O$

其中氨基脲分子中只有远离羰基的氨基可以发生反应；而腙分子中还有一个氨基，它可以进一步与羰基化合物反应，生成连氮化合物（═N—N═）。

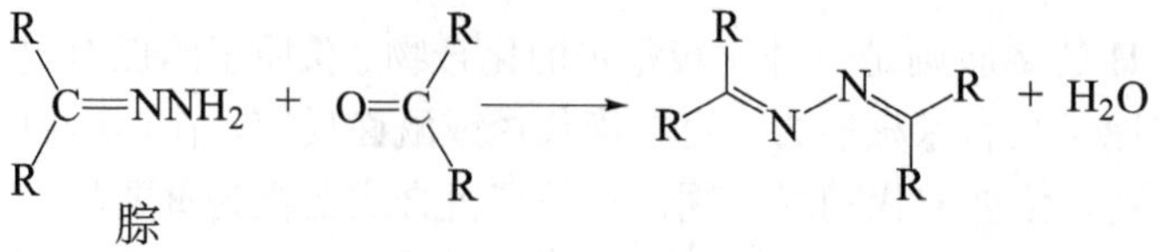

腙

这类反应的产物如肟、腙、缩氨脲等，大多是具有一定晶形和特定熔点的固体，经酸水解又能变回到原来的醛、酮。因此，这些氨衍生物常用来鉴别、分离或提纯醛、酮。这些试剂又称为“羰基试剂”。例如，用极性更大的 2, 4-二硝基苯肼作羰基试剂时，产生的苯腙大多是有颜色的结晶固体，易分离鉴定。一些醛、酮衍生物的熔点见表 9.2。

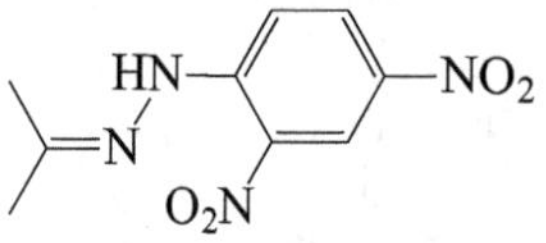

丙酮-2, 4-二硝基苯腙
m.p. 126℃,黄色晶体

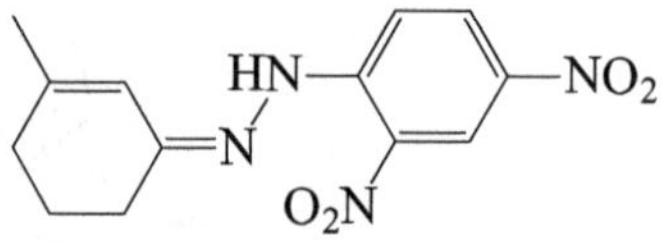

3-甲基-2-环己烯酮-2, 4-二硝基苯腙
m.p. 177~178℃,红色晶体

表 9.2　一些醛和酮衍生物的熔点（℃）

醛或酮	2, 4-二硝基苯腙	缩氨脲	肟
乙醛	169	162	47
丙酮	128	187(分解)	61
苯甲醛	237	214	35
邻甲基苯甲醛	195	208	49
间甲基苯甲醛	211	213	60
对甲基苯甲醛	239	221	79
苯乙醛	121	156	103

与氨衍生物缩合的产物大多含 C═N 键，C 和 N 原子都是 sp^2 杂化（氮上一对孤对电子占据一个 sp^2 杂化轨道）。如果碳原子上连有两个不同的基团，就有可能存在顺、反异构体。例如，醛肟的顺、反异构体，其 *Z*/*E* 命名原则和烯烃相同。

(*E*)-苯甲醛肟　　(*Z*)-苯甲醛肟

其他衍生物如苯腙、缩氨脲等，其构型的稳定性似乎比肟小得多，不易分离得到两种纯的异构体。

酮肟具有稳定的顺、反异构体，易分离得到。通常大基团和羟基处于反式的异构体更加稳定。这些异构体在酸性条件下容易发生分子内重排生成酰胺。

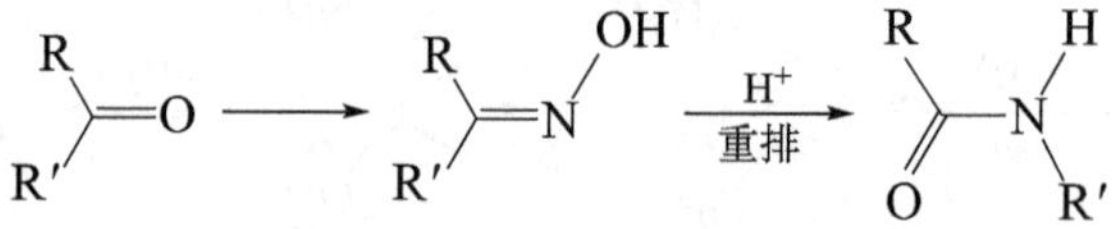

$$\xrightarrow[\text{重排}]{H^+}$$

这种由肟转变成酰胺的重排称为贝克曼（Beckmann）重排，它代表了一大类有氮原子参与的亲核重排。硫酸或其他路易斯酸都能引起贝克曼重排，其反应机理如下：

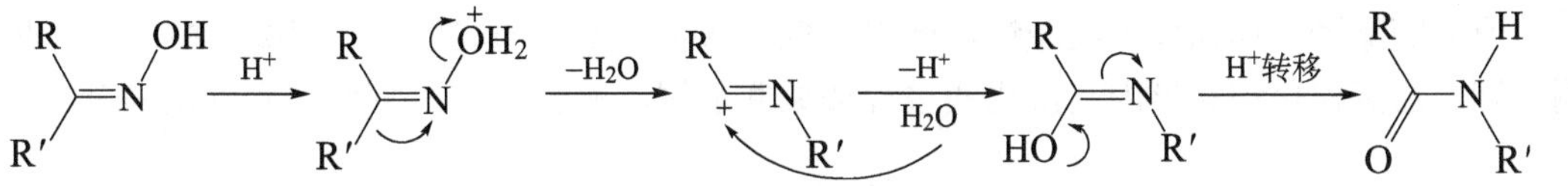

PCl_5 同样可导致重排：

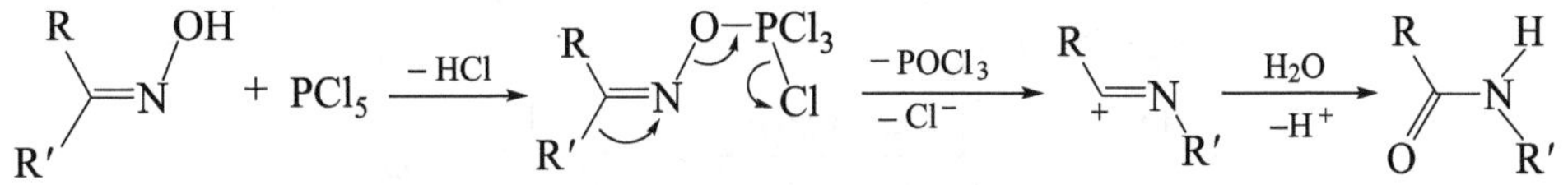

贝克曼重排是与羟基处于反式的基团（通常为较大基团）向缺电子氮原子上的迁移。这属于分子内迁移，即迁移基团并未完全脱离底物分子。因此，迁移基团如果具有手性，其构型保持不变，不会发生外消旋化。

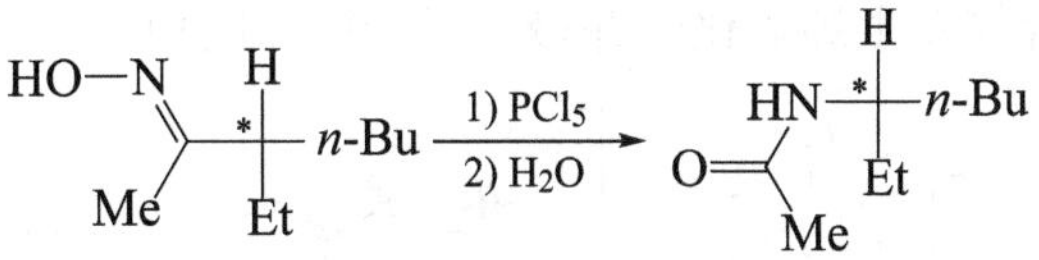

通过肟的形成——贝克曼重排，可得到醛、酮羰基的一侧（通常是大基团一侧）插入一个—NH—基团的酰胺产物。贝克曼重排的产物具有很多实际用途。例如，环己酮肟经重排后生成的己内酰胺是制备聚酰胺纤维尼龙 6 的基本原料。

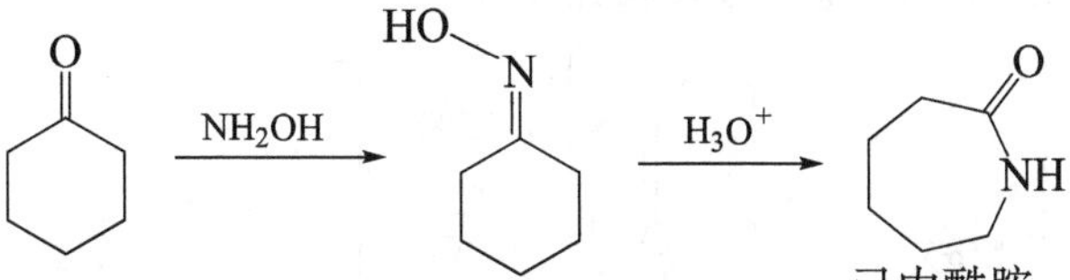

己内酰胺

学习提示： 贝克曼重排的产物结构必须在熟悉其反应机理的基础上才能准确掌握。也可通过下述方法记忆：贝克曼重排实际上就是肟的羟基和迁移基团（与羟基处于反式的较大基团）交换了位置，之后烯醇互变为酮式所致。

9.2.2.5 与金属有机化合物的加成

大多数醛、酮都能与具有极性 C—M 键的格氏试剂和有机锂等化合物进行加成。

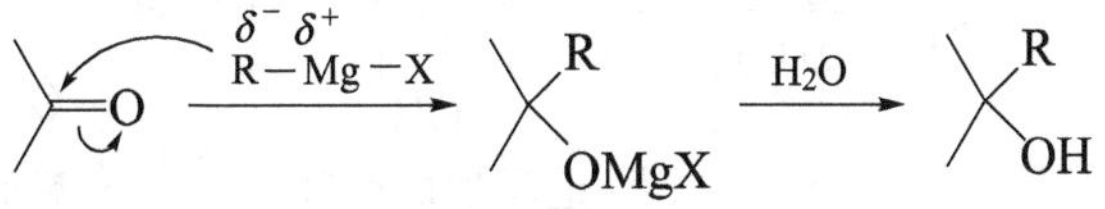

由于碳负离子极强的碱性和亲核性，该反应几乎是不可逆的，可用于制备碳链增长的各种醇：由甲醛制备伯醇，由一般醛制备仲醇，由酮则可制备叔醇。

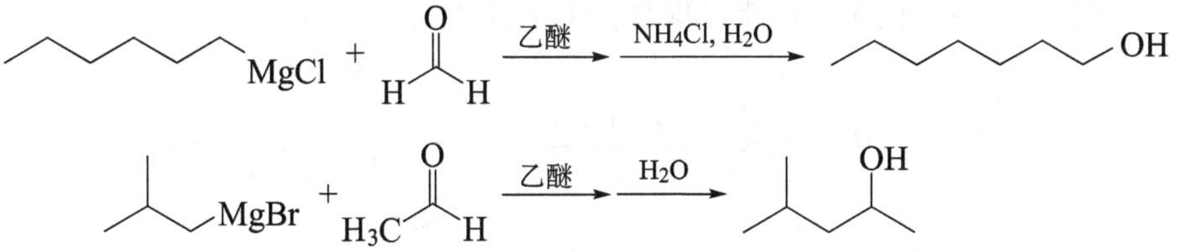

反应随酮烃基体积增大而减慢，产率降低，甚至不发生加成反应。例如，由二异丙基甲酮分别与乙基溴化镁和异丙基溴化镁进行加成并水解，前者产率为 80%，后者仅为 30%。

1) C_2H_5MgBr　2) H_2O　HO　C_2H_5　~80%

1) i-C_3H_7MgBr　2) H_2O　HO　i-C_3H_7　~30%

当羰基上的两个基团以及格氏试剂的烃基都很大时，还可能发生不同于常规加成反应的“不正常”副反应。“不正常”加成通常有两种情况，第一种为格氏试剂中的烃基与羰基的 α-H 结合形成烷烃，羰基化合物发生烯醇化，并最终又转化为底物。

+ RMgX → [H R Mg X O]$^{\neq}$ —RH→ OMgX → OH → O

第二种情况则是当格氏试剂的烃基上有 β-H 时，可能消除此 β-H 形成烯烃。同时该 β-H 以负离子的形式进攻羰基，使其还原为相应的醇。

O + H MgX → [H CH_2 O Mg X]$^{\neq}$ → OMgX +

O + MgBr → H_2O → OH +

总之，这两种情况都是格氏试剂的烷基负离子进攻羰基碳原子的位阻过大，“退而求其次”的结果。对于有机锂试剂，由于其比格氏试剂更活泼，发生“不正常”反应的可能性减小，即便在位阻很大的情况下，也能得到较多的正常加成产物。

O + Li　1) 乙醚　2) H_2O　→ OH + OH +

正常加成产物 81%　　不正常加成产物 19%

末端炔烃的碱金属盐，也和有机镁及锂试剂一样，其中的炔基负离子是一个强亲核试剂，不仅能与卤代烷发生 S_N2 反应，也能与羰基发生亲核加成。

O + HC≡CNa　1) NH_3(液)　2) H_3O^+　→ HO　65%~75%

直接用末端炔烃，它在强碱（KOH、$NaNH_2$ 等）催化下（工业上是在加压下）也可与醛、酮加成。

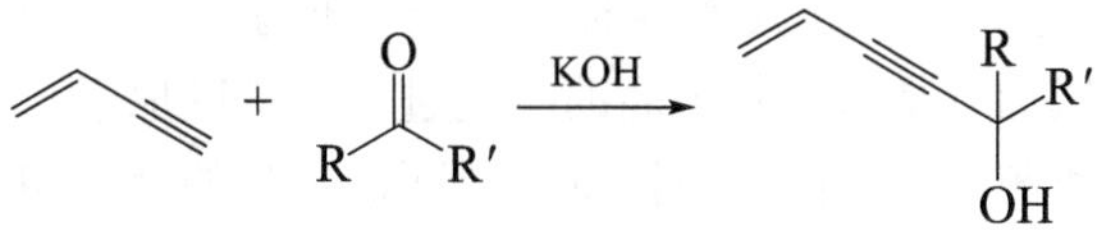

工业上利用炔化物和丙酮加成以制得异戊二烯。

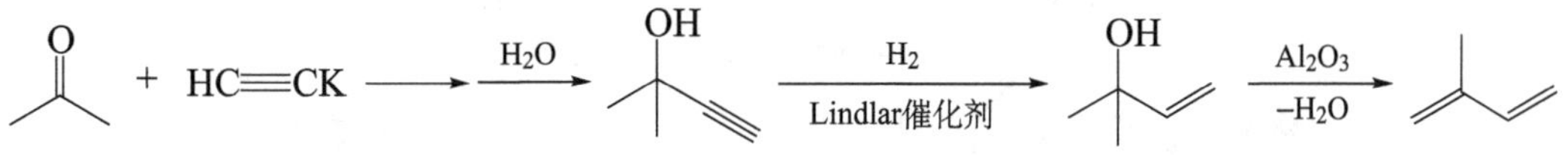

9.2.2.6　和五氯化磷的反应

酮与 PCl_5 在低温（0～5℃）下反应，可得到羰基被氯取代的产物，生成偕二氯化物。

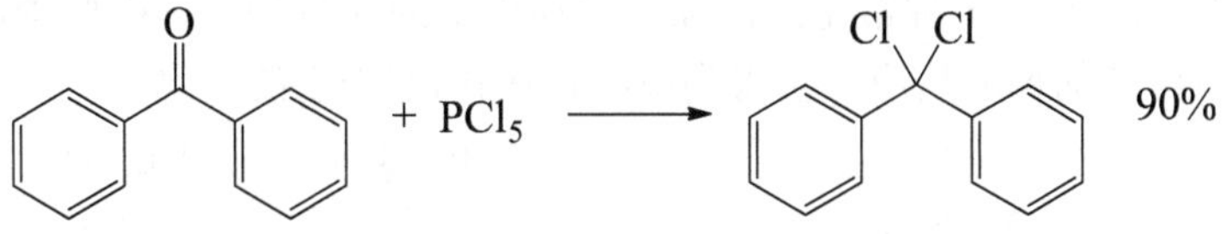

反应也会伴随氯代烯的生成。将产物混合物用强碱处理，发生消除反应，生成相应的炔烃。

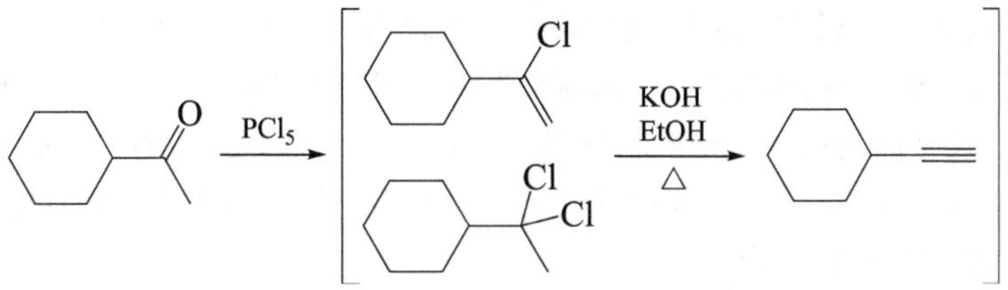

此反应可用于由酮制备炔烃。芳香酮的反应比脂肪酮更易进行，副反应更少。反应机理如下：

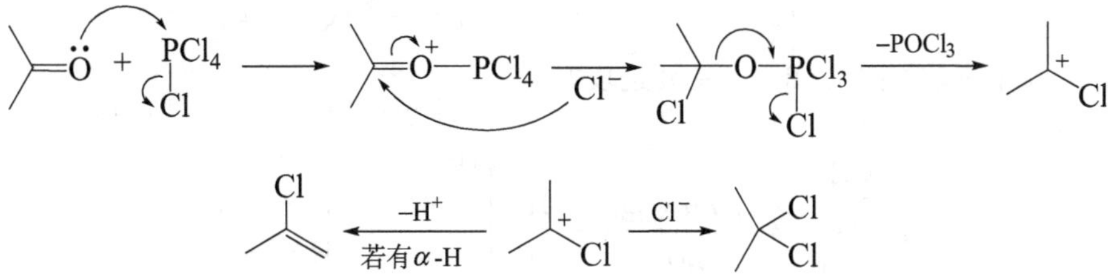

9.2.3　亲核加成反应的立体选择性　克拉姆规则

如果羰基碳原子连接了两个不同的基团，其发生亲核加成反应后，则可能形成一个新的手性中心（手性碳原子）。这样的羰基化合物具有转化为手性化合物的潜力，可以称为潜手性化合物。

+ HCN ⟶ HO CN *

羰基碳原子采用 sp^2 杂化，因此其连接的 3 个 σ 键位于同一平面，可称为羰基平面。在亲核加成反应中，亲核试剂总是从羰基平面的一侧进攻羰基碳原子。在没有其他手性因素存在的情况下，羰基平面两侧环境相同，亲核试剂从两侧进攻的概率相同，反应会得到一对外消旋体产物，即反应不具有立体选择性。

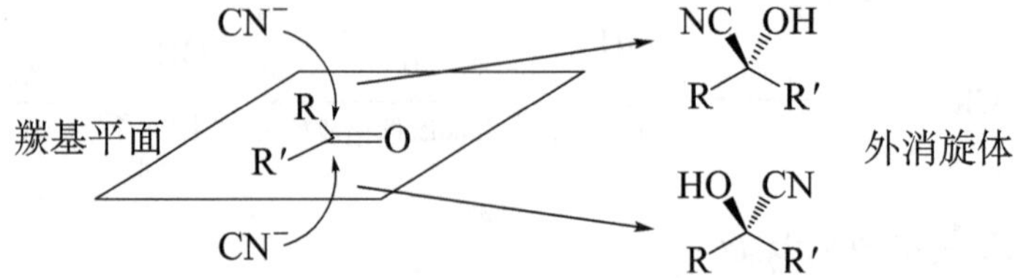

如果羰基平面两侧环境出现差异，则可能得到立体选择性的产物，即亲核试剂从羰基平面的某一侧进攻更加容易。一种常见的情况是底物羰基的 α 位为手性碳原子，如(*R*)-3, 4, 4-三甲基-2-戊酮与 HCN 的加成反应，会得到以(2*S*, 3*R*)构型为主的产物。

+ HCN ⟶ HO CN + NC OH

(*R*)-3, 4, 4-三甲基戊-2-酮　　(2*R*,3*R*)　　(2*S*,3*R*) 主要产物

克拉姆（Cram）根据某些进攻试剂如氢化铝锂、格氏试剂等（催化氢化不适用）的加成方向提出了一个规则，用以判断亲核试剂的主要进攻方向和主要产物的构型。使用克拉姆规则一般需要用纽曼投影式画出底物分子的优势构象，即羰基和 α-手性碳原子上体积最大的基团（L）处于反式共平面的构象。一般将羰基置于向上的方向，可以看出，α-手性碳原子上体积居中（M）和最小（S）的基团分别位于羰基平面的两侧，而亲核试剂则总是优先从小基团一侧进攻羰基，按如下方式反应。

次要进攻方向　R L　主要进攻方向　:Nu ⟶　主要产物　+　次要产物

1) CH_3MgBr　2) H_3O^+

(*S*)-2-苯丙醛　　(67%)　　(33%)

学习提示：要熟练使用克拉姆规则书写主要产物结构，需要能灵活转换化合物的立体结构表达式，即在楔形式、纽曼投影式、费歇尔投影式之间变换。也可以通过下述方法，不经过构型式转换而得到主要产物结构：按照克拉姆规则的书写要求，α 位手性碳原子上的最大基团（叔丁基）应该和羰基在同一平面且处于相反方向，因此可以将 C—C 键做如下旋转得到式Ⅱ。可以看出此时最小基团（H）位于羰基平面内侧，因此 CN^-优先从内侧进攻，得到氰基在内侧的主要产物。

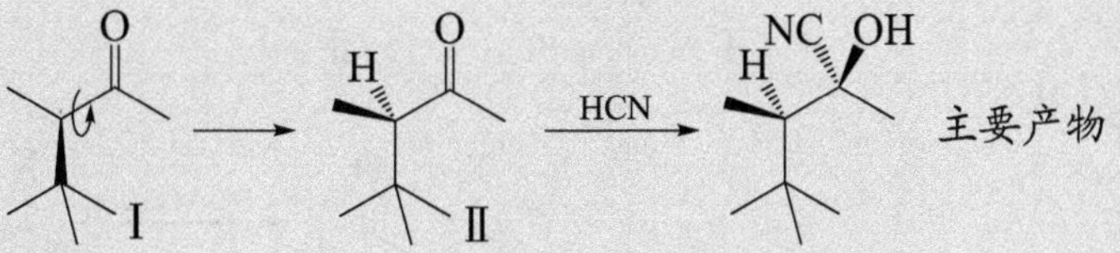

当 α 位手性碳原子上连有—OH、—NH_2、—NHR 等带有活泼氢原子的基团时，由于其可以和羰基形成分子内氢键，此时需要将该基团置于与羰基相同的方向，然后再进行亲核试剂主要进攻方向的判断。这也被称为克拉姆规则二。

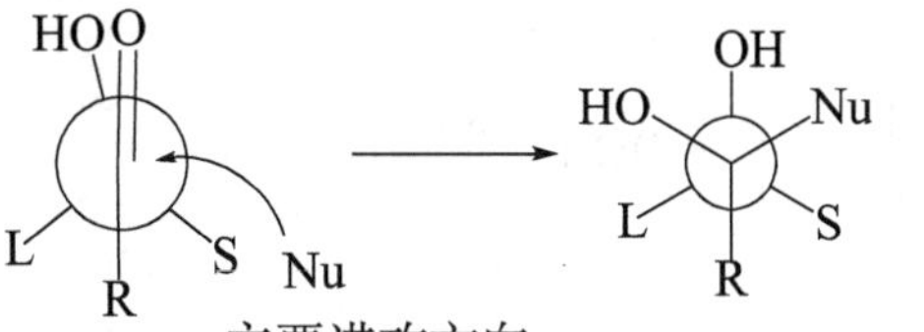

主要进攻方向

9.2.4　共轭不饱和醛、酮的亲核加成反应

碳碳双键和醛、酮的碳氧双键所组成的共轭体系，称为共轭不饱和醛、酮，也称为 α,β-不饱和醛、酮。

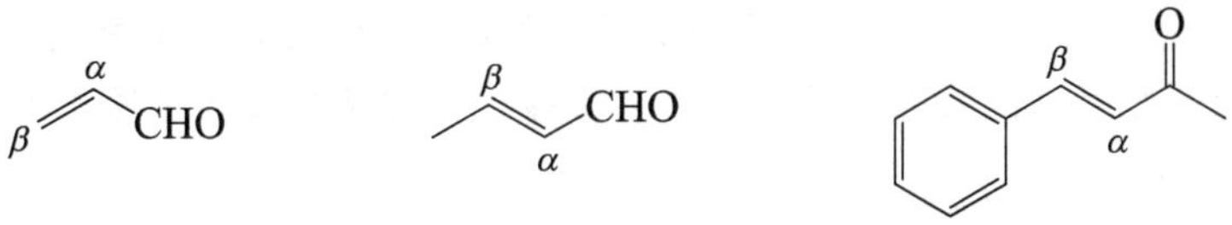

丙烯醛　　丁-2-烯醛　　4-苯基丁-3-烯-2-酮

当 α,β-不饱和醛、酮发生亲核加成反应时，与共轭二烯烃的亲电加成类似，会发生两种类型的加成：一是对羰基的 1, 2-加成；另一种是跨越 1, 4 位的共轭加成。共轭效应使 4 位（即 β 位）碳原子和羰基碳原子具有相似的缺电性，也可以被亲核试剂进攻。

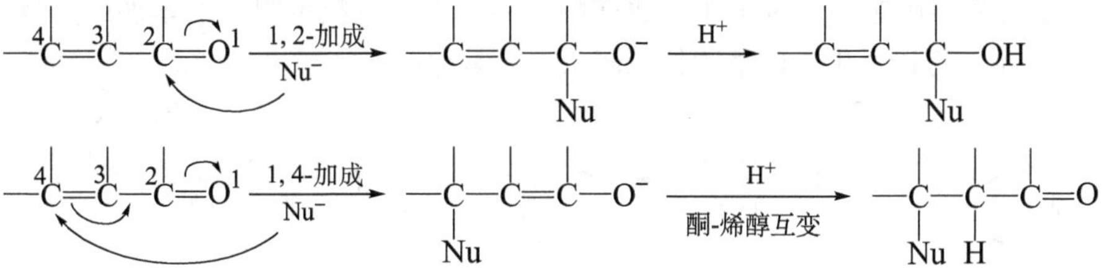

$$-\overset{4}{C}=\overset{3}{C}-\overset{2}{C}=O^{1}\xrightarrow[Nu^-]{1,2\text{-加成}}-C=C-\underset{Nu}{C}-O^-\xrightarrow{H^+}-C=C-\underset{Nu}{C}-OH$$

$$-\overset{4}{C}=\overset{3}{C}-\overset{2}{C}=O^{1}\xrightarrow[Nu^-]{1,4\text{-加成}}-\underset{Nu}{C}-C=C-O^-\xrightarrow[\text{酮-烯醇互变}]{H^+}-\underset{Nu}{C}-\underset{H}{C}-C=O$$

9.2.4.1　与质子酸的加成

α,β-不饱和醛、酮与 HX、HCN 等质子酸的亲核加成，主要生成 1, 4-加成产物。

1,4-加成　X OH　酮-烯醇互变　X O　+ HX　H　H　H

质子酸的H^+可活化羰基，使其更易接受亲核试剂的进攻。活化羰基形成的烯丙基型碳正离子Ⅱ可以共振为结构Ⅲ，从而发生1, 4-加成，并通过烯醇重排形成稳定的羰基化合物。

O　H^+　$\overset{+}{O}H$　OH　OH　Ⅲ　H　H　H　H　I　Ⅱ　X^-　X O　X OH　H　H

HCN和胺也可对α, β-不饱和醛、酮进行加成。与共轭二烯的加成反应类似，1, 2-加成反应较快，大多是可逆反应；1, 4-加成虽慢，但可逆性小，平衡对1, 4-加成有利。

+ HCN　NC　O　O

H　H　+ HCN　Et_3Al　(85%)　O　O　CN

O　O　+ CH_3NH_2　H_2O　(75%)　$NHCH_3$

学习提示：α, β-不饱和醛、酮和质子酸的亲核加成从结果上看就像是对碳碳双键的"3, 4-加成"，似乎与羰基无关。但实际从机理上看这是和羰基紧密相关的1, 4-加成反应，只是最终的烯醇加成产物互变为酮式而已。该反应中，亲核试剂都是加在缺电的4位（即β位）。

9.2.4.2　与金属有机化合物的加成

格氏试剂对α, β-不饱和醛、酮可进行1, 2-加成或1, 4-加成。由于格氏试比较活泼，一般情况下，以动力学的1, 2-加成为主。随着羰基化合物中取代基体积增大，或格氏试剂体积增大，1, 2-加成会变得困难，此时1, 4-加成产物增多。下列反应表明了1, 4-加成产物与取代基体积大小的关系，可以看出，R基团体积越大，1, 4-加成产物越多。

O　1) EtMgBr　2) H_2O　R　OH　R　Et　+　Et　O　R

1, 2-加成产物　　1, 4-加成产物

R	H	Me	Et	*i*-Pr	*t*-Bu	Ph
1, 4-加成产物/%	0	60	71	100	100	99

催化量的亚铜盐可增加 1, 4-加成产物的产量。

$$\text{CH}_3\text{CH=CHCOCH}_3 + \text{CH}_3\text{MgBr} \xrightarrow[\text{2) }H_3O^+]{\text{1) 醚}} (\text{CH}_3)_2\text{C(OH)CH=CHCH}_3 \text{ 型 1,2-加成产物} + (\text{CH}_3)_2\text{CHCH}_2\text{COCH}_3$$

	1,2-加成产物	1,4-加成产物
无亚铜盐:	90%	3%
加入n-Bu_3P · CuI:	1%	95%

有机锂化合物比格氏试剂更加活泼，主要生成 1, 2-加成产物。

$$\text{PhCH=CHCOPh} \xrightarrow[\text{2) }H_2O]{\text{1) PhLi}} \text{PhCH=CHC(OH)Ph}_2$$

用二烃基铜锂试剂时，由于试剂较不活泼，体积也较大，主要发生共轭加成。

$$\text{CH}_3\text{CH=CHCOCH}_3 \xrightarrow[\text{2) }H_2O]{\text{1) }Me_2CuLi} (\text{CH}_3)_2\text{CHCH}_2\text{COCH}_3 \quad (94\%)$$

$$\text{2-}(CH_2)_6OCOCH_3\text{-环戊-2-烯酮} \xrightarrow[\text{2) }H_2O]{\text{1) }(CH_2{=}CH)_2CuLi} \text{2-}(CH_2)_6OCOCH_3\text{-3-乙烯基环戊酮} \quad (60\%)$$

9.3 α-碳原子上活性氢的反应

醛、酮分子中除了极性双键呈现加成反应活性外，分子中的其他部位也能发生重要的有机反应。羰基是较强的吸电基，这使与其相邻的α-碳原子上的 H 比普通 C—H 酸性增强，甚至强于炔氢。

	CH_3CH_3	$CH_2{=}CH_2$	$H{\equiv}CH$	$-\overset{|}{\underset{H}{C}}-\overset{|}{C}{=}O$ (多数简单醛酮)
K_a	10^{-42}	10^{-36}	10^{-25}	10^{-19}

从另一角度讲，在碱作用下，α-H 解离后形成的负离子能够得到共振稳定，即碳负离子受到了吸电性羰基的稳定化，这也有利于质子的离去。Ⅰ、Ⅱ两个极限式中，从键能看，C═O 键比 C═C 键的键能更强；但从电负性看，氧负离子比碳负离子更稳定。因此，负离子的真实结构更类似于Ⅱ，但实际上是Ⅰ和Ⅱ的杂化体。

$$\text{RCOCH(H)R}' \xrightarrow[-HB]{:B} \left\{ \underset{\text{I}}{\text{RCO}\overset{-}{\text{C}}\text{HR}'} \longleftrightarrow \underset{\text{II}}{\text{R}(\text{O}^-)\text{C=CHR}'} \right\}$$

由于α-H 的酸性仍然较弱，形成的负离子的碱性较强，是一个有效的亲核试剂。稳定化碳负离子可以以Ⅰ的形式进攻其他缺电基团，这是羰基化合物的一类重要反应，包括 9.4 节的缩合反应大多由羰基的α-碳负离子引起。

9.3.1 酮和烯醇的互变异构

如上所述，两种负离子的共振式接受一个质子时，结构Ⅰ和Ⅱ可分别形成酮和烯醇。

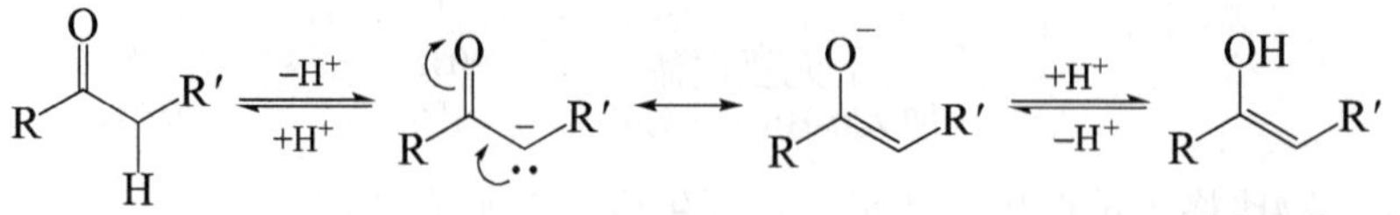

酮式　　烯醇式

通常情况下，醛、酮在溶液中总是通过其负离子的共振而以酮式和烯醇式两种异构体的平衡状态存在。也就是说，酮和烯醇可通过其共轭碱互相转变，这种异构现象称为互变异构现象，酮式和烯醇式即为互变异构体。在一定的条件下，两种异构体具有确定的平衡含量。

酮式和烯醇式的平衡含量随化合物结构不同而异。酸或碱可加速酮式和烯醇式之间的相互转变，这是通过其共轭酸或共轭碱来进行的。由于C═O键的键能比C═C键强，含单羰基的简单醛、酮的烯醇式更加不稳定，在平衡中的含量很低。但对于 β-二羰基化合物（即1, 3-二羰基化合物），其烯醇式的平衡含量则高得多。这是由于烯醇式既存在π-π共轭，又可通过形成六元环状分子内氢键（螯合）而得到稳定。表9.3为一些羰基化合物平衡中的烯醇含量。

表 9.3　纯液体化合物平衡中的烯醇含量

化合物	烯醇式/%	化合物	烯醇式/%
	10^{-4}	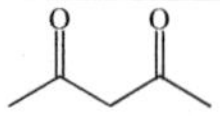	80
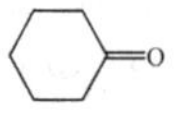	10^{-2}	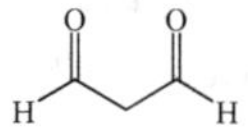	100
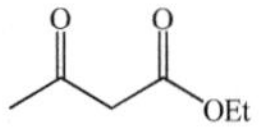	8		

溶剂不同也会影响烯醇式的含量。乙酰丙酮和乙酰乙酸甲酯在水中和己烷中的烯醇式含量表明了这个差异。在极性质子溶剂（如水）中，酮式和烯醇式都能与溶剂分子形成氢键而得到稳定，此时分子内的氢键影响因素退为次要，化合物表现得与简单醛、酮一样，即酮式比烯醇式稳定。但在非极性溶剂（如己烷）中，溶剂无法通过氢键对分子进行稳定化，此时分子内氢键成为主要稳定因素，使烯醇式更加稳定，含量更多。

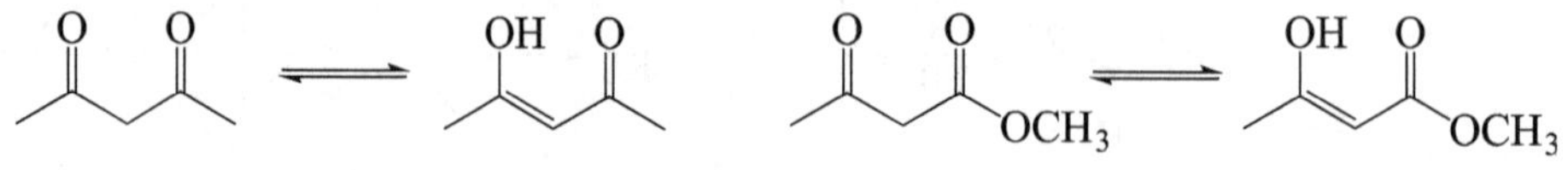

水中：	84%	16%	90%	10%
己烷中：	8%	92%	51%	49%

简单醛、酮中烯醇式的含量虽然很少，但却是醛、酮很多反应的重要中间体。可通

过同位素示踪实验、立体化学以及反应动力学的方法来证明这些反应中间体的存在。例如，将酮溶解在含 DCl 或 NaOD 的重水溶液中，α-H 可被重氢交换。在大量过量的重水中，α-H 的氢-氘交换可进行完全，并可由氘的交换数目推断醛、酮中 α-H 的数目。同位素交换反应证实了烯醇化存在，用核磁共振波谱跟踪氢-氘交换速度，可测得烯醇化速度。

$$CH_3CH_2COCH_2CH_3 + D_2O \xrightarrow{D^+\text{或}OD^-} CH_3CD_2COCD_2CH_3$$

3-戊酮-2, 2, 4, 4, -d_4

醛、酮的 α-碳原子如果是连有氢的手性碳原子，通过烯醇化可使其旋光性消失。例如，旋光性的 3-苯基丁-2-酮溶解在含 NaOH 或 HCl 的醇-水溶液中，产生酮-烯醇互变平衡。由于烯醇式分子具有对称面，从平面两边质子化的机会均等，溶液的旋光性会逐渐消失。

$$\underset{(R)}{PhCH(CH_3)COCH_3} \underset{}{\overset{\text{酸或碱}}{\rightleftharpoons}} \underset{\text{烯醇式，无手性}}{PhC(CH_3)=C(OH)CH_3} \rightleftharpoons \underset{(\pm)}{PhCH(CH_3)COCH_3}$$

9.3.2　卤代和卤仿反应

在酸或碱催化下，醛、酮的 α-氢原子可被卤素置换，生成 α-卤代酮。

$$RCH_2COR' \xrightarrow[\text{酸或碱}\quad X = Cl, Br, I]{X_2} RCHXCOR'$$

$$p\text{-}CH_3C_6H_4COCH_3 \xrightarrow[AcOH]{Br_2} p\text{-}CH_3C_6H_4COCH_2Br + HBr$$

67%~77%

$$\text{环己酮} \xrightarrow[H_2O]{Cl_2} \text{2-氯环己酮} + HCl$$

(反应产生的酸起自催化作用)

对醛、酮卤代机理的研究发现，只有具有 α-H 的醛、酮（才能烯醇化）才能发生卤代。卤代速率与卤素种类无关，用 Cl_2、Br_2、I_2 进行卤代的速率近于相等，并测得卤代反应速率等于重氢交换速率，也等于消旋化速率（如果具有 α-H 的碳是手性碳原子）。由此提出卤代、重氢交换以及消旋化，都是通过共同的反应中间体烯醇或烯醇负离子进行的。

手性化合物　酸 慢 碱　中间体　H_2O　D_2O　Br_2　外消旋体产物

酸催化下，生成烯醇是决定反应速率的一步，烯醇是反应中间体。烯醇羟基的+C 效应使 *α*-碳原子具有亲核性，进攻卤素分子完成反应。

H^+ 快　$-H^+$ 慢　快　烯醇中间体

碱催化下，生成烯醇负离子是决定反应速率的一步，烯醇负离子是反应中间体。由于碳负离子的亲核性强于烯醇，碱催化的卤代反应速率更快。

OH^- 慢　$-X^-$

如果酮具有两个不同的可供选择的烯醇化方向，一般来说，在酸催化下是以形成更稳定的烯醇中间体为主。由于取代越多的烯烃越稳定，反应会优先在取代更多 *α*-碳原子上进行。与之相反，碱催化下，中间体为碳负离子，由于烷基是排电基，取代越多的碳负离子越不稳定，反应会优先在取代更少的 *α*-碳原子上进行。但以上差异是较小的，常得到两边烯醇化或两边卤代的混合产物。

H^+　X_2　主要产物　OH^-　X_2　主要产物

α-卤代酮有一个重要的特性，即在强碱（OH^-或 CH_3O^-等）作用下，可发生重排生成酸或酯。该反应称为法沃斯基（Favorskii）重排，在合成上非常有用。

CH_3ONa　$COOCH_3$　$-H^+$　H^+　$-X^-$　CH_3O^-　H_3CO　O^-

酸、碱催化卤代的另一个重要差异是，酸催化下每进一步卤代都比上一步更慢。因此，控制卤素用量可使反应停留在单卤代阶段。碱催化下却相反，每进一步卤代都比上一步更快，这是由于卤素的吸电性增加了 α-H 的酸性，使其更易脱除形成碳负离子，此时反应很难停留在单卤代阶段，往往生成多卤代酮。

例如，甲基酮的碱催化下卤代一般直接生成三卤代甲基酮。在此碱性条件下，三卤代酮可以进一步断链，生成羧酸盐和相应的三卤甲烷。三卤甲烷又称为卤仿，所以该反应又称为卤仿反应。

(H)R　$\xrightarrow[OH^-]{X_2}$　(H)R　CX_3　$\xrightarrow{OH^-}$　(H)R　O^-　+ CHX_3 卤仿

常用卤素的碱性水溶液作为卤仿反应的试剂，它相当于次卤酸盐（NaOX）溶液。碱性条件下三卤代酮进一步反应生成卤仿的反应机理如下，这也是一个加成-消除的过程。

(H)R　CX_3　$\xrightarrow{OH^-}$　(H)R　O^-　CX_3　OH　$\longrightarrow$　(H)R　OH　+ CX_3^-　$\longrightarrow$　(H)R　O^-　+ CHX_3

该反应具有重要的实际用途，可用于合成卤仿和少一个碳原子的羧酸。

$\xrightarrow[2)\ H_3O^+]{1)\ Cl_2/NaOH/H_2O}$　COOH　87%

$\xrightarrow[2)\ H_3O^+]{1)\ Br_2/NaOH/H_2O}$　COOH　89%

碘仿是一种不溶于水的黄色固体，具有特殊气味，容易观察，因此常用碘仿反应来鉴定甲基酮的结构。

$$CH_3CHO + 3\ NaIO \longrightarrow CHI_3\downarrow + HCOONa + 2\ NaOH$$

在次卤酸盐作用下，乙醇以及能够被氧化生成甲基酮结构的仲醇，也可以发生碘仿反应。

OH　(H)R　$\xrightarrow[OH^-]{NaIO}$　(H)R　$\xrightarrow[OH^-]{NaIO}$　(H)R　O^-　+ CHI_3

9.3.3 烃基化反应

醛、酮在强碱条件下形成的烯醇负离子具有较强的亲核性，可以进攻卤代烃或磺酸酯等容易发生亲核取代反应的化合物，得到 α-H 被烃基取代的产物。该反应提供了从简单羰基化合物合成复杂结构的羰基化合物的有用方法。芳基卤或烯基卤的亲核取代活性很差，不能作为烃化剂。

R_2NLi, THF；Li^+；Br—C₆H₄—CH_2Br (THF, DMSO)；+ LiBr

用于烃化反应的碱必须具有足够强的碱性。例如，用氨基钠、氢化钠、三苯甲基钠等强碱可将简单的一元酮全部转变为负离子。若碱的强度不够，未被夺取质子的羰基化合物可能被亲核加成从而发生羟醛缩合反应（见 9.4 节）。

不对称酮用碱处理时，得到两种可能的烯醇负离子混合物。若使用氨基钠等强碱，反应受动力学控制，以形成更稳定的碳负离子为主。由于取代越少的碳负离子越稳定，反应在取代少的一侧发生；若使用较弱的碱，此时反应受热力学控制，以形成更稳定的烯醇氧负离子为主。由于取代越多的烯醇氧负离子越稳定，反应在取代多的一侧发生。

i-Pr_2NLi → CH_3I →　次要产物　+　主要产物(动力学控制)

t-BuOK → CH_3I →　主要产物(热力学控制)　+　次要产物

9.4 缩合反应

如前所述，醛、酮失去 α-H 后形成的负离子具有较好的亲核性，它除了可以进攻卤素或卤代烃发生卤代和烃基化反应之外，还可以进攻缺电的羰基碳原子发生亲核加成反应。这些反应会产生新的 C—C 键，同时往往伴随较简单的无机（如水、无机酸）或有机分子的失去，这样的反应称为缩合反应。其中最为重要和基础的是羟醛缩合反应。

9.4.1 羟醛缩合反应

9.4.1.1 自身羟醛缩合

含有 α-H 的醛、酮，在稀酸或稀碱作用下，两分子间可发生反应形成一分子 β-羟基醛（酮），加热后可消除一分子水得到共轭 α, β-不饱和醛、酮。该反应称为羟醛缩合（Aldol）

反应。

$$2\ CH_3CHO \xrightarrow{NaOH} CH_3CH(OH)CH_2CHO \xrightarrow[\triangle]{H^+/H_2O} CH_3CH{=}CHCHO$$

羟醛缩合反应和卤代一样是通过烯醇化进行的，在碱[KOH、EtONa、Al(O*t*-Bu)$_3$ 等]催化下，一分子醛失去 α-H 形成烯醇负离子，此负离子作为亲核试剂立即进攻另一分子醛羰基，发生亲核加成得到 β-羟基醛（酮）。

$$CH_3CHO + OH^- \rightleftharpoons \left\{ {}^-CH_2CHO \longleftrightarrow CH_2{=}CH{-}O^- \right\}$$

$$CH_3CHO + {}^-CH_2CHO \underset{}{\overset{慢}{\rightleftharpoons}} CH_3CH(O^-)CH_2CHO \underset{-OH^-}{\overset{H_2O}{\rightleftharpoons}} CH_3CH(OH)CH_2CHO$$

反应也可在（路易斯）酸催化下进行，如 $AlCl_3$、HF、HCl 及磺酸等，此时进攻羰基的亲核试剂不是烯醇负离子而是亲核性更弱的烯醇，因此反应更慢。

$$CH_3CHO \overset{慢}{\rightleftharpoons} CH_2{=}CHOH \xrightarrow[CH_3CH{=}\overset{+}{O}H]{快} HC(=\overset{+}{O}H)CH_2CH(OH)CH_3 \xrightarrow{H^+} HC(=O)CH_2CH(OH)CH_3$$

学习提示：不难看出，羟醛缩合就是一分子醛、酮转化为亲核试剂进攻另一分子醛、酮的过程。我们可以将转化为亲核试剂的醛、酮称为供体；接受亲核进攻的醛、酮称为受体。

和酸、碱催化的卤代一样，当供体酮含有两个不同的 α-碳原子用于亲核进攻时，碱催化下反应优先发生在取代较少的 α-C 上，以得到动力学产物为主。试剂碱性越强，反应越容易发生，动力学产物越多；而酸催化下的反应则优先发生在取代更多的 α-C 上，以得到热力学产物为主。这与 9.3.3 节中的烃基化反应类似。

$$\underset{受体}{PhCHO} + \underset{供体}{CH_3COCH_2CH_3} \begin{cases} \xrightarrow{OH^-} PhCH{=}CHCOCH_2CH_3\ (动力学产物) \\ \xrightarrow{H^+} PhCH{=}C(CH_3)COCH_3\ (热力学产物) \end{cases}$$

羟醛缩合反应是使碳链增长的一个重要方法，生成的羟基醛（酮）含有两个官能团，在有机合成中，常利用它们能发生多种反应的特点，将其作为中间体而转变为各种产物。例如：

2 RCH₂CHO —OH⁻ / 羟醛缩合→ β-羟基醛 —NaBH₄→ 1,3-二醇

由于酮更难发生亲核加成，其发生羟醛缩合反应时，平衡更偏向于反应物一边。例如，丙酮的自身缩合，在室温下反应平衡中仅有 5%的缩合产物。但若采用特殊装置，使产物一生成就立即脱离反应体系，减少逆反应，则能得到较高产率的缩合产物。

$Ba(OH)_2$　$-H_2O$　(5%)

使用强酸，如硫酸作催化剂并脱水，可使丙酮经两步羟醛缩合再失水关环，最后生成均三甲苯。

H_2SO_4　$-H_2O$

环酮的缩合比开链酮更容易。例如，环己酮在叔丁醇铝作用下就能较顺利地缩合失水，生成不饱和环酮。

2 Al(O-*t*-Bu)$_3$　$-H_2O$　78%

9.4.1.2　交叉羟醛缩合

醛、酮分子间也可发生交叉羟醛缩合，若二者都可作为供体和受体，就会得到数种缩合产物，使反应没有制备意义。

NaOH　$-H_2O$　CHO　CHO　(自身缩合产物)　CHO　CHO　(交叉缩合产物)

若选用一个无 α-H 的醛和一个有 α-H 的醛、酮反应，由于前者无 α-H，只能作为受体，此时可发生不同分子间的交叉羟醛缩合。从理论上讲，后者仍可以发生自身缩合。要以较高产率得到交叉缩合产物，可采用将供体缓慢加入受体溶液中的方法，这样可使供体浓度始终远低于受体浓度，不致发生供体间的自身缩合反应。

甲醛易与其他羰基化合物发生交叉羟醛缩合反应，这是因为一方面甲醛只能作为受体，另一方面甲醛易发生亲核加成，这使供体会优先进攻甲醛而不是另一分子的供体羰基。

HCHO + (CH3)2CHCHO —稀Na_2CO_3→ HOCH2C(CH3)2CHO (>64%)

受体　供体

芳醛也不具有 α-H，常作为受体与具有 α-H 的脂肪醛、酮在少量 NaOH 催化下发生交叉缩合，生成的羟基醛脱水后可以得到具有较大共轭结构的 α,β-不饱和醛、酮，因此比供体的自身缩合更易进行，如下列反应的平衡常数 $K_2 \gg K_1$。这类缩合反应称为克莱森-施密特（Claisen-Schmidt）缩合。

PhCHO + CH_3CHO —NaOH→

K_1：CH3CH(OH)CH2CHO (自身缩合产物)

K_2：PhCH(OH)CH2CHO (交叉缩合产物) —$-H_2O$→ PhCH=CHCHO

受体　供体

2-呋喃甲醛 + CH_3CH_3CHO —NaOH, $-H_2O$→ 呋喃-CH=C(CH3)CHO (72%)

受体　供体

在克莱森-施密特交叉缩合反应中，脂肪酮也可作为供体。在生成的 α,β-不饱和羰基化合物中，带羰基的大基团总是与另一个大基团处于反式。

PhCHO + CH3COCH3 —NaOH, 100℃→ PhCH=CHCOCH3

4-苯基丁-3-烯-2-酮(70%)

PhCHO + PhCOCH3 —NaOH→ PhCH=CHCOPh

1, 3-二苯基丙-2-烯-1-酮(查耳酮，85%)

PhCHO + CH3COC(CH3)3 —NaOH, H_2O/EtOH→ PhCH=CHCOC(CH3)3

(88%~93%)

当供体的 α-H 不止一个时，在过量的受体存在下可能产生多缩合反应产物，只有当供体酮过量时，才能保证 1∶1 的缩合。

2 PhCHO + CH3COCH3 —NaOH, △→ PhCH=CHCOCH=CHPh

受体　供体

CH_3CHO + 3 HCHO —稀Na_2CO_3, 40℃→ (HOCH2)3CCHO

供体　受体

作为供体的分子并不限于醛、酮，若含氢碳原子旁连有其他强吸电基（如硝基、氰基等）时，其氢原子同样酸性增强，容易被碱夺去形成碳负离子，从而发生类似羟醛缩合的反应。

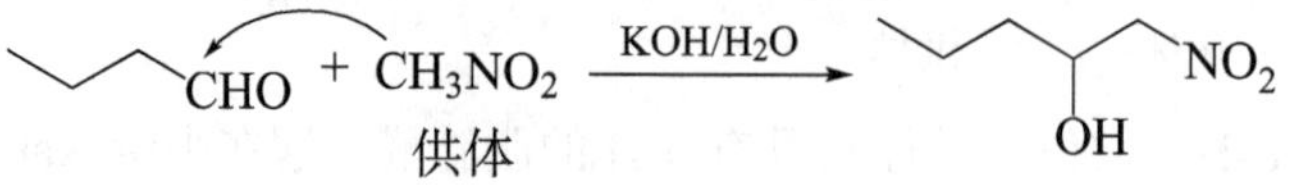

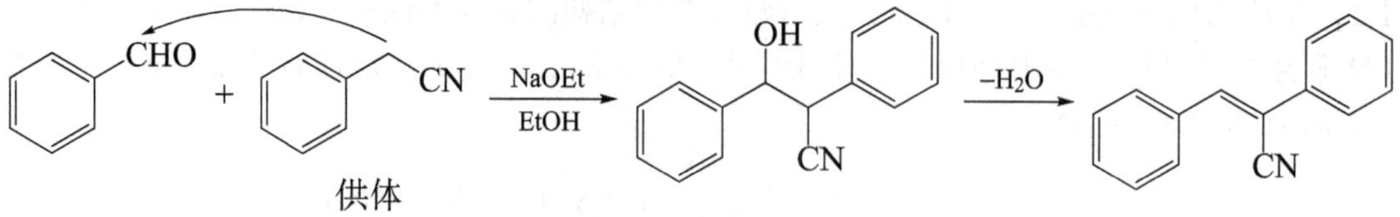

9.4.1.3　分子内羟醛缩合

若一个分子内含有两个或以上的羰基，当位置合适时，一个羰基的 α-碳原子可能进攻另一个羰基，发生分子内的羟醛缩合反应，得到关环产物。若可能形成稳定的五元、六元环，反应则更容易发生。这是合成环状化合物的一个重要方法。

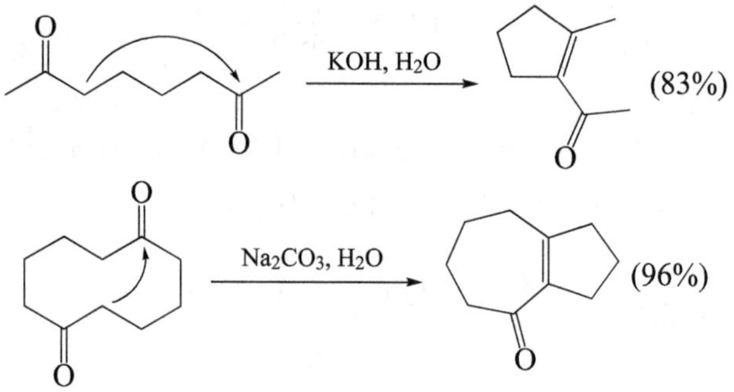

9.4.1.4　迈克尔加成反应

迈克尔（Michael）加成反应是一类使用特殊底物的羟醛缩合反应。在该反应中，供体分子常用 1, 3-二羰基化合物（如丙二酸二乙酯、乙酰乙酸乙酯等），其两个羰基之间的亚甲基氢由于受两个羰基的吸电影响，酸性更强，更易形成碳负离子而发生反应；而受体分子为 α, β-不饱和醛、酮。由于供体碳负离子较稳定，碱性和亲核性比普通碳负离子弱，因此此时一般发生热力学控制的共轭加成（即 1, 4-加成）。

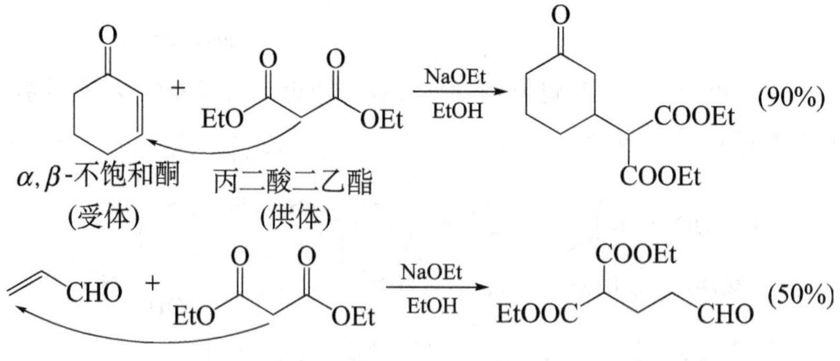

学习提示：迈克尔加成反应的特点是形成 1,5-多羰基化合物，即供体和受体的羰基在产物中一定是间隔 3 个碳原子。它们分别是供体的 α-碳原子（即两个羰基间的碳原子）和受体的 α-碳原子和 β-碳原子。

可以看出，产物还具有一个活泼 C—H，如果受体 α, β-不饱和醛、酮过量，还可进一步缩合。

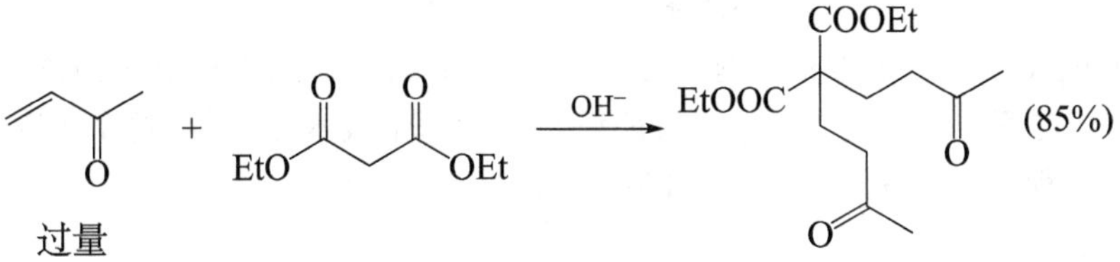

过量　OH⁻　COOEt　EtOOC　(85%)

许多能够提供活泼 α-H 的 1, 3-二羰基化合物和一些类似 α, β-不饱和醛、酮的共轭分子之间也能进行迈克尔加成反应。

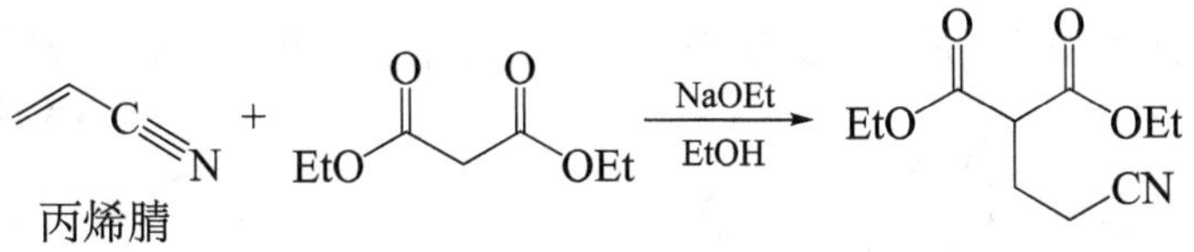

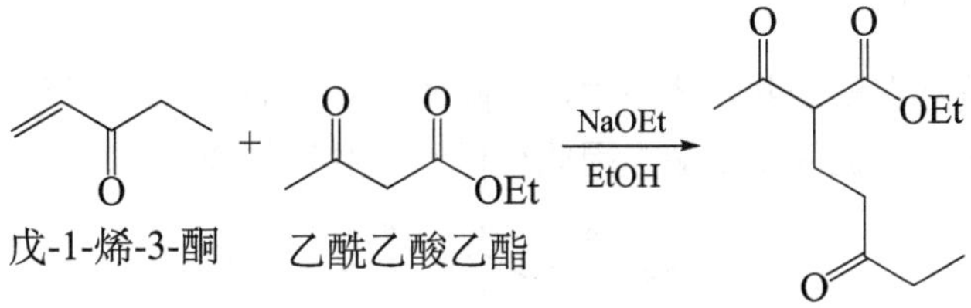

丙烯腈　NaOEt / EtOH

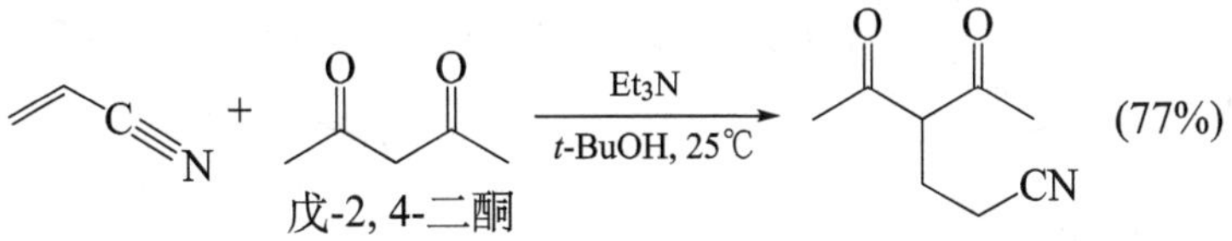

Et$_3$N / t-BuOH, 25℃　戊-2, 4-二酮　(77%)

戊-1-烯-3-酮　乙酰乙酸乙酯　NaOEt / EtOH

用丙二酸二乙酯或乙酰乙酸乙酯作为供体试剂时，产物经水解、脱羧得到醛或酮，由此可制得 1, 5-二羰基化合物。

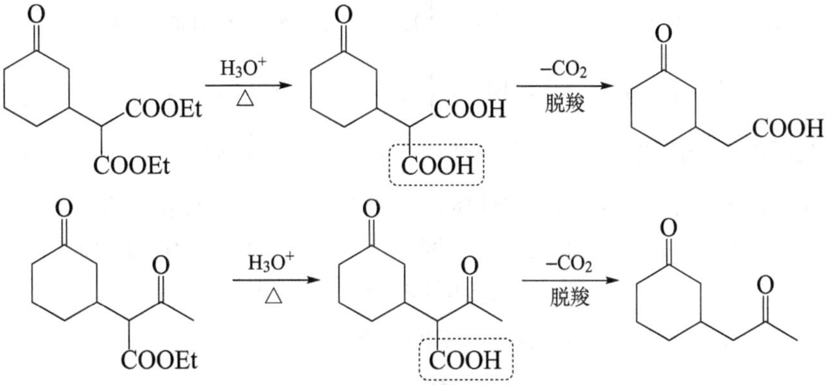

H_3O^+ / △　$-CO_2$ 脱羧

H_3O^+ / △　$-CO_2$ 脱羧

比 1, 3-二羰基化合物的 α-H 酸性更弱的简单醛、酮，在强碱催化下也能作为供体发生迈克尔加成反应。不对称酮一般在取代多的一侧反应，得到热力学控制为主的产物。

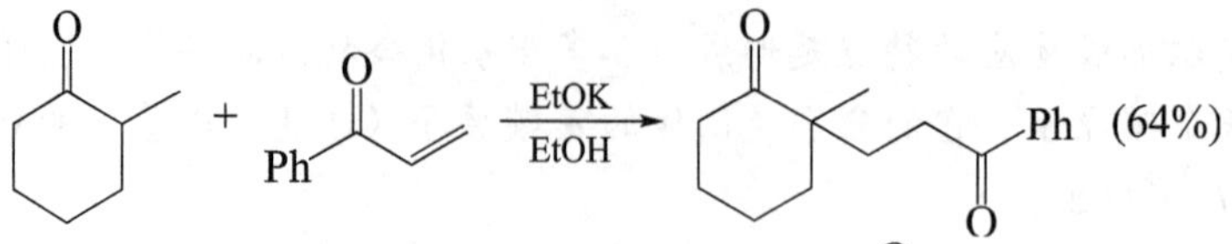

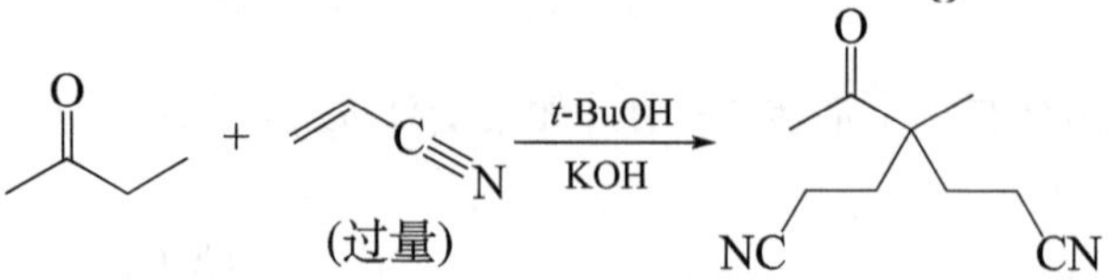

(64%)

(过量)

迈克尔加成反应具有重要的实际用途。若用甲基乙烯基酮或其衍生物作原料，得到的1, 5-二羰基化合物可进一步发生分子内羟醛缩合反应而生成六元环酮。这个迈克尔加成-分子内羟醛缩合的过程称为罗宾逊增环（Robinson annelation）反应。

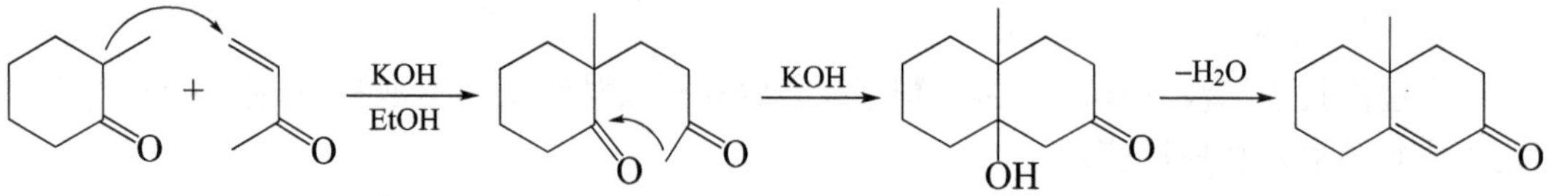

罗宾逊增环反应可用于合成复杂天然产物。例如，以下反应是实验室合成甾体母核的第一步。

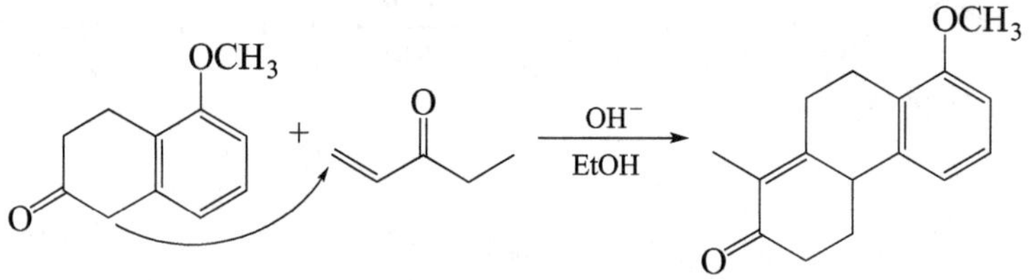

9.4.1.5 插烯作用

共轭效应总是贯穿在整个共轭体系中，不随碳链增长而减弱。若体系中存在羰基，羰基的极性可沿共轭链传至共轭体系末端，因此可以发生共轭加成。

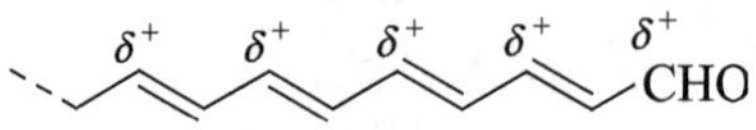

除此之外，受羰基（或其他官能团）影响的 α-氢原子的活性也可通过共轭链传递，处于共轭链末端的 α-H 表现出相似的活泼性。例如，下面两个反应完全类似。

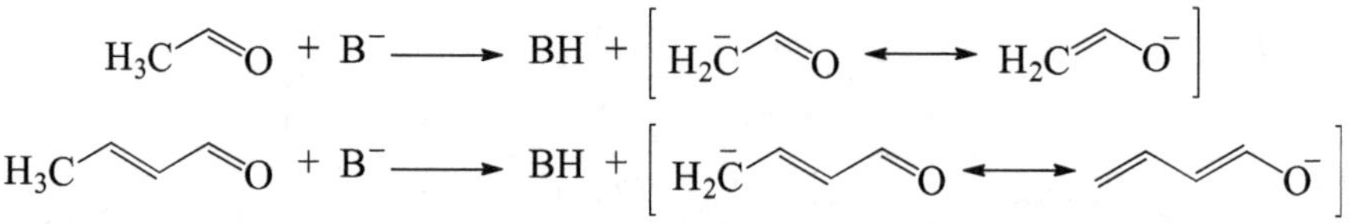

这种关系可用一个通式来表示，即在结构 $A\!\left[CH{=}CH\right]_n\!B$ 中，$n = 0, 1, 2, 3, \cdots$ 时 A 和 B 的关系是一样的，分子都表现出相似的性质，这种现象称为“插烯作用”。n 不同，所形成的性质相似的一类化合物，彼此称为插烯物。例如，下列几组化合物均互为插烯物。

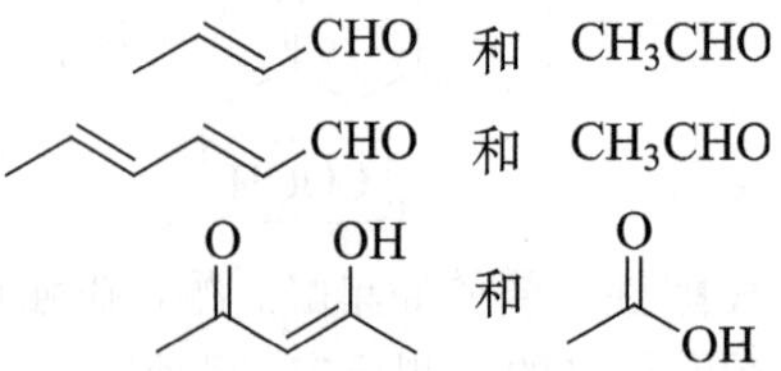

$CH_3CH{=}CHCHO$ 和 CH_3CHO

$CH_3CH{=}CHCH{=}CHCHO$ 和 CH_3CHO

$CH_3COCH{=}C(OH)CH_3$ 和 CH_3COOH

插烯物具有相似性质，所以不难理解迈克尔加成反应实际上是插烯作用和交叉羟醛缩合的结果。而反过来，α,β-不饱和醛、酮也可作为供体和其他醛发生羟醛缩合反应。

$$\text{PhCHO} + \text{CH}_3\text{CH}{=}\text{CHCHO} \xrightarrow{\text{NaOH}} \text{PhCH}{=}\text{CHCH}{=}\text{CHCHO}$$

2, 4, 6-三硝基甲苯是硝基甲烷的插烯物。它能像硝基甲烷一样，甲基与芳醛发生类羟醛缩合反应。

$$2,4,6\text{-}(NO_2)_3C_6H_2CH_3 + \text{PhCHO} \xrightarrow{\text{六氢吡啶}} 2,4,6\text{-}(NO_2)_3C_6H_2CH{=}CHPh$$

插烯作用很普遍，它是电子离域化的一个必然现象。利用共轭效应的知识可以解释以上各种反应。

9.4.2 珀金反应

除羟醛缩合外，还有一些重要的和羰基亲核加成密切相关的缩合反应，这些反应大多以人名来命名。

芳醛和含有 α-H 的酸酐在碱性催化剂作用下，可发生缩合反应脱去一分子羧酸，生成 β-芳基丙烯酸，称为珀金（Perkin）反应。

$$\text{PhCHO} + (CH_3CO)_2O \xrightarrow{CH_3COONa} \text{PhCH}{=}\text{CHCOOH}$$

苯丙烯酸(肉桂酸)

在该反应中，芳醛作为受体，酸酐以负离子的形式作为供体对醛进行亲核加成，反应经过几种中间体的变换，最终消除一分子的羧酸，并水解得到最终产物。

$$H_3C\text{-}CO\text{-}O\text{-}CO\text{-}CH_3 \xrightarrow{\text{碱}} {}^-H_2C\text{-}CO\text{-}O\text{-}CO\text{-}CH_3\ (\text{I}) \xrightarrow{\text{PhCHO}} \text{II} \rightleftharpoons \text{cyclic intermediate} \rightleftharpoons \text{III}$$

$$\text{III} \xrightarrow[-CH_3COO^-]{(CH_3CO)_2O} \text{IV} \xrightarrow[-CH_3COOH]{\text{消除}} \text{PhCH}{=}\text{CHCOOCOCH}_3 \xrightarrow[\text{水解}]{H_2O} \text{PhCH}{=}\text{CHCOOH}\ (60\%)$$

高温下，中间体Ⅲ不仅脱除乙酸根，还可能脱羧成烯。

$\xrightarrow[\triangle]{-CO_2,\ -CH_3COO^-}$ 苯乙烯

学习提示：珀金反应的机理较为复杂，但从产物结构上看，可以看作是组成酸酐的羧酸作为供体对受体醛发生的类羟醛缩合反应，其产物与交叉羟醛缩合反应类似。

珀金反应所需温度较高，时间较长，有时产率不理想。但因为原料较便宜，生产上常用于某些烯酸的制备。例如，呋喃丙烯酸是制备治疗血吸虫病的呋喃丙胺的原料。

CHO $\xrightarrow[150℃,7\,h]{乙酸酐/乙酸钠}$ COOH

呋喃丙烯酸 (74%)

邻羟基苯甲醛通过珀金反应生成顺式邻羟基苯丙烯酸（香豆酸），其羧基可与邻位的羟基形成环状内酯，称为香豆素。这是一种重要的香料，也用作多种荧光材料的母体。

CHO, OH + $(CH_3CO)_2O$ $\xrightarrow{CH_3COONa}$

水杨醛　　香豆素

9.4.3　诺文葛尔缩合反应

诺文葛尔（Knoevenagel）缩合反应本质仍是羟醛缩合反应，其供体和迈克尔加成反应相似，采用含有活泼亚甲基的化合物（如丙二酸酯或氰乙酸酯等），受体则常为芳醛。在有机碱催化下，反应可在低温下缩合得到较高产率的产物。

PhCHO + EtO(C=O)CH₂(C=O)OEt $\xrightarrow{(哌啶)}$ EtO(C=O)C(=CHPh)(C=O)OEt

O + NC COOEt $\xrightarrow{离子交换树脂-NH_4^+\ CH_3COO^-}$ NC COOEt

氰乙酸酯

该反应缩合条件温和，产率理想，有机碱可以采用氨、二级胺及铵盐，反应一般在苯或甲苯溶液中进行。若使用丙二酸或氰乙酸与醛、酮反应，缩合与脱羧往往同时进行，得到共轭烯酸产物，因此该反应也是对珀金反应的改进。

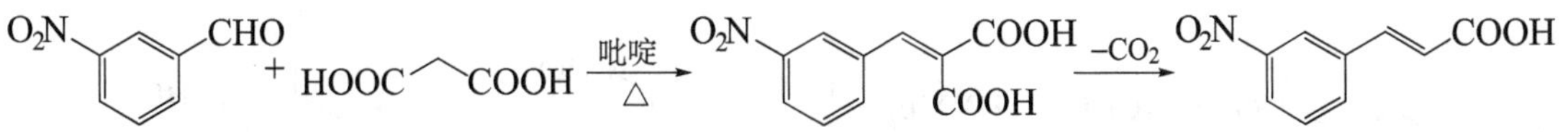

有机碱的碱性较弱，因此需要供体分子的 α-H 酸性足够强，才能被碱夺去从而产生足够浓度的碳负离子。除了采用含有活泼亚甲基的化合物外，也可以使用含有强吸电基的供体分子。例如，硝基烷中硝基的强吸电性使其 α-H 具有足够的酸性，可以发生类似缩合反应。

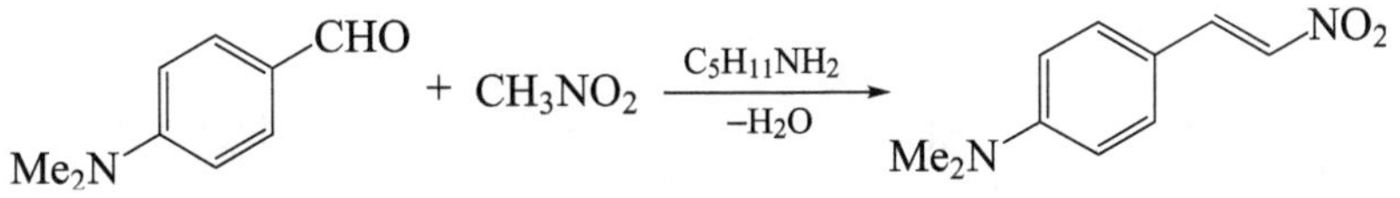

该反应由弱碱催化，因此也适用于脂肪醛受体。在此条件下，脂肪醛不会发生自身羟醛缩合。

9.4.4　曼尼希反应

含有 α-H 的醛、酮与甲醛和胺在弱酸性溶液中可发生三组分缩合反应，脱除一分子水，形成 β-氨基酮类产物，该反应称为曼尼希（Mannich）反应。

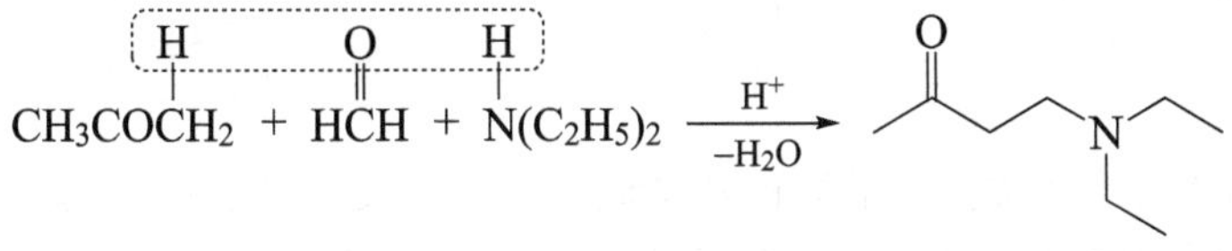

$$CH_3COCH_2 + HCH + N(C_2H_5)_2 \xrightarrow[-H_2O]{H^+}$$ 曼尼希碱

$[CH_3COCH_2CH_2N(C_2H_5)_2]$

该反应的结果是醛、酮的一个 α-H 被一个胺甲基（$—CH_2NR_2$）取代，所以又称为胺甲基化反应。反应可以控制在多个 α-H 中只取代一个，从而在醛、酮分子上增加一个碳原子，生成的缩合产物称为曼尼希碱。

曼尼希反应是在水、醇或乙酸溶液中分步进行的，甲醛可用甲醛溶液或多聚甲醛，胺常用二级胺（如二甲胺、六氢吡啶等）的盐酸盐。若使用一级胺或氨，则由于氮原子上有多余的氢，产物可能再进一步和醛反应得到副产物。该反应首先是胺对甲醛进行亲核加成，得到 α-羟胺，其质子化脱水后的碳正离子再接受烯醇（来自醛、酮酸性条件下的异构化）的进攻，从而得到产物。

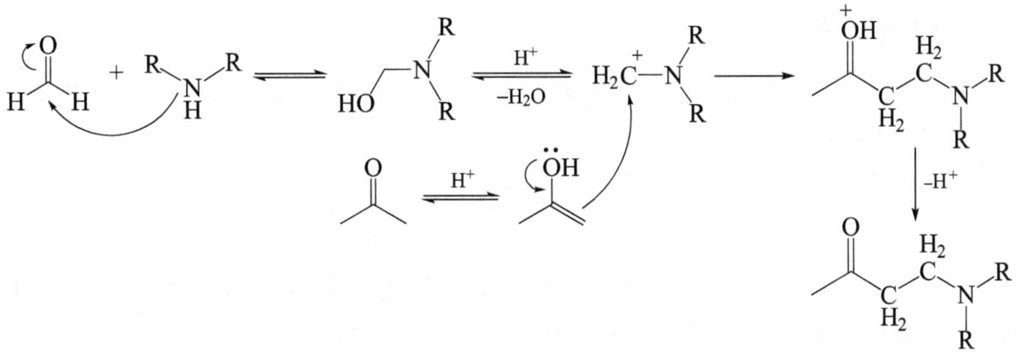

曼尼希碱在加热时能消除胺基成为 α,β-不饱和醛、酮。

$$\text{(CH}_3)_2\text{CHCH}_2\text{CHO} + \text{HCHO} + \text{HNMe}_2 \xrightarrow{H^+} \text{(CH}_3)_2\text{CHCH(CHO)CH}_2\text{NMe}_2 \xrightarrow[-\text{NHMe}_2]{\triangle} \text{(CH}_3)_2\text{CHC(=CH}_2)\text{CHO}$$

曼尼希碱的季铵盐或季铵碱更容易分解。它可在缓和条件下慢慢地不断产生 α,β-不饱和醛、酮。消除以得到取代更少的霍夫曼烯烃为主。

$$\text{PhCOCH}_2\text{CH}_2\overset{+}{\text{N}}\text{Me}_3\ \text{Cl}^- \xrightarrow{\triangle} \text{PhCOCH=CH}_2 + \text{Me}_3\overset{+}{\text{N}}\text{HCl}^-$$

曼尼希反应的应用很广，不但与醛、酮的活泼 α-H 可以进行反应，其他化合物如羧酸酯、酚或活泼芳香体系、脂肪族硝基化合物等都能作为供体亲核试剂发生反应。例如，酚的邻、对位具有足够高的电子云密度，也可发生曼尼希反应。

$$p\text{-CH}_3\text{C}_6\text{H}_4\text{OH} + \text{HCHO} + \text{HNMe}_2 \longrightarrow \text{2-(Me}_2\text{NCH}_2)\text{-4-CH}_3\text{C}_6\text{H}_3\text{OH} + \text{2,6-(Me}_2\text{NCH}_2)_2\text{-4-CH}_3\text{C}_6\text{H}_2\text{OH}$$

一个重要例子是托品酮的合成。托品酮最初是通过 14 步反应合成得到，总产率不到 1%。但用丁二醛、酮戊二酸和甲胺在中性溶液、35℃下缩合，在相当于生物体内生理条件下，该曼尼希反应仅通过两步得到托品酮，产率接近 90%。这在有机合成史上具有重要意义，它不仅是合成方法上的一个重大进步，而且可由此探索生物体内含氮化合物的形成过程。

$$\text{OHCCH}_2\text{CH}_2\text{CHO} + \text{CH}_3\text{NH}_2 + \text{O=C(CH}_2\text{COOH)}_2 \xrightarrow{\text{pH=7}} \text{(托品酮-2,4-二羧酸; COOH, HOOC, =O)} \xrightarrow{-\text{CO}_2} \text{托品酮}$$

托品酮

9.4.5 安息香缩合

在氰化钠的水-醇溶液中，两分子芳醛缩合生成二芳基羟乙酮（安息香）的特殊缩合反应也称为安息香缩合。

$$2\ \text{PhCHO} \xrightarrow[\text{H}_2\text{O/EtOH}]{\text{NaCN(催化剂)}} \text{PhCOCH(OH)Ph}\quad (92\%)$$

在该反应中，首先是强亲核试剂 CN^-对羰基加成生成氰醇。由于氰基的强吸电性，氰醇中的 α-H 容易被碱夺去形成碳负离子，从而进攻另一分子的醛，再次发生亲核加成反应，最后消除 CN^-得到产物。

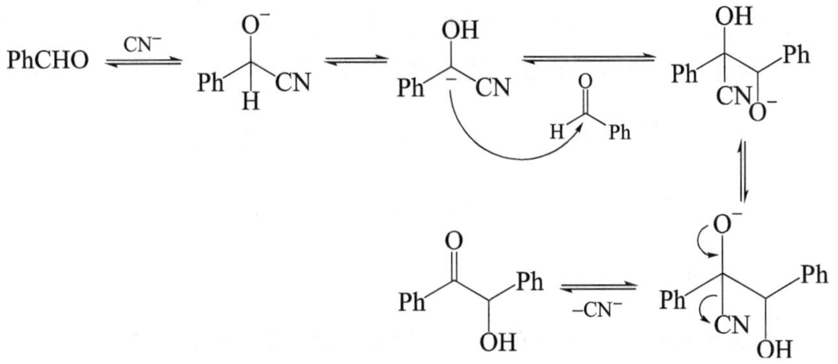

当芳醛的邻、对位有强排电基（如—NH_2、—OH 等）或强吸电基（如—NO_2 等）时，反应均不易发生。这是因为强排电基使醛羰基缺电性减弱，不利于 CN^- 进攻；而强吸电基则使氰醇碳负离子中间体的电负性减弱，导致其亲核性降低，不利于对第二分子醛的亲核进攻。

除了芳醛，脂肪醛在一定条件下也能发生安息香缩合反应。

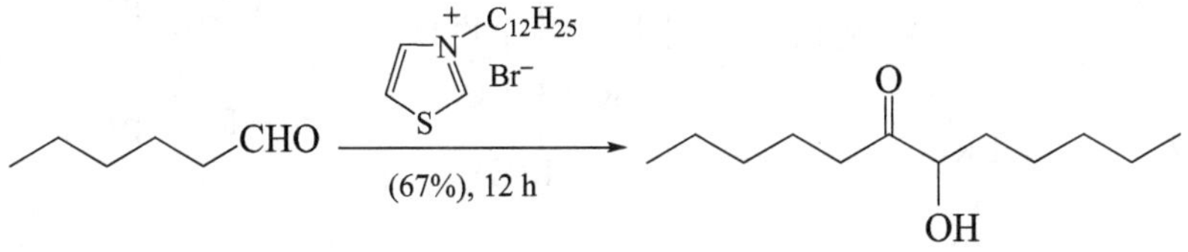

9.4.6 叶立德的形成和反应

9.4.6.1 叶立德的形成与结构

卤代烃与三苯基膦发生亲核取代反应，可生成类似于季铵盐的季　盐。膦的碱性较弱，亲核性强，大多数伯、仲、叔卤代烷都能与其发生 S_N2 反应。

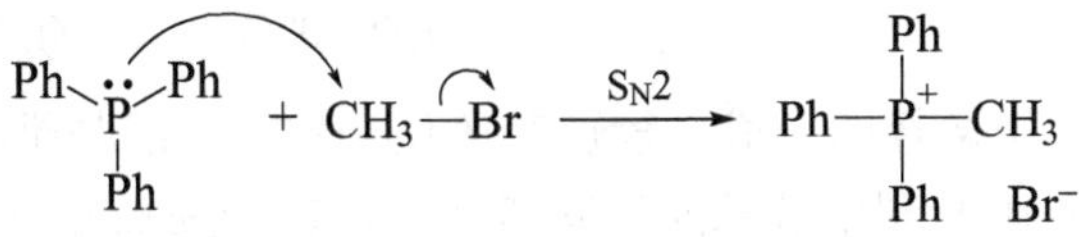

$$Ph_3P: + CH_3-Br \xrightarrow{S_N2} Ph_3\overset{+}{P}-CH_3\ Br^-$$

季　盐由于磷正离子的强吸电性，与其相连的碳原子上的 H 具有一定程度的酸性，在强碱（如 PhLi、*n*-BuLi、NaH 或 $NaCH_2SOCH_3$ 等）作用下，失去一分子卤化氢，生成中性的具有分子内相邻偶极结构的化合物。

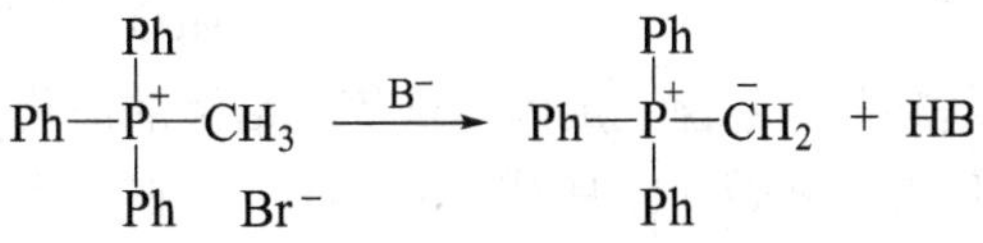

$$Ph_3\overset{+}{P}-CH_3\ Br^- \xrightarrow{B^-} Ph_3\overset{+}{P}-\overset{-}{C}H_2 + HB$$

这类结构的化合物称为叶立德（ylide），它属于内盐的一种。叶立德的负电荷中心和正电荷中心相邻，两个原子均满足电子八隅体的结构。它是如下两种共振结构的杂化体。

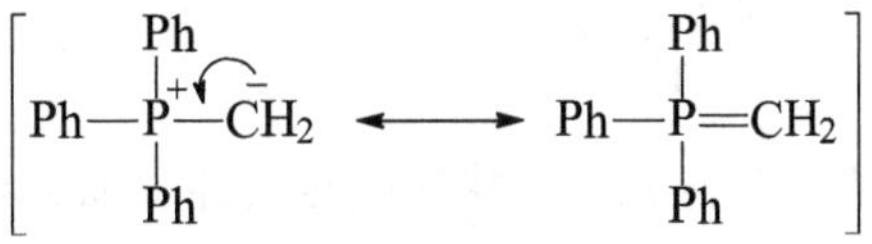

$$\left[Ph_3\overset{+}{P}-\overset{-}{C}H_2 \longleftrightarrow Ph_3P=CH_2\right]$$

叶立德分子中带负电荷的原子通常为碳原子，另一个带有正电荷的原子除了磷，还可以是硫、砷、氮等。磷、硫、砷都是第三或第四周期的非金属元素，它们的电负性不大，但又不倾向于与碳形成普通双键，它们以 σ 键和碳原子结合，并利用其 3d 或 4d 空轨道与邻近的碳原子的 2p 轨道肩并肩交叠形成 π 键，此 π 键交叠程度不大，极性很强，性质活泼。

磷叶立德　　硫叶立德　　砷叶立德

9.4.6.2　维蒂希反应

叶立德中两个带电荷原子间并不存在传统意义上的双键，碳原子带有较强的负电荷。因此叶立德中带负电荷的碳原子也可以作为亲核试剂，对醛、酮的羰基进行亲核加成。磷叶立德对羰基的加成产物中带有异号电荷的磷和氧原子可结合成为四元环中间体，进而发生电子转移得到烯烃产物，并脱去一分子的三苯基氧化膦。

$$R'R''\overset{-}{C}-\overset{+}{P}Ph_3 + R(H)RC=O \longrightarrow R'R''C(\overset{+}{P}Ph_3)-CRR(H)(O^-) \longrightarrow \left[\text{四元环中间体}\right] \longrightarrow R''R'C=CRR(H) + Ph_3P=O$$

烯烃

这是一种重要的制备烯烃的方法，称为维蒂希（Wittig）反应，磷叶立德也称为维蒂希试剂。该反应生成烯烃的立体化学与反应条件有关：当磷叶立德较稳定时，产物以更稳定的反式烯烃为主；当磷叶立德很活泼时，有可能生成顺、反构型的混合物。

$$PhCHO + Ph_3\overset{+}{P}-\overset{-}{C}HPh \longrightarrow (E)\text{-}PhCH=CHPh\ (70\%) + (Z)\text{-}PhCH=CHPh\ (30\%)$$

维蒂希反应已广泛用于烯烃的合成。含羰基的化合物中，醛与维蒂希试剂反应最快，其次序为：醛 > 酮 > 酯。因此利用羰基的不同活性，可进行选择性反应。

$$4\text{-}MeOC_6H_4COCH_2CH_2COOCH_3 + Ph_3\overset{+}{P}-\overset{-}{C}H_2 \longrightarrow 4\text{-}MeOC_6H_4C(=CH_2)CH_2CH_2COOCH_3$$

用亚磷酸酯代替三苯基膦与苄基卤、烯丙基卤等较活泼的卤代烃反应可制得比较便宜的含活泼亚甲基的磷酸酯，后者在强碱（NaH 或 $NaOCH_3$）存在下生成类似叶立德的化合物，称为维蒂希-霍纳（Wittig-Horner）试剂。

$$(EtO)_3\ddot{P} + BrCH_2Ph \xrightarrow[\triangle]{-Br^-} (EtO)_2\overset{+}{P}(OEt)-CH_2Ph\ Br^- \xrightarrow{-EtBr} (EtO)_2P(=O)-CH_2Ph \xrightarrow{NaOMe} (EtO)_2P(=O)-\overset{-}{C}HPh\ Na^+$$

亚磷酸酯　　维蒂希-霍纳试剂

该试剂也可以发生维蒂希反应生成烯，并且反应条件更加温和，反应也可更顺利地进行，是对维蒂希试剂的改进。

$$(EtO)_2P(=O)-\bar{C}HPh\ Na^+ + Ph_2C=O \longrightarrow Ph_2C=CHPh + (EtO)_2P(=O)-O^-$$

近年来，很多维蒂希反应采取相转移催化的方法，即使在弱碱性溶液中，也能制得磷叶立德。例如，用冠醚作相转移催化剂，在二氯甲烷等非质子溶剂中加入固体 Na_2CO_3，钠离子被冠醚络合后，裸露的 CO_3^{2-} 即发挥其碱性作用，以形成叶立德，然后与醛、酮缩合，可以高产率得到烯烃。在此过程中，鏻盐本身就是相转移催化剂，在适当条件下，也可不另加催化剂。

$$RCHO + Ph_3\overset{+}{P}CH_2Ph\ X^- \xrightarrow[\substack{CH_2Cl_2 \\ 18\text{-冠-6}}]{\text{固体}Na_2CO_3} R-CH=CH-Ph$$

9.4.6.3　硫叶立德的反应

硫叶立德在合成上的重要性仅次于磷叶立德，首先被广泛使用的硫叶立德是二甲基亚甲基氧化锍和二甲基亚甲基锍，它们分别由二甲基亚砜和二甲基硫醚通过与制备维蒂希试剂类似的过程制得。

$$H_3C-S(=O)-CH_3 + CH_3-I \longrightarrow H_3C-\overset{+}{S}(=O)(CH_3)-CH_3\ I^- \xrightarrow[DMSO]{NaH} H_3C-\overset{+}{S}(=O)(CH_3)-\bar{C}H_2$$

二甲基亚甲基氧化锍

$$H_3C-S-CH_3 + CH_3-I \longrightarrow H_3C-\overset{+}{S}(CH_3)-CH_3\ I^- \xrightarrow[DMSO]{CH_3SOCH_2^-} H_3C-\overset{+}{S}(CH_3)-\bar{C}H_2$$

二甲基亚甲基锍

硫叶立德中的负电性碳原子同样可对醛、酮进行亲核加成，但与维蒂希反应不同的是，不会形成四元环中间体进而得到烯烃，而是氧负离子进攻硫原子的 α 位，发生分子内亲核取代形成环氧化合物，含硫组分则离去。这说明硫对氧的结合远不如磷氧键稳定。

$$R(R(H))C=O + H_2\bar{C}-\overset{+}{S}(=O)(CH_3)-CH_3 \longrightarrow R(R(H))C(O^-)-CH_2-\overset{+}{S}OMe_2 \longrightarrow R(R(H))C(-O-)CH_2\ (\text{环氧化合物}) + Me_2SO$$

$$R(R(H))C=O + H_2\bar{C}-\overset{+}{S}(CH_3)-CH_3 \longrightarrow R(R(H))C(O^-)-CH_2-\overset{+}{S}Me_2 \longrightarrow R(R(H))C(-O-)CH_2\ (\text{环氧化合物}) + Me_2S$$

硫叶立德与 α,β-不饱和酮可发生共轭加成（即迈克尔加成），并生成环丙烷类化合物。

$$\text{1-乙酰基环己烯} + H_2\bar{C}-\overset{+}{S}(=O)(CH_3)-CH_3 \longrightarrow \text{(烯醇负离子中间体，}-CH_2-\overset{+}{S}OMe_2) \longrightarrow \text{1-乙酰基双环[4.1.0]庚烷} + SOMe_2$$

某些硫叶立德可以发生重排。例如，在 α-碳原子上存在吸电羰基的硫叶立德，在碱性条件下，可以发生烃基从硫原子迁移至邻近碳负离子上的重排。该重排称为史蒂文森（Stevens）重排，它属于富电子重排。

$$PhCH_2\overset{+}{S}(CH_3)CH_2COPh \xrightleftharpoons{OH^-} PhCH_2\overset{+}{S}(CH_3)\overset{-}{C}HCOPh \longrightarrow CH_3S-CH(CH_2Ph)-COPh$$

9.5　氧化还原反应

9.5.1　醛的氧化

醛可被一般氧化剂（如 $KMnO_4$、$K_2Cr_2O_7$ 等）氧化生成羧酸。$KMnO_4$ 通过如下机理氧化醛。

$$RCHO + MnO_4^- + H_2O \longrightarrow \left[R-\underset{H}{\overset{OH}{C}}-O-MnO_3 \quad OH^- \right] \longrightarrow R-\overset{O}{\overset{\|}{C}}-OH + MnO_3^- + H_2O$$

重铬酸钾的氧化机理也类似。

$$RCHO + HCrO_4^- + H^+ \longrightarrow \left[R-\underset{H}{\overset{OH}{C}}-O-CrO_3H \right] \longrightarrow R-\overset{O}{\overset{\|}{C}}-OH + HCrO_3^- + H^+$$

在更缓和的氧化条件下，可保留苯环侧链而仅使醛基氧化。当温度升高或氧化条件更强烈时，则侧链断裂生成苯甲酸。

$$C_6H_5CH_2CHO \xrightarrow[\text{或冷,稀}KMnO_4]{CrO_3} C_6H_5CH_2COOH$$

此外，用 Ag_2O、H_2O_2、过氧酸等弱氧化剂，也能使醛氧化成酸，并且可保留底物分子中的双键、酚羟基等易被氧化的基团。

$$\text{3-环己烯甲醛 (CHO)} + Ag_2O \xrightarrow[H_2O]{THF} \text{3-环己烯甲酸 (COOH)} \quad 97\%$$

$$\text{邻羟基苯甲醛 (CHO, OH)} + H_2O_2 \xrightarrow{\text{丙酮}} \text{邻羟基苯甲酸 (COOH, OH)} \quad 100\%$$

$$n\text{-}C_6H_{13}CHO + CH_3COOOH \longrightarrow n\text{-}C_6H_{13}COOH + CH_3COOH \quad (88\%)$$

醛能被托伦（Tollens）试剂（银氨溶液）和费林（Fehling）试剂（碱性硫酸铜的酒石酸钾钠溶液）等弱氧化剂氧化而产生明显的外部现象。因此可以用这些试剂来鉴别醛。其中，一般醛都能与托伦试剂反应产生银镜，而只有脂肪醛才与费林试剂反应。

$$RCHO + 2\,[Ag(NH_3)_2]OH \xrightarrow{\triangle} RCOONH_4 + 2\,Ag\downarrow + 3\,NH_3 + H_2O$$

银镜

$$RCHO + Cu^{2+} + NaOH + H_2O \xrightarrow{\triangle} RCOONa + Cu_2O\downarrow$$

砖红色

许多醛，如乙醛、苯甲醛等，在空气中也会发生缓慢的自动氧化生成过氧酸，并进一步氧化成为羧酸。自动氧化一般通过自由基机理进行。

$$RCHO + O_2 \longrightarrow R{-}\overset{O}{\overset{\|}{C}}{-}O{-}O{-}H \xrightarrow{RCHO} 2\,RCOOH$$

$$R{-}\overset{O}{\overset{\|}{C}}{-}H + Y\cdot \longrightarrow R{-}\overset{O}{\overset{\|}{C}}\cdot + HY$$

自由基

$$R{-}\overset{O}{\overset{\|}{C}}\cdot + O_2 \longrightarrow R{-}\overset{O}{\overset{\|}{C}}{-}O{-}O\cdot \xrightarrow{RCHO} R{-}\overset{O}{\overset{\|}{C}}{-}O{-}O{-}H + R{-}\overset{O}{\overset{\|}{C}}\cdot$$

$$R{-}\overset{O}{\overset{\|}{C}}{-}H + HO{-}O{-}\overset{O}{\overset{\|}{C}}{-}R \longrightarrow R{-}\underset{H}{\underset{|}{\overset{OH}{\overset{|}{C}}}}{-}O{-}O{-}\overset{O}{\overset{\|}{C}}{-}R \longrightarrow 2\,RCOOH$$

许多物质如高分子化合物、油脂等，在空气中均会发生自动氧化从而改变物质的性能。通常是加入一些抗氧化剂（对苯二酚等）以防止物质因自动氧化而变性。自动氧化也具有一定的合成意义。例如，工业上以 Mn^{2+}盐作催化剂，利用空气氧化乙醛得到乙酸。

$$2\,CH_3CHO + O_2 \xrightarrow[60\sim75^{\circ}C]{Mn(OCOCH_3)_2} 2\,CH_3COOH$$

9.5.2　酮的氧化

9.5.2.1　普通氧化

酮的氧化比醛困难，在上述条件下，酮一般不被氧化。例如，酮对 Cr(Ⅵ)或 Mn(Ⅶ)氧化的活性很低，因为酮所形成的高锰酸酯或重铬酸酯不易发生进一步的消除反应。

$$R_2C{=}O \rightleftharpoons R_2C(OH)OMnO_3\ (\text{或}\ CrO_3H) \longrightarrow \text{不反应}$$

若用强氧化剂氧化，酮则发生断链，生成碳数减少的羧酸，并得到羧酸混合物。一般情况下，生成产物中羰基随较小烷基断链的羧酸占优势。

$$RCH_2COCH_2R' \xrightarrow{HNO_3} RCOOH + RCH_2COOH + R'COOH + R'CH_2COOH$$

$$CH_3COCH_2CH_3 \xrightarrow{HNO_3} 2\,CH_3COOH$$

若用对称酮作原料，可得到制备上有用的单一产物。

$$\text{环己酮} \xrightarrow[V_2O_5]{HNO_3} HOOC(CH_2)_4COOH$$

9.5.2.2 拜耳-维利格氧化

过氧酸（如过氧乙酸、过氧苯甲酸或过氧三氟乙酸）在酸性条件下，能顺利地将酮氧化成酯，对于某些酮来说，这个反应在制备上很有用。

$$\text{环己酮} + CH_3COOOH \xrightarrow[40℃]{\text{乙酸乙酯}} \text{己内酯(90\%)}$$

这个反应称为拜耳-维利格（Baeyer-Villiger，B-V）反应，是通过烃基向氧原子上迁移的亲核重排而进行的。反应机理如下：

$$RCOR' + HOOCOCH_3 \longrightarrow R(R')C(OH)\text{—O—O—}COCH_3 \xrightarrow{\text{慢}} RC(=\overset{+}{O}H)OR' + CH_3COO^- \longrightarrow RCOOR' + CH_3COOH$$

在反应过程中，重排基团并不会彻底离开底物，因此属于分子内重排。当迁移原子是手性碳原子时，迁移后构型保持不变。

不对称酮的不同烃基迁移的难易顺序大概如下：H > Ph > 叔烷基 > 仲烷基 > 伯烷基 > 甲基。两个烃基迁移的难易程度相差越大，得到的产物越单一。

$$\text{环己基甲基酮} + PhCOOOH \xrightarrow[2^\circ\text{烷基迁移}]{CHCl_3} \text{乙酸环己酯} \quad (67\%)$$

醛被过氧酸氧化成羧酸，实际上是拜耳-维利格反应的一个特例。此时，迁移的基团是氢。

$$RCHO + R'COOOH \xrightarrow[\text{H迁移}]{\text{(主)}} RCOOH + R'COOH$$

$$RCHO + R'COOOH \xrightarrow[\text{R迁移}]{\text{(次)}} HCOOR \xrightarrow{\text{水解}} HCOOH + ROH$$

学习提示：拜耳-维利格反应的产物从结构上看，相当于在羰基的一侧插入了一个氧原子，哪个基团发生迁移，则氧原子插入哪一侧。可与贝克曼重排对照学习（见 9.2.2.4 小节），贝克曼重排相当于在羰基的一侧插入了—NH—。

过氧化氢也可以对酚醛或酚酮发生类似氧化，其结果是芳环发生重排得到羧酸的酚酯（氧插入芳环一侧），水解得到酚类化合物。该反应也称为达金（Dakin）氧化。当羰基在芳环的邻、对位有排电基时，芳环更易迁移。

芳酮　羧酸酚酯　酚

对于芳醛底物，如果醛基的邻、对位有排电基，则一般芳环迁移得到甲酸的酚酯；如果邻、对位有吸电基，芳环迁移难度增大，常常发生 H 迁移从而得到芳基甲酸。

芳基甲酸
$R=NO_2$等

甲酸酚酯
R= OMe等

过氧化氢在 BF_3 催化下，也能使酮氧化成酯。

$$+ H_2O_2 \xrightarrow[\text{乙醚}]{BF_3} \quad (62\%)$$

9.5.2.3　邻二羰基化合物的形成　二苯羟乙酸重排

简单酮的 α-亚甲基或 α-甲基可以被二氧化硒直接氧化成羰基，生成 α-二酮或 α-酮醛。该反应被称为莱利（Riley）氧化。SeO_2 蒸气为黄绿色，毒性较强，可以在体内被还原成硒，对肝脏有害，这限制了其应用。

$$+ SeO_2 \xrightarrow[\triangle]{H_2O/\text{二噁烷}}$$

$$+ SeO_2 \xrightarrow[\triangle]{H_2O/\text{二噁烷}} \text{CHO}$$

另外，α-羟基酮的羟基受邻位羰基的影响，容易被氧化，用温和氧化剂也可以将其氧化得到 α-二酮。

$$\xrightarrow[CH_3COOH,\ 115℃]{Cu(OAc)_2} \quad (88\%)$$

$$RCOCH(OH)R' + Ag(NH_3)_2^+ \xrightarrow{\text{液}NH_3} RCOCOR' + Ag\downarrow$$

α-二酮用强碱处理，可发生重排生成 α-羟基酸。

$$\mathrm{Ph{-}CO{-}CO{-}Ph} \xrightarrow[\mathrm{H_2O/EtOH},\ \triangle]{\mathrm{KOH}} \xrightarrow{\mathrm{H_3O^+}} \mathrm{Ph_2C(OH){-}COOH}$$

$$\text{环己-1,2-二酮} \xrightarrow[\mathrm{H_2O},\ \triangle]{\mathrm{NaOH}} \text{1-羟基环戊烷甲酸 (C(OH)COOH)}\quad (80\%)$$

这个重排反应称为二苯羟乙酸重排。其过程是两个羰基依次发生了亲核加成，其中第二步加成的亲核试剂来源于底物的迁移基团。

$$\mathrm{Ph{-}CO{-}CO{-}Ph} \xrightarrow{\mathrm{OH^-}} \mathrm{Ph{-}CO{-}C(O^-)(Ph){-}OH} \longrightarrow \mathrm{Ph{-}C(O^-)(Ph){-}CO{-}OH} \xrightarrow{\mathrm{H^+}} \mathrm{Ph{-}C(OH)(Ph){-}CO{-}OH}$$

醇钠也可以诱导二苯羟乙酸重排，得到 α-羟基酸酯。此外，邻羰基醛也可发生类似重排，H 比烃基更易迁移。

$$\mathrm{Ph{-}CO{-}CO{-}Ph} \xrightarrow{^-\mathrm{OCH_3}} \mathrm{Ph{-}CO{-}C(O^-)(Ph){-}OCH_3} \longrightarrow \xrightarrow{\mathrm{CH_3OH}} \mathrm{Ph{-}C(OH)(Ph){-}CO{-}OCH_3}$$

$$\mathrm{Ph{-}CO{-}CHO} \xrightarrow[2)\ \mathrm{H_3O^+}]{1)\ \mathrm{KOH},\ \triangle} \mathrm{Ph{-}CH(OH){-}COOH}$$

学习提示：可以看出，二苯羟乙酸重排中，两个羰基一个被氧化为羧酸，一个被还原为羟基。由于迁移基团是带着一对电子转移，因此迁移“出”的羰基实际上被氧化，而迁移“进”的羰基被还原。另外，在该反应中，芳基比烷基更易迁移。

9.5.3 醛、酮的还原

9.5.3.1 还原为醇

1. 催化氢化

催化氢化是少数可以对 C═C 键和 C═O 键都可以加成的方法。醛或酮在催化剂（如 Ni、Pt 等）存在下，加氢生成伯醇或仲醇。

$$\text{醛}\ \mathrm{RCHO} + \mathrm{H_2} \xrightarrow{\text{Ni或Pt等}} \mathrm{RCH_2OH}\ \text{伯醇}$$

$$\text{酮}\ \mathrm{RCOR'} + \mathrm{H_2} \xrightarrow{\text{Ni或Pt等}} \mathrm{RCH(OH)R'}\ \text{仲醇}$$

反应的机理也和烯烃加氢相似，底物和氢分子都先吸附在催化剂表面，然后进行游离基反应，多数得到顺式加成产物，产率高。但底物分子中存在的碳碳双键或三键以及—NO_2、

—CN 等基团也同时会被还原。

由于各种官能团催化氢化的活性不同，在适当条件下可以选择性地加氢。例如，使用 H_2/Pd-C 可以使共轭烯酮中 C═C 键被还原而保留 C═O 键。

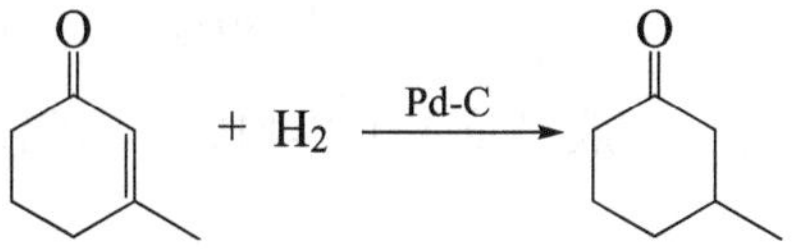

如果羰基平面两边的空间条件不同，则位阻较小的一边更容易吸附在催化剂表面上，因此还原产物中氢原子会连接在位阻较小的一边。例如，3, 3, 5-三甲基环己酮发生催化氢化时，生成的羟基主要位于直立键。这是因为羰基在平伏键一侧空间位阻更小，更易吸附于催化剂表面从而发生加氢。

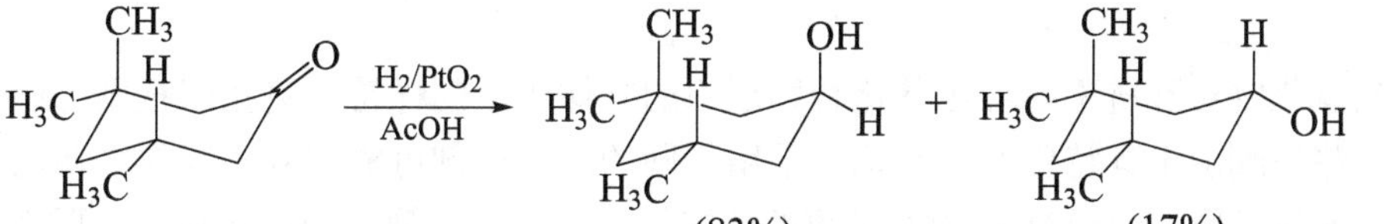

(83%)　(17%)

2. 金属氢化物还原

常用的金属氢化物包括 $LiAlH_4$、$NaBH_4$、$LiBH_4$ 等都能很好地使醛、酮还原成醇。反应通过氢负离子对羰基的亲核加成进行，加成后的醇氧负离子夺取质子后得到产物醇。

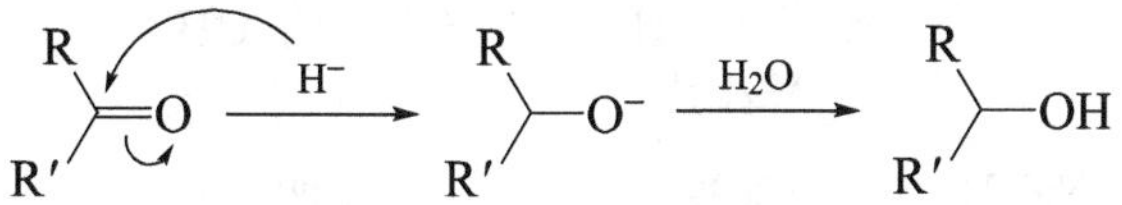

这些还原剂中以氢化铝锂活性最强，是使醛、酮还原的最有效试剂。但氢化铝锂极易水解，反应要求在绝对无水的条件下进行，也不能使用带有活泼氢原子的溶剂（如醇）。在加成完成之后，才可用水溶液进行处理。

$$4\,LiH + AlCl_3 \longrightarrow LiAlH_4 \xrightarrow{4\,H_2O} LiOH + Al(OH)_3 + 4\,H_2$$

(90%)

硼氢化钠的还原能力比 $LiBH_4$ 及 $LiAlH_4$ 更弱，但其更加稳定，可在醇甚至水中存在，无须严苛的无水条件，这使得其应用更为方便。

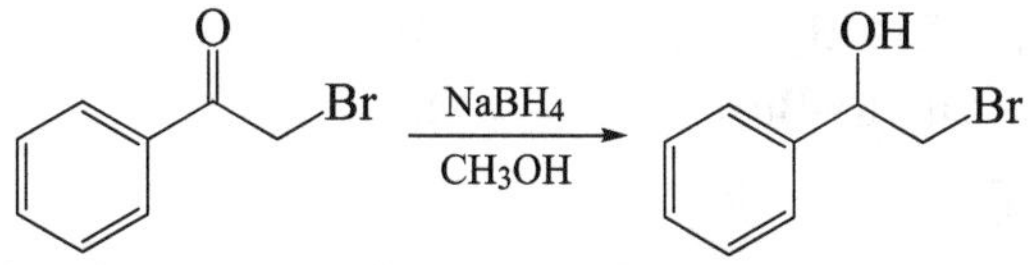

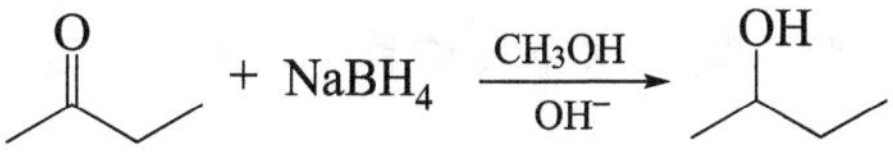

金属氢化物采用亲核加成进行还原，因此不会还原富电荷的碳碳双键或三键。但如果采用共轭不饱和醛、酮，其碳碳双键可能因为发生共轭加成而被还原，如 $NaBH_4$ 的反应：

$$\text{环己-2-烯酮} + NaBH_4 \xrightarrow{EtOH} \text{环己-2-烯醇 (59\%)} + \text{环己醇 (41\%)}$$

对于 $LiAlH_4$，由于其活性强，一般只发生 1, 2-加成，因此共轭不饱和醛、酮中的碳碳双键也不会被还原。

$$CH_3CH{=}CHCHO + LiAlH_4 \xrightarrow{Et_2O} \xrightarrow{H_2O} CH_3CH{=}CHCH_2OH \quad (82\%)$$

$$\text{环己-2-烯酮} + LiAlH_4 \xrightarrow{Et_2O} \xrightarrow{H_2O} \text{环己-2-烯醇} \quad (97\%)$$

金属氢化物对开链不对称羰基化合物还原的立体化学同样符合克拉姆规则(见 9.2.3 节)。另外，一些环酮由于其特殊空间结构，采用不同的还原试剂可能得到不同的立体化学结果。例如，樟脑的还原，由于 H 从侧面进攻的位阻较小，H 位于侧面的异冰片为主要产物。采用的还原试剂体积越大，立体选择性也越强。

樟脑 ⟶ 异冰片 + 冰片 (立体选择性反应)

还原试剂:	异冰片	冰片
$NaBH_4$	86%	14%
$LiBH(s\text{-}Bu)_3$	99.6%	0.4%

4-叔丁基环己酮采用体积较小的 $LiAlH_4$ 作还原剂时，试剂从直立键或平伏键方向进攻的位阻均不大，此时以得到羟基位于平伏键的更稳定产物为主；但如果采用大体积的还原剂如三仲丁基硼氢化锂，其从直立键进攻时会受到 3 位直立键上氢原子的位阻影响（称为 1, 3-干扰），因此会选择性地从平伏键方向进攻，得到羟基位于直立键的产物。

还原试剂:	羟基平伏键产物	羟基直立键产物
$LiAlH_4$	90%	10%
$LiBH(s\text{-}Bu)_3$	7%	93%

3. 米尔文-庞多夫还原

用异丙醇铝还原羰基化合物时，异丙基可通过环状过渡态把负氢离子转移给醛、酮，使其还原为醇，自身则被氧化为丙酮，这个反应称为米尔文-庞多夫（Meerwein-Ponndorf）还原。

$$RR'C{=}O + H{-}C(CH_3)_2{-}OAl(i\text{-}PrO)_2 \rightleftharpoons RR'CH{-}O^- + H_3C{-}CO{-}CH_3$$

不难看出，该反应实际上就是欧芬脑尔氧化（见 8.3.5.4 小节）的逆反应。蒸出反应产生的丙酮或是向反应中加入过量的异丙醇均可使平衡向右移动使反应完全。其他醇铝也能进行同样的反应，使用异丙醇铝的优点在于反应后生成沸点较低的丙酮，易于蒸出。

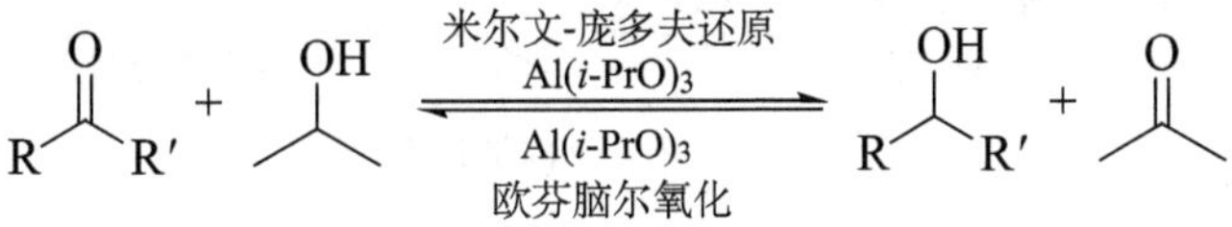

米尔文-庞多夫还原 $Al(i\text{-}PrO)_3$ ⇌ $Al(i\text{-}PrO)_3$ 欧芬脑尔氧化

利用该反应还原不饱和羰基化合物时选择性较高，它只还原羰基而不会还原碳碳双键。

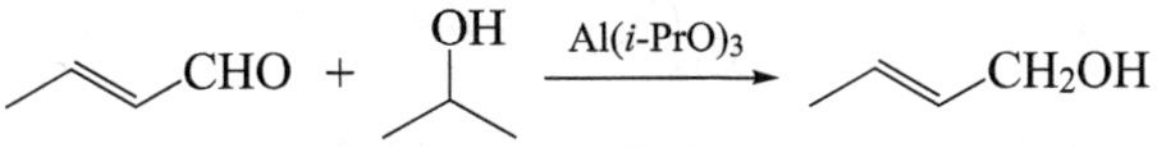

$$\text{CH}_3\text{CH=CHCHO} + (\text{CH}_3)_2\text{CHOH} \xrightarrow{Al(i\text{-}PrO)_3} \text{CH}_3\text{CH=CHCH}_2\text{OH}$$

在氯霉素的生产中，常用异丙醇铝还原酮羰基而保留同样易被还原的硝基。

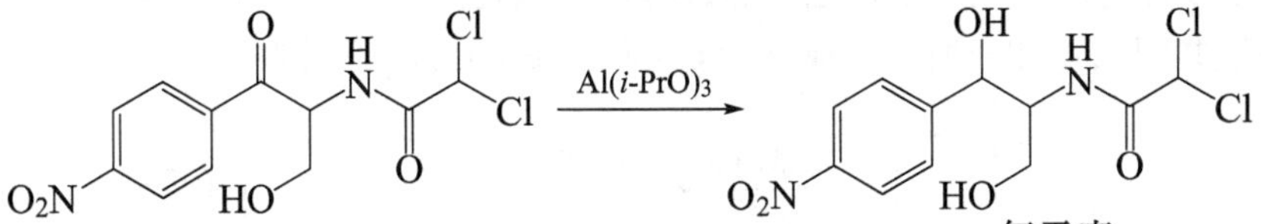

$Al(i\text{-}PrO)_3$

氯霉素

异丙醇铝在高温下经两次氢负离子转移，可将羰基进一步还原成亚甲基。例如：

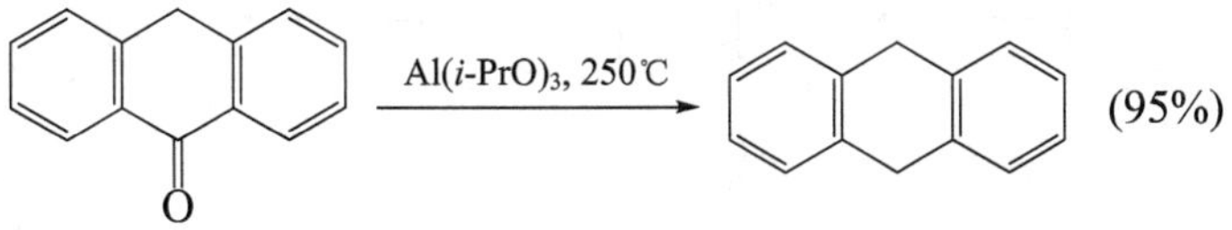

$Al(i\text{-}PrO)_3$, 250℃　(95%)

4. 金属还原

很多金属，如 Na、Li、Zn、Mg、Fe 等都能使羰基还原，金属的作用是作为电子给予体。使用不同的溶剂，可以得到单分子或双分子还原产物。

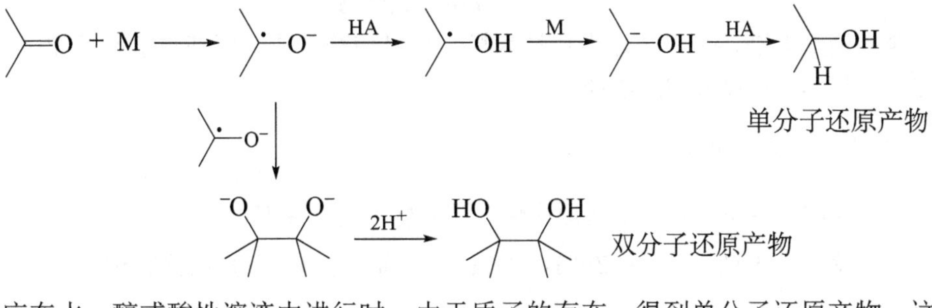

单分子还原产物

双分子还原产物

反应在水、醇或酸性溶液中进行时，由于质子的存在，得到单分子还原产物。这对于醛的还原尤为有用，因为醛在碱性溶液中容易发生缩合反应。

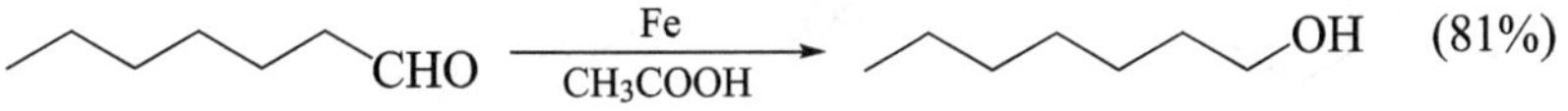

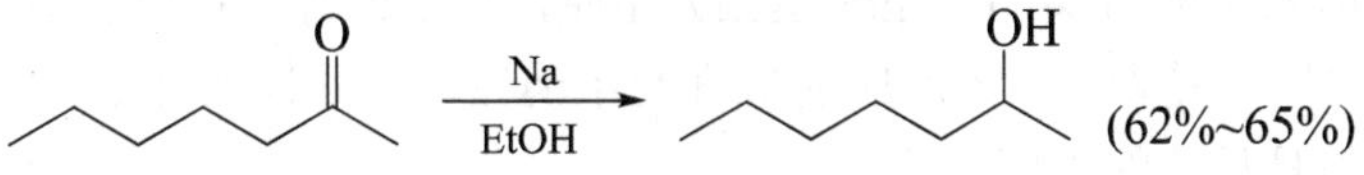

$$\text{CH}_3(\text{CH}_2)_5\text{CHO} \xrightarrow[CH_3COOH]{Fe} \text{CH}_3(\text{CH}_2)_5\text{CH}_2\text{OH}\quad(81\%)$$

$$\text{CH}_3(\text{CH}_2)_5\text{COCH}_3 \xrightarrow[EtOH]{Na} \text{CH}_3(\text{CH}_2)_5\text{CH(OH)CH}_3\quad(62\%\sim65\%)$$

金属加水、醇或酸是使用非常广泛的还原体系，前者提供电子，后者提供质子。该体系除了还原羰基以外，还可将硝基、肟、腈等还原成胺，也可将卤代烃还原成烃。

一般情况下，双分子还原产物作为副产物存在，但酮与镁、镁汞齐或铝汞齐等在非质子溶剂中反应后再水解，则主要得到双分子还原产物，生成邻二醇。由酮得到的邻二叔醇会继续在酸性条件下发生频哪醇重排（见 8.3.6.1 小节）。

Mg；苯　Mg^{2+}　^-O　O^-　H_3O^+　HO　OH　(43%~50%)　H_3O^+；频哪醇重排　O

2　O　1) Mg/苯；2) H_2O　OH　HO　H_3O^+；频哪醇重排　O

碱金属-液氨可产生溶剂化电子，使其成为一个强的还原体系。其除了能使芳环（伯奇还原）和羰基还原外，控制用量，也能够选择还原共轭烯酮中的 C═C 键而保留 C═O 键，这也是由发生共轭 1, 4-加成所致。孤立的 C═C 键是不会被还原的。

O　Li/液NH_3；−33℃　H_3O^+　O　(95%)

O　e^-　^-O　^-O　H^+

O　酮-烯醇互变　HO　1) e^-；2) H^+　HO

1,4-加成产物

碱金属的液氨溶液还可以还原卤代烃为烃，也可使苄基或烯丙基与杂原子如 O、S、N 之间的键发生氢解，还原成相应的烃。

9.5.3.2　还原为亚甲基

用锌汞齐和浓盐酸可使醛、酮还原成烃，羰基转变为亚甲基。

$$Zn + HgCl_2 \longrightarrow ZnCl_2 + Hg$$　(汞沉积在锌上，形成锌汞齐)

O　Zn-Hg；HCl　(88%)

这种还原法称为克莱门森（Clemmensen）还原，利用该方法也可还原 α,β-不饱和酮中的共轭烯键，但孤立烯不受影响。该反应的机理尚不清楚，在同样条件下，发现醇不会被还原，因此至少说明醇不是反应的中间产物。

O　Zn-Hg；HCl

克莱门森还原要求底物在强酸性条件下不会发生不需要的变化，如果底物含有酸敏感基团，则需考虑其他方法。例如，醛、酮与肼在碱性条件、较高的温度和压力下密闭反应，也可被还原为亚甲基，该反应称为沃尔夫-基希纳（Wolff-Kishner）还原法。

$$RCOR' + NH_2NH_2 \xrightarrow[\triangle]{碱} RCH_2R'$$

我国化学家黄鸣龙使用一个高沸点溶剂（一缩二乙二醇，沸点为245℃），用氢氧化钾或钠与反应物和肼一起加热反应，有效改进了上述封管方法，并使产率提高。

$$PhCOCH_2CH_3 + NH_2NH_2 \xrightarrow[HOCH_2CH_2OCH_2CH_2OH]{NaOH,\ \triangle} PhCH_2CH_2CH_3 \quad (82\%)$$

该反应通过腙中间体进行，最终失去一分子氮气得到产物。

$$RCOR' + NH_2NH_2 \longrightarrow \underset{腙}{RC(=NNH_2)R'} \underset{-H^+}{\overset{B^-}{\rightleftharpoons}} RC(=N\text{—}\bar{N}H)R' \longleftrightarrow R\bar{C}(N{=}NH)R'$$

$$\underset{}{\overset{HB}{\rightleftharpoons}} RCH(N{=}NH)R' \underset{-H^+}{\overset{B^-}{\rightleftharpoons}} RCH(N{=}N^-)R' \xrightarrow[-N_2]{慢} R\bar{C}HR' \xrightarrow{HB} RCH_2R'$$

沃尔夫-基希纳还原法适合对酸敏感的底物，但不适用于对碱敏感的底物。除了这两种方法，将醛、酮与硫醇反应得到硫缩醛/酮，之后用拉尼镍催化氢化也可还原成烃（见9.2.2.3小节），此法在偏中性条件下进行。这三种方法各有其优缺点，并能互相补充。

9.5.4 醛的歧化——坎尼扎罗反应

含有 α-H 的醛在碱性条件下易发生羟醛缩合反应，而不含 α-H 的醛在浓碱作用下可以发生自身氧化还原反应，一分子醛被氧化成羧酸，另一分子被还原为醇。这个反应称为坎尼扎罗（Cannizzaro）反应。

$$2\ PhCHO \xrightarrow[或60\%\ KOH]{NaOH} PhCOONa + PhCH_2OH$$

$$2\ HCHO \xrightarrow{50\%\ NaOH} HCOONa + CH_3OH$$

$$2\ R_3CCHO \xrightarrow{Ca(OH)_2} R_3CCOO^- + R_3CCH_2OH$$

该反应为两步亲核加成过程：首先接受 OH^-加成的醛会转移一个 H^-给下一分子醛，自身被氧化；下一分子醛接受 H^-的加成而被还原。

$$\text{—CHO} + OH^- \longrightarrow HO\text{—}\underset{O^-}{C}\text{—H} \xrightarrow{\text{—CH=O}} HO\text{—}\underset{O}{\overset{\|}{C}}\text{—} + \text{—}CH_2\text{—}O^- \longrightarrow \underset{羧酸}{\text{—}COO^-} + \underset{醇}{\text{—}CH_2OH}$$

学习提示：可以发现，坎尼扎罗反应和二苯羟乙酸重排（见 9.5.2.3 小节）颇有相似之处，均是一个羰基被氧化，一个羰基被还原。二苯羟乙酸重排就像是发生在同一个分子上的坎尼扎罗反应。

醛是相对较为贵重的试剂，因此其歧化为醇和酸的合成意义较小。然而用低廉的甲醛作为一个组分发生交叉坎尼扎罗反应则是很有用的。反应中，甲醛总是生成酸，而另一分子醛生成醇。这是由于甲醛最容易发生亲核加成，其总是首先接受 OH^-的进攻，从而最终被氧化成甲酸。

$$\text{m-MeOC}_6\text{H}_4\text{CHO} + \text{HCHO} \xrightarrow[\text{H}_2\text{O/EtOH}]{30\%\ \text{NaOH}} \text{m-MeOC}_6\text{H}_4\text{CH}_2\text{OH} + \text{HCOO}^-$$

(85%~90%)

用乙醛和过量甲醛反应，在碱性条件下可制得季戊四醇。这里先后发生的是三步羟醛缩合反应和最终的交叉坎尼扎罗反应。季戊四醇是涂料工业的重要原料。

$$\text{CH}_3\text{CHO} + \text{HCHO(过量)} \xrightarrow{\text{OH}^-} \text{C(CH}_2\text{OH)}_4$$

季戊四醇

9.6　一元醛、酮的制备

醛、酮的制备，既可用氧化也可用还原的方法。醛本身也容易被氧化和还原，因此必须使用特殊的试剂或工艺。例如，利用醛的沸点比相应的醇低的特点，用酸性重铬酸钾氧化醇制醛（一般是低级醛），醛生成后即被分馏蒸出，使其脱离氧化剂避免进一步氧化。

1. 醇的氧化

在第 8 章中，我们已经介绍了一些氧化剂，它们可以以较高的选择性将醇氧化为醛、酮，而不会发生进一步的氧化（见 8.3.5 节）。常用的氧化方法有六价铬类试剂氧化、欧芬脑尔氧化、费兹纳-莫法特试剂氧化等，可参见有关章节。

2. 烃类的氧化

醛和酮都可由烯烃臭氧化物水解制得（见 4.4.6.3 小节）。

$$\text{CH}_3\text{CH}_2\text{C(CH}_3\text{)=C(CH}_3\text{)}_2 \xrightarrow[\text{2) H}_2\text{O/Zn}]{\text{1) O}_3} \text{CH}_3\text{CH}_2\text{COCH}_3 + \text{CH}_3\text{COCH}_3$$

$$\text{(CH}_3\text{)}_2\text{CHCH}_2\text{CH}_2\text{CH}_2\text{CH=CH}_2 \xrightarrow[\text{2) H}_2\text{O/Zn}]{\text{1) O}_3} \text{(CH}_3\text{)}_2\text{CHCH}_2\text{CH}_2\text{CH}_2\text{CHO} + \text{HCHO}$$

另外，工业生产乙醛是由乙烯经空气氧化制得。

$$\text{H}_2\text{C=CH}_2 + \text{O}_2 \xrightarrow[\text{H}_2\text{O}]{\text{CuCl}_2\text{-PdCl}_2} \text{CH}_3\text{CHO}$$

芳醛可由相应的芳烃侧链氧化制得。生成的醛以不易被氧化的衍生物形式分离得到，然后水解成醛。例如，甲苯在乙酸酐中被 CrO_3 氧化，产物是醛水合物的二乙酸酯，其水解后生成醛。MnO_2 也可以催化甲苯氧化为醛。此外，甲苯二氯代后得到的偕二卤代物也容易水解成醛。

$$PhCH_3 \xrightarrow[(CH_3CO)_2O]{CrO_3} PhCH(OCOCH_3)_2 \xrightarrow{H_3O^+} PhCHO + CH_3COOH$$

$$PhCH_3 \xrightarrow[40℃]{MnO_2,\ 65\%\ H_2SO_4} PhCHO$$

$$PhCHCl_2 + H_2O \longrightarrow PhCHO + 2\,HCl$$

3. 芳环上的亲电取代反应制芳酮或芳醛

在三氯化铝催化下，酰氯或酸酐作酰化剂，通过傅-克酰化反应可在芳环上引入酰基（见 6.3.3.2 小节）。

$$ArH + RCOCl \xrightarrow{AlCl_3} ArCOR$$

通过加特曼-科赫反应，同样可实现类似过程，在芳环上引入甲酰基从而得到芳醛（见 6.3.4.2 小节）。

$$ArH + CO + HCl \xrightarrow[\text{醚或硝基苯}]{Cu_2Cl_2\text{-}AlCl_3} ArCHO$$

与此相似，若用无水 HCl 和 HCN 混合物在三氯化铝催化下与苯反应，产物水解，即得芳醛。

$$HCl + HCN \xrightarrow{AlCl_3} HN{=}CHCl$$

$$C_6H_6 + HN{=}CHCl \xrightarrow[-HCl]{AlCl_3} C_6H_5CH{=}NH \xrightarrow{H_2O} C_6H_5CHO + NH_3$$

酚与氯仿在碱性条件下发生雷默尔-梯曼反应也可制得芳醛，醛基在酚羟基的邻、对位（见 8.6.2.3 小节）。

$$C_6H_5OH + CHCl_3 \xrightarrow{NaOH/H_2O} o\text{-}HOC_6H_4CHO$$

4. 由炔烃制备

炔烃和水加成后得到的烯醇易互变为醛、酮。反应可通过汞盐催化或硼氢化-氧化过程进行（见 5.3.1.2 小节）。炔烃和 2 当量卤化氢加成得到的偕二卤代物水解也可得到醛、酮。

$$R-C\equiv CH + H_2O \xrightarrow[HgSO_4]{H_2SO_4} R-C(OH)=CH_2 \rightleftharpoons R-CO-CH_3$$

$$\text{1-乙炔基环己醇} \xrightarrow[H_2SO_4]{HgSO_4} \text{1-乙酰基环己醇} \quad (65\%\sim67\%)$$

$$CH_3CH_2CH_2CH_2C\equiv CH \xrightarrow{B_2H_6} \xrightarrow[OH^-]{H_2O_2} [CH_3CH_2CH_2CH_2CH=CHOH] \longrightarrow CH_3CH_2CH_2CH_2CH_2CHO$$

5. 由羧酸及其衍生物还原制备

羧酸衍生物或羧酸可通过多种方法转化为醛、酮（见第 10 章羧酸及其衍生物的性质）。例如，酰氯与降低活性的催化剂/还原剂作用可生成醛。

$$RCOOH \xrightarrow{SOCl_2} RCOCl \xrightarrow[Pd(S)]{H_2} RCHO \quad (80\%\sim90\%)$$

$$\text{4-}CH_3\text{-3-}OCH_3C_6H_3COCl \xrightarrow[\text{乙醚}]{LiAlH(O\text{-}t\text{-}Bu)_3} \xrightarrow{H_2O} \text{4-}CH_3\text{-3-}OCH_3C_6H_3CHO$$

羧酸衍生物和金属有机化合物反应是制备酮的重要方法。例如，使用有机镉或有机锂化合物，可以使酰氯转变为酮。

$$2\,R'MgX + CdCl_2 \longrightarrow R'_2Cd \xrightarrow{2\,RCOCl} 2\,RCOR'$$

$$2\,(CH_3)_2CHMgBr \xrightarrow[\text{醚}]{CdCl_2} [(CH_3)_2CH]_2Cd \xrightarrow{2\,CH_3CH_2COCl} 2\,(CH_3)_2CHCOCH_2CH_3 \quad (60\%)$$

二烷基铜锂的醚溶液，在−78℃下与酰氯反应也可制得酮。

$$C_6H_{11}COCl + (CH_3)_2CuLi \xrightarrow[\text{醚}]{-78℃} C_6H_{11}COCH_3 \quad (81\%)$$

羧酸和烷基锂反应也可制备酮。

$$RCOOH + 2\,CH_3Li \xrightarrow[\text{回流},-CH_4]{\text{醚}} R-C(OLi)_2-CH_3 \xrightarrow[OH^-]{H_2O} RCOCH_3 + 2\,LiOH$$

6. 烯烃氢甲酰化制备醛

在羰基钴或铑络合物催化下，端烯烃与合成气（$CO + H_2$）可发生氢甲酰化反应生成醛，是工业上制备醛的重要方法。

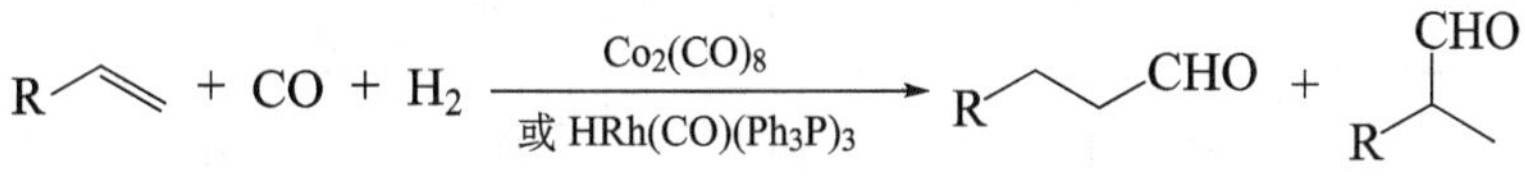

$$R\text{—CH=CH}_2 + CO + H_2 \xrightarrow[\text{或 }HRh(CO)(Ph_3P)_3]{Co_2(CO)_8} RCH_2CH_2CHO + RCH(CH_3)CHO$$

9.7 醌

具有环己二烯二酮结构的化合物都称为醌，醌分子中的各双键均共轭。

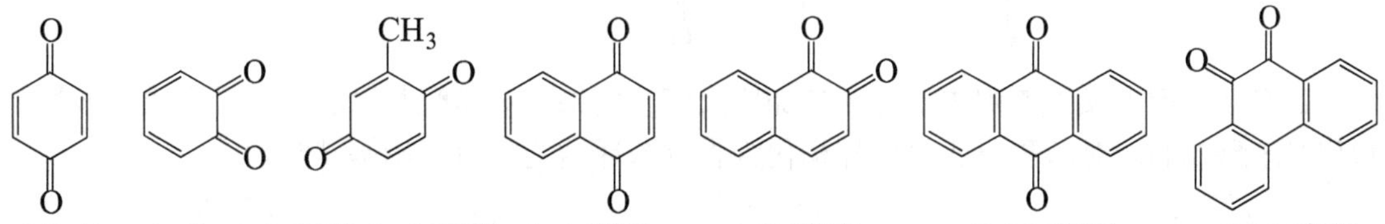

对苯醌　邻苯醌　2-甲基-1, 4-苯醌　1, 4-萘醌　1, 2-萘醌　9, 10-蒽醌　9,10-菲醌

结构 O═⟨⟩═O 或 ⟨⟩(═O)₂ 称为醌式结构，其较大的共轭体系使具有醌式结构的物质通常都带有颜色。例如，对苯醌为黄色晶体，邻苯醌为红色。醌类化合物虽然都是一些环状烯酮，但由于它们可以从相应的芳香族化合物衍生得来，所以按相应的芳香族衍生物命名。

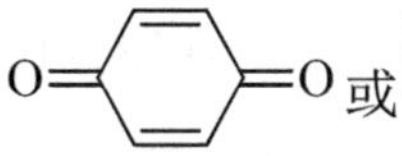

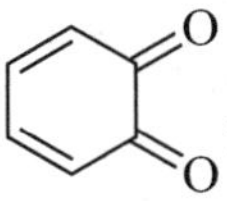

醌的衍生物，特别是羟基醌在自然界广泛存在。其或者以游离形式存在，或者与其他化学物质相结合存在。一些霉菌和植物的色素中含苯醌，一些维生素结构中含有萘醌，一些染料中间体或中药活性成分中含有蒽醌。

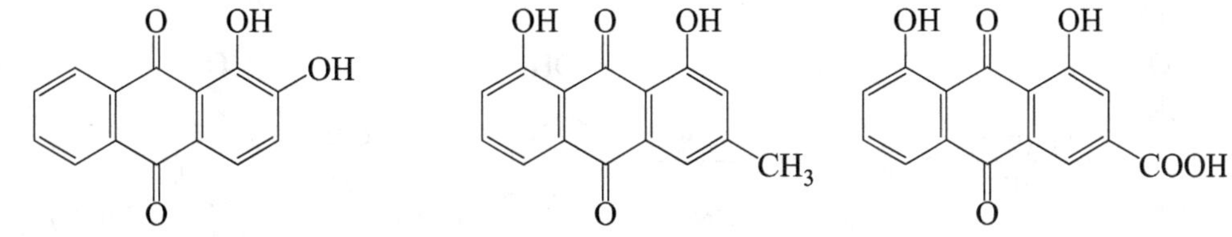

黄色染料茜素的组成成分　大黄酚　大黄酸

（中药大黄的组成成分）

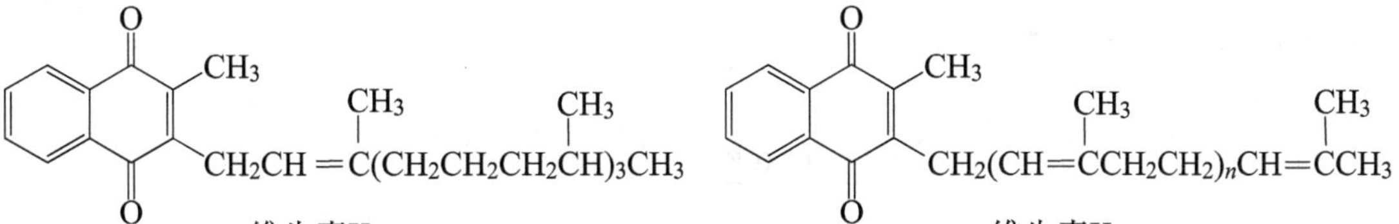

$CH_2CH=C(CH_3)(CH_2CH_2CH_2CH(CH_3))_3CH_3$

维生素K_1

$CH_2(CH=C(CH_3)CH_2CH_2)_nCH=C(CH_3)CH_3$

维生素K_2

9.7.1 醌的反应

根据醌的结构，可以预料它既能表现烯烃的某些特性，又能表现羰基化合物的某些特征。而更主要的则是具有共轭不饱和羰基化合物的特性。

醌的 C═C 键可以发生亲电加成，也可以作为亲双烯组分发生第尔斯-阿尔德反应。

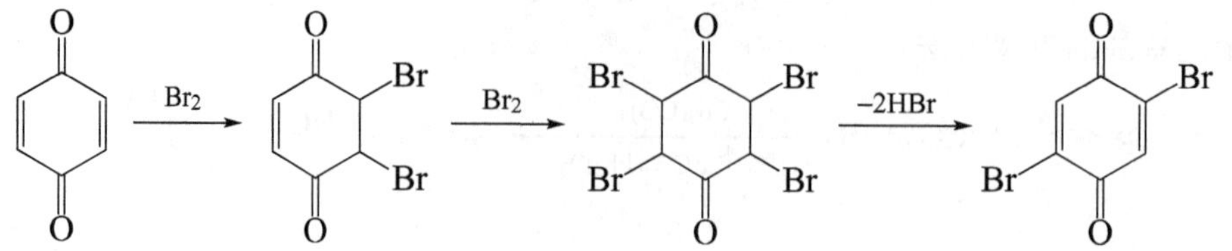

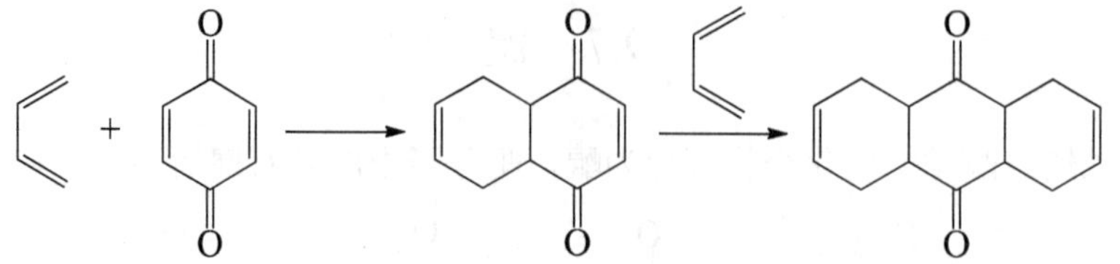

Br_2 Br_2 $-2HBr$

在C═O键上发生的则主要是亲核加成反应。例如，对苯醌与羟胺反应，生成对苯醌单肟和对苯醌二肟。对苯醌单肟可以异构化为含有苯环结构的对亚硝基苯酚。

$+ NH_2OH \xrightarrow{H^+}$ $\xrightarrow{NH_2OH}$

对苯醌单肟　对苯醌二肟

对亚硝基苯酚

作为α,β-不饱和羰基化合物，醌与H_2、HCl、HCN、胺等试剂均能发生共轭加成，以生成1, 4-加成产物为主。产物重排为对苯二酚结构后，容易再次被氧化为醌，醌的环上就是被取代的产物。

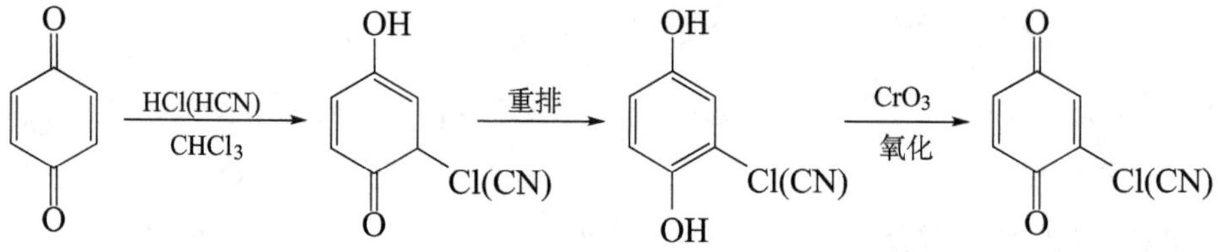

$\xrightarrow[CHCl_3]{HCl(HCN)}$ $\xrightarrow{重排}$ $\xrightarrow[氧化]{CrO_3}$

直接使用HCl和$KClO_3$能够使以上反应反复进行，最后得到2, 3, 5, 6-四氯代-1, 4-苯醌，这是一个灭菌剂和氧化剂。

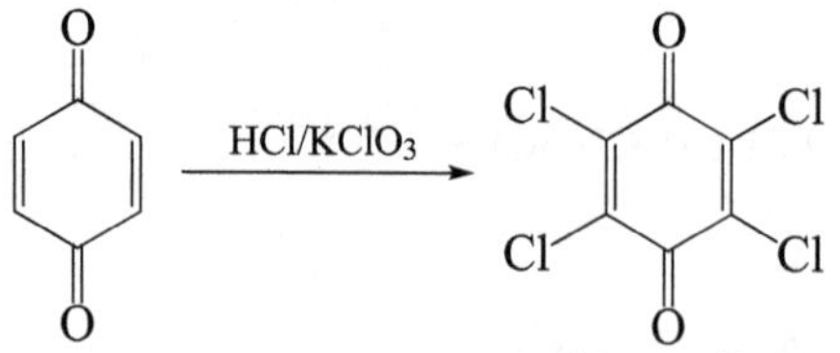

$\xrightarrow{HCl/KClO_3}$

四氯-1,4-苯醌

在路易斯酸催化下，苯醌与醇加成，可得到类似产物，此时氧化剂即为苯醌本身。

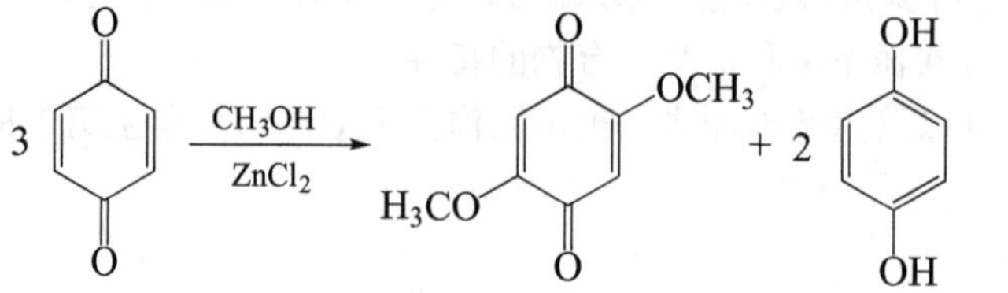

3 $\xrightarrow[ZnCl_2]{CH_3OH}$ $+ 2$

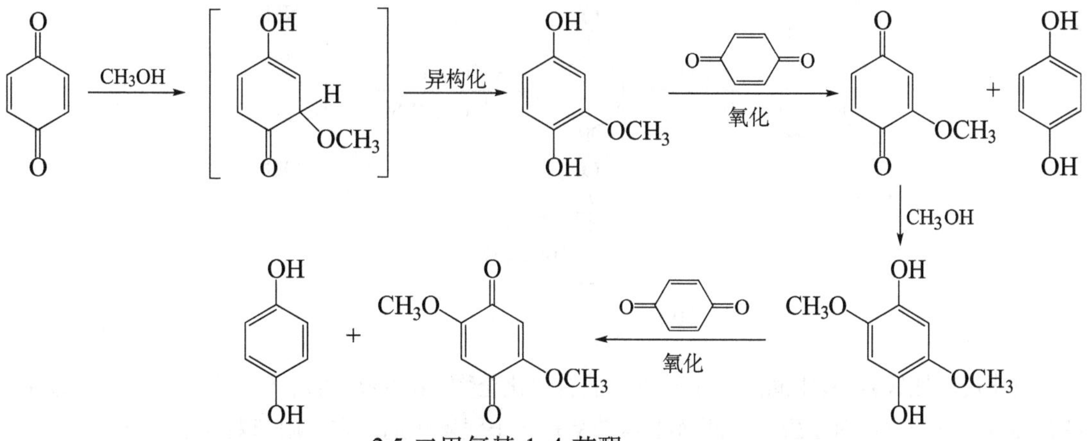

2,5-二甲氧基-1, 4-苯醌

苯醌与苯胺也发生类似反应，产物羰基可以继续和胺缩合生成 2, 5-二苯胺基对苯醌缩二苯胺。

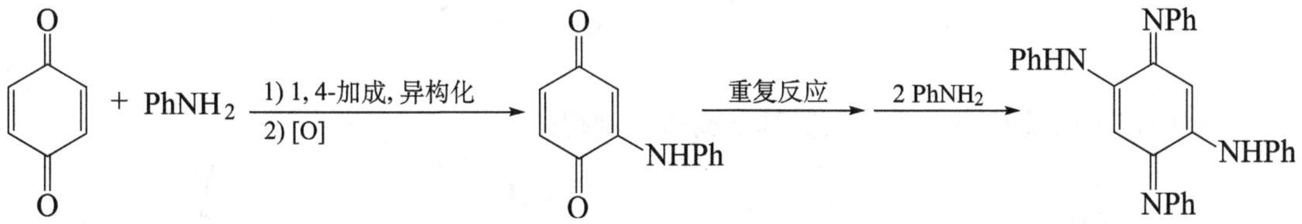

苯醌与格氏试剂加成，可以在一个羰基上，也可以在两个羰基上反应，空间阻碍不大时，主要生成 1, 2-加成产物。

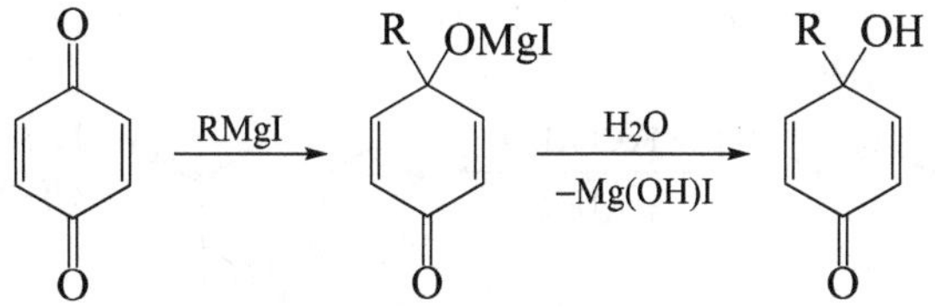

醌极易由二元酚氧化得来，也易被还原为二元酚。因此，对苯二酚又称为氢醌，其可以和对苯醌通过氢键形成缔合体，称为醌氢醌。氢键的作用以及主要的两个环系中 π 电子的相互作用（离域化），使醌氢醌分子具有深绿色。

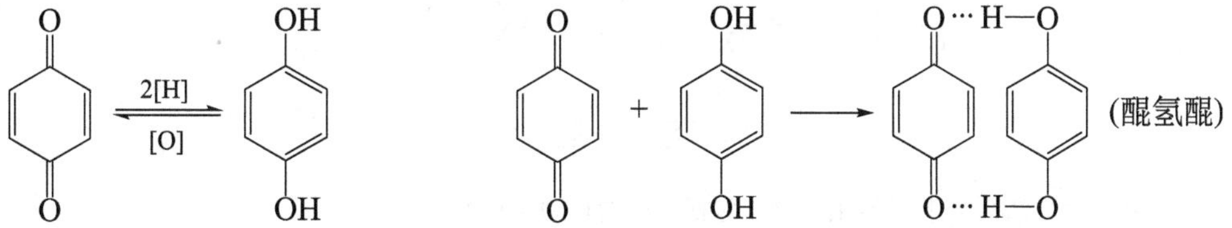

(醌氢醌)

9.7.2　醌的制备

醌通常通过氧化反应得到。苯醌可由苯酚或氨基苯酚氧化制得。苯酚用 $K_2Cr_2O_7/H_2SO_4$ 氧化或对苯二酚用过氧化氢或溴水氧化，均可制得对苯醌。

OH　$\xrightarrow[H_2SO_4]{K_2Cr_2O_7}$　O=⟨⟩=O　$\xleftarrow[或MnO_2+H_2SO_4]{K_2Cr_2O_7/H_2SO_4}$　NH_2 / OH

H_2O_2, 酶 或Br_2, H_2O ↑ HO—⟨⟩—OH

氧化反应比较复杂，中间产物是一系列的有色化合物。由邻苯二酚氧化可制得相应的邻苯醌。带有强吸电基的取代对苯醌，如四氯-1, 4-苯醌是一个强氧化剂，它可用苯酚经下法合成。

OH　$\xrightarrow[或HCl]{Cl_2}$　$\xrightarrow[80\sim85℃]{HNO_3}$　Cl, Cl, Cl, Cl, O, O (60%)

萘醌同样可由烷基萘、萘酚或氨基萘酚氧化制得。

CH_3　$\xrightarrow{[O]}$　O, CH_3, O

OH　$\xrightarrow[H_2SO_4]{Na_2Cr_2O_7}$　O, O　1,4-萘醌（α-萘醌）

NH_2, OH　$\xrightarrow[HCl]{FeCl_3/H_2O}$　O, O　1, 2-萘醌（β-萘醌）

蒽和菲比萘和苯更活泼，可直接氧化成蒽醌和菲醌。

9　10　8　1　7　2　6　5　4　3　$\xrightarrow[\triangle]{O_2, V_2O_5}$　O　O

习　　题

9.1　按系统命名法命名下列各化合物（包括必要的构型名称）。

(1)　O

(2)　O, CH_3, CH_3

(3)　O

(4)　CHO, Cl

(5)　O

(6)　O, CHO

(7)　OCH_3, CHO

(8)　CHO, HO—|—H, CH_2OH

9.2　写出下列各化合物的结构式或构型。

(1) 甲基异丁基酮　　(2) 苯乙酮

(3) γ-氯代环庚酮　　(4) 肉桂醛

(5) 对甲氧基苯甲醛　　(6) 3-甲基环己-2-烯酮

(7) 丙醛缩二乙醇　　(8) 苯甲醛苯腙

(9) 乙醛肟　　(10) (*R*)-3-氯丁-2-酮

9.3　丁酮与下列物质能否反应？写出反应的主要产物。

(1) HCN　　(2) $HOCH_2CH_2OH, H^+$

(3) a) $LiAlH_4$, 醚; b) H_2O　　(4) $NaBH_4, H_2O$

(5) N_2H_4, KOH, 加热　　(6) $KMnO_4$

(7) a) NaH, THF; b) H_2O　　(8) $PhNHNH_2$

(9) a) CH_3MgBr, 醚; b) H_2O　　(10) a) CH_3SH, BF_3, 醚; b) H_2/Ni

(11) $Ag(NH_3)_2OH$　　(12) NaOH, 加热

(13) a) PhLi; b) H_2O　　(14) $(CH_3)_3N$

(15) $PhCO_3H, H^+$

9.4　写出下列反应的主要产物（包括必要构型和名称）。

(1) 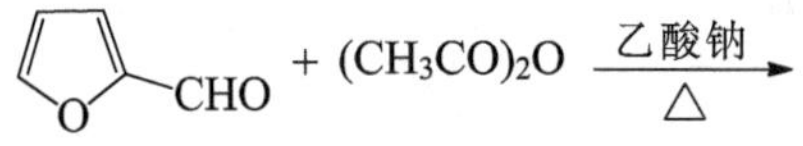 （呋喃-2-基）CHO + $(CH_3CO)_2O$ $\xrightarrow[\triangle]{\text{乙酸钠}}$

(2) CH_3NO_2 + 3HCHO $\xrightarrow{Ca(OH)_2}$

(3) 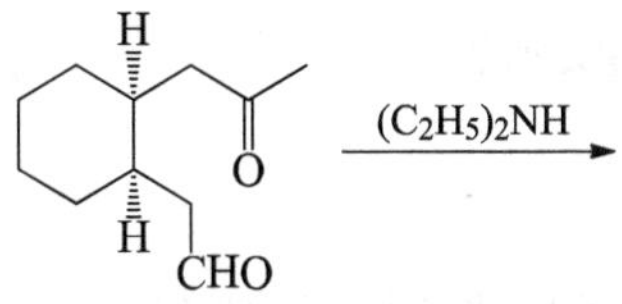 （环己烷，两个 H 标示构型，取代基 CH_2COCH_3 与 CH_2CHO）$\xrightarrow{(C_2H_5)_2NH}$

(4) （2-甲基环戊酮，O，CH_3）$\xrightarrow{CH_3CO_3H}$

(5) Ph（楔形）…C(=O)… $\xrightarrow[H_2O]{LiAlH_4}$ $\xrightarrow{\text{醚}}$ (主) + (次)

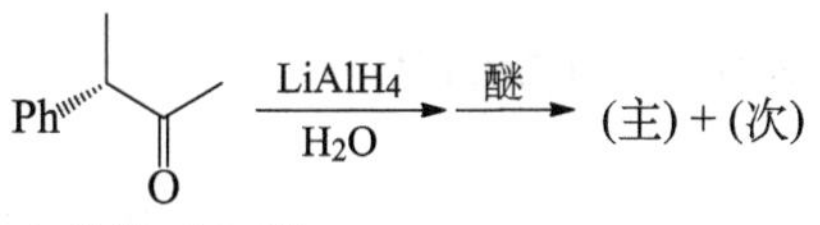

(*S*)-3-苯基丁-2-酮

(6) 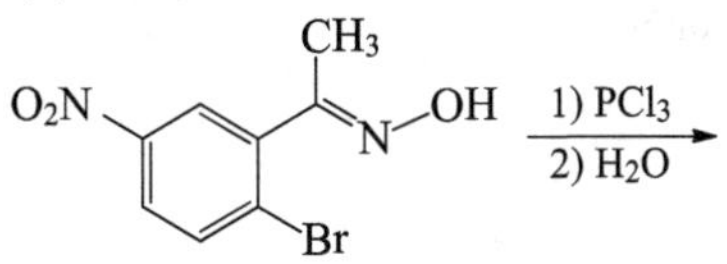 （苯环上有 O_2N、Br 及 $C(CH_3)=N-OH$）$\xrightarrow[2)\ H_2O]{1)\ PCl_3}$

(7) Ph_3P + $CHCl_3$ $\xrightarrow[0℃]{C_4H_9OK,\ \text{醚}}$ A $\xrightarrow{PhCHO}$ B

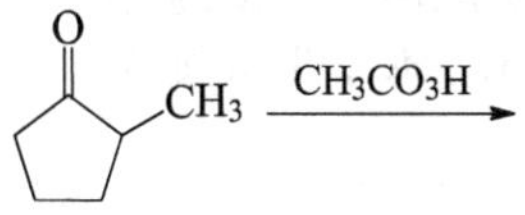

(8) 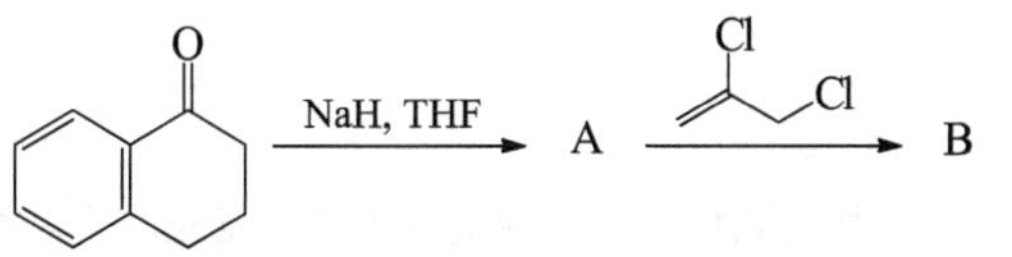 （α-四氢萘酮，O）$\xrightarrow{NaH,\ THF}$ A $\xrightarrow{CH_2=C(Cl)CH_2Cl}$ B

(9) 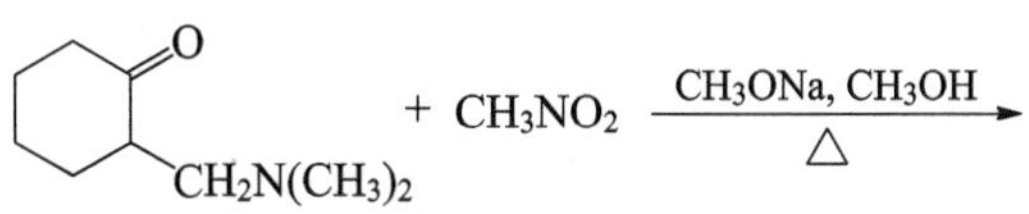 （2-[$CH_2N(CH_3)_2$]环己酮，O）+ CH_3NO_2 $\xrightarrow[\triangle]{CH_3ONa,\ CH_3OH}$

9.5　下列转变可以用三步或少于三步实现，写出中间产物、试剂和所需条件。

(1) 丙酮→丙烯　　(2) 丙醛→丁-2-醇

(3) 庚-2,6-二酮 → 1-乙酰基-2-甲基环戊烯 ($COCH_3$, CH_3)

(4) 丙醛 (CHO) → 2-甲基戊-2-烯醛 (CHO)

(5) 环己酮 → 1-羟基环戊烷甲酸 (OH, COOH)　　(6) 溴苯→苯甲酸

(7) 环戊醇 (OH, H) → 1-乙炔基环戊醇 (OH, C≡CH)　　(8) PhCHO ⟶ PhCH(OH)COOH

9.6　由苯丙酮转变为下列化合物所需试剂和条件（注意重氢引入位置）。

(1) $PhCOCD_2CH_3$　　(2) $PhCD(OH)CH_2CH_3$

(3) $PhCH_2CD_2CH_3$　　(4) $PhCH(OD)CH_2CH_3$

(5) $PhCD_2CH_2CH_3$　　(6) $PhC(OH)(CH_2CH_3)CD_2CD_3$

9.7　选择实现下列转变的恰当条件。

(1) 环戊酮 ⟶ 环戊烯醇钠 ($O^- Na^+$)　　a. NaH, THF, 加热　　b. NaOH, H_2O, 加热

(2) 甾体17-酮（3-位乙二醇缩酮）⟶ 17-位亚甲基化合物　　a. N_2H_4, KOH, 乙二醇, 加热　b. Zn(Hg), HCl, 甲苯, 加热

(3) 丁醛 (CHO) ⟶ 2-羟基戊腈 (OH, CN)　　a. KCN, H_2O　　b. HCN, H_2O

(4) 十氢萘-1-酮 ⟶ 2-苄叉基十氢萘-1-酮 (=CHPh)　　a. PhCH═PPh_3　b. PhCHO, NaOH

9.8　写出下列反应的合理机理。

(1) $HO(CH_2)_4CHO \xrightarrow{H^+}$ 2-羟基四氢吡喃 (OH, H)

(2) 2-溴环己酮 $\xrightarrow{OH^-}$ 环戊烷甲酸 (COOH)

9.9　各举一例分别表示有氮原子参加和有氧原子参加的亲核重排。你根据生成的反应产物可得出什么结论？

9.10　鉴别或分离。

(1) 用化学方法鉴别下列各对物质：

a. 戊-2-醇与戊-3-醇　　　　　　b. 丙酮与丙醛

(2) 如何分离环己醇 (b.p.为 161℃)和环己酮 (b.p.为 156℃)?

9.11　解释或排列顺序。

(1) 戊-2, 4-二酮的烯醇负离子与叔丁基溴反应，后者消耗了，前者则大部分以戊-2, 4-二酮回收，说明不能得到预期的碳烷基化产物的原因。

(2) 丁醛[相对分子质量为 72, b.p.为 76℃]和丁醇 (相对分子质量为 74, b.p.为 118℃)在水中的溶解度差不多，但沸点差异却很大。

(3) 三氯乙醛与甲醇加成很快生成半缩醛，但此半缩醛在酸催化下与过量甲醇生成缩醛却很慢。

(4) 说明下列化合物酸性差异很大的原因。

a. 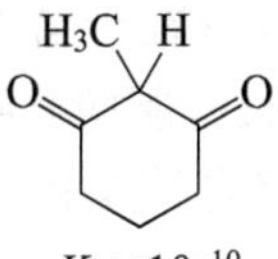 $K_a \approx 10^{-10}$　　　　b. 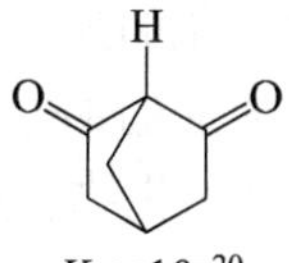 $K_a \approx 10^{-20}$

(5) 由醛、酮形成氰醇是可逆反应，而格氏试剂与羰基的反应则是不可逆反应，说明此差异的原因。

(6) 排列下列化合物与 HCN 反应的活性次序。

a. 乙醛　b. 二叔丁酮　c. 甲基叔丁基酮　d. 丙酮

9.12　写出下列 A～F 的结构式。

(1) $CH_3COCH_3 \xrightarrow{KOH} A\ (C_6H_{12}O_2)$　　(2) $A + H^+ \xrightarrow{\triangle} B\ (C_6H_{10}O)$

(3) $A + LiAlH_4 \xrightarrow{醚} \xrightarrow{H_2O} C\ (C_6H_{12}O)$　　(4) $B + NaBH_4 \xrightarrow{H_2O} D\ (C_6H_{12}O)$

(5) $B + H_2/Pd \longrightarrow E\ (C_6H_{12}O)$　　(6) $E + H_2NNH_2 \xrightarrow{KOH} F\ (C_6H_{14})$

9.13　某人将一分子 CH_3MgI 加到 2, 4-戊二酮中，想使反应生成醇酮 ($C_6H_{12}O_2$)，然后脱水成烯酮。结果加入格氏试剂后放出了一种气体，并从溶液中回收了 2,4-戊二酮。(a) 写出欲合成的醇酮 ($C_6H_{12}O_2$)的结构式；(b) 写出实际发生的反应方程式；(c) 如何用简便方法合成醇酮 ($C_6H_{12}O_2$)。

9.14　一对光活性异构体醇 ($C_5H_{10}O$)A、B，用 CrO_3/吡啶液处理生成相同的具有光活性的酮 E，E 用碱处理迅速外消旋化，与 OD^-/D_2O 溶液加热得到含有 3 个氘原子的类似物。另外两个无光活性的异构体醇 ($C_5H_{10}O$)C 和 D，氧化时都生成无手性的酮 F，F 经 OD^-/D_2O 处理生成含 4 个氘原子的类似物，用黄鸣龙法还原 E 和 F 生成相同的环烃 G (C_5H_{10})，写出 A～G 的结构式（包括构型）及各步反应式。

第 10 章 羧酸及其衍生物

羧基（—COOH）是羧酸的官能团，除甲酸（HCOOH）外，所有的羧酸都可看作是烃分子中氢原子被羧基取代后的产物。根据与羧基相连的烃基种类不同，羧酸可分为脂肪羧酸和芳香羧酸，也可分为饱和羧酸和不饱和羧酸；按分子中含羧基的个数不同，可分为一元羧酸、二元羧酸和多元羧酸。

羧酸是许多有机化合物氧化的最后产物，它广泛存在于自然界。例如，食用醋大约含 6% 的乙酸，日用肥皂是脂肪族羧酸的钠盐，食用油是长链脂肪族羧酸的甘油酯。工业上，羧酸是一种重要原料。羧酸通过其衍生物合成尼龙、的确良等织物，也可合成医药、农药等药物。很多直链饱和一元羧酸（其通式为 $n\text{-}C_nH_{2n+1}COOH$）和不饱和羧酸，都是从自然界中特别是从脂肪和油中获得的，它们的名称常根据其来源而用俗名。

10.1 羧酸的结构、命名和物理性质

羧酸中的羰基碳原子和醛、酮一样，是近于 sp^2 杂化。三个 sp^2 杂化轨道在同一平面内，分别与羟基、氧原子和烃基（或氢）形成 σ 键，另外还与氧原子形成 π 键。甲酸分子中羰基的键长为 123 pm，略大于醛、酮分子中的羰基键长（～121 pm）；而 C—O 键的键长为 136 pm，较醇分子中的 C—O 键键长（143 pm）短，结构如下：

上述键长变化实际上是“键长平均化”的结果，其原因则是羰基和羟基间的相互影响：羟基氧原子 sp^3 杂化轨道上的孤对 p 电子与形成 π 键的两个 p 轨道形成了 p-π 共轭。由于羟基氧原子仍为 sp^3 杂化，其轨道和形成 π 键的两个 p 轨道不可能完全平行，因此此时并非完全的共轭[图 10.1（a）]，这种情况和苯酚中羟基的作用类似。

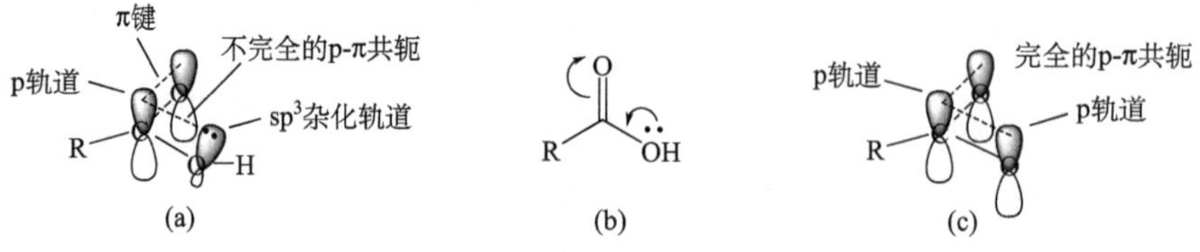

图 10.1 羧基中的 p-π 共轭作用

这样的共轭可用图 10.1（b）来表示。羟基的总电子效应为排电，这使得羰基电子云密度增加，会导致几个重要的结果：①羰基缺电性减弱，更难发生亲核加成；②烃基上与羰基相邻的 α-H 酸性减弱，导致 α-碳原子上的反应（如卤代、各种缩合反应等）更难发生；③羰

基氧原子的路易斯碱性增强，更易和路易斯酸（如硼烷）结合。

当羧基的质子解离后，成为负离子的氧原子从 sp^3 杂化转为 sp^2 杂化，其未参与杂化的 p 轨道可与形成 π 键的两个 p 轨道完全平行，从而实现完全的共轭[图 10.1（c）]。其结果是，羧基负离子中没有单、双键之分，两个碳氧键完全相同，负电荷平均分布在两个氧原子上。

羧酸的系统命名与醛类似，选择含羧基的最长碳链作主链，羧基总是处于链端，编号为 1，并用数字表明取代基的位置。简单羧酸也可用普通命名法命名，用希腊字母 α、β、γ 等表示取代基的位置。

COOH　　—COOH　　COOH / COOH

γ-甲基己酸 (4-甲基己酸)　　环戊烷甲酸　　环己烷-1,2-二甲酸

COOH　　COOH　　COOH

3-甲基丁-2-烯酸　　3-苯(基)丙烯酸　　β-萘甲酸

羧酸所表现的物理性质是和其结构紧密相关的。低级脂肪酸是液体，具有刺鼻气味，随碳原子数增加沸点升高。支链使分子间距离增大，因此支链羧酸比同碳数直链羧酸的沸点更低。羧酸的沸点比同碳数的烷烃、卤代烃甚至醇都更高。这和羧酸分子间能够形成强的氢键有关。实验测得羧酸在固态或液态时，一般是以二聚体形式存在，甚至甲酸、乙酸等低级羧酸在气态时也以二聚体形式存在。

O---H—O
R—　　—R
O—H---O

羧酸的二聚体

直链饱和羧酸的熔点也随碳原子数增加而呈锯齿形上升。含偶数碳原子的羧酸比相邻两个含奇数碳原子的羧酸熔点更高。羧酸也与水形成氢键，C_4 以下的羧酸能与水混溶，中级脂肪酸是微溶于水的液体，高级脂肪酸则是蜡状固体，不溶于水。芳香羧酸和二元羧酸都易结晶，低级的能溶于水，随碳原子数增加，在水中溶解度降低。常见羧酸的物理常数见表 10.1。

表 10.1　常见羧酸的物理常数

结构式	名称	熔点/℃	沸点/℃	溶解度/(g/100g 水)
HCOOH	甲酸（蚁酸）	8.4	100.8	∞
CH_3COOH	乙酸（醋酸）	16.6	117.9	∞
CH_3CH_2COOH	丙酸（初油酸）	–20.5	141.2	∞
$CH_3(CH_2)_2COOH$	正丁酸（酪酸）	–5.1	163.8	∞
$CH_3(CH_2)_3COOH$	正戊酸（缬草酸）	–34.5	186.5	4.97
$CH_3(CH_2)_4COOH$	正己酸（羊油酸）	–3.4	205.8	1.082
$CH_3(CH_2)_6COOH$	正辛酸（羊脂酸）	16.7	239.7	0.068
$CH_3(CH_2)_8COOH$	正癸酸（羊腊酸）	31.6	268.7	0.015
$CH_3(CH_2)_{10}COOH$	十二酸（月桂酸）	43.8	297.9	0.006

续表

结构式	名称	熔点/℃	沸点/℃	溶解度/(g/100g 水)
$CH_3(CH_2)_{12}COOH$	十四酸（豆蔻酸）	54.4	326.2	0.002
$CH_3(CH_2)_{14}COOH$	十六酸（软脂酸）	62.9	351.5	0.0007
$CH_3(CH_2)_{16}COOH$	十八酸（硬脂酸）	69.3	361	0.0003
$CH_3(CH_2)_{18}COOH$	二十酸（花生酸）	75.5	328	—
HOOC—COOH	乙二酸（草酸）	189.5	—	8.6
$HOOC(CH_2)_2COOH$	丁二酸（琥珀酸）	184	235(分解)	5.8
$HOOC(CH_2)_4COOH$	己二酸（肥酸）	152.1	337.5	2.4
HOOC–CH=CH–COOH（顺式）	顺-丁烯二酸（马来酸）	135(分解)	355.5	47.9
HOOC–CH=CH–COOH（反式）	反-丁烯二酸（富马酸）	287(分解)	—	0.49
o-$HOOCC_6H_4COOH$	邻苯二甲酸	207	—	0.6
m-$HOOCC_6H_4COOH$	间苯二甲酸	348	—	—
p-$HOOCC_6H_4COOH$	对苯二甲酸	427(封管)	—	0.0015

10.2 羧酸的化学性质

根据羧酸的结构，其可能发生以下类型的化学反应：羧基的酸性及其氢的取代、羟基的取代及羧酸衍生物的生成、脱羧反应、α-氢的反应、还原反应等。如前所述，由于羟基的影响，羧酸的羰基和醛、酮中的羰基有一定的区别，表现为一些反应具有不同的活性。

10.2.1 羧酸的酸性、羧酸盐

羧酸最典型的化学性质即是其酸性。羧酸中羟基的酸性比醇、酚强了很多，这是由羰基的吸电性造成的。从另一个角度讲，羧酸根负离子的 p-π 共轭结构[图 10.1（c）]也使其比醇、酚的共轭碱更加稳定，从而更易形成，羧酸的酸性增强。

10.2.1.1 影响羧酸酸性的因素

羧酸的酸性强弱，可用它的解离平衡常数 K_a 来衡量。

$$RCOOH + H_2O \xrightleftharpoons{K_a} RCOO^- + H^+$$

羧基附近如果存在吸电基（–I 基团），则会使羧酸的酸性增强。吸电基越多或是离羧基越近，羧酸的酸性则越强。例如，下列羧酸的酸性从左至右逐渐减弱。

	CCl_3COOH	$CHCl_2COOH$	$CH_2ClCOOH$	CH_3COOH
pK_a	0.64	1.26	2.86	4.76

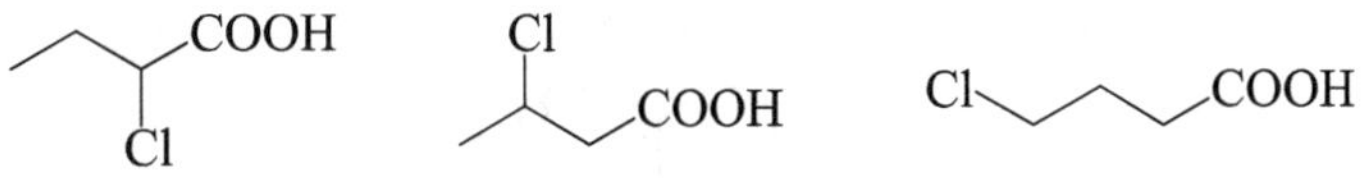

	2-氯丁酸 (COOH, Cl)	3-氯丁酸 (Cl, COOH)	Cl—CH₂CH₂CH₂—COOH
pK_a	2.82	4.41	4.70

对于二元羧酸，由于羧基是吸电基，二元羧酸的酸性比一元羧酸强，并随羧基间距离缩短而增强。与羧基不同的是，羧酸根负离子具有排电诱导（+I）效应。因此，二元酸的 pK_{a2} 会升高，酸性减弱。乙二酸是一个特殊的例子，其 pK_{a2} 同样降低。这是因为乙二酸根的两个羰基间还可以共轭，进一步增强了其氧负离子的稳定性，导致酸性增强。

	CH_3COOH	COOH–COOH	HOOC–CH₂–COOH
pK_{a1}	4.76	1.27	2.85
pK_{a2}	—	4.27	5.70

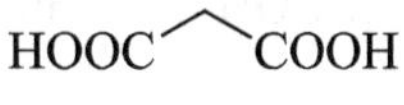

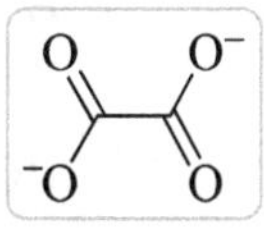

乙酸根负离子

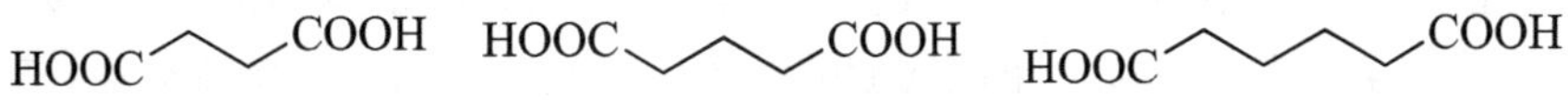

	HOOC(CH₂)₂COOH	HOOC(CH₂)₃COOH	HOOC(CH₂)₄COOH
pK_{a1}	4.21	4.34	4.43
pK_{a2}	5.64	5.41	5.41

对于连接在共轭体系上的羧酸，除了考虑诱导效应对酸性的影响，还需考虑共轭效应。典型的例子是苯甲酸的酸性，首先，苯甲酸酸性弱于甲酸，说明苯环起到了排电基的作用，这主要是来自于苯环的+C 效应。另外，苯环不同位置的取代基对苯甲酸酸性的影响也不同。对于对位取代苯甲酸，共轭效应影响的是苯环的邻、对位，因此，需要同时考虑诱导效应和共轭效应，即取代基的总电子效应。若为吸电，则酸性增强；若为排电，则酸性减弱。

	HCOOH	苯甲酸 (COOH)	O_2N–C₆H₄–COOH	Cl–C₆H₄–COOH	H_3CO–C₆H₄–COOH
			—NO_2: −I, −C	—Cl: −I > +C	—OCH_3: −I < +C
pK_a	3.75	4.20	3.42	3.97	4.47

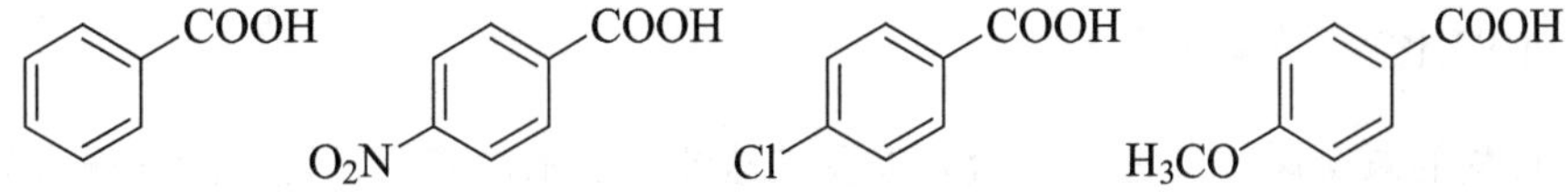

对于间位取代的苯甲酸，由于共轭效应不会影响到间位，此时只考虑诱导效应。

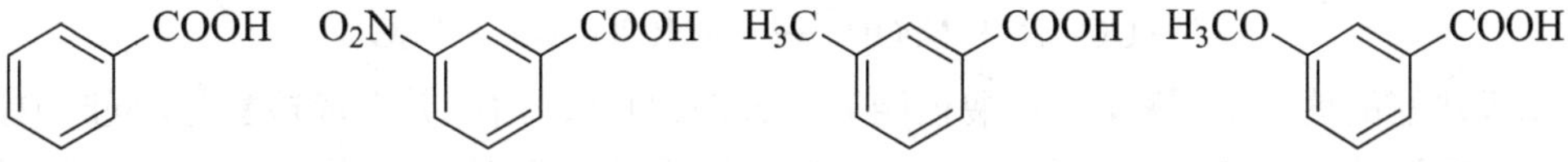

	C₆H₅–COOH	间-O_2N–C₆H₄–COOH	间-H_3C–C₆H₄–COOH	间-H_3CO–C₆H₄–COOH
pK_a	4.20	3.49	4.27	4.09

邻位取代苯甲酸比较特殊，此时无论是什么取代基，酸性一律增强，这也称为“邻位效应”。其原因可能是位于邻位较近的基团影响了苯环和羧基负离子之间的共平面，从而降低了苯环的+C 效应，使羧基负离子更加稳定，从而使酸性增强。

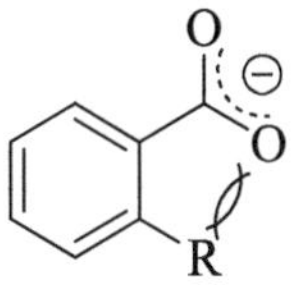

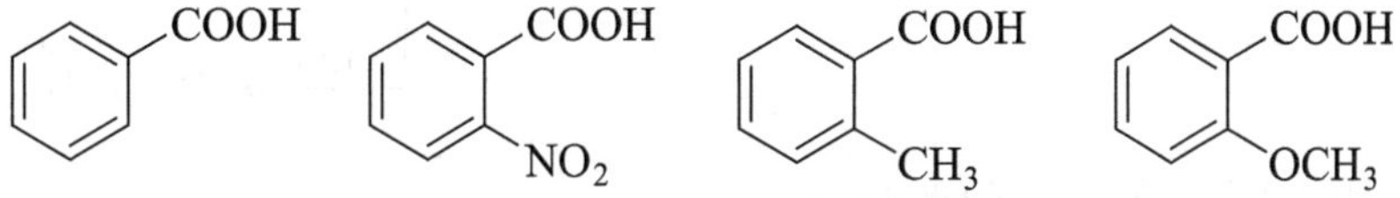

	C₆H₅–COOH	邻-NO_2–C₆H₄–COOH	邻-CH_3–C₆H₄–COOH	邻-OCH_3–C₆H₄–COOH
pK_a	4.20	2.21	3.91	4.09

如果羧基或其酸根负离子和附近基团存在相互作用，也会影响其酸性。例如，邻羟基苯甲酸（水杨酸）的酸根负离子可以和邻位的酚羟基形成氢键，使其稳定性提高，酸性增强。

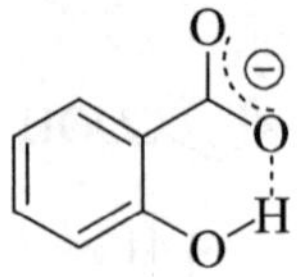

再如顺式和反式的丁烯二酸，其两级酸性具有如下所示的区别。顺-丁烯二酸的质子一级电离更容易，酸性更强；而二级电离却更难，酸性更弱。这都是因为顺-丁烯二酸失去一个质子后，羧基负离子可以和另一个羧基的羟基形成更为稳定的环状氢键结构，其更易形成，但更难进一步电离。

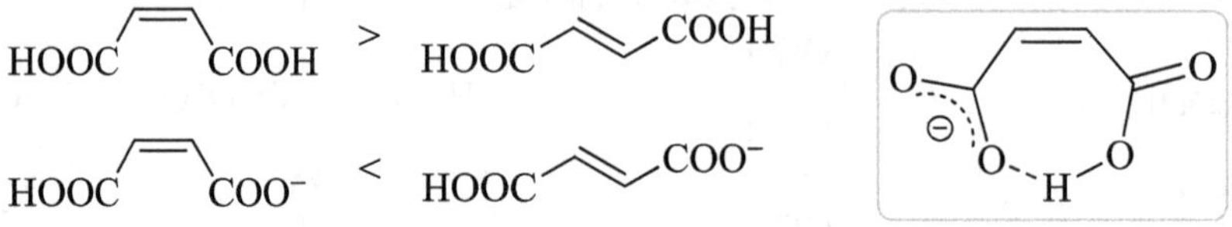

HOOC–CH=CH–COOH（顺） > HOOC–CH=CH–COOH（反）

HOOC–CH=CH–COO^-（顺） < HOOC–CH=CH–COO^-（反）

这种并非沿着碳链传递的影响也称为“场效应”。其影响需视羧酸的具体结构进行判断，和电子效应的影响并非完全一致。例如，下面的羧酸经氯代后酸性减弱，这显然不是吸电效应的影响，而是带有 δ^-的氯原子和带有 δ^+的羧基氢之间由于位置较合适，产生了类似氢键的相互作用，从而稳定羧基，使其酸性减弱。

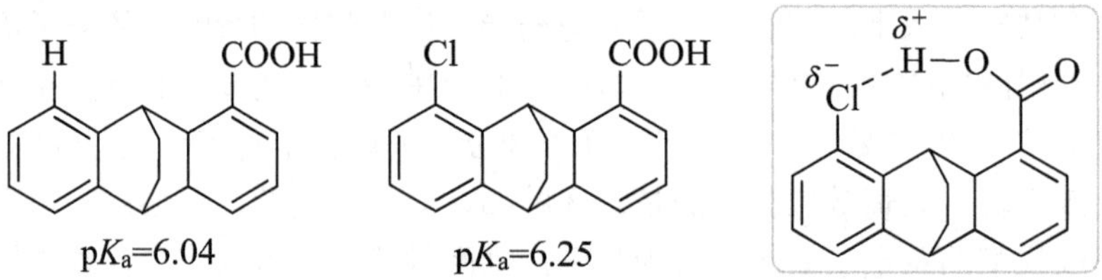

pK_a=6.04　　pK_a=6.25

10.2.1.2　羧酸盐

羧酸的碱金属盐（钾、钠盐）以及铵盐能溶于水，甚至长链羧酸的碱金属盐也溶于水，不溶于非极性溶剂。而大多数的羧酸重金属盐（铁、银、铜等）则不溶于水。由于羧酸及其盐之间很容易互相转变，这种溶解度的差异可用于羧酸的鉴定和分离。一个不溶于水而溶于稀碱水溶液的有机化合物，很可能是羧酸或者是少数几类比水酸性更强的有机化合物。

$$RCOOH + NaOH \longrightarrow RCOONa + H_2O$$

由于羧酸酸性强于碳酸，故羧酸也能溶于 $NaHCO_3$ 水溶液，并形成羧酸盐，同时放出 CO_2 气体。向羧酸盐水溶液中加入强酸（如盐酸、硫酸等）则可使羧酸析出，由此可将羧酸与很多不溶于碱水溶液的有机化合物分离。例如，由伯醇氧化制醛时，可用稀碱水溶液洗去其中生成的少量羧酸副产物；由烷基苯氧化制羧酸时，可用碱水溶液使羧酸溶解而与未反应的烃分离，然后再用无机强酸使其析出。

$$RCOOH + NaHCO_3 \longrightarrow RCOONa + CO_2\uparrow + H_2O$$

$$RCOONa \xrightarrow{HCl} RCOOH$$

10.2.1.3　羧酸根的亲核性

羧酸根负离子具有亲核性，可与卤代烃发生亲核取代反应生成酯。例如，羧酸钠可与卤代烷反应生成酯。反应一般适于与一级卤代烃，如苄卤等，二、三级卤代烃容易消除成烯。

$$PhCOONa + PhCH_2Cl \xrightarrow[110℃,\ 1\ h]{Et_3N,\ S_N2} PhCOOCH_2Ph$$

$$PhCOONa + CH_2{=}CHCH_2Br \xrightarrow[S_N2]{H_2O} PhCOOCH_2CH{=}CH_2$$

$$\text{环丁基}{-}COONa + Ph_2CHCl \xrightarrow[S_N1]{H_2O} \text{环丁基}{-}COOCHPh_2$$

若使用羧酸银盐，AgX 沉淀生成会使反应变得更容易。但由于银盐较为贵重，合成上较少应用。

$$RCOOAg + R'X \xrightarrow{S_N2} RCOOR' + AgX\downarrow$$

羧酸作为质子酸，也可对双键和三键进行酸催化的亲电加成反应生成酯。

$$\text{环戊基}{-}COOH + (CH_3)_2C{=}CH_2 \xrightarrow{H^+} \text{环戊基}{-}COOC(CH_3)_3$$

$$2\,CH_3COOH + HC{\equiv}CH \xrightarrow{HgSO_4} H_3C{-}CH(OCOCH_3)_2$$

10.2.2　羟基的取代　羧酸衍生物的生成

羧酸中的羟基可被卤素、酰氧基、烷氧基及氨基等取代，分别生成酰卤、酸酐、酯及酰胺等衍生物。反应通式如下：

$$RCOOH + ZH \longrightarrow RCOZ \quad (Z= X, OCOR', OR', NR'R''\text{等})$$

10.2.2.1　酰卤的生成

羧酸衍生物中，酰卤最为活泼，常使用酰卤来制备很多其他的羧酸衍生物。制备酰卤的常用试剂是氯化亚砜、三氯化磷、五氯化磷等。

$$RCOOH + \begin{cases} PCl_3(PBr_3) \\ PCl_5(PBr_5) \\ SOCl_2 \end{cases} \longrightarrow RCOCl(Br)$$

羧酸的反应与醇的相应反应机理相似。一般用氯化亚砜更为方便，因为产物除酰氯外都是气体，易分离。因溴化亚砜不稳定，难以制得，使用较少。

$$CH_3COOH + SOCl_2 \text{（氯化亚砜）} \longrightarrow CH_3COCl \text{（乙酰氯）} + HCl + SO_2$$

$$3RCOOH + PCl_3 \longrightarrow 3RCOCl + H_3PO_3$$

$$p\text{-}O_2NC_6H_4COOH + PCl_5 \xrightarrow{\triangle} p\text{-}O_2NC_6H_4COCl + POCl_3 + HCl$$

10.2.2.2　酸酐的生成

除甲酸外，所有羧酸与脱水剂一起加热都能两分子结合脱去一分子水生成酸酐。一般使用五氧化二磷或乙酸酐作脱水剂（因产生的乙酸容易分离）。

$$RCOOH + (CH_3CO)_2O\ (Ac_2O) \xrightarrow{\triangle} (RCO)_2O + CH_3COOH$$

$$C_6H_5COOH \xrightarrow[\triangle]{Ac_2O} (C_6H_5CO)_2O \quad (72\%\sim74\%)$$

$$6CF_3CO_2H + P_2O_5 \xrightarrow{\triangle} (CF_3CO)_2O + 2H_3PO_4$$

对于 1, 4-二酸或 1, 5-二酸，由于分子内脱水能形成稳定的五元、六元环酸酐（内酐），反应较容易进行，可不用脱水剂。

$$HOOCCH_2CH_2COOH \xrightarrow[-H_2O]{\sim300℃} \text{丁二酸酐}$$

$$\text{2-(羧甲基)环戊烷甲酸} \xrightarrow[\text{或}Ac_2O]{\triangle} \text{环酸酐}$$

$$\text{邻苯二甲酸} \xrightarrow{230℃} \text{邻苯二甲酸酐} \quad (100\%)$$

10.2.2.3　酯的生成

羧酸和醇在酸催化下发生脱水反应生成酯，称为酯化反应。常用的酸催化剂是硫酸、盐酸或苯磺酸。

$$CH_3COOH + EtOH \xrightarrow{H^+} CH_3COOEt + H_2O$$

酯化反应为一平衡反应，反应速率较慢，只有不断蒸出反应中生成的水，才能使反应持续正向进行。酯化的逆反应称为酯水解。酯化和酯水解是研究得最为详尽的有机化学反应之一。酯化反应的核心是亲核加成-消除过程，机理可表示如下：

$$RCOOH \overset{H^+}{\rightleftharpoons} RC(=\overset{+}{O}H)OH \longleftrightarrow R\overset{+}{C}(OH)OH \underset{HOR'}{\overset{慢}{\rightleftharpoons}} RC(OH)_2(\overset{+}{O}HR')$$

$$\rightleftharpoons RC(\ddot{O}H)(\overset{+}{O}H_2)(OR') \overset{-H_2O}{\rightleftharpoons} RC(=\overset{+}{O}H)OR' \overset{-H^+}{\rightleftharpoons} RC(=O)OR'$$

其中，由醇进攻质子化羧酸的亲核加成过程为整个反应的速率控制步骤，之后则是酰氧键断裂消除一分子水。因此，这种酯化机理是酸催化的酰氧键断裂的双分子机理，简称为 $A_{AC}2$ 机理。如果用含 ^{18}O 的醇来反应，则得到含 ^{18}O 的酯，^{18}O 不出现在失去的水中，说明反应是“酸脱羟基醇脱氢”的酰氧键断裂的反应。

$$RC(=O)OH + R'O^{18}H \overset{H^+}{\rightleftharpoons} RC(=O)O^{18}R' + H_2O$$

亲核加成-消除机理虽然从产物结构上看是一个基团取代了另一个基团，但和普通的亲核取代反应完全不同。采用羰基氧被 ^{18}O 标记的羧酸进行反应，可以证实这一点。在如下反应中，如果反应是按简单亲核取代进行（R′O 取代 OH），那么羰基不参与反应，生成的酯中一定含有 ^{18}O。但实际上产物酯中有的含有 ^{18}O，有的不含 ^{18}O，这说明反应经历了羰基加成的过程，得到了四面体结构的中间体Ⅰ，之后通过消除不同的羟基，则得到含有或不含 ^{18}O 的产物。

$$RC(=O^{18})OH \underset{R'OH}{\overset{H^+}{\longrightarrow}} \underset{\text{Ⅰ}}{RC(^{18}OH)(OH)(\overset{+}{O}HR')}$$

$$\longrightarrow RC(^{18}OH_2)(OH)(OR') \underset{-H^+}{\overset{-H_2O^{18}}{\longrightarrow}} RC(=O)OR'$$

$$\longrightarrow RC(^{18}OH)(OH_2)(OR') \underset{-H^+}{\overset{-H_2O}{\longrightarrow}} RC(=^{18}O)OR'$$

$A_{AC}2$ 机理经历了亲核加成，得到更为拥挤的四面体结构中间体，因此和醛、酮的亲核加成一样，空间因素对反应速率影响很大。例如，对于不同的羧酸或醇，酯化反应速率具有如下顺序：

羧酸：$HCOOH > CH_3COOH > RCH_2COOH > R_2CHCOOH > R_3CCOOH$

醇：$CH_3OH > RCH_2OH > R_2CHOH$

一、二级醇与羧酸酯化，绝大多数都按 $A_{AC}2$ 机理进行；叔醇酯化时，由于 3°碳正离子更易形成，此时可能发生酸催化下的烷氧键断裂的单分子反应，用 $A_{AL}1$ 表示。叔醇生成的碳正离子再和羧酸结合成酯。此时，失去羟基的是醇，而不是羧酸。同时，$A_{AL}1$ 机理由于有 3°碳正离子的生成，因此总是伴随消除副产物烯烃。

$$R_3COH \xrightarrow[-H_2O,\ 慢]{H^+} R_3C^+ \xrightarrow{RCOOH} R-C(=\overset{+}{O}H)-O-CR_3 \underset{}{\overset{-H^+}{\rightleftharpoons}} RC(=O)OCR_3$$

对于酸催化下的酯化反应，其条件比在酸催化下的一级或二级醇分子间脱水成醚要温和得多。因此在上述条件下，一般不会发生醇分子间失水成醚的反应。

10.2.2.4 酰胺的生成

羧酸与氨或胺反应都能生成酰胺。

$$RCOOH + HNR'R'' \xrightarrow[\triangle]{-H_2O} RCONR'R''$$

反应是通过生成铵盐而后分解完成的。

$$CH_3CH_2CH_2COOH + NH_3 \xrightarrow{25℃} CH_3CH_2CH_2COO^-NH_4^+ \xrightarrow{185℃} CH_3CH_2CH_2CONH_2$$

由于羧酸铵盐是弱酸弱碱盐，它与羧酸和氨（或胺）形成平衡体系，因此脱水过程可能是通过蒸出水破坏下列平衡而完成的。由于羧酸羰基没有酸进行活化，反应往往需要在较高温度下进行。

$$RCOO^-NH_4^+ \rightleftharpoons RCOOH + :NH_3 \rightleftharpoons R-C(O^-)(OH)-\overset{+}{N}H_3 \rightleftharpoons R-C(O^-)(NH_2)-\overset{+}{O}H_2 \rightleftharpoons RCONH_2 + H_2O$$

学习提示：总的来说，羧基中 OH 的取代都是按加成-消除机理进行，可用一个通式表示：

$$RCOOH \underset{加成}{\overset{NuH}{\rightleftharpoons}} R-C(O^-)(OH)-\overset{+}{N}uH \rightleftharpoons R-C(O^-)(\overset{+}{O}H_2)-Nu \underset{消除}{\overset{-H_2O}{\rightleftharpoons}} RCONu$$

其中，Nu 的亲核性越强，反应越易进行；R 和 Nu 的体积越大，反应则越难进行。

10.2.3 脱羧反应

羧酸失去羧基的反应称为脱羧反应，失去的羧基一般以 CO_2 的形式离去。虽然脱羧后的产物很稳定，脱羧一般都是放热反应，但实际上脱羧并不总是容易进行的，其活化能较高。各类羧酸脱羧的机理也不完全相同。

10.2.3.1 负离子脱羧

一般来说，在 α-碳原子上具有吸电基，如—NO_2、—X、—C=O、—CN 等的羧酸更容易脱羧。由于吸电基可以有效稳定化碳负离子中间体，此时脱羧更加容易进行。

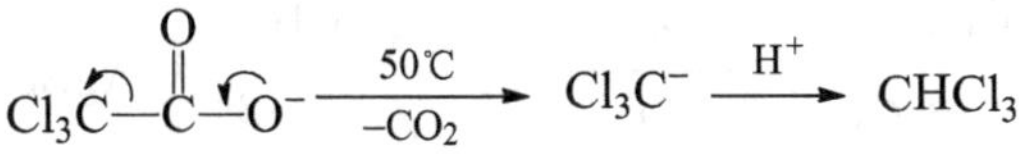

$$Cl_3C-\overset{O}{\overset{\|}{C}}-O^- \xrightarrow[-CO_2]{50℃} Cl_3C^- \xrightarrow{H^+} CHCl_3$$

三氯乙酸盐　　　　氯仿

乙二酸由于羧基具有吸电性，在加热时也能发生脱羧生成甲酸。

$$\begin{matrix}COOH\\|\\COOH\end{matrix} \xrightarrow[\text{或}100℃,\ H_2SO_4]{160\sim180℃} HCOOH + CO_2$$

10.2.3.2　β, γ-不饱和羧酸的热脱羧

如果羧基的 β、γ 位具有不饱和键，在加热条件（100～150℃）下也较容易发生脱羧反应。

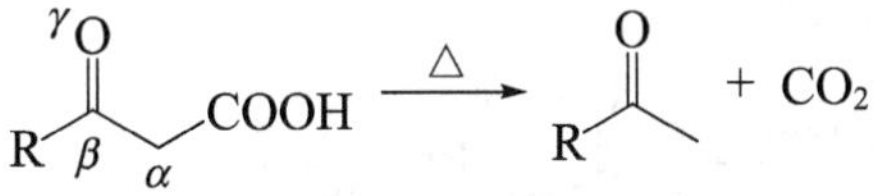

该反应是通过 β, γ-不饱和键参与的六元环状过渡态而完成的，羧基的氢原子转移到 γ 位，同时 α、β 位形成新的双键。当 Z 为氧原子时，产物为烯醇，会互变为酮的结构。

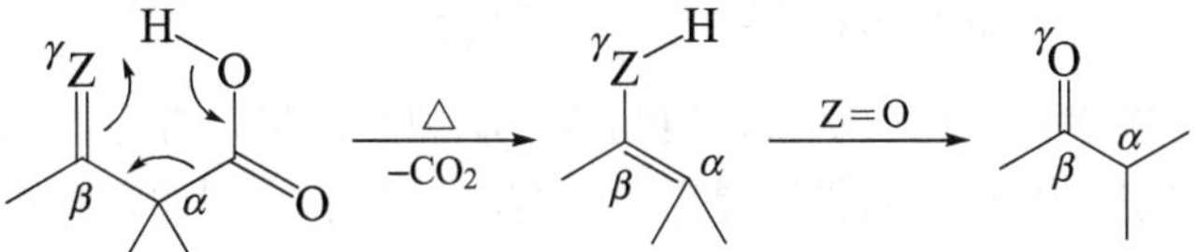

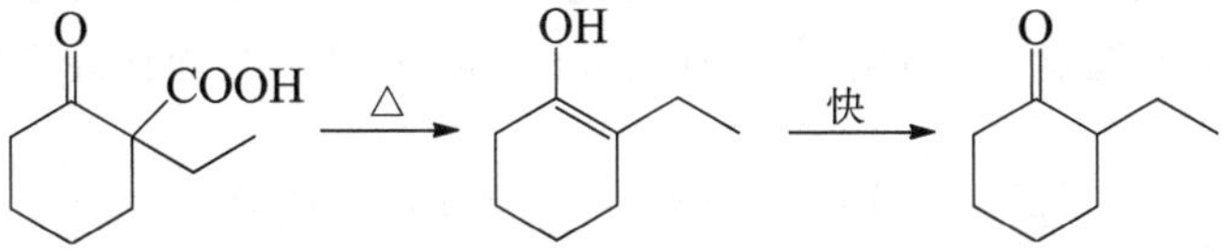

当 Z 为碳原子时，需要注意的是双键发生了移位。

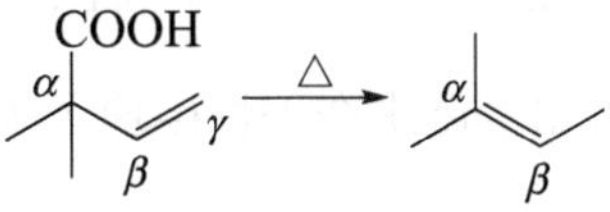

丙二酸及其衍生物（1, 3-二酸）、α-氰基酸等具有和上述化合物类似的结构，因而也较容易脱羧。

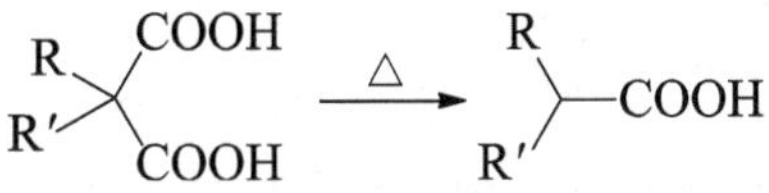

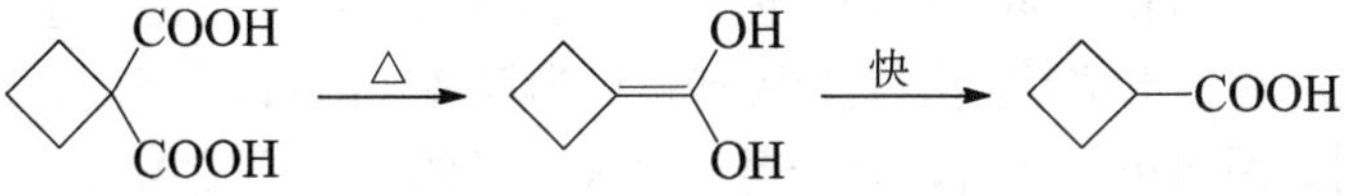

10.2.3.3　重金属盐的自由基脱羧

羧酸银盐与卤素反应，脱羧的同时会发生卤代，生成相应的卤代烃，并放出 CO_2。这是一个广泛用于从羧酸制备少一个碳原子的脂肪族卤代烃的反应，称为汉斯狄克（Hunsdiecker）反应。反应产率以一级卤代烃最高，二级次之，三级最低。卤素则以溴最适合，碘次之。

$$\text{1-methylcyclohexyl-}CH_2COOAg \xrightarrow[CCl_4]{Br_2} \text{1-methylcyclohexyl-}CH_2Br + AgBr + CO_2$$

$$H_3CO-C(=O)-(CH_2)_4-COOAg \xrightarrow[CCl_4]{Br_2} H_3CO-C(=O)-(CH_2)_4-Br \quad (65\%\sim68\%)$$

除银盐外，亚铊盐和汞盐也都可发生类似过程。

$$RCOOM + Br_2 \longrightarrow RBr + CO_2 + MBr \quad (M = Ag^+、Tl^+、Hg^{2+})$$

$$n\text{-}C_{17}H_{35}COOTl + Br_2 \longrightarrow n\text{-}C_{17}H_{35}Br + CO_2 + TlBr$$

反应是通过以下自由基机理进行的：

$$RCOOAg + Br_2 \xrightarrow{-AgBr} RC(=O)OBr \xrightarrow[-Br\cdot]{\triangle} RC(=O)O\cdot \longrightarrow R\cdot + CO_2 \quad \text{(链引发)}$$

$$R\cdot + RC(=O)OBr \longrightarrow RC(=O)O\cdot + RBr \quad \text{(链传递)}$$

无水银盐一般由羧酸和氧化银制得，但制备较麻烦且昂贵，并且该反应在制备二、三级卤代烃时效果也不理想，因此人们相继提出了一些改进方法。例如，直接将羧酸与氧化汞和溴一起反应，可脱羧制得卤代烃，该方法称为克里斯托（Cristol）改进法。反应首先生成汞盐，然后形成羧基溴并通过类似的游离基机理进行，同样是一级卤代烃产率最高。

$$2\ \text{cyclopropyl-}COOH + HgO + 2\,Br_2 \longrightarrow 2\ \text{cyclopropyl-}Br + HgBr_2 + 2\,CO_2 + H_2O$$

$$2\,n\text{-}C_{17}H_{35}COOH + HgO + 2\,Br_2 \longrightarrow 2\,n\text{-}C_{17}H_{35}Br + HgBr_2 + 2\,CO_2 + H_2O$$

自由基具有平面结构。如果自由基产生在手性碳原子上，则构型不能完全保持，会发生外消旋化或部分外消旋化。例如：

$$\text{HOOC(H)-adamantanone} \xrightarrow[CCl_4]{HgO/Br_2} \text{Br(H)-adamantanone} + \text{H(Br)-adamantanone}$$

此外，使用四乙酸铅和金属卤代物（锂、钾、钙等卤化物）反应，也能发生类似脱羧生成卤代烃。这个反应通过形成羧酸铅盐后脱羧，称为柯齐（Kochi）反应，是汉斯狄克反应的重要补充。其使用的原料更加经济，且一至三级卤代烃的产率均较高。

$$CH_3CH_2CH_2COOH + Pb(OAc)_4 + LiI \longrightarrow CH_3CH_2CH_2I + CO_2 + LiOAc + Pb(OAc)_2 + HOAc$$

$$\text{cyclobutyl-}COOH + Pb(OAc)_4 + LiCl \longrightarrow \text{cyclobutyl-}Cl + CO_2$$

1，4-二酸直接加热，或用四乙酸铅处理，可发生自由基脱羧，生成烯烃。π 键的两个电子来源于两个羧基脱除后形成的自由基。

COOH　COOH　$\xrightarrow[\text{吡啶}]{Pb(OAc)_4}$　$+ 2\ CO_2 + Pb(OAc)_2 + 2\ HOAc$

该反应一个有趣的例子是具有如下结构的取代丁二酸，经脱羧反应后，可得到苯的一个异构体——杜瓦（Dewar）苯，其容易转化为更加稳定的苯。

COOH　COOH　$\xrightarrow{Pb(OAc)_4}$　杜瓦苯　$\longrightarrow$

10.2.3.4　其他脱羧反应

无水低级羧酸的钠盐与碱石灰共热也可发生脱羧反应。反应需要较高的温度，使副产物增多，尤其是长链羧酸盐的反应。因此，该反应一般只适用于乙酸钠盐和芳香族羧酸的钠盐。

$$CH_3COONa + NaOH(CaO) \longrightarrow CH_4 + Na_2CO_3$$

COOH　$+ NaOH(CaO) \longrightarrow$　$+ Na_2CO_3$

反应的机理和负离子脱羧类似：

$$ArCOO^- + OH^- \xrightarrow[\triangle(\text{熔融})]{NaOH\text{-}CaCO_3} ArH + CO_3^{2-}$$

此外，钙、钡、锰、铅等的羧酸盐，在强热时可脱羧生成酮。

$$(CH_3COO)_2Ca \xrightarrow{\triangle} CH_3COCH_3 + CaCO_3$$

对于 1, 6-二酸及 1, 7-二酸，在加热时除了发生脱羧，同时还会发生分子内脱水，得到五元或六元环酮。羧基间隔更远的二酸加热时往往发生分子间失水形成高分子的酸酐，不会再形成大于六元环的环酮。

HOOC　COOH　$\xrightarrow{\sim 300℃}$　=O　$+ CO_2 + H_2O$

HOOC　COOH　$\xrightarrow{\sim 300℃}$　=O　$+ CO_2 + H_2O$

10.2.4　与金属有机化合物的反应

羧酸具有较为活泼的质子，与大多数金属有机化合物均会反应得到羧酸盐，金属有机化合物则被分解为烃。

$$RCOOH + R'M \longrightarrow RCOOM + R'H$$

但羧酸和烃基锂反应，生成的羧酸锂盐可溶于有机溶剂，还可以进一步和烃基锂反应生成酮。

$$\text{PhCOOH} + t\text{-BuLi} \xrightarrow{\text{苯}} \xrightarrow{H_2O} \text{PhCOC(CH}_3)_3$$

$$\text{2,2-二苯基环丙烷甲酸} \xrightarrow{2PhLi} \xrightarrow{H_2O} \text{2,2-二苯基环丙基苯基酮}\ (73\%)$$

烃基锂继续对羧酸锂盐发生亲核加成，产物水解消除一分子水后成酮。

$$\text{PhCOOH} \xrightarrow{CH_3Li} \text{PhCOO}^-\text{Li}^+ \xrightarrow{CH_3Li} \text{Ph-C(OLi)}_2\text{-CH}_3 \xrightarrow{H_2O} \text{Ph-C(OH)}_2\text{-CH}_3 \xrightarrow{-H_2O} \text{PhCOCH}_3\ (82\%)$$

如果采用格氏试剂与羧酸反应，则会生成不溶性盐，阻止反应进一步进行。另外，格氏试剂没有烃基锂活泼，更难亲核进攻羧酸盐，这也是不能进一步反应的原因。

$$\text{RCOOH} + \text{R'MgX} \longrightarrow \text{R'H} + \text{RCOOMgX}\downarrow$$

10.2.5 还原反应

羧酸的羰基与羟基形成共轭体系，其结果不仅提高了羟基氢的酸性，也使羰基的反应性能降低。与醛、酮比较，羧酸羰基更难发生加成反应，对一般还原剂也较稳定。例如，使用一般的催化氢化法很难还原羧酸，只有使用还原能力很强的 $LiAlH_4$ 才可将羧酸还原。或者使用铜、锌、亚铬酸镍作催化剂，在高温、高压下（300～400℃和 200～300 atm）催化羧酸加氢还原成相应的醇。除此之外，羧酸还可用乙硼烷还原。

10.2.5.1 $LiAlH_4$ 还原

$LiAlH_4$ 的还原能力很强，可顺利地将羧酸还原为伯醇，但并不还原孤立双键或苯环。

$$\text{PhCOOH} + LiAlH_4 \xrightarrow[\text{2) } H_2O]{\text{1) 醚}} \text{PhCH}_2\text{OH}$$

$$\text{CH}_2\text{=CHCH}_2\text{COOH} + LiAlH_4 \xrightarrow[\text{2) } H_2O]{\text{1) 醚}} \text{CH}_2\text{=CHCH}_2\text{CH}_2\text{OH}$$

$LiAlH_4$ 首先将羧酸还原成醛，醛被进一步还原为伯醇。羧酸锂盐通过羰基氧和 AlH_3 结合，后者的 H^- 进攻羰基碳原子，形成偕二醇盐，再通过消除成醛。

$$\text{RCOOH} + LiAlH_4 \xrightarrow[-AlH_3]{-H_2} \text{RCOO}^-\text{Li}^+ \xrightarrow{H_2Al\text{—}H} \text{R-CH(OAlH}_2)\text{-O}^-\text{Li}^+ \longrightarrow \text{RCHO}$$

生成的醛进一步被 $LiAlH_4$ 还原成醇（见 9.5.3.1 小节）。总反应式可表达如下：

$$4\,\text{RCOOH} + 3\,LiAlH_4 \xrightarrow[\text{或THF}]{\text{醚}} 4\,H_2 + 4\,\text{RCH}_2\text{OM} + \text{金属氧化物} \xrightarrow{H_2O} 4\,\text{RCH}_2\text{OH}$$

(M = Li或Al)

还原能力比 $LiAlH_4$ 弱的 $LiBH_4$ 和 $NaBH_4$ 则不能使羧酸还原成醇。

10.2.5.2　乙硼烷还原

硼烷是硼原子和氢原子形成的化合物，乙硼烷是可单独存在的最简单的硼烷分子，由两分子的 BH_3 结合而成。乙硼烷对很多官能团都具有活性，也能使羧酸还原成醇，是一个有用的还原剂。

$$C_6H_5COOH \xrightarrow{B_2H_6} \xrightarrow{H_2O} C_6H_5CH_2OH$$

由于硼原子外层只有 6 个电子，是较强的路易斯酸。缺电子的硼首先对具有孤对电子的羰基氧加成，然后将氢负离子转移给羰基碳原子，使其还原。

$$RCOOH \xrightarrow{B_2H_6} RCH(OBH_2)(OH) \xrightarrow{-BH_2OH} RCHO \xrightarrow{B_2H_6} RCH_2OBH_2 \xrightarrow{H_2O} RCH_2OH$$

由于硼烷也能与碳碳双键反应，反应后的产物在过氧化氢碱性溶液中水解生成醇（见 4.4.4.2 小节）。所以当分子中存在碳碳双键时，也同时发生反应生成醇。

$$\text{亚甲基环己烷甲酸} \xrightarrow{B_2H_6} \xrightarrow[H_2O_2]{NaOH} HOCH_2\text{—}C_6H_{10}\text{—}CH_2OH$$

乙硼烷作为还原剂与 $LiAlH_4$ 的还原有差异，乙硼烷能还原羧酸但不能还原羧酸盐。利用这一性质，可实现对不饱和羧酸的选择性还原。若想使用乙硼烷来还原分子中的其他官能团而保留羧酸，可将羧酸转变为盐保护起来，待其他还原目的达到后，再酸化得到羧酸。

$$CH_2{=}C_6H_{10}\text{—}COOH \xrightarrow{NaOH} CH_2{=}C_6H_{10}\text{—}COONa \xrightarrow{B_2H_6} \xrightarrow[H_2O_2]{NaOH} HOCH_2\text{—}C_6H_{10}\text{—}COONa$$

一般来讲，被还原基团的路易斯碱性越强，越易和硼烷结合从而被还原。能被乙硼烷还原的官能团较多，其相对活性大致如下：

官能团:	—COOH >	—CH=CH— >	>C=O >	—C≡N >	—COOR >	—COCl　—NO₂　—SO₂—
相应的还原产物:	—CH₂OH	—CH₂—CH(BH₂)—（未水解产物）	>CHOH	—CH₂NH₂	—CH₂OH + ROH（极慢）	不反应

10.2.6　羧酸 α-H 的反应

羧酸中的 α-H 和醛、酮一样能被卤素取代。但如前所述，由于羧酸羟基的排电作用，其羰基吸电性减弱，也降低了 α-H 的活性。因此，羧酸 α-H 的卤代速率比相应的醛、酮慢得多，一般需要在磷或三卤化磷催化下才能进行。

$$RCH_2COOH \xrightarrow[P]{X_2} RCHXCOOH \quad (X= Br \text{ 或 } Cl)$$

α-卤代酸

该反应是通过酰卤及 α-卤代酰卤，按如下机理进行的。平衡中产生的酰卤又可循环使用，总的结果是羧酸的 α-H 被卤素取代，生成 α-卤代酸。

$$3\ RCH_2COOH + PBr_3 \longrightarrow 3\ RCH_2COBr + H_3PO_3$$

$$RCH_2COBr \underset{}{\overset{H^+}{\rightleftharpoons}} RCH{=}C(\ddot{O}H)Br \xrightarrow{Br—Br} RCHBr\text{-}\overset{+}{C}(OH)Br \overset{-H^+}{\rightleftharpoons} RCHBrCOBr$$

$$RCHBrCOBr + RCH_2COOH \overset{-HBr}{\rightleftharpoons} RCHBrCO\text{-}O\text{-}COCH_2R \overset{HBr}{\rightleftharpoons} RCHBrCOOH + RCH_2COBr$$

这个反应又称为赫尔-福尔哈德-泽林斯基（Hell-Volhard-Zelinsky）反应。使用过量卤素可得到二卤代甚至三卤代酸。另外，如果不用磷作催化剂，也可直接加入 10%～30%的乙酰氯或乙酸酐，也可取得同样效果。

α-卤代酸是一种重要的合成中间体，因为它们能够与很多亲核试剂反应而生成不同类型的取代羧酸。

$$RCHXCOOH \xrightarrow[2)\ H^+]{1)\ OH^-} RCH(OH)COOH$$

α-羟基酸

$$CH_3CH_2CHBrCOOH \xrightarrow[2)\ H^+]{1)\ K_2CO_3,\ H_2O,\ 100℃} CH_3CH_2CH(OH)COOH \quad (69\%)$$

$$RCHXCOOH + 2\ NH_3 \longrightarrow RCH(NH_2)COOH + NH_4X$$

α-氨基酸

$$BrCH_2COOH + NH_3(过量) \longrightarrow H_2NCH_2COOH + NH_4Br$$

(60%~64%)

除 α-H 外，羧酸碳链上其他氢原子也和烷烃中的一样，能够发生自由基光卤代。但得到的往往是卤代位置不同的混合卤代物，无制备价值。

10.3　羧酸的制备

工业上用油脂水解以制得高级脂肪酸，实验室中则通过在分子中引入羧基获得羧酸。

10.3.1　氧化法

通过氧化法制备羧酸，在前面的章节中已广泛涉及，可归纳如下。

1. 一级醇或醛的氧化

常用的氧化剂如 $KMnO_4$ 和 $K_2Cr_2O_7$ 可以很容易地将伯醇氧化为羧酸。

$$RCH_2OH \xrightarrow{[O]} RCOOH$$

弱氧化剂如托伦试剂、费林试剂及湿氧化银等，都能使醛转化为酸，分子内的碳碳双键不会受影响。

$$\text{CH}_3\text{CH}_2\text{CH}{=}\text{C(CH}_3\text{)CHO} + Ag_2O \xrightarrow[\text{NaOH}]{H_2O} \xrightarrow{\text{HCl}} \text{CH}_3\text{CH}_2\text{CH}{=}\text{C(CH}_3\text{)COOH}$$

更强的氧化剂如 HNO_3，可同时使分子中存在的羟基氧化成羧基。

$$\text{HO(CH}_2\text{)}_5\text{CHO} + HNO_3 \xrightarrow[0℃]{H_2O} \text{HOOC(CH}_2\text{)}_4\text{COOH}\ (75\%)$$

2. 芳烃侧链氧化

若取代基与芳环相邻的碳原子上有氢原子，则可以被氧化剂如 $KMnO_4$、$K_2Cr_2O_7$ 以及 CrO_3/HOAc 等氧化为羧酸。更弱的氧化剂如萨雷特试剂（CrO_3/吡啶）等则不能使苯环侧链氧化。

$$ArCH_2CH_3 + 6\,[O] \longrightarrow ArCOOH + CO_2 + 2\,H_2O$$

3. 甲基酮的卤仿反应

甲基酮在碱性条件下易被三卤代，生成的三卤代甲基酮可以进一步断链生成少一个碳原子的羧酸盐和相应的三卤甲烷（即卤仿），见 9.3.2 小节。

$$\text{(H)RCOCH}_3 \xrightarrow[OH^-]{X_2} \text{(H)RCOCX}_3 \xrightarrow{OH^-} \text{(H)RCOO}^- + \underset{\text{卤仿}}{CHX_3}$$

4. 烯、炔的氧化

一般用臭氧或 $KMnO_4$ 氧化烯、炔都是有效的。但此法常得到混合羧酸，并不被广泛使用。

$$\underset{(RC\equiv CR)}{RCH{=}CHR} + 4[O] \longrightarrow 2\,RCOOH$$

10.3.2　腈的水解

卤代烃通过亲核取代反应，醛/酮通过与 HCN 的亲核加成均可得到腈类化合物。腈可在酸性或碱性条件下水解为羧酸，这是广泛使用的制备羧酸的方法。

$$RCN + 2\,H_2O \xrightarrow[\triangle]{H^+\text{或}OH^-} RCOOH + NH_3$$

10.3.3　金属有机化合物对 CO_2 的加成

金属有机化合物，特别是格氏试剂或烃基锂，其带负电荷的烃基具有较强的亲核性，能对 CO_2 发生亲核加成得到羧酸盐，酸化得到羧酸。

$$\underset{(\text{或}RLi)}{RMgX} + O{=}C{=}O \xrightarrow{\text{醚}} \text{RCOOMgX} \xrightarrow[H^+]{H_2O} RCOOH$$

$$CH_3CH_2CH(Cl)CH_3 \xrightarrow{Mg,\ 醚} CH_3CH_2CH(MgCl)CH_3 \xrightarrow{CO_2} \xrightarrow[H_2SO_4]{H_2O} CH_3CH_2CH(COOH)CH_3$$

$$\triangleright\!-Br \xrightarrow{Li} \triangleright\!-Li \xrightarrow{CO_2} \triangleright\!-COOLi \xrightarrow{H_3O^+} \triangleright\!-COOH$$

该方法与腈水解法一样，是由卤代烷制备多一个碳原子的羧酸的重要方法。与腈水解法相比，该方法由于金属有机化合物的活性较强，对空间位阻并不敏感，这使其比腈水解法更为优越。

10.3.4 几种二元羧酸的制备方法

常用腈水解的方法来制备二酸，如丙二酸和戊二酸的制备。

$$ClCH_2COOH + NaOH + NaCN \xrightarrow{H_2O} NCCH_2COONa \xrightarrow[H_2O]{NaOH} CH_2(COONa)_2 \xrightarrow{HCl} CH_2(COOH)_2\ (77\%\sim82\%)$$

$$Br(CH_2)_3Br \xrightarrow[H_2O]{NaCN} NC(CH_2)_3CN\ (82\%) \xrightarrow[H_2O]{HCl} HOOC(CH_2)_3COOH\ (84\%)$$

某些二元羧酸还可通过环烯烃或环烷烃的氧化来制备。

$$CH_2{=}CH{-}CH{=}CH_2 + CH_2{=}CH{-}CN \xrightarrow[第尔斯-阿尔德反应]{220℃} \text{4-氰基环己烯} \xrightarrow{KMnO_4} HOOCCH_2CH(CN)CH_2CH_2COOH$$

$$\text{3,5-二甲基环己酮} \xrightarrow[100℃]{HNO_3} HOOCCH_2CH(CH_3)CH_2CH(CH_3)COOH$$

$$\text{苯} \xrightarrow[200℃,\ 32\ atm]{H_2/Pt,\ Al_2O_3} \text{环己烷} \xrightarrow[Co(OAc)_2,\ 95℃,\ 10\ atm]{O_2} HOOC(CH_2)_4COOH$$

或

$$\text{苯酚} \xrightarrow{催化氢化} \text{环己醇} \xrightarrow{氧化} \text{环己酮} \xrightarrow[20\sim30℃]{HNO_3} HOOC(CH_2)_4COOH$$

10.3.5 甲酸、乙酸的工业制备方法

工业上用粉状 NaOH 与 CO 反应制得甲酸钠，酸化后蒸馏，即可得到甲酸。

$$NaOH + CO \xrightarrow[600\sim800\ kPa]{120\sim130℃} HCOONa \xrightarrow[减压蒸馏]{H_2SO_4} HCOOH$$

甲酸钠快速加热到 400℃可制得草酸钠，再用稀硫酸酸化制得草酸。

工业上制备乙酸，除用乙醛催化氧化外，还可用甲醇与 CO 反应制得。

$$CH_3CHO + O_2 \xrightarrow{催化剂} CH_3COOH$$

$$CH_3OH + CO \xrightarrow[180\sim190℃,\ 3000\sim4000\ kPa]{Rh催化剂} CH_3COOH$$

10.4 取代羧酸

羧酸碳链上的氢原子被其他基团取代后的化合物称为取代羧酸，如卤代酸、羟基酸（醇酸、酚酸）、酮酸、氨基酸等。取代羧酸除了具有羧基和取代基各自的性质外，取代基和羧基之间还可能存在相互作用，导致其具有特殊的性质。以下化合物是一些典型的取代羧酸。

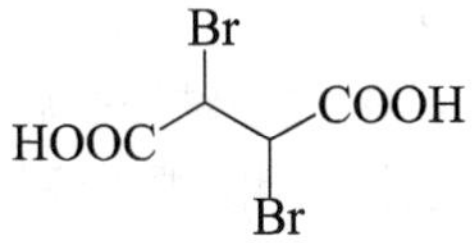

2, 3-二溴丁二酸
(α, β-二溴丁二酸)

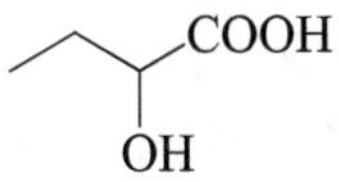

α-羟基丁酸
(醇酸)

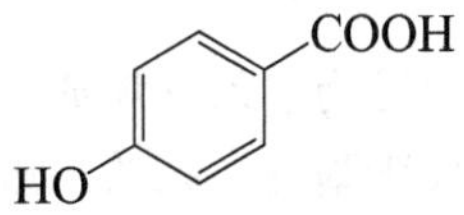

对羟基苯甲酸
(酚酸)

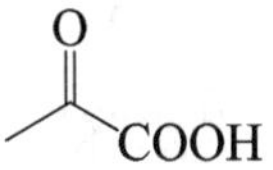

α-丙酮酸

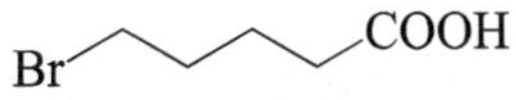

ω-溴代戊酸
(ω表示取代在碳链的另一端)

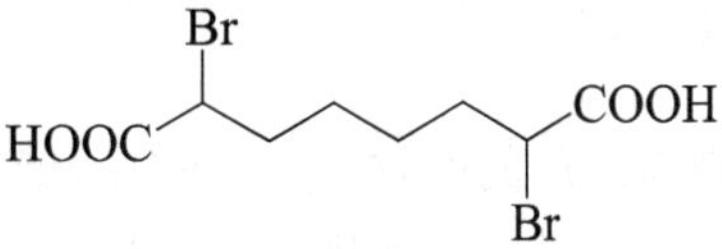

α, α'-二溴辛二酸
(2, 7-二溴辛二酸)

10.4.1 卤代酸

根据卤素和羧酸的相对位置，卤代酸可以分为α、β、γ…卤代酸等，其中α-卤代酸可通过羧酸在红磷催化下的卤代反应得到。

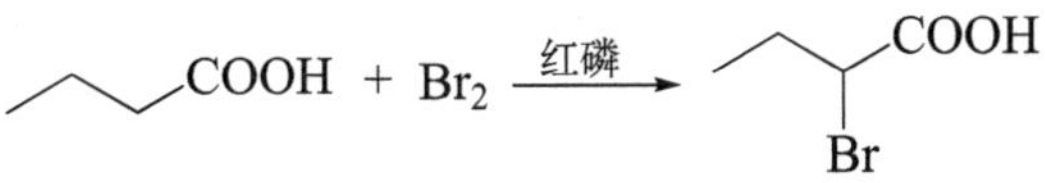

(82%)

显然，卤素的存在会影响羧酸的酸性。一般来讲，卤素的吸电性会使其酸性比相应的羧酸强。另外，卤素位置不同，卤代酸可能发生不同的反应。

10.4.1.1 与碱的反应

α-卤代酸与稀碱水溶液发生中和反应得到其羧酸盐。

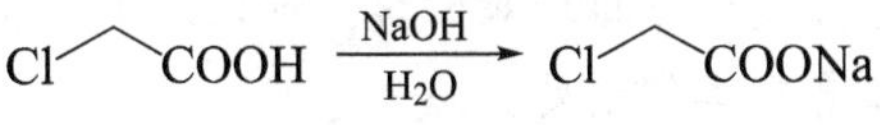

$$\mathrm{ClCH_2COOH \xrightarrow[H_2O]{NaOH} ClCH_2COONa}$$

而β-卤代酸在同样条件下则会发生消除反应，生成具有共轭结构的α, β-不饱和羧酸盐。

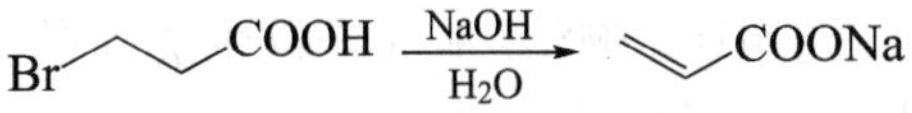

$$\mathrm{BrCH_2CH_2COOH \xrightarrow[H_2O]{NaOH} CH_2{=}CHCOONa}$$

γ-或δ-卤代酸在碱作用下，羧基负离子会作为亲核试剂对分子内的卤素进行亲核取代，生成内酯。这是由于五元、六元环较为稳定，容易生成。

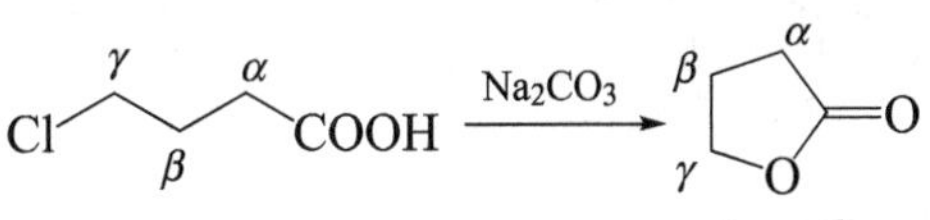

$$\mathrm{ClCH_2CH_2CH_2COOH \xrightarrow{Na_2CO_3}}$$ γ-丁内酯

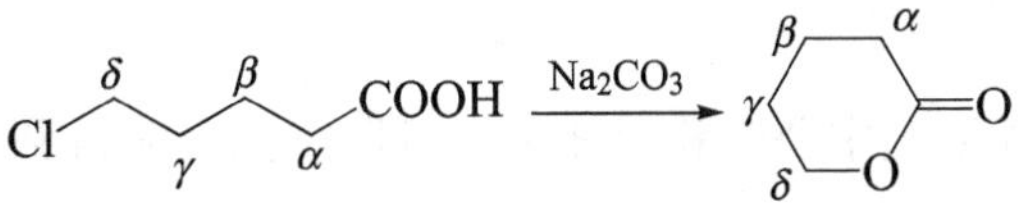

$$\mathrm{ClCH_2CH_2CH_2CH_2COOH \xrightarrow{Na_2CO_3}}$$ δ-戊内酯

10.4.1.2　达森斯反应及后续反应

从 α-卤代酸酯出发，在强碱性条件下与醛、酮反应，可得到 α,β-环氧羧酸酯，称为达森斯（Darzens）反应。

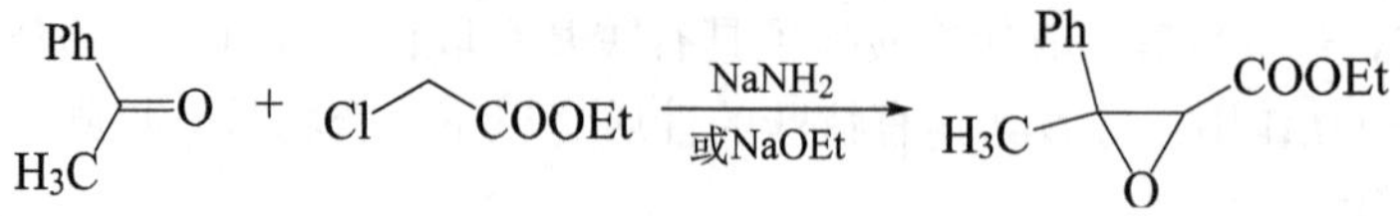

该反应经历了亲核加成-分子内亲核取代的过程。卤代酸的 α-H 被强碱夺去后形成的碳负离子进攻羰基发生亲核加成，生成的氧负离子再对旁边的卤素进行取代，得到环氧化合物。

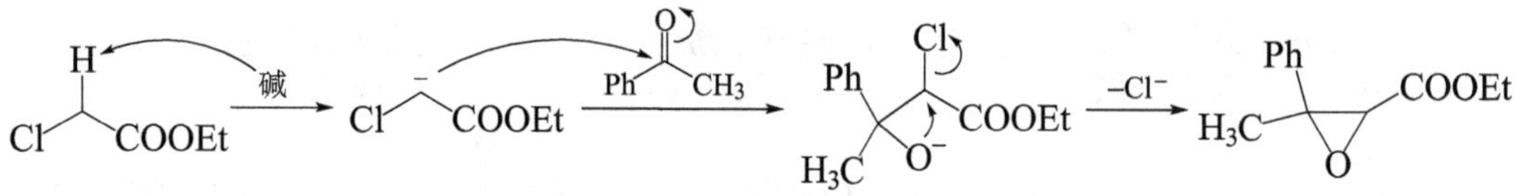

达森斯反应的产物 α,β-环氧酸酯在温和条件即能继续发生化学反应。其水解生成 α,β-环氧羧酸，并进一步重排脱羧，得到碳链延长的醛或酮。若使用 α-卤代乙酸酯为起始物，得到的产物是醛。

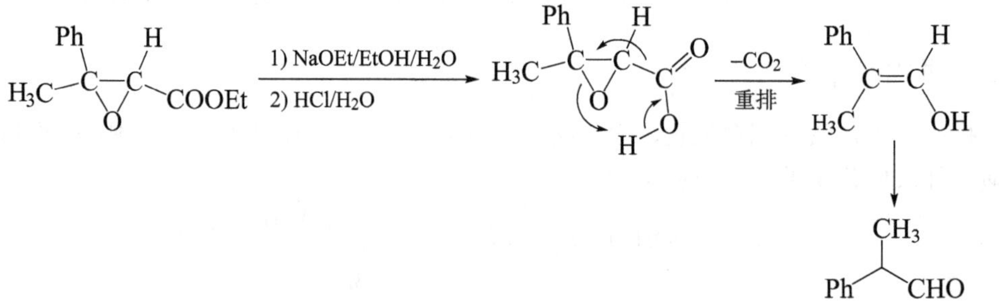

若使用 α-卤代的非乙酸酯进行反应，则最终得到延长碳链的酮。

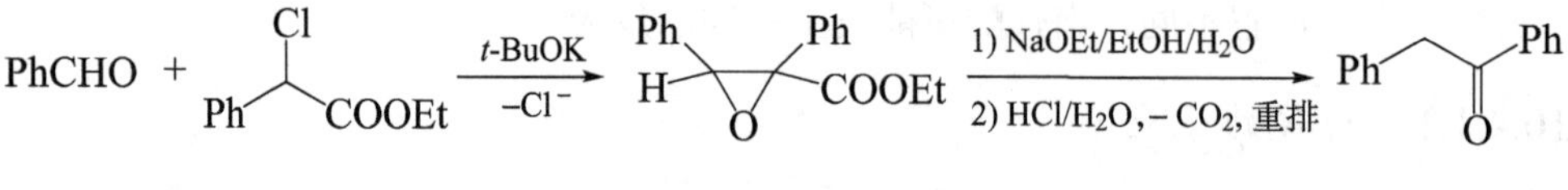

学习提示： 达森斯反应的后续脱羧重排较难掌握，可以和 10.2.3.2 小节中 β,γ-不饱和羧酸的热脱羧结合起来学习，二者有类似之处。

达森斯反应在合成上有一定用途。例如，在生产维生素 A 的过程中，用 β-紫罗兰酮与氯乙酸甲酯进行该反应，得到多一个碳的醛。

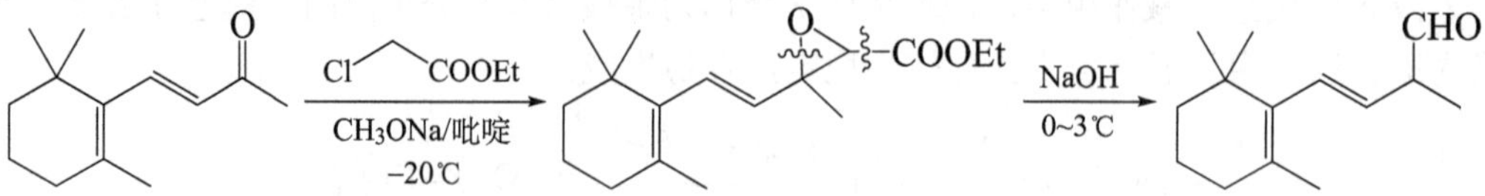

10.4.1.3　瑞弗马茨基反应

α-卤代酸酯与醛、酮在惰性溶剂中及锌粉存在下，可以发生反应得到 β-羟基酸酯。

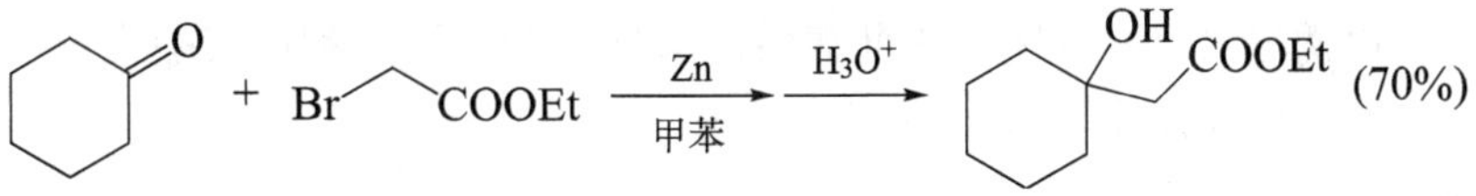

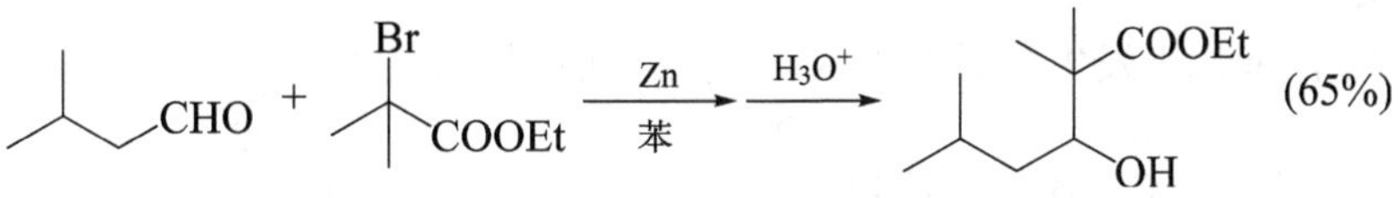

(70%)

(65%)

该反应称为瑞弗马茨基（Reformatsky）反应。首先，金属锌和卤代烃发生类似生成格氏试剂的反应，得到有机锌化合物。后者的 α-碳原子带负电荷，可以作为亲核试剂对醛、酮的羰基进行亲核加成，并水解得到产物。有机锌化合物的活性不如格氏试剂，能与醛、酮反应而不与酯反应，因此卤代酸酯中的酯基不会受到影响。

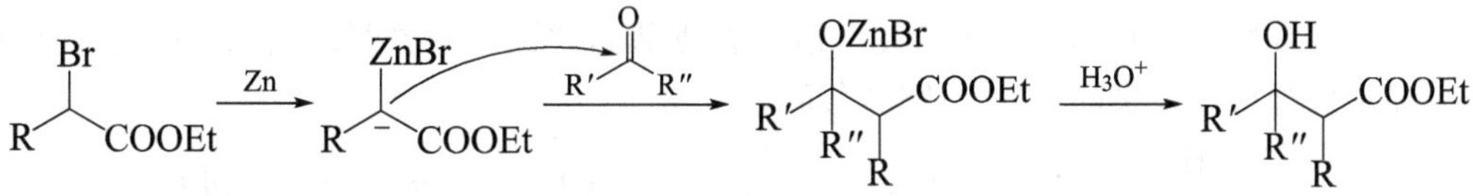

β-羟基酸酯在酸催化下加热，脱水形成 α,β-不饱和羧酸酯，水解得到相应的羧酸。

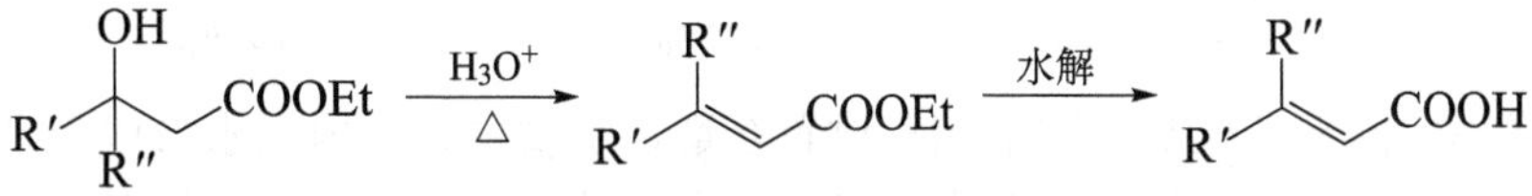

学习提示：α-卤代酸酯和锌的反应，将 α 位的碳原子从正电性转变成了负电性，这在有机合成上称为“极性反转”。从卤代烃制备金属有机化合物，也属于极性反转。这是有机合成的重要手段。

10.4.2 羟基酸

根据羟基的性质，可将羟基酸分为醇酸或酚酸。

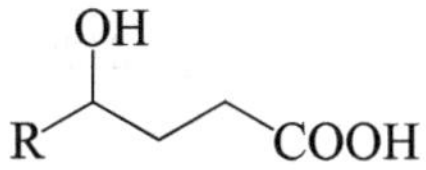

γ-羟基酸
(醇酸)

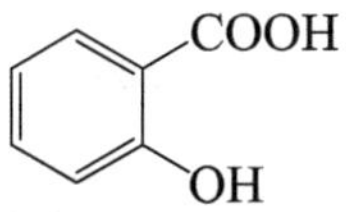

邻羟基苯甲酸(水杨酸)
(酚酸)

一些重要的羟基酸在自然界作为生化过程中间体而存在，常用俗名表示。

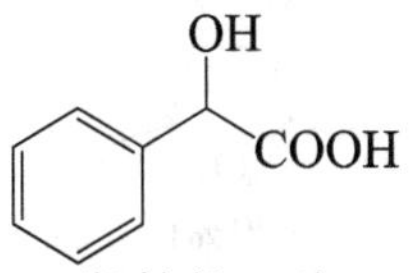

α-羟基苯乙酸
(杏仁酸)

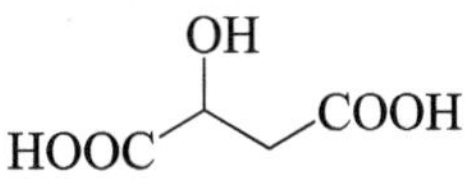

2-羟基丁二酸
(苹果酸)

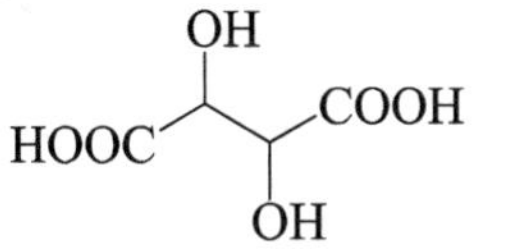

2, 3-二羟基丁二酸
(酒石酸)

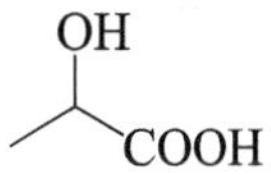

α-羟基丙酸
(乳酸)

10.4.2.1 醇酸的结构和性质

醇酸多为固体或黏稠液体。由于羟基的存在，其在水中的溶解度较相应羧酸大，熔点也更高。羟基为吸电诱导（–I）基团，因此醇酸的酸性也会增强。和卤代酸类似，羟基和羧基相对位置不同，醇酸可能发生不同的反应。

1. 脱水反应

α-羟基酸在酸催化下发生分子间脱水，生成六元环状的交酯。

$\xrightarrow{-2H_2O}$

丙交酯

β-羟基酸则更易发生分子内脱水，并优先形成具有共轭结构的 α,β-不饱和羧酸。由于碳碳双键与羧（或酯）羰基的共轭效应比与醛、酮羰基的共轭效应更弱，因此反应的选择性并不是太高，也会得到较多的 β,γ-不饱和羧酸。

OH　OEt　$\xrightarrow[\triangle]{KHSO_4}$　OEt (57%) + OEt (43%)

γ-和 δ-羟基酸由于其羟基和羧基相对位置合适，易发生分子内脱水形成稳定的五元或六元环内酯，而五元环内酯尤其容易形成。当环上有烷基取代时，可增加平衡混合物中环内酯的含量。

HO～COOH $\underset{\triangle}{\overset{H^+}{\rightleftharpoons}}$ γ-丁内酯（平衡含量73%）

HO～COOH $\underset{\triangle}{\overset{H^+}{\rightleftharpoons}}$ δ-戊内酯（平衡含量9%）

环内酯的平衡含量	95%	98%	9%	21%	25%

由于γ-内酯极易形成，一些会生成γ-羟基酸的反应往往直接得到内酯产物。

1) NaCN, 2) H^+ → (85%)；HC≡CNa, H^+ → (80%)；H_2/Ni → (90%)

一些具有特殊结构的羧酸，如γ-卤代酸和烯酸，经适当反应也能得到内酯。

Cl～COOH $\xrightarrow{Na_2CO_3}$

H⁺ →　(50%)

羟基和羧基相距 5 个碳原子以上的羟基酸，脱水反应一般发生在分子之间，生成聚合产物。

m HO⁀(n)COOH ($n>5$) → 聚酯

只有在特殊条件下，如在极稀的溶液中，减少分子间相遇的机会，才可能实现分子内脱水成内酯。

(0.007 mol/L)　$\xrightarrow[\text{苯}]{H^+}$

2. 分解反应

α-羟基酸在稀硫酸和浓硫酸中，可发生不同的分解反应。在稀硫酸中，其分解为醛（酮）和甲酸；在浓硫酸中则分解为醛（酮）、一氧化碳和水。这是 α-醇酸的特有反应，区别于其他羟基酸。α-羟基酸经硫酸分解可达到降解的目的，生成少一个碳原子的醛。

$$RCH(OH)COOH \xrightarrow{\text{稀}H_2SO_4} RCHO + HCOOH$$

$$RCH(OH)COOH \xrightarrow{\text{浓}H_2SO_4} RCHO + CO\uparrow + H_2O$$

3. 氧化反应

α-醇酸在稀 $KMnO_4$ 作用下发生氧化脱羧，得到醛、酮。

$$RR'C(OH)COOH \xrightarrow{\text{稀}KMnO_4} RCOR' + CO_2 + H_2O$$

α-醇酸中的羟基受吸电性的羧基影响，更易被氧化，用较弱的氧化剂也能将其氧化成羰基。例如，芬顿（Fenton）试剂（$H_2O_2/FeSO_4$ 溶液）可将 α-羟基酸氧化为 α-酮酸，进一步脱羧则得到羰基化合物。托伦试剂也可以氧化 α-醇酸，并生成银镜。

$$CH_3CH(OH)COOH \xrightarrow{H_2O_2/FeSO_4} CH_3COCOOH \longrightarrow CH_3CHO + CO_2$$

$$CH_3CH(OH)COOH \xrightarrow[\triangle]{Ag(NH_3)_2^+} CH_3COCOOH + Ag\downarrow$$

10.4.2.2　醇酸的制备

制备醇酸的方法很多，根据羟基的位置不同存在不同的制备方法。

1. 卤代酸的水解

α-卤代酸或其他卤代酸水解都能制得相应的羟基酸，但 β-卤代酸在水解的条件下容易发生消除反应。因此，β-羟基酸的制备需通过其他途径实现。

$$\mathrm{RCH(X)COOH} \xrightarrow{OH^-/H_2O} \mathrm{RCH(OH)COOH}$$

$$\mathrm{CH_3CH(Br)CH_2COOH} \xrightarrow[H_2O]{NaOH} \mathrm{CH_3CH{=}CHCOONa}$$

2. 氰醇的水解

醛、酮和 HCN 亲核加成后的产物 α-氰醇水解即可方便地得到 α-羟基酸。

$$\mathrm{PhCHO} + \mathrm{HCN} \longrightarrow \mathrm{PhCH(OH)CN} \xrightarrow[100℃]{浓HCl} \mathrm{PhCH(OH)COOH}\quad (70\%)$$

3. 二苯羟乙酸重排

α-二酮用强碱处理，可发生重排生成 α-羟基酸。详见 9.5.2.3 小节。

$$\mathrm{Ph{-}CO{-}CO{-}Ph} \xrightarrow[H_2O/EtOH,\ \triangle]{KOH} \xrightarrow{H_3O^+} \mathrm{Ph_2C(OH){-}COOH}\quad (95\%)$$

芳香族和脂肪族的 α-二酮均可发生二苯羟乙酸重排。一般来讲，芳环比烷基更易迁移；带有吸电基的芳环比带排电基的芳环更易迁移。

$$\mathrm{H_3CO{-}C_6H_4{-}CO{-}CO{-}C_6H_5} \xrightarrow{OH^-} \xrightarrow{H_3O^+} \mathrm{(H_3CO{-}C_6H_4)(C_6H_5)C(OH)COOH}$$

$$\mathrm{HOOCCH_2{-}CO{-}CO{-}CH_2COOH} \xrightarrow{KOH} \xrightarrow{H_3O^+} \mathrm{HOOCCH_2C(OH)(COOH)CH_2COOH}$$

柠檬酸

4. β-羟基酸的制备

通过瑞弗马茨基反应可制得 β-羟基酸（详见 10.4.1.3 小节）。另外，使用酯的烯醇锂盐与醛、酮进行亲核加成也可得到高产率的 β-羟基酸（酯）。

$$\mathrm{CH_3COOEt} \xrightarrow[THF,\,-78℃]{LiNR_2} \mathrm{CH_2{=}C(O^-Li^+)OEt} \xrightarrow{环戊酮} \xrightarrow{H_2O} \mathrm{EtOOCCH_2{-}C_5H_8(OH)}\quad (93\%)$$

5. 内酯的水解

环酮通过拜耳-维利格氧化反应可得到环状内酯（详见 9.5.2.2 小节），后者水解即可制得各种羟基位置不同的羟基酸。

CF_3COOOH（拜耳-维利格氧化）；1) NaOH/EtOH，2) H_3O^+

10.4.2.3 酚酸的制备和反应

工业上常通过科尔贝反应合成酚酸（详见 8.6.2.2 小节）。

OK ＋ CO_2 —150℃, 4~7 atm→ COOK —240℃→ COOK —H^+→ COOH

＋ CO_2 —$KHCO_3/H_2O$, △→ —H^+→ HOOC

羟基苯甲酸的三种异构体中，邻羟基苯甲酸（水杨酸）最为重要。它常以甲酯的形式存在于很多香精油中。大多数水杨酸衍生物都是常用的药物。

酚酸在迅速加热下发生升华；但缓慢加热，或在酸性条件下酚酸则会发生脱羧反应。

COOH —200~220℃→ ＋ CO_2 ←△— COOH

脱羧主要发生在羟基的邻、对位，邻位酚酸的脱羧通过六元环状过渡态进行。

COOH —△→ —→ ＋ CO_2

酚酸与溴水或发烟硝酸反应，羧基可被置换为卤素或硝基。

←Br_2/H_2O— COOH —发烟HNO_3→

10.4.3 酮酸

除了羟基酸氧化生成酮酸外，用酰基腈经酸催化水解也可制得 α-酮酸。

$$C_6H_5COCl \xrightarrow{CN^-} C_6H_5COCN \xrightarrow[0℃]{浓HCl} C_6H_5COCOOH\ (97\%)$$

也可以通过下列硫缩醛的反应制备 α-酮酸。羰基碳原子通过硫缩酮化、碱夺质子实现极性反转，从而可以作为亲核试剂进攻 CO_2。

$$H_3C{-}CHO \xrightarrow{HS(CH_2)_3SH} \text{2-甲基-1,3-二噻烷} \xrightarrow{n\text{-BuLi}} \text{2-锂代-2-甲基-1,3-二噻烷} \xrightarrow[2)\ H_3O^+]{1)\ CO_2} \text{2-甲基-1,3-二噻烷-2-羧酸} \xrightarrow[H_2O]{HgCl_2} H_3C{-}CO{-}COOH\ (60\%)$$

酮酸不稳定，容易受氧化，发生分解。与 α-醇酸类似，α-酮酸在稀硫酸和浓硫酸作用下分解也会得到不同的产物。

$$CH_3COOH + CO_2\uparrow \xleftarrow{[O]} CH_3COCOOH \xrightarrow{稀H_2SO_4} CH_3CHO + CO_2\uparrow$$

$$CH_3COCOOH \xrightarrow[或170\ ℃以上]{浓H_2SO_4} CH_3COOH + CO\uparrow$$

β-酮酸属于 β,γ-不饱和羧酸，其受热更易脱羧。

$$CH_3CH_2COCH_2COOH \longrightarrow [\text{六元环状过渡态（O···H）}] \xrightarrow[\triangle]{-CO_2} CH_3CH_2C(OH){=}CH_2 \longrightarrow CH_3CH_2COCH_3$$

丙酮酸是一个重要的生物化学中间体，它存在于肌肉运动、糖代谢和氨基转移等过程中。在生物体内进行的 α-氨基酸的生物降解–温和氧化脱氨就是经过 α-酮酸脱羧成醛的过程。

$$RCH(NH_2)COOH \xrightarrow{[O]} RC(=NH)COOH \xrightarrow[-NH_3]{H_2O} RCOCOOH \longrightarrow RCHO + CO_2$$

10.5 羧酸衍生物的命名和物理性质

羧酸分子中羧基发生变化，生成的各种化合物统称为羧酸衍生物。例如：

RCOX	RCOOCOR′	RCOOR′	RCONR′R″	R—C≡N
酰卤	酸酐	酯	酰胺	腈

如前所述，羧酸衍生物一般是由相应的羧酸制备，它们的氧化态与相应的羧酸氧化态一致。羧酸衍生物除腈外，分子中大多含有酰基，所以又称为酰基化物，通常是按相应的羧酸或酰基来命名。例如，酰卤的命名：

乙酰氯　　2-溴丁酰溴　　苯甲酰溴

相同羧酸脱水，形成简单酸酐；不同羧酸之间脱水则得到混合酸酐；另外，1, 4-二酸或 1, 5-二酸易发生分子内脱水，形成五元或六元环状内酐。它们的命名方式如下：

乙酸酐　　苯甲酸酐　　乙丙酸酐　　顺丁烯二酸酐（马来酸酐）　　2-甲基丁二酸酐

酯一般按先酸后醇（醇字省略）来命名。一些二酸可能分别形成不同的醇酯，或只有一个羧基成酯（酸性酯）；位置合适的羟基酸则会形成内酯。

甲酸甲酯　　苯甲酸乙酯　　邻苯二甲酸甲乙酯　　草酸氢乙酯（酸性酯）　　γ-庚内酯

酰胺的氮原子上还可能连有取代基，一般先将取代基列出，并标明是取代在 N 原子上。如果有两个取代基，须一一标出。此外，环状的酰亚胺和内酰胺也很常见。

2, 2-二甲基丙酰胺　　*N*, *N*-二甲基甲酰胺　　*N*-苯基乙酰胺（乙酰苯胺）　　邻苯二甲酰亚胺　　δ-己内酰胺

对于腈类化合物，命名时则须将氰基的碳原子考虑在内。

CH_3CN

乙腈　　δ(5)-溴代戊腈　　苯乙腈　　丙烯腈

一些涉及脂环的羧酸衍生物则视具体情况命名。例如：

环己烷甲酰氯　　2-氯甲酰基环己烷甲酸甲酯

一般低于 14 个碳原子的直链羧酸所形成的酰卤、腈、甲酯和乙酯等在室温下都是液体。壬酸酐以上的简单酸酐在室温下是固体。酰胺除甲酰胺以外，其他 $RCONH_2$ 型的酰胺，在室温下都是结晶固体。图 10.2 表示了不同化合物的沸点随相对分子质量增大的变化。可以看出，在相对分子质量类似的情况下，烷烃的沸点最低，这是由于其极性很弱，分子间作用力也相对较弱；酯和酰氯虽然存在强极性键，但分子整体极性远不如羧酸，这使得其沸点也明显低于相应的羧酸；腈分子中，碳氮三键的极性较强，并导致分子整体极性增强，因此其沸点比酰氯和酯高，但仍低于羧酸。

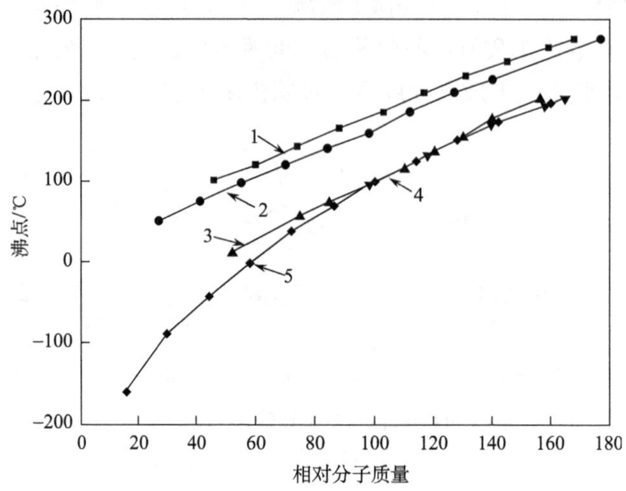

图 10.2　羧酸及其衍生物的沸点

1. 羧酸；2. 腈；3. 羧酸甲酯；4. 酰氯；5. 正烷烃

酰胺比较特殊，分子间不仅存在氢键，而且分子能形成如下共振结构：

$$\left\{ R-\overset{O}{\overset{\|}{C}}-\ddot{N}H_2 \longleftrightarrow R-\overset{O^-}{\overset{|}{C}}=\overset{+}{N}H_2 \right\}$$

由于酰胺分子中存在氮正离子的共振结构，酰胺分子间的偶极–偶极相互作用比酰卤和酯强得多，甚至比相应的羧酸还强。酰胺的高度缔合作用，使其沸点比相应的羧酸更高。一级酰胺（如乙酰胺）、二级酰胺（如*N*-甲基乙酰胺）和三级酰胺（*N*, *N*-二甲基乙酰胺）由于N原子上的H原子数依次减少，分子间形成氢键的能力减弱，表现出沸点和熔点都依次降低（表 10.2）。

表 10.2　各级酰胺的熔点和沸点的比较

酰胺	相对分子质量	熔点/℃	沸点/℃
乙酰胺	59	82	221
N-甲基乙酰胺	73	28	204
N, *N*-二甲基乙酰胺	87	−20	165

所有羧酸衍生物都能溶于一般有机溶剂，如醚、氯仿、苯等。乙腈、*N*,*N*-二甲基甲酰胺（DMF）、*N*, *N*-二甲基乙酰胺等由于其较大的极性，能与水以任意比例混溶，它们都是优良的非质子极性溶剂。乙酸酯也是优良的溶剂，在工业上被大量应用。

10.6　羧酸衍生物的化学性质

各种羧酸衍生物由于羰基所连接的基团不同，这些基团和羰基之间的电子效应也不同。这使得不同的羧酸衍生物的羰基碳原子和氧原子均具有不同的电荷性质，表现为发生某种反应时反应活性的差异。

10.6.1　羰基氧原子的碱性

含羰基的化合物，无论是醛、酮、羧酸或羧酸衍生物，其羰基氧原子都能与质子结合，表现出路易斯碱性。质子化的羰基（Ⅰ）可以共振为Ⅱ的碳正离子结构，方便亲核试剂的进攻。这在羰基化合物的所有酸催化的亲核加成反应中起着重要的作用。

$$RC(=O)Z + H^+ \underset{K_a}{\rightleftharpoons} \left[\underset{\text{I}}{RC(=\overset{+}{O}H)Z} \longleftrightarrow \underset{\text{II}}{R\overset{+}{C}(OH)Z} \right]$$

羰基氧的碱性强弱与羰基化合物的结构有关，一般用其共轭酸的酸性解离常数 K_a 值来定量表达。K_a 值越大（pK_a 值越小），说明共轭酸的酸性越强，那么作为共轭碱的羰基氧的碱性则越弱。从表 10.3 可以看出，大多数质子化的羰基化合物都是强酸，比 H_3O^+ 的酸性还强，与盐酸酸性（$pK_a = -7$）相当。所以羰基化合物在水中是弱碱，碱性与 Cl^- 接近。

表 10.3　质子化的羰基化合物的酸性

化合物	共轭酸	共轭酸的 pK_a	化合物	共轭酸	共轭酸的 pK_a
乙酰胺	$H_3C-C(=\overset{+}{O}H)-NH_2$	0.0	乙酸乙酯	$H_3C-C(=\overset{+}{O}H)-OEt$	–6.5
水	H_3O^+	0.0	丙酮	$H_3C-C(=\overset{+}{O}H)-CH_3$	–7.2
甲醇	$CH_3OH_2^+$	–2.2	乙醛	$H_3C-C(=\overset{+}{O}H)-H$	～–8
乙醚	$CH_3CH_2-\overset{+}{O}(H)-CH_2CH_3$	–3.6	乙酰氯	$H_3C-C(=\overset{+}{O}H)-Cl$	～–9
乙酸	$H_3C-C(=\overset{+}{O}H)-OH$	–6	乙腈	$H_3C-C\equiv\overset{+}{N}H$	–10.1

羰基中的氧原子采用 sp^2 杂化，采用这种杂化的原子电负性强于 sp^3 杂化的原子，因此相比于水的氧原子，羰基氧对电子的吸引力更强，更难给出电子，导致碱性更弱。除此之外，羰基氧的碱性强弱还与羰基上连接的基团有关。与羰基相连的基团同时表现出诱导效应和共轭效应（孤对电子和羰基双键的 p-π 共轭），从总电子效应来看，供电能力越强，羰基氧的碱

性就越强。羧酸衍生物的羰基氧碱性次序大致如下：

$$RCONH_2 > RCOOR' > RCOR' > RCHO > RCOCl$$

酰胺中的氨基具有强的排电共轭效应，同时吸电诱导效应较弱，导致酰胺的羰基氧具有较强的碱性，其碱性甚至强于氨基，因此酰胺和质子结合的部位是氧原子而非氮原子。同理，酯分子中，烷氧基的排电作用也导致羰基氧的碱性强于另一个 sp^3 杂化的烷基氧，前者更易和质子结合。

在腈分子中，C≡N 键上氮原子的碱性比 NH_3 的碱性弱得多，这同样是由氮原子不同的杂化方式导致的。氰基中的氮原子采用 sp 杂化，电负性比 sp^3 杂化的氨氮原子强，因此给电子能力（即碱性）更弱。这与炔烃酸性强于烷烃的情况类似（见 5.3.4 小节）。

化合物	$R-C\equiv\overset{+}{N}H$	$\overset{+}{N}H_4$	$HC\equiv C-H$	H_3C-H
pK_a	−10	9.5	~25	~49
ΔpK_a	~20		~24	

10.6.2　酰化反应

羧酸衍生物中，与羰基相连接的基团比醛、酮中的烷基更易离去。因此，与醛、酮不同的是，羧酸衍生物在发生亲核加成后，常伴随着另一基团的离去，并得到类似取代反应的产物。例如，下列反应通式表明：亲核试剂 Nu 取代了离去基团 L，但反应经历的是亲核加成-消除的过程，并非简单的亲核取代。这与羧酸转化为羧酸衍生物的机理类似。从产物的结构看，这也是亲核试剂 Nu 被酰基化的过程，因此也称为酰化反应。

$$RCOL \underset{}{\overset{Nu^-}{\rightleftharpoons}} R-C(O^-)(L)-Nu \overset{-L^-}{\rightleftharpoons} RCONu$$

该反应也可以受酸催化，羰基质子化后被“活化”，更易被亲核试剂进攻（见 10.6.1 节）。

羰基上所连接的基团 L 的性质决定了该羧酸衍生物发生酰化反应的难易。首先，从总电子效应看，L 的吸电性越强，羰基越缺电，越容易被亲核试剂进攻。吸电性强弱存在如下顺序：—X > —OCOR > —OR > —NH_2，因此酰卤最易接受进攻，其次是酸酐、酯和酰胺。

其次，离去基团越易离去，反应越易进行。离去基团离去后形成的结构（L^-）越稳定，则越易离去（见 7.2.2.2 小节）。由于 L^-碱性越弱越稳定，离去基团的稳定性次序是：$X^- > RCOO^- > RO^- > NH_2^-$。与上一因素一致，同样是酰卤最容易发生反应。

因此，在羧酸衍生物中，酰卤和酸酐更加活泼，酯和酰胺则相对稳定。例如，在 $AlCl_3$ 催化下，酰氯和酸酐能使苯环酰化（即傅-克酰化反应），酯和酰胺则不能。同样，也只有酰氯和酸酐能使烯烃酰化。

$$R_2C=CHR + R'COCl \xrightarrow{AlCl_3} R_2C=C(R)COR'$$

酰化的难易次序为我们提供了合成是否切实可行的线索。通常，一个更稳定的酰基化合物容易从一个更活泼的酰基化合物制得，反过来就较困难，除非使用特殊的条件或催化剂。

常用于酰化反应的亲核试剂是水、醇、氨（胺）等，羧酸衍生物与这些试剂所进行的反应相应地称为水解、醇解、氨解。

10.6.2.1　与水反应——水解

羧酸衍生物水解之后的产物均为羧酸，并生成相应的另一产物（HL）。

$$\left.\begin{array}{l}RCOCl\\(RCO)_2O\\RCOOR'\\RCONH_2\\RCN\end{array}\right\}\xrightarrow{H_2O}\begin{cases}RCOOH + HCl\\2RCOOH\\RCOOH + HOR'\\RCOOH + NH_3\\RCOOH + NH_3\end{cases}$$

酰氯和酸酐在室温下也能与水反应，酰氯反应剧烈，酸酐在加热下反应很快。

酯的水解一般需在酸或碱催化下进行。酸催化的酯水解实际上就是酯化反应（10.2.2.3 小节）的逆过程，主要按 $A_{AC}2$ 机理进行。因此，酸催化下的水解是一个平衡可逆过程，水解不完全。

碱催化下酯则可以完全水解。这是因为反应生成的烷氧负离子（RO^-）会立即与另一产物羧酸发生酸碱交换得到醇和羧酸盐，使反应无法逆向进行。

$$RCOOR' \underset{OH^-}{\overset{慢}{\rightleftharpoons}} R-C(O^-)(OH)-OR' \overset{快}{\rightleftharpoons} RCOOH + R'O^- \longrightarrow RCOO^- + R'OH$$

由于长链脂肪羧酸的钠盐就是日用肥皂，因此碱催化的酯水解又称为皂化反应。该机理是碱催化下的酰氧键断裂双分子机理，简称为 $B_{AC}2$。

通过同位素标记的酯水解反应可以证实：$B_{AC}2$ 并非简单的亲核取代（类似 S_N2）反应，而是经历了亲核加成-消除的过程。用标记了羰基氧的酯进行碱水解，反应进行一定时间后，发现逐渐出现了无标记的酯。这是因为加成中间体可以消除标记和不标记的羟基，从而逆转回的原料可能失去标记。如果是简单 S_N2 反应，则羰基氧不会参与反应，未水解的酯中标记元素比例不会减少。

$$RC(=O^*)OR' \overset{OH^-}{\rightleftharpoons} R-C(OH)(O^*H)-OR' \rightleftharpoons \begin{cases}RC(=O^*)OR' + H_2O\\RC(=O)OR' + H_2O^*\end{cases}$$

酰胺作为更加稳定的羧酸衍生物，水解需要更为强烈的条件。在酸或碱催化下较长时间加热，可生成一分子羧酸和一分子氨。

$$PhCH(C_2H_5)CONH_2 \xrightarrow[H_2O,\ \triangle]{H_2SO_4} PhCH(C_2H_5)COOH \quad (88\%\sim90\%)$$

$$\text{4-MeO-2-NO}_2\text{-C}_6\text{H}_3\text{NHCOCH}_3 \xrightarrow[H_2O,\ 100℃]{KOH} \text{4-MeO-2-NO}_2\text{-C}_6\text{H}_3\text{NH}_2\ (95\%\sim97\%) + CH_3COOH$$

酸或碱催化的反应机理同样为加成-消除过程。

$$RCONH_2 \underset{}{\overset{H^+}{\rightleftharpoons}} RC(=\overset{+}{O}H)NH_2 \overset{H_2O}{\rightleftharpoons} RC(OH)(\overset{+}{O}H_2)NH_2 \rightleftharpoons RC(OH)_2\overset{+}{N}H_3 \xrightarrow{-NH_3,-H^+} RCOOH$$

$$RCONH_2 \overset{OH^-}{\rightleftharpoons} RC(O^-)(OH)NH_2 \xrightarrow{H_2O} RC(OH)_2NH_2 \xrightarrow{-NH_3} RCOOH$$

一级酰胺在亚硝酸存在下，室温时也能水解生成相应的羧酸而放出氮气。这是因为亚硝酸将一个不易离去的基团（$—NH_2$）转化成了一个易离去的基团（重氮基，$—N_2^+$），从而使反应易于进行（详见第 11 章）。

$$RCONH_2 + HNO_2 \xrightarrow{H_2SO_4} RCOOH + N_2\uparrow + H_2O$$

腈的水解同样可受酸或碱催化，其机理如下。腈水解是制备羧酸的重要方法。

酸催化：$R—C\equiv N \overset{H^+}{\rightleftharpoons} R—\overset{+}{C}\equiv NH \overset{H_2O}{\rightleftharpoons} RC(\overset{+}{O}H_2)=NH \rightleftharpoons RC(OH)=\overset{+}{N}H_2 \overset{-H^+}{\rightleftharpoons} RCONH_2$

碱催化：$R—C\equiv N \overset{OH^-}{\rightleftharpoons} RC(OH)=N^- \overset{H_2O}{\rightleftharpoons} RC(OH)=NH \rightleftharpoons RCONH_2 \longrightarrow \longrightarrow RCOOH$

在适当条件下（如浓 H_2SO_4 中），限制水量进行水解，可分离得到腈部分水解的产物酰胺。

$$CH_2=CHCN + H_2O \xrightarrow{H_2SO_4} CH_2=CHCONH_2\cdot H_2SO_4$$

10.6.2.2　与醇反应——醇解

同样，酰卤和酸酐最易与醇反应生成酯，这是制备酯的常用方法。

$$\begin{matrix} RCOCl \\ (RCO)_2O \end{matrix} \xrightarrow{R'OH} RCOOR' + \begin{matrix} HCl \\ RCOOH \end{matrix}$$

环状酸酐醇解时，控制醇的用量，可制得二元羧酸的单酯。

$$\text{丁二酸酐} + CH_3OH \xrightarrow{\triangle} CH_3OOCCH_2CH_2COOH\quad(95\%\sim96\%)$$

酯也可以在酸或碱催化下发生醇解，得到一个新的酯，这个反应又称为酯交换反应。

$$\mathrm{RCOOR'} + \mathrm{R''OH} \xrightleftharpoons{\mathrm{R''O^-}} \left[\mathrm{R}-\overset{\mathrm{O^-}}{\underset{\mathrm{OR'}}{\mathrm{C}}}-\mathrm{OR''}\right] \rightleftharpoons \mathrm{RCOOR''} + \mathrm{R'OH}$$

该反应为可逆反应，氧负离子中间体倾向于脱去更加稳定的烷氧基负离子。由于烷基是供电基，越高级的烷氧基负离子越不稳定。因此，酯交换反应更易脱除低级烷氧基负离子，从而由低级醇酯制备高级醇酯（即高级醇置换低级醇）。

$$\mathrm{CH_2{=}CHCOOCH_3} \xrightarrow[\mathrm{TsOH}]{n\text{-}\mathrm{BuOH}} \mathrm{CH_2{=}CHCOO(CH_2)_3CH_3} + \mathrm{CH_3OH}$$

在聚对苯二甲酸二乙醇酯（的确良）的合成中，如果使用对苯二甲酸与乙二醇聚合制备，由于对苯二甲酸往往纯度不高，达不到聚合反应的要求。因此，通常将其制成更易纯化的甲酯，提纯后再与乙二醇发生酯交换反应聚合形成高聚物。

$$\mathrm{H_3CO{-}CO{-}C_6H_4{-}CO{-}OCH_3} + \mathrm{HO{\sim}OH} \xrightarrow[\mathrm{Sb_2S_3},\ \triangle]{\mathrm{Zn(OAc)_2}} \left[\mathrm{CO{-}C_6H_4{-}CO{-}OCH_2CH_2O}\right]_n$$

如果想从高级醇酯制备低级醇酯（如甲酯，即低级醇置换高级醇），则需要使用过量的原料醇以使平衡向甲酯方向移动。

$$\mathrm{CH_3COOC_2H_5} + \mathrm{CH_3OH} \xrightleftharpoons{\mathrm{H^+}或\mathrm{OH^-}} \mathrm{CH_3COOCH_3} + \mathrm{C_2H_5OH}$$

$$\mathrm{C_6H_{11}NHCOOEt} \xrightleftharpoons[\mathrm{CH_3OH},回流]{\mathrm{KOH}} \mathrm{C_6H_{11}NHCOOCH_3}$$

酯交换反应有时可成为相当有用的制备方法。例如，对乙酰氧基苯甲酸甲酯的脱乙酰化反应，使用一般酯水解不能达到目的，会将两个酯都水解。要保留甲酯，可以选用大量甲醇作醇解试剂。

$$p\text{-}\mathrm{CH_3COO{-}C_6H_4{-}COOCH_3} + \mathrm{CH_3OH} \xrightleftharpoons{\mathrm{NaOCH_3}} p\text{-}\mathrm{HO{-}C_6H_4{-}COOCH_3} + \mathrm{CH_3COOCH_3}$$

工业上生产维尼龙的中间体——聚乙酸乙烯酯由于不溶于水，很难在水溶液中将其水解成为聚乙烯醇。为达到这个目的，往往采用过量甲醇在碱催化下进行酯交换反应，从而将聚乙烯醇置换下来。

$$\left[\mathrm{CH(OCOCH_3){-}CH_2{-}CH(OCOCH_3)}\right]_n \xrightarrow[\mathrm{OH^-}]{\mathrm{CH_3OH}} \left[\mathrm{CH(OH){-}CH_2{-}CH(OH)}\right]_n + n\,\mathrm{CH_3COOCH_3}$$

酰胺的醇解反应一般在酸催化下进行。如果用碱催化往往需要更强烈的条件，所以很少使用。

$$\mathrm{C_6H_5CONH_2} \xrightarrow[\mathrm{H^+},\ \triangle]{\mathrm{EtOH}} \mathrm{C_6H_5COOEt}\ (52\%)$$

腈的醇解则可在无水 HCl 存在下进行。生成的产物为亚胺酸酯的盐酸盐，它是酯的含氮类似物。

$$CH_3CN + EtOH \xrightarrow{\text{无水HCl}} CH_3C(=NH_2^+Cl^-)OEt \quad (90\%)$$

分别用碱（如 $NaHCO_3$）或酸（如稀盐酸等）处理亚胺酸酯盐，可得到不同的产物。

$$CH_3C(=NH_2^+Cl^-)OEt \xrightarrow{H_3O^+} CH_3C(=NH)OEt \quad \text{亚胺酸酯}$$

$$CH_3C(=NH_2^+Cl^-)OEt \xrightarrow{NaHCO_3} CH_3C(=O)OEt \quad \text{酯}$$

$$CH_3C(=NH_2^+Cl^-)OEt \xrightarrow[-NH_4^+]{2EtOH} CH_3C(OEt)_3 \quad \text{原乙酸乙酯}$$

10.6.2.3 与胺/氨反应——氨解

酰卤、酸酐和酯都可以方便地和氨反应，得到酰胺。

$$\begin{array}{lcl} RCOCl & & RCONH_2 + NH_4Cl \\ (RCO)_2O & \xrightarrow{NH_3} & RCONH_2 + RCOONH_4 \\ RCOOR' & & RCONH_2 + R'OH \end{array}$$

其中酰氯和酸酐的反应都很剧烈，需要在冷却或稀释下缓慢混合以进行。

$$C_6H_5COCl + \text{哌啶(HN)} \xrightarrow{NaO} C_6H_5CO\text{-N(哌啶)} \quad (81\%)$$

$$(CH_3CO)_2O + o\text{-}O_2NC_6H_4NHCH_3 \xrightarrow{H_2SO_4} o\text{-}O_2NC_6H_4N(CH_3)COCH_3 + CH_3COOH$$

环状酸酐与氨反应时，发生开环得到酰胺酸，并进一步热解生成酰亚胺。由于羧酸的活性远不如酸酐，第二步氨解需要的温度要高得多。

$$\text{邻苯二甲酸酐} + NH_3 \longrightarrow o\text{-}C_6H_4(CONH_2)(COO^-NH_4^+) \xrightarrow{H_3O^+} o\text{-}C_6H_4(CONH_2)(COOH) \xrightarrow{300℃} \text{邻苯二甲酰亚胺}$$

邻苯二甲酰亚胺

$$\text{丁二酸酐} + NH_3 \longrightarrow CH_2(COO^-NH_4^+)CH_2(COO^-NH_4^+) \xrightarrow{300℃} \text{丁二酰亚胺(NH)} \quad (83\%)$$

酯的氨解比酰氯、酸酐慢得多，只有在相应的酰氯或酸酐不稳定、使用不便时，才用酯来合成酰胺。例如以下反应，如果用相应的酰氯作原料，酰氯会和另一分子原料的羟基发生醇解，进而形成聚合物副产物。

$$CH_3CH(OH)COOEt + NH_3 \xrightarrow{25℃} CH_3CH(OH)CONH_2\ (70\%\sim74\%) + EtOH$$

在合成上也常用酯与氨衍生物反应，以制备相应的酰基化合物。例如，酯与肼、羟胺等反应，分别生成酰肼和异羟肟酸。

$$ClCH_2COOEt \xrightarrow{NH_2NH_2} ClCH_2CONHNH_2 \quad \text{酰肼(85\%)}$$

$$PhCOOEt\ (\text{或ROCl}) \xrightarrow{NH_2OH} PhCONHOH \quad \text{异羟肟酸}$$

酰胺与氨/胺的反应是一个胺交换反应，一般很少用到，如尿素和胺反应。另外，酰胺与肼反应也可以生成酰肼。

$$\underset{\text{尿素}}{H_2NCONH_2} + CH_3NH_2 \xrightarrow[\triangle]{H_2O} H_2NCONHCH_3 \quad (70\%)$$

腈与氨可在酸催化和一定温度、压力下发生亲核加成反应，生成的产物称为脒。

$$CH_3CH_2CN + NH_3 \xrightarrow[150℃,\ 2.7\ MPa]{NH_4Cl} CH_3CH_2C(=NH)NH_2 \quad \text{丙脒(80\%)}$$

10.6.2.4　与羧酸的酰基交换反应——酰氯的酸解

酰氯、酸酐、酯、酰胺与羧酸共热，都得到平衡混合物。这实际上是羧酸衍生物和另一分子羧酸之间发生的酰基交换过程。

$$RCOCl + R'COOH \rightleftharpoons RCOOH + R'COCl$$

$$(RCO)_2O + 2R'COOH \rightleftharpoons 2\,RCOOH + (R'CO)_2O$$

$$RCOOR'' + R'COOH \overset{H^+}{\rightleftharpoons} RCOOH + R'COOR''$$

$$RCONH_2 + R'COOH \rightleftharpoons RCOOH + R'CONH_2$$

当所用的酸酐是乙酸酐时，可用于另一种酸酐的制备。此时产生的乙酸由于沸点较低，易被蒸馏分出，从而利于反应正向进行。

$$C_6H_5COOH \xrightarrow[\triangle]{Ac_2O} (C_6H_5CO)_2O \quad (72\%\sim74\%)$$

由于羧酸盐的亲核性较弱，在羧酸衍生物中，只有酰氯能与羧酸盐发生加成-消除的酰基化反应，并生成（混合）酸酐。

$$C_6H_{13}COCl + C_6H_{13}COONa \xrightarrow{H_2O} C_6H_{13}COOCOC_6H_{13} + NaCl$$

$$H_3CCOCl + HCOONa \xrightarrow[0℃]{THF} H_3CCOOCHO + NaCl$$

甲乙酸酐(60%)

10.6.2.5 与过氧化氢的反应

与水类似，过氧化氢也可以与羧酸及其衍生物反应，得到过氧酸。过氧化氢的两个氢原子甚至都可以被酰氯的酰基取代。

$$RCOOH + H_2O_2 \underset{}{\overset{H^+}{\rightleftharpoons}} \left[R{-}C(OH)_2{-}\overset{+}{O}H{-}OH \rightleftharpoons R{-}C(OH)(\overset{+}{O}H_2){-}O{-}OH \right] \overset{-H^+}{\rightleftharpoons} RCOOOH$$

$$PhCOCl + H_2O_2 \xrightarrow{NaOH,\ H_2O} PhCOOOH + PhCOOOCOPh$$

过氧苯甲酸　　过氧化苯甲酰

$$\text{邻苯二甲酸酐} + H_2O_2 \xrightarrow{THF} \text{邻-}C_6H_4(COOOH)(COOH)$$

过氧化物的钠盐，如过氧醇钠或过氧化钠，也可以与酰氯反应得到过氧酸酯或二酰基过氧化物。

$$PhCOCl \xrightarrow{R'OONa} PhCOOOR'$$

$$PhCOCl \xrightarrow{Na_2O_2} PhCOOOCOPh$$

过氧键（—O—O—）即使在较低的温度下也易均裂，产生自由基。所以过氧化物往往是自由基反应中的良好引发剂。

$$PhCOO{-}OCOPh \xrightarrow{60\sim100℃} PhCOO\cdot$$

10.6.3 *α*-H 的反应

与醛、酮和羧酸一样，羧酸衍生物的 *α*-H 也具有微弱的酸性。其 pK_a 值如下：

	CH_3COCl	CH_3CHO	CH_3COCH_3	$CH_3CO_2CH_3$
pK_a	~16	17	20	25
	CH_3CN	$CH_3CON(CH_3)_2$	CH_3CH_3	
pK_a	25	~30	~50	

可以看出，只有酰卤的 α-H 酸性略大于醛、酮，其他羧酸衍生物 α-H 的酸性均比醛、酮弱。因此，它们的 α-H 具有不同的反应活性。

10.6.3.1　卤代和烷化反应

在与羧酸 α-H 的卤代相同的条件下，羧酸衍生物的 α-H 也可发生卤代。酰卤的卤代比羧酸和酯更容易。

Cl(C=O)CH₂CH₂CH₂CH₂COOEt —Br_2→ Cl(C=O)CHBrCH₂CH₂CH₂COOEt

酯的 α-H 可在 PBr_3 催化下直接溴代，由此可以导出各类重要的衍生物。

H_3CCOOEt —Br_2/PBr_3→ BrCH₂COOEt —NaCN→ NCCH₂COOEt —EtOH, H_2SO_4 / 腈的醇解→ EtOOCCH₂COOEt
丙二酸二乙酯

更强的碱可以直接夺取 α-H，形成碳负离子，从而可以和卤代烃发生亲核取代反应，实现 α 位的烷基化。常用的强碱是环己基异丙基氨基锂（CHIPAL）。用于烷基化的卤代烃一般是伯卤代烃，仲和叔卤代烃可能会生成较多的消除副产物。

CH₃COC(CH₃)₃ + CHIPAL（Li-N(环己基)(异丙基)）→ [H_2C=C(O⁻)C(CH₃)₃ Li^+ ⟷ $H_2\bar{C}$–COC(CH₃)₃]

CH₃CH₂CH₂CH₂CH₂COOEt —CHIPAL / THF, −78℃→ —CH_3I→ CH₃CH₂CH₂CH₂CH(CH₃)COOEt

上述碳负离子也可以对羰基化合物进行亲核加成，发生类似于瑞弗马茨基反应的过程（见 10.4.1.3 小节），得到 β-羟基酸酯。

CH₃COOC(CH₃)₃ —CHIPAL / THF, −78℃→ —环戊酮→ —H_2O→ 1-羟基环戊基-CH₂COOC(CH₃)₃（HO）

10.6.3.2　克莱森酯缩合反应

利用酯 α-H 的活泼性发生的碱性条件下酯分子间的缩合反应称为克莱森（Claisen）酯缩合，这是合成上一个非常有用的制备 β-酮酸酯的方法。例如，乙酸乙酯在乙醇钠存在下的缩合反应如下：

2 CH₃COOEt —NaOEt→ —H_3O^+→ CH₃COCH₂COOEt + EtOH

1. 反应机理

该反应的产物实际上是 α-H 被酰基所取代，整个反应的核心仍是亲核加成-消除的过程。被夺取 α-H 后形成的碳负离子作为亲核试剂进攻另一分子的酯，形成氧负离子中间体后再脱除乙氧基，即得到产物。

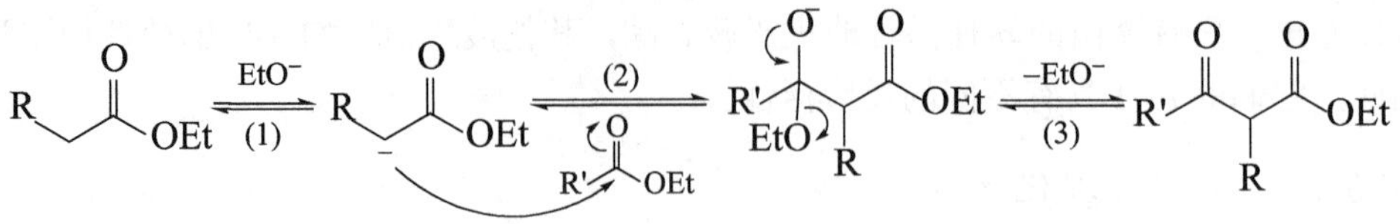

在第(1)步中，EtO^-的碱性并不足以夺取酯的 α-H，反应能进行下去的重要原因在于，第(3)步的平衡产物 A 中还存在一个酸性更强的 α-H（如下虚线框中所示，该氢原子由于两个羰基的吸电作用，酸性和酚相当），第(3)步的离去基团 EtO^-会立即夺取该氢原子生成乙醇，使反应无法再逆转，从而推动了反应的正向进行。

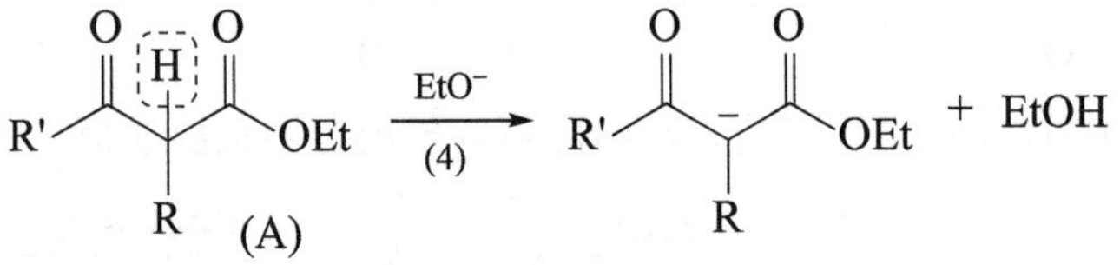

因此，如果一个酯能在 EtONa 的存在下发生克莱森酯缩合，其至少需要具有 2 个 α-H。对于异丁酸乙酯（只有 1 个 α-H），相同条件下反应则不能进行。

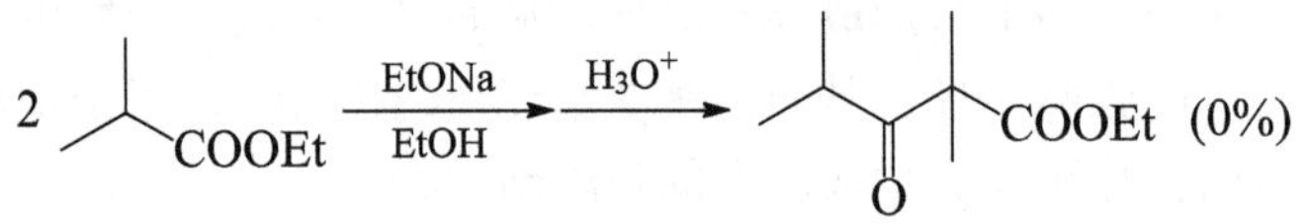

此时，如果改用更强的碱，如用三苯甲基负离子（Ph_3CH 的 $pK_a = 31.5$），则可顺利夺取酯的 α-H，使反应得以进行。

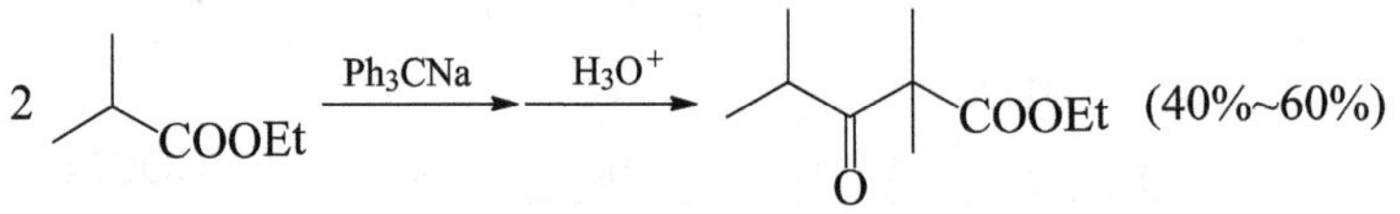

2. 交叉克莱森酯缩合

除了同种酯分子间的自缩合外，也可以发生不同酯之间的交叉缩合反应。与羟醛缩合反应类似（见 9.4.1.1 小节），可以将转化为亲核试剂的酯称为供体，接受亲核进攻的酯称为受体。例如，下列反应中乙酸乙酯是供体，而苯甲酸乙酯则是受体。苯甲酸乙酯由于没有 α-H，无法作为供体。另外，乙酸乙酯自身缩合的产物较少，这是因为交叉缩合产物具有更大的共轭结构（烯醇式）。

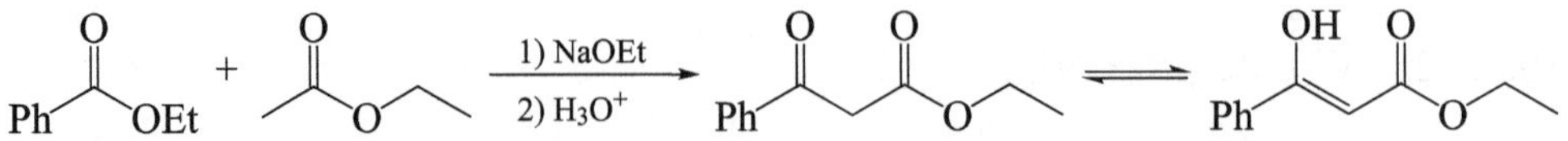

除了酯以外，具有 α-H 的一般酮、腈、硝基化合物等都能作为供体。受体除了单酯，也可以用乙二酸酯、碳酸酯甚至酸酐等化合物。这样可以得到各种不同结构的产品。当受体无 α-H，或供体 α-H 的酸性明显强于受体时，交叉缩合反应是特别有效的。下列反应均是第一个反应物作为供体的类克莱森酯缩合反应。

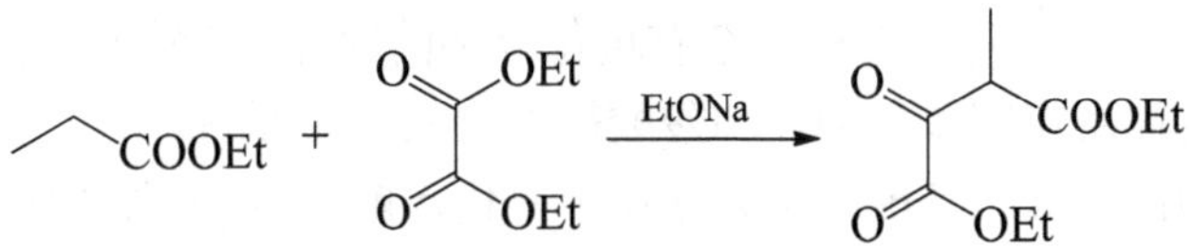

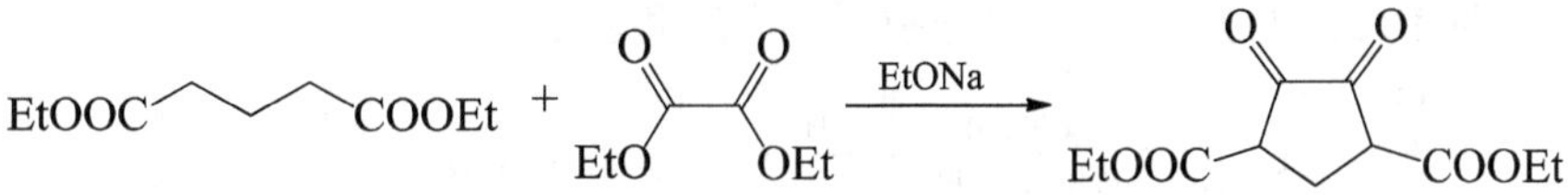

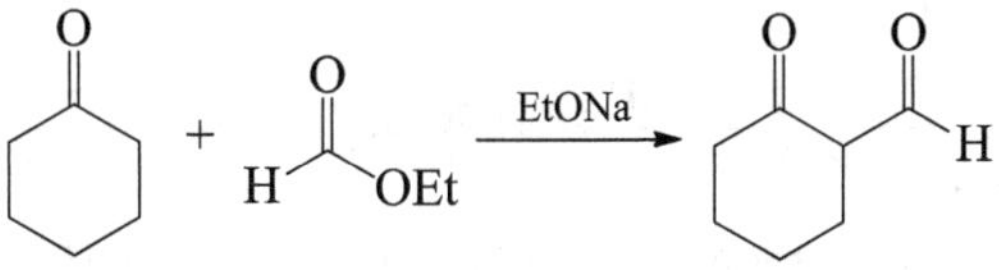

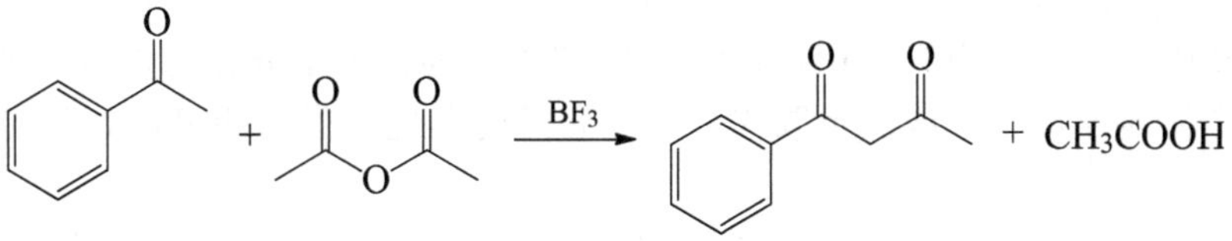

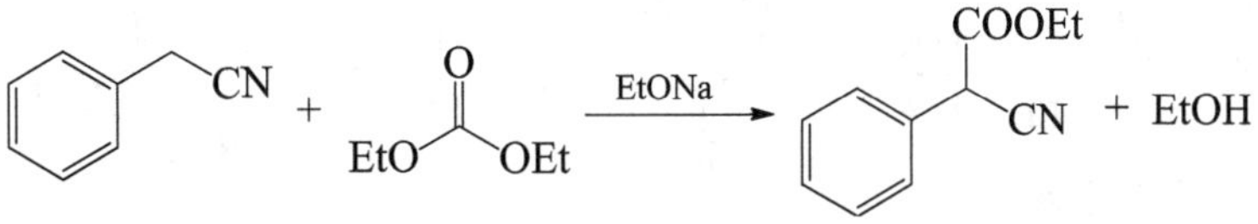

3. 分子内的克莱森酯缩合——迪克曼缩合反应

在二元羧酸酯中，当两个酯基位置适当，通过克莱森酯缩合能形成稳定的五元、六元环时，很容易发生分子内的酯缩合成环，这也称为迪克曼（Dieckmann）缩合反应。

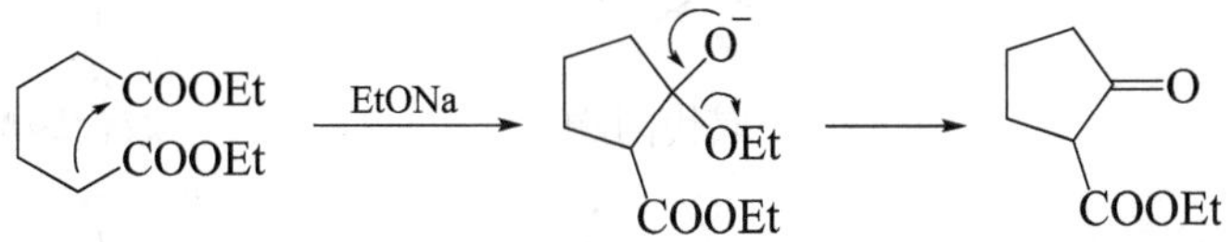

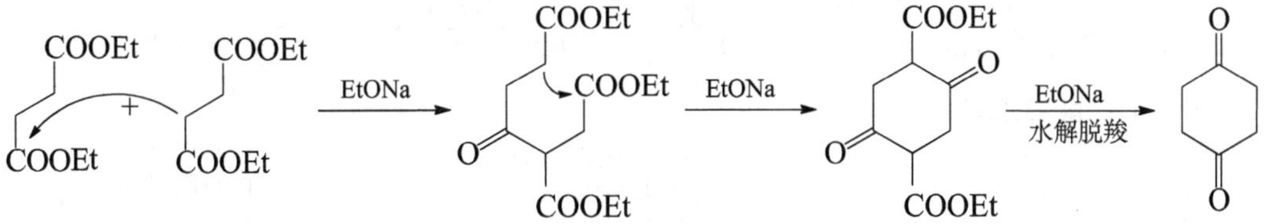

若两个酯基相距太远，头尾碰撞概率很低，此时主要发生分子间缩合。若要用此法合成大环化合物，需要特定的条件。例如，使用极稀的溶液以减少分子间相遇的机会，从而实现分子内的缩合。

10.6.4 *β*-二羰基化合物在合成上的应用

与一般醛、酮和羧酸衍生物的 *α*-H 相比，*β*-二羰基化合物两个羰基中间的 *α*-H 由于受两个羰基的吸电影响，酸性要强得多。各类 *β*-二羰基化合物及其类似物的酸性次序如下：

化合物	$NCCH_2COOCH_3$	$CH_3COCH_2COCH_3$	$CH_3COCH_2COOCH_3$	$CH_3COCH(CH_3)COCH_3$	$NCCH_2CN$	$CH_3OOCCH_2COOCH_3$
pK_a	9	9	11	11	11	13

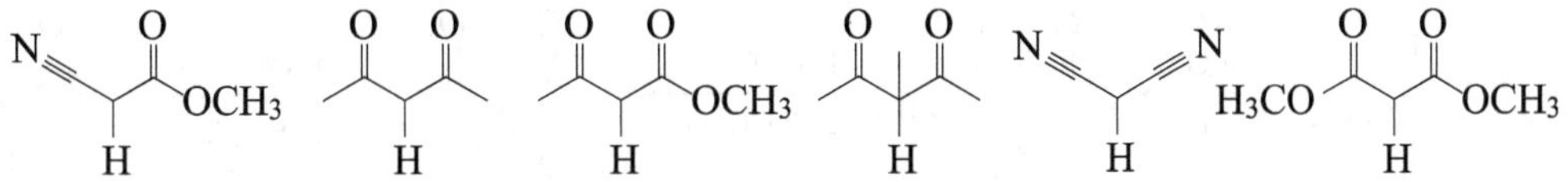

这些化合物的 *α*-H 在碱作用下容易脱除，形成具有强亲核性的碳负离子（可共振为烯醇

负离子），从而提供了一个广泛的合成复杂有机化合物的途径。乙酰乙酸乙酯和丙二酸酯是这类化合物的代表，常被用作制备各种酮和羧酸衍生物的起始原料。

乙酰乙酸乙酯和丙二酸二乙酯在稀碱存在下皂化水解，生成的羧酸属于 β,γ-不饱和羧酸，很容易脱羧（见 10.2.3.2 小节），从而分别得到丙酮和乙酸。

$$CH_3COCH_2COOEt \xrightarrow[\text{或85\% } H_3PO_4]{\text{稀NaOH}} \xrightarrow{H^+} CH_3COCH_2COOH \xrightarrow[\triangle]{-CO} CH_3COCH_3$$

$$EtOOCCH_2COOEt \xrightarrow[H_2O]{\text{稀NaOH}} \xrightarrow{H^+} HOOCCH_2COOH \xrightarrow[\triangle]{-CO_2} CH_3COOH$$

因此，如果在这类 β-羰基羧酸酯的活泼亚甲基上引入不同的烷基或酰基，然后经过皂化、脱羧就可以得到各类酮或羧酸。其合成途径中，两个羰基之间的 α 位通过碱夺氢和亲核取代反应，可以方便地连接一个或两个取代基。然后经过皂化、脱羧即可得到取代丙酮或取代乙酸。

$$\underset{\text{乙酰乙酸乙酯}}{CH_3COCH_2COOEt} \xrightarrow[2)\ RX]{1)\ EtO^-} CH_3COCHRCOOEt \xrightarrow[2)\ R'X]{1)\ EtO^-} CH_3COCRR'COOEt$$

$$CH_3COCHRCOOEt \xrightarrow[2)\ H^+,\ \triangle]{1)\ OH^-/H_2O} \underset{\text{一取代丙酮}}{CH_3COCH_2R}$$

$$CH_3COCRR'COOEt \xrightarrow[2)\ H^+,\ \triangle]{1)\ OH^-/H_2O} \underset{\text{二取代丙酮}}{CH_3COCHRR'}$$

$$\underset{\text{丙二酸二乙酯}}{EtOOCCH_2COOEt} \xrightarrow[2)\ RX]{1)\ EtO^-} EtOOCCHRCOOEt \xrightarrow[2)\ R'X]{1)\ EtO^-} EtOOCCRR'COOEt$$

$$EtOOCCHRCOOEt \xrightarrow[2)\ H^+,\ \triangle]{1)\ OH^-/H_2O} \underset{\text{一取代乙酸}}{HOOCCH_2R}$$

$$EtOOCCRR'COOEt \xrightarrow[2)\ H^+,\ \triangle]{1)\ OH^-/H_2O} \underset{\text{二取代乙酸}}{HOOCCHRR'}$$

RX 除了卤代烃，还可以是 α-卤代酸酯或 α-卤代酮，甚至酰卤等。使用酰卤时，最好是用氢化钠代替醇钠作碱，从而可避免反应中产生的醇与酰卤发生醇解反应。

例如，乙基和苄基二取代丙酮的合成：

$$CH_3COCH_2COOEt \xrightarrow[2)\ EtBr]{1)\ EtO^-} CH_3COCH(Et)COOEt \xrightarrow[2)\ PhCH_2Br]{1)\ EtO^-} CH_3COC(Et)(CH_2Ph)COOEt \xrightarrow[2)\ H^+,\ \triangle]{1)\ OH^-/H_2O} CH_3COCH(Et)CH_2Ph$$

2, 5-己二酮和 2, 7-辛二酮可以采用不同的合成策略。前者可以使用 α-卤代酮作为试剂，后者则可使用二卤代烃进行桥连。

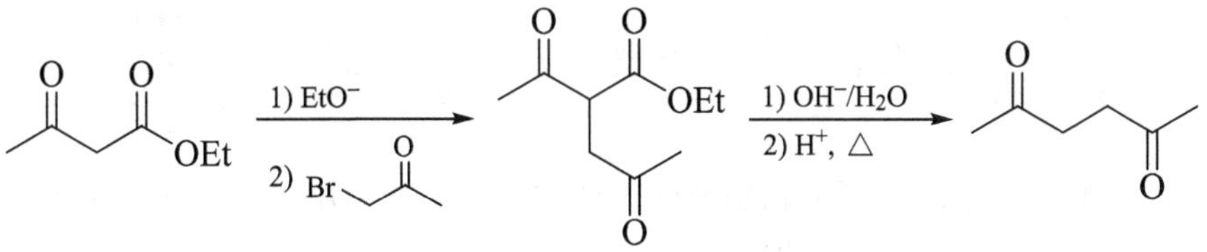

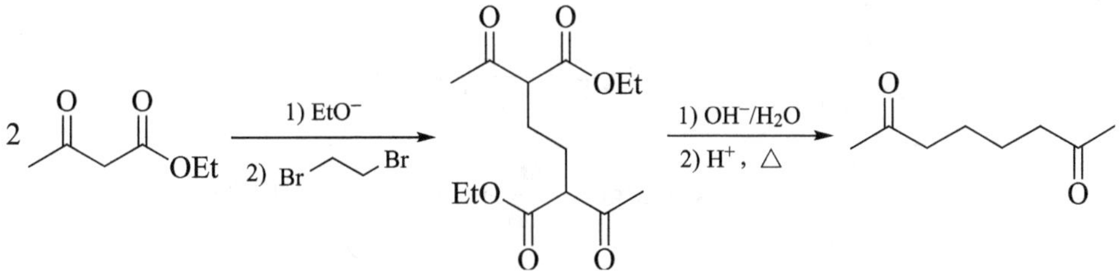

结构合适的二卤代烃还可用于合成环烷基取代的酮或乙酸。

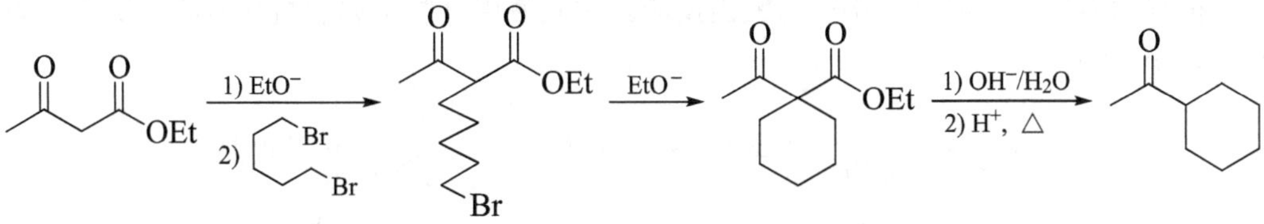

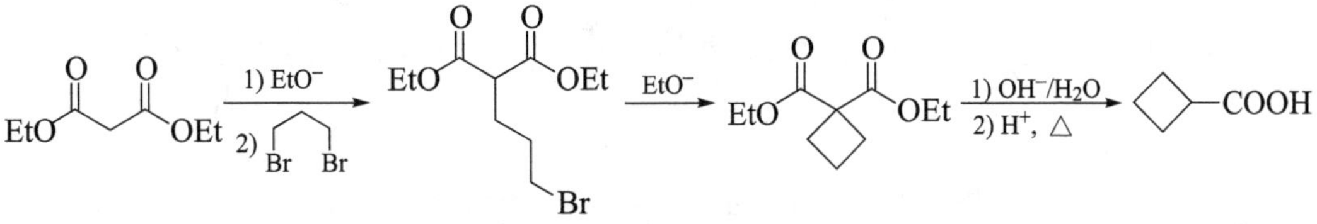

丙二酸酯负离子在碘存在下，可以两分子结合形成四元羧酸酯，经皂化、脱羧后得到丁二酸。

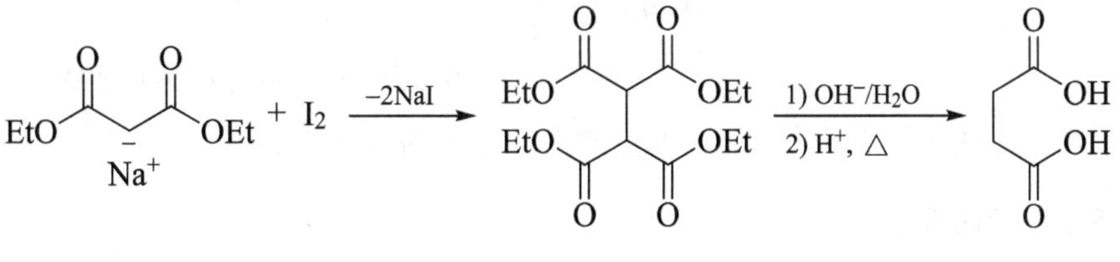

10.6.5　与金属有机化合物的反应

羧酸衍生物都能与格氏试剂反应，反应先生成酮，再进一步得到叔醇（如果原料为甲酸衍生物，即 R = H，则得到仲醇）。根据反应物活性的差异，可以控制反应条件而得到酮。反应通式如下：

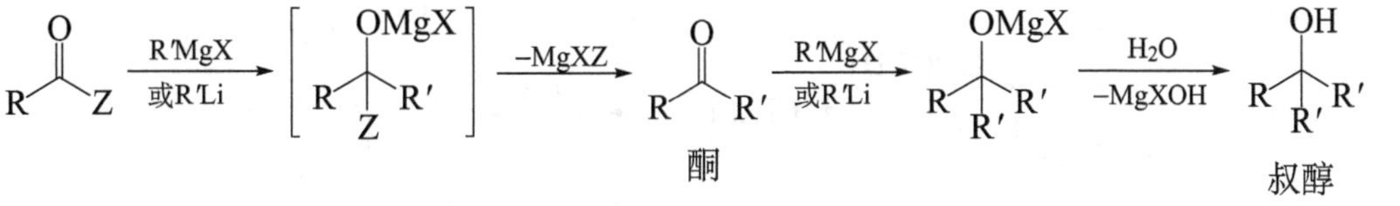

酮　　叔醇

10.6.5.1　酰卤的反应

多种有机金属试剂都能与酰卤反应生成酮或醇。例如，使用等当量的格氏试剂与酰氯反应，可能得到酮和醇的混合物。

$$RCOCl \xrightarrow{R'MgX} RCOR' \xrightarrow{R'MgX} RR'_2C\text{-}OMgX \xrightarrow{H_2O} RR'_2C\text{-}OH$$

酮的活性比酰卤差，低温可抑制酮与格氏试剂反应。如果用等当量格氏试剂，在低温下分批加到酰卤溶液中，可避免醇的生成。

$$CH_3COCl + CH_3CH_2CH_2CH_2MgCl \xrightarrow[\text{低温}]{\text{醚}} CH_3COCH_2CH_2CH_2CH_3$$

$$\text{1-甲基环戊烷甲酰氯} + CH_3MgI \xrightarrow[\text{低温}]{\text{醚}} \text{1-甲基环戊基甲基酮}\ (71\%)$$

一些活性比格氏试剂更低的金属有机化合物，如有机镉（R_2Cd）和二烷基铜锂（R_2CuLi）不能或很难和酮反应，但仍能迅速与酰卤反应。因此使用这些金属有机化合物能更为有效地使酰卤转变为酮。

$$2\,(CH_3)_2CHCH_2CH_2MgBr + CdCl_2 \longrightarrow [(CH_3)_2CHCH_2CH_2]_2Cd + 2MgBrCl$$

$$[(CH_3)_2CHCH_2CH_2]_2Cd + ClCOCH_2CH_2COOCH_3 \xrightarrow{\text{苯}} (CH_3)_2CHCH_2CH_2COCH_2CH_2COOCH_3$$

$$(CH_3)_3CCOCl + Me_2CuLi \xrightarrow[\text{低温}]{\text{醚}} (CH_3)_3CCOCH_3\ (60\%)$$

$$(CH_3)_2CHCH_2COCl + [(CH_3)_2C{=}CH]_2CuLi \xrightarrow[\text{低温}]{\text{醚}} (CH_3)_2CHCH_2COCH{=}C(CH_3)_2$$

2, 6-二甲基庚-2-烯-4-酮 (70%)

这些活性较低的金属有机化合物和酯、酰胺、腈则完全不反应。

10.6.5.2　酯的反应

与酰卤相比，酯的活性低得多，甚至比酮更低。因此，用酯和格氏试剂或烷基锂制备酮是不成功的，会直接生成醇。只有在反应物或试剂的空间位阻比较大时，生成的酮才不进一步反应。

$$CH_3COOEt + PhMgBr \longrightarrow \xrightarrow{H_3O^+} CH_3C(OH)Ph_2$$

$$C_6H_{11}COOCH_3 + CH_3Li \longrightarrow \xrightarrow{H_3O^+} C_6H_{11}C(CH_3)_2OH$$

$$(CH_3)_3CCOOEt + (CH_3)_3CLi \xrightarrow{\text{醚}} (CH_3)_3CCOC(CH_3)_3\ (80\%)$$

格氏试剂和酯反应是合成具有两个相同烃基的叔醇的最有效方法。若使用甲酸酯，产物则是一个对称的仲醇。

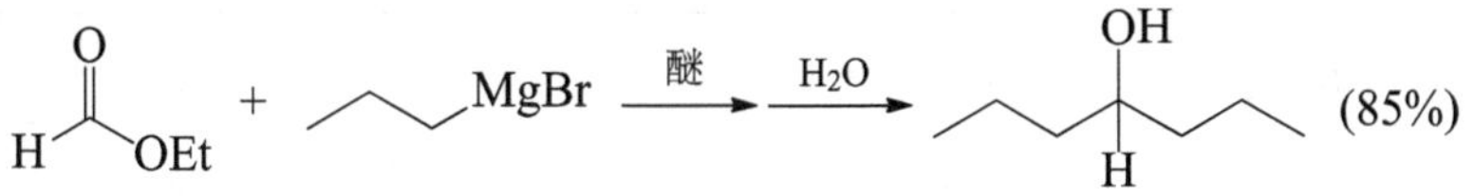
O
H
OEt
+
MgBr
醚
H2O
OH
H
(85%)

用碳酸二烷基酯作原料，可得到三个烷基都来自格氏试剂的叔醇。

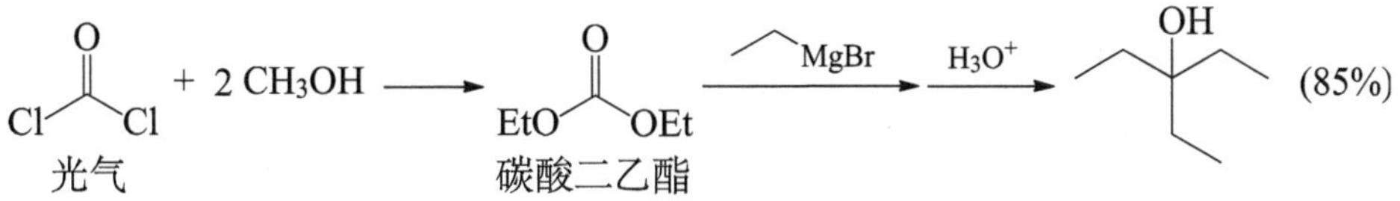
O
Cl
Cl
光气
+ 2 CH3OH
EtO
OEt
碳酸二乙酯
MgBr
H3O+
OH
(85%)

10.6.5.3　腈的反应

腈与格氏试剂或烷基锂的反应，在合成上是有用的。反应先生成亚胺，再水解成酮。

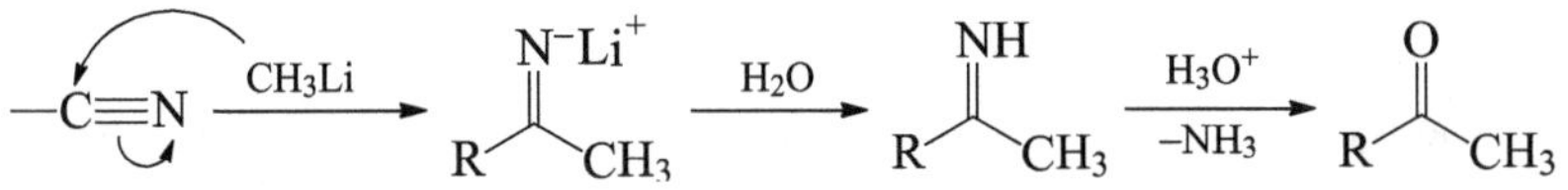
C≡N
CH3Li
N−Li+
R
CH3
H2O
NH
H3O+
−NH3
O

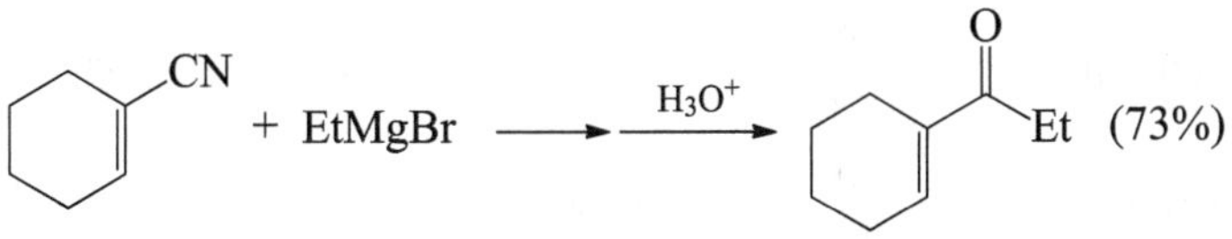
CN
+ EtMgBr
H3O+
O
Et
(73%)

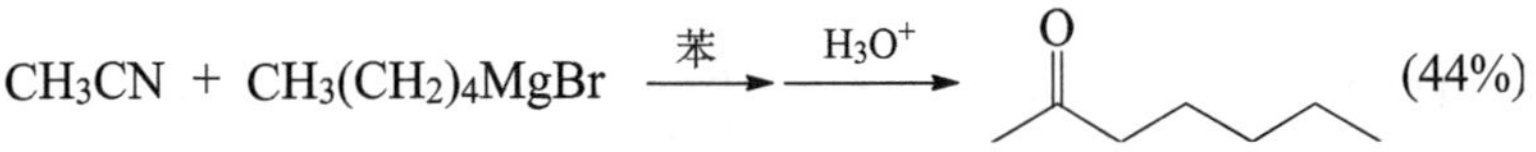
CH3CN + CH3(CH2)4MgBr
苯
H3O+
O
(44%)

酸酐、酰胺虽然也可与格氏试剂反应，但制备意义不大。酰胺分子含活泼氢，会分解格氏试剂。酸酐与格氏试剂在低温下反应得到酮。温度升高时，酮羰基还会进一步与格氏试剂发生反应。

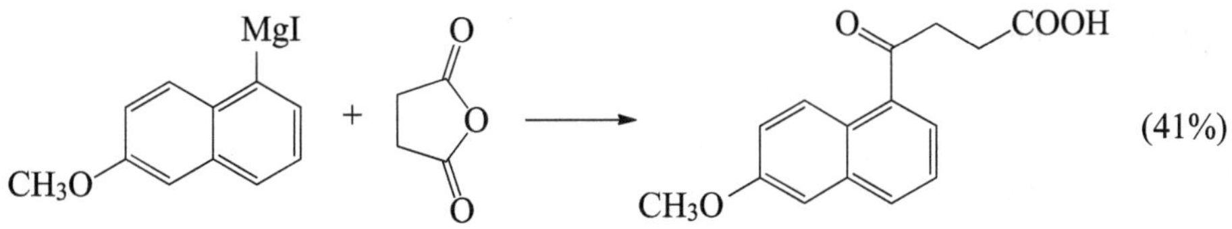
MgI
CH3O
+
O
O
O
O
COOH
CH3O
(41%)

10.6.6　羧酸衍生物的还原

羧酸衍生物比羧酸更易被还原，还原的方式也更多样。包括羧酸衍生物在内的各类官能团与一些常见还原剂的反应性可见表 10.4。

10.6.6.1　催化氢化

催化氢化不能还原羧酸，但可使大多数羧酸衍生物还原，各类衍生物的反应速率不同（表 10.4）。酰氯的催化氢化较容易，通常控制条件选择性氢化可使还原停留在醛的阶段。酯和酰胺的氢化要在较高温度和压力下才能进行。酰卤、酸酐和酯均可被催化氢化还原为伯醇；酰胺和腈则被还原为胺。

表 10.4　各类官能团与常见还原剂的反应性

官能团	产物	H_2/催化剂	$LiAlH_4$	$NaBH_4$	BH_3 或 R_2BH	Li/Na
$>C=C<$	$>CH-CH<$	√	×	×	√	×
$-C\equiv C-$	$-CH=CH-$	√(快)(顺式产物)	×	×	√(顺式产物)	√(反式产物)
RCHO	RCH_2OH	√	√	√	√	√
CH_3COCH_3（酮）	$CH_3CH(OH)CH_3$	√(慢)	√	√	√	√
RCOOH	RCH_2OH	×	√	×	√(快)	×
$RCOO^-$	RCH_2OH	×	√	×	×	
RCOCl	RCH_2OH	√	√	√	×	×
RCOOR′	RCH_2OH	难(高温高压)	√	×	极慢	√
$RCONR_2$	RCH_2NR_2	难(高温高压)	√	×	×	×
RCN	RCH_2NH_2	√	√	×	√	√
RNO_2	RNH_2	√(快)	√	×	×	√
RX 1°、2°	RH	√(慢)	√	×	×	√
RX 3°、Ar–	RH	√(慢)	×	×	×	√
ROH ROR′	RH	×	×	×	×	×
BnOH BnOR $BnNR_2$	$PhCH_3+H_2O$ $PhCH_3+ROH$ $PhCH_3+R_2NH$	√	×	×	×	√
环氧化合物	$-C(OH)-CH_2-$	√	√	×	√	√

注：√表示能反应，×表示不能反应，Bn 表示苄基。

一个比较特殊且重要的氢化反应是：苄基（或烯丙基）如果连接在杂原子如 O、N、卤素上，则容易被催化氢化还原为甲苯。因此，苄酯很容易发生氢解。与此相应的苄醇、苄醚、苄胺、苄氯、*N*-苄基酰胺以及苯甲醛的缩醛等都能发生类似的氢解。因此苄基常用作这些官能团的保护基。

$$ArCH_2OC(O)R + H_2 \xrightarrow{\text{Pd 或 Pt}} ArCH_3 + RCOOH$$

羧酸衍生物的还原与和金属有机化合物的反应类似，也经过了醛、酮的阶段并进而被还原为醇。随着羧酸衍生物活性不同，选择适当的还原剂，并控制反应条件，可使还原停留在醛、酮的阶段。例如，使用部分失活的钯催化剂（一般是加少量含硫化合物降低钯的活性），可使酰氯的还原停留在生成醛的一步。

$$ArCH_2OH \xleftarrow{H_2/Pd} ArCOCl \xrightarrow{H_2/Pd\text{-}BaSO_4} ArCHO\ (80\%)$$

（Ar = 2,4,6-三甲基苯基）

这个还原法称为罗森蒙德（Rosenmund）还原法，该催化体系只能还原酰卤为醛，而不能还原酯。

$$MeOOCCH_2CH_2COCl \xrightarrow[\triangle]{H_2/Pd\text{-}BaSO_4} MeOOCCH_2CH_2CHO\ (65\%)$$

10.6.6.2　金属氢化物还原

使用强还原剂 $LiAlH_4$，在醚或四氢呋喃中能将羧酸和所有羧酸衍生物还原，但不能还原碳碳双键和三键。$LiAlH_4$ 还原酰卤、酸酐、酯的反应机理同样是经过了羰基化合物的阶段，酰基端最终转化为伯醇。

$$RCOZ \xrightarrow[THF]{LiAlH_4,\ H^-} RCH(Z)O^-\cdots AlH_3 \longrightarrow RCHO + Z^-\cdots AlH_3$$

酰卤/酸酐/酯

$$RCHO \xrightarrow{LiAlH_4} RCH_2OH \qquad Z^-\cdots AlH_3 \xrightarrow{H_2O} ZH + AlH_3 + OH^-$$

酸酐和酯的活性比酰氯依次更低；对于还原剂，活性更低的 $LiBH_4$ 可以还原以上化合物，但 $NaBH_4$ 则只能还原酰卤和酸酐，而难以还原酯（表 10.4）。

$$CH_3COOCOCH_3 \xrightarrow[H_2O]{NaBH_4} \xrightarrow{H_3O^+} CH_3CH_2OH + CH_3COOH$$

$$CH_3(CH_2)_{14}COO(CH_2)_3CH_3 + LiBH_4 \xrightarrow[\triangle]{THF} CH_3(CH_2)_{15}OH + CH_3(CH_2)_3OH$$

(95%)

酰胺在 $LiAlH_4$ 还原下经过亚胺而生成胺。在此反应中，若仔细控制条件，将最初生成的亚胺盐水解可制得相应的醛。

$$RCONH_2 \xrightarrow{LiAlH_4} RCONH^-Li^+ \xrightarrow{AlH_3} RCH(OAlH_2)NH^-Li^+ \longrightarrow RCH{=}NH \xrightarrow{H^-} RCH_2NH^- \xrightarrow{H_2O} RCH_2NH_2$$

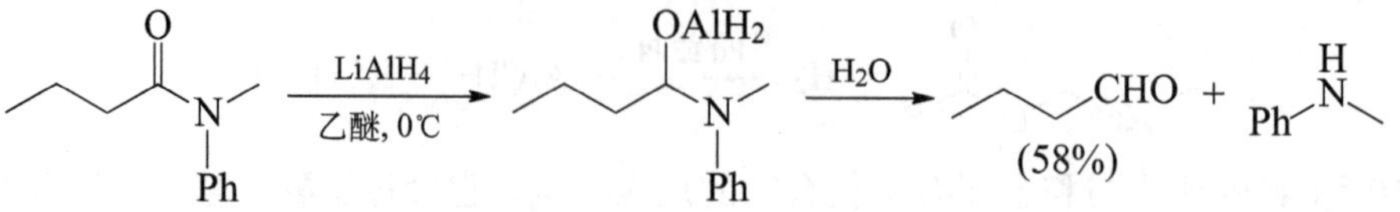

腈也可被 $LiAlH_4$ 还原得到胺。

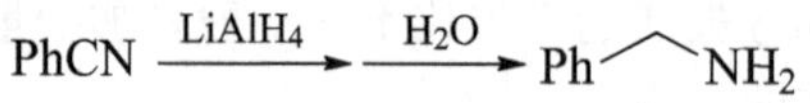

$$PhCN \xrightarrow{LiAlH_4} \xrightarrow{H_2O} PhCH_2NH_2$$

用烷氧基或烷基取代 $LiAlH_4$ 中的氢，可降低 $LiAlH_4$ 的还原活性。例如，用三叔丁氧基氢化铝锂还原酰氯，可使反应停留在醛的阶段，只有用过量还原剂才能进一步生成醇。

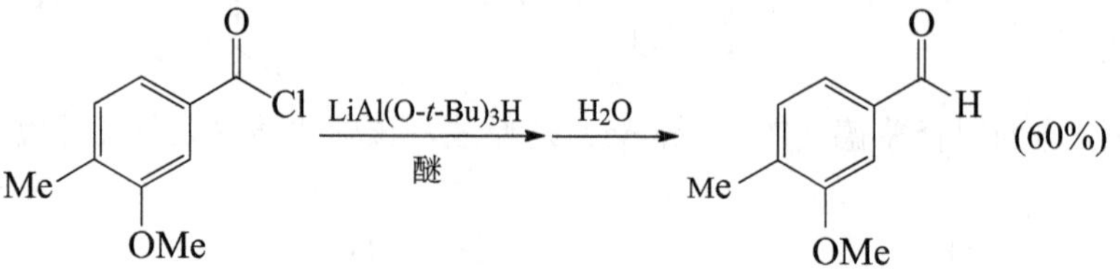

酯的活性比醛低，因此酯的还原很难停留在醛的阶段。但酰胺仍可被降低活性的氢化铝锂还原得到醛。

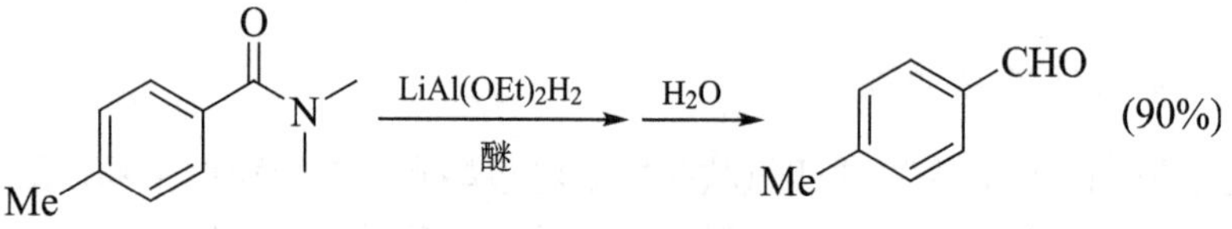

腈也可以被二异丁基氢化铝（DIBAL-H）还原为醛。

$$PhCN \xrightarrow[\text{苯}]{Al(i\text{-}Bu)_2H} \xrightarrow{H_2O} PhCHO$$

10.6.6.3　金属还原

钠-乙醇体系能使酯还原生成伯醇。其中，钠和质子溶剂乙醇分别提供电子和质子。

$$n\text{-}C_{11}H_{23}COOC_3H_7 + Na \xrightarrow[\triangle]{C_2H_5OH} n\text{-}C_{11}H_{23}CH_2OH + C_3H_7OH \quad (65\%\sim75\%)$$

这个反应称为布沃-布兰克（Bouveault-Blanc）还原反应，通过自由基机理进行。

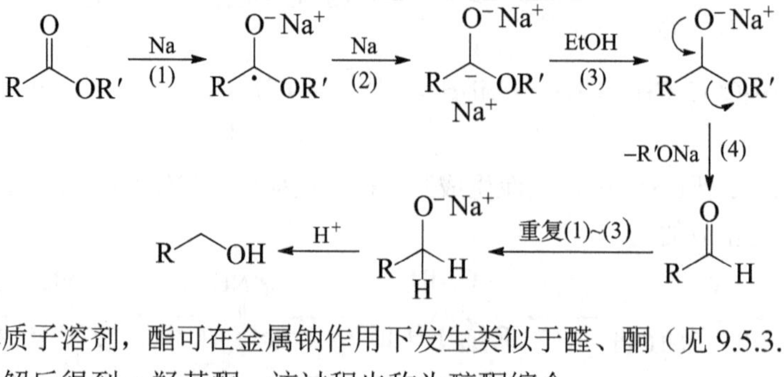

如果采用非质子溶剂，酯可在金属钠作用下发生类似于醛、酮（见 9.5.3.1 小节）的双分子还原，产物水解后得到 α-羟基酮，该过程也称为醇酮缩合。

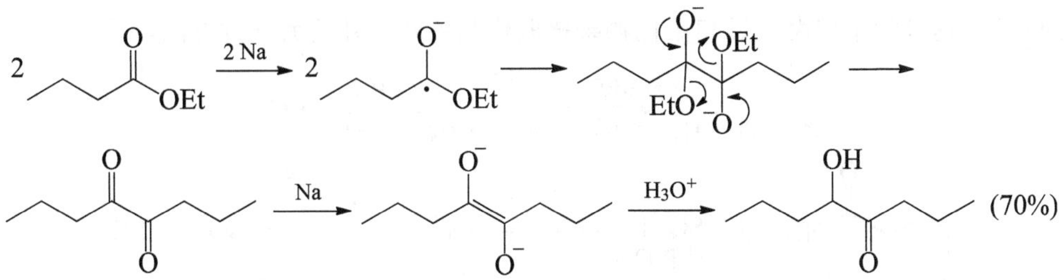

二元酸酯经双分子还原后可生成环状醇酮。五元、六元环容易形成，如果要制备大环，则必须在稀溶液中进行，这是目前制备大环化合物最有效的方法之一。

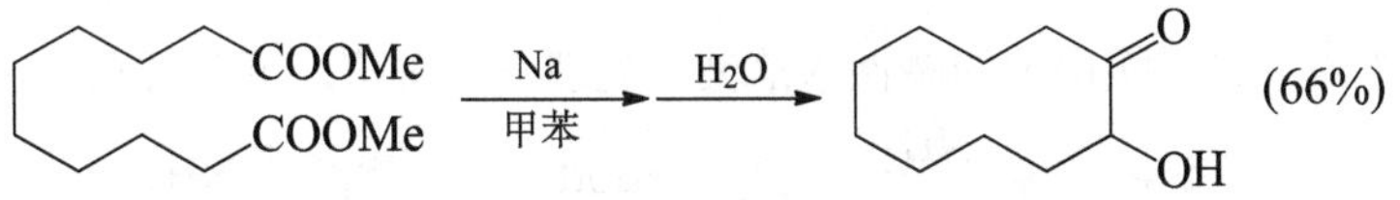

2-羟基环癸酮

由于该反应条件和克莱森酯缩合相似，因此会伴随酯缩合副产物。

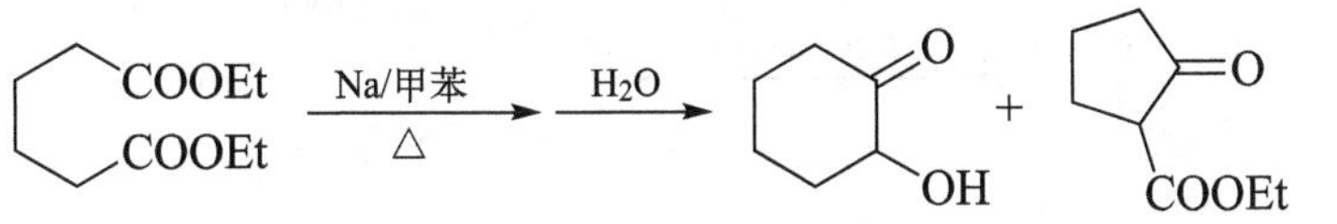

双分子还原产物　克莱森酯缩合副产物

10.6.7　酰胺的特殊反应

酰胺不仅具有羧酸衍生物的通性，还因为酰胺氮原子上的活泼氢原子而具备一些特殊性质。

10.6.7.1　酸性

由于酰胺氮原子上的氢原子受羰基吸电作用的影响，酸性比普通胺明显增强（$pK_a \approx 15$）。其共轭碱也能够通过羰基得到共振稳定。氮原子上的活泼氢可以进行重氢交换，生成氘代酰胺。

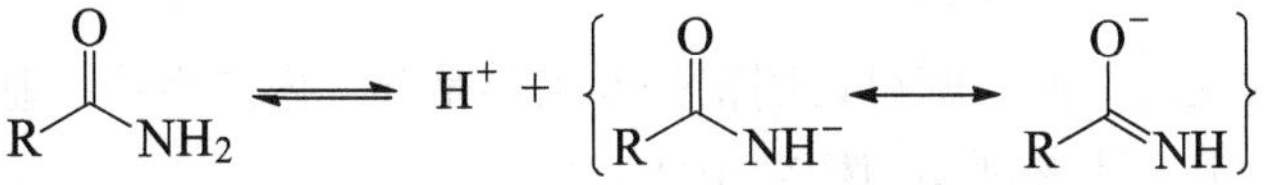

若氨基与两个羰基相连，则 NH 的酸性会进一步增强。例如，邻苯二甲酰亚胺的酸性甚至强于苯酚（$pK_a \approx 8.3$），其能与碱反应生成碱金属盐，其负离子具有亲核性，可与卤代烃发生亲核取代反应，取代产物水解生成胺，这成为制备脂肪族伯胺的有效方法。

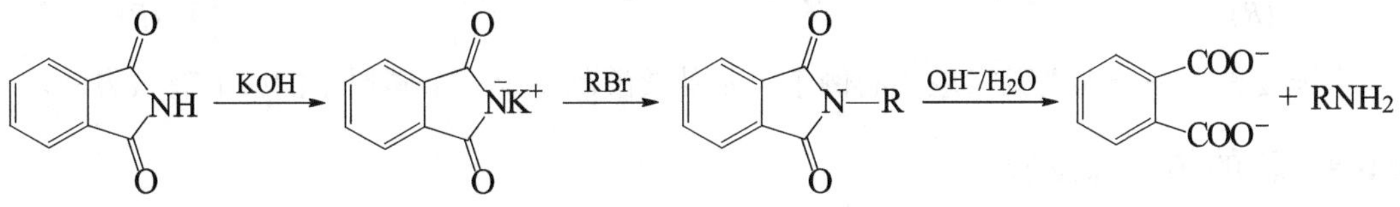

10.6.7.2　脱水反应

酰胺既能水解生成羧酸，也能脱去一分子水生成腈。常用的脱水剂是 P_2O_5、$POCl_3$、$SOCl_2$

或 Ac_2O 等。这是除了用卤代烃和氰化物亲核取代制备腈以外的另一种方法。

$$RCOO^-\overset{+}{N}H_4 \underset{+H_2O}{\overset{-H_2O}{\rightleftharpoons}} RCONH_2 \underset{+H_2O}{\overset{-H_2O}{\rightleftharpoons}} RCN$$

$$p\text{-}CH_3C_6H_4CONH_2 + SOCl_2\,(或P_2O_5) \xrightarrow{\triangle} p\text{-}CH_3C_6H_4C{\equiv}N + SO_2 + 2\,HCl$$

10.6.7.3　霍夫曼降解

用次卤酸钠溶液（或直接用溴的碱性水溶液）处理一级酰胺，可以得到少一个碳原子的胺。

$$C_6H_5CH_2CONH_2 + Br_2 \xrightarrow[H_2O]{NaOH} C_6H_5CH_2NH_2$$

$$邻苯二甲酰亚胺 \xrightarrow{NaOCl+OH^-} o\text{-}H_2NC_6H_4COONa \quad (84\%)$$

这个“羰基消失”的反应称为酰胺的霍夫曼（Hofmann）降解。其经历了氮宾（或氮烯，nitrene）中间体的形成和之后的霍夫曼重排。氮宾是外层 6 电子的缺电子结构，因此与碳正离子的重排类似，临近的 R 基团带着一对电子迁移到 N 原子上，形成异氰酸酯，并最终水解、脱羧成为产物。

$$RCONH_2 \xrightarrow{OH^-} RCO\ddot{N}H^- \xrightarrow{Br^+} RCONHBr \xrightarrow{OH^-} RCO\ddot{N}^-{-}Br \xrightarrow{-Br^-}$$

$$RCO\ddot{N}: \longrightarrow \overset{\delta^+}{O{=}C}{=}\overset{\delta^-}{N}{-}R \xrightarrow{H_2O} O{=}C(OH){-}NHR \xrightarrow{-CO_2} RNH_2$$

氮宾　　　　异氰酸酯

用同位素标记的反应物的示踪可证明霍夫曼重排是分子内的重排，基团迁移可能是通过三元环状过渡态进行的，迁移基团的构型不变。

$$\underset{(R)}{H_3C(H)(Ph)C{-}CONH_2} \xrightarrow{BrO^-} [H_3C(H)(Ph)C{-}CO\ddot{N}:] \longrightarrow [三元环过渡态] \xrightarrow[-CO_2]{H_2O} \underset{(R)}{H_3C(H)(Ph)C{-}NH_2}$$

霍夫曼重排是一大类氮宾重排的例子，是从羧酸制备少一个碳原子的胺的有效方法。

10.6.8　酯的热消除反应

一些类型的有机化合物，如羧酸酯、黄原酸酯、叔胺氧化物（$R_3N^+{-}O^-$，可见第 11 章）等，均能发生加热下的消除反应生成烯烃。其中，酯的热消除会脱去一分子的羧酸。

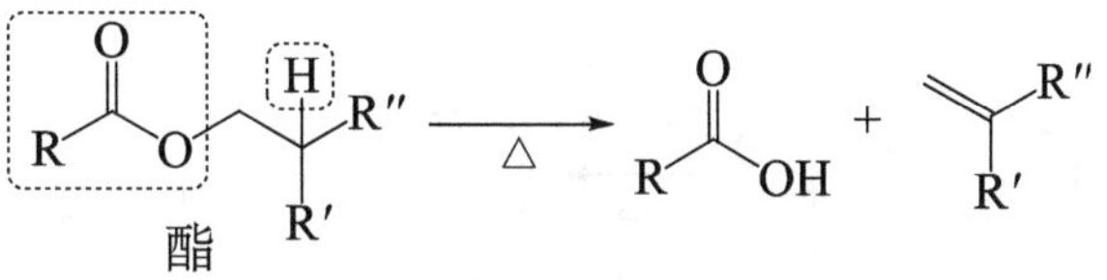

酯

与卤代烃、醇等的离子型消除反应不同，热消除反应是非离子型的单分子顺式消除。例如，羧酸酯的热消除是在 300～500℃下进行的气相反应，通过下列环状过渡态完成。

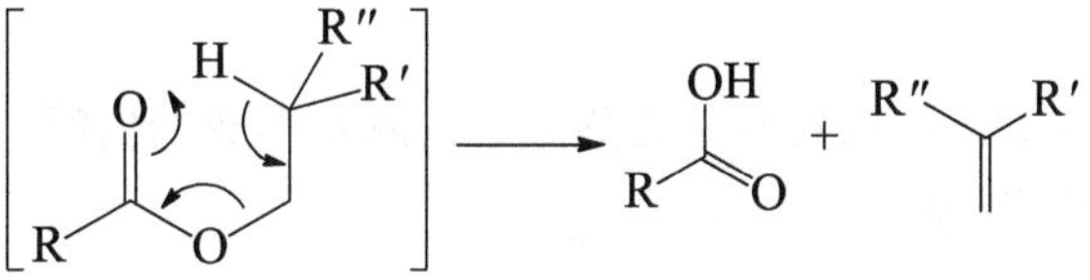

消除掉的羧酸根和 H 必须处于顺式方向，才能形成这样的环状过渡态，因此这是立体专一的顺式消除反应。

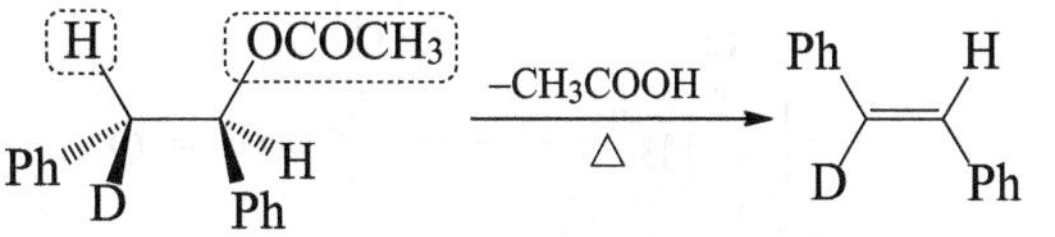

$-CH_3COOH$，△

黄原酸酯可由醇和二硫化碳在碱性溶液中的反应制得，其热消除反应比羧酸酯更容易，也经过六元环状过渡态机理。

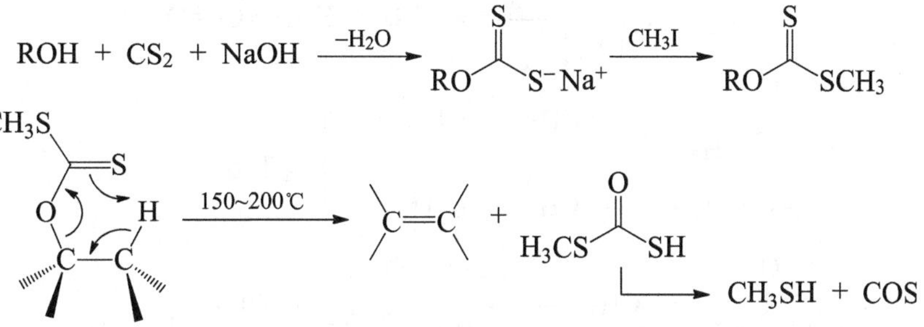

$ROH + CS_2 + NaOH \xrightarrow{-H_2O} ROC(=S)S^-Na^+ \xrightarrow{CH_3I} ROC(=S)SCH_3$

$\xrightarrow{150\sim200℃}$ C=C + $H_3CSC(=O)SH \longrightarrow CH_3SH + COS$

这个反应称为楚加耶夫（Chugaev）反应，同样是顺式消除反应。

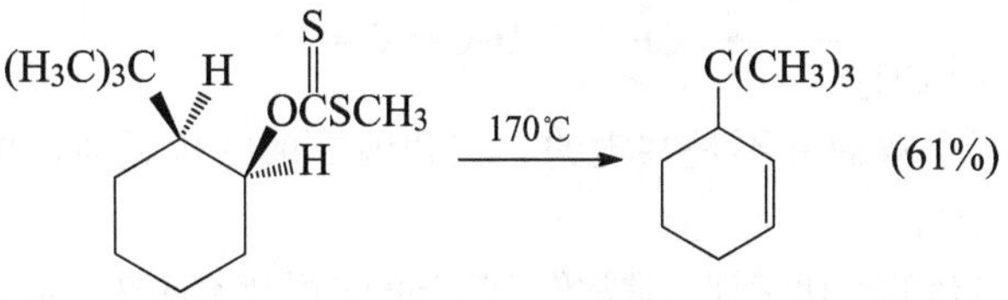

$\xrightarrow{170℃}$ (61%)

热消除反应的消除方向一般不是单一的。对于开链化合物，构象因素和热力学因素都可能产生影响，以致消除方向基本上由消除概率决定。β-H 越多的一方，消除的概率越大，因此以生成取代更少的霍夫曼烯烃为主。

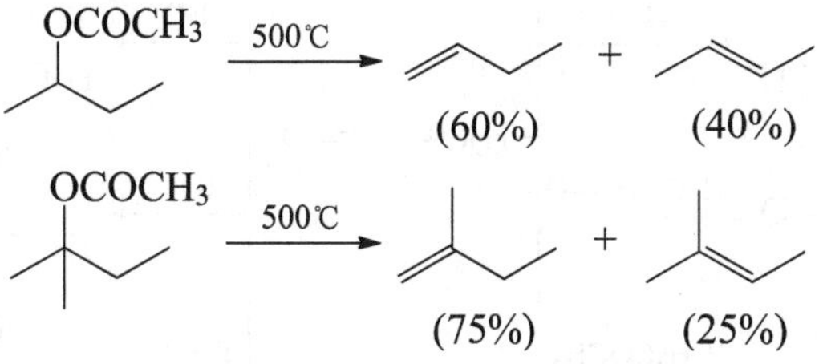

$\xrightarrow{500℃}$ (60%) + (40%)

$\xrightarrow{500℃}$ (75%) + (25%)

对于环状化合物，构象起着主要作用，若有两个消除方向的构象可供选择，主要生成热力学上稳定的产品。

乙酸-1-甲基环己醇酯 → (△) 1-甲基环己烯 (75%) + 亚甲基环己烷 (25%)

10.6.9 乙烯酮

乙烯酮（$H_2C{=}C{=}O$），可以看作是乙酸分子内脱水形成的内酐，它可由多种方法制得，如羧酸脱水或酰氯脱卤化氢等。

$$CH_3COOH \xrightarrow[\triangle]{AlPO_4} H_2C{=}C{=}O \qquad R_2CH{-}COCl \xrightarrow{Et_3N} R_2C{=}C{=}O$$

$$(CH_3)_2CBr{-}COBr \xrightarrow{Zn} (CH_3)_2C{=}C{=}O$$

乙烯酮还可由丙酮加热，经自由基机理脱甲烷制备。

$$CH_3COCH_3 \xrightarrow{700℃} CH_4 + H_2C{=}C{=}O$$

$$\left.\begin{aligned} H_3CCOCH_3 &\xrightarrow{\triangle} CH_3\cdot + CH_3\dot{C}{=}O \\ CH_3\dot{C}{=}O &\longrightarrow CH_3\cdot + CO\uparrow \end{aligned}\right\}\text{链引发}$$

$$\left.\begin{aligned} H_3CCOCH_3 + CH_3\cdot &\longrightarrow H_3CCO\dot{C}H_2 + CH_4\uparrow \\ H_3CCO\dot{C}H_2 &\longrightarrow CH_3\cdot + H_2C{=}C{=}O \end{aligned}\right\}\text{链传递}$$

乙烯酮分子中的两个双键并不是共轭的，它和丙二烯结构类似，中间的碳原子采用 sp 杂化，因此分子为直线形。

乙烯酮是一种非常活泼的酰化试剂，常常作为理想的乙酰化剂而在其他分子中引入乙酰基。

$H_2C{=}C{=}O$ 的反应：

- + RCOOH → 混合酸酐 $H_3CCOOCOR$
- + HCN → 丙酮腈 H_3CCOCN
- + $H_2C{=}C{=}O$ → β-内酯 $H_2C{=}$（四元环内酯）${=}O$
- + CH_3COCH_3（H^+）→ 乙酸丙烯醇酯 $H_3CCOOC(CH_3){=}CH_2$
- + RMgX → $H_2C{=}C(OMgX)R$ $\xrightarrow{H_2O}$ H_3CCOR 甲基酮
- + H_2O → H_3CCOOH 乙酸
- + ROH → H_3CCOOR 乙酸酯
- + RNH_2 → $H_3CCONHR$ 乙酰胺

这些反应的机理可用如下通式表达。亲核试剂对羰基碳原子进行亲核加成，如果亲电试剂 E^+为质子，则得到烯醇产物，再互变为酮的结构。

$$H_2C{=}C{=}O \xrightarrow[E^+]{Nu^-} H_2C{=}C(Nu)OE \xrightarrow{E{=}H} H_3C{-}C(Nu){=}O$$

习　题

10.1　命名下列化合物。

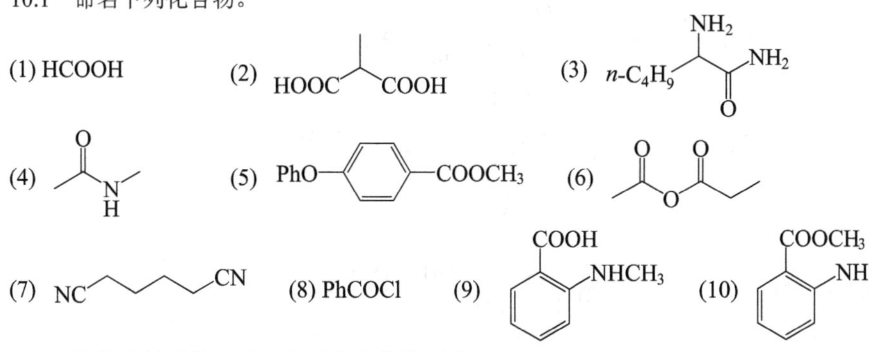

10.2　按指定性质排列以下各组化合物的顺序。

(1) 沸点：

a. CH_3CH_2COOH　b. CH_3COOCH_3　c. $CH_3CONHCH_3$

(2) 被 NH_3 取代的活性：

a. 环己基甲酰氯（C(=O)Cl）　b. 环己基甲基氯（CH2Cl）　c. 苯甲酰氯（C(=O)Cl）　d. 苄氯（CH2Cl）

(3) 酸催化水解活性：

a. CH_3CONH_2　b. CH_3COCl　c. CH_3COOEt　d. $(CH_3CO)_2O$

(4) 酸性大小次序：

A　a. 环己基 COOH　b. 苯基 COOH　c. 环己基 OH　d. 苯基 OH

B　a. $(CH_3)_2C{=}\overset{+}{O}H$　b. $CH_3\overset{+}{O}(H)CH_3$

C　a. $CH_2{=}CH{-}COOH$　b. $HC{\equiv}C{-}COOH$　c. $CH_3CH_2{-}COOH$　d. $N{\equiv}C{-}COOH$

D　a. $(CH_3)_3C$-环己烷-COO^- / COOH　b. $(CH_3)_3C$-环己烷-COO^- / COOH

10.3　写出下列化合物与 2, 4-二硝基苯肼反应，以及与 H_2O^{18} 反应的主要产物。

(1) 苯甲酰氯　(2) 乙酸酐　(3) 丁酸甲酯　(4) 苯甲醛

10.4　化合物（四氢呋喃）、（γ-丁内酯）、（丁二酸酐）能否与下列试剂反应？如果可以，写出反应方程式。

(1) NaOH-H_2O 溶液　(2) a) $LiAlH_4$,　b) H_3O^+

(3) a) CH_3MgBr,　b) H_3O^+　(4) CH_3OH

10.5　写出下列反应的主要产物（包括必要构型）。

(1) 邻乙氧羰基苯甲酸（$COOH$，$COOC_2H_5$）$+ SOCl_2 \xrightarrow{\triangle}$　(2) $C_2H_5COCl + N(CH_3)_3 \longrightarrow$

(3) $PhCH_2COOH \xrightarrow{\triangle}$　(4) $Br(CH_2)_4COOH \xrightarrow[\triangle]{NaHCO_3}$

(5) $PhCONH_2 \xrightarrow[H_2O]{HNO_2}$　(6) $CH_3CH_2COCl +$ 苯 $\xrightarrow{AlCl_3}$

(7) $CH_3CH_2CH_2CH_2COOH + Br_2 \xrightarrow{HgO}$　(8) $CH_3COCH_2COOEt + PhNHNH_2 \longrightarrow$

(9) 1-甲基-1-乙酰氧基-2-甲基环戊烷（CH_3，$OCOCH_3$，H，CH_3）$\xrightarrow{\triangle}$　(10) 3-羟基环戊烷甲酸（$COOH$，OH）$\xrightarrow{PBr_3}$ A $\xrightarrow{LiAlH_4}$ B

(11) $C_2H_5COCl + (CH_3)_2Cd \longrightarrow$　(12) 2-氧代-1-乙基环己烷甲酸（$COOH$，Et）$\xrightarrow[\triangle]{D_2O}$

(13) $EtOOCCH_2COOEt + H_2NCONH_2 \xrightarrow[EtOH]{EtONa}$

(14) $H-C(D)(CH_3)-OH \xrightarrow[\text{吡啶}]{C_6H_5SO_2Cl}$ A $\xrightarrow[EtONa/EtOH]{CH_2(CO_2Et)_2}$ B $\xrightarrow[\triangle]{H_3O^+}$ C($C_4H_7DO_2$)
具有光活性

10.6　写出实现下列转变的各步方程式。

(1) 由丁-1-烯转变为：

a. 丁酸　　b. 丙酸　　c. 戊酸

(2) 由苯转变为苯甲酸。

(3) 对溴甲苯转变为对苯二甲酸。

(4) 由 1, 3-二溴丙烷合成 2-羟基环戊酮。

10.7　提出适当的受体和供体进行酯缩合以合成下列化合物。

(1) $CH_3CH_2COCH(CH_3)COOEt$　(2) 2-氧代环己基-$COCOOEt$　(3) $PhCOCH_2NO_2$

10.8　写出下列反应的合理机理。

(1) $CH_2=CHCH_2CH_2COOH \overset{ArSO_3H}{\rightleftharpoons}$ γ-戊内酯（5-甲基四氢呋喃-2-酮）

(2) $CH_2=CHCH_2CH_2CH(COOCH_3)_2 \xrightarrow{PhCOOOH}$ A $\xrightarrow{CH_3O^-/CH_3OH}$ HO-环戊基-1,1-$(COOCH_3)_2$（3-羟基环戊烷-1,1-二甲酸二甲酯）

(3) $H_3COOCCH_2COOCH_3 \xrightarrow[CH_3OH]{NaOCH_3}$ $\xrightarrow{\text{环氧乙烷}}$ 2-氧代四氢呋喃-3-$COOCH_3$

(4) 2-甲基-2-甲氧羰基环戊酮（CH_3，$COOCH_3$）$\xrightarrow[CH_3OH]{NaOCH_3}$ $\xrightarrow{H_3O^+}$ H_3C-环戊酮-$COOCH_3$（2-甲基-5-甲氧羰基环戊酮）

10.9　用简单化学方法鉴别下列各组化合物。

(1) 苯甲酸和苯酚　　(2) 丙酸和丙酰氯

(3) 乙酸酐和乙醚　　(4) 乙酸甲酯和丙酸

10.10　解释下列现象。

(1) 双环 β-酮酸（COOH, =O）在一般脱羧条件下不发生脱羧反应。

(2) 双环内酰胺比单环内酰胺的水解更快，即水解难易程度为

H₃C, H₃C, N, CH₃, O　<　H₃C, H₃C, N, O

(3) 苯甲酸的酸性大于对甲氧基苯甲酸，而乙酸的酸性却小于甲氧基乙酸。

	COOH (苯甲酸)	CH_3O—C₆H₄—COOH	CH_3COOH	CH_3OCH_2COOH
pK_a	4.21	4.48	4.75	3.48

(4) 加热下脱羧，丙二酸与丁二酸哪个更容易？为什么？

(5) 乙酰苯胺与 α-氯乙酰氯在 $AlCl_3$ 存在下反应，为什么是以生成酰化产物为主，而不是以烷化产物为主？

$$C_6H_5NHCOCH_3 + ClCH_2COCl \xrightarrow[CS_2]{AlCl_3} p\text{-}ClCH_2CO\text{-}C_6H_4\text{-}NHCOCH_3 \ (80\%)$$

10.11　下列转变可以用三步或少于三步实现，写出其试剂和条件。

(1) 4-氧代环己烷甲酸（O, COOH） ⟶ 4-羟基环己烷甲酸甲酯（OH, $COOCH_3$）

(2) 环己基-CH_2COOH ⟶ 环己基-CH_2Br

(3) $(CH_3)_2C{=}CH_2$ ⟶ $(CH_3)_2CHCOOH$

(4) 2-(5-甲基环己-1-烯基)乙酸（O, OH） ⟶ 3-甲基环己酮（O）

(5) CH_3CH_2COOEt ⟶ $CH_3CH_2CH(OH)CH(CH_3)COOEt$

(6) $PhCH_3$ ⟶ $PhCH_2OCOCH_3$

(7) $CH_3NH(CH_2)_3COOCH_3$ ⟶ N-甲基吡咯烷（N—CH_3）

10.12　用丙二酸二乙酯或乙酰乙酸乙酯作起始原料合成下列各化合物。

(1) 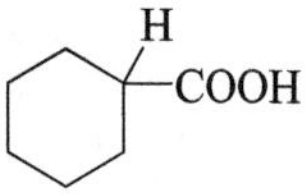 [structure: cyclohexane with H and COOH] 　(2) 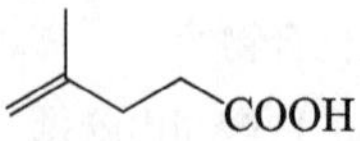 [structure: COOH]

(3) 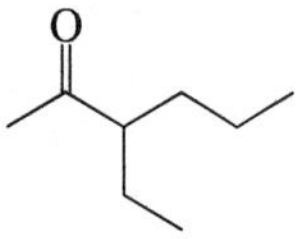 　(4)

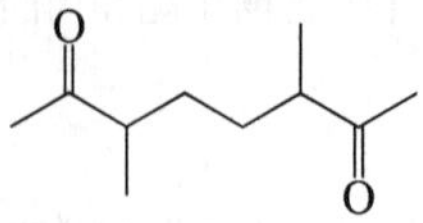

10.13　推测结构。

(1) 化合物 A (C_8H_9Cl)用热浓 $KMnO_4$ 处理，得化合物 B ($C_7H_5ClO_2$)。A 与金属镁在四氢呋喃溶液中反应，接着用干冰处理，酸化后得化合物 C ($C_9H_{10}O_2$)。用 $KMnO_4$ 氧化 C 得到间苯二甲酸。写出 A、B、C 的结构式及各步方程式。

(2) 蜂王的一种分泌物 A ($C_{10}H_{16}O_3$)，能溶于亚硫酸氢钠溶液，与 2, 4-二硝基苯肼反应生成腙衍生物（结晶）。A 经催化氢化后，用黄鸣龙法还原生成唯一的有机产品癸酸。A 经臭氧分解，过氧化氢处理，得化合物 B ($C_8H_{14}O_3$)。B 再经黄鸣龙法还原转变为辛酸。B 可以用环庚酮依次经下列三步反应制得：(a) 与 CH_3MgI 反应；(b) 磷酸脱水（主要生成札依采夫烯烃）；(c) 与臭氧反应后，过氧化氢处理。写出 A、B 的结构式及各步反应方程式。

第 11 章　含氮化合物

相较于含氧化合物，含氮有机化合物的种类更加多样。除了已经学过的酰胺、腈等化合物外，本章将重点讨论胺类化合物、硝基化合物，以及重氮和偶氮化合物。此外，含有氮原子的生物碱、氨基酸、核苷酸等也种类繁多，它们往往具有重要的生理活性，是维持生命过程的重要化合物。

11.1　硝基化合物

脂肪族硝基化合物较少，常见的包括硝基甲烷（用作高能燃料）、硝基乙烷和 2-硝基丙烷等。硝基烷可用烷烃的硝化反应制得，实验室中也采用卤代烷与亚硝酸盐反应制备某些硝基烷。由于硝基负离子（NO_2^-）属于双齿亲核试剂，产物是硝基烷和亚硝酸酯的混合物。

I　+ $NaNO_2$ ⟶ NO_2（硝基化合物 (58%)）+ ONO（亚硝酸酯 (30%)）

由于硝基具有强的吸电性，硝基烷的 α-氢原子具有比较明显的酸性，一个硝基的致酸能力与两个羰基相当。例如，硝基甲烷 CH_3NO_2 的 pK_a 值为 10.2，和 1,3-二羰基化合物的 α-H 接近。硝基烷的 α-H 脱除后形成的共轭碱是一个共振杂化体：

$$\left\{ R\overset{-}{C}H-\overset{+}{N}(=O)O^- \longleftrightarrow R\overset{-}{C}H-\overset{+}{N}(O^-)=O \longleftrightarrow RCH=\overset{+}{N}(O^-)O^- \right\}$$

具有 α-H 的硝基化合物可能存在两种互变异构体，类似于酮–烯醇互变。

$$RCH_2-\overset{+}{N}(O^-)=O \rightleftharpoons RCH=\overset{+}{N}(O^-)OH$$

硝基式　　酸式

硝基的 α-H 易脱除形成碳负离子，因此可以作为供体与醛、酮或酯发生类似羟醛缩合的反应，称为亨利（Henry）反应。

$$CH_3CH_2CH_2CHO + CH_3NO_2 \xrightarrow{KOH/H_2O} CH_3CH_2CH_2CH(OH)CH_2NO_2$$

硝基烷也能在酸性条件下还原成胺。

$$HOCH_2C(CH_3)_2NO_2 \xrightarrow{Fe/H_2SO_4} HOCH_2C(CH_3)_2NH_3^+\ HSO_4^- \xrightarrow{NaOH} HOCH_2C(CH_3)_2NH_2$$

2-氨基-2-甲基-1-丙醇

比起脂肪族硝基化合物，芳香族硝基化合物更为普遍和重要。它们很容易从芳香烃硝化制得，是制备芳胺的重要原料。

$$\text{C}_6\text{H}_6 \xrightarrow[\text{浓}H_2SO_4]{\text{浓}HNO_3} C_6H_5NO_2 \xrightarrow[\text{或M/HCl, M = Sn, Fe, Zn等}]{H_2/\text{催化剂}} C_6H_5NH_2$$

很多金属都能使硝基还原，金属的作用是提供电子。还原的实际过程较为复杂，会经历亚硝基苯、苯胺等中间体。一个硝基被彻底还原为氨基，需要 6 个电子和 6 个质子的参与。

$$C_6H_5N^+(=O)O^- \xrightarrow{H^+} C_6H_5N^{++}(OH)O^- \xrightarrow{2e^-} C_6H_5N(OH)O^- \xrightarrow[-H_2O]{H^+} C_6H_5N{=}O \text{（亚硝基苯）} \xrightarrow{H^+} C_6H_5N^+H{=}OH \xrightarrow[H^+]{2e^-} C_6H_5NHOH \text{（苯胲）} \xrightarrow[2e^-]{-H_2O,\ H^+} C_6H_5\overset{-}{N}H \xrightarrow{H^+} C_6H_5NH_2$$

例如，使用锡-盐酸体系还原硝基苯，反应生成的四氯化锡与过量的盐酸生成氯锡酸（H_2SnCl_4），后者会与苯胺结合成复盐，需要用大量氢氧化钠才能使苯胺析出。

$$2\,C_6H_5NO_2 + 3\,Sn + 12\,HCl \longrightarrow 2\,C_6H_5NH_2 + 3\,SnCl_4 + 4\,H_2O$$

硝基苯的还原产物随溶液的 pH 不同而异。酸性条件下，还原产物是苯胺；中性或弱酸性溶液中，还原会停留在苯胲一步。

$$C_6H_5NO_2 \xrightarrow[65℃]{Zn,\ NH_4Cl} C_6H_5NHOH \quad (62\%\sim68\%)$$

在碱性条件下，还会得到偶氮苯类双分子还原产物。

$$C_6H_5NO_2 \xrightarrow[\text{NaOH-水溶液}]{As_2O_3} C_6H_5N{=}N^+(O^-)C_6H_5 \text{ 氧化偶氮苯(85\%)}$$

$$C_6H_5NO_2 \xrightarrow[\text{NaOH-醇溶液}]{Zn} C_6H_5N{=}NC_6H_5 \text{ 偶氮苯(84\%\sim86\%)}$$

$$C_6H_5NO_2 \xrightarrow[\text{NaOH-醇溶液}]{H_2NNH_2,\ Ru/C} C_6H_5NH{-}NHC_6H_5 \text{ 氢化偶氮苯(80\%)}$$

氧化偶氮苯 $\xrightarrow{(C_2H_5O)_3P;\ H_2O_2,\ AcOH;\ 65℃}$ 偶氮苯；偶氮苯 $\xrightarrow{Pd/C,\ H_2NNH_2;\ O_2\text{或}NaOBr}$ 氢化偶氮苯

生成双分子还原产物，可能是由在碱性条件下还原时的缩合反应所引起的。所有双分子还原产物在酸性条件下都还原成苯胺，它们也可互相转变。

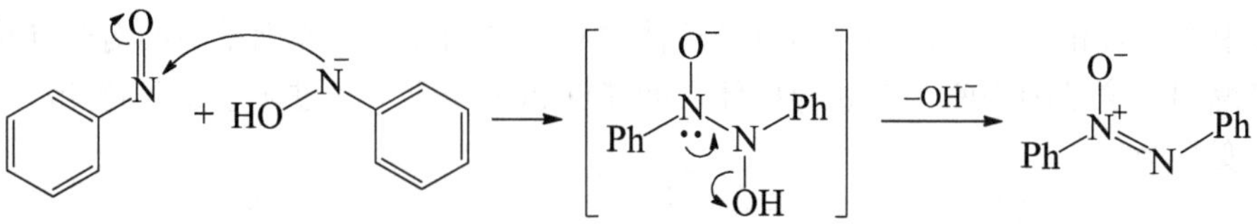

含 N═N 键的偶氮苯存在顺、反异构体，其中反式比顺式稳定。反式异构体在光照下会转化为内能更高的顺式异构体，室温下又会逐渐恢复为反式。这种构型变化带来的分子形状的变化响应被广泛应用于超分子化学领域。

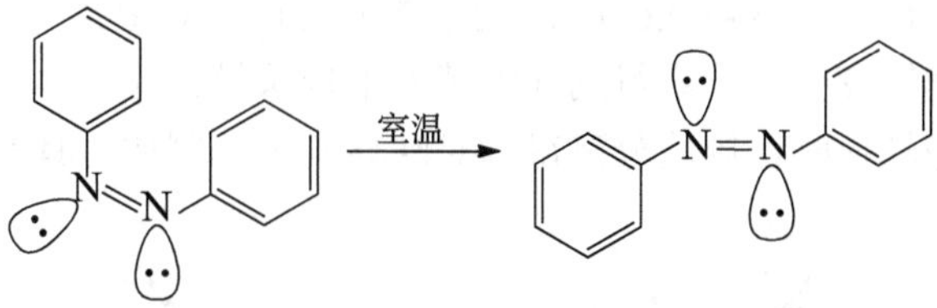

室温

顺-偶氮苯　　反-偶氮苯

11.2　胺的结构、命名和物理性质

氨分子中的氢被烃基取代后的产物称为胺。根据氮原子上连接烃基个数的不同，可以把胺分为一级胺（伯胺）、二级胺（仲胺）和三级胺（叔胺）。此外，氮原子还可以将孤对电子以配位共价键的形式和烃基结合，形成季铵类化合物。

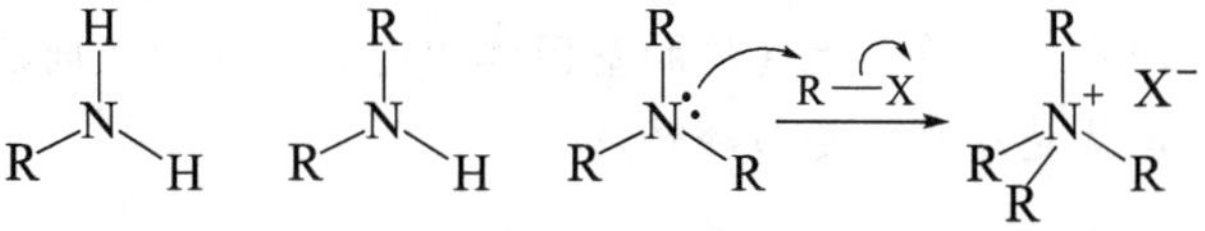

伯胺　仲胺　叔胺　季铵盐

学习提示： 注意一级、二级、三级胺和之前学过的一级、二级、三级卤代烃（或醇）的区别：前者是针对 N 原子上的取代而言；而后者是针对和官能团（卤素和羟基）相邻的 α-碳原子上的取代而言。

11.2.1　胺的结构

氨或胺分子结构是一个棱锥体。氮原子采用 sp^3 杂化，其中 3 个 sp^3 轨道分别与氢原子（或烷基）形成 3 个 σ 键，成为棱锥体。氮原子上剩余的一对电子占据另一个 sp^3 杂化轨道，处于棱锥体顶端。

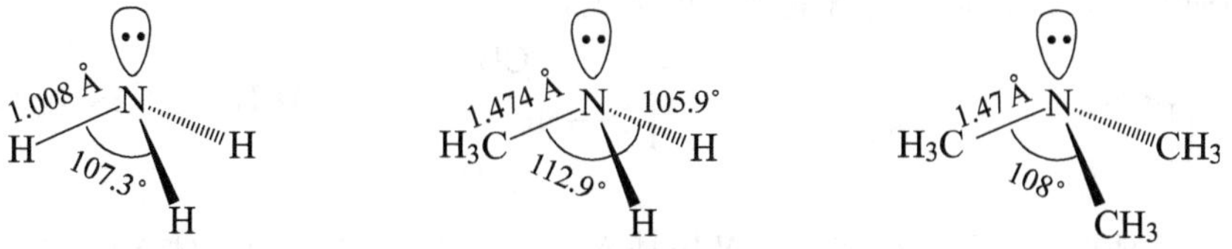

1.008 Å　107.3°　1.474 Å　105.9°　112.9°　1.47 Å　108°

氨　　甲胺　　三甲胺

由于 sp^3 杂化的氮原子具有四面体构型，当氮原子上连有三个不同的基团时，便形成了

一个手性中心，理论上应存在两个具有光活性的对映异构体。然而简单胺的对映异构体却始终未分离得到。这是因为两个对映异构体之间能够通过一个平面过渡态相互转变，存在如下所示的互变平衡。

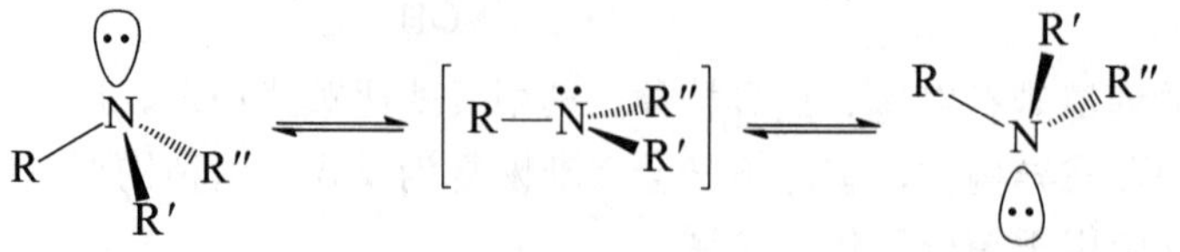

相互转变的能量很低（～25 kJ/mol），因此不能分离得到其中某一个对映异构体，这与构象异构体之间由于迅速转变不能分离得到其中某一个构象异构体一样。但当氮原子被环状结构固定，不易发生构型转换时，则能分离得到对映异构体。例如，具有光活性的特勒格碱已被分离得到。

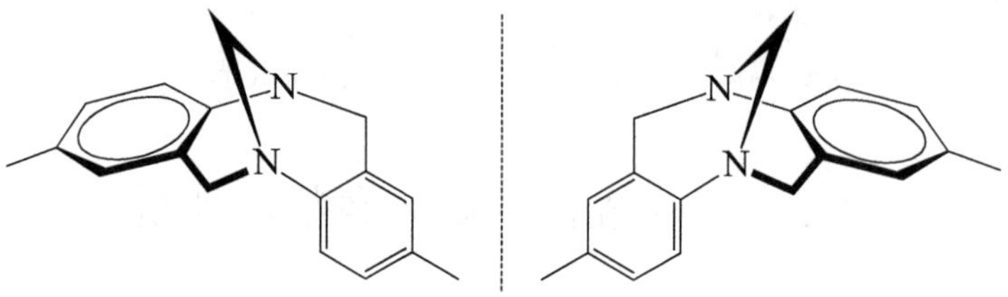

特勒格碱

学习提示： 胺分子两个对映异构体间的转变就像一把伞被吹翻。可以想象，三棱锥体越扁平，就越容易翻转。因此，氮原子上连接的基团体积越大，由于空间位阻，氮原子为顶点的键角越大，三棱锥体就越扁平，越易翻转。

在季铵盐分子中，四个烷基以共价键与氮原子相连。四个 sp^3 杂化轨道全部成键后，氮原子类似手性碳原子，构型转化不易发生。此时如果氮原子连接了四个不同基团，则可分离对映异构体。

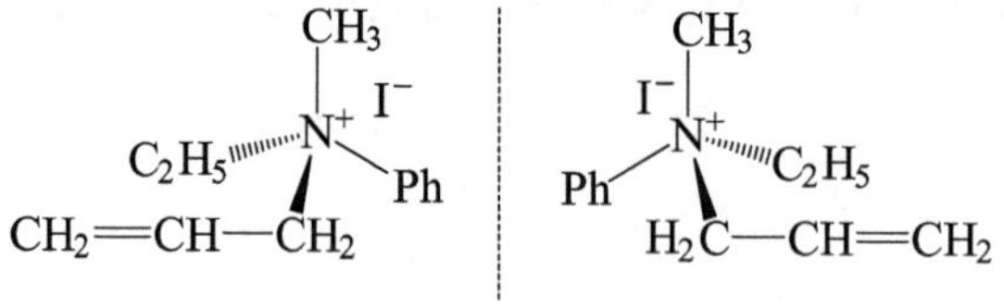

碘化甲基乙基烯丙基苯基铵

11.2.2　胺的命名

在胺的命名中，常将胺作为官能团放在字尾。

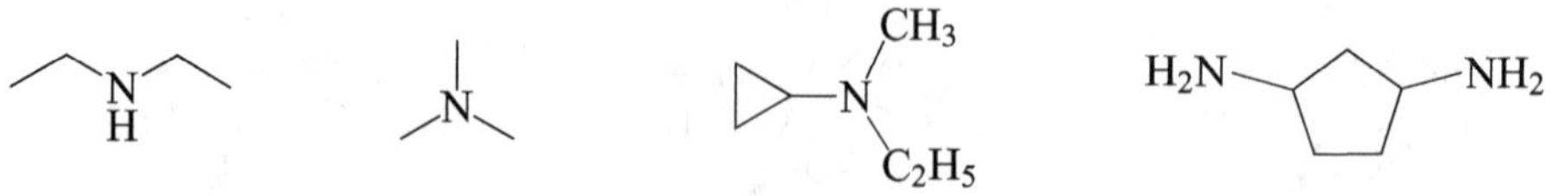

二乙(基)胺　　三甲(基)胺　　*N*-甲基-*N*-乙基环丙(烷)胺　　环戊(烷)-1, 3-二胺

苯胺　　N,N-二甲基苯胺　　对甲基苯胺　　苯乙(基)胺

对于较复杂的胺，可以烃作为母体，将氨基作为取代基来命名。如果氮原子上还有取代基，需要指出是 N-取代（括号内为系统命名）。

2-氨基丁烷（丁-2-胺）　　4-氨基-2-甲基己烷（5-甲基己-3-胺）　　N,N-二甲氨基乙烷（N,N-二甲基乙胺）　　2-甲氨基丁烷（N-甲基丁-2-胺）

一些氨基的命名实例如下：

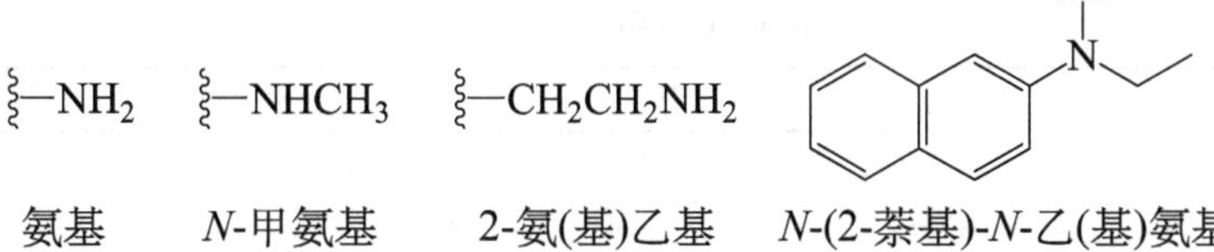

氨基　　N-甲氨基　　2-氨(基)乙基　　N-(2-萘基)-N-乙(基)氨基

氮原子处于环上的胺，一般按相应的杂环名称命名。例如，NH（氮杂环己烷）常称为哌啶或六氢吡啶，它是吡啶的氢化产物；NH（氮杂环戊烷）则称为吡咯烷或四氢吡咯，它是吡咯的氢化产物。

命名铵盐或季铵类化合物时，需要在前面加上负离子的名称。

NO_3^-　　$PhNH_3^+Cl^-$　　OH^-　　Br^-

硝酸三甲铵　　氯化苯铵　　氢氧化四甲铵　　溴化二甲基乙基苄基铵

学习提示：“胺”、“氨”、“铵”三字发音不同，侧重也不同。“胺”（àn）一般指母体；“氨”（ān）常用作取代基；而“铵”（ǎn）则指氮原子带正电荷的化合物。

11.2.3　胺的物理性质

胺的极性适中，由于氮原子的电负性比氧弱，N—H---N 氢键不及 O—H---O 氢键强，因此胺的沸点比相应相对分子质量的醇低，但比烷烃高，如图 11.1 所示。在伯、仲、叔胺中，越高级的胺氮原子上的氢原子越少，分子间氢键越少，导致分子间作用力减小，沸点降低。因此，对于相对分子质量接近的胺，沸点差异为：伯胺 > 仲胺 > 叔胺，如图 11.2 所示。另外，所有胺都能与水形成氢键，因此低相对分子质量的胺能溶于水。常见胺的物理常数见表 11.1。

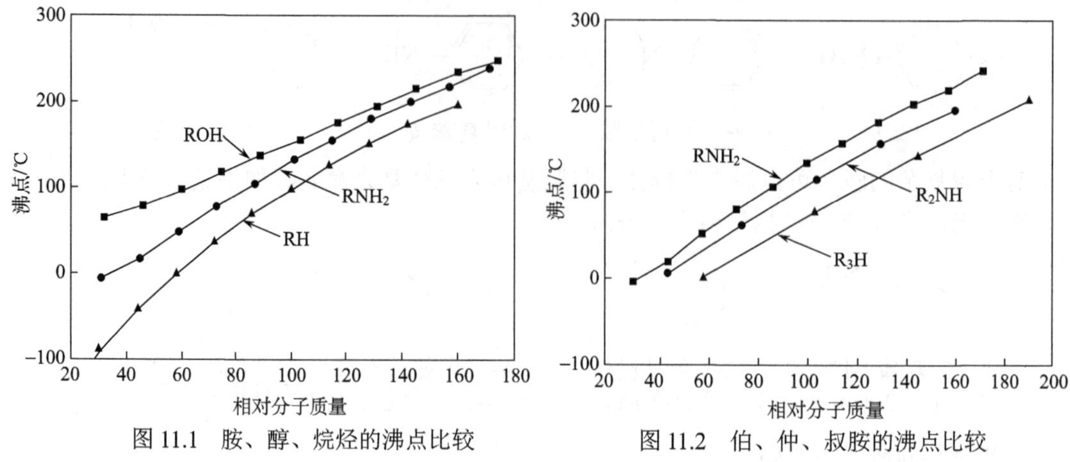

图 11.1　胺、醇、烷烃的沸点比较

图 11.2　伯、仲、叔胺的沸点比较

表 11.1　胺的物理常数

名称	结构	熔点/℃	沸点/℃	在水中的溶解度(25℃)	K_b(25℃)
一级胺					
甲胺	CH_3NH_2	−94	−6	易溶	4.4×10^{-4}
乙胺	$CH_3CH_2NH_2$	−84	17	易溶	5.6×10^{-4}
丙胺	$CH_3CH_2CH_2NH_2$	−83	49	易溶	4.7×10^{-4}
异丙胺	$(CH_3)_2CHNH_2$	−101	33	易溶	5.3×10^{-4}
丁胺	$CH_3CH_2CH_2CH_2NH_2$	−51	78	易溶	4.1×10^{-4}
异丁胺	$(CH_3)_2CHCH_2NH_2$	−86	68	易溶	3.1×10^{-4}
仲丁胺	$CH_3CH_2CH(CH_3)NH_2$	−104	63	易溶	3.6×10^{-4}
叔丁胺	$(CH_3)_3CNH_2$	−68	45	易溶	2.8×10^{-4}
环己胺	⬡—NH_2	−18	134	微溶	4.4×10^{-4}
苄胺	$PhCH_2NH_2$		185	微溶	2.0×10^{-5}
苯胺	$PhNH_2$	−6	184	3.7g/100g	3.8×10^{-10}
对甲苯胺	p-CH_3PhNH_2	44	200	微溶	1.2×10^{-9}
对甲氧基苯胺	p-CH_3OPhNH_2	57	244	极微溶	2.0×10^{-9}
对氯苯胺	p-$ClPhNH_2$	70	232	不溶	1.0×10^{-10}
对硝基苯胺	p-NO_2PhNH_2	148	232	不溶	1.0×10^{-13}
二级胺					
二甲胺	$(CH_3)_2NH$	−96	7	易溶	5.2×10^{-4}
二乙胺	$(CH_3CH_2)_2NH$	−48	56	易溶	9.6×10^{-4}
二丙胺	$(CH_3CH_2CH_2)_2NH$	−40	110	易溶	9.5×10^{-5}
N-甲苯胺	$PhNHCH_3$	−57	196	微溶	5.0×10^{-10}
二苯胺	Ph_2NH	53	302	不溶	6.0×10^{-14}
三级胺					
三甲胺	$(CH_3)_3N$	−117	3.5	易溶	5.0×10^{-5}
三乙胺	$(CH_3CH_2)_3N$	−115	90	14g/100g	5.7×10^{-4}
三丙胺	$(CH_3CH_2CH_2)_3N$	−90	156	微溶	4.4×10^{-4}
N, *N*-二甲苯胺	$PhN(CH_3)_2$	3	194	微溶	11.5×10^{-10}

11.3　胺的化学性质

11.3.1　胺的碱性与亲核性

11.3.1.1　碱性与成盐

氮原子电负性低于氧原子，因此胺分子中的氮原子更易给出孤对电子和质子结合，显示比醇更强的路易斯碱性。具有碱性的胺能够与无机酸（如盐酸、硫酸、硝酸等）和有机酸（如乙酸、草酸等）生成铵盐。成盐后，氮原子上的孤对电子与质子结合形成共价键，成为铵正离子。

$$RNH_2 + H_2O \xrightleftharpoons{K_b} R\overset{+}{N}H_3 + OH^-$$

$$R\overset{+}{N}H_3 + H_2O \xrightleftharpoons{K_a} RNH_2 + H_3O^+$$

胺能使石蕊试纸变蓝，并能与无机强酸形成可溶性盐。胺的碱性既可用碱性解离常数 K_b 衡量，也可用其共轭酸的酸性解离常数 K_a 衡量（注意：胺的共轭酸的 K_a 不能与胺本身的 K_a 相混淆，如 NH_4^+ 的 $K_a = 5.6\times10^{-10}$，而 NH_3 的 $K_a = 10^{-34}$）。

常见胺的碱性大小可见表 11.1。K_b 值越大，表明胺的碱性越强。脂肪胺的碱性比氨的碱性强，这是因为烷基可通过排电作用使其共轭酸铵离子更加稳定。在气相下或在非水溶液中，越高级的胺碱性越强，这可以用烷基的排电效应来解释。

碱性：叔胺 > 仲胺 > CH_3NH_2（伯胺） > NH_3

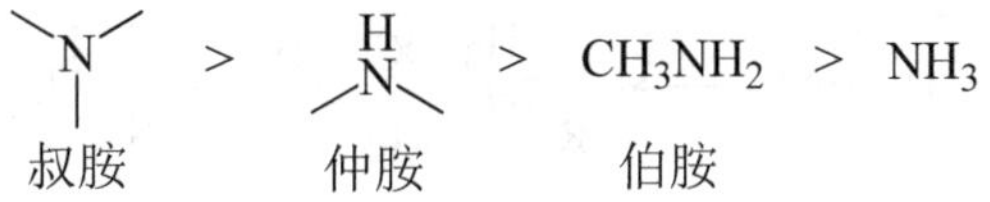

但在水溶液中，脂肪胺却表现如下的碱性次序。

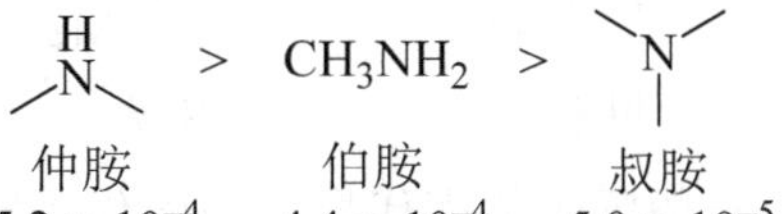

仲胺 > CH_3NH_2（伯胺） > 叔胺

K_b　5.2×10^{-4}　　4.4×10^{-4}　　5.0×10^{-5}

这是因为在溶液中，除了电子效应影响其碱性外，溶剂效应也会有明显的影响。在水溶液中，胺通过氢键与水发生溶剂化，其共轭酸也可借氢键作用来稳定化。越高级的胺，其共轭酸分子中的 N—H 键越少，和水形成氢键的能力越弱，因而水对它的稳定化作用越弱。

溶剂化稳定作用：$R-\overset{+}{N}H_3\cdots(OH_2)_3$（伯胺） > $R_2\overset{+}{N}H_2\cdots(OH_2)_2$（仲胺） > $RR'R''\overset{+}{N}-H\cdots OH_2$（叔胺）

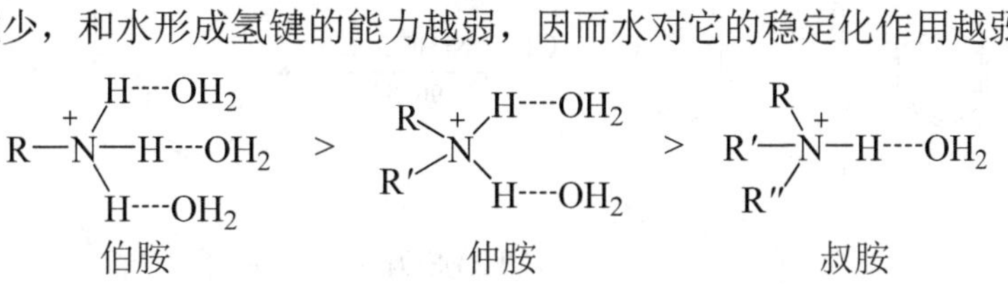

溶剂化稳定作用越强，铵离子越稳定，相应的胺碱性越强，因此溶剂化稳定作用对碱性的影响和烷基排电作用的影响是相反的。除了这两点因素，烷基的空间位阻也会妨碍氮原子和质子的结合，因此越高级的胺空间位阻越大，碱性则可能减弱。

综合以上影响因素，不同的脂肪胺表现出来的碱性顺序大致为仲胺 > 伯胺 > 叔胺。

芳胺则显示出特殊的碱性。从表 11.1 可以看出，芳胺的碱性远低于脂肪胺，K_b 值相差 4

个数量级以上。这是因为在芳胺分子中，氮原子上的孤对电子与苯环形成 p-π 共轭。虽然 sp^3 杂化轨道和芳环碳原子的 p 轨道并不能完全平行，但这样的部分共轭仍然降低了氮原子的电子云密度，使其碱性大大减弱。氨基排电共轭效应的另一个结果是使芳环电子云密度增大，更容易发生亲电取代反应。因此，氨基（以及羟基）是芳环亲电取代反应的活化基。

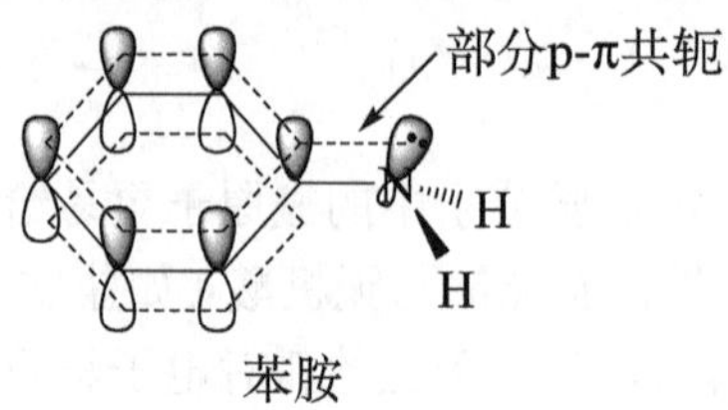

苯胺

11.3.1.2 氮原子的亲核性

1. 烃基化反应

氮原子上的孤对电子不仅表现出比相应的醇或醚更强的碱性，也表现出更强的亲核性。

$$Et_2O + CH_3I \xrightarrow{25℃} \text{不反应}$$

$$Et_3N + CH_3I \xrightarrow[\text{醚}]{25℃} Et_3N^+CH_3I^-$$

氨或胺都能与卤代烃发生亲核取代反应，生成更高级的胺。当卤代烃过量且烃基较小时（如碘甲烷），反应会一直生成季铵盐，或者得到各级胺的混合物。控制反应物的用量，有时可得到某一种胺为主要产物。

$$R\ddot{N}H_2 + MeX \longrightarrow R\overset{+}{N}H_2Me\ X^- \xrightarrow{OH^-} RNHMe$$

$$\underset{\text{伯胺}}{R\ddot{N}H_2} + MeX \longrightarrow \underset{\text{仲胺}}{R\ddot{N}HMe} \xrightarrow{MeX} \underset{\text{叔胺}}{R\ddot{N}Me_2} \xrightarrow{MeX} \underset{\text{季铵盐}}{R\overset{+}{N}Me_3\ X^-}$$

胺烃化反应中的卤代烃一般限于伯卤代烃，仲卤代烃和叔卤代烃容易发生消除反应成烯。除了卤代烃，烷基磺酸酯（如硫酸二甲酯）等含有易离去基团的化合物也可以和胺反应。芳胺虽然碱性更弱，但也可以和活泼卤代烃反应。

$$C_6H_5NH_2 + C_6H_5CH_2Cl \xrightarrow[90\sim95℃]{NaHCO_3/H_2O} C_6H_5NHCH_2C_6H_5 \quad (85\%\sim87\%)$$

$$C_6H_5NH_2 + \underset{\text{硫酸二甲酯}}{(CH_3)_2SO_4} \longrightarrow C_6H_5N(CH_3)_2 \quad (66\%)$$

具有亲核性的胺也能与醛、酮发生亲核加成反应，得到不同的产物（见 9.2.2.4 小节）。

2. 酰化反应

伯胺和仲胺都能与羧酸衍生物发生酰化反应生成酰胺，最常使用的酰化剂是酰氯、酸酐和苯磺酰氯。这实际上就是羧酸衍生物的氨解反应（见 10.6.2.3 小节）。叔胺由于氮上无氢原子，难以发生酰化反应。生成的酰胺大多是具有一定熔点的固体物质，通过对酰胺熔点的测定可鉴别不同的胺。在酸或碱的催化下，酰胺可以水解为原来的胺。

$$\left.\begin{matrix}RNH_2\\R_2NH\end{matrix}\right\}\xrightarrow{R'COCl}\left\{\begin{matrix}R'CONHR\\R'CONR_2\end{matrix}\right.+HCl$$

工业上制备尼龙-66，是用羧酸作酰化剂，由己二酸和己二胺酰化聚合形成聚酰胺。

$$H_2N(CH_2)_6NH_2+HOOC(CH_2)_4COOH\xrightarrow[10\ atm]{270℃}\left[NH(CH_2)_6NH\overset{O}{\overset{\|}{C}}(CH_3)_4\overset{O}{\overset{\|}{C}}\right]_n+(n-1)H_2O$$

芳胺容易被酰卤和酸酐酰化；直接用乙酸也可使芳胺酰化，但反应更慢。

$$\text{邻甲苯胺}+(CH_3CO)_2O\longrightarrow\text{邻甲基乙酰苯胺}+CH_3COOH$$

$$C_6H_5NH_2+CH_3COOH\xrightarrow{\triangle}C_6H_5NHCOCH_3\xrightarrow{H_3O^+}C_6H_5NH_2+CH_3COOH$$

学习提示：苯环上的氨基是亲电取代反应的强活化基，氨基本身也很容易被氧化。利用氨基易被酰化、酰胺也可水解成胺的特点，在合成时可以用酰基来保护氨基。例如，从苯胺制备对硝基苯胺，先将氨基乙酰化，可降低氨基对苯环的活化作用，避免多硝基化，另外还可避免氨基被硝酸氧化。

$$C_6H_5NH_2\xrightarrow{(CH_3CO)_2O}C_6H_5NHCOCH_3\xrightarrow{HNO_3}p\text{-}O_2NC_6H_4NHCOCH_3\xrightarrow[\triangle]{H_3O^+}p\text{-}O_2NC_6H_4NH_2$$

胺与苯磺酰氯或对甲苯磺酰氯反应，可生成磺酰胺。磺酰胺也可水解为原来的胺，但不如羧酸酰胺容易水解。值得注意的是，伯、仲、叔胺与磺酰氯反应后的产物具有不同的性质。伯胺生成的磺酰胺由于氮原子上还存在一个氢原子，其受磺酰基的影响具有酸性，因而产物能溶于碱溶液；仲胺生成的磺酰胺氮原子上没有氢，产物难以溶解；而叔胺则不会发生磺酰化反应。

$$\left.\begin{matrix}RNH_2\\RR'NH\\RR'R''N\end{matrix}\right]+p\text{-}CH_3C_6H_4SO_2Cl\ (TsCl)\longrightarrow\begin{cases}TsNHR\xrightarrow[H_2O]{NaOH}\text{溶解}\\TsNRR'\xrightarrow[H_2O]{NaOH}\text{不溶解}\\\text{不反应}\end{cases}$$

利用以上的不同性质可分离三类胺。三类胺的混合物在碱性条件下与对甲苯磺酰氯作用，通过蒸馏的方法可首先蒸出不反应的叔胺。余下的碱性溶液经过过滤，可滤出仲胺对应的苯磺酰胺固体，滤液经酸化后可沉淀析出伯胺对应的苯磺酰胺。再将苯磺酰胺在酸催化下加热水解，即可得到原来的伯胺和仲胺。这种分离、鉴定三类胺的方法称为兴斯堡（Hinsberg）实验法。

11.3.2 与亚硝酸的反应

亚硝酸是一个中等强度的酸（$K_a = 5\times10^{-4}$），它很不稳定，室温下也能分解。因此亚硝酸用于反应时一般采用原位制备的方法，即在反应时用无机酸和亚硝酸钠作用产生，产生的亚硝酸立即进行反应。

$$2\,HNO_2 \rightleftharpoons NO_2 + NO + H_2O$$

各类胺与亚硝酸反应的产物各不相同，但大多数情况下，反应的第一步都是由亚硝基正离子或由 N_2O_3 进攻胺引起。

$$HNO_2 \xrightarrow{H^+} NO^+ + X^- + H_2O \quad 或 \quad 2HNO_2 \rightleftharpoons N_2O_3 + H_2O \ (O{=}N{-}O{-}N{=}O)$$

11.3.2.1 伯胺的反应

芳香族伯胺与亚硝酸反应生成重氮盐。

$$ArNH_2 \xrightarrow{:\overset{+}{N}{=}\ddot{O}:} Ar\overset{+}{N}H_2\ddot{N}{=}O \underset{}{\overset{-H^+}{\rightleftharpoons}} Ar\ddot{N}H{-}\ddot{N}{=}O \overset{互变异构}{\rightleftharpoons} Ar{-}\ddot{N}{=}\ddot{N}{-}OH$$

$$\overset{H^+}{\rightleftharpoons} Ar{-}\ddot{N}{=}\ddot{N}{-}\overset{+}{O}H_2 \xrightarrow{-H_2O} Ar{-}\overset{+}{N}{\equiv}N: \overset{Cl^-}{\rightleftharpoons} ArN_2^+Cl^- \ (氯化重氮盐)$$

这个反应称为重氮化反应，生成的芳香族重氮盐在 5℃以下的低温条件下能稳定存在。在合成上，芳香族重氮盐非常重要，它的重氮基（—N≡N:）能被很多基团取代，从而合成各类不同化合物。这将在本章后面部分讲述。

脂肪族伯胺与亚硝酸反应，遵循以上相同机理，最初也生成重氮盐。但脂肪族重氮盐由于没有芳环和重氮基共轭，更加不稳定，在低温下也会自动分解。

$$RNH_2 + NaNO_2 + HX \xrightarrow{低温} \left[R{-}\overset{+}{N}{\equiv}N \ X^- \right] \longrightarrow R^+ + N_2\uparrow + X^-$$

分解产生的碳正离子立即进一步与溶液中存在的亲核试剂结合，或是消除 β-H，生成各种取代或消除产物。碳正离子也可通过重排后发生上述过程，因此产物非常复杂，制备意义不大。但该反应能定量放出氮气，可借此测定化合物中伯氨基的含量。

$$CH_3CH_2CH_2NH_2 + NaNO_2 + HX \xrightarrow{-N_2} \left[CH_3CH_2CH_2OH,\ CH_3CH_2CH_2X,\ CH_3CH{=}CH_2,\ (CH_3)_2CHOH,\ (CH_3)_2CHX \right]$$

环烷基甲胺（或氨甲基环烷烃）与亚硝酸反应时，可以通过重排得到扩环产物，称为捷姆扬诺夫（Demjanov）重排。此重排常用于合成五元、六元、七元环化合物。

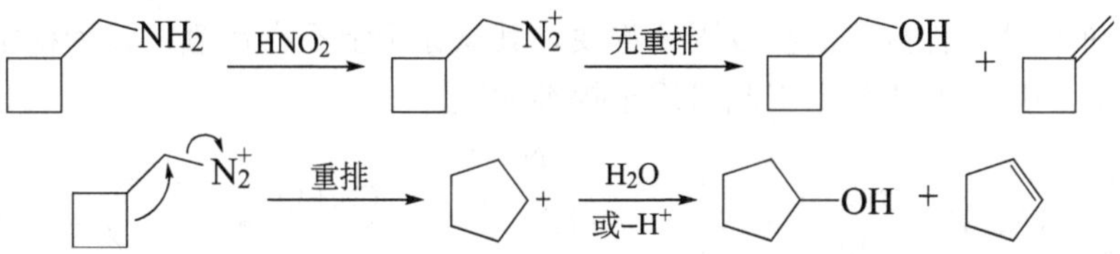

当氨基的 β 位（即环上支链处）存在羟基时，受氧原子孤对电子转移的推动，重排更易发生，反应得到扩环的酮，称为蒂芬欧–捷姆扬诺夫（Tiffeneau-Demjanov）重排。该重排与频哪醇重排（见 8.3.6.1 小节）类似，因为碳正离子总是产生在氨基所在的碳上，其重排是定向的。

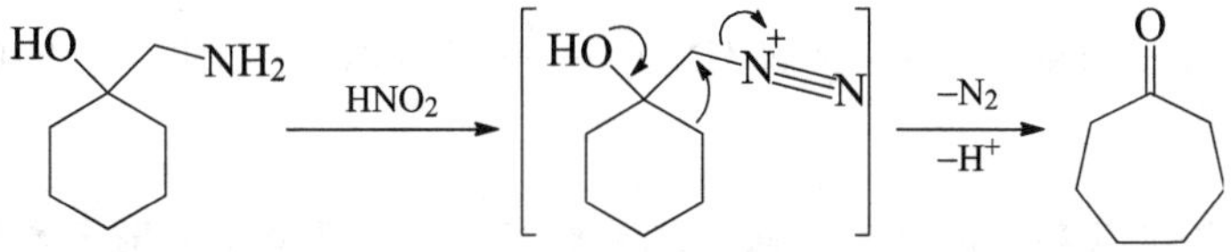

该反应的原料可很方便地从酮出发经与 HCN 的加成或与硝基甲烷的亨利反应制得。

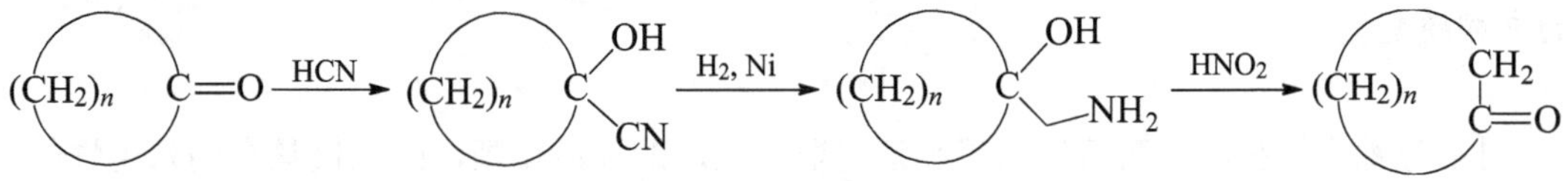

与频哪醇重排类似，捷姆扬诺夫重排的迁移基团也是自离去基团背面进攻，与离去基团的离去协同进行，因此重排会得到构型转化的产物。

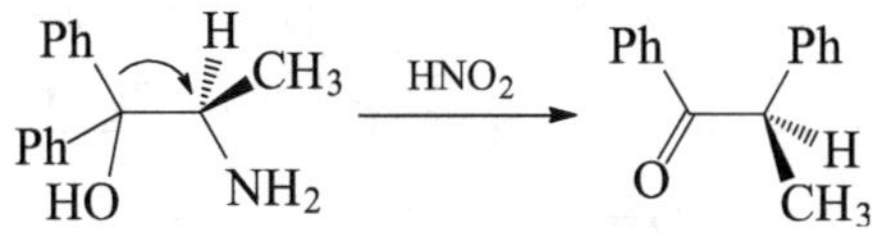

当离去基团位于环上时，更明显地表现出这种反式重排特征。在氨基的 β 位，总是位于氨基后方的基团发生迁移，因此不同构型的原料可能得到完全不同的产物。

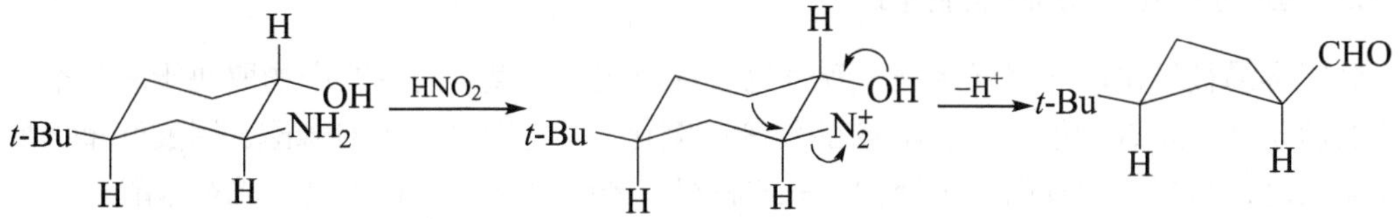

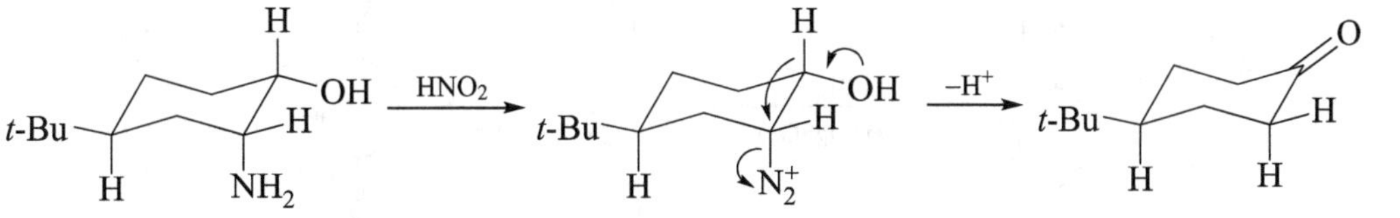

11.3.2.2 仲胺的反应

脂肪族和芳香族仲胺与 HNO_2 反应后，都生成稳定的 *N*-亚硝基衍生物。亚硝胺是一类较强的致癌物。

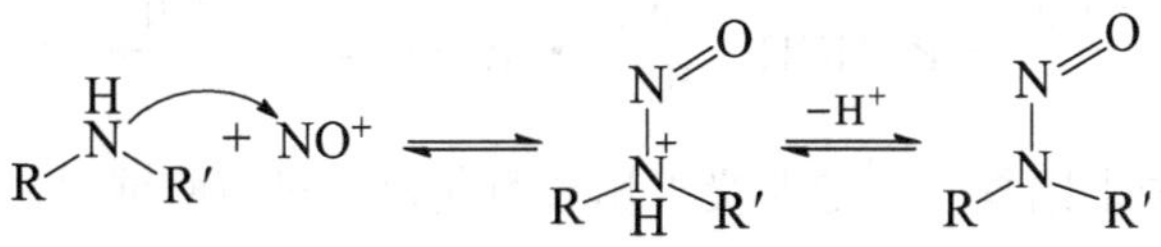

N-亚硝基仲胺是一种黄色油状或固体物质，其氮原子上不存在氢，较为稳定。*N*-亚硝基胺经还原后又得到原来的仲胺，因此可用于提纯仲胺。

$$C_6H_5-NHCH_3 \xrightarrow[HCl]{NaNO_2} C_6H_5-N(CH_3)-N=O \xrightarrow{SnCl_2,\ HCl} C_6H_5-NHCH_3$$

11.3.2.3 叔胺的反应

叔胺氮原子上无氢原子，它仅与亚硝酸形成一个不稳定的可溶性盐。

$$R_3N + HNO_2 \longrightarrow R_3N^+HNO_2^- \xrightarrow{NaOH} R_3N + NaNO_2 + H_2O$$

学习提示：三类胺与亚硝酸的反应不同，现象也有差异，可借此鉴别三类胺。脂肪族伯胺与亚硝酸反应放出氮气；仲胺生成酸不溶性的黄色油状液体或固体；叔胺则生成可溶于酸的亚硝酸盐。

对于芳香族叔胺，烷氨基也是芳环亲电取代反应的强活化基，因此仅具有弱亲电性的亚硝基正离子（NO^+）也能在烷氨基的邻、对位发生亲电取代反应，生成亚硝化产物。反应优先在对位发生，生成的亚硝基化合物也容易被还原成胺。

$$C_6H_5N(CH_3)_2 + HNO_2 \longrightarrow O=N-C_6H_4-N(CH_3)_2\ (80\%\sim90\%) \xrightarrow{Zn,\ HCl} H_2N-C_6H_4-N(CH_3)_2$$

11.3.3 胺的氧化 叔胺氧化物

胺很容易被氧化，与空气接触，颜色也会逐渐变深。氧化的主要产物取决于氧化剂的种类和实验条件。例如，用二氧化锰-硫酸使苯胺氧化，其主要产物为对苯醌。用酸性重铬酸钾氧化苯胺时，得到一种有色的多聚物——苯胺黑，苯胺黑进一步氧化也生成对苯醌。

$$C_6H_5NH_2 \xrightarrow[(MnO_2+H_2SO_4)]{[O]} HN=C_6H_4=O \xrightarrow[-NH_3]{H_2O} O=C_6H_4=O$$

脂肪族一、二级胺的氧化过程和产物是很复杂的。例如，用过氧化氢可以使伯、仲胺氧化生成相应的羟胺。伯胺生成的羟胺还可进一步被氧化，生成亚硝基或硝基化合物。

$$R_2NH + H_2O_2 \longrightarrow R_2NOH + H_2O$$

$$RNH_2 \xrightarrow{H_2O_2} RNHOH \xrightarrow[(H_2O_2)]{[O]} R-N=O \xrightarrow{[O]} R-NO_2$$

叔胺的氧化在合成上则具有一定意义。用过氧化氢、过氧醇或过氧酸都可使脂肪叔胺转化为相应的叔胺氧化物（氧化叔胺）。

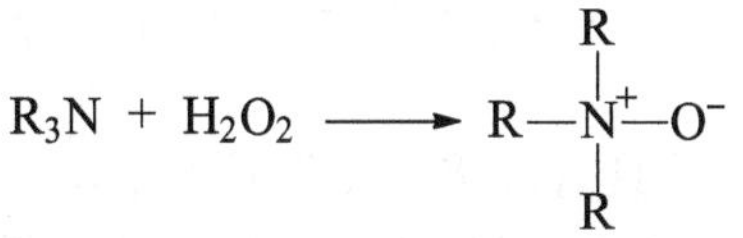

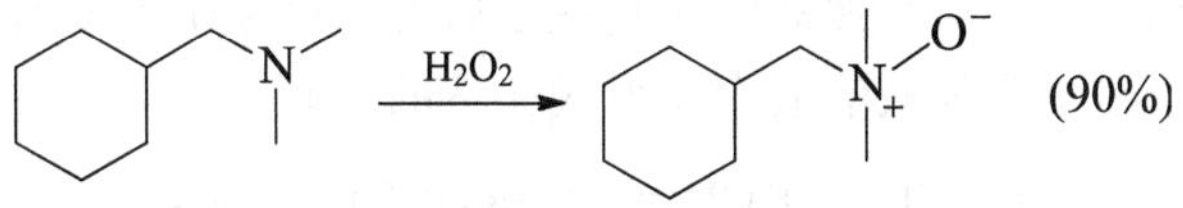

$$R_3N + H_2O_2 \longrightarrow R_3\overset{+}{N}-O^-$$

$$\xrightarrow{H_2O_2} \quad (90\%)$$

叔胺氧化物中，N—O 键实际上是氮原子提供一对电子的配位共价键，氮和氧原子的外层都是 8 个电子，是一个稳定结构。氮原子和氧原子分别带有正、负电荷，因此这类化合物分子具有较强的极性，熔点高，易溶于水而难溶于低极性有机溶剂。如果叔胺中三个烃基均不同，还能分离得到两种氧化胺对映异构体。

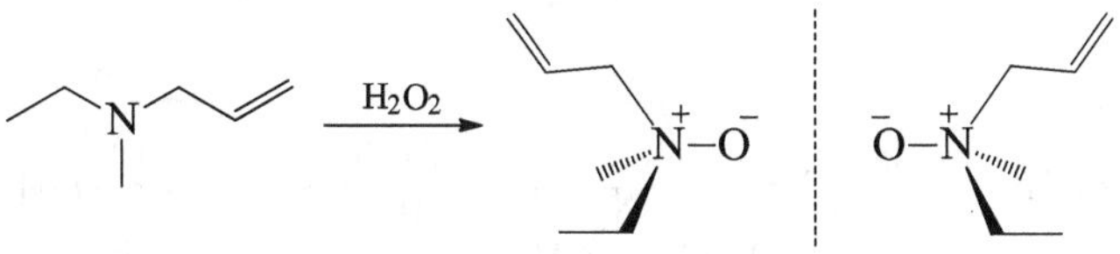

$$\xrightarrow{H_2O_2}$$

胺氧化物是一个弱碱（$K_b \approx 10^{-10}$），它可接受一个质子生成其共轭酸。

$$Et_3\overset{+}{N}-\overset{-}{O} + HX \longrightarrow Et_3\overset{+}{N}-OH \; X^-$$

具有 β-H 的叔胺氧化物，能发生类似于羧酸酯和黄原酸酯（见 10.6.8 小节）的立体专一顺式热消除反应，且反应更为容易（100～150℃）。

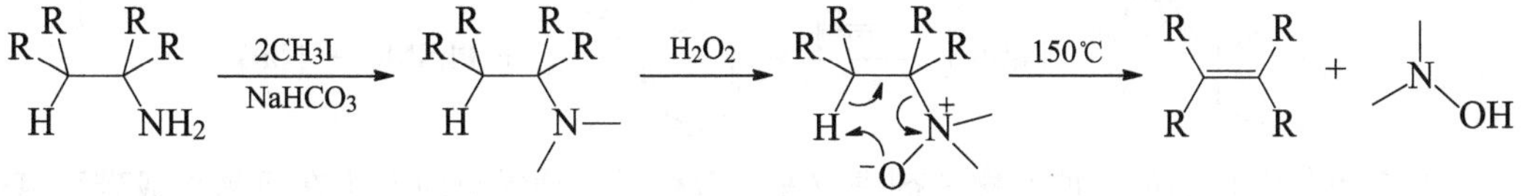

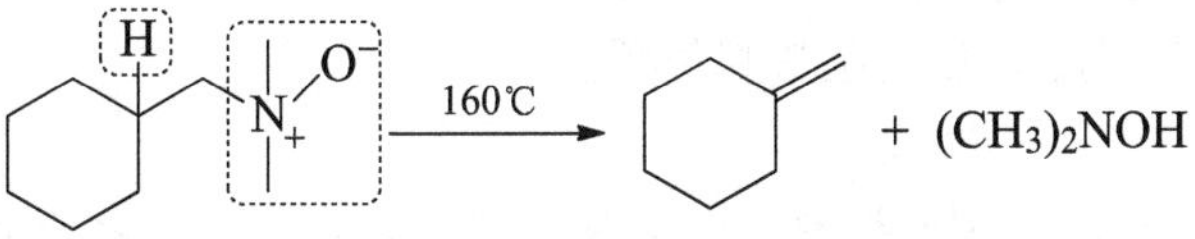

$$\xrightarrow[NaHCO_3]{2CH_3I} \xrightarrow{H_2O_2} \xrightarrow{150℃} R_2C=CR_2 + (CH_3)_2NOH$$

$$\xrightarrow{160℃} + (CH_3)_2NOH$$

这个反应称为科普（Cope）消除反应，可用于消除氨基合成某些烯烃。反应的区域选择性也和羧酸酯的热消除类似，即以生成取代更少的霍夫曼烯烃为主。

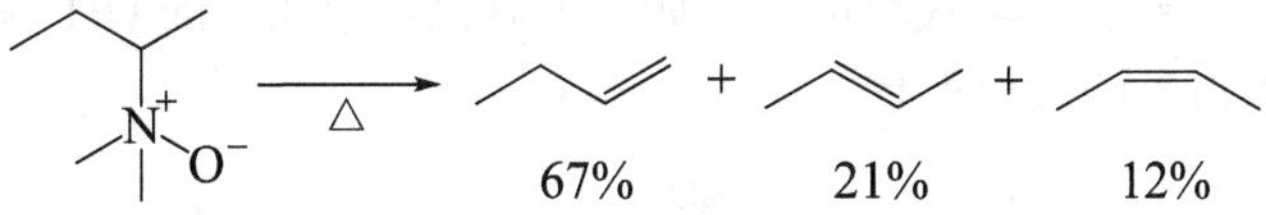

$$\xrightarrow{\triangle} \quad 67\% \; + \; 21\% \; + \; 12\%$$

11.3.4　季铵盐和季铵碱

11.3.4.1　制备和简单性质

用三级胺或一、二级胺的烷化反应，很容易制得季铵盐。这也称为彻底烷基化反应，常使用碘甲烷进行彻底烷基化。

$$\text{PhCH}_2\text{N(CH}_3)_2\text{(2-CH}_3) + CH_3CH_2Br \longrightarrow \text{PhCH}_2\overset{+}{N}(CH_3)_2CH_2CH_3\ Br^-$$

季铵盐和铵盐类似，它们都是具有高熔点（并可能分解）的固体离子性物质，易溶于水，不溶于低极性有机溶剂。季铵盐和铵盐的区别在于后者的氮原子上连有 H，可以和强碱反应并置换出游离胺，但季铵盐在强碱溶液中仅形成如下的平衡。

$$\underset{\text{季铵盐}}{R_4N^+I^-} + KOH \rightleftharpoons \underset{\text{季铵碱}}{R_4N^+OH^-} + KI$$

氢氧化四烷基铵称为季铵碱，它是一种碱性与氢氧化钠相当的强碱，在水溶液中能完全电离。因此用季铵盐与氢氧化钠（或钾）反应，并不能分离得到季铵碱。制备季铵碱一般是用季铵盐的水溶液与氢氧化银作用，银离子和卤负离子结合沉淀，利于平衡向季铵碱方向移动。

$$\text{吡咯烷(NH)} + 2\,CH_3I \xrightarrow[H_2O]{NaHCO_3} \text{(CH}_3)_2\overset{+}{N}\text{吡咯烷}\cdot I^- \xrightarrow[H_2O]{Ag_2O} \text{(CH}_3)_2\overset{+}{N}\text{吡咯烷}\cdot OH^- + AgI\downarrow$$

11.3.4.2　亲核取代反应

氨基比羟基更加难以离去，不能被直接亲核取代。但在季铵类化合物中，$-N^+R_3$ 由于离去后成为稳定的中性分子，是一个很好的离去基团，因此容易发生亲核取代反应。

$$PhN^+(CH_3)_3\ Br^- + PhSNa \xrightarrow[\triangle]{\text{丙酮}} PhN(CH_3)_2 + PhSMe + NaBr$$

有几个可供选择的位置被亲核试剂进攻发生取代时，通常反应发生在更易形成碳正离子的碳原子上。例如，下列反应发生在苄基位置。

$$\text{ArCH}_2\overset{+}{N}(CH_3)_2CH_2CH_3\ Br^- \xrightarrow[CH_3COOH]{CH_3COONa} \text{ArCH}_2OCOCH_3 + CH_3CH_2N(CH_3)_2 + NaBr$$

无 β-H 的季铵碱主要发生取代反应。例如，氢氧化四甲铵中的 OH^-就可作为取代反应的亲核试剂，从而发生自身的亲核取代。

$$(CH_3)_4N^+\ OH^- \xrightarrow[\triangle]{H_2O} (CH_3)_3N + CH_3OH$$

11.3.4.3　季铵碱的霍夫曼消除反应

季铵碱自身即为强碱性物质。具有 β-H 的季铵碱在加热时会发生 E2 消除反应。此时，进攻 β-H 的碱性试剂就是季铵碱自身的 OH^-。

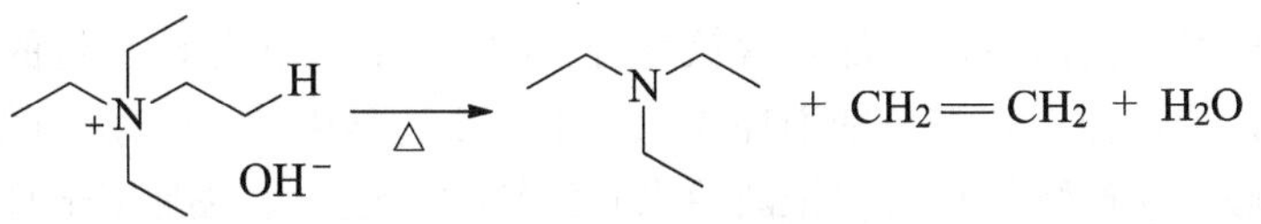

从各级胺出发，与足量的 CH_3I 反应，再用 Ag_2O/H_2O 处理均可得到相应的季铵碱，在100℃或更高的温度下发生消除反应成烯。前面制备季铵盐的过程可称为霍夫曼彻底甲基化，而从胺到烯烃的整个过程则称为霍夫曼消除反应。

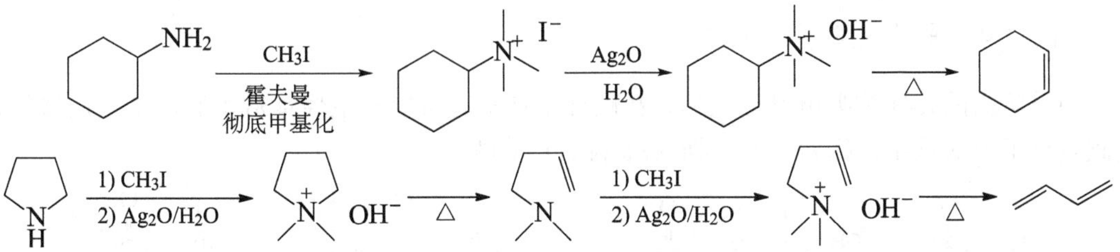

当季氮原子上连有不同级别的可供消除的烷基时，更高级的烷基更易发生消除，这与越高级的卤代烃越易发生消除反应一致。

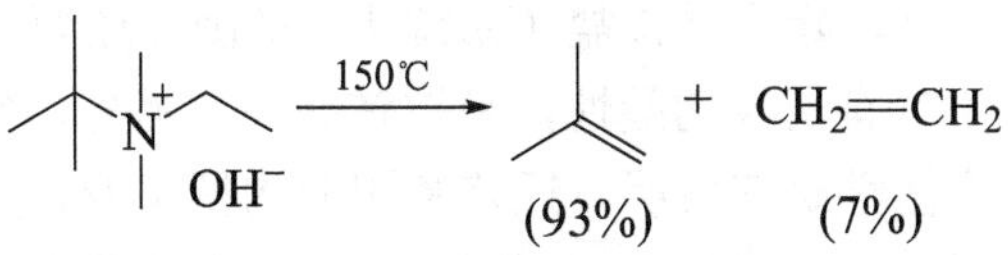

然而，对于同一烷基的不同 β-H，或者虽然是不同烷基但级别相同时，产物常以取代较少的霍夫曼烯烃为主。这是因为—N^+R_3 是类似于—F 的强吸电基，它的存在使 β-H 酸性增强，使消除反应更接近 E1cb 机理，碱首先选择酸性更强的 β-H，即从取代更少的 β-H 一边进攻（见 7.3.3.1 小节）。

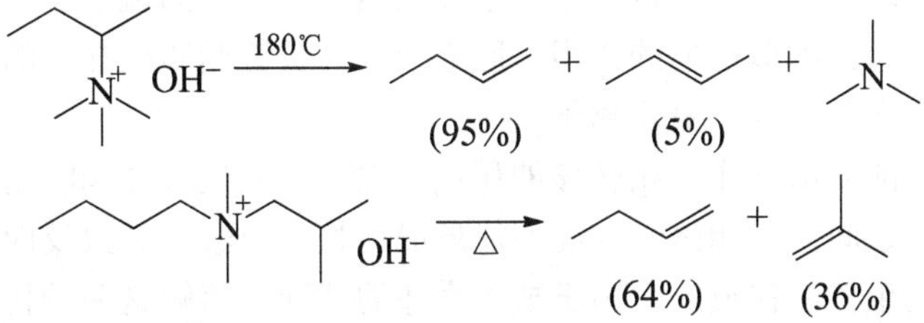

霍夫曼消除反应仍属于 E2 消除，因此立体化学上是以反式消除为主。

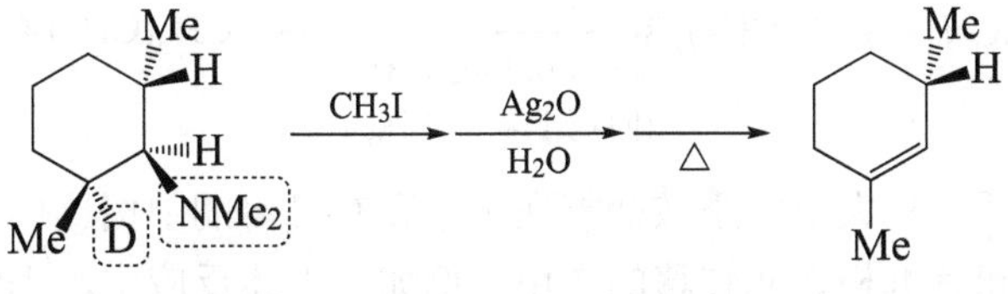

在特殊情况下，季铵碱也可采用顺式消除。与卤代烃和磺酸酯相比，季铵碱的顺式消除的可能性更大，特别是在某些环状化合物的情况下。例如，下列反应中，反式消除无法做到离去基团和 β-H 共平面，因此只能发生顺式消除。

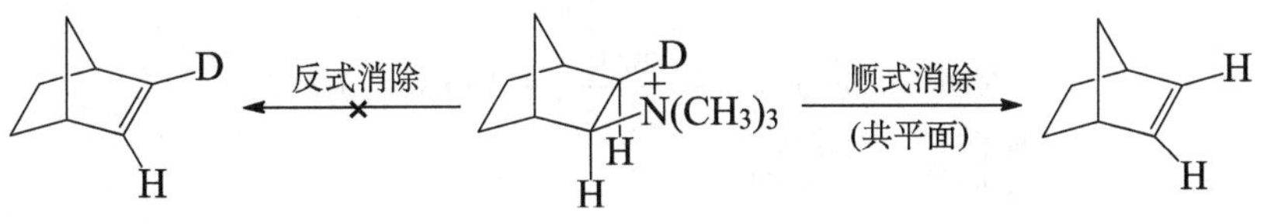

霍夫曼彻底甲基化反应可用于测定含氮化合物的结构：①根据碘甲烷的用量，可以了解胺的类型。例如，伯、仲、叔胺分别消耗 3、2、1 当量的碘甲烷。②季铵碱的消除产物是一个烯烃和一个叔胺，从产物结构可以推断原来胺的结构。这个方法常用于复杂含氮化合物，特别是含氮杂环和生物碱的结构测定。

锍离子（$—S^{+}R_3$）与季铵离子的反应相似，在碱性条件下发生类似的消除反应（锍碱的消除。

11.3.4.4　史蒂文斯重排反应

当季铵盐的 α-H 被吸电基活化后，在碱性条件下有可能发生烃基从季氮原子上迁移到邻近碳负离子上的重排，称为史蒂文斯（Stevens）重排。

该重排对底物的要求较高，除了季铵盐（或锍盐）基团，还要求其 α-碳原子上连有吸电基，如羰基等。这样 α-H 才具有足够的酸性，易被碱夺去。另外，季氮原子上如果连有烯丙基或苄基则更易重排。立体化学研究表明，迁移基团的构型不变，这说明 C—N 键的断裂和 C—C 键的形成是协同进行的。如果季铵碱中存在 β-H，则霍夫曼消除将与史蒂文斯重排成为竞争反应。

11.3.4.5　季铵盐的用途

季铵盐有很多实际用途，当季铵盐中一个烃基是长度合适的疏水链时，此季铵盐会具有类似肥皂的结构，能起到类似肥皂的作用。肥皂成分（长链脂肪酸盐）的亲水部分为羧基负离子，而季铵盐的亲水基团则为氮正离子。

季铵盐更为重要的应用是作为相转移催化剂。很多有机反应会同时用到脂溶性和水溶性的试剂，它们的溶液之间互不相溶，因此不能形成均相反应液，导致反应难以进行。例如，正溴辛烷和氰化钠的亲核取代反应，由于缺乏合适的能同时溶解这两种化合物的溶剂，反应的产率很低。但若选择季铵盐充当相转移催化剂，产率则会大大提高。

$$\mathrm{NaCN + CH_3(CH_2)_7Br \xrightarrow[(\textit{n}\text{-}Bu)_4N^{+}Br^{-}]{} CH_3(CH_2)_7CN}$$

(四正丁基溴化铵, TBAB)

这是因为具有合适烷基大小的季铵盐能在水中和有机溶剂中按比例分配，从而能起到使反应物和产物在水相和有机相之间转移的作用。例如，上述反应中，季铵正离子既可以将水溶性的 CN^{-}携带进入有机相和正溴辛烷反应，也可以将反应生成的 Br^{-}再携带进入水相，完成催化循环。常用的相转移催化剂有三乙基苄基氯化铵（TEBA）和四正丁基溴化铵（TBAB）等。

$$\mathrm{RBr + NaOAc \xrightarrow{TBAB} ROAc}\quad (100\%)$$

脂溶性反应物　水溶性反应物

$$C_6H_5CH_2CN + CH_3CH_2Cl \xrightarrow[\text{TEBA}]{\text{NaOH(水溶性碱)}} C_6H_5CH(C_2H_5)CN \quad (90\%)$$

脂溶性反应物

11.3.5　芳胺的取代反应和 N-取代苯胺重排

如前所述，芳胺的氨基和芳环之间由于存在 p-π 共轭，氮原子碱性大大降低，同时芳环电子云密度升高，更容易发生亲电取代反应。氨基（取代氨基）是芳环亲电取代反应的强活化基团。

11.3.5.1　苯胺的亲电取代反应

1. 卤代

和苯酚一样，苯胺也极易和溴水反应，低温下立即生成三溴苯胺沉淀。即使芳环上连有钝化基团（如羧基），也可以顺利得到邻、对位溴代产物。

$$C_6H_5NH_2 \xrightarrow[0℃]{Br_2,\ H_2O} 2,4,6\text{-}Br_3C_6H_2NH_2\downarrow$$

$$3\text{-}HOOCC_6H_4NH_2 \xrightarrow[40\sim50℃]{Br_2/HCl\text{-}H_2O} \text{3-氨基-2, 4, 6-三溴苯甲酸}$$

3-氨基-2, 4, 6-三溴苯甲酸

若想得到单溴代产物，必须降低氨基的活化能力，通常是将氨基转变为酰胺基。

$$C_6H_5NH_2 \xrightarrow{(CH_3CO)_2O} C_6H_5NHCOCH_3 \xrightarrow[\triangle]{Br_2,\ Fe} \xrightarrow[\triangle]{H_3O^+} p\text{-}BrC_6H_4NH_2$$

在氨基的活化下，不活泼的碘也能直接与苯胺发生取代反应。

$$C_6H_5NH_2 + I_2 \xrightarrow{NaHCO_3} p\text{-}IC_6H_4NH_2 + PhN^+H_3I^-$$

(75%~80%)

2. 硝化

由于硝酸的强氧化性，如果直接使用硝酸对苯胺进行硝化，除得到各种硝化产物外，还将产生大量的氧化分解产物。若先用硫酸处理形成铵盐，则可防止被氧化。但—NH_3^+是钝化基和间位定位基，因此此时硝基主要进入间位。

$$C_6H_5NH_2 \xrightarrow{\text{稀}H_2SO_4} C_6H_5\overset{+}{N}H_3H\overset{-}{S}O_4 \xrightarrow{HNO_3} m\text{-}O_2N\text{-}C_6H_4\overset{+}{N}H_3H\overset{-}{S}O_4 \xrightarrow{NaOH} m\text{-}O_2N\text{-}C_6H_4NH_2$$

为了使硝基既进入氨基的邻、对位，又不使苯胺被氧化，最简单的方法仍是先将氨基进行酰化保护，然后再硝化。通常若使用硝酸/硫酸进行硝化，主要得到对位产物；而使用硝酸/乙酸酐进行硝化，则主要得到邻位产物。

$$o\text{-}O_2N\text{-}C_6H_4NH_2 \xleftarrow[\triangle]{H_3O^+} \xleftarrow[20℃]{HNO_3,\ Ac_2O} C_6H_5NHCOCH_3 \xrightarrow{HNO_3,\ H_2SO_4} \xrightarrow[\triangle]{H_3O^+} p\text{-}O_2N\text{-}C_6H_4NH_2$$

3. 磺化

苯胺的磺化一般是在较高的温度下通过苯胺硫酸盐进行的，生成的主要产物是对氨基苯磺酸。其碱性的氨基和酸性的磺酸基可相互作用形成内盐（偶极离子）。这使得对氨基苯磺酸表现出高熔点（加热到200～300℃时发生分解）、不溶于有机溶剂等盐类的特征。

$$C_6H_5NH_2 \xrightarrow{\text{浓}H_2SO_4} C_6H_5\overset{+}{N}H_3\ H\overset{-}{S}O_4 \xrightarrow[-H_2O]{180\sim190℃} \left[C_6H_5\ddot{N}H\cdot SO_3H\right] \xrightarrow[\text{加热重排}]{H^+} p\text{-}\overset{+}{N}H_3\text{-}C_6H_4\text{-}SO_3^-$$

对氨基苯磺酸

对氨基苯磺酸也几乎不溶于水，但可溶于碱性水溶液。

$$^{+}H_3N\text{—}C_6H_4\text{—}SO_3^- \xrightarrow{OH^-} H_2N\text{—}C_6H_4\text{—}SO_3^-$$

(不溶于水)　　(能溶于水)

对氨基苯磺酸的酰胺（对氨基苯磺酰胺）及其衍生物，是一类重要的抗菌药物，称为磺胺。它们通常是由相应的苯磺酰氯（苯通过氯磺化反应得到）与氨或胺反应制得。该合成仍需先保护苯环上的氨基，使其免于和氯磺酸（$ClSO_3H$）反应。一些具有较高药效的磺胺药物中，R基团通常是含氮的杂环。

$$C_6H_5NH_2 \xrightarrow{(CH_3CO)_2O} C_6H_5NHCOCH_3 \xrightarrow{ClSO_3H} p\text{-}ClSO_2\text{-}C_6H_4\text{-}NHCOCH_3$$

对乙酰氨基苯磺酰氯

$$p\text{-}ClSO_2\text{-}C_6H_4\text{-}NHCOCH_3 \xrightarrow{RNH_2} p\text{-}RHNSO_2\text{-}C_6H_4\text{-}NHCOCH_3 \xrightarrow[\triangle]{H_3O^+} p\text{-}RHNSO_2\text{-}C_6H_4\text{-}NH_2$$

磺胺

11.3.5.2　*N*-取代苯胺重排

许多 *N*-取代苯胺在酸性条件下都可以发生重排，氮原子上的取代基会迁移到苯环的邻、对位。这种重排，有的是分子内的，有的是分子间的。分子内重排的特点是反应迅速，迁移基团基本上保持原有构型，活化中间体不易分离和检测，在分子间也不发生基团的交叉迁移；分子间重排的特点是重排基团在介质中寿命较长，有交叉迁移的机会，甚至可从反应体系中截获正离子中间体。

苯胺与 HNO_3 反应，除了发生氧化作用外，也有部分硝化产物，硝化是通过 *N*-硝基苯胺的分子内重排完成的。

$NH_3^+ NO_3^-$ —($-H_2O$)→ HN–NO_2 —(H^+)→ $H_2\overset{+}{N}$–NO_2 —($-H^+$)→ NH_2 / NO_2 (邻位) + NH_2 / NO_2 (对位)

N-苯氨基取代苯胺（氢化偶氮苯）在酸性条件下可重排为联苯胺，这是一类分子内[5, 5]-σ迁移反应（相关内容可见 14.4.4.3.3 小节），称为联苯胺重排。

H H N–N —(H^+)→ H_2N–⟨⟩–⟨⟩–NH_2

$2H^+$；$H_2\overset{+}{N}$——$\overset{+}{N}H_2$，H，H → [$H\overset{+}{N}$-------$\overset{+}{N}H$，H，H] → $\overset{+}{N}H_2$，$\overset{+}{N}H_2$，H，H；$-2H^+$

如果用两种不同的氢化偶氮苯混合，在同一体系中进行重排反应，发现产物中无交叉重排产物，证实了这是分子内重排。

H H N–N；H H N–N —(H^+)→ H_2N–⟨⟩–⟨⟩–NH_2；H_2N–⟨⟩–⟨⟩–NH_2（无 H_2N–⟨⟩–⟨⟩–NH_2）

学习提示：重排反应大多为分子内重排，最常见的是 1,2-亲核重排。例如，瓦格纳-米尔文重排（4.4.2.4 小节）、频哪醇重排（8.3.6.1 小节）、捷姆扬诺夫重排（11.3.2.1 小节）、酮肟的贝克曼重排（9.2.2.4 小节）、酮的拜耳-维利格氧化重排（9.5.2.2 小节）、酰胺的霍夫曼降解（10.6.7.3 小节）等都属于这类重排。

而分子间重排实际上是反应物之间的作用。例如，酚酯在 $AlCl_3$ 存在下的弗莱斯重排（8.6.1.3 小节）就是分子间重排。此外，取代的 *N*-重氮氨基苯、*N*-亚硝基苯胺、*N*-氯苯胺等分别重排为芳环上取代的苯胺，也均属于分子间重排。例如，*N*-亚硝基-*N*-甲基苯胺的重排是通过产生的亚硝化剂 NOCl 进攻 *N*-甲基苯胺而发生的亲电取代反应。

$$C_6H_5N(NO)CH_3 + HCl \longrightarrow C_6H_5NHCH_3 + NOCl \longrightarrow p\text{-}ON{-}C_6H_4NHCH_3 + HCl$$

11.4　胺的制备

11.4.1　通过亲核取代反应制备

11.4.1.1　普通氨/胺作为亲核试剂

氨（或胺）是较好的亲核试剂，与卤代烃反应可制备更高级的胺，此即为氨（或胺）的烃基化反应。

$$NH_3 + RX \longrightarrow RNH_3^+X^- \xrightarrow{OH^-} RNH_2$$

但这个反应常得到伯、仲、叔胺和季铵盐的混合物。只有严格控制条件，如使用大量过量的氨（将卤代烷慢慢加入氨水中），才能得到以伯胺为主要产物。

$$CH_3CH_2CH_2CH_2Br + \underset{\text{过量}}{NH_3} \longrightarrow \xrightarrow{NaOH} \underset{(47\%)}{CH_3CH_2CH_2CH_2NH_2}$$

环氧乙烷也可作为烃化试剂，与氨反应生成三(*β*-羟乙基)胺。

$$\text{环氧乙烷} + NH_3 \xrightarrow{\triangle} HOCH_2CH_2NH_2 \xrightarrow{2\ \text{环氧乙烷}} N(CH_2CH_2OH)_3$$

芳胺可通过芳卤的亲核取代反应制得，但需要卤素的邻、对位有强吸电基存在。

$$\text{2,4,6-}(O_2N)_3C_6H_2Cl \xrightarrow{NH_3} \text{2,4,6-}(O_2N)_3C_6H_2NH_2$$

此外，芳卤和氨基钠（钾）也可通过苯炔机理得到芳胺（见 7.2.4.2 小节）。

11.4.1.2　叠氮化物的还原

采用上述方法制备伯胺时，通常会伴随很多高级胺副产物，采用叠氮亲核试剂代替氨/胺是更好的从卤代烃或醇制备伯胺的方法。卤代烃或烷基磺酸酯（ROTs）与叠氮化物（如 NaN_3）发生亲核取代反应，得到叠氮化的烃，再通过还原得到伯胺。

$$RX + NaN_3 \xrightarrow{S_N2} RN_3 \xrightarrow[\text{或 Na + EtOH}]{LiAlH_4} RNH_2$$

但应注意的是，烷基叠氮化物具有易爆性，低相对分子质量的叠氮烷通常难以分离，一般生成后直接在溶液中用于下一步反应。

11.4.1.3　盖布瑞尔伯胺合成法

采用邻苯二甲酰亚胺也可较为高效地制备伯胺。邻苯二甲酰亚胺的 N—H 具有较强的酸性，易被碱夺去形成氮负离子，其作为亲核试剂对卤代烃进行亲核取代，生成的产物通过水解（或肼解）即可得到无高级胺副产物的伯胺。此方法称为盖布瑞尔（Gabriel）伯胺合成法。

11.4.2　通过直接还原制备

11.4.2.1　硝基化合物的还原

几乎所有芳香族伯胺都是由相应的硝基苯还原制得，常用还原剂是金属（铁、锌、锡等）加酸（硫酸、盐酸等）的体系。

二硝基化合物可只还原一个硝基，生成硝基苯胺。NH_3/H_2S、Na_2S 及 $SnCl_2$-HCl 都可用于硝基的部分还原。若使用硫化氢，用量必须仔细控制，过量的硫化氢可能导致两个硝基都被还原。

当两个硝基所处环境不同时，可以实现选择性还原。实验发现，用 NH_3/H_2S 溶液处理 2, 4-二硝基甲苯可以导致 4 位硝基被还原；而 2, 4-二硝基苯胺在相同条件下反应时，则是 2 位硝基被还原。

$$\text{2,4-二硝基甲苯} \xrightarrow{NH_4SH} \text{4-氨基-2-硝基甲苯} \qquad \text{2,4-二硝基苯胺} \xrightarrow{NH_4SH} \text{4-硝基-1,2-苯二胺}\ (52\%\sim58\%)$$

11.4.2.2　其他含氮化合物的还原

腈、肟、酰胺等化合物均可通过催化氢化、加入氢化铝锂等手段还原为胺。

$$\left.\begin{array}{l} R\text{—}CN \\ RCH{=}NOH \\ RCONH_2 \end{array}\right\} \xrightarrow[\text{或}LiAlH_4]{H_2/\text{催化}} RCH_2NH_2$$

$$PhCH_2CN + 2H_2 \xrightarrow[\text{或}LiAlH_4]{H_2/Pt\text{-}C,\ \text{或}\ H_2/Ni,\ \triangle} PhCH_2CH_2NH_2$$

$$\text{环戊酮} \xrightarrow[H^+]{HCN} \text{1-羟基环戊甲腈} \xrightarrow{LiAlH_4} \text{1-(氨甲基)环戊醇}$$

$$\text{环己酮肟} \xrightarrow[\text{或}\ H_2/Ni\ \text{或}\ LiAlH_4]{Na/EtOH} \text{环己胺}\ (50\%\sim60\%)$$

$$CH_3CON(CH_3)Ph \xrightarrow{LiAlH_4} \xrightarrow{H_2O} CH_3CH_2N(CH_3)Ph$$

11.4.3　还原胺化反应

还原胺化反应是由醛、酮制备胺的过程。该过程经历的实际上是先胺化、再还原，即醛、酮和氨/胺通过缩合得到亚胺，亚胺再被还原为胺。

$$RR'C{=}O + NH_3 \longrightarrow RR'C{=}NH \xrightarrow{[H]} RR'CH\text{—}NH_2\quad \text{伯胺}$$

$$PhCHO + NH_3 \underset{}{\overset{-H_2O}{\rightleftharpoons}} [PhCH{=}NH] \xrightarrow[\substack{90\ atm\\ 40\sim70℃}]{H_2,\ Ni} PhCH_2NH_2\ (89\%)$$

$$RR'C{=}O + R''NH_2 \longrightarrow RR'C{=}NR'' \xrightarrow{[H]} RR'CH\text{—}NHR''\quad \text{仲胺}$$

$$PhCHO + CH_3CH_2NH_2 \xrightarrow{-H_2O} \xrightarrow[CH_3OH]{LiBH_3CN} PhCH_2NHCH_2CH_3\ (70\%)$$

其中 $LiBH_3CN$ 和 $NaBH_3CN$ 是类似于 $LiBH_4$ 和 $NaBH_4$ 的还原剂，它们还原亚胺比还原羰基更迅速。

用甲醛作起始物，伯胺或仲胺作为胺化试剂，并用甲酸作还原剂，也可进行还原胺化，得到氮原子上至少带有一个甲基的叔胺（甲基来自甲醛）。该反应称为埃施魏勒-克拉克（Eschweiler-Clarke）反应或埃施魏勒-克拉克甲基化反应。

$$\text{2-苯基哌啶} + HCHO + HCOOH \xrightarrow{100^\circ C} \text{N-甲基-2-苯基哌啶}\quad(94\%)$$

$$(CH_3)_3C-NH_2 + 2\,HCHO + HCOOH \xrightarrow{100^\circ C} (CH_3)_3C-N(CH_3)_2\quad(95\%)$$

在该反应中，胺首先对甲醛进行亲核加成得到羟胺，然后甲酸将氢负离子转移给羟基质子化脱水后形成的正离子，从而得到甲基。

$$R_2NH + HCHO \xrightleftharpoons{H^+} R_2N-CH_2OH \xrightleftharpoons[-H_2O]{H^+} R_2N-\overset{+}{C}H_2 \xrightarrow[-CO_2,\,-H^+]{HCOOH} R_2N-CH_3$$

该反应的羰基底物之后被进一步扩展至酮，胺化和还原试剂则被结合为甲酸铵或甲酰胺，其中甲酰基部分提供氢负离子作为还原剂，称为洛伊卡特（Leuckart）反应。在 180～200℃的高温下，醛或酮与甲酸铵或甲酰胺加热反应，可制得伯、仲甚至叔胺。

$$PhCOCH_3 + HCOONH_4 \xrightarrow{180^\circ C} PhCH(NH_2)CH_3\quad(60\%\sim66\%)$$

$$\text{环辛酮} + HCON(CH_3)_2 \xrightarrow{200^\circ C} \text{N,N-二甲基环辛胺}\quad(75\%)$$

甲酸铵通过加热产生的氨对酮进行缩合形成亚胺，同时甲酸作为还原剂。

$$HCOONH_4 \rightleftharpoons HCOOH + NH_3$$

$$R_2C=O + NH_3 \xrightarrow{-H_2O} R_2C=NH \xrightleftharpoons{H^+} R_2C=\overset{+}{N}H_2 \xrightarrow[HCOOH]{-CO_2,\,-H^+} R_2CH-NH_2$$

甲酰胺通过类似的途径对酮进行加成，最终也通过甲酸对亚胺进行还原。

$$HCONH_2 + R_2C=O \longrightarrow HCO\overset{+}{N}H_2-CR_2O^- \longrightarrow HCONH-CR_2OH \xrightarrow{-H_2O} HCO-N=CR_2$$

$$HCO-N=CR_2 + HCOOH \xrightarrow{-CO_2} HCONH-CHR_2 \xrightarrow{H_3O^+} R_2CH-NH_2 + HCOOH$$

该反应产率虽然稍低，但比埃施魏勒-克拉克反应适用范围更广，可制得多种胺。

11.4.4 霍夫曼降解及相关重排反应

前面已经介绍过酰胺与溴或氯的碱性水溶液反应，经霍夫曼降解，可制得少一个碳原子的胺（见 10.6.7.3 小节）。该重排反应的关键在于酰基氮宾的形成。因此，只要能形成酰基氮宾中间体，就可能发生类似的重排反应。

$$\text{RC(=O)}\ddot{\text{N}}: \text{（酰基氮宾）} \longrightarrow \overset{\delta^+}{\text{O=C}}=\overset{\delta^-}{\text{N}}\text{–R（异氰酸酯）} \xrightarrow{H_2O} \text{O=C(OH)–NHR} \xrightarrow{-CO_2} RNH_2$$

通过一些其他的途径也可以得到酰基氮宾。例如，酰氯与叠氮化钠反应或酰肼与亚硝酸反应都能生成酰基叠氮化物。

$$\text{RCOCl} \xrightarrow[-NaCl]{NaN_3/\text{醚}} \text{RCON}_3$$

$$\text{RCOOEt(或Cl)} \xrightarrow{NH_2NH_2} \text{RCONHNH}_2 \xrightarrow[H^+]{NaNO_2} \text{RCON}_3$$

酰基叠氮化物不稳定，受热后脱除氮气即形成酰基氮宾，之后经历和霍夫曼降解相同的过程，通过重排为异氰酸酯，再水解得到伯胺。这个重排反应称为柯提斯（Curtius）重排。

$$\text{RC(=O)}\overset{-}{\text{N}}\text{–}\overset{+}{\text{N}}\equiv\text{N} \xrightarrow[\triangle]{-N_2} \left[\text{RC(=O)}\ddot{\text{N}}:\right]\text{（酰基氮宾）} \longrightarrow \text{R–N=C=O（异氰酸酯）} \xrightarrow{H_2O} RNH_2 + CO_2$$

该反应可继续改进。例如，直接用羧酸与叠氮酸（HN_3）在惰性溶剂中用硫酸作脱水剂也可制得酰基叠氮化物，经脱氮气、重排、水解得到少一个碳原子的胺。这个反应称为施密特（Schmidt）重排。

$$\text{RCOOH} \xrightarrow[H_2SO_4]{HN_3} \text{RCON}_3 \xrightarrow{\triangle} \text{RC(=O)}\ddot{\text{N}}: \longrightarrow \text{R–N=C=O} \xrightarrow{H_2O} RNH_2 + CO_2$$

使用异羟肟酸或其酰化物，在无机强酸或强碱存在下也可得到酰基氮宾，并发生类似重排。异羟肟酸可由酰氯（或酯）和羟胺反应制得。这个反应称为洛森（Lossen）重排。但由于异羟肟酸不易得到，此反应用于合成的价值较小。

$$\text{RCONHOH（异羟肟酸）} \xrightarrow{HCl} \text{RCONH}\overset{+}{\text{O}}\text{H}_2 \xrightarrow[-H^+]{-H_2O} \text{RC(=O)}\ddot{\text{N}}: \longrightarrow \xrightarrow{H_2O} RNH_2 + CO_2$$

$$\text{PhCONHOH} \xrightarrow[H_2O]{NaOH,\ \triangle} \text{Ph–N=C=O} \xrightarrow{H_2O} PhNH_2 + CO_2$$

$$\text{PhCONHOCOCH}_3\text{（}O\text{-乙酰化异羟肟酸）} \xrightarrow[-CH_3COOH]{\triangle} \text{Ph–N=C=O}$$

以上重排均可从羧酸及其衍生物制得少一个碳原子的胺。但由于原料不易得到、使用不便及产生其他副产物等，一般只有霍夫曼降解反应用于制备胺较为普遍。

11.5　重氮和偶氮化合物

11.5.1　重氮和偶氮化合物的结构

重氮和偶氮化合物与胺具有截然不同的结构，它们分子中含有—N_2 基团。—N_2 基团的一端与烃基相连的称为重氮化合物；两端都连接烃基的称为偶氮化合物。

重氮化合物：　CH_2N_2　　$H_3C—\overset{+}{N}≡N\text{:}\ Cl^-$　　$C_6H_5—\overset{+}{N_2}\overset{-}{Cl}$

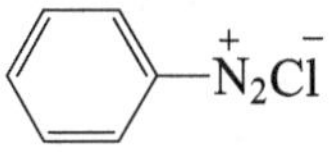

重氮甲烷　　氯化重氮甲烷(重氮盐)　　氯化重氮苯(重氮盐)

偶氮化合物：　$C_6H_5—N=N—C_6H_5$　　HO—C_6H_4—N=N—C_6H_4—CH_3

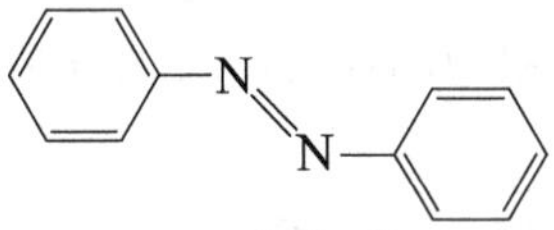

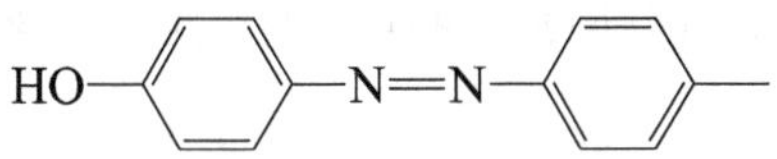

(*E*)-偶氮苯　　4-甲基-4′-羟基偶氮苯

其中，重氮化合物多不稳定。最简单也最重要的脂肪族重氮化合物是重氮甲烷。芳香族重氮化合物则均以重氮盐的形式存在，由于芳环和氮氮多重键之间存在共轭，芳香族重氮化合物比脂肪族重氮化合物更加稳定，但一般也只能在低温下存在。

偶氮化合物则相对稳定。在偶氮化合物中，氮原子通过双键相连，因此具有顺、反异构体。N═N 键还可以和与之相连的芳环形成大的共轭结构，使分子的吸收波长红移至可见光区。因此偶氮化合物都带有颜色，常用作染料。

11.5.2　脂肪族重氮化合物　重氮甲烷

11.5.2.1　重氮甲烷的结构和制备

脂肪族重氮化合物为数不多，也不及芳香族重氮盐重要，其通式为 CR_2N_2。其中最简单的化合物是重氮甲烷 CH_2N_2，它是一个线型分子，其共振结构式如下：

$$CH_2N_2 \equiv \left[H_2\overset{-}{\ddot{C}}—\overset{+}{N}≡N\text{:} \longleftrightarrow H_2C=\overset{+}{N}=\overset{-}{\ddot{N}}\text{:} \longleftrightarrow H_2\overset{-}{C}—\ddot{N}=\overset{+}{N}\text{:} \right]$$

通过共振结构式可以看出，重氮甲烷的碳原子带有负电荷，因此该碳原子上如果连有吸电基团，可使分子更加稳定，如 α-重氮酮和 α-重氮乙酸酯。

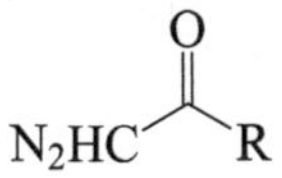

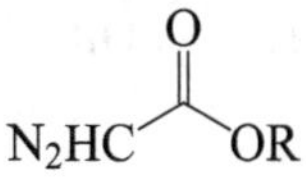

$N_2HC—C(=O)—R$　　$N_2HC—C(=O)—OR$

α-重氮酮　　α-重氮乙酸酯

由于脂肪族伯胺与亚硝酸反应得到的重氮盐会迅速分解，重氮甲烷不能由伯胺制得。采用 *N*-甲基-*N*-亚硝基酰胺与浓碱反应，可制得重氮甲烷。

$$\mathrm{RC(=O)N(CH_3)N{=}O} + OH^- \xrightarrow{-H_2O} RCOO^- + CH_2N_2$$

重氮甲烷是有毒气体，具有爆炸性，其醚溶液较为稳定，制备后可保存在醚溶液中以便使用。重氮甲烷很活泼，能够发生多种化学反应。

11.5.2.2 脂肪族重氮化合物的反应

1. 生成卡宾

在光、热或催化剂（如铜、银离子或 Ag_2O）作用下，脂肪族重氮化合物均分解形成卡宾（碳烯）。

$$H_2\overset{-}{\ddot{C}}—\overset{+}{N}{\equiv}N: \xrightarrow{h\nu \text{ 或 } \triangle} :CH_2 + N_2$$

卡宾的碳原子外层只有 6 个电子，极为活泼，一旦生成立即反应（见 7.3.5 小节）。例如，卡宾与烯烃或炔烃可迅速发生加成，二者在液相中的加成绝大部分是立体专一的，生成顺式加成产物。

$$CH_3CH{=}CH_2 + CH_2N_2 \xrightarrow{h\nu} \text{甲基环丙烷} + N_2$$

$$\text{苯} + CH_2N_2 \xrightarrow{h\nu} \text{降蒈二烯} \longrightarrow \text{环庚三烯}$$

重氮甲烷的分解反应中，如果没有其他反应物存在，则生成的卡宾可自身聚合，形成长链化合物。

$$H_2\overset{-}{\ddot{C}}—\overset{+}{N}{\equiv}N: \xrightarrow{h\nu \text{ 或 } \triangle} :CH_2 \longrightarrow \cdots—\overset{H_2}{C}—\overset{H_2}{C}—\overset{H_2}{C}—\cdots$$

α-重氮酸酯在以上条件下也分解生成取代卡宾并立即二聚为丁烯二酸酯。

$$N_2HC{-}COOR \xrightarrow{-N_2} \ddot{H}C{-}COOR \longrightarrow ROOC{-}CH{=}CH{-}COOR$$

取代卡宾　　　　反丁烯二酸酯

取代卡宾也可用烯烃来截获，加成产物的生成可证实取代卡宾的存在。

$$\text{环己烯} + N_2HC{-}COOR \xrightarrow[\triangle]{Cu} \text{双环[4.1.0]庚烷}{-}COOR + N_2$$

2. 与质子酸的反应

脂肪族重氮化合物的 α-碳原子带有负电荷，具有亲核性和碱性，很容易和质子结合。其络合质子后生成的正离子极不稳定，立即消除释放氮气并与溶液中存在的亲核试剂结合，同时也可消除 β-H（如果存在）生成烯烃。

$$R—\overset{H}{\underset{-}{C}}—\overset{+}{N}{\equiv}N \xrightarrow{H^+} R—\overset{H_2}{C}—\overset{+}{N}{\equiv}N \xrightarrow{-N_2} R\overset{+}{C}H_2$$

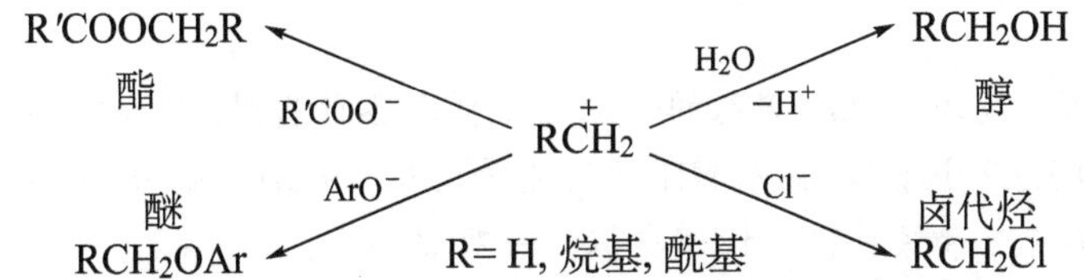

当 R = H 时即为重氮甲烷，其和亲核试剂反应的结果是使试剂连上甲基。因此，重氮甲烷是一个很重要的甲基化试剂，它使羧酸形成甲酯；使酚、β-二酮、β-酮酸酯等的烯醇式形成甲基醚。

$$RCOOH + CH_2N_2 \longrightarrow RCOO^- + H_3C-\overset{+}{N}\equiv N \xrightarrow{-N_2} RCOOCH_3$$

$$ArOH + CH_2N_2 \longrightarrow ArOCH_3 + N_2$$

3. 与羰基化合物的反应

脂肪族重氮化合物中带有负电荷的 α-碳原子也可作为亲核试剂与羰基发生亲核加成，但只有重氮甲烷反应最顺利。重氮甲烷能与醛、酮、酰氯、酸酐等反应，而重氮乙酸乙酯只与醛反应，不与酮反应。加成后生成的氧负离子中间体接下来可以发生烃基迁移的重排反应得到羰基旁插入一个 CH_2 的酮，或是发生分子内亲核取代得到环氧化合物。

其中，重排反应占优势，基团的迁移类似于碳正离子的 1, 2-重排，芳基比烷基更易迁移。

重氮甲烷用于与环酮反应，可得到扩环的环酮，这是一个很有用的反应，如从环己酮制备环庚酮。

学习提示： 至此可以发现，在酮羰基的一侧可以插入各种基团，如插入 O 原子的拜耳-维利格氧化重排（9.5.2.2 小节）、插入 NH 的贝克曼重排（9.2.2.4 小节），以及插入 CH_2 的上述反应。它们都是 1,2-亲核重排，机理类似，可对照学习。

重氮甲烷与酰氯反应后，加成物消除氯更容易，可制得 α-重氮酮。但 α-重氮酮也容易和反应生成的 HCl 反应得到 α-氯代酮。此时可加入过量的重氮甲烷，使其竞争和 HCl 反应形成不稳定的重氮盐并立即分解，从而避免了 α-重氮酮的损失。

$$RCOCl + CH_2N_2 \longrightarrow R\text{-}C(O^-)(Cl)\text{-}CH_2\overset{+}{N}_2 \longrightarrow RCOCH_2\overset{+}{N}_2 \xrightarrow{-H^+} \underset{\alpha\text{-重氮酮}}{RCOCHN_2} \xrightarrow[-N_2]{HCl} \underset{\alpha\text{-氯代酮}}{RCOCH_2Cl}$$

α-重氮酮在光、热或 Ag_2O 催化下发生分解，形成相应的酰基卡宾，经过重排成为烯酮。此重排又称为沃尔夫（Wolff）重排，和酰基氮宾的霍夫曼重排（见 10.6.7.3 和 11.4.4 小节）极其类似。

$$RCOCHN_2 \xrightarrow[-N_2]{Ag_2O,\ H_2O} [RCO\ddot{C}H] \xrightarrow{\text{碳烯重排}} \underset{\text{烯酮}}{RCH{=}C{=}O}$$

这同样是一个分子内重排，重排过程中迁移原子构型不变。生成的烯酮很容易进一步反应。例如，和水加成得到羧酸、和醇加成得到酯、和胺加成得到酰胺（见 10.6.9 小节）。

$$RCH_2CONHR' \xleftarrow{R'NH_2} RCH{=}C{=}O \xrightarrow{H_2O} RCH_2COOH$$

$$RCH{=}C{=}O \xrightarrow{R'OH} RCH_2COOR'$$

在特殊情况下也可能分离得到烯酮，如较为稳定的二苯基乙烯酮。

$$PhCOC(N_2)Ph \xrightarrow[-N_2]{110℃} [PhCO\ddot{C}Ph] \longrightarrow Ph_2C{=}C{=}O\ (65\%)$$

使用以上方法，可以从羧酸经过酰氯化、和重氮甲烷的反应、沃尔夫重排及水解三步制得增加一个碳原子的羧酸。这个过程称为阿恩特-艾斯特尔特（Arndt-Eistert）反应。

$$RCOOH \xrightarrow{PCl_3} RCOCl \xrightarrow[\text{(过量)}]{CH_2N_2} RCOCHN_2 \xrightarrow{Ag_2O/H_2O} RCH_2COOH$$

$$\text{1-}C_{10}H_7COOH \xrightarrow{PCl_3} \text{1-}C_{10}H_7COCl \xrightarrow[\text{(过量)}]{CH_2N_2} \text{1-}C_{10}H_7COCHN_2 \xrightarrow{Ag_2O/H_2O} \text{1-}C_{10}H_7CH_2COOH$$

$$H_3C\text{—}\overset{H}{C}(Ph)\text{—}COCl \xrightarrow[\text{2) } CH_3OH/Ag_2O]{\text{1) } CH_2N_2} H_3C\text{—}\overset{H}{C}(Ph)\text{—}CH_2COOCH_3$$

11.5.3　芳香族重氮盐及其反应

由芳香伯胺与亚硝酸钠和无机强酸在低温下发生重氮化反应，可制得芳香族重氮盐。反应常用的无机强酸是硫酸、盐酸。虽然芳香族重氮盐由于存在苯环和 N≡N 键的共轭而比脂肪族重氮盐更稳定，该反应仍需在低温下进行。

$$PhNH_2 + NaNO_2 + 2\,HCl \xrightarrow{0\sim5℃} Ph\text{—}\overset{+}{N}{\equiv}N:\ Cl^- + NaCl + 2\,H_2O$$

芳香族重氮盐（以下简称重氮盐）通常在 5℃以下都能稳定存在。但随温度升高，也发生分解放出氮气。各种重氮盐中，重氮氟硼酸盐（$ArN_2^+BF_4^-$）是最稳定的；另外，重氮硫酸盐也比盐酸盐稳定。在重氮基的邻、对位上有吸电或排电取代基时，均能使重氮盐更加稳定。这是因为吸电基会使芳基正离子更不稳定，从而重氮盐更不容易分解放出氮气；而排电基会使芳环和 N 原子之间共价键的双键性增强，从而重氮盐更难分解。例如，下列取代重氮盐都比未取代的重氮盐更稳定。

$$HO_3S\text{—}C_6H_4\text{—}N_2^+X^- \qquad o\text{-}CH_3OOC\text{—}C_6H_4\text{—}N_2^+X^- \qquad H_3CO\text{—}C_6H_4\text{—}N_2^+X^-$$

重氮盐在干燥状态下稳定性低，受热、受震都易发生爆炸，所以一般是在溶液中制得后直接用于各种反应，而不必分离出来。

重氮盐在水溶液中起着二元酸的作用，它能分两步电离出质子。由于解离常数 $K_2 \gg K_1$，因此平衡体系中重氮氢氧化物很少。一般在酸性条件下，甚至 pH = 7 时，主要存在形式均为重氮盐；pH = 9～11 时，重氮盐和重氮酸盐基本等量；只有在更强的碱性条件下，才主要以重氮酸盐形式存在。

$$Ar\text{—}\overset{+}{N}{\equiv}N + 2H_2O \overset{K_1}{\rightleftharpoons} \underset{\text{重氮氢氧化物}}{Ar\text{—}N{=}N\text{—}OH} + H_3O^+$$

$$Ar\text{—}N{=}N\text{—}OH + H_2O \overset{K_2}{\rightleftharpoons} \underset{\text{重氮酸根离子}}{Ar\text{—}N{=}N\text{—}O^-} + H_3O^+$$

在重氮酸盐分子中含有 N═N 键，因此存在顺、反异构体。一般顺式首先生成，但反式比顺式稳定。

$$Ar\text{—}\overset{+}{N}{\equiv}N + OH^- \xrightarrow{\text{快}} \underset{\text{顺式}}{Ar\text{—}N{=}N\text{—}O^-} \xrightarrow{\text{慢}} \underset{\text{反式}}{Ar\text{—}N{=}N\text{—}O^-}$$

11.5.3.1　取代反应

重氮盐所发生的反应可归为两大类：取代反应和偶联反应。前者会放出氮气，也称为放氮反应；后者不会放出氮气，也称为留氮反应。

在不同的条件下，重氮基可被不同的基团取代而生成各类产物。这是有机合成中的重要手段。

1. 被羟基取代——水解

重氮盐在酸性水溶液中，低温时也会慢慢放出氮气，加热则迅速分解生成酚。

$$m\text{-}O_2NC_6H_4NH_2 \xrightarrow[H_2O,\ 0\sim5℃]{H_2SO_4/NaNO_2} m\text{-}O_2NC_6H_4\overset{+}{N}_2HSO_4^- \xrightarrow[100℃]{H_2SO_4/H_2O} m\text{-}O_2NC_6H_4OH + N_2\uparrow$$

$$m\text{-}(CH_3O)_2CHC_6H_4NH_2 \xrightarrow[5℃]{NaNO_2/H_2SO_4} \left[m\text{-}(CH_3O)_2CHC_6H_4\overset{+}{N}_2\right] \xrightarrow[\triangle]{H_3O^+} m\text{-}OHCC_6H_4OH + N_2\uparrow$$

该水解反应是按 S_N1 机理进行的。当溶液中存在其他亲核试剂时，也可能生成其他取代产物。

$$Ar—\overset{\oplus}{N}\equiv N \xrightarrow{-N_2} Ar^+ \begin{cases} \xrightarrow[-H^+]{H_2O} ArOH \\ \xrightarrow[-H^+]{CH_3OH} ArOCH_3 \\ \xrightarrow{Cl^-} ArCl \end{cases}$$

若用氯化重氮苯水解制酚，由于 Cl^- 的亲核性，总会有氯苯副产物生成。HSO_4^- 的亲核性比 Cl^- 更弱，因此制酚时常用硫酸重氮苯作为原料以减少副产物。重氮盐水解的反应要迅速(如将重氮盐加入热水溶液中)，以免水解产物与未水解的重氮盐发生偶联反应。

2. 被碘或氟取代

重氮盐溶液与碘化钾反应直接生成碘苯。反应也是按苯基正离子的 S_N1 机理进行的。由于 I^- 亲核性很强，能与溶液中同时存在的 H_2O、Cl^- 等亲核试剂竞争并显示出优势，使碘苯产率增高。

$$p\text{-}O_2NC_6H_4NH_2 \xrightarrow[H_2O,\ 0\sim5℃]{H_2SO_4/NaNO_2} p\text{-}O_2NC_6H_4N_2^+HSO_4^- \xrightarrow[-N_2]{KI} p\text{-}O_2NC_6H_4I\ (81\%)$$

由于 F^- 的亲核性弱，氟苯的制备不能用上述方法。氟苯是通过氟硼酸重氮盐加热分解得到的。氟硼酸重氮盐可用氯化重氮苯与氟硼酸或氟硼酸钠反应制得，也可直接在 BF_3 和 HF 存在下重氮化。

$$m\text{-}CH_3C_6H_4NH_2 \xrightarrow[HF,\ BF_3]{NaNO_2} \underset{(76\%\sim84\%)}{m\text{-}CH_3C_6H_4N_2^+BF_4^-} \xrightarrow{\triangle} m\text{-}CH_3C_6H_4F + N_2 + BF_3$$

氟硼酸重氮盐很稳定，是一个不溶于水的沉淀，甚至可安全地分离出来，干燥后也不会发生爆炸。只有在加热下氟硼酸重氮盐才分解产生氟苯，成为制备芳香氟化物很好的方法。

3. 桑德迈尔反应

重氮盐与氯化亚铜、溴化亚铜或是氰化亚铜反应，可分别生成氯苯、溴苯和苯甲腈。这一类反应称为桑德迈尔（Sandmeyer）反应。

$$\text{1,3-}C_6H_4(NH_2)_2 \xrightarrow[0\sim5℃]{HCl/NaNO_2} \text{1,3-}C_6H_4(N_2^+Cl^-)_2 \xrightarrow[\triangle]{CuCl} \text{1,3-}C_6H_4Cl_2 \quad (70\%)$$

$$\text{3-}ClC_6H_4NH_2 \xrightarrow[H_2O,\ 0\sim10℃]{HBr/NaNO_2} \text{3-}ClC_6H_4N_2^+Br^- \xrightarrow[100℃]{CuBr} \text{3-}ClC_6H_4Br \quad (76\%)$$

$$\text{2-}O_2NC_6H_4NH_2 \xrightarrow[H_2O]{HCl/NaNO_2} \text{2-}O_2NC_6H_4N_2^+Cl^- \xrightarrow[90\sim100℃]{CuCN} \text{2-}O_2NC_6H_4CN \quad (65\%)$$

桑德迈尔反应具有制备意义，反应可能是通过亚铜盐存在下的自由基中间体进行的。

$$ArN_2^+ + CuCl \longrightarrow Ar-\overset{+}{N}\equiv N\cdots CuCl \xrightarrow{Cl^-} Ar\cdot + CuCl_2 + N_2$$

$$Ar\cdot + CuCl_2 \longrightarrow ArCl + CuCl$$

用铜粉代替亚铜盐也能制得氯苯等，称为加特曼（Gattermann）反应。用铜粉作催化剂，可以用重氮盐与一些阴离子盐类反应制备相关阴离子取代的芳香化合物。

$$ArN_2^+ \xrightarrow{Cu/HCl} ArCl + N_2$$

$$C_6H_5N_2Cl \xrightarrow[Cu]{NaNO_2} C_6H_5NO_2 + N_2 + NaCl$$

$$C_6H_5N_2Cl \xrightarrow[Cu]{Na_2SO_3} C_6H_5SO_3Na + N_2 + NaCl$$

$$C_6H_5N_2Cl \xrightarrow[Cu]{KSCN} C_6H_5SCN + N_2 + KCl$$

4. 被氢取代——去氨基反应

重氮基也可以被氢原子置换，使芳环上的氨基通过重氮基去掉，这在合成上非常有用。常用的试剂是次磷酸。

$$ArN_2^+Cl^- \xrightarrow[H_2O,\ \triangle]{H_3PO_2} ArH + N_2 + H_3PO_3 + HCl$$

反应按自由基机理进行。在次磷酸作用下，首先引发反应得到少量芳基自由基，然后夺取次磷酸的氢原子得到产物。

$$ArN_2^+Cl^- + H_3PO_2 \xrightarrow{-HCl} ArN{=}N{-}OPHOH \longrightarrow Ar\cdot + N_2 + H_2PO_2$$

$$Ar\cdot + H_3PO_2 \longrightarrow Ar{-}H + H_2PO_2^{\cdot}$$

$$H_2PO_2^{\cdot} + ArN_2^+ \longrightarrow Ar\cdot + N_2 + H_2PO_2^+$$

$$H_2PO_2^+ + 2\,H_2O \longrightarrow H_3PO_3 + H_3O^+$$

除次磷酸外，乙醇也可用于该反应。此外，用硼氢化钠、三正丁基锡烷（n-Bu_3SnH）等作为还原剂，也可达到相同的目的。但常用的试剂仍是次磷酸。

$$ArN_2^+HSO_4^- + C_2H_5OH \longrightarrow ArH + CH_3CHO + N_2$$

5. 被芳基取代——冈伯格-巴赫曼反应

重氮盐在碱性条件下与苯反应，重氮基可被苯基取代。这是一个芳基化反应，又称为冈伯格-巴赫曼（Gomberg-Bachmann）反应。

$$CH_3C_6H_4N_2^+Cl^- \xrightarrow[\text{苯}]{NaOH,\ 5℃} CH_3C_6H_4{-}C_6H_5 \quad (30\%\sim35\%)$$

这是一个芳环的自由基取代反应，是由碱性条件下生成的重氮氢氧化物发生均裂形成的芳基自由基引起的。反应产率虽然不高，但仍是制备联苯和不对称联苯的重要方法。

$$ArN_2^+Cl^- \xrightarrow{OH^-} Ar{-}N{=}N{-}OH \xrightarrow{\triangle} Ar\cdot + N_2 + \cdot OH$$

$$Ar\cdot + C_6H_6 \longrightarrow [C_6H_5{-}C_6H_6\cdot] \xrightarrow{\cdot OH} C_6H_5{-}C_6H_5 + H_2O$$

在中性溶液中，用亚硝酸钠分解重氮盐，也可以产生芳基自由基进而引起类似反应。

$$ArN_2^+ + {}^-ONO \xrightarrow{DMSO} Ar{-}N{=}N{-}O{-}NO \xrightarrow{\triangle} Ar\cdot + N_2 + \cdot NO_2$$

$$ArN_2^+BF_4^- + C_6H_5NO_2 \xrightarrow[DMSO]{NaNO_2} \text{邻-}ArC_6H_4NO_2 + \text{间-}ArC_6H_4NO_2 + \text{对-}ArC_6H_4NO_2$$

(67.8%)　(~5%)　(26.8%)

在适当的结构条件下，通过重氮盐可进行分子内的芳基化反应。例如，下列重氮盐在铜粉或亚铜盐存在下，发生分子内芳基化得到菲类化合物。

$$\text{(Z)-2-苯基-3-(2-氨基苯基)丙烯酸} \xrightarrow[2)\ Cu^+,\ -N_2]{1)\ NaNO_2/HCl} [\text{芳基自由基}] \longrightarrow \text{菲-9-甲酸}$$

菲-9-甲酸

该反应称为普绍尔（Pschorr）（环化）反应，是一个很有价值的反应，可推广到很多相似结构化合物的合成。

(X= CH_2, CH ═ CH(顺-), CH_2CH_2, O, CO, S及NH 等)

6. 重氮盐在合成上的应用

通过重氮盐的取代反应，可在芳环上引入一些不能直接引入的基团，如羟基、碘、氟等。有些基团即使可以直接引入，但引入位置可能不恰当，此时也需要通过重氮盐间接引入。所以重氮盐在合成上是一个非常有用的中间体。

例如，由苯制备间硝基苯酚，羟基可通过重氮盐引入。

浓HNO_3/浓H_2SO_4，95℃；H_2S, NH_3/EtOH（部分还原）；1) $NaNO_2/H_2SO_4$ 2) H_2O

再如，由甲苯制备间溴甲苯。溴虽然能直接引入，但由于甲基是邻、对位定位基，溴不能到达间位。可在甲基的对位引入定位能力更强的氨基，使溴取代到甲基的间位。氨基可通过重氮化后再去除。此外，由于只需要单溴代，还涉及氨基的保护以降低其活化能力。

浓HNO_3/浓H_2SO_4；Fe/HCl；$(CH_3CO)_2O$；1) Br_2 2) OH^-/H_2O；$NaNO_2/H_2SO_4$, H_2O, 0~5℃；H_3PO_2, H_2O, 25℃；+ N_2

萘环上的各种取代衍生物和苯环上的取代衍生物一样，除环上的某些直接取代外，也可通过重氮化反应制备取代萘。

α-取代萘的合成可通过如下方法进行。除了制备成重氮盐进行取代反应以外，也可以通过制备成格氏试剂来合成醇、酮、羧酸等。

α-卤代萘、腈、偶氮化合物或还原产物等

醇、酮、羧酸等

β-取代萘的合成也可通过重氮盐的策略进行。但由于萘的 α 位更易亲电取代，需要先通过 β-萘磺酸制备 β-萘酚，然后与氨/亚硫酸铵在一定的温度、压力下发生布赫尔（Bucherer）反应得到 β-萘胺。这是一个可逆反应，用亚硫酸钠与 β-萘胺反应，萘胺又可水解为萘酚。

萘 —磺化→ 2-萘磺酸（SO_3H） —碱熔→ 2-萘酚（OH）

2-萘酚（OH） + NH_3 —$(NH_4)_2SO_3$, NH_3；150℃, 加压→ 2-萘胺（NH_2） → β-卤代萘、腈、偶氮化合物或还原产物等

11.5.3.2 偶联反应

偶联反应是不脱除氮气的反应，此时重氮盐作为一个亲电试剂与芳环发生亲电取代反应。由于芳环对重氮正离子的+C 效应，重氮基的亲电性很弱，因此只有受排电基高度活化的芳环才能与重氮盐反应。

$C_6H_5N_2^+$ + C_6H_5Y → C_6H_5—N═N—C_6H_4—Y

重氮组分　　偶联组分　(Y=O^-, NR_2, NHR, OR等亲电取代活化基)

空间位阻使偶联主要发生在活化基团的对位，其次是邻位。作为亲电试剂的重氮盐称为重氮组分，另一组分称为偶联组分。生成的产物称为偶氮化合物。偶联反应的速率不仅与基团 Y 的活化能力有关，而且与重氮盐芳环上的取代基有关。邻、对位上的吸电基可增加重氮基的亲电性，从而加速反应。

pH 对偶联反应有较大影响。重氮盐在碱性条件下会转化为重氮酸盐，失去亲电性，因此反应需要在中性或酸性条件下进行。如果偶联组分为芳胺，过强的酸性条件又会使氨基质子化，从而丧失对芳环亲电反应的活化能力，因此此时偶联反应只能在弱酸条件下进行。

$C_6H_5N_2^+$ + $C_6H_5N(CH_3)_2$ —CH_3COONa/AcOH；pH 6~7→ C_6H_5—N═N—C_6H_4—$N(CH_3)_2$

对二甲氨基偶氮苯

如果偶联组分为酚，由于—O^-对芳环亲电取代的活化能力远高于—OH，此时反应适合在弱碱性条件下进行。

$C_6H_5N_2^+$ + C_6H_5OH —稀NaOH, 0℃；pH 7~8→ C_6H_5—N═N—C_6H_4—OH

对羟基偶氮苯

重氮盐与芳香伯、仲胺的反应也在中性或弱酸性介质中于低温下进行。偶联首先发生在电负性更大的氨基氮原子上，生成 1,3-二取代三氮烯（重氮氨基苯），其在酸性条件下可通过分子间的重排生成对氨基偶氮苯。

$ArN_2^+Cl^-$ + $C_6H_5\ddot{N}H_2$ → Ar—N═N—NH—C_6H_5

$ArN_2^+Cl^-$ + $C_6H_5\ddot{N}HMe$ → Ar—N═N—N(Me)—C_6H_5

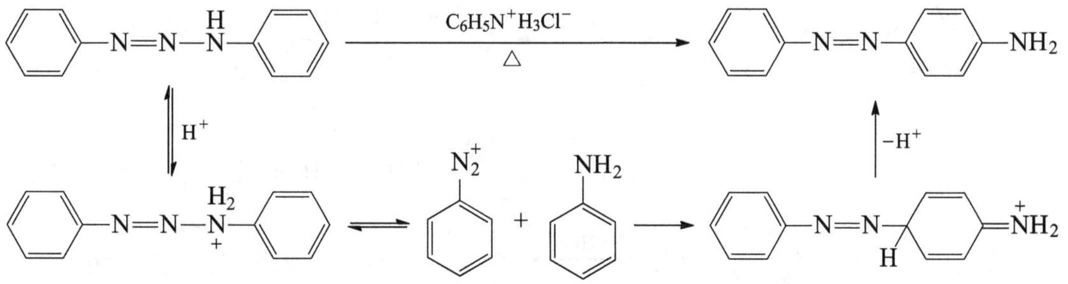

萘酚或萘胺也能与重氮盐发生偶联反应。若活化基团在 1 位，则偶联发生在 4 位，若 4 位被占据则也可偶联在 2 位（β 位）；若活化基团在 2 位，则偶联发生在 1 位，若 1 位被占据，则一般不发生偶联反应。

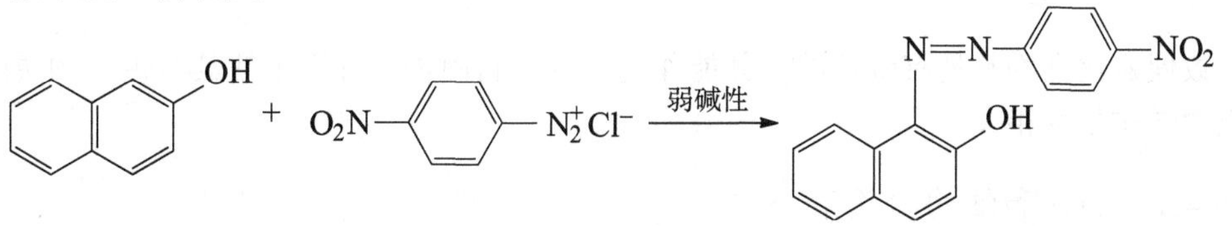

对位红

4-氨基-5-羟基萘-2, 7-二磺酸（简称 H 酸）与重氮盐偶联时，若在碱性条件下（pH > 7），偶联发生在羟基的邻位；在弱酸性条件下（pH < 7），偶联则发生在氨基的邻位。这与上述 pH 对反应的影响一致。

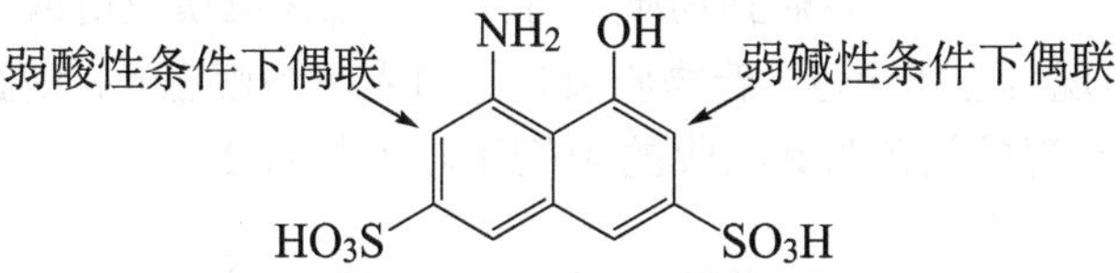

弱酸性条件下偶联　弱碱性条件下偶联

11.5.3.3　还原反应

很多试剂都能使重氮盐还原，形成相应的肼类衍生物，如用亚硫酸氢钠、亚硫酸钠等作还原剂：

$$ArN_2^+X^- \xrightarrow{NaHSO_3} [ArN{=}N{-}SO_3H] \xrightarrow{NaHSO_3} [ArNHNHSO_3H] \xrightarrow{H_3O^+} ArNHNH_2$$

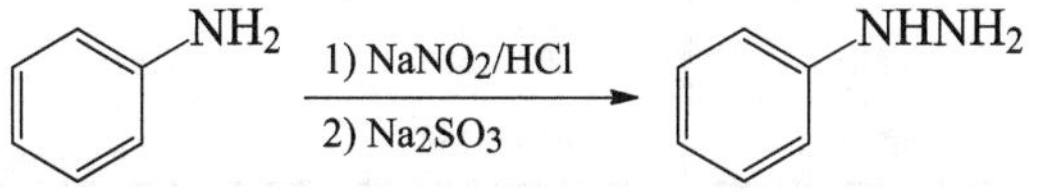

苯肼 (80%~84%)

连二亚硫酸钠（$Na_2S_2O_4$）、$SnCl_2$/HCl、Zn/HOAc 等体系也可使重氮盐还原成肼。苯肼再与亚硝酸反应，可生成叠氮化物。

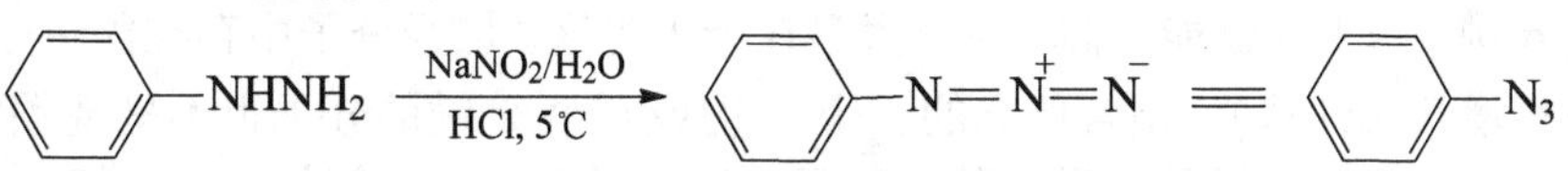

用 Zn/HCl 等更强的还原剂，则可将苯肼进一步还原成苯胺。

$$PhNHNH_2 \xrightarrow{Zn/HCl} PhNH_2 + NH_3$$

偶氮化合物可在相当于硝基苯还原的条件下（如 H_2/Ni、$SnCl_2$/HCl 等），被还原生成相应的伯胺。

$$C_6H_5-N=N-C_6H_4-N(CH_3)_2 \xrightarrow{H_2/Ni} C_6H_5-\overset{H}{N}-\overset{H}{N}-C_6H_4-N(CH_3)_2 \xrightarrow{H_2/Ni} C_6H_5-NH_2 + H_2N-C_6H_4-N(CH_3)_2$$

$$C_6H_5-N=N-C_6H_4-NH_2 \xrightarrow{Sn/HCl} C_6H_5-NH_2 + H_2N-C_6H_4-NH_2$$

因此，通过偶联反应得到偶氮化合物，然后将其还原，可在偶联组分中引入氨基。

11.5.4 染料和颜色

大多数偶氮化合物都是有颜色的，并能作为一种染料附着于纤维上使其着色。物质的颜色与其化学结构紧密相关。

11.5.4.1 颜色和结构的关系

可见光是电磁辐射中波长为400～800 nm范围的光，它由各种波长不同的单色光汇集而成。各单色光全部汇集在一起是白色的，当去掉其中某一种或某几种单色光后则显出其剩余的光的相应颜色。例如，当白光照射到物质上时，若全部被物质反射或透射（物质为透明体的情况），则该物质呈现白色或无色。若物质吸收了白光中的蓝色光，则我们看到的这个物质就是黄色的。物质所呈现的颜色与其吸收的颜色互补（表11.2）。

表11.2 物质吸收的光波和呈现的颜色

吸收波长/nm	吸收颜色	互补颜色（呈现颜色）	吸收波长/nm	吸收颜色	互补颜色（呈现颜色）
400～430	紫	绿-黄	530～570	黄-绿	紫
430～480	蓝	黄	570～580	黄	蓝
480～490	绿-蓝	橙	580～600	橙	绿-蓝
490～510	蓝-绿	红	600～680	红	蓝-绿
510～530	绿	紫红	680～750	紫红	绿

大多数有机化合物的吸收都发生在紫外光区，因而无色。例如，饱和有机化合物的分子中主要存在σ键。由于σ键能量高，吸收大多在紫外光区。烯烃分子中存在能量较低的π键，可使吸收波长增长（红移），但含孤立的一个π键或几个π键的分子也不呈现颜色，只有在共轭体系中，随共轭链的增长，吸收移向可见光区而呈现颜色。例如，$Ar\!-\!(CH\!=\!CH)_n\!-\!Ar$，随着化合物中共轭链的增长，π电子离域化范围增大，电子由$\pi\rightarrow\pi^*$的激发能降低，使吸收移向可见光区：

n	1	2	3	4	5	6	7	11	15
颜色	无	无	淡黄	黄绿	橙	橙	古铜	紫黑	绿黑

有些基团，当它们被引入一个共轭体系中时，可大大加强分子的极化，使吸收移向可见

光区，产生颜色。这些能够使物质产生颜色的基团称为生色团，它们大多是含有共轭多重键的基团。例如：

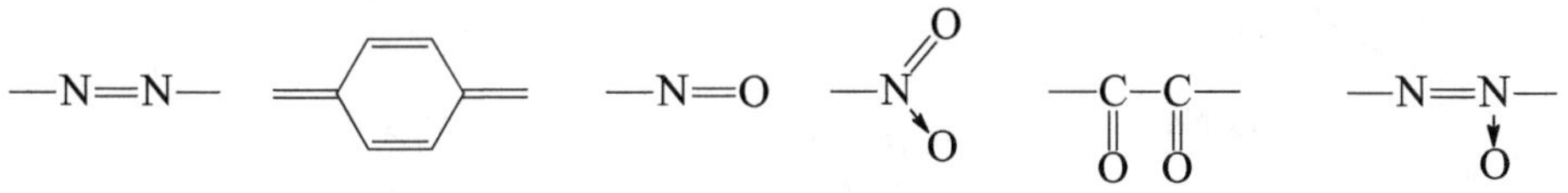

偶氮基　醌基　亚硝基　硝基　α-二羰基　氧化偶氮基

例如，下列化合物中含有生色团的物质都是有色物质：

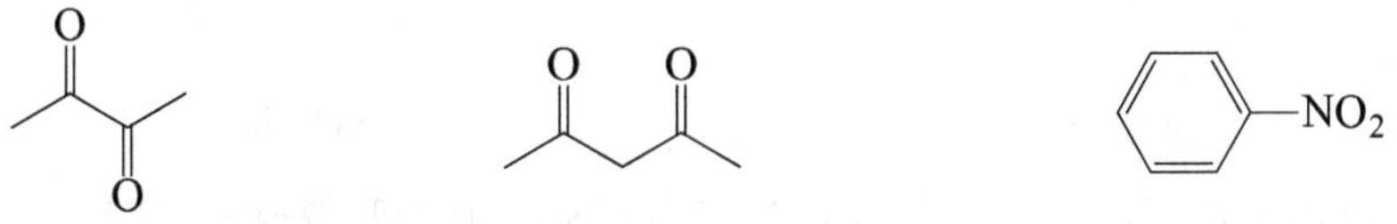

黄色　无色　黄色

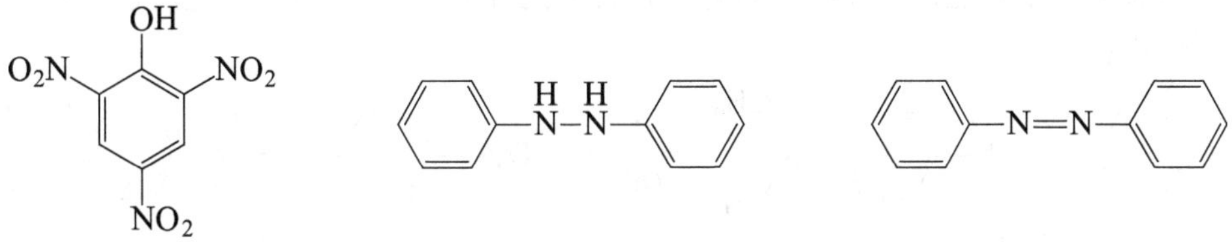

黄色　无色　黄色

另外一些基团，虽然它们不是生色团，但当它们被引入一个有色分子中时，往往能加深分子的颜色，这些基团大多带有孤对电子，如—NH_2、—NR_2、—OH、—OR 等。它们也能增加共轭体系的 π 电子离域而减小分子激发能，这些基团称为助色团。

11.5.4.2　染料

染料分子中除了含生色团外，还必须含有助色团。助色团不仅加深染料的颜色，而且由于它们大多是带酸性或碱性的基团，可增加染料的水溶性，从而增大纤维的着色力。染料的种类很多，可根据其染色的方法分类，也可按其分子结构进行分类。

根据分子结构，偶氮染料是其中一大类。例如，对羟基偶氮苯是一种橘黄色的染料；由对氨基偶氮苯重氮化与酚偶联制得的 4′-苯偶氮基-4-羟基偶氮苯，称为分散黄。这是一种很好的对聚酯纤维进行染色的染料。

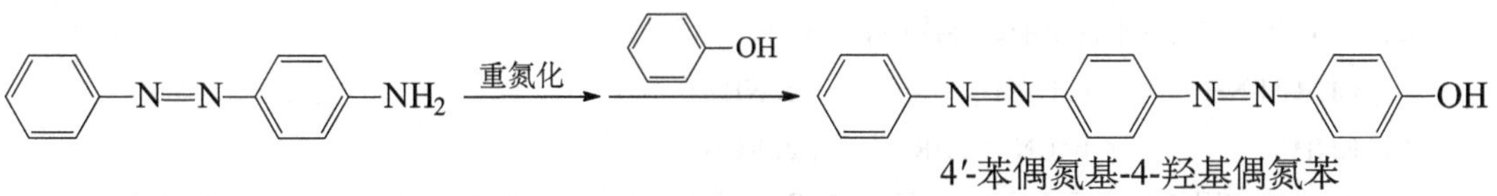

重氮化

4′-苯偶氮基-4-羟基偶氮苯

由联苯胺二重氮盐与 4-氨基萘-1-磺酸反应生成的二偶氮化合物，称为刚果红。它既可作为一种染料，也可作为一种酸碱指示剂。当 pH = 3 时显蓝色，pH 增加至 5.2 时则显红色。

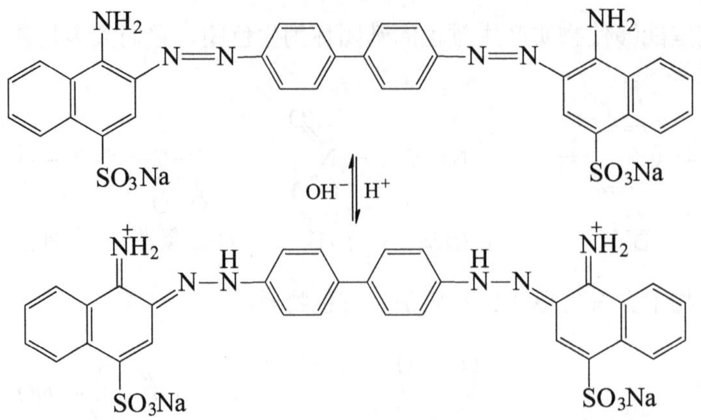

红色

$\rightleftharpoons$ OH^- / H^+

蓝色

另一种酸碱指示剂甲基橙的结构则是4′-二甲氨基-4-磺酸基偶氮苯。其在水溶液或在碱性条件下是以黄色离子存在，而在酸性条件下则转变为红色的醌式结构。甲基橙仅作为指示剂而不能用作染料。

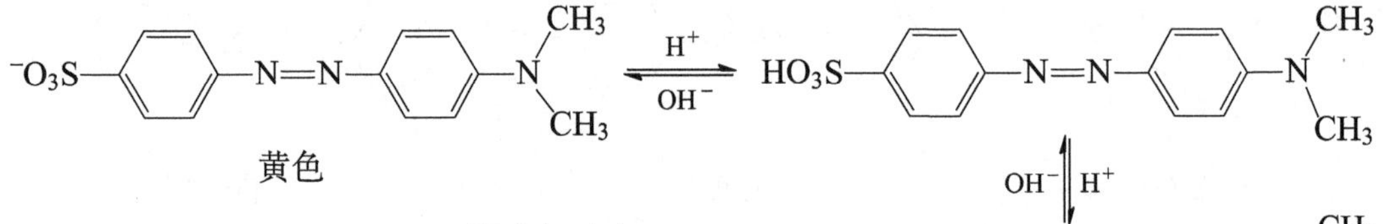

黄色

pH: 3.1~ 4.4
红　黄

红色

关于染料的其他类型，由于篇幅所限，本书不再作介绍。

习　题

11.1　命名下列胺，并按三类胺或季铵盐分类。

(1) $(CH_3)_3N$　(2) 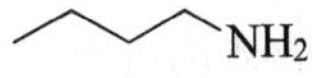 正丁胺骨架式 $-NH_2$　(3) 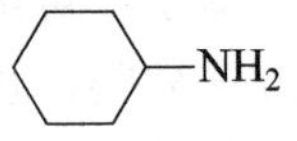 环己基 $-NH_2$

(4) 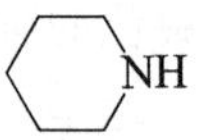 哌啶 NH　(5) 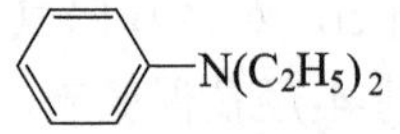 $C_6H_5-N(C_2H_5)_2$　(6) $(CH_3)_3N^+HCl^-$

(7) $(CH_3)_4N^+I^-$　(8) $CH_3CH{=}CHCH_2NHC_2H_5$

11.2　(1) 排列下列各组物质的碱性次序。

① a. $CH_3CH_2NH_2$　b. $PhNH_2$　c. NH_3

② a. RNH_2　b. $RN{=}CHR$　c. RCN

(2) 比较具有相同相对分子质量的正丙胺和三甲胺的沸点和溶解度的相对大小，并作简单解释。

11.3　写出下列反应（如果发生）的产物。

(1) 甲乙胺 $+H_2SO_4$　(2) 三乙胺 $+H_2O_2$，然后加热

(3) 苯胺 + 溴水　(4) 苯酚 $+CH_2N_2$

(5) *N*-甲基苯胺 $+HNO_2$　(6) 三甲胺 $+CH_3COCl$

(7) 二甲胺 $+PhSO_2Cl/OH^-$　(8) 2, 4-戊二酮 $+CH_2N_2$

11.4　完成下列反应（填写各步主要产物并给出必要构型）。

(1) $\triangleright$—$CH_2NH_2 \xrightarrow{HNO_2}$

(2) $PhCH_2CH_2N^+(CH_3)_2CH_2CH_3\ OH^- \xrightarrow{150℃}$

(3) $^*CH_2{=}CHCH_2N(CH_3)_2$ + $PhCOCH_2Br \longrightarrow A \xrightarrow{NaOH} B \xrightarrow{PhCH_2Br} C$

C $\xrightarrow{1)\ Ag_2O/H_2O;\ 2)\ 加热}$ D(胺) + E($C_{11}H_{10}O$, 含标记碳原子)

(4) (1R,2S)-1-$\overset{+}{N}(CH_3)_3$-2-CH_3-环己烷 $\xrightarrow[\triangle]{OH^-}$

(5) $CH_3CH_2NH_2$ + HCHO $\xrightarrow{HCOOH}$

(6) CH_3CH_2CHO + $CH_2N_2 \longrightarrow$

(7) O_2N—C_6H_4—OH $\xrightarrow{C_2H_5Br,\ OH^-} A \xrightarrow{Fe,\ HCl} B \xrightarrow{(CH_3CO)_2O} C$

(8) 2-甲基环己酮 $\xrightarrow[-H_2O]{四氢吡咯,\ H^+} A \xrightarrow[2)\ H_2O]{1)\ CH_2{=}CHCN} B \xrightarrow{H_2,\ Pd} C \xrightarrow{H_2,\ Ni} D$

(9) 顺-2-丁烯 $\xrightarrow[2)\ H_2O_2,\ OH^-]{1)\ B_2D_6} A \xrightarrow{PhSO_2Cl} B \xrightarrow[EtOH]{NaN_3} C \xrightarrow{LiAlH_4} D$

$\xrightarrow[HCOOH]{HCHO} E \xrightarrow{H_2O_2} F \xrightarrow{150℃}$ 3-氘代丁-1-烯

11.5　一级胺与氯仿和氢氧化钾的醇溶液反应，生成异腈（腈的异构体）。

$$RNH_2 + CHCl_3 + 3KOH \longrightarrow R\overset{+}{N}{\equiv}\overset{-}{C} + 3KCl + 3H_2O$$

这个反应称为异腈反应，写出其反应机理。

11.6　写出下列反应的机理。

(1) $H_2NCONH_2 + Cl_2 + NaOH \longrightarrow NH_2NH_2$

(2) 2,3-二甲基环丁酮 $\xrightarrow{CH_2N_2}$ 3,4-二甲基环戊酮

(3) $\triangleright$—COCl + $NaN_3 \longrightarrow \triangleright$—$CON_3 \xrightarrow[\triangle]{H_2O} \triangleright$—$NH_2$

11.7　用苯或甲苯为原料，合成下列化合物。

(1) 碘苯 (C_6H_5I)　(2) 对溴苯甲腈 (Br—C_6H_4—CN)　(3) 对氨基苯甲酸 (H_2N—C_6H_4—COOH)

(4) 间甲基苯酚 (H_3C—C_6H_4—OH)　(5) 苄胺 ($C_6H_5CH_2NH_2$)　(6) 2-氯甲苯 (CH_3, Cl)

(7) 4-氟-3-硝基甲苯 (H_3C, NO_2, F)　(8) 间氯溴苯 (Cl, Br)　(9) 1,3,5-三溴苯 (Br, Br, Br)　(10) 3,5-二氯甲苯 (CH_3, Cl, Cl)

11.8　实现下列转变或合成。

(1) (R)-辛-2-醇转变为(S)-辛-2-胺；

(2) 环戊酮转变为环己酮；

(3) 苯甲酸转变为苯乙酸；

(4) 由苯合成 4, 4′-二氯联苯；

(5) 由甲基苯胺（任选其异构体）合成 2, 2′-二甲基-4-硝基-4′-氨基偶氮苯。

11.9　鉴别下列三类胺。

(1) A $\xrightarrow[\text{NaOH, H}_2\text{O}]{\text{PhSO}_2\text{Cl}}$ 溶液 $\xrightarrow{\text{H}_3\text{O}^+}$ 不溶性固体

(2) A $\xrightarrow[\text{NaOH, H}_2\text{O}]{\text{PhSO}_2\text{Cl}}$ 不溶性油状物 $\xrightarrow{\text{H}_3\text{O}^+}$ 溶液

(3) A $\xrightarrow[\text{NaOH, H}_2\text{O}]{\text{PhSO}_2\text{Cl}}$ 不溶性固体 $\xrightarrow{\text{H}_3\text{O}^+}$ 无变化

11.10　化合物 A 是一种局部麻醉剂（$C_{13}H_{20}O_2N_2$），不溶于水和稀 NaOH，但溶于稀 HCl。经 $NaNO_2$ 和 HCl 处理，再用 β-萘酚处理，生成一种有色固体产物。A 与 NaOH 一起煮沸（A 慢慢溶解），经乙醚提取，水层酸化，得到白色固体 B（继续加酸 B 又溶解）。分离 B，测得其熔点为 187℃，分子式为 $C_7H_7O_2N$。乙醚层挥发后得到 C（$C_6H_{15}ON$），C 的水溶液使石蕊变蓝。经乙酸处理，C 变为 D（$C_8H_{17}O_2N$），D 不溶于水和稀碱，但溶于稀 HCl。C 可由二乙胺与环氧乙烷反应制得。写出 A、B、C、D 的结构式。

11.11　化合物 $C_{17}H_{35}N$ 能与两分子 CH_3I 发生彻底甲基化，产物与 AgOH 共热，得到下列三种物质，写出原化合物结构式。

$(CH_2)_{10}CH_3$　$N(CH_3)_2$　+　$(CH_2)_{10}CH_3$　$N(CH_3)_2$　+　$(CH_2)_9CH_3$　$N(CH_3)_2$

第 12 章　测定有机化合物结构的物理方法

用于有机化合物结构测定的各种近代仪器方法的发展，对于有机化学的发展起了极大的推动作用，目前已成为鉴定有机化合物结构不可缺少的工具。与化学方法相比，现代物理方法具有快速、准确、样品用量少等优点。

本章仅对质谱、紫外-可见光谱、红外光谱、核磁共振波谱等的基本原理和图谱解析作简要介绍。

12.1　质 谱 简 介

12.1.1　质谱的基本原理

质谱常用 MS（mass spectrometry）表示。质谱并非光谱，它是一个按物质质量大小次序排列而成的质量谱。质量是物质的基本属性，通过物质的质量，可以辨认物质。质谱法测定的特点是仅用极少量的化合物（$\sim 10^{-9}$ g），即可记录到其质量谱，从而得到有关化合物的相对分子质量、分子式及结构信息。质谱法能得以迅速发展，得益于仪器的不断更新换代，质谱与计算机、气相色谱和液相色谱的联用，已成为用途广泛的定性和定量方法。

质谱法是在一个高真空系统的质谱仪中使气态物质电离并碎裂的分析方法。其工作原理如图 12.1 所示。样品经气化后进入离子化区，在离子化区受到由灯丝加热产生的电子束的轰击，样品离子化并碎裂，形成带正电荷的离子，通过离子加速区进入磁场（或称为磁分析器），带电粒子在磁场中受洛伦兹力作用，产生弧形弯曲运动，按离子的质量不同而分离，分离后

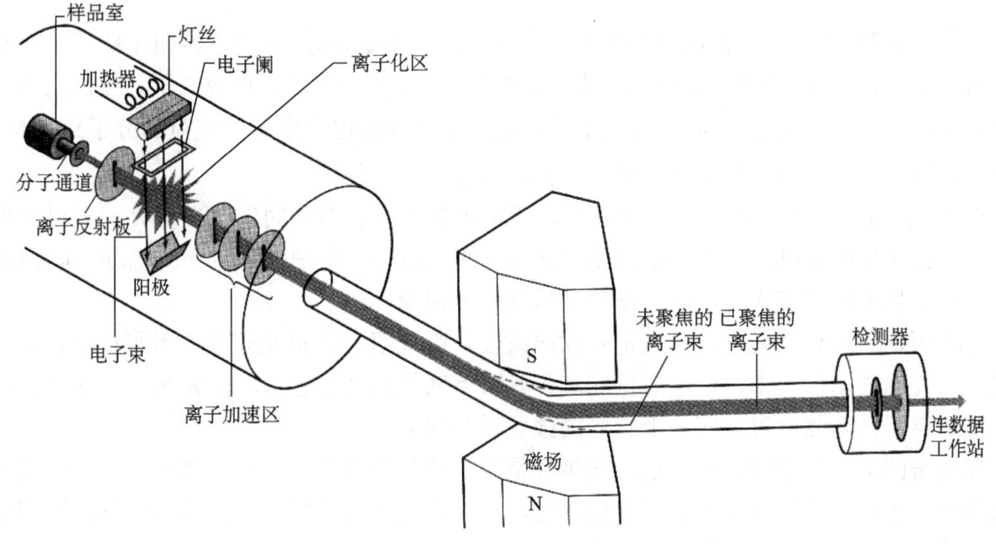

图 12.1　质谱仪工作原理示意图

的离子依质量大小次序经过检测器、放大器，然后到达记录器，按强度记录得到质谱。为了降低离子与系统中存留气体分子碰撞的能量损失，需要使系统保持在高真空下（～10^{-3} Pa）进行分析。

有机分子的电离势一般为 8～15 eV，但通常是使用具有过剩能量（50～70 eV）的电子进行轰击，以使有机分子不仅电离形成分子离子，而且在足够能量的电子轰击下，分子离子进一步碎裂形成一种与能量传递无关而重现性良好的碎裂谱线。若用“e”代表电子束，则有机分子 M 的离子化、碎裂可表示如下：

$$M + \text{“e”} \longrightarrow 2e + M^{+\cdot} \begin{cases} \xrightarrow{-B\cdot} A^{+} \xrightarrow{-D} C^{+} \longrightarrow \cdots \\ \xrightarrow{-H} E^{+\cdot} \xrightarrow{-G\cdot} F^{+} \longrightarrow \cdots \end{cases}$$

式中：$M^{+\cdot}$代表分子离子，它是中性分子 M 失去一个电子后的单电子正离子；A^+、C^+、E^+及F^+都称为碎片离子；B·、D、G·、H 等则是不带电荷的中性碎片。

在电场中，正离子得到加速，动能等于其位能，如式(12-1)所示。在磁场中，带电离子受洛伦兹力作用，以半径 R 做圆弧运动，此时，向心力（即洛伦兹力：Hev）等于离心力$\left(\dfrac{mv^2}{R}\right)$，如式(12-2)所示。

$$eV = \frac{1}{2}mv^2 \tag{12-1}$$

$$Hev = \frac{mv^2}{R} \tag{12-2}$$

式中：V、H、m、e、v 分别为离子的加速电位、磁场强度、离子的质量、电荷和离子的运动速度。两式消去 v，可得

$$\frac{m}{e} = \frac{H^2R^2}{2V} \tag{12-3}$$

式(12-3)即为质谱所依据的基本公式。其中 m/e 称为质荷比。从离子源出来的离子通常都是一价正离子，$e = 1$，因此 $m/e = m$。偶尔有失去 2 个、3 个电子，形成二价、三价正离子的情况，此时可能产生 $m/2e$、$m/3e$ 的离子峰。电离室中有时也产生带负电荷的分子离子$M^{-\cdot}$，但通过加速正离子的电场只能使正离子得到加速进入磁分析器。

在式(12-3)中，当 V 和 H 一定时，不同质量的离子可取不同的运动半径 R 而得以分离，此即为质谱作用的基础。一般质谱仪是固定 R，变动磁场（磁扫描）或变动电场（电扫描），以使不同质量的离子依次通过同一出口并按其强度记录。

对于固定磁场和电场进行直接记录的质谱仪，则采用一个感光底片，用照相法记录不同半径。在外加磁场作用下，不同质量的离子具有不同的运动半径 R，按 R 大小次序排列的不同质量的离子，其强度可从底片上感光的强弱反映出来。

在质谱图上，横坐标是 m/e 值，纵坐标是离子的相对强度。常将各离子峰转换成线条，形成条图式图谱，线条高度即代表峰的强度，最高线条称为基峰，以其作为标准计算得到其他各峰的相对高度百分数，称为相对丰度。离子流越多，丰度越大。基峰的丰度是 100%。图 12.2 是甲烷质谱的表格式和条图式表达。

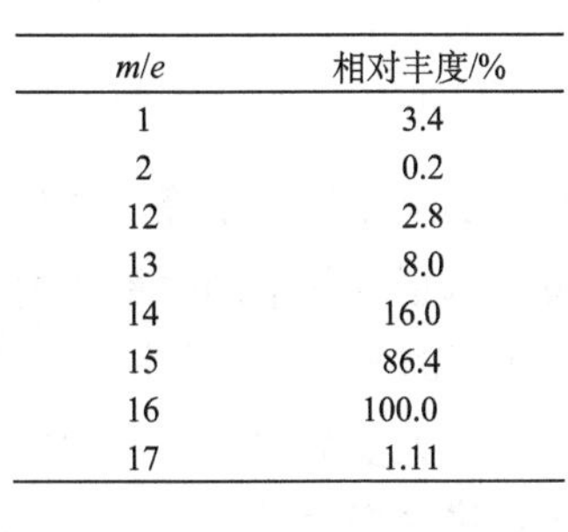

m/e	相对丰度/%
1	3.4
2	0.2
12	2.8
13	8.0
14	16.0
15	86.4
16	100.0
17	1.11

(a) 表格式

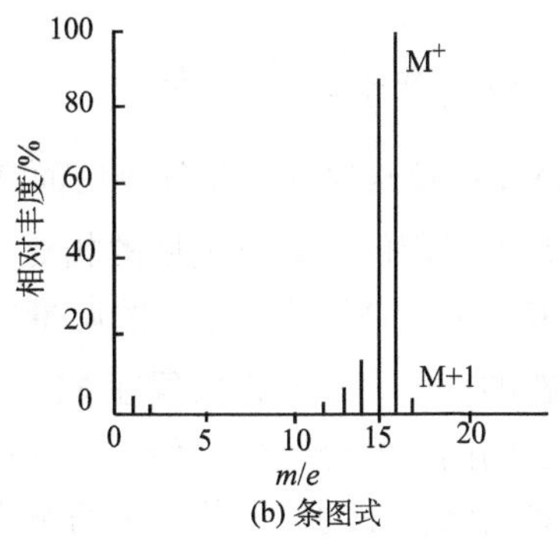

(b) 条图式

图 12.2　甲烷的质谱

表格式质谱能更细致地表示不同质荷比下的相对丰度，缺点是不像条图那样一目了然。

12.1.2　相对分子质量和分子的测定

12.1.2.1　精确质量测定法

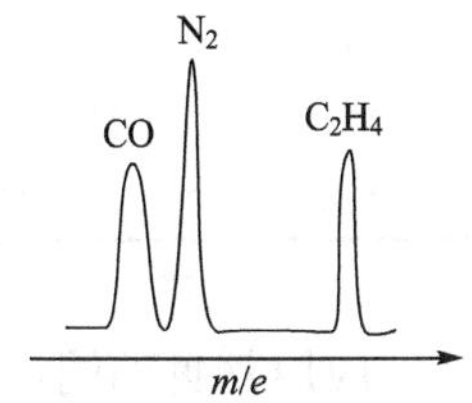

图 12.3　三种化合物混合物的高分辨质谱图

在能量过剩的电子轰击下，虽然分子离子会进一步碎裂，但大多数化合物的 $M^{+\cdot}$ 峰都能出现在谱图上，$M^{+\cdot}$ 总是处于高质量端，它所在处的质量数即为该化合物的相对分子质量。但有些化合物具有相同的整数相对分子质量。例如，CO、N_2、C_2H_4 的整数相对分子质量都是 28，在一个低分辨质谱仪上是区分不开的。只有使用高分辨质谱仪测定每个化合物的精确相对分子质量后，才可达到区分并确认每一个化合物的目的。由于各元素的精确质量并非都是整数，例如，以 ^{12}C = 12.0000 作为标准，^{16}O = 15.994916，^{14}N = 14.003050，^{1}H = 1.007825，由精确相对原子质量计算得到的精确相对分子质量如下：

CO：27.9949；N_2：28.0061；C_2H_4：28.0314

这种微小的质量差，只有在高分辨质谱仪①上才能分开，如图 12.3 所示。

① 质谱仪的性能，常根据其分辨率和灵敏度确定。

灵敏度：仪器出现信号的强度和样品用量的关系。相同样品用量下，信号越强，灵敏度越高。同一个样品常以不同灵敏度进行测定，这样，可用高灵敏度检定低强度离子，低灵敏度检定高强度离子。

分辨率：表明仪器分辨各峰的能力，是相邻两峰被分离程度的标志。如图 12.4 所示，A 恰好分开；B 分辨不清。通常把两峰重叠部分称为峰谷，并认为当峰谷为全峰高度的 10%时，两峰恰好分开，此时相邻两个丰度大体相等的峰的质量差 $m_2 - m_1 = \Delta m$，称为可分辨的最小质量差。并定义仪器的分辨率（resolution）R 为离子的质量与可分辨的最小质量差的比：

$$R = \frac{m_1}{m_2 - m_1} = \frac{m_1}{\Delta m} \qquad m_1 < m_2$$

仪器的分辨率越高，能够得以分离的两峰质量差越小。

在 CO、N_2、C_2H_4 之间最小质量差是 0.0112，27.9949/0.0112 ≈ 2500，因此只要仪器的分辨率 R 大于 2500，就能使它们清晰地分辨开。

一般低分辨率仪器的 R 在 1000 左右，这足以使相对分子质量在 1000 以下，质量相差为 1 的两峰分开。高分辨率仪器的 R 可达 10000 以上，甚至达到 100000 或 150000。

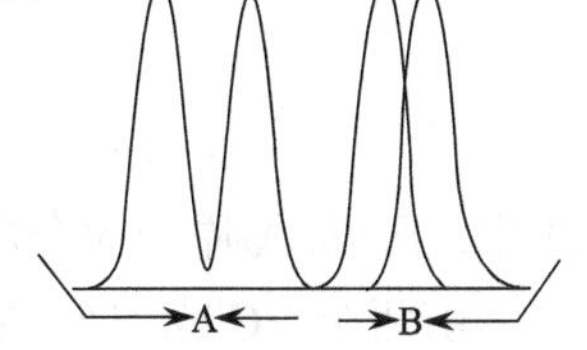

图 12.4　相邻两峰的分离程度

12.1.2.2　同位素丰度分析法

质谱图除 $M^{+\cdot}$ 峰及碎片外，在各峰后面常有多 1 或 2 个 *m/e* 的小峰，这是由很多元素都有重同位素存在所引起的。通常使用的相对分子质量为包括这些重同位素在内的元素平均相对原子质量之和。而在质谱中，$M^{+\cdot}$ 的质量仅代表各元素的某一个多数同位素的质量和，反映重同位素存在的分子离子峰则出现在 M+1、M+2…处。大多数常见元素的重同位素含量甚微，所以表现出的同位素峰很弱，但它们能够提供决定化合物分子式的信息。采用质谱法已测定了很多元素天然存在的重同位素的百分含量，称为同位素自然丰度，见表 12.1。

表 12.1　常见元素的各同位素自然丰度(%)

同位素	自然丰度	同位素	自然丰度	同位素	自然丰度
^{1}H	99.985	^{16}O	99.759	^{19}F	100
^{2}H	0.015	^{17}O	0.037	^{35}Cl	75.53
^{12}C	98.893	^{18}O	0.204	^{37}Cl	24.47
^{13}C	1.107	^{32}S	95.0	^{79}Br	50.54
^{14}N	99.634	^{33}S	0.76	^{81}Br	49.46
^{15}N	0.366	^{34}S	4.22	^{127}I	100

应用常见的同位素自然丰度表，可计算各化合物的 M+1、M+2 等峰的丰度。

例如，丁烷，*m/e* 58 的峰是由 ^{12}C、^{1}H 等多数同位素组成的 M 峰。*m/e* 59 则是丁烷的 M+1 同位素峰。M+1 峰的丰度是由同位素 ^{13}C 和 ^{2}H 按不同的组合方式所得到的总丰度。一个 ^{13}C 对 M+1 峰的丰度贡献为 1.1%（这是一个粗略数字，将 ^{12}C 的丰度看作 100%时，^{13}C 的丰度约为 1.1%）。4 个碳原子就有 4 次提供 ^{13}C 组成 M+1 分子的机会，所以 4 个碳原子对 M+1 峰的丰度贡献应为 $4 \times 1.1\%$。同样，将 ^{1}H 丰度看作 100%时，^{2}H 的丰度约为 0.015%，10 个氢原子对 M+1 峰的丰度贡献为 $10 \times 0.015\%$。因此，丁烷中 M+1 峰的组成和丰度计算可见表 12.2。

表 12.2　丁烷中 M+1 峰的组成及丰度计算

M+1 的组成	丰度/%	总丰度/%
$^{13}C_1 + {}^{12}C_3 + {}^{1}H_{10} = 59$	$1.1\% \times 4 = 4.4$	4.55
$^{12}C_4 + {}^{2}H_1 + {}^{1}H_9 = 59$	$0.015\% \times 10 = 0.15$	

因此可用下述关系式来计算 M+1 峰的相对丰度：

$$\frac{[M+1]}{[M]}(\%) = \sum [n_A \times (M+1)_A\%] \qquad (12\text{-}4)$$

式中：n_A 为 A 原子的个数；$(M+1)_A\%$为该原子的 M+1 型同位素的自然丰度（表 12.1）。

由两个 ^{13}C 或一个 ^{13}C 和一个 ^{2}H，或两个 ^{2}H 组合得到的 M+2 峰，也可根据它们可能的排列组合方式计算各同位素对 M+2 峰的丰度贡献。例如，由两个 ^{13}C 参加构成的分子的一种组合中，对 M+2 的丰度贡献应为$(1.1\%)^2$，这个很小的值在含碳数较少的分子中常忽略不计。

同样，由两个 ^{2}H 参加，或一个 ^{2}H 和一个 ^{13}C 参加构成的分子的一种组合对 M+2 的丰度贡献分别为$(0.015\%)^2$ 和 $0.015\% \times 1.1\%$，它们的值都很小，可忽略。若分子中存在氧原子，由于 ^{18}O 的自然丰度较大，它在分子中对 M+2 峰的丰度贡献一般不能忽略。例如，乙醇的 M、M+1、M+2 峰的丰度计算可见表 12.3。

表 12.3　乙醇及其同位素峰的丰度计算

各同位素在乙醇分子中的组合	*m/e*	丰度/%	总丰度/%
$^{12}C_2{}^{1}H_6{}^{16}O$	46(M)	100	100(M)
$^{13}C_1{}^{12}C_1{}^{1}H_6{}^{16}O$	47(M+1)	1.1×2	
$^{12}C_2{}^{1}H_5{}^{2}H_1{}^{16}O$	47(M+1)	0.015×6	2.33(M+1)
$^{12}C_2{}^{1}H_6{}^{17}O$	47(M+1)	0.037	
$^{12}C_2{}^{1}H_6{}^{18}O$	48(M+2)	0.204	0.204(M+2)

由于 ^{2}H 和 ^{17}O 的自然丰度很小，对于只含 C、H、N、O 的有机化合物，式(12-4)可简化为

$$\frac{[M+1]}{[M]}(\%) = n_C \times 1.1\% + n_N \times 0.37\%$$

当分子不含氮原子或已用其他方法确定了含氮数后，可直接根据质谱图上 M 峰和 M+1 峰的相对丰度，按上述公式粗略计算含碳数。例如，从质谱图上得知一个有机化合物的 M（*m/e* 32）相对丰度是 66%，*m/e* 33 和 *m/e* 34 的相对丰度分别是 0.98%及 0.14%。要确定该化合物的分子式，可将 M 的相对丰度先换算至 100：

离子峰（*m/e*）	M (32)	M+1 (33)	M+2 (34)
相对丰度（测得）/%	66	0.98	0.14
相对丰度（换算）/%	100	1.49	0.21

可知$[M+1]/[M] = 1.49\%$，因此碳原子数为 $1.49/1.1 \approx 1$，该分子应只含 1 个碳原子。另外$[M+2]/[M] = 0.21\%$，因为 ^{13}C 和 ^{2}H 对 M+2 贡献很小，可以判断分子中很可能含有 1 个氧原子。除去 1 个碳原子和 1 个氧原子后，相对分子质量剩余 4，只可能是 4 个氢原子，因此可推测该化合物为 CH_4O（甲醇）。

1963 年贝农（Beynon）和威廉姆斯（Williams）出版了用于质谱的同位素丰度表，表中计算了 *m/e* 为 500 以下含 C、H、N、O 的有机化合物的[M+1]、[M+2]对于[M]的相对丰度，以及与此相对丰度对应的离子的可能组成。因此，根据谱图上出现的 M、M+1 及 M+2 峰的相对丰度查表，可以估计该化合物的组成，并确定其分子式。

对于含有 Cl、Br、S 等元素的分子，利用质谱法推定它们的存在状况是很有用的。因为这些元素的重同位素含量较多，并表现为在 M+2、M+4 等处有特定的同位素离子峰。例如：

含一个氯原子

$$\frac{[M+2]}{[M]} = \frac{24.47}{75.53} \approx 1:3$$

含一个溴原子

$$\frac{[M+2]}{[M]} = \frac{49.46}{50.54} \approx 1:1$$

因此，根据质谱图上[M]与[M+2]峰的比例特征可辩认分子中可能存在的这些元素及它们的原子数目。

12.1.3　质谱法推测分子结构

12.1.3.1　碎片图谱分析

记录并研究碎片离子及其断裂方式，可以获得有关分子结构的重要信息。分子离子断裂情况是比较复杂的，但仍有一定的规律性。碎裂通常容易从较弱的键开始，并倾向形成更稳定的正离子或中性碎片。同一种物质总是能够得到重现性很好的碎裂波谱。

分子离子的开裂，主要是简单开裂和重排开裂，可通过下面几类化合物开裂的具体例子进行讨论。

1. 烷烃的开裂及其质谱

直链烷烃一般沿碳链进行简单碎裂（仅有键的断裂而没有结构改变的碎裂），从而得到一系列奇数质量峰。

$$RCH_2CH_2CH_2CH_3^{\urcorner\dot{+}} \xrightarrow{-CH_3\dot{C}H_2} RCH_2CH_2^+ \xrightarrow{-CH_2} RCH_2^+ \xrightarrow{-CH_2} \cdots$$

符号“$\dot{+}$”或“+”若不便定位在某一个原子上时，可用一个小方括号“˥”放在离子的右上角，用“˥$\dot{+}$”表示单电子正离子，符号“˥+”表示正离子。

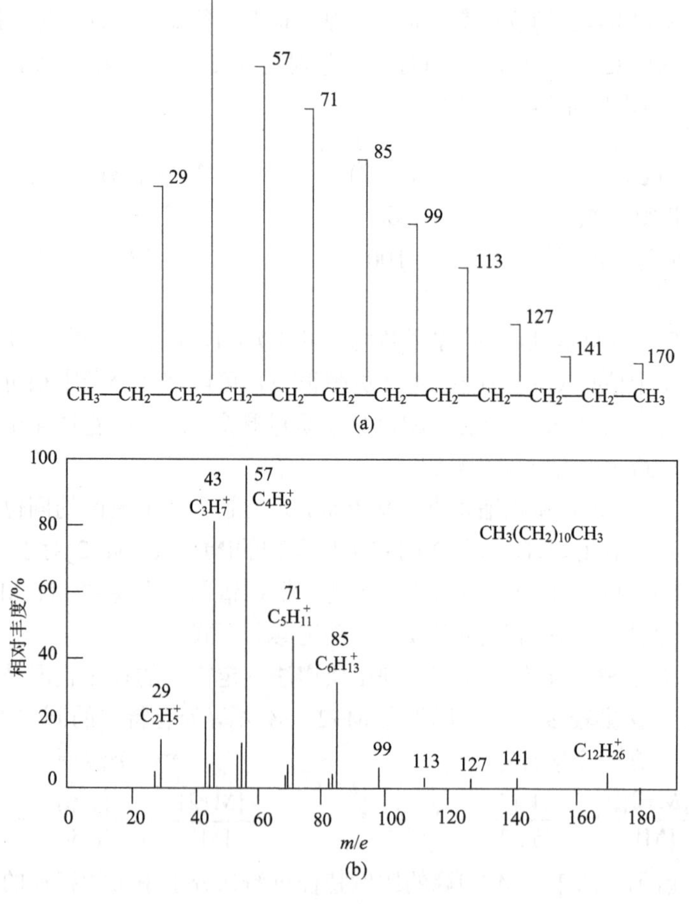

图 12.5　正十二烷的碎裂（a）和质谱（b）

对于直链烷烃，链越长，分子离子峰的丰度越小。其碎片峰中，以 $C_3H_7^+$（$m/e = 43$）和 $C_4H_9^+$（$m/e = 57$）离子峰最稳定，丰度最大。因此，直链烷烃的质谱是很有规律的，以 $C_3H_7^+$ 或 $C_4H_9^+$ 离子峰为基峰，每隔 14 个质量单位（CH_2）出现一个峰，并随碳原子数增加，丰度逐渐减弱。图 12.5（a）是正十二烷的碎裂情况，（b）图为其质谱谱图。从谱图可见每隔 14 个质量单位都有一个碎片离子。但由于碳链的增长，丰度减弱，以致在图谱上有的峰看不到。正十二烷的 M^+ 在 m/e 170 处，丰度是 4%。质谱图上除了 M+1、M+2 等同位素峰以外，也常常出现去掉 1 个或 2 个氢原子的 M–1 或 M–2 峰。

支链烷烃的质谱峰与直链烷烃不同，碎裂常首先发生在支链处。这和碳正离子的稳定性有关。图 12.6 是 2-甲基戊烷的质谱图。

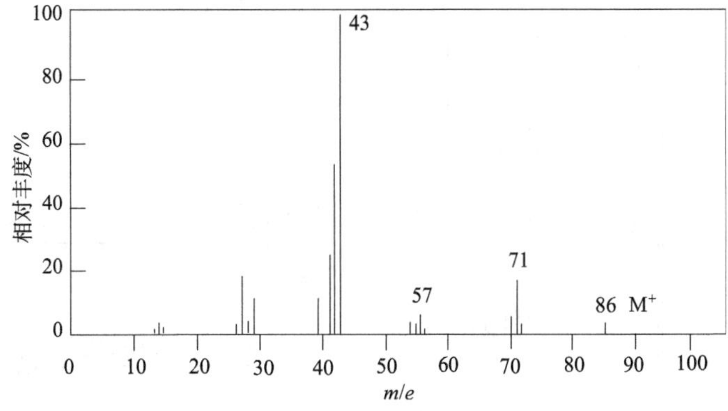

图 12.6　2-甲基戊烷的质谱图

2-甲基戊烷的可能断裂方式如下所示：

$$\underset{m/e\ 86}{CH_3CH_2CH_2\overset{\overset{\displaystyle CH_3}{|}}{C}HCH_3^{\urcorner\dot{+}}} \longrightarrow \underset{m/e\ 43}{CH_3\overset{\overset{\displaystyle CH_3}{|}}{C}H^+} + \underset{m/e\ 71}{CH_3CH_2CH_2\overset{\overset{\displaystyle CH_3}{|}}{C}H^+} + \underset{m/e\ 57}{CH_3\overset{\overset{\displaystyle CH_3}{|}}{C}HCH_2^+}$$

2. 烯烃和芳烃的开裂

单烯烃的 $M^{\dot{+}}$ 峰一般都能检测到，并倾向于烯丙基型简单开裂。

$$H_2C{=}\underset{H}{C}{-}\overset{H_2}{C}{-}R^{\urcorner\dot{+}} \xrightarrow{-R^{\bullet}} \underset{(C_nH_{2n-1})\ \ m/e\ 41}{H_2C{=}\underset{H}{C}{-}\overset{+}{C}H_2} \longleftrightarrow H_2\overset{+}{C}{-}\underset{H}{C}{=}CH_2$$

在有 γ-H 存在的情况下，烯烃可能发生经由六元环状过渡态的自由基重排开裂，该重排称为麦氏（McLafferty）重排，其他含双键的化合物也可发生类似重排。因此，烯烃的质谱中常有 C_nH_{2n-1} 及 C_nH_{2n} 等系列峰。

$$\text{[R(H)C–H···CHR'=CH–CH}_2\text{–H}_2\text{C 六元环过渡态]}^{\urcorner\dot{+}} \longrightarrow \underset{CH_2}{\overset{R}{CH}}\!\!\parallel + \underset{CH_2}{CHCH_2R'}\!\!\parallel^{\urcorner\dot{+}}$$

由于芳环的稳定性，苯及其同系物的分子离子峰很强。芳烃碳原子占比较大，通常还伴有较明显的 M+1 及 M+2 同位素离子峰。烃基取代的芳烃首先在 α-碳原子上断裂，倾向于形成苄基型碎片。

$C_6H_5CH_3^{+\cdot}$ / $C_6H_5CH_2R^{+\cdot}$ ⟶ [$C_6H_5\overset{+}{C}H_2$ ⇌ $C_7H_7^+$] $\xrightarrow{-C_2H_2}$ $C_5H_5^+$ $\xrightarrow{-C_2H_2}$ $C_3H_5^+$

m/e 91　　m/e 65　　m/e 39

存在γ-H 的芳烃也可以发生麦氏重排开裂。图 12.7 是正丁基苯的质谱图。

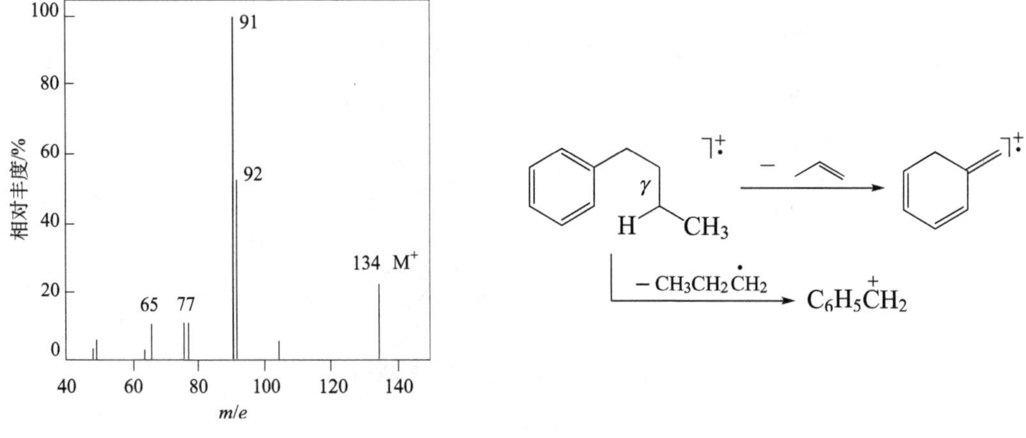

图 12.7　正丁基苯的质谱图

3. 醇、醚、醛、酮、羧酸等含氧化合物的开裂

含杂原子的化合物正离子通常都处于杂原子上，并由杂原子引起开裂。

醇类化合物易脱水碎裂，M^+峰很弱，甚至看不到，主要发生 α-开裂（与杂原子相邻的是 α-碳原子）。图 12.8 是 2-甲基丁-2-醇的质谱图，其开裂方式如下所示。

$H_3CH_2C-C(\overset{+\cdot}{O}H)(CH_3)-CH_3$ $\xrightarrow{-CH_3^{\cdot}}$ $CH_3C(=\overset{+}{O}H)CH_2CH_3$　m/e 73 (M−15)

$H_3CH_2C-C(\overset{+\cdot}{O}H)(CH_3)-CH_3$ $\xrightarrow{-CH_3CH_2^{\cdot}}$ $CH_3C(=\overset{+}{O}H)CH_3$　m/e 59 (基峰)

$H_3CH_2C-C(\overset{+\cdot}{O}H)(CH_3)-CH_3$ $\xrightarrow{-H_2O}$ $CH_3CH{=}C(CH_3)_2^{+\cdot}$　m/e 70 (M−18) $\xrightarrow{-CH_3^{\cdot}}$ $CH_3CH{=}\overset{+}{C}CH_3$　m/e 55

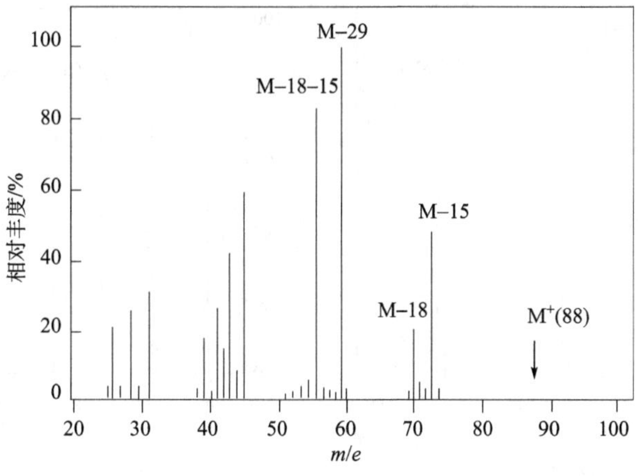

图 12.8　2-甲基丁-2-醇的质谱图

醚类化合物的 $M^{+\cdot}$ 峰也较弱，主要进行 α-开裂。

$$CH_3CH_2-\underset{CH_3}{\overset{H}{C}}-\overset{+\cdot}{O}-CH_2CH_3 \longrightarrow \underset{m/e\ 73}{CH_3CH=\overset{+}{O}-CH_2CH_3} + \underset{m/e\ 87}{CH_3CH_2-\underset{CH_3}{\overset{H}{C}}-\overset{+}{O}=CH_2}$$

在可能的条件下，β-氢原子进行四元环状过渡态的重排也很明显。

$$RH_2C\overset{+\cdot}{O}-CH_2(H-CHR') \xrightarrow{-(CH_2=CHR')} RCH_2-\overset{+\cdot}{O}H \longrightarrow \underset{m/e\ 31\ (\text{基峰})}{CH_2=\overset{+}{O}H} + R\cdot$$

脂肪族醛和酮具有一定强度的分子离子峰，并倾向于 α-开裂。

$$\underset{m/e\ 43}{CH_3CH_2\overset{+}{C}H_2} + \underset{m/e\ 29}{CH\overset{+}{O}} \xleftarrow{\alpha\text{-断裂}} \underset{m/e\ 72}{H_2C(H)-H_2C-\underset{H_2}{C}-CH=\overset{+\cdot}{O}} \xrightarrow[\alpha\text{-断裂}]{-H\cdot} \underset{(M-1)}{CH_3CH_2CH_2C\equiv\overset{+}{O}}$$

$$\underset{m/e\ 43}{CH_2=CH\overset{+}{O}} \xleftarrow{-H\cdot} \underset{m/e\ 44\ (\text{基峰})}{CH_2=\underset{H}{C}-OH]^{+\cdot}} \xleftarrow{\text{麦氏重排}} m/e\ 72 \xrightarrow{-H_2O} \underset{(M-18)}{H_2C-\overset{+}{C}H,\ H\dot{C}-CH_2}$$

$$R-\overset{O}{\overset{\|}{C}}-R']^{+\cdot} \longrightarrow RC\equiv O^{+}\ \text{或}\ R'C\equiv O^{+} \xrightarrow{-CO} R^{+}\ \text{或}\ R'^{+}$$

图 12.9 和图 12.10 分别为正丁醛和辛-4-酮的质谱图。

羧酸及其衍生物一般呈弱 M^+ 峰，并随相对分子质量升高，强度减弱。这类化合物的常见开裂方式如下所示。

$$R-\overset{O}{\overset{\|}{C}}-Z]^{+\cdot} \xrightarrow{-Z\cdot} RC\equiv\overset{+}{O} \longrightarrow R^{+} + CO$$

$$R-\overset{O}{\overset{\|}{C}}-Z]^{+\cdot} \xrightarrow{-R\cdot} \{O=C=Z]^{+} \longleftrightarrow \overset{+}{O}\equiv C-Z\}$$

Z=OH, OR, NH_2

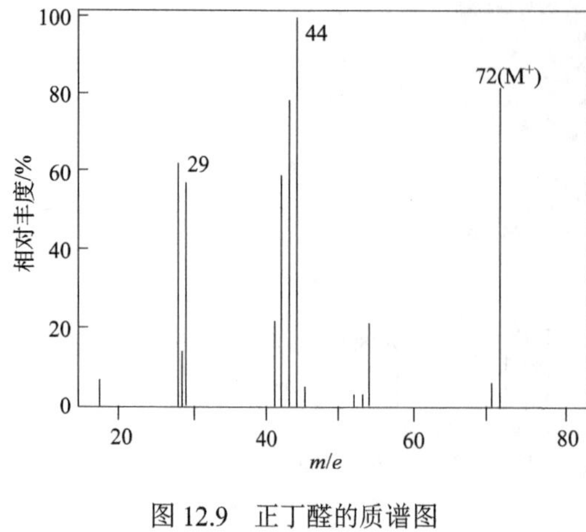

图 12.9　正丁醛的质谱图

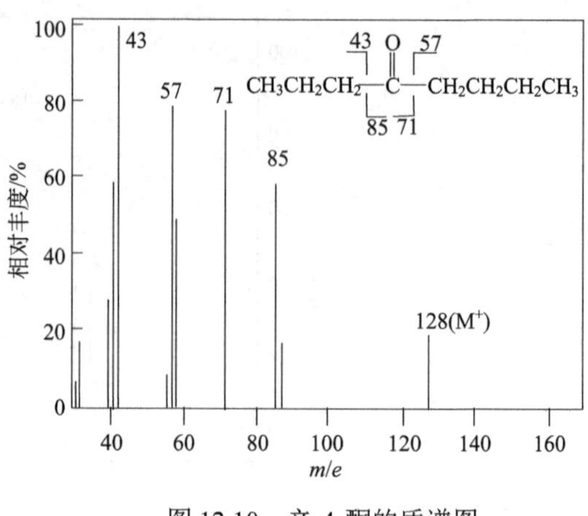

图 12.10　辛-4-酮的质谱图

12.1.3.2　亚稳离子

质谱图上有时会出现一种低强度的宽峰，称为亚稳离子峰。它们的形成是由于少数离子有时碎裂慢，其碎裂不发生在电离室，而发生在从加速器到记录器的整个途径中。例如，一个离子以 m_1 的形式加速，然后碎裂成 m_2 的形式，若碎裂发生在加速电场和磁场之间，在磁场中按 m_2 离子分离。则它们到达记录器时，既不按 m_1 离子记录，也不按 m_2 离子记录，而是按 m^*的质量记录，其值为$(m_2)^2 / m_1$。

m^*离子即称为亚稳离子，它对推测结构很有帮助。亚稳离子峰是低强度宽峰，其宽度常跨至几个质量单位，m^*仅是一个平均值。m^*的存在，表明存在着由母离子 m_1 到子离子 m_2 的断裂关系。m_1 与 m_2 之间的质量差，提供了此断裂所产生的中性碎片的结构信息，并可由此推断离子的分裂方式。

如果 m^*峰出现在最高质量端或次高质量端，则说明在 m^*之后还有更大质量的峰没有出现。因为按照 m^*的计算方法，$m^* < m_2 < m_1$，所以可借 m^*与母离子或子离子的关系寻找质量更大的分子离子。

12.1.3.3　未知物的结构鉴定

首先，从质谱上的同位素离子峰的丰度比例关系，可推测有无 C、H、N、O 以外的其他具有特征同位素元素的存在（如 Cl、Br、S 等元素）。

根据分子离子 $M^{+\cdot}$ 所在位置可求得相对分子质量。但要注意：$M^{+\cdot}$ 峰有时很难辩认，或者强度很低，或者根本不出现，这需要做很多其他确认 $M^{+\cdot}$ 峰的工作。各类化合物的分子离子的稳定性顺序大致为：醇 < 酸 < 胺 < 酯 < 醚 < 直链烃 < 羰基化合物 < 脂环 < 烯 < 共轭烯 < 芳烃。

因此，根据分子离子峰的丰度，可粗略估计该化合物的类型。分子离子越稳定，则丰度越大。再根据同位素丰度法或其他方法确定分子式。在确定分子式方面，不饱和度的计算和氮规律是很有用的。其中，不饱和度的计算可参见第 4 章。

氮规律可概括为：具有偶数相对分子质量的分子，只可能含偶数个氮原子或者不含氮原子。具有奇数相对分子质量的分子一般含有奇数个氮原子。这个规律是从绝大多数含 C、H、

N、O、卤素、S、P 等的有机化合物分子中总结出来的行之有效的规律，可用于确定分子中是否含氮原子及其数目。

最后，从质谱图上找出几个强度较高的主要峰，注意有无亚稳离子峰。分析碎片离子的可能结构，再按各类化合物的裂分规律，粗略估计分子的结构。或者将待分析的图谱与标准图谱对照，以确定分子的结构。

12.2　紫外-可见光谱

12.2.1　基本原理

紫外-可见光谱（ultraviolet-visible spectroscopy）简写为 UV-Vis。其与红外光谱、核磁共振波谱都是吸收光谱。紫外光谱仪是最早应用来测定有机化合物结构的光谱仪。

电磁波按其波长不同，分为不同的区域。常用的紫外-可见光谱仪，能够测量近紫外区（$\lambda = 200\sim400$ nm）和可见光区（$\lambda = 400\sim800$ nm）的光波吸收。具有共轭结构的分子，吸收大多在这个区域。

12.2.1.1　电子跃迁

根据波长、频率和能量的关系：

$$\nu = \frac{c}{\lambda} \qquad E = h\nu$$

紫外吸收的能量为 293～1254 kJ/mol，它正好在价电子跃迁所需要的能量范围内，所以紫外光谱研究的是电子状态的改变，又称为电子光谱。

有机化合物吸收紫外光或可见光后，引起处于基态的 n、π 或 σ 电子向能量更高的反键轨道 π^*和 σ^*跃迁。归纳起来，几种跃迁类型如图 12.11 所示。各种跃迁所需的能量大小顺序为：$\sigma \rightarrow \sigma^* > n \rightarrow \sigma^* > \pi \rightarrow \pi^* > n \rightarrow \pi^*$。

电子的跃迁都是量子化的，当电磁辐射的能量 $h\nu$ 恰好等于跃迁所需要的能量 ΔE 时，就发生吸收跃迁，吸收信号反映在记录器上，得到吸收图谱。图 12.12 是乙烯的基态和激发态。电子跃迁后，自旋方向不变的激发态称为单线态；跃迁后，电子自旋方向改变，使两个电子自旋平行的激发态称为三线态。紫外吸收的跃迁都是单线态的跃迁。

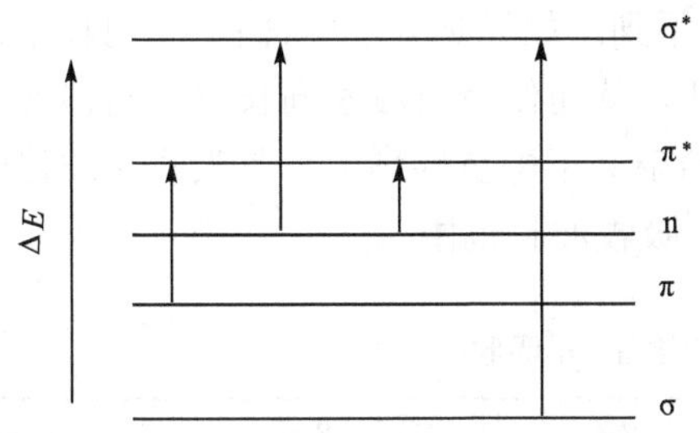

图 12.11　各种电子跃迁的相对能量

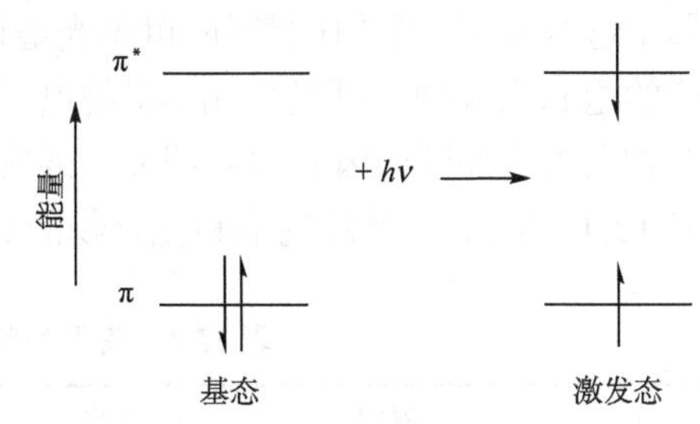

图 12.12　乙烯的基态和激发态

12.2.1.2　紫外-可见光谱的表达方式

电子能级跃迁的同时，会引起许多振动能级改变，所以紫外-可见光谱图上是波长范围较宽的吸收带，通常用 λ_{max} 表示吸收强度最大处的波长，称为最大吸收波长。谱图上，横坐标表示吸收波长 λ（nm），纵坐标表示吸收强度。一般用吸光度（A）表示强度，也可以用消光系数 ε 或 $\lg\varepsilon$ 表示强度。按朗伯-比尔（Lambert-Beer）定律：

$$A = -\lg\frac{I}{I_0} = \varepsilon cL$$

式中：I_0 和 I 分别为入射光和透过光的强度；c 为样品的浓度；L 为样品池的长度（即光通过样品溶液的距离）。

典型的紫外吸收光谱如图 12.13 所示。

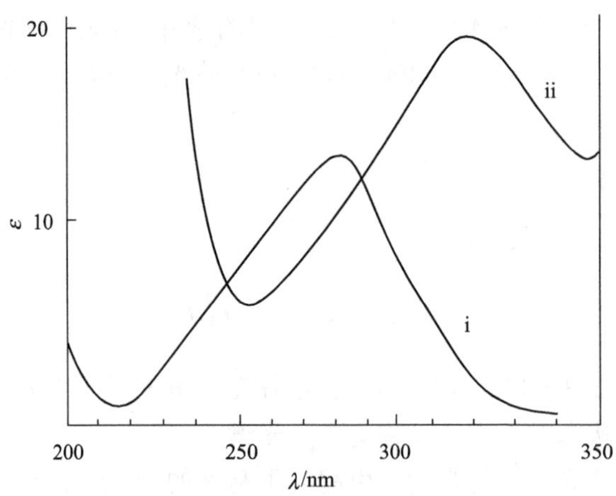

图 12.13　丙酮(i)和甲基乙烯基酮(ii)在环己烷溶液中的紫外吸收光谱

12.2.2　各类化合物的电子跃迁

12.2.2.1　饱和有机化合物

饱和烃类化合物只存在 C—C 键和 C—H 键。其 $\sigma\rightarrow\sigma^*$ 跃迁所产生的吸收波长在 150 nm 以下，属于远紫外区，常用的紫外-可见光谱记录不到。如果是分子中含有 O、N、S、卤素等杂原子的饱和化合物，可发生 $n\rightarrow\sigma^*$ 的电子跃迁，从而使吸收波长向长波方向移动。但是这类化合物在近紫外区的吸收也不明显。通常，随杂原子电负性增大，其吸收光波移向短波方向。表 12.4 列出了几类常见饱和化合物的 $n\rightarrow\sigma^*$ 吸收波长范围。

表 12.4　常见饱和化合物 $n\rightarrow\sigma^*$ 吸收

化合物	ROH	ROR	R_2NH	R_2S	CH_3I
λ_{max}/nm	180～185	180～185	199～200	210～215	～258
$\lg\varepsilon$	2.5	2.5	3.4	3.1	2.6

12.2.2.2　不饱和脂肪族化合物

不饱和烃具有 π 电子。单烯烃的 $\pi\rightarrow\pi^*$跃迁大多也在远紫外区。但共轭烯烃的电子激发能比简单烯烃的激发能更小，可使吸收移向长波，这种现象称为红移。共轭链越长，红移越明显。图 12.14 表明了丁-1, 3-二烯和己-1, 3, 5-三烯的电子跃迁情况。

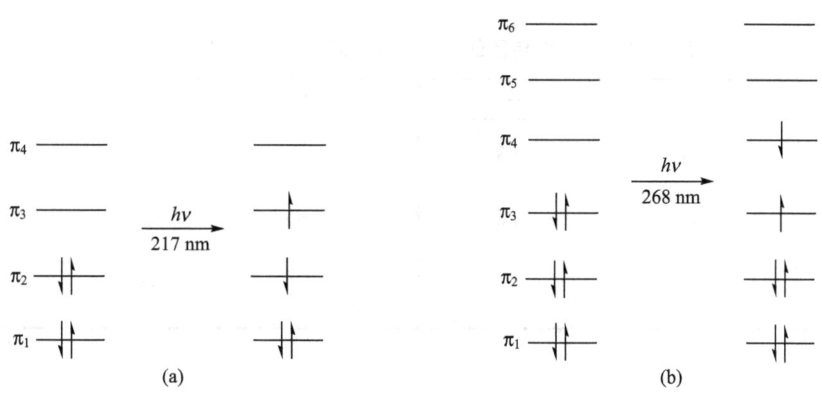

图 12.14　丁-1, 3-二烯（a）和己-1, 3, 5-三烯（b）的电子跃迁

对于双键和孤对电子同时存在的基团，如 C═O、C═S、N═O、N═N 等，除了 $\pi\rightarrow\pi^*$跃迁外，还有 $n\rightarrow\pi^*$跃迁。图 12.15 是丙酮和甲基乙烯基酮的 $\pi\rightarrow\pi^*$和 $n\rightarrow\pi^*$跃迁的能级图。

化合物	$\lambda_{max,\ n\rightarrow\pi^*}$/nm	$\lambda_{max,\ \pi\rightarrow\pi^*}$/nm
CH_3COCH_3	270（$\varepsilon\approx10\sim30$）	187（$\varepsilon\approx1000$）
$CH_3COCH═CH_2$	324（$\varepsilon\approx30$）	219（$\varepsilon\approx18000$）

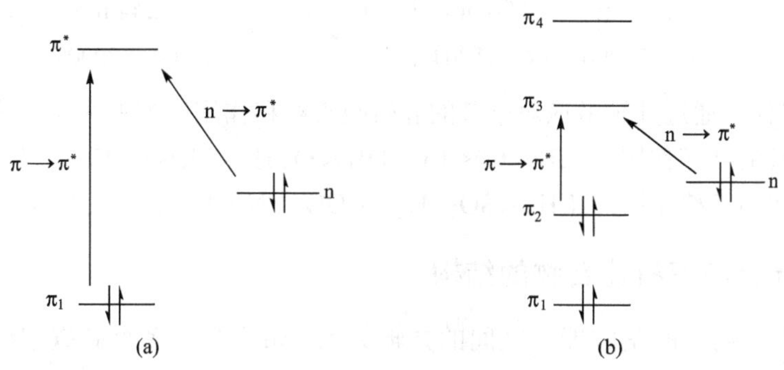

图 12.15　丙酮（a）和甲基乙烯基酮（b）的 $\pi\rightarrow\pi^*$及 $n\rightarrow\pi^*$跃迁

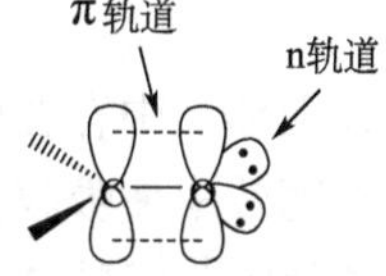

图 12.16　羰基的 n 轨道和 π 轨道

虽然 $h\nu\,(\pi\rightarrow\pi^*)>h\nu\,(n\rightarrow\pi^*)$，即 $n\rightarrow\pi^*$跃迁的吸收波长更长，但其吸收强度却比 $\pi\rightarrow\pi^*$弱得多。这是因为发生跃迁的两个相关轨道应尽可能处于空间的相同区域内，两个轨道在空间的重叠程度越大，跃迁越容易。图 12.16 表明了羰基的 n 轨道和 π 轨道的形状及其在空间的区域。显然，n 和 π^*两个

轨道在空间的重叠区远小于 π 和 π^*的重叠区。所以 $n\rightarrow\pi^*$跃迁的能量虽然较低，强度却很弱。这种发生在不同空间区域的电子跃迁称为禁阻跃迁。

在近紫外-可见光区（200～800 nm）出现吸收的原子团称为紫外-可见光谱的发色团。紫外光谱的发色团大多是含有双键的共轭结构，并以 $n\rightarrow\pi^*$或 $\pi\rightarrow\pi^*$跃迁为特征。表 12.5 是常见的含有杂原子双键的紫外光谱发色团的 $n\rightarrow\pi^*$跃迁吸收。

表 12.5 一些发色团的 $n\rightarrow\pi^*$跃迁吸收（在脂肪烃中）

发色团	λ_{max}/nm	lg ε	发色团	λ_{max}/nm	lg ε
>C=O	280	1.3	—N=N	350	1.1
>C=S	500	1.0	—N=O	660	1.3
>C=N	204	2.2	>N=O	270	1.3

12.2.2.3 芳香族化合物

苯及其衍生物都具有环状共轭体系，在紫外光谱中存在三个吸收带。苯的第 I 带的 λ_{max} = 184 nm（ε = 4700），在真空紫外区；第 II 带的 λ_{max} = 204 nm（ε = 6800）；第 III 带的 λ_{max} = 255 nm（ε = 230）。其中第 I 、II 带是强吸收带，而第 III 带是弱吸收带，是由 $\pi\rightarrow\pi^*$跃迁和振动效应的重叠而引起的一系列小峰，其中心集中在 λ_{max} = 255 nm，称为精细结构吸收带。当苯环上有取代基时，精细结构带的各小峰可能简化，吸收强度增加，同时产生红移。特别是在含有未共用电子对或具有 π 电子的基团取代时，这种效应更强。例如：

	II 带	III 带		II 带	III 带
C_6H_5CHO（苯甲醛）	244 nm (ε=15000)	280 nm (ε=1500)	$C_6H_5CH=CH_2$（苯乙烯）	244 nm (ε=12000)	282 nm (ε=450)

一些常见取代基通过共轭效应对于苯的 II 带吸收红移作用影响的大小次序如下：

+C 效应引起的红移作用：$CH_3 < Cl < Br < OH < OCH_3 < NH_2 < O^-$。

–C 效应引起的红移作用：$N^+H_3 < SO_2NH_2 < COO^-/CN < COOH < COCH_3 < CHO < NO_2$。

12.2.3 紫外光谱与有机化合物的结构

紫外光谱主要揭示的是官能团之间的共轭关系，如两个或多个碳碳双键的共轭、碳碳双键和碳氧双键以及和芳环之间的共轭。共轭体系中，无论是 $\pi\rightarrow\pi^*$还是 $n\rightarrow\pi^*$的跃迁吸收，相比孤立双键，吸收发生红移。表 12.6 是几个共轭烯烃和共轭不饱和醛、酮的 $\pi\rightarrow\pi^*$吸收。

在共轭体系中存在烷基时，超共轭效应会使 $\pi\rightarrow\pi^*$的吸收发生红移。与一般共轭效应比较，超共轭效应使吸收波长红移的程度虽然不大，但对化合物结构的鉴定是很有用的。一般一个甲基使吸收峰的波长大约增加 5 nm。

表 12.6　一些共轭体系的 $\pi \to \pi^*$ 吸收

共轭二烯	λ_{max}/nm	共轭不饱和醛酮	λ_{max}/nm
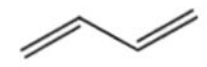	217 (己烷中)	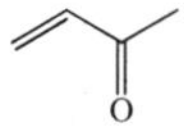	219
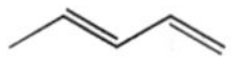	220	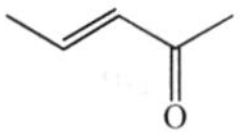	224
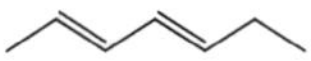	223.5	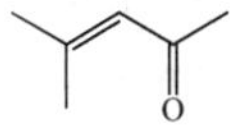	235
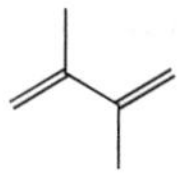	226	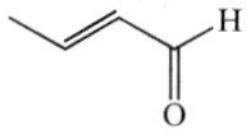	220
		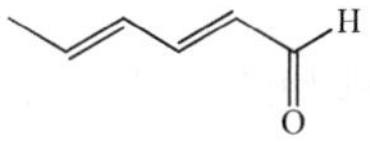	270
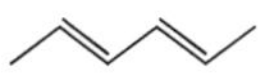	227	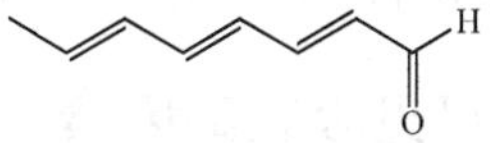	312

总结各类取代基对具有共轭结构的化合物的 $\pi \to \pi^*$ 跃迁的影响，可得到经验规律——伍德沃德（Woodward）规律：选择具有一定结构的共轭体系作为母体，共轭体系连接不同取代基后所增加的波长与母体结构的波长相加，即可计算得到该化合物的最大吸收波长（λ_{max}）。对于共轭二烯衍生物，伍德沃德经验规律见表 12.7。

表 12.7　共轭二烯 $\pi \to \pi^*$ 跃迁吸收波长的经验规律（溶剂：乙醇）

母体结构（基值）	取代基	增值/nm
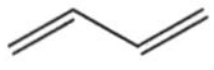 （214nm）非同环二烯	延长双键	30
	环外双键 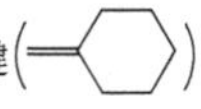	5
	R (烷基)	5
	OAc	0
 （253nm）同环二烯	OR	6
	Cl, Br	5
	SR	30
	NR_2	60

以下是两个应用伍德沃德规律的实例。

同环二烯母体：253 nm

2 个烷基（a,b）：2 × 5 nm

计算值 λ_{max} = 263 nm

实测值 λ_{max} = 265 nm

非同环二烯母体：214 nm

1 个环外双键（a）：5 nm

3 个烷基（b,c,d）：3 × 5 nm

计算值 λ_{max} = 234 nm

实测值 λ_{max} = 234 nm

对于母体为共轭不饱和醛、酮的伍德沃德规律，取代基在不同位置（如羰基的 α、β、γ 位等），对最大吸收波长的影响也不同。此处不再介绍。

12.2.4　影响紫外-可见吸收的因素

很多因素都可能影响紫外-可见吸收，如溶剂、酸碱性、氢键以及空间因素等。

紫外-可见吸收光谱使用的一般是仅含 σ 键或非共轭 π 键的紫外透明溶剂，如乙醇、甲醇、水、己烷、庚烷、乙腈等。对于 $\pi\rightarrow\pi^*$跃迁，电子处于激发态比处于基态离核更远，激发态的极性比基态更大。因此，极性溶剂有利于 π 电子的激发，$\pi\rightarrow\pi^*$吸收随溶剂极性增大而发生红移。在 $n\rightarrow\pi^*$跃迁中，基态的极性比激发态强，极性溶剂特别是质子溶剂会使 n 电子质子化，从而降低了基态能量，使 $n\rightarrow\pi^*$的能级差增大，吸收移向短波（蓝移）。能够形成氢键的溶剂也通过氢键使 n 电子稳定，吸收发生蓝移。图 12.17 中（a）和（b）分别表示溶剂对 $n\rightarrow\pi^*$和 $\pi\rightarrow\pi^*$跃迁的影响。

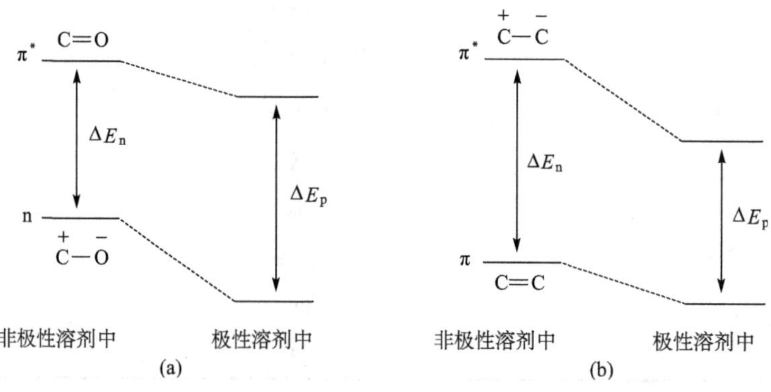

图 12.17　溶剂对 $n\rightarrow\pi^*$（a）和 $\pi\rightarrow\pi^*$（b）跃迁的影响

苯的某些衍生物如苯酚、苯胺对溶剂 pH 的改变特别敏感。苯酚在酸性条件下，吸收无明显变化；但在碱性条件下，由于生成酚盐，表现出很强的供电效应而产生红移。苯胺在碱性条件下无明显变化，但在酸性溶剂中，则由于生成铵盐而产生蓝移。因此，根据溶剂中 pH 变化而引起的 λ_{max} 位移情况，可推断化合物中是否含有上述基团。

空间因素可通过对共轭体系共平面性的影响而改变紫外吸收位置。例如，空间位阻使顺-二苯乙烯的共平面性比反-二苯乙烯差，从而使共轭作用减弱，吸收发生蓝移，而且强度减弱。这是一个普遍现象，称为空间效应，如图 12.18 所示。其他一些具有顺、反异构体及共轭结构的有机化合物也表现出类似性质。

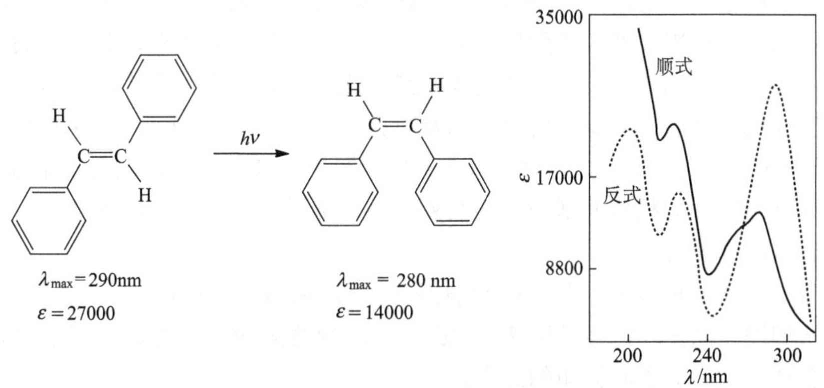

图 12.18　顺、反-二苯乙烯的紫外吸收光谱

12.3　红 外 光 谱

12.3.1　基本原理

12.3.1.1　红外光谱谱图简介

红外光谱（infrared spectroscopy，IR）可用于检测有机化合物的官能团，并推测分子结构。红外吸收主要发生在中红外区，波长为 2.5×10^{-4}～2.5×10^{-3} cm（2500～25000 nm）。和紫外-可见光谱一样，红外光谱也是直接在谱图上表示出对特定波长的光波的吸收。但其横坐标并非波长，而是常用波数（σ）来表示，σ 为波长 λ 的倒数，因此红外吸收的波数范围为 400～4000 cm^{-1}，显然，波数和光的频率、能量成正比。红外谱图的纵坐标大多用透过率表示。T（%）=（I/I_0）×100%，其值在 0～1，吸收越大，T 值越小。因此，红外光谱中的吸收峰是向下的谷。

12.3.1.2　分子的振动与红外吸收的产生

红外光谱吸收光波的能量相当于 4～40 kJ/mol 的激发能，由它引起的是分子振动能级的跃迁。分子中各原子或基团的相对位置不是固定不变的。一个原子可以在三度空间运动，每一个运动称为一个自由度。由 n 个原子组成的分子，就有 $3n$ 个自由度，其中有三个自由度是整个分子向三度空间的三个方向的平移运动，另有三个自由度是围绕该分子的不同轴发生的转动运动，其余自由度则均为分子中由价键连接的两个原子间的振动运动。因此，具有 n 个原子的分子有 $3n$–6 个振动自由度，但线型分子只有 $3n$–5 个振动自由度（因为此时围绕分子的键轴转动时，原子的相对位置没有变化）。

分子的每一个振动自由度对应一个红外吸收带，但并非所有振动自由度都能产生红外吸收带，红外吸收跃迁必须遵循一定的选择规律。

第一，跃迁是在两个相邻的振动能级之间发生，此时吸收的红外光的频率 ν_0 称为振动的基本频率（简称基频）。有时也可能产生向更高振动能级跃迁的倍频振动，即出现在大约 $2\nu_0$、$3\nu_0$ 处的倍频吸收，但其强度很小。

第二，只有伴随偶极矩改变（$\Delta\mu \neq 0$）的振动跃迁才是允许的，此时，振动的偶极和红外的电磁场彼此发生作用。偶极矩变化越大，吸收强度也越大。因此，分子中的强极性基团会产生特别强的吸收。例如，羰基、硝基等在红外光谱中表现为强吸收峰。而非极性基团，如对称取代的烯烃、炔烃、偶氮化合物，以及对称双原子分子如 H_2、N_2、Cl_2 等，其振动跃迁不引起偶极矩改变（$\Delta\mu = 0$），因此它们是红外禁阻的，在红外光谱上看不到吸收。

此外，具有相同振动频率的基团，其红外吸收可能重叠。所以实际的红外吸收带常常少于分子的振动自由度数目。

多原子分子的振动形式分为两类：伸缩振动和弯曲振动。伸缩振动（ν）是指原子间沿键轴方向伸长和缩短的振动，会引起键长的改变；而弯曲振动（δ）则是原子沿垂直于键轴的各个方向的振动，通常会引起键角的改变。

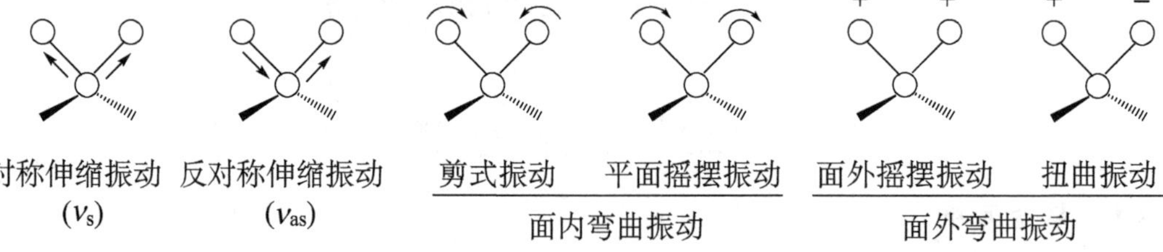

12.3.1.3　振动频率与力常数

伸缩振动使键长发生改变，需要的能量较高，其振动频率与振动原子的质量和键强度的关系，可借用谐振动中的胡克（Hooke）定律来描述。

$$\nu = \frac{1}{2\pi}\sqrt{\frac{k}{\mu}} \qquad \mu = \frac{m_1 m_2}{m_1 + m_2}$$

式中：k 为力常数，其大小与键能和键长有关。键能越大或键长越短，k 值越大，吸收峰频率 ν 越高。μ 为质量为 m_1 和 m_2 的成键原子的折合质量，μ 值越大，则吸收波数越小。一些碳碳键和碳氢键的伸缩振动吸收见表 12.8。

表 12.8　一些键伸缩振动的吸收波数

键型	吸收波数/cm^{-1}	键型	吸收波数/cm^{-1}
C—C	～1300	C—H	～3000
C═C	～1600	C—D	～2600
C≡C	～2200		

一般来讲，单键的 k 值为 4～6，双键的 k 值为 8～12，三键的 k 值则为 12～18。所以，伸缩振动的红外吸收波数大小关系应该是三键 > 双键 > 单键。而对于含氢原子的单键，由于其 μ 值较小，伸缩振动吸收也位于高波数段。

同一种键或同一基团位于不同化合物中，其键能和键长会略有不同，因而红外吸收的位置也稍有不同。但作为相同基团，也会相对稳定地出现在某一吸收区。一般化学键或官能团的伸缩振动吸收，由于力常数大，吸收多出现在 1500 cm^{-1} 以上的高波数区，吸收峰有比较明显的特征。因此，该区称为特征频率区或官能团区。特征频率区对基团鉴定非常有用。

弯曲振动不改变键长，力常数较小，其吸收基本出现在 1500 cm^{-1} 以下的低波数区，吸收位置和强度常随化合物不同而异，特征不太明显。但不同结构的分子反映在此吸收区中总会得到不同的红外光谱，相当于不同的人具有不同指纹。因此，1500 cm^{-1} 以下的吸收区称为指纹区。经验表明，当两种物质的红外光谱在这一区域的全部细节完全一致时，必定是同一物质。指纹区中有些吸收峰也能够提供确认某些基团或化学键存在的重要信息。

12.3.2　各类基团的吸收位置

红外光谱根据各类基团吸收位置的不同，分为几个吸收区，见表 12.9。

表 12.9　各类基团的红外吸收区

Y—H 伸缩振动吸收区（3600～2300 cm^{-1}）		X≡Y 和 X=Y=Z 伸缩振动吸收区（2300～1900 cm^{-1}）	
O—H	3650～3100	C≡O	～2300
N—H	3500～3100 (m)	—C≡N	2260～2240 (m)
≡C—H	～3330 (s)	RC≡CR	2260～2190 (w)
=C—H	3085～3025 (m)	RC≡CH	2140～2100 (w)
Ar—H	～3030 (w)	C=C=O	2170～2150
sp^3C—H	2960～2870 (m-s)	C=C=C	1975～1950
S—H	～2500		
X=Y 伸缩振动吸收区（1800～1400 cm^{-1}）		**指纹区（1500 cm^{-1} 以下）**	
C=O	1850～1630 (s)	δ (N—H/C—H/O—H)	1500～1300
羰基吸收：醛	1740～1690 (s)	ν (C—O/C—N/C—C)	1300～800
羰基吸收：酮	1750～1680 (s)	δ_s (CH_3)	1380～1370
羰基吸收：酸	1780～1710 (s)	δ_{as} (CH_3)	1470～1430
羰基吸收：酯	1750～1735 (s)	δ_{CH} (—CH_2 中)	1485～1400
羰基吸收：酰胺	1680～1630 (s)	δ_{CH} (—$CHMe_2$ 中)	1380～1370, 1385～1380
羰基吸收：酰氯	1815～1785 (s)	δ_{CH} (烯氢)	同碳取代～890 顺式～670，反式～970
羰基吸收：酸酐	1850～1800 (s) 1780～1740 (s)	δ_{CH} (苯及取代苯)：苯	～670
		δ_{CH} (苯及取代苯)：单取代苯	795～730, 710～675
C=N	1690～1640	δ_{CH} (苯及取代苯)：*o*-二取代苯	780～720
C=C	1680～1600 (w)	δ_{CH} (苯及取代苯)：*m*-二取代苯	810～750, 700
N=N	1630～1575	δ_{CH} (苯及取代苯)：*p*-二取代苯	833～810
N=O	1650～1500	δ_{CH} (苯及取代苯)：1,3,5-三取代苯	～880
	1600～1450 (3～4 个峰)	ν_{C-O}：1°醇	～1050
		ν_{C-O}：2°醇	～1125
		ν_{C-O}：3°醇	～1200

注：δ_s 和 δ_{as} 分别表示对称和不对称弯曲振动；s、m、w 分别代表强、中、弱吸收。

根据各个区的大范围，进一步辨认各类基团是完全可能的。解析谱图时，首先看特征频率区是否有吸收峰存在，从而粗略估计化合物中可能存在什么基团。

例如，3600～3200 cm^{-1} 间的宽峰，很可能是 O—H 或 N—H 键产生的，由于氢键的存在，峰会变得宽而散。

在 3000 cm^{-1} 附近，若有大于 3000 cm^{-1} 的吸收峰存在，表明化合物含有不饱和 C—H 键；而饱和 C—H 键的伸缩振动吸收峰通常在 2960～2870 cm^{-1}；环丙烷的 C—H 伸缩振动吸收峰出现在 2990～3100 cm^{-1}；醛羰基中 C—H 键的伸缩振动吸收峰在约 2700 cm^{-1} 处。

若在 1680～1600 cm^{-1} 有弱峰出现，而 3086～3025 cm^{-1} 又有不饱和 C—H 键的吸收峰存在，说明化合物含烯键。

炔氢的伸缩振动吸收在 3330 cm^{-1} 附近，而 C≡C 键的吸收发生在 2260～2190 cm^{-1}。

在 1800～1660 cm^{-1} 的强而尖的峰，一般都是羰基的特征吸收峰。

芳香族化合物则在 1600～1450 cm^{-1} 有 3～4 个中等强度的吸收峰，有时在 2000～1660 cm^{-1} 还可能看到芳环上不同取代的倍频峰（出现在基频峰波数的大约两倍处的弱吸收峰）。Ar—H 键的伸缩振动吸收峰出现在 3100～3000 cm^{-1}。

在指纹区，甲基和异丙基的 C—H 弯曲振动峰（δ_{CH}）的区别是比较明显的，易于辨认。含 C—O 键的化合物，若在指纹区存在 ν_{C-O} 峰，可能是醚、酯、醇。若是酯，应该存在羰基峰；若是醇，则存在 ν_{O-H} 吸收，并可根据不同的 ν_{C-O} 吸收数据判断醇的类别。烯烃的顺、反异构体表现为 δ_{CH} 吸收不相同，因而可以得到辨认。芳烃的不同取代也可由 δ_{CH}（苯）的不同吸收得到确认。

最后，必须指出，指纹区的峰，虽然有些是很有用的，但是这个区域的峰相当复杂，往往由于一些键的振动频率相近，彼此影响，从而没有固定的位置和强度。因此，在此区域中有很多吸收峰是不能被解释的。

图 12.19 是甲苯的红外吸收光谱。由图可见横坐标从左向右是波数减小（即波长增长）的方向，红外光谱的波数范围一般在 4000～400 cm^{-1}。分析该图谱，约在 3030 cm^{-1} 处有苯的 C—H 键伸缩振动吸收；在 2870～2960 cm^{-1} 有饱和 C—H 键吸收峰（甲基的 ν_{CH}）；在 1450～1600 cm^{-1} 有三个较明显的苯环骨架振动吸收峰；约在 1380 cm^{-1} 处有 $\delta_s(CH_3)$ 吸收峰；作为单取代苯在 675 cm^{-1} 和 730 cm^{-1} 处有 2 个 δ_{CH}（苯）吸收峰；在 2000～1660 cm^{-1} 存在着明显的 δ_{CH}（面外）倍频吸收峰，4 个小峰是单取代苯的倍频峰。

12.3.3 影响红外谱带位置的因素

影响谱带位置的因素很多，来自外部的因素主要是测定时的物态、温度和溶剂等。样品处于气态时，测得的吸收频率一般比液态、固态时更高，在溶液中和液态下测定的结果则差不多。温度不同，可改变样品的物态或聚集态。极性溶剂可通过溶剂化作用，使样品分子中的价键拉长、力常数 k 减小，从而使吸收频率降低。

以下主要介绍来自分子内部结构的影响因素。

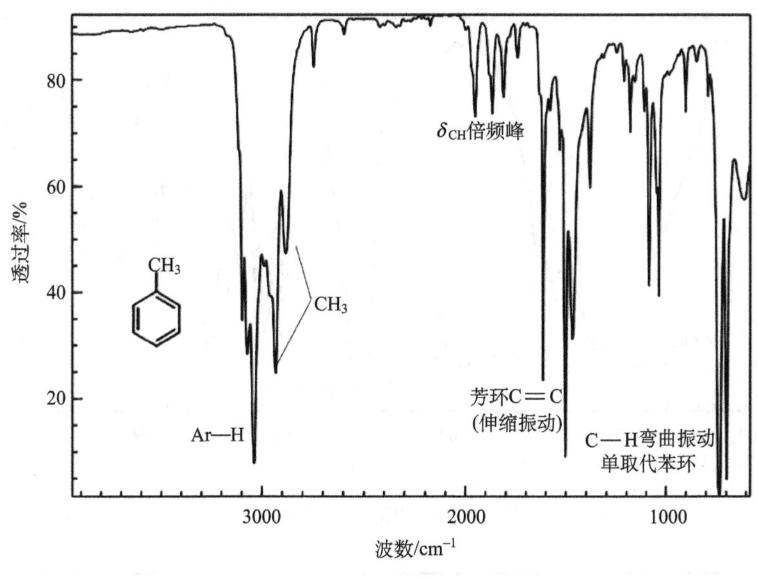

图 12.19　甲苯的红外光谱

12.3.3.1　电子效应

下列羰基化合物的 $\nu_{C=O}$ 吸收位置差异，明显地反映了电子效应（诱导和共轭）综合影响的结果。

	$RC(=O)NH_2$	$RC(=O)R'$	$RC(=O)H$	$RC(=O)OR'$	$RC(=O)X$	$RC(=O)OC(=O)R'$
$\nu_{C=O}$/cm^{-1}	1630～1680	1750～1680	1690～1740	1735～1750	1785～1815	1800～1850 1740～1780 } 2个

这种不同是由于在这些化合物中，羰基的双键性不同。对于双键，其成键电子分布越均匀，则双键性越强，力常数 k 越大，伸缩振动的吸收波数就越高；若键的极性较大，成键电子偏向其中一方，则双键性减弱，吸收波数降低。羰基双键为极性双键，电子对偏向电负性更大的氧原子方向。因此，羰基碳原子上取代基的电子效应若能将成键电子拉向碳原子方向（吸电），可使双键性增强，吸收波数增加。反之，若为排电基，则会使羰基极性进一步增加，双键性减弱，吸收波数降低。

对于酰胺分子，其氨基具有的+C 效应大于–I 效应，总电子效应为排电，减弱了羰基的双键性，使吸收移向低波数；与之相反的是，酰卤中卤原子的–I 效应强于+C 效应，总电子效应为吸电，导致吸收波数增加。酯分子的羰基吸收介于二者之间，吸收波数略大于醛、酮的羰基。通常情况下，可以～1710 cm^{-1} 作为一般醛、酮的 $\nu_{C=O}$ 吸收标准，低于 1700 cm^{-1} 可能是酰胺，～1800 cm^{-1} 可能是酰卤，酯的 $\nu_{C=O}$ 吸收则一般在 1740 cm^{-1} 左右。对于酸酐，由于其具有 2 个羰基，会出现两个 $\nu_{C=O}$ 吸收峰，大致在 1800 cm^{-1} 的两侧。

图 12.20～图 12.22 分别是羧酸、酯和酸酐的红外谱图示例。

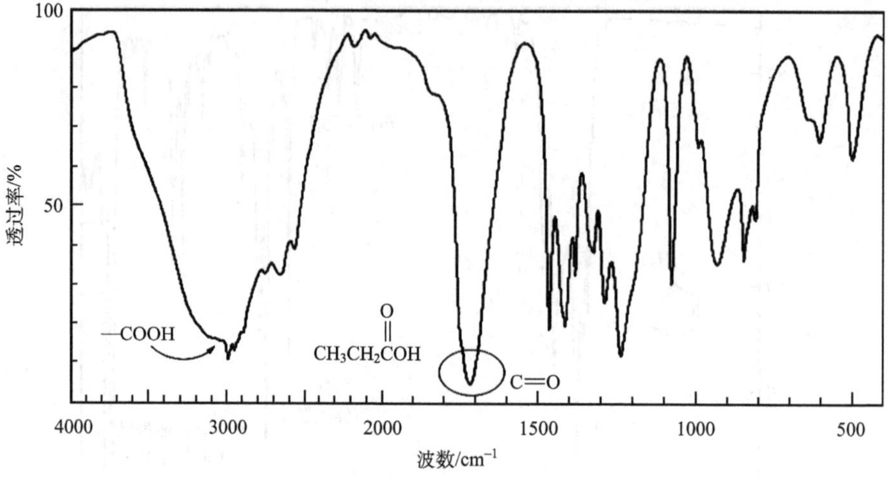

图 12.20　丙酸的红外光谱

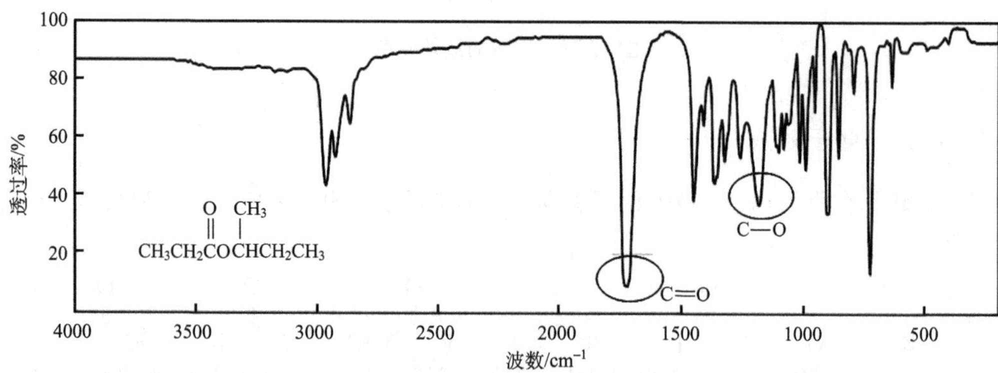

图 12.21　丙酸丁-2-醇酯的红外光谱

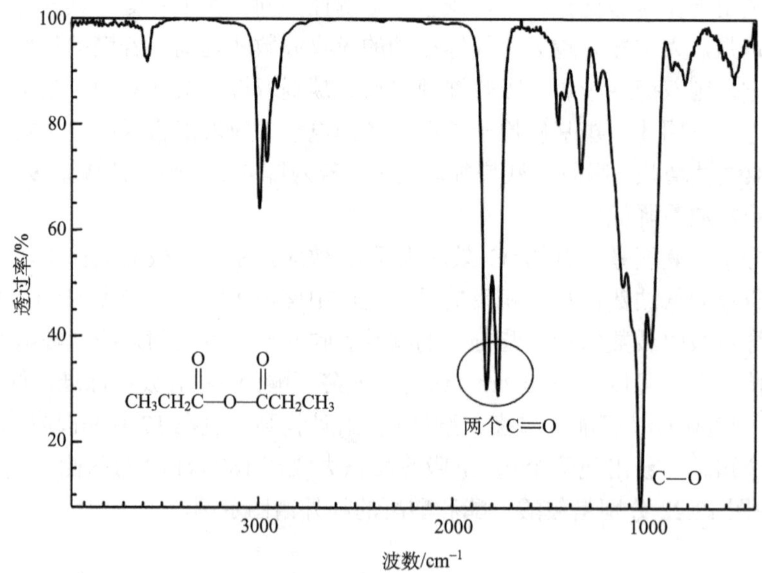

图 12.22　丙酸酐的红外光谱

对于具有 π-π 共轭的体系，共轭效应对红外吸收也会有明显的影响。例如，α, β-不饱和羰基化合物（包括芳基醛、酮）由于共轭引起键长平均化，羰基的双键略有伸长，导致力常数 k 减小，吸收波数降低。另外，共轭效应也会使 π 电子离域，减弱羰基的双键性，也使吸收波数降低。

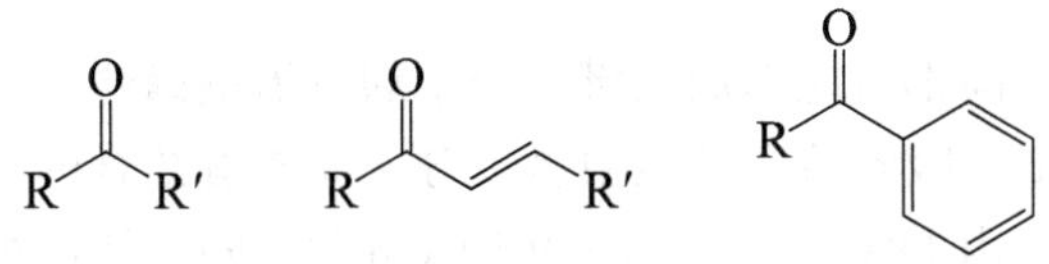

$\nu_{C=O}$/cm^{-1}　　1715　　1665~1685　　~1685

12.3.3.2　空间效应

以下两个具有不同立体构型的非对映异构体表现出不同的 $\nu_{C=O}$ 吸收。

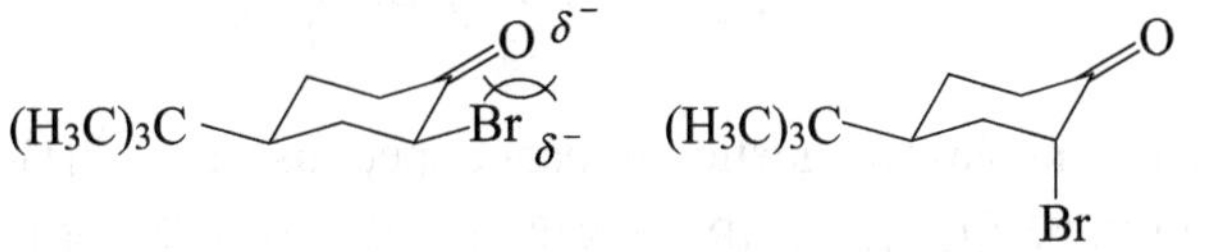

$\nu_{C=O}$/cm^{-1}　　1742　　1730

带有 δ⁻ 的溴原子和羰基氧原子之间具有排斥作用。在左侧构型中，二者距离接近，排斥作用使羰基的成键电子向碳原子移动，双键性增强，体现为更高波数的红外吸收。

12.3.3.3　环张力的影响

当 C═O 键或 C═C 键连接在不同大小的环上时，会有不同的红外吸收，这是由环张力所引起的。

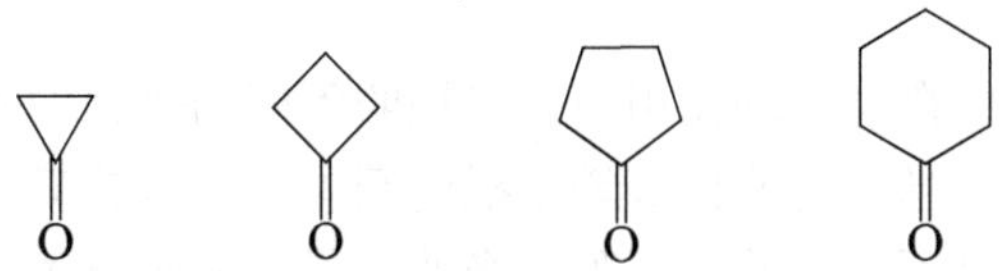

$\nu_{C=O}$/cm^{-1}　　1825　　~1775　　~1745　　~1710

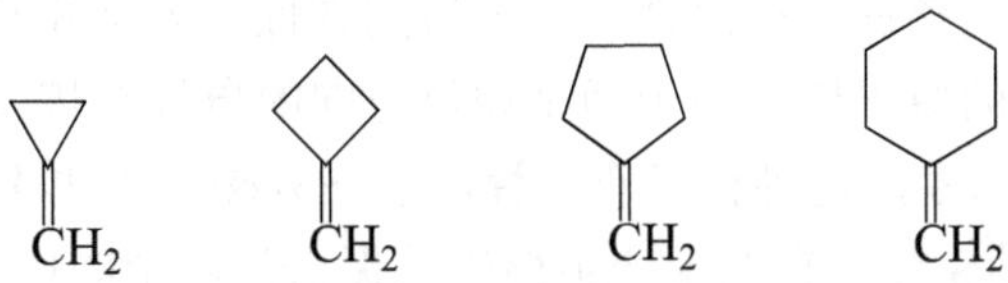

$\nu_{C=O}$/cm^{-1}　　1781　　1678　　1657　　1651

开链的或无张力六元（及以上）环状的羰基化合物中，羰基碳原子是按正常的 sp^2 杂化，此时 $\nu_{C=O}$ 在 1710 cm^{-1} 左右。当环缩小，存在环张力时，为了保持环的平衡稳定，羰基碳原子采取不等性杂化，s 成分逐渐增多。随着环的缩小，碳原子越来越倾向于 sp 杂化，使羰基带上越来越多的三键性质，因此力常数增加，吸收波数增大。对于环外的 C═C 键，也存在类似的情况。

但当双键处于环内时，环越小，双键碳原子越难保持正常的 sp^2 杂化，会使双键性减弱，吸收移向低波数。

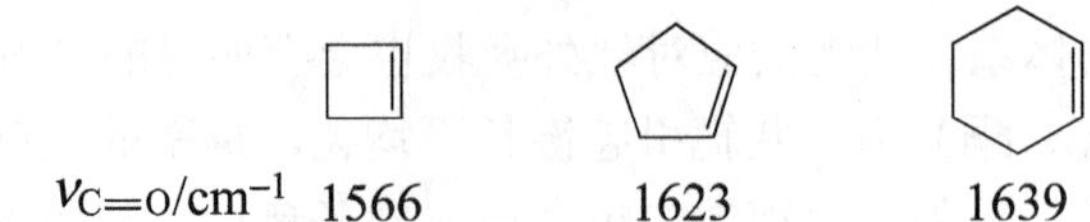

12.3.3.4 氢键的影响

分子内或分子间都可能形成氢键，分子通过氢键缔合后会使 O—H 或 N—H 等单键键长增长，力常数降低，吸收移向低波数区。分子间氢键缔合的程度受浓度的影响，稀溶液中缔合少，主要体现自由 OH 峰（3500～3650 cm^{-1}）。随着浓度增大，缔合程度增大，吸收峰会移向低波数。此外，缔合体不是单一的，随缔合度不同，峰的形状和大小也不一样，所以一般通过氢键缔合后的峰会变得宽散。

12.4 核磁共振波谱

核磁共振波谱（nuclear magnetic resonance spectroscopy）简称 NMR 谱。近年来，各种高分辨 NMR 波谱仪的运用，使 NMR 技术迅速普及，在化学、物理、生物、医学、材料及其他研究和生产领域中的应用越来越广泛和深入，有力地推动着科学技术的发展和进步。

12.4.1 基本原理

12.4.1.1 核磁共振的产生

NMR 吸收的光波波长约为 10^2 cm 量级，频率以兆赫（MHz）计，这个频率所对应的能量是很低的。60 MHz 的光波，其能量仅为 0.238 kJ/mol，波长 $\lambda \approx 500$ cm，属于无线电波区，或称为射频区。

一个磁性原子核在外磁场作用下，可按照不同的排列方式产生不同的磁能级。在一定频率的电磁波照射下，当辐射能恰好等于磁能级差时，核就吸收该能量的光波，从低磁能级跃迁到高磁能级，记录不同核的不同吸收光波，从而得到吸收光谱。

但并非所有原子核都具有磁性。原子核的磁性行为是和其自旋态相联系的。凡是质子数和中子数均为偶数的原子核，由于两个相反方向的自旋在核内成对抵消，表现出净核自旋量子数（用 I 表示）为零，这种核没有磁性，它在外磁场中也不产生能级分裂。$I = 0$ 的核最常见的是 ^{12}C、^{16}O、^{32}S 等，它们不产生核磁共振谱。其余的核若 $I \neq 0$，就存在自旋，这些核称为自旋核，自旋核一定具有磁性。一个自旋核相当于一个小磁铁，它在外磁场中按不同方式沿外磁场取向，产生磁能级。自旋核中最重要的是自旋量子数 $I = 1/2$ 的核，如 ^{1}H、^{13}C、^{19}F 等，它们在磁场中只按两种方式排列取向，一种取向是磁性核的微小磁场方向平行于外磁场方向，相应于核取+1/2 自旋态（称为 α 自旋态）；另一种取向是反平行于外磁场方向，相应于核取–1/2 自旋态（称为 β 自旋态）。前者能量更低（以 E_1 表示，此时核处于稳定状态），后者能量更高（以 E_2 表示，此时核处于不稳定状态）。当用于照射的光波的能量（$h\nu$）恰好等于核磁能级差时，即产生吸收跃迁，自旋核由 α 自旋态跃迁到 β 自旋态。

$$\Delta E = E_2 - E_1 = h\nu \qquad \uparrow H_0 \quad \underset{\alpha}{\uparrow} \xrightarrow{h\nu} \underset{\beta}{\downarrow}$$

核磁能级 E 正比于外磁场强度 H_0，量子力学计算表明：

$$\Delta E = h\nu = \frac{\gamma h H_0}{2\pi} \qquad \nu = \frac{\gamma H_0}{2\pi}$$

式中：H_0 为外磁场强度（以 Gs 为单位，1 Gs=10^{-4} T）；ν 为照射频率（以 Hz 或 MHz 为单位）；h 为普朗克常量；γ 为比例常数，称为“旋磁比”，其值随原子核不同而异。例如，γ (^{1}H) 为 26753 rad/(Gs·s)，当 H_0 = 14092 Gs 时，可计算得：$\nu = 26753 \times 14092 / 2\pi \approx 60 \times 10^6$ Hz = 60 MHz。

自旋核在外磁场中的取向运动是一种旋进运动（进动）。核的自旋轴绕磁场以一定的角度回旋，如图 12.23 所示。实验证明，核磁能级跃迁时，所吸收的光波频率正好等于此进动频率。因此，所谓“共振”，实际上就是这两个频率相等时的吸收现象，只有在“共振”的条件下才会产生吸收跃迁，所以磁性核在外磁场中产生的吸收光谱称为核磁共振谱。

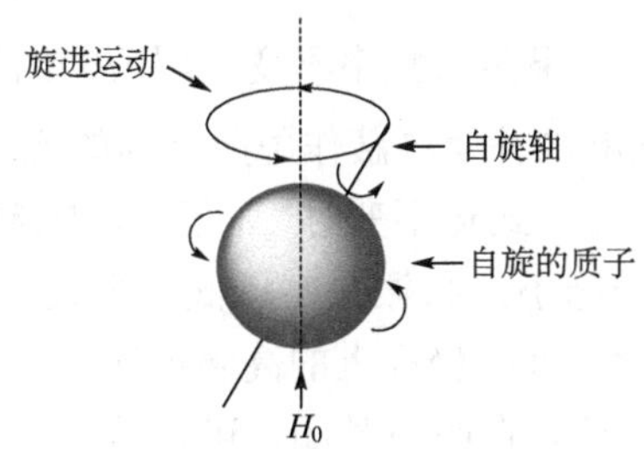

图 12.23　在磁场 H_0 中进行旋进运动的质子

在有机分子中分布最多的自旋核是氢原子核，研究氢核的光谱又称为质子（proton）共振谱，简称氢谱，通常表示为 ^{1}H NMR。近年来，研究 ^{13}C、^{19}F、^{31}P 的 NMR 谱已得到蓬勃发展和应用。γ (^{13}C)=6728 rad/(Gs·s)，其共振频率约为 ^{1}H 的 1/4，所以 ^{1}H 和 ^{13}C 的 NMR 吸收不存在干扰。^{13}C 核的 NMR 谱简称碳谱，常用 ^{13}C NMR 表示。

12.4.1.2　化学位移

如果同一种核都只在同一频率下共振，如 ^{1}H 核，当外加磁场的强度为 14092 Gs 时，理论共振频率为 60 MHz。这样，不仅在同一个分子中的各个氢核，甚至在不同分子中的各类氢核都会在相同的位置产生吸收，只得到一个信号。可以想象，这样的光谱对结构分析毫无意义。

而实际上，原子核周围总是存在着电子的。分子中各个氢核周围运动着的电子，对外磁场施于该氢核的作用会产生一定的影响。化学环境不同的各类质子受到的影响不同，从而产生不同的吸收信号。NMR 技术就是根据这些信号的差异来推测、确定各类化合物的可能结构。

核外电子也同样受外磁场作用。在外磁场作用下，电子产生环流，而电子环流又会产生感应磁场，如图 12.24 所示。感应磁场在电子的环流圈内和环流圈上下与外磁场方向相反，抵消了部分外磁场的作用，使内部核所感受到的有效磁场强度 $H < H_0$。这时，可以称质子受到了屏蔽作用，这种作用称为屏蔽效应。质子周围电子云密度越大，屏蔽效应也越强。电子所受到的感应磁场强度（以 H'表示）也与外磁场强度 H_0 成正比。

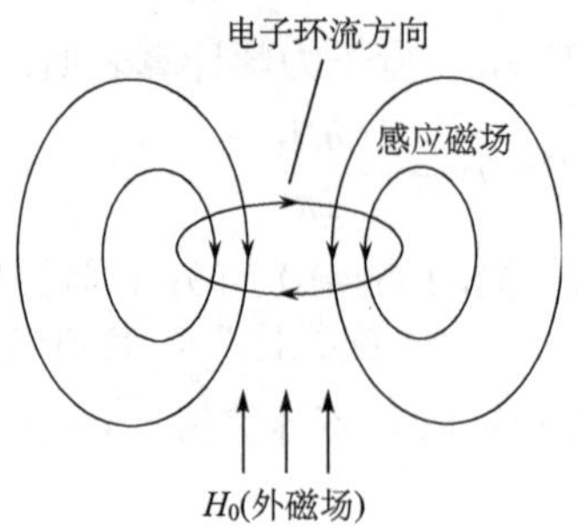

图 12.24　电子在外磁场中产生的环流的感应磁场

设感应磁场 $H'=\sigma H_0$，其中比例常数 σ 称为屏蔽常数。σ 越大，屏蔽效应越强。

因此，$H_{有效}=H_0-\sigma H_0$，代入公式 $\nu=\dfrac{\gamma H_0}{2\pi}$，得 $\nu=\dfrac{\gamma H_{有效}}{2\pi}=\dfrac{\gamma H_0(1-\sigma)}{2\pi}$。

对于同一种核，γ 是定值，如果照射频率不变，屏蔽的结果是使核受到的有效磁场强度减弱，此时，只有提高外磁场强度以补偿屏蔽作用所减弱的磁场，才能达到共振条件。因此，吸收信号移向高（磁）场（表现在上式 ν 不变时，σ 越大，H_0 越大）。如果固定外磁场强度不变，则屏蔽效应越强，有效磁场越小，共振频率降低，吸收则会移向低频（表现在上式 H_0 不变时，σ 越大，ν 越小）。因此，吸收坐标上的高磁场端就是低频率端，也就是屏蔽作用大的一端。可以想象，如果质子附近存在吸电基团，可使质子周围的电子云密度降低，从而减弱屏蔽效应。此时共振吸收将向低场移动，这种作用称为去屏蔽作用。

各类质子由于在分子中所处的化学环境不同，受到的屏蔽效应各异，从而产生吸收信号位移的现象，称为化学位移。

有机化合物中各类氢核的化学位移差值是很小的，其相对 $\Delta\nu$ 值大约都在百万分之十范围内，即 10 ppm 以内。测定时，通常选用一个标准物质，以此标准物质的氢核吸收峰作为坐标原点，测定其他各类氢核的相对化学位移值。在 ^{1}H NMR 中，标准物质一般选用四甲基硅烷（Me_4Si，tetramethylsilane，TMS），以 TMS 为内标，放入样品中一起测定。TMS 不仅化学性能稳定，而且分子中 12 个氢原子所处的化学环境完全相同，能给出一个强而尖的单峰。另外，硅的金属性比碳强，使得质子周围的电子云密度很大，质子受到很大的屏蔽作用，使 TMS 中质子的核磁共振吸收与绝大多数有机化合物比较起来处于高屏蔽的最高（磁）场，其吸收频率最低。因此，可将 TMS 的质子吸收峰置于化学位移的坐标原点。

待测样品的化学位移 $\Delta\nu$ 即为 $\nu_{样}-\nu_{标}$。一般有机化合物中质子受到的屏蔽效应均小于 TMS，因此，$\nu_{样}>\nu_{标}$，$\Delta\nu$ 是一个正值。ν 与外磁场强度成正比，因此 $\Delta\nu$ 也随外磁场强度的改变或随仪器所用的频率不同而异。若按两类氢核的化学位移最大差值为 10 ppm（即 10×10^{-6}）计算，则产生的最大化学位移 $\Delta\nu$ 如下：

用 60 MHz 的仪器测定，$\Delta\nu=60\times10^6\ \text{Hz}\times10\times10^{-6}=600\ \text{Hz}$；

用 400 MHz 的仪器测定，$\Delta\nu=400\times10^6\ \text{Hz}\times10\times10^{-6}=4000\ \text{Hz}$。

为了使化学位移值不随测定仪器的频率改变，即不依赖于测定时的条件而成为一个只与核结构有关的数值，常将其除以测定仪器的频率，并以 ppm 为单位，用符号 δ 表示。

$$\delta=\frac{\nu_{样}-\nu_{标}}{\nu_{仪器}}\times10^6\ (\text{ppm})$$

规定 TMS 的 δ 值为 0，处于坐标原点。大部分有机化合物中的质子，其 δ 值都为 0～10 ppm，在 NMR 谱上位于坐标原点的左边。极少数屏蔽效应比 TMS 大的质子，$\delta < 0$，吸收峰位于坐标原点右边。受去屏蔽效应很强的质子，δ 也可能大于 10。

有时也用符号 τ 表示化学位移，τ 和 δ 的关系为：$\tau = 10 - \delta$。因此用 τ 表示时，$\tau = 0$ 是低场，此时频率最大，去屏蔽作用最强。

有机化合物中常见的各类质子的化学位移见表 12.10。可见氢原子附近基团吸电性越强，化学位移值通常越高（屏蔽效应越弱，吸收移向低场）。

表 12.10　有机化合物中不同类型质子的化学位移

质子类型	化学位移 δ /ppm	质子类型	化学位移 δ/ppm
环丙烷	0.2	RCH_2Cl	3.6～3.8
RCH_3 (1°H)	0.8～1.0	RCH_2F	4.0～4.5
R_2CH_2 (2°H)	1.2～1.4	—COOC—H (酯烷基 α-H)	4.0～4.5
R_3CH (3°H)	1.4～1.7	$R_2C{=}CH_2$	4.6～5.0
$C{=}C{-}CH_3$	1.6～1.9	$R_2C{=}CHR$	5.2～5.7
O═C—C—H (酮 α-H)	2.1～2.6	Ar—H	6.0～9.5
$ArCH_3$	2.2～2.5	CHO (醛 H)	9.5～10.5
$RC{\equiv}C{-}H$	2.5～3.1	ROH	0.5～6*
RCH_2I	3.1～3.3	RNH_2	1.0～5.0*
$ROCH_2R$	3.3～3.9	ArOH	4.5～7.7*
RCH_2Br	3.4～3.6	RCOOH	10～13*

* 这类质子的化学位移随所用溶剂、温度、浓度不同而改变。

12.4.1.3　核磁共振波谱图

NMR 谱的横坐标一般用化学位移 δ 表示，表示各类质子的吸收峰位置，$\delta = 0$ 的原点位于谱图右侧，从右向左 δ 值逐渐增大；纵坐标则一般用峰面积大小表示吸收强度。^{1}H NMR 谱图上的峰可以反映三类重要信息：

（1）峰的位置。不同峰的 δ 值表示了该 H 核受到的屏蔽效应的大小，可用于初步判断是何种类型的氢原子。

（2）峰的大小。在某一位置上产生的峰面积越大，表明在此位置发生共振的氢核数目越多。一般仪器都自带积分仪，峰面积之比就是对应的各类氢原子的数目比。因此，配合分子式，可判断各类氢原子的个数。

（3）峰的形状。同一种氢核产生的吸收峰，受临近质子的影响会发生裂分，形成有规律的形状。据此可对氢原子的细节分布进行判断。

12.4.1.4　核磁共振波谱仪

核磁共振波谱仪的基本结构如图 12.25 所示。样品放在两个固定磁极中间的样品管内，样品只须 2～3 mg 或更少，溶解在无质子溶剂（通常用氘代的氯仿、水、DMSO、甲醇等）中。用固定频率的无线电波照射。并通过扫描发生器产生一个可调的微小磁场，进行磁场扫描，从低场到高场，使各类不同环境下的氢核都先后产生共振，产生的信号经放大后到达检测器、记录仪，从而得到 NMR 谱图。

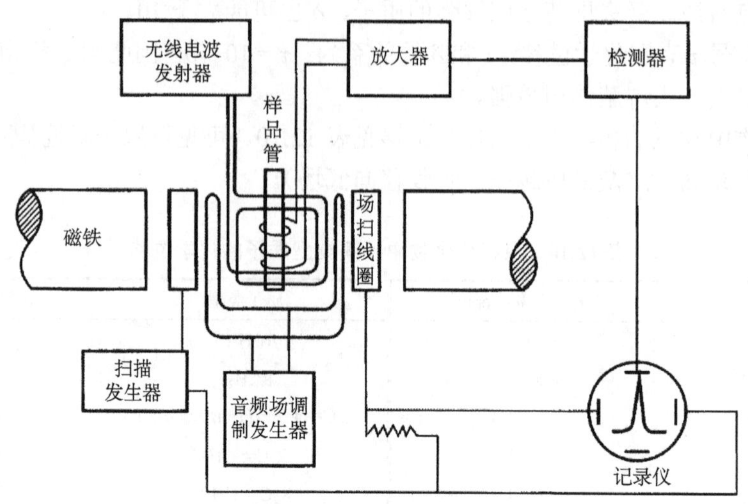

图 12.25　核磁共振波谱仪示意图

目前，大多数仪器是采用固定频率的磁场扫描，射频越高，仪器的分辨率越高。最早的仪器所用的射频通常是 60 MHz，随着技术的发展，现在的主流 NMR 波谱仪的频率为 300～600 MHz，也不乏 800～1200 MHz 的超高分辨 NMR 波谱仪，可用于复杂生物大分子如蛋白质的精细结构分析。

12.4.2　分子结构和化学位移的关系

12.4.2.1　等同质子

化学环境和空间环境完全相同的质子在 NMR 分析上可称为等同（或化学等价）质子。各等同质子具有相同的共振频率，化学位移也相等。与之相对，由化学环境或空间环境不同的质子，称为不等同质子，它们的化学位移通常会有差别。

体现在谱图上时，一类等同质子会产生一组峰。推断结构时，首先由峰的组数判断分子中质子的种类数，其次由峰面积的大小比例判断每类质子的数目，最后可由化学位移值确定其结构。例如，化合物 $C_9H_{11}Br$ 的 NMR 谱图如图 12.26 所示，共有三组峰，δ 分别为 6.85 ppm、2.25 ppm 和 2.15 ppm，其峰面积比（此处通过积分高度判断）为 33∶100∶50。由此可以推断，分子中共存在三类质子，其数目按积分比例计算分别为 2 个、6 个和 3 个。$\delta = 6.85$ ppm 处的峰应归为苯环上的 2 个 H，并由此推断苯环为四取代，四个取代基应该是三个甲基和一个溴原子。从 δ 值看，有两个甲基是相同的，并有较大的 δ 值，说明它们更加靠近吸电的溴原子。根据苯环上两个 H 也是等同的这一信息，可以最终判断三个甲基应该在溴的邻、对位，化合物为 1-溴-2, 4, 6-三甲基苯。

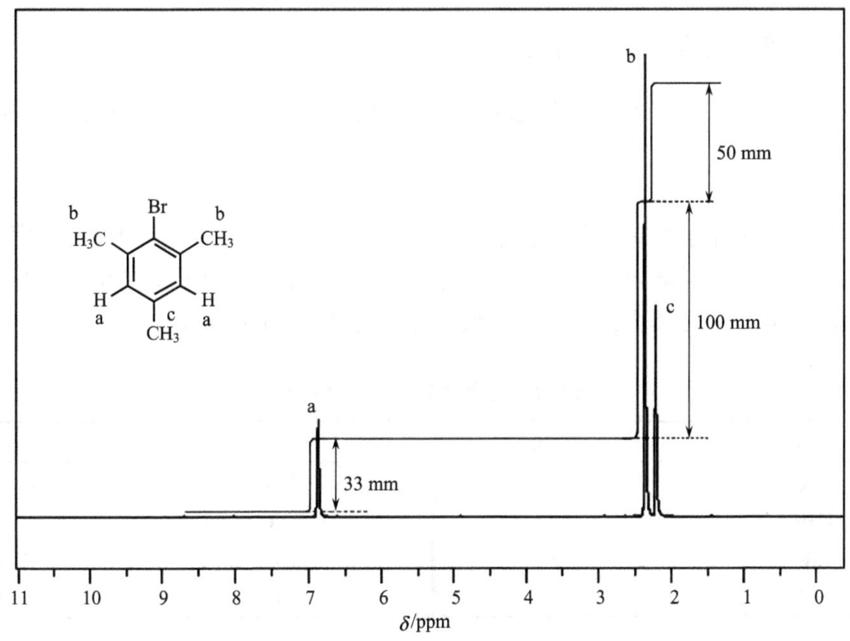

图 12.26　1-溴-2, 4, 6-三甲基苯的 ¹H NMR 谱

化合物 $_aH_3C(Br)C{=}CH_bH_c$ 分子中 H_b 和 H_c 实际上是不同的两种 H，因此该分子存在三类 H，在 ¹H NMR 谱图中将有三组峰，强度比为 3∶1∶1。

在饱和体系中，甲基中的 3 个 H 是同一种 H，但亚甲基（CH_2）中的两个 H 是否为等同 H 从而具有相同的化学位移值，可根据下面三种情况进行分析。

$Cl_2CH_aH_b$　　$H_3C(Br)CH_aH_b$　　$H_3C(BrClHC)CH_aH_b$

(1)　　(2)　　(3)

（1）两个取代基完全相同。此时 H_a 和 H_b 是等同 H，具有相同的化学位移值。

（2）虽然两个取代基不同，但是 H_a 和 H_b 是“对映氢”（分子有对称面，两个 H 关于此对称面对称），或称为对映异位质子。它们在非手性溶剂中是化学等价的等同 H，但在手性溶剂中却不是化学等价的。

（3）两个取代基不仅不同，而且具有不同的手性环境（如其中一个取代基具有手性）。它使整个分子不存在对称面，此时 H_a 和 H_b 是“非对映氢”，它们属于不等同质子，具有不同的化学位移值（只是偶尔碰巧相同）。是否为“非对映氢”可以用一个简便方法检验。当用 D（氘）分别取代 H_a 和 H_b 后，如果得到两个非对映异构体，则为“非对映氢”。

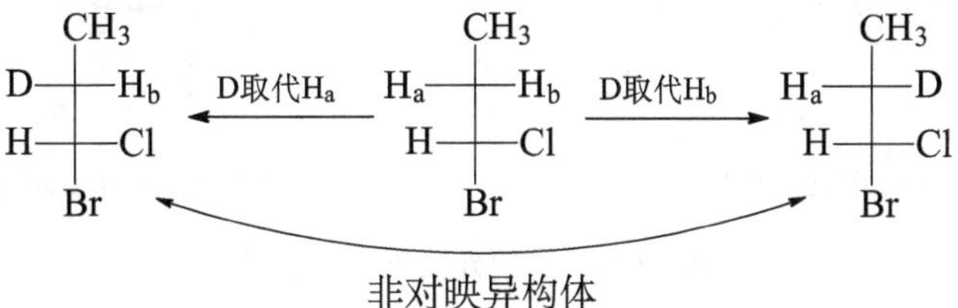

12.4.2.2　影响化学位移的因素

电子效应、空间效应等因素，都能通过对质子周围电子云密度的影响而改变质子的化学位移。

1. 电负性

和质子相连的碳原子上有电负性较强的原子存在时，它通过吸电性使质子周围的电子云密度减小，从而产生去屏蔽效应，吸收移向低场，δ 值增加。表 12.11 列出了一些甲基 H 的化学位移值。可见，邻近基团的电负性（吸电性）越强，δ 值越高。

表 12.11　电负性对化学位移的影响

质子类型	δ/ppm	质子类型	δ/ppm
R_3CCH_3	0.9	CH_3F	4.26
R_2NCH_3	～2.3	CH_3Cl	3.05
$ROCH_3$	～3.7	CH_3Br	2.68
$RCOCH_3$	～2.4	CH_3I	2.16

2. 各向异性效应

在 ^{1}H NMR 谱中各向异性效应是表示具有方向性的屏蔽效应。对于一个具有 π 电子的分子，各向异性效应表现得特别明显。

图 12.27 显示了各种结构上的质子所受感应磁场的影响。在芳环中，π 电子在外磁场作

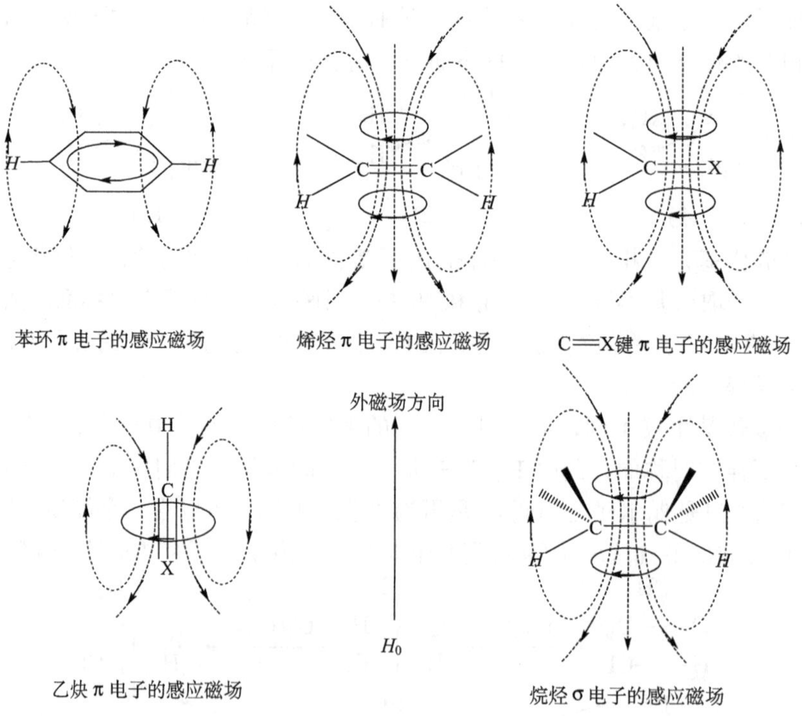

图 12.27　各向异性效应示意图

用下将产生电子环流及相应的感应磁场。在苯环上、下方和环内，感应磁场方向与外磁场方向相反，产生屏蔽效应；但在环周围各侧，感应磁场方向与外磁场方向相同，反而会产生去屏蔽效应。苯环上的氢原子刚好位于环外侧的去屏蔽区，因此 δ 值会明显移至低场（7～8 ppm）。

连接在 C═C 键和 C═O 键上的 H 与苯环 H 类似，也位于去屏蔽区，因此烯氢比烷氢的 δ 值大。在醛分子中，醛氢不仅位于去屏蔽区，而且由于羰基的吸电性，其移向更低场，醛氢的吸收峰 $\delta \approx 9$ ppm。

C≡C 键的情况略有不同，若按电负性，sp 杂化比 sp^2 杂化的碳原子的电负性更大，似乎炔氢应比烯氢出现在更低场。但实际上，乙炔的 δ（1.80 ppm）远小于乙烯（5.25 ppm），这是由炔的三键具有与双键不同的各向异性引起的。炔键电子可以形成圆筒形，在外磁场作用下，产生的环电流平面垂直于三键键轴，其所产生的感应磁场使炔氢正好处于屏蔽区，各向异性效应使炔氢比烯氢出现在更高场。

C—C 键也有各向异性效应，烷氢也位于去屏蔽区，连接烷氢的碳原子连接的碳原子越多（即碳原子越高级），去屏蔽效应越强。虽然 σ 电子的各向异性效应较小，但 1°、2°、3° 碳原子也会由此产生化学位移的微小差异，其 δ 值次序为 1°C—H < 2°C—H < 3°C—H。

在环己烷分子中，平伏键上的氢受到的去屏蔽效应比直立键上的氢更大，其 δ 值为 0.1～0.7 ppm；而在环丙烷中，环的上、下方为屏蔽区，环丙烷的氢正好处于屏蔽区内，出现在较高场，其 δ 值为 0.22 ppm。

3. 范德华效应

当两个氢原子在空间相距很近时，由于范德华力的作用，电子云相互排斥，这些氢核周围的电子云密度相对降低，起到去屏蔽作用，其化学位移向低场移动（δ 增大），这种效应称为范德华效应。例如，2-甲基环己酮中的直立 α-H_a 由于和甲基接近，在范德华力作用下，其化学位移比环己酮中的直立 α-H_a 出现在更低场（δ 值更大）。

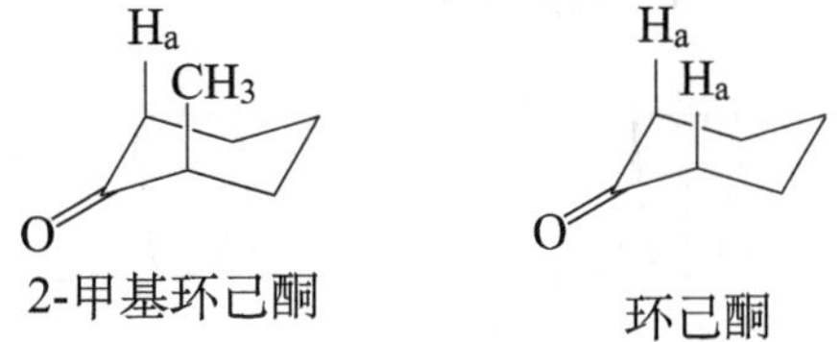

2-甲基环己酮　　环己酮

4. 氢键的影响

能够形成氢键的质子，都是与氧、氮等电负性较大的原子相连。形成氢键时，氢核同时受到两个电负性基团产生的去屏蔽效应的影响，其化学位移向低场移动。而氢键的形成与所测样品的浓度、温度、溶剂等相关。因此，在不同条件下测定的羟基（—OH）和氨基（—NH_2）质子的化学位移在较大的范围内变化。

5. 溶剂效应

同一种样品，在不同溶剂中测得的化学位移也有一定的差异。这种由于化合物的质子受到不同溶剂影响而产生的化学位移的变化称为溶剂效应。溶剂效应主要是由化合物质子受到溶剂的各向异性效应以及与溶剂分子间形成氢键等的影响所致。因此，在给出一个化合物的化学位移时，必须指明所使用的溶剂，以避免由在不同溶剂中测定时所造成的化学位移差异给鉴定工作带来的不必要的困扰。

12.4.3　自旋-自旋耦合　峰的裂分

如前所述，^{1}H NMR 谱图上的吸收峰除了位置、大小以外，峰的形状也可以提供判断分子结构的重要信息。一组等同质子的吸收峰并非都是单峰，有时是由两个、三个甚至多个峰形成的组峰。组峰内各个峰的大小和距离不完全相同。峰的这种裂分现象来源于相邻质子之间的自旋相互作用，即自旋耦合。

12.4.3.1　耦合裂分

在有机分子中，若两个氢核为不等同质子，且距离较近，如 H_a 和 H_b 连接在相邻的碳原子上，那考虑 H_a 的吸收时，就不能忽略相邻质子 H_b 的影响。H_b 具有两个方向相反的自旋态 α 和 β，在外加磁场的作用下，H_b 的两个自旋态会产生相应的感应磁场，α 自旋态产生的感应磁场（H'）平行于外磁场，使 H_a 受到的实际磁场强度加强，$H = H_0 + H'$；β 自旋态产生的感应磁场则反平行于外磁场，使 H_a 受到的实际磁场强度减弱，$H = H_0 - H'$。两种作用对于 H_a 分别起到去屏蔽和屏蔽的作用，因此 H_b 的两个相反自旋态施于 H_a 的影响（耦合）使 H_a 的峰裂分为比 δ_{H_a} 值更大一点（低场）和更小一点（高场）的两个相等强度的二重峰，峰面积比为 1∶1，这个现象称为自旋-自旋耦合，或称为耦合裂分。同样，H_a 的两个自旋态施于 H_b 的自旋-自旋耦合，也会使 H_b 产生两个强度相同的二重峰，如图 12.28 所示。两个裂分峰之间的距离称为耦合常数，用 J 表示，J 值等于裂分峰的化学位移差值乘以仪器的频率。H_a 和 H_b 耦合时，其耦合常数可用 J_{ab} 表示。

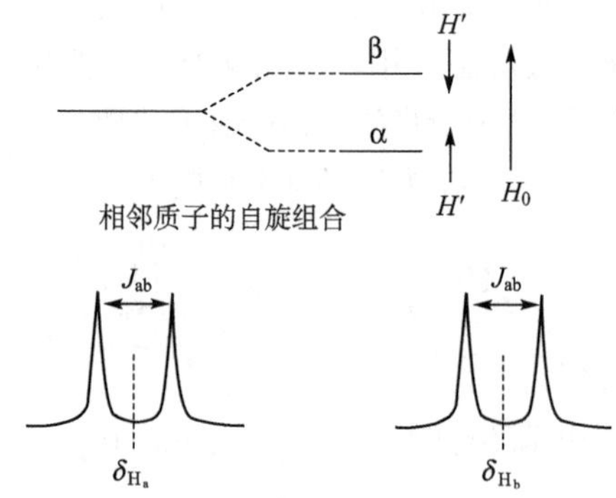

图 12.28　和一个质子耦合给出强度比为 1∶1 的二重峰

学习提示： 需要注意的是，只有不等同质子间的耦合才可能会引起峰的裂分。对于像乙烷或者环丙烷这样的分子，^{1}H NMR 谱图上只会得到单峰。另外，不只是相邻碳上的质子，如果连接在同一个碳原子上的两个 H 不等同，彼此间也会耦合并引起峰的裂分，如 2-溴丙烯中 CH_2 的两个氢核之间。

12.4.3.2　n+1 规律

如果相邻质子不止一个，按与上述类似的方法也可推测产生耦合裂分的峰的数目和强度。例如，H_a 和 n 个相同的 H_b 产生耦合，每个 H_b 对 H_a 的影响相同，因此 H_a 会以相同的 J 值裂分 n 次，得到 n+1 重峰。另外，由于每次裂分的 J 值相同，下一次裂分会产生信号的叠加，使 n+1 重峰的强度比呈现二项式系数的规律。例如，二重峰（doublet, d）的强度比为 1∶1；三重峰（triplet, t）的强度比为 1∶2∶1；四重峰（quartet, q）的强度比则为 1∶3∶3∶1，并以此类推，如图 12.29 所示。

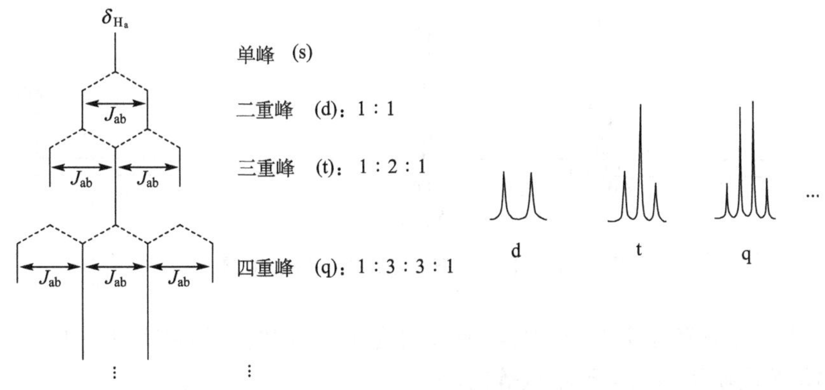

图 12.29　和 n 个相同质子耦合给出的组峰和峰形

因此，n+1 规律可以表示为：某组环境相同的氢核，若与另一组与其不等同的 n 个相同氢核发生耦合（一般为相邻碳原子上的氢），则被裂分为 n+1 重峰，各裂分峰的面积比满足二项式系数规律。

例如，化合物 CH_3CH_2Cl（氯乙烷）有两类氢，δ (ppm)为 1.5 (t, 3H), 3.6 (q, 2H)，其 ^1H NMR 谱如图 12.30 所示。

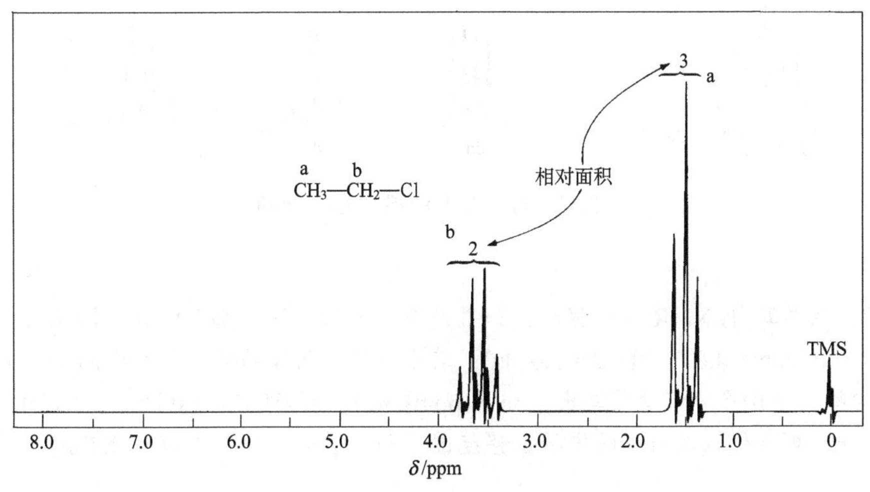

图 12.30　氯乙烷的 ^1H NMR 谱

化合物 1, 1, 2-三氯乙烷（$CHCl_2CH_2Cl$）同样具有两组峰，δ (ppm)为 4.0 (d, 2H), 5.8 (t, 1H)。其 ^1H NMR 谱如图 12.31 所示。

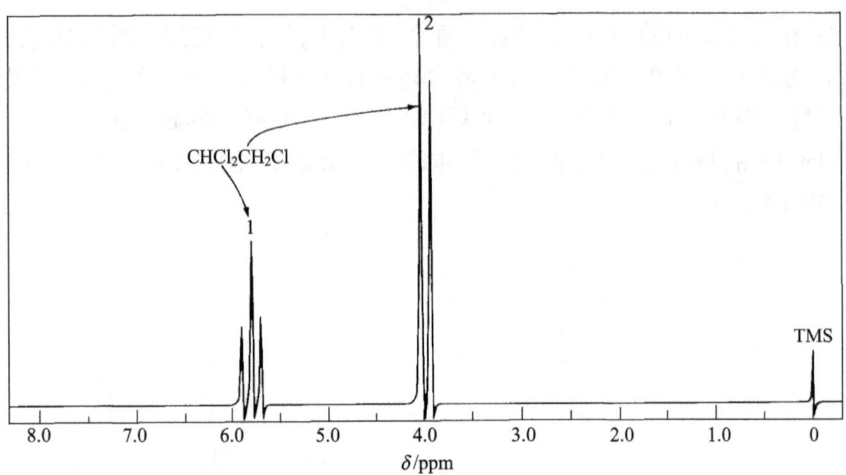

图 12.31　1, 1, 2-三氯乙烷的 ^{1}H NMR 谱

显然，n+1 规律只有 n 个 H_b 对 H_a 影响都相同（J 值相同）时才适用。在这种情况下，n 个 H_b 可能都是等同质子，也可能不全等同。

如果有>1 个氢核对 H_a 产生耦合，且耦合常数不同，如 H_b 与 H_c（各一个）均可和 H_a 耦合，且 $J_{ab} > J_{ac}$，则此时峰的裂分如图 12.32 所示，由于 J 值不同，第二次裂分将不会产生信号的叠加，而是形成 4 个峰组成的组峰，其强度比为 1∶1∶1∶1。这样的组峰相当于两次裂分为二重峰，可称为 dd（doublet of doublets）。同理，若 H_b 或 H_c 不止一个，还可能产生 td（triplet of doublets）、qt（quartet of triplets）等形状的裂分峰。若组峰过于复杂，不易分辨，可统称为多重峰（multiplet, m）。

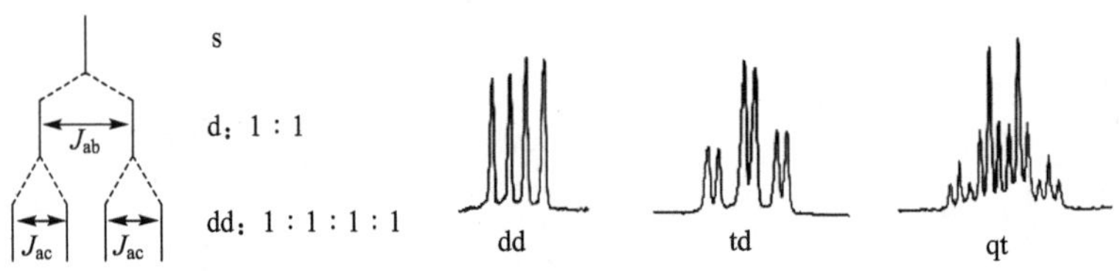

图 12.32　$J_{ab} > J_{ac}$ 时的耦合裂分及峰形

学习提示： 在书写 ^{1}H NMR 谱数据时，如果是裂分后的组峰，要写出裂分情况及相应的耦合常数，如 δ (ppm): 4.0 (d, 2H, J = 5.0 Hz)，其中 δ 值为组峰的化学位移中间值。若是类似于 dd 的组峰，则两个 J 值均需写出，如 δ (ppm): 4.0 (dd, 2H, J = 5.0 Hz、2.1 Hz)。但如果是多重峰 m，则 δ 值取该组峰的化学位移范围，如 δ (ppm): 4.0～4.3 (m, 2H)。

12.4.3.3　耦合常数和结构的关系

耦合常数 J 是自旋耦合有效度的量度，单位为 Hz。由于裂分是由邻近氢核的微小感应磁场引起的，而与外磁场强度无关，因此结构相同的分子使用不同的外磁场强度测定时，

其 J 值不变。实际上，J 值的大小只取决于相互耦合的质子间的结构关系，常见结构的 J 值见表 12.12。

表 12.12　常见结构系统的 J 值（Hz）

类型	J_{ab}	类型	J_{ab}
$>C(H_a)(H_b)$	10～15	$>C{=}C(H_a)(H_b)$	0～2
$H_a{-}C{-}C{-}H_b$	6～8	$H_aC{-}C{=}C{-}H_b$	1～2
$H_a{-}C{-}C{-}C{-}H_b$	0	$H_a{-}C{=}C{-}CH_b$	0～2
$H_a{-}C{-}O{-}H_b$	4～6	$>C{=}C(CH_a)(H_b)$	4～10
$H_a{-}C{-}C(=O){-}H_b$	2～3	$>C{=}CH_a{-}CH_b{=}C<$	9～12
$>C{=}CH_b{-}C(=O){-}H_a$	5～7	环烯 $H_a{-}C{=}C{-}H_b$	五元环 3～4 六元环 6～9 七元环 10～13
$H_a{-}C{=}C{-}H_b$（反式）	15～18	苯环 H_a、H_b	邻位 6～10 间位 1～3 对位 0～1
$H_a{-}C{=}C{-}H_b$（顺式）	6～12		

因此，耦合常数是一个鉴定分子结构的重要参数。例如，利用顺式和反式烯氢的 J 值差异可以区分两个异构体；苯环上不仅邻位的质子可以耦合，间位和对位也可以发生，但 J 值有差异。发生在相距 3 条共价键以上的质子的耦合，称为远程耦合，通常发生远程耦合的两个氢核之间都会存在双键或三键。

单取代苯环上的五个氢原子中，邻、间、对位质子的化学位移不同，它们之间可能发生复杂的耦合。但若取代基是一个饱和烃基，此时，邻、间、对位质子的化学位移差别不大，因而不表现耦合裂分，五个氢核表现出一个单峰。若取代原子是电负性较大的杂原子（如 O、N、S、卤素）或不饱和基团（如 C═O、C═C 等），此时，邻、间、对位质子表现出明显的化学位移差异，产生较为明显的耦合裂分。

二取代苯中，如果两个取代基处于对位，可能出现两组对称的裂分峰。在对氯苯乙酮的 ^{1}H NMR 谱中（图 12.33），苯环氢裂分为两组对称的峰，这也是对位取代的苯环的特征峰形。因此，从苯环氢信号的裂分情况中能得到判断苯环上取代基位置的重要线索。

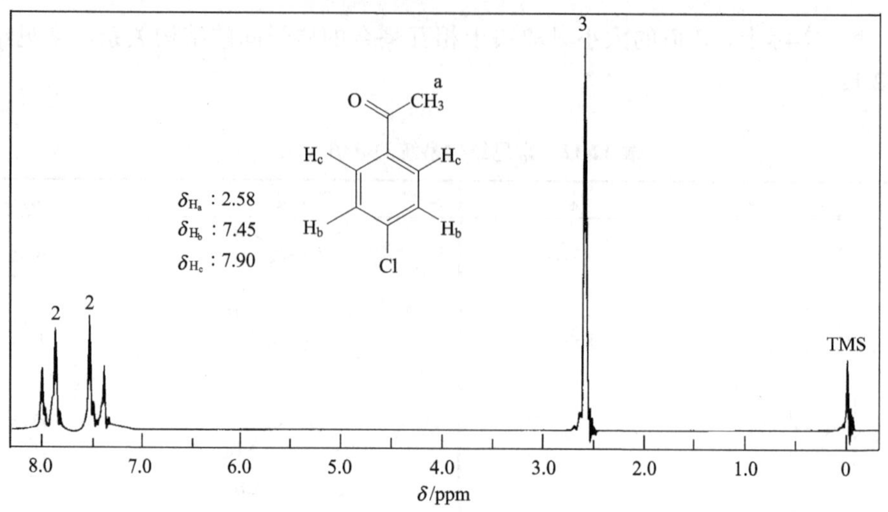

图 12.33　对氯苯乙酮的 ¹H NMR 谱

12.4.4　更复杂的核磁共振波谱

n+1 规律只适用于发生耦合的两个相邻氢核的化学位移（此处用 $\Delta\nu$ 而非 δ 表示）差值远远大于 J 值的情况（一般 $\Delta\nu/J \geqslant 6$）。它是一种近似的简略分析图谱的方法，称为一级近似法。随着 $\Delta\nu$ 值减小，吸收峰强度比将偏离按 n+1 规律所预测的二项式规律。当 $\Delta\nu \leqslant J$ 时，n+1 规律则完全不能适用。如图 12.34 所示，H_a 和 H_b 耦合时，若 $\Delta\nu \gg J$，能够清晰地看到 H_a 和 H_b 各自裂分成二重峰。当 $\Delta\nu$ 接近 J 时，两组二重峰会逐渐出现内峰高、外峰低，强度不符合 1∶1 的情况。随着 $\Delta\nu$ 进一步减小，两个内峰会进一步靠拢并增高，外峰继续减弱。当 $\Delta\nu = 0$ 时，内峰合并成一个单峰，外峰则完全消失。所以，化学位移相等（$\Delta\nu = 0$）的氢核之间的耦合在图谱上体现不出裂分，一个质子与化学位移不等的邻近氢核产生的耦合才会引起裂分。

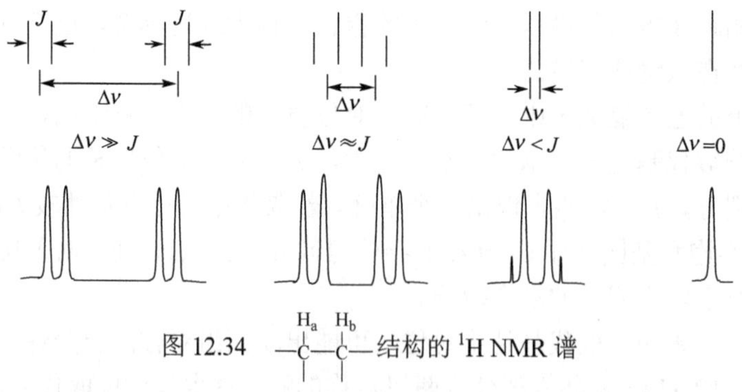

图 12.34　H_a H_b —C—C— 结构的 ¹H NMR 谱

即使是一级分析的图谱，当 $\Delta\nu$ 与 J 相差不是足够大时，两组裂分峰也会产生某种程度的“微扰”，使两组峰彼此靠近的一边强度更大（形似“内峰”大于“外峰”），形成如图 12.35 所示的不对称峰组。利用这种关系，可以寻找两组彼此耦合的质子。

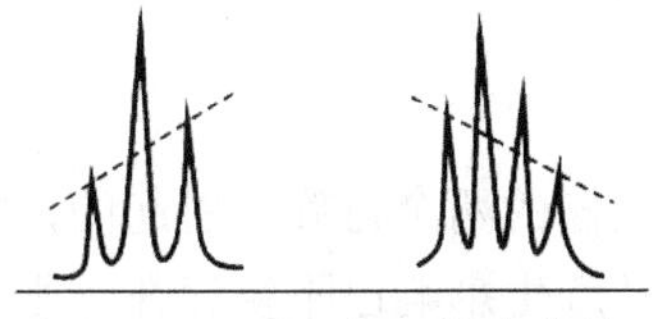

图 12.35　两组相互耦合的峰

许多图谱，随着分子结构的复杂化而变得复杂得多，特别是化学位移相近的多个质子耦合时，彼此裂分、重叠，有时很难分析。对于复杂图谱的解析，这里不作讨论。解析图谱时，可使用标准化合物的图谱作对照比较，也可根据具体情况采用一些简化图谱的方法，如以下几种常用方法。

12.4.4.1　改变磁场强度

$\Delta\nu$ 值随着磁场强度增大而增大，但 J 值不变。因此，增大磁场强度可使峰组之间的距离拉大，各组峰分离得更清晰，复杂图谱简化成为适用于“一级分析”的近似方法。图 12.36 中(a)和(b)分别为 60 MHz 和 300 MHz 核磁共振波谱仪上测定的 α-氯乙酸乙酯的 ^{1}H NMR 谱。可以看出，在 60 MHz 仪器上不能有效分辨 H_b 和 H_c 的峰，在 300 MHz 仪器上可以清晰分辨。

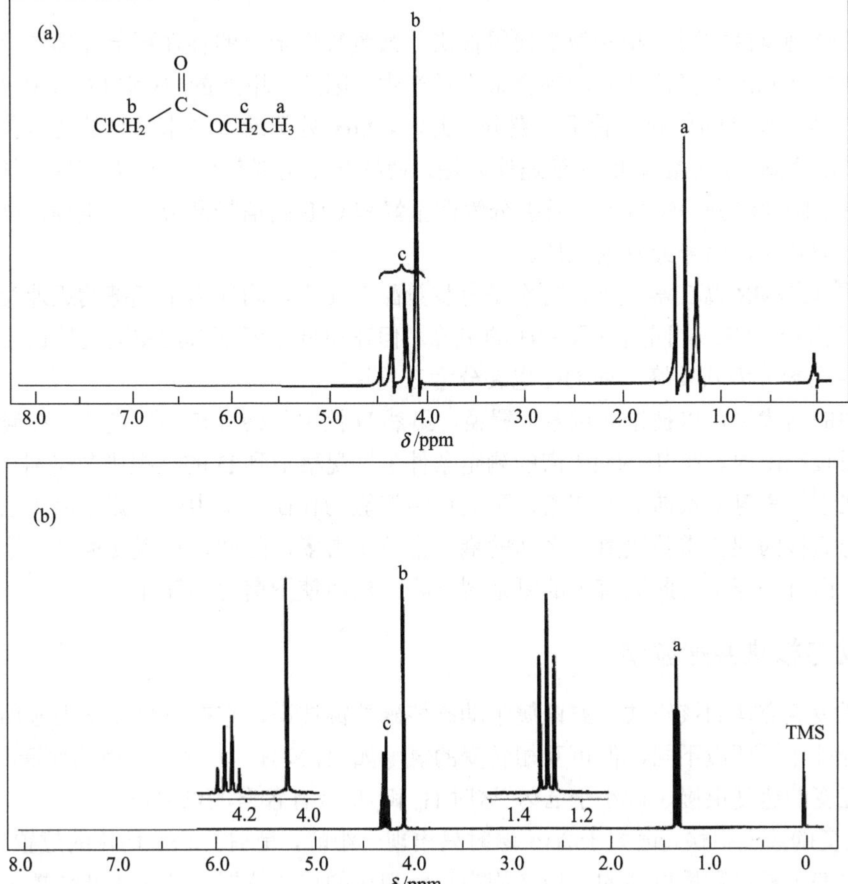

图 12.36　α-氯乙酸乙酯的 ^{1}H NMR 谱

(a) 60 MHz; (b) 300 MHz

12.4.4.2　双照射去耦法

由于质子的耦合裂分是邻近氢核的两个自旋态引起的，如果设法使相邻氢核的两个自旋态存在的时间极短，以致还来不及产生影响已不复存在，则裂分可能消失，这种方法称为去耦法。

在用扫描频率照射两组相邻氢核 H_a 和 H_b 的同时，另用相当于 H_b 的共振频率的无线电波照射，使 H_b 在两个自旋态之间高速互换，以致 H_a 受不到 H_b 施以的 α 自旋态或 β 自旋态的作用，而仅仅受到 H_b 的两个自旋态影响的平均值，那么此时 H_a 的裂分将消失。这种去耦合的方法称为双照射去耦法。采用这种方法，不仅图谱可以大为简化，而且可以根据所用的双照射频率，反过来证实 H_b 的化学位移值。

12.4.4.3　活泼氢交换去耦法

含活泼氢的基团，如—OH、—SH、—NH 等，即使在常温下，分子间也能形成氢键或与溶剂形成氢键，并通过氢键进行分子间氢的迅速交换。例如：

$$n(H_3C—OH + H—OCH_3) \rightleftharpoons n\,H_3C—\underset{\displaystyle\overset{|}{H}}{O}\cdots H—OCH_3$$

常温下这种氢键的形成和断裂交换得很快，微量酸性杂质的存在更会加速这个过程。这使得邻近氢核和此活泼氢彼此间的耦合来不及产生。因此，甲醇的 ^{1}H NMR 谱中只能观察到 OH 和 CH_3 两个分立的单峰，看不到裂分。此时，OH 处于缔合与未缔合的化学位移的均化位置。随着温度降低，活泼氢的交换速度减慢，使峰开始出现裂分。在–40℃时，缔合分子较稳定，能够清晰地看到 OH 质子信号裂分为四重峰和 CH_3 的信号裂分为二重峰。缔合后的氢核去屏蔽效应较大，信号会移向低场。

乙醇的 ^{1}H NMR 谱在常温下，特别是有少量酸存在下，同样由于氢键的迅速交换而只出现 CH_3 的三重峰、CH_2 的四重峰及 OH 的单峰。但在更低温度下或用更高纯度的乙醇时，就能看到 CH_2 会裂分为八重峰，而 OH 也裂分为三重峰。

分子中的活泼氢可以被氘（重氢）置换，虽然 D 核也是磁性核，但是其共振频率不在质子的共振吸收范围内。在 ^{1}H NMR 谱的测定条件下，观察不到 D 的共振吸收信号。因此，比较化合物在进行重氢交换前后的图谱，可确认活泼氢的存在，并由此推测该活泼氢的化学位移。氘核与氢核的耦合常数比氢核之间的耦合常数小得多，因此，重氢交换后，不仅活泼氢的峰消失，而且去掉了与此氢有关的复杂裂分峰，从而使图谱得到简化。

12.4.5　动态核磁共振波谱

研究活泼氢交换的核磁共振波谱属于动态核磁共振波谱，它在有机化学上应用较广。通常，对于两种化学环境不同，但可互相转变的氢（如 H_a 和 H_b），存在下列几种情况：

（1）互变的速度很慢，远小于 $\Delta\nu$。这时 H_a 和 H_b 具有各自的信号峰。

（2）互变的速度很快，远大于 $\Delta\nu$。这时只出现一组峰，是 H_a 和 H_b 均化的位置居中的峰。此峰的位置偏于氢核数量更多的一边（相当于 ν_a 和 ν_b 的重心位置，并可由此位置求得互变平衡体系中 H_a 和 H_b 的相对含量）。

（3）互变的速度适中，互变速度与 $\Delta\nu$ 相近。此时 ^{1}H NMR 谱与测定温度的高低有很大关系。低温下，互变速度变慢，在谱图上能够观察到 H_a 和 H_b 各自的信号峰；当温度升高时，互变速度加快，分立的两组峰逐渐靠近；当达到某一温度时，两组峰融为一组峰，这个温度称为聚结温度（coalesence temperature，T_c）。

例如，在环己烷分子中，常温下两个椅式构象迅速互变（直立氢与平伏氢互变），一般只能见到一个均化的峰。如果温度降低到低于 T_c 时，可以看到平伏氢和直立氢分别出现的两组峰，并出现复杂的自旋耦合。当环己烷分子中其他 11 个 H 被 D 置换时，可去掉复杂的自旋耦合，更便于观察剩下的一个氢核的 ^{1}H NMR 谱。在–100℃时，由于环己烷椅式构象间的转换速度变得缓慢，十一氘代环己烷（C_6HD_{11}）的 ^{1}H NMR 谱出现两个强度相等的单峰，分别对应于两个处于平衡体系的椅式结构中的直立氢和平伏氢。

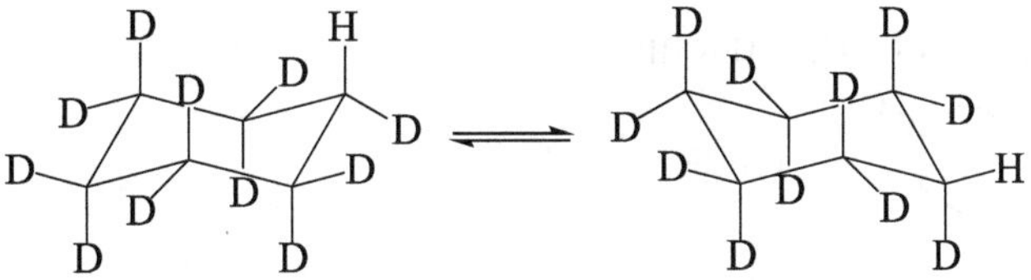

在酰胺分子中也存在着类似的互变。由于氨基的排电共轭效应，C—N 键带有部分双键性质，不能自由旋转。此时，两个甲基的氢由于空间位置的差异，在常温下可见到两个甲基的不同信号峰。若逐步升高温度，两峰会逐渐变宽，最后融为一个峰，表明此时单键已可自由旋转，即峰形的变化情况直接反映了两个异构体之间的互变情况。因此，动态核磁共振波谱已成为反应动力学研究的重要手段。

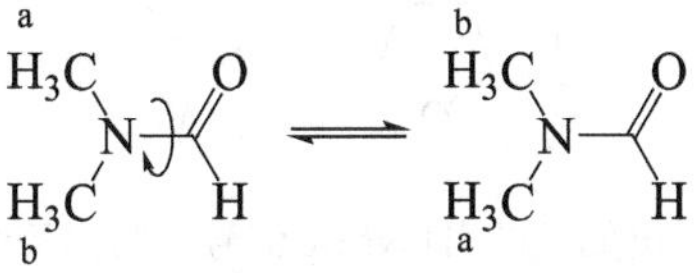

随着分析测试理论与技术的发展，各类二维核磁共振波谱在近年来也得到了越来越广泛的应用，核磁共振波谱已成为解析有机分子结构最有力的工具之一。二维核磁共振波谱本书不再做介绍，可参见相关著作和教科书。

习　题

12.1　根据同位素的自然丰度，粗略估计下列化合物的 M+1 峰的丰度（以 M^+ 丰度为 100%计）。

(1) $C_{13}H_{20}$　　(2) C_4H_8O　　(3) $C_{11}H_{16}N_2$

(4) CH_3I　　(5) C_5H_{12}　　(6) $C_8H_{16}O_4$

12.2　估计 1, 2-二氯丙烷在 *m/e* 为 112、114 和 116 处的相对丰度。

12.3　比较下列各组化合物的光谱数据。

(1) IR 吸收波数:

a.　　b.　　c.

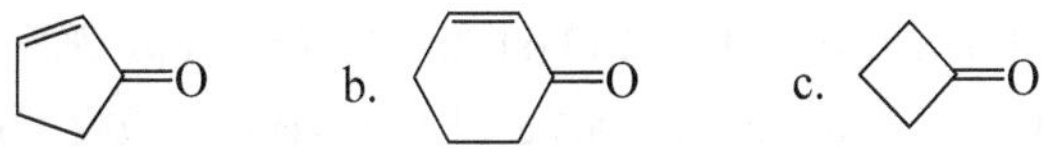

(2) 在辛-1-炔中 ν (≡C—H) 的波数为 3350 cm^{-1}，估计在 1-氘代辛-1-炔中 ν (≡C—D) 的吸收波数应该增大还是减小？

(3) 下列化合物，n→σ*跃迁的 λ_{max} 大小次序：

a. $(CH_3CH_2)_2O$　　b. $(CH_3CH_2)_2NH$　　c. $(CH_3CH_2)_2S$

(4) 下列化合物，$\pi\rightarrow\pi^*$跃迁的 λ_{max} 大小次序：

a. 丁-3-烯-2-酮　　b. 2-甲基环己-2-烯-1-酮

c. 戊-3-烯-2-酮　　d. 3-甲基环己-2-烯-1-酮

(5) 比较下列各组化合物中 H 的化学位移（δ）值:

第一组：a. R—C(=O)—$\underline{H}$　　b. 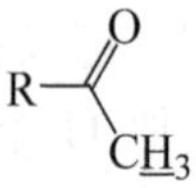 R—C(=O)—$C\underline{H}_3$

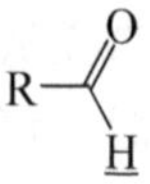

第二组：a. $(CH_3)C\underline{H}$　　b. $CH_3C\underline{H}_3$　　c. $CH_3C\underline{H}_2CH_3$

12.4　按指定光谱如何区分下列各组化合物？

(1) CH_3CH_2CHO 和 CH_3COCH_3（IR）

(2) CH_3CH_2CHO 和 CH_3COCH_3（^1H NMR）

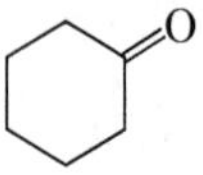

(3) 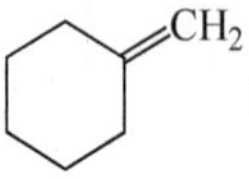 CH_2 和 O（^1H NMR）

(4) 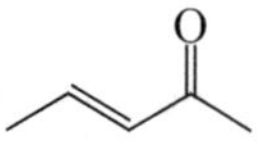 O 和 O (UV)

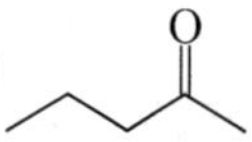

12.5　为什么乙醇和水的混合物在 ^1H NMR 谱图上只有一个 OH 峰？

12.6　有三张质谱图上的基峰分别为 m/e 85、99、139，它们分别代表下面三个异构体，请确定具有不同基峰的质谱图分别代表哪一个异构体。

a. 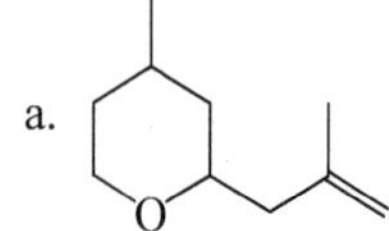

b. 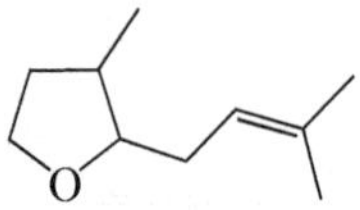 O

c. 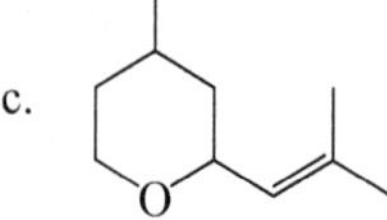

12.7　两个烷烃异构体 C_9H_{12} 表现出如下的 ^1H NMR 信号，写出每个异构体的结构式。

(1) δ (ppm): 1.25 (d, J = 7 Hz), 2.95 (七重峰, J = 7 Hz), 7.25 (s)。峰面积比为 6∶1∶5。

(2) δ (ppm): 2.25 (s), 6.78 (s)。峰面积比为 3∶1。

12.8　化合物 A（C_7H_{12}），^1H NMR 谱上在 δ = 1.04 ppm、2.07 ppm 和 5.44 ppm 有吸收峰，相对强度为 3∶2∶1，写出其结构。

12.9　含卤素的化合物 A 和 B，分别与 Mg/醚反应后水解，都生成 2, 2-二甲基丁烷。A 和 B 的 ^1H NMR 谱如下：

A: δ (ppm): 0.9, 1.5, 4.0，强度比为 9∶3∶1；

B: δ (ppm): 0.9, 1.8, 3.5，强度比为 9∶2∶2。

在 A 和 B 的质谱上都表现出[M]∶[M+2] ≈ 3∶1 的峰，推测 A 和 B 的结构。

12.10　三个异构体，分子式为 C_4H_8O，其 IR 和 ^1H NMR 谱数据如下，试推测其结构。

(1) IR 在 2900～2940 cm^{-1}，1710 cm^{-1}，1460 cm^{-1}，1410 cm^{-1}，1170 cm^{-1}，940 cm^{-1} 和 758 cm^{-1} 都有吸收，^1H NMR 信号 δ (ppm): 1.05 (t, J = 7 Hz), 2.13 (s), 2.47 (q, J = 7 Hz)，强度比为 3∶3∶2。

(2) IR 在 2850～1950 cm^{-1}，1465 cm^{-1}，1065 cm^{-1} 和 910 cm^{-1} 有吸收，^1H NMR 信号 δ (ppm): 1.85, 3.75，是强度相等的多重峰。

(3) IR 在 2800～2940 cm^{-1}，2700 cm^{-1}，1725 cm^{-1}，1470 cm^{-1}，1380 cm^{-1}，1125 cm^{-1} 和 913 cm^{-1} 有吸收，^1H NMR 信号 δ (ppm): 1.2 (d, J = 6.5 Hz), 3.3 (宽，七重峰, J = 7 Hz), 9.7 (d, J ≈ 1 Hz)，强度比为 6∶1∶1。

12.11　化合物 A (C_5H_{10})用硫酸热溶液处理后生成产物 B，B 的 IR 谱上 3600 cm^{-1} 处有吸收，其 ^{1}H NMR 谱数据为：δ (ppm): 0.9 (t, J = 7 Hz), 1.2 (s), 1.4 (q, J = 7 Hz), 3.0 (s, 宽), 强度比为 3∶6∶2∶1。B 用浓硫酸处理后得 C（A 的异构体），推测 A、B、C 的结构。

12.12　未知物 X，MS 图上 m/e 116 出现分子离子峰，UV 谱上在 200～800 nm 范围无吸收，IR 谱中无羟基和羰基的吸收。X 的 ^{1}H NMR 谱如下图所示。X 在稀硫酸溶液中水解生成两个有机化合物 Y 和 Z。Y 的分子离子峰在 m/e 72，IR 在 2850～3010 cm^{-1}（强），1710 cm^{-1}（强），1320～1460 cm^{-1} 及 1175 cm^{-1} 都有吸收峰。^{1}H NMR 吸收峰出现在 δ (ppm): 1.0 (t, 3H, J = 7 Hz), 2.1 (s, 3H)和 2.45 (q, 2H, J = 7 Hz)。Z 的分子离子峰在 m/e 62，IR 在 3100～3600 cm^{-1}（强、宽），2850～2950 cm^{-1} 和 1000～1100 cm^{-1}（强）有吸收峰，^{1}H NMR (纯液体) δ (ppm) = 3.7 (s), 4.7 (s)，强度比为 2∶1。写出 X、Y、Z 的结构。

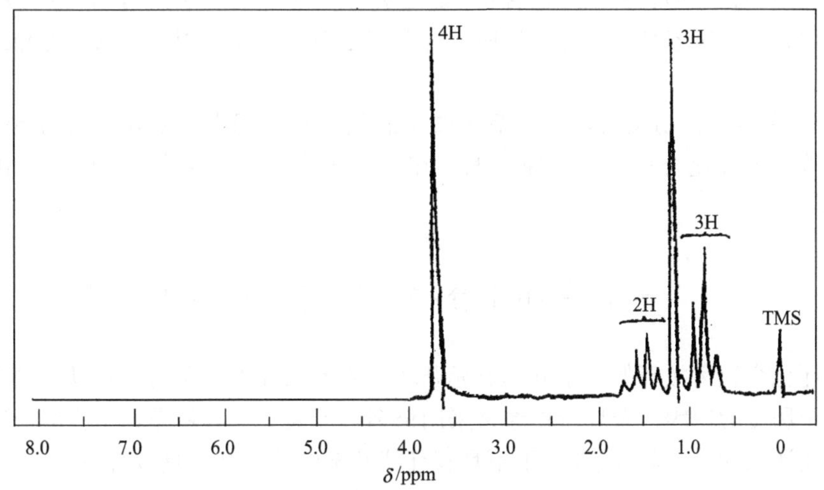

12.13　三个分子式为 $C_4H_8O_2$ 的异构体，具有如下的光谱性质，写出这些化合物的结构式，并简要指出提供的信息所代表的结构单元。

(1) IR 吸收在 2900～3000 cm^{-1}，1740 cm^{-1}（很强），1370 cm^{-1}，1240 cm^{-1}（强）和 1050 cm^{-1}；^{1}H NMR 信号在 δ (ppm): 1.25 (t, J = 7 Hz), 2.03 (s), 4.12 (q, J = 7 Hz)，强度比为 3∶3∶2。

(2) IR 吸收在 2850～3000 cm^{-1}，2725 cm^{-1}，1725 cm^{-1}（强），1160～1220 cm^{-1}（强）和 1100 cm^{-1}；^{1}H NMR 信号在 δ (ppm): 1.29 (d, J = 6 Hz), 5.13 (七重峰, J = 6 Hz), 8.0 (s)，强度比为 6∶1∶1。

(3) IR 吸收在 2500～3200 cm^{-1}（宽、强），1715 cm^{-1}（强）和 1230 cm^{-1}（强），^{1}H NMR 信号在 δ (ppm): 1.2 (d, J = 6 Hz), 2.7 (七重峰, J = 6 Hz), 11.0 (s, 用重水处理后此峰消失)，强度比为 6∶1∶1。

第 13 章　芳香杂环化合物

对于环状有机化合物，如果其环骨架上含有杂原子（通常为氧族、氮族原子），则可称为杂环化合物。杂原子的种类、数目、环上位置乃至环的大小都存在各种差异，因此形成了数量庞杂、种类繁多的杂环化合物。我们之前接触过的环氧化合物、内酯、内酰胺、环状酸酐、四氢呋喃等，都属于杂环化合物。

对于常见环和大环脂肪族杂环化合物，其性质与开链化合物类似；小环脂肪族化合物（典型的如环氧化合物）则容易发生开环反应，之前也已有所讲述，因此本章不再介绍脂肪族杂环化合物。

与脂肪族杂环化合物相对，一些杂环如果满足休克尔规则（见 6.6.7.1 小节），也会具有芳香性。芳香杂环化合物由于杂原子的存在，其电子效应使芳香杂环具有了独特的化学性质。

13.1　芳香杂环化合物的结构、分类和命名

芳香杂环化合物可按环的大小分为五元杂环、六元杂环以及含两个及以上稠合环结构的稠杂环。由于历史的原因，杂环母体通常采用俗名，即英文名的音译。一些单杂环的命名如下所示。需要注意的是，4*H*-吡喃由于不具有环状共轭结构，并不具有芳香性。

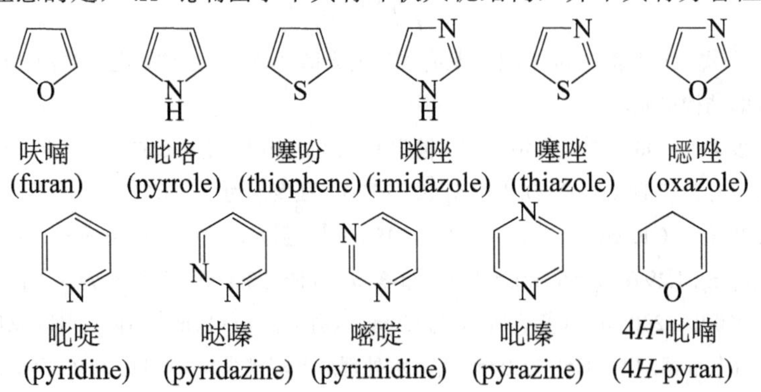

一些常见的芳香稠杂环的名称如下：

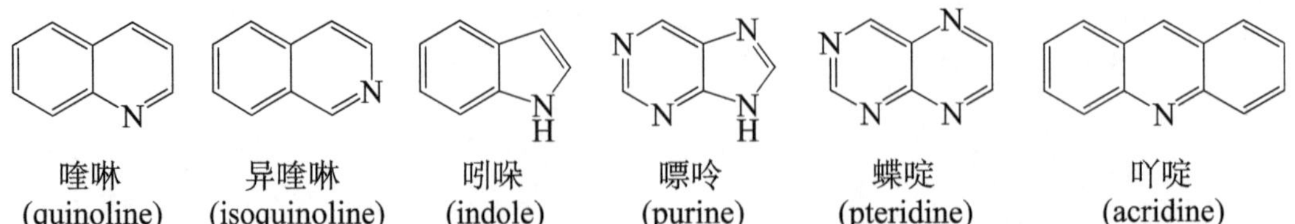

芳香杂环的环骨架编号遵循一系列规则。对于稠杂环，与普通双环烷烃也略有区别。首先，应使杂原子编号最低。如果杂原子上连有氢原子，则一般从该杂原子开始编号。

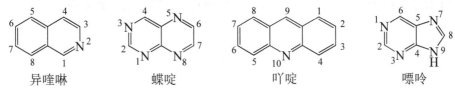

呋喃　喹啉　吲哚　嘧啶　咪唑

当环上带有不同的杂原子时，常按 O > S > N 的优先顺序进行编号。

噻唑　噁唑

若环上有取代，则需使取代基位次尽量低。

4-甲基嘧啶　2-吡嗪甲酸　5-甲基咪唑

一些稠杂环具有特殊的编号方式。例如，异喹啉、蝶啶和吖啶与相应的萘、蒽编号类似，而嘌呤则采用其独特的编号系统。

异喹啉　蝶啶　吖啶　嘌呤

以上杂环具有芳香性，是因为其满足休克尔规则，即参与环状共轭的 p 电子数目为 $4n+2$ 个。由于芳香杂环基本为五元、六元环，其离域 p 电子数目均为 6 个。由于每个碳原子均用 1 个 p 电子参与共轭，那么对于五元环，杂原子需要提供 2 个 p 电子（即一对孤对电子）参与共轭，才能使总的离域 p 电子数目满足休克尔规则。

在环上采用 sp^2 杂化的 C、O、S、N 原子轨道结构如下所示。C 原子和烯烃 C 一样，可以形成 3 条 σ 键和 1 条 π 键，并用 1 个 p 电子参与共轭。而 O (Ⅰ)和 S (Ⅱ)具有两对孤对电子，它们只能形成 2 条 σ 键，并用 2 个 p 电子参与共轭。因此，它们通常只能出现在芳香五元杂环上，形成 5 中心 6 电子的满足休克尔规则的芳香结构，如呋喃、噻吩。

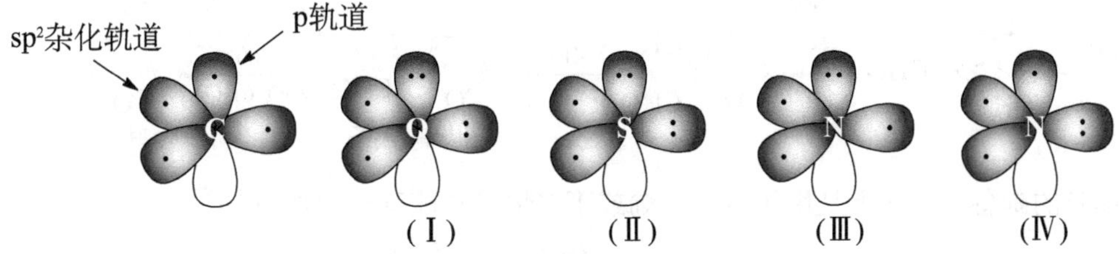

N 原子则比较特殊，它的原子轨道可以采用上述(Ⅲ)和(Ⅳ)两种形式。如果采用(Ⅲ)的结构，则可以形成 3 条 σ 键，并用孤对电子参与共轭，这种情况和 O、S 类似，也只出现在芳香五元杂环中，如吡咯、吲哚，此时的 N 原子上还会连有氢原子或其他取代基；但其如果采用(Ⅳ)的结构，则可以形成 2 条 σ 键和 1 条 π 键，且只需用 1 个 p 电子参与共轭（孤对电子

不参与共轭)。此时，N 原子可以出现在芳香六元杂环上，如吡啶、喹啉等。

因此，对于像噻唑、噁唑这样含有两个不同杂原子的芳香杂环，由于 O、S 已经提供 2 个电子参与共轭，其 N 原子采用的应该是如同(Ⅳ)的结构，N 原子上会连有 π 键。对于咪唑，其两个 N 原子则分别采用(Ⅲ)和(Ⅳ)的结构，这样的结构差异使两个 N 原子具有不同的化学性质。

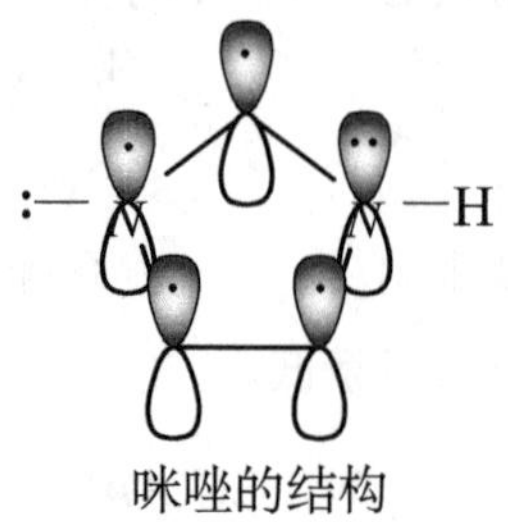

咪唑的结构

13.2 含一个杂原子的五元杂环化合物

含有一个杂原子的芳香五元杂环主要是呋喃、吡咯和噻吩。如前所述，杂原子上一对孤对电子参加共轭，因此它们都是具有 6 个离域 p 电子的环状共轭体系。环上原子呈对称分布，与杂原子相邻的两个碳原子称为 α-碳原子，另外两个碳原子则是 β-碳原子。

(β) 4　3 (β)
(α) 5　2 (α)
O_1

13.2.1 芳香五元环的制备

呋喃、呋喃甲醛、呋喃甲醇、呋喃甲酸等全部是廉价商品，它们都可从呋喃甲醛转变而来。工业上用玉米芯、大麦壳、花生壳和稻糠等含多缩戊糖的廉价物质为原料，经水解生成戊糖，戊糖失水环化制得呋喃甲醛，再经高温脱碳，即生成呋喃。

$(C_5H_8O_4)_n$ 多缩戊糖 $\xrightarrow{H_3O^+}$ 戊糖 $\xrightarrow[-H_2O]{H^+,\ \triangle}$ … $\xrightarrow{-H_2O}$ … $\xrightarrow{H^+}$ … $\xrightarrow{-H_2O}$ 呋喃甲醛 $\xrightarrow[ZnO,\ Cr_2O_3]{400℃}$ 呋喃

噻吩的制备，工业上是用丁烷、丁烯或丁二烯等与硫磺一起加热。

$$n\,C_4H_{10} + S \xrightarrow[\text{(接触时间 1s)}]{600℃} \text{噻吩} + H_2S$$

吡咯可采用多种方法合成。

$$2HC\equiv CH + NH_3 \xrightarrow{\text{通过红热管}} \text{吡咯} + H_2$$

$$HC\equiv CH + 2HCHO \xrightarrow{Cu_2C_2} HOCH_2C\equiv CCH_2OH \xrightarrow[\text{压力}]{NH_3} \text{吡咯}$$

用丁二酰亚胺与锌粉一起蒸馏，也可制得吡咯。在 Al_2O_3 催化下，吡咯、噻吩、呋喃能互相转变。

丁二酰亚胺 $\xrightarrow[\text{蒸馏}]{\text{Zn粉}}$ 吡咯；吡咯 $\underset{NH_3}{\overset{H_2O}{\rightleftharpoons}}$ 呋喃；吡咯 $\underset{NH_3}{\overset{H_2S}{\rightleftharpoons}}$ 噻吩；呋喃 $\underset{H_2O}{\overset{H_2S}{\rightleftharpoons}}$ 噻吩

五元杂环的取代衍生物，除了从母体杂环的取代反应制得外，常用 1, 4-二羰基化合物合成。这种合成方法称为帕尔-克诺尔（Paal-Knorr）合成法。

2,5-己二酮 $\xrightarrow[100℃]{(NH_4)_2CO_3}$ 2, 5-二甲基吡咯

2,5-己二酮 $\xrightarrow[160℃]{P_2O_5}$ 2, 5-二甲基呋喃

2,5-己二酮 $\xrightarrow[\triangle]{P_2S_5}$ 2, 5-二甲基噻吩

用 α-氨基酮和 β-酮酸酯缩合，也能合成取代吡咯。

$$H_3CCOCH(NH_2)COOEt + CH_3COCH_2COOEt \xrightarrow{CH_3COOH} \text{2-}EtO_2C\text{-3-}CH_3\text{-4-}CO_2Et\text{-5-}CH_3\text{-吡咯}$$

13.2.2　呋喃、吡咯、噻吩的结构和化学反应

核磁共振波谱表明，呋喃、吡咯和噻吩具有和苯环一样的各向异性效应，即处于环侧面的氢核受到去屏蔽作用，化学位移在低场。另外，受杂原子的−I 效应影响，α-H 相比 β-H 位于更低场。由于杂原子同时具有+C 效应，分子的偶极矩比相应的无共轭饱和杂环的偶极矩更小。吡咯由于其 N 原子的+C 效应更强，偶极矩的方向甚至发生颠倒。

	偶极矩	^{1}H NMR
呋喃	0.70deb	δ:6.30 ppm；δ:7.38 ppm
四氢呋喃	1.73deb	
噻吩	0.51deb	δ:7.04 ppm；δ:7.19 ppm
四氢噻吩	1.90deb	
吡咯	1.81deb	δ:6.09 ppm；δ:7.60 ppm
四氢吡咯	1.58deb	

13.2.2.1　亲电取代反应

1. 活性和反应

呋喃、吡咯、噻吩中的杂原子提供一对电子参与共轭，形成 5 中心 6 电子的大 π 键体系，这使得环上电子云密度比苯更高，因此五元杂环比苯更易发生亲电取代反应，反应条件更为温和。反应的活性顺序如下所示，吡咯由于其更强的+C 效应，对芳环的活化能力最强，显示出最高的活性。另外，氧原子的电负性强于硫，可以使 π 电子更多地集中在 α 位，所以呋喃的亲电取代反应活性强于噻吩。

吡咯 > 呋喃 > 噻吩 > 苯

在五元杂环上所进行的亲电取代反应类型与苯环上的大致相同，以噻吩为例，可以发生卤代、硝化、磺化、傅-克烷化/酰化等反应。

噻吩 —95% H_2SO_4, 25℃→ 2-噻吩磺酸（SO_3H）
噻吩 —$(CH_3CO)_2O$, H_3PO_4→ 2-乙酰基噻吩
噻吩 —HCHO, HCl→ 2-氯甲基噻吩（CH_2Cl）
噻吩 —Br_2 (Cl_2), 低温，稀溶液→ 2-Br(Cl)噻吩
噻吩 —I_2/HgO, 苯，0℃→ 2-碘噻吩
噻吩 —CH_3COONO_2, $(CH_3CO)_2O$, −10℃→ 2-硝基噻吩（NO_2）(70%) + 3-硝基噻吩 (5%)

五元杂环的卤代反应很剧烈，呋喃和噻吩在室温下与氯、溴反应也会得到多卤代产物，只有控制条件如低温或稀释，方可得到一卤代产物。吡咯卤代的主要产物是四卤代物，其一卤代物较不稳定。

吡咯 —I_2/KI→ 2,3,4,5-四碘吡咯
吡咯 —Br_2/EtOH, 0℃→ 2,3,4,5-四溴吡咯
吡咯 —$SOCl_2/Et_2O$, 0℃→ 2-Cl(不稳定)吡咯

五元杂环容易被氧化，甚至空气中的氧气也能使其氧化。因此其硝化时一般不能直接使用硝酸，而需用更温和的非质子硝化剂如硝酸乙酰酯（CH_3COONO_2），它可由乙酸酐和硝酸反应制得。

$$(CH_3CO)_2O + HNO_3 \longrightarrow CH_3COONO_2 + CH_3COOH$$

吡咯 $+ CH_3COONO_2 \xrightarrow[-10\ ℃]{Ac_2O}$ 2-硝基吡咯 (51%) + 3-硝基吡咯 (13%)

呋喃在硝化时首先生成硝基和乙酸根的 2, 5-加成产物，然后脱除乙酸根。

呋喃 $\xrightarrow[-5\sim-30℃]{AcONO_2}$ 中间体正离子 $\xrightarrow{AcO^-}$ 2-乙酰氧基-5-硝基-2,5-二氢呋喃 $\xrightarrow{吡啶}$ 2-硝基呋喃

呋喃和吡咯对质子酸很敏感，易发生开环或聚合反应。因此，取代反应总是避免使用酸性试剂。例如，在磺化反应中可用吡啶·三氧化硫（$SO_3 \cdot C_5H_5N$）代替硫酸作为磺化剂。

呋喃 $+ SO_3 \cdot C_5H_5N \xrightarrow{\triangle}$ 呋喃-2-磺酸（SO_3H）

噻吩的磺化比苯快，其磺化产物可溶于浓硫酸而与苯分离。实验室中常借此反应除去苯中含有的少量噻吩。噻吩的磺化也是可逆反应，产物噻吩-2-磺酸经水解去磺酸基后又可得到噻吩。

由于五元杂环化合物属于亲电取代的活泼芳烃，其傅-克酰化反应常使用更弱的路易斯酸作为催化剂，而不用三氯化铝。例如，在呋喃的酰化反应中，以 BF_3 作催化剂时产率最好。五元杂环化合物进行傅-克烷化反应时，都易得到多烷基化产物，因此没有太大的制备意义。

2. 反应的区域选择性　定位效应

从以上反应可以看出，五元杂环的亲电取代反应总是优先在 α 位进行。这可以通过在不同位置取代的中间体正离子的稳定性来解释。可以看出，进攻 α 位形成的 σ 络合物具有更多的极限式，因此更加稳定。对于正电荷位于杂原子上的极限式，N 正离子比 O 和 S 正离子稳定，这也可以解释吡咯的反应活性强于呋喃和噻吩。

噻吩 $+ E^+$ —— α位 → 三个共振极限式（E, H 位于 2 位）；β位 → 两个共振极限式（E, H 位于 3 位）

单取代的五元杂环化合物进行取代反应时，第二取代基的反应位置既受原取代基支配，也受杂原子支配。原取代基在 β 位时，邻、对位定位基支配第二取代基进入相邻的 α 位，间位定位基则支配第二取代基进入相间的 α 位。

3-溴噻吩 $+ HNO_3 \xrightarrow{Ac_2O}$ 3-溴-2-硝基噻吩 (55%~60%)　(原取代基为邻、对位定位基)

噻吩-3-甲酸（COOH） $+ Br_2 \xrightarrow[25℃]{HOAc}$ 5-溴噻吩-3-甲酸 (69%)　(原取代基为间位定位基)

若原取代基位于 α 位，第二取代基进入位置随杂原子不同而异。对于呋喃环，第二取代基进入另一个 α 位。对于噻吩和吡咯环，若原取代基是邻、对定位基，则第二取代基进入另一个 α 位及相邻的 β 位；若原取代基是间位定位基，则第二取代基进入另一个 α 位及相间的 β 位。

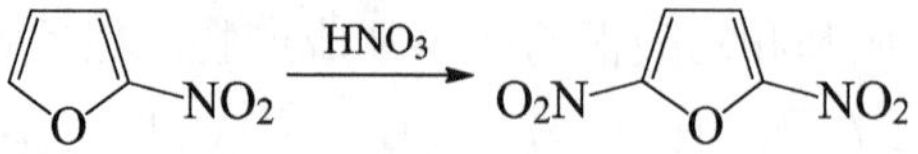
NO2
HNO3
O2N
NO2

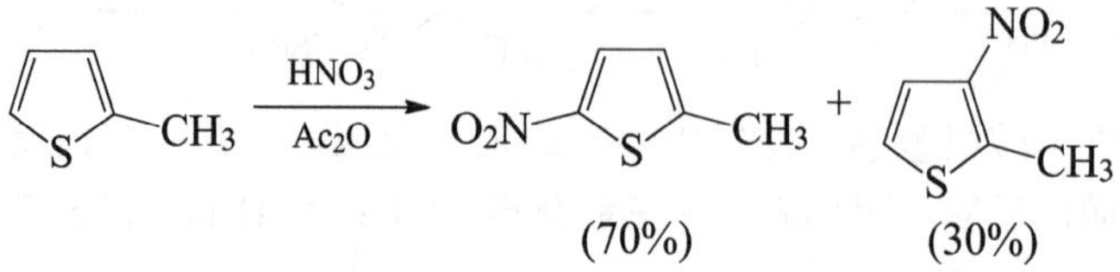
CH3
HNO3
Ac2O
O2N
CH3
NO2
CH3
(70%)
(30%)

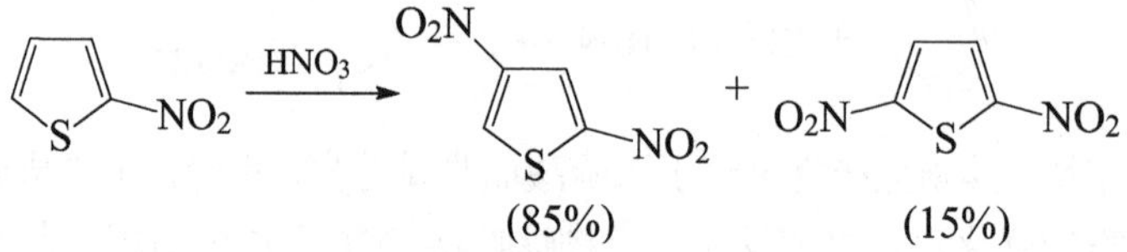
NO2
HNO3
O2N
NO2
O2N
NO2
(85%)
(15%)

当两个 α 位都被占据时，则第三个取代基会进入靠近供电基的 β 位。

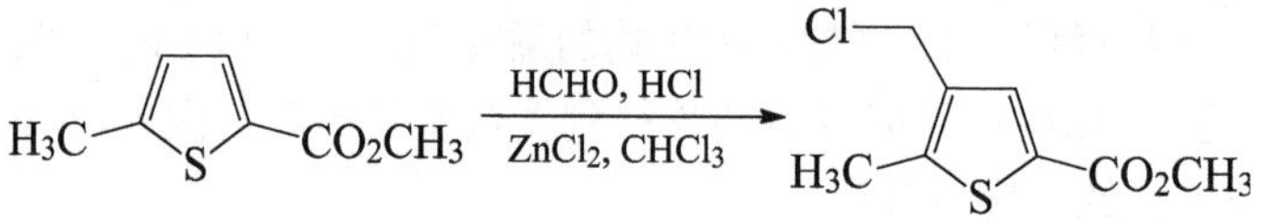
H3C
CO2CH3
HCHO, HCl
ZnCl2, CHCl3
Cl
H3C
CO2CH3

13.2.2.2　吡咯的特殊反应

吡咯看似“仲胺”，但其氮原子的孤对电子完全参与共轭，导致其碱性大大减弱，甚至弱于苯胺（苯胺中氮原子的孤对电子只是“部分”参与共轭）。一方面，吡咯的氨基不能与酸形成稳定的盐，在冷酸性溶液中只能缓慢溶解；但另一方面，吡咯氮原子上氢的酸性却增强，它能与金属钾（或钠）和氢氧化钾共熔生成钾盐。吡咯钾盐可以呈现以下反应，其氮负离子和芳环均能起到亲核试剂的作用。

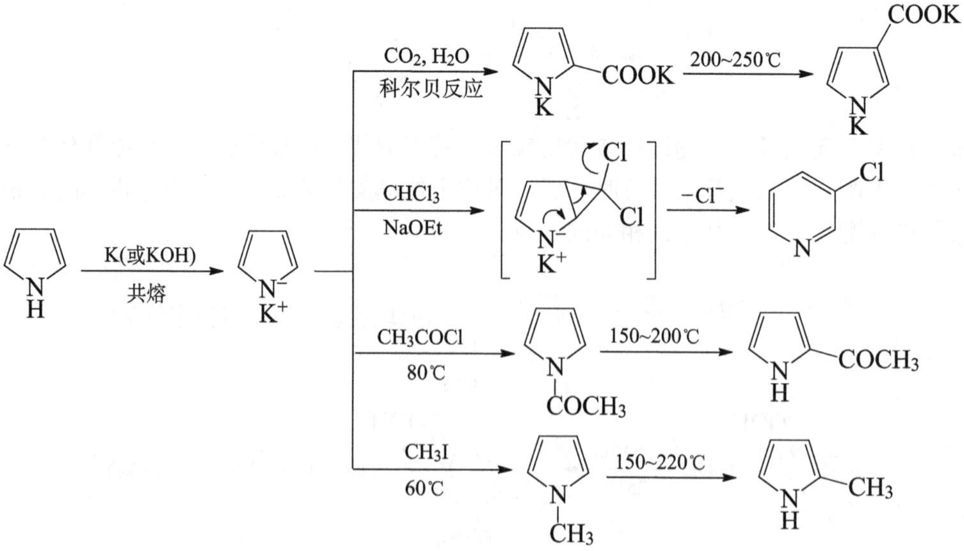
K(或KOH)
共熔
CO2, H2O
科尔贝反应
COOK
200~250℃
COOK
CHCl3
NaOEt
Cl
Cl
−Cl⁻
Cl
CH3COCl
80℃
COCH3
150~200℃
COCH3
CH3I
60℃
CH3
150~220℃
CH3

另外，吡咯环的亲电取代反应活性类似于酚或芳胺。因此，吡咯环上也能发生重氮偶联（见 11.5.3.2 小节）及雷默尔-梯曼（见 8.6.2.3 小节）等反应。

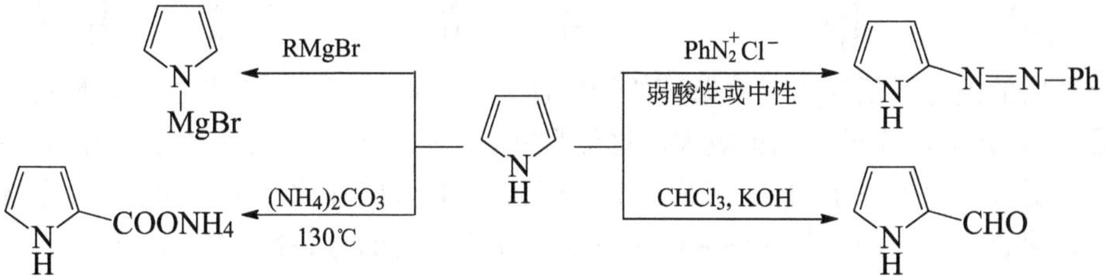

RMgBr　N-MgBr　$PhN_2^+Cl^-$　弱酸性或中性　N=N-Ph　$(NH_4)_2CO_3$　130℃　$COONH_4$　$CHCl_3$, KOH　CHO

13.2.2.3 加成、水解和聚合

呋喃、吡咯和噻吩都能被催化氢化，形成饱和四氢化物。

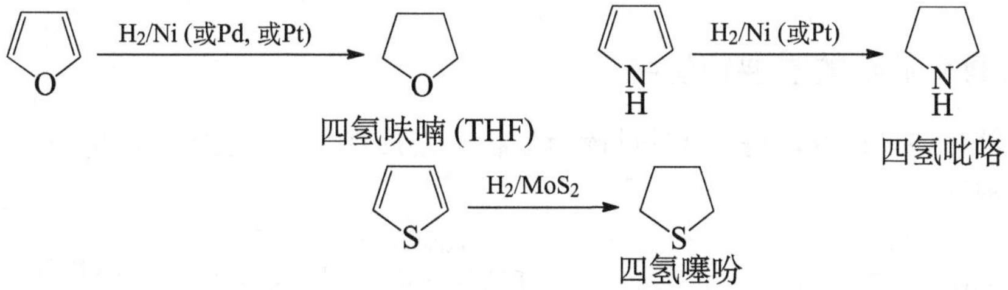

H_2/Ni (或Pd, 或Pt)　四氢呋喃 (THF)　H_2/Ni (或Pt)　四氢吡咯　H_2/MoS_2　四氢噻吩

含硫的噻吩会使多数催化剂中毒而失活，因此一般用二硫化钼（MoS_2）作催化剂氢化噻吩。也可以由开链化合物制备四氢噻吩，而不用相应的噻吩还原。

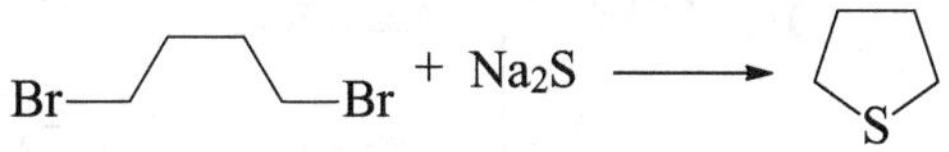

Br—∕∖∕—Br + Na_2S ⟶

噻吩和吡咯还可用化学方法（如 Na/乙醇、Na-Hg/乙醇或 Zn/乙酸）进行局部还原，得到二氢衍生物。

呋喃由于氧原子吸电性最强，在几种五元杂环中芳香性最弱。呋喃可以显示环状共轭二烯的一些特性，最典型的是可以作为双烯组分发生第尔斯-阿尔德反应（见 5.6.3 小节）。相比呋喃，吡咯较难发生该反应，噻吩则几乎不反应。

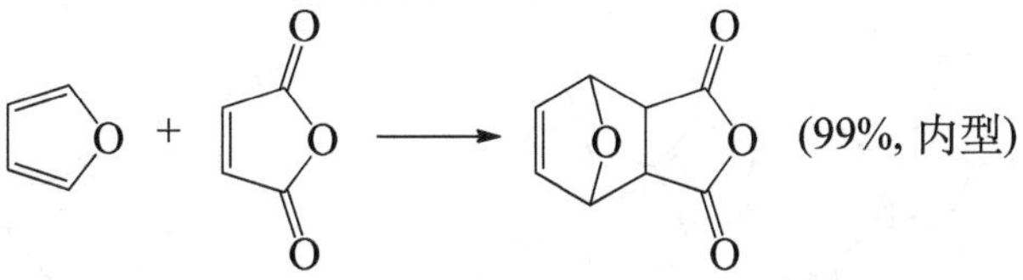

(99%, 内型)

呋喃和吡咯在酸性条件下容易发生水解和聚合。用稀硫酸、稀乙酸等都能使呋喃水解为 1，4-二酮。吡咯在稀酸存在下则聚合形成多聚吡咯。而相同条件下，噻吩不发生水解和聚合。

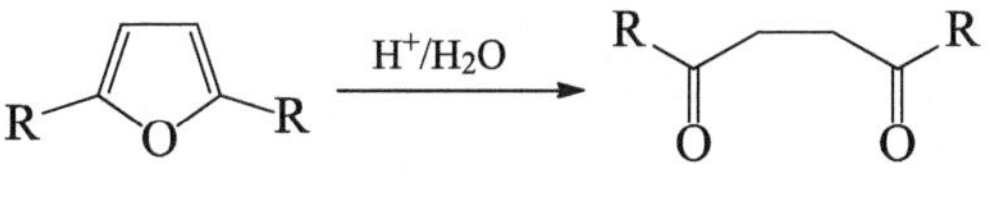

H^+/H_2O

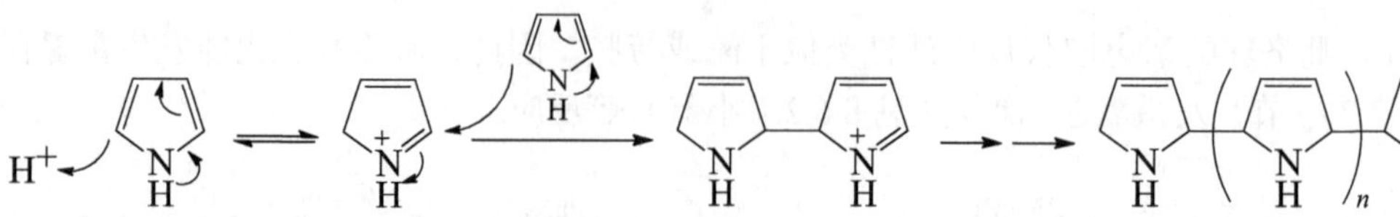

以上性质的差异，反映了五元杂环的芳香性差异。硫原子比氮和氧的电负性更小，外层有可利用的 3d 轨道，原子体积也更大，这使得噻吩环张力更小，环上电子云分布也更均匀，因而芳香性更强。而氮原子的+C 效应比氧原子强，–I 效应却比氧小。若按五元杂环化合物发生水解、聚合等反应的难易次序来衡量五元杂环化合物的芳香性，并与苯比较，则芳香性强弱具有如下次序。芳香性越强，环越稳定。

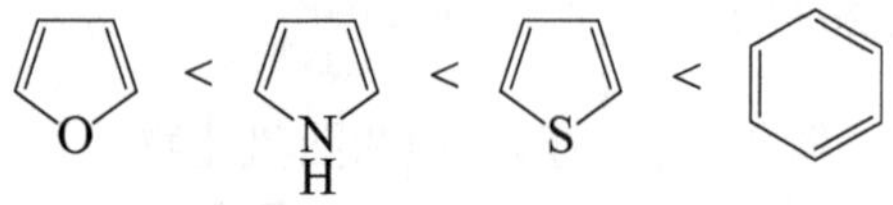

13.2.3 呋喃和吡咯的重要衍生物

呋喃甲醛，俗名糠醛，是重要的呋喃衍生物。它具有醛的一般特性，也是合成树脂和塑料的重要原料。

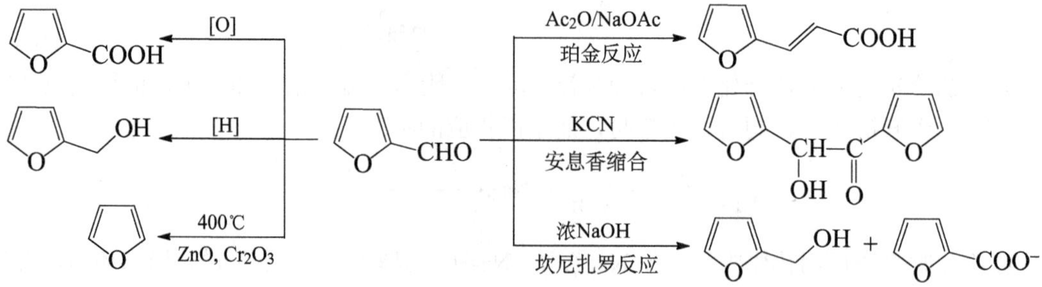

吡咯衍生物在自然界存在极为普遍，如叶绿素、血红素及维生素 B_{12} 等。它们的分子中都含有由四个吡咯环或氢化吡咯环连接而成的母环，这个母环称为卟吩。卟吩是具有 18 电子结构、符合 $4n+2$ 规律的芳香体系，因此是一个稳定的共轭体系。其中吡咯氮原子上的氢很容易被金属原子取代而形成具有平面结构的金属螯合物。

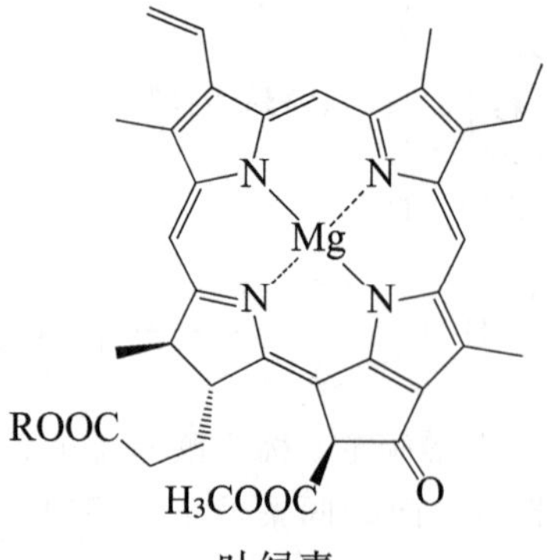

叶绿素

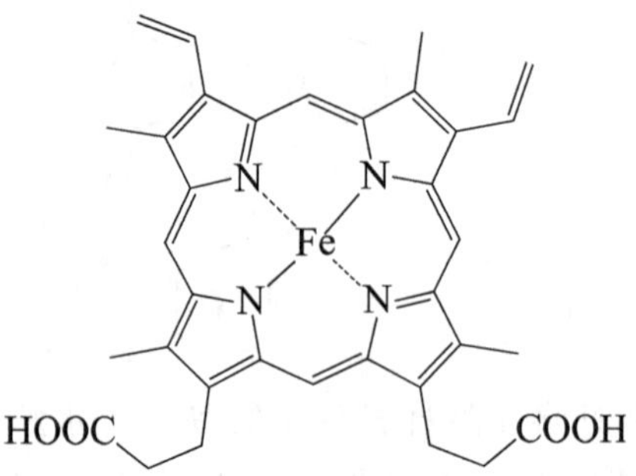

血红素

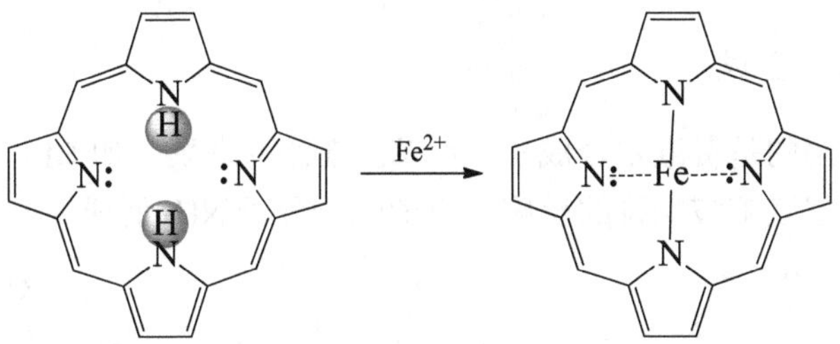

很多吡咯衍生物具有重要的生理活性。血红素与蛋白质结合成为血红蛋白，存在于哺乳动物的红细胞中，其功能是运载氧气，它是高等动物的血液输送氧及二氧化碳的主要载体。叶绿素也与蛋白质结合成为一个复合体存在于绿色植物细胞内的叶绿体中，它是植物进行光合作用所必需的催化剂。维生素 B_{12} 则是一种中心含钴的络合物，它参与制造骨髓红细胞，可防止恶性贫血。维生素 B_{12} 于 1948 年自肝脏的提取液中分离得到，经结构测定后，已于 1972 年完成了其全合成工作。

叶绿素和血红素等经酸处理，可以将分子中的金属镁或铁除去，得到一类称为卟啉的化合物。卟啉类化合物对于生物、医药、化学等领域具有重要的意义。例如，血卟啉是最早分离出来的（1867 年）一种卟啉化合物。此外，卟啉类化合物还可用作催化剂、光敏剂和显色剂等。

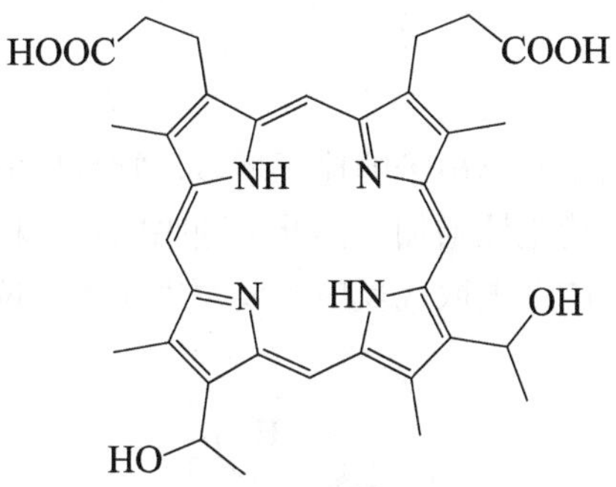

血卟啉

13.2.4　含一个杂原子的苯并五元杂环化合物

含一个杂原子的苯并五元杂环类稠环化合物有以下几种：

苯并呋喃	苯并噻吩	苯并吡咯	9-氮杂芴
b.p. 174℃	b.p. 221℃ m.p. 32℃	b.p. 254~255℃ m.p. 52℃	b.p. 335℃ m.p. 245℃

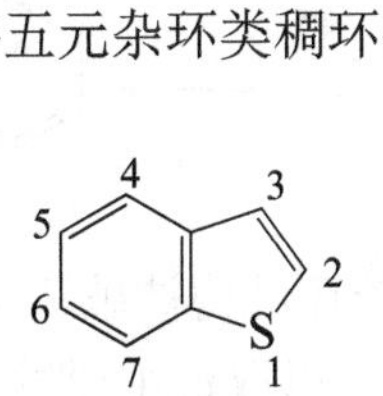

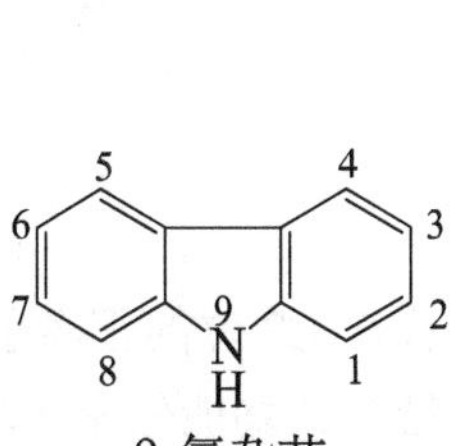

这类化合物中，苯并吡咯（又名吲哚）最为重要。它少量存在于煤焦油中，很多天然产物中具有吲哚结构。以下主要介绍吲哚及其衍生物的性质。

13.2.4.1 吲哚的合成

吲哚的合成最常用的是费歇尔合成法。用苯腙在路易斯酸（如 BF_3、PCl_5、$ZnCl_2$ 或 PPA 等）存在下，发生类似联苯胺重排的反应，再消除一分子 NH_3 而成。

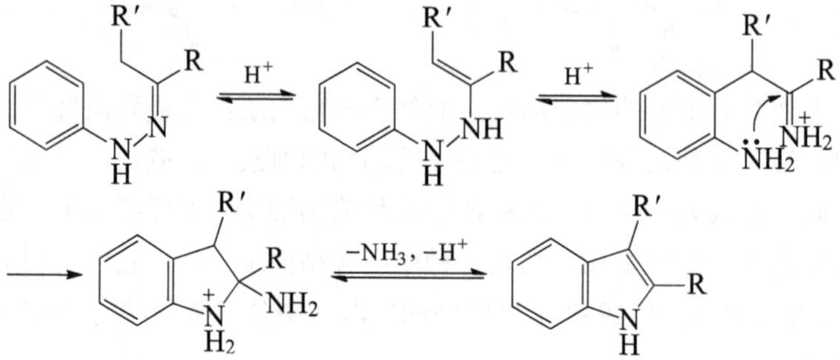

使用丙酮酸衍生的苯腙，可制得吲哚-2-甲酸，脱羧即得吲哚。

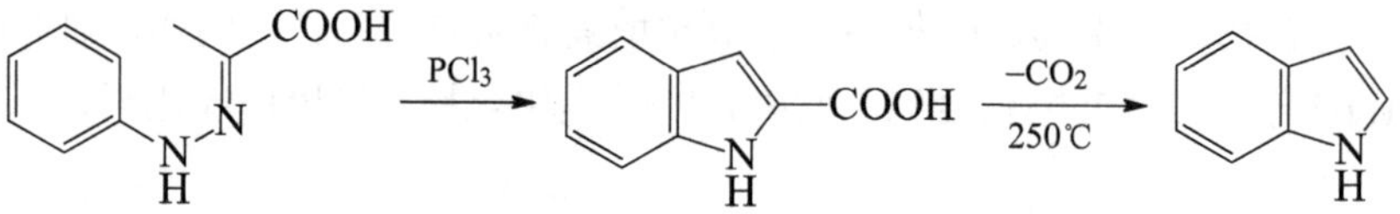

13.2.4.2 吲哚的反应

苯环稠合到吡咯环上，由于共享电子的原子增多，吡咯环的碱性进一步减弱。另外，吡咯环的电子云密度降低，环的稳定性增加。因此，吲哚的碱性极弱，其亲电取代反应的活性比吡咯低，但仍比苯高。吲哚的亲电取代反应主要发生在 C3 位，这可从下列正离子中间体的稳定性得到说明。

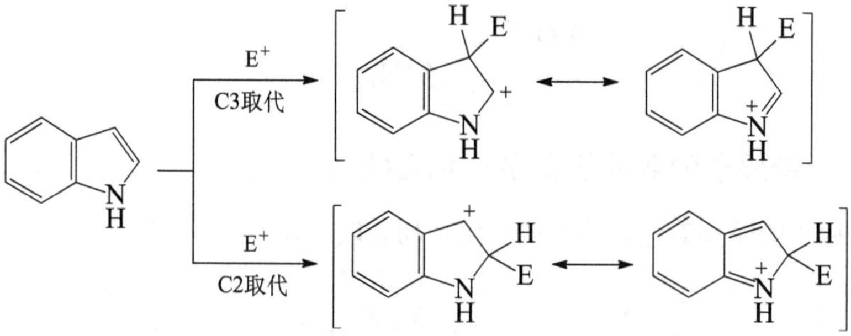

取代在 C2 位的正离子中间体共振结构式中的苯环结构被破坏了；而取代在 C3 位的正离子共振结构式均能保留苯环结构，因此更加稳定。所以取代主要发生在 C3 位。

CHO; $CHCl_3/OH^-$ 雷默尔–梯曼反应; I(Br); $I_2(Br_2)$; NO_2; $PhCOONO_2$ CH_3CN, 0℃; RMgBr; MgBr; N·SO_3 △; SO_3H; CH_3COCl; $COCH_3$; CH_3COCl △; $(CH_3)_2NCHO$ $POCl_3$ 维尔斯迈尔反应 H_2O; HCHO, $(CH_3)_2NH$ 曼尼希反应

13.2.4.3　吲哚衍生物及相关生物碱

β-吲哚乙酸是一种植物生长激素，可由下法制得。

草绿碱 $\xrightarrow{CH_3I}$ I^- $\xrightarrow{KCN}$ CN $\xrightarrow{水解}$ COOH

结构如下的 5-羟色胺以及色氨酸都是吲哚的衍生物，它们是哺乳动物及人脑中支配思维活动的重要物质。色氨酸是人体必需的氨基酸之一。

5-羟色胺　　色氨酸

3-甲基吲哚是存在于粪便中的粪臭素，但纯净的吲哚在浓度极稀时有素馨花香气。靛蓝是一种植物染料，也是吲哚衍生物。

3-甲基吲哚　　靛蓝

“生物碱”是指具有强烈生理活性的含氮碱性物质，它们绝大多数的结构中含有含氮杂环。生物碱大多从植物中获得，常常用作很有价值的药物，一些重要的生物碱已经实现人工合成。

天然存在的生物碱大多具有旋光性，能溶于醇、醚、氯仿等。它们在自然界与有机酸（如草酸、柠檬酸等）结合成盐，极少数与糖结合形成苷。到目前，被人们从植物中分离出来的生物碱已近万种，其中很多已用于临床治疗。生物碱的研究不仅促进了有机合成的发展，而且为新药的合成提供了十分有用的线索。

生物碱的结构测定，首先从确定氮原子的结构形式开始。若能发生重氮化反应，与亚硝酸作用后放出氮气，表明氮原子以伯胺的形式存在。以仲胺或叔胺存在的氮原子，很可能是组成环的氮原子，前者能发生酰化反应，后者则可与一分子碘甲烷形成季铵盐。通过霍夫曼消除（见 11.3.4.3 小节）反应，可进一步测定含氮原子的杂环结构。

含吲哚环的生物碱，如马钱子碱（又称番木鳖碱）、麦角新碱、利血平等，它们广泛存在于自然界。马钱子碱味极苦，且有剧毒，具有刺激中枢神经系统的功能，其低剂量制剂在医学上用来降低中枢神经镇静剂的毒副作用。利血平是一种从印度蛇根草中分离得到的生物碱，在现代医学中被用作镇静剂和降血压药。含六个手性中心的利血平的人工合成是有机合成化学史上具有里程碑意义的成就，由伍德沃德（1965 年诺贝尔化学奖获得者）于 1955 年完成。

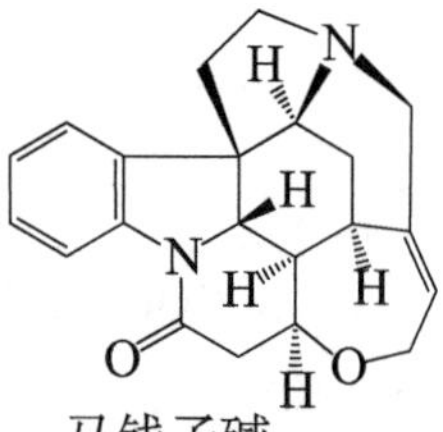

马钱子碱
m.p. 268~290℃
$[\alpha]_D = -139.5°$

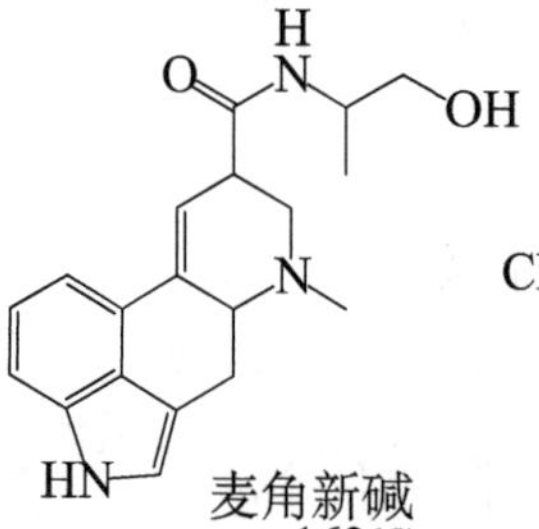

麦角新碱
m.p. 162℃
$[\alpha]_D = -160°$

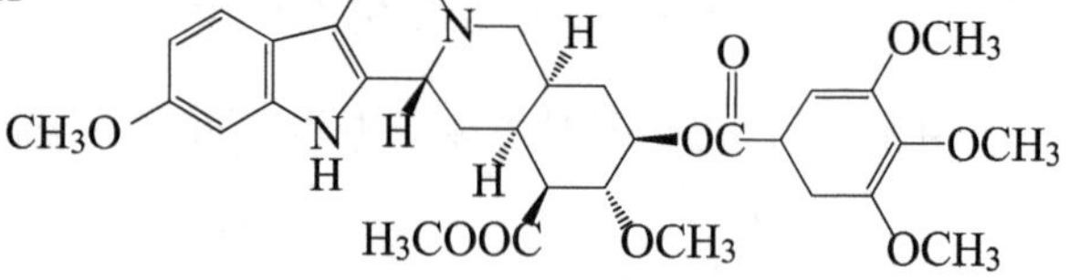

利血平
m.p. 264~265℃
$[\alpha]_D = -118°$

13.3　含一个杂原子的六元杂环化合物

含有一个杂原子的芳香杂环化合物主要指吡啶（即氮杂苯）。和吡咯不同，在吡啶分子中，N 原子只提供一个电子参与共轭，孤对电子不参与共轭。

吡啶的结构与苯类似，其共振结构式如下：

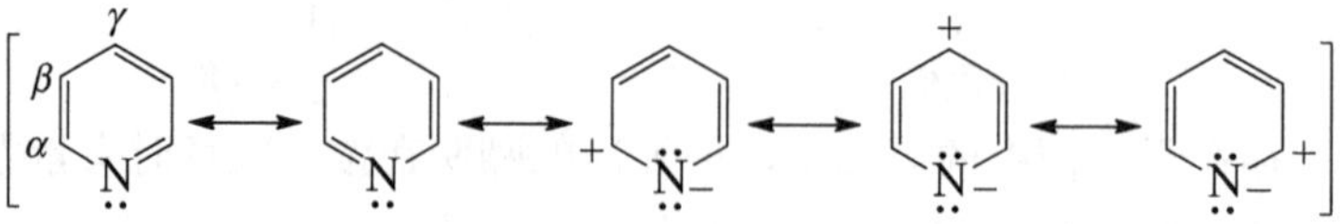

氮杂原子上带负电荷的极限式的存在，表明吡啶分子存在极性。它与相应的饱和脂肪胺（哌啶）相比，偶极矩更大。

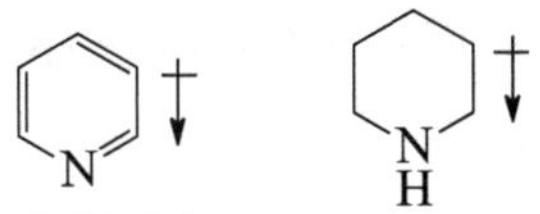

μ: 2.22 deb　　1.17 deb

13.3.1　吡啶环系的合成

吡啶及简单烷基取代吡啶可从煤焦油蒸馏得到。对于吡啶及其衍生物的化学合成，最重要的是汉茨（Hantzsch）合成法，由两分子 β-酮酸酯、一分子醛和一分子氨缩合而成。

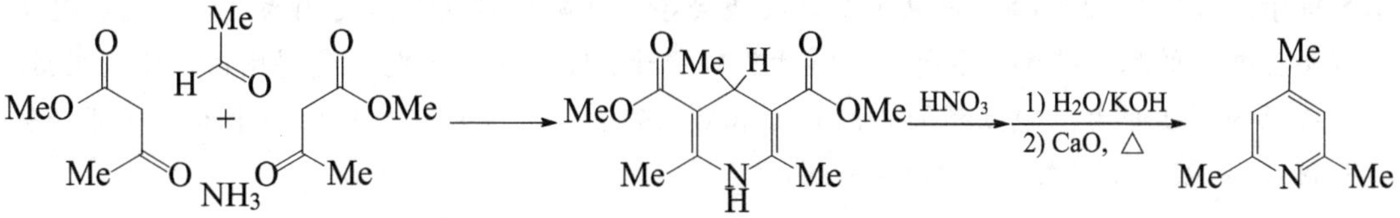

HNO_3　1) H_2O/KOH　2) CaO, △

该反应是由脂肪醛和 β-酮酸酯经诺文葛尔缩合（可见 9.4.3 小节）得到 α, β-不饱和酮，同时氨与酮酸酯缩合得到烯胺。之后 α, β-不饱和酮与烯胺再通过迈克尔加成及关环异构化、脱水，并用 HNO_3 氧化脱氢得到吡啶环。

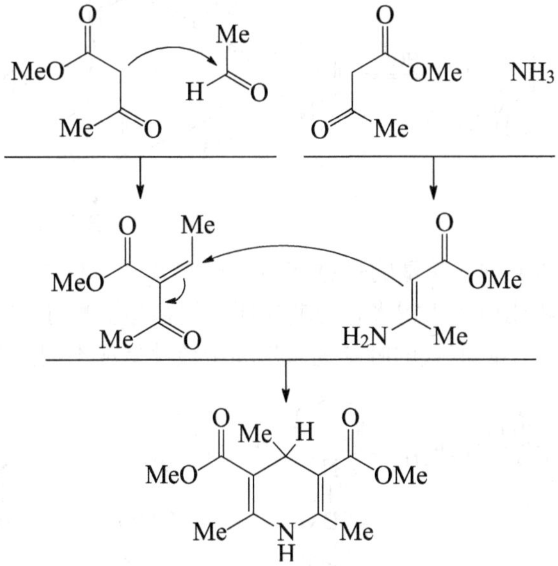

使用不同的醛和 β-酮酸酯，可制得不同取代的吡啶。也可用 β-二羰基化合物直接与烯胺或氰基乙酰胺按以上类似方法合成吡啶衍生物。

用氢化吡啶在锌粉存在下加热脱氢，也可制得吡啶。

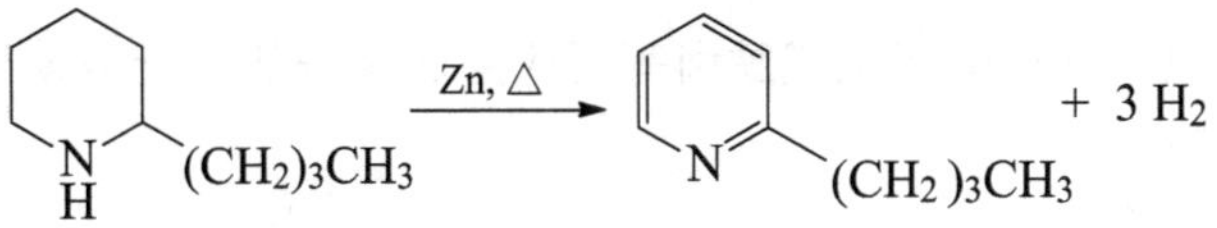

$$\text{2-}(CH_2)_3CH_3\text{-piperidine} \xrightarrow{Zn,\ \triangle} \text{2-}(CH_2)_3CH_3\text{-pyridine} + 3\ H_2$$

13.3.2　吡啶的结构和化学反应

13.3.2.1　碱性和亲核性

吡啶的性质和反应与它的结构紧密相关。由于吡啶的孤对电子并未参与共轭，其碱性强于苯胺和吡咯。但由于 sp^2 杂化的 N 原子电负性强于 sp^3 杂化的 N 原子，其碱性比传统的仲胺如六氢吡啶（哌啶）还是弱很多。

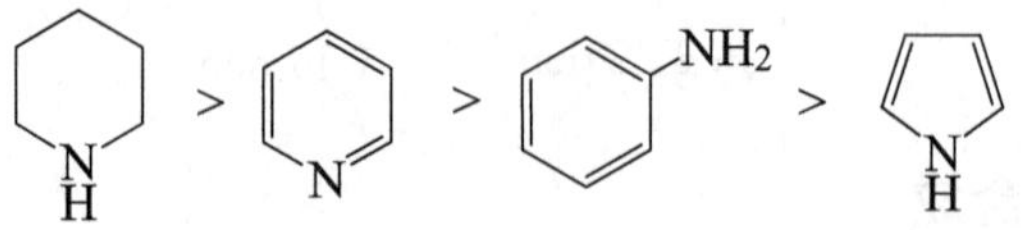

K_b:　2×10^{-3} > 2.3×10^{-9} > 3.8×10^{-10} > 2.5×10^{-14}

学习提示： 为何 N 原子的孤对电子参与共轭会导致其碱性减弱？这是因为共轭之后，电子对被参与共轭的原子共享，不再“只属于”N 原子，N 原子给出电子变得困难，碱性减弱。参与共轭的程度越大，碱性越弱。因此，吡咯（完全参与共轭）的碱性弱于苯胺（部分参与共轭），苯胺弱于吡啶（未参与共轭）。

吡啶的氮原子不仅具有碱性，能与质子络合，也能体现出亲核性而与路易斯酸结合。

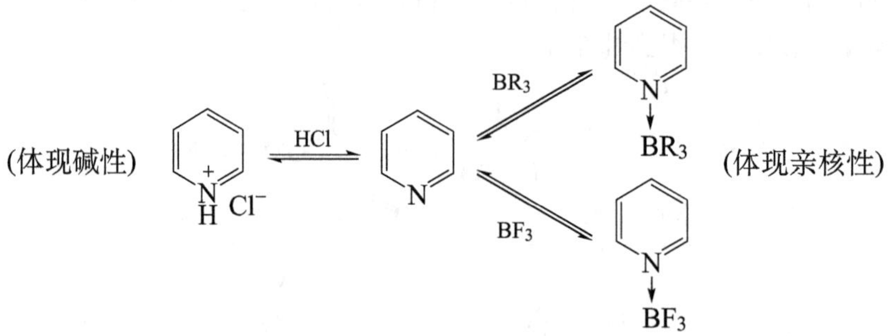

(体现碱性)　HCl　BR_3　BF_3　Cl^-　(体现亲核性)

如果吡啶的 α 位存在烷基，烷基的+I 效应可以使 N 原子上的电子云密度增加，使其碱性增强。但路易斯酸的体积比质子大得多，当吡啶环 α 位存在烷基时，空间位阻使 N 原子更难和路易斯酸结合。因此，不同取代的吡啶的碱性和亲核性呈现不同的顺序。

路易斯酸络合物的稳定性(亲核性)：　BMe_3 > BMe_3 > BMe_3

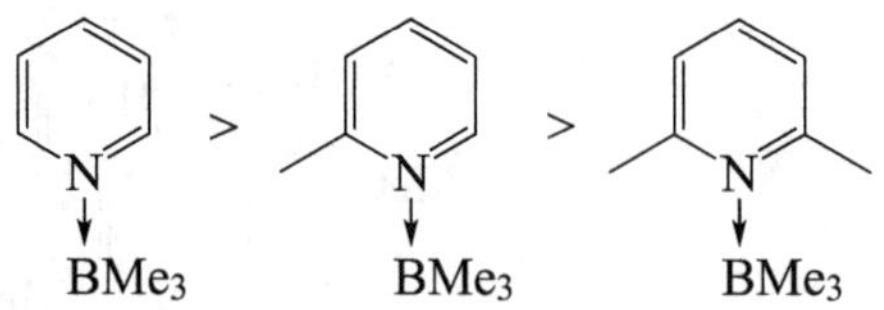

质子络合物的稳定性(碱性)：

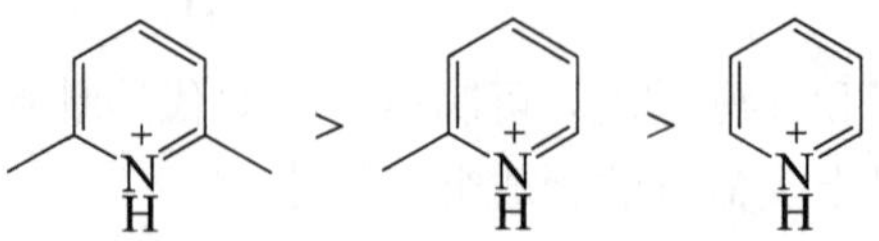

pK_a:　6.58 > 5.97 > 5.2

吡啶也和叔胺类似，可与卤代烷或酰卤等反应生成季铵盐。一般使用 1°、2°卤代烷，叔卤代烷易发生消除反应。

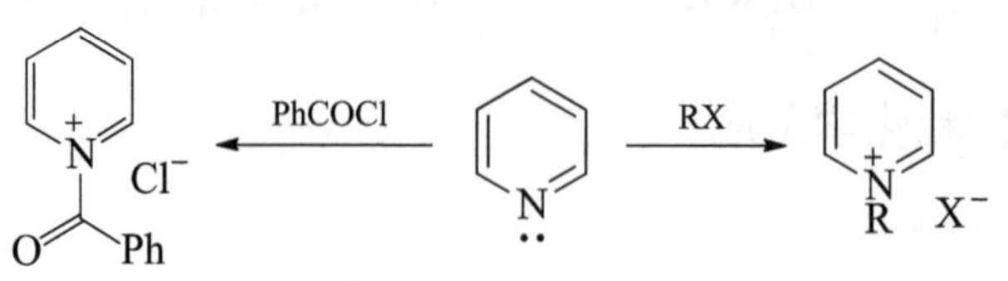

PhCOCl　RX　Cl^-　Ph　X^-

13.3.2.2　亲电取代反应

和苯环一样，吡啶环上也能进行各种亲电取代反应。但吡啶的反应比苯困难，这是因为氮原子的吸电作用使芳环上电子云密度降低，这与硝基对苯环的作用类似。而吡啶氮原子的定位效应也和硝基相同，反应发生在间位（β 位）。

除了氮原子的吸电作用，另外，具有强亲电性的试剂容易与具有路易斯碱性的吡啶氮原子络合，形成吡啶盐，氮正离子的形成降低了吡啶环的电子云密度，使反应更加困难。实际上，有些吡啶盐（如以下产物）自身就是硝化、磺化、酰化、烷化的温和试剂，许多在硫酸或硝酸中不稳定的化合物，常常使用这些温和试剂来达到磺化、硝化的目的。

吡啶亲电取代反应的位置也可用中间体正离子的稳定性说明。亲电试剂进攻在 α 位（γ 位同理）形成的中间体 σ 络合物中包含一个氮正离子极限式。该极限式和铵盐正离子不同，N 原子外围只有 6 个电子，比碳正离子更不稳定。而进攻在 β 位所形成的 σ 络合物中没有这样的不稳定因素。因此，β-取代中间体更加稳定，反应以 β-取代为主。

13.3.2.3　亲核取代反应

作为对立的两面，既然吡啶环发生亲电取代反应较难，其环上发生亲核取代则变得更容易。由于吡啶的 α 位和 γ 位更加缺电，亲核取代反应常发生在这两个位置。当这些位置有容易离去的基团时，反应更易进行。

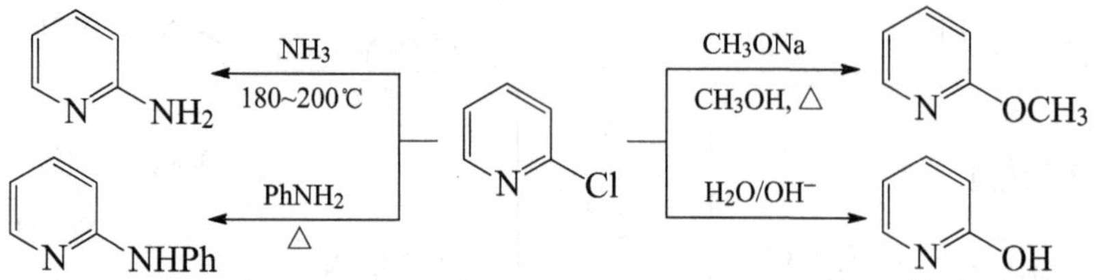

使用 $NaNH_2$ 或 PhLi 等强碱，环上的 α-H 或 γ-H 也能被直接取代。由于氢负离子的离去很不容易，有时需要一个氧化剂（如用空气中的氧或硝基苯等）作为氢负离子的接受体。在氨基取代的情况下，常常需要一个质子给予体以产生氢气，帮助氢负离子离去。反应最后也需要质子给予体将氨基负离子转化为产物。

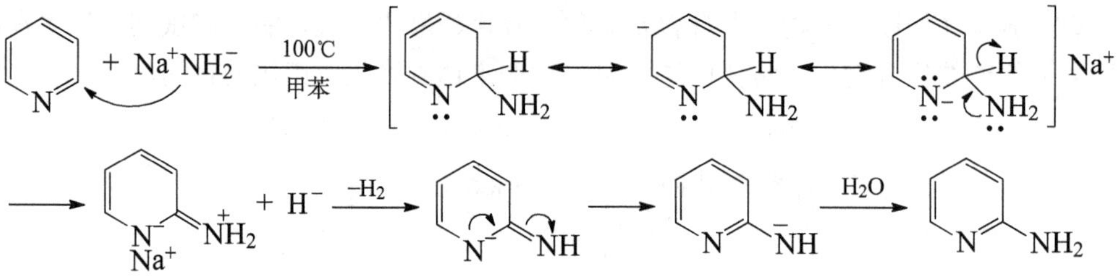

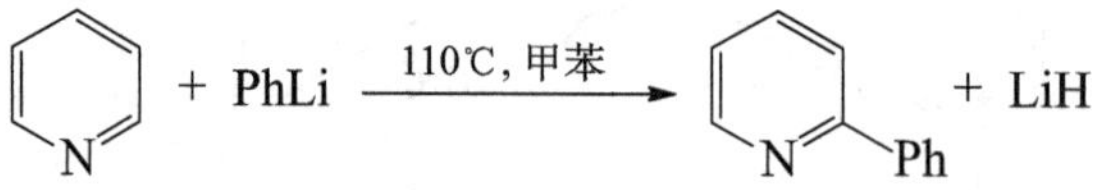

亲核取代反应的负离子中间体极限式与亲电取代类似，但亲电取代中较不稳定的氮正离子在这里成为较稳定的氮负离子，因此亲核取代反应发生在 α 位或 γ 位。

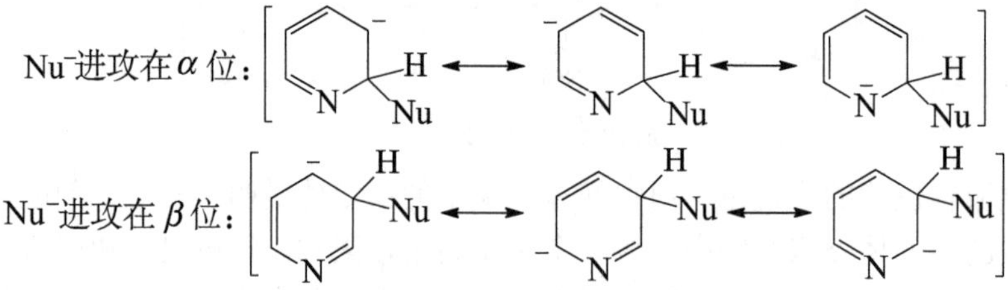

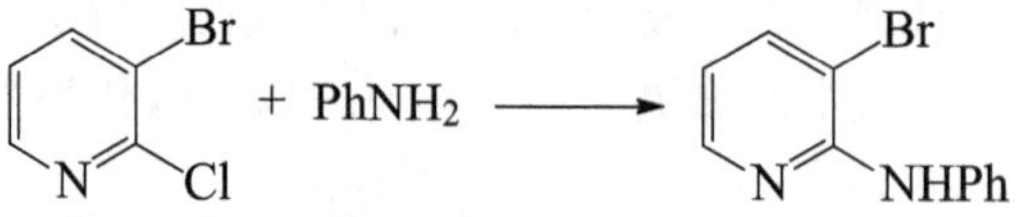

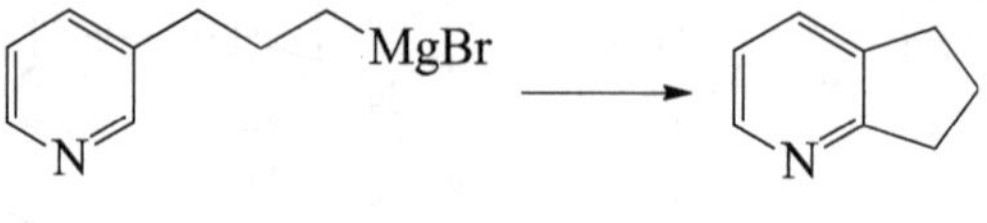

13.3.2.4　氧化还原反应

吡啶与硝基苯类似，由于环上电子云密度降低，环的氧化也变得更加困难。但其侧链可被氧化生成吡啶羧酸。

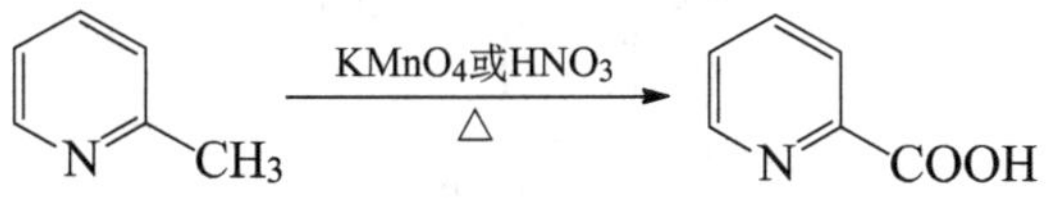

与叔胺类似（见 11.3.3 节），吡啶在用过氧酸或过氧化氢氧化时，也可生成 *N*-氧化物。吡啶的 *N*-氧化物是很有用的有机合成中间体，其可以发生亲电或亲核取代反应。有意思的是，无论发生亲电取代还是亲核取代，反应的位置均在邻、对位。

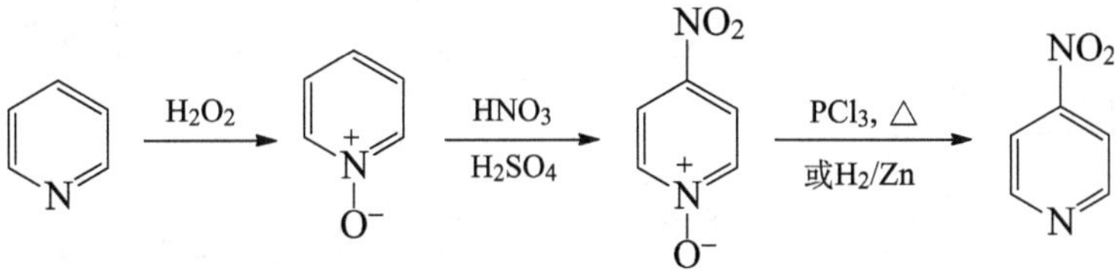

亲电取代

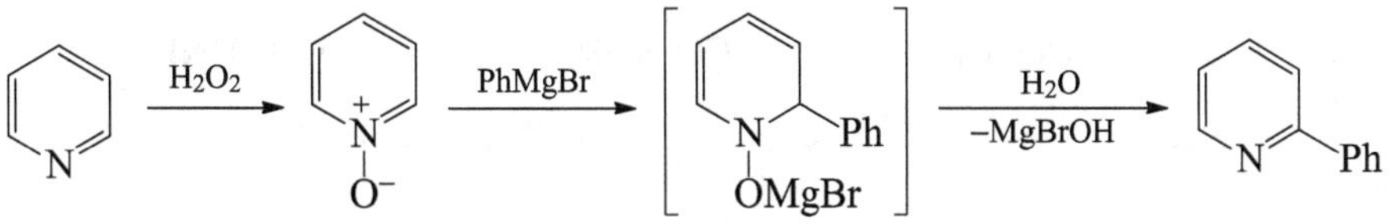

亲核取代

这是由于吡啶 *N*-氧化物在与不同性质的试剂相互作用时，采用了不同的电子效应。当接受亲电试剂进攻时，O^-的+C 效应占主导，使邻、对位电子云密度升高；而在接受亲核试剂进攻时，则是 N^+的吸电效应占主导，使邻、对位的电子云密度降低。吡啶 *N*-氧化物的亲电取代产物利用三氯化磷或锌催化氢化可以脱氧得到取代吡啶。

吡啶可以通过催化氢化或被化学试剂还原得到六氢吡啶。

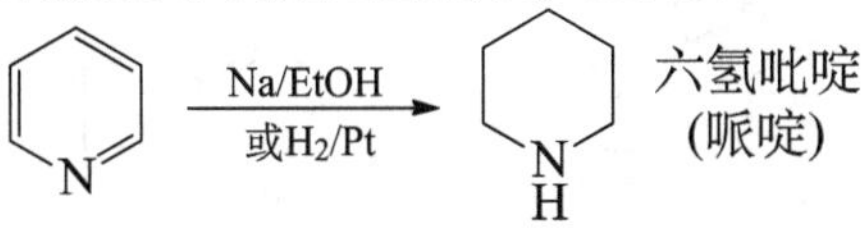

六氢吡啶（哌啶）

13.3.2.5　吡啶同系物的反应

吡啶 α-取代或γ-取代烷基上的侧链 α-H，由于受到氮杂原子吸电的影响而变得活泼，类似于羰基或硝基的 α-H。在强碱存在下，烷基侧链能脱除质子形成碳负离子并发生相应的各类缩合或亲核取代反应。

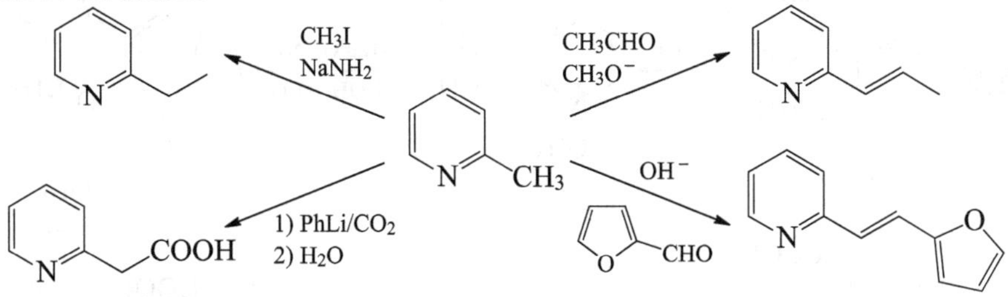

13.3.3　吡啶衍生物及相关生物碱

含吡啶环的化合物广泛分布于自然界，大多具有重要的生理作用。例如，维生素 B_6 是由酵母内取得的，是维持蛋白质正常代谢的必要维生素。

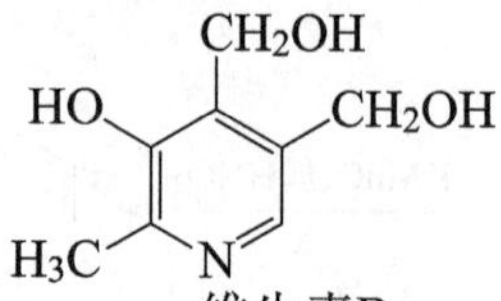

维生素B_6

一些含吡啶环的药物可由合成或半合成得到。例如：

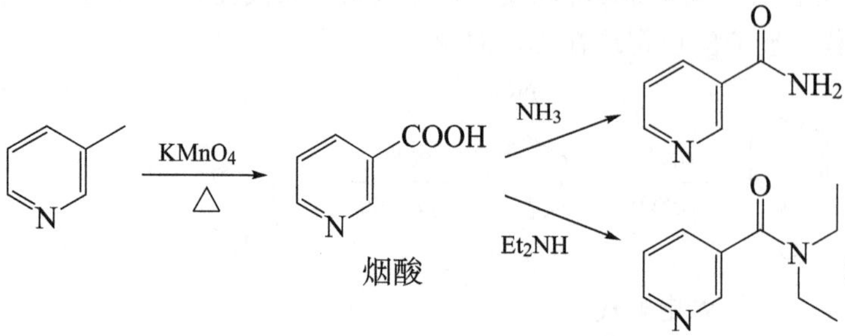

烟酸

烟酰胺
(促新陈代谢药物)

N,*N*-二乙基烟酰胺
(可拉明，呼吸中枢兴奋药物)

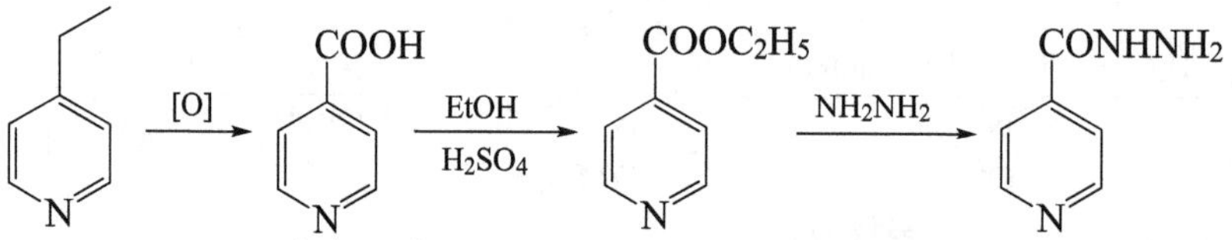

4-吡啶甲酸

异烟酰碱(雷米封，抗结核病药物)

含吡啶环的生物碱同样大量存在于自然界。例如，烟碱和新烟碱都存在于烟草中，与苹果酸和柠檬酸结合成盐。少量烟碱有升高血压、兴奋中枢神经的作用，大量则会抑制中枢神经，甚至使心脏麻痹致死。

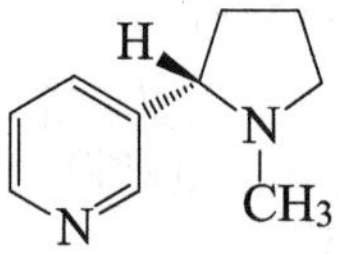

烟碱(尼古丁)
b.p. 246.1℃

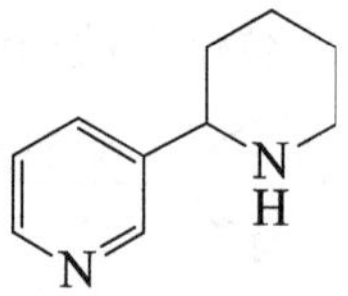

新烟碱
b.p. 271℃

烟碱和新烟碱氧化后都生成烟酸（3-吡啶甲酸）。其季铵盐先后用铁氰化钾、三氧化铬氧化，可得到*N*-甲基四氢吡咯-2-甲酸。

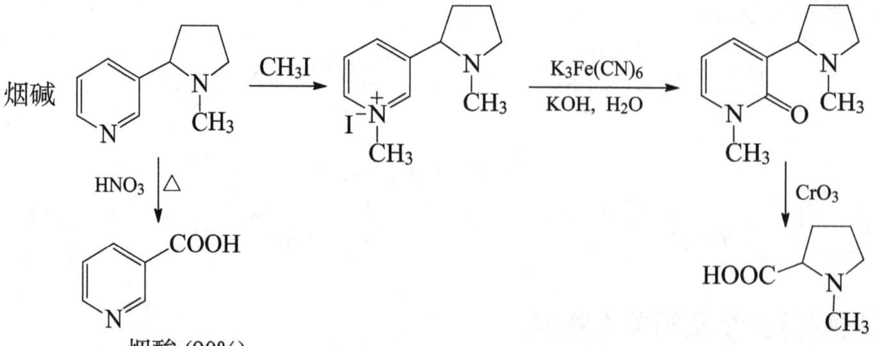

烟酸 (90%)

毒芹碱存在于毒芹草内，极毒，容易引起虚脱、嗜睡、恶心、呼吸困难，甚至死亡。但其盐酸盐在少量使用时有抗痉挛作用。天然存在的毒芹碱是右旋化合物：$[\alpha]_D = +16$。

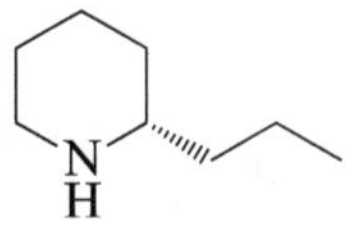

毒芹碱, (+)-2-丙基哌啶
b.p. 166~167℃

颠茄碱俗名阿托品，它是由一个 *N*-甲基桥接起来的双环体系，其水解后生成颠茄醇（托品）和颠茄酸（托品酸）。颠茄碱的稀溶液（0.5%～1.0%）常用于扩大瞳孔及有机磷中毒的急救。

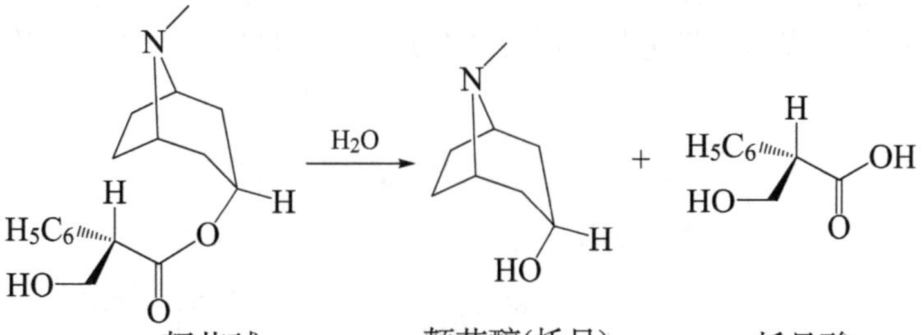

H_2O

颠茄碱(阿托品)　颠茄醇(托品)　托品酸

古柯碱（又名可卡因）存在于古柯叶中，其结构与颠茄碱类似，少量使用具有减乏、提神的作用，但长期服用会导致上瘾。古柯碱曾一度被用作局部麻醉药，但在认识到其毒副作用后，1905 年合成了一种与它结构类似的代用品：普鲁卡因。

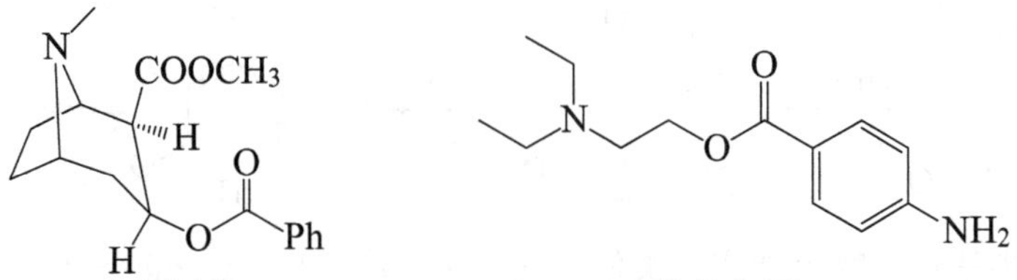

古柯碱　普鲁卡因

13.3.4　含一个杂原子的苯并六元杂环化合物

这类化合物主要包括喹啉和异喹啉，它们是苯环和吡啶环的稠合物，其结构与萘相似，二者的差别只是在 1 位或 2 位上为氮原子。喹啉和异喹啉主要存在于煤焦油及很多天然产物中。

喹啉　异喹啉

13.3.4.1　喹啉和异喹啉的合成

1. 斯克劳普合成法

斯克劳普（Skraup）合成法常用于喹啉的合成。用甘油和硫酸的脱水产物丙烯醛与苯胺发生 1,4-加成，脱水关环后，再用硝基苯氧化脱氢可制得喹啉。

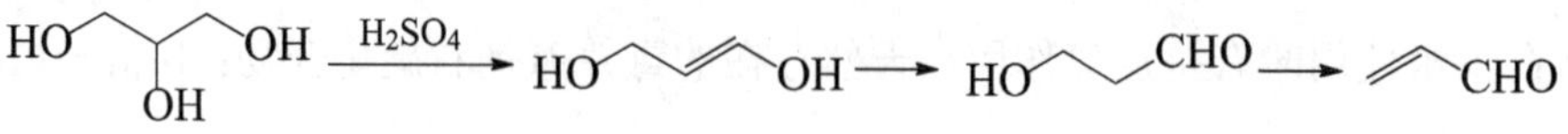

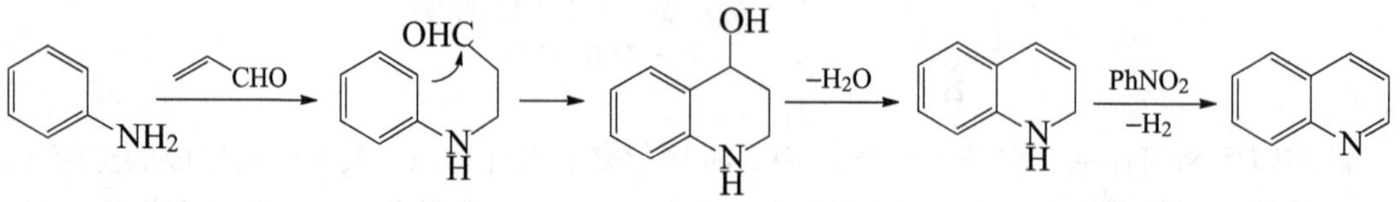

很多喹啉衍生物均可用此法合成。若苯胺间位有取代基，则反应具有区域选择性，涉及关环发生在氨基的哪一侧。若取代基为吸电基，则关环在其邻位（氨基和吸电基之间），最终得到 5-取代喹啉；若取代基为供电基，则关环在其对位，最终得到 7-取代喹啉。

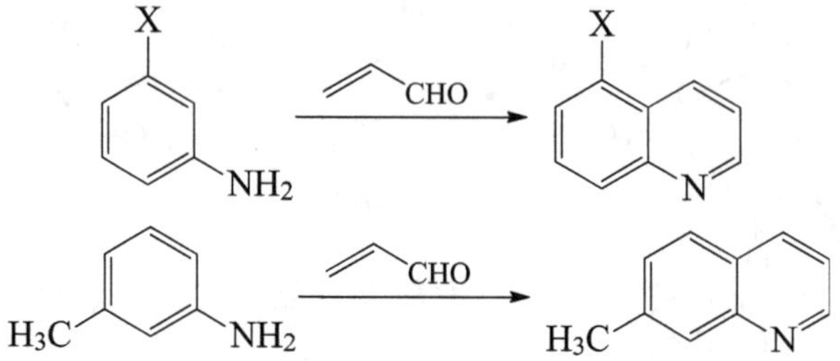

当然，也可直接使用 α, β-不饱和醛（酮）代替甘油脱水来进行该合成。另外，β-酮酸酯和苯胺进行氨解得到酰胺，之后也可以通过类似的方法关环，得到 2-羟基喹啉衍生物，该方法称为克诺尔（Knorr）合成法。

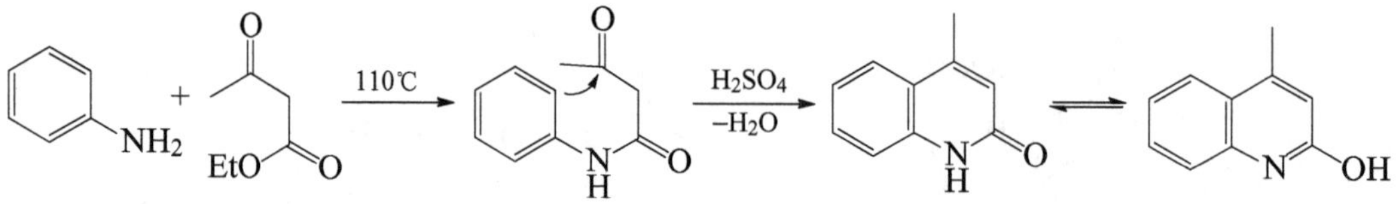

采用 1, 3-二羰基化合物也能实现类似合成，称为库姆斯（Combes）合成法。

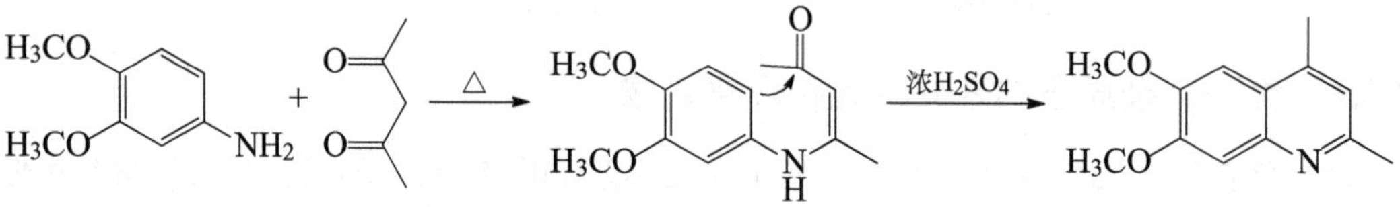

2. 弗里德兰德合成法

弗里德兰德（Friedländer）合成法采用邻氨基苯酮（醛）和醛/酮为原料，用于合成喹啉及其衍生物。从其机理可以看出，醛/酮需要至少两个 α-H 方能用于该合成，其中第一个用于被碱夺去形成碳负离子发生羟醛缩合反应，第二个则用于之后的羟基消除成烯。

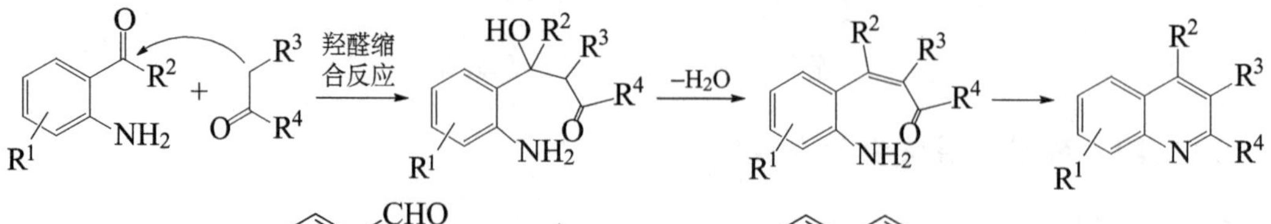

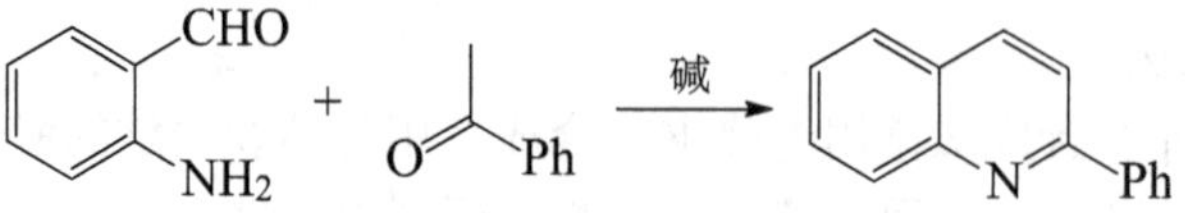

3. 从吲哚制备喹啉

将甲基锂加入吲哚的二氯甲烷溶液，二氯甲烷可发生 α-消除得到一氯卡宾，后者与吲哚发生加成，再经过扩环重排可得到喹啉。

$CH_3Li + CH_2Cl_2$ → :CHCl；吲哚 + :CHCl ⟶ （Li⁺ 氮负离子环丙烷中间体）$\xrightarrow{H_2O}$ 喹啉

4. 异喹啉环的合成

异喹啉的制备主要是从苯乙胺出发，经酰化后，在脱水剂（如 P_2O_5、$POCl_3$、PCl_5 等）作用下脱水关环，然后脱氢制得。关环时，羰基碳原子对芳环亲电进攻。因此，环上若存在吸电基将使反应难以发生。当有供电基处于苯环间位时，关环在供电基对位发生，可制得 6-取代异喹啉。

苯乙胺 $\xrightarrow{CH_3COCl}$ N-乙酰苯乙胺 $\xrightarrow[205℃]{P_2O_5}$ 1-甲基-3,4-二氢异喹啉 $\xrightarrow[190℃]{Pd\text{-}C}$ 1-甲基异喹啉

13.3.4.2　喹啉和异喹啉的反应

喹啉和异喹啉的碱性和吡啶接近，其中喹啉碱性略弱，异喹啉碱性略强。

	异喹啉鎓	>	吡啶鎓	>	喹啉鎓
pK_a	5.4		5.2		4.8

喹啉的很多化学反应也与吡啶类似，如能与酸成盐，也可与卤代烷反应生成季铵盐。其中喹啉与重铬酸生成的盐不易溶解，常借此性质精制喹啉。

N-烷基喹啉鎓盐（X^-） $\xleftarrow{RX}$ 喹啉 $\xrightarrow{H^+}$ 喹啉鎓

喹啉环上也能发生亲电和亲核取代反应。由于氮原子的吸电性，吡啶环比苯环更缺电，因此亲电取代反应多在苯环上发生，位置则和萘类似，即 5 位和 8 位。苯环也会受到吸电影响，反应速率比苯和萘都慢。在特殊条件下，卤代反应也可能在吡啶环上发生，位置是在氮原子的间位。

喹啉 $\xrightarrow[H_2SO_4]{Br_2, Ag_2SO_4, \triangle}$ 5-溴喹啉 + 8-溴喹啉

喹啉 $\xrightarrow[吡啶]{Br_2, CCl_4, \triangle}$ 3-溴喹啉

喹啉 $\xrightarrow[0℃]{HNO_3, H_2SO_4}$ 5-硝基喹啉 (50%) + 8-硝基喹啉 (48%)

喹啉 $\xrightarrow{浓H_2SO_4}$ 8-喹啉磺酸（SO_3H） $\xrightarrow{300℃}$ 6-喹啉磺酸（HO_3S）

相反地，喹啉的亲核取代反应则在吡啶环上发生，位置一般在氮原子的邻位（2 位）。如果邻位有取代基，则在对位（4 位）反应。

KNH_2, 二甲苯

NH₂

n-BuLi　H_2O

n-Bu　硝基苯　210℃　n-Bu

异喹啉也发生类似反应。由于氮原子的间位刚好类似萘环的 α 位，其亲电取代也可发生在吡啶环（4 位）。亲核取代则一般发生在 1 位。

HNO_3/H_2SO_4　0℃　NO_2 (90%) + NO_2 (10%)

H_2O　$NaNH_2$　NH_2

发烟 H_2SO_4　SO_3H

H_2O　EtMgBr　Et

Br_2, CCl_4　吡啶　Br

与吡啶相同，在过氧酸或过氧化氢氧化下，喹啉和异喹啉都可生成 N-氧化物。

H_2O_2　HNO_3 H_2SO_4　NO_2　$PCl_3/CHCl_3$　NO_2

用 $KMnO_4$ 作氧化剂时，喹啉主要生成苯环被破坏的产物，异喹啉则两个环均可能被破坏。

$KMnO_4/H_2O$ △　COOH COOH　$-CO_2$ △　COOH

O NH O　$KMnO_4$ H_2O　$KMnO_4/OH^-$　COOH COOH + HOOC HOOC

喹啉和异喹啉都能被各种还原剂还原，产物随还原剂不同而异。

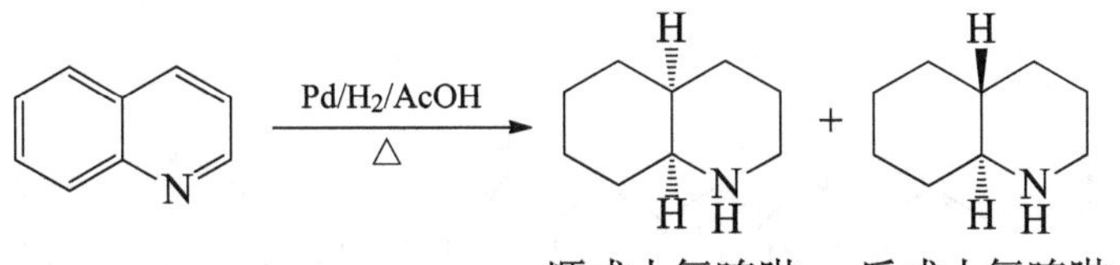

Pd/H_2/AcOH △

顺式十氢喹啉　反式十氢喹啉

喹啉和异喹啉的邻、对位侧链（喹啉的 C2 和 C4 位及异喹啉 C1 位的侧链）α-H 和吡啶一样（见 13.3.2.5 小节），具有一定的活泼性，可以与各种羰基化合物发生缩合反应。但注意异喹啉 C3 位的侧链 α-H 不具有活性。

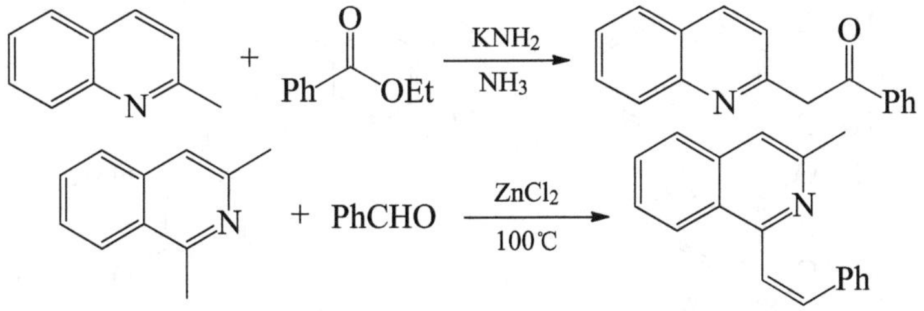

KNH_2 / NH_3

+ PhCHO　$ZnCl_2$ 100℃

13.3.4.3　喹啉衍生物及相关生物碱

喹啉的很多衍生物都是重要的药物。例如，人工合成的氯喹和扑疟喹啉等都能有效治疗疟疾。

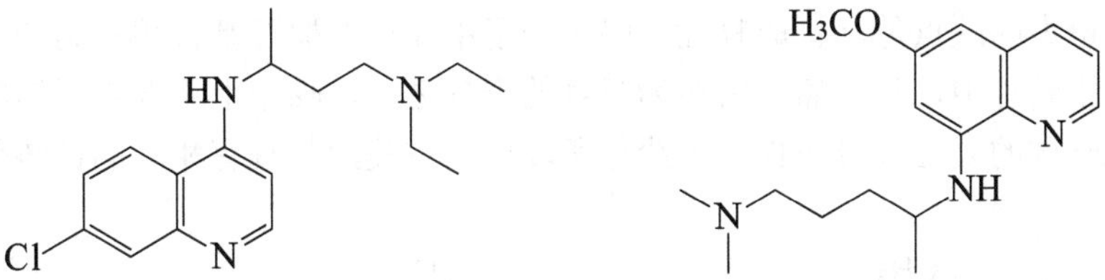

氯喹　扑疟喹啉

由喹啉-8-磺酸和碱熔融制得的 8-羟基喹啉，能与金属离子生成稳定的难溶于水的络合物，化学分析上可用作沉淀剂。

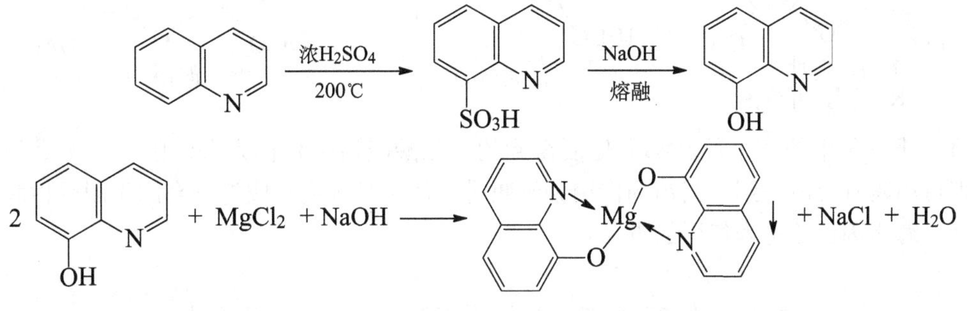

浓H_2SO_4 200℃　NaOH 熔融

2 + $MgCl_2$ + NaOH ⟶ ↓ + NaCl + H_2O

很多生物碱中含有喹啉或异喹啉环系，它们都是医药上重要的药物。例如，存在于金鸡纳树皮中的金鸡纳碱及辛可宁碱具有抗疟疾作用；存在于草药常山中的常山碱，抗疟作用更强，但毒性也大；喜树碱存在于喜树中，有抗癌作用；含有异喹啉的罂粟碱和小檗碱，前者是鸦片成分之一，有镇痛作用，后者存在于中药黄连中，有抗菌作用。

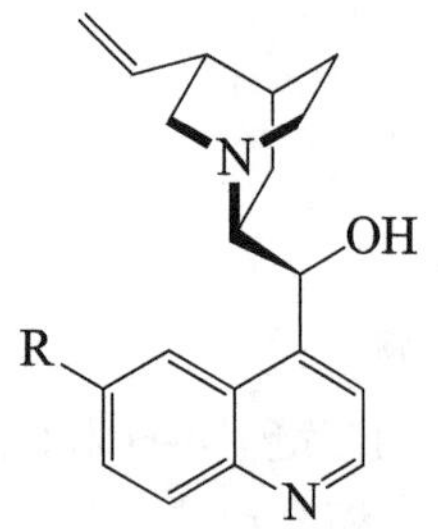

R= H: 辛可宁碱
R= OMe: 金鸡纳碱

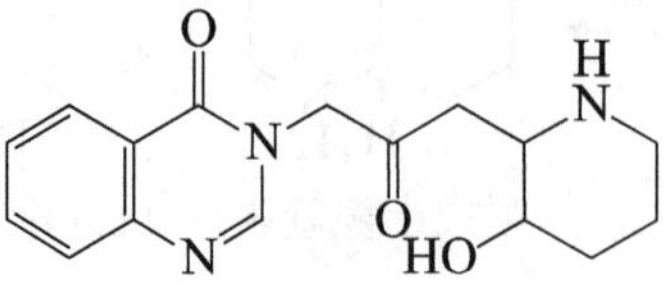

常山碱
m.p. 136~140℃
$[\alpha]_D = +6°$

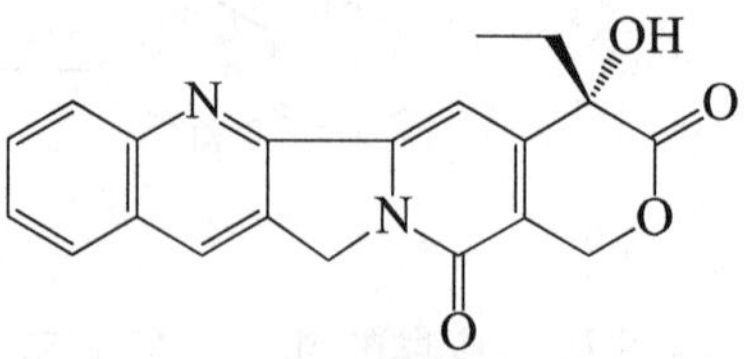

喜树碱
m.p. 264~267℃(分解)
$[\alpha]_D = +31.3°$

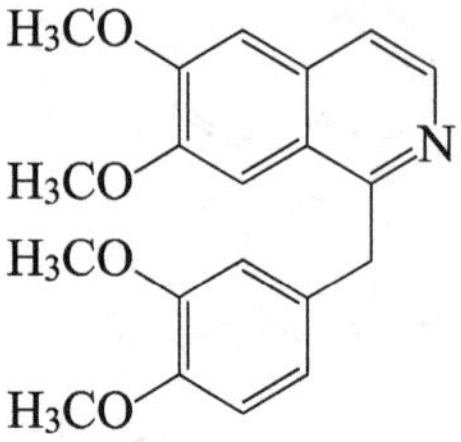

罂粟碱
m.p. 147℃

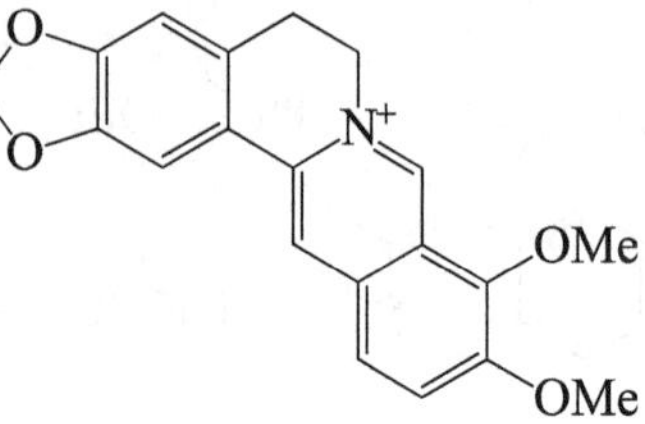

小檗碱

吗啡和可待因中都含有一个被部分还原的异喹啉环。早在 1803 年，吗啡就已经从鸦片中分离得到，是第一种被证明有药物活性的天然提取物。直到 1952 年完成其人工合成后，吗啡的结构才被完全确定。吗啡是已知最有效的镇痛剂之一，目前在医学上仍被用于减轻患者的痛苦，但其最大的缺点是具有成瘾性。吗啡分子中 3 位的酚羟基被甲基封闭的衍生物可待因，同样存在于鸦片中，其镇痛作用约为吗啡的十分之一，临床上主要用于镇咳。但近年来已被具有相似结构的人工合成药物右美沙芬所取代。右美沙芬具有相同的镇咳效果，但没有成瘾性。

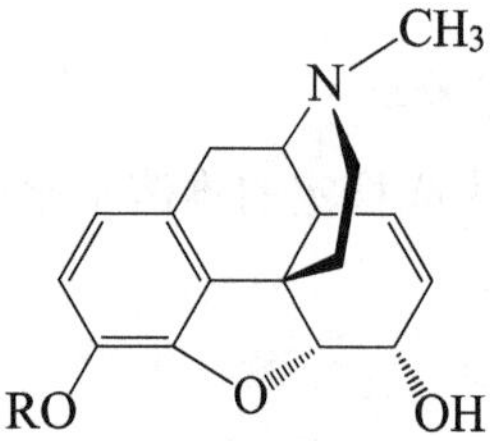

R= H: 吗啡
R= CH_3: 可待因

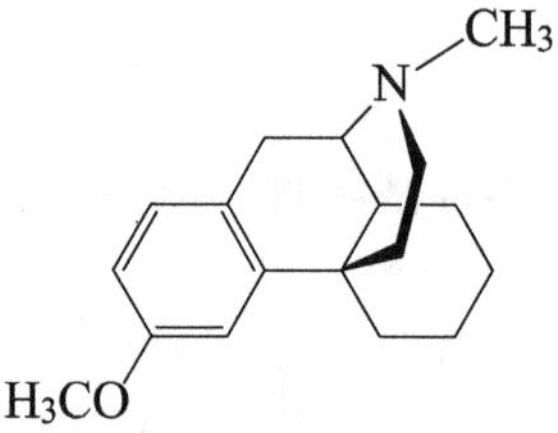

右美沙芬

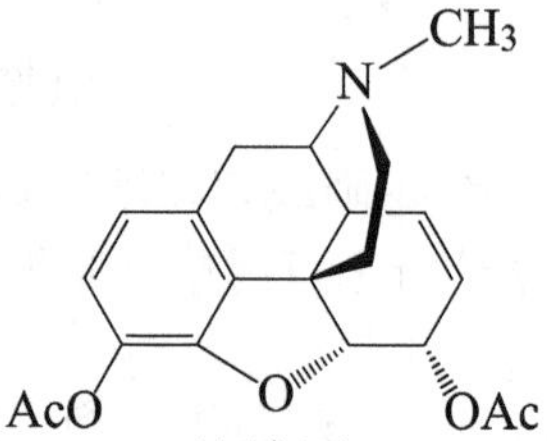

海洛因

将吗啡分子中的两个羟基都酯化后得到的二乙酸酯衍生物称为海洛因。它不是天然产物，但可由吗啡合成得到。其镇痛作用强于吗啡，但比吗啡更易成瘾，会产生耐受性和身体依赖性。海洛因已被定为禁用的毒品。

13.4　含两个及以上杂原子的杂环化合物

13.4.1　五元杂环

含两个及以上杂原子，其中一个是氮原子的五元杂环化合物都称为唑。

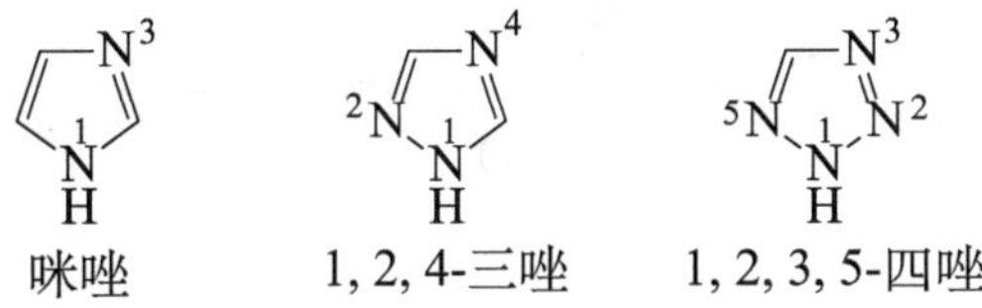

13.4.1.1　唑的结构和物理性质

比较重要的含两个杂原子的五元杂环如下所示：

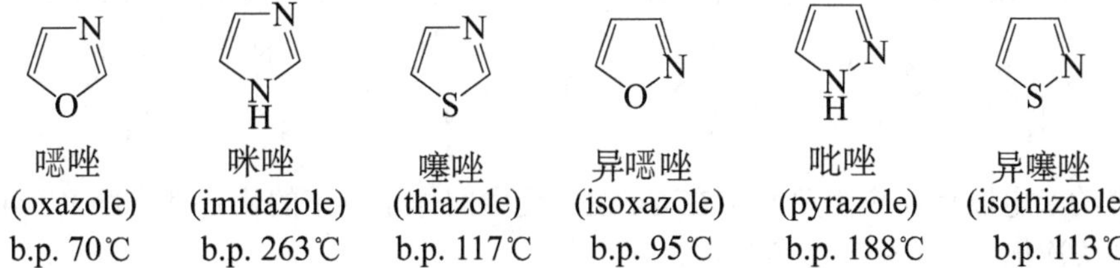

两个杂原子若位于 1, 2 位，可称为 1, 2-唑；若位于 1, 3 位，则称为 1, 3-唑。在芳香五元杂环中，只连有单键的杂原子总是用一对孤对电子参与共轭，而连有双键的氮原子用一个 p 电子参与共轭，它们都满足休克尔规则。

沸点数据表明，具有两个氮杂原子的杂环分子沸点相对较高，其中咪唑比吡唑的沸点更高。这个现象表明了含氮杂环分子间氢键的存在。咪唑可以形成多个分子间的氢键，吡唑则通过氢键进行两分子二聚。

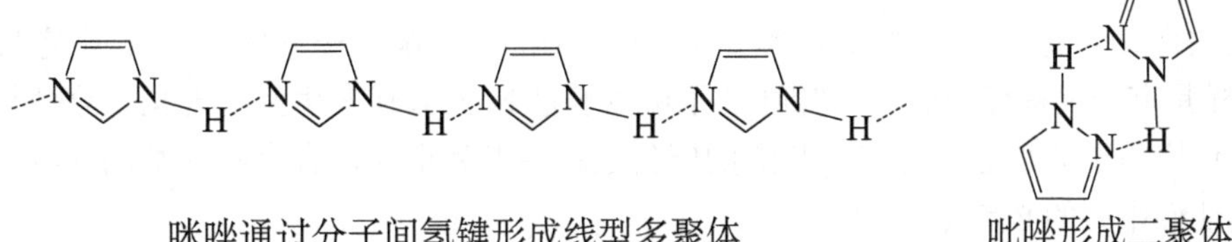

咪唑通过分子间氢键形成线型多聚体　　　　吡唑形成二聚体

基于同样的原因，吡咯的沸点也比噻吩和呋喃更高。

13.4.1.2　唑的合成

很多反应都可用于合成唑，不同的唑也存在不同的合成方法。这些方法大多涉及羰基化合物的缩合反应，如用 1, 3-二羰基化合物和羟胺（或肼）可缩合得到异噁唑（或吡唑）衍生物。

$$+ \ H_2N—OH\ (或\ H_2NNH_2) \longrightarrow$$

丙炔酸酯和重氮甲烷的环加成反应也可制备吡唑-3-羧酸衍生物。

$$HC{\equiv}CCOOCH_3 + CH_2N_2 \xrightarrow{乙醚}$$

链上带有杂原子的 1, 4-二羰基化合物，在适当条件下反应也可以得到 1, 3-唑。

13.4.1.3　唑的反应

具有芳香性的唑环同样能进行亲电取代反应。由于其也是5中心6电子的共轭体系，环上电子云密度大于苯，因此比苯环更容易反应。但由于环上连有双键的氮原子具有吸电性（类似吡啶），唑环的反应活性明显地小于呋喃、噻吩、吡咯。各种唑的反应性次序如下：

1, 3-唑的亲电取代反应主要发生在C4位（受中间体正离子的稳定性支配）。当C4位已被占据，则依次优先在C5、C2位反应。

咪唑的两个氮原子一个类似吡咯，一个类似吡啶。咪唑分子的碱性比吡啶略强，其N—H同样具有一定程度的酸性。咪唑分子可以通过N^-的共轭发生互变异构，这使得咪唑基团具有了传递质子的功能。这在一些酶的催化过程中尤为重要，含有咪唑基团的组氨酸是这类酶蛋白活性中心的必需氨基酸。

5-甲基咪唑　　4-甲基咪唑

13.4.2　六元杂环

具有两个以上氮杂原子的六元杂环称为嗪。具有两个氮原子的杂环称为二嗪，存在三种异构体。具有三个氮原子的杂环称为三嗪。

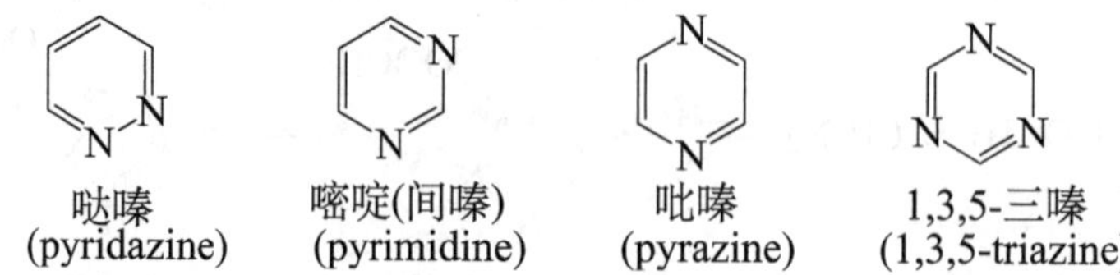

哒嗪 (pyridazine)　嘧啶(间嗪) (pyrimidine)　吡嗪 (pyrazine)　1,3,5-三嗪 (1,3,5-triazine)

13.4.2.1　二嗪的合成

哒嗪一般是用 1, 4-二羰基化合物与肼发生缩合反应制得。

$+ H_2NNH_2$ →(AcOH) →(Pd, △; −2H)

嘧啶环则可用 1, 3-二羰基化合物与二胺缩合制得。下列二胺类化合物均可用于制备嘧啶。

尿素　硫脲　胍　脒

巴比妥酸

2-嘧啶酮

苹果酸　尿嘧啶

吡嗪环可用邻二羰基化合物与邻二胺缩合，或用 α-氨基酮（或醛）自缩合。

13.4.2.2　二嗪的反应

嗪类化合物环上的氮原子类似吡啶，均有吸电性。嗪类化合物发生亲电取代反应的活性比吡啶还弱。只有在活化基存在下，反应才能进行。

与吡啶类似，嗪类化合物也可进行环上的亲核取代，以及侧链 α-H 的反应。

用磷酰氯处理羟基取代的二嗪，羟基可被氯取代，并可进一步被氢取代。

二嗪对氧化剂很稳定，与过氧酸或过氧化氢反应也生成单 N-氧化物。

13.4.2.3 嘧啶衍生物

嘧啶环系是核酸中碱基的重要组分，核酸中存在着三种嘧啶碱基，其中胞嘧啶（C）和尿嘧啶（U）存在于 RNA 中，胞嘧啶和胸腺嘧啶（T）存在于 DNA 中。它们的烯醇式即为嘧啶环结构，但在生理条件下以酮式存在。

胞嘧啶　　尿嘧啶　　胸腺嘧啶

维生素 B_1 分子由嘧啶环和噻唑环结合而成，又称为硫胺素，其焦磷酸酯是糖代谢过程中的重要辅酶。

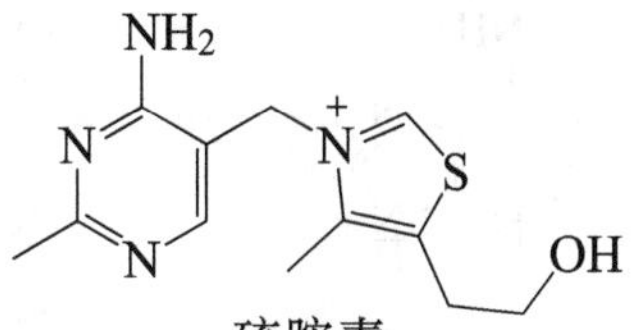

NH_2 N N N S OH

硫胺素
(维生素B_1)

13.4.3　嘌呤和蝶啶环系

嘌呤环是由嘧啶和咪唑环稠合而成。蝶啶环则是由嘧啶和吡嗪环稠合而成。

嘌呤　　蝶啶

嘌呤的咪唑环也可以发生互变异构，异构体称为 7-H 嘌呤和 9-H 嘌呤。在生物体内，平衡偏向于 9-H 嘌呤形式。

9-H嘌呤　　7-H嘌呤

和嘧啶一样，嘌呤也是核酸中碱基的重要组分，核酸中的嘌呤主要有两种：腺嘌呤和鸟嘌呤。鸟嘌呤在生理条件下也以酮式存在。

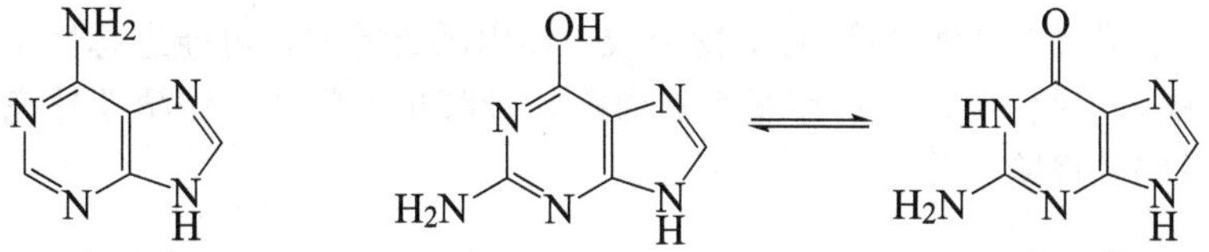

腺嘌呤　　鸟嘌呤

尿酸是嘌呤的重要衍生物，可与氨形成尿酸铵盐。尿酸是体内嘌呤核苷酸的代谢产物，是尿液的成分之一。血液中尿酸浓度过高会导致痛风，也与糖尿病和尿酸铵肾结石的形成有关。

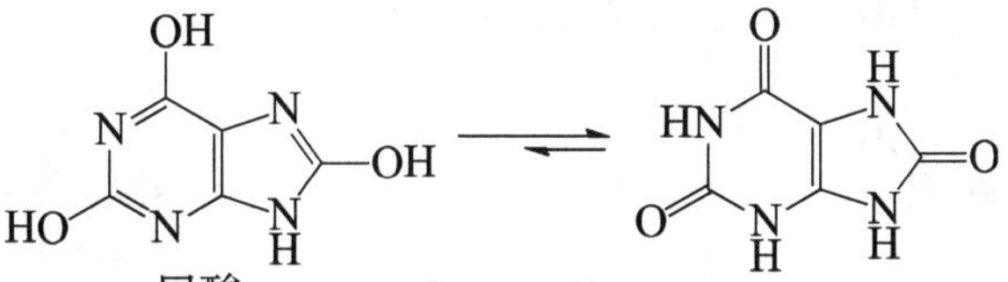

尿酸

通过尿酸的氯代产物有选择性地在环上引入 OH、NH_2、OR 等各种基团，可制备得到各种重要的嘌呤衍生物。

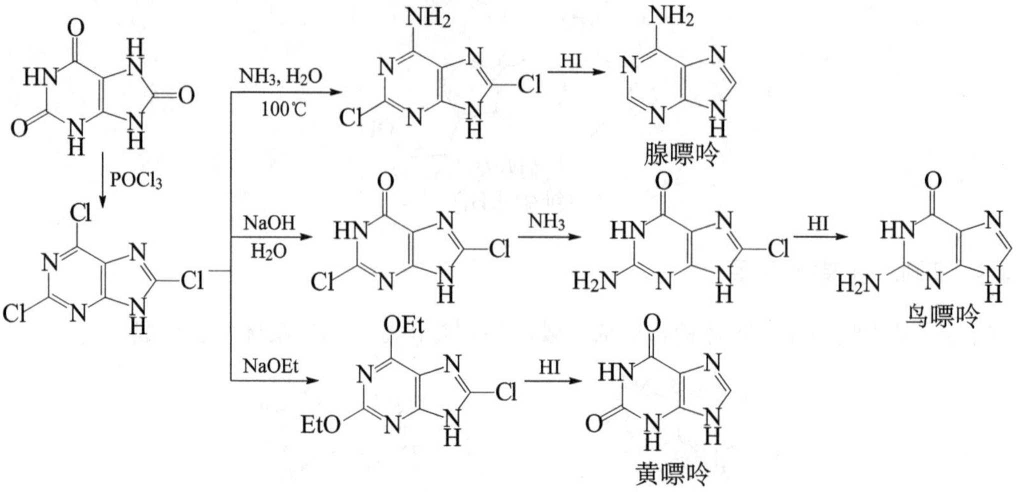

腺嘌呤

鸟嘌呤

黄嘌呤

在茶叶和可可中存在的可可碱、茶碱和咖啡碱，都是黄嘌呤的衍生物，它们都具有兴奋中枢神经的作用。

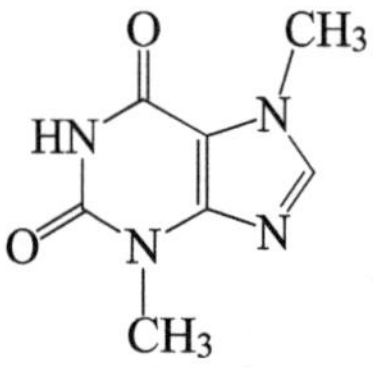

可可碱 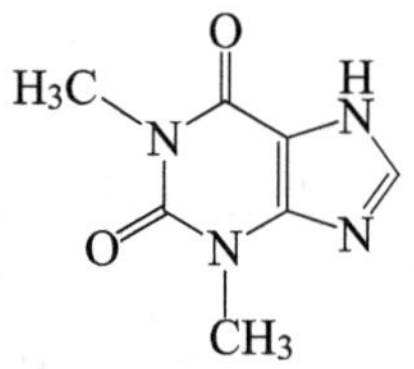　　茶碱 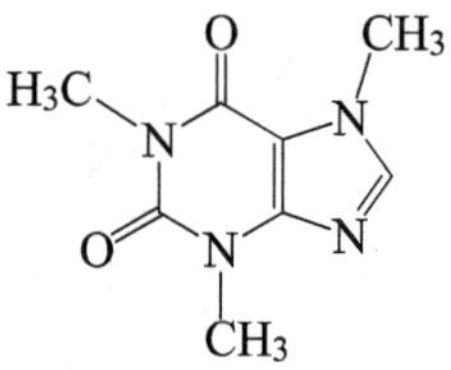　　咖啡碱

含蝶啶环系的化合物，较重要的是维生素 B_2（又称为核黄素），多存在于谷类、肝、肾、乳内。在生物体内的氧化还原过程中，维生素 B_2 作为辅酶起着传递氢的作用。叶酸（又称为维生素 B_9）参与体内嘌呤及嘧啶环的生物合成。体内缺乏叶酸，可能患恶性贫血症，医学上叶酸和维生素 B_{12} 同时使用，以治疗恶性贫血症。叶酸也被广泛用作孕期补充剂，以降低胎儿神经管发育缺陷的风险。

维生素B_2(核黄素) 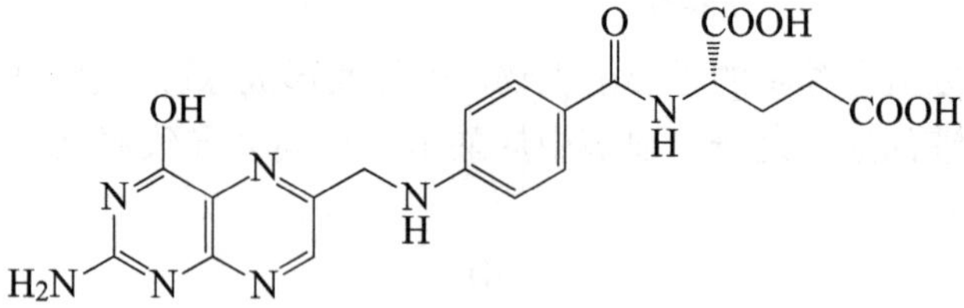　　叶酸(维生素B_9)

习　题

13.1　对下列化合物命名，或写出所给名称的结构式。

(1) 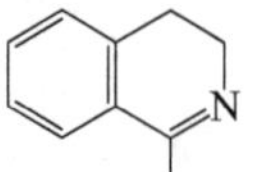　(2) 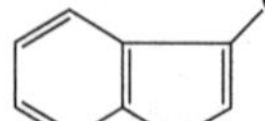　(3)

(4) 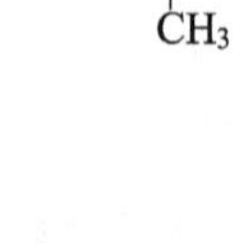　(5) 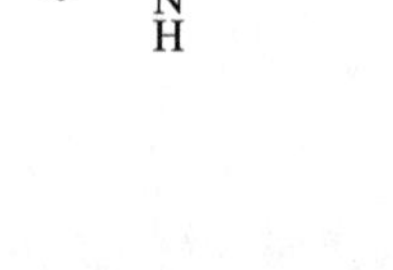　(6) 6-硝基喹啉

(7) 1-甲基-5-溴吡咯-2-甲酸　　(8) 1, 8-二氮杂菲

(9) 5-硝基呋喃-2-甲酸乙酯　　(10) 2, 4-二氨基-5-对氯苯基-6-乙基嘧啶

13.2　写出吡啶、吡咯及吡咯烷的结构式，指出这些分子中氮原子的杂化态、几何形状及氮上孤对电子所处的轨道。

13.3　推断下列各分子式代表的化合物是否是饱和的；若不饱和，存在几个环或双键？

(1) C_3H_9N　(2) $C_5H_{11}NO_2$　(3) $C_7H_{11}NS$　(4) $C_4H_{10}N_2$　(5) $C_6H_{12}N_3BrO$

13.4　比较下列各化合物的性质。

(1) 酸性：a．$C_2H_5\overset{+}{N}H_3$　b．（$\overset{+}{N}H_2$）　c．$Ph\overset{+}{N}H_3$

(2) 碱性：a．喹啉　b．吲哚

(3) 碱性：a．N　b．N H　c．N H　d．N N

(4) 亲电取代反应活性：a．N H　b．N N H　c．N S

13.5　将下列氮原子从环分子中除去，各需进行几次霍夫曼消除？

(1) 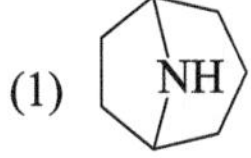

　(2) N　(3) NHPh

13.6　完成下列反应（写出反应的主要产物）。

(1) 3-甲氧基噻吩、2-乙酰基噻吩、5-甲基-2-甲氧基噻吩分别进行硝化的主要产物

(2) N NH_2 $\xrightarrow[\text{HOAc, 20℃}]{Br_2}$　(3) N H $+ Ac_2O \xrightarrow{150\sim200℃}$

(4) O $+ PhCOCl \xrightarrow{FeCl_3} A \xrightarrow{Br_2} B$　(5) N $+ PhLi \xrightarrow[\triangle]{}$

(6) $H_2N{\frown}NH_2 + O{=}C(OEt)_2 \longrightarrow$

(7) N H $\xrightarrow{CHCl_3, KOH} A \xrightarrow{浓NaOH} B + C$

(8) $EtOOC{\frown}COOEt + O{=}C(NH_2)_2 \xrightarrow[\triangle]{OH^-}$

(9) N CH_3 + O CHO $\xrightarrow[2)\ H_3O^+, \triangle]{1)\ EtO^-}$　(10) Br Br N $\xrightarrow[160℃]{NH_3, H_2O}$

(11) N $\xrightarrow{H_2O_2} A \xrightarrow[或POCl_3]{SOCl_2} B$

(12) N N CH_3 $\xrightarrow[\triangle]{HNO_3} A \xrightarrow{SOCl_2} B \xrightarrow{NH_3} C \xrightarrow{NaOBr} D$

13.7　写出下列反应的机理。

(1) 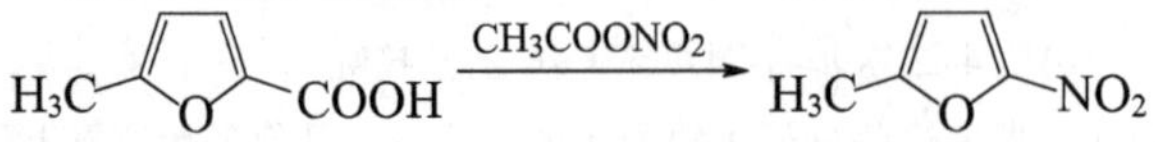 H_3C　COOH　$\xrightarrow{CH_3COONO_2}$　H_3C　NO_2

(2) NH_2　$\xrightarrow{HNO_2,\ H_3O^+}$　OH　⇌　O　N H

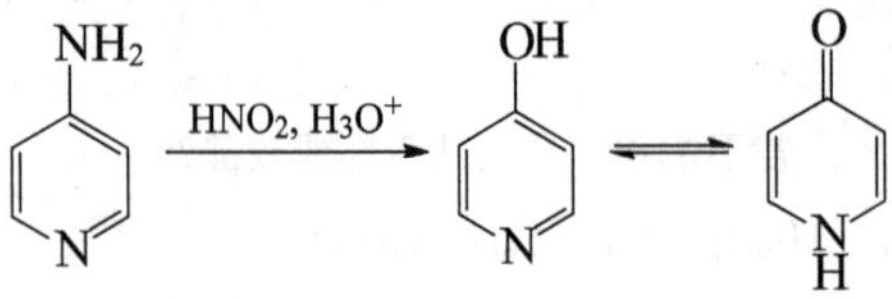

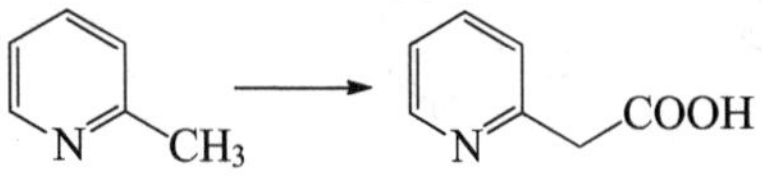

13.8　实现下列转变或合成。

(1) 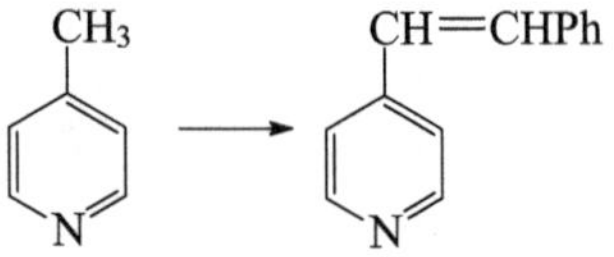 CH_3 → CH═CHPh

(2) N　CH_3 → N　COOH

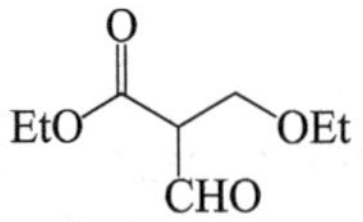

(3) NHNH$_2$ → N H　O

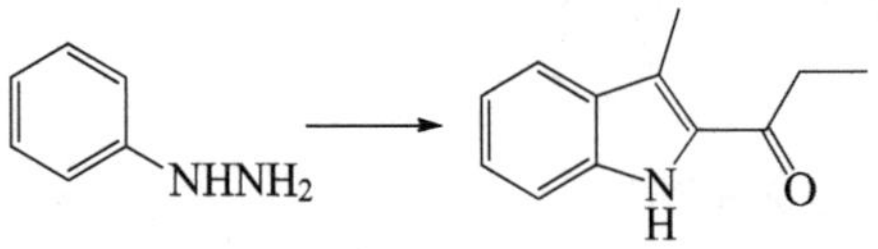

(4) 由苯胺和邻氨基苯酚分别合成2, 4-二甲基喹啉和8-羟基喹啉

(5) 由 $H_3C—C(=NH)NH_2$ 及 EtO(C=O)CH(CHO)CH$_2$OEt 合成 NH_2　OEt　H_3C

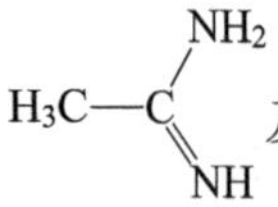

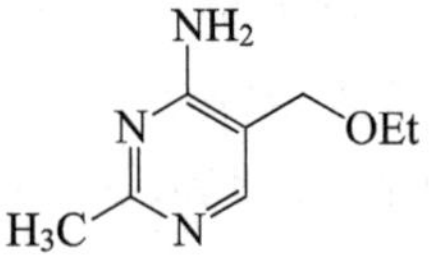

13.9　化合物 A（$C_8H_{17}N$）与苯磺酰氯反应得到一个不溶于碱水的物质，将 A 彻底甲基化会消耗 2 当量的 CH_3I，产物与湿氧化银一起加热得到烯胺 B，其结构如下：

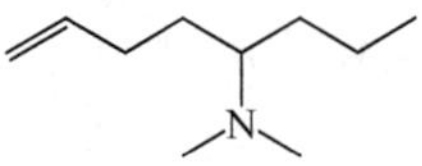

N

(1) 推测 A 的两个可能结构。A 与锌粉蒸馏得到化合物 C（$C_8H_{11}N$），C 能发生硝化和磺化反应，但反应活性比苯低。

(2) 写出 A 和 C 的结构。

(3) 用一个适当的二溴辛烷和氨反应在仔细控制反应条件的情况下合成 A。

13.10　某杂环化合物 A（$C_6H_6O_3$）在酸催化下与乙醇反应，酯化生成化合物 B（$C_8H_{10}O_3$），B 的 ^{1}H NMR 信息如下。试推测 A 和 B 的结构。

δ/ppm：	7.08 (d)	6.13 (d)	4.38 (q)	2.38 (s)	1.20 (t)
相对峰面积：	1	1	2	3	3
J 值/Hz：	5	5	7		7

第14章 周 环 反 应

周环反应是化学反应的一个重要类型，它至少在以下几方面与一般的离子型反应和自由基型反应有明显的差异。

（1）反应速率极少受溶剂的影响，不被酸、碱催化剂加速，也与自由基引发剂或抑制剂无关。

（2）在反应过程中没有明显的离子型或自由基型中间体出现。

（3）反应中键的形成和断裂是同时发生、协同进行的，并常常形成立体专一的产物。

周环反应大多是在较温和的条件下，一般是在加热（温度不高）或光照（紫外光或可见光）下进行。可以预料，破坏键所需要的部分能量能够从生成键所放出的能量中得到补偿。这种以一步完成的多中心反应，通常是经过环状过渡态协同进行的，所以称它们为周环反应。

14.1 周环反应的类型

1. 电环化反应

共轭的π电子体系两端协同加成环化，生成新的σ键的同时减少两个π电子。这样的反应及其相反过程都称为电环化反应。

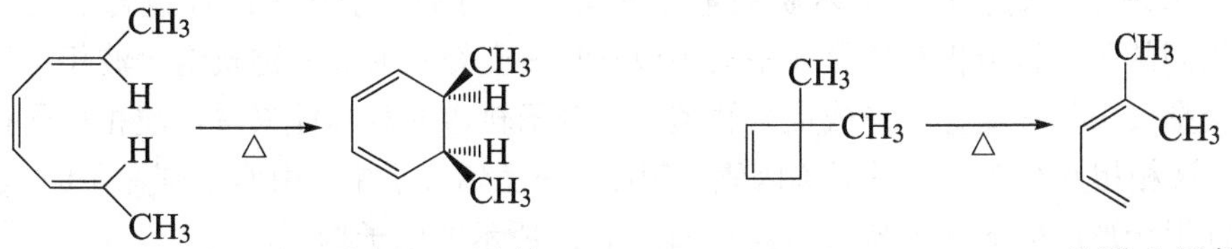

CH_3 H H CH_3 —△→ CH_3 H H CH_3　　CH_3 CH_3 —△→ CH_3 CH_3

(2*E*, 4*Z*, 6*E*)-辛-2, 4, 6-三烯　　顺-5, 6-二甲基-环己-1, 3-二烯　　3, 3-二甲基环丁烯　　*S*-顺-4-甲基-戊-1, 3-二烯

2. 环加成反应

这是由两个或多个烯烃或共轭烯烃分子同时互相进行加成的反应，生成相应的环状化合物。如果反应物是共轭烯烃，则发生共轭加成。

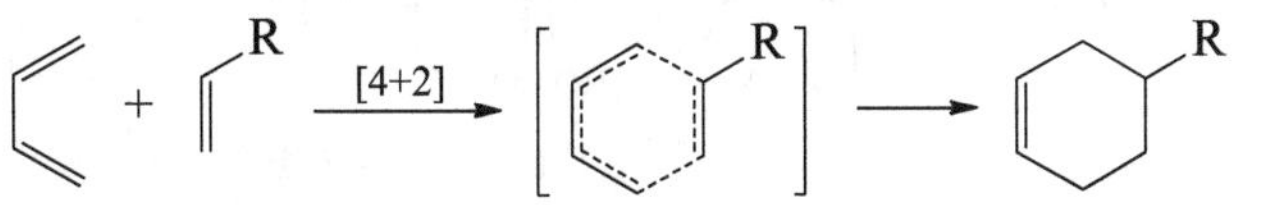

+ R —[4+2]→ [R] → R

常用[*x*+*y*]来表示环加成反应，*x* 和 *y* 分别表示两个组分的p电子数。例如，上述反应为[4+2]环加成，下面的反应则分别为[6+4]和[8+2]环加成反应。

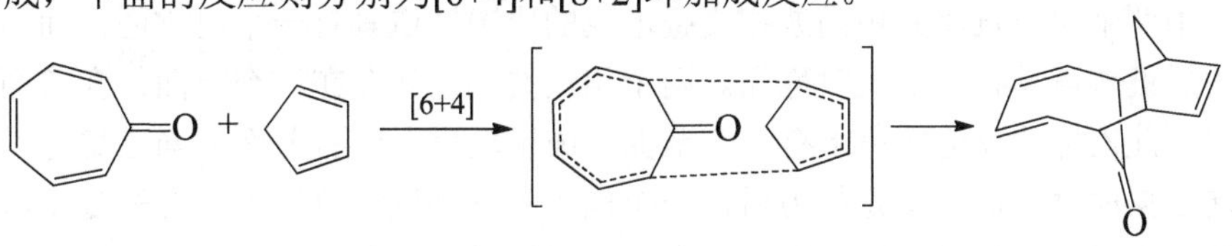

O + —[6+4]→ [O] → O

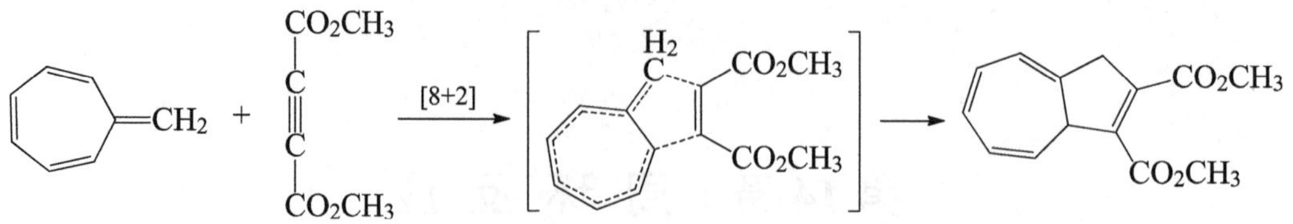

3. σ 迁移反应

这是在共轭体系中，σ 键发生迁移、π 键位置同时发生相应变化的一类反应。常用[*i*, *j*]迁移来表示这类反应。

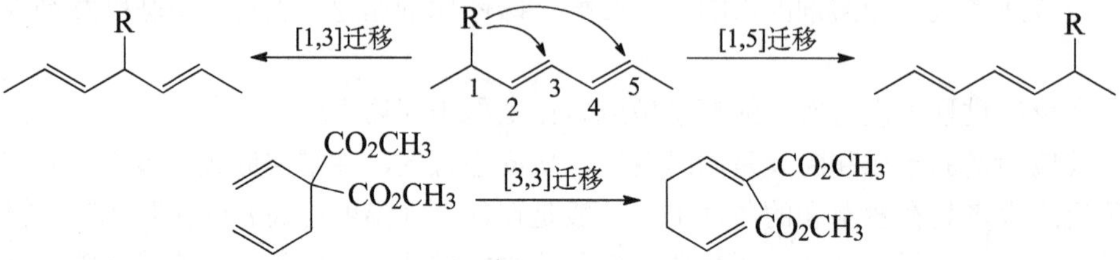

尽管有不同的反应类型，但以上几种反应的共同点都是会经历环状过渡态。自从 1965 年伍德沃德和霍夫曼提出了分子轨道对称守恒原理以来，这类反应不仅从理论上得到圆满的解释和归类，而且能够预测反应进行的难易及立体化学进程。

14.2　分子轨道的对称性及对称守恒原理

14.2.1　分子轨道及其对称性

分子轨道理论是阐明共价键本质的重要理论，当两个原子轨道线性组合形成分子轨道时，波相相同的原子轨道相互交叠（＋与＋或－与－交叠）形成成键轨道，波相相反的原子轨道相互交叠（＋与－交叠）形成反键轨道。从分子轨道的对称性来看，波相相同存在一个对称因素，波相相反存在一个反对称因素。例如，在乙烯分子中，由两个碳原子的 2p 轨道平行交叠线性组合形成的 π 分子轨道，具有如图 14.1 所示的电子构型。

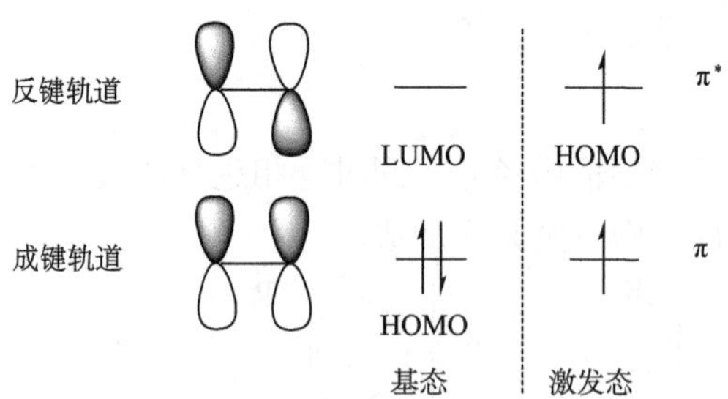

图 14.1　乙烯分子的成键轨道和反键轨道

显然，由两个原子轨道的相同波相交叠形成的成键轨道具有一个对称面，而由相反波相交叠形成的反键轨道具有一个反对称面。两个相反波相之间存在一个节面，在节面处电子云密度为零，因此乙烯的反键轨道上有一个节面，成键轨道上没有节面。当乙烯处于基态时，两个电子均占据成键轨道。受光作用后，一个电子激发到反键轨道上，分子处于激发态。被电子占据的最高能量的分子轨道称为最高占据分子轨道（highest occupied molecular orbital），简写为 HOMO。未被电子占据的最低能量的分子轨道，称为最低未占分子轨道（lowest unoccupied molecular orbital），简写为 LUMO。乙烯在基态时的 HOMO 是成键轨道（π 轨道）、LUMO 是反键轨道（π^*轨道），而在激发态时，反键轨道是 HOMO。

从丁-1, 3-二烯的 π 分子轨道（图 14.2）可以进一步看到各分子轨道的对称因素和反对称因素。ψ_1 对于对称面（用 m 表示）是对称的（S），但对于二重旋转轴（用 C_2 表示）是反对称的（A）。其他轨道 ψ_2、ψ_3、ψ_4 对于 m 和 C_2 的对称性是依次相间的，如图 14.2 所示。在基态时，丁-1, 3-二烯的 HOMO 是 ψ_2，LUMO 是 ψ_3。其各分子轨道从 $\psi_1 \rightarrow \psi_4$ 的节面数目分别为 0、1、2、3。轨道能量越高，节面数目越多。

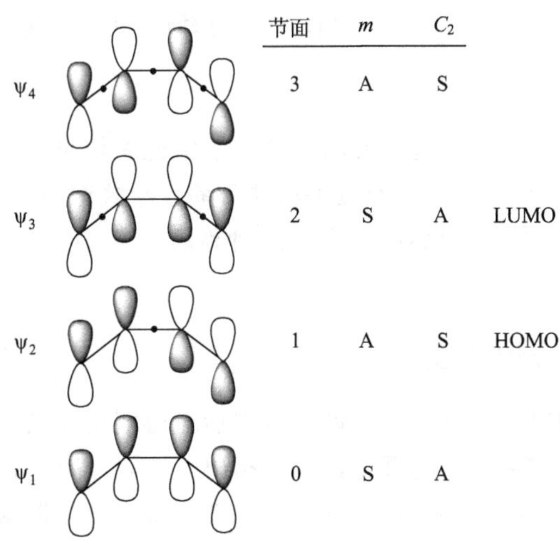

图 14.2　丁-1,3-二烯的 π 分子轨道及其对称性

通过归纳，对于由简单分子轨道理论所得到的分子轨道波函数，可总结出以下几点规律：

（1）由 n 个原子轨道可线性组合形成 n 个分子轨道 $\psi_1 \sim \psi_n$，轨道能量按 $n = 1, 2, 3\cdots$ 次序逐渐依次升高。

（2）第 n 个分子轨道波函数 ψ_n，其节面数为 $n-1$ 个。节面数越多，轨道能量越高。

（3）每一个分子轨道都具有高度对称性，它们对于二重对称元素，如对称面和对称轴必然是对称的或者是反对称的。随轨道能量的升高，其对称性交替出现。

（4）对于奇数碳原子的共轭体系，至少存在一个能量相当于原子轨道的非键分子轨道。在非键分子轨道波函数中，偶数碳原子对应的系数为零，而其相邻两个碳原子对应的系数绝对值相等，符号相反。此时，其偶数碳原子相当于一个节点。图 14.3 是由三个原子组成的共轭体系的分子轨道及其对称性示意图，其中 ψ_2 是非键分子轨道。烯丙基正离子、游离基和负离子都是三原子共轭体系。具有两个电子的烯丙基正离子，其 HOMO 是 ψ_1；具有 3 个电子的游离基和具有 4 个电子的负离子，其 HOMO 都是 ψ_2。

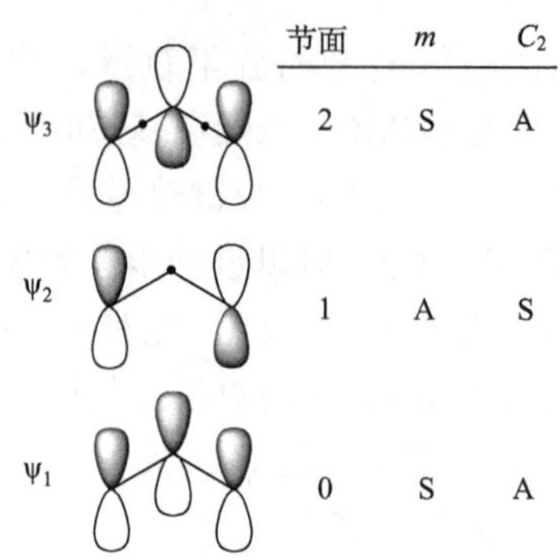

图 14.3　三原子共轭体系的分子轨道及其对称性

学习提示：对于 m 对称的分子轨道，其两端的原子轨道波相相同；对于 C_2 对称的分子轨道，其两端的原子轨道波相相反。就开链共轭体系的分子轨道而言，由于 ψ_1 总是 m 对称的，而两种对称性交替出现，因此 ψ_{2n-1} 总是 m 对称的，而 ψ_{2n} 总是 C_2 对称的。

14.2.2　分子轨道对称守恒原理

伍德沃德、霍夫曼和日本科学家福井谦一等先后对协同反应做了大量研究，于 1965 年提出了比较完整的和具有实际意义的理论。理论指出，协同反应进行的难易程度受轨道对称性控制，并认为从原料到产物的整个过程中，对称性保持不变。根据这个理论，保持对称性不变的反应途径是对称允许的途径，不能保持对称性的反应途径则是对称禁阻的途径。按照这个基本观点发展起来的用于解释周环反应进行难易的方法有两种：一种是相关图法，另一种是前线轨道理论法。

14.3　分子轨道相关图

相关图是一种表明轨道对称性相互关系的图解方法。用这个方法首先要将各反应物和产物的各有关分子轨道按其能量高低次序排列写出，并找出每一个分子轨道对于 m 或 C_2 的对称关系，然后从原料到产物将对称性相同的轨道一一关联起来，制成相关图，再从相关图上沿着对称性保持的途径根据越过的能量高低来判断此协同反应进行的难易。

例如，由丁-1, 3-二烯生成环丁烯（或其逆反应）的电环化反应中，两个 π 键打开，新生成一个 σ 键和一个 π 键。从分子轨道图形看，π 键打开后，旋转 C1—C2 和 C3—C4 两个键轴，可使两端 p 轨道的叶瓣交叠，形成一个新的 σ 键。键轴旋转有两种方式：对旋和顺旋，如图 14.4 所示。

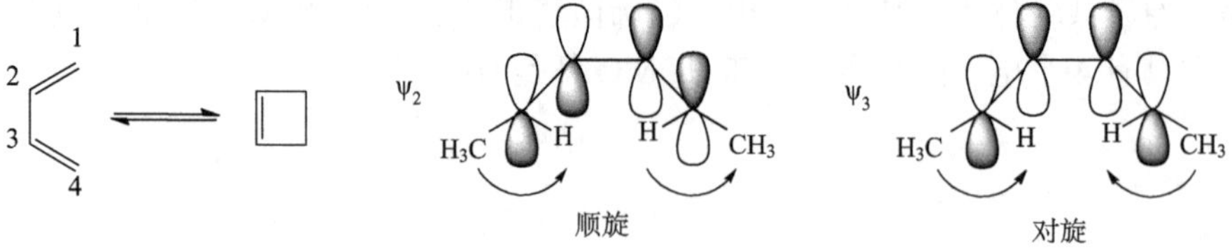

图 14.4　保持双烯分子轨道对称性的旋转方式

根据分子轨道对称性（图 14.2）可以看出：采用 C_2 对称的分子轨道，其两端 p 轨道波相相反，只有采取顺旋环化才能在旋转过程中始终保持 C_2 对称；采用 m 对称的分子轨道，其两端 p 轨道波相相同，只有采取对旋环化才能保持对 m 的对称性。

因此对于丁-1, 3-二烯，其 ψ_2 轨道具有 C_2 对称性，需采取顺旋环化才能保持对称性；而 ψ_3 轨道具有 m 对称性，则需采取对旋环化。图 14.5 是丁-1, 3-二烯分别按顺旋环化和按对旋环化所作出的反应物和产物之间的分子轨道相关图。从图中可以看出，丁-1, 3-二烯在基态下（此时 HOMO 是 ψ_2 轨道）发生热反应时，保持 C_2 对称的顺旋环化是允许的反应，此时反应物的成键轨道与产物的成键轨道对称性一致（相关联，右侧箭头），电子从反应物的成键轨道过渡到产物的成键轨道，能量上是有利的。因此，顺旋环化是热允许的。与之相对，在基态下保持对 m 反对称的对旋环化是禁阻反应，此时反应物的成键轨道与产物的反键轨道对称性相关联（左侧箭头）。电子由成键轨道过渡到反键轨道，能量上是不利的。

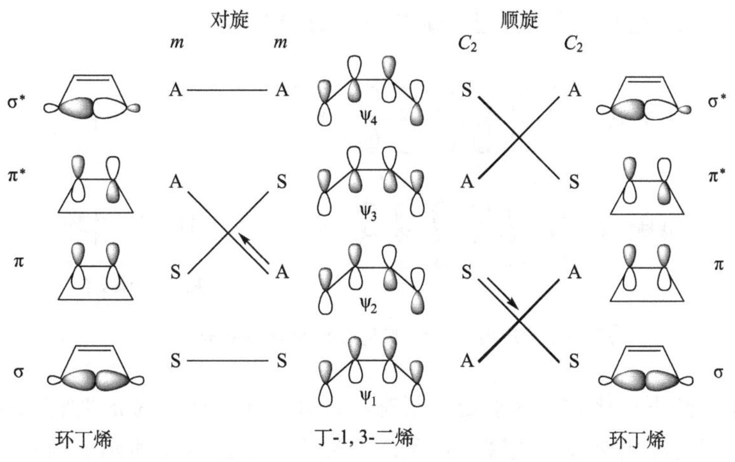

图 14.5 丁-1, 3-二烯与环丁烯的分子轨道相关图

若该反应在光照下进行，丁-1, 3-二烯中的一个 π 电子被激发到反键轨道 ψ_3 上，使 ψ_3 成为 HOMO。此时采取对旋反应是对称性允许的，反应物的反键轨道与产物的成键轨道对称性一致（相关联），激发态下的电子可顺利地由反键轨道过渡到成键轨道。但在光照下的顺旋环化则是禁阻的，此时反应物 ψ_3 的对称性与产物的 σ^*轨道的对称性相关联，能量上是不利的。

其他周环反应，如环加成反应也可用相关图的方法来分析，从轨道对称性的相关图中了解反应进行的难易情况。但由于制作相关图需要写出反应物和产物的所有有关分子轨道，这对于较复杂的分子相当麻烦，甚至是困难的。

14.4 前线轨道理论

前线轨道（frontier molecular orbital）法简称 FMO 法。相比分子轨道相关图，这是一种更简化的近似处理方法，在理解周环反应机理上起着重要作用。

与相关图法相比，该方法只关注反应物分子中某些关键性的分子轨道，即 HOMO 和 LUMO。协同反应主要涉及的就是这些含有价电子的分子轨道，形象地称它们为前线分子轨道。

14.4.1　电环化反应

前线轨道理论用于电环化反应可简略地只考虑开链共轭烯烃的 HOMO。根据不同的电子体系，采取不同的旋转方式，以使 HOMO 两端具有相同波相的原子轨道交叠成键。

14.4.1.1　4*n*+2 电子体系

以己-1, 3, 5-三烯环化生成环己-1, 3-二烯，或其逆反应为例。

根据简单分子轨道所得到的波函数规律和对称性，可以写出己三烯的 6 个分子轨道。基态时，其 HOMO 是 ψ_3 轨道，LUMO 是 ψ_4 轨道，如图 14.6 所示。光照下，一个电子由 ψ_3 轨道激发到 ψ_4 轨道中，因此激发态的己三烯分子的 HOMO 是 ψ_4。

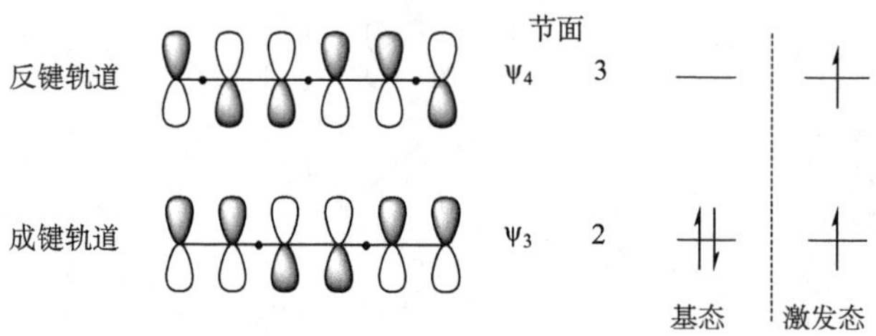

图 14.6　共轭己三烯的基态和激发态的前线轨道

当己三烯在加热下环化时，分子处于基态，其 HOMO（ψ_3）为 *m* 对称。此时采取对旋环化，可使两端的相同波相交叠而成键，是允许的反应，如图 14.7 所示。顺旋环化则使相反波相交叠，这是反键、禁阻的。

图 14.7　辛-2, 4, 6-三烯加热下的对旋环化及光照下的顺旋环化

在光照下，己三烯以激发态进行反应，其 HOMO 变为 C_2 对称的 ψ_4。此时采取顺旋环化可使相同波相交叠而成键（图 14.7），而对旋环化则是反键、禁阻的。

推而广之，所有含 4*n*+2 电子体系的共轭分子发生电环化反应都遵从以上规律，即加热时反应采用对旋，光照时反应采用顺旋。

对旋和顺旋两种不同的旋转方式，可以体现在环化产物的立体专一性上。用具有一定构型的取代共轭己三烯为原料，可以得到和预测构型相符的产物。如图 14.7 所示，若以(2*E*, 4*Z*, 6*E*)-辛-2,4,6-三烯为原料，其加热下发生对旋环化，生成的产物环上甲基应处于顺式。若反应在光照下进行，则顺旋环化，生成甲基位于反式的产物。

另外，环丙基正离子转变为烯丙基正离子的反应，也是一个具有 $4n+2$ 电子（2 个电子）的电环化反应，它也是一个在基态下对旋允许的反应。

14.4.1.2　4*n* 电子体系

以丁二烯环化生成环丁烯或其逆反应为例。

加热下，丁二烯以基态进行反应，此时其 HOMO 是 ψ_2，具有 C_2 对称性，因此取顺旋环化可使轨道两端的相同波相发生交叠而成键（图 14.8）。此时发生对旋环化是反键、禁阻的。光照下，丁二烯以激发态进行反应，此时其 HOMO 是 ψ_3，具有 *m* 对称性，此时采取对旋交叠成键是允许的，顺旋则反键、禁阻。

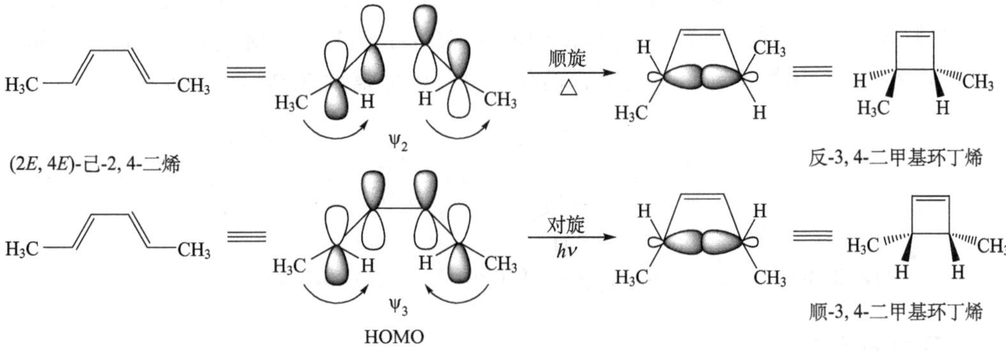

(2*E*, 4*E*)-己-2, 4-二烯

顺旋 △

ψ_2

反-3, 4-二甲基环丁烯

对旋 *hν*

ψ_3 HOMO

顺-3, 4-二甲基环丁烯

图 14.8　取代丁二烯在基态下和光照下的电环化反应轨道图示

同样地，所有含 4*n* 电子体系的共轭分子发生电环化反应都遵从以上规律，加热时反应采用顺旋，光照时反应采用对旋，并产生立体专一的产物。例如，(2*E*, 4*E*)-己-2, 4-二烯在加热下顺旋生成反-3, 4-二甲基环丁烯，而在光照下则对旋生成顺-3, 4-二甲基环丁烯（图 14.8）。

显然，若使用(2*Z*, 4*E*)-己-2, 4-二烯为原料，则得到立体化学结果相反的产物。

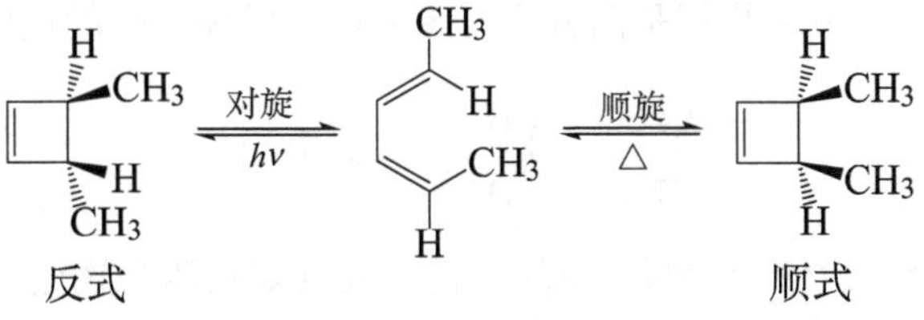

对旋 *hν*　　顺旋 △

反式　　顺式

下列反应物在发生电环化反应时，其自身是 12（4*n*）电子体系。因此在加热下，发生顺旋成键，得到环上取代为反式的产物。

学习提示：可以看出，$4n+2$ 电子体系和 $4n$ 电子体系的成键旋转规律是相反的，这是由它们各自 HOMO 的对称性决定的。在判断产物的立体构型时，需要从反应物分子的前线轨道对称性出发，判断应该是顺旋还是对旋成键，再根据反应物自身的构型来确定。

对称禁阻和对称允许是针对反应难易而言，实质是活化能高低问题，“对称禁阻”意味着沿此协同反应途径所需要的活化能高，反应不易进行，但并不排除按其他途径（如离子型或自由基型历程）进行反应的可能性。供给的能量足够多时，禁阻的反应也可实现。

电环化反应是可逆反应，正、逆反应的难易视具体化合物和具体条件而定。例如，环丁烯角张力大，在加热下总是倾向于开环形成丁二烯，开环反应通常在溶液中或在气相中，120～200℃就能顺利发生。

对于热不稳定的(1*Z*, 3*E*)-环辛-1, 3-二烯，加热下环化（而不是开环）是主要反应，由此产生的稠环丁烯是一个热稳定物质。对于其逆反应，稠环丁烯的顺旋开环将导致产生不稳定的(1*Z*, 3*E*)-环辛-1, 3-二烯，而其对旋开环产物(1*Z*, 3*Z*)-环辛-1, 3-二烯则是一个稳定物质。但对旋开环又是一个对称性不允许的反应，活化能高，因而需要在高温下才能进行。

14.4.2　环加成反应

两分子甚至多分子的烯烃，通过协同进行的环化反应都称为环加成反应，由 4π 电子组分和 2π 电子组分进行的环加成称为[$_{\pi}4$ + $_{\pi}2$]环加成，两个 2π 电子组分进行的环加成则称为[$_{\pi}2$ + $_{\pi}2$]环加成。

14.4.2.1　[2+2]环加成　4*n* 电子体系

最简单的[2+2]环加成反应模型是两分子乙烯环化生成环丁烷的反应。

$$CH_2{=}CH_2 + CH_2{=}CH_2 \longrightarrow \square$$

在该反应中，两个 π 键转变成两个新的 σ 键。成键要求两个轨道交叠，而每一个轨道最多容纳两个电子。因此，在形成过渡态时，只能用一个乙烯分子的 HOMO 与另一个乙烯分子的 LUMO 进行交叠。两个轨道互相交叠可能有两种方式：① 同面（suprafacial）-同面交叠（s-s 交叠），交叠发生在不同原子轨道的同侧；②同面-异面（antarafacial）交叠（s-a 交叠），交叠发生在不同原子轨道的异侧。如图 14.9 所示。

对于乙烯分子在加热条件下（基态）的环加成，一个分子的 HOMO（ψ_1）与另一个分子的 LUMO（ψ_2）的交叠，只有采取 s-a 交叠才是波相相同的交叠，此时是成键允许的。而 s-s 交叠是波相不同、反键的[图 14.10（a）]。

如果反应在光照下进行，此时乙烯分子处于激发态，其 HOMO 是 ψ_2，它与另一个基态分子的 LUMO 可按 s-s 交叠成键[图 14.10（b）]。

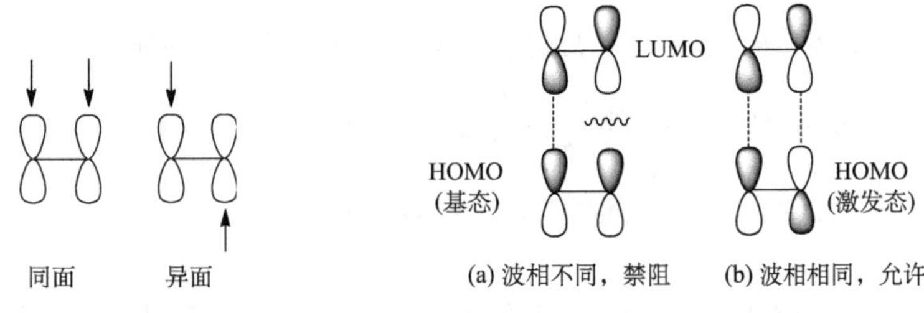

图 14.9 同面和异面

图 14.10 乙烯的环加成

实际上，所有 4*n* 电子体系的环加成反应（如[6+2]、[4+4]等）都有类似的交叠规律，即加热时采用 s-a 交叠，光照时采用 s-s 交叠。

常用符号[$_\pi$2s + $_\pi$2s]和[$_\pi$2s + $_\pi$2a]来分别表示两个 2π 电子组分发生 s-s 和 s-a 交叠成键的环加成反应。虽然在基态下，乙烯的 s-a 交叠是对称允许的，但这意味着由两个乙烯分子组成的四元环要承担张力很大的扭曲，这在几何上是困难的。因此，乙烯的基态环加成反应很难，除非强热条件下，采用分步历程环化。但如果生成的环足够大，几何形状允许，4n 电子体系的环加成也可以采取 s-a 交叠的方式。

NC CN / NC CN —[14+2] s-a交叠→ H, CN, CN, CN, CN, H

s-s 交叠立体化学上表现为生成立体专一的顺式加成产物；s-a 交叠则生成立体专一的反式加成产物。

14.4.2.2 [4+2]环加成 4*n*+2 电子体系

第尔斯-阿尔德反应（见 5.6.3 节）是[4+2]环加成的典型代表，最简单的模型如丁-1, 3-二烯和乙烯的环加成。

CH_2=CH_2 →

在基态下的加热反应，丁二烯与乙烯发生同面-同面环加成。因为无论取丁二烯的 HOMO（ψ_2）和乙烯的 LUMO（ψ_2）[图 14.11（a）]交叠，还是取乙烯的 HOMO（ψ_1）与丁二烯的 LUMO（ψ_3）[图 14.11（b）]交叠，都是相同波相交叠和对称允许的反应。

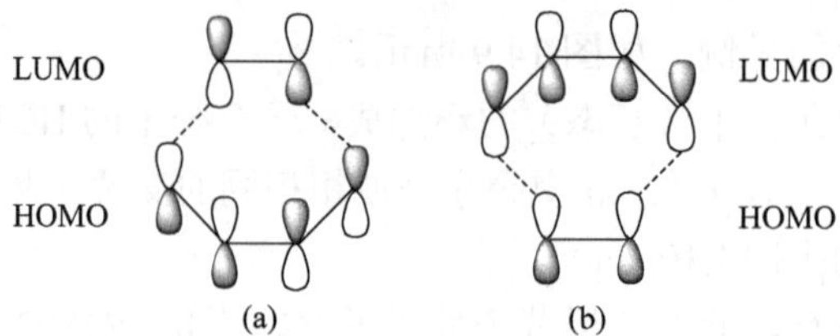

图 14.11　丁-1, 3-二烯与乙烯在加热下的环加成

所以[$_{\pi}$4s + $_{\pi}$2s]的环加成表现出了高度的立体专一顺式加成的特征。

第尔斯–阿尔德反应不仅具有理论研究价值，而且是一个具有很大合成潜力的反应，其应用范围很广。反应亲双烯组分除了可以是碳碳双键和三键，还可以由碳原子和杂原子组成，甚至是杂原子和杂原子组成的多重键化合物。而双烯组分除了常见的无环或碳环二烯烃，也可以是芳香杂环化合物、芳烃或是以下结构：

用苯作为双烯组分时，仅高度活泼的苯炔或乙炔能与其反应。萘和蒽比苯更容易反应，其中蒽的反应发生在 9、10 位（见 6.6.2 节）。一般双烯组分都是富电性的，亲双烯组分是缺电性的，它们具有互补性。因此，双烯组分上的排电基或者亲双烯组分上的吸电基会使反应变得更容易。

由于第尔斯–阿尔德反应为协同成键的环加成反应，它要求双烯组分具有 s-顺式的构象，以利于环的形成。在 s-顺式和 s-反式这两种构象的平衡体系中，s-顺式比例越大，反应越容易进行。双烯组分上取代基的大小和空间位置可能影响其构象平衡。例如，E 型的 1-取代丁-1, 3-二烯比其 Z 型异构体更易采用 s-顺式构象。这是因为 Z 型异构体在采用 s-顺式构象时会产生空间位阻。因此，E 型的烯烃更易发生第尔斯–阿尔德反应。

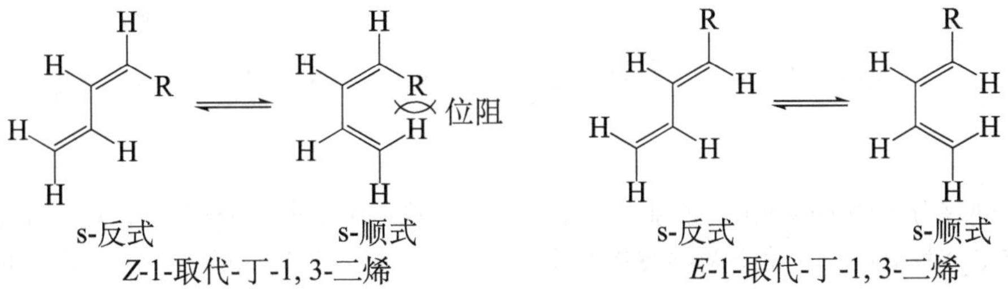

s-反式 s-顺式 位阻
Z-1-取代-丁-1, 3-二烯

s-反式 s-顺式
E-1-取代-丁-1, 3-二烯

环状共轭二烯如环戊-1,3-二烯由于只能采用 s-顺式构象，是最容易发生第尔斯-阿尔德反应的二烯烃。此外，呋喃环也具有类似结构，也易于发生该反应。

当亲双烯体中存在其他不饱和基团时，未参与加成的另一个双键，一般倾向于位于靠近双烯组分中新生成的双键的位置，这样的产物称为内型（endo）产物。与此相反，未参与反应的双键远离新生成的双键的产物称为外型（exo）产物。

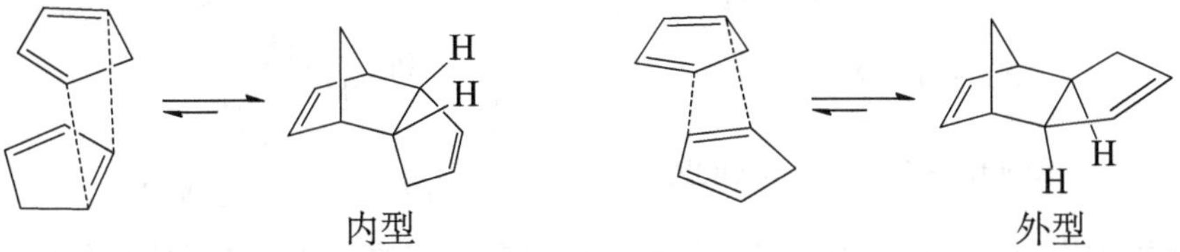

内型 外型

作为可逆进行的第尔斯-阿尔德反应，逆反应遵循和正反应相同的规则。在足够强的条件下（如强热），正、逆反应几乎同样容易进行。利用逆反应，可制得用其他方法难以制得的产物。如果开环生成的某一产物特别稳定，逆反应就容易进行。例如，下列反应，由于环戊二烯稳定易于生成，使逆反应容易进行。

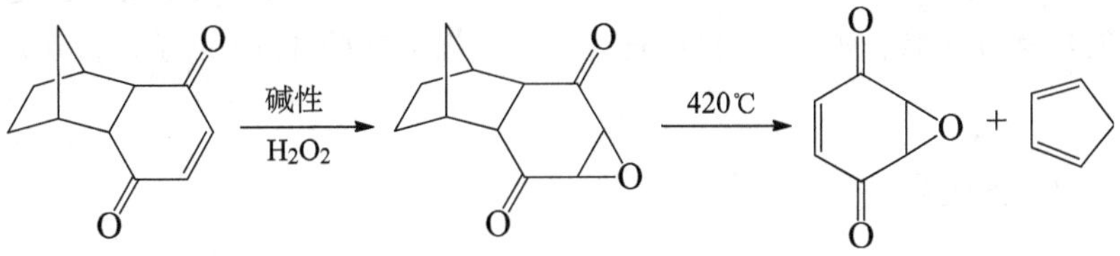

碱性 H_2O_2 420℃

以上逆第尔斯-阿尔德反应提供了制得环己烯单氧化物的方法。双环庚二烯在光照下容易发生分子内的[2+2]环加成反应。但在加热下反应，主要发生逆第尔斯-阿尔德反应，因为[2+2]的热反应是困难的禁阻反应（见 14.4.2.1 小节）。

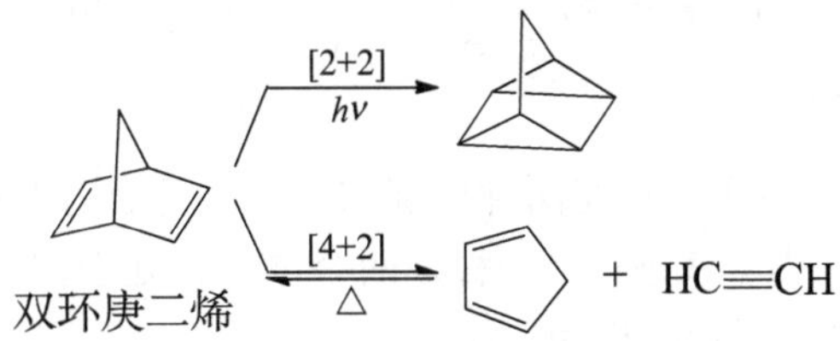

[2+2] $h\nu$

双环庚二烯 [4+2] △ + HC≡CH

14.4.2.3　1, 3-偶极加成

对于 3 中心 4 电子的离域结构，如重氮甲烷、臭氧、叠氮化物等，这些结构大多具有较高的偶极矩，也称为 1, 3-偶极分子。

$H_2\bar{C}—N{=}\overset{+}{N}$　　$\bar{O}—O—\overset{+}{O}$　　$R—\bar{N}—N{=}\overset{+}{N}$:　　ψ_3　ψ_2　ψ_1

1, 3-偶极分子的 HOMO 是 3 原子共轭体系分子轨道中的非键分子轨道 ψ_2。如图 14.3 所示，具有 C_2 对称性的 ψ_2 轨道两端波相相反，当它与烯烃发生环加成时，由于烯烃的 LUMO（ψ_2）两端波相也相反，所以是 s-s 交叠允许的。实际上，这也属于 $4n+2$ 电子体系的环加成反应，与第尔斯-阿尔德反应一样，它们都是 s-s 交叠允许的反应。

$[_{\pi}4s + {}_{\pi}2s]$
1,3-偶极加成

$[_{\pi}4s + {}_{\pi}2s]$

1, 3-偶极加成反应已成为合成各种五元杂环最有价值的方法。该反应也是可逆反应，其逆反应开环产物仍是 1, 3-偶极分子。

学习提示：对于以上各类环加成反应，根据分子轨道的对称性，可以对反应是否能按 s-s 交叠允许进行做出判断：如果一个分子的 HOMO 和另一个分子的 LUMO 轨道同属 ψ_{2n} 或同属 ψ_{2n-1}，则对称性一致，可以 s-s 交叠进行反应。基态下的 $4n+2$ 电子体系即满足此条件。

14.4.2.4　钳合反应

由单原子组分参与的环加成反应称为钳合反应。最简单的钳合反应是 4 电子体系钳合，如卡宾与烯烃的加成反应（可见 7.3.5 小节）。

$\cdot\dot{C}H_2$（三线态反应）　　$:CH_2$（单线态反应）

非立体选择性产物　　　　顺式加成产物

卡宾碳原子上的两个孤电子可存在两种自旋态：一种是成对地处于碳原子的近似 sp^2 杂化轨道中，自旋反平行，称为单线态；另一种是两个电子分处于按 sp 杂化的碳原子的两个未参与杂化的 2p 轨道中，自旋平行，称为三线态。

单线态卡宾　　　　三线态卡宾

单线态卡宾对烯烃的加成是协同进行的$[_{\pi}2s + {}_{\omega}2a]$环加成（ω 代表 p 电子），它是立体专一的反应。如前所述，4 电子体系的环加成，只有采取 s-a 交叠才是允许途径。因此，图 14.12 两种交叠方式中，线性交叠[卡宾和烯烃均以同面进行交叠，图 14.12（a）]是禁阻的途径，而非线性交叠[卡宾以异面、烯烃以同面进行交叠，图 14.12（b）]是允许的途径。

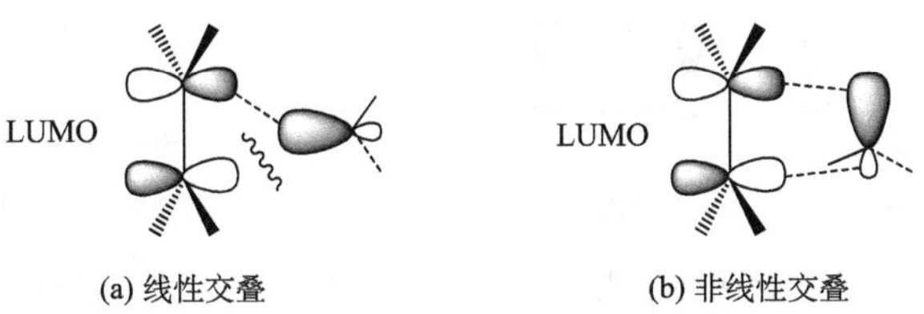

(a) 线性交叠 (b) 非线性交叠

图 14.12 单线态卡宾与烯烃的钳合反应

三线态卡宾与烯烃的加成则是经过具有平面结构的自由基进行的分步加成，是非协同反应。双键转化为单键后，环并未同时形成，因此单键还可自由旋转，导致产物没有立体专一性。

A(B)C=C(A)B + ↑·CH_2 (三线态卡宾) ⟶ A(B)Ċ–C(A)(B)–ĊH_2 ⟶ 环丙烷产物 + 环丙烷异构体

卡宾反应时，随条件不同而采取不同的自旋态。单线态的能量比三线态高。在液相中与烯烃加成时，产生的单线态卡宾立即被烯烃分子包围，从而按单线态反应得到立体专一的顺式加成产物。若在气相中，并有大量惰性气体存在下反应，单线态与惰性气体碰撞，能量损失，转化为能量更低的三线态进行反应，得到非立体选择产物。通常，由氯仿和强碱所产生的二氯卡宾由于氯原子的存在，使单线态得到稳定，能与烯烃发生协同的环加成反应，主要生成立体专一的产物。

顺-2-丁烯 (H_3C–CH=CH–CH_3) $\xrightarrow{:CCl_2}$ 顺-1,1-二氯-2,3-二甲基环丙烷

14.4.3 σ迁移反应

14.4.3.1 [1, *j*]迁移

在 σ 迁移反应中，迁移原子由 1 位迁移到 3 位或 5、7 位等，π 键也作相应移动的反应，都称为[1, *j*]迁移。迁移原子可以是氢，也可是其他基团。

C=C–C(Z)–C=C ⟵[1, 3]迁移⟵ C(Z)–C=C–C=C (1 2 3 4 5) ⟶[1, 5]迁移⟶ C=C–C=C–C(Z)

这些反应都是协同反应，其过渡态是由迁移原子和多烯游离基组成的环状过渡态。多烯游离基由奇数个原子构成，其 HOMO 是非键分子轨道。例如，[1, 3]迁移中的多烯游离基是烯丙基，其 HOMO 是 ψ_2，为 C_2 对称（即两端波相相反，图 14.3）。

对于[1, 3]氢迁移，如图 14.13 所示，同面迁移使相反波相交叠，反键。而异面迁移虽然

波相相同，对称性允许，但空间阻碍大，迁移也很困难。因此，[1, 3]氢迁移反应难以进行。

但在[1, 3]碳迁移反应中，碳原子可用其 p 轨道的另一面与烯丙基游离基进行同面交叠。从图 14.14 可以看出，[1, 3]碳迁移是同面允许的迁移，但迁移基团会发生构型翻转。

图 14.13　[1, 3]氢迁移的两种方式　　图 14.14　[1, 3]碳迁移（发生构型翻转）

[1, 5]迁移的多烯基是戊二烯游离基，其 HOMO 是非键轨道 ψ_3（图 14.15）。由于 ψ_3 轨道两端波相相同，迁移为同面允许的过程（图 14.16）。对于碳原子的迁移，也无须用 p 轨道的另一叶来交叠，因此碳原子的构型不变。

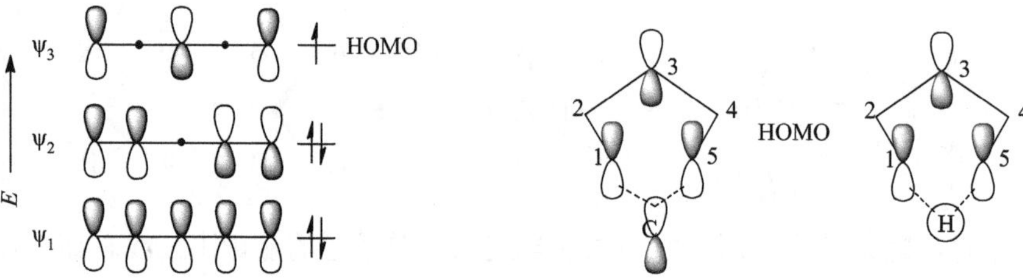

图 14.15　戊二烯游离基的分子轨道　　图 14.16　[1, 5]碳迁移和[1, 5]氢迁移

以此类推，在[1, j]迁移反应中，当 $1 + j = 4n$（即 $4n$ 电子体系）时，多烯游离基的 HOMO 为 ψ_{2n} 轨道，其两端波相相反，氢迁移困难，而碳迁移会发生构型翻转；当 $1 + j = 4n+2$（即 $4n+2$ 电子体系）时，多烯游离基的 HOMO 为 ψ_{2n+1} 轨道，其两端波相相同，可以发生氢迁移，而碳迁移时则构型不变。

氘原子和氢原子一样，容易发生[1, 5]迁移，而不是[1, 3]或[1, 7]迁移。

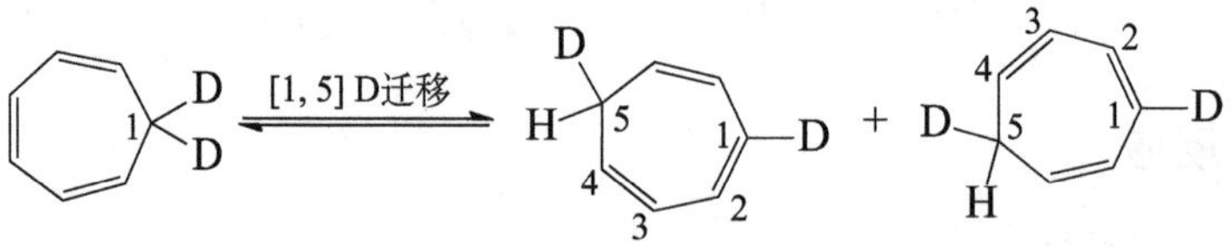

二环[3.2.0]庚烯衍生物，可通过[1, 3]碳迁移变为更稳定的二环[2.2.1]庚烯，此时碳原子会发生构型翻转（$R \to S$）。

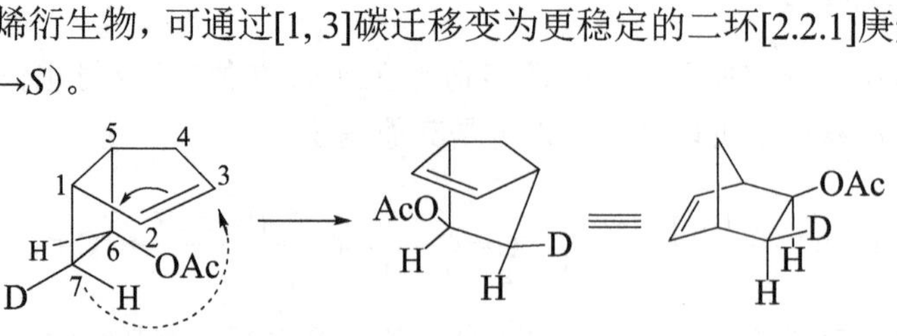

在 6, 9-二甲基螺[4.4]-壬-1, 3-二烯重排成二甲基二环[4.3.0]壬二烯的反应中，则包括了[1, 5]碳迁移和[1, 5]氢迁移。

[1, 5] 碳迁移　　[1, 5] 氢迁移

14.4.3.2　碳正离子的[1, 2] σ 迁移

碳正离子的 1, 2-重排，可看作是 2 电子体系协同进行的 σ 迁移反应，$j = 2$ 的正离子游离基的 HOMO 是 ψ_1 轨道，如图 14.17 所示。

图 14.17　[1, 2]迁移重排的轨道交叠

由于 ψ_1 轨道两端波相相同，迁移为同面允许的过程，且迁移原子构型保持。迁移基团的迁移难易顺序一般为：Ar ≫ Me > H。

当接受迁移的原子上连有离去基团，且迁移和离去协同进行时，迁移基团只能从离去基团背面连接，使接受迁移的原子发生构型翻转。

具有 σ 电子的饱和碳原子作为迁移基团时，形成的桥式正离子称为非经典正离子。而迁移基团是苯基时，其正电荷分散在苯环上，它是一个经典的苯桥正离子。

学习提示：至此我们了解了碳正离子 1, 2-重排是分子内重排以及重排基团构型保持的原因。我们之前已学习过多种该类重排，其总结可见 11.3.5.2 小节的“学习提示”。

14.4.3.3　$[i, j]$ σ 迁移

与$[1, j]$迁移反应不同，在 i、j 均大于 1 的 σ 迁移反应中，σ 键迁移到了完全不同的两个原子间。其中，[3, 3]迁移是最简单的一种$[i, j]$迁移。

[3, 3]迁移的过渡态可看作是由两个烯丙基构成的环状过渡态。由于每一组分的 HOMO（ψ_2）中都只有一个电子，可由两个组分的 HOMO 交叠成键。两个 ψ_2 轨道两端对称性一致，是同面允许的迁移。

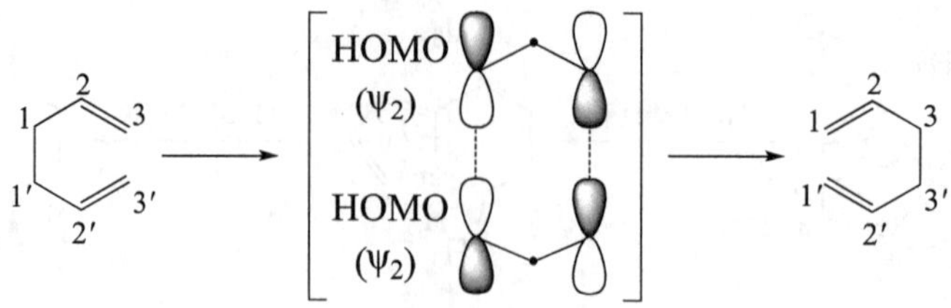

例如，内消旋体的 3, 4-二甲基己-1, 5 二烯经过[3, 3]迁移后，得到的主要产物是(*Z*, *E*)-辛-2, 6-二烯。这类己-1, 5-二烯及其衍生物的[3, 3]迁移反应又称为科普（Cope）重排。

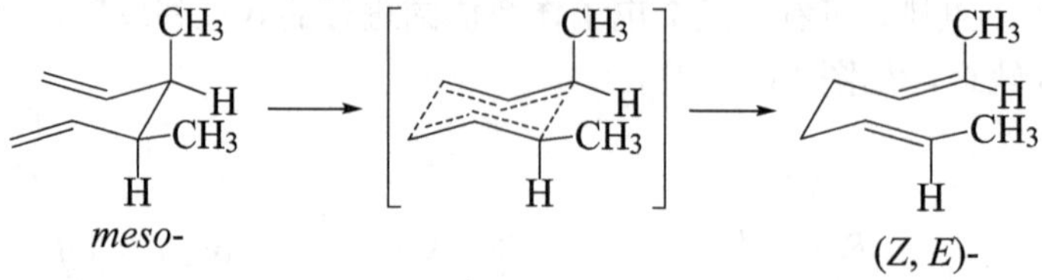

重排生成(*Z*, *E*)-辛-2, 6-二烯，说明反应是经过椅式环状过渡态，而不是船式环状过渡态，否则会得到(*E*, *E*)-辛-2, 6-二烯。

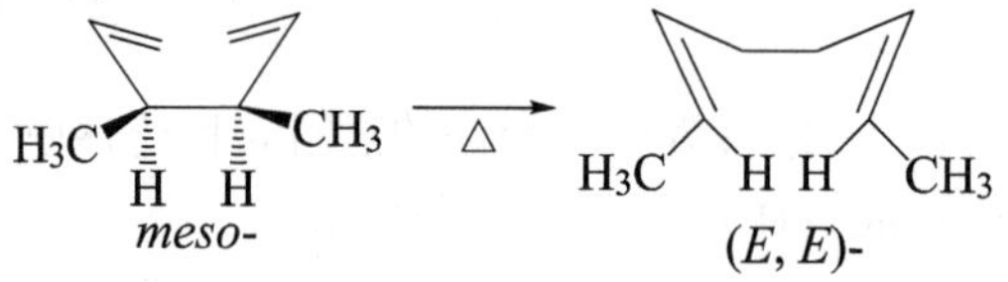

苯酚烯丙醚的重排反应称为克莱森（Claisen）重排，这是一种有杂原子参与的[3, 3]迁移重排，重排基团应迁移到邻位。

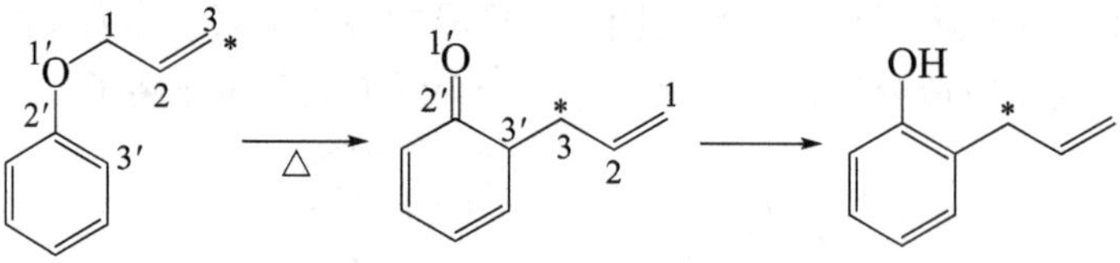

若邻位已有基团存在，则可通过两次[3, 3]迁移重排到对位。这两次迁移，第一次是克莱森重排，第二次则是科普重排。由于它们均为[3, 3]迁移的协同周环反应，因此都是分子内重排。

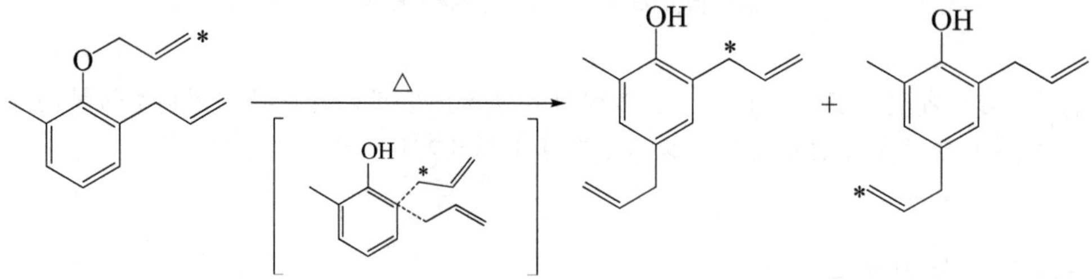

14.4.4 伍德沃德-霍夫曼规律

根据前线轨道理论法对各类型周环反应讨论的结果，可总结得到表 14.1 中规律，称为伍德沃德-霍夫曼（Woodward-Hoffmann）规律。

伍德沃德-霍夫曼规律表明，是反应体系中的电子数而不是原子数决定反应所采取的途径。因此，不仅中性分子适用该规律，带正、负电荷的离子也适用。例如，离子型的 1, 3-偶极加成以及正离子的 1, 2-重排等都是带电荷的反应体系。

表 14.1　伍德沃德-霍夫曼规律

周环反应类型	4*n* 电子体系		4*n*+2 电子体系	
	加热	*hν*	加热	*hν*
电环化反应	顺旋	对旋	对旋	顺旋
环加成反应	s-a	s-s	s-s	s-a
σ 迁移反应	同面-翻转	异面-保持	同面-保持	同面-翻转
	异面-保持	异面-翻转	异面-翻转	异面-保持

注：“翻转”和“保持”是指迁移原子的立体构型。

14.5　芳香过渡态理论

周环反应都是通过环状过渡态协同进行的反应。有一些途径是 4*n*+2 电子体系允许的，另一些途径则是 4*n* 电子体系允许的。前线轨道理论从轨道对称性方面指出了分子轨道交叠反应的条件，而芳香过渡态理论则是从环状过渡态的芳香性概念阐明反应进行的难易。

从电环化反应、环加成反应以及 σ 迁移反应的环状过渡态中可以看到，构成过渡态的环状原子链上相邻原子轨道的反相交叠次数可以是奇数次，也可以是偶数次（含零次）。可以将具有偶数次反相交叠的环状轨道体系称为休克尔（Hückel）体系；将具有奇数次反相交叠的环状轨道体系称为莫比乌斯（Möbius）体系。己三烯的对旋环化和[4s+2s]环加成等，其过渡态的轨道体系属于休克尔体系；而丁二烯的顺旋环化和[2s+2a]环加成等的过渡态轨道体系则属于莫比乌斯体系。芳香过渡态理论认为，4*n* 电子在莫比乌斯体系中和 4*n*+2 电子在休克尔体系中都是具有芳香性的，是允许的反应。而 4*n* 电子在休克尔体系中和 4*n*+2 电子在莫比乌斯体系中都是反芳香性的，是禁阻的反应。图 14.18 是标识两种体系拓扑结构特征的简化条带，具有零次或偶数次反相交叠的休克尔条带中不存在扭曲或只有偶数次扭曲，在莫比乌斯型条带中存在一次或更多的奇数次扭曲。

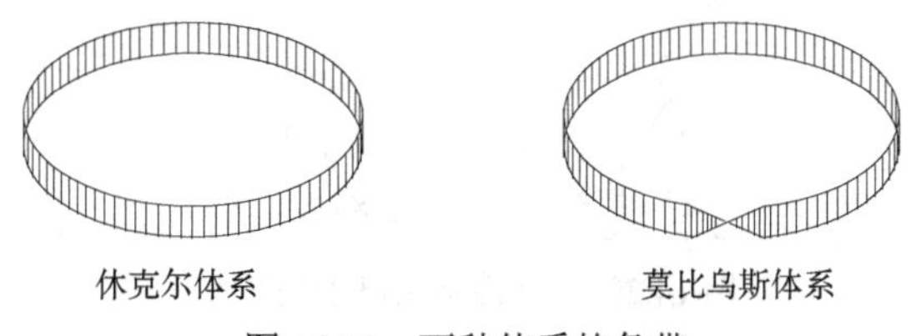

图 14.18　两种体系的条带

早在 20 世纪 30 年代初，休克尔就用分子轨道理论计算了具有休克尔体系的大环多烯烃的 π 分子轨道能级，结果指出：单环多烯烃的 π 电子数为 4*n*+2 时，全部电子可以成对地占满低能级的成键分子轨道，这种环多烯具有芳香性，环稳定。而具有 4*n* 电子的环多烯，在休克尔体系中存在的两个孤电子处于两个简并的非键轨道中形成双基，它是反芳香性的不稳定分子（图 6.9 及图 14.19）。在此基础上休克尔对莫比乌斯体系的 π 分子轨道能级也作了计算。1953 年弗罗斯特（Frost）和 1966 年齐默曼（Zimmermann）先后对休克尔体系和莫比乌斯体系的分子轨道能级作了便于记忆的圆周图解，如图 14.19 所示。在休克尔体系的圆周图解中，正多边形的顶角向下，每一个顶角的位置对应于一个 π 分子轨道的能级。在莫比乌斯体系的圆周图解中，则是以正多边形的一个边作为底边。同样，每一个顶角的位置也对应于一个 π 分子轨道能级，两个体系中圆心的位置都对应于原子轨道的能级。

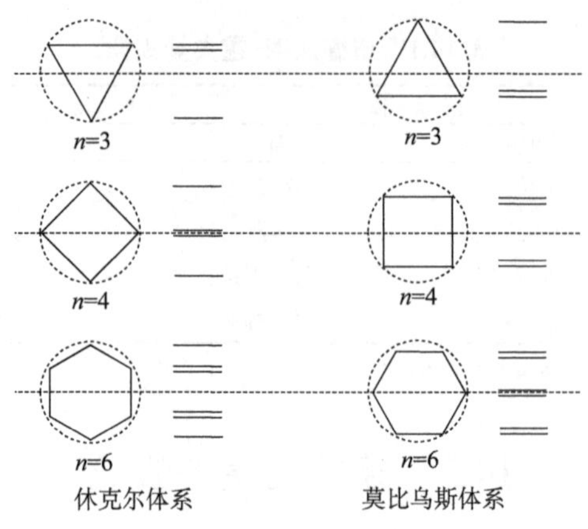

图 14.19　两种体系能级圆周图解

从两个体系的圆周图解可以清楚地看到，环状体系的芳香性与电子数紧密相关。4n 个电子在莫比乌斯体系中可以全部成对地位于成键轨道中，使体系具有芳香性；而 4n+2 电子在莫比乌斯体系中则存在双基，具有反芳香性。

周环反应中，具有不同电子数的体系总是采取不同的方式（如顺旋/对旋、同面-同面/同面-异面加成、同面/异面迁移等）以形成具有芳香性的过渡态，使反应得以进行。

休克尔体系和莫比乌斯体系都是导源于简单分子轨道理论，它们可以从原子轨道线性组合所得到的任何一个分子轨道出发而不一定只从前线分子轨道出发来讨论反应的难易。原子轨道线性组合所得到的各 π 分子轨道，顺旋环化都构成莫比乌斯体系，对旋环化则构成休克尔体系。为简便起见，在讨论环状过渡态的芳香性时，通常采用使符号改变次数最少的排列方式。事实上，采取任何一种基轨道排列方式的结果都一样。例如，具有二电子的环丙基正离子的开环反应，对旋开环形成具有芳香性的休克尔型过渡态（图 14.20）。顺旋开环则形成具有反芳香性的莫比乌斯型过渡态。

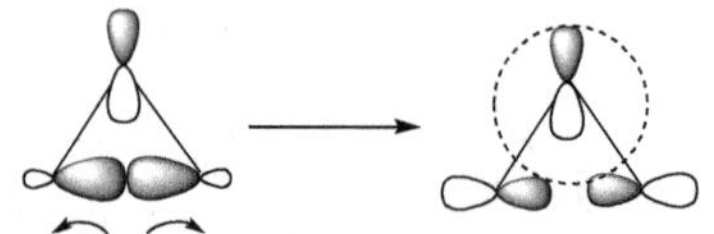

图 14.20　环丙基正离子的开环

氢的[1, 3]同面迁移[图 14.21（a）]，形成具有反芳香性的 4 电子休克尔型过渡态，因此是禁阻反应；碳原子的[1, 3]同面迁移，碳构型翻转的反应形成具有芳香性的 4 电子莫比乌斯型过渡态，因此是允许反应，如图 14.21（b）所示。

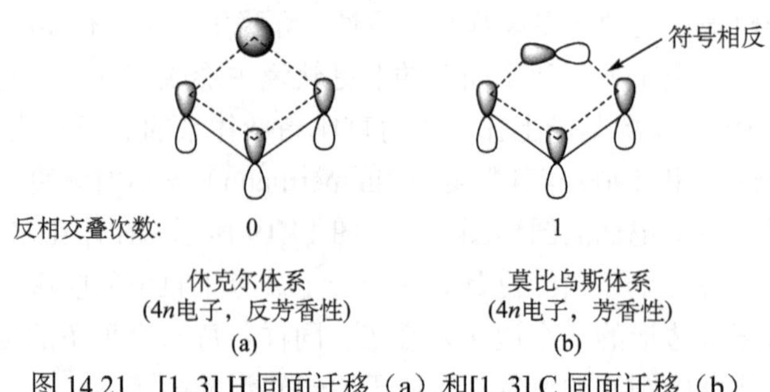

图 14.21　[1, 3] H 同面迁移（a）和[1, 3] C 同面迁移（b）

芳香过渡态理论是阐明周环反应的重要理论，它与按分子轨道对称守恒原理分析的结果完全一致，实际上两种理论的差别仅在于，处理同一个立体化学特征时使用了不同的术语。莫比乌斯体系中的扭曲（反号），就相当于伍德沃德-霍夫曼规律中的“异面”，两种理论有相同实质的内在联系。相比之下，芳香过渡态理论更为本质并具有普遍意义。用芳香过渡态理论说明周环反应时，既不需要寻找反应物和产物的有关分子轨道及其对称性，也不用写出反应物的 HOMO，只需要知道构成环状过渡态的电子数目，就能确定此反应在基态时应该采用何种方式进行，从而使过渡态具有芳香性，允许反应的发生。

除了几种典型的周环反应，很多其他的重要有机反应，如某些脱羧反应、酯缩合反应、酯的热消除反应、格氏试剂与羰基化合物的反应、还原氨化反应、联苯胺重排以及大量存在的 1, 2-重排反应等，也都是经过具有芳香性的 $4n+2$ 电子的休克尔型环状过渡态完成的。芳香过渡态理论在解释众多的通过环状过渡态进行的有机反应方面，有着重要且普遍的意义。

习 题

14.1 电环化反应(1)与 σ 迁移反应(2)，其区别是什么？

(1) 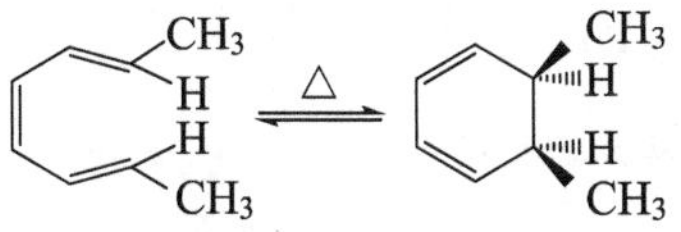 CH_3 H H CH_3 △ ⇌ CH_3 H H CH_3

(2) 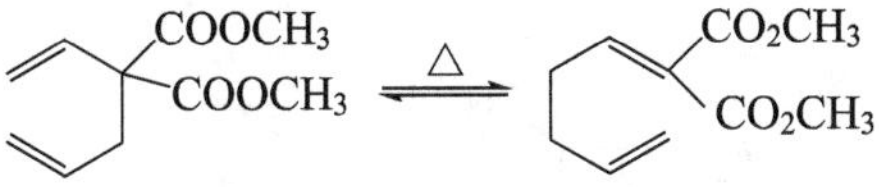 $COOCH_3$ $COOCH_3$ △ ⇌ CO_2CH_3 CO_2CH_3

14.2 比较下列两个反应(1)和(2)，哪一个活化能高？为什么？

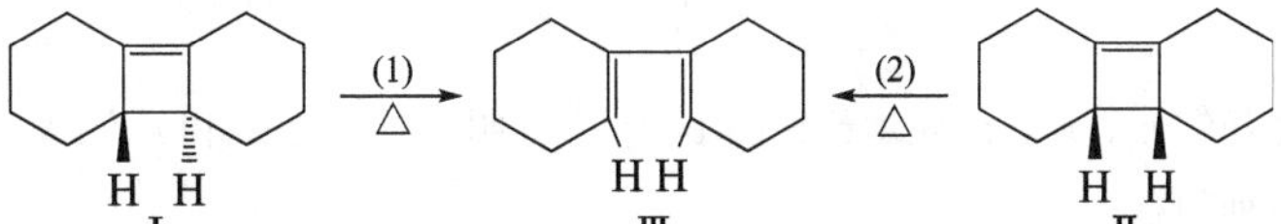

H H Ⅰ —(1) △→ H H Ⅲ ←(2) △— H H Ⅱ

14.3 解释下列反应过程。

(1) 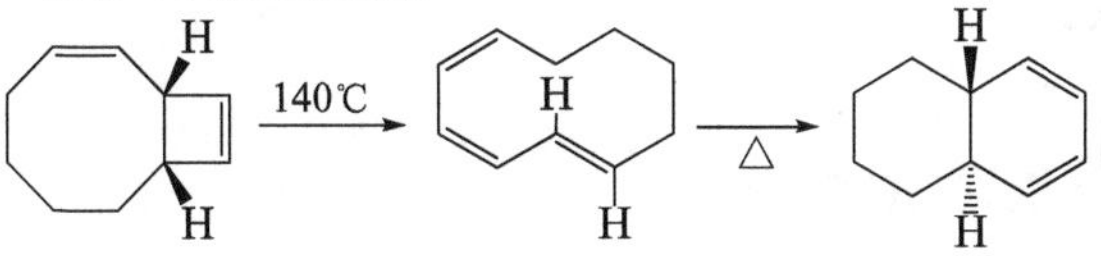 H H (a) —140℃→ H H (b) —△→ H H (c)

(2) 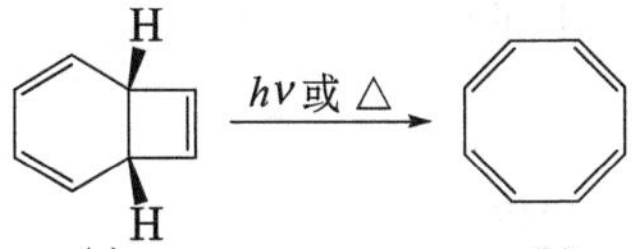 H H (a) —hν或△→ (b)

(3) 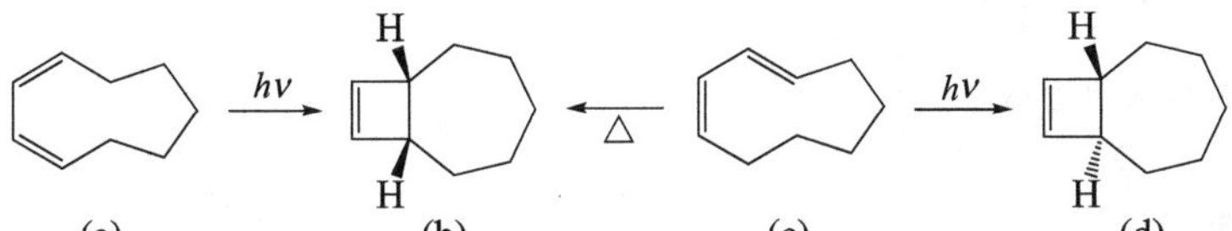 (a) —hν→ H H (b) ←△— (c) —hν→ H H (d)

(4) 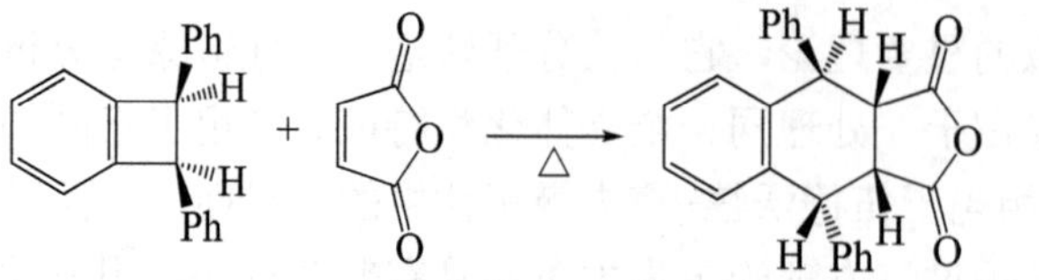 (a) + (b) $\xrightarrow{\triangle}$ (c)

(5) 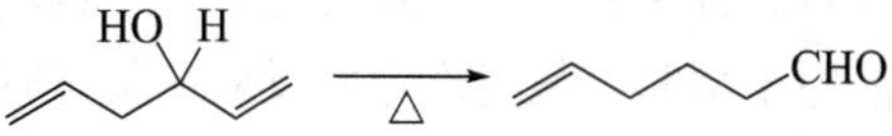 (a) $\xrightarrow{\triangle}$ (b) CHO

(6) 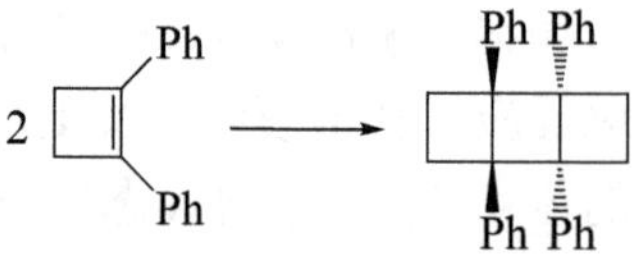 2 (a) $\longrightarrow$ (b)

14.4　解释下列反应为什么只得到一种立体异构体产物，而没有其他立体异构体产物。

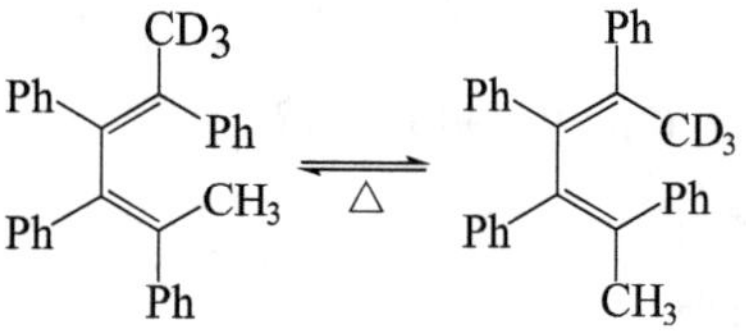

14.5　根据前线轨道理论解释下列反应。

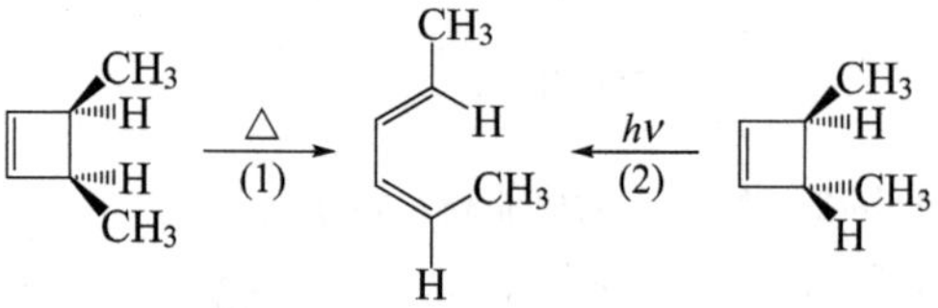

14.6　戊二烯游离基的 π_1、π_2、π_3 轨道已在图 14.15 中标明，试画出 π_4^* 和 π_5^* 轨道。

14.7　简要回答下列问题。

(1) 外消旋 3, 4-二甲基己-1, 5-二烯经科普重排后，主要产物是什么？

(2) 下列反应是经过什么过渡态？为什么？

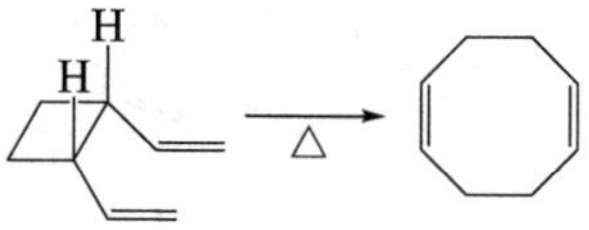

14.8　下列反应是通过 6 电子芳香过渡态完成的，预测所生成的烯烃的构型。

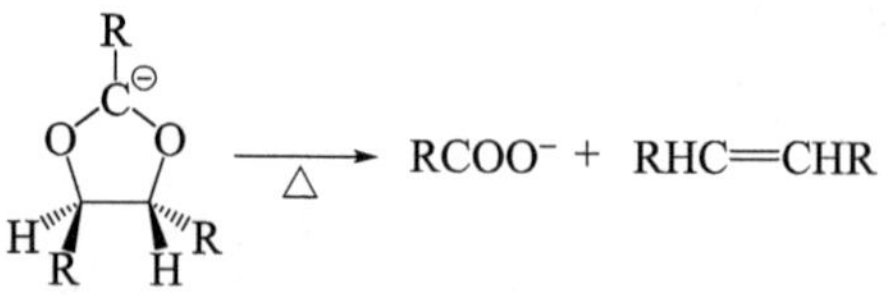

$\xrightarrow{\triangle}$ $RCOO^-$ + RHC═CHR

14.9　解释下列重排反应的高度立体专一性。

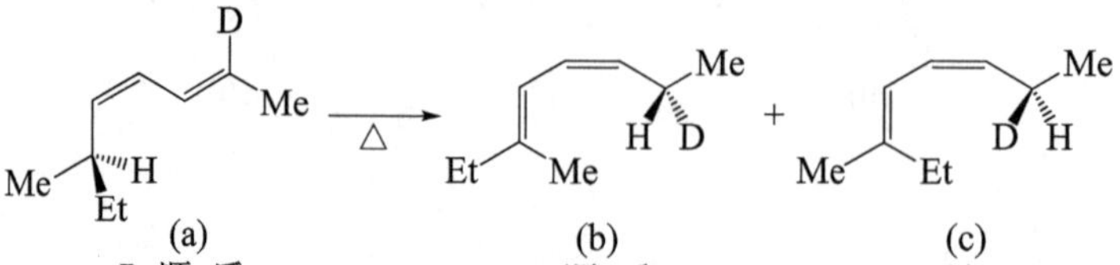

(a) *R*, 顺, 反-　　(b) *S*, 顺, 反-　　(c) *R*, 顺, 顺-

14.10　化合物（环己-2,5-二烯亚甲基）$=CH_2$ 虽然重排成甲苯是放热反应，但它却是一个热稳定分子，解释原因。

14.11　杜瓦苯异构化成为苯，不仅使环张力解除，而且能够获得很大的共振能，放出很多热量。但杜瓦苯具有一定的稳定性，能够制得、分离和保存，只有在较高温度下才会异构化成为苯，试解释。

杜瓦苯 $\xrightarrow{100℃}$ 苯

$\Delta H \approx -251$ kJ/mol

第15章 糖 类

植物的细胞组织、果实、机体骨架等的主要成分都是碳水化合物（carbohydrate），其因最早知道的这类物质的分子式都符合通式 $C_x(H_2O)_y$ 而得名。随着科学的发展和对这一大类化合物研究的深入，发现它们实际上是一类多羟基醛/酮或水解后能形成多羟基醛/酮的物质。这类物质中，大多数化合物的分子式都符合通式 $C_x(H_2O)_y$，如葡萄糖为 $C_6H_{12}O_6$、蔗糖为 $C_{12}H_{22}O_{11}$ 等。但也有少数化合物的分子式与碳水化合物通式不符合，如鼠李糖的分子式为 $C_6H_{12}O_5$。另外一些分子，如甲醛（CH_2O）、乙酸（$C_2H_4O_2$）、乳酸（$C_3H_6O_3$）等虽然符合碳水化合物通式，但并不属于碳水化合物。因此，“碳水化合物”仅是一个不很严谨的、沿用传统习惯的名称，现在常用糖类来指代这类化合物。

自然界的糖类化合物是植物光合作用的产物。植物中的叶绿素作为催化剂吸收太阳能后被活化而储存能量，然后用此能量使植物吸收 CO_2，与 H_2O 化合生成糖类，同时释放出氧气。

$$x\,CO_2 + y\,H_2O + h\nu \xrightarrow[\text{光合作用}]{\text{叶绿素}} C_x(H_2O)_y + x\,O_2$$

通过光合作用，太阳能被储藏到糖类中。在动物或人体内，糖被酶水解，再经过复杂的分解氧化过程，最后又变为 CO_2 和 H_2O，同时释放出能量作为生命活动所需的能源。因此，糖类是人和动植物生命活动的必需物质。

糖类化合物可根据其单元组成分为几类：不能再水解的多羟基醛/酮称为单糖；二糖由两个单糖分子共价连接而成，可以水解为两个单糖；多糖则由多个单糖分子共价连接而成。

15.1 单糖的结构

单糖为多羟基醛/酮的结构，常见的单糖含有 3～6 个碳原子。按照碳原子的数目，可将单糖分为三碳糖（丙糖）、四碳糖（丁糖）、五碳糖（戊糖）、六碳糖（己糖）等；根据羰基的结构则可分为醛糖和酮糖。最简单的单糖是甘油醛和 1, 3-二羟基丙酮，它们分别是丙醛糖和丙酮糖。

^{1}CHO
H—^{2}—OH
$^3CH_2OH$
D-甘油醛

CH_2OH
=O
CH_2OH
1, 3-二羟基丙酮

习惯上常用费歇尔投影式和 D/L 构型命名法来表示单糖的立体结构（见 3.3.3 节）。自然界存在的糖类绝大多数为 D 型，即费歇尔投影式最下方的手性碳原子（编号最大的手性碳原子）上的羟基朝右的构型。以下是几种常见的四碳、五碳醛糖。它们分别有 2 个和 3 个手性碳原子，因此分别存在 4 种和 8 种可能的立体异构体。

D-赤藓糖 D-苏阿糖 D-核糖 D-脱氧核糖 D-木糖

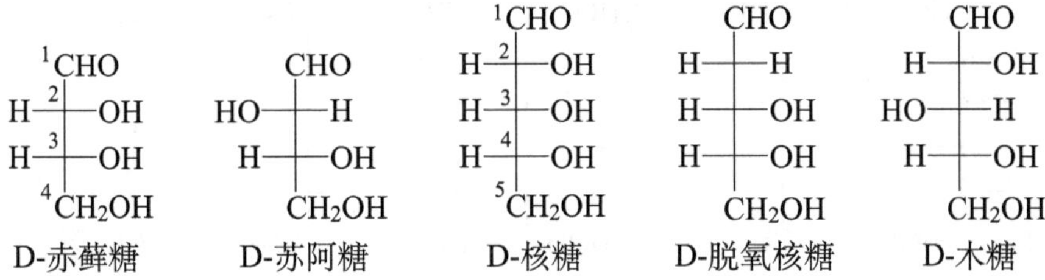

15.1.1 单糖的构造确定

糖的多羟基醛/酮结构最初是通过一系列化学反应确定的。例如，对于最常见的葡萄糖，通过元素分析或其他方法测得其分子式为 $C_6H_{12}O_6$。人们根据以下反应，确定了葡萄糖分子中原子的连接方式：

（1）与乙酸酐反应，可引入 5 个乙酰基，说明分子中含有 5 个羟基。

（2）与羟胺反应，得到一元肟，说明分子中含有一个羰基。

（3）能与溴水发生氧化反应，生成相同碳原子数的羧酸，说明羰基是醛而不是酮（酮不能被溴水氧化）。

（4）用强还原剂——磷和氢碘酸还原，可使葡萄糖还原生成正己烷，说明葡萄糖分子中的碳链是一条直链。

由此可以确定，葡萄糖分子含有一个醛基，5 个羟基则分别位于另外 5 个碳原子上（因为两个羟基位于同一个碳原子上是不稳定的），因此葡萄糖为六碳醛糖。利用类似的方法也可以确定其他糖的结构，如果糖也具有分子式 $C_6H_{12}O_6$，它也有可能是一个己酮糖。

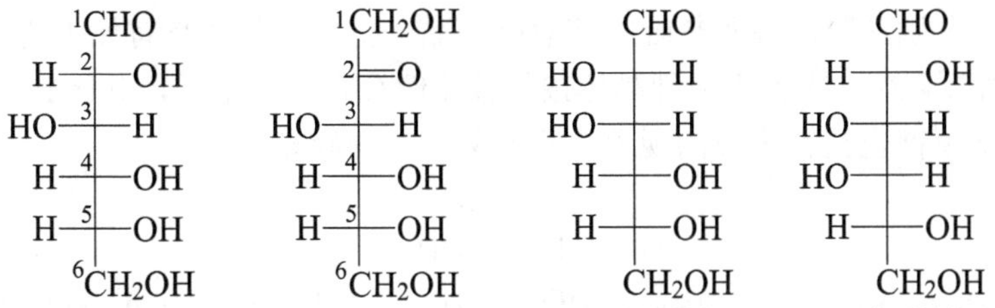

D-葡萄糖 D-果糖 D-甘露糖 D-半乳糖

15.1.2 单糖的构型

采用上述方法并不能确定糖的立体构型，相关测定方法将在 15.3.1 小节中讲述。

葡萄糖作为己醛糖，其分子中有 4 个手性碳原子，因此存在如下所示的 $2^4 = 16$ 个旋光异构体，它们组成了 8 对 D/L-对映异构体。为简便起见，在横键方向常只用一条横线代表羟基的朝向。

阿洛糖 (allose) 阿卓糖 (altrose) 葡萄糖 (glucose) 甘露糖 (mannose)

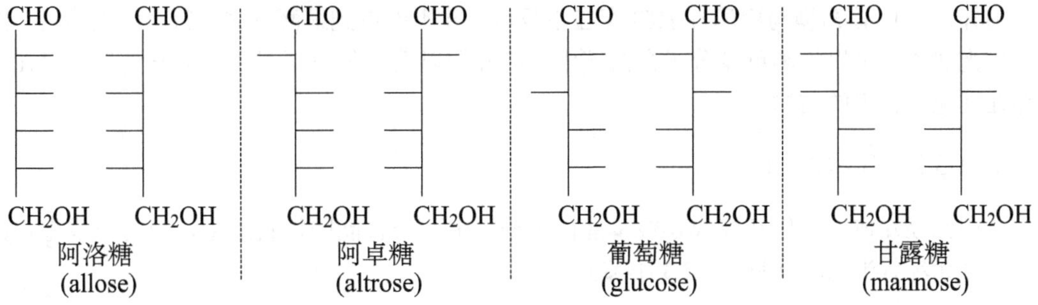

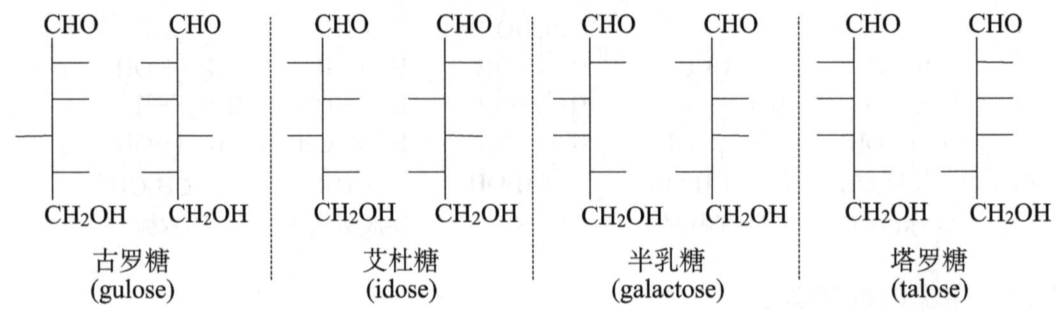

学习提示： 上述每组对映异构体中左为 D 构型，右为 L 构型。注意二者互为对映异构体，所有对应的手性碳原子的构型均相反，而并非只有最下方（即 5 位）的手性碳原子才构型相反。

D/L 构型只能确定一个手性碳原子的构型，要精确命名每一个手性碳的构型，仍需要用 *R*/*S* 命名法，如 D-葡萄糖的系统命名应为(2*R*, 3*S*, 4*R*, 5*R*)-2, 3, 4, 5, 6-五羟基己醛。所有的己醛糖中，只有 D-葡萄糖、D-甘露糖和 D-半乳糖存在于自然界，其余都是通过合成得到的。

15.1.3　单糖的环状结构

15.1.3.1　变旋光现象

将 D-葡萄糖分别从冷乙醇和热吡啶溶液中结晶，得到的晶体具有如下所示的不同性质。将两种晶体分别溶于水，或者将两种晶体按任意比例混合后溶于水，其比旋光度都会逐渐变化至+52.7。其他单糖也具有类似的现象，我们称其为变旋光现象。

$[\alpha]_D$=+112　m.p. 146℃ ⟵(冷乙醇结晶)— D-葡萄糖（CHO; H—OH; HO—H; H—OH; H—OH; CH_2OH）—(热吡啶结晶)⟶ $[\alpha]_D$ =+18.7　m.p. 150℃

D-葡萄糖

可以预料，这两种结晶产物应该是不同的化合物，但二者在水溶液中可以相互转化，并存在平衡，因此才能具有变旋光性，而+52.7 就是达到平衡后的特定比例混合物的比旋光度。

另外，将 D-葡萄糖与甲醇在 HCl 存在下反应，并不能得到缩醛。这不符合醛的特征，结合变旋光现象，可以推测单糖分子在溶液中可能并非以费歇尔投影式所示的开链形式存在，而存在其他更稳定的结构。

15.1.3.2　环状结构

我们已经知道，γ-羟基醛或 δ-羟基醛由于分子中两个官能团位置适中，容易形成稳定的五元或六元环状半缩醛（见 9.2.2.3 小节）。

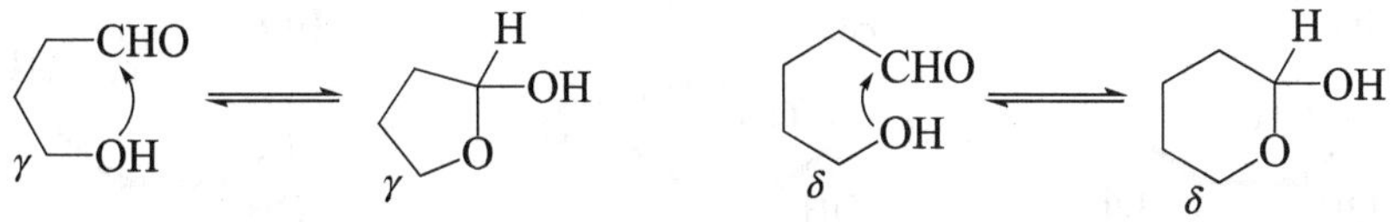

与此相似，单糖也存在γ-羟基醛或δ-羟基醛的结构，因此其主要也以环状半缩醛形式存在，并与开链结构形成动态平衡。由于环状结构稳定，开链式在平衡体系中的含量很低。葡萄糖的紫外光谱中看不到羰基吸收带；红外光谱中也看不到羰基伸缩振动吸收带；核磁共振波谱上也不存在醛 H 峰。

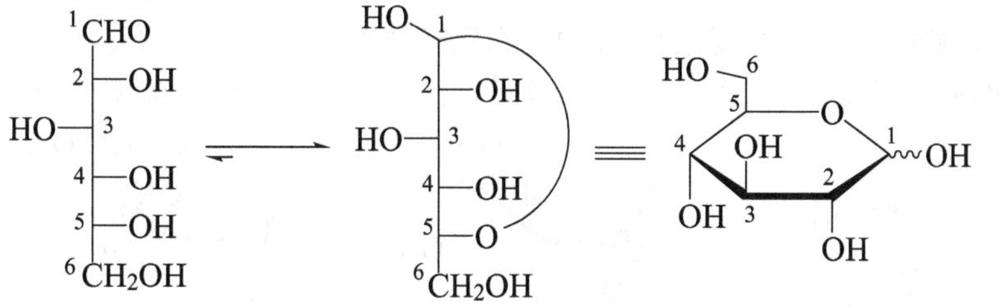

开链结构(0.1%)　　环状结构(99.9%)　　哈沃斯投影式

单糖的环状结构可表示为更加符合实际的哈沃斯投影式（简称哈沃斯式）。将费歇尔投影式向右侧放倒，再弯曲碳链，可以得到哈沃斯式。因此在哈沃斯式中，开链结构左侧的羟基位于环的上方、右侧的羟基位于环的下方。进攻醛基形成半缩醛的 5 位羟基也位于环的下方，为了便于其进攻，可将 C4—C5 单键旋转，使 5 位羟基位于环平面，这样 C6 的羟甲基就位于环的上方。

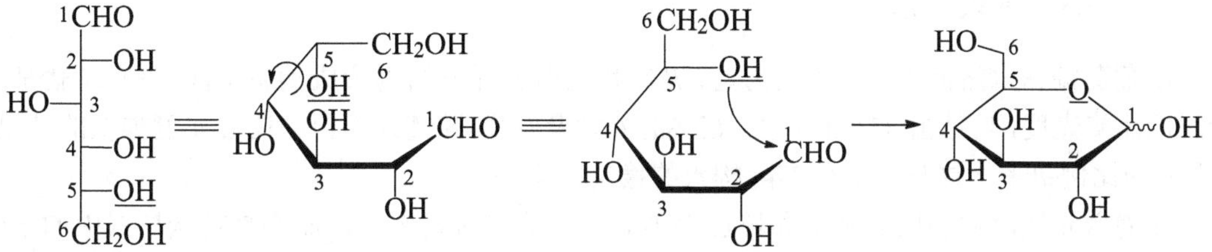

学习提示：5 位羟基是决定 D/L 构型的羟基，因此对于 D 型糖，哈沃斯式中的该羟基总是朝下，旋转后，6 位羟甲基则总是朝上。与之相反，L 型糖的哈沃斯式中 6 位羟甲基则朝下。另外，上述结构式中的“∿∿”代表此处构型不明或无须注明的情况。

一旦成环后，羰基碳原子即成为手性碳原子，形成的半缩醛羟基和其他羟基一样，也可以位于环平面的两侧，从而得到两个环状结构的非对映异构体，通常称它们为异头物(anomer)或端基差向异构体（差向异构体之间只有一个对应的手性碳原子构型相反）。这一对非对映异构体可以通过开链结构互变并在水溶液中形成平衡，它们正是之前提到的在不同溶液中结晶所得到的两种 D-葡萄糖不同的环状结构。其中，半缩醛羟基和决定构型的羟基（即 C5 位羟基）位于环平面的同侧称为α型，位于环平面异侧则称为β型。我们已经知道，对于 D 型糖，C5 位羟基总是朝下的，因此半缩醛羟基朝下为α型，朝上为β型。

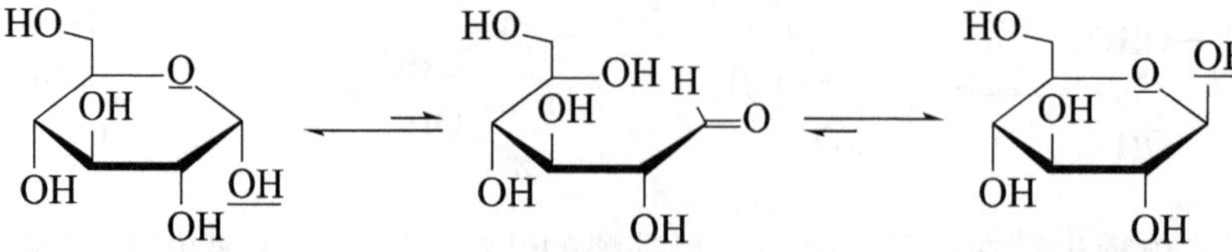

α-D-吡喃葡萄糖 $[\alpha]_D$= +112 (37%)　　开链结构 (0.1%)　　β-D-吡喃葡萄糖 $[\alpha]_D$=+18.7 (63%)

糖的环状结构，可根据相应的含氧杂环来命名。含六元杂环的糖称为吡喃糖，含五元杂环的糖称为呋喃糖。X 射线衍射法已证明，六碳单糖绝大部分是以六元环存在，但也可以五元环存在。例如，果糖在游离状态下是吡喃糖，结合状态下常为呋喃糖结构。

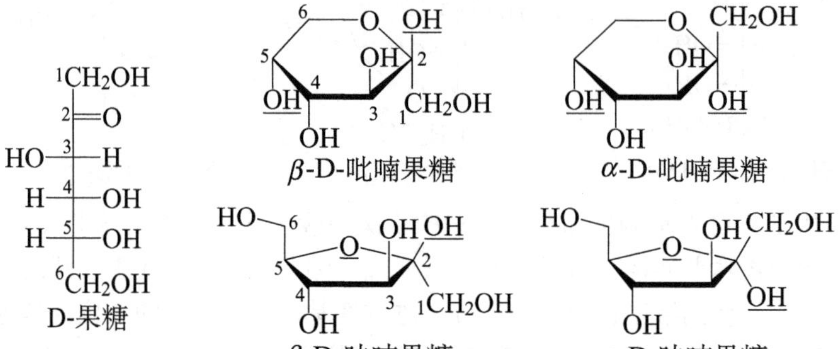

D-果糖　　β-D-吡喃果糖　　α-D-吡喃果糖　　β-D-呋喃果糖　　α-D-呋喃果糖

15.1.3.3　椅式构象

D-葡萄糖在水溶液中，α 环状构型、β 环状构型和开链结构形成动态平衡，+52.7 就是平衡时的比旋光度，它是由 37%的 α 型、63%的 β 型及 0.1%开链式各自的比旋光度加权的结果。β 型占的比例更多，这与吡喃糖实际构象的稳定性有关。

作为六元环，吡喃糖实际上和环己烷类似，也采用椅式构象，而不是哈沃斯式中的平面结构。吡喃糖的椅式构象常用如下形式表示，氧原子位于右上角。在哈沃斯式和椅式中，环上取代基的方向是一致的。可以看出，D-葡萄糖所有环上取代基都位于更稳定的平伏键上，这使得在所有 D 型己醛糖中，葡萄糖的结构最为稳定。

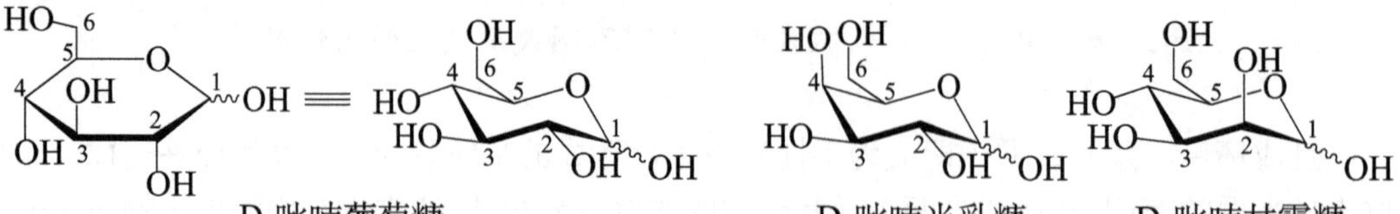

D-吡喃葡萄糖　　D-吡喃半乳糖　　D-吡喃甘露糖

学习提示：在表示为椅式结构之后，环上“向上”或“向下”的键需严格遵从平伏键或直立键的方向。例如，上图中 C2/C4 位向下的取代基一定是位于平伏键，向上则位于直立键；C3/C5 的取代基则相反，向上位于平伏键。可见 4.7.2.1 小节。

根据 α 型和 β 型吡喃葡萄糖的结构，它们的椅式构象应该分别为

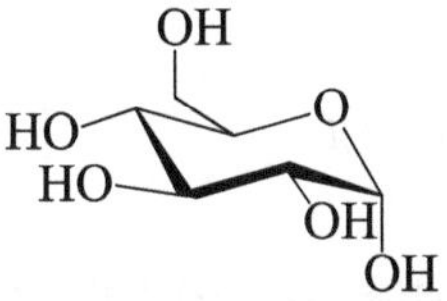

α-D-吡喃葡萄糖 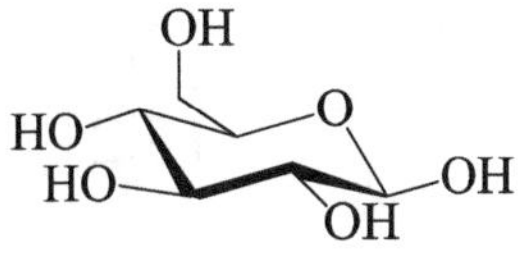　　　　β-D-吡喃葡萄糖

在 β-D-吡喃葡萄糖的构象中，半缩醛羟基向上刚好位于平伏键上，而 α-D-吡喃葡萄糖的半缩醛羟基则位于向下的直立键上。因此，前者的稳定性大于后者，在平衡体系中具有更高的含量。

15.1.4　重要的单糖衍生物

天然存在的己糖除了 D 型的葡萄糖、半乳糖和甘露糖，还有一些它们的重要衍生物。例如，氨基糖是糖分子中某些羟基（常为 C2—OH）被氨基取代后的产物，其氨基通常情况下是乙酰化的，如 *N*-乙酰基葡萄糖胺，这是很多起构架作用的聚合物如细菌细胞壁及昆虫甲壳中甲壳素的组成部分。

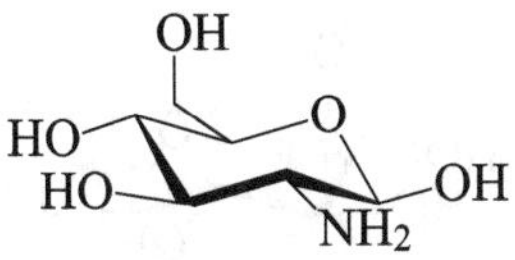

β-D-葡萄糖胺 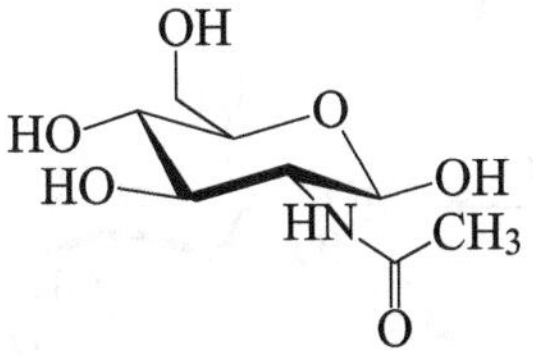　　　　*N*-乙酰基-β-D-葡萄糖胺 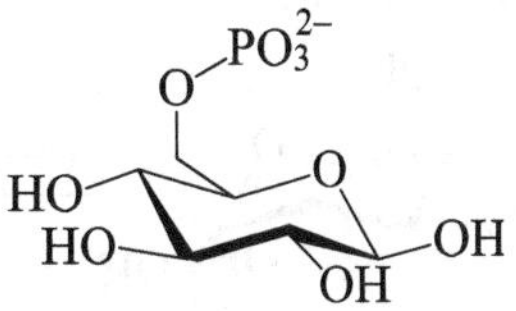　　　　β-D-葡萄糖-6-磷酸酯

在糖的合成和代谢中，各步反应的中间体经常是糖的磷酸化衍生物。磷酸和糖的一个羟基缩合即生成磷酸糖酯，如葡萄糖-6-磷酸酯。磷酸糖酯在中性 pH 下相对比较稳定，并带有负电荷。细胞中糖的磷酸化可用于捕获胞内的糖分子，也可以使糖更容易发生下一步的化学反应。

将 L-半乳糖或 L-甘露糖的 C6 位 OH 用 H 取代，得到脱氧糖类 L-岩藻糖和 L-鼠李糖。前者存在于糖蛋白和糖脂的多糖部分中，后者则存在于植物多糖中。

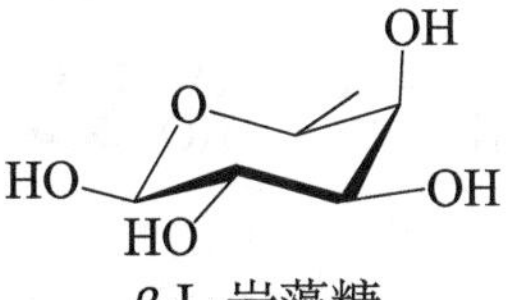

β-L-岩藻糖 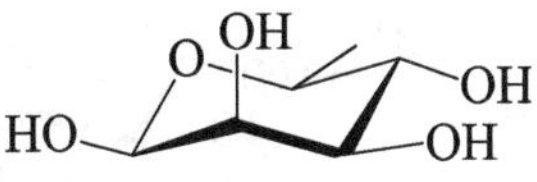　　　　β-L-鼠李糖

维生素 C 又称为抗坏血酸，也可看作是六碳糖的衍生物。从结构上看，它是一个三元醇酮酸内酯的烯醇式。合成维生素 C 的基本原料就是 D-葡萄糖。具有烯二醇结构的抗坏血酸是一个强还原剂，其主要生理作用就来自其在体内发生的氧化还原作用。

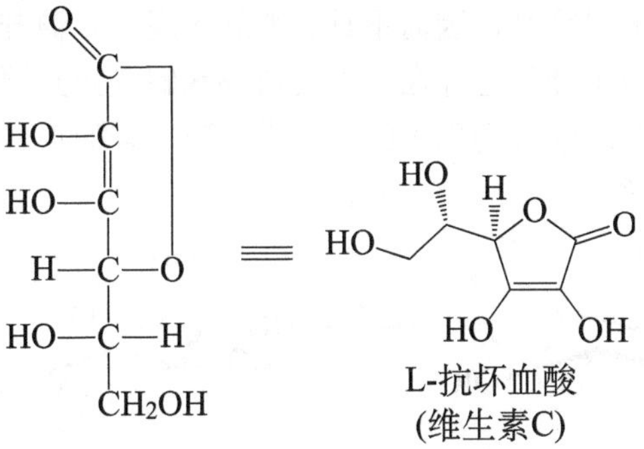

L-抗坏血酸
(维生素C)

15.2　单糖的性质

单糖一般是具有香甜味的结晶状固体，其分子上带有多个亲水性的羟基，因此易溶于水，难溶于有机溶剂。单糖容易形成过饱和水溶液，即糖浆。另外，具有环状结构的单糖均具有变旋光现象。

单糖作为羟基醛、酮，既具有羟基和羰基的典型化学性质，这些官能团之间也能互相影响，从而显示其独特的性质。

15.2.1　半缩醛/酮羟基的反应　糖苷的形成

单糖是环状半缩醛/酮的结构，不能与两分子醇反应生成缩醛/酮。但其半缩醛/酮羟基还可以和一分子醇在微量酸的催化下反应得到缩醛/酮。例如，在 D-葡萄糖的甲醇溶液中，通入少量 HCl 气体时，可发生如下反应：

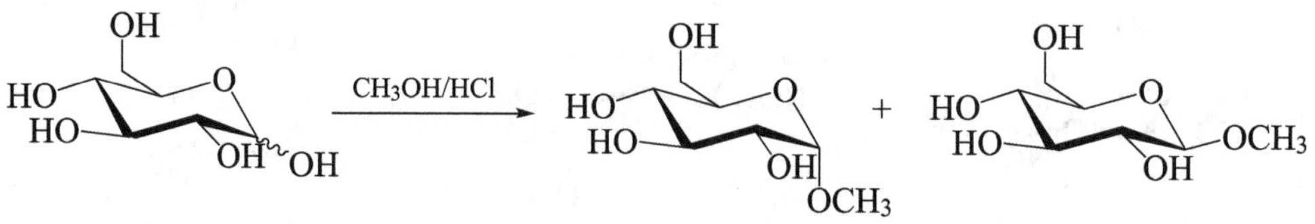

$\xrightarrow{CH_3OH/HCl}$

α-D-甲基吡喃葡萄糖苷　β-D-甲基吡喃葡萄糖苷

糖的半缩醛/酮结构中的羟基被其他基团取代后的产物称为糖苷。所有存在半缩醛羟基的环状糖都能生成苷。苷又称为配糖物（或配糖体），它由两部分组成，一部分是称为糖基的糖类化合物，可以是各种糖；另一部分称为配基（或称为苷元），常为非糖化合物。配基和糖环相连接的键称为糖苷键，上述反应可得到 α 和 β 两种构型的甲基葡萄糖苷，也称为葡萄糖甲苷，此时形成的糖苷键称为氧苷键，其形成机理与缩醛类似。

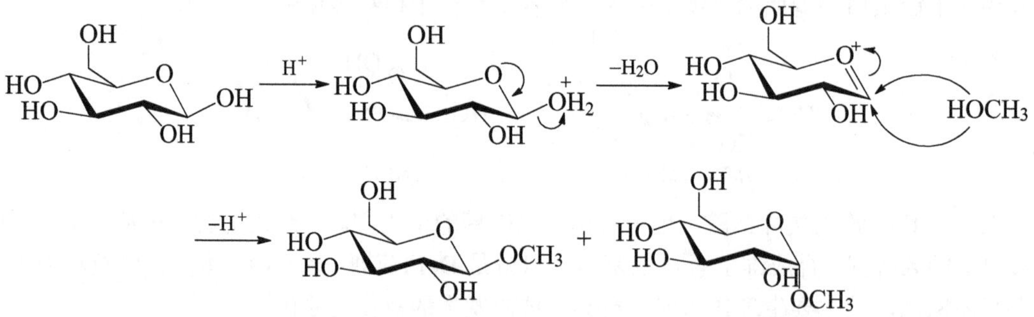

$\xrightarrow{H^+}$　$\xrightarrow{-H_2O}$　$HOCH_3$

$\xrightarrow{-H^+}$

成苷后，不再存在半缩醛羟基，因而不具有变旋光现象。糖苷是缩醛，具有类似于缩醛的全部性质：在碱性水溶液中能稳定存在，不会自发水解变回到原来的醛和醇，也难以被氧化；但在酸性条件下，苷可水解成为原来的环状半缩醛。苷的形成和水解是可逆反应，醇过量生成苷，水过量则苷水解。

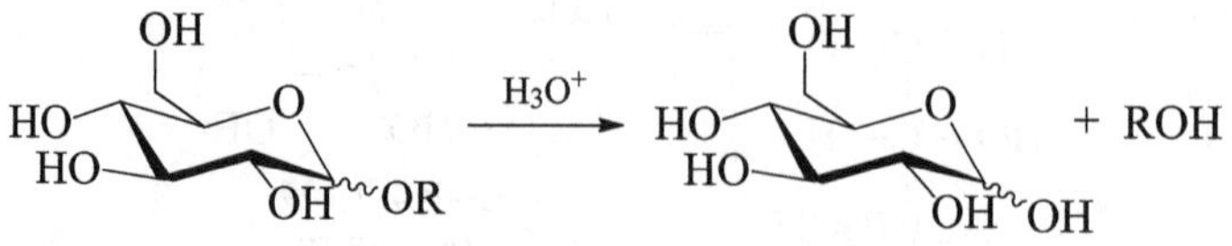

$\xrightarrow{H_3O^+}$　+ ROH

甲基葡萄糖苷是人工合成的最简单的配糖物。苷除了被酸水解外，更重要的是其能被酶专一性地水解。麦芽糖酶（或 α-葡萄糖苷酶，从酵母中获得）能专一性水解 α 型葡萄糖苷，断裂 α-糖苷键，生成 α 葡萄糖和另一部分配基；苦杏仁酶（或 β-葡萄糖苷酶，存在于苦杏仁中）则只能水解 β 型葡萄糖苷，断裂 β-糖苷键。因此，依靠酶水解的专一性，可鉴别 α-糖苷和 β-糖苷。随着现代分析仪器的发展，近年来已可以较为方便地用核磁共振波谱来区分两种异头物。

苷是糖类在自然界存在的主要形式。配基除了可以通过氧原子和糖环的 C1 位相连以外，也可以通过 N、S 等原子和糖环相连，形成氮苷或硫苷，此时形成的键则称为氮苷键或硫苷键。自然界氧苷最多；氮苷主要存在于核糖中，又称为核苷；而硫苷较为少见。自然界存在的苷大多数是 β-配糖物，一般易溶于水，具有左旋性质。例如，苦杏仁苷存在于苦杏仁核中，能被苦杏仁酶水解，其糖基是一个二糖（龙胆二糖），配基含有氰醇结构。苦杏仁苷经酶水解后会产生 HCN，所以苦杏仁核被动物吃后会引起中毒。熊果苷存在于熊果属植物中，是 β-D-吡喃葡萄糖和对苯二酚形成的配糖物。其通过抑制酪氨酸酶的活性，可防止黑色素的形成，因此被作为皮肤美白剂用于护肤品中。三磷酸腺苷（ATP）和烟酰胺腺嘌呤二核苷酸（NAD^+，辅酶Ⅰ）分子是 β-D-呋喃核糖的氮苷，在生理上极为重要：ATP 是生物体内的能量来源，NAD^+则是体内氧化还原酶的重要辅因子。

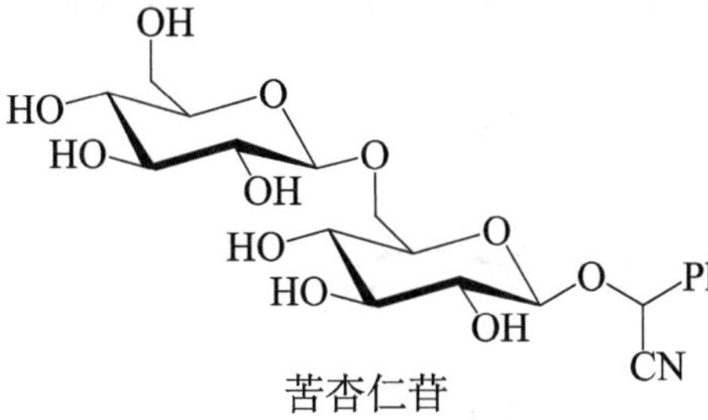

苦杏仁苷

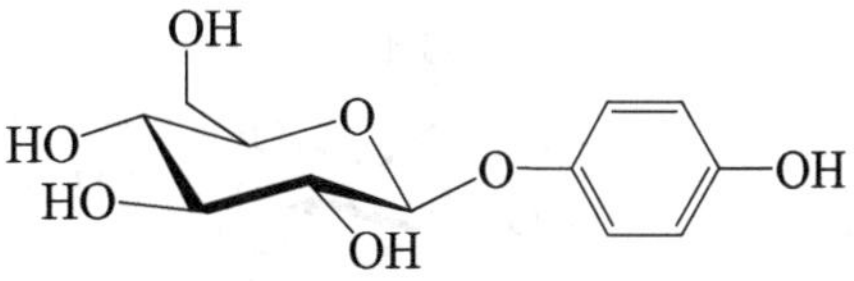

熊果苷

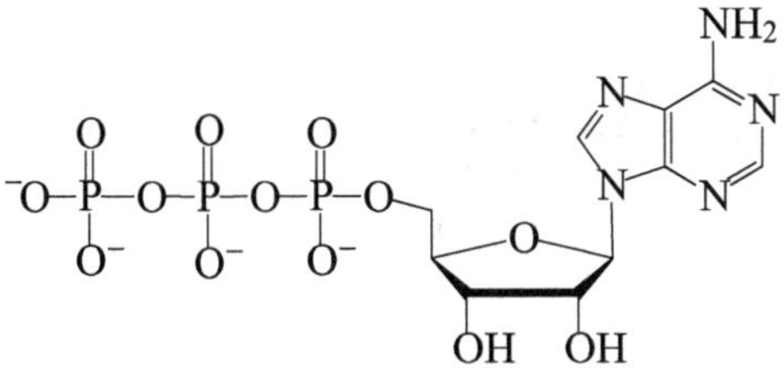

三磷酸腺苷(ATP)

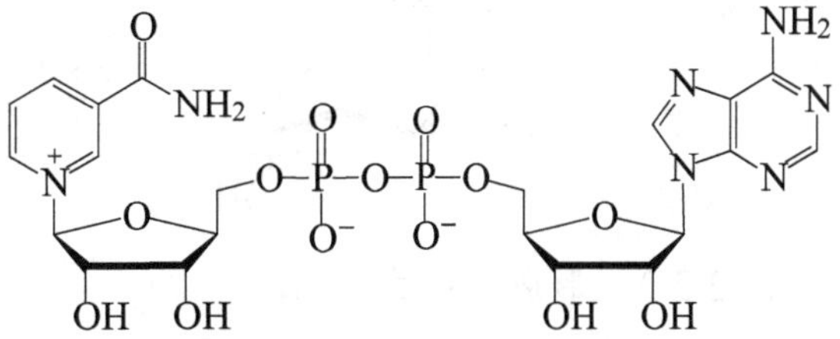

烟酰胺腺嘌呤二核苷酸(NAD^+)

15.2.2 其他羟基的反应

15.2.2.1 成醚

糖分子中的其他醇羟基不及半缩醛羟基活泼，在酸性条件下，不与醇反应成醚。但用威廉姆逊醚合成法（见 8.10 节），可使糖分子中的所有羟基转变为醚。单糖形成的醚中，最常见的是甲基醚，它可通过与硫酸二甲酯在碱性条件下反应或通过与碘甲烷的反应得到。糖的醛式结构在强碱性条件下不稳定，易发生异构化。所以常将半缩醛羟基首先形成苷予以保护，再于碱性条件下与硫酸二甲酯反应进行醚化，也可以控制条件直接将糖的所有羟基醚化。

HO OH OH OH OH D-吡喃葡萄糖 MeOH 干燥HCl D-吡喃葡萄糖甲苷 Me_2SO_4 OH^- H_3CO OCH OCH_3 OCH_3 OCH_3 H_3O^+ Me_2SO_4/OH^-(控制条件)

2,3,4,6-四-*O*-甲基-D-吡喃葡萄糖

普通醚比缩醛更加稳定，在酸性条件下，可优先水解糖苷键，得到半缩醛羟基游离而其他羟基仍然甲基化的产物。

15.2.2.2 成酯

糖分子中的羟基也能按一般方法酯化。例如，葡萄糖与乙酸酐反应后生成五-*O*-乙酰葡萄糖。位于平伏键上的羟基比位于直立键上的反应更快，另外 β 型产物也比 α 型更稳定，所以升高温度有利于 β 型产物生成。

Ac_2O 快

Ac_2O 慢

15.2.2.3 形成缩醛或缩酮

1, 2-二醇或 1, 3-二醇都能与醛、酮缩合生成五元或六元环状缩醛/酮。由于空间因素限制，在环上的两个羟基只有处于顺式时，才能形成环状缩醛/酮。例如，α-D-吡喃半乳糖与丙酮在硫酸存在下，其 1, 2 位羟基和 3, 4 位羟基分别和一分子丙酮缩合，得到 1, 2∶3, 4-二-*O*-异丙叉- α-D-吡喃半乳糖。

H_2SO_4

在与丙酮形成环缩酮的反应中，葡萄糖更倾向于用呋喃环的结构进行反应，生成 1, 2∶5, 6-二-*O*-异丙叉-α-D-呋喃葡萄糖。将此缩酮甲基化后水解，可得到仅在 C3—OH 上甲基化的葡萄糖。

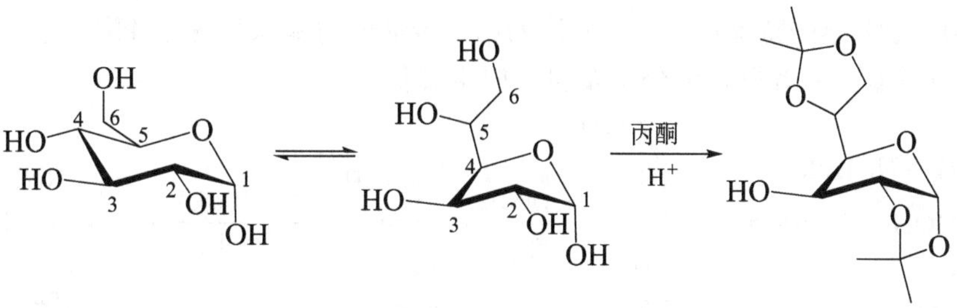

环状缩醛/酮在中性或碱性条件下是相对稳定的，仅在酸性条件下发生水解。在糖合成中常用这样的方法来保护各种羟基。

15.2.3 羰基的反应

糖分子中的羰基也能进行醛、酮的某些反应。例如，与 HCN 反应生成氰醇，与 NH_2OH 反应生成肟，还原成醇等。

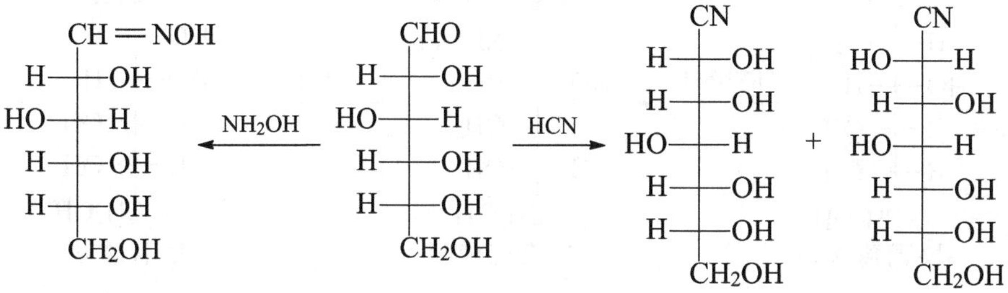

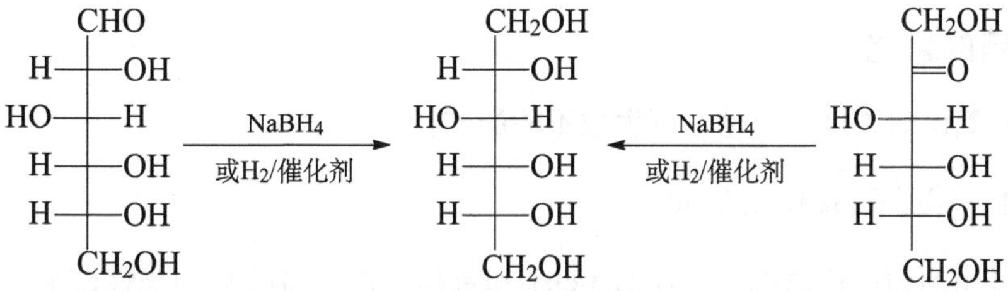

D-葡萄糖 D-葡萄糖醇 D-果糖

糖分子中羰基的反应是由其开链结构引起的。由于开链式在平衡体系中的浓度极小，因此羰基的有些反应不会发生。例如，糖不与 $NaHSO_3$ 加成，与品红试剂反应也不明显。

此外，必须注意到，糖分子中的羰基与手性碳原子相连时，其发生的亲核加成反应具有立体选择性，得到的两个差向异构的加成产物产量不均等，亲核试剂从空间阻碍更小的一边进攻生成的产物占优势（见 9.2.3 小节的克拉姆规则）。

15.2.4 脎的形成

糖分子中的羰基可以与苯肼反应生成苯腙。若使用过量苯肼，则进一步反应生成二苯腙，糖的二苯腙称为脎。

糖脎

这是 α-羟基醛/酮的特征反应。一般认为第一步形成的苯腙互变为烯醇，进而消除一分子苯胺得到亚氨基酮，后者再和两分子苯肼反应生成脎。

CH═NNHPh / CHOH（苯腙）⇌ NHPh–NH / O–H（烯醇）$\xrightarrow[\text{消除}]{-PhNH_2}$ ═NH / ═O（亚氨基酮）$\xrightarrow[-NH_3,-H_2O]{2PhNHNH_2}$ ═NNHPh / ═NNHPh（脎）

苯腙　烯醇　亚氨基酮　脎

成脎反应仅在羰基和与其相邻的 C1、C2 上发生，其他碳原子不发生变化，并保持构型。由于形成苯腙后，碳原子的手性消失，C2 位的差向异构体应该生成相同的脎。例如，D-葡萄糖和 D-甘露糖与苯肼反应得到相同的脎。仅在 C1、C2 上与 D-葡萄糖有差别的 D-果糖也会生成同样的脎。能够生成相同脎的几种异构体，只要确定其中一种异构体的构型，其他异构体的构型也就容易判断了。糖脎大多具有特殊的晶形和熔点，借此可鉴别不同的糖。

CHO; H–OH; HO–H; H–OH; H–OH; CH_2OH（D-葡萄糖）$\xrightarrow{3PhNHNH_2}$ HC═NNHPh; ═NNHPh; HO–H; H–OH; H–OH; CH_2OH（D-葡萄糖脎）$\xleftarrow{3PhNHNH_2}$ CHO; HO–H; HO–H; H–OH; H–OH; CH_2OH（D-甘露糖）

D-葡萄糖　D-葡萄糖脎　D-甘露糖

15.2.5　单糖的氧化

用不同的氧化剂氧化单糖时，可生成不同的产物。

15.2.5.1　碱性弱氧化剂氧化

碱性弱氧化剂如托伦试剂 $[Ag(NH_3)_2OH]$和费林试剂（硫酸酮的碱性溶液）可使单糖的醛基被氧化生成糖酸。能被这类弱氧化剂氧化的糖称为还原糖。

CHO; H–OH; HO–H; H–OH; H–OH; CH_2OH（D-葡萄糖）$\xrightarrow[\text{或}Cu^{2+}]{[Ag(NH_3)_2]OH}$ COO^-; H–OH; HO–H; H–OH; H–OH; CH_2OH（D-葡萄糖酸）

D-葡萄糖　D-葡萄糖酸

酮糖也能被弱氧化剂氧化，这似乎与一般酮的性质相矛盾，但实际上这是 α-羟基酮的特性。因为托伦试剂和费林试剂都是碱性试剂，碱性条件下可引起糖的广泛异构化，酮糖可以通过烯醇式异构化为醛糖进而被氧化。如果烯醇被氧化甚至可以发生断链，断链处生成醛。正由于这种复杂的异构化存在，一般不用托伦试剂或费林试剂氧化醛糖以制备醛糖酸。

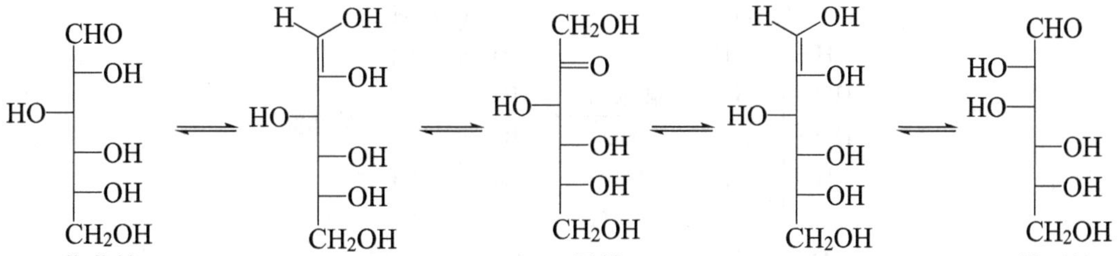

D-葡萄糖　D-果糖　D-甘露糖

因此，单糖无论醛糖还是酮糖都是还原糖。

15.2.5.2　溴水氧化

溴水或 HOBr 是一个酸性氧化剂，也可以将醛糖氧化为糖酸。酸性条件下糖不会发生异构化，因而酮糖不会被溴水氧化，可借此区分醛糖和酮糖（醛糖可使溴水褪色）。溴水是用醛糖制备糖酸的理想试剂。

糖酸容易失水形成五元或六元环内酯，其中五元环内酯更加稳定。

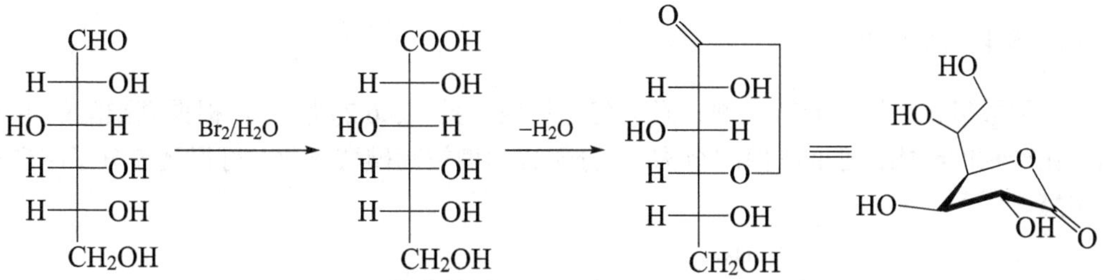

Br_2/H_2O　$-H_2O$

D-葡萄糖酸

15.2.5.3　硝酸氧化

硝酸作为更强的氧化剂，不仅可将醛氧化成羧酸，而且也可将羟甲基(—CH_2OH)氧化成羧酸，生成糖二酸。如果是酮糖则发生断链，生成碳数更少的糖二酸。

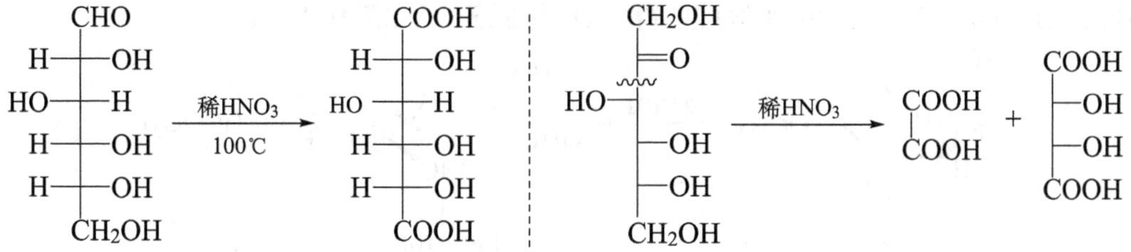

稀HNO_3 100℃　稀HNO_3

D-葡萄糖二酸

根据所生成的糖二酸的旋光性，可推测糖的构型并用于构型测定。例如，D-葡萄糖二酸有旋光性，说明分子中两边的构型不具有对映关系，即不是内消旋体。与之相反，D-半乳糖氧化后形成的二酸则没有旋光性，是内消旋体。

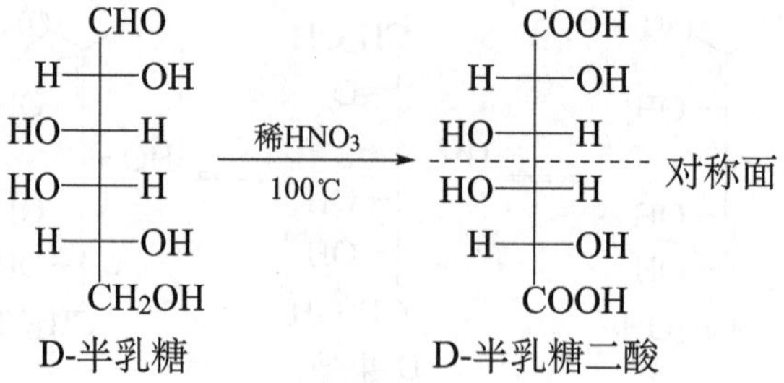

D-半乳糖 $\xrightarrow[100℃]{稀HNO_3}$ D-半乳糖二酸（对称面）

糖二酸也很容易生成内酯。例如，葡萄糖二酸二内酯的构象如下所示：

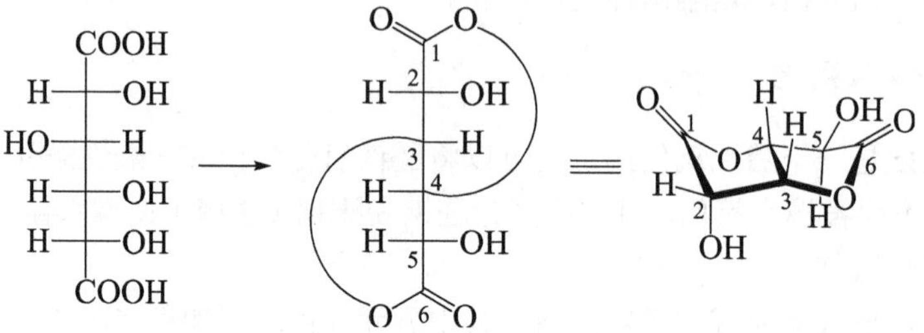

15.2.5.4　高碘酸氧化

被高碘酸氧化并发生断链是邻二醇的特征反应（见 8.3.6.2 小节）。根据高碘酸的用量或根据氧化产物的结构，可推测糖的结构。1 分子葡萄糖被高碘酸氧化，可得到 5 分子甲酸和 1 分子甲醛。

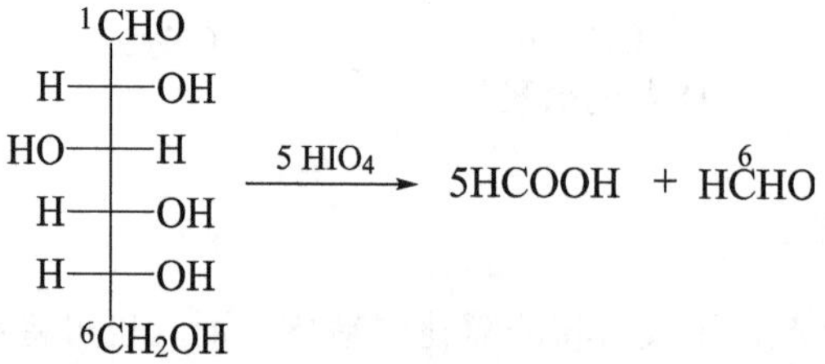

$$\text{葡萄糖} \xrightarrow{5\ HIO_4} 5HCOOH + H\overset{6}{C}HO$$

糖成苷以后，苷键既不被溴水氧化，也不被高碘酸氧化。例如，D-甲基葡萄糖苷被高碘酸氧化发生部分断链，之后的水解可以得到 D-甘油醛、乙二醛和甲醇。

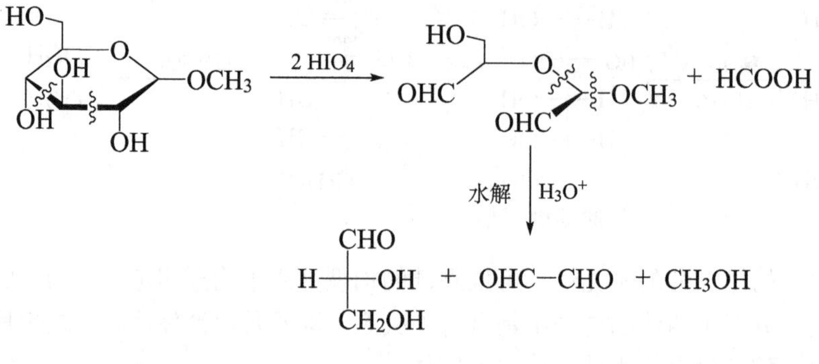

$$\text{D-甲基葡萄糖苷} \xrightarrow{2\ HIO_4} \text{二醛} + HCOOH \xrightarrow[H_3O^+]{水解} \text{D-甘油醛} + OHC{-}CHO + CH_3OH$$

15.2.6　糖的递升和递降

将一个醛糖变为多一个碳原子的醛糖的过程称为递升；变为少一个碳原子的醛糖的过程则称为递降。

醛糖的递升通常采用克利安尼-费歇尔（Kiliani-Fischer）合成法。此方法通过亲核加成反应形成氰醇以增长碳链，已被广泛用于糖类化学的研究中。氰醇水解生成的多羟基酸失水形成内酯，内酯可用钠汞齐还原成醛基和醇羟基，由此得到多一个碳原子的醛糖。

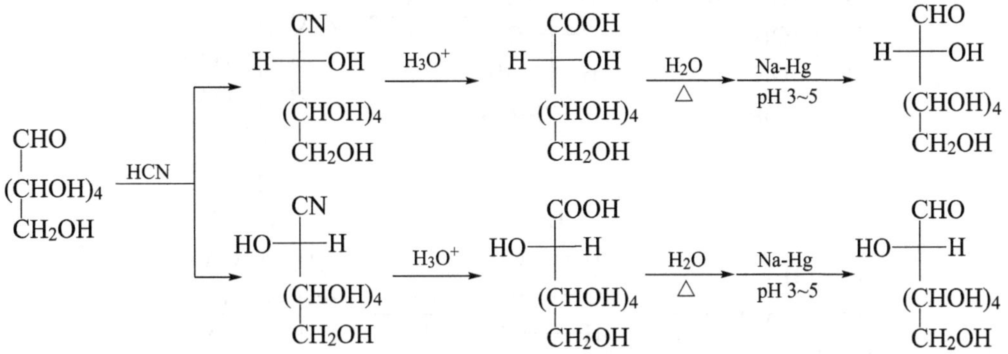

通过克利安尼-费歇尔合成法，可得到两个互为差向异构体的多一个碳原子的醛糖。由于羰基旁边是手性碳原子，该加成是立体选择性反应，两个差向异构体的量是不均等的。

用这种递升方法，可从甘油醛出发，由 D-甘油醛合成一系列 D 型糖；从 L-甘油醛合成一系列 L 型糖。

递降法是由德国化学家鲁夫（Ruff）于 1898 年提出的。将醛糖酸的钙盐在 Fe^{3+}催化下，用 H_2O_2 氧化，首先生成一个不稳定的 α-羰基酸，再脱羧即得到少一个碳原子的醛糖。这种递降方法称为鲁夫递降法。

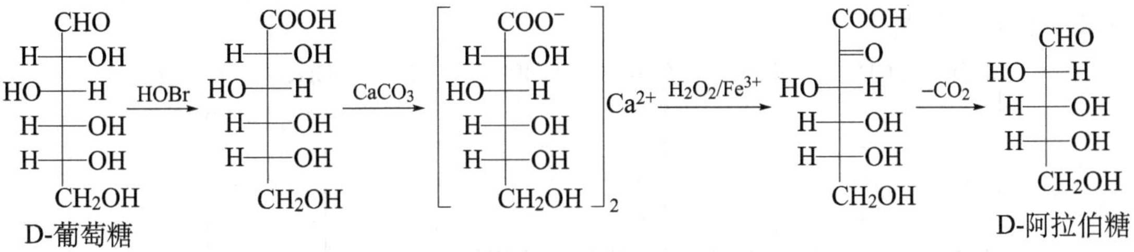

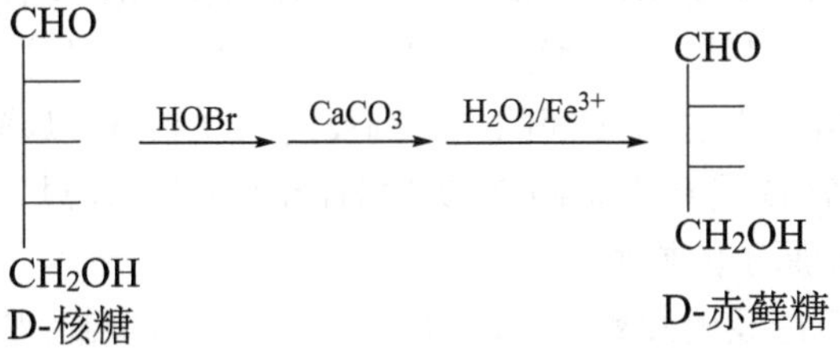

另外一种递降的方法是用醛糖肟经乙酰化、消除反应得到腈，并同时使醇羟基酯化。经过碱水解，可得到氰醇，氰醇在碱性条件下很容易经亲核加成的逆反应生成原来的醛。该方法称为沃尔（Wohl）递降法，实际上它是克利安尼-费歇尔合成法的逆反应。

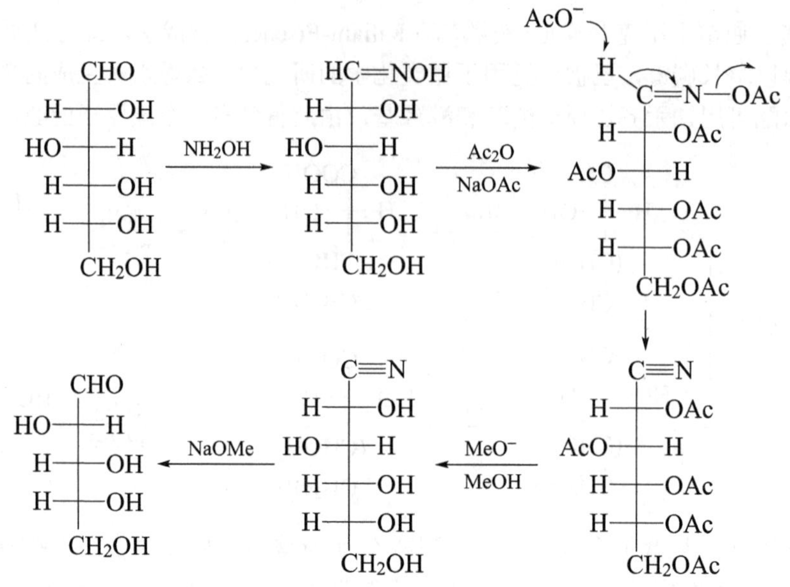

15.3　单糖构型及环大小的测定

15.3.1　葡萄糖的构型测定

早在 20 世纪初期，在当时已知的糖还很少的情况下，费歇尔采用了下面的步骤来推测自然界存在的葡萄糖的构型。如前所述，结构测定已经知道葡萄糖是一个直链己醛糖，分子中含 4 个手性碳原子，共有 16 个旋光异构体。以甘油醛作标准，其中有 8 个 D 型糖（如下所示），8 个 L 型糖。

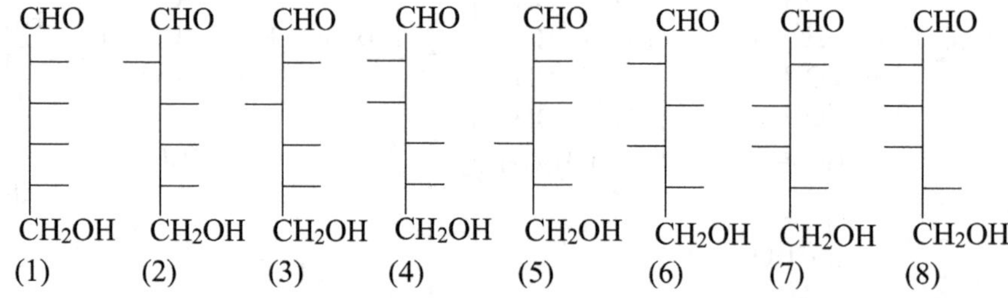

通过(+)-葡萄糖与 D-(+)-甘油醛之间的一系列反应的联系，可以确定(+)-葡萄糖是 D 构型。因此费歇尔只从以上 8 个 D 型糖中来确定 D-葡萄糖的构型。通过下列实验，可逐渐缩小范围并最终确定所有手性碳原子的构型。

首先，将 D-(+)-葡萄糖经硝酸氧化后，得到一个旋光性的糖二酸。从而可以排除以上 8 个结构中的(1)和(7)，因为这两种糖衍生的二酸为内消旋体，无旋光性。

CHO
稀HNO_3
COOH
对称面
CH_2OH
COOH
(1)
内消旋体

其次，将 D-(+)-葡萄糖经递降后得到一个戊醛糖（即 D-阿拉伯糖）。同样的原理，将 D-阿拉伯糖经硝酸氧化，也生成了一个具有旋光性的糖二酸。此时可以排除以上结构中的(2)、(5)和(6)构型，从而使推测范围缩小到(3)、(4)和(8)构型。

CHO ... CH_2OH (2) —递降→ CHO ... CH_2OH —稀HNO_3→ COOH ... COOH 对称面 内消旋体

最后，若将上一步得到的 D-阿拉伯糖进行递升，可得到两个互为差向异构体的己醛糖，用硝酸氧化发现生成的两个糖二酸都具有旋光性。由此可以推测 D-(+)-葡萄糖的构型不是(8)。因为(8)递降后再递升得到的两个差向异构的己醛糖经氧化形成的两个糖二酸中，有一个不具旋光性。

CHO ... CH_2OH (8) —递降→ CHO ... CH_2OH —递升→ —HNO_3→ COOH ... COOH 具旋光性 + COOH ... COOH 对称面 不具旋光性

通过以上实验可知，D-(+)-葡萄糖的构型只能是(3)或(4)。费歇尔后来合成了一个不同于以上 8 个糖的新的己醛糖（这个糖之后被证明是 L 型，称为 L-古罗糖）。他发现这个新糖经硝酸氧化的产物与 D-(+)-葡萄糖的氧化产物完全一样。由此可推断新糖和葡萄糖之间只是两端的醛基和羟甲基发生了交换，其他构型均不变。在剩下的(3)和(4)两种构型的糖中，只有将(3)的两端醛基和羟甲基交换后能得到另一个糖，而(4)交换后仍是它本身。由此可以推定，D-(+)-葡萄糖的构型是(3)。

CHO ... CH_2OH (3) ≠ CH_2OH ... CHO ≡ CHO ... CH_2OH L-古罗糖 | CHO ... CH_2OH (4) ≡ CH_2OH ... CHO

这种以甘油醛作标准所推定的构型称为相对构型。现代结构测定方法早已测得单糖的绝对构型，证明其相对构型就是它们的绝对构型。D-葡萄糖构型确定后，又可通过成脎反应推测出能与葡萄糖生成相同脎的 D-甘露糖和 D-果糖的构型，并以类似的方法求得其他糖的构型。由于在糖的合成和构型确定中的出色贡献，费歇尔获得了 1902 年的诺贝尔化学奖。

15.3.2　半缩醛环大小的测定

环状的吡喃葡萄糖经全甲基醚化后水解，可得到开环的 2, 3, 4, 6-四-*O*-甲基葡萄糖。其羟基所在的碳原子即成环碳原子，将其用硝酸氧化，不仅醛基被氧化成羧基，游基羟基也可被氧化成羰基并进一步断链成羧基。羟基碳原子两侧均可断裂，因此可以得到四种产物。

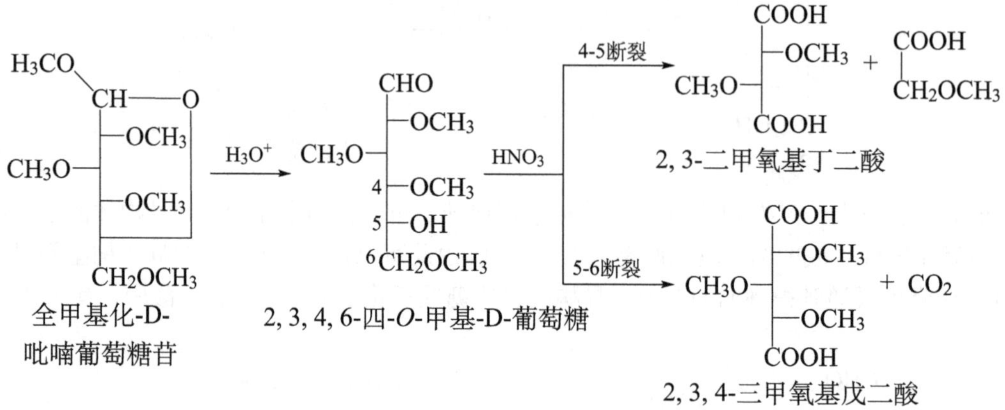

$\xrightarrow{H_3O^+}$　$\xrightarrow{HNO_3}$　4-5断裂：$+$　5-6断裂：$+ CO_2$

全甲基化-D-吡喃葡萄糖苷　　2, 3, 4, 6-四-*O*-甲基-D-葡萄糖　　2, 3-二甲氧基丁二酸　　2, 3, 4-三甲氧基戊二酸

测定产物的结构，可以推断游离羟基在 C5 位，说明葡萄糖是以吡喃环形式存在的。若葡萄糖经类似醚化、水解、氧化过程生成 2, 3-二甲氧基丁二酸（4-5 断裂）和 2-甲氧基丙二酸（3-4 断裂），则说明原葡萄糖是呋喃环形式。

以上甲基化-水解-氧化法是普遍使用的测定糖环大小的方法，它是在 1926 年由哈沃斯建立的。哈沃斯因其在葡萄糖环大小测定方法的建立和维生素 C 合成中的出色工作获得 1937 年诺贝尔化学奖。

15.4　二　　糖

由两个或几个单糖分子失水结合而成的糖称为低聚糖。低聚糖中最重要的是两个单糖分子结合而成的二糖（又称为双糖）。从结构上看，二糖可以算是一种配糖物，其配基是另外一个糖分子，两个单糖通过糖苷键连接。

15.4.1　麦芽糖

麦芽糖是食用饴糖的主要成分，是淀粉经酶水解后的产物，常用的酶是含于麦芽中的淀粉酶。

麦芽糖分子是由葡萄糖单元组成的，可被酸水解生成两分子葡萄糖。麦芽糖为右旋体，是一个还原糖，有变旋光现象，能成脎，可被溴水氧化生成麦芽糖酸。这说明麦芽糖具有一般单糖的结构特征，有一个能形成环状半缩醛的醛基。其椅式和哈沃斯式结构如下所示：

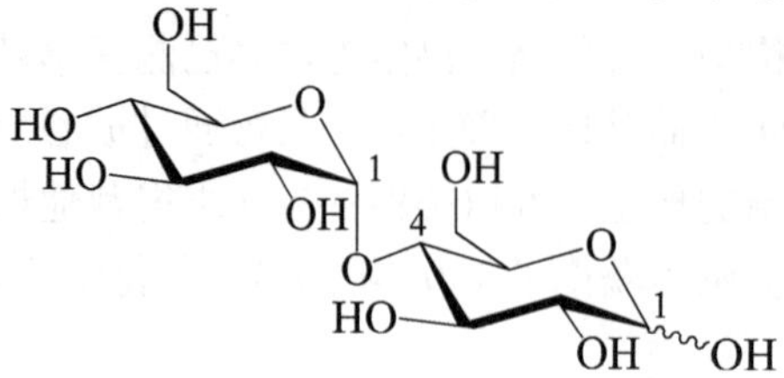

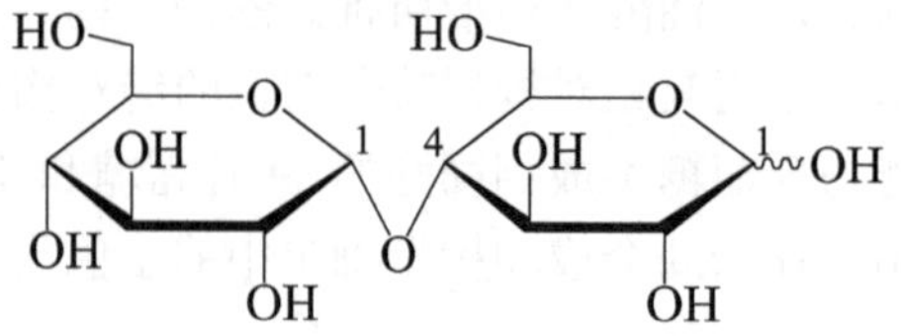

麦芽糖分子中两个葡萄糖的连接方式可通过以下方式确定：麦芽糖能被 α-葡萄糖苷酶水解，说明两分子葡萄糖是通过 α-糖苷键相连。麦芽糖彻底甲基化后，生成八-*O*-甲基麦芽糖，水解后得到 2, 3, 4, 6-四-*O*-甲基葡萄糖和 2, 3, 6-三-*O*-甲基葡萄糖及一分子甲醇，说明其中一个葡萄糖分子是通过 C4—OH 形成的糖苷键连接。因此麦芽糖分子中存在 α-(1→4)糖苷键，可命名为 4-*O*-(α-D-吡喃葡萄糖基)-D-吡喃葡萄糖，或是 α-D-吡喃葡萄糖基-(1→4)-D-吡喃葡萄糖，英文缩写为“Glc(α1→4)Glc”。其未成苷的半缩醛羟基同样存在 α 和 β 两种异头物。

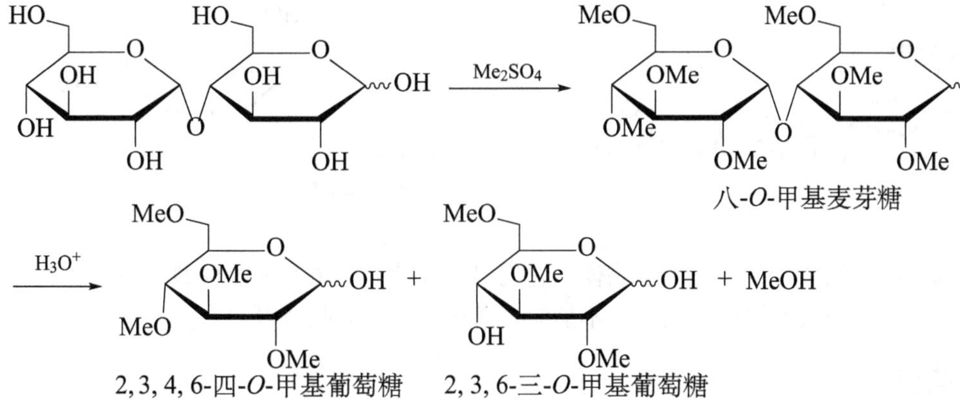

Me_2SO_4

八-*O*-甲基麦芽糖

H_3O^+

2, 3, 4, 6-四-*O*-甲基葡萄糖　2, 3, 6-三-*O*-甲基葡萄糖

由于人体存在可以水解 α-(1→4)糖苷键的酶，麦芽糖可以被人体消化为葡萄糖并加以吸收利用。

15.4.2 纤维二糖

纤维二糖是由纤维素水解得到的产物。与麦芽糖类似，其也是一个还原糖，为右旋体，具有变旋光现象，能成脎，能被溴水氧化，水解也生成两分子葡萄糖。但和麦芽糖不同的是，纤维二糖需要用 β-葡萄糖苷酶才能水解。结合甲基化-水解的方法，可以判断其分子中的糖苷键为 β-(1→4)糖苷键。因此，纤维二糖为 4-*O*-(β-D-吡喃葡萄糖基)-D-吡喃葡萄糖，英文缩写为“Glc(β1→4)Glc”。

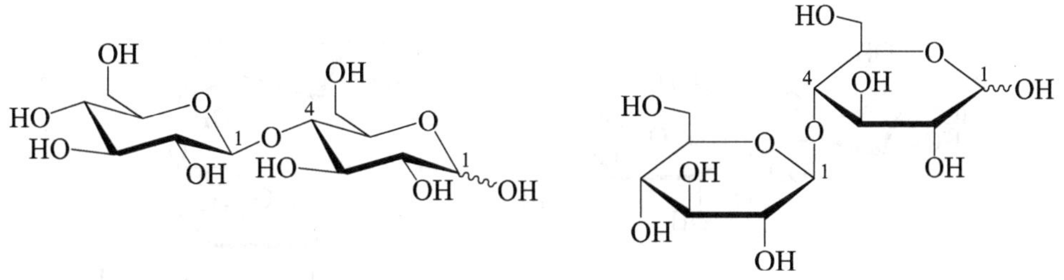

可见，纤维二糖和麦芽糖之间，区别仅在于糖苷键的方向。这种结构的微小区别却带来了生理活性上的很大差异。纤维二糖没有甜味，人体也缺乏水解纤维二糖的酶，因此不能加以利用。某些草食性哺乳动物由于体内共生有可以分解纤维二糖的微生物，因此可以食用消化。

15.4.3 乳糖

乳糖存在于人及其他哺乳动物的乳汁中。人乳中乳糖的含量为 6%～7%，牛羊乳中含

4%～5%。牛奶变酸即源于其中的乳糖转变成了乳酸。乳糖是奶酪生产的副产物。

乳糖是右旋的，也有变旋光现象和还原性，能成脎。用酸或 β-糖苷酶水解，生成一分子葡萄糖和一分子半乳糖。用溴水氧化成乳糖酸后再水解，则生成半乳糖和葡萄糖酸。这说明乳糖是由一分子半乳糖通过 β-糖苷键和葡萄糖分子结合，用甲基化-水解的方法可证明是 β-(1→4)糖苷键。因此，乳糖为 4-*O*-(β-D-吡喃半乳糖基)-D-吡喃葡萄糖，英文缩写为"Gal(β1→4)Glc"。

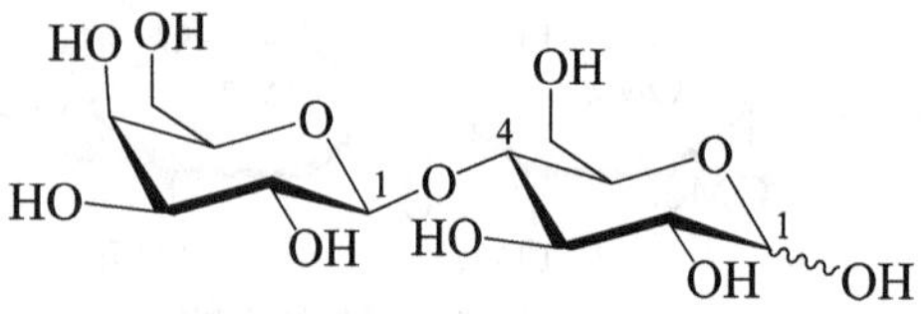

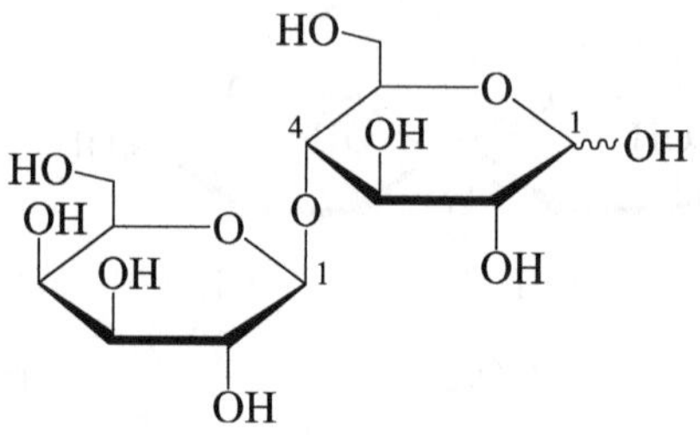

乳糖和纤维二糖实际上是差向异构体，它们仅半乳糖分子 C4 位的构型不同。乳糖可以被人体消化，但部分人群缺乏乳糖酶，不能完全消化乳糖，因此会引起乳糖不耐受。

15.4.4　蔗糖

蔗糖是最为常见的食用糖。甘蔗中含 16%～26%的蔗糖，甜菜中的含量为 12%～15%，它们都是工业上制取蔗糖的原料。

和前面几种二糖不同的是，蔗糖是一种非还原糖，不成脎，也没有变旋光现象，这说明蔗糖是两分子单糖通过各自的半缩醛/酮羟基互相成苷而成的。蔗糖酸水解产生一分子葡萄糖和一分子果糖。蔗糖既能被 α-葡萄糖苷酶水解，也能被 β-果糖苷酶（又称为转化酶）水解，说明葡萄糖和果糖的半缩醛/酮羟基分别为 α 型和 β 型。因此蔗糖为 α-D-吡喃葡萄糖基-β-D-呋喃果糖苷或 β-D-呋喃果糖基-α-D-吡喃葡萄糖苷，英文缩写为"Glc(α1→β2)Fru"或"Fru(β2→α1)Glc"。

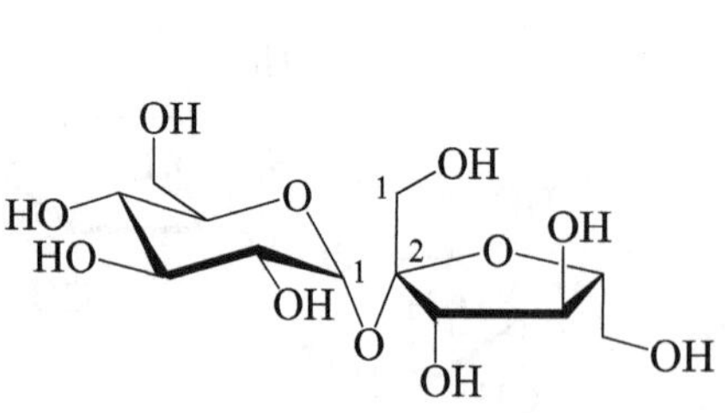

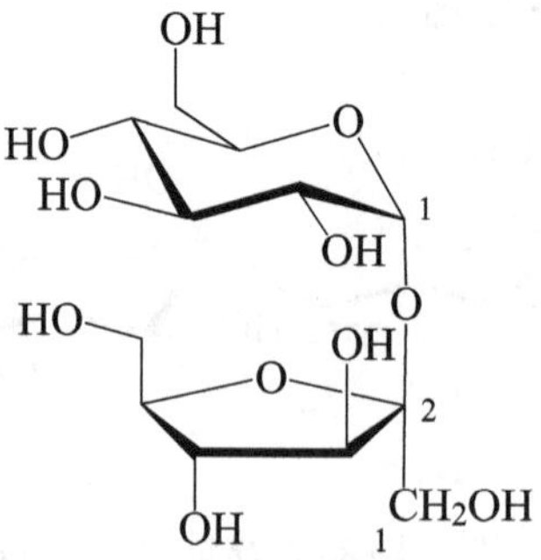

用高碘酸氧化蔗糖所得到的氧化产物可以证实上述结构。蔗糖氧化只消耗三分子高碘酸，生成一分子甲酸和一个四醛化物。再进一步用溴水氧化可以得到四羧基化物。其水解后得到三种产物，说明原蔗糖的结构中，用于形成半缩醛和半缩酮的都是 C5—OH，由此推定葡萄糖是吡喃环，果糖是呋喃环。

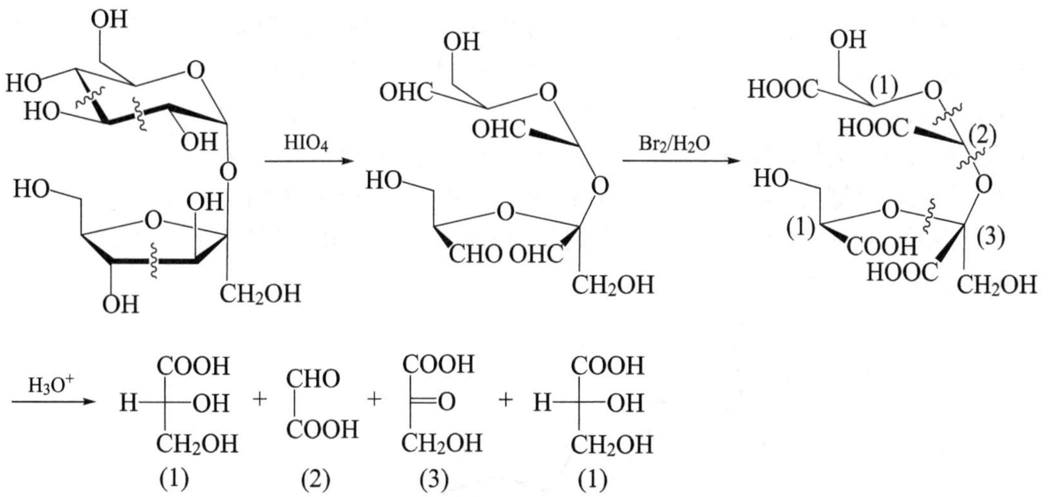

蔗糖是右旋的，但水解后得到的两个单糖混合物溶液测得的旋光性却是左旋的，$[\alpha]_D$ = –43.5。因此，常将蔗糖的水解产物称为转化糖。转化糖是蜂蜜的主要成分。

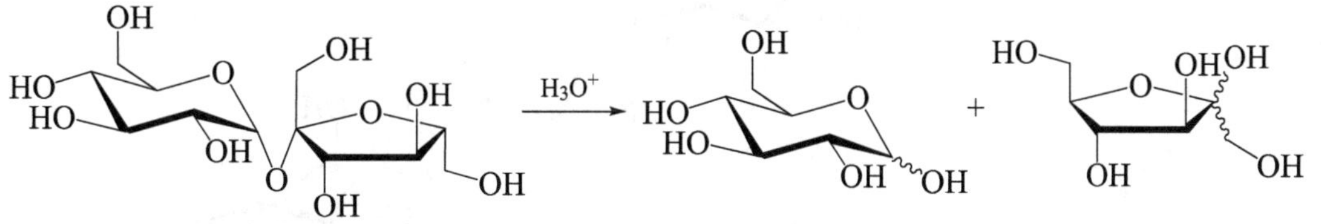

蔗糖 $[\alpha]_D$= +66.5　　葡萄糖 $[\alpha]_D$= +52.7　　果糖 $[\alpha]_D$= –92

除了以上介绍的几种，自然界还存在很多二糖。可以通过类似的酶水解以及甲基化-水解-氧化等方法，确定它们的结构。

15.5 多　糖

多糖在自然界分布极广，种类繁多，它们是由许多单糖分子缩聚而成的天然高分子化合物。其中单糖可以是含 5 个或 6 个碳原子的醛/酮糖，也可以是糖的衍生物，如醛糖酸或氨基糖。

多糖的连接方式与二糖类似，可由几百个至几千个单糖分子缩聚而成。根据组成的单糖分子不同，多糖可分为同聚多糖和杂聚多糖，其中前者仅由一种单糖分子组成，后者则由两种及以上单糖分子组成（常由两种单糖分子间隔组成）。淀粉和纤维素是最为重要的多糖，它们都是人类生活的必需品，都是由葡萄糖分子组成的同聚多糖，它们在生物体内分别起到储存和架构的作用。

与单糖或二糖相比，多糖的性质差异较大。多糖一般无甜味，不溶于水或在水中形成胶体溶液，也没有还原性和变旋光现象。

15.5.1　淀粉

作为人类的主要食物，淀粉广泛存在于植物的根、茎、种子中，市售淀粉主要以玉米、土豆、小麦和大米为原料生产。大米中淀粉的含量约为 75%，小麦中为 60%～65%。

与麦芽糖一样，淀粉也是由葡萄糖分子通过 α-(1→4)糖苷键缩聚而成的，可以看作是麦芽糖链的延伸。所以淀粉可看作是麦芽糖的聚合体，用酶水解淀粉可得到麦芽糖。

淀粉是由直链淀粉（一般含 10%～12%）和支链淀粉（含 80%～90%）两部分组成。直链淀粉又称可溶性淀粉，能溶于水，相对分子质量从数千到上百万不等。

支链淀粉与直链淀粉的不同之处是存在分支，相对分子质量也大得多，最高可达 2 亿。其主链上仍通过 α-(1→4)糖苷键连接，分支处则是通过 α-(1→6)糖苷键连接，每 24～40 个葡萄糖单元出现一个分支。

支链
主链
α-(1→6)支链点

直链淀粉的长链常常盘绕成螺旋形（称为二级结构），盘绕的链又弯折形成不规则的立体结构（称为三级结构），如图 15.1 所示。

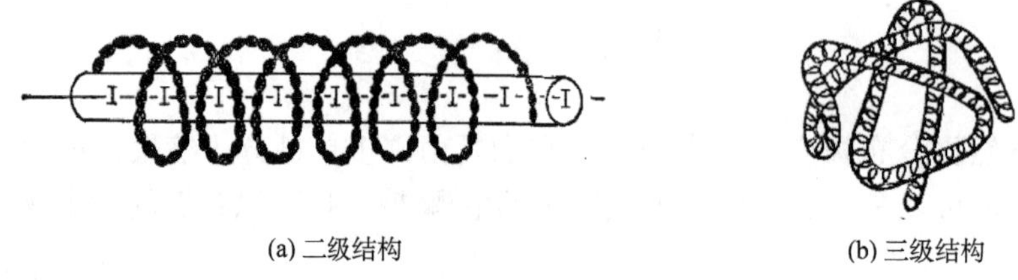

(a) 二级结构　　(b) 三级结构

图 15.1　淀粉的二级结构和三级结构

直链淀粉遇碘变为蓝色，这是因为螺旋盘旋的“隧道”正好能容纳所吸附的碘分子，并形成蓝色络合物。实验室中常用淀粉检查碘的存在或用碘检查淀粉的存在，也可用碘化钾淀粉试纸检查氧化剂的存在。

糖原是与支链淀粉结构极为相似的多糖，是动物细胞中（主要是肝脏和骨骼肌中）起储存作用的糖，又称为肝糖。在需要能量时便会水解释放出葡萄糖。其支链更多，平均每 8～12 个葡萄糖单元就存在一个分支，其相对分子质量可高达 10 亿。

15.5.2 纤维素及其衍生物

15.5.2.1 纤维素

纤维素分布很广，存在于棉、麻、竹和木材中，是自然界含量最多的多糖。将纤维素与无机酸共热，可完全水解为葡萄糖。用酶部分水解，则得到纤维二糖，因此纤维素实际上是纤维二糖链的延伸。

与直链淀粉类似，纤维素分子也是直链结构，没有分支。用甲基化-水解的方法，将生成的三-*O*-甲基葡萄糖（主要产物）和四-*O*-甲基葡萄糖（链端的葡萄糖分子）分离后，计算其相对比例，可获得关于纤维素链长的信息。由此方法可测得纤维素大约含 3000 个葡萄糖分子，其平均相对分子质量约为 50 万。这种通过端基在分子中所占比例来测定链长的方法称为端基分析法。但由于分离时总有部分降解，因此测得的纤维素的相对分子质量比实际的数值低。自然界存在的纤维素链实际上更长，含 1 万～1.5 万个葡萄糖分子。

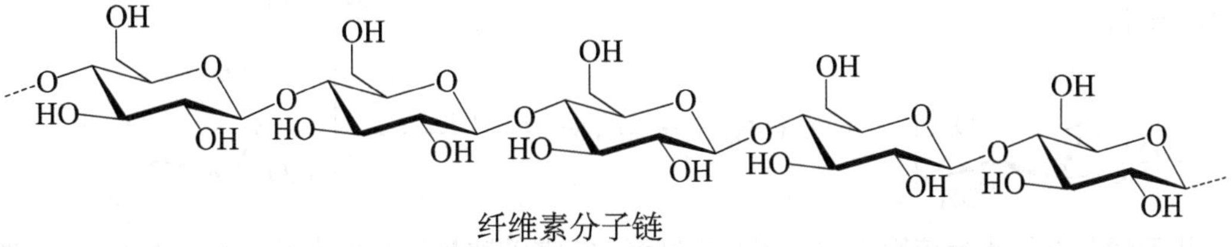

纤维素分子链

通过 X 射线衍射分析和电子显微镜观察发现，这些纤维素长链通过氢键彼此连接成束，纤维素束的结构对它的化学稳定性和机械性能起着重要作用。人眼所见到的纤维就是由这种链束捻成像绳索一样的结构的排列体。

纤维素不溶于水及各种有机溶剂，但能溶于氢氧化铜的氨溶液及氢氧化钠的二硫化碳溶液。纤维素分子中每一个葡萄糖单元上还有三个游离羟基，因此可将其分子式写成$[C_6H_7O_2(OH)_3]_n$，这些羟基也能成醚、成酯。纤维素醚和酯的衍生物已在工业上得到广泛应用。

15.5.2.2 人造纤维

纤维素溶解在二硫化碳和氢氧化钠的水溶液中，发生反应得到纤维素黄原酸钠盐。它在少量水中是一种黏稠溶液，将它通过喷丝头的细孔压入稀硫酸溶液中，则被酸分解，并形成长丝状再生，经纺织成为人造丝。这种制造人造纤维的方法称为黏胶法。

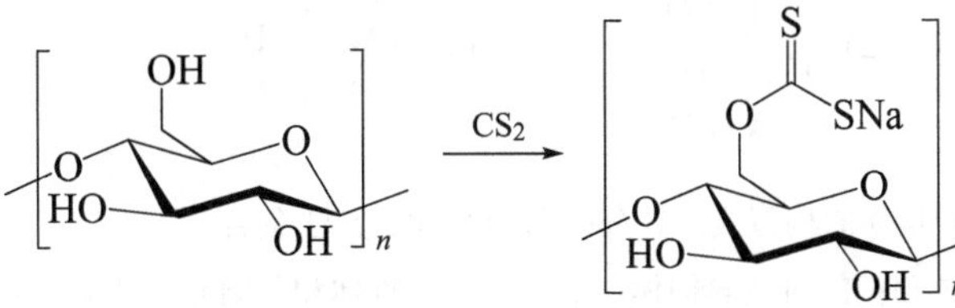

纤维素黄原酸钠

纤维素溶于铜氨溶液后，经细孔压入稀硫酸中，也可制得人造纤维（铜氨法）。如果使黏胶溶液通过一个窄缝，纤维素呈薄片状再生，再将其用甘油软化后，可用作保护膜。

15.5.2.3 纤维素酯

用硝酸、硫酸处理纤维素，可制得纤维素硝酸酯，又称为硝酸纤维素，其用途取决于硝化的程度。含氮量在 12.5%～13.6%（三硝基纤维素）时，可用于制造无烟火药；含氮量低于 13%（低氮纤维）时，可用于制造喷漆、赛璐珞及照相胶片等。

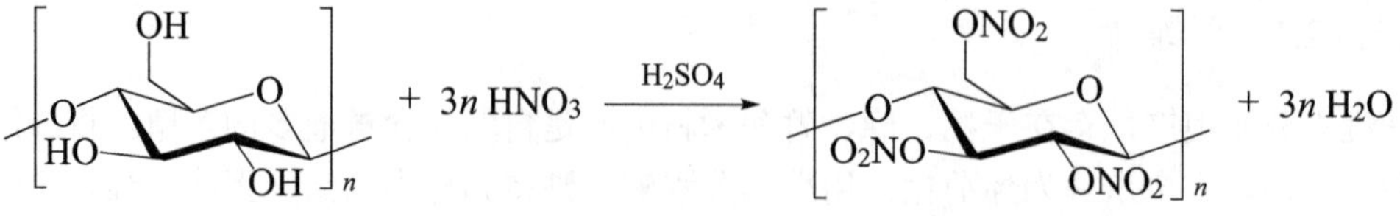

$$\left[\text{cellulose unit (OH)}\right]_n + 3n\,HNO_3 \xrightarrow{H_2SO_4} \left[\text{cellulose unit (ONO}_2)\right]_n + 3n\,H_2O$$

硝酸纤维素

若用乙酸酐、乙酸和少量硫酸处理纤维素，生成三乙酸酯，并经部分水解，去掉一些乙酸根，得到的乙酸纤维素（约相当于每个葡萄糖分子上含两个乙酸根），可用于制作胶片、薄膜，也可作人造丝。

15.5.2.4 纤维素醚

在碱性条件下，纤维素与氯代烷反应可制得纤维素醚，可用于制作塑料、绝缘材料、胶黏剂、涂料等。

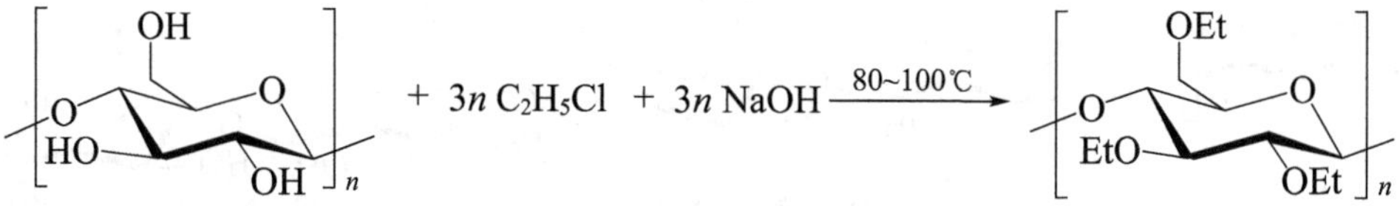

$$\left[\text{cellulose unit (OH)}\right]_n + 3n\,C_2H_5Cl + 3n\,NaOH \xrightarrow{80\sim100℃} \left[\text{cellulose unit (OEt)}\right]_n$$

氯乙酸与纤维素反应则生成羧甲基纤维素。它常以钠盐的形式使用，有很大的表面活性。在石油开采中用作增稠剂，橡胶工业上用其作为胶乳稳定剂保护胶体，纺织工业上用作上浆剂，造纸工业上用于增强纸张的耐油性、吸墨性和强度等。

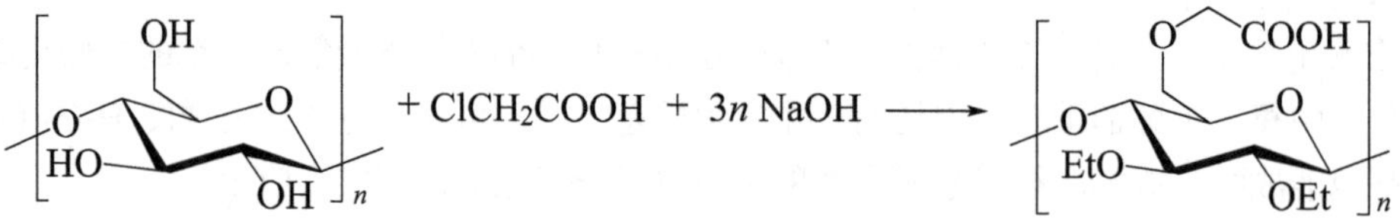

$$\left[\text{cellulose unit (OH)}\right]_n + ClCH_2COOH + 3n\,NaOH \longrightarrow \left[\text{cellulose unit (}OCH_2COOH\text{, EtO, OEt)}\right]_n$$

习　题

15.1　按糖的分类法将下列各化合物分类。

(1) 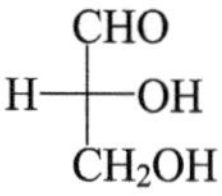 CHO / H—C—OH / CH_2OH　　(2) 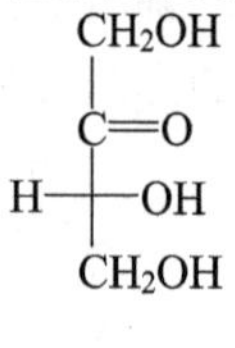 CH_2OH / C=O / H—C—OH / CH_2OH　　(3) 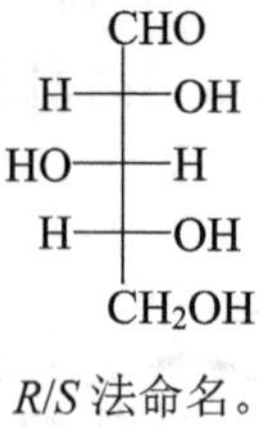 CHO / H—C—OH / HO—C—H / H—C—OH / CH_2OH

15.2　写出丁醛糖各异构体的构型式，并分别用 D/L 和 *R*/*S* 法命名。

15.3　写出 *β*-D-吡喃葡萄糖的对映异构体、端基差向异构体和差向异构体的数目及名称。

15.4　写出 D-(+)-甘露糖与下列试剂反应的主要产物及其结构式和名称。

(1) NH_2OH　　(2) $PhNHNH_2$

(3) Br_2, H_2O　　(4) HNO_3

(5) HIO_4　　(6) Ac_2O

(7) CH_3OH, HCl　　(8) a. CH_3OH, HCl;　b. $(CH_3)_2SO_4$, OH^-;　c. 稀 HCl

(9) (8)的产物+ HNO_3　　(10) H_2/Ni 或 $NaBH_4$

15.5　推测下列 D-甘露糖衍生物Ⅰ、Ⅱ、Ⅲ、Ⅳ的结构。

(Ⅰ) + 4 HIO_4 ⟶ 3 HCOOH + HCHO + HOOCCHO

(Ⅱ) + 5 HIO_4 ⟶ 4 HCOOH + 2 HCHO

(Ⅲ) + 4 HIO_4 ⟶ 4 HCOOH + HOOCCHO

(Ⅳ) + 3 HIO_4 ⟶ 2 HCOOH + 2 HOOCCHO

15.6　$NaBH_4$ 使葡萄糖还原只得到葡萄糖醇，使果糖还原却得到两种异构体，其中一种即是葡萄糖醇，解释其原因。

15.7　如何从 D-半乳糖合成 6-脱氧-D-半乳糖？

15.8　如何鉴别下列各对化合物？

(1)　a. 阿拉伯糖　b. 核糖　　(2)　a. 葡萄糖　　b. 麦芽糖

(3)　a. 阿拉伯糖　b. 葡萄糖　　(4)　a. 麦芽糖　　b. 乳糖

(5)　a. 蔗糖　b. 纤维二糖　　(6)　a. 甲基-D-吡喃葡萄糖苷　b. 2-*O*-甲基-D-吡喃葡萄糖

(7)　a. 戊醛　b. 甘露糖

15.9　(*R*)-5-羟基庚醛存在两种环状半缩醛式(1)和(2)，写出其构象式。哪一个更稳定？写出在酸催化下异构体间转变的机理。

15.10　A、B、C 三种己醛糖催化加氢时，A、B 生成相同的光活性的糖醇，当用过量苯肼处理时，A 和 B 生成不同的脎，B 和 C 生成相同的脎，但 B 和 C 的还原产物不同。设所有糖都是 D 型，写出 A、B、C 的结构和名称。

15.11　某天然产物可发生以下转化：

J ($C_7H_{14}O_6$) $\xrightarrow[OH^-]{(CH_3)_2SO_4}$ $\xrightarrow{HCl,\ H_2O}$ $\xrightarrow{热稀\ HNO_3}$ (1) + (2)

（无还原性和变旋光现象）

(1)：COOH—CHOCH₃—CHOCH₃—COOH，即 $HOOC-CH(OCH_3)-CH(OCH_3)-COOH$

(2)：$HOOC-CH(OCH_3)-COOH$

J $\xrightarrow{HCl,\ H_2O}$ K ($C_6H_{12}O_6$)（还原糖） $\xrightarrow{稀\ HNO_3}$ L ($C_6H_{10}O_8$)(二酸)（无光活性）

K $\xrightarrow{鲁夫降解}$ M ($C_5H_{10}O_5$)（D型还原糖） $\xrightarrow{稀\ HNO_3}$ N ($C_5H_8O_7$)(二酸)（具光活性）

(1) 推测 J～N 的结构。

(2) 根据所给条件，哪个化合物的结构不能确定？

15.12　化合物 A ($C_5H_{10}O_4$)用 Br_2-H_2O 氧化得到酸 $C_5H_{10}O_5$，该酸很容易形成内酯。化合物 A 与 Ac_2O 反应生成三乙酸酯，与过量 $PhNHNH_2$ 反应生成脎。用 HIO_4 氧化 A，只消耗一分子 HIO_4，推测 A 的结构。

15.13　推断下列二糖的结构。

(1) 二糖 ($C_{10}H_{18}O_9$)用溴水氧化而后甲基化，再用 *α*-葡萄糖苷酶水解，得到 2, 3, 5-三-*O*-甲基-D-木糖和 2, 3, 5-三-*O*-甲基-L-阿拉伯糖酸。

(2) 海藻糖 ($C_{12}H_{22}O_{11}$)是非还原糖，用 *α*-葡萄糖苷酶或酸水解只得到葡萄糖，若甲基化后再水解，则只得到 2, 3, 4, 6-四-*O*-甲基-D-葡萄糖。

第 16 章　氨基酸、蛋白质和核酸

蛋白质是生命的物质基础，是自然界含量最为丰富的生物大分子，它存在于所有细胞及细胞的所有部分中。蛋白质是遗传信息的分子表达方式，其种类数以万计，其结构和功能均呈现高度的多样化。可以说，生命体的所有功能都离不开蛋白质的作用。

虽然蛋白质种类繁多，形态、功能各异，但从化学的观点看，它们都是由 α-氨基酸连接而成的生物大分子聚合物。与生物遗传信息密切相关的核酸也常与蛋白质结合而存在。

氨基酸是蛋白质的“基石”，其分子中既含氨基又含羧基。根据两种基团相对位置的不同，氨基酸可分为 α-、β-、γ-…氨基酸。合成蛋白质所需的氨基酸都是 α-氨基酸，其中常见氨基酸有 20 种（表 16.1）。可以说，蛋白质即是由这些氨基酸“积木”按不同数量比例和不同组合方式搭建而成的“高楼大厦”。绿色植物自身能合成所有的 20 种氨基酸，但有些氨基酸人体不能合成，只能从食物中摄取，称为必需氨基酸。

表 16.1　组成蛋白质的 20 种常见 α-氨基酸

氨基酸的结构式	名称	缩写	pI	氨基酸的结构式	名称	缩写	pI
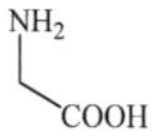 NH_2 COOH	甘氨酸	Gly (G)	5.97	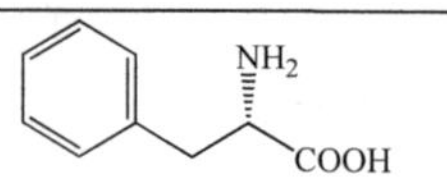 NH_2 COOH	苯丙氨酸*	Phe (F)	5.48
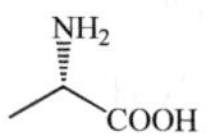 NH_2 COOH	丙氨酸	Ala (A)	6.01	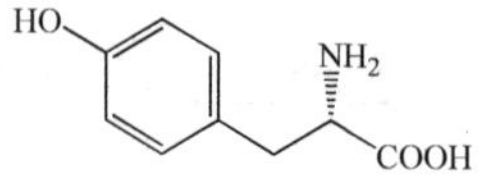 HO NH_2 COOH	酪氨酸	Tyr (Y)	5.66
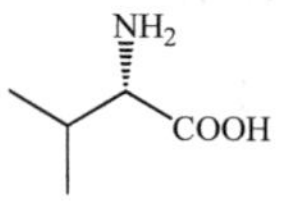 NH_2 COOH	缬氨酸*	Val (V)	5.97	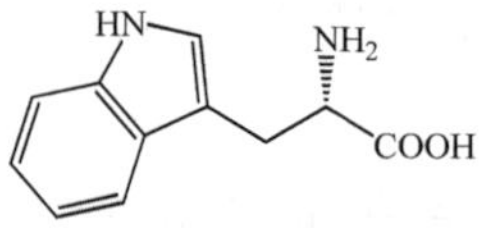 HN NH_2 COOH	色氨酸*	Trp (W)	5.89
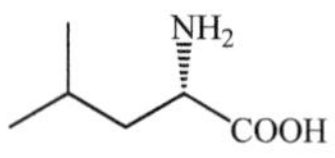 NH_2 COOH	亮氨酸*	Leu (L)	5.98	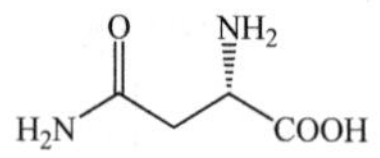 O NH_2 H_2N COOH	天冬酰胺	Asn (N)	5.41
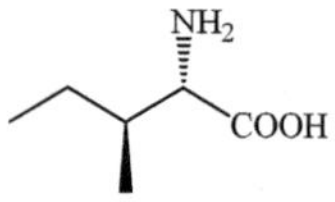 NH_2 COOH	异亮氨酸*	Ile (I)	6.02	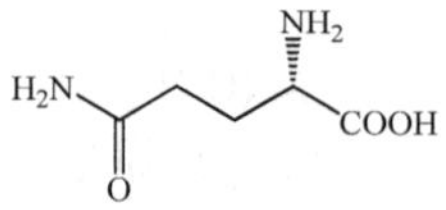 NH_2 H_2N COOH O	谷氨酰胺	Gln (Q)	5.65
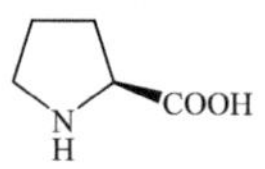 COOH N H	脯氨酸	Pro (P)	6.48	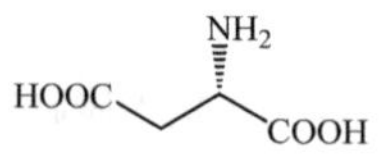 NH_2 HOOC COOH	天冬氨酸	Asp (D)	2.77
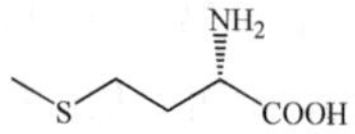 NH_2 S COOH	甲硫氨酸*	Met (M)	5.74	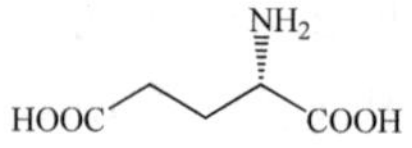 NH_2 HOOC COOH	谷氨酸	Glu (E)	3.22
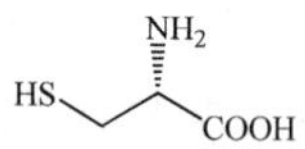 NH_2 HS COOH	半胱氨酸	Cys (C)	5.07	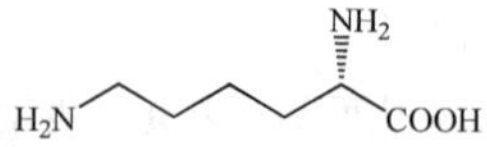 NH_2 H_2N COOH	赖氨酸*	Lys (K)	9.74

续表

氨基酸的结构式	名称	缩写	pI	氨基酸的结构式	名称	缩写	pI
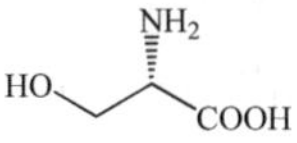 NH_2 HO COOH	丝氨酸	Ser (S)	5.68	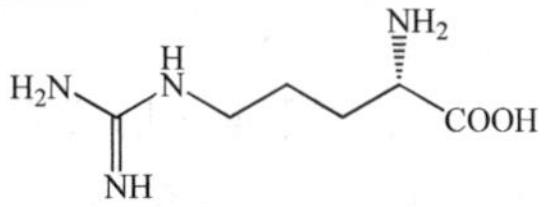 NH_2 H_2N H N COOH NH	精氨酸	Arg (R)	10.76
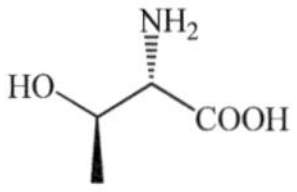 NH_2 HO COOH	苏氨酸*	Thr (T)	5.87	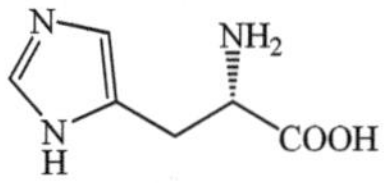 N N H NH_2 COOH	组氨酸*	His (H)	7.59

*表示必需氨基酸。

16.1　氨基酸的结构和性质

16.1.1　氨基酸的结构和物理性质

本节所讲述的氨基酸均为 α-氨基酸。20 种常见氨基酸的 α-碳原子上各自带有不同结构、大小和电荷性质的基团（用 R 表示）。除了甘氨酸（R = H），其他氨基酸的 α 位都是手性碳原子。常见氨基酸的 α-碳原子均为 L 构型，即在费歇尔投影式上氨基位于左侧。

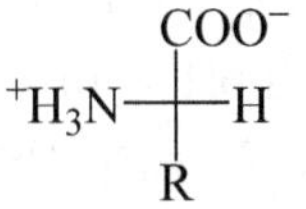

$$\begin{array}{c} COO^- \\ {}^+H_3N-\!\!\!+\!\!\!-H \\ R \end{array}$$

L-氨基酸

学习提示：手性常见氨基酸均为 L 型，但并非都是 *S* 型，这与 *R*/*S* 构型读取时的基团先后顺序有关。羧基并非总是优先于 R 基团，半胱氨酸就是一个例外。手性常见氨基酸的 α-碳原子除半胱氨酸为 *R* 型，其他均为 *S* 型。

常见氨基酸的 R 基团性质各异，可以大致将它们分为五类：

第一类是 R 为非极性脂肪链的氨基酸，包括甘氨酸、丙氨酸、缬氨酸、亮氨酸、异亮氨酸、甲硫氨酸和脯氨酸。

第二类是 R 为极性但不带电荷基团的氨基酸，包括丝氨酸、苏氨酸、半胱氨酸、天冬酰胺和谷氨酰胺。

第三类是 R 含芳香基团的氨基酸，包括苯丙氨酸、酪氨酸和色氨酸。由于芳香环有较强的紫外吸收，蛋白质的紫外吸收多来自这几种氨基酸的贡献。

第四类是 R 带有正电荷的氨基酸，其 R 基团含有氨基，在中性条件下可络合质子，包括赖氨酸、精氨酸和组氨酸。它们也称为碱性氨基酸。

第五类是 R 带有负电荷的氨基酸，其 R 基团含有羧基，在中性条件下可电离出质子，包括天冬氨酸和谷氨酸。它们也称为酸性氨基酸。

氨基酸是强极性有机化合物，它们大多是不挥发的无色结晶固体，熔点高，加热会伴随分解。氨基酸也不溶于石油醚、苯或乙醚等弱极性有机溶剂，但能溶于水。

16.1.2　氨基酸的两性　等电点

氨基酸既具有弱酸性的羧基，又具有弱碱性的氨基。对于中性氨基酸（既非酸性也非碱性氨基酸），其在水溶液中会以偶极离子形式存在，偶极离子既可作为酸电离出质子，也可作为碱夺取质子，在水溶液中可以分别像酸和碱一样电离。这称为氨基酸的两性，这类电解质也称为两性电解质。

$$\underset{\text{质子化氨基酸}}{{}^{+}H_3N\text{—}CH(R)\text{—}COOH} \underset{}{\overset{pK_1}{\rightleftharpoons}} \underset{\text{偶极离子}}{{}^{+}H_3N\text{—}CH(R)\text{—}COO^-} \overset{pK_2}{\rightleftharpoons} \underset{\text{去质子化氨基酸}}{H_2N\text{—}CH(R)\text{—}COO^-}$$

净电荷:　+1　　0　　−1

当调节溶液的 pH 使氨基酸的酸、碱电离程度相同时，氨基酸主要以偶极离子形式存在，分子净电荷为 0，该 pH 就是这种氨基酸的等电点（isoelectric point），用 pI 表示。中性氨基酸的酸性电离略强于碱性电离，因此 pI 略偏酸性，为 5.5～6。酸性氨基酸需要加酸抑制酸性电离才能达到等电点，其 pI 更低，为 2.8～3.2；而碱性氨基酸则相反，其 pI 更高，为 7.6～10.8。

随着氨基酸溶液 pH 的降低，氨基酸分子逐渐质子化。当 pH < pI 时，氨基酸分子带正电荷，若进行电泳，分子会向负极移动；当 pH > pI 时，氨基酸分子被去质子化，带负电荷，电泳时分子向正极移动；当 pH = pI 时，氨基酸主要以偶极离子形式存在，在电场中不表现出净的迁移。

在等电点时，氨基酸由于净电荷为 0，分子中排斥力最低，此时溶解度最小，容易以偶极离子的形式结晶。因此，用调节等电点的方法，可以从氨基酸混合物中分离某些氨基酸。

氨基酸溶液的红外光谱上，在 1725～1700 cm^{-1} 没有典型的羰基伸缩振动吸收峰，而在 1650～1545 cm^{-1} 有羧基的不对称伸缩振动吸收峰。

16.1.3　氨基酸的反应

16.1.3.1　氨基和羧基的常规反应

氨基酸分子中，羧基可生成酯、酰卤等；氨基则可发生酰化、烷基化或与亚硝酸反应。

$${}^{+}H_3N\text{—}CH(R)\text{—}COO^- \xrightarrow{Me_2SO_4/HCl} \underset{\text{氨基酸甲酯}}{{}^{+}H_3N\text{—}CH(R)\text{—}C(=O)OMe}$$

$${}^{+}H_3N\text{—}CH(R)\text{—}COO^- \xrightarrow{PhCOCl} \underset{N\text{-苯甲酰化氨基酸}}{Ph\text{—}C(=O)\text{—}NH\text{—}CH(R)\text{—}COOH}$$

杂原子上的苄基常可以通过催化氢化的方法脱除，因此氨基酸的苄酯化-氢解反应在多肽合成中可用于保护羧基。

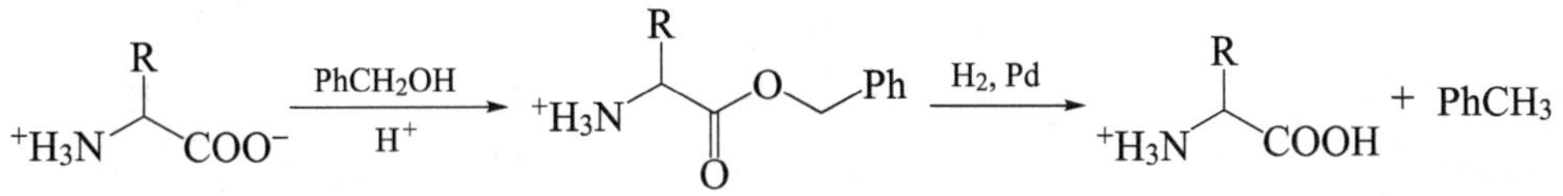

氨基酸和亚硝酸反应生成重氮盐，水解后可生成 α-羟基酸，并放出氮气。通过测定所放出氮气的体积，可计算分子中伯氨基的含量，进而确定分子中所含—NH_2 的个数。脯氨酸由于不含伯氨基，不与亚硝酸反应。

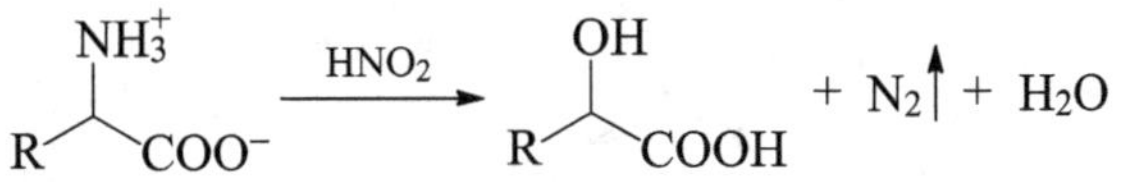

氨基酸的羧基在加热或酶存在下容易发生脱羧，得到胺类化合物。例如，组氨酸的脱羧产物组胺是重要的生理活性物质；精氨酸和赖氨酸脱羧后得到的二胺则是生命体腐败产生气味的主要来源。

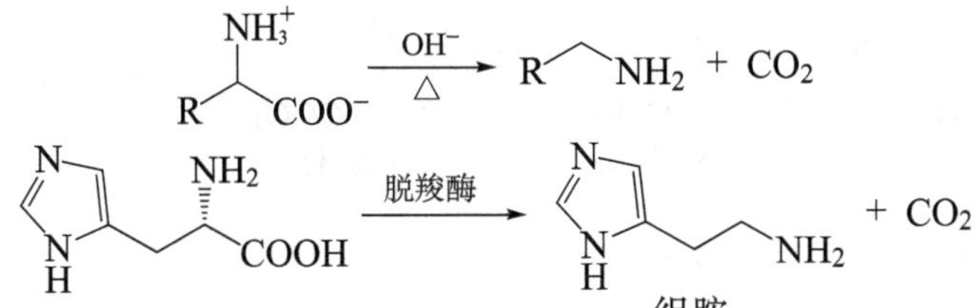

组胺

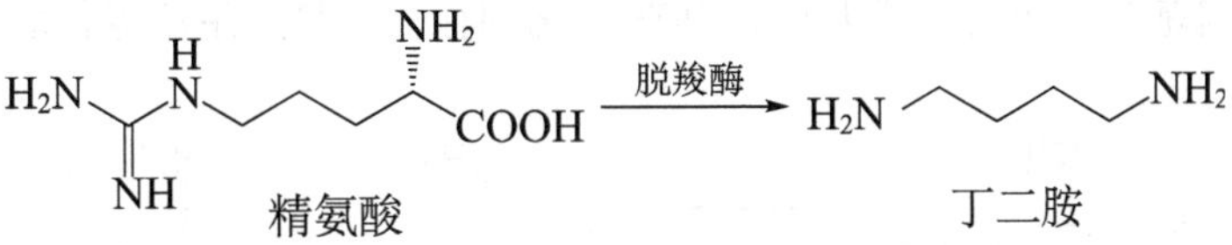

精氨酸

丁二胺

16.1.3.2 加热脱水

α-氨基酸受热可发生脱水生成交酰胺，结构类似交酯。

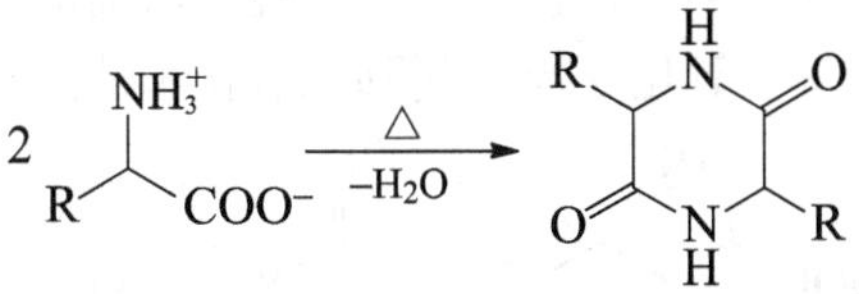

二酮吡嗪(交酰胺)

当氨基和羧基相距四个碳原子以上时，可发生分子间脱水生成聚酰胺。

16.1.3.3 与茚三酮的反应

α-氨基酸与水合茚三酮反应会生成一个有色物质，可用于纸色谱中氨基酸的显色。实际上，水合茚三酮与任何含有游离氨基的物质均可发生氧化还原作用，并产生有色物质。

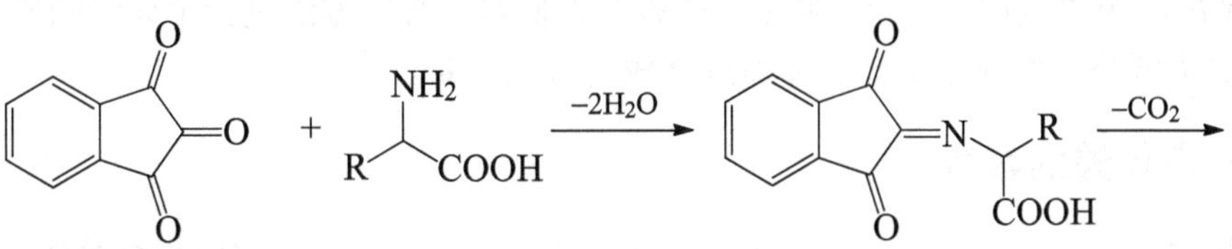

茚三酮

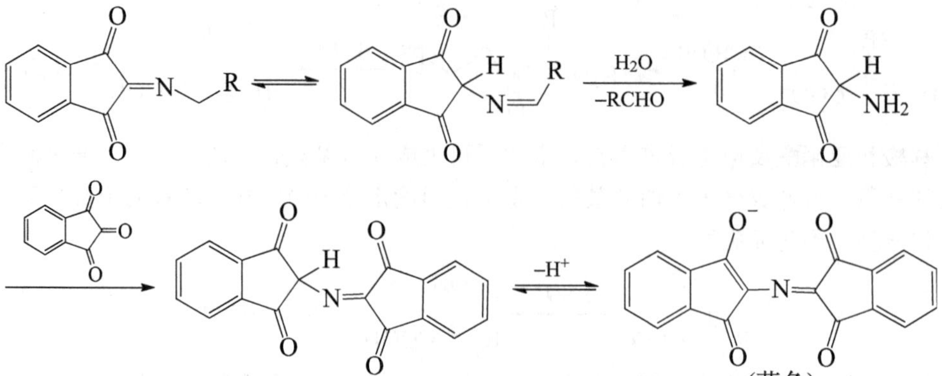

(蓝色)

以上反应中，α-氨基酸的脱氨基、脱羧基的过程，实际上是 α-氨基酸在生物体内的一个重要的生物氧化降解过程。

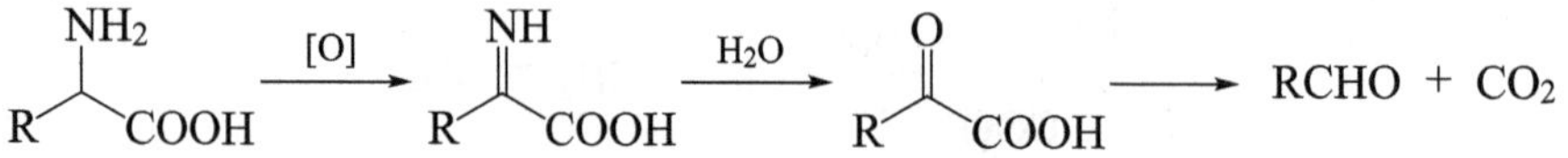

α-亚氨基酸　　α-酮酸

16.1.3.4　半胱氨酸的氧化反应

半胱氨酸的巯基是一个还原性基团，其在氧化剂存在下易发生脱氢偶联生成二硫键，从而得到胱氨酸。

半胱氨酸　　胱氨酸

这个反应对于蛋白质的三级结构非常重要。在蛋白质中，相隔较远的，甚至来自不同肽链的两个半胱氨酸可以通过二硫键连接，使蛋白质折叠为所需的构象。另外，细胞中的重要还原剂谷胱甘肽也是通过其巯基的氧化还原，起到抗氧化和清除自由基的作用。

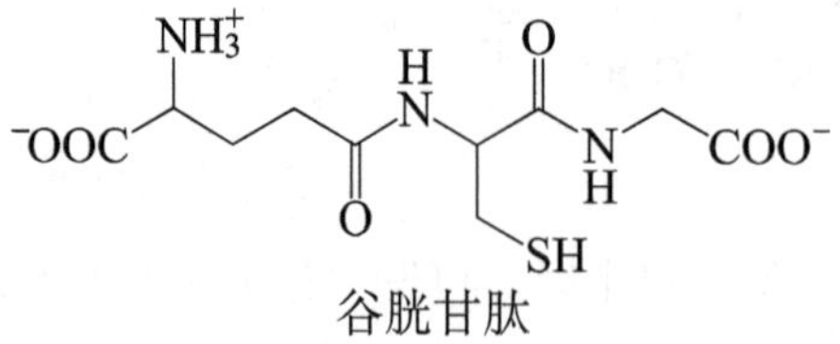

谷胱甘肽

16.2　氨基酸的制备

α-氨基酸是组成蛋白质的重要物质，这激发人们对其合成方法进行了详细的研究。目前，除了蛋白质水解外，大部分氨基酸都通过合成的方法制备。

16.2.1　α-卤代酸的氨解

羧酸和卤素反应得到的 α-卤代酸（见 10.4.1 小节）可以通过氨解或与叠氮化物反应后还原来制备 α-氨基酸。

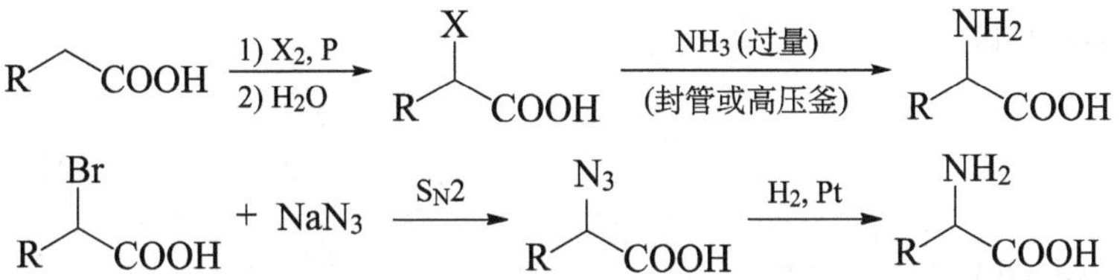

受羧基吸电性的影响，α-氨基酸中氨基的碱性已经很弱，一般不会进一步与第二分子的卤代酸反应。但该方法仍然由于产率较低而不常用。通过盖布瑞尔（Gabriel）伯胺合成法（见11.4.1.3 小节）可以更高效地合成氨基酸，且产物易于纯化。

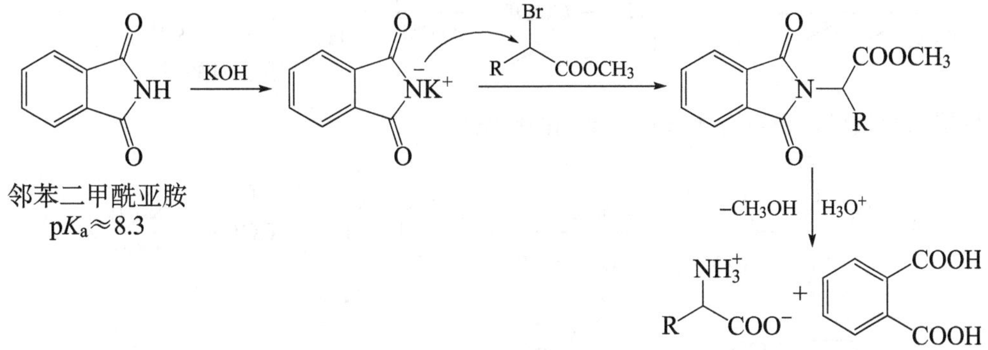

邻苯二甲酰亚胺
$pK_a \approx 8.3$

16.2.2　丙二酸酯法

在丙二酸酯分子中导入乙酰氨基后，利用其 α-H 的酸性，在碱性条件下与卤代烃或羰基化合物发生亲核取代或亲核加成反应，可制得多种氨基酸。

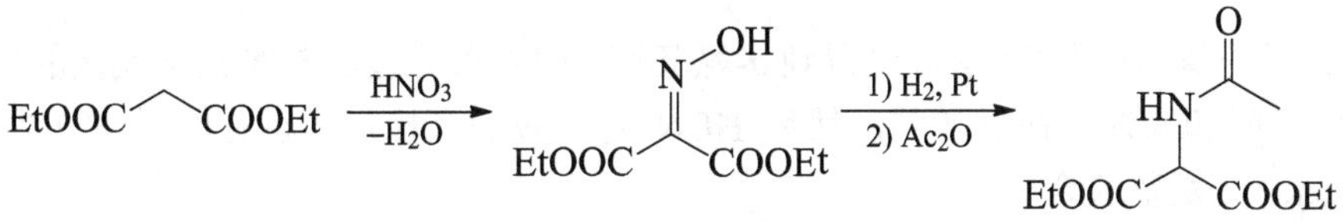

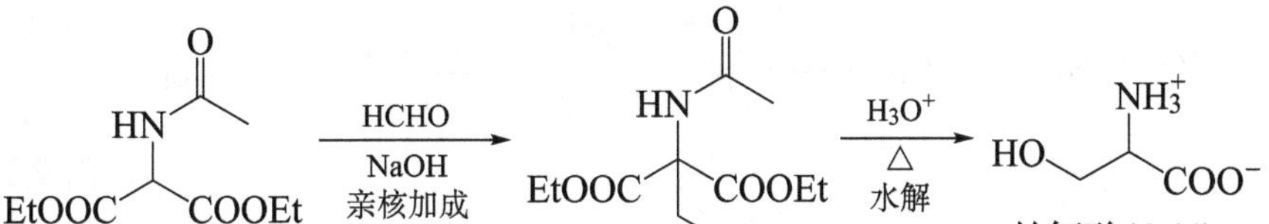

丝氨酸(65%)

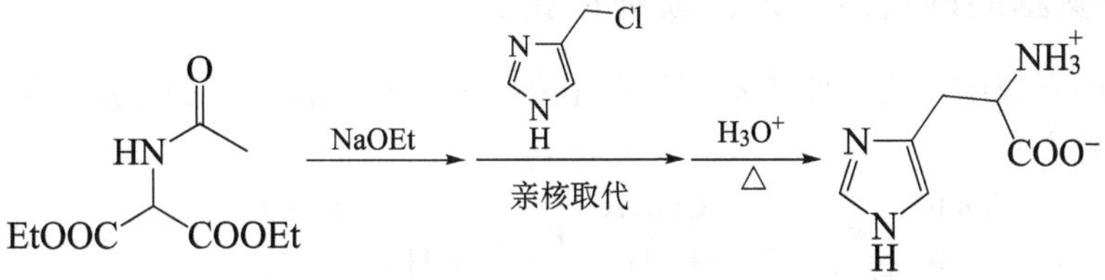

组氨酸(35%)

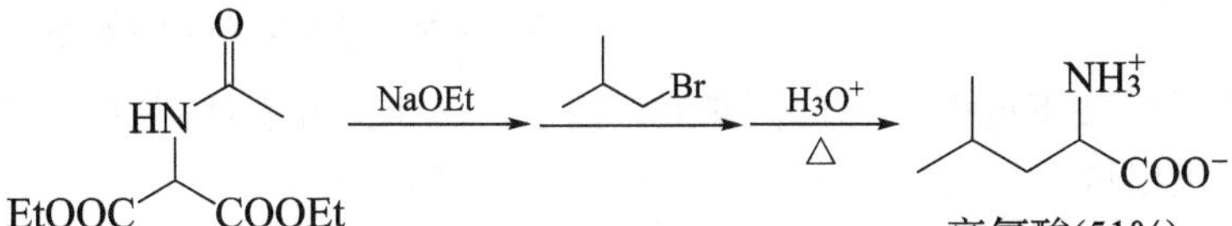

亮氨酸(51%)

除了用乙酰氨基，也可通过盖布瑞尔伯胺合成法在丙二酸酯中引入邻苯二甲酰亚胺基，

也可制得多种 α-氨基酸。

$$EtOOC\text{-}CH_2\text{-}COOEt \xrightarrow{Br_2/CCl_4} EtOOC\text{-}CH(Br)\text{-}COOEt \xrightarrow{\text{邻苯二甲酰亚胺钾 } (N^-K^+)} \text{PhthN-}CH(COOEt)_2$$

溴代丙二酸酯

$$\text{PhthN-}CH(COOEt)_2 \xrightarrow[2)\ Cl\text{-}CH_2CH_2\text{-}S\text{-}CH_3]{1)\ NaOEt} \text{PhthN-}C(COOEt)_2\text{-}CH_2CH_2SCH_3 \xrightarrow[2)\ HCl]{1)\ NaOH} H_3\overset{+}{N}\text{-}CH(COO^-)\text{-}CH_2CH_2SCH_3$$

甲硫氨酸

使用二卤代烃，还可合成含亚胺基团的脯氨酸。

$$\text{PhthN-}CH(COOEt)_2 \xrightarrow[2)\ Br\text{-}CH_2CH_2CH_2\text{-}Br]{1)\ NaOEt} \text{PhthN-}C(COOEt)_2\text{-}CH_2CH_2CH_2Br \xrightarrow[EtOH]{NaOH}$$

$$Br\text{-}CH_2CH_2CH_2\text{-}C(NH_2)(COO^-)_2 \longrightarrow \text{吡咯烷-2,2-二羧酸根 }(COO^-)_2 \xrightarrow[-CO_2]{H_3O^+} \text{吡咯烷}(\overset{+}{N}H_2)\text{-2-}COO^-$$

脯氨酸

16.2.3 斯特雷克氨基酸合成法

通过 α-氨基腈（α-氰胺）水解可得到 α-氨基酸，前者可通过醛与氢氰酸及氨的反应得到，此反应是经过醛和氨缩合得到亚胺，然后 HCN 对亚胺的亲核加成进行的。该方法称为斯特雷克（Strecker）氨基酸合成法。

$$Ph\text{-}CH_2\text{-}CHO + NH_3 + HCN \longrightarrow Ph\text{-}CH_2\text{-}CH(NH_2)\text{-}CN \xrightarrow[2)\ H^+]{1)\ NaOH/H_2O,\ \triangle} Ph\text{-}CH_2\text{-}CH(NH_2)\text{-}COOH$$

苯丙氨酸

16.2.4 手性氨基酸的合成及外消旋体的拆分

在氨基酸的合成中，从手性的 α-卤代酸出发，若经过立体专一的 S_N2 反应，可以得到构型翻转的氨基酸产物。

$$H\text{-}C(COOH)(CH_3)\text{-}Br \xrightarrow[S_N2]{N_3^-} N_3\text{-}C(COOH)(CH_3)\text{-}H \xrightarrow{H_2,\ Pt} H_2N\text{-}C(COOH)(CH_3)\text{-}H$$

S-(+)-丙氨酸或L-(+)-丙氨酸

若从 L-丝氨酸经如下过程合成 L-丙氨酸，由于反应未涉及手性碳原子上共价键的断裂，氨基酸的构型得以保持。

$$\underset{\substack{S\text{-}(-)\text{-丝氨酸}\\ \text{或L-}(-)\text{-丝氨酸}}}{H_2N\text{–}C(COOH)(H)(CH_2OH)} \xrightarrow[HCl]{CH_3OH} H_2N\text{–}C(COOCH_3)(H)(CH_2OH) \xrightarrow{PCl_5} H_2N\text{–}C(COOCH_3)(H)(CH_2Cl) \xrightarrow[2)\ H_2,\ Pt]{1)\ NaOH,\ H_2O} \underset{\substack{S\text{-}(+)\text{-丙氨酸}\\ \text{或L-}(+)\text{-丙氨酸}}}{H_2N\text{–}C(COOH)(H)(CH_3)}$$

学习提示： 从以上反应可以再次看到，构型和旋光方向是没有联系的。L-丙氨酸和 L-丝氨酸虽然都是 L 构型，但旋光方向并不相同。

若使用非手性原料和试剂来合成氨基酸，则产物总是外消旋体。为了得到具有生理活性的 L 型氨基酸，必须使用拆分的方法。

生物拆分法是利用酶对两个对映异构体之间的不同作用。例如，一种来自猪肾中的水解酶，由于其活性中心具有手性，可专一性地催化水解 L 构型的 *N*-乙酰氨基酸。当用该酶催化 *N*-乙酰氨基酸的外消旋混合物的水解时，只有 L 型底物才能反应，从而可将水解产物方便地进行分离。

$$(\pm)\ RCH(\overset{+}{N}H_3)COO^- \xrightarrow{Ac_2O} (\pm)\ RCH(NHAc)COOH \xrightarrow{\text{酰胺水解酶}} \underset{\text{L-氨基酸}}{H_3\overset{+}{N}\text{–}C(COO^-)(H)(R)} + \underset{\text{D-乙酰氨基酸}}{H\text{–}C(COOH)(NHAc)(R)}$$

也可利用化学方法拆分氨基酸，如非对映异构体法（3.5.1.1 小节）。将外消旋丙氨酸的氨基酰化，生成的酸与一个光活性的碱反应，可得到一对非对映异构的盐，利用它们物理性质的差异可实现分离。

$$(\pm)\ CH_3CH(\overset{+}{N}H_3)COO^- \xrightarrow{PhCOCl} (\pm)\ CH_3CH(NHCOPh)COOH \xrightarrow{\text{番木鳖碱 (B)}}$$

$$\rightarrow \underset{\text{(水中溶解)}}{H\text{–}C(COO^-\ BH^+)(NHCOPh)(CH_3)} \xrightarrow{H^+} \xrightarrow[2)\ H^+]{1)\ H_2O,\ OH^-} \underset{\text{D型}}{H\text{–}C(COO^-)(\overset{+}{N}H_3)(CH_3)}$$

$$\rightarrow \underset{\text{(水中不溶解)}}{PhCONH\text{–}C(BH^+\ COO^-)(H)(CH_3)} \xrightarrow{H^+} \xrightarrow[2)\ H^+]{1)\ H_2O,\ OH^-} \underset{\text{L型}}{H_3\overset{+}{N}\text{–}C(COO^-)(H)(CH_3)}$$

16.3 肽

16.3.1 肽的结构和命名

α-氨基酸分子间脱水缩合形成的具有酰胺键的化合物称为肽，肽分子中的酰胺键也称为肽键。由 2 个氨基酸脱水缩合形成二肽，3 个氨基酸形成三肽，多个氨基酸连接则形成多肽乃至蛋白质。虽然多肽和蛋白质之间的界限并不清晰，但多肽一般指分子质量在 10000 Da 以下的多聚氨基酸。

对于一条未成环的肽链，必然各存在一个没有形成肽键的氨基和羧基。其中含游离氨基的一端称为 N 端，含游离羧基的一端则称为 C 端。在肽结构的书写中，常将 N 端写在左边，命名时也是从左至右，从 N 端到 C 端。命名时，用“氨酰”的名称代替相应的氨基酸名称，并保留 C 端氨基酸的原名。例如，前面提到过的谷胱甘肽可以命名为谷氨酰半胱氨酰甘氨酸。对于较多氨基酸组成的肽，这样的命名显然过于复杂，因此常用其英文缩写，从 N 端到 C 端排列即可。

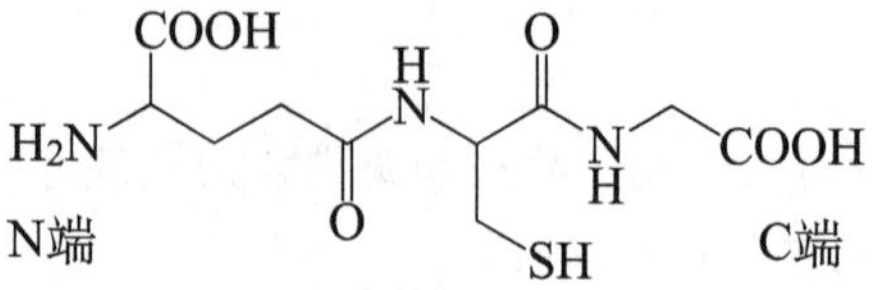

γ-谷氨酰半胱氨酰甘氨酸 (Glu-γ-Cys-Gly)
(谷胱甘肽)

学习提示： 氨基酸一般通过 α 位的氨基和羧基形成肽键。注意，在谷胱甘肽分子中，谷氨酸是通过其侧链的γ-羧基与半胱氨酸的氨基形成的肽键，而非 α-羧基，因此在命名中需要说明。

一些很短的肽也可能具有重要的生理功能，如上述谷胱甘肽。另外，起镇痛作用的脑啡肽属于五肽；脑垂体后叶分泌的催产素和抗利尿激素都是九肽；很多下丘脑分泌的激素也都是不到 10 个氨基酸组成的小肽。

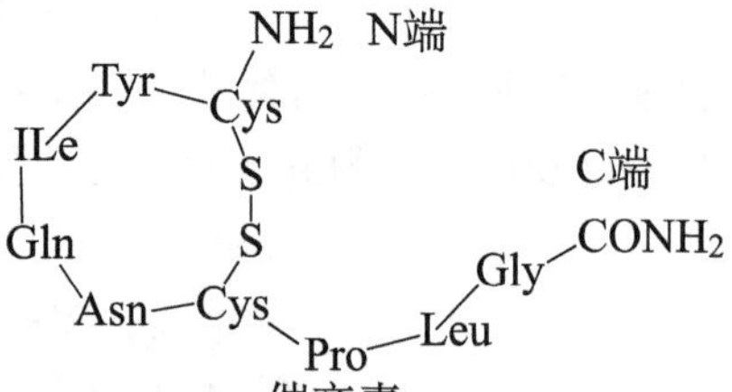

催产素

由胰岛 β 细胞分泌的胰岛素是碳水化合物正常代谢不可或缺的物质，可促进糖原合成和细胞对葡萄糖的利用，抑制肝糖原分解，降低血糖，缺乏胰岛素可能导致糖尿病。胰岛素是由 51 个氨基酸组成的多肽，包含两条肽链，A、B 链通过二硫键连接。1965 年，我国科学家首次实现了对具有生理活性的牛胰岛素的人工合成，是当代有机化学和生物化学领域的一件大事。

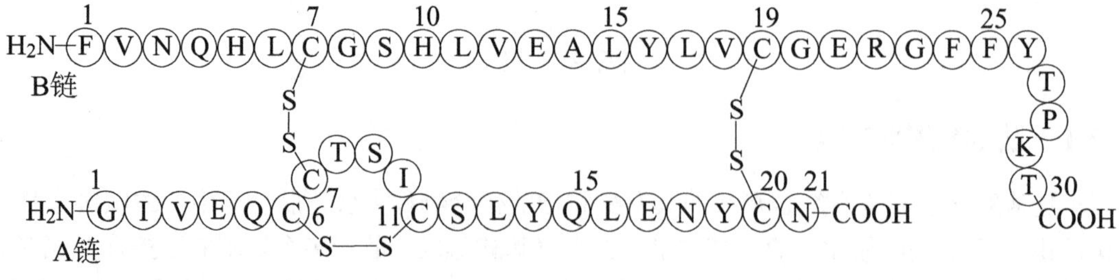

16.3.2　氨基酸序列的测定

多肽结构的测定是一项复杂而细致的工作，一个由 3 个氨基酸组成的开链三肽，就可能有 6 种不同的连接方式。要确定肽链的结构，不仅要知道它是由哪些氨基酸组成，而且要知道这些氨基酸是按什么顺序连接。

16.3.2.1　氨基酸的组成测定

将多肽彻底水解为氨基酸，并经过分离纯化后，可以通过色谱、质谱等方法测定其氨基酸组成。常使用 6 mol/L 盐酸对多肽进行加热处理使其彻底水解。色氨酸在水解时会部分分解，可以经过校正后得到准确结果。如果多肽分子中含有二硫键，可先用过甲酸氧化，使二硫键断裂形成两个磺酸基，再进行水解、测定。

目前已能使用现代仪器——氨基酸分析仪进行自动分析，这种分析仪是利用装有阳离子交换树脂的分离柱实现对氨基酸的分离。水解生成的氨基酸混合物的酸性水溶液通过阳离子交换柱时，阳离子交换树脂中带负电的磺酸根离子与带正电的氨基酸分子通过静电相互作用将氨基酸吸附在阳离子交换树脂上，吸附力的强弱随氨基酸碱性的强弱而不同，碱性越强的氨基酸吸附力越强。然后用一定 pH 的缓冲溶液进行洗脱，即可分离各氨基酸。在分离柱的下端，洗脱液自动地与水合茚三酮混合生成紫色的氨基酸衍生物，通过比色记录各种氨基酸的吸收峰位置和强度，并与已知氨基酸混合物的吸收曲线比较，可定量地测得各氨基酸及其含量。

16.3.2.2　端基分析法

通过测定肽链末端第一个氨基酸的种类，可以对氨基酸序列进行分析。

1. 2, 4-二硝基氟苯法

2, 4-二硝基氟苯（DNFB）能在极缓和的条件下与肽链 N 端的氨基反应，使氨基被 2, 4-二硝基苯基（DNP）修饰。产物经彻底水解后，DNP 取代的氨基酸易于和其他氨基酸分离，通过测定其结构，可以得知 N 端第一个氨基酸的种类。

$$2,4\text{-}(O_2N)_2C_6H_3\text{—F} + H_2N\text{—}\underset{R}{CH}\text{—}\overset{O}{\overset{\|}{C}}\text{—NH—}\underset{R'}{CH}\text{—}\overset{O}{\overset{\|}{C}}\text{—}\cdots$$

$$\xrightarrow{-HF} 2,4\text{-}(O_2N)_2C_6H_3\text{—}\overset{H}{N}\text{—}\underset{R}{CH}\text{—}\overset{O}{\overset{\|}{C}}\text{—NH—}\underset{R'}{CH}\text{—}\overset{O}{\overset{\|}{C}}\text{—}\cdots$$

$$\xrightarrow[\triangle]{H_3O^+} 2,4\text{-}(O_2N)_2C_6H_3\text{—}\overset{H}{N}\text{—}\underset{R}{CH}\text{—}\overset{O}{\overset{\|}{C}}\text{—OH} + \text{各氨基酸混合物}$$

该方法的局限性很明显，即只能测定 N 端第一个氨基酸。因此，要测得整个肽链的氨基酸序列，需要用“逐个脱去、逐一检测”的方法。

2. 异硫氰酸苯酯法

和 DNFB 一样，异硫氰酸苯酯（PITC）也可和 N 端的氨基反应，生成苯胺基硫代甲酸衍生物。后者在有机溶液中用无水 HCl 处理，可发生分子内的亲核加成-消除反应，第一根肽键断裂，生成苯基乙内酰硫脲衍生物和 N 端少一个氨基酸的肽链。鉴定此硫脲衍生物的结构，即可确定 N 端第一个氨基酸。该方法保留了剩下的肽链，因此可以采用相同的过程继续分析 N 端第二个、第三个……氨基酸。该方法符合“逐个脱去、逐一检测”的原则，目前已能用仪器进行自动分析测定。

$$C_6H_5—N=C=S + H_2N—\underset{R}{CH}—\overset{O}{\overset{\|}{C}}—NH—\underset{R'}{CH}—\overset{O}{\overset{\|}{C}}—\cdots$$

$$\xrightarrow[pH=9]{OH^-}$$

$$C_6H_5—NH—\overset{S}{\overset{\|}{C}}—HN—\underset{R}{CH}—\overset{O}{\overset{\|}{C}}—NH—\underset{R'}{CH}—\overset{O}{\overset{\|}{C}}—\cdots \xrightarrow{HCl}$$

苯基乙内酰硫脲 + $NH_2—\underset{R'}{CH}—\overset{O}{\overset{\|}{C}}—\cdots$

少一个氨基酸残基的肽链

3. 羧肽酶法

羧肽酶可以专一地水解靠近游离羧基（即 C 端）的酰胺键，因此可以从 C 端逐个切下氨基酸，通过逐一检测氨基酸的结构，同样可以确定肽的序列。这种降阶方法可用于连续测定具有 5、6 个肽键的多肽。

16.3.2.3　肽链的部分水解

对于一个不太长的肽链，端基分析法是可靠的。肽链较长时，分析结果会受到多种因素的影响而准确度下降，此时需要将长肽链裂解为较短肽链再行分析。采用不同的酶或化学试剂，可以在特定位置裂解多肽链。通过多次反复对一个长肽链进行不同的断裂分析，可达到将整个肽链的氨基酸连接顺序“拼搭”出来的目的。

具有高度专一性的酶水解法是常用的断裂肽链的方法。例如，胰蛋白酶主要断裂强碱性氨基酸（赖氨酸和精氨酸）的羧基端肽键；胰凝乳蛋白酶主要断裂芳香氨基酸（苯丙氨酸、色氨酸和酪氨酸）的羧基端肽键；胃蛋白酶则断裂芳香氨基酸的氨基端肽键，如图 16.1 所示。

胰凝乳蛋白酶

$H_3\overset{+}{N}$-Gly-Arg-Ala-Ser-Phe-Gly-Asn-Lys-Trp-Glu-Val-COO^-

胰蛋白酶

图 16.1　不同的酶切割肽链的位置

学习提示：除了端基分析法，随着分析技术的进步，目前已可以使用各类现代质谱的方法（如串联质谱、基质辅助激光解吸电离质谱等）对氨基酸序列进行测定。另外，由于遗传密码的破译，通过测定蛋白质对应的基因 DNA 碱基序列，也可以推出氨基酸的序列。

16.3.3　多肽的高级结构

测定了多肽分子（或蛋白质分子）中各氨基酸组分及其连接顺序后，仅完成了它们的一级结构测定。一个复杂的多肽或蛋白质分子，它们的生理作用还取决于其空间结构（二级、三级甚至更复杂的结构)。高级结构表明了这些高分子化合物的立体形状。二级结构是指多肽或蛋白质局部的有规律构象；三级结构则是在二级结构基础上肽链的进一步无规则折叠。

肽链的立体构象与酰胺键的性质有关。酰胺键是离域化的键，N 原子通过其孤对电子与羰基双键发生 p-π 共轭，这使得 C—N 键具有部分双键特征，不能自由旋转，并形成类似烯烃平面结构的肽键平面。

$$\left[\ -\overset{\displaystyle O}{\overset{\|}{C}}-\underset{\displaystyle H}{\underset{|}{\ddot{N}}}-\ \longleftrightarrow\ -\overset{\displaystyle O^{-}}{\overset{|}{C}}=\underset{\displaystyle H}{\underset{|}{\overset{+}{N}}}-\ \right]$$

但酰胺键的氮原子和碳原子与氨基酸 α-碳原子形成的单键是可以自由旋转的，若连续数个氨基酸都采取了相同的旋转角度，这段肽链就会形成规则的空间结构，即二级结构。肽链的二级结构可通过氨基的 N—H 和羰基氧原子间的氢键得到稳定化。图 16.2（a）表示肽链的螺旋结构，称为 α 螺旋；而 β 折叠[图 16.2（b）]则是另外一种常见的规则结构，肽链“伸直”成锯齿状，再通过氢键和邻肽链相连，形成折扇面状的结构。这是两种最为常见的二级结构。

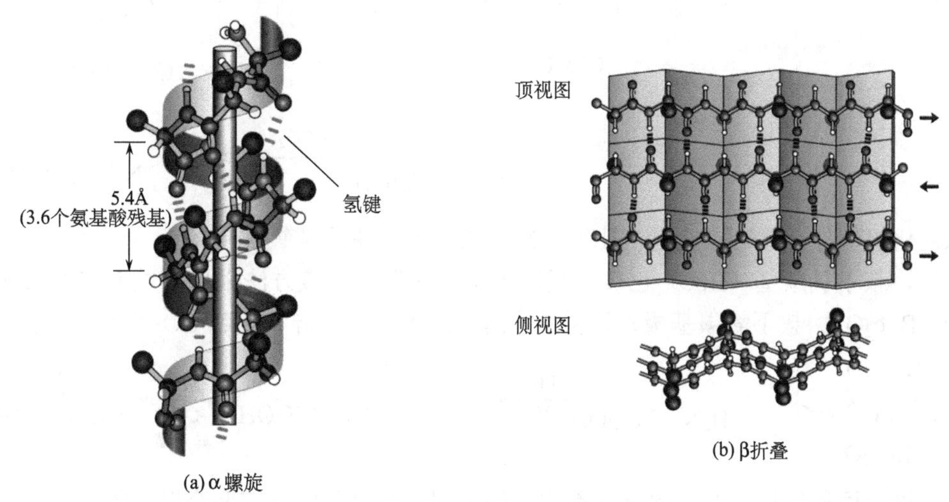

(a) α 螺旋　(b) β折叠

图 16.2　α 螺旋和反平行 β 折叠结构

资料来源：Nelson D L, Cox M M. Lehninger Principles of Biochemistry. 5 th ed. New York: W. H. Freeman and Company, 2008

16.3.4　肽的合成

多肽分子中各氨基酸是按一定顺序连接的，因此也必须严格地按顺序合成。另外，合成需要在相对温和的条件下进行，否则手性氨基酸会发生消旋化而失去其应有的活性。每个 α-氨基酸分子中都既有氨基又有羧基。为了使酰胺键定向地生成，必须合理地使用保护基团将不希望反应的氨基和羧基保护起来，待所需肽键形成后再去掉保护基。例如，要合成甘氨酰丙氨酸，就需要先保护甘氨酸的氨基和丙氨酸的羧基。

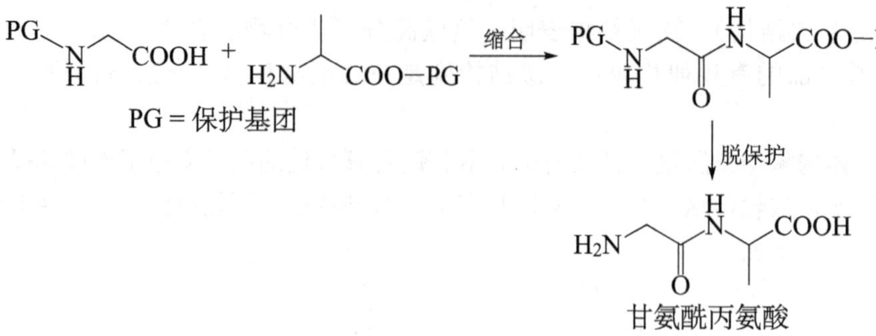

PG = 保护基团

甘氨酰丙氨酸

16.3.4.1 氨基的保护

常采用形成氨基甲酸酯的方法来保护氨基，因为其较易进行脱保护。苄氧羰酰氯（氯甲酸苄酯）可通过苄醇和光气反应得到，其和氨基反应，得到苄氧羰基（可简写为 Cbz 或 Z）保护的氨基酸。苄氧羰基可通过氢解脱除。

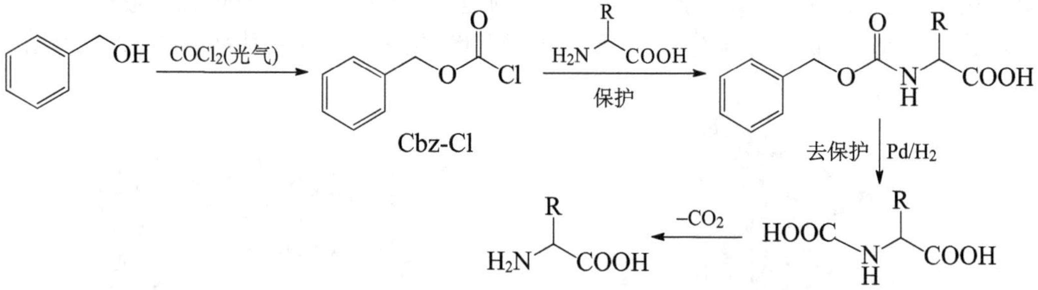

Cbz-Cl

除催化氢解外，还可以通过溴化氢在冷乙酸中水解脱除苄氧羰基。

另外，叔丁氧羰基（Boc）也被广泛用于氨基的保护，该方法采用的试剂称为二碳酸二叔丁酯（Boc_2O）。叔丁氧羰基极易被稀酸水解，脱去一分子异丁烯和 CO_2 实现去保护。

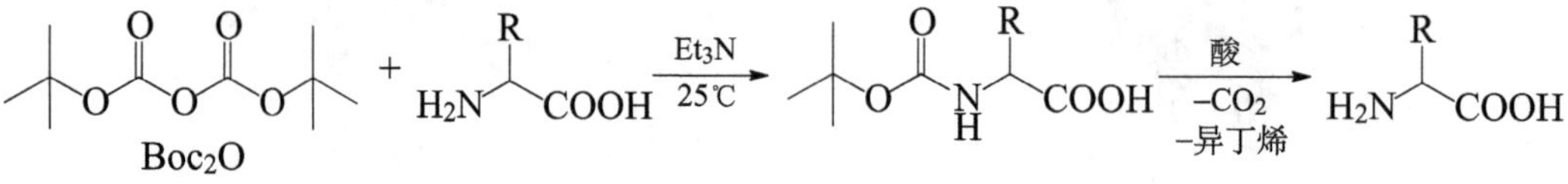

Boc_2O

由于以上两种保护基的脱除方法不同，如果同一个分子中存在两个以上的氨基，将其分别用苄氧羰基和叔丁氧羰基保护后，采用不同的脱除方法，可以选择性地保留某一种保护基。

16.3.4.2 羧基及侧链活性基团的保护

羧基一般采用成酯的方法保护，甲醇、乙醇或苄醇都是常用的羟基类试剂。羧酸酯比酰胺更易水解，在稀碱溶液中室温下就能完成脱保护，且不影响酰胺键。苄酯还可用催化氢解的方法分解脱除。因此，催化氢解可以同时脱除保护氨基的苄氧羰基和保护羧基的苄酯。

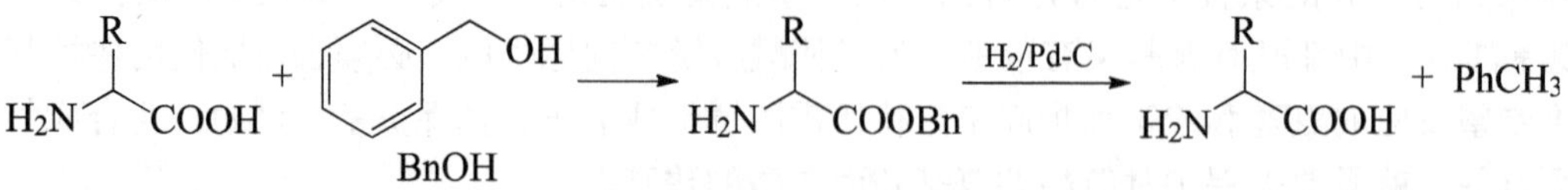

BnOH

氨基酸侧链上还可能存在诸如羟基、巯基、氨基等活性基团，也需要视情况进行保护。巯基易发生氧化形成二硫键，因此常用苄卤与其反应生成苯甲硫醚进行保护，合成结束后用

Na/液氨还原去掉保护基。

16.3.4.3　肽键的形成

羧酸并不是好的酰化试剂，难以和氨基形成酰胺，因此在进行缩合反应制备肽键时，需要设法使羧基活化。在合成肽的早期研究中，常用的方法是将羧酸与 $SOCl_2$ 反应生成酰氯。但酰氯过于活泼，容易引起副反应，因此需要寻找其他更为适合的方法。

1. 混合酸酐法

使用氯甲酸乙酯可将羧酸转化为混合酸酐，从而使羧基活化。活化后的 *N*-保护氨基酸可与未保护的另一氨基酸分子的氨基反应。混合酸酐的活性远高于羧基，因此不用担心另一分子氨基酸会发生自身羧基和氨基的缩合。

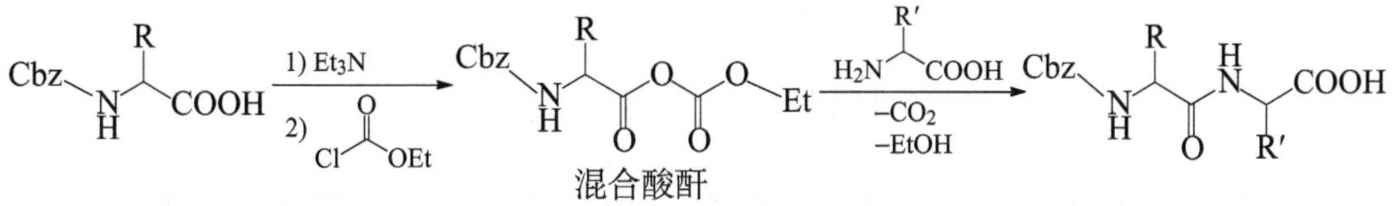

混合酸酐

2. 叠氮法

酰基叠氮化物的活性比酰卤低，但比酯活泼。通过将羧基转化为酰基叠氮化物与胺（或羟基）偶联可得到酰胺（或酯）。

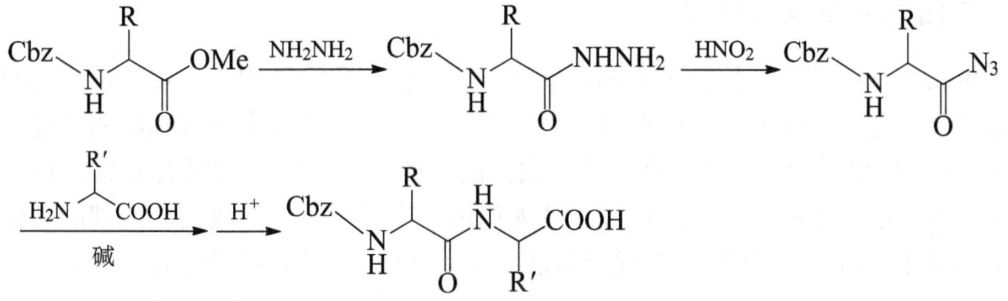

3. 碳二亚胺法

二环己基碳二亚胺（DCC）是常见的羧酸与胺缩合的活化剂。羧酸与 DCC 反应生成的异脲酯是一个活泼的羧酸衍生物，其活性类似于酸酐或酰卤，可直接与胺反应生成酰胺。反应机理如下：

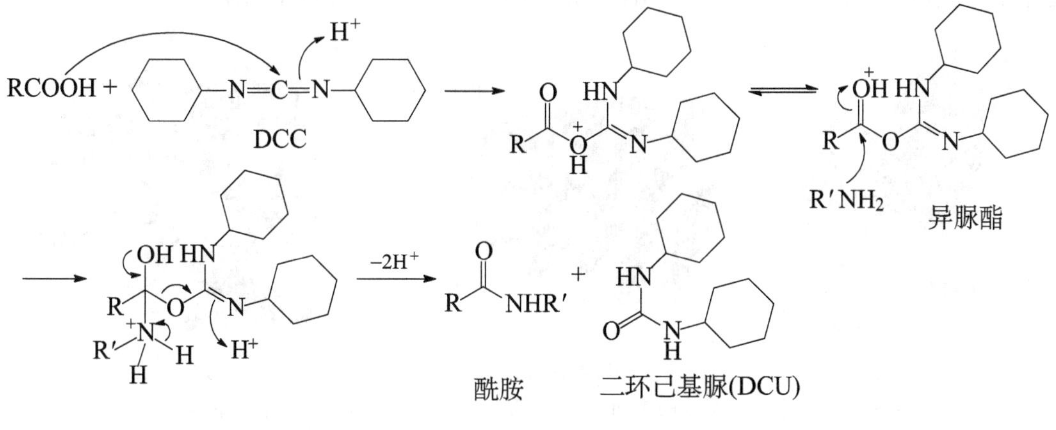

DCC

异脲酯

酰胺　二环己基脲(DCU)

在 DCC 存在下，羧基和氨基可以直接反应得到酰胺，而无须像上两种方法一样对羧基先进行处理。因此，使用该方法必须预先保护氨基酸中其余的羧基和氨基。

$$\text{Z-NH-CH(R)-COOH} + \text{H}_2\text{N-CH(R}'\text{)-COOBn} \xrightarrow{\text{DCC}} \xrightarrow[\text{HOAc，脱苄基保护}]{\text{H}_2\text{, Pd-C}} \text{H}_2\text{N-CH(R)-CO-NH-CH(R}'\text{)-COOH}$$

4. 环酐法

将氨基酸中的氨基甲酰化后再转化为环酐，可制得多种氨基酸聚合物。

$$\text{H}_2\text{N-CH(R)-COOH} \xrightarrow{\text{COCl}_2} \text{(环酐)} \xrightarrow[\text{0℃, pH=10；2) }-\text{CO}_2]{\text{1) H}_2\text{N-CH(R}'\text{)-COOH}} \text{H}_2\text{N-CH(R)-CO-NH-CH(R}'\text{)-COOH}$$

16.4　蛋　白　质

如前所述，蛋白质和多肽之间并无严格区分。由 51 个氨基酸组成的胰岛素是一个多肽，也可以认为它是一个简单蛋白质。蛋白质分子中所含的氨基酸种类虽不多（用于合成蛋白质的氨基酸只有 20 种），但蛋白质种类繁多，生物功能也极其多样化。

16.4.1　蛋白质的结构和分类

由于蛋白质是肽链无规折叠形成的，要完全了解蛋白质的结构是一项非常艰巨的工作。化学试剂或物理因素，如加热、振荡等，都会使蛋白质的结构发生某种程度的变化，给研究工作带来困难。随着科学技术的发展和现代仪器的使用，测定蛋白质的结构已成为可能。1960 年，X 射线衍射法用于肌红蛋白的研究，使人们第一次看到了一个蛋白质内部的立体结构。1971 年，我国科学工作者也用 X 射线衍射法测定了猪胰岛素的晶体结构。

蛋白质结构虽然比多肽更为复杂，但其基本结构仍是氨基酸连接而成的肽链，这些肽链同样具有空间二级结构和三级结构。例如，毛发、爪蹄、羽毛等的角蛋白中，其多肽链多采用 α 螺旋的二级结构，甚至整条肽链的三级结构等同其二级结构。在丝心蛋白中，则普遍存在 β 折叠的二级结构。球蛋白则具有较为复杂的三级结构。一些蛋白质是由多条肽链组成，肽链之间还可以通过各种相互作用形成更为复杂的四级结构。图 16.3 表明了某些蛋白质的结构形象。

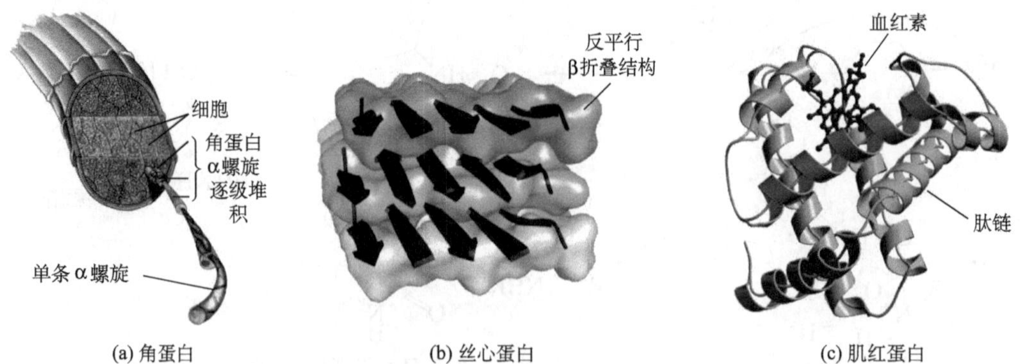

(a) 角蛋白　　(b) 丝心蛋白　　(c) 肌红蛋白

图 16.3　角蛋白（头发横截面）、丝心蛋白和肌红蛋白（属球蛋白）的结构

资料来源：Nelson D L, Cox M M. Lehninger Principles of Biochemistry. 5th ed. New York: W. H. Freeman and Company, 2008

在对蛋白质的结构了解得还不十分清楚的情况下，蛋白质的分类一般是根据其形状、溶解度或化学组成来进行。

根据蛋白质分子的形状，可以将其分为纤维蛋白和球蛋白。纤维蛋白具有较高的强度和柔韧度，其结构由较为单一的二级结构组成，通常起支撑、定形和外部保护的功能，不溶于水，如角蛋白、胶原蛋白、丝心蛋白等。而球蛋白则具有更为复杂的三级结构，氨基酸残基的侧链通过疏水相互作用使分子折叠、卷曲成球形。大多数具有特殊功能的蛋白，如酶蛋白、调控蛋白、运载蛋白等都是球蛋白，它们在水中具有一定的溶解度。图 16.3（a）、（b）表示了纤维蛋白的典型结构，图 16.3（c）表示了球蛋白的典型结构。

根据蛋白质的化学组成，可将其分为单纯蛋白和结合蛋白。单纯蛋白仅由 α-氨基酸组成；而结合蛋白除了肽链以外，还结合着其他非氨基酸组分，称为辅基。辅基可以是糖、脂质、血红素、核酸、磷酸以及金属离子等，相应的蛋白质也称为糖蛋白、脂蛋白、血红蛋白、核蛋白、磷蛋白等。例如，血红蛋白就是由肽链和血红素结合而成的；免疫球蛋白 G 属于糖蛋白；乙醇脱氢酶结合了锌离子，等等。结合蛋白中的辅基往往是蛋白质发挥其功能的重要决定成分。

16.4.2　蛋白质的性质

蛋白质分子很大，其水溶液具有胶体性质。蛋白质分子不能透过半透膜，可利用此性质进行透析分离以除去蛋白质溶液中的低分子化合物或无机盐。

除了游离的氨基端和羧基端，蛋白质分子中的氨基酸侧链上也有很多酸/碱性的基团，这使得蛋白质和氨基酸一样，具有两性和等电点。蛋白质结构不同，其酸碱性和等电点也不同。在等电点时，蛋白质分子呈电中性，在电场中没有净迁移，此时蛋白质的溶解度也最小。因此，可通过调节溶液的 pH 至等电点，使蛋白质从溶液中析出而达到分离、纯化的目的。

蛋白质的溶解度随溶液中盐浓度（离子强度）的变化很大。蛋白质在纯水中一般溶解度很低，当离子强度开始增加时，其溶解度也增加，因为越来越多的水合无机离子结合在蛋白质表面，阻止了蛋白质分子间的聚集。但若持续增大离子强度，盐分子会将蛋白质分子周围的水分子夺去，导致蛋白质分子的聚集析出，称为盐析。因此，向提取物中加入无机盐（如硫酸铵）可使蛋白质析出。

许多蛋白质在受热、极端 pH 或化学试剂作用下会逐渐丧失其天然的三级结构，并导致生理功能的丧失，这称为蛋白质的变性。变性后的蛋白质常常溶解度降低，并发生不可逆沉淀。蛋白质变性的特征是功能的丧失，可以想象，三级结构复杂的蛋白质，其功能是建立在肽链的高度折叠的基础上，这些蛋白质容易发生变性。但对于没有明确三级结构的简单多肽或寡肽，反而不会发生变性作用。

蛋白质分子中一些氨基酸的侧链基团可以和不同的试剂发生某些特殊的颜色反应，利用这些反应可以鉴别蛋白质。例如，酪氨酸的酚羟基与重氮化合物反应得到橙黄色物质；半胱氨酸的巯基可与亚硝基铁氰化钠反应得到红色物质等。

16.4.3　酶和辅酶

在生物化学反应中，酶起着重要的催化作用，酶在生物体内的特殊催化功能构成了生命活动的基础。除了少量具有催化作用的 RNA，几乎所有的酶都是蛋白质，它们可以是单纯蛋白，也可以是结合蛋白。酶和化学催化剂一样，通过降低反应的活化能来提高反应的速率。但和化学催化剂不同的是，酶具有高效性、专一性、条件温和等特点，另外，酶在体内的催化反应还受到高度的调控。

很多酶如氧化还原酶和转移酶都是结合蛋白，它们在发挥其催化效能时，都需要有一个辅助因子参与反应。这些辅助因子可以是有机小分子（称为辅酶），也可以是金属离子。在这些酶催化反应时，酶的多肽链部分由于其特殊构象，起到了决定底物专一性的作用；而辅助因子则一般直接参与催化反应，决定了反应的类型。

辅酶的种类很多，很多维生素都是重要的辅酶或辅酶的结构组成部分。在医药上常用某些辅酶作为口服或注射剂，以补充人体内的辅酶，提高机体内某些酶的活性，调节代谢。例如，辅酶 A（CoA）是一种含有泛酸（维生素 B_5）的辅酶，在某些酶促反应中作为乙酰基的载体。它是由泛酸、腺嘌呤、核糖核酸、磷酸等组成的较大分子，其巯基易被乙酰化生成乙酰辅酶 A，从而进入氧化过程。辅酶 A 的分离和结构测定，是近代有机化学的一项重要成就，现已知道所有通过二碳原子的生物合成都要以辅酶 A 作为媒介（见 17.5 节）。

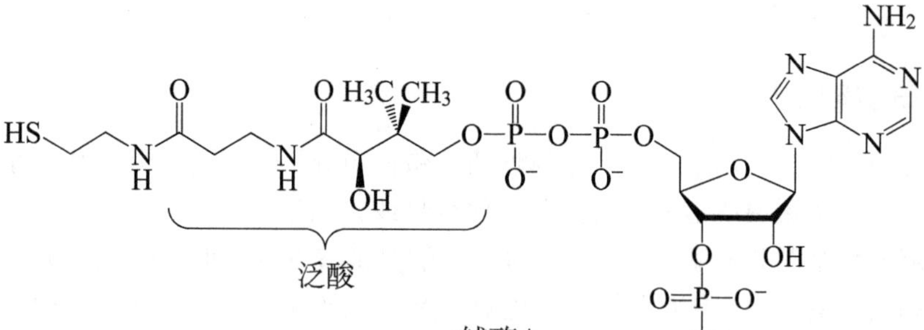

泛酸

辅酶A

在氧化还原酶中，烟酰胺腺嘌呤二核苷酸（简称 NAD^+）是起着生物体内氧化还原作用的重要辅酶。它能接受氢负离子，形成还原态辅酶 NADH，同时氧化底物。

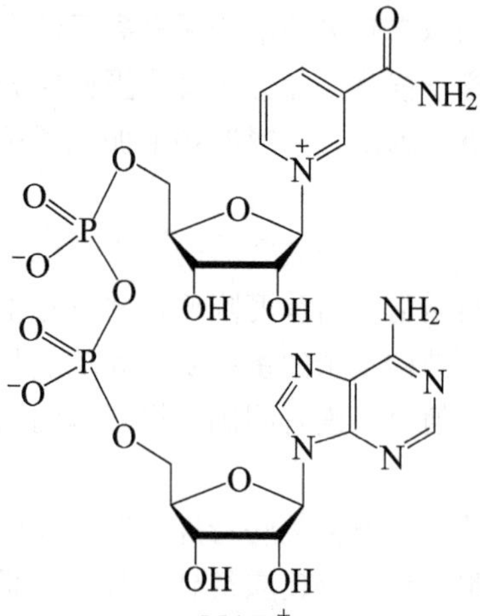

NAD^+

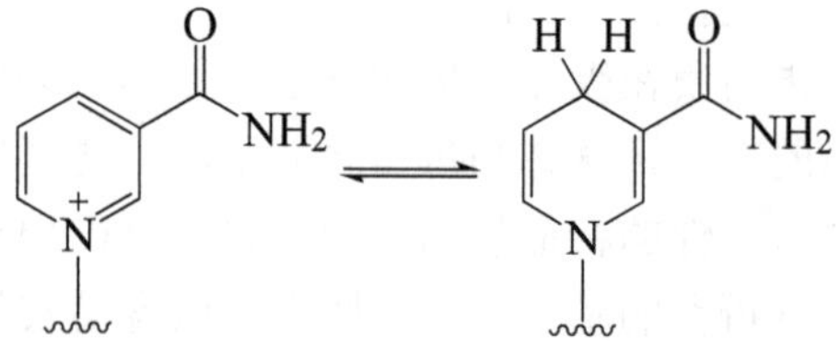

氧化型
(NAD^+)

还原型
(NADH)

16.5　核　　酸

核酸与蛋白质都是所有生物最基本的成分之一，是生命活动的重要物质基础。更重要的是，核酸作为遗传的物质基础，还具有储存和传递遗传信息的功能。

16.5.1　核酸的结构组成

在细胞中，核酸和蛋白质结合形成核蛋白。核酸可被酸水解，彻底水解产物为杂环碱基（嘌呤和嘧啶）、戊糖（核糖或脱氧核糖）及磷酸的混合物。

核蛋白 { 蛋白质；核酸 ⟶ 核苷酸 { 核苷 { 核糖或脱氧核糖；碱基 }；磷酸 } }

16.5.1.1　核糖的结构

根据组成核酸的戊糖是核糖或是脱氧核糖，核酸分为核糖核酸（简称 RNA）或脱氧核糖核酸（简称 DNA）两种。它们在核酸中均为β-呋喃环型。

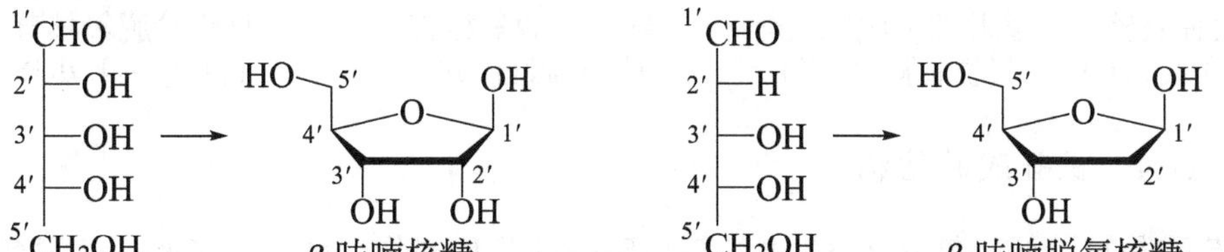

β-呋喃核糖　　β-呋喃脱氧核糖

在环状的戊糖分子中，糖环并非在同一平面，2′ 位和 3′ 位的碳原子会偏离平面，并由此可形成不同的核酸立体构象。

16.5.1.2　碱基的结构

RNA 水解得到的碱基有胞嘧啶、尿嘧啶、腺嘌呤、鸟嘌呤四种，而 DNA 中含有胸腺嘧啶，不含尿嘧啶。无论是嘌呤还是嘧啶，在生理条件下均以酮式为主。嘌呤和嘧啶环均为平面的芳香杂环。

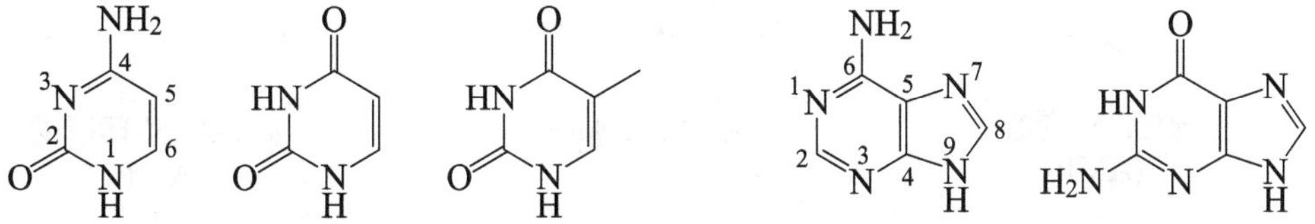

胞嘧啶 (cytosine)　尿嘧啶 (uracil)　胸腺嘧啶 (thymine)　腺嘌呤 (adenine)　鸟嘌呤 (guanine)

所有的碱基都有紫外吸收，核酸在约 260 nm 附近强的特征吸收即来自碱基的贡献。嘌呤因为其具有更大的芳环，吸收强于嘧啶。

16.5.1.3　核苷与脱氧核苷

核苷是核糖和碱基组合而成的，核糖的 1′ 位羟基（半缩醛羟基）与嘧啶的 1 位或嘌呤的 9 位形成β-氮苷键。RNA 中的核苷有以下四种：

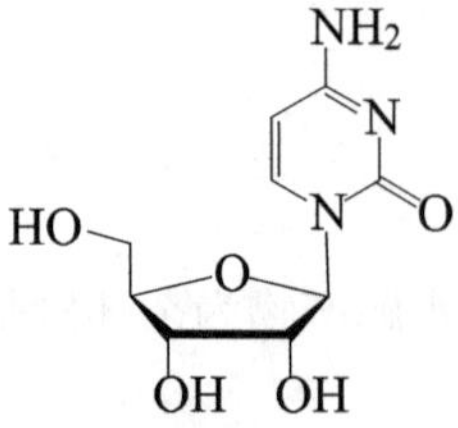

胞嘧啶核苷
(胞苷, C)

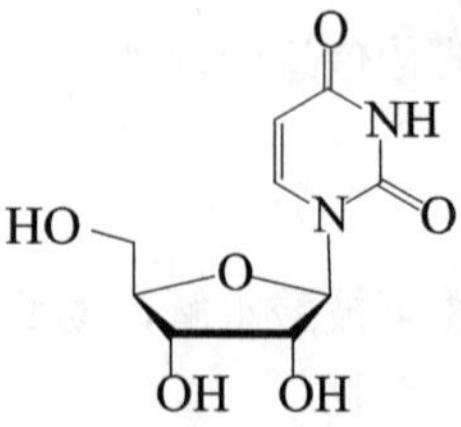

尿嘧啶核苷
(尿苷, U)

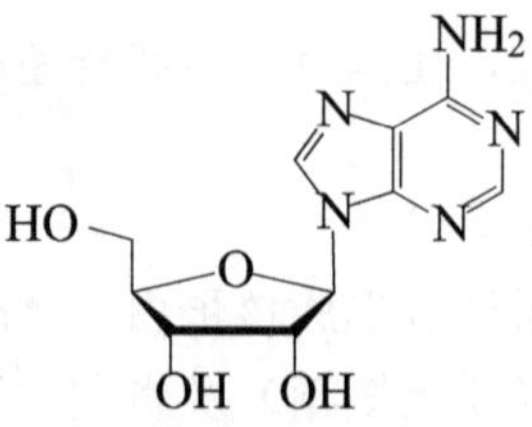

腺嘌呤核苷
(腺苷, A)

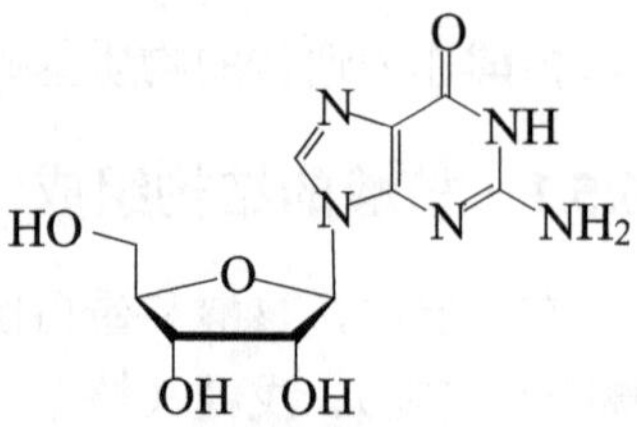

鸟嘌呤核苷
(鸟苷, G)

脱氧核苷则是脱氧核糖和碱基以相同方式组合而成，DNA 中的核苷有以下四种：

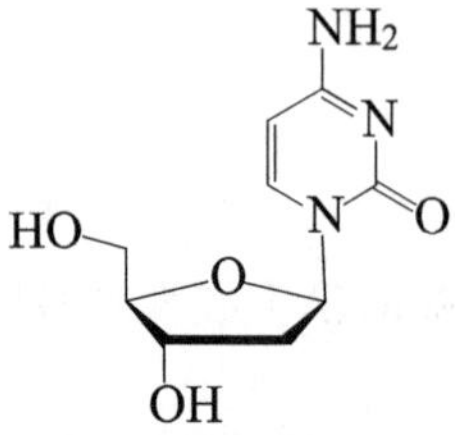

胞嘧啶脱氧核苷
(脱氧胞苷, dC)

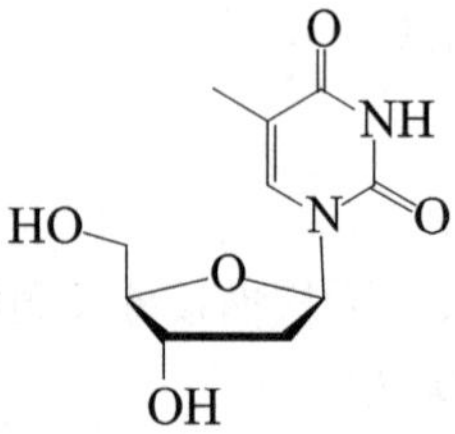

胸腺嘧啶脱氧核苷
(脱氧胸苷, dT)

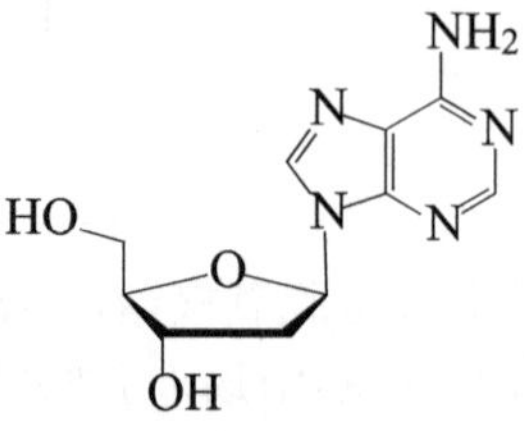

腺嘌呤脱氧核苷
(脱氧腺苷, dA)

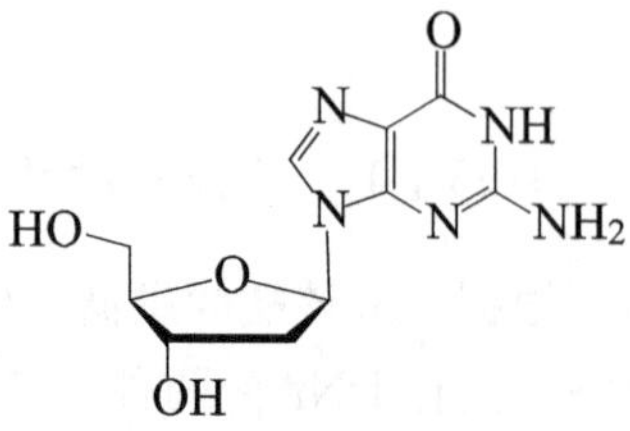

鸟嘌呤脱氧核苷
(脱氧鸟苷, dG)

16.5.1.4 核苷酸的结构

核苷酸是核苷通过糖基上 5′ 位羟基与磷酸的酯化产物。磷酸除了和 5′ 位羟基连接，也可以和 3′ 位甚至 2′ 位羟基酯化连接，还可以和 2′, 3′-羟基或 3′, 5′-羟基形成环状的磷酸二酯结构。例如，腺苷 3′, 5′-环磷酸（cAMP）是细胞接收外界信号产生响应的重要的“第二信使”。

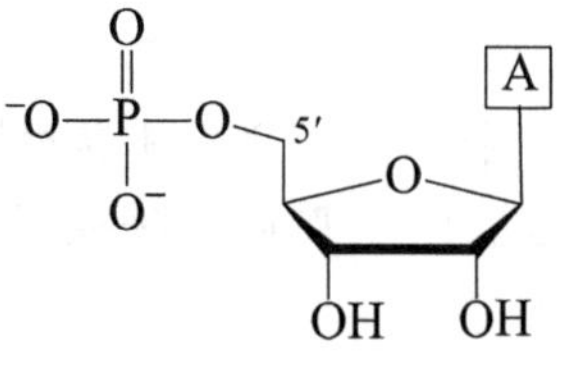

腺苷-5′-磷酸
(AMP)

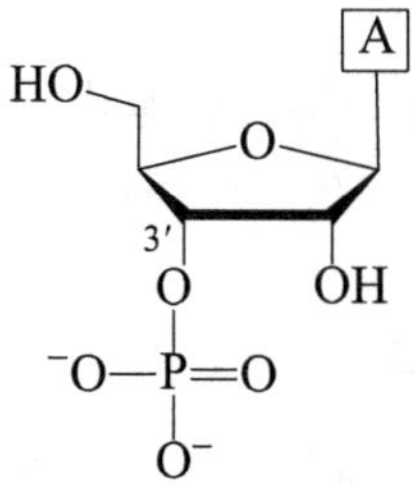

腺苷-3′-磷酸

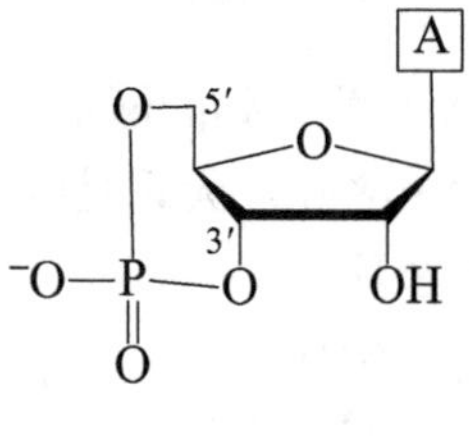

腺苷-3′, 5′-环磷酸
(cAMP)

16.5.1.5 核酸的结构

核酸是由许多核苷酸单元通过 3′, 5′-磷酸二酯键连接而成的高聚物。其中核糖和磷酸单元位于主链，而碱基位于侧链。与蛋白质一样，核酸分子也具有方向，其两端通常根据核糖的结构，用 5′端和 3′端表示。核酸的序列可用从 5′端到 3′端的碱基顺序来表示。例如下列 RNA 片段，可以用“ACGU”来表示。

A　C　G　U

5′端　3′,5′-磷酸二酯键　3′端

体现核酸中各核苷酸单位排列顺序（即碱基顺序）的结构，称为核酸的一级结构。核酸的一级结构可以通过桑格（Sanger）的合成中止法来测定，目前已经实现了仪器自动化。而 DNA 的二级结构则是在 1953 年由沃森（Watson）和克里克（Crick）受富兰克林（Franklin）对 DNA 测定的 X 射线衍射图的启发所确定，即 DNA 通常采用两条链反平行的双螺旋结构，主链在外侧，而碱基通过氢键互补配对，位于双螺旋的内侧（图 16.4）。

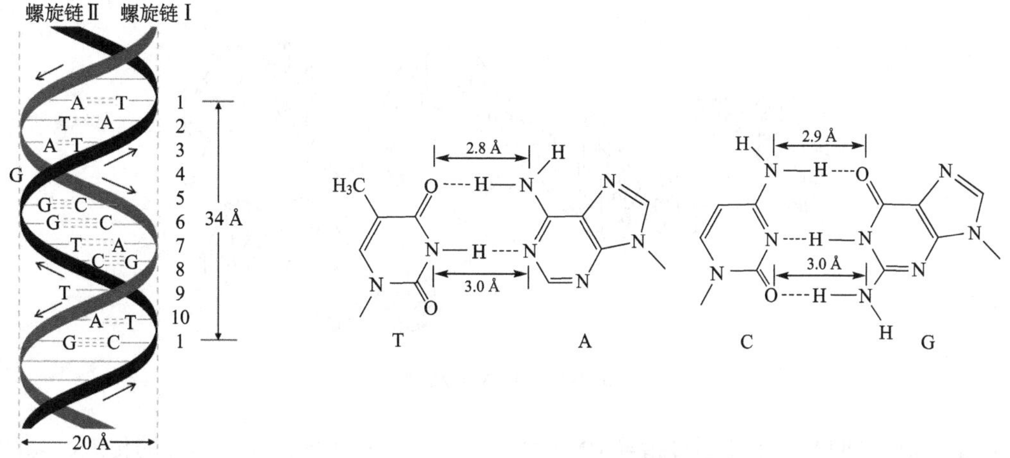

图 16.4　B 型 DNA 的双螺旋模型和碱基互补配对

在 DNA 分子中，腺嘌呤（A）和胸腺嘧啶（T）、鸟嘌呤（G）和胞嘧啶（C）通过氢键互补配对（图 16.4），因此 A 和 T 的数量相等，G 和 C 的数量相等，嘌呤和嘧啶的数量也相等。碱基以氢键“配对”和双螺旋概念的提出具有极重要的意义，它把遗传的机制提高到了分子水平上。

学习提示： 实际上，以上碱基数量的规则是查戈夫（Chargaff）在 DNA 双螺旋模型发现之前提出的。沃森和克里克发现双螺旋结构同样也受此启发。

DNA 分子相当巨大，通常由几十万至上亿个核苷酸组成，在电子显微镜下也能看到其形状。例如，人类基因组由 46 条染色体组成，其 DNA 含有接近 31 亿个碱基对，总长度超过 2 m。要将这样尺寸的 DNA 分子压缩进细胞核，需要组蛋白的参与。组蛋白含有大量的碱性氨基酸，其带有的正电荷与带负电的 DNA 分子紧密结合，并通过逐级缠绕将 DNA 高度压缩成为纳米级的结构。

RNA 分子常为单链，不像 DNA 具有规整的结构。但 RNA 分子中可以碱基互补的片段也可以通过链的弯曲折叠而形成部分双链。RNA 的结构主要通过碱基的平面堆积作用和氢键来稳定化。

16.5.2　核酸的功能

16.5.2.1　DNA 的功能

DNA 的唯一功能便是储存和传递遗传信息。在细胞分裂的间期，DNA 即进行复制。出于对遗传信息稳定性的要求，DNA 复制必须有高度的精确性。这可以通过碱基互补配对以及复制中和复制后的碱基修复来保证。DNA 在复制时，双链会解旋，然后从解旋点开始，在各种酶和蛋白质的协同作用下，分别以两条链为模板合成新链。DNA 双链解旋完毕后，复制也同时完成，得到和亲代 DNA 一模一样的两条子代 DNA。每条子代 DNA 的一条链来自亲代（图 16.5 中 a、b 链），另一条链为新合成的互补链（c、d 链）。在细胞分裂完成后，两条子代 DNA 分别进入两个细胞中。

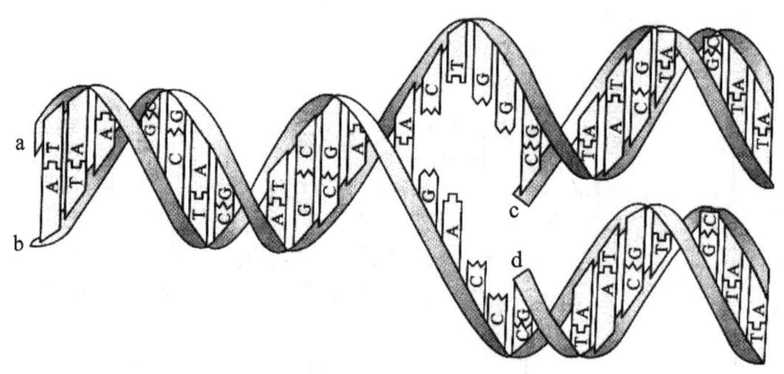

图 16.5　DNA 的复制

除了复制，DNA 分子还通过指导 RNA 和蛋白质的合成来实现遗传信息的传递。功能多样化的 RNA 和蛋白质分子，其一级结构均取决于 DNA 的一级结构。含有诸如对 RNA 和蛋白质这些功能生物分子合成所需信息的 DNA 片段称为基因。人类 DNA 上含有大约 29000 个基因，它们决定了不同的人所具有的不同特质，也带来了生命体子代和亲代的相似性。

DNA 的分子链中，只有 30%是基因，而其中只有 1.5%最终表达为 RNA 或蛋白质。DNA 分子中还有大量的片段功能等待人们去发现。

16.5.2.2　RNA 的功能

和 DNA 相比，RNA 无论是种类还是功能都更加多样化。RNA 除了传递遗传信息，还有蛋白质合成、催化、调控等功能。细胞内数量较多的 RNA 主要有三种，即信使 RNA（mRNA）、核糖体 RNA（rRNA）和转运 RNA（tRNA）。

DNA 分子存在于细胞核中，而蛋白质的合成在细胞质中进行，因此必然存在一种中间介质，它可以将 DNA 的遗传信息忠实地传递到核糖体用以合成蛋白质。这种介质就是 mRNA。

mRNA 的合成和 DNA 的复制机理类似，只是用 U 代替了 T 来和 A 互补。另外，mRNA 的合成模板只是部分 DNA 片段，而非整条 DNA。mRNA 在细胞核中合成出来以后，还要通过剪切、修饰，才能成为成熟的 mRNA 进入细胞质指导蛋白质的合成。

rRNA 是细胞中含量最为丰富的 RNA，占了 RNA 总量的 80%以上。它是核糖体的组成部分，参与蛋白质的合成。而 tRNA 是一种小分子 RNA，只含有 70～90 个核苷酸，它是 mRNA 和蛋白质分子间的“适配体”，负责将 mRNA 上的“遗传密码”和氨基酸序列相对应。mRNA 链上有按一定次序排列的碱基，每三个碱基就构成一个密码子。tRNA 的反密码子与其互补配对，而密码子的序列决定了与这段密码子配对的 tRNA 末端会携带哪种氨基酸。例如，与 AAA 配对的 tRNA 会携带赖氨酸，与 GUA 配对的 tRNA 携带缬氨酸等。遗传密码在 1966 年被完整破译，这是 20 世纪最伟大的科学发现之一。

由此可见，在蛋白质多肽链的合成中，氨基酸是基本原料，mRNA 是 DNA 的信息传递者，tRNA 又是从 mRNA 到蛋白质的信息传递者，含有 rRNA 的核糖体是合成肽链的场所。肽链在合成过程中，即以其特定的方式折叠，并通过合成后的各种修饰，最后形成具有一定构象和功能的蛋白质分子。

习　　题

16.1　比较氨基酸在不同 pH 下的溶解度。

(1) pH 大于或小于等电点　　(2) pH 等于等电点

16.2　回答以下问题。

(1) 中性氨基酸 $RCH(NH_2)COOH$ 在强碱性溶液中是以什么形式存在？

(2) 若加酸至呈强酸性后，又以什么形式存在？

(3) 为什么苯甲酰基不能用作多肽合成中的氨基保护基？

16.3　对氨基苯乙酸（Ⅰ）几乎完全以游离氨基和羧基形式存在，但苯丙氨酸（Ⅱ）则主要以偶极离子存在，解释差异的原因。

H_2N—C₆H₄—COOH　　　$PhCH_2CH(\overset{+}{N}H_3)COO^-$

Ⅰ　　　Ⅱ

16.4　写出下列多肽的结构式。

(1) Ala-Gly　　(2) Gly-Ala　　(3) Val-Phe-Leu　　(4) Asp-Ser-Lys-Thr

16.5　(*S*)-Ala-(*S*)-Phe 的构型式如下：

$H_3\overset{+}{N}CH(CH_3)C(=O)NHCH(CH_2Ph)COO^-$

类似地，写出下列化合物的立体构型式：

(1) (*R*)-Ala-(*R*)-Phe　　(2) (*S*)-Asp-(*S*)-PheOCH$_3$（苯丙氨酸甲酯）

(3) (*S*)-Val-(*S*)-Pro

16.6　由 Gly、Ala 和 Lys 三种氨基酸组成的三肽有几种？写出其名称。

16.7　写出由下列步骤合成苯丙氨酸所需要的试剂和条件（→→表示经过两步以上反应）。

$PhCH_3 \longrightarrow PhCH_2Cl \longrightarrow \longrightarrow PhCH_2CH_2COOH \longrightarrow PhCH_2CH(Br)COOH \longrightarrow$ (±)-苯丙氨酸

16.8　填入按下列路线合成丙氨酸所需的试剂和反应机理。

CH_3COOEt + $EtOOC-COOEt$ → $CH_3COCH(COOEt)COOEt$ → → $CH_3COCOOH$ → → (±)-丙氨酸

16.9　由指定原料合成下列氨基酸。

(1) $CH_3(CH_2)_4COOH \Longrightarrow CH_3(CH_2)_3CH(NH_2)COOH$

(2) PhCHO ⟹ $PhCH(NH_2)COOH$

(3) $EtOOCCH_2COOEt \Longrightarrow CH_3CH_2C(CH_3)(NH_2)COOH$

16.10　下列同位素标记的氨基酸如何制得？选用 $Ba^{14}CO_3$、$Na^{14}CN$ 作为 ^{14}C 的来源（题中用 $^*C$ 标记），D_2O 作为氘的来源，并选用 CH_3COCH_3、CH_3CHO、CH_3Br 作原料与其他有机和无机试剂反应。

(1) $CH_3CH(NH_2)\overset{*}{C}OOH$　　(2) $(CD_3)_2CHCH(NH_2)COOH$

(3) $CH_3\overset{*}{C}H(NH_2)COOH$　　(4) $HOO\overset{*}{C}CH_2CH(NH_2)COOH$

16.11　写出下列反应中各步产物的构型式。

(L)-丝氨酸 $\xrightarrow[HCl]{CH_3OH}$ (Ⅰ) $(C_4H_{10}ClNO_3)$ $\xrightarrow{PCl_5}$ (Ⅱ) $(C_4H_9Cl_2NO_2)$

$\xrightarrow[2)\ OH^-]{1)\ H_3O^+,\ 加热}$ (Ⅲ) $(C_3H_6ClNO_2)$ $\xrightarrow{Na\text{-}Hg,\ H_2O}$ (L)-丙氨酸

16.12　一个七肽 A 具有下列化学性质，试推断其一级结构。

A $\xrightarrow[pH=9]{PhNCS}$ $\xrightarrow{H_3O^+}$ 3-苯基-5-(羟甲基)-2-硫代乙内酰脲（Ph-N, C=S, NH, C=O, CH_2OH）+ 一个六肽

A $\xrightarrow{羧基多肽酶,\ H_2O}$ $HO-C_6H_4-CH_2CH(NH_2)COOH$ + 一个六肽

A $\xrightarrow{6mol/L\ HCl,\ 加热}$ 2 Gly + 1 Leu + 1 Phe + 1 Ser + 1 Tyr + 1 Pro

A $\xrightarrow{1\ mol/L\ \ HCl}$ Ser-Leu-Gly; Phe-Gly-Tyr; Pro-Phe-Gly; Leu-Gly-Pro; Gly-Pro-Phe

16.13　某三肽完全水解时生成甘氨酸、丙氨酸两种氨基酸，若用 HNO_2 处理此三肽后再水解得到乙醇酸、丙氨酸和甘氨酸，试推测此三肽的可能结构。

16.14　某肽的相对分子质量为 436，经完全水解后得到等量的丙氨酸、亮氨酸、丝氨酸、苯丙氨酸。用 DNFB 处理后用稀 HCl 使其部分水解，发现有两个二肽：丝氨酰丙氨酸和亮氨酰丝氨酸。另外还有由 DNP-苯丙氨酸和亮氨酸构成的二肽，试推测该多肽的氨基酸顺序。

第 17 章　脂类化合物

和之前学习的各类有机化合物的官能团具有明确的不同，脂质包括了多种有机化合物。无论结构和功能，脂类分子均呈现多样化。例如，脂肪和油是很多有机体储存能量的首要形式，而磷脂和甾醇是生物膜的主要结构成分。其他脂类在体内数量较少，但仍然扮演着非常重要的角色，如酶的辅因子、电子载体、光吸收色素、蛋白质的疏水锚定体、消化道中的乳化剂、激素以及细胞内的信使等。

17.1　油脂、磷脂和蜡

17.1.1　油脂

17.1.1.1　油脂和脂肪酸的结构

油脂普遍存在于动植物体内，是有机体不可或缺的能量储存物质。从化学结构上看，油脂是由长链脂肪酸与丙三醇（甘油）所形成的酯，又称为甘油三酯。一个甘油分子与三个相同的脂肪酸结合，称为单三酰甘油；若脂肪酸种类不同，则称为混三酰甘油。

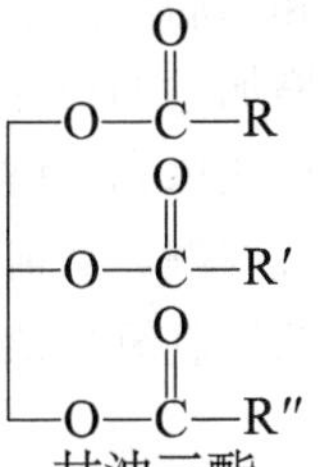

$$
\begin{array}{l}
-O-\overset{\displaystyle O}{\overset{\|}{C}}-R \\
-O-\overset{\displaystyle O}{\overset{\|}{C}}-R' \\
-O-\overset{\displaystyle O}{\overset{\|}{C}}-R''
\end{array}
$$

甘油三酯

组成油脂的脂肪酸通常有 12～24 个碳原子，碳原子数均为偶数。它们具有高度还原的长链烃基，因此具有很低的氧化态，细胞内脂肪酸氧化生成 CO_2 和水，同时可以放出大量的热。在一些脂肪酸中，碳链是没有分支并完全饱和的，称为饱和脂肪酸；而一些脂肪酸的碳链则含有一个或多个顺式双键，称为不饱和脂肪酸。常见的脂肪酸及其结构见表 17.1。

表 17.1　常见脂肪酸的结构

名称	系统命名	化学结构
月桂酸	十二烷酸	 COOH
豆蔻酸	十四烷酸	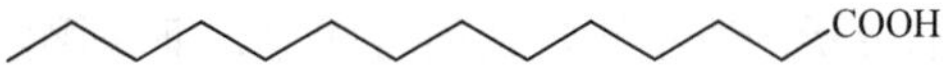 COOH
软脂酸	十六烷酸	 COOH
硬脂酸	十八烷酸	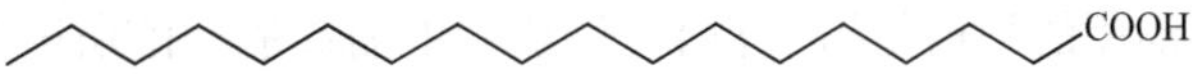 COOH
花生酸	二十烷酸	 COOH

续表

名称	系统命名	化学结构
油酸	(*Z*)-十八碳-9-烯酸	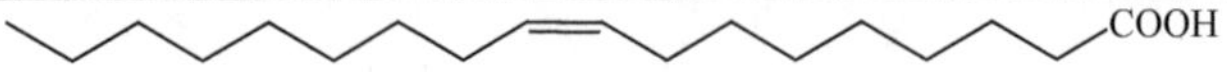 COOH
亚油酸	(*Z*, *Z*)-十八碳-9, 12-二烯酸	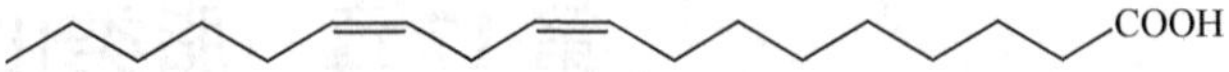 COOH
α-亚麻酸	(*Z*, *Z*, *Z*)-十八碳-9, 12, 15-三烯酸	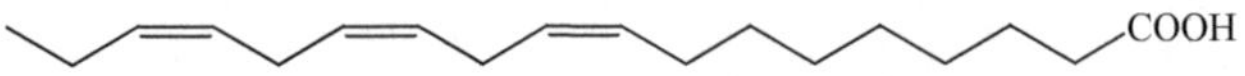 COOH
花生四烯酸	(*Z*, *Z*, *Z*, *Z*)-二十碳-5, 8, 11, 14-四烯酸	 COOH

油脂的熔点取决于所含羧酸的饱和程度。不饱和脂肪酸的含量越高，熔点一般越低。这是因为饱和脂肪酸是锯齿形的长链结构，长链间能通过疏水相互作用紧密靠近，使分子间作用力增强，熔点增高。而不饱和脂肪酸中的顺式双键会使长链形成弯折结构（注意表 17.1 中只是示意图，实际上双键会产生链的弯折），这样的弯折使链间排列的紧密度下降，熔点降低。植物油中不饱和脂肪酸含量较高，因此通常呈液态；而动物油的饱和脂肪酸含量较高，因此常呈固态。

学习提示：可以看出，不饱和脂肪酸中的双键均为顺式构型。对于多不饱和脂肪酸，其双键并不共轭，编号总是相差 3。

由于 π 键不如 σ 键稳定，富含不饱和脂肪酸的油脂更容易发生氧化、断键等反应，使油脂变质。为了延长植物油的保质期，并增加它们在深度煎炸时的稳定性，植物油通常会预先被部分氢化还原。这个过程使很多双键被还原为单键，提高了油的熔点和稳定性。但是在部分氢化过程中，一些顺式双键会变为反式双键。目前已经有很有力的证据证明食用反式脂肪酸会增加心血管疾病的风险，因此应注意控制氢化植物油和深度煎炸食品的摄入。

17.1.1.2　油脂的性质

甘油的亲水性羟基和脂肪酸的亲水性羧基在甘油三酯中形成了酯键，因此甘油三酯是非极性的疏水分子，基本不溶于水，其密度比水轻。油脂可发生酯的典型反应，最重要的反应即为碱性条件下的水解皂化。长链脂肪羧酸的钠盐就是日用肥皂，皂化反应由此得名。

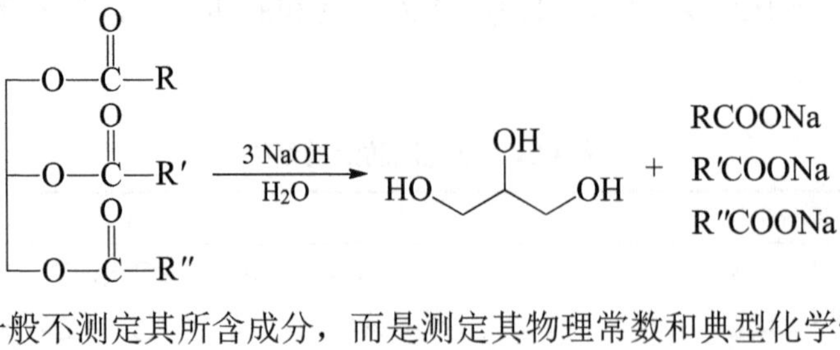

$$\text{甘油三酯 (—O—C(=O)—R, —O—C(=O)—R', —O—C(=O)—R'')} \xrightarrow[H_2O]{3\ NaOH} \text{HO—CH}_2\text{—CH(OH)—CH}_2\text{—OH} + \text{RCOONa} + \text{R'COONa} + \text{R''COONa}$$

油脂的分析一般不测定其所含成分，而是测定其物理常数和典型化学性质，包括酸值、碘值、皂化值和黏度等。

油脂的酸值是指中和 1 g 油脂中的游离脂肪酸所需的 KOH 的毫克数。酸值越高，油脂中的游离脂肪酸含量越高。

碘值用来表示每 100 g 油脂可以吸收的碘的克数。一般用 I_2 或 ICl 对油脂的双键进行加成，然后用硫代硫酸钠滴定过量的碘。碘值用于衡量油脂的不饱和度，碘值越高，不饱和度则越大。碘值的大小常作为油的分类依据：植物油碘值在 130 以上，称为干性油；碘值在 95～130 称为半干性油；碘值在 95 以下则称为非干性油。

皂化值是指 1 g 油脂发生完全皂化反应后消耗 KOH 的毫克数，即中和油脂中全部游离酸与化合酸所需的 KOH 量。油脂或其中脂肪酸的平均相对分子质量越高，单位质量中物质的量越小，皂化值就越低。

17.1.1.3　肥皂和洗涤剂

油脂水解得到的长链脂肪酸的钠盐就是日用肥皂。用于制造肥皂的脂肪酸大多是含 12～18 个碳原子的脂肪酸的混合物，所以肥皂也是混合物。如果制成钾盐，可得到软肥皂。

长链脂肪酸的钠（钾）盐从结构上看，分子具有性质不同的两端：盐的一端为亲水端，另一端为非极性的疏水烃基。这样的化合物称为两亲性化合物，它们在水中会自发地形成聚集体，如胶束（图 17.1）。在这样的聚集体中，两亲性分子将疏水端聚集在内部，而将亲水端朝向水溶剂。所谓肥皂溶液，并非真溶液，而是分散着球形分子簇的胶体溶液。

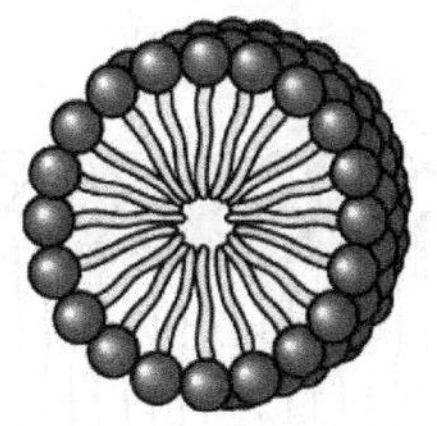

图 17.1　胶束的结构

球状为亲水头部；链状为疏水长链

当胶束遇到油污时，由于油污具有疏水性，根据相似相溶的原则，胶束会将其疏水烃基没入油污中。这样，油污颗粒就被肥皂的胶束分子包围起来，并分散而悬浮于水中，达到将油污与织物分离的效果（图 17.2）。

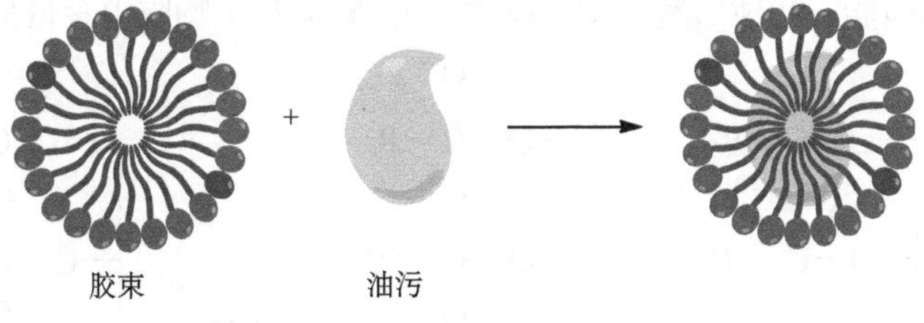

图 17.2　肥皂溶解油污的过程

普通肥皂只能在软水中使用，遇硬水可能生成钙、镁等不溶于水的羧酸盐沉淀，从而失去去污能力。所以使用肥皂有一定的局限性。鉴于对洗涤剂的需求量很大，现已发展了大量的合成洗涤剂。虽然其结构不同，但都是两亲性化合物，碳原子数一般不大于 12。它们清除油污的原理也和肥皂类似。

常用的合成洗涤剂是十二醇硫酸氢酯钠盐和烷基苯磺酸钠盐。长链脂肪醇和硫酸混合反应，再用 NaOH 处理可得到硫酸氢酯的钠盐。

$$n\text{-}C_{12}H_{25}OH + H_2SO_4 \longrightarrow n\text{-}C_{12}H_{25}OSO_3H \xrightarrow{NaOH} n\text{-}C_{12}H_{25}OSO_3Na$$

烷基苯磺酸钠盐的应用范围更加广泛。由苯和烯烃通过傅-克烷化反应在苯环上引入长链烷基，再通过磺化、中和可得到这类化合物。

$$n\text{-}C_{12}H_{25}\text{—}C_6H_4\text{—}SO_3Na$$ (十二烷基苯磺酸钠)

用环氧乙烷处理长链醇，可制得非离子型洗涤剂，其聚乙二醇端为亲水端。分子中的羟基也可以转变为硫酸氢酯钠盐，成为离子型洗涤剂。

$$n\text{-}C_{12}H_{25}OH + 8\ \text{(环氧乙烷)} \xrightarrow{\text{碱}} n\text{-}C_{12}H_{25}\text{—}(OCH_2CH_2)_8\text{—}OH$$

17.1.2　磷脂

与油脂储存能量的作用不同，磷脂是一大类结构脂质，它们是生物膜结构的主要组成部分。生物膜包括细胞膜和细胞内各细胞器的外膜，它们主要由磷脂双分子层（图 17.3）构成。和胶束一样，双分子层也是两亲性分子自组装的形式。双分子层如果扩展为没有边缘的连续面，则形成闭合状膜。

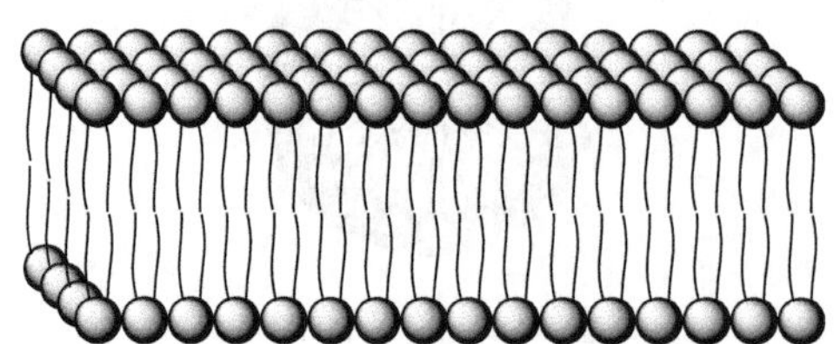

图 17.3　双分子层的结构

磷脂分子含有两条疏水长链，这有助于其形成双分子层结构。甘油磷脂分子中，R 和 R′ 分别为饱和与不饱和脂肪酸的烃基，甘油的另一个羟基和磷酸成酯，称为磷脂酸。自然界游离的磷脂酸极少，通常磷酸还会和另一个特定组分 X 的羟基形成磷酸二酯的结构，称为磷脂酰 X，如磷脂酰乙醇胺（脑磷脂）和磷脂酰胆碱（卵磷脂）。它们是生物膜中含量最多的两种磷脂。

磷脂酸　　甘油磷脂　　磷脂酰乙醇胺　　磷脂酰胆碱

鞘磷脂是另一类磷脂分子，其分子中也含有一个极性头部和两个非极性长链。但和甘油磷脂不同的是，其分子中没有甘油成分。鞘磷脂含有一个长链氨基醇的母体结构，称为鞘氨醇。鞘氨醇的氨基上连有长链脂肪酸，羟基则通过磷酸二酯键与胆碱分子相连。

$$\underset{\text{鞘氨醇}}{CH_3(CH_2)_{12}CH{=}CH{-}CHOH{-}CHNH_2{-}CH_2OH} \longrightarrow \underset{\text{神经酰胺}}{CH_3(CH_2)_{12}CH{=}CH{-}CHOH{-}CHNH{-}\overset{O}{\overset{\|}{C}}{-}R{-}CH_2OH} \longrightarrow \underset{\text{鞘磷脂}}{CH_3(CH_2)_{12}CH{=}CH{-}CHOH{-}CHNH{-}\overset{O}{\overset{\|}{C}}{-}R{-}CH_2O{-}\overset{O}{\overset{\|}{\underset{O^-}{\underset{|}{P}}}}{-}OCH_2CH_2N^+(CH_3)_3}$$

鞘磷脂也存在于动物细胞的质膜上，因是神经细胞轴突外髓鞘保护层的主要成分，因此得名。

17.1.3　蜡

蜡是长链（C_{14}～C_{36}）脂肪酸和长链（C_{16}～C_{30}）伯醇形成的酯。天然蜡中也含有少量的游离脂肪酸、醇和高级烃类，为一混合物。不同的蜡，其组成和结构也有所不同。例如，白蜡为二十六酸二十六醇酯，蜂蜡为十六酸三十醇酯，而鲸蜡为十六酸十六醇酯。蜡的熔点一般在 60～100℃。

蜡由于其很强的疏水性和牢固的结构，从而具有很多其他功能。脊椎动物皮肤上的某些腺体分泌的蜡可以润滑毛发皮肤并维持它们的柔韧性，并可以防水；鸟类，特别是水禽，它们羽毛的腺体可以分泌蜡来使羽毛具有防水性；很多植物的树叶上有一层很厚的蜡，使树叶看起来很光鲜，这层蜡可以防止水分的过度挥发，并防止害虫侵袭。

生物蜡在药物、美容和其他工业上有广泛的应用。羊毛脂、蜂蜡、巴西棕榈蜡、鲸蜡被广泛地用于乳液、软膏、防水剂、光泽剂等的生产。

“蜡”是一个习惯名称，广义的蜡也可指熔点在人的体温以上、水的沸点以下，以及物性似蜡的物质，因此一些称为蜡的物质也不一定是酯类。例如，石油的一个组分“石蜡”就是含有 C_{20}～C_{30} 的高级烷烃的蜡状固体；多聚乙二醇也是性状似蜡的固体，称为合成蜡。

17.2　萜类化合物

17.2.1　萜类化合物的存在和结构

很早以前，人们即从植物的花果中用水蒸气蒸馏的方法提取得到了一种具有香味的液体物质，称为香精油。香精油存在于某些花和树中，如丁香树、玫瑰、樟树、桉树中的含量较多。根据来源可分别得到不同的香精油，如玫瑰花油、松节油、樟脑油、柠檬油等。它们在医药和香料制造上特别重要。

通过对香精油主要成分的结构分析，发现其为一种由异戊二烯结构连接而成的烃类及其含氧衍生物，称为萜类化合物。由于异戊二烯含有 5 个碳原子，萜类化合物的碳原子数均为 5 的倍数，如 10、15、20、30 等，按所含碳原子数可分为不同的萜。

碳原子数	10	15	20	30	40
名称	单萜	倍半萜	二萜	三萜	四萜

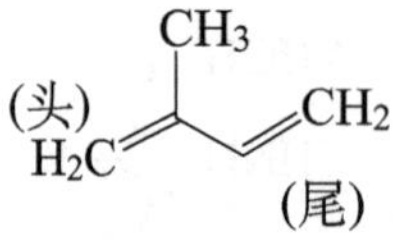

(头) H_2C CH_3 CH_2 (尾)

异戊二烯 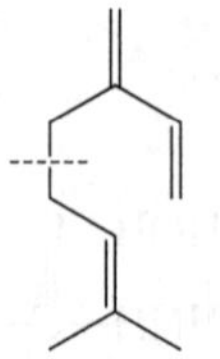　　月桂烯(单萜) 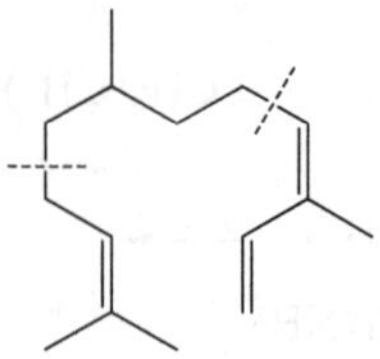　　法尼烯(倍半萜)

以上结构式中用虚线可将萜分子分成数个异戊二烯单元。萜类物质按异戊二烯单位首尾连接的结构特点称为异戊二烯规律。现已知道，植物不能直接从异戊二烯出发合成这些萜类物质，然而将异戊二烯作为萜类结构的组成单元，对于认识萜类物质的结构是很有帮助的。也有少数萜类物质不完全符合异戊二烯规律。例如，个别单萜只含有 9 个碳原子，也有含 31 个碳原子的三萜。异戊二烯单元大多数情况下按头–尾相连，也有少数按头–头或尾–尾相连。

17.2.2 重要的萜类化合物

17.2.2.1 单萜

单萜由两个异戊二烯单元组成，可以分为开链、单环及二环三类单萜。

1. 开链单萜

柠檬醛是开链单萜中最重要的化合物，根据醛基所连接双键的顺反异构可分为柠檬醛 a 和 b。柠檬醛是重要的食用香料，并可用作调香剂。经简单反应，可制得结构类似的单萜如橙花醇、香叶烯等。

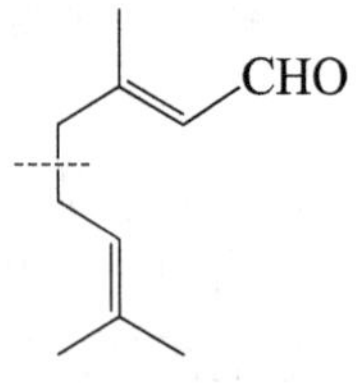

CHO　CHO　CH_2OH

柠檬醛a (牻牛儿醛)　柠檬醛b (橙花醛)　橙花油醇 (香叶油中)　香叶烯 (月桂油中)

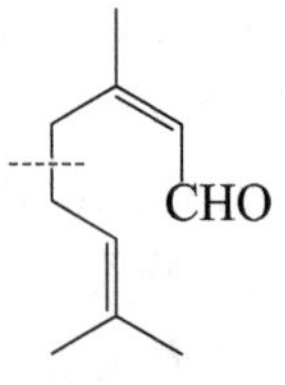

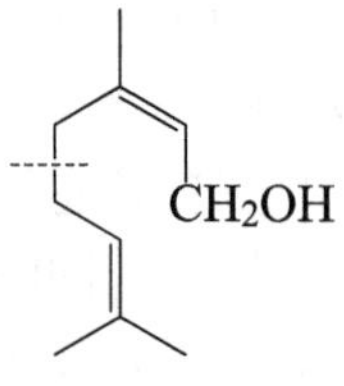

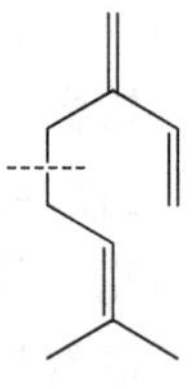

柠檬醛还是合成紫罗兰酮的主要原料。后者具有紫罗兰香味，可作香料。*β*-紫罗兰酮还可用作合成维生素 A 的原料。

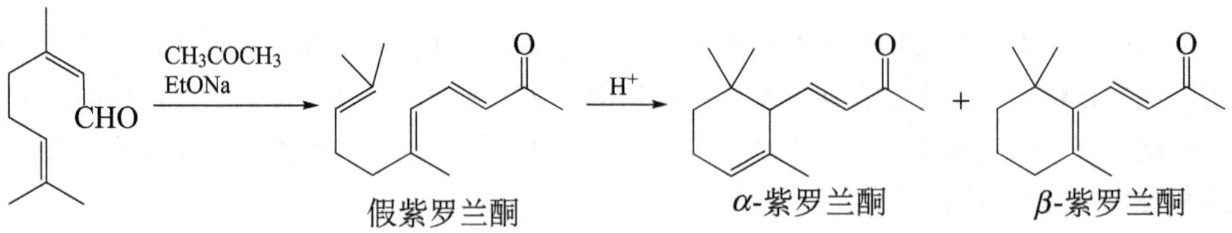

CHO　CH_3COCH_3 EtONa　O　H^+　O　+　O

假紫罗兰酮　*α*-紫罗兰酮　*β*-紫罗兰酮

2. 单环单萜

单环单萜的母体称为薄荷烷（盖烷），在自然界中并不存在，但可从相应的芳烃催化加氢制得。骨架与薄荷烷相同的薄荷烯存在于柠檬油、橘子油等许多香料油中。左旋薄荷烯存在于松叶油中，右旋薄荷烯存在于柠檬油中。松节油中含有外消旋薄荷烯。

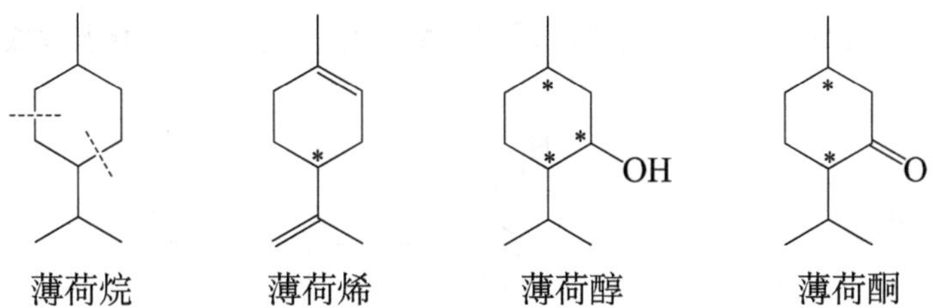

薄荷烷　　薄荷烯　　薄荷醇　　薄荷酮

单环单萜的含氧衍生物是薄荷醇和薄荷酮。薄荷醇俗名薄荷脑，分子中有三个手性碳原子，具有 8 个旋光异构体。天然存在的薄荷醇是羟基、甲基和异丙基都以平伏键相连的左旋异构体。

HO　CH_3

薄荷醇

3. 二环单萜

单环单萜中的异丙基与环上碳原子连接成“桥”即构成二环单萜。根据桥接原子的不同可分为蒈、蒎、莰、苎四类。

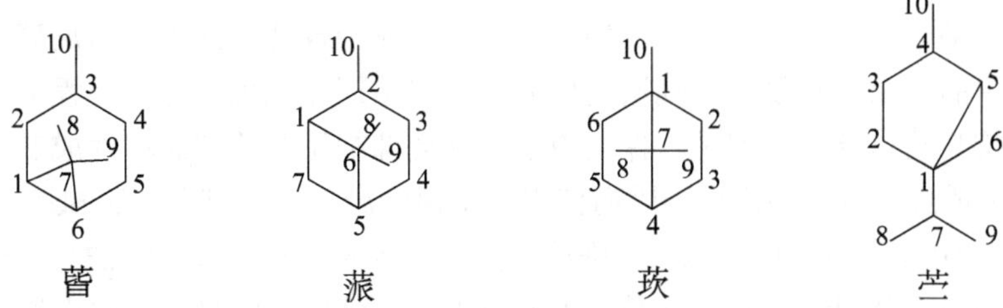

蒈　　蒎　　莰　　苎

按系统命名法命名这四类二环化合物，依次为：3,7,7-三甲基二环[4,1,0]庚烷（蒈）、2,6,6-三甲基二环[3,1,1]庚烷（蒎）、1,7,7-三甲基二环[2,2,1]庚烷（莰）、4-甲基-1-异丙基二环[3,1,0]己烷（苎）。蒎和莰是比较重要的二环单萜，含一个双键的蒎和莰分别称为蒎烯和莰烯。

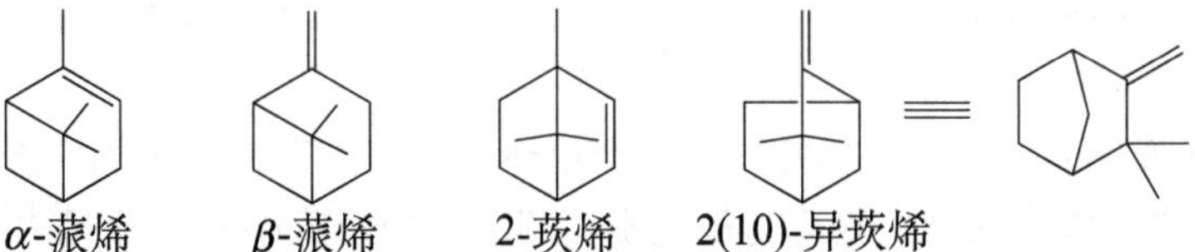

α-蒎烯　　β-蒎烯　　2-莰烯　　2(10)-异莰烯

α-蒎烯和 β-蒎烯同存于各种松节油中，占松节油质量的 80%～90%。α-蒎烯多于 β-蒎烯，可利用精馏的方法提取。蒎烯主要用作合成樟脑等萜类香料的原料，以及作为油漆和蜡的溶剂。自然界存在的莰烯实际上是异莰烯。莰类的含氧衍生物有莰醇（又名冰片、龙脑）、莰酮（又名樟脑），它们是很重要的天然香料。

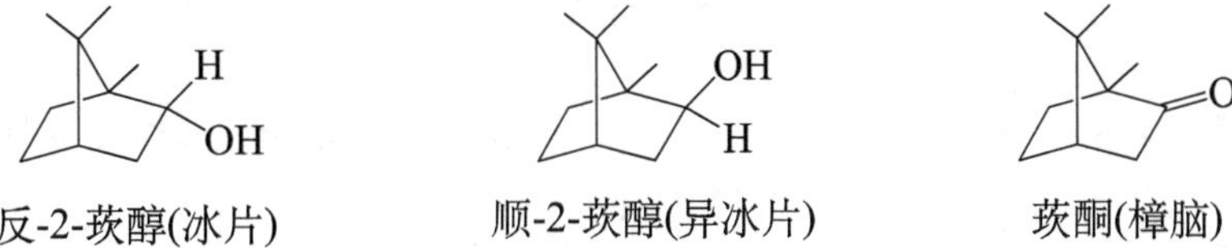

反-2-莰醇(冰片)　　顺-2-莰醇(异冰片)　　莰酮(樟脑)

这些分子中，虽然两个桥头碳原子都是手性碳原子，但由于桥环的刚性，只存在一对对映异构体。从樟脑树中得到的是右旋体樟脑，具有愉快的香味，可用作香料、药物等。冰片以游离态或以酯的形式存在于自然界，某些地区的樟脑树中含有大量冰片。工业上常用 α-蒎烯作原料，在质子酸催化下重排为莰烯，再与羧酸作用，通过莰醇酯水解成莰醇，最后氧化得到樟脑。

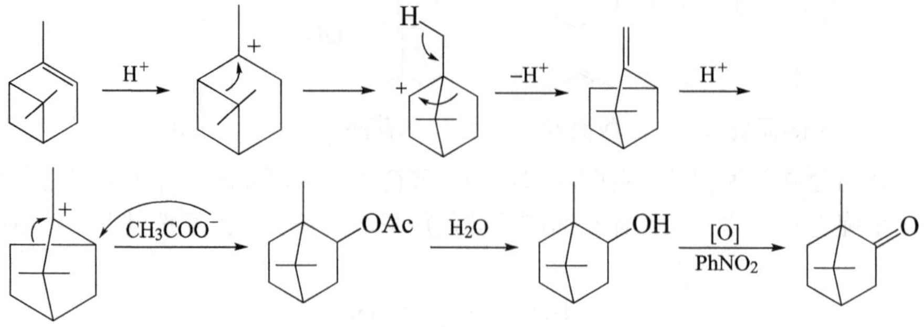

H^+　$-H^+$　H^+

CH_3COO^-　OAc　H_2O　OH　[O] $PhNO_2$　O

17.2.2.2　多萜

由两个以上异戊二烯单位连接而成的萜类化合物都称为多萜。多萜也有开链和环状烃类及其含氧衍生物。

1. 倍半萜

三个异戊二烯单位组成的倍半萜，如法尼醇，存在于玫瑰花油中。法尼醇具有保幼激素活性。一般昆虫的幼虫，需要经过几次蜕皮后到达成熟期才成蛹，这个过程中需要保幼激素的作用才能保持其幼虫特征。但是，保幼激素过量会抑制昆虫的变态和性成熟，使幼虫不能成蛹，蛹不变为成虫，成虫不产卵，因而使用过量保幼激素可达到杀灭害虫的目的。20 世纪 60 年代曾从天蚕中分离出了保幼激素，确认了其为倍半萜的衍生物，属法尼酸酯。目前已合成出了不少保幼激素类似物，它们都是倍半萜衍生物，其保幼激素活性比天然产物更高。

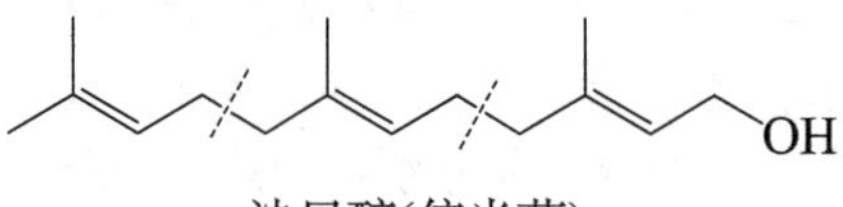

OH　R_1　R_2　O　O　OCH_3

法尼醇(倍半萜) 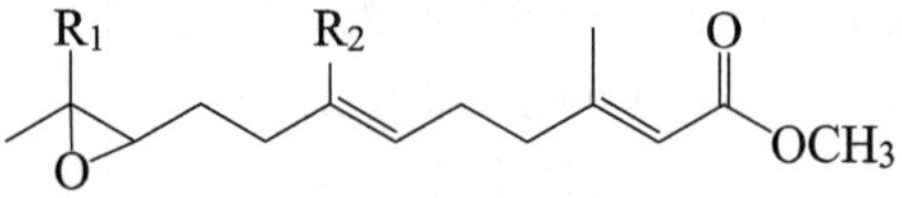　　保幼激素

2. 二萜

维生物 A_1（黄色晶体，m.p. 64℃）是一个单环双萜醇，存在于牛奶、蛋黄和鱼肝油中，为营养必需品。它是脂溶性维生素，与视觉密切相关。视网膜中的一种圆柱细胞里含有由视蛋白和视黄醛结合而成的视紫质，用于产生视觉。而视黄醛会在这个过程中异构化为反式视黄醛。

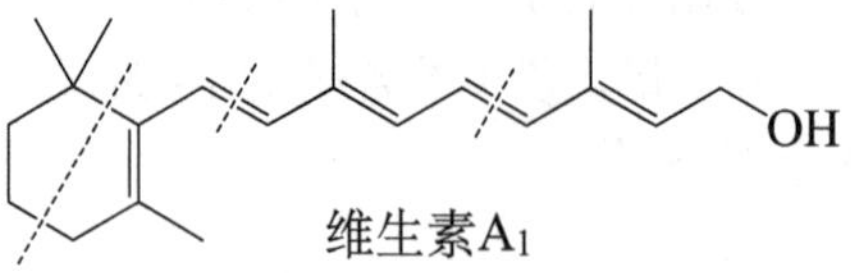

OH

维生素A_1

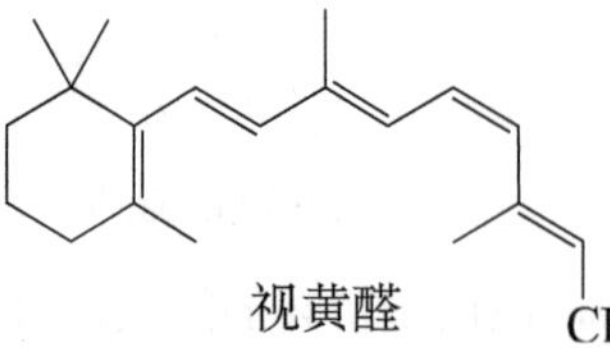

CHO　CHO

视黄醛 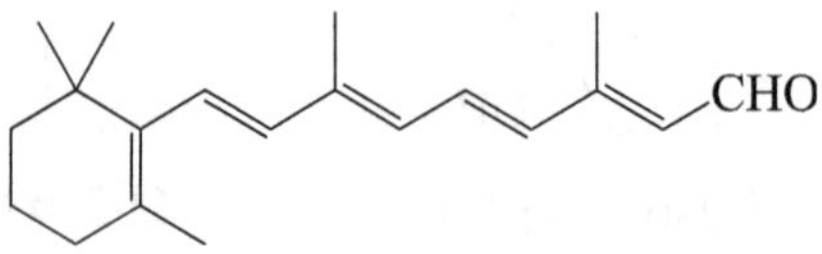　　反式视黄醛

反式视黄醛需要重新转变为视黄醛才能继续保持活性。在酶作用下，这样的转化可以进行，但会有部分分解损失。而维生素 A_1 在酶作用下可以转化为视黄醛，以补充损失。缺乏维

生素 A_1 的人，其光敏色素、视紫质的含量不足，对弱光感应力弱，因而产生夜盲症。

松香的主要成分松香酸及存在于植物中的叶绿醇都是二萜。松香酸的骨架结构可根据其在硫作用下经过脱氢反应形成菲衍生物而得到证实。松香中的角甲基和羧基在脱氢过程中也一并失去。叶绿醇与叶绿素成酯而存在于植物中，也是维生素 E 和维生素 K_1 的侧链。

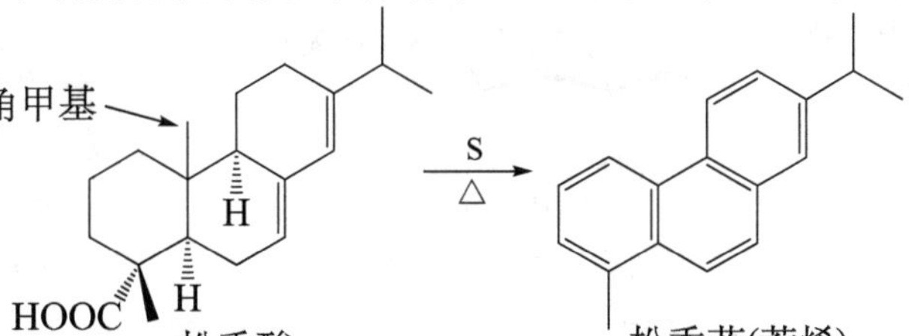

角甲基

HOOC

松香酸

S

△

松香菲(惹烯)

CH_2OH

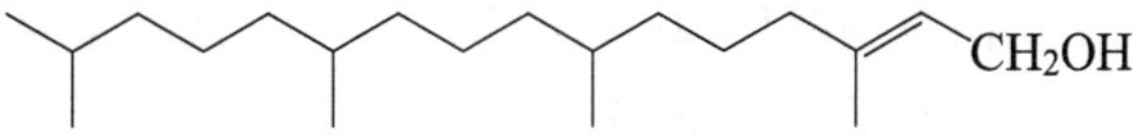

叶绿醇

3. 三萜

鲨鱼肝油的主要成分角鲨烯是一个三萜，又名角鲨烯。角鲨烯可由两分子法尼醇偶合得到，是生物合成三萜的前体，也是生物合成甾族化合物的中间体。

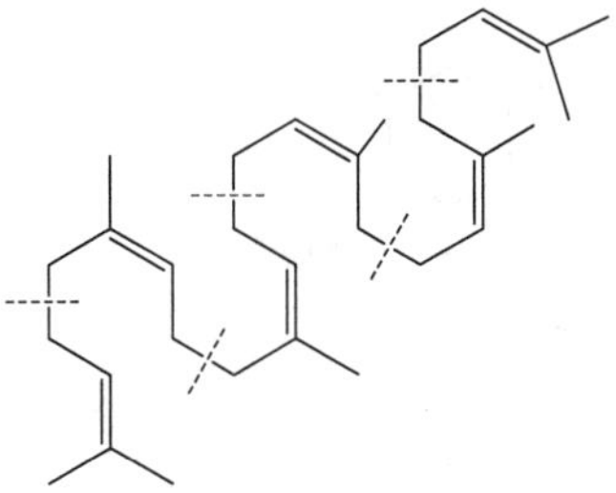

角鲨烯

4. 四萜

胡萝卜素类化合物是由 8 个异戊二烯单位组成的四萜的代表，最早从胡萝卜中提取得到。它们广泛存在于动植物的脂肪中，根据其分子中第二个环上烯键位置或数目的差异，可分为 α-胡萝卜素、β-胡萝卜素、γ-胡萝卜素，其中 β-胡萝卜素含量最多，生理活性也最强。三种异构体分子中都含有一个较长的共轭多烯体系，所以又称为多烯色素。β-胡萝卜素存在于动物肝脏中，并可在酶作用下转化为维生素 A_1，因此可把它看作是原维生素 A_1，并把 β-胡萝卜素的含量为作为衡量食物中维生素 A_1 含量的标准物质。在植物体内，β-胡萝卜素与叶绿素一起参与光合成过程。

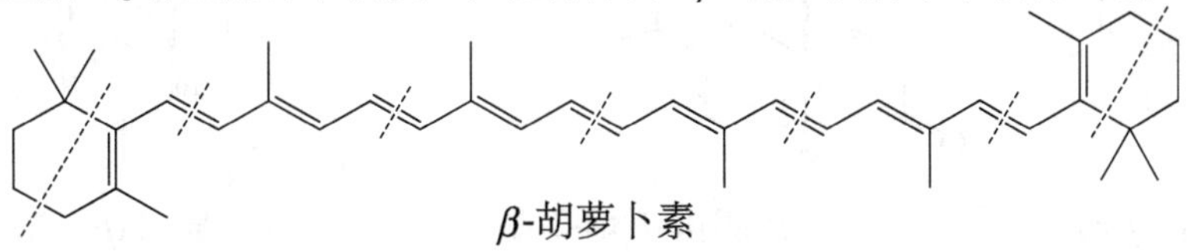

β-胡萝卜素

含有各种环结构的多萜种类繁多，它们组成了数量庞杂的天然烃类及其含氧化合物。

17.3 甾族化合物

17.3.1 结构和命名

甾族化合物是一类含有四环母核、具有环戊烷多氢菲骨架结构的化合物。其环骨架上含有 3 条支链，“甾”字即是这种结构的形象表达。支链 R_1 和 R_2 通常都是甲基，称为角甲基，少数情况下也可以是氢或其他基团。

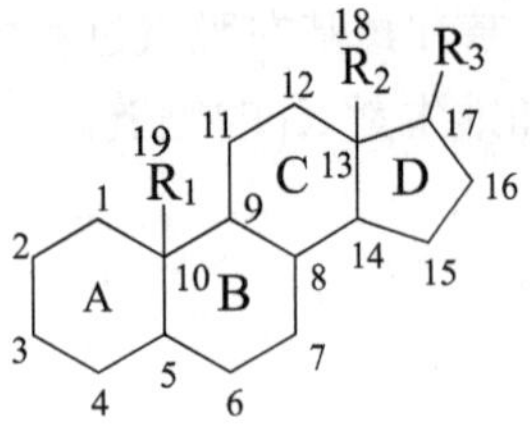

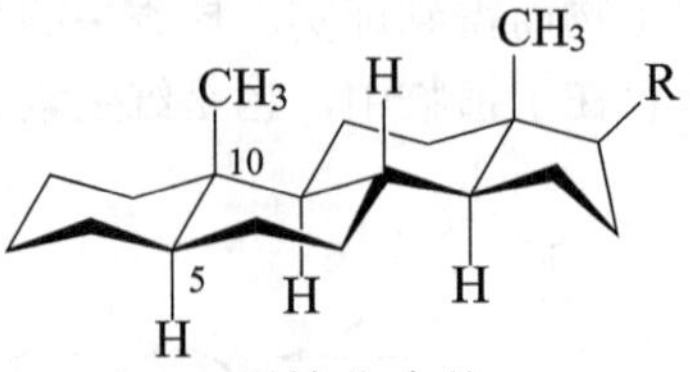

5α-甾族化合物
(所有环都反式稠合)

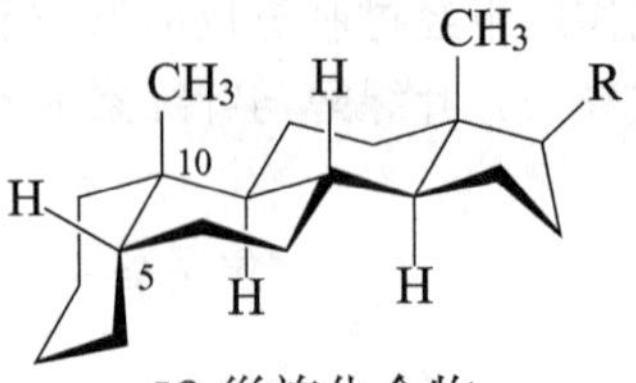

5β-甾族化合物
(A/B环顺式稠合)

大多数甾族化合物中，B/C 环和 C/D 环都是反式稠合，而 A/B 环可以顺式稠合，也可以反式（更多是反式）稠合，从而得到两种构型。其中，C5 上的 H 与角甲基在环的异侧称为 5α-甾族化合物，在环的同侧则称为 5β-甾族化合物。

甾族化合物的命名，常常根据其来源和性质使用俗名。系统命名则是以甾体烃的名称作为母体名称，可由不同的支链结构确定。

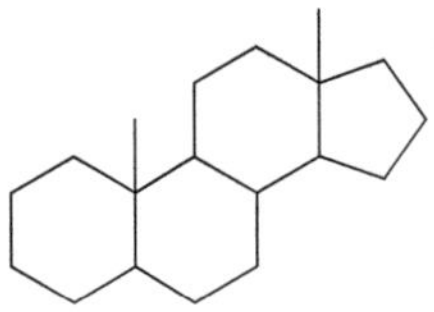

雄甾烷 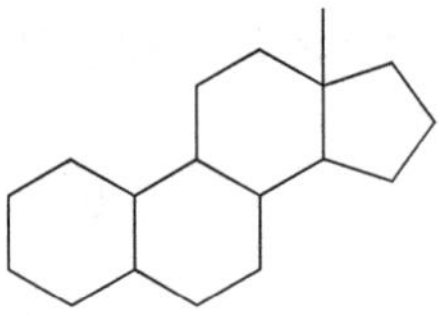　雌甾烷 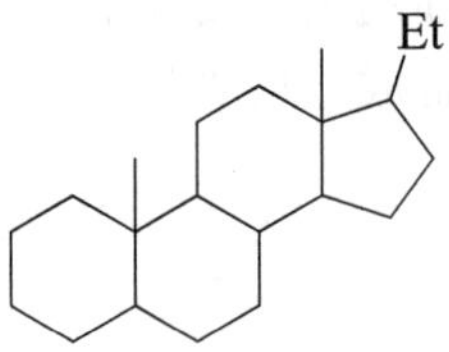　孕甾烷

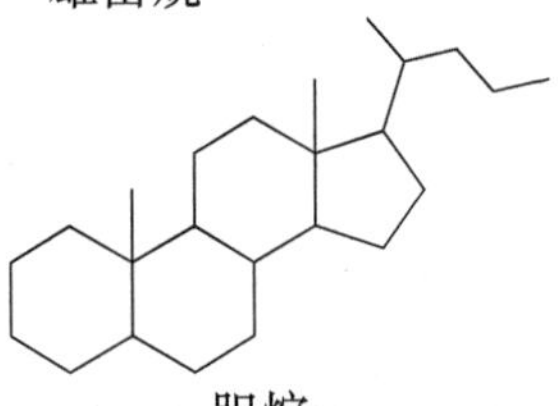

胆烷 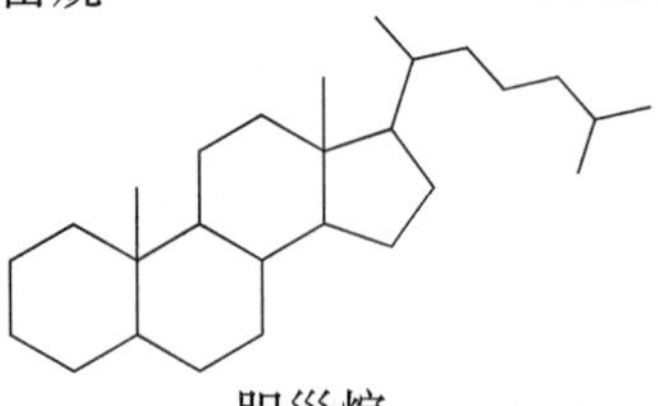　胆甾烷

命名时，需要标示出环上取代基的方向：取代基与角甲基位于环的异侧为 α-取代，位于环的同侧为 β-取代。

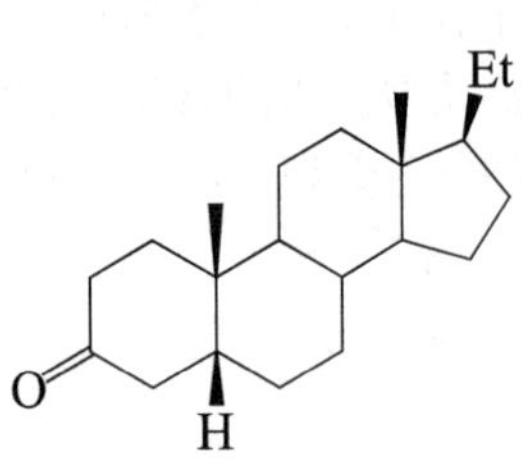

5β-孕甾-3-酮 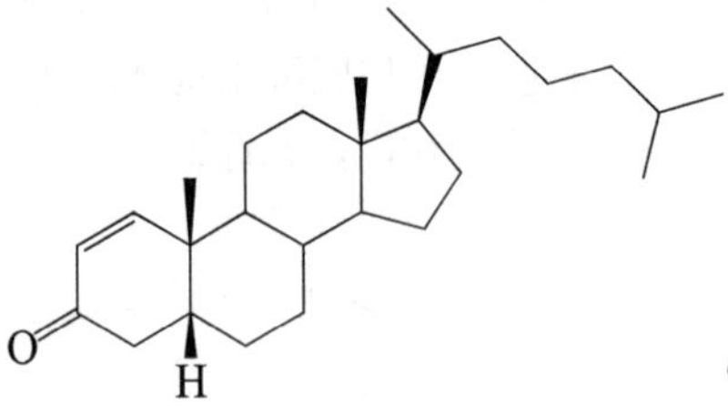　5β-胆甾-1-烯-3-酮 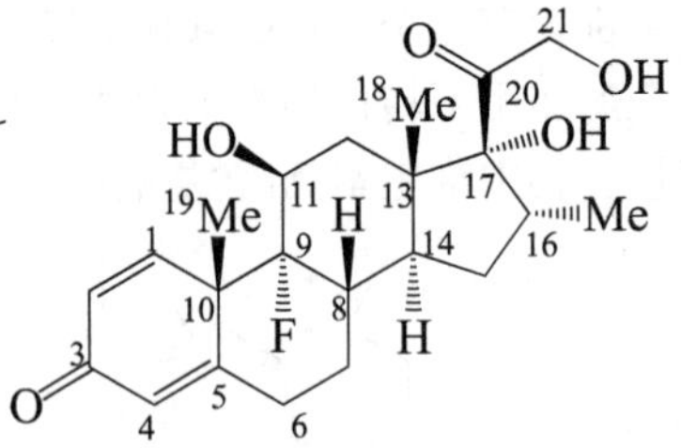　16α-甲基-11β, 17α, 21-三羟基-9α-氟孕甾-1, 4-二烯-3, 20-二酮
(地塞米松)

17.3.2　甾族化合物的反应

绝大多数甾族化合物都具有含氧官能团。甾族化合物的反应大多取决于所含各官能团的性质。但表现在甾族化合物中的立体化学是十分复杂的。β 面（即环上方）进行的反应受角

甲基的影响，空间阻碍相当大。当反应靠近角甲基发生或者试剂的体积较大时，反应容易在 α 面进行。

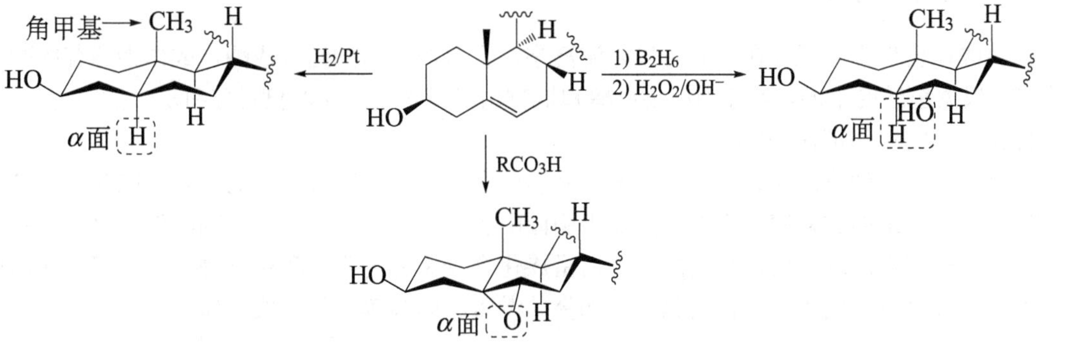

角甲基→ CH_3　H_2/Pt　1) B_2H_6　2) H_2O_2/OH^-　RCO_3H　α面

胆甾烷的环氧化合物在酸性条件下开环，试剂必须从背后的 β 面进攻时，一般进攻在离角甲基更远的 C6 位而不在 C5 位。

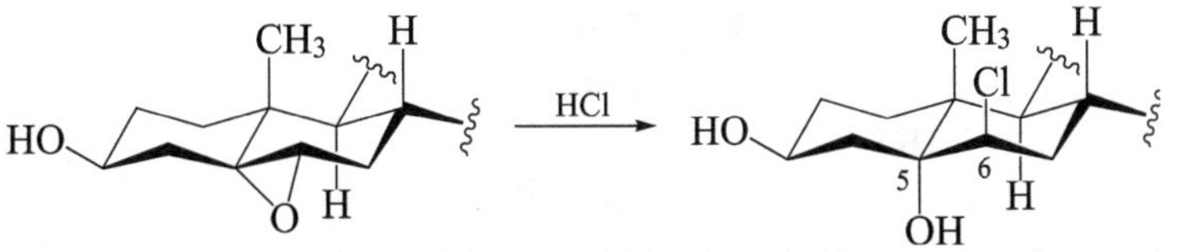

HCl

在甾族化合物中，处于平伏键位置的官能团比直立键位置的官能团更容易发生反应。例如，用过量氯甲酸乙酯处理 5α-胆甾烷-3β, 7α-二醇时，只有位于平伏键的 3β-羟基生成酯，直立键上的 7α-羟基不反应。但如果用同样的方法处理 5α-胆甾烷-3β, 7β-二醇，则两个位于平伏键上的羟基都被酯化。

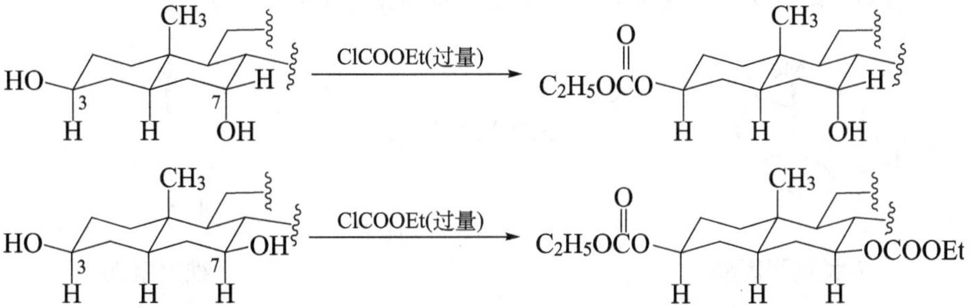

ClCOOEt(过量)

甾体母核一般较稳定，只在特殊条件下才发生反应。用硒处理胆甾醇时，所有侧链都被脱去，C18 位角甲基移到 C17 位，生成 1, 2-菲并-3-甲基环戊烯，称为第尔斯烃。所有甾族化合物用该法处理时，都能得到第尔斯烃。此反应可作为甾族化合物的鉴别反应。

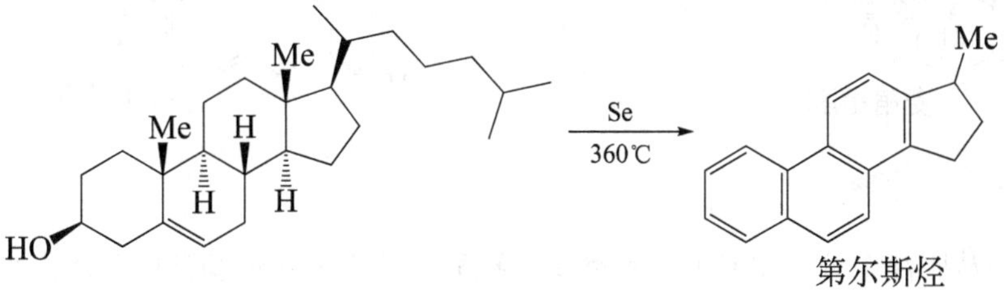

Se　360℃

第尔斯烃

17.3.3　重要的甾族化合物

甾族化合物广泛存在于动植物组织内，大多具有很强的生理活性，天然甾族化合物按其生理活性并部分参考其化学结构而分类。

17.3.3.1　甾醇

甾醇在自然界广泛存在，其可以是游离态，也可与脂肪酸结合成酯，或作为糖苷的配基存在。根据甾醇的来源，可分为动物甾醇和植物甾醇两类，分别以胆固醇和麦角甾醇为代表。天然甾醇类的羟基都在 3β 位。

几乎从所有动物的组织中都能分离得到胆固醇，它是动物细胞膜的重要组成部分，是动物组织中含量最多的甾醇。人的胆结石中胆固醇含量很高，最早分离得到的甾族化合物就是从胆结石中取得的这种固体状的醇。因而甾族化合物又称为类固醇化合物。胆固醇在体内可以作为各种具有不同生理活性的物质（如甾体激素、胆酸等）的合成前体。

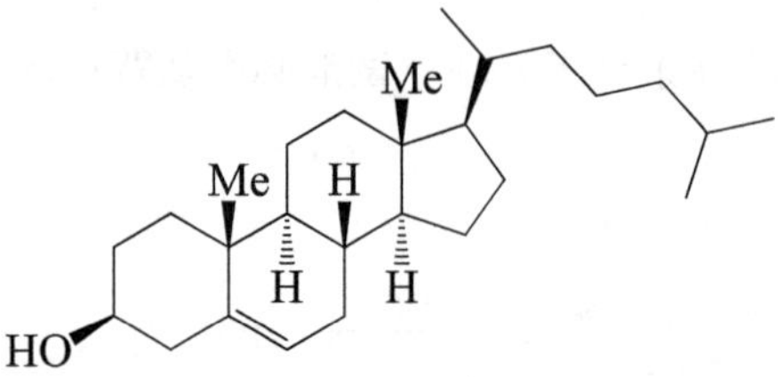

Me Me H H H HO

胆固醇

血液中胆固醇含量过高，可能会引起动脉粥样硬化和冠状动脉阻塞。目前已开展了对胆固醇代谢的研究，希望通过调节食物或使用药物找到降低胆固醇水平的方法。

胆固醇的脱氢衍生物 7-脱氢胆固醇在紫外光照射下，通过一系列的中间物可以转化为维生素 D_3。麦角甾醇存在于酵母、霉菌和麦角中。在紫外光照射下可转化为维生素 D_2。维生素 D 对人体的钙、磷代谢非常重要，缺乏会引起佝偻病和骨质疏松症等。

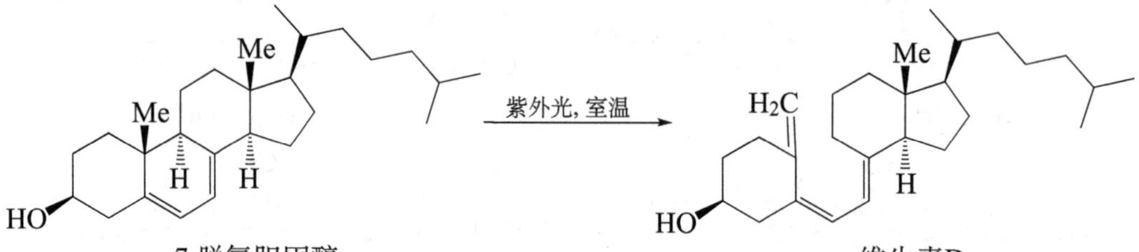

Me Me H H HO 紫外光, 室温 Me H_2C H HO

7-脱氢胆固醇　　维生素D_3

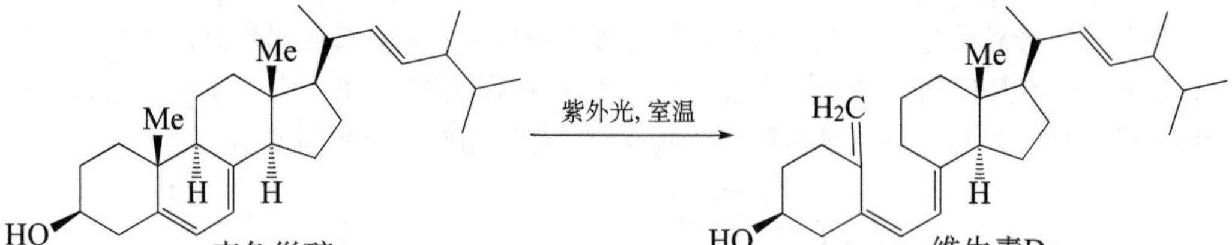

Me Me H H HO 紫外光, 室温 Me H_2C H HO

麦角甾醇　　维生素D_2

17.3.3.2　胆汁酸

胆汁酸是从胆汁中分离得到的一系列甾体羧酸。从人和牛的胆汁中分离出来的胆汁酸主要为胆酸和去氧胆酸。

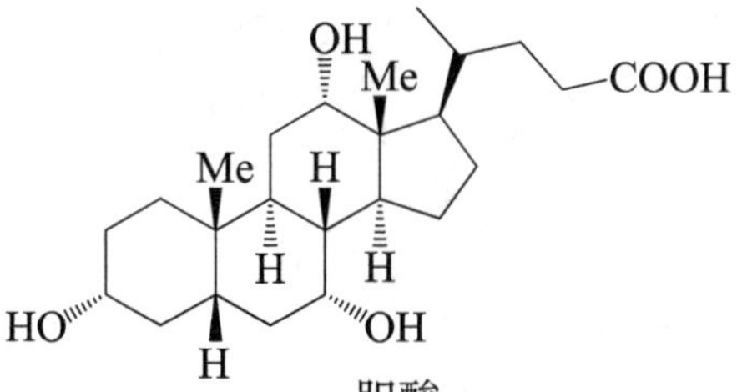

胆酸 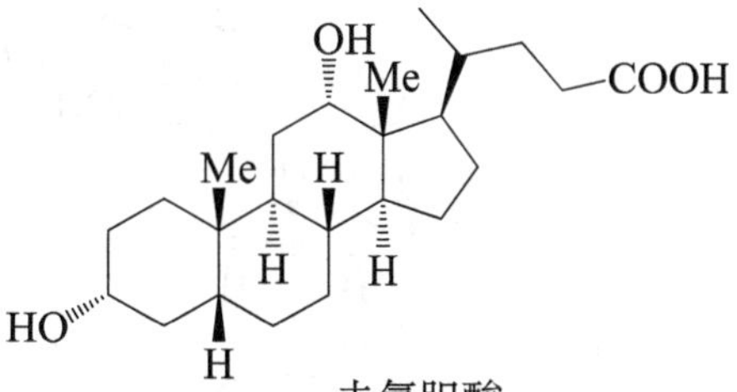　去氧胆酸

胆酸是胆固醇的极性衍生物，在肠道内作为乳化剂，将食物中的脂肪乳化成很细的颗粒从而便于被消化道的脂肪酶水解。胆酸大多与甘氨胆酸或牛磺胆酸通过酰胺键结合，并以盐的形式存在。

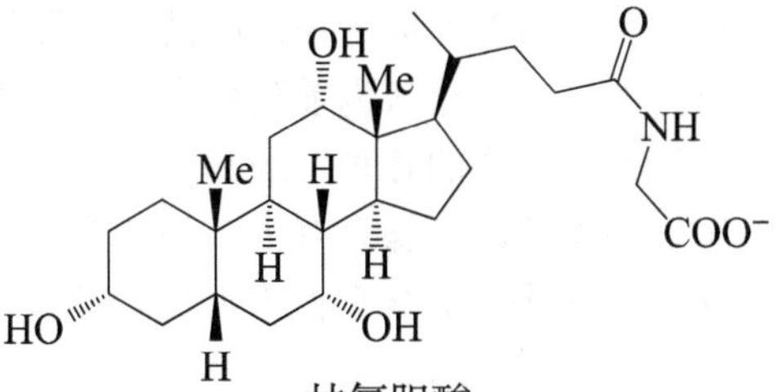

甘氨胆酸 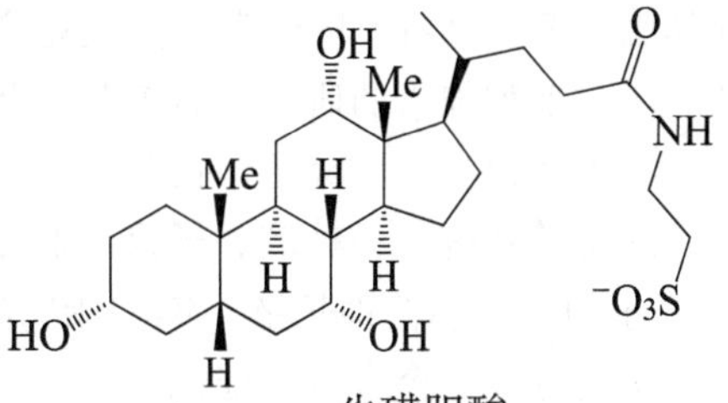　牛磺胆酸

17.3.3.3　甾体激素

人体内分泌腺分泌的一类具有生理活性的物质称为激素。它们直接进入血液或淋巴液中循环至体内各组织和器官，并控制重要生理过程，是维持正常代谢的必需物质。

甾体激素包括性激素和肾上腺皮质激素。性激素是高等动物的性腺分泌物，与性征有关。例如，睾酮由男性的睾丸或女性的卵巢分泌，具有维持肌肉强度及质量、维持骨质密度及强度等作用。雌二醇属于雌性激素，和睾酮都具有促进发育、生长，并维持性征的功能。孕甾酮如黄体酮的主要作用是使子宫和乳腺发育，是准备和维持妊娠与哺乳的必需激素，医药上用来防止流产。目前已有很多人工合成的性激素类似物作为药物。例如，炔诺酮是常见的女用口服避孕药，能阻止未孕妇女排卵。

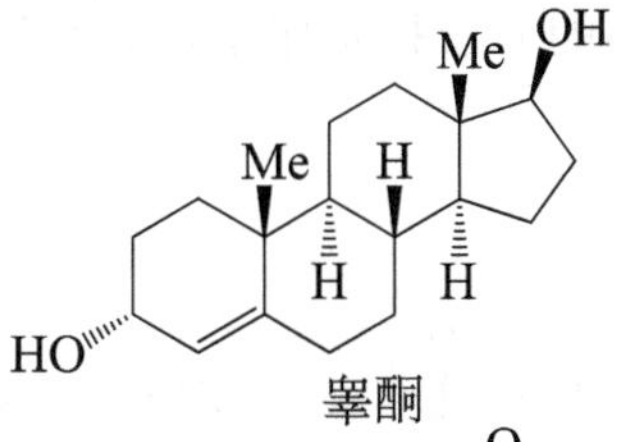

睾酮 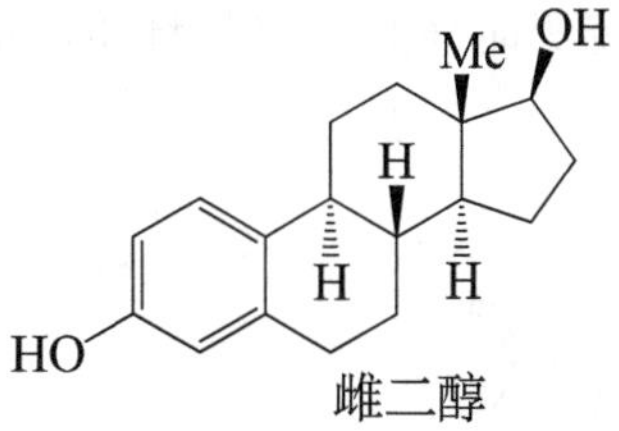　雌二醇

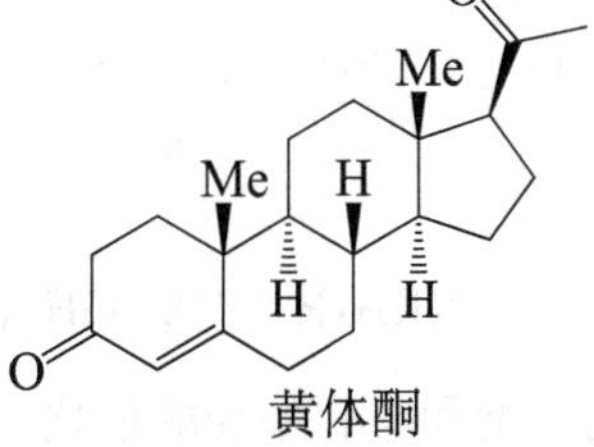

黄体酮 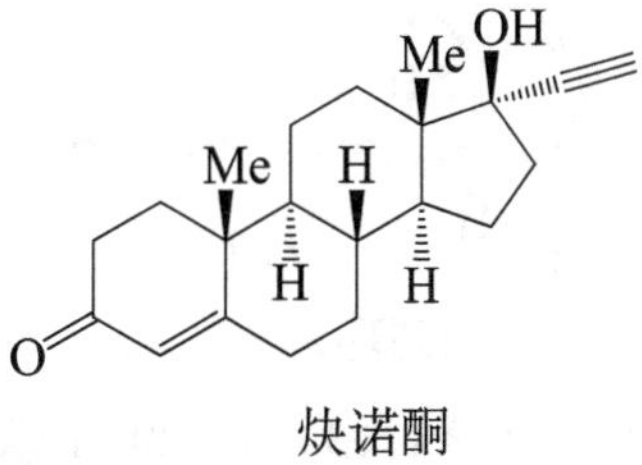　炔诺酮

另一类甾族激素是由哺乳动物肾上腺皮质所分泌的激素，能控制水、盐、糖、脂肪等的代谢，尤以糖皮质激素在临床上具有极为重要的价值，具有抗炎、抗过敏和免疫抑制等作用。

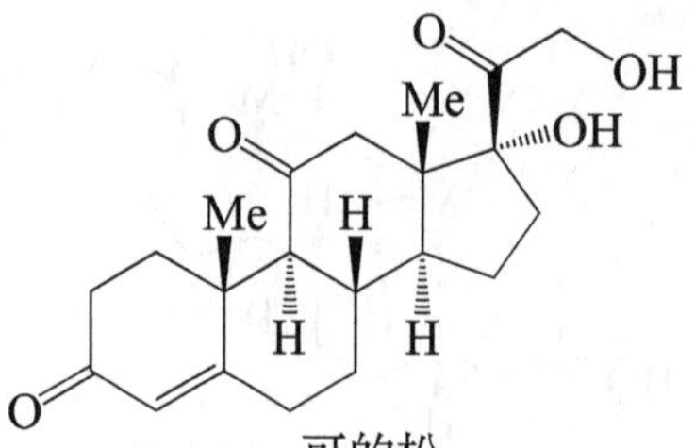

17.4 前列腺素

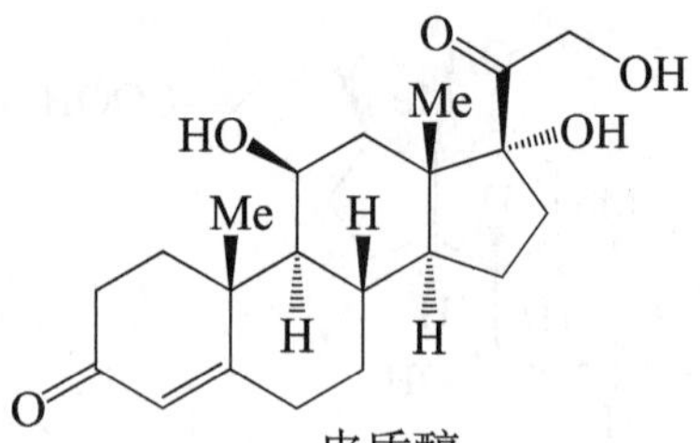

前列腺素简称 PG，与萜类和甾族化合物一样，前列腺素也是生物体内具有强烈生理活性的物质。对前列腺素的研究是目前科学界一个热门领域。最初认为前列腺素存在于体内的前列腺中，因而得名。实际上，前列腺素广泛存在于人和动物的各种组织和体液中，主要存在于男女的生殖系统，如精液、子宫内膜中。已发现的天然前列腺素有十多种，它们都是由 20 个碳原子组成的脂溶性长链不饱和脂肪酸，其中含有一个五元环和两个脂肪烃侧链，并至少含有一个双键和三个含氧官能团。

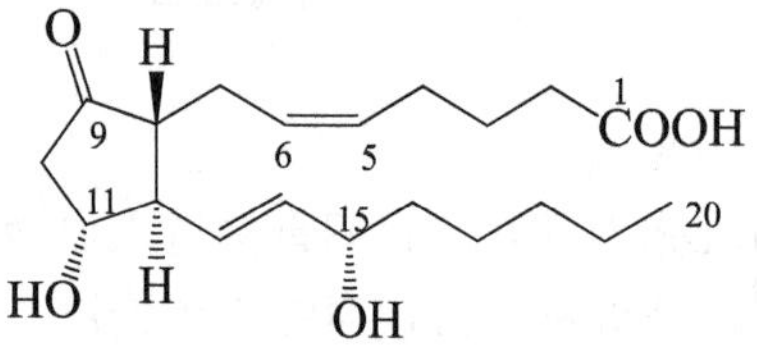

PGE_2 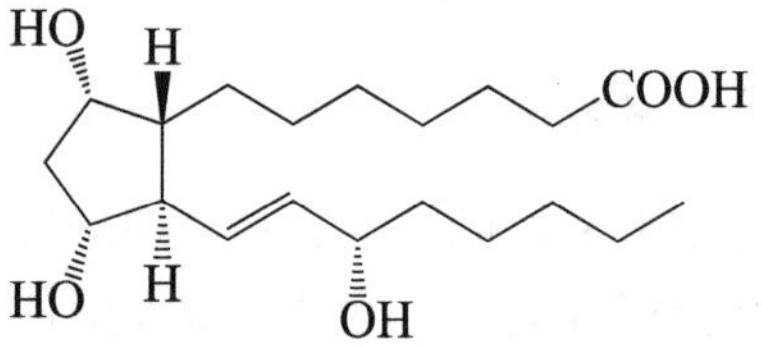　　$PGF_{1\alpha}$

上述结构名称中 PG 代表前列腺素，E、F 等代表 C9 位和 C11 位具有不同取代基的不同类型的前列腺素。右下角的数字中，2 代表 5, 6 位是双键，1 代表此处是单键。数字侧的 α 指所形成的两种异构体（α 型和 β 型）之一。

大多数前列腺素都具有很强的生理活性，可以治疗哮喘、高血压，调节新陈代谢并影响受孕。前列腺素也可以阻止血栓形成。例如，前列环素是在血管壁内由前列腺素过氧化物 PGG_2 和 PGH_2 转变而来的。前列环素具有很强的血管扩张作用，并具有抑制血小板聚集的功能。

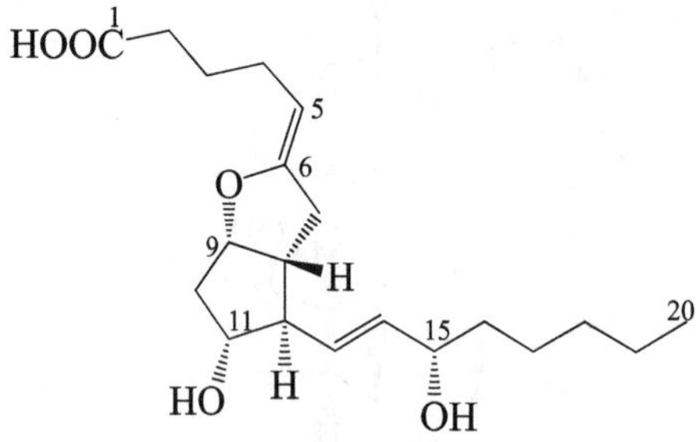

前列环素 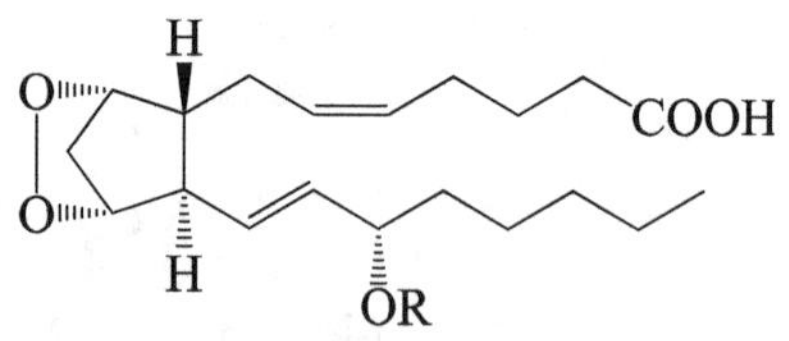　　PGG_2 (R=OH); PGH_2 (R=H)

生物体内，前列腺素可由具有 20 个碳原子的不饱和脂肪酸经酶催化氧化合成。阿司匹林对该反应需要的酶有抑制作用，由于前列腺素在制造痛觉中扮演重要角色，阿司匹林即通过该机理起到镇痛作用。

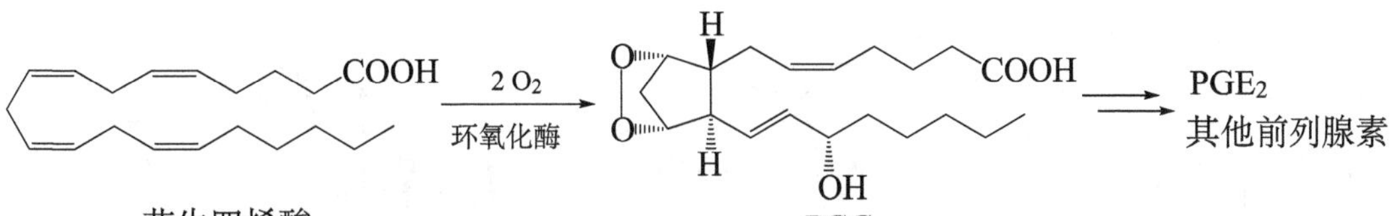

花生四烯酸 $\xrightarrow[\text{环氧化酶}]{2\,O_2}$ PGG_2 $\longrightarrow$ PGE_2 其他前列腺素

17.5　生 源 合 成

在生物体内，萜类、甾族和前列腺素等化合物都是通过生物合成途径得到的，体内合成这些化合物的原料是乙酸。乙酸通过辅酶 A（16.4.3 小节）的作用，在体内通过复杂的反应过程而完成这些脂类化合物的合成。

$$CH_3COOH + \underset{\text{辅酶A}}{CoASH} \xrightarrow{ATP} \underset{\text{乙酰辅酶A}}{CH_3COSCoA} + H_2O$$

ATP（三磷酸腺苷，15.2.1 小节）分子中不仅具有高能量的磷酸酐键，以供给生物合成时所需要的能量，而且它使羟基磷酸化形成活化的乙酸，从而使辅酶 A 分子中的巯基乙酰化成为乙酰辅酶 A，后者再与 CO_2 及另一分子乙酰辅酶 A 按如下反应途径得到甲羟戊酸。

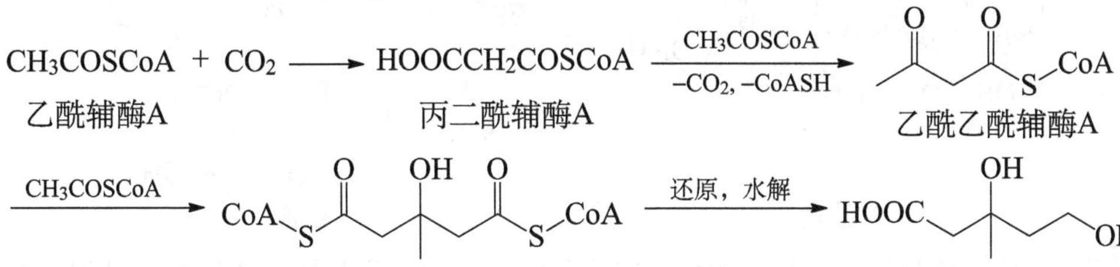

$$\underset{\text{乙酰辅酶A}}{CH_3COSCoA} + CO_2 \longrightarrow \underset{\text{丙二酰辅酶A}}{HOOCCH_2COSCoA} \xrightarrow[-CO_2,\ -CoASH]{CH_3COSCoA} \text{乙酰乙酰辅酶A}$$

$$\xrightarrow{CH_3COSCoA} \text{CoA-S-CO-CH}_2\text{-C(OH)(CH}_3\text{)-CH}_2\text{-CO-S-CoA} \xrightarrow{\text{还原，水解}} \text{甲羟戊酸}$$

甲羟戊酸

整个反应过程可用同位素追踪技术得到证实，如果用羧基被 ^{14}C 标记的乙酸为原料，则经过以上过程就能得到 ^{14}C 标记的甲羟戊酸，然后在 ATP 存在下进一步反应生成焦磷酸异戊烯酯，即为用于组成萜类化合物的活化异戊二烯单元结构。

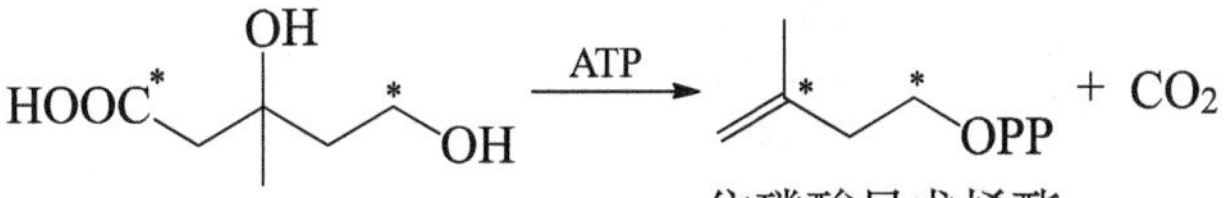

$$\text{甲羟戊酸（标记）} \xrightarrow{ATP} \text{焦磷酸异戊烯酯} + CO_2$$

焦磷酸异戊烯酯

在酶作用下，两分子焦磷酸异戊烯酯结合，酸水解得到开链单萜牻牛儿醇（柠檬醛 a 的羰基还原产物）；三分子结合可得到法尼醇焦磷酸酯；多分子结合还可得到各类多萜。

两分子法尼醇焦磷酸酯结合可制得角鲨烯，后者经双键环氧化、酸水解开环、协同关环等一系列复杂反应，可制得胆固醇。

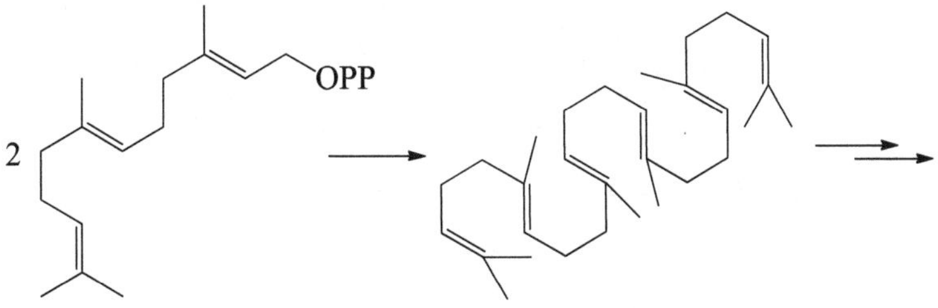

2 法尼醇焦磷酸酯 $\longrightarrow$ 角鲨烯 $\longrightarrow$

法尼醇焦磷酸酯　　角鲨烯

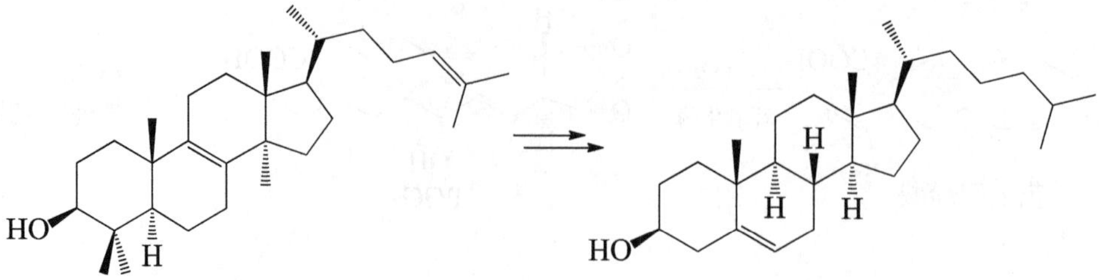

羊毛甾醇　　　　胆固醇

生物体内，以乙酸为原料、辅酶 A 起着重要作用的生物合成又称为生源合成。生源合成产物很多，除萜类、甾族化合物外，还有脂肪酸、油脂、维生素 A/D、性激素、前列腺素等，它们也可被称为醋源化合物。天然脂肪酸都含有偶数碳原子，这即是由乙酸单元每次两个碳原子逐步合成的结果。另外，如土霉素、红霉素等这样的复杂化合物都可用乙酸作原料，经过生源合成制得。

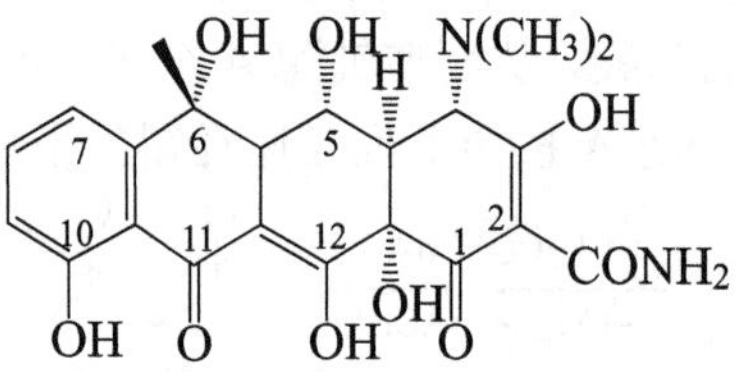

土霉素 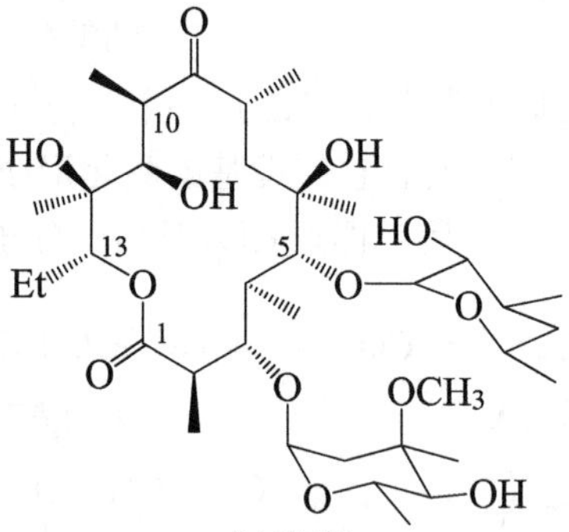　　　　红霉素

生源合成作为广泛开展的研究领域，它不仅能揭示自然界长期进化发展的过程，而且通过这些研究，能探索出一些基本的合成途径和方法。

附　　录

附录1　本书中所涉及的人名概念

人名概念	简述	所在小节
Arndt-Eistert 反应	制备多一个碳原子的羧酸	11.5.2.2
Baeyer-Villiger 氧化	羰基氧化为酯	9.5.2.2
Baeyer 张力	共价键角张力	4.7.1
Beckmann 重排	肟的重排	9.2.2.4
Birch 还原	芳环的还原	6.4.2
Bouveault-Blanc 还原	金属还原酯为醇	10.6.6.3
Bucherer 反应	萘酚制备萘胺	11.5.3.1
Cannizzaro 反应	醛的歧化	9.5.4
Chargaff 规则	DNA 中碱基的数量规律	16.5.1.5
Chugaev 反应	黄原酸酯的热消除	10.6.8
Claisen-Schmidt 缩合	交叉羟醛缩合	9.4.1.2
Claisen 酯缩合反应	酯的反应	10.6.3.2
Claisen 重排	苯酚烯丙醚的重排	14.4.3.3
Clemmensen 还原	羰基还原为亚甲基	6.3.3.2，9.5.3.2
Collins 试剂	醇氧化试剂	8.3.5.2
Combes 合成法	合成喹啉杂环	13.3.4.1
Cope 重排	[3, 3]σ 迁移反应	14.4.3.3
Cope 消除反应	叔胺氧化物的消除	11.3.3
Cram 规则	亲核加成的立体化学	9.2.3
Cristol 改进脱羧	重金属盐的自由基脱羧	10.2.3.3
Curtius 重排	Hofmann 降解的类似反应	11.4.4
Dakin 氧化	芳酮氧化为酚酯	9.5.2.2
Darzens 反应	α-卤代酸的反应	10.4.1.2
Demjanov 重排	胺的扩环重排	11.3.2.1
Dewar 苯	苯的异构体	10.2.3.3
Dieckmann 缩合	分子内酯缩合	10.6.3.2
Diels-Alder 反应	共轭二烯的环加成	5.6.3，14.4.2.2
Eschweiler-Clarke 反应	还原氨化反应	11.4.3

人名概念	简述	所在小节
Favorskii 重排	α-卤代酮的重排	9.3.2
Fehling 试剂	碱性铜离子弱氧化剂	9.5.1
Fenton 试剂	$H_2O_2/FeSO_4$	10.4.2.1
Fischer 合成法	合成吲哚杂环	13.2.4.1
Fischer 投影式	立体化学	3.3.1
Friedel-Crafts(傅-克)反应	芳环亲电取代	6.3.3
Friedländer 合成法	合成喹啉杂环	13.3.4.1
Fries 重排	酚酯的重排	8.6.1.3
Gabriel 伯胺合成法	合成伯胺	11.4.1.3
Gattermann-Koch 反应	芳环亲电取代合成芳醛	6.3.4.2
Gattermann 反应	芳香重氮盐的取代	11.5.3.1
Glaser 反应	炔烃的偶联	5.3.4
Gomberg-Bachmann 反应	芳香重氮盐的取代	11.5.3.1
Grignard(格氏)试剂	有机镁化合物	7.4.1.1
Hantzsch 合成法	合成吡啶杂环	13.3.1
Haworth 合成法	稠芳环的合成	6.6.1.3
Haworth 投影式	糖环构型表达式	15.1.3.2
Hell-Volhard-Zelinsky 反应	羧酸的 α-卤代	10.2.6
Henry 反应	硝基化合物的反应	11.1
Hinsberg 实验法	鉴别伯/仲/叔胺	11.3.1.2
Hofmann 规律	卤代烃消除的区域选择性	7.3.3.1
Hofmann 降解	酰胺去羰基制备胺	10.6.7.3
Hofmann 消除反应	季铵碱的消除	11.3.4.3
Hückel 规则	芳香性	6.7.1
Hückel 体系	芳香过渡态理论	14.5
Hund 规则	电子的轨道排布	1.3.1
Hunsdiecker 反应	重金属盐的自由基脱羧	10.2.3.3
Jones 试剂	醇氧化试剂	8.3.5.2
Kekulé 构造式	苯	6.1.1
Kiliani-Fischer 合成法	单糖的递升	15.2.6
Knoevenagel 缩合反应	稳定碳负离子对芳醛的加成	9.4.3
Knorr 合成法	合成喹啉杂环	13.3.4.1
Kochi 反应	重金属盐的自由基脱羧	10.2.3.3
Kolbe 反应	羧酸盐合成烷烃	2.5

人名概念	简述	所在小节
Kolbe 反应	酚合成酚酸	8.6.2.2
Lambert-Beer 定律	分光光度法定律	12.2.1.2
Leuckart 反应	还原氨化反应	11.4.3
Lewis 结构式	有机分子	1.3.2
Lewis 酸/碱	重要的基本概念	4.4.2.1
Lindlar 催化剂	炔烃顺式还原	5.3.1.1
Lossen 重排	Hofmann 降解的类似反应	11.4.4
Mannich 反应	三组分亲核加成	9.4.4
Markovnikov(马氏)规则	烯烃亲电加成	4.4.2.2
McLafferty(麦氏)重排	质谱碎片	12.1.3.1
Meerwein-Ponndorf 还原	酮的还原	9.5.3.1
Meisenheimer 络合物	芳环的亲核取代	7.2.4.1
Michael 加成	共轭醛酮的亲核加成	9.4.1.4
Möbius 体系	芳香过渡态理论	14.5
Newman 投影式	烷烃构象	2.2
Oppenauer 氧化	醇氧化试剂	8.3.5.4
Paal-Knorr 合成法	合成五元杂环	13.2.1
Pauli 不相容原理	原子轨道中的电子	1.3.1
Perkin 反应	亲核加成	9.4.2
Pfitzner-Moffatt 氧化	醇氧化试剂	8.3.5.5
Pschorr 反应	芳香重氮盐分子内芳香化成环	11.5.3.1
Reformatsky 反应	α-卤代酸的反应	10.4.1.3
Reimer-Tiemann 反应	酚制备酚醛	8.6.2.3
Riley 氧化	酮氧化为邻二酮	9.5.2.3
Robinson 增环反应	两步亲核加成	9.4.1.4
Rosenmund 还原	酰卤还原为醛	10.6.6.1
Ruff 递降法	单糖的递降	15.2.6
Sandmeyer 反应	芳香重氮盐的取代	11.5.3.1
Sanger 核酸测序法	合成中止法	16.5.1.5
Sarett 试剂	醇氧化试剂	8.3.5.2
Saytzeff 规律	卤代烃消除的区域选择性	7.3.3.1
Schiff 碱	亚胺	9.2.2.4
Schmidt 重排	Hofmann 降解的类似反应	11.4.4
Skraup 合成法	合成喹啉杂环	13.3.4.1

人名概念	简述	所在小节
Stevens 重排	季铵盐的反应	11.3.4.4
Strecker 合成法	氨基酸的合成	16.2.3
Swern 氧化	醇氧化试剂	8.3.5.5
Tiffeneau-Demjanov 重排	*β*-氨基醇重排为扩环酮	11.3.2.1
Tollens 试剂	银氨络离子弱氧化剂	9.5.1
Vilsmeier 反应	芳环亲电取代合成芳醛	6.3.4.3
Wagner-Meerwein 重排	碳正离子的 1,2-重排	4.4.2.4
Walden 转化	S_N2 反应构型转化	7.2.3.1
Watson-Crick 双螺旋模型	DNA 的空间结构	16.5.1.5
Williamson 醚合成法	卤代烃和醇钠反应	8.10
Winstein 离子对概念	亲核取代反应	7.2.3.2
Wittig-Horner 试剂	磷叶立德	9.4.6.2
Wittig 反应	磷叶立德	9.4.6.2
Wohl 递降法	单糖的递降	15.2.6
Wolff-Kishner 还原	酮还原为亚甲基	9.5.3.2
Wolff 重排	*α*-重氮酮重排为乙烯酮	11.5.2.2
Woodward-Hoffmann 规律	周环反应规律	14.4.4
Woodward 规律	判断紫外吸收的经验规律	12.2.3
Wurtz 反应	卤代烃合成烷烃	2.5，7.4.1.3
Ziegler-Natta 催化剂	烯烃聚合	4.4.8

附录2　本书中的“学习提示”索引

“学习提示”作为正文的补充，对于正确、快速地理解相关知识点有着重要的作用。当然，本书中的“学习提示”并未涵盖所有的重要知识点。但通过梳理，仍能起到加强学习、促进理解的作用。

涉及内容	所在小节
π键和σ键的区别	1.3.3.1，4.1.1
杂化形式的判断	1.3.3.1
离子型反应	1.4.2
各类异构的区别	2.2
活性和选择性	2.4.1.2
存在轴手性的条件	3.2.3.2
构型和旋光方向	3.3.2.3，16.2.4
对映异构体和非对映异构体	3.4.1
Fischer 投影式的特点	3.4.2
立体选择性反应	3.5.2.2
离子型反应中涉及的重要概念	4.4.2.1
电子效应的重要性	4.4.2.2
硼氢化反应的机理特点	4.4.4.2
不同加成反应须注意的机理问题	4.4.5.1
各种分子内张力的总结	4.7.2.2
三键π电子云的特点	5.1
聚合和偶联的区别	5.3.4
离域π键的形成	5.5.4.1
烯丙基和苄基的重要性	5.5.4.1
共轭体系的判断	5.5.4.2
中间体稳定性的判断	5.6.1.1
活化和钝化的相对性	6.3.5.1，7.2.4.1
底物结构影响反应难易	7.1
碳正离子重排	7.2.2.1
醇为何难发生亲核取代及策略	7.2.2.2
两种亲核取代机理的竞争	7.2.3.2
各种亲核取代机理的简要特征	7.2.4.1
各种消除反应机理的简要特征	7.3.2.1
亲水基团和疏水基团	8.2
内返和外返带来的立体化学	8.3.3.3
Birch 还原对底物的要求	8.9.4
超分子化学	8.9.6

涉及内容	所在小节
含硫化合物的加成反应	8.11.2.2
快速认识半缩醛和缩醛	9.2.2.3
Beckmann 重排的机理理解提示	9.2.2.4
Cram 规则应用提示	9.2.3
共轭亲核加成需注意的问题	9.2.4.1
供体和受体概念	9.4.1.1
Michael 加成产物的特点	9.4.1.4
Perkin 反应产物的简单化判断	9.4.2
B-V 氧化产物的判断提示	9.5.2.2
二苯羟乙酸重排的产物判断	9.5.2.3
Cannizzaro 反应的联想学习	9.5.4
加成-消除机理	10.2.2.4
Darzens 反应的对比学习	10.4.1.2
极性反转	10.4.1.3
各级胺的结构特点	11.2
胺构型翻转的难易性	11.2.1
胺、氨和铵	11.2.2
保护氨基	11.3.1.2
亚硝酸鉴别三类胺	11.3.2.3
分子内重排小结	11.3.5.2
重排反应对比学习	11.5.2.2
耦合裂分的条件	12.4.3.1
核磁共振波谱数据的书写	12.4.3.2
含氮芳香杂环的氮原子碱性判断	13.3.2.1
分子轨道的对称性	14.2.1
电环化反应成键旋转规律	14.4.1.2
判断环加成反应是否进行的简易方法	14.4.2.3
碳正离子重排的机理揭示	14.4.3.2
糖的 D/L 构型	15.1.2
Haworth 投影式学习提示	15.1.3.2
单糖椅式结构的书写	15.1.3.3
氨基酸的构型	16.1.1
谷胱甘肽的肽键特点	16.3.1
肽链测序的现代方法	16.3.2.3
Chargaff 对揭示 DNA 结构的贡献	16.5.1.5
不饱和脂肪酸中双键的特点	17.1.1.1

附录3　有机化学方面的诺贝尔化学奖

年份	获奖者	国籍	获奖原因	相关内容在本书中对应的位置
1902年	赫尔曼·费歇尔	德国	在糖类和嘌呤合成中的工作	第3、15章
1905年	阿道夫·冯·拜尔	德国	对有机染料以及氢化芳香族化合物的研究促进了有机化学与化学工业的发展	第11章
1910年	奥托·瓦拉赫	德国	在脂环族化合物领域的开创性工作促进了有机化学和化学工业的发展	第17章
1912年	维克托·格利雅	法国	发明了格氏试剂	第7章
	保罗·萨巴蒂埃	法国	发明了在细金属粉存在下的有机化合物的加氢法	
1927年	海因里希·奥托·威兰	德国	对胆汁酸及相关物质结构的研究	第17章
1928年	阿道夫·温道斯	德国	对甾类化合物的结构以及它们和维生素之间的关系的研究	第17章
1930年	汉斯·费歇尔	德国	对血红素和叶绿素组成的研究，特别是对血红素合成的研究	第13章
1937年	沃尔特·哈沃斯	英国	对碳水化合物和维生素C的研究	第15章
	保罗·卡勒	瑞士	对类胡萝卜素、黄素、维生素A和维生素B_2的研究	第17章
1938年	理查德·库恩	德国	对类胡萝卜素和维生素的研究	第17章
1939年	阿道夫·布特南特	德国	对性激素的研究	第17章
	拉沃斯拉夫·鲁日奇卡	瑞士	对聚亚甲基多碳原子大环和高级萜烯的研究	第17章
1947年	罗伯特·鲁宾逊	英国	对具有重要生物学意义的植物产物，特别是生物碱的研究	第13章
1950年	奥托·第尔斯	联邦德国	发现并发展了双烯合成法	第5章
	库尔特·阿尔德	联邦德国		
1954年	莱纳斯·鲍林	美国	对化学键性质的研究及其在对复杂物质结构阐述上的应用	第1章
1958年	弗雷德里克·桑格	英国	对蛋白质结构组成的研究，特别是对胰岛素的研究	第16章
1963年	卡尔·齐格勒	联邦德国	在高聚物的化学性质和技术领域中的研究发现	第4章
	居里奥·纳塔	意大利		
1965年	罗伯特·伯恩斯·伍德沃德	美国	在有机合成方面的杰出成就	第12、14章
1973年	恩斯特·奥托·菲舍尔	联邦德国	对金属有机化合物（又称为夹心化合物）的化学性质的开创性研究	
	杰弗里·威尔金森	英国		
1975年	弗拉迪米尔·普雷洛格	瑞士	有机分子和酶催化反应的立体化学的研究	

续表

年份	获奖者	国籍	获奖原因	相关内容在本书中对应的位置
1979 年	格奥尔格·维蒂希	联邦德国	将含磷化合物发展为有机合成中的重要试剂	第 9 章
1984 年	罗伯特·布鲁斯·梅里菲尔德	美国	开发了固相化学合成法	第 16 章
1987 年	唐纳德·克拉姆	美国	发展和使用了可以进行高选择性结构特异性相互作用的分子	第 8 章
	让-马里·莱恩	法国		
	查尔斯·佩德森	美国		
1990 年	艾里亚斯·詹姆斯·科里	美国	发展了有机合成的理论和方法学	
1994 年	乔治·安德鲁·欧拉	美国	对碳正离子化学研究的贡献	
1996 年	罗伯特·科尔	美国	发现富勒烯	第 6 章
	哈罗德·克罗托	英国		
	理查德·斯莫利	美国		
2001 年	威廉·斯坦迪什·诺尔斯	美国	对手性催化氢化反应的研究	第 3 章
	野依良治	日本		
	巴里·夏普莱斯	美国	对手性催化氧化反应的研究	
2005 年	伊夫·肖万	法国	发展了有机合成中的烯烃复分解反应	第 4 章
	罗伯特·格拉布	美国		
	理查德·施罗克	美国		
2010 年	理查德·赫克	美国	对有机合成中钯催化偶联反应的研究	第 7 章
	根岸英一	日本		
	铃木章	日本		
2016 年	让-皮埃尔·索瓦	法国	分子机器的设计和合成	第 8 章
	詹姆斯·弗雷泽·司徒塔特	英国		
	伯纳德·费林加	荷兰		
2021 年	本杰明 • 利斯特	德国	不对称有机催化的发展	第 3 章
	戴维 • 麦克米伦	美国		
2022 年	巴里 • 夏普莱斯	美国	“点击化学”和生物正交化学的发展	
	莫滕 • 梅尔达尔	丹麦		
	卡罗琳 • 贝尔托齐	美国		

附录4　常用有机化合物的鉴别方法

化合物	鉴别试剂	现象	相关产物
烯、炔	Br_2/CCl_4	褪色	加成产物
	$KMnO_4$	褪色	氧化产物
环丙烷	Br_2/CCl_4	褪色	开环产物
端基烯	$KMnO_4$	褪色并有气泡	氧化产物+CO_2
端基炔	$[Ag(NH_3)_2]NO_3$(托伦试剂)	白色沉淀	炔基银
	$Cu(NH_3)_2Cl$	红棕色沉淀	炔基亚铜
共轭二烯	马来酸酐	沉淀	第尔斯-阿尔德反应产物
ArCHRR′	$KMnO_4/H^+$	褪色	芳香甲酸
不同类型卤代烃	$AgNO_3$/EtOH	以不同速度产生沉淀	亲核取代产物+AgX
不同类型卤代(氯/溴)烃	KI/丙酮	以不同速度产生沉淀	亲核取代产物+KCl/KBr
伯、仲醇	$K_2Cr_2O_7/H_2SO_4$	橙红色变绿色	三价铬产物
	$KMnO_4/H^+$	褪色	氧化产物
C_6以下醇	卢卡斯(Lucas)试剂 ($ZnCl_2$/HCl)	不同速度产生浑浊	氯代烃
邻二醇	Cu^{2+}/OH^-	溶解得到蓝色溶液	铜盐
	1)HIO_4, 2)$AgNO_3$	白色沉淀	碘酸银
醇、醚	冷浓酸	溶解	成盐
苯酚/苯胺	Br_2/H_2O	立即生成白色沉淀	三溴苯酚
酚(及烯醇)	$FeCl_3/H_2O$	显不同色	Fe 络合物
硫醇	HgO	沉淀	硫醇汞盐
硫醇、酚	NaOH 水溶液	溶解	成盐
醛、部分酮	$NaHSO_3$	沉淀	亲核加成产物
醛、酮	羰基试剂 (2, 4-二硝基苯肼)	产物易分离鉴定	苯腙
醛	托伦试剂	银镜	单质银
脂肪醛	费林试剂	砖红色沉淀	氧化亚铜
甲基酮	I_2/NaOH	黄色沉淀	碘仿
羧酸	Na_2CO_3水溶液	溶解	成盐
不同类型的胺	HNO_2水溶液	气体产生(伯胺) 不溶油状物(仲胺) 溶解(叔胺)	氮气 亚硝胺 成盐
不同类型的胺	1) TsCl 2) NaOH/H_2O (兴斯堡实验法)	沉淀并溶解(伯胺) 沉淀并溶解(仲胺) 不反应(叔胺)	磺酰胺 磺酰胺
单糖	托伦试剂	银镜	单质银
单醛糖	溴水	褪色	氧化产物